空间生态水文学

刘世荣　孙鹏森　等　著

科学出版社

北京

内 容 简 介

本书系统阐述了空间生态水文学的概念，生态水文学的过程及尺度，大尺度生态水文学的研究方法，遥感和同位素在空间生态水文学研究中的应用，以及生态水文过程的耦合与模拟等基础理论研究成果。本书以分布在我国各自然地理区的森林生态站和水文观测站为依托，基于森林生态系统定位观测数据和典型大流域综合观测数据资料，采用对比流域分析、时间序列分析、降水-径流双累积曲线方法、生态水文模型模拟、空间遥感与稳定同位素等方法，对比研究了不同气候带典型大流域森林生态水文过程的变化规律、生态水文过程的耦合及气候变化、植被变化对关键生态水文过程的影响、中国样带尺度的森林水量平衡格局及其对气候变化的响应、全球变化背景下流域的适应性管理，为促进空间生态水文学的发展、合理开发利用森林资源和水资源、实施自然生态系统保护与修复以及"山水林田湖草"系统治理、提升森林生态水文功能及适应气候变化的流域生态系统管理与森林可持续经营提供科学依据和决策参考。

本书可供生态学、水文学、林学、农学、地理学、环境科学、土壤学和气象学等有关学科的教学研究人员、研究生以及自然资源和环境保护部门的决策人员参考。

审图号: GS(2019)6078 号

图书在版编目（CIP）数据

空间生态水文学/刘世荣等著. —北京：科学出版社，2020.6
ISBN 978-7-03-063947-9

Ⅰ. ①空⋯　Ⅱ. ①刘⋯　Ⅲ. ① 生态学–水文学–研究　Ⅳ. ①P33

中国版本图书馆 CIP 数据核字（2019）第 287867 号

责任编辑：马　俊　郝晨扬 / 责任校对：郑金红
责任印制：吴兆东 / 封面设计：图阅盛世

科 学 出 版 社 出版
北京东黄城根北街 16 号
邮政编码：100717
http://www.sciencep.com

北京凌奇印刷有限责任公司印刷
科学出版社发行　各地新华书店经销

*

2020 年 6 月第 一 版　　开本：787×1092　1/16
2025 年 1 月第四次印刷　　印张：43 3/4　插页：8
字数：1 030 000

定价：398.00 元
（如有印装质量问题，我社负责调换）

序　一

生态水文学是 20 世纪 90 年代以来兴起的描述生态格局和生态过程水文学机制的一门新兴边缘学科，是现代水文科学与生态科学交叉中发展的一个最为活跃的前沿学科领域。经过 20 年左右的迅速发展，结合我国干旱半干旱地区水资源管理，长江上游水源涵养林经营，森林植被保护、恢复与建设等具有区域特点的应用和实践，我国生态水文学的理论与方法日臻完善。生态水文学对于全球变化背景下生态系统对气候变化的适应、水资源可持续利用、流域生态系统管理均具有重要的科学意义和实践指导作用。

我国地域辽阔，自然地理环境异质性大，森林生态系统丰富多样，加之大规模的人类活动和气候变化的影响，为生态水文学及其区域分异格局研究提供了理想的机遇，许多围绕空间生态水文学的关键问题获得深入探讨。例如，土地利用与植被覆盖变化的水文效应问题，该科学问题最早可追溯到森林与水的关系的科学争论。由于土地利用方式与植被覆盖伴随经济社会发展发生了深刻的变化，天然林资源保护工程、退耕还林工程、"三北"防护林工程等森林植被保护、恢复和人工林建设等工程的开展，使我国森林覆盖率呈现持续大规模增长趋势。因此，森林覆盖率、生态系统承载力与水资源数量及空间格局的关系成为人们关注的热点，需要基于不同地域、流域，从生态系统多种服务功能权衡的角度认识植被与水的关系。全球气候变化引起增温效应、极端气候事件、区域降水格局的变化等，直接或间接地对森林生态系统产生影响，这些受影响的区域差异、生态系统类型变化均会产生不同的森林生态水文效应。因此，研究者需要基于长期定位观测、多尺度数值模拟与建模分析，通过多尺度观测、多过程耦合来定量揭示森林植被生态水文过程的响应方式、生态水文过程的弹性效应及适应性等。此外，大尺度生态水文过程的集成性研究是当代空间生态水文学研究的重点。应利用当今对地观测先进技术，通过多源数据同化、实时数据综合分析，提取有价值的植被生态水文集成性、系统性模拟参数，研发耦合气候、植被、水文多过程的生态水文模型，为我国区域建设与可持续发展提供宏观尺度上的决策依据。

《空间生态水文学》一书集成了以刘世荣研究员为首的团队所主持的 973 计划项目、国家杰出青年科学基金项目、国家科技支撑计划项目及公益性行业科研专项等多个国家级项目共历时近 20 年研究的成果。研究成果从生态系统、小流域和大流域等不同尺度揭示了森林植被对流域水文过程的调控机制及其尺度效应，创新性构建了多尺度生态学过程和水文学过程耦合方法及推绎模型，发展了生态水文多尺度观测与跨尺度模拟的理论和方法；定量区分并评价了气候变化背景下森林采伐和恢复对流域径流量时空变化的影响机制，以及森林景观格局与水源溯源及其产流分配的时空变化规律。该书是对传统的林地、小流域尺度的森林水文学研究的继承与发展。研究区包含了我国重要的森林区：北温带、温带、川西高山峡谷区、南亚热带、西北干旱半干旱区、东部南北样带等。特别是在我国长江上游岷江流域，从森林采伐对径流的影响，到天然林资源保护工程之后的森林植被保护与恢复，再到气候变化影响下的森林植被生态水文过程的耦合变化，系统阐明了长江上游森林植被演变对生态水文过程的影响机制，定量评价了森林采伐、植被恢复和气候变化对森林植被水源涵养功能的影响。这些工作对我国重要区域的生态安全有重要意义，特别是对构建长江上游生态安全屏障、保障区域水文水资源持续稳定供给，以及应对气候变化均具有重要科学价值和实践指导意义。

该书还简明准确地介绍了刘世荣团队在历年研究中探索发展空间生态水文学的技术途径和方法，其中不乏很多创新和改进之处，如涉及配对流域实验设置、高光谱遥感在生态水文学中的深度应用，以及同位素在空间生态水文学中的应用等。

该书不但直接面向长江经济带发展战略的重大科技需求，而且瞄准了生态水文学研究的国际前沿，如全球气候变化、土地利用/土地覆被变化、全球变化下的陆地生态系统变化等，充分展示了当今国际上诸多生态水文学研究领域的先进理论成果、方法和技术手段。

我深信该书的出版对于推动我国生态水文学研究，特别是森林生态水文学研究与教学工作，都将起到极大的促进作用。我为该书的出版欣然作序，并祝愿该书为森林生态水文学的发展做出积极的贡献。

2020 年 2 月

序　二

进入 21 世纪以来，中国的水资源、水环境问题已经成为经济社会发展所面临的重要挑战。森林植被与水的关系是陆地生态系统水分循环和水资源管理中的核心问题，已成为政府、社会和科技界关注的焦点。

为提升区域水资源安全和减缓与水相关的各种生态环境问题面临的挑战，我国相继实施了大规模生态系统保护、修复和流域综合治理等方面的生态工程，其范围、建设规模和投入资金等都属于世界上前所未有的，由此引发了学术界对全球变化背景下森林与水问题的讨论。这些生态工程对于中国这样一个森林覆盖率总体偏低、森林生态系统服务能力不强且人工林占比较高的国家显得尤为重要，为了在有限的水资源条件下，兼顾生态环境改善与经济社会可持续发展，必须要在更大的宏观范围内理解植被用水与调水的关系问题。森林植被与水的关系实质上是生态水文学研究的核心科学问题，而生态水文学是一门水文学和生态学交叉的新兴学科，属于联合国教科文组织国际水文计划（United Nations Educational，Scientific and Cultural Organization-the International Hydrological Programme，UNESCO-IHP）当前和未来 20 年重要的学科发展方向。该学科发展融合了全球变化生态学、水文学、地学、植物生理生态学等多学科领域，而从地理地带性和自然地理区认识森林与水的关系是这一前沿方向的基础。

《空间生态水文学》一书是在传统森林水文学的基础上，以我国不同自然地理区的典型森林大流域为对象，采用景观生态学方法、空间遥感技术及分布式模拟技术等，建立大尺度生态水文学研究方法并得以运用和发展。该书的特色是通过对全国不同自然地理区，特别是长江流域的岷江上游典型森林生态系统的生态水文研究，以森林生态系统对区域水资源和洪水径流调控、水碳效益权衡为主要目标，立足大流域时空尺度，阐明全球变化背景下典型森林生态系统的生态水文功能变化规律及驱动机制；揭示气候变化对森林生态系统水源涵养、生产力维持与水文过程等生态系统调节服务的影响机制和效应；探索出一系列空间生态水文学的研究方法，特别是包含了遥感技术和同位素技术在生态水文学中的应用、水碳耦合模拟与效益权衡等系统性研究成果，提出了森林生态水文过程对全球变化的响应及地理分异与流域生态水文适应性管理对策。

该书不仅包含了当今国际生态水文学研究的前沿理论和方法，还阐述了我国不同自然地理区的气候变化和植被变化影响下生态水文响应的规律，对我国区域生态建设、森林植被恢复、流域生态系统管理与森林生态系统经营具有重要指导意义。该书是中国林业科学研究院森林生态环境与保护研究所森林生态学首席专家刘世荣研究员组织本领域优秀研究团队编写完成的研究成果，我欣喜地看到他多年的科学研究积累与长期不懈努力结出的硕果，衷心地祝愿该书的出版能够促进我国森林生态水文学的蓬勃发展。

2020 年 2 月

前　言

　　水是地球上一切生命的源泉和重要组成物质，在全球水循环、生物地球化学循环、大气环流、气候环境变化以及生物圈、地圈演化过程中起着极为重要的作用。森林与水之间的相互作用涵盖了森林生态系统与水文过程、水资源数量及其质量的复杂关系，由此推动了地球表层各种物理、化学过程与生物演化进程，进而影响森林植被、大气和土壤的格局、组成、结构与功能以及能量转换与平衡。森林通过影响蒸腾、蒸发、土壤水分入渗、存储和径流等一系列水分循环过程，维系生物多样性及生态系统服务功能，直接或间接地影响人类的生存、发展和福祉。

　　伴随着人口的增长和经济社会的发展，人类对森林资源和水资源开发利用的强度及范围不断扩大，毁林开荒、排干湿地、修筑堤坝、农田灌溉、环境污染等一系列人类活动及全球气候变化引起了自然径流过程的改变、地下水补给缺失、水土流失、水源污染和干旱、洪涝灾害频繁发生，并诱发淡水资源匮缺和与水相关的生态系统服务功能下降。据2013年联合国粮食及农业组织报告，到2025年全球大约有18亿人生活在绝对缺水的地区，2/3的世界人口遭受水资源危机，直接威胁人类的生存与经济社会的可持续发展。因此，急需发展生态水文学这一新兴的交叉分支学科，进一步深化对森林与水相互关系的科学认识，籍以正确评价和有效发挥森林调节水文循环、水资源的作用，提升森林生态系统的生态水文功能，实施森林、湿地河流生态系统保护与修复、流域可持续管理、生态补偿等科学决策，更好地服务于改善人类的福祉和促进经济社会的可持续发展。

　　森林水文研究始于100多年前，早期的研究主要集中在森林植被对水文过程的调节作用及其影响因素，包括森林的冠层截留、土壤渗透、森林蒸散及径流形成等。由于受到观测技术方法的限制，研究尺度小、对象单一和自然背景均一，主要采用经典的小流域径流观测以及对比流域实验方法，从林地、坡面到小流域尺度上揭示森林对单一水文过程或要素的影响，科学认识也仅局限在林地、坡面和小流域尺度上森林水文的调节作用规律方面。尽管国内外在小流域尺度上达成了许多共识并取得定论，但是小流域研究结果无法直接推绎为对大流域水文过程的认识。空间异质性、水文过程的非线性和复杂性等问题制约我们对大流域尺度森林植被水文调节能力和范围的认识，导致学术界和社会上一直存在争议和质疑。伴随着生态学、空间遥感、地理信息系统（geographic information system，GIS）技术和水文模型模拟技术的发展，地表结构特征及其空间异质性开始受到重视并在技术上得以精准表达。在此背景下，生态水文学兴起于20世纪90年代，旨在揭示生态格局和过程的水文学机制，开始重视生态格局与过程对水文循环过程的影响。在这一时期，联合国教科文组织国际水文计划（UNESCO-IHP）从第五阶段（1996~2001年）关注流域和河流系统水文过程中的生物及物理过程，到UNESCO-IHP第七阶段（2008~2013年）重视环境变化、生态系统和人类活动的生态水文响应，直至目前UNESCO-IHP第八阶段（2014~2019年）探索解决未来全球水资源安全问题，提升全球生态系统的功能和生态承载力，极大地促进并引领了全球生态水文学的发展，也标志着生态水文学研究进入一个崭新的阶段。在国际生态水文学研究的大背景下，我国的生态水文学研究也取得了长足发展，其中最具代表性的是国家自然科学基金委员会地球科学部发起的"黑河流域生态-水文过程集成研究"（简称"黑河计划"）。"黑河计划"开辟了以流域为基本单元的陆地表层系统综合研究的新方向，建立了国际领先的流域综合观测系统，揭示了全球变化背景下干旱区内陆河流域生态水文过程的机制，研发了耦合生态、水文和社会经济的流域集成模型，提升了对内陆河流域水资源形成及其转化机制的认知水平和可持续的调控能力，使我国流域生态水文研究进入了国际先进行列。

我国森林水文学研究始于 20 世纪中叶，主要是依托森林生态站开展林地、坡面和小流域的单一水文过程研究，在冠层降水截持、土壤水分入渗、蒸散、径流形成与分配等方面积累了大量的观测数据。这方面的研究工作，获得了国家自然科学基金重大研究项目"我国森林生态系统结构与功能规律研究"（项目编号 9390011，1990~1994 年）的资助，系统总结了依托我国 10 余个森林生态定位站及水文观测点所取得的科学成果，并于 1995 年由中国林业出版社出版了《中国森林生态系统水文生态功能规律》。但是，由于当时受到我国森林生态站数量少、布局不尽合理、观测设施不完备、数据采集与信息处理手段落后等方面的限制，该专著成果主要反映了基于不同自然地理区的主要森林类型的林分、坡面及小流域尺度的单一森林水文过程及变化规律的研究，在大流域尺度上主要分析森林覆盖率变化与径流量之间的统计关系。因此，这一时期森林水文学研究局限于森林生态系统生态水文功能的评价和科学认识，缺乏大流域、区域大尺度上生态水文多过程、多要素及多尺度的综合系统研究。

进入 21 世纪，我国加快了森林生态系统定位研究网络的建设，森林生态站和流域水文观测站的数量不断增加，空间布局更加合理，从林地、坡面、流域、景观到区域尺度的天地空一体化观测体系日臻完善，促进了生态水文的多尺度观测和跨尺度模拟，评价预测与模型模拟技术不断发展，为开展多尺度、多界面、多要素的生态水文过程的综合研究奠定了坚实的基础。同时，以全球变化作为研究热点和前沿领域，森林生态系统对气候变化的响应和适应、生态水文过程耦合与水-碳功能的权衡成为生态水文学研究的重要内容。在此期间，我们先后获得了多个国家级项目的资助，包括国家重点基础研究发展计划项目"西部典型区域森林植被对农业生态环境的调控机理"（项目编号：2002CB111500）、国家自然科学基金重大研究项目"我国主要陆地生态系统对全球变化的响应和适应性样带研究"（项目编号：30590383）、国家自然科学基金杰出青年基金项目"长江上游岷江流域森林植被演变与水文过程耦合变化机制及其模拟"（项目编号：30125036）、国家林业公益性行业科研专项"中国森林对气候变化的响应与林业适应对策研究"（项目编号：200804001）和"气候变化对森林水碳平衡影响及适应性生态恢复"（项目编号：201404201）。在这些项目的资助下，我们在前期森林水文学研究的基础上，充分吸收借鉴现代地学的基础理论和技术手段，不断拓展研究思路，聚焦空间生态水文学的多尺度、多过程的关键科学问题，同时将森林生态水文学与全球变化科学紧密结合，探讨气候变化和土地利用、土地覆盖变化背景下森林生态水文过程的耦合以及响应与适应机制。

目前，虽然生态水文学理论与方法取得了长足的发展，但由于生态水文过程的复杂性、空间异质性和多种环境要素的复合影响，许多研究仍运用水文统计学的方法阐述生态水文过程之间的关联，而主流的生态水文模型仍然侧重于水文过程的描述，缺乏对森林植被生态水文过程的多尺度耦合及其动态变化的空间显式表达。尽管可采用植被指数、植被物候、植被覆盖度甚至植被生产力等动态变化指标表征森林植被特征，但对于哪些植被生态过程，在什么尺度上影响、以什么耦合机制参与了水文过程等关键科学问题，尚缺乏系统的研究和全面的科学认识。因此，今后生态水文学研究还需要加强以下几个关键科学问题的深入研究。

1）生态与水文过程耦合机制

生态学过程与水文学过程发生的时空尺度并不完全一致，因此，如何实现多尺度、多界面、多过程耦合是生态水文学理论上的最大难题。尽管生态水文耦合过程发生在从叶片到区域尺度上，但重点应在生态系统和景观尺度上解决水碳耦合的理论与方法问题。当前多数研究依旧局限在点、小区、坡面和小流域等较小空间尺度上，由于尺度效应的普遍存在以及令人信服的尺度转换技术的缺失，小尺度的研究结论和实验结果很难外推到更大尺度上。而与此相对的是，很多宏观管理措施和恢复模式却又都建立在大尺度研究结果的基础上，这种局面迫切要求开展大尺度以及跨尺度的综合模拟与耦合集成研究，进而为区域生态系统和流域适应性管理提供科学决策依据。因此，要立足于目前比较成熟且相对独立的研究领域——碳循环和水循环，围绕二者耦合关系开展系统定量研究，逐步完善和发展当前的气候-植被-水文耦合模型，在认识森林生态系统内和系统间水碳循环过程的时空变异规律、调控机制的基础上，实现森林植被的水碳循环的动态耦合，并对全球变化的响应和适应做出准确解释与科学评估。

2）大尺度生态水文学研究的方法学

所谓"大尺度"的典型特征是空间格局的异质性和多过程。大尺度生态水文学的发展目前仍受方法学限制，研究如何从当今海量遥感数据中挖掘有价值的生态水文信息是未来的趋势。国外一些大学和研究机构甚至提出了"遥感生态水文学"的新概念。目前，多光谱、高光谱、高分辨率遥感，以及主动遥感技术在生态学上的应用扩展了我们认识植被的能力，使我们能够由原来简单地辨识植被"是什么"逐步发展到定量化估测植被功能特征"怎么样"等更高级的认识水平。例如，早期主要利用遥感手段解译植被覆盖类型等静态、结构性信息，而现在，更多的研究开始关注遥感在探测植被生理状态及功能动态方面的巨大潜力。在冠层水平上，利用高光谱参数建立与植被的生物物理、生物化学参数之间的定量关系，对于研究植被水分胁迫和光合生理状态具有重要的指示意义。利用高光谱参数在景观水平上快速估测植被的光合生产力的探索也已经开始。实际上，美国自 2003 年已经开始倡导建立光谱网络，将植被反射光谱的观测和现有的通量网络水碳观测同步进行。因此，将空间观测技术运用、整合到生态水文学研究中，是未来的发展趋势。

3）生态水文耦合模拟与效益权衡

尽管研究人员对于森林植被覆盖率对流域径流的影响的科学认识提高并达成了一些共识，但是，目前还存在较多的争论或不确定性结论。多数研究认为无论在湿润还是干旱地区，植被覆盖率降低都会造成径流量显著增加，也有研究认为森林植被覆盖度增加不仅能增加河川年径流量，还能改善河川年径流量的结构，即森林植被具有"增枯减洪"的作用。总体来说,由于影响植被生态功能的环境异质性的普遍存在,不同地区、不同尺度流域森林植被变化对径流过程的影响幅度相差较大。目前,学术界和社会上对森林多效益的重视程度逐渐提高,主要关注点转向森林植被的空间配置如何影响大流域水碳效益分配问题。以水碳权衡为主要目标的生态系统综合管理旨在实现森林生态系统内外水循环、碳循环、养分循环以及生物进化过程的有序性和稳定性,进而实现生态系统生产力和生态服务功能输出的协同与双赢。但目前,由于受到不同尺度自然过程的高度变异性、生态系统的复杂性和人类活动的不可预测性等限制,面对急剧变化的气候和自然环境,尚缺乏针对我国自然、社会、经济特点并能解决大规模生态建设中植被恢复与水、碳等多种生态系统服务功能协同提升问题的科学理论和方法。

4)全球变化生态水文学研究

全球变化以气候变暖、降水格局改变、大气组成和土地利用/土地覆被变化为主要特征,正在强烈影响陆地生态系统和水文循环。森林在稳定和调节全球水碳循环与陆地生态系统水碳平衡方面发挥着重要的作用,而气候变暖和降水格局变化直接对森林物候、生长、分布和生产力,以及森林蒸散等水分循环过程产生影响。因此,为适应和减缓全球气候变化,提升森林生态系统的韧性和充分发挥森林生态系统的服务功能正在面临新的挑战。我国正在实施大范围天然林资源保护工程、退耕还林工程等生态建设工程,同时又是世界上人工造林面积最大、速度最快的国家,所经历的大规模森林植被采伐、破坏到实施一系列大规模生态建设工程突显了中国特色。为此,瞄准生态水文学的世界研究前沿,面向国家重大战略需求,依托我国不同地理区的森林生态系统长期定位研究网络,在林分、坡面、流域景观和区域尺度上开展森林生态水文过程的多尺度观测与跨尺度模拟研究将是未来森林生态水文学研究的重点任务,也是当代空间生态水文学的重要发展方向。针对我国大规模森林植被恢复与生态建设,研究森林生态系统水碳平衡对全球变化的响应与适应,发展多尺度森林生态系统水碳平衡调控的基础理论和方法,制定应对全球变化的适应性生态恢复方案,是学术界和决策管理层的双重需要。

本书展示了 21 世纪以来我国森林生态水文学的最新研究成果,特别反映了我国森林生态系统长期定位观测、站际联网研究和大尺度生态水文学的研究进展,也标志着我国森林生态水文学进入一个新阶段,重点探索森林生态水文过程的耦合、尺度转换以及全球变化生态水文学等关键科学问题。本书的编写人员都是长期从事森林生态水文学与森林生态系统研究的专家、学者。全书共分 17 章。本书的著者有:中国林业科学研究院森林生态环境与保护研究所刘世荣研究员(第 1 章、第 2 章、第 4 章、第 6 章、第 12 章、第 16 章和第 17 章)和孙鹏森研究员(第 3 章、第 5 章、第 7 章、第 12 章、第 15 章),东北林业大学蔡体久教授(第 8 章),中国科学院沈阳应用生态研究所关德新研究员、王安志研究员(第 9 章),中国科学院华南植物园闫俊华研究员(第 10 章),北京师范大学王天明教授和寇晓军教授(第 11 章),电子科技大学张明芳副教授(第 4 章和第 13 章),中国林业科学研究院热带林业研究所周璋副研究员和李意德研究员(第 14 章)。参加撰写的还有南京信息工程大学的余振教授(第 15 章)和美国农业部林务局南方试验站博士后刘宁博士(第 7 章)。此外,本书还汇集了项目合作单位一些专家的研究成果,包括南京大学安树青教授、中国林业科学研究院森林生态环境与保护研究所徐庆研究员和河海大学环境学院刘玉虹研究员在岷江流域森林水文的同位素示踪研究,以及北京师范大学葛剑平教授、中国科学院沈阳应用生态研究所何兴元研究员、南京林业大学薛建辉教授和中国林业科学研究院森林生态环境与保护研究所的张远东副研究员在岷江流域和泾河流域的生态水文相关研究。本书是目前我国最系统、最全面、最综合反映森林生态水文学研究成果的著作，得到了国家林业和草原局、中国科学院以及其他部门所管辖的陆地生态系统研究网络的大力支持，也得到了分布在我国不同气候区的森林生态系统定位研究站和流域水文观测点所提供的长期观测数据的支持，凝聚了许多从事森林水文学、森林生态学、恢复生态学和景观生态学研究的学者、研究生的相关研究成果。我们愿此书的出版能促进我国森林生态水文学发展，从传统的生态系统和小流域尺度拓展为流域景观、区域乃至全球大尺度，从单一尺度、界面和水文过程研究向多尺度、多要素和多过程的系统综合研究发展，构筑空间生态水文学的理论和方法体系，全面实现生态水文学研究的多尺度立体观测、生态水文参数的定量化、生态水文耦合过程的模型化以及流域管理平台的数字化，为解决全球变化背景下的国家生态安全问题、服务国家生态文明战略、重大生态工程建设和实现经济社会可持续发展提供强有力的科技支撑。

　　本书的欠妥之处，有待今后森林生态水文学进一步深入发展予以完善、补充、纠正和更新。本书的出版还得到了中国科学技术协会的资助，作为中国生态学学会系列研究丛书的分册之一，特此致以衷心的感谢。

目　录

第1章 绪 论

1.1 空间生态水文学的概念及内涵

空间生态水文学是应用景观生态学和地球空间信息科学的原理和方法，研究陆地生态系统生态过程与水文过程相互作用机制的科学。研究内容主要包括生态水文过程的时空演变规律、多过程耦合机制、空间异质性及尺度效应，以阐明生态水文功能对人类活动和全球气候变化等环境变化的响应与适应，为流域生态水文功能恢复和水资源与生态系统可持续管理提供决策支持。随着遥感、地理信息系统、计算机等技术的迅速发展，以及自然资源管理宏观决策对大尺度生态水文学研究的需求与日俱增，空间生态水文学基于生态水文学原理和方法逐步发展起来，成为生态水文学一个全新的分支。不同于传统的生态水文学，空间生态水文学强调基于地理空间格局理论，综合运用多尺度采样、传感和高性能运算技术对多维空间（垂直方向从根系到冠层乃至大气边界层，水平方向从站点到流域乃至区域尺度）上的生态水文过程动态进行系统观测，探究多尺度和跨尺度的生态水文过程的转换机制，最终通过对生态水文空间过程、格局和功能规律的深刻认知与模拟预测，为流域生态系统的可持续性和适应性管理提供科学依据。

1.2 生态水文学研究现状与发展趋势

传统的水文学与水资源学侧重水文物理过程和化学过程的研究，而忽略了水文系统与生态系统的相互作用。水是联系各类生态系统和社会经济系统的纽带，水文过程和生态过程紧密联系，将二者分开并独立进行研究显然是不可取的，因此，需要一门能架起生态学与水文学之间桥梁的学科。在这种背景下，生态水文学应运而生。

生态水文学正式诞生于 20 世纪 90 年代中期，而联合国教育、科学及文化组织（以下简称联合国教科文组织）制定的"国际水文计划第五阶段"（IHP-V）强调了全球水文学和生态水文过程的研究，对生态水文学的发展起到极大的促进作用。IHP-V 阐述的地表生态水文过程包括植被变化、土地利用和侵蚀过程、水库三角洲的沉积过程、河系与洪泛平原和湿地之间的关系及地表水生态过程（夏军等，2003）。之后推出的 IHP-VI 和 IHP-VII进一步推动了生态水文学研究的开展。其中 IHP-VI 的第三大主题就是以可持续性为目标的生态水文学。由于生态水文学在解决人类面临的水资源危机方面表现出强大的应用前景而备受世界各国政府和科学家关注。此外，世界气象组织（World Meteorological Organization，WMO）水文学和水资源计划（Hydrology and Water Resources Programme，HWRP）以及洪水管理联合计划（Associated Programme on Flood Management，APFM）也都强调水文学与生态水文过程的研究。

生态水文学研究根据研究区域的不同可以分为湿地生态水文学、干旱区生态水文学和山地生态水文学三大类。湿地生态水文学侧重于湿地生物与水文物理（Dubnyak and Timchenko，2000；Bandyopadhyay et al.，1997）、化学过程（Boon et al.，1992；Wagner and Zalewski，2000）的相互作用关系研究；目前的研究热点在于潜流带及河岸带生态过程与水文过程的耦合（袁兴中和罗固源，2003；Wilcox and Thurow，2006）。干旱区生态水文学则侧重于分析干旱植物在水分胁迫下的群落组成结构、分布格局与演变过程及群落演变的生态机制（Jeltch et al.，1996）。山地生态水文学的研究则主要集中在山地植被变化与水循环的关系方面，包括植被变化对不同水文过程及水质的影响等（王根绪等，2005）。

事实上，生态水文学研究过程中十分关注生态空间的组织结构和各种小尺度过程与功能构成的大尺度空间格局，并采用地面系统观测和分布式生态水文模型结合的方法辨识大尺度生态水文的格局与过程（Vivoni，2012）。开展了约 100 年的以森林植被与水的关系为核心研究内容的森林水文学可以被视作生态水文学的前身，而森林生态水文学研究可追溯至 19 世纪中期。1853 年，Belgrand 首次通过水文观测来评估森林对水文过程的影响（Andréassian，2004）。1900 年，瑞士的 Sperbelgraben 和 Rappengraben 开始了世界上最早的长期森林水文集水区实验研究。9 年后，在美国科罗拉多州南部的 Wagon Wheel Gap 流域建立起世界上第一个配对流域实验（Andréassian，2004；Lee，1980；马雪华，1993；魏晓华等，2005）。随后，美国、德国、南非、日本、英国、加拿大等国家围绕"森林及其变化对水文过程的影响"这一主题陆续开展了一系列集水区森林水文观测和配对流域实验研究（马雪华，1993）。1948 年，美国学者 Kittredge 首次提出"森林水文学"的概念，并定义"森林水文学是一门专门研究森林植被对有关水文过程的影响的科学"（王礼先和孙宝平，1990）。至此，森林水文学逐渐发展成为一门学科。虽然 Kittredge 提出的定义体现了森林水文学学科交叉性的特点，但最初还不明确。马雪华（1993）认为"森林水文学是水文学的分支学科"，是森林生态学和水文学相结合的一门新兴的交叉学科，强调森林植被对水分循环和环境的影响；她具体定义了森林水文学的研究重点内容是水，作业领域是林地。20 世纪 50 年代，森林水文学开始向两个主要方向发展：森林水文循环机制和水文特征，以及物质循环和水质变化。20 世纪 60 年代，Borman 和 Likens 创立的 Harboard Brook 生态站率先应用小集水区实验技术法，将森林水文学研究与森林生态系统定位研究相结合，从生态系统结构与功能角度阐述森林水分运动规律和机制，以及森林演替过程和森林环境变化对水分循环的影响，推动了森林水文学从水文要素的单项研究向系统综合的定位研究发展（Likens，2013；刘世荣等，1996）。20 世纪 70 年代后，我国森林水文学步入加速发展时期，森林水文学研究从与森林气象学交叉融合到与森林生态系统定位研究的结合，我国学者系统开展了森林生态系统水文循环和生物地球化学循环的研究（刘世荣等，1996）。20 世纪 90 年代以后，森林水文学研究更加强调水文过程与生态学过程的耦合机制及其尺度效应，更加关注水分循环质量及水循环的生态学机制研究（Brown et al.，2005；Giertz and Diekkrüger，2003；刘世荣等，2007）。

1992 年，都柏林水与环境国际会议首次把 Ingram 提出的科学术语 Eco-hydrology 提升为一门独立的学科，即生态水文学。21 世纪初，生态水文学作为一门边缘学科逐渐兴起，它注重研究生态学和水文学的交叉领域，是描述生态格局和生态过程水文学机制的科学（赵文智和王根绪，2002）。2002 年，美国麻省理工学院 Eagleson（2002）发表专著 *Ecohydrology：Darwinian Expression of Vegetation Form and Function*，中文译名《生态水文学》（杨大文和丛振涛译）。这是一部重要的描述生态水文学定量化研究方法的著作。它从植物特性的自然选择出发，侧重于生物气候边界条件的数量化推导和应用，提出了包括光学最优性原则、力学最优性原则、热力学最优性原则和水文及养分最优性原则在内的生物气候最优化原则，为理解和定量化研究生态水文学过程提供了重要的理论基础与技术方法。传统的森林水文学侧重于研究森林植被的水文功能和植被变化对水量平衡各分量、水质及水文循环机制的影响，多集中在林分或生态系统尺度上，而流域或区域尺度上的研究很少，对植被结构、空间分布格局及其动态变化等生态过程考虑不够全面，不能充分揭示森林植被与水的相互作用关系。生态水文学的发展推动了传统森林水文学从森林水文循环机制和水文特征研究向森林生态水文学的新兴交叉学科研究的发展。森林生态水文学是林学、生态学和水文学的交叉学科，研究重点突出了森林植被作为水文景观的动态要素，将森林植被的结构、生长过程、物候的季相变化耦合到分布式的生态水文模型中，全面客观地阐明森林植被与水分的相互作用关系，以及森林植被参与流域水文循环调节的过程与机制（刘世荣等，2003）。

尽管过去半个世纪森林生态水文学取得了可喜进展，但仍然面临着诸多具有挑战性的科学问题，其基础理论与研究方法亟待创新和发展，以解决本学科发展过程中和流域生态系统管理中的理论与实践问题。

第一，森林植被是陆地水文循环的各个重要过程的参与者，其自身的生态过程和水文过程交织在一起。森林主要是通过冠层截留降水、枯枝落叶层截留穿透水、土壤入渗、蓄持、蒸散及径流等不同过程来调整系统内的水分循环；森林的结构、生长发育和演替阶段导致上述水文功能呈现多样性特征（Liu et al.，2003）。迄今，由于研究方法的局限性及森林生态系统本身的复杂性，我们对森林生态系统内与系统间水分循环的时空变异规律、机制及驱动变量还不甚清楚，难以对森林生态系统水文过程的非线性变化做出明确的解释，更难以对其水文功能做出准确的定量评价（Brown et al.，2005）。因此，加强对不同区域典型森林生态系统水文过程与生态过程及相关因子的长期观测和研究、积累长期连续的森林植被与水分循环研究的数据十分必要。

第二，生态水文过程具有高度的尺度依赖性。生态学与水文学上，通常来说可靠的控制实验往往只能局限在较小的尺度，在评价中大流域、区域乃至更大尺度上的生态水文学问题时，尺度转换问题不可回避，这已成为当今生态水文学研究中的一个焦点与难点（Cammeraat，2004）。因缺少令人信服的尺度转换理论与方法，坡面与小流域尺度上的结论难以推演到大流域，这在很大程度上制约了森林生态水文学的发展（Shaman et al.，2004）。为此，国际水文界在委内瑞拉加拉加斯（1982 年）、美国普林斯顿（1984 年）和澳大利亚罗伯森（1993 年）举办了 3 次水文学尺度问题的专题会议，就尺度转换的理论与方法展开了深入研讨。目前，生态水文学研究出现了一些跨尺度研究的新的尝试，逐步摒弃了从小尺度的研究结果逐步推演到大尺度的传统思维方法。例如，借助遥感与地理信息系统技术，有效地解决了较大时空尺度上相关信息的收集与处理问题，直接从大尺度上进行生态水文过程的模拟或预测，从而使大尺度生态水文过程的定量化研究逐渐发展起来（Andersen et al.，2002；Chen et al.，2005；Liu et al.，2003；孙鹏森和刘世荣，2003）。分布式水文模拟方法、分形分析方法与统计自相似性分析方法等从不同角度考虑森林生态系统水分循环的时空变异特征，将小尺度（如土壤孔隙）与大尺度（如流域）上的信息联系起来（Blöschl，2001；Chirico et al.，2003），并尝试开展数据、模型和参数的多源同化，借以解决尺度转化的技术难题。这些新的尝试尽管还不成熟，在实际应用中还存在一定的缺陷与局限性，但我们相信，新的科学技术的发展将逐步提高人类获取多尺度信息的能力，尺度问题终将会迎刃而解。

第三，水分在土壤-植物-大气连续体（soil-plant-atmosphere continuum，SPAC）及林木体内的吸收、储存、运移与交换是森林和水分关系研究的重要内容，也是揭示森林水分循环机制的关键问题（Xu and Singh，2005）。从根本上来讲，林木内水分的传输过程取决于不同界面（如根-土界面）的力能关系。其中，林木根系的吸水机制及水分在林木体内的运移过程的调控机制尚不完全明确（Jackson et al.，2000；Zwieniecki et al.，2001）。水分在植物体中运移的规律与机制可由内聚力-张力学说（cohesion-tension theory）加以解释，但该理论一出现就受到了很大的质疑（Zimmermann et al.，2004）。这方面研究争论的焦点还包括：水分在植物体中的传输是否有活细胞参与，植物如何持续地保持很大的张力，如何疏通导管中的栓塞、张力，如何调节水分传输过程等问题。近年来，根压力探针和细胞压力探针的出现及其在研究中的应用，为揭示林木的吸水机制与水分在林木内的运移过程和机制提供了很大便利。但是，林木吸水与水分在林木体内的运移受到许多环境因子的影响，如叶冠层的气象因子（包括太阳辐射、大气温度、大气湿度、风速等）、土壤的水分状况、气孔导度、植物叶面积等。植物生理学研究方法、红外遥感法和 SPAC 水分传输模拟法（Mo et al.，2004）等也被运用到相关研究中。其中，通过树干液流的测定来估算林木耗水量是目前国内外经常采用的成熟方法。但树干液流的测定还存在一些问题亟待解决，如边材面积与液流量间的关系、不同功能型物种间树干液流的差异、树干液流的昼夜变化等（Chuang et al.，2006）。此外，从单株耗水量到林分的耗水量，再到生态系统的耗水量乃至更大尺度上森林植被耗水量的推算同样存在尺度转换不确定性的问题，为此，还需进一步探索和深入研究。

第四，生态水文过程存在空间异质性和复杂性，精准模拟和预测生态水文过程的变化规律是空间生态水文学的一项重要研究内容。作为影响植被水文过程的关键因素，大气降水存在较大的时空异质性，由此呈现降水过程与植被生长过程的节律性和非节律性变化，导致植被生态过程与水分循环过程既相互关联、相互影响，又相互独立、相互分离。分布式水文模型是当前生态水文过程建模的重要方法，不但能够充分反映水文要素在空间上的异质性，而且栅格数据便于和遥感数据源更好地实现空间匹配，及时反映下垫面地表环境条件的时空变化，体现生态水文过程的空间异质性及其栅格单元间的相互关系，从而赋予模型更多的功能，这些是基于经验或黑箱方法的水文模型难以实现的（Smith et al.，2004；孙鹏森和刘世荣，2003）。分布式水文模型的模拟范围涵盖了地表水与地下水计算、水资源数量与质量的综合评价、非点源污染、土壤侵蚀与水土流失、洪水预报、土地覆盖与土地利用变化对水文过程的影响、生态需水量、水生生物与生态系统修复，并且可通过尺度转换与大气环流模式耦合来预测全球变化对水文水资源的影响，从而将地表生态水文学过程纳入全球变化与地球系统科学研究的范畴。如何将分布式水文模型与植被的物候、生长发育模型及其他模型耦合在一起，研究全球变化背景下森林水分循环及其生态系统服务功能的变化是未来森林生态水文模型研究中的重点。

1.3 空间生态水文学研究的意义

目前对生态水文过程的认识多集中在林分、坡面及小流域集水区尺度。在这类小尺度上植被景观、气候、地形地貌的空间异质性低，对生态水文过程的观测和预测相对容易。随着流域面积的增加，流域景观、气候和地形地貌的空间异质性显著增强，尤其是人类活动干扰的时空变化，水文过程受到气候、生态、地形地貌、土壤等流域特征和人类干扰过程的多要素、多过程的交互作用，从而导致大、中尺度上的生态水文过程变得极其复杂和多变（Thompson et al.，2011）。由此可见，在大、中尺度上开展生态水文过程的观测、数据收集和实验研究难度巨大，这也是大、中尺度上的生态水文研究相对较少的重要原因。尽管我们认识到生态水文过程在不同尺度上的作用关系具有高度的尺度依赖性，并且有关生态水文过程尺度效应及尺度转换问题的讨论由来已久，但是时至今日，我们对大、中尺度上的生态水文过程的认知仍相对缺乏，对空间尺度及格局与生态水文过程和功能间的作用机制仍不甚了解。其中除该问题的复杂性以外，另一个重要原因就是缺乏系统的理论指导（刘世荣等，2007）。

空间生态水文学的出现将为全面认识不同时空尺度上的生态水文过程及其耦合作用关系提供系统的理论指导，并且，在现代高时空精度的空间遥感技术的支持下，可以直接从不同时空尺度上开展空间生态水文学研究，尤其可以直接在大尺度上进行跨尺度研究。此外，本书第 5 章（5.1.3 小节）中介绍了利用高光谱遥感技术对植被生理活动规律（如气体交换、叶绿素荧光）的研究，这些新的技术手段和研究理念，将使我们不再止步于尺度转换的技术羁绊，也避免了因为尺度转换带来的更多不确定性，并最终促进空间生态水文学分支学科的发展。

空间生态水文学的发展除了理论和方法上的创新，在实践上还具有指导流域生态系统管理的应用价值。众所周知，自然资源管理和流域生态系统保护相关规划及策略的制定通常以大、中尺度流域为对象，例如，实施"山水林田湖草"系统治理，尤其在开展应对气候变化及流域适应性管理时，更需要大流域乃至区域尺度的研究结果作为科学依据。但是大、中尺度上的生态水文研究过程认识的缺失迫使管理者通常以小尺度的研究成果作为决策参考，这极大地阻碍了管理部门做出科学决策（Zhang et al.，2012）。空间生态水文学是运用空间结构、格局与过程的思路系统地研究不同时空尺度上生态水文过程及其功能的作用机制的一门科学。因此，空间生态水文学的理论与方法将为自然资源管理、流域生态系统保护与修复以及流域可持续性发展提供有力的科学支撑。

主要参考文献

刘世荣, 温远光, 王兵, 等. 1996. 中国森林生态系统水文生态功能规律. 北京: 中国林业出版社.

刘世荣, 常建国, 孙鹏森. 2007. 森林水文学: 全球变化背景下的森林与水的关系. 植物生态学报, 31(5): 753-756.

刘世荣, 孙鹏森, 温远光. 2003. 中国主要森林生态系统水文功能的比较研究. 植物生态学报, 27(1): 16-22.

马雪华. 1993. 森林水文学. 北京: 中国林业出版社.

孙鹏森, 刘世荣. 2003. 大尺度生态水文模型的构建及其与 GIS 集成. 生态学报, 23(10): 2115-2124.

王根绪, 刘桂民, 常娟. 2005. 流域尺度生态水文研究评述. 生态学报, 25(4): 892-903.

王礼先, 孙宝平. 1990. 森林水文研究及流域治理综述. 水土保持科技情报, (2): 10-15.

魏晓华, 李文华, 周国逸, 等. 2005. 森林与径流关系——一致性和复杂性. 自然资源学报, 20(5): 761-770.

夏军, 丰华丽, 谈戈, 等. 2003. 生态水文学概念、框架和体系. 灌溉排水学报, 22(1): 4-10.

袁兴中, 罗固源. 2003. 溪流生态系统潜流带生态学研究概述. 生态学报, 23(5): 957-965.

赵文智, 王根绪. 2002. 生态水文学. 北京: 海洋出版社.

Andersen J, Dybkjaer G, Jensen K H, et al. 2002. Use of remotely sensed precipitation and leaf area index in a distributed hydrological model. Journal of Hydrology, 264(1): 34-50.

Andréassian V. 2004. Waters and forests: from historical controversy to scientific debate. Journal of Hydrology, 291(1-2): 1-27.

Bandyopadhyay J, Rodda J C, Kattelmann R, et al. 1997. Highland Water—A Resource of Global Significance. Carnforth: Parthenon: 131-155.

Blöschl G. 2001. Scaling in hydrology. Hydrological Processes, 15(4): 709-711.

Boon P J, Calow P, Petts G E. 1992. River Conservation and Management. New Jersey: John Wiley & Sons: 2-18.

Bradford P W, Thomas L T. 2006. Emerging issues in rangeland ecohydrology: vegetation change and the water cycle. Rangeland Ecology and Management, 59: 220.

Brown A E, Zhang L, Mcmahon T A, et al. 2005. A review of paired catchment studies for determining changes in water yield resulting from alterations in vegetation. Journal of Hydrology, 310(1-4): 28-61.

Cammeraat E L. 2004. Scale dependent thresholds in hydrological and erosion response of a semi-arid catchment in southeast Spain. Agriculture, Ecosystems & Environment, 104(2): 317-332.

Chen J M, Chen X, Ju W, et al. 2005. Distributed hydrological model for mapping evapotranspiration using remote sensing inputs. Journal of Hydrology, 305(1-4): 15-39.

Chirico G B, Grayson R B, Western A W. 2003. A downward approach to identifying the structure and parameters of a process–based model for a small experimental catchment. Hydrological Processes, 17(11): 2239-2258.

Chuang Y L, Oren R, Bertozzi A L, et al. 2006. The porous media model for the hydraulic system of a conifer tree: linking sap flux data to transpiration rate. Ecological Modelling, 191(3-4): 447-468.

Dubnyak S, Timchenko V. 2000. Ecological role of hydrodynamic processes in the dnieper reservoirs. Ecological Engineering, 16(1): 181-188.

Eagleson P S. 2002. Ecohydrology: Darwinian Expression of Vegetation Form and Function. Cambridge: Cambridge University Press.

Eagleson P S. 2008. 生态水文学. 杨大文, 丛振涛, 译. 北京: 水利水电出版社.

Giertz S, Diekkrüger B. 2003. Analysis of the hydrological processes in a small headwater catchment in Benin (West Africa). Physics and Chemistry of the Earth, Parts A/B/C, 28(33): 1333-1341.

Jackson R B, Sperry J S, Dawson T E. 2000. Root water uptake and transport: using physiological processes in global predictions. Trends in Plant Science, 5(11): 482-488.

Jeltch F, Milton S J, Dean W R J, et al. 1996. Tree spacing and co-existence in semiarid savannas. Journal of Ecology, 84(4): 583-595.

Lee R. 1980. Forest Hydrology. New York: Columbia University Press.

Likens G E. 2013. Biogeochemistry of A Forested Ecosystem. Frankfurt: Springer Science & Business Media.

Liu S, Sun P, Wen Y. 2003. Comparative analysis of hydrological functions of major forest ecosystems in China. Acta Phytoecological Sinica, 27(1): 16-22.

Mo X, Liu S, Lin Z, et al. 2004. Simulating temporal and spatial variation of evapotranspiration over the Lushi basin. Journal of Hydrology, 285(1-4): 125-142.

Shaman J, Stieglitz M, Burns D. 2004. Are big basins just the sum of small catchments? Hydrological Processes, 18(16): 3195-3206.

Smith M B, Georgakakos K P, Liang X. 2004. The distributed model intercomparison project (DMIP): motivation and experiment design. Journal of Hydrology, 298(1-4): 1-3.

Thompson S E, Harman C J, Troch P A, et al. 2011. Spatial scale dependence of ecohydrologically mediated water balance partitioning: a synthesis framework for catchment ecohydrology. Water Resource Research, 47(10): W00J03.

Wagner M, Zalewski. 2000. Effect of hydrological patterns of tributaries of biotic processes in a lowland reservoir - consequences for restoration. Ecological Engineering, 16(1): 79-90.

Wilcox B P, Thurow T L. 2006. Emerging issues in rangeland ecohydrology: vegetation change and the water cycle. Rangeland Ecology and Management, 59(2): 220-224.

Xu C Y, Singh V. 2005. Evaluation of three complementary relationship evapotranspiration models by water balance approach to estimate actual regional evapotranspiration in different climatic regions. Journal of Hydrology, 308(1-4): 105-121.

Zimmermann U, Schneider H, Wegner L H, et al. 2004. Water ascent in tall trees: does evolution of land plants rely on a highly metastable state? New Phytologist, 162(3): 575-615.

Zhang M, Wei X, Sun P, et al. 2012. The effect of forest harvesting and climatic variability on runoff in a large watershed: the case study in the Upper Minjiang River of Yangtze River basin. Journal of Hydrology, 464-465: 1-11.

Zwieniecki M A, Melcher P J, Holbrook N M. 2001. Hydrogel control of xylem hydraulic resistance in plants. Science, 291(5506): 1059-1062.

第 2 章　变化环境下的空间生态水文学

2.1　全　球　变　化

2.1.1　气候变化

2.1.1.1　大气变化

（1）全球气候变化

自工业革命以来，人类经济社会获得长足进步与发展，但是全球工业化引起煤、石油、天然气等化石燃料的大量消耗和土地利用方式的改变，导致大气中 CO_2 及其他温室气体浓度不断上升。至 2019 年 5 月，全球 CO_2 浓度已经超过 414.7 ppm[①]，达到近 80 万年来的最高值，并且还在持续增加。联合国政府间气候变化专门委员会（Intergovernmental Panel on Climate Change，IPCC）第五次评估报告（2013 年）显示，近百余年来（1880～2012 年）全球平均气温上升了 0.85℃。过去 30 年（1983～2012 年）可能是北半球近 1400 年间最暖的 30 年。预计 2016～2035 年全球平均地表温度将比 1986～2005 年增高 0.3～0.7℃，而 2081～2100 年将进一步升高 0.3～4.8℃（IPCC，2013；Stocker et al.，2013；秦大河，2014）。

尽管就全球尺度而言，地表气温将继续上升，全球特别是北半球中高纬度地区的降水量将增加（IPCC，2013），但是全球气候变化存在明显的区域性和季节性差异。未来 50～100 年全球中高纬度地区的增温将大于中低纬度地区，冬季、春季增暖更为明显（丁一汇等，2006）。Xu 等（2005）运用我国科学家研制的全球 NCC/IAP T63 海气耦合模式，参考 IPCC 给出的未来温室气体排放与浓度情景，对全球、东亚未来 20～100 年的气候变化趋势进行了预估，结果显示：排放情景特别报告（Special Report on Emissions Scenarios，SRES）A2、A1B 情景下[英国 Hadley 气候中心的区域气候模式系统 PRECIS（Providing Regional Climates for Impacts Studies）产生的不同排放情景]，到 21 世纪全球气温将分别上升 3.6℃/100 a、2.5℃/100 a；A2 情景下，全球平均降水将增加 4.3%/100 a；其中，低纬度与高纬度地区降水将增加，而亚热带部分地区降水将减少。乔治气候变化指数（Giorgi climate change index）对于全球不同地区气候变化对温室气体排放的响应程度的评价结果也进一步说明气候变化存在明显的区域差异，其研究表明地中海地区、欧洲东北部、美洲中部是气候变化的热点地区（Giorgi，2006）。

（2）中国气候变化

1）气温变化

在全球变暖背景下，近 100 年来中国年平均地表气温明显增加，升高 0.5～0.8℃，

---

① 1 ppm = 1×10^{-6}

比同期全球升温幅度平均值（0.6℃±0.2℃）略高（丁一汇等，2006），尤其以 20 世纪中后期最为明显。1951~2001 年，中国年平均气温整体的温度变化达 0.22℃/10 a，51 年平均气温上升 1.1℃（丁一汇等，2007）。从区域差异看，我国北方（秦岭—淮河一线以北地区）和青藏高原的部分地区年平均气温升高明显，而西南地区北部，包括四川盆地东部和云贵高原北部的年平均气温则呈下降趋势（丁一汇等，2007）。1951~2010 年，东北区、华北北部地区的年平均气温上升最明显，气候倾向率分别为 0.303℃/10 a 与 0.302℃/10 a；江南区、华南区的升温速率较小，气候倾向率分别为 0.135℃/10 a、0.131℃/10 a。从季节变化角度看， 1951~2010 年，中国东北区与西北区的夏半年气温增温速率较大，气候倾向率分别为 0.233℃/10 a 与 0.202℃/10 a，华南区的增温速率最小，气候倾向率为 0.08℃/10 a。东北区、甘新区与华北区冬半年气温上升最快，气候倾向率分别为 0.354℃/10 a、0.323℃/10 a、0.316℃/10 a，华南区升温最慢，气候倾向率为 0.16℃/10 a（韩翠华等，2013）。

近年来，中国学者采用全球气候模式，基于温室气体的气候效应及温室气体加硫酸盐气溶胶的直接效应预估了 21 世纪我国的气候变化。丁一汇等（2007）针对 40 多个气候模式和排放方案预测了 21 世纪中国的气温变化。到 2020 年中国气温将可能变暖 1.3~2.1℃，2050 年变暖 2.3~3.3℃，2100 年变暖 3.9~6.0℃。与全球和东亚地区未来 100 年的线性趋势相比，中国温度变化线性倾向率比全球的高，比东亚地区的略低。与此同时，预测表明，中国未来气候变化也存在明显的区域差异。Xu 等（2005）在乔治气候变化指数基础上利用区域气候变化指数（regional climate change index，RCCI）进一步评价东亚不同地区对气候变化的响应差异。该研究表明中国的东北地区、西北地区、中部地区、青藏高原、内蒙古地区是气候变化敏感地区。丁一汇等（2006）的研究也表明未来气候增暖的南北差异明显：北方地区的增温明显大于南方地区，最大的增温区域是华北、西北、东北北部。除存在区域差异外，气候变化的季节差异也十分明显。21 世纪中国各季节温度都将增加，其中冬季、春季增加最明显，夏季和秋季次之（丁一汇等，2006）。第五次国际耦合模式比较计划（Coupled Model Intercomparison Project，CMIP）全球气候模式模拟的 29 个全球气候模式显示：中国年平均地表气温将继续升高，21 世纪末的升温幅度随着辐射强度的增大而增大。排放情景典型浓度路径（representative concentration pathway，RCP）2.6 情景下，年平均地表气温先升高后降低，中国年平均地表气温将在 2049 年达到升温峰值，21 世纪末升温 2.12℃；RCP4.5 情景下，年平均地表气温在 21 世纪前半叶逐渐升高，之后升温趋势减缓，21 世纪后期趋于平稳，21 世纪末中国年平均地表气温增加 3.39℃；RCP8.5 情景下，21 世纪年平均地表气温快速升高，21 世纪末中国年平均地表气温增加 6.55℃。RCP2.6、RCP4.5 和 RCP8.5 情景下中国年平均地表气温增幅连续 5 年不低于 2℃的时间分别在 2032 年、2033 年和 2027 年，明显早于全球平均地表气温增加的时间。3 种不同典型浓度路径情景下 21 世纪中国年平均地表气温将继续升高这一结果是可信的，RCP4.5 和 RCP8.5 情景下中国年平均地表气温增幅超过 2℃的结果模式之间有较高的一致性。多模式预估的中国年平均地表气温增幅和不同幅度升温的出现时间均存在一定的不确定性，预估结果的不确定性随预估时间的延长而增大（张莉等，2013）。

2）降水变化

1956～2013 年，全国年平均降水量、季节降水量、降水量距平百分率未表现出显著趋势变化，但秋季、冬季降水量距平百分率分别表现出较明显的下降和上升。其中，年降水量和夏季降水量减少（−5%～−1%/10 a）主要发生在东北中南部、华北、华中和西南地区，而东南沿海、长江下游、青藏高原和西北等地区年降水量增加（0～10%/10 a）较明显。降水趋势变化的空间结构相对稳定，北方降水减少范围有由黄土高原、华北平原向东北和西南扩散的趋势，东北北部和长江中下游的降水增加范围变小，总体来看东部降水减少和增加的区域均在萎缩，"南涝北旱"现象减少。全国平均降水日数存在显著的下降趋势（每 10 年减少 3.2 天），而全国日平均降水强度出现明显的上升趋势（0.17 mm/10 a）。全国年平均暴雨量（3.18 mm/10 a）、暴雨日数（每 10 年增加 0.03 天）呈现出较显著的增加趋势，但暴雨强度（0.11 mm/10 a）没有明显变化，暴雨量和暴雨日数增加主要发生在珠江、东南诸河流域，而海河和西南诸河流域暴雨量、暴雨日数和暴雨强度呈较明显的减少趋势（任国玉等，2015）。

与气温相比，人类活动对 21 世纪中国降水的影响则较为复杂，不同模式和排放情景得到的结果差异较大。到 21 世纪末，考虑温室气体强迫和 SRES A2 情景下中国的年平均降水量将增加 20%左右，SRES B2 情景下将增加 10%左右（丁一汇等，2007），并且在 21 世纪的不同时期，降水变化的趋势会有所不同。根据江志红等（2008）的预测结果，21 世纪初 A2 情景下降水量略有减少，21 世纪中后期，降水逐渐增加。在 21 世纪中叶以前各种情景下 7～11 月降水量距平百分率都为负值，表明 21 世纪中叶 7～11 月降水量减少。24 个 CMIP5 全球气候模式的结果显示，当代中国区域平均降水量对增温的响应较观测偏弱，而极端降水量的响应则偏强。CMIP5 全球气候模式对各子区域气温与平均降水量、极端降水量的关系均有一定的模拟能力，并且对极端降水量的模拟好于平均降水量。RCP4.5 和 RCP8.5 情景下，随着气温的升高，中国区域平均降水量和极端降水量均呈现增加的趋势，中国区域平均气温每升高 1℃，平均降水量分别增加 3.5%和 2.4%。从各分区来看，当代的区域性差异较大，未来则普遍增强，并且区域性差异减小，在持续增暖背景下，中国及各分区极端降水量对增暖的响应比平均降水量强，并且极端降水量越大，敏感性越大。未来北方地区平均降水量对增暖的响应比南方地区的要大，青藏高原和西南地区未来发生暴雨、洪涝的风险将增大（吴佳等，2015）。

2.1.1.2 海洋变化

海洋面积广阔，在气候系统能量储存中占主导地位。一方面，全球气温升高引起海水受热膨胀、冰川融化等，从而使海平面升高；另一方面，大气 CO_2 浓度的升高导致海水吸收大量 CO_2 而酸化，从而危及海洋生物的生存。

IPCC 第五次评估报告（2013 年）显示：全球尺度上，海洋表层温度升幅最大。1971～2010 年，气候系统增加的净能量中有 60%以上储存在海洋上层（0～700 m），另外大约有 30%储存在 700 m 以下，海洋上层 75 m 以上深度的海水温度升幅为 0.11℃/10 a（0.09～0.13℃/10 a）（Stocker et al.，2013）。1901～2010 年，由于海水受热膨胀、冰雪融化和陆地储水进入海洋，全球平均海平面抬升了 0.19 m（0.17～0.21 m）（图 2.1d），上升的平均速率为 1.7 mm/a（1.5～1.9 mm/a），达到了过去 2000 年的最高水平。不仅如此，近年来海平面上升的速率还在不断增加。1993～2010 年全球海平面的平均上升速率高达 3.2 mm/a（2.8～3.6 mm/a）（秦大河，2014）。与此同时，海洋吸收了约 30%因人为活动而排放的 CO_2，使表层海水严重酸化，其 pH 已经下降了约 0.1（图 2.2），相当于氢离子浓度增加了 26%（Stocker et al.，2013；秦大河，2014）。

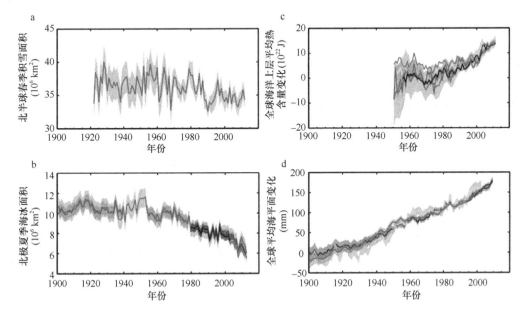

图 2.1　IPCC 报告的全球气候和环境变化（彩图见封底二维码）

a. 北半球 3～4 月（春季）平均积雪面积；b. 北极 7～9 月（夏季）海冰面积；c. 调整到 2006～2010 年时段相对于 1970 年所有资料集平均值的全球海洋上层（0～700 m）平均热含量变化；d. 相对于 1900～1905 年最长的连续资料集平均值的全球平均海平面变化，所有资料集均调整为 1993 年（即有卫星高度仪资料的第一年）的相同含义的值（引自 IPCC，2013）。所有时间序列（不同颜色的曲线表示不同的资料集）给出年度值，经评估后的不确定性用不同颜色的阴影区表示

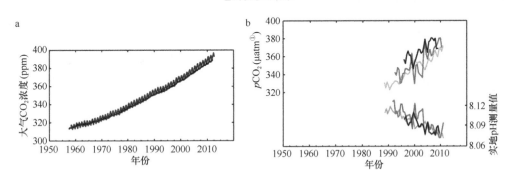

图 2.2　IPCC 报告的大气 CO_2 和 pH 相关数值变化（彩图见封底二维码）

a. 从 1958 年起在莫纳罗亚（19°32′N，155°34′W，红色曲线）和南极（89°59′S，24°48′W，黑色曲线）观测到的大气 CO_2 浓度；b. 海洋表面溶解的 CO_2 分压（pCO_2，蓝色曲线）和实地 pH 测量值（绿色曲线，测量海水酸度）（引自 IPCC，2013）

　　图 2.2 观测值来自位于大西洋（29°10′N，15°30′W，深蓝/深绿；31°40′N，64°10′W，蓝/绿）和太平洋（22°45′N，158°00′W，淡蓝/淡绿）的 3 个观测站。

---

① 1 atm=1.013 25×10^5 Pa

2.1.1.3 冰冻圈变化

根据 2013 年发布的 IPCC 第五次评估报告，过去 20 年来，格陵兰冰盖和南极冰盖的冰量一直在减少，全球范围内的冰川几乎都在持续退缩，北极海冰和北半球春季积雪范围在继续缩小。

1971～2009 年，全世界冰川的冰量平均损失速率(不包括冰盖外围的冰川)为 226 Gt/a（91～361 Gt/a），而 1993～2009 年损失速率增加至 275 Gt/a（140～410 Gt/a）。格陵兰冰盖的冰量平均损失速率已从 1992～2001 年的 34 Gt/a（−6～74 Gt/a）大幅度增至 2002～2011 年的 215 Gt/a（157～274 Gt/a）。南极冰盖的冰量平均损失速率从 1992～2001 年的 30 Gt/a（−37～97 Gt/a）增至 2002～2011 年的 147 Gt/a（72～221 Gt/a）。1979～2012 年，北极海冰面积以 3.5%～4.1%/10 a 的速率（即 0.45×10^6～$0.51\times10^6\,km^2/10$ a）在缩小，夏季最小的海冰覆盖面积（多年海冰）以 9.4%～13.6%/10 a 的速率（0.73×10^6～$1.07\times10^6\,km^2/10$ a）缩小（图 2.1b）。过去 30 年间，北极夏季海冰范围的缩小史无前例。而南极海冰面积在 1979～2012 年则很可能以 1.2%～1.8%/10 a（0.13×10^6～$0.20\times10^6\,km^2/10$ a）的速率增加。因此，海冰面积变化存在很大的区域差异，有些区域在增加，有些区域在减小（Stocker et al.，2013）。

基本可以确定的是，自 20 世纪中叶以来，北半球积雪面积已经缩小。1967～2012 年，北半球 3 月和 4 月平均积雪面积缩小 1.6%/10 a（0.8%～2.4%/10 a），6 月缩小 11.7%/10 a（8.8%～14.6%/10 a）（图 2.1a）。在此期间，北半球积雪面积在任一月份都没有显著增加（Stocker et al.，2013）。

自 20 世纪 80 年代初以来，大多数地区多年冻土温度已经升高。在阿拉斯加北部一些地区，观测到的冻土升温幅度达 3℃（20 世纪 80 年代早期至 2005 年前后）。俄罗斯的北部地区升温达 2℃（1971～2010 年）。同时，在 1975～2005 年已观测到该地区多年冻土层厚度和范围的大幅减少（中等信度）。多重证据表明，自 20 世纪中叶以来北极出现了大幅度增暖趋势（Stocker et al.，2013）。

2.1.1.4 极端气候

2001 年的 IPCC 报告中对 20 世纪后 50 年极端天气和气候事件的分析表明，世界上与厄尔尼诺（El Niño）事件相关的干旱、强降水、高温酷暑、强热带风暴等灾害事件都会增加（IPCC，2001）。中国近 52 年来平均最高气温北方增加明显，南方变化不显著甚至气温表现为下降趋势。而年平均最低气温的上升趋势远较年平均最高气温变化明显，北方地区气温上升更显著，上升速率有随纬度增加而增加的趋势（丁一汇等，2006）。华北地区年降水量趋于减少，极端降水值和极端降水平均强度趋于减小。西北地区西部总降水量趋于增多，极端降水值和极端降水平均强度并未发生显著变化（丁一汇等，2006，2007）。1957 年以来热带气旋使中国陆地降水总量呈显著减少趋势。20 世纪 80 年代后期以来登陆中国的台风数量也明显减少。

干旱是中国最常见、影响最大的极端气候灾害。赵宗慈等（2008）研究认为，近 25 年来中国华北地区呈持续干旱的特征。进入 21 世纪，中国除西北和东北部分地区干旱日数可能减少外，大部分地区干旱日数可能增加（赵宗慈等，2008）。黄荣辉和杜振彩（2010）

研究表明，我国华北地区在 1977~1992 年及 1999~2009 年降水连年偏少，20 世纪八九十年代平均降水量约比 50 年代减少 1/3，发生了长期干旱。特别是中国西南地区，自 2009 年秋、冬季到 2010 年春季发生了持续 3 个季度的严重干旱，降水量比常年偏少 40% 以上，有的地区偏少 60% 以上。在 SRES A1B 中等排放情景下，中国黄河中、上游地区及西北内陆地区在 21 世纪夏季降水将减少，意味着这些地区夏季干旱将加剧。许崇海等（2010）研究认为，2011~2050 年 SRES A1B 情景下中国地区表现为持续干旱化，总体干旱面积和干旱频率将持续增加，其中以极度干旱的持续增加为主；从干旱频率和持续时间看，东部地区干旱化趋势比西部地区更明显。尤其是 2009~2013 年，中国四川和云南等地发生了百年一遇的极端干旱事件，导致大面积森林枯死，区域陆地生态系统碳源/碳汇角色发生本质变化（Zhang et al.，2013）。

2.1.2　土地利用/土地覆被变化

土地覆被是生态水文过程中下垫面基本属性的表征，是陆地水循环各个重要过程的参与者（Canadell and Raupach，2008；Chazdon，2008）。生态水文学中对土地覆被的研究主要侧重于植被覆盖变化。一方面植被对水文过程产生重要影响，另一方面水文过程也会作用于植被的生态学过程。植被的时空分布成为影响该区域水文循环的核心因素。但是由于不同结构、不同类型、不同演替阶段的植被所呈现出的生态水文功能特征具有明显差异（刘世荣等，2007），并且植被和水文之间的相互作用在时间与空间尺度上具有高度复杂性、异质性和不确定性，我们对植被的生态过程与水文过程在不同时空尺度上的认知仍十分有限。

土地覆被类型的改变影响了植被的空间分布格局，而这种格局的改变必然导致生态系统在相应空间范围内的物质循环和能量流动发生改变。目前对植被景观格局变化的研究主要集中在土地利用/土地覆被变化，如通过遥感解译不同时相的卫片、航片来研究区域植被景观格局变化。但这些研究大多集中在景观结构变化，而对植被景观格局变化的相关过程的研究较为欠缺。

近年来，将土地利用/土地覆被变化（land use and cover change，LUCC）与气候、水文效应相结合，通过建立各种预测模型来揭示其中的变化特征和规律，已成为 LUCC 研究的焦点和重点。例如，美国国家环境保护署（Environmental Protection Agency，EPA）建立的 SWMM（storm water management model）和 L-THIA（long term hydrological impact assessment）模型，以及国际应用系统分析研究所（International Institute for Applied Systems Analysis，IIASA）的 WATBAL（integrated water balance model）等模型，都是在流域尺度上探讨土地利用变化同大气和水文过程的相互关系。土地覆被变化对水文过程的影响主要表现在其影响了水分在流域中的再分配与运行过程。土地覆被变化改变了地表蒸发、土壤水分状况及地表覆被的截留量、蒸发量等，进而影响流域的水分平衡。关于土地覆被变化对流域水文影响的研究方法很多，较早的有对比流域实验法和时间序列分析法。对比流域实验法是通过两个结构和自然环境背景相似的流域对比研究，评价植被清除或植被类型变化对流域产水量的影响。时间序列分析法则是针对一个流域选择较长时间段上反映土地覆被变化水文效应的特征参数，尽量剔除其他因素的作用，从特征参数的变化趋势上评估土地覆被变化的水文效应。

2.1.3 氮沉降

全球变化包括全球大气变化、全球气候变化、土地利用/土地覆被的变化、人口增加、荒漠化和生物多样性变化（Vitousek，1994），而其中全球大气变化最引人注目，因为它直接或间接引起气候和环境等其他全球性的变化。大气变化中除 CO_2 浓度升高外，另一个新近出现而又令人担忧的是大气中含氮物质浓度的迅速增加，其来源和分布正在迅速扩展到全球范围，并不断向陆地和水生生态系统沉降（Galloway and Cowling，2002；Kaiser，2001；Matson et al.，2002；Mooney et al.，1987；Vitousek et al.，1997）。化石燃料燃烧、含氮化肥的大量生产和使用、畜牧业发展等向大气中排放的含氮化合物激增是引起大气氮沉降成比例增加的主要原因（Galloway and Cowling，2002；Vitousek et al.，1997）。目前，全球范围的大气氮沉降速度比工业革命前至少增加了 3～20 倍，而且一些国家和地区氮沉降的速度还将进一步增加（Galloway and Cowling，2002；Hall and Matson，1999，2003）。在工业发展较早、农业集约化程度较高的地区大气氮沉降量明显增高，如欧洲畜牧业和工业发达地区氮沉降量超过了 25 kg N/（$hm^2 \cdot a$）（Binkley et al.，2000），在荷兰严重污染地区，森林穿透雨中的氮沉降量普遍在 50 kg N/（$hm^2 \cdot a$）以上，有些地区甚至超过 100 kg N/（$hm^2 \cdot a$）（Wright and Rasmussen，1998）；在美国东北部，目前氮沉降量比本底水平增加了 10～20 倍（Magill et al.，1997）。

随着人类活动的日益频繁，大气氮沉降的年增加量呈上升趋势，且随着经济发展的全球化，氮沉降问题也呈现全球化趋势（Galloway et al.，2003）。据报道，活性氮（reactive nitrogen，氮沉降的来源）产生速度在 20 世纪 90 年代约为 1.4×10^8 t/a，预计未来半个世纪将上升到 9.0×10^8 t/a，且大约一半出现在亚洲，氮排放源由原来集中在欧洲和北美洲发达国家地区向全球迅速扩展，导致了氮沉降的全球化（Galloway and Cowling，2002；Kaiser，2001；Matson et al.，2002，1999）。

事实上，我国尤其东部地区也存在高氮沉降问题。改革开放以来，我国经济发展取得了举世瞩目的成就，尤其是沿海地区。例如，广东省经济多年以来高速发展，成为经济总量占全国 1/10 的国内第一大经济强省。然而，随着经济的发展，广东省大气污染物，尤其是氮的排放总量也迅速提高。据报道，广州市 1988 年降水中的氮沉降量为 45.6 kg/（$hm^2 \cdot a$），到 1990 年升至 72.6 kg/（$hm^2 \cdot a$）（任仁和白乃彬，2000）。佛山市南海区 1998 年 NO_x 的污染排放量较 1991 年增加了近一倍（1991 年、1998 年排放量分别为 0.0336 mg/m³ 和 0.066 mg/m³；佛山市南海区林业科学研究所提供）。处在广东省珠江三角洲下风口的鼎湖山国际生物圈保护区（中国科学院鼎湖山森林生态系统定位研究站）1989～1990 年、1998～1999 年观测的降水氮沉降量分别高达 35.57 kg/（$hm^2 \cdot a$）和 38.4 kg/（$hm^2 \cdot a$），与欧洲和北美洲国家一些高氮沉降区的沉降量相当（周国逸和闫俊华，2001；黄忠良等，1994），是广东鹤山林业科学研究院（中国科学院鹤山森林生态系统定位研究站）[8.31 kg/（$hm^2 \cdot a$）]（姚文华和余作岳，1995）和地处西南偏远边陲的西双版纳热带季雨林降水氮沉降量[8.89 kg/（$hm^2 \cdot a$）]的 4 倍以上（沙丽清和郑征，2002）。显而易见，随着我国经济社会、工农业的进一步发展，一些地区的氮沉降量可能还会继续升高（Galloway and Cowling，2002）。同时，气候和水分供应的极大差异会导致经济发展的不均衡，氮沉降的分布状况、增加的速度及其影响存在巨大的区域性差异（Galloway and Cowling，2002）。总体而言，我国已成为全球三大氮沉降集中区之一（分别为欧洲、美国和中国）（Fenn et al.，1998；Townsend et al.，1996）。我国氮沉降的现状和未来的发展趋势已引起国际社会的高度关注（Galloway and Cowling，2002；Zheng et al.，2002）。

2.2 全球变化与陆地生态系统

全球变化与陆地生态系统（global change and terrestrial ecosystem，GCTE）是国际地圈-生物圈计划（International Geosphere-Biosphere Programme，IGBP）的核心项目之一。该计划过去十几年的观测、实验和模拟表明，气候变化在不同的时空尺度上对生物圈特别是人类赖以生存的陆地生态系统的结构（如物种组成和植被地理分布格局）和功能（如净初级生产力和碳循环）产生了深刻的影响（Karl and Trenberth，2003；Walker，1999）。植被是陆地生态系统的重要组成部分，具有明显的季节、年际变化特点，是联结土壤、大气和水分的自然纽带；植被变化体现着自然演变和人类活动对生态环境的作用，因此在全球变化中植被充当着"指示器"的作用（马明国等，2006）。植被与气候之间的相互作用主要表现在两个方面：植被对气候的适应性与植被对气候的反馈作用。温度升高、降水格局变化和 CO_2 浓度增高等变化会引起植被生态系统功能的变化，包括光合作用、呼吸作用和生长季长度与物候等，最终影响全球碳平衡格局、水循环和生物地球化学循环。

2.2.1 植被生理学变化

大气 CO_2 浓度增加对细胞组织的影响包括 CO_2 诱导叶绿素荧光现象、酶活性、细胞内碳分配和物质运输过程等发生变化，后两个生理过程有助于了解 CO_2 对树木生长和碳氮分配的作用。由于缺乏有关 CO_2 对细胞生理过程影响机制的了解，难以将叶片和枝条尺度上所获得的实验结果推演到林分与区域景观尺度上（Jarvis et al.，1989），即小尺度叶片生理生态向大尺度生态水文过程的转化受到限制。关于 CO_2 对细胞酶活性的影响的研究较多，其研究结果多用于解释光合作用。CO_2 除直接影响羧化酶（carboxylase）外，还是核酮糖-1,5-二磷酸羧化酶/加氧酶（ribulose-1,5-bisphosphate carboxylase/oxygenase，Rubisco）的底物。CO_2 与 Rubisco 结合分两步：首先是非活化态的 Rubisco 经缓慢的可逆反应与一个 CO_2 分子结合，然后再经过迅速的可逆反应与 Mg^{2+} 结合生成活化态的 Rubisco-CO_2-Mg^{2+}酶的复合体。经过上述一系列反应过程，CO_2 通过作为底物或影响酶的活化过程来影响 Rubisco 活性（Sage and Sharkey，1987）。

许多研究表明，CO_2 浓度增加导致 Rubisco 活性降低，特别是经长期高浓度 CO_2 胁迫后，Rubisco 活性降低现象十分普遍。Rubisco 活性降低可能是由于酶数量减少或活化态变弱，或者二者同时降低（Sage et al.，1989），光和养分参与控制 Rubisco 对 CO_2 的反应。Rubisco 是叶光合器官中最大的氮素汇点，当树木受高浓度 CO_2 胁迫时，叶片内氮素重新分配，从 Rubisco 转移至光合组织其他组分或非光合过程反应中（Van Oosten et al.，1992）。Tissue 等（1993）对火炬松（*Pinus taeda*）的研究发现，当 CO_2 由当前大气浓度增加至 2 倍时，分配在 Rubisco 的氮比例由 2.4%～4.0%下降到 1.6%～3.0%；当氮素供给减少时，火炬松的 Rubisco 活性与含量降低，氮优先分配给 Rubisco，而不是光反应组分；当光照充足时，氮从 Rubisco 转向分配至其他光合作用过程中，如电子传递和光合磷酸化过程，而不改变光合能力；但在低光或变光条件下，高浓度的 CO_2 维持稳定的 Rubisco 活性，保证树木充分利用光斑和瞬时的高光照条件（Sage and Reid，1994）。对经连续 5 年高浓度 CO_2 处理的北美云杉（*Picea sitchensis*）幼树的研究发现，无论是否有氮素供给，其叶片 Rubisco 数量均减少（Liu et al.，2002）。CO_2 除调节 Rubisco 外，也可能控制影响树木代谢与生长的其他酶（Jarvis et al.，1989）。

大气 CO_2 浓度增加在短期内增加树木的光合作用强度，但实验所观测到的光合作用增加幅度差异较大，为 20%～300%。这种差异与实验植物种类、实验方法、条件和时间有关。但是，树木在长期大气 CO_2 浓度倍增环境下，有时也会出现光合作用降低的现象。研究表明，CO_2 浓度增加导致叶片光合速率比在当前 CO_2 浓度条件下由同化速率（A）与胞间 CO_2 浓度（C_i）相关曲线测得的估计值低，即 A/C_i 曲线的斜率降低。A/C_i 曲线斜率为羧化效率（carboxylation efficiency），代表羧化酶活性。A/C_i 曲线反映两个生理过程，第一个过程指羧化作用受 Rubisco 活性限制，第二个过程为羧化作用受光合碳还原周转速率、电子传递速率或无机磷有效性限制。由于实验观测到的大气 CO_2 浓度增加，A/C_i 曲线斜率降至第一个反应过程区间内，由此推断在大气 CO_2 浓度倍增环境下，Rubisco 活性降低可能导致光合作用能力下降（Eamus and Jarvis，1989；刘世荣等，1996a）。除 CO_2 外，其他环境胁迫也会导致 Rubisco 活性和 A/C_i 曲线斜率降低。

关于高浓度 CO_2 长期胁迫导致光合作用下降还有其他几种解释。树木体内光合产物源汇（产生与转移）之间失去平衡有可能引起光合作用降低，如盆栽配给含固定养分量的幼苗、幼树，往往根系发育不良，无连续充足的养分供给，导致光合生产无持续的营养源或缺少光合产物利用与转移的持续汇，这种反馈作用会造成同化作用的降低（Downton et al.，1987；Koch et al.，1986；Pettersson and McDonald，1994）。另外，CO_2 浓度增加导致叶片碳氮比（C/N）值增加，叶片积累大量的碳水化合物会造成叶绿体的机械破坏，从而降低光合作用能力（Delucia et al.，1985）。

CO_2 浓度增加产生的短期直接作用导致表观呼吸速率（apparent respiration rate）下降，其降幅变化较大，可达 10%～30%（Amthor，1993）。CO_2 对呼吸的短期效应是 CO_2 副产物异养代谢产生的反馈抑制作用，这说明 CO_2 抑制呼吸的直接影响可能是改变光合产物的分配与器官的化学组成，并将最终影响全球的碳平衡（Drake and Leadley，1991；Drake，1992）。CO_2 浓度增加对呼吸作用的长期间接影响极为复杂，导致呼吸速率下降的原因很可能或至少部分与器官的化学组成变化有关。由于低蛋白组织的生长和维持消耗能量较少，CO_2 浓度增加诱导的叶片 C/N 值增加能抑制植物生长与维持呼吸。但目前尚不能区分生长呼吸与维持呼吸，加强这方面的研究对于解释植物生长与碳积累的关系十分重要（Amthor，1993）。在模拟影响实验中观测到叶片的淀粉与蔗糖含量增加，显然这是碳的增加，但本质上这并不能反映植物的生长状况。因为 CO_2 浓度增加诱导树木积累非结构性碳水化合物，而不是新生的组织结构与代谢成分，所以植物生长和碳积累不能耦合。树木新生结构组分的呼吸能量消耗与积累非结构性的碳水化合物的呼吸能量消耗相差甚大，因此，区分两个呼吸过程对于了解 CO_2 浓度增加如何影响呼吸过程十分重要（刘世荣等，1996a）。

大气 CO_2 浓度增加导致树木光呼吸速率下降（Mortensen，1982）。由于 CO_2 与 O_2 相互竞争 Rubisco 的同一活化位点，当 O_2 作为基质时，已固定在二磷酸核酮糖中的碳转入光呼吸的碳氧循环中，释放 CO_2。CO_2 浓度增加提高竞争活化位点 CO_2 的供给速率，使碳平衡从氧化过程转向羧化过程，从而导致光呼吸速率下降，同时提高了 NADPH 和 ATP 的有效性，对光合作用产生正反馈效应（Jarvis et al.，1989）。

大多数研究发现，CO_2 浓度增加引起气孔导度（g_s）降低，降幅为 10%～60%（Hollinger，1987；Mott，1988；Tolley and Strain，1985；Liu et al.，2002）。但是也有例外，如辐射松（*Pinus radiata*）（Conroy et al.，1986）、火炬松（Tolley and Strain，1985）和花旗松（*Pseudotsuga menziesii*）（Hollinger，1987）。在长期大气 CO_2 浓度倍增条件下，g_s 的反应随树木种类、驯化程度、实验条件和期限的不同而发生变化，还受其他环境因素（温度、水汽差、光密度和水分状况）的影响。阔叶树气孔对 CO_2 的敏感性大于针叶树（Eamus and Jarvis，1989）。气孔只感应 C_i，而不是外界环境中的 CO_2 浓度（C_a）（Mott，1988），但由于气孔影响 C_i，因此 g_s 受 A 和 C_a 的共同影响。气孔还能对其他环境变量直接产生反应，如光密度和水汽差。气孔变化改变 C_i，但是 A 变化引起 C_i 变化对 g_s 的影响较小，所以在 CO_2 浓度增加后，如果气孔不关闭，C_i 不会大幅度增加。

2.2.2　植物生长与生产力

至今，几乎所有的模拟实验都表明 CO_2 浓度增加刺激树木生长，增长幅度为 20%～120%，平均为 40%（Eamus and Jarvis，1989）。针叶树生物量平均增加 38%；阔叶树生物量平均增加 63%（Ceulemans and Mousseau，1994）。CO_2 浓度加倍对于促进植物生长的较大变异性可能与不同的实验树种有关，但很大程度上还受实验条件、时间、处理方式、树木年龄的影响。倍增 CO_2 浓度刺激植物生长与植物体内碳源和碳汇的强度密切相关，如果保持连续的碳汇，树木生长会显著增加，并能长期持续生长；相反，树木生长不能大幅度加快，会出现较大的生长变异（Downton et al.，1987；Koch et al.，1986）。

大气 CO_2 浓度增加诱导了树木生长分配的改变，地下与地上生物量比增加（Eamus and Jarvis，1989；Ceulemans and Mousseau，1994）。地下生物量增加表现在细根量、细根长与细根重比率、细根周转率增加。生物量分配改变多发生在配给固定养分量的盆栽树木或生长基质养分贫瘠的情况下，会造成生长过程中碳分配的源与汇平衡失调（刘世荣等，1996b）。养分条件好时，CO_2 浓度增加不引起生长分配改变（Mott，1988；Liu et al.，2002）。应用稳态养分平衡技术（Ingestad and Lund，1986）处理欧洲白桦（*Betula pendula*）幼苗（Pettersson et al.，1993）和北美云杉幼树也得出同样的结论（Liu et al.，2002）。美国橡树岭国家实验室进行了一系列有关 CO_2 浓度增加促进贫瘠土壤上树木生长的研究，发现生物量显著增加主要是在地下根系部分，尤其是细根增长扩大了养分吸收面积，增强了根系摄取养分的能力（刘世荣等，1996b）。另外，研究发现一些树种菌根数量增加，根系分泌碳水化合物增加，增加根际微生物活性，并增加土壤养分的有效性（Luxmoore et al.，1986；Norby et al.，1987，1986；O'Neill et al.，1987a，1987b）。

CO_2 浓度增加在一定程度上抵消了环境胁迫造成的生长下降的影响。生长在低光强条件下火炬松的生长量下降，可完全或部分地由 CO_2 浓度增加来补偿（Ceulemans and Mousseau，1994）；同样，CO_2 浓度增加对辐射松也产生相似的补偿作用（Conroy et al.，1986）。CO_2 浓度增加对受胁迫影响的树木产生的补偿作用是通过树木生理过程的变化实现的。CO_2 增加诱导 g_s 降低，减少单位叶面积的蒸腾速率，同时提高单位叶面积的 A，结果使同化单位碳所需消耗的水分减少，水分利用率提高。许多报道指出，CO_2 增加使水分利用率提高 60%～160%（Hollinger，1987；Morison，1985；Norby et al.，1986；Townend，1993；Liu et al.，2002）。CO_2 浓度增加可使树木所受水分胁迫延迟或程度得到缓解，从而促进干旱期间树木的生长。CO_2 浓度增加也会提高树木养分利用率，这可能是养分吸收速率小于碳同化速率或养分呼吸速率不变而碳同化速率增加导致 C/N 值增加。CO_2 浓度增加提高氮生产力（单位时间单位氮素生产的生物量）（Pettersson et al.，1993）和缺氮土壤上 CO_2 显著的施肥效应都反映了树木氮素利用率的提高。大气 CO_2 浓度增加提高氮利用效率表现在羧化速率增强和氧化速率降低方面。

2.2.3 植物物候变化

植物物候是植被响应区域气候变化的最敏感的特征指标之一。20 世纪 80 年代以来，北半球部分区域增温显著，使人们越来越关注植被物候期变化及其对气候变化的响应（Chmielewski et al.，2004）。植物物候期的提前可能会导致植被初级生产力的提高（Lucht et al.，2002），并且会对大气中 CO_2 的季节性变化产生影响（Nemanill，1997），植被物候期的变化甚至会对陆地生态系统及人类社会产生十分广泛的影响（Piao et al.，2006）。许多研究证实，中高纬度区域春季植物物候都有提前的趋势（Defila and Clot，2001；Parmesan，2007；Schwartz and Reiter，2000），个别研究发现，过去的 20 多年，低纬度区域也出现这种趋势（Heumann et al.，2007；Xiao et al.，2006）。

Moulin 等（1997）使用每周合成的归一化植被指数（normalized difference vegetation index，NDVI）数据从全球尺度上获取定量的植物物候相信息，建立了植物物候与全球气候因素的关系。分析认为，寒带落叶林地区的 NDVI 变化与平均气温相关，生长季开始日期和积温相关；热带稀树草原地区的 NDVI 和开始日期均与降水变化呈现一定的相关性，NDVI 的变化往往滞后于气候参量的变化。Tateishi 和 Ebata（2004）利用 10 天合成的 NOAA/AVHRR 数据[包括 NDVI 和地表温度（land surface temperature，LST）]确定全球植物物候相并分析其与气候的关系后发现，NDVI 和 LST 在北半球中、高纬度地区具有正相关关系，而在南美洲东部、中非部分地区和澳大利亚西部则呈现负相关。根据这一相关特性，将全球植物物候划分为温度主导型和降水主导型两类。Zhou 等（2001）使用 1981～1999 年的 NDVI 数据分析了欧亚大陆植物对温度变化的响应状况，结果表明：①在北纬 40°～70°约 61%的植被覆盖地区，生长季 NDVI 在中欧、西伯利亚范围广阔的条带区域内持续增长，该条带中林地面积约占 58%；而在北美洲，生长季 NDVI 仅在东南部林地与中西部和北部草地的破碎区域中出现变化。②由于春季提前和秋季推迟，欧亚大陆与北美的生长季 NDVI 值分别增加约 12%和 8%，生长季分别延长约 18 天和 12 天。③在阿拉斯加、加拿大北部和东北亚部分地区 NDVI 值降低，这可能是气候显著变暖而降水无增长引起的干旱现象造成的。进一步统计分析显示，北纬 40°~70° 植被覆盖地区的 NDVI 和地表温度变化存在相关关系，即 NDVI 的时相变化和地区差异与基于地面监测的温度保持一致。总之，以上结果表明过去 20 年来欧亚大陆和北美植物的光合作用较为强烈，可能由温度和降水因素驱动。Tucker 等（1994）利用 1981~1999 年的卫星数据，分析了北美地区春夏两季植被对温度变化的响应。研究结果表明 1992~1999 年 5~9 月光合作用总量增加了 8%~14%，生长季开始日期提前了（6±1）天。1991~1992 年的总光合作用减弱，与全球变冷[变冷是皮纳图博（Pinatubo）火山在 1991 年 6 月喷发造成的]密切相关。Myneni（1997）利用 NDVI 对北半球高纬度地区 1981~1991 年的植被生长进行的研究表明，1981~1991 年陆地植被光合作用逐渐增强，生长季开始日期提前（8±3）天，生长季结束日期推迟（4±2）天，因此生长季延长了（12±4）天。积雪的过早融化，致使北纬 45°~70° 地区的春季出现变暖的趋势（Nemanill，1997）。

　　气候变化对高纬度植被生长有影响，特别是气候变暖使生物的生存北界向高纬度地区延伸。Lucht 等（2002）利用 1982~1998 年的气候数据和地面植被的遥感数据建立了一个生物地球化学模型。在这个模型中，以遥感数据中春天植被发芽和夏天植被繁茂的年际变化趋势来研究植被对气温变化的生态响应。结果发现，1982~1998 年北半球高纬度有变绿的趋势（由于全球变暖），1992~1993 年这一趋势减弱，生物量下降（原因是 1991 年皮纳图博火山爆发导致的气温暂时下降）。这一研究再一次充分说明了植物生长对气候变化响应的规律。

　　Eabta 和 Tateishi（2001）提出了利用 1982~2000 年西伯利亚的 NDVI 时相序列数据获取一年中植被生长周期开始日期、结束日期和生长季长度的方法，同时提供了每个物候期的空间格局图。在整个研究区域，植被的生长期随纬度的升高而缩短。在大多数地区，春季植被 5~6 月开始变绿，NDVI 峰值出现的日期随纬度的变化小于其他物候期随纬度的变化。与气候数据比较的结果表明，生长季结束日期的年际变化主要与降雪开始的日期有关，而生长季开始日期则受北方地区气温变化的影响。从 NDVI 与生长季长度的相关性分析得出，20 世纪 80 年代的植被生长季呈延长趋势。生长季开始日期的变化与温度呈负相关。

　　中国学者在气候变化与植物物候变化关系研究中利用遥感技术开展了许多工作。齐晔（1999）利用 AVHRR 数据集分析了北半球高纬度地区气候变化对植被的影响途径和机制，发现北半球高纬度地区 NDVI 的年最大值，以及该值出现的时间与温度之间存在密切的相关性，植被活动随温度升高而更接近低纬度地带。赵茂盛等（2001）应用 1982~1994 年的 NDVI 和 587 个气象站点的数据对中国不同类型植被生态系统与气候的关系进行研究，结果表明植被生态系统的 NDVI 水平主要受水分条件的影响；年内变化上，温度对植被生态系统季相变化起着比降水略大的作用，年降水量造成了植被季相响应的差异。孙红雨等（1998）得出植被指数沿经线具有明显的季相推移规律，且推移的时间与范围都远超过沿纬线的推移，绿波推移的方式和途径都与大陆主控气团（副热带高压）的季相推移同步，受其影响。同时，植被指数具有明显的季相变化，随气候的暖冷而增减。朴世龙和方精云（2003）利用 NOAA/AVHRR 数据研究中国 1982~1999 年四季植被活动的变化，探讨植被活动对全球变化的主要响应方式。研究结果表明 18 年来，中国植被四季平均 NDVI 均呈上升趋势。春季是中国植被平均 NDVI 上升趋势最为显著、增加速率最快的季节；秋季是 NDVI 上升趋势最不明显的季节。从不同植被季节平均 NDVI 年变化分析来看，生长季的提前是中国植被对全球变化响应的最主要方式，而这种季节响应方式也存在明显的区域差异。李晓兵（2000）分析了 1983～1992 年降水的年际动态、季节动态与中国北方几种典型植被类型 NDVI 的关系，以及降水的空间分异对植被的影响。结果表明，降水的年际变化对植被生长的影响存在明显的区域差异；在不同植被类型分布区，10 年间降水的季节分配动态不同，降水季节分配的变化对不同类型植被生长有重要的影响；地表植被 NDVI 对降水的时空变化敏感。

2.2.4 植被分布与气候变化

目前，气候变化对物种分布的影响已经越来越受到关注。气候变化导致物种分布区迁移已经有具体的实例观测。例如，Peñuelas 和 Boada（2003）通过对比 2001 年与 1945 年西班牙 Montseny 山区的植被分布发现，寒温带生态系统逐步被地中海生态系统所代替。欧洲山毛榉（*Fagus sylvatica*）森林分布的最高海拔（1600～1700 m）每年上升 70 m。在中海拔（800～1400 m），山毛榉森林和帚石楠（*Calluna vulgaris*）正被冬青栎（*Quercus ilex*）所代替。山毛榉被替代的过程是林分退化和逐步被分割孤立的过程。在被"孤立"的山毛榉林分中，30% 的山毛榉叶片凋落，更新少于 40%，圣栎更新高于毗邻山毛榉林分 3 倍以上。整合分析全球变化对分布区影响的研究，体现在《自然》（*Nature*）期刊上的两篇研究报告中，一是 Parmesan 和 Yohe（2003）探讨了气候变化对自然生态系统的全球性影响，其中利用整合方法分析了 99 个物种区系分布的变化和 172 个物种的物候改变，表明物种分布向两极移动的平均速率是 6.1 km/10 a；二是 Root 等（2003）对关于全球变暖的包括 1473 个物种在内的 143 个研究进行了整合，表明有 81% 的物种表现出的迁移变化与温度高度相关。物种在高海拔地区尤其深受影响，因为这些地区温度上升得比低海拔地区明显。在欧洲，Lenoir 等（2008）通过比较 1905～2005 年 171 个森林树种的海拔分布，发现气候变化导致物种最适宜分布海拔的上升速率为 29 m/10 a；不同植物物种对气候变化响应的海拔迁移速度不同；山区植物比广布种植物分布区的海拔迁移明显，较小草本植物比大的木本迁移速度大；有快速生活史的植物（草和蕨类）比其他植物（乔木和灌丛）更易于进行分布区迁移。

中国也广泛开展了气候变化对树种和森林分布的影响研究。由气候变化导致树种分布迁移的实证观测研究鲜有报道（袁婧薇和倪健，2007），因此多以未来的气候预估[全球气候变化模型（GCM）]或者自定义气候情景为背景，采用模型模拟的方法预测气候变化对物种分布区的影响（Zhang et al.，2015）。例如，以兴安落叶松（*Larix gmelinii*）为建群种的兴安落叶松林主要分布在大兴安岭林区，是我国寒温带针叶林区北段的地带性植被，也是环北极森林的组成部分，位于我国全球变化敏感区域。研究表明，气候变暖将导致我国兴安落叶松林北移，甚至可能全部北移出境（张新时等，1993；徐德应，1997；李峰等，2006）。在 CO_2 浓度倍增的未来气候情景下，5 种锦鸡儿属（*Caragana*）植物都会向北大幅度迁移，在我国的分布范围均缩小（王娟和倪健，2009）。红松（*Pinus koraiensis*）分布区的南界和北界将向北迁移（Xu and Yan，2001；郭泉水和阎洪，1998），气候变暖使得红松阔叶混交林只出现在高海拔地区（Shao et al.，1995）。倪健和宋永昌（1997）利用气候与优势种分布的简单对应关系，预测了我国亚热带常绿阔叶林主要树种未来可能的潜在分布格局变化，发现大部分树种的分布范围将扩展。研究青藏高原 6 个主要树种的未来变化趋势发现，西藏冷杉（*Abies spectabilis*）、丽江云杉（*Picea likiangensis*）、高山松（*Pinus densata*）、西藏红杉（*Larix griffithiana*）和川滇高山栎（*Quercus aquifolioides*）的分布面积将会向北面、西面扩展，白桦（*Betula platyphylla*）的分布也将北移，但面积缩小（Song et al.，2004）。

2.2.5　植被演替

森林演替是森林生态动力源驱动下森林更新再生的生态学过程，研究森林演替动力学机制及其模型是科学管理森林生态系统的需要。自然条件下植被会根据其生存环境沿着从低级向高级生态系统的方向进行自然演替。然而，全球气候变化作为一种新的干扰形式，极大地改变了植被的自然环境，从而改变植被的自然演替方向。新的气候条件下，气候因素、土壤过程、树木个体的响应等诸多因素的结合，可能导致森林演替过程偏离目前的轨道（Guetter and Kutzbach，1990）。由于植被演替研究需要长时间序列的数据作为支撑，因此现阶段对于气候变化条件下植被演替的研究还比较少，相关研究也主要利用模型模拟或者以空间代替时间的方法进行分析，因此，关于植被演替与气候变化的研究尚处于理论探索和模型预测阶段。

目前演替研究的模型方法主要包括马尔可夫模型、林窗模型、陆地生物圈模型和非线性演替模型。其中林窗模型被广泛应用到气候变化对植被演替的影响研究中。林窗模型是研究森林生态系统对全球气候变化响应的有效工具，它通过模拟每一个林分斑块上每株树木的更新、生长和死亡的全过程来反映森林群落的中长期生长与演替动态。霍常富等（2010）在贡嘎山、色季拉山和高黎贡山利用林窗模型，即西南森林演替模型（southwestern forest succession model，SWFM）评估了气候变化对中国西南森林生长和演替的影响。研究发现：贡嘎山、色季拉山和高黎贡山不同海拔的森林对未来不同气候变化情景的反应十分敏感；气候变化可能造成裸地演替初期树种组成发生改变或者先锋树种的突然大量死亡，从而延长了裸地恢复成林的时间。程肖侠（2007）应用森林生长演替动态模型（FAREAST 模型）模拟了气候变化背景下中国东北森林的演替动态。模拟结果表明：维持目前气候不变，东北森林将维持目前的森林类型。在增暖气候下，东北地区主要森林类型中阔叶树比例增加，东部山地森林垂直分布林线上移，且增温幅度越大变化越明显，即气候发生变化，东北森林水平分布带有北移的趋势，沿海拔梯度的垂直分布带有上移的趋势。气候变化对森林演替的影响还需要同时考虑林火干扰的影响，林火干扰对树种组成和森林群落结构均有影响。在景观尺度上，李晓娜等（2010）发现大兴安岭区域在气候变暖情景下，不论林火干扰是否增加，森林景观的优势树种都将由针叶树转换为阔叶树。

基于"空间代替时间"的思想，气候变化对植被演替的作用，可以通过分析空间上处于不同演替阶段的植被对气候变化的响应来间接推测。刘效东等（2014）利用南亚热带地区 3 种不同演替阶段的代表性森林生态系统（人工恢复的马尾松针叶林、马尾松针阔叶混交林和季风常绿阔叶林）分析了不同演替阶段植被在气候变化条件下的动态变化。研究发现，成熟森林可能在当前南亚热带区域气候变化及水热格局改变背景的影响下更为敏感和脆弱；"降温增湿"效应越来越显著，且"降温"表现为干季更明显，而"增湿"表现为湿季明显。此外，演替驱动下后期森林对高温及土壤温度的调节作用更为突出。时间序列上，在区域降水趋于"极端化"格局的影响下，森林生态系统的水分固持能力下降。

2.3 全球变化与生态水文学

全球变化现象主要包括全球气候变暖、土地利用格局与环境质量的改变、生物多样性的减少、大气臭氧层的损耗、大气中氧化作用的减弱，以及人口急剧增长等现象。气候变化和植被破坏等人类活动造成的全球变化及其影响已经成为全世界关注的焦点。IPCC 第四次评估报告指出，全球变暖可加速水汽循环，改变降水强度和历时，变更径流的大小，引发极端干旱和洪涝灾害（IPCC，2007）。全球变化通过不同途径影响水文过程的各个要素，包括植被的系统组成和空间格局（莫兴国等，2007）。水文系统对全球变化的响应十分复杂，水文过程对不同气象因素的响应也各不相同，但水文与气候又彼此相互作用，导致植被生态水文变化的复杂性、异质性和影响的不确定性在未来气候变化背景下进一步加剧，如气候变化下的温度升高会导致植被活动强度增加（Linderholm，2006；方精云等，2003；刘世荣等，2007）和蒸散加大，但 CO_2 浓度上升会通过调节植物生理活动而降低蒸腾作用，估计 CO_2 浓度上升引起的植被蒸腾下降对20世纪全球河川径流增加的贡献为 5%（Gedney et al.，2006；Betts et al.，2007）。从生态系统过程角度揭示全球变化影响水文过程的机制（Zierl and Bugmann，2005），是研究气候变化对水文影响的热点之一（Middelkoop et al.，2001）。一方面，气候变暖改变区域水循环过程尤其是降水分配格局，另一方面，为应对全球变化、鼓励增加碳吸存而大规模营造人工林（主要是外来速生耗水的树种），必然改变区域的水文景观和植被水分利用模式，进而影响地面径流和地下储存水补充等水文过程，这也增加了评估植被水文效应的不确定性。土地利用变化对流域水文、水资源的影响逐渐得到了国内外众多组织和学者的关注。土地利用变化下水文响应的研究也从传统的统计分析转向水文模拟、非线性、不确定性和系统方法的分析，重点开展了森林采伐、植被退化水文效应和水土保持措施水文效应的研究。Brown 等（2005）指出，对于大多数流域而言，流域植被的明显变化可以导致产水量的显著变化。

大气 CO_2 浓度的增加和气候变化通过改变降水时空格局、气温对植被蒸腾等陆面水文循环过程产生显著影响（Eckhardt and Ulbrich，2003；Ficklin et al.，2009；Medlyn et al.，2001；Saxe et al.，1998；Wand et al.，1999；Wu et al.，2012）。森林植被是陆地水循环各个重要过程的参与者，它将全球气候变化与流域水文过程联系起来（Canadell and Raupach，2008）。很多基于模型和观测实验的大尺度研究都发现全球气候变化已经在流域尺度上对水文过程产生了影响（Easterling et al.，2000；Jackson et al.，2001；Koster et al.，2004；Piao et al.，2009）。不仅如此，气候变化还在大尺度上改变了生态水文格局。近年来澳大利亚发生的干旱就是一个典型的例子（van Dijk et al.，2013）。降水减少导致了地下水水位降低和径流减少，从而导致大面积的森林死亡和部分森林树冠层的减少（Mitchell et al.，2012；Poot and Veneklaas，2013；Whitworth et al.，2012）。而森林的死亡又会使得森林水土保持能力下降，反过来加剧径流的减少和区域气候的恶化趋势。由于全球气候和区域森林植被变化，地球上许多地区正在发生严重的水资源危机，如干旱、洪涝和生态环境退化等，这已成为限制许多国家或区域可持续发展的关键性因子（IPCC，2007）。近年来，国内外学术界对暴雨、干旱等极端气候事件对水文的影响更为关注（Easterling et al.，2000；Karl and Knight，1998；Luo et al.，2008；Mason et al.，1999；New et al.，2001；Piao et al.，2010；Qiu，2010；Schiermeier，2008）。Piao 等（2009，2010）验证了过去 40 年里中国农田洪水和干旱事件发生频率的增加以及过去 50 年里热浪事件的增加。

　　尽管过去十几年间关于气候变化对水文的影响的研究很多，但鲜有研究明确地描述水文对气候变化响应过程中的潜在机制（IPCC，2007；Qiu，2010；Schiermeier，2008）。由于气候变化和土地利用变化存在交互影响作用，因此要在不排除土地利用变化的基础上定量分析气候变化对水文的影响是一个较大的挑战（Koster and Suarez，2003；Qiu，2010；Shukla and Mintz，1982；Wei and Zhang，2010；Zhou et al.，2010）。缺乏适用性、普及性都较强的方法可能是造成这一挑战的主要原因（Wei and Zhang，2010）。统计学和水文模型目前已经频频被应用于气候变化对水文影响的研究中，然而这些方法都有各自的不足（Wei and Zhang，2010；Zhang et al.，2011）。在具有合适的长期数据且统计学假设也都成立的地区，用统计分析技术和模型可以较好地开展对水文学变量的分析，但统计学方法并不能为水文响应的深层物理机制提供有利信息。基于物理机制的水文模型，如 DHSVM、MIKE-SHE 和 VIC 需要大量烦琐的率定与验证过程，并且需要大量地形、植被、气候和水文数据的支持。尤其是想要区分气候和土地利用方式的贡献，就需要用已验证的气候和土地利用变化对水文的影响关系的大量经验参数与经验关系来运行水文模型，这些经验关系通常都不容易获得。因此，探索定量研究气候变化与生态水文之间关系的新方法非常必要。

　　气候变化主要通过对植被和土壤水分特征的改变来影响下垫面的生态水循环过程。在对土壤水分特征的影响方面，由于全球的土壤水分监测点分布较少，且缺乏长期监测，要弄清土壤水分和气候变化之间存在的关系较困难（Piao et al.，2009；Robock and Li，2006；Schiermeier，2008）。尽管很多模型的研究都对土壤水分和气温、降水之间的关系进行了讨论（Fischer et al.，2007；Hong and Kalnay，2000；Seneviratne et al.，2006），但由于数据的限制，对这种关系的认识尚不够透彻（Dirmeyer，2000；Koster et al.，2004；Schiermeier，2008）。Zhou 等（2011）结合长期监测和 SWAT 水文模型定量分析了中国南部地区气候变化对土壤水分和水文变量的影响。该研究区以地带性的顶极群落季风常绿阔叶林为主（鼎湖山国家级自然保护区，下称 DBR），近 60 年间不存在明显的森林干扰破坏。研究表明：尽管 1950～2009 年年降水量有小幅度的变化，但是土壤水分含量下降的变化幅度相对来说更显著。同时，每月 7 日连续最小枯水流量在 2000～2009 年也显著减少。但是，10 年间的日最大径流量，以及湿季和潜水层地下水水位有显著增加。枯水径流和土壤水分两个参数的显著减少说明研究流域正朝向一个干旱化的趋势发展。

　　气候变化或变异对水循环过程和水资源的影响是全球变化与生态水文学研究的热

点之一，气候变化导致径流时间和强度的变化，从而对当前水资源系统与未来水资源规划和管理具有重要意义（Lal，1991；Guo et al.，2002；邓慧平等，1996；范广洲和吕世华，2001；朱利和张万昌，2005；曾涛等，2004）。在全球气候变化对生态水文的影响研究中，通常将气温和降水变化对径流的影响作为主要研究内容。现在水文学家常借助情景分析和模型（GCM 和水文模型）预测全球气候变化对径流的影响，但研究结果取决于采用的情景和模型，存在较大的不确定性。全球气候变化具有很大的地区差异性，如根据英国气候预测与研究中心（UK Hadley）的模型，2030 年中国北部地区气温将增加 2.0℃，而中国南部增加 1.8℃。而德国 MPI 模型模拟结果预测 2030 年中国北部地区气温将增加 2.38℃，南部地区将增加 1.5℃（Guo et al.，2002）。全球气候变化和土地利用变化对径流的影响交互在一起，导致土地利用变化的生态水文效应和全球气候变化对水文循环过程的影响研究更为复杂（Richey et al.，1989；Schulze and Heimann，1998）。因而在研究径流动态机制和流域尺度上植被生态水文功能时，有必要对这些因素给予足够的重视。

2.4　气候变化条件下空间生态水文学的发展需求

2.4.1　空间生态水文学研究尺度的变化

在生态水文学研究领域，Kostner 等（2001）从不同尺度入手，研究了中欧森林从斑块水平到景观层次的蒸发、蒸腾作用，研究使用径流计、涡流相关法和流域水量平衡法分析了大气因素、土壤因素、林分结构对冠层蒸腾的影响。Kite 和 Droogers（2000）分别用遥感法、水文模型、实验数据进行了蒸散的研究。国内学者黄礼隆（1990）、马雪华（1963）在川西米亚罗森林生态定位站对亚高山暗针叶林森林的涵养水源功能进行了多年研究。刘世荣等（1996，2001，2003）对中国森林生态系统的水文生态功能做了系统的研究，但上述多数研究大多集中在坡面尺度和小流域尺度，多进行单一森林植被景观的生态水文功能特征研究，缺少包含草地、灌丛、农田等复合景观植被格局及其变化的大尺度生态水文学研究。

尽管在小时空尺度上基于过程的森林水文研究已取得丰硕成果，但无法以小流域森林与水文的相互作用来指导和预测全球变化背景下大尺度的森林生态水文过程的响应规律（刘世荣等，2007）。据统计，截至 2013 年发表在国际重要杂志上有关大尺度森林植被调节水文方面的论文非常少，仅 30 篇左右（Wei and Zhang，2011）。总之，国内外关于大流域尺度复合景观格局变化及其植被时空结构动态特征的研究较少，尤其是全球变化（气候变化、土地利用/土地覆被变化）背景下的生态水文功能响应机制方面急需加强研究。这方面的需求推动了很多国际或国家的大型观测和模拟项目的建立。近年来，国际地圈-生物圈计划、全球环境变化的人文因素计划（International Human Dimension Programme on Global Environmental Change，IHDP）、世界气候研究计划（World Climate Research Programme，WCRP）和国际生物多样性计划（DIVERSITAS）等大型国际科学计划专门合作设立了地球系统科学探路者计划（Earth System Science Pathfinder，ESSP），通过动态全球植被模型（dynamic global vegetation model，DGVM）和分布式水文模型的综合集成研究全球变化下区域森林植被变化对生态环境产生的影响；国际地圈-生物圈计划的"水文循环的生物圈方面"（Biospheric Aspects of Hydrological Cycle，BAHC计划）及联合国教科文组织的国际水文计划（International Hydrological Programme，IHP）中，也专门研究"全球变化与水资源"，并以陆地生态系统与区域水文过程的耦合机制为核心研究内容，关注气候变化和人类活动在何时、何地和何种程度上影响区域水资源，发展适于多尺度、综合、多因子的植被-水土资源的评价技术，探索水文、水资源及其相关科学问题，试图在区域尺度上优化水土资源管理策略。

生态系统结构与功能的研究可概括成斑块、景观和区域3种尺度水平的研究。而把斑块水平的生态系统研究成果拓展到景观、区域乃至全球的空间尺度上，就需要在理论、方法和技术上取得创新突破。由于气象、水文、生态过程在时间和空间上存在极强的异质性，流域系统表现为非线性。对于不同过程，其主导因子会发生变化。例如，在水文模型中，决定水分运动的主导因子是由地形和土壤物理性质双重控制的，其基本水文响应单元（HRU）的划分也应当反映这些特点，而如果将景观斑块直接应用到流域水文模型上，而不考虑地形作用，自然不能很好地模拟和解释水文过程，这说明景观生态学过程和水文过程的主导因素不同。不同尺度下，主导过程也会发生变化。例如，在个体尺度上，我们可以关注生理和生长过程，但在生态系统尺度上，我们则考虑物候过程乃至生态系统的演替过程等。过程改变了，其主导因子自然不同。通过区域模型的尺度缩小（scaling down）和斑块模型的尺度放大（scaling up）来实现生态系统的反馈作用，不同尺度的研究可以相互比较，在模型方法的研究中"尺度缩小"的方法以集成的生物圈模型（integrated biosphere simulator，IBIS）为代表，"尺度放大"的方法以Hybrid模型为代表。此外，地理信息系统（GIS）为研究植物群落和环境因子的空间变化规律提供了一种有效的工具。GIS与生态学模型的结合，可以将同质的模型应用于异质的大空间尺度上进行系统模拟。目前，大多数景观和区域尺度上的生态学模型均是借助GIS实现从小尺度到大尺度的空间转换过程，从而实现多尺度观测与跨尺度模拟空间生态水文过程。

2.4.2 空间生态水文动态过程的时空耦合研究是未来发展方向

为减少气候变暖的影响，进行大规模植被建设以增加CO_2的吸收、实施碳循环管理从而减少碳排放已被联合国气候变化框架公约（United Nations Framework Convention on Climate Change，UNFCC）和IPCC等作为重要的举措之一（IPCC，2007；Canadell and Raupach，2008）。为此，我国在六大林业工程基础上，承诺在2020年前，相比2005年净增森林面积4000万hm^2和林木蓄积量13亿m^3，从而增加森林碳汇来减缓气候变化。如此规模巨大的植被恢复与全球气候变化的影响交互作用，必将对区域水文过程、水量平衡和水土资源产生重要的影响。可见，我国大规模植被建设与恢复工程背后隐藏着加剧我国区域水资源短缺和水资源供需不平衡的潜在危机（McVicar et al.，2007；Sun et al.，2006）。森林生态系统的碳循环与水循环过程存在相互作用和相互耦合的关系（于贵瑞等，2014）。一方面，森林生态系统作为调节区域气候和水文过程的媒介及载体，其植被覆盖度的增加能够起到涵养水源和保持水土的作用（刘世荣等，1996），但另一方面，森林生态系统也是水分的消耗者，因此，森林固碳与产水效益之间存在着权衡关系。例如，Jackson 等（2005）认为大面积的人工林会导致河川径流较少，甚至河流断流，并首次提出了水碳交易的权衡问题，但是在多种植被类型共存、气候变化协同影响的区域如何平衡水与碳之间的关系仍然缺乏理论研究和实践依据。

生态水文学注重描述生态格局和生态过程的水文学机制，它不再把植被和生态过程看作水文景观的静态部分，而更加注重于水文循环和生态过程的关系（赵文智和刘志民，2002）。传统的水文模型主要侧重于研究水文物理过程，要将植被生态过程和水文循环连接，必须要突出植被的生态水文功能。植被-土壤系统控制地面蒸发，影响区域水文循环，植被通过冠层截留降水和根系吸取土壤深层水分，减少径流损失，增强蒸腾蒸发与降水之间的循环。作为地球的流体系统，水是联系地圈、生物圈、大气圈的纽带，是地球系统物质循环最积极、最活跃的过程。而植被的存在不仅对这个流体系统产生重要影响，植被自身的生态学过程也同水文过程交织在一起，其不同结构、不同类型、不同演替阶段呈现出不同的生态水文功能特征（刘世荣等，2007）。陆地生态水文过程中存在高度的非线性和时空变异性，森林植被由于直接参与陆地水文过程，其结构和功能处于动态变化，不能被看作水文景观的静态要素，其对区域农业生态环境的影响主要体现在不同尺度森林植被的水文过程与生态过程的耦合效应上。植被水文影响的高度复杂性和不确定性，限制了人类对植被水文影响的调控与利用，为此需要深入理解相关的作用过程。植被的结构和空间格局影响水文过程，水文过程也对植被变化高度敏感，但植被的生态水文效应是植被与其他水文要素综合作用的结果，相关评价必须考虑其他因素的作用，如把蒸散估计的不确定性降到30%以下时就要考虑植被与土壤的组合（Calder，2002）。植被和其他水文要素都具有高度的时空异质性和相互反馈作用，导致水文特征对植被变化响应的巨大差异，如森林增减枯水径流的作用在很大程度上取决于立地环境，难以得出植被对径流影响的一致性结论（Calder，2002）。植被对不同水文过程影响的相互抵消或叠加，产生的综合作用呈现非线性。植被的水文效应还高度依赖时空尺度，这是因为主要环境因素和水文过程会随着尺度增大而变化，加上人为活动干扰的不断增加，主要考虑植被效益的时空小尺度研究结果难以用于指导大流域生态水文过程的管理，这是限制研究结果外推和提高植被水文影响准确性的最大障碍。

目前国内外地球陆地表面生态水文过程研究中存在以下两个方面的问题：①生态过程与水文过程的耦合关系体现不够，倾向于对这两个方面的过程相对独立地开展研究。尽管生态系统水文过程研究考虑了陆地表面系统的结构特征（如森林植被的类型、结构特征），但是未反映陆地表面系统结构特征的动态变化过程，而且陆地表面生态水文过程研究只偏重单一过程，忽视陆地表面过程的时空异质性和多种过程的耦合效应，以简单的线性统计关系表征实际非线性的复杂动态变化。②生态水文过程不同尺度之间的匹配与转换研究十分薄弱，缺少有效的科学理论和方法。由于生态系统的研究尺度与地学、大气科学研究的尺度不同，首先要解决好生态学大尺度的过程演绎，即把陆地表面各类生态系统的功能过程和组成结构演变过程整合到区域、流域尺度，才有可能与相应空间尺度的地学、大气过程耦合。因此，生态水文学研究在地球表面系统科学中的首要工作是寻找类似流域尺度的系统单元并将其作为研究的切入点，把生态系统尺度的研究成果整合并推演到区域或全球大尺度上的格局与过程的变化机制，从而更准确地预测和评价自然及人类活动对地球系统的影响与反馈机制，科学指导人类的行为和促进地球系统的可持续发展。

气候、植被、土壤构成了下垫面生态水文过程的运动界面，三者相互制约、相互影响，形成了复杂的耦合系统，单独从任何一个角度进行研究都只能片面了解空间生态水文问题。随着基于遥感技术对地面植被周期性变化观测手段的日臻成熟，连续高精度的全球植被特征历史数据的不断积累，新兴的技术手段已经被广泛应用于生态水文学研究。近年来，全球通量网（FLUXNET）逐渐成熟，提供了大量水碳耦合过程研究所需的基本参数和验证数据（如 CO_2 和水通量观测数据等）（Baldocchi et al.，2001），使得基于这些数据和参数进行区域尺度的水碳耦合模型研究成为可能。深入开展区域植被时空特征影响流域水文过程的作用机制研究，考虑水文要素和植被水文作用的尺度变化，是深入理解植被水文作用和定量描述植被水文影响的关键，这将成为空间生态水文学研究的新的发展趋势。

2.4.3　空间生态水文学的长期定位研究与联网观测网络的建设

森林与水相互作用的复杂性、空间异质性和动态变化特征，决定了不同自然地理环境或相同自然地理环境下不同类型的森林对大气降水的截留、穿透雨的再分配、地表径流、地下径流和蒸散的影响不尽相同，由此产生不同的水分大循环、小循环和水量平衡的时空格局与过程，以及水资源数量与分布变化。同时，森林生长周期和演替过程具有长期性，因此，需要开展长期的森林生态水文定位观测，积累长期的监测数据，从而深入认识森林在不同时空尺度上产生的生态水文功能及其变化规律。

自 20 世纪中叶以后，在人与生物圈计划（Man and Biosphere Programme，MAB）和国际生物学计划（International Biological Programme，IBP）的推动下，森林生态系统定位研究不断加强，呈现出生态水文研究的系统化、标准化和规范化。在美国，先后建立了多个森林生态站、水文站，如 Coweeta 水文站和 Harboard Brook 生态站，率先应用小集水区实验技术法，将森林水文学研究与森林生态系统定位研究相结合，从生态系统结构与功能角度阐述森林水分运动规律和机制以及森林演替过程与森林环境变化对水分循环的影响，推动了森林水文学从水文要素的单项研究向系统综合的定位研究发展。我国森林生态系统水文生态功能研究的鼎盛时期出现在 20 世纪 70 年代以后。我国陆续建立了从寒带至热带不同地理区的各种类型的森林生态站，开展了不同尺度的森林水文生态功能的长期定位观测研究，现已在森林对降水的截留、森林土壤水分动态变化规律、水分循环、水土保持、水质影响以及森林对径流和洪峰的调节等方面积累了大量的数据资料。目前，相关森林水文工作仍在进行中。国内外关于森林流域径流方面的研究不少，但所获结论不一致。许多学者认为森林被砍伐后，产流量随之增加（Holmes，1982；Klock et al.，1982；Brozka et al.，1982；Troendle，1982；Ziemer，1981；Lee，1980；中野秀章，1983），另有学者认为森林能增加河川径流量。森林变化对流域产水量的影响幅度大相径庭（Bosch and Hewlett，1982）。在我国，关于森林生态系统变化对年径流量的影响一直存在不同的看法（马雪华，1993）。由于森林植被的存在，水文界面之间的水力传导机制发生了根本性的变化，采用适用于均质多孔介质水分运动（层流）的达西定律和连续方程描述非均质多孔介质水分运动与实际情况有较大的差别。森林通过枯枝落叶分解、植物根系、频繁的动物活动导致较大孔隙的管流运动，进而对森林流域径流形成、流域产水量及水文循环产生影响（Jones et al.，1997）。但是由于水文循环的物理学本质和森林生态学过程的相互作用关系极其复杂，如何描述森林结构变化在土壤饱和、非饱和带水分交换中的作用尚待研究，也是目前国际研究的前沿问题。在森林生态水文耦合模型研究方面，目前基于物理过程的分布式水文模型与森林生态学过程的整合，主要是通过森林蒸散的小气候计算来实现的，但是没有与森林结构、物候相关联（Hodges，1992；Dawes et al.，1997）。另外，在我国，关于森林生态系统变化对年径流量的影响一直存在不同的看法（马雪华，1993）。在不同水文地理区域内，径流的形成机制和组成成分是不同的，不能将一个区域、一种尺度的研究结果简单地外推到其他地区与其他流域。

目前，全世界各国森林水文研究的重点和发展现状因各国自然、社会和经济背景情况不同而异，有长期定位研究，也有综合水文过程的探索；有小径流场和小集水区研究，也有小流域和大流域的研究。尽管森林植被与水的关系研究已有较长的历史，但是以往的研究局限在单项水文要素和小流域尺度的短期研究方面，缺乏大流域、多要素的长期系统观测，导致森林生态水文循环动力学模型及多种尺度耦合的水循环调控理论尚未建立，森林对地区降水的影响在学术界还存在争论；中国的大面积人工造林与大规模生态恢复工程对水文循环和水资源的影响需要开展科学评价。选择适宜的水源涵养型和水土保持型植物，合理地配置植被覆盖的空间结构及土地利用景观格局等问题都需要全面、系统、深入的研究。

空间生态水文学研究需要建立以流域为单元的长期联网观测网络。流域是地球陆地表面边界可辨识、相对独立的特定单元，也是研究整个地球陆地表面系统过程及其相互作用的可操作的、理想的系统单元。流域包括了地球陆地表面系统的不同地表结构特征（土地利用格局与土地覆被特征）和生物学过程、生态学过程与物理、化学的耦合作用过程，以及影响陆地表面系统的人类活动及其产生的复杂级联效应。同时，流域管理也是实施经济社会可持续发展、生态环境保护、自然资源优化配置和生态系统管理的最佳途径。

将生态水文学纳入地球陆地表面系统的科学研究中，以流域尺度的生态水文过程的耦合作为重要的切入点，将研究流域中的生物学过程、生态学过程与陆地地表的物理、化学过程，如水文过程、大气过程、地球生物化学过程耦合，从多学科交叉角度开展多学科的合作研究，探讨景观与流域尺度的生态水文效应，采用模型模拟和空间分析技术将流域研究成果整合与转换到区域尺度乃至全球尺度，是国际生态学研究的发展趋势和方向。

空间生态水文研究网络平台以流域土地系统变化（land system change，LSC）与地表生命、物质过程为核心，突出"格局与过程相互作用"这一当代地理学、生态学、资源科学和地球信息科学的主题；强调陆地生态系统界面过程与空间过程的耦合、人地系统的耦合、空间数据与定点观测数据的耦合以及尺度转换等方面的综合研究；充分发挥实验观测系统和空间信息系统等能力建设的支撑作用，形成流域的长期性基础研究和应用基础研究发展框架。

空间生态水文研究网络的主要研究内容如下。

流域生态系统过程分析与模拟。研究流域大气系统和生态系统之间的物质与能量传输过程；流域地表生态水文循环过程、机制及其对人为活动的响应；历史时期区域环境变化的表现、机制及其对全球变化的影响与响应；土地系统变化的空间过程及其与流域生态水文过程、碳循环之间的相互作用；陆地表层的生命元素与环境的生物地球化学循环过程。

流域生态系统监测、演化机制与综合评价研究。以流域内已有的生态系统监测站点为基地，综合集成和分析流域生态系统定位监测数据，在流域景观尺度上研究生态系统的演化机制以及环境质量的预测和预警的理论与方法，评价生态系统服务功能和健康状况，探讨流域可持续发展的生态学途径与技术体系，为流域的生态环境建设提供科学数据、理论依据和咨询服务。

流域水土资源优化配置与生态环境建设综合集成。研究水土资源的耦合机制与可持续利用机制，探讨水土资源的优化配置及高效利用模式；研究水土资源利用过程与资源时空流动的规律性，建立流域水土资源平衡表和资源流动的时空动态模型，探讨流域水土资源可持续利用模式及其生态环境效应；研究生态系统退化过程与重建机制，开发退化土地的修复技术，探讨流域水土资源利用、环境保护与人类健康的关系；发展综合的自然资源和生态科学的理论与方法，建立流域水土资源承载力与环境安全指标和保障体系，为流域水土资源高效利用与生态环境建设提供科学依据和决策支持。

流域生物多样性保护与自然保护区区划。研究流域水文格局、水资源数量与质量和生物多样性组成、动植物区系的形成及演变的关系，地形地貌和海拔等生境条件所引起的水文格局与过程变化对生物多样性分布格局及物种多样性变化的影响；研究人类活动、景观破碎化对物种分布与种群数量变化的影响，濒危野生动植物的致濒机制；研究物种栖息地恢复与重建技术，研究与设计濒危物种基因交流的生物廊道，建立流域物种保护、资源优化利用与合理配置的自然保护区模式，实现流域的生态安全和经济社会的可持续发展。

主要参考文献

常志勇, 包维楷, 何丙辉, 等. 2006. 岷江上游油松与华山松人工混交林对降雨的截留分配效应. 水土保持学报, 20(6): 37-40.

陈军锋, 李秀彬, 张明. 2004. 模型模拟梭磨河流域气候波动和土地覆被变化对流域水文的影响. 中国科学: 地球科学, 34: 668-674.

陈祖明, 任守贤. 1990. 岷江镇江关紫坪铺区间的森林水文效应. 四川林业科技, (4): 3.

程肖侠. 2007. 气候变化背景下中国东北森林的演替动态. 北京: 中国科学院大气物理研究所博士学位论文.

邓慧平, 吴正方, 唐来华. 1996. 气候变化对水文和水资源影响研究综述. 地理学报, (S1): 161-170.

丁一汇, 任国玉, 石广玉. 2006. 气候变化国家评估报告(I): 中国气候变化的历史和未来趋势. 气候变化研究进展, 3(s1): 1-5.

丁一汇, 任国玉, 赵宗慈, 等. 2007. 中国气候变化的检测及预估. 沙漠与绿洲气象, 1(1): 1-10.

范广洲, 吕世华, 程国栋. 2002. 华北地区夏季水资源特征分析及其对气候变化的响应. 高原气象, 21(1): 45-51.

方精云, 朴世龙, 贺金生, 等. 2003. 近 20 年来中国植被活动在增强. 中国科学: 生命科学, 33(6): 554-565.

郭泉水, 阎洪. 1998. 气候变化对我国红松林地理分布影响的研究. 生态学报, 18(5): 484.

韩翠华, 郝志新, 郑景云, 等. 2013. 1951—2010 年中国气温变化分区及其区域特征. 地理科学进展, 32(6): 887-896.

黄礼隆. 1990. 川西高山林区森林水源涵养性能的初步研究//李承彪. 四川森林生态研究. 成都: 四川科学技术出版社: 87-99.

黄荣辉, 杜振彩. 2010. 全球变暖背景下中国旱涝气候灾害的演变特征及趋势. 自然杂志, 32: 187-195.

黄忠良, 丁明懋, 张祝平, 等. 1994. 鼎湖山季风常绿阔叶林的水文学过程及其氮素动态. 植物生态学报, 18(2): 194-199.

霍常富, 程根伟, 鲁旭阳, 等. 2010. 气候变化对贡嘎山森林原生演替影响的模拟研究. 北京林业大学学报, (1): 1-6.

江志红, 张霞, 王冀. 2008. IPCC-AR4 模式对中国 21 世纪气候变化的情景预估. 地理研究, 27(4): 787-799.

李峰, 周广胜, 曹铭昌. 2006. 兴安落叶松地理分布对气候变化响应的模拟. 应用生态学报, 17: 2255-2260.

李晓兵. 2000. 中国典型植被类型 NDVI 动态变化与气温、降水变化的敏感性分析. 植物生态学报, 24: 379-382.

李晓娜, 贺红士, 吴志伟, 等. 2010. 大兴安岭北部森林景观对气候变化的响应. 应用生态学报, 23(12): 3227-3235.

刘庆, 吴彦, 何海. 2001. 中国西南亚高山针叶林的生态学问题. 21 世纪青年学者论坛, 23(2): 63-69.

刘世荣, 常建国, 孙鹏森. 2007. 森林水文学: 全球变化背景下的森林与水的关系. 植物生态学报, 31(5): 753-756.

刘世荣, 郭泉水, 王兵. 1996a. 大气二氧化碳浓度增加对生物组织结构与功能的可能影响(I)——模拟 CO_2 实验技术及细胞、叶片和个体生长对 CO_2 的反应. 地理学报, 51: 129-140.

刘世荣, 孙鹏森, 王金锡, 等. 2001. 长江上游森林植被水文功能研究. 自然资源学报, 16(5): 451-457.

刘世荣, 孙鹏森, 温远光. 2003. 中国主要森林生态系统水文功能的比较研究. 植物生态学报, 27(1): 16-22.

刘世荣, 王兵, 郭泉水. 1996b. 大气二氧化碳浓度增加对生物组织结构与功能的可能影响(II)——植物种群、群落、生态系统结构与生产力对大气 CO_2 浓度增加的响应. 地理学报, 63(S1): 141-150.

刘世荣, 温远光, 王兵, 等. 1996c. 中国森林生态系统水文生态功能规律. 北京: 中国林业出版社.

刘效东, 周国逸, 陈修治, 等. 2014. 南亚热带森林演替过程中小气候的改变及对气候变化的响应. 生态学报, 34(10): 2755-2764.

马明国, 王建, 王雪梅. 2006. 基于遥感的植被年际变化及其与气候关系研究进展. 遥感学报, 10: 421-431.

马雪华. 1963. 川西高山暗针叶林区的采伐与水土保持. 林业科学, 8(2): 149-158.

马雪华. 1987. 四川米亚罗地区高山冷杉林水文作用的研究. 林业科学, 23(3): 253-265.

莫兴国, 林忠辉, 刘苏峡. 2007. 气候变化对无定河流域生态水文过程的影响. 生态学报, 27(12): 4999-5007.

倪健, 宋永昌. 1997. 中国亚热带常绿阔叶林优势种及常见种分布与气候的相关分析. 植物生态学报, 21(2): 115-129.

朴世龙, 方精云. 2003. 1982—1999 年我国陆地植被活动对气候变化响应的季节差异. 地理学报, 58: 119-125.

齐晔. 1999. 北半球高纬度地区气候变化对植被的影响途径和机制. 生态学报, 19(4): 474-478.

秦大河. 2014. IPCC 第五次评估报告第一工作组报告的亮点结论. 气候变化研究进展, 10(1): 1-6.

任国玉, 任玉玉, 战云健, 等. 2015. 中国大陆降水时空变异规律 II. 现代变化趋势. 水科学进展, 26(4): 451-465.

任仁, 白乃彬. 2000. 中国降水化学数据的化学计量学分析. 北京工业大学学报, 26: 90-95.

沙丽清, 郑征. 2002. 西双版纳热带季节雨林生态系统氮的生物地球化学循环研究. 植物生态学报, 26: 689-694.

孙红雨, 王长耀, 牛铮, 等. 1998. 中国地表植被覆盖变化及其与气候因子关系——基于 NOAA 时间序列数据分析. 遥感学报, 2(3): 204-210.

王娟, 倪健. 2009. 中国北方温带地区 5 种锦鸡儿植物的分布模拟. 植物生态学报, 33(1): 12-24.

吴佳, 周波涛, 徐影. 2015. 中国平均降水和极端降水对气候变暖的响应: CMIP5 模式模拟评估和预估. 地球物理学报, (9): 3048-3060.

徐德应. 1997. 气候变化对中国森林影响研究. 北京: 中国科学技术出版社.

许崇海, 罗勇, 徐影. 2010. IPCC AR4 多模式对中国地区干旱变化的模拟及预估. 冰川冻土, 32(5): 867-874.

杨万勤, 王开运. 2004. 川西亚高山三个森林群落的湿林冠蒸发速率. 山地学报, 22(5): 598-605.

姚文华, 余作岳. 1995. 广东鹤山丘陵地人工林内降雨养分含量. 生态学报, 15: 124-131.

于贵瑞, 王秋凤, 方华军. 2014. 陆地生态系统碳-氮-水耦合循环的基本科学问题、理论框架与研究方法. 第四纪研究, 34(4): 683-698.

袁婧薇, 倪健. 2007. 中国气候变化的植物信号和生态证据. 干旱区地理, 30: 465-473.

曾涛, 郝振纯, 王加虎. 2004. 气候变化对径流影响的模拟. 冰川冻土, 26(3): 324-332.

张莉, 丁一汇, 吴统文, 等. 2013. CMIP5 模式对 21 世纪全球和中国年平均地表气温变化和 2℃升温阈值的预估. 气象学报, 71(6): 1047-1060.

张新时, 杨奠安, 倪文革. 1993. 植被的 PE(可能蒸散)指标与植被气候分类(三). 植物生态学报, 17(2): 97-109.

张远东, 刘世荣, 顾峰雪. 2011. 西南亚高山森林植被变化对流域产水量的影响. 生态学报, 31(24): 7601-7608.

赵茂盛, 符淙斌, 延晓冬, 等. 2001. 应用遥感数据研究中国植被生态系统与气候的关系. 地理学报, 56: 287-296.

赵文智, 刘志民. 2002. 西藏特有灌木砂生槐繁殖生长对海拔和沙埋的响应. 生态学报, 22(2): 134-138.

赵宗慈, 罗勇, 江滢, 等. 2008. 全球和中国降水、旱涝变化的检测评估. 科技导报, 26(6): 28-33.

中野秀章. 1983. 森林水文学. 李云森, 译. 北京: 中国林业出版社.

周国逸, 闫俊华. 2000. 生态公益林补偿理论与实践. 北京: 气象出版社.

周国逸, 闫俊华. 2001. 鼎湖山区域大气降水特征和物质元素输入对森林生态系统存在和发育的影响. 生态学报, 21(12): 2002-2012.

朱利, 张万昌. 2005. 基于径流模拟的汉江上游区水资源对气候变化响应的研究. 资源科学, 27(2): 16-22.

Amthor J S. 1993. Effects of CO_2 enrichment on higher plant respiration. *In*: Schulze E D, Mooney H A. Design and Execution of Experiments on CO_2 Enrichment. CEC Ecosystems Research Report, (6): 29-44.

Baldocchi D, Falge E, Gu L, et al. 2001. FLUXNET: a new tool to study the temporal and spatial variability of ecosystem-scale carbon dioxide, water vapor, and energy flux densities. Bulletin of the American Meteorological Society, 82(11): 2415-2434.

Betts R A, Boucher O, Collins M, et al. 2007. Projected increase in continental runoff due to plant responses to increasing carbon dioxide. Nature, 448(7157): 1037.

Binkley D, Son Y, Valentine D W. 2000. Do forests receive occult inputs of nitrogen? Ecosystems, 3: 321-331.

Bosch J M, Hewlett J D. 1982. A review of catchment experiments to determine the effect of vegetation changes on water yield and evapotranspiration. Journal of Hydrology, 55(1-4): 3-23.

Brown A E, Zhang L, McMahon T A, et al. 2005. A review of paired catchment studies for determining changes in water yield resulting from alterations in vegetation. Journal of Hydrology, 310(1-4): 28-61.

Brozka R J, Wolfe G L, Arnold L E. 1981. Water quality from two small watersheds in Southern Illinois. Water Resources Bulletin, 17(3): 443-447.

Calder I R. 2002. Forests and hydrological services: reconciling public and science perceptions. Land Use and Water Resources Research, 2(2): 1-12.

Canadell J G, Raupach M R. 2008. Managing forests for climate change mitigation. Science, 320: 1456-1457.

Ceulemans R, Mousseau M. 1994. Effects of elevated atmospheric CO_2 on woody plants. New Phytologist, 127(3): 425-446.

Chazdon R L. 2008. Beyond deforestation: restoring forests and ecosystem services on degraded lands. Science, 320: 1458-1460.

Chmielewski F M, Müller A, Bruns E. 2004. Climate changes and trends in phenology of fruit trees and field crops in Germany, 1961-2000. Agricultural and Forest Meteorology, 121: 69-78.

Conroy J, Barlow E, Bevege D. 1986. Response of *Pinus radiata* seedlings to carbon dioxide enrichment at different levels of water and phosphorus: growth, morphology and anatomy. Annals of Botany, 57(2): 165-177.

Dawes W R, Zhang L, Hatton T J, et al. 1997. Evaluation of a distributed parameter ecohydrological model (TOPOG_IRM) on a small cropping rotation catchment. Journal of Hydrology, 191(1-4): 64-86.

Defila C, Clot B. 2001. Phytophenological trends in Switzerland. International Journal of Biometeorology, 45: 203-207.

Delucia E H, Sasek T W, Strain B R. 1985. Photosynthetic inhibition after long-term exposure to elevated levels of atmospheric carbon dioxide. Photosynthesis Research, 7: 175-184.

Dirmeyer P A. 2000. Using a global soil wetness dataset to improve seasonal climate simulation. Journal of Climate, 13: 2900-2922.

Downton W, Grant W, Loveys B. 1987. Carbon dioxide enrichment increases yield of Valencia orange. Functional Plant Biology, 14: 493-501.

Drake B G. 1992. A field-study of the effects of elevated CO_2 on ecosystem processes in a Chesapeake Bay wetland. Australian Journal of Botany, 40: 579-595.

Drake B G, Leadley P W. 1991. Canopy photosynthesis of crops and native plant communities exposed to long-term elevated CO_2. Plant, Cell & Environment, 14(8): 853-860.

Eamus D, Jarvis P G. 1989. The direct effects of increase in the global atmospheric CO_2 concentration on natural and commercial temperate trees and forests. Advances in Ecological Research, 19: 1-55.

Easterling D R, Meehl G A, Parmesan C, et al. 2000. Climate extremes: observations, modeling, and impacts. Science, 289: 2068-2074.

Ebata M, Tateishi R. 2001. Phenological stage monitoring in Siberia by using NOAA/AVHRR data. 22nd Asian Conference on Remote Sensing, 5-9, November 2001, Singapore.

Eckhardt K, Ulbrich U. 2003. Potential impacts of climate change on groundwater recharge and streamflow in a central European low mountain range. Journal of Hydrology, 284: 244-252.

Fenn M E, Poth M A, Aber J D, et al. 1998. Nitrogen excess in North American ecosystems: predisposing factors, ecosystem responses, and management strategies. Ecological Applications, 8: 706-733.

Ficklin D L, Luo Y, Luedeling E, et al. 2009. Climate change sensitivity assessment of a highly agricultural watershed using SWAT. Journal of Hydrology, 374: 16-29.

Fischer E M, Seneviratne S, Vidale P, et al. 2007. Soil moisture-atmosphere interactions during the 2003 European summer heat wave. Journal of Climate, 20: 5081-5099.

Fu Y, Zhang G, Li F, et al. 2010. Countermeasures for Qinghai-Tibet Plateau to cope with climate change and ecological environment safety. Agricultural Science & Technology, 11: 140-146.

Galloway J N, Aber J D, Erisman J W, et al. 2003. The nitrogen cascade. BioScience, 53: 341-356.

Galloway J N, Cowling E B. 2002. Reactive nitrogen and the world: 200 years of change. AMBIO: A Journal of the Human Environment, 31: 64-71.

Gedney N, Cox P M, Betts R A, et al. 2006. Detection of a direct carbon dioxide effect in continental river runoff records. Nature, 439(7078): 835.

Genwei C. 1999. Forest change: hydrological effects in the upper Yangtze river valley. Ambio, 28(5): 457-459.

Giorgi F. 2006. Climate change hotspots. Geophysical Research Letters, 33(8): 101029.

Guetter P J, Kutzbach J E. 1990. A modified Köppen classification applied to model simulations of glacial and interglacial climates. Climatic Change, 16(2): 193-215.

Guo S, Wang J, Xiong L, et al. 2002. A macro-scale and semi-distributed monthly water balance model to predict climate change impacts in China. Journal of Hydrology, 268(1-4): 1-15.

Hall S J, Matson P A. 1999. Nitrogen oxide emissions after nitrogen additions in tropical forests. Nature, 400: 152-155.

Hall S J, Matson P A. 2003. Nutrient status of tropical rain forests influences soil N dynamics after N additions. Ecological Monographs, 73: 107-129.

He C, Xue J, Wu Y, et al. 2010. Application of a revised Gash analytical model to simulate subalpine *Quercus aquifolioides* forest canopy interception in the upper reaches of Minjiang River. Acta Ecol Sin, 30: 1125-1132.

Heumann B W, Seaquist J, Eklundh L, et al. 2007. AVHRR derived phenological change in the Sahel and Soudan, Africa, 1982-2005. Remote Sensing of Environment, 108: 385-392.

Hodges V. 1992. References, vegetation type and parameters used in developing and applying the Topog IRM Model. CSIRO, Institute of Natural Resources and Environment, Division of Water Resources.

Hollinger D. 1987. Gas exchange and dry matter allocation responses to elevation of atmospheric CO_2 concentration in seedlings of three tree species. Tree Physiology, 3: 193-202.

Holmes J W, Wronski E B. 1982. Water harvest from afforested catchments. *In*: 1st National Symposium on Forest Hydrology. Preprints of Papers, May, 1982; Melbourne, Victoria: Institution of Engineers, Australia.

Hong S Y, Kalnay E. 2000. Role of sea surface temperature and soil-moisture feedback in the 1998 Oklahoma-Texas drought. Nature, 408: 842-844.

Hörmann G, Branding A, Clemen T, et al. 1996. Calculation and simulation of wind controlled canopy interception of a beech forest in Northern Germany. Agricultural and Forest Meteorology, 79: 131-148.

Ingestad T, Lund A B. 1986. Theory and techniques for steady state mineral nutrition and growth of plants. Scandinavian Journal of Forest Research, 1: 439-453.

IPCC. 2001. Climate Change 2001: The Scientific Basis. Contribution of Working Group I to the Third Assessment Report of the Intergovernmental Panel on Climate Change (IPCC). Cambridge and New York: Cambridge University Press.

IPCC. 2007. Climate Change 2007: The Physical Science Basis. Contribution of Working Group I to the Fourth Assessment Report of the Intergovernmental Panel on Climate Change (IPCC). Cambridge and New York: Cambridge University Press.

IPCC. 2013. Observations: atmosphere and surface. *In*: Stocker T F, Qin D, Plattner G K, et al. Climate Change 2013: The Physical Science Basis. Contribution of Working Group I to the Fifth Assessment Report of the Intergovernmental Panel on Climate Change (IPCC). Cambridge and New York: Cambridge University Press.

Jackson R B, Carpenter S R, Dahm C N, et al. 2001. Water in a changing world. Ecological Applications, 11: 1027-1045.

Jackson R B, Jobbágy E G, Avissar R, et al. 2005. Trading water for carbon with biological carbon sequestration. Science, 310(5756): 1944-1947.

Jarvis P, Morison J, Chaloner W, et al. 1989. Atmospheric carbon dioxide and forests [and discussion]. Philosophical Transactions of the Royal Society B: Biological Sciences, 324: 369-392.

Jones C G, Lawton J H, Shachak M. 1997. Positive and negative effects of organisms as physical ecosystem engineers. Ecology, 78(7): 1946-1957.

Kaiser J. 2001. The other global pollutant: nitrogen proves tough to curb. Science, 294: 1268-1269.

Karl T R, Knight R W. 1998. Secular trends of precipitation amount, frequency, and intensity in the United States. Bulletin of the American Meteorological Society, 79: 231-241.

Karl T R, Trenberth K E. 2003. Modern global climate change. Science, 302: 1719-1723.

Kite G W, Droogers P. 2000. Comparing evapotranspiration estimates from satellites, hydrological models and field data. Journal of Hydrology, 229(1-2): 3-18.

Koch K E, Jones P H, Avigne W T, et al. 1986. Growth, dry matter partitioning, and diurnal activities of RuBP carboxylase in citrus seedlings maintained at two levels of CO_2. Physiologia Plantarum, 67:

477-484.

Koster R D, Dirmeyer P A, Guo Z, et al. 2004. Regions of strong coupling between soil moisture and precipitation. Science, 305: 1138-1140.

Koster R D, Suarez M J. 2003. Impact of land surface initialization on seasonal precipitation and temperature prediction. Journal of Hydrometeorology, 4: 408-423.

Kostner B, Tenhunen J D, Alsheimer M, et al. 2001. Controls on evapotranspiration in a spruce forest catchment of the Fichtelgebirge. *In*: Tenhunen J D, Lenz R, Hantshel R. Ecosystem Approaches to Landscape Management in Central Europe. Berlin: Springer-Verlag: 377-415.

Lal R. 1991. Current research on crop water balance and implications for the future. *In*: Sivakumar M V K, Wallace J S, Rénard C, et al. Soil Water Balance in the Sudano-Sahelian Zone (Proc. Int. Workshop, Niamey, Niger, February, 1991). Wallingford, UK: IAHS publication No. 199. IAHS Press, Institute of Hydrology: 31-45.

Lee R. 1980. Forest Hydrology. New York: Columbia University Press.

Lenoir J, Gégout J, Marquet P, et al. 2008. A significant upward shift in plant species optimum elevation during the 20th century. Science, 320: 1768-1771.

Linderholm H W. 2006. Growing season changes in the last century. Agricultural and Forest Meteorology, 137(1-2): 1-14.

Liu S R, Sun P S, Wen Y G. 2003. Comparative analysis of hydrological functions of major forest ecosystems in China. Acta Phytoecologica Sinica, 27(1): 16-22.

Liu S R, Barton C, Lee H, et al. 2002. Long-term response of Sitka spruce (*Picea sitchensis* (Bong.) Carr.) to CO_2 enrichment and nitrogen supply: growth, biomass allocation and physiology. Plant Biosystems, 136(2): 189-198.

Liu Y, An S, Deng Z, et al. 2006. Effects of vegetation patterns on yields of the surface and subsurface waters in the Heishui Alpine Valley in west China. Hydrology and Earth System Sciences Discussions, (3): 1021-1043.

Lü Y, Liu S, Sun P, et al. 2007. Canopy interception of sub-alpine dark coniferous communities in western Sichuan, China. The Journal of Applied Ecology, 18: 23-98.

Lucht W, Prentice I C, Myneni R B, et al. 2002. Climatic control of the high-latitude vegetation greening trend and Pinatubo effect. Science, 296: 1687-1689.

Luo Y, Liu S, Fu S, et al. 2008. Trends of precipitation in Beijiang River basin, Guangdong province, China. Hydrological Processes, 22: 2377-2386.

Luo Y, Zhao Z, Xu Y, et al. 2005. Projections of climate change over China for the 21st century. Acta Meteorologica Sinica, 19: 401.

Luxmoore R, O'Neill E, Ells J, et al. 1986. Nutrient uptake and growth responses of Virginia pine to elevated atmospheric carbon dioxide. Journal of Environmental Quality, 15: 244-251.

Magill A H, Aber J D, Hendricks J J, et al. 1997. Biogeochemical response of forest ecosystems to simulated chronic nitrogen deposition. Ecological Applications, 7: 402-415.

Mason S J, Waylen P R, Mimmack G M, et al. 1999. Changes in extreme rainfall events in South Africa. Climatic Change, 41: 249-257.

Matson P A, Mcdowell W H, Townsend A R, et al. 1999. The globalization of N deposition: ecosystem consequences in tropical environments. Biogeochemistry, 46: 67-83.

Matson P, Lohse K A, Hall S J. 2002. The globalization of nitrogen deposition: consequences for terrestrial ecosystems. AMBIO: A Journal of the Human Environment, 31: 113-119.

McVicar T R, Li L, Van Niel T G, et al. 2007. Developing a decision support tool for China's re-vegetation program: simulating regional impacts of afforestation on average annual streamflow in the Loess Plateau. Forest Ecology and Management, 251(1-2): 65-81.

Medlyn B, Barton C, Broadmeadow M, et al. 2001. Stomatal conductance of forest species after long-term exposure to elevated CO_2 concentration: a synthesis. New Phytologist, 149: 247-264.

Middelkoop H, Daamen K, Gellens D, et al. 2001. Impact of climate change on hydrological regimes and water resources management in the Rhine basin. Climatic Change, 49(1-2): 105-128.

Mitchell P J, Benyon R G, Lane P N. 2012. Responses of evapotranspiration at different topographic positions and catchment water balance following a pronounced drought in a mixed species eucalypt forest, Australia. Journal of Hydrology, 440: 62-74.

Mooney H A, Vitousek P M, Matson P A. 1987. Exchange of materials between terrestrial ecosystems and the atmosphere. Science, 238: 926-932.

Morison J I. 1985. Sensitivity of stomata and water use efficiency to high CO_2. Plant, Cell & Environment, 8: 467-474.

Mortensen L M. 1982. Growth responses of some greenhouse plants to environment. III. Design and function of a growth chamber prototype. Scientia Horticulturae, 16: 57-63.

Mott K A. 1988. Do stomata respond to CO_2 concentrations other than intercellular? Plant Physiology, 86: 200-203.

Moulin S, Kergoat L, Viovy N, et al. 1997. Global-scale assessment of vegetation phenology using NOAA/AVHRR satellite measurements. Journal of Climate, 10: 1154-1170.

Myneni R B, Ramakrishna R, Nemani R, et al. 1997. Estimation of global leaf area index and absorbed PAR using radiative transfer models. IEEE Transactions on Geoscience and Remote Sensing, 35(6): 1380-1393.

Nemanill R. 1997. Increased plant growth in the northern high latitudes from 1981 to 1991. Nature, 386(6626): 698.

New M, Todd M, Hulme M, et al. 2001. Precipitation measurements and trends in the twentieth century. International Journal of Climatology, 21: 1889-1922.

Norby R J, O'Neill E, Hood W G, et al. 1987. Carbon allocation, root exudation and mycorrhizal colonization of *Pinus echinata* seedlings grown under CO_2 enrichment. Tree Physiology, 3: 203-210.

Norby R J, O'Neill E G, Luxmoore R. 1986. Effects of atmospheric CO_2 enrichment on the growth and mineral nutrition of *Quercus alba* seedlings in nutrient-poor soil. Plant Physiology, 82: 83-89.

O'Neill E, Luxmoore R, Norby R. 1987a. Elevated atmospheric CO_2 effects on seedling growth, nutrient uptake, and rhizosphere bacterial populations of *Liriodendron tulipifera* L. Plant and Soil, 104: 3-11.

O'Neill E, Luxmoore R, Norby R. 1987b. Increases in mycorrhizal colonization and seedling growth in *Pinus echinata* and *Quercus alba* in an enriched CO_2 atmosphere. Canadian Journal of Forest Research, 17: 878-883.

Parmesan C. 2007. Influences of species, latitudes and methodologies on estimates of phenological response to global warming. Global Change Biology, 13: 1860-1872.

Parmesan C, Yohe G. 2003. A globally coherent fingerprint of climate change impacts across natural systems. Nature, 421: 37-42.

Peñuelas J, Boada M. 2003. A global change-induced biome shift in the Montseny Mountains (NE Spain). Global Change Biology, 9: 131-140.

Pettersson R, Mcdonald A J S. 1994. Effects of nitrogen supply on the acclimation of photosynthesis to elevated CO_2. Photosynthesis Research, 39: 389-400.

Pettersson R, Mcdonald A, Stadenberg I. 1993. Response of small birch plants (*Betula pendula* Roth.) to elevated CO_2 and nitrogen supply. Plant, Cell & Environment, 16: 1115-1121.

Piao S, Ciais P, Huang Y, et al. 2010. The impacts of climate change on water resources and agriculture in China. Nature, 467: 43-51.

Piao S, Fang J, Zhou L, et al. 2006. Variations in satellite-derived phenology in China's temperate vegetation. Global Change Biology, 12(4): 672-685.

Piao S, Yin L, Wang X, et al. 2009. Summer soil moisture regulated by precipitation frequency in China. Environmental Research Letters, 4: 044012.

Poot P, Veneklaas E J. 2013. Species distribution and crown decline are associated with contrasting water relations in four common sympatric eucalypt species in southwestern Australia. Plant and Soil, 364: 409-423.

Qiu J. 2010. China drought highlights future climate threats. Nature, 465: 142.

Richey J E, Nobre C, Deser C. 1989. Amazon River discharge and climate variability: 1903 to 1985. Science, 246(4926): 101-103.

Robock A, Li H. 2006. Solar dimming and CO_2 effects on soil moisture trends. Geophysical Research Letters,

33(33): 382-385.

Root T L, Price J T, Hall K R, et al. 2003. Fingerprints of global warming on wild animals and plants. Nature, 421: 57-60.

Sage R F, Sharkey T D. 1987. The effect of temperature on the occurrence of O_2 and CO_2 insensitive photosynthesis in field grown plants. Plant Physiology, 84: 658-664.

Sage R F, Sharkey T D, Seemann J R. 1989. Acclimation of photosynthesis to elevated CO_2 in five C3 species. Plant Physiology, 89: 590-596.

Sage R, Reid C D. 1994. Photosynthetic Response Mechanisms to Environmental Change in C3 Plants. New York: Marcel Dekker.

Saxe H, Ellsworth D S, Heath J. 1998. Tree and forest functioning in an enriched CO_2 atmosphere. New Phytologist, 139: 395-436.

Schiermeier Q. 2008. Water: a long dry summer. Nature, 452: 270.

Schulze E D, Heimann M. 1998. Carbon and water exchange of terrestrial systems. Asian Change in the Context of Global Change, 3: 145-161.

Schwartz M D, Reiter B E. 2000. Changes in north American spring. International Journal of Climatology, 20: 929-932.

Seneviratne S I, Lüthi D, Litschi M, et al. 2006. Land-atmosphere coupling and climate change in Europe. Nature, 443: 205-209.

Shao G, Shugart H, Smith T. 1995. A role-type model (rope) and its application in assessing climate change impacts on forest landscapes. Vegetation, 121(1-2): 135-146.

Shukla J, Mintz Y, 1982. Influence of land-surface evapotranspiration on the earth's climate. Science, 215: 1498-1501.

Song M, Zhou C, Ouyang H. 2004. Distributions of dominant tree species on the Tibetan Plateau under current and future climate scenarios. Mountain Research and Development, 24: 166-173.

Stocker T, Qin D, Plattner G, et al. 2013. IPCC, 2013: summary for policymakers. *In*: Climate Change 2013: The Physical Science Basis. Contribution of Working Group I to the fifth assessment report of the Intergovernmental Panel on Climate Change. Cambridge and New York: Cambridge University Press.

Sun G, Mcnulty S G, Lu J, et al. 2005. Regional annual water yield from forest lands and its response to potential deforestation across the southeastern United States. Journal of Hydrology, 308: 258-268.

Sun G, Zuo C, Liu S, et al. 2008a. Watershed evapotranspiration increased due to changes in vegetation composition and structure under a subtropical climate. Journal of the American Water Resources Association, 44: 1164-1175.

Sun P, Liu S, Jiang H, et al. 2008b. Hydrologic effects of NDVI time series in a context of climatic variability in an upstream catchment of the Minjiang river. Journal of the American Water Resources Association, 44: 1132-1143.

Sun G, Zhou G, Zhang Z, et al. 2006. Potential water yield reduction due to forestation across China. Journal of Hydrology, 328(3-4): 548-558.

Tateishi R, Ebata M. 2004. Analysis of phenological change patterns using 1982-2000 Advanced Very High Resolution Radiometer (AVHRR) data. International Journal of Remote Sensing, 25: 2287-2300.

Tissue D, Thomas R, Strain B. 1993. Long-term effects of elevated CO_2 and nutrients on photosynthesis and rubisco in loblolly pine seedlings. Plant Cell and Environment, 16: 859.

Tolley L C, Strain B. 1985. Effects of CO_2 enrichment and water stress on gas exchange of *Liquidambar styraciflua* and *Pinus taeda* seedlings grown under different irradiance levels. Oecologia, 65: 166-172.

Townend J. 1993. Effects of elevated carbon dioxide and drought on the growth and physiology of clonal Sitka spruce plants [*Picea sitchensis* (Bong.) Carr.]. Tree Physiology, 13: 389-399.

Townsend A, Braswell B, Holland E, et al. 1996. Spatial and temporal patterns in terrestrial carbon storage due to deposition of fossil fuel nitrogen. Ecological Applications, 6: 806-814.

Troendle C A. 1983. The potential for water yield augmentation from forest management in the rocky mountain region 1. Journal of the American Water Resources Association, 19(3): 359-373.

Tucker C, Newcomb W, Dregne H. 1994. AVHRR data sets for determination of desert spatial extent. International Journal of Remote Sensing, 15: 3547-3565.

van Dijk A I, Beck H E, Crosbie R S, et al. 2013. The millennium drought in southeast Australia (2001–2009): natural and human causes and implications for water resources, ecosystems, economy, and society. Water Resources Research, 49(2): 1040-1057.

Van Oosten J J, Afif D, Dizengremel P. 1992. Long-term effects of a CO_2 enriched atmosphere on enzymes of the primary carbon metabolism of spruce trees. Plant Physiology and Biochemistry, 30: 541-547.

Vitousek P M. 1994. Beyond global warming: ecology and global change. Ecology, 75: 1861-1876.

Vitousek P M, Aber J D, Howarth R W, et al. 1997. Human alteration of the global nitrogen cycle: sources and consequences. Ecological Applications, 7: 737-750.

Walker B. 1999. The Terrestrial Biosphere and Global Change: Implications for Natural and Managed Ecosystems. Cambridge and New York: Cambridge University Press.

Wand S J, Midgley G, Jones M H, et al. 1999. Responses of wild C4 and C3 grass (Poaceae) species to elevated atmospheric CO_2 concentration: a meta-analytic test of current theories and perceptions. Global Change Biology, 5: 723-741.

Wei X, Zhang M. 2010. Quantifying streamflow change caused by forest disturbance at a large spatial scale: a single watershed study. Water Resources Research, 46(12): 439-445.

Wei X, Zhang M. 2011. Research methods for assessing the impacts of forest disturbance on hydrology at large-scale watersheds. In: Li C, Lafortezza R, Chen J. Landscape Ecology and Forest Management: Challenges and Solutions in a Changing Globe. New York: Springer, Jointly with Higher Education Press: 119-147.

Whitworth K L, Baldwin D S, Kerr J L. 2012. Drought, floods and water quality: drivers of a severe hypoxic blackwater event in a major river system (the southern Murray-Darling Basin, Australia). Journal of Hydrology, 450-451(15): 190-198.

Wright R F, Rasmussen L. 1998. Introduction to the NITREX and EXMAN projects. Forest Ecology and Management, 101: 1-7.

Wu Y, Liu S, Abdul-Aziz O I. 2012. Hydrological effects of the increased CO_2 and climate change in the Upper Mississippi River Basin using a modified SWAT. Climatic Change, 110: 977-1003.

Xiao X, Hagen S, Zhang Q, et al. 2006. Detecting leaf phenology of seasonally moist tropical forests in South America with multi-temporal MODIS images. Remote Sensing of Environment, 103: 465-473.

Xu D, Yan H. 2001. A study of the impacts of climate change on the geographic distribution of *Pinus koraiensis* in China. Environment International, 27: 201-205.

Xu J, Yang D, Yi Y, et al. 2008. Spatial and temporal variation of runoff in the Yangtze River basin during the past 40 years. Quaternary International, 186: 32-42.

Xu Y, Zongci Z, Luo Y, et al. 2005. Climate Change Projections for the 21st Century by the NCC/IAP T63 model with SRES scenarios. Acta Meteorologica Sinica, 19: 407.

Zhang L, Jiang H, Wei X, et al. 2008a. Evapotranspiration in the Meso-Scale forested watersheds in Minjiang Valley, West China. Journal of the American Water Resources Association, 44: 1154-1163.

Zhang L, Wylie B K, Ji L, et al. 2011. Upscaling carbon fluxes over the great plains grasslands: sinks and sources. Journal of Geophysical Research: Biogeosciences, 116(G3): 622-635.

Zhang L, Liu S, Sun P, et al. 2015. Consensus forecasting of species distributions: the effects of Niche model performance and niche properties. PLoS One, 10(3): e0120056.

Zhang M, He J, Wang B, et al. 2013. Extreme drought changes in Southwest China from 1960 to 2009. Journal of Geographical Sciences, 23: 3-16.

Zhang M, Wei X, Sun P, et al. 2012. The effect of forest harvesting and climatic variability on runoff in a large watershed: the case study in the Upper Minjiang River of Yangtze River basin. Journal of Hydrology, 464-465: 1-11.

Zhang Y, Liu S, Wei X, et al. 2008b. Potential impact of afforestation on water yield in the subalpine region of Southwestern China. JAWRA Journal of the American Water Resources Association, 44: 1144-1153.

Zheng X, Fu C, Xu X, et al. 2002. The Asian nitrogen cycle case study. AMBIO: A Journal of the Human Environment, 31: 79-87.

Zhou G, Wei X, Luo Y, et al. 2010. Forest recovery and river discharge at the regional scale of Guangdong Province, China. Water Resources Research, 46(9): 5109-5115.

Zhou G, Wei X, Wu Y, et al. 2011. Quantifying the hydrological responses to climate change in an intact forested small watershed in Southern China. Global Change Biology, 17: 3736-3746.

Zhou L, Tucker C J, Kaufmann R K, et al. 2001. Variations in northern vegetation activity inferred from satellite data of vegetation index during 1981 to 1999. Journal of Geophysical Research: Atmospheres (1984-2012), 106: 20069-20083.

Ziemer R R. 1981. Storm flow response to road building and partial cutting in small streams of northern California. Water Resources Research, 17(4): 907-917.

Zierl B, Bugmann H. 2005. Global change impacts on hydrological processes in Alpine catchments. Water Resources Research, 41, W02028, doi: 10.1029/2004WR003447.

第 3 章 空间生态水文学的过程与尺度

尺度（scale）是地理学研究中的一个基本概念，早已得到应用，近年来在生态学中也越来越重视研究尺度的问题。尺度问题产生的原因在于人类-环境系统的等级结构及其复杂性（Manson，2008）。尺度可分为本征（intrinsic）尺度、观测尺度和政策尺度。本征尺度是自然现象固有而独立于人类控制之外的尺度；观测尺度用来测量生态过程和格局，是一种感知尺度，其中包括实验尺度、分析和建模尺度两类，在实验、分析和建模尺度的基础上形成政策尺度，最终将生态学研究服务于社会和经济发展。尺度研究的根本目的在于通过适宜的测量来揭示和把握本征尺度中的规律性。

生态水文学过程包括多个方面，发生在多个时间和空间尺度上，它们交织在一起，相互作用，相互影响，关系十分复杂。以往的研究多集中在小尺度上，且多为单一尺度，或为点尺度，或为坡面尺度，或为集水区尺度，缺乏大尺度、多尺度、多过程的综合研究，且在研究中没有充分考虑植被的结构和格局特征及其动态变化，无法揭示植被的生态过程与水文过程之间的相互作用，很难阐明植被变化对流域水资源的调控机制。因此，现在的研究更注重大尺度、多尺度与跨尺度、多过程的综合，突出植被变化的生态水文过程，通过生态过程与水文过程的耦合，揭示植被与水之间的相互作用机制。研究中，不同尺度间的相互转换、植被结构及其动态特征的表示是两个突出的问题，也是空间生态水文学研究中最前沿的问题。

3.1 生态水文过程

3.1.1 生态系统的生态水文过程

森林生态水文过程是指在森林生态系统中水分与生态过程耦合变化而表现出来的再分配和运动过程，它是森林生态水文学研究中的一个重要方面。由于森林与水的关系十分复杂，森林生态水文过程不仅受森林生态系统本身的影响，还受地形、地质、土壤、植被的空间异质性以及气象因素的时空变异性的影响。早期单纯的流域对比研究无法从机制上揭示不同时空尺度上森林对水的影响，也无法比较不同地区的实验结果。因此，从 20 世纪六七十年代起，森林生态水文过程研究受到重视。对森林生态水文过程的研究，一般是按森林冠层、地被物层和土壤层来分别进行。

森林冠层的截留是林冠对降雨和降雪的截持作用，截持到的水分通过蒸发过程再返回大气层。冠层截留是生态系统中水分再分配的起点，也是森林调节水分循环的开始。它在生态系统水量平衡中起着重要的作用，对土壤水分收支、地表径流形成、洪峰流量大小、植物病害扩散、碳循环等都具有一定的影响。冠层尺度的水文过程研究是大尺度生态水文研究的基础，通过在冠层尺度阐明生态水文过程机制，大尺度的研究得以开展。因此，多年来它一直是森林水文学研究的热点之一。冠层截留可以有效减少水分下降过程中的动力，防止水土流失。然而从水分汇集的角度来看，冠层截留也代表着进入下垫面的水分的再次流失。冠层截留过程可划分为降雨过程中湿润林冠上的雨水蒸发、雨后林冠蓄水蒸发和树干蓄水蒸发三部分。但由于受降水、植被等诸多因素的影响，冠层截留过程十分复杂，很难直接测定，多用间接方法进行推算。Calder 和 Wright（1986）应用 γ 射线、Bouten 和 Bosveld（1991）应用微波传导技术测定了林冠水分动态，为研究冠层截留过程提供了新的途径。影响冠层截留的因素很多，主要包括降水量、降水强度、降水频率、降水历时、树种、林龄、林分密度、林冠构型等。林冠截留与森林冠层的叶面积指数、降水特征以及森林类型有着必然关系。冠层截留量随着降水量的增大而增加，但存在一个饱和截留量。降水强度越小，降水历时越长，冠层截留率越大，反之亦然。不同植被类型之间，冠层截留量存在差异。一般情况下，森林比灌木和草本大，针叶林比阔叶林大，成熟林和老龄林比幼龄林大，复层林比单层林大。林冠结构越紧密，林分郁闭度越大，林冠截留量也越大。国内外许多学者对冠层截留进行了大量的研究，遍及各林型和主要树种。研究表明，国外温带阔叶林冠层截留率为11%～36%，针叶林为9%～48%。国内南北不同气候带森林植被冠层截留率为 11.4%～34.3%，变动率为 6.68%～55.05%，其中以亚热带西部高山常绿针叶林最大，亚热带山地常绿落叶阔叶混交林最小。岷江流域的森林以冷杉林和针阔叶混交林为主，总体的冠层截留率为20%～50%（吕瑜良等，2007；马雪华，1993），这些研究结果与早期对川西岷江冷杉林的研究结果相符（刘庆等，2001），而中国其他地区的冠层截留率为20%～70%。同种植被类型在不同研究中的冠层截留率不相同。在马雪华（1993）的研究中岷江上游中强度降水居多，而吕瑜良（2007）的研究中强降水事件更多，这表明岷江流域降水强度是控制林冠截留量的主要因子。

森林蒸散是森林生态系统向大气输出的总水汽通量，包括林下土壤表面蒸发、植被蒸腾和树冠截留水分蒸发3个主要部分，由辐射交换、水汽传输和生物生长发育等过程组成。它是森林生态系统中水量平衡与能量平衡的重要分量，能够综合反映森林植被的水文气候特征，对区域或全球气候变化有重要的影响。准确测定或计算森林蒸散，对认识森林生态系统的结构与功能、揭示生态过程与水文过程的相互作用关系、阐明森林植被对流域水资源的调控机制、制定森林经营管理方案、开发流域水文生态模型具有重要意义。测定蒸散的方法很多，包括水文学方法、微气象学方法和植物生理学方法三大类。现有的大多数蒸散理论与方法都是建立在农田、草地蒸散研究的基础上，而森林生态系统与农田、草地生态系统在结构与功能上存在显著差异，很多农田和草地上的假设不能很好地应用于森林，因此目前森林蒸散研究没有相对标准的方法。研究表明，包括截留损失在内，森林生态系统的蒸散量占降水输入的40%～80%。但已往的森林蒸散研究多集中在叶片、单株、群落及林分等小尺度上，缺乏流域、区域乃至全球等大尺度上的研究。在大尺度上，影响蒸散的众多因素存在显著的时空异质性，因此，小尺度上的研究结果不能直接应用到大尺度上。近年来，流域或全球尺度上的蒸散研究已成为一个热点，并取得了一些进展。未来森林蒸散的研究将由小尺度向物理机制、生理机制的深层次发展，揭示植被的生长变化过程对蒸散的影响；在大尺度上，要与遥感技术结合，研究全球变化下森林植被对区域蒸散的影响。

森林与径流的关系十分复杂。在国际上，从 1909 年美国科罗拉多州南部的 Wagon

Wheel Gap 配对集水区试验起，100 多年来，陆续进行了许多配对集水区试验研究森林与径流的关系，虽然有一定进展，但争议颇多。在中国，自 20 世纪 80 年代初黄秉维先生提出关于"森林的作用"的大讨论以来，这方面研究得到了高度重视，有关部门在全国主要植被带建立了森林水文与生态定位站和观测基地，经过 30 多年的研究，也取得了不少突破，但研究结论依然存在较大的分歧。在最近的两篇综述中，Andréassian（2004）、魏晓华等（2005）认为：①森林采伐增加年径流量，造林减少年径流量。但有两种情况例外，其一是"雾水效应"很明显或"水平降水"在全年降水中占较大比例的地方；其二是尺度问题，结果不宜外推到更大的尺度。②森林变化对小洪峰径流有影响，但对大洪峰径流（十年一遇或更大的）影响有限，甚至没有影响。森林对大洪峰径流的意义可能更多地在于森林对水土流失、水库与河道淤积的制约及其对大洪峰径流形成时间和变化过程的调节。③一般认为森林采伐会增加枯水流量，造林减少枯水流量。但是，造林的影响在长时期内可能会变化。枯水流量的变化除与植被的变化有关外，还与土壤的变化、枯水流量的定义有关。

关于森林对径流的影响，目前不同结论并存，尚未达成共识。造成分歧的原因很多，主要是以往的研究多为小尺度、单因素、静态的对比研究，不能从机制上阐明森林与水的相互作用关系，研究地域的系统差异性又使研究结果无法外推。此外，对径流特别是洪峰与枯水径流的定义及分析方法的不同，也是主要原因。魏晓华等（2005）认为，水作为生态系统中多种功能与过程联系纽带的这种独特性，是导致森林与径流关系呈现复杂性的最重要原因。因此，今后的研究应把对比流域实验与同位素、GIS 等技术结合起来，以阐明森林与径流的相互作用关系。

3.1.2　流域尺度的生态水文过程

尽管在小的时空尺度上基于过程的森林水文研究取得了丰硕成果，但无法以小流域植被和水文的相互作用来指导及预测全球变化背景下的大尺度植被生态水文过程的响应规律。由于大尺度森林流域无法通过配对流域实验等传统方法来实现生态水文过程的研究，因此同位素示踪、统计分析模型模拟和遥感等技术不断被应用于流域尺度生态水文对植被变化的响应研究中。但由于这些方法出现较晚，而生态水文学本身也属于新兴学科，据统计，发表在国际重要杂志上有关大尺度植被调节水文方面的论文非常少，仅有 30 篇左右（Wei and Zhang，2011）。

流域尺度上蒸散的研究为了解水分收支和产流提供了有力证据。蒸散的变化主要与气候和植被有关，森林流域的蒸散大于无林流域（刘世荣，1996）。Liu 等（2006）用 Thornthwaite 方程和 SEBAL 模型方法对岷江流域尺度蒸散的空间与时间格局进行了研究，证明了蒸散分布的复杂性；非生长季的日蒸散量能达到 1 mm/d，比生长季（2～3 mm/d）明显减少。Sun 等（2008）通过遥感手段分析认为，岷江流域归一化植被指数（NDVI）和蒸散（evapotranspiration，ET）存在显著相关关系；高山区植被活动的增加主要与气候变暖有关，但并未发现低海拔地区的植被活动与气候变化存在显著的相关性；高海拔地区温度对植被 NDVI 的影响比降水大，而低纬度地区水分是植被变化最大的影响因素；因此，他们认为在岷江上游这样的高山高海拔流域气候变化对植被类型的影响最大。

ET 的改变还会对径流量产生显著影响。Sun 等（2008）的研究还表明蒸散对径流量也有很大的影响。他们发现，由于植被活动、气温及蒸散的变化，生长季节的 NDVI 与降水呈显著负相关。Liu 等（2006）用同位素示踪与遥感相结合的方法分析了岷江上游7 个小流域森林类型和径流的关系。结果表明，森林、混交林、亚高山针叶林的整体减少会造成地表和下层产流量的上升，而灌丛、草甸的增加也会导致地表和下层产流量的上升。这些研究都表明土地覆被变化对流域尺度上的水文过程会产生重要的影响。Zhang等（2008）对岷江流域 4 个中尺度流域的蒸散和潜在蒸散进行了研究，发现其中 3 个中尺度流域的蒸散和潜在蒸散较低。这个结果与前人在岷江小流域进行的实验结果相符（杨万勤和王开运，2004；陈祖明和任守贤，1990；马雪华，1993）。上文提到了老龄林在蒸散和产流过程中的作用，我们认为这些蒸散较小的流域可能是由成熟林和老龄林占主导所导致的。岷江流域空间上蒸散量的普遍低下也可能由高纬度地形中大雾和潮湿气候所引起（刘世荣等，2001）。Zhang 等（2008）对岷江流域蒸散进行了研究，发现灌木和农田的蒸散量较其他植被类型低；从农田或灌丛转化成森林会导致水分的减少，反之亦然。不同植被类型间的蒸散量差别显著（Zhang et al.，2008）。这个研究结果与 Sun等（2005，2008）的研究结果一致。在 20 世纪 50～80 年代曾有学者对岷江流域的森林进行采伐，采伐后的造林工程将部分农田和灌丛转化成为森林，从而减少了该流域的水量。张远东等（2011）的研究表明，岷江流域不同植被类型间的蒸散量从大到小依次为云杉人工针叶林、阔叶林、混交林、灌丛和老龄岷江冷杉林。这说明老龄林的产流潜力大，而森林一旦被采伐，最初的产流量将剧烈上升，然后由于植被更新又直线下降，而稳定的老龄林系统则不会出现这样剧烈的变化。因此，单独种植针叶林会产生一系列的生态问题，如生物多样性下降、森林结构和环境单一及土壤流失等。混交林或阔叶林应该作为岷江流域未来植被建设的重点。

植被和气候变化共同影响流域的产流量。Zhang 等（2012）基于长期水文数据（1953～1996 年）对岷江上游杂谷脑河流域的气候变化和森林采伐对径流的影响进行了定量分析，所采用的研究方法结合了时间序列分析和双累积曲线（Wei and Zhang，2010）。结果表明，年平均径流量随森林采伐而显著增加，采伐的贡献量为 38 mm/a，而气候变化使得年径流减少，其贡献量为−38 mm/a。这种正负并存的相关性结果表明，森林采伐和气候变化对径流的影响存在抵消作用，而森林采伐的影响与气候变化同等重要。他们还发现，随森林植被的恢复，森林采伐对径流的影响不断减少，直到第 20 年不再具有影响。模型是定量模拟土地覆被和气候变化对生态水文影响的最佳工具，陈军锋等（2004）利用 SWAT 模型对长江上游梭磨河流域进行了研究，结果表明 63.9%的径流变化是由气候变化引起的，20.8%由植被变化引起，15.3%有可能是由系统误差导致的。然而，森林植被与流域径流产量的关系在大的流域尺度上比较复杂，迄今为止没有定论。在小流域研究中，某种土地利用改变的水文效应研究结果比较一致，而在大流域尺度上由于某些土地利用变化和其他长期稳定不变的土地利用混合在一起，土地利用变化的水文效应变得不明显（Schulze and Heimann，1998；Robinson and Dupeyrat，2005）。另外，值得注意的是，土地利用管理的水文效应经常比土地利用变化的水文效应大，而水文学家通常把研究重点放在土地覆被变化上，实际上管理措施（如控牧和过牧、耕作的深度和类型、化肥施放量）对水文过程的影响更大。年内和年际的气候变化通常会掩盖土地利用变化的水文效应，从而使问题更为复杂（Schulze and Heimann，1998）。

3.1.3 景观和区域尺度的生态水文过程

目前，植被景观格局变化是土地利用/土地覆被变化的重要研究内容。近年来，将土地利用/土地覆被变化（LUCC）与气候、水文效应相结合，通过建立各种预测模型来揭示其中的特征和规律，已成为 LUCC 研究的焦点和重点（McKay et al.，1979；Haverkamp et al.，2005）。土地覆被变化对水文过程的影响主要表现在其影响了水分在流域中的再分配与运行过程（Porporato et al.，2002）。土地覆被变化改变了地表蒸发、土壤水分状况及地表覆被的截留量等，进而对流域的水量平衡产生影响。研究土地覆被变化对流域水文影响的方法很多，较早的有对比流域实验法和时间序列分析法（李崇巍等，2005）。近年来随着计算机技术和"3S"技术的发展，用综合模型模拟植被景观变化下水文生态功能的变化已成为研究的热点方向。

目前关于土地利用格局或者森林景观变化的生态水文效应的研究很多，而关于水文过程如何影响流域的生态格局的研究相对较少。随着生态水文学的出现和发展，这种现象正在逐步改观。其实，早在 1980 年水文和生态格局的关系就被提出来了。Vannote 等（1980）提出了河流连续体（river continuum）的概念，强调上下游的连续性，沉降物、有机质、营养物的浓度在上游和下游方向上的梯度变化导致（水生）物种分布的变化。Junk 等（1989）的河流脉动概念（river pulse concept）强调冲积平原对河流泥沙沉降及污染物质的吸收净化过程、改善河流水质的功能和河流为冲积平原提供各种营养物质与沉降物的功能。河流天然系统的改变通常会导致河岸带植被的明显变化。水流在河岸带景观（riverine landscape）物理和生物环境的形成方面发挥着核心作用，现在人们已经认识到保持天然的水文机制是斑块或者生境恢复所必需的（Poff et al.，1997；Poff and Zimmerman，2010）。

3.2 植被生态水文过程的尺度

3.2.1 植被特征的尺度差异

植被作为重要的水文要素，对其尺度变化及影响因素的认识是植被水文研究中的基础内容。目前，关于"点""线""面"等尺度的植被特征差异及其影响要素已有很多研究报道。在相同气象条件下的"点"（样地）尺度上，土壤厚度、坡度、微地形等立地条件和微气象环境是影响植被特征的主要因子。在"线"（坡面）尺度上，由于地形地貌、植被、土壤物理特性等因素的影响，虽然同一个坡面上各处接受的降水量基本相同，但由于坡面径流侧向输入和沿坡下移动中的再分配作用，入渗到土壤中的水分自坡顶至坡脚依次增加，造成了不同坡位的植被生长差异（潘成忠和上官周平，2004）。目前，对坡面尺度植被特征的研究多是坡向、坡位等立地特征差异的简单比较。例如，吕瑜良等（2007）研究川西地区小流域内叶面积指数（leaf area index，LAI）的空间特征发现，随着海拔增加，水热条件变差，LAI 呈规律性下降趋势，半阴坡 LAI 也大于半阳坡。刘建立等（2009）对六盘山北侧的研究发现，由于土壤水分的再分配不同，水分的植被承载力随坡位升高呈明显下降趋势，且水热条件较好的阴坡植被承载力远大于阳坡。在"面"（流域、植被分区）尺度上，具有地理分布特征的气候因子是影响植被特征的主要因子。在中国，植被分区是纬度地带性和垂直地带性的规律性变化的集中反映，主要分为寒温带针叶林、温带针阔混交林、暖温带阔叶落叶林、亚热带常绿阔叶林、热带季雨林、温带草原区、温带荒漠区、青藏高原高寒植被 8 个植被区域（马雪华，1993）。因此，研究和理解不同尺度上的植被特征及其主要影响因素的变化规律，是量化植被特征尺度差异的基础。

3.2.2 植被生态水文的尺度效应

森林植被作为最容易变化的水文要素，会通过影响众多水文过程而对径流变化产生深刻影响（石培礼和李文华，2001；张志强等，2001）。以往的研究多集中于小尺度或独立尺度的研究，不同尺度的研究结果之间差别较大。一般来说，随着空间尺度的增大，植被径流影响逐渐衰减，如地表径流深随坡长增加而减小（van de Giesen et al.，2005）；2 m 长的径流小区的地表径流深为 10.7 m 长的 2 倍（Sharpley and Kleinman，2003）。早在 1998 年张天曾就曾提出，不同大小流域的水文过程观测结果不一致，组成流域的各区间水文特征之和不等于流域总体效应，因此在不同大小流域上所得到的森林水文效应评价结果相差悬殊（张天曾，1998）。冉大川（2000）在黄土高原分别利用坡面径流小区和流域水文站资料研究水土保持工程减水量时发现，两个尺度的研究结果最大相差 50%以上。綦俊谕等（2011）也得出了一致的结论，水土保持综合措施的减水减沙效率与流域面积大小有关，其中小流域的减水效率低于中、大流域。李润奎等（2011）的多尺度模拟研究结果也显示，随着汇流面积增大，模拟径流的差别逐渐减小并趋于稳定。森林植被的水文影响或相关规律常是在特定尺度和环境下实测得到的，不同研究结果之间常差别较大，不能简单外推应用到其他环境和尺度等级，这种"尺度效应"限制着特定研究成果对区域水-土-植被资源综合利用的指导。

尺度效应在径流形成和植被径流影响研究中不可忽视。但是，在评价植被类型变化对生态水文过程的影响时，国内外很少考虑尺度的作用，常用平均值或不同尺度的简单比较。目前，国外研究以不同植被类型的小流域的严格对比观测为主，而国内研究以径流场尺度的植被类型统计分析居多，得到的结论仅是尺度间有差别，对尺度效应产生的机制尚不清楚。在小的流域尺度上（<1 km^2），森林采伐通常导致流域径流产量增加，这主要与采伐迹地上新演替植被叶面积指数小、根系浅、地被层薄、蒸散下降有关。Sahin 和 Hall（1996）研究发现，在热带流域森林覆盖率每降低 10%，年径流平均增加 10 mm。而在大流域尺度上，森林植被变化与径流的关系比较复杂，例如，Wilk 等（2001）在泰国东北部的 Nam Pong 流域（面积 12 100 km^2，林地面积从 1957 年的 80%下降到 1995 年的 27%）的研究没有发现森林植被变化对水文过程的明显影响。

克服"尺度效应"是早已得到公认并日渐突出的前沿课题（Blöschl，2001）。有学者认为，产生尺度效应的原因是获取水文过程规律的"观测尺度"与"应用尺度"的不一致（Brutsaert，2005），但其实质可能是影响径流的主导因素及其对径流变化的贡献具有空间差异和尺度变化。例如，影响地表产流与入渗的主要因素在"点"尺度（0.001 m²）是土壤结皮的水力传导度，而在"田间"尺度（100 m²）却是微地形和土壤结皮的空间差异（Esteves and Lapetite，2003）。因此，要想合理解释和充分利用差别明显的结果，克服"尺度限制"得到普适性的结论，就需加强研究水分运移主导过程的尺度变化规律，定量揭示尺度效应的形成机制。总之，以不考虑径流影响尺度差异的方式将研究结果跨尺度地用于指导生产时，如将径流场小尺度研究结果上推到小流域或大流域，或相反的降尺度应用，就会产生很大误差。目前来看，影响径流的主导因素在样地尺度上一般与林分结构、土壤性质有关；在小、中等流域尺度上与植被类型和地形有关；在大流域尺度上则主要与气候变化有关。Cammeraat（2004）认为 3 个主要水文响应尺度，即小区尺度、坡面尺度、流域尺度，均具有不同的水文响应临界值。因此，需深刻理解植被变化径流影响的尺度变化规律，才能实现尺度之间研究结果的转换。

3.2.2.1　植被结构和配置的空间格局对水文的影响

为了阐明在气候变化和土地覆被变化的双重背景下岷江上游水文效应的特点及土地覆被变化的影响程度，我们分别做了如下研究：首先利用基于多谱段扫描仪（multi-spectral scanner，MSS）、专题制图仪（thematic mapper，TM）解译形成的 1974 年、1986 年、1995 年、2000 年土地覆被和土地利用图，分析了不同时段各土地覆被类型的转移规律。

结果表明，森林、灌丛和草地是 3 个最主要的土地覆被类型，大约占 90%，其他土地覆被类型仅占 10%左右。人类活动，包括采伐和城镇化导致的土地覆被变化在整个流域都不同程度地发生，在各子流域发生的幅度和范围各有不同。1974～2000 年，大约有13.2%的森林转变为灌丛，同时只有不到 1%的森林变为农田。在此期间，约有 3.7%的灌丛转变为农田，而大约 96.7%的草地维持不变。

为了分析气候变化特别是降水变化对水文过程的影响，我们将整个流域根据地形划分为 7 个子流域，分别统计其植被覆盖变化特征和降水、水文之间的关系。结果发现，7 个子流域月平均降水量和当月径流量均存在显著正相关性，进一步分析表明，相关系数在各子流域之间存在差异。我们将相关系数和不同流域森林覆盖变化值进行比较发现，森林覆盖率变化值越低的流域，其降水和径流之间的相关性越高，反之越低。这说明，在森林植被覆盖相对稳定的地区，其径流输出的连续性和稳定性大于植被覆盖变化剧烈的区域。所以，初步推断森林植被覆盖结构的变化影响降水与径流的相关关系，但是尚不足以断定森林植被采伐或破坏会直接影响径流量变化。国外的同类研究结论也认为，森林覆盖率变化在 25%以下很难看出其对流域水文过程的影响。

基于稳定同位素示踪技术，划分岷江上游水分来源、汇流特点及植被景观配置对地表径流的影响。利用稳定同位素数据计算了岷江上游黑水河 7 个支流（包括 A、B、E、F、H、I、K）的基流对干流河水（M 点）的贡献率，发现增加落叶阔叶林和亚高山针叶林的面积能够减少产水量，而增加高山灌丛和高山草甸的面积可以增加产水量（Liu et al.，2006）。同时发现在较大尺度的流域中，植被面积（包括森林、灌丛、草甸）在产水上起着非常重要的削弱作用，而森林植被类型仅在小尺度上具有影响（参见第 6 章图 6.2）。

3.2.2.2　植被结构连续变化的定量表达及对水文过程的影响

无论是非参数检验还是年际变化分析，整个岷江上游的径流量在 1982～2003 年呈现显著的降低趋势。但是，对降水的分析结果并没有显示出较为明显的降低，尚未达到统计学的显著程度。另外，降水与径流关系呈现较高的一致性（$r^2 = 0.77$）。利用水量平衡估算的蒸散（ET）也呈现增高趋势（$P < 0.01$），降水和径流之间的差值在增大。我们推测，整个流域径流的降低是由植被活动增加导致蒸散量升高所致的。另外，由于温度本身是蒸发的重要气象条件，区域增温也可能是导致蒸散量升高的重要原因，因此，我们可以将蒸散增加分为植被活动提高的贡献和增温的贡献，但关键问题是如何定量评价植被活动增加对蒸散的影响。

分析 1982～2003 年流域 NDVI 时间序列（TI-NDVI$_c$）和流域蒸散的相关关系，发现两者具有显著的相关性，TI-NDVI$_c$ 能够解释 ET 变化的约 40%（Sun et al.，2008）。也就是说区域植被活动增加对流域蒸散增加的贡献率约为 40%。增温的速度比 TI-NDVI$_c$ 的增加要快很多，这说明选用的指标 TI-NDVI$_c$ 不可能完全体现增温的效果，只能部分体现。这可能是不同海拔植被对气候变化敏感性混合的结果，因为研究发现，高山植被的 NDVI 对增温的响应敏感而低海拔不明显，另外，TI-NDVI$_c$ 同样受饱和问题的困扰，这有可能导致 ET 与 TI-NDVI$_c$ 之间的关系最终为非线性，即 ET 在高 TI-NDVI$_c$ 值时增高较快（参见第 5 章）。

3.3　空间与时间尺度的权衡

随着遥感和 GIS 的广泛应用，尺度问题已成为目前地学和景观生态学的前沿研究论题之一（李双成和蔡运龙，2005；张景雄，2008；Wu，2012；邬建国，2007），人们对生态系统尺度重要性的认识不断提高，应用尺度概念能更好地理解生态系统中的生物过程和非生物过程的相互影响。

生态系统可以划分出一系列尺度。在一定程度上，这些尺度可分别考虑，它们形成阶梯状结构。在同一时间和空间尺度上，不同的生物过程和非生物过程的相互作用是动态变化的。相邻尺度之间的过程相互影响和制约。若干小尺度合起来就变成一个大尺度。大尺度过程对小尺度过程的影响可视为外部影响，小尺度过程对大尺度过程的影响可视为小扰动。小尺度过程的影响可综合反映在大尺度过程上。不同的生态过程有不同的时空尺度，不同的时空尺度上发生不同性质和不同形式的生态过程，某些生态过程是跨尺度的，但在不同的时空尺度上有不同的表现和特征。系统的尺度性与系统的可持续性有着密切关系。例如，生态系统在小尺度上常表现出非平衡特征，而在大尺度上仍可表现为平衡态特征；在考虑大尺度过程对小尺度过程的影响时，可以认为大尺度过程相对于小尺度过程是缓慢变化或不变的。景观系统常可以将景观要素的局部不稳定性通过景观结构加以吸收和转化，使景观整体保持动态镶嵌稳定结构。因此，小尺度上的某一干扰事件可能会导致生态系统出现激烈波动，而在大尺度上这些波动可通过各种反馈调节过程被吸收和转化，为系统提供较大的稳定性。一般，小尺度的结构与可观察的地物对应，多样性丰富，变化较快；而大尺度结构具有相似特征，范围广，变化慢（Gibson et al.，

2000；Bouma et al.，1998；Auestad et al.，2011）。

时空尺度具有对应性和协调性。通常研究的地区越大，相关的时间尺度就越长。现实生活中，空间、时间和分析尺度往往交织在一起，互相制约，难以直接明确判别尺度的约束特性。因此，近些年多将各因素对森林水文过程的影响的时空变化进行集成研究。

径流过程是一个复杂的水文现象（王国庆等，2008）。由于不同时空尺度间存在多维性、变异性、多重性和层次复杂性等一系列问题，探求径流序列的非线性特性以及在不同的时空尺度下其非线性特性的变化规律，成为目前研究的热点和难点。王文均和叶敏（1994）利用混沌特性量化指标，研究了长江干流屏山、寸滩、宜昌、汉口和大通5个水文站统计的年径流序列混沌特性，发现径流序列的混沌特性有随流域面积增大而逐渐增强的规律。从径流非线性特征时间尺度变化规律来看，Wang 等（2006）用关联维数方法对国际上4条河流的径流流量序列进行了不同时间（日、旬、月和年）和空间尺度的非线性分析，发现径流序列时间尺度越小，非线性特征越明显。然而，时间尺度扩展方法的估算效果受数据获取时间及其空间尺度属性的影响（刘国水等，2012）。

因此，特定的问题必然对应着特定的时间与空间尺度，一般需要在更小的尺度上揭示其形成的机制，在更大的尺度上综合变化过程，并确定控制途径，在一定的时间和空间尺度上得出的研究结果不能简单地推广到其他尺度上。

3.4 大尺度生态水文过程的复杂性

3.4.1 植被结构和动态变化的表征

植被结构及其动态特征在森林生态水文模型中的表示是研究森林与水的作用关系的一个重要手段。早期的水文模型多为水文物理模型，侧重于水分循环过程，不考虑植被，或者仅把植被当作一个静态的下垫面因素，在模型中用覆盖度来反映，因此植被的生态作用得不到充分的体现。随着生态水文学的兴起，人们逐渐认识到森林的类型、结构、年龄、生长发育过程以及季节变化都会对水分循环过程产生影响，植被结构特征及其生态过程因而得到重视，在有些水文模型中嵌入了植物生长模块，成为真正意义上的生态水文模型。在植被的结构特征表示方面，不仅把植被划分为不同的类型，还采用植被指数或叶面积指数，基本上能够反映出植被的动态变化，模型的预测精度也大大提高。但是，植被的结构特征及其动态变化与水分循环过程的作用机制十分复杂，植被的作用不仅体现在地上部分，还体现在地下的根系部分。目前，在模型中只用植被类型、植被指数、叶面积指数和生物量这些指标，还不能充分体现植被的生态过程。未来的研究应当进一步弄清植被生长过程与水分循环过程的作用机制，提取更多能够有效反映植被动态变化的结构特征参数，如边材面积、根系的生物量等。

3.4.2 尺度转换

水文学在理论上跨越从水分子尺度到全球水文循环尺度的 15 个序列尺度（Dooge et

al., 1999）。一方面，在不同的尺度上，起主导作用的生态水文过程不同；另一方面，对于同一过程，在不同的尺度上具有不同的特征。而流域的降雨径流则是多尺度、多过程的综合结果，某一尺度或某一流域的研究结果无法直接推演到其他尺度和流域。同时，要实现获取植被特征信息的测量尺度和本征尺度的统一，也需进行不同尺度间的转换（吕一河和傅伯杰，2001）。

尺度转换是指将某一尺度的测定值转换为其他时空尺度的所需值，包括时间和空间两方面。在景观生态学中，通常包括尺度上推（scale up）和降尺度（down scale），可通过数学模型和计算机模拟来实现（Anthony，1991）。而不同转换方向与研究的空间结构设计有关，对应自下而上（bottom-up）和自上而下（top-down）两种方式。水文学上通常包含水文过程的本征尺度、水文观测尺度和水文模拟尺度 3 种不同的尺度类型（Blöschl and Sivapalan，1995）。尺度转换有利于对同一过程在不同水平的充分认识，深刻揭示不同尺度与过程之间的相互作用关系，因此成为所有环境科学研究的热点问题，也是森林生态水文过程研究最前沿的问题。理解在不同尺度之间存在的物质、能量和信息的交换与联系，可为尺度转换提供客观依据。

然而，在研究中，由于气候、植被和土壤等因子在较大尺度上存在显著的时空变异性，以及森林生态水文过程本身具有高度的非线性，各种尺度间往往不匹配，而不同尺度间的转换又会导致信息的丢失，无法准确地揭示生态过程与水文过程相互作用的机制。这是尺度转化的难点所在。

近年来，尺度转化理论和方法研究取得了许多新的进展，一些人认为，随着计算机和"3S"技术的快速发展，分布式水文模型和分形理论将有望解决尺度转换问题。相关研究发现，提高分布式模型模拟精度的主要手段并非是提高过程描述的复杂性与非线性，而是在于准确描述流域的空间异质性。要根据流域大小选择不同的单元格尺度，通常单元格小，模拟精度高，但当单元格小到一定程度后，再减少反而会降低模拟精度，对于具体流域的单元格选择，要做到切合实际进行分析，不能一概而论。尽管分布式水文模型在一定程度上能够反映空间异质性，为尺度转换提供了一条途径，但目前其本身还存在一些具有争议的问题，如基本单元的大小应当是多少、单元之间怎样连接等。同样，分形理论用于尺度转换也处于尝试阶段。因此，分布式水文模型和分形理论能否最终解决尺度问题，实现不同尺度间的转换，还有待更深入的研究。

3.5　景观生态学在生态水文学中的应用

景观生态学（landscape ecology）是现代生态学的一个年轻分支，是以景观为对象，重点研究其结构、功能、变化及科学规划和有效管理的一门宏观生态学科（何东进，2013），主体是地理学和生态学之间的交叉。自 1939 年德国区域地理学家特罗尔（Troll）提出"景观生态学"一词，景观生态学得到了快速发展，尤其是在 20 世纪 80 年代以后。与其他学科有所不同，景观生态学有着突出的优势，它更加强调更广阔的空间尺度，更加强调空间格局，更加考虑局地和区域尺度，注重人文影响（邬建国，2007）。景观生态学与其他生态学科的一个显著区别特征就是注重空间格局的形成、动态及与生态学过程的相互关系（邬建国，2007），其研究最突出的特点是强调空间异质性、生态学过程和尺度的关系，这也是景观生态学与其他学科的主要区别之一。

景观生态学重点研究宏观尺度问题，其重要特点和优势之一就是高度的空间综合能力，特别是在利用遥感技术、地理信息系统技术、数学模型技术、空间分析技术等高新技术研究和解决宏观综合问题方面具有明显的优势。在景观水平上，将资源、环境、经济和社会问题综合，以可持续的景观空间格局研究为中心，探讨人的关系及人类活动方式的调整，研究可持续、宜人、生态安全的景观格局及其建设途径，为区域可持续发展规划提供理论和技术支持（郭晋平和周志翔，2007）。

3.6 景观动态与水文水资源效应

景观作为人类活动对生态系统作用结果的最终直观表现形式，与土地利用的关系十分密切。随着土地利用方式的改变，地球表面的植被覆盖情况发生改变，从而对区域水循环、环境质量、生态系统服务功能和生态系统适应能力产生深刻影响。

景观变化是生态系统镶嵌体结构和功能随着时间的变化（邬建国，2007）。景观的动态变化是引起地表各种地理过程变化的主要原因之一，影响着流域水文和水资源状况。景观的动态变化对水文过程的影响主要表现在对水分循环和水质、水量的改变上。改变地表蒸散、土壤水分状况及地表覆被的截留量，进而对流域的水量平衡产生影响。深入分析区域气候、景观动态变化和水文过程之间的联系，是解决区域资源问题、环境问题及生态问题的重要手段。

目前有关景观格局及其动态的研究成果较多，但景观格局的地理-生态动态过程、驱动因素或机制方面的研究是薄弱环节。总结现有文献资料发现，景观变化对水文水资源的影响途径主要有 3 种：地表景观类型变化的直接影响；景观变化引起的区域或全球变化的间接影响；景观变化引起的气候变化，变化了的气候反过来影响景观变化，进一步影响水文过程。在人类活动引起的土地利用方式改变方面，研究发现，森林的砍伐量影响树冠的截留、地表的粗糙度，增加下游洪水泛滥的频率和强度，减少每年的流量，并使降水的再分配不均匀；不适当的管理和过度放牧将会引起植被的减少及土壤的板结，使得地下水的供应减少；在居住地和其他非农业用地，城市化过程中树木及植被数量的减少降低了蒸发量和截留量，增加了河流的沉积量；房屋街道的建设降低了地表的渗透和地下水水位，增加了地表径流量和下游潜在洪水的威胁（李传哲，2007）。

主要参考文献

陈军锋, 李秀彬, 张明. 2004. 模型模拟梭磨河流域气候波动和土地覆被变化对流域水文的影响. 中国科学: 地球科学, 34(7): 668-674.

陈祖明, 任守贤. 1990. 岷江镇江关紫坪铺区间的森林水文效应. 四川林业科技, (4): 3.

郭晋平, 周志翔. 2007. 景观生态学. 北京: 中国林业出版社.

何东进. 2013. 景观生态学. 北京: 中国林业出版社.

李崇巍, 刘世荣, 孙鹏森, 等. 2005. 岷江上游景观格局及生态水文特征分析. 生态学报, 25(4): 691-698.

李传哲. 2007. 黑河干流中游地区景观动态变化与水资源配置研究. 北京: 中国水利水电科学研究院硕士学位论文.

李润奎, 朱阿兴, 李宝林, 等. 2011. 流域水文模型对土壤数据响应的多尺度分析. 地理科学进展, 30(1):

80-86.

李双成, 蔡运龙. 2005. 地理尺度转换若干问题的初步探讨. 地理研究, 24(1): 11-18.

刘国水, 许迪, 刘钰. 2012. 空间观测尺度差异对蒸散量时间尺度扩展方法估值的影响. 水利学报, 43(8): 999-1003.

刘建立, 王彦辉, 于澎涛, 等. 2009. 六盘山叠叠沟小流域典型坡面土壤水分的植被承载力. 植物生态学报, 33(6): 1101-1111.

刘世荣. 1996. 中国森林生态系统水文生态功能规律. 北京: 中国林业出版社.

刘世荣, 孙鹏森, 王金锡, 等. 2001. 长江上游森林植被水文功能研究. 自然资源学报, 16(5): 451-457.

吕一河, 傅伯杰. 2001. 生态学中的尺度及尺度转换方法. 生态学报, 21(12): 2096-2105.

吕瑜良, 刘世荣, 孙鹏森, 等. 2007. 川西亚高山暗针叶林叶面积指数的季节动态与空间变异特征. 林业科学, 43(8): 1-7.

马雪华. 1993. 森林水文学. 北京: 中国林业出版社.

潘成忠, 上官周平. 2004. 黄土半干旱区坡地土壤水分、养分及生产力空间变异. 应用生态学报, 15(11): 2061-2066.

綦俊谕, 蔡强国, 蔡乐, 等. 2011. 岔巴沟、大理河与无定河水土保持减水减沙作用的尺度效应. 地理科学进展, 30(1): 95-102.

冉大川. 2000. 黄河中游河龙区间水沙变化研究综述. 泥沙研究, (3): 72-80.

石培礼, 李文华. 2001. 森林植被变化对水文过程和径流的影响效应. 自然资源学报, 16(5): 481-487.

王国庆, 张建云, 刘九夫, 等. 2008. 气候变化和人类活动对河川径流影响的定量分析. 中国水利, (2): 55-58.

王文均, 叶敏. 1994. 长江径流时间序列混沌特性的定量分析. 水科学进展, 5(2): 87-94.

魏晓华, 李文华, 周国逸, 等. 2005. 森林与径流关系: 一致性和复杂性. 自然资源学报, 20(5): 761-770.

邬建国. 2007. 景观生态学——格局、过程、尺度与等级. 2 版. 北京: 高等教育出版社.

杨万勤, 王开运. 2004. 川西亚高山三个森林群落的湿林冠蒸发速率. 山地学报, 22(5): 598-605.

张景雄. 2008. 空间信息的尺度、不确定性与融合. 武汉: 武汉大学出版社.

张天曾. 1998. 森林影响河川径流的流域因素. 自然资源学报, 4(1): 37-45.

张远东, 刘世荣, 顾峰雪. 2011. 西南亚高山森林植被变化对流域产水量的影响. 生态学报, 31(24): 7601-7608.

张志强, 王礼先, 余新晓, 等. 2001. 森林植被影响径流形成机制研究进展. 自然资源学报, 16(1): 79-84.

Andréassian V. 2004. Waters and forests: from historical controversy to scientific debate. Journal of Hydrology, 291(1-2): 1-27.

Anthony W K. 1991. Translating models across scales in the landscape. In: Monica G T, Robert H G. Quantitative Methods in Landscape Ecology. Berlin: Springer-Verlag: 479-518.

Auestad I, Rydgren K, Økland R H. 2011. Scale-dependence of vegetation-environment relationships in semi-natural grasslands. Journal of Vegetation Science, 19(1): 139-148.

Blöschl G. 2001. Scaling in hydrology. Hydrological Processes, 15(4): 709-711.

Blöschl G, Sivapalan M. 1995. Scale issues in hydrological modelling: a review. Hydrological Processes, 9(3-4): 251-290.

Bouma J, Finke P A, Hoosbeek M R, et al. 1998. Soil and water quality at different scales: concepts, challenges, conclusions and recommendations. Nutrient Cycling in Agroecosystems, 50: 5-11.

Brutsaert W. 2005. Hydrology: An Introduction. Cambridge: Cambridge University Press.

Calder I R, Wright I R. 1986. Gamma ray attenuation studies of interception from Sitka spruce: Some evidence for an additional transport mechanism. Water Resources Research, 22(3): 409-417.

Cammeraat E L H. 2004. Scale dependent thresholds in hydrological and erosion response of a semi-arid catchment in southeast Spain. Agriculture, Ecosystems and Environment, 104: 317-332.

Dooge J C I, Bruen M, Parmentier B. 1999. A simple model for estimating the sensitivity of runoff to long-term changes in precipitation without a change in vegetation. Advances in Water Resources, 23(2): 153-163.

Esteves M, Lapetite J M. 2003. A multi-scale approach of runoff generation in a Sahelian gully catchment: a case study in Niger. Catena, 50(2-4): 255-271.

Fu Y, Zhang G, Li F, et al. 2010. Countermeasures for Qinghai-Tibet Plateau to cope with climate change and ecological environment safety. Agricultural Science & Technology, 11(1): 140-146.

Gibson C C, Ostrom E, Ahn T K. 2000. The concept of scale and the human dimensions of global change: a survey. Ecological Economics, 32(2): 217-239.

Haverkamp S, Fohrer N, Frede H. 2005. Assessment of the effect of land use patterns on hydrologic landscape functions: a comprehensive GIS-based tool to minimize model uncertainty resulting from spatial aggregation. Hydrological Processes, 19(3): 715-727.

Junk W J, Bayley P B, Sparks R E. 1989. The flood pulse concept in river-floodplain systems. In: Dodge D P. Proceedings of the International Large River Symposium. Can Spec Publ Fish Aquat Sci, 106: 110-127.

Liu Y, An S, Deng Z, et al. 2006. Effects of vegetation patterns on yields of the surface and subsurface waters in the Heishui Alpine Valley in west China. Hydrology and Earth System Sciences Discussions, 3(3): 1021-1043.

Ludwig J A, Tongway D J, Marsden S G. 1999. Stripes, strands or stipples: modelling the influence of three landscape banding patterns on resource capture and productivity in semiarid woodlands, Australia. Catena, 37: 257-273.

Manson S M. 2008. Does scale exist? An epistemological scale continuum for complex human-environment systems. Geoforum, 39(2): 776-788.

McKay M D, Beckman R J, Conover W J. 1979. Comparison of three methods for selecting values of input variables in the analysis of output from a computer code. Technometrics, 21(2): 239-245.

Poff N, Allan J, Bain M, et al. 1997. The natural flow regime: a paradigm for river conservation and restoration. BioScience, 47(11): 769-784.

Poff N, Zimmerman J. 2010. Ecological responses to altered flow regimes: a literature review to inform the science and management of environmental flows. Freshwater Biology, 55(1): 194-205.

Porporato A, D'Odorico P, Laio F, et al. 2002. Ecohydrology of water-controlled ecosystems. Advances in Water Resources, 25(8-12): 1335-1348.

Robinson M, Dupeyrat A. 2005. Effects of commercial timber harvesting on streamflow regimes in the Plynlimon catchments, mid-Wales. Hydrological Processes, 19(6): 1213-1226.

Sahin V, Hall M. 1996. The effects of afforestation and deforestation on water yield. Journal of Hydrology, 178(1-4): 293-309.

Schulze E D, Heimann M. 1998. Carbon and water exchange of terrestrial systems. In: Galloway J, Melillo J. Asian Change in the Context of Global Change. Cambridge: Cambridge University Press: 145-161.

Sharpley A P, Kleinman. 2003. Effect of rainfall simulator and plot scale on overland flow and phosphorus transport. Journal of Environmental Quality, 32(6): 2172-2179.

Sun G, McNulty S G, Lu J, et al. 2005. Regional annual water yield from forest lands and its response to potential deforestation across the southeastern United States. Journal of Hydrology, 308(1): 258-268.

Sun P, Liu S, Jiang H, et al. 2008. Hydrologic effects of NDVI time series in a context of climatic variability in an Upstream Catchment of the Minjiang River. Journal of the American Water Resources Association, 44(5): 1132-1143.

van de Giesen N, Stomph T J, de Ridder N. 2005. Surface runoff scale effects in West African watersheds: modeling and management options. Agricultural Water Management, 72(2): 109-130.

Vannote R L, Minshall G W, Cummins K W, et al. 1980. The river continuum concept. Canadian Journal of Fisheries and Aquatic Sciences, 37: 130-137.

Voinov A, Fitz C, Boumans R M J, et al. 2004. Modular ecosystem modeling. Environmental Modelling & Software, 19(3): 285-304.

Wang W, Vrijling J K, Pieter H A J M, et al. 2006. Testing for nonlinearity of streamflow processes at different timescales. Journal of Hydrology, 322(1-4): 247-268.

Wei X, Zhang M. 2010. Quantifying streamflow change caused by forest disturbance at a large spatial scale: a single watershed study. Water Resources Research, 46(12): 439-445.

Wei X, Zhang M. 2011. Research methods for assessing the impacts of forest disturbance on hydrology at large-scale watersheds. *In*: Li C, Lafortezza R, Chen J. Landscape Ecology and Forest Management: Challenges and Solutions in a Changing Globe. New York: Springer, Jointly published with Higher Education Press (Beijing): 119-147.

Wilk J, Andersson L, Plermkamon V. 2001. Hydrological impacts of forest conversion to agriculture in a large river basin in northeast Thailand. Hydrological Processes, 15(14): 2729-2748.

Wu J G. 2012. Key concepts and research topics in landscape ecology revisited: 30 years after the Allerton Park workshop. Landscape Ecology, 28(1): 1-11.

Zhang M, Wei X, Sun P, et al. 2012. The effect of forest harvesting and climatic variability on runoff in a large watershed: the case study in the Upper Minjiang River of Yangtze River basin. Journal of Hydrology, 464-465: 1-11.

Zhang Y, Liu S, Wei X, et al. 2008. Potential Impact of afforestation on water yield in the subalpine region of Southwestern China. Journal of the American Water Resources Association, 44(5): 1144-1153.

第4章　生态水文学研究方法

经过近百年的发展，生态水文学研究涌现出多种成熟的方法。常见的生态水文学研究方法可大致分为 4 类：①野外和室内实验手段，其中最经典的实验方法为配对流域实验；②水文图形法，如流量历时曲线、双累积曲线；③统计分析法，包括非参数检验、多元线性回归、敏感性分析等；④生态水文模拟法，常见的经典生态水文模型包括 MIKE-SHE、DHSVM 等。但在实际的研究中，通常是综合运用多种方法，在弥补各类方法缺陷的同时极大地提高了研究结论的可靠性。例如，配对流域实验通常需要辅以非参数检验、多元线性回归等统计分析法和双累积曲线等水文图形法方可完成。而水文图形法通常也是与统计分析法配合使用。即使相对较为独立的生态水文模拟法，也时常辅以统计分析法进行模型的不确定性和敏感性分析，提高模型的可靠性。近年来，随着遥感和稳定同位素技术的发展，在大尺度上利用遥感监测手段和多尺度获取实验观测数据的耦合研究成为研究景观和区域尺度生态水文过程的主要手段。另外，小尺度的同位素示踪技术为系统研究植被、水文、土壤之间的关系提供了重要支撑。以下将对常用的生态水文研究方法进行详细介绍，并展望未来空间生态水文学可能的研究方法和技术手段。

4.1　配对流域实验

配对流域实验是指选取两个在地形（坡度、坡向、海拔）、土壤、气候和植被等方面具有相似性的相邻或邻近流域，其中一个作为控制流域，另一个作为处理流域，通过对照实验研究植被变化对水文过程的影响。配对实验通常需要先对两个流域的径流和水文过程进行 5～10 年观测校验（校验期），建立起二者的水文关系。之后，人为改变其中一个流域的植被状况（处理流域）并保持另一个流域的植被状况不变（控制流域），继续对两个流域的水文、气象和植被状况进行连续观测（处理期），最终通过比较处理期和校验期的处理流域与控制流域间水文关系的相对变化来定量评估处理流域植被变化对其水文过程的影响（魏晓华等，2005；Brown et al.，2005）。

1909 年在美国科罗拉多州南部的 Wagon Wheel Gap 进行了世界上第一个配对流域实验（Bates and Henry，1928）。1934 年，美国又改建了位于北卡罗来纳州的 Coweeta 水文实验站，也称南方实验站，隶属于美国农业部林务局。该实验站是进行森林水文学配对流域实验的典范。80 余年来诞生了许多经典的森林水文研究成果，其中大量成果经提炼后成为美国森林经营与管理的技术指南。自此，配对流域实验在欧洲、美国、日本、南非和俄罗斯等国家和地区得到广泛开展。在配对流域实验研究中，常见的植被处理实验涉及造林、采伐、植被类型变化和林型转换四大类。造林实验一般是研究裸地、农田、灌木或者牧草地转换为森林后的水文动态响应（Scott et al.，2000）。采伐实验则是研究森林遭到破坏（采伐、火灾等）后及森林恢复的水文动态响应，这也是目前世界范围内配对流域实验研究的主要研究类型（Bosch and Hewlett，1982；Stednick，1996）。植被类型变化实验主要研究森林转换为牧草后的水文动态响应（Ruprecht and Stoneman，1993）。林型转换实验则主要研究森林类型转变后的水文动态响应，如针叶林转换成阔叶林、落叶林转换成常绿林等（Nandakumar，1993）。

我国配对流域实验研究起步较晚，相关研究投入也相对较少。国内学者更多的做法是选择两个除植被以外其他条件都相似的流域，直接利用植被差异来解释两个观测流域之间水文数据的改变（刘昌明和钟骏襄，1978；陶敏和陈喜，2015）。例如，刘昌明和钟骏襄（1978）利用配对流域实验方法分析了黄河中上游 4 组对比流域，探明森林地区年径流量比无林地区小。王红闪等（2004）利用流域对比实验，以位于甘肃省西峰区南小河沟流域的一条森林小流域和一条荒坡草地小流域为对象，研究了植被重建对黄土高原地区生态环境的影响。陶敏和陈喜（2015）选取了黄土高原沟壑区的天然荒坡董庄沟和有植被恢复的杨家沟两个对比流域分析覆被变化对径流及土壤含水量的影响。但是，国内研究所选择的两个流域的水文地质、地貌、土壤条件很难确定是否相似，尤其是大流域的这种相似性更难确定，同时也并未进行流域植被的人为处理实验（孙阁等，2007）。

配对流域实验突出的优点在于能够有效地避免气候变异和流域内部变异导致的水文响应冲突，并且可以比较单一因素变化引起的水文响应（Andreássian，2004）。因此，配对流域实验一直是世界公认的最为经典的生态水文学实验方法。但是配对流域实验仅适用于小流域（面积≤1 km^2），在中型到大型流域则无法推广。一是随着流域面积的增大，流域空间异质性不断增加，要选取两个在水文地质、地貌、土壤条件、植被等方面特征高度相似的中型和大型流域十分困难；二是配对流域实验的研究周期至少 10 年以上，需要进行长期的定位观测，所需的投入成本和后期维护成本高，在中型到大型流域尺度上基本不可行。

4.2　水文图形法

4.2.1　流量历时曲线

流量历时曲线（flow duration curve，FDC）反映的是河流径流量不低于某个给定值的持续时长占总时间的百分比。例如，某一时期内 10%的时间径流量都不低于 160 m^3/s，则这一流量值被定义为 Q_{10}（图 4.1）。通过流量历时曲线可以计算和提取径流流量的强度、频率、持续时间、起止时间和变化率 5 个参数，用于描述流域的径流情势（Brown et al.，2005）。因此，流量历时曲线的变化能够有效地反映流域径流情势的变化。分析流域的流量历时曲线即可获知流域特征（流域尺度、植被覆盖、地貌和土地利用类型）、降水类型、人类活动（堤坝工程、取水等）等对径流情势的影响。

当流域土地覆被出现显著变化时，如森林被大面积采伐或者森林转变为农田或牧场，或裸地或农田转变为森林后，流量历时曲线会发生相应的改变。因此，通过比较流域变化前后的流量历时曲线，我们能直观地检测出流域土地覆被变化对径流的影响（Costa et al.，2003）。例如，Zhang 等（2016）采用流量历时曲线研究加拿大不列颠哥伦比亚省 Willow 流域森林干扰对径流情势的影响。以 1960 年和 2007 年为例，两年的气候条件相当，年降水量均为 880 mm 左右，但 1960 年的森林累积干扰面积仅为流域面积的 1%，而 2007 年这一比例上升到近 34%。剧烈的森林变化对 Willow 流域的径流产生显著的影响。对比 1960 年和 2007 年的流量历时曲线可以发现，森林干扰导致河流径流量明显增加，其中洪水期径流量的增加最为明显（图 4.1）。

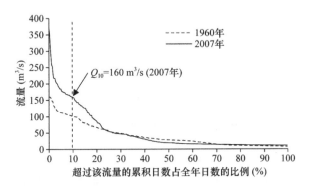

图 4.1　加拿大 Willow 流域基准期（1960 年）和变化期（2007 年）流量历时曲线的对比

　　流量历时曲线不仅能够直观清晰地反映流域土地覆被变化对径流的影响，还能帮助我们更好地解译通过统计分析法得到的结果（Kundzewicz and Robson，2004），与统计分析法形成互补。但是流量历时曲线表现变化大小的能力有限，尤其是对枯水期流量变化的反映不足。此外，在针对单个流域进行研究时，排除气候差异的影响难度较大，必须选取参照期和变化期具有相似气候条件的时间段（日、月、年）进行对比分析。尽管如此，流量历时曲线仍然是研究干扰对水文过程影响的探索性和补充性的工具，特别是在水文变量持续时间较短时。

4.2.2　双累积曲线

　　双累积曲线（double mass curve，DMC）是生态水文学研究常用的图形方法。该方法简单直观，最初是用于检验和校正水文数据的不连续性（Wigbout，1973），如用于检验水文因子累积量与气象因子累积量的关系是否存在一致性和连续性。如果曲线出现明显的突变点则表明突变点前后两个时期水文因子与气象因子的关系不连续，出现了明显突变。该曲线被引入配对流域实验中，用于分析校验期和处理期控制流域与处理流域间的水文关系是否存在不连续性。如图 4.2 所示，x 坐标为 1979～2003 年控制流域累积年径流量，y 坐标为同期处理流域累积年径流量，构成配对流域的双累积曲线。假设未改变处理流域的森林植被，那么该曲线应该近似一条直线，即处理流域与控制流域的年径流量关系应具有连续性和一致性（预测值）。若处理流域的森林植被出现明显变化，配对流域的年径流量双累积曲线将出现明显的突变点（图 4.2，1985 年为突变点），处理期观测值将偏离预测值。处理期（1985～2003 年）实际观测值与预测值间的偏差则被视为处理流域植被变化对其年径流量的影响。需要指出的是，运用该方法之前，需要检验在校验期和处理期内处理流域与控制流域的年降水量关系是否具有一致性，避免降水差异对研究结果的干扰。

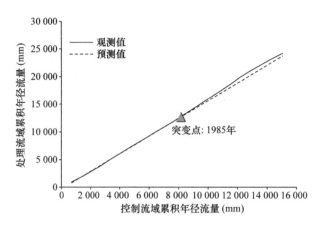

图 4.2　配对流域实验双累积曲线

双累积曲线尽管在小流域尺度研究应用广泛，但是在中型到大型流域的应用则不多。一是鉴于大流域在气候、土壤、地质、景观等方面具有高度复杂性和异质性，找到满足配对流域实验条件的流域相当困难，尤其是控制流域的选取；二是由于大、中型流域之间气候差异较大，要剔除处理流域与控制流域间气候差异对植被-水文关系的影响难度很大；三是考虑到大、中型流域的生态水文过程的复杂性，要使得构建的双累积曲线满足统计学要求，需要长期水文、气象及植被观测数据（至少 20 年数据），而现实中很多大、中型流域缺少长时间序列的相关数据。上述因素最终导致双累积曲线在大、中型流域生态水文研究中应用受限。

4.2.3　改进型双累积曲线

配对流域实验、传统双累积曲线等方法由于控制流域选取困难、气候变异因素难以剔除等诸多问题，无法应用于大、中型流域研究。为解决上述问题，Wei 和 Zhang（2010）针对大、中型单个流域应用提出改进型双累积曲线，用于定量评价森林植被变化对径流量的影响。与配对流域实验所采用的双累积曲线不同，改进型双累积曲线的 x 坐标为研究流域的累积年有效降水量，y 坐标为研究流域的累积年径流量。其中有效降水量为流域降水量与实际蒸发量的差值，这一参数的引入有效地将气候变异对径流的影响剔除。流域实际蒸发量由 Budyko 公式 [公式（4.1）] 计算而得。从年尺度的水量平衡看，流域土壤水分年际变化（ΔS）通常可以忽略为零。因此，流域径流量变化主要取决于有效降水量和蒸腾量的变化[公式（4.2）]。对于以森林干扰为主要干扰因素的森林流域而言，有效降水量变化主要由气候变异引起，而蒸腾量变化则由森林植被变化引起，即气候变异和植被变化通过作用于有效降水量与蒸腾量来影响径流量。若流域无森林植被变化，则径流量变化主要由气候变异引起，即径流量与有效降水量的关系具有一致性和连续性。通常流域出现大面积森林植被变化（通常为 20%以上），变化前后径流量与有效降水量的关系将发生显著变化，即因出现突变而不连续。

$$E(t) = \left\{ P(t) \left[1 - \exp\left(-E_0(t)/P(t) \right) \right] \times E_0(t) \times \tanh\left(P(t)/E_0(t) \right) \right\}^{0.5} \tag{4.1}$$

$$Q(t) = P(t) - E(t) - T(t) - S(t) = P_e(t) - T(t) - S(t) \tag{4.2}$$

式中，$E(t)$、$P(t)$、$E_0(t)$、$Q(t)$、$P_e(t)$、$T(t)$、$S(t)$ 分别为第 t 年流域实际年蒸发量、年降水量、年潜在蒸发量、年径流量、年有效降水量、年蒸腾量和土壤水分。

图 4.3 以梅江流域为例，用改进型双累积曲线评估 45 年间（1961～2006 年）森林植被恢复（森林覆盖率由 30%左右提高到 70%左右）对流域非汛期径流量的影响。如图 4.3 所示，梅江流域枯水期径流量与有效降水量间关系的连续性在 1987 年被打破。1987 年之前梅江流域枯水期累积有效降水量与累积径流量的关系具有一致性，观测值曲线近似一条直线；而 1987 年后，即森林覆盖率大幅提高后，观测值发生偏离，实际观测到的径流量低于预测径流量（预测值曲线）。因此，突变点后观测值曲线与预测值曲线间的偏差反映了森林覆盖增加对枯水期径流量的减少作用。

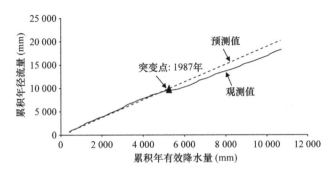

图 4.3　梅江流域的改进型双累积曲线

改进型双累积曲线以单个流域为研究对象，能够有效地剔除气候变异对径流量的影响，适用于任何以植被变化和气候变异为径流变化主要驱动因素的流域。由于无须选取控制流域，因此改进型双累积曲线的适用性更广。同时该方法评价步骤简单且仅需植被、气象和水文观测数据即可，能够快速地评价某一流域植被变化对径流的影响。但是该方法需要有长期的观测数据（20 年以上），而我国大部分森林流域多位于偏远地区，通常缺乏长时期的水文、气象和森林干扰数据，因此该方法在我国森林流域无法全面推广。

4.3　统计分析法

各类统计分析法是生态水文学不可或缺的研究方法。统计分析法除与配对流域实验、水文图形法、生态水文模型等方法配合使用以确保各类方法的精度和可靠性之外，还可以作为独立的技术手段应用于生态水文学研究中。常见的生态水文统计分析法有时间序列分析、参数检验、非参数检验、多元回归分析和敏感性分析等。时间序列分析、参数检验和非参数检验主要检验水文、气象或者植被数据序列是否存在显著的趋势性、突变点或者相关性（表 4.1）。多元回归分析和敏感性分析则能定量水文变化的各个驱动因素（植被变化、气候变化等）的相对影响。

表 4.1　水文数据变化检测的统计方法

方法		具体要求或重要特征	应用
ARIMA（自回归积分滑动平均）模型及交互相关分析（Box and Jenkins，1976）ANOVA（方差分析）		样本个数≥50	趋势检测；预测
		平稳序列	相关性检验
		恒定参数，假设输出为正态分布	阶跃变化检测
非参数检验	Spearman's rho 检验	分布自由 用皮尔森积矩作为测量相关性的参数	趋势检测 相关性检验
	Kendall's tau/Mann-Kendall 检验	分布自由	趋势检测 相关性检验
		序列独立 使用相关性而不考虑参数类比	
	季节性 Kendall 检验	分布自由 考虑到数据的季节性和自相关性	趋势检测 相关性检验
	Wilcoxon-Mann-Whitney 检验	分布自由	阶跃变化检验
	Kruskal-Wallis 检验	突变点已知 分布自由	阶跃变化检验
参数检验	Student's t 检验	数据正态分布 方差相等	阶跃变化检验

4.3.1　时间序列分析

时间序列分析是水文、气象领域有效的数据分析方法。它不仅能够识别出数据的隐含信息、结构和趋势，还能进行预测分析（Box and Jenkins，1976）。时间序列建模方法有许多，如 ARIMA 模型（自回归积分滑动平均模型）、Box-Jenkins 多元方差分析和 Holt-Winters 指数平滑法。其中，使用最广泛的是 ARIMA 模型。无论是单变量还是多变量，都可以建立 ARIMA 模型。

在研究植被与水文的作用关系时，我们需要同时对植被和水文数据序列进行分析，以检验植被变化是否是引起水文变化的重要因素（Lin and Wei，2008）。此时，我们通常采用 ARIMA 时间序列交互相关分析法，检测植被和水文两个数据序列是否存在统计上的因果关系（Jassby and Powel，1990），并能通过该方法确定水文系统对植被变化的响应是否存在滞后性，计算其滞后时长。在进行时间序列交互相关分析之前应该对两组数据序列进行去噪处理，剔除序列自身的相关性（Sun and Wang，1996；Law et al.，2005）。

ARIMA 时间序列分析的优势在于能够剔除数据的自相关性，并具有趋势预测功能。不过，ARIMA 时间序列分析仅适用于平稳序列与能通过差分和滞后运算转变成平稳序列的数据（Box and Jenkins，1976），同时输入的数据最少需要 50 个观测值。

4.3.2　非参数检验

非参数检验是在总体方差未知或知道甚少的情况下，利用样本数据对总体分布形态等进行推断的一类方法。该类方法对样本分布类型不作要求，且能够消除极端值或离群值对数据序列的影响。水文、气象数据属于典型的既不独立又不服从正态分布的数据，还常含有极值。因此，非参数检验在水文、气象数据分析中应用广泛。目前常见的非参数检验方法多基于秩次排序理论，如斯皮尔曼检验（Spearman's rho 检验）、曼-肯德尔检验（Mann-Kendall 检验）、季节性肯德尔检验（季节性 Kendall 检验）、威尔科克森-曼-惠特尼检验（Wilcoxon-Mann-Whitney 检验）、克鲁斯卡尔-沃利斯检验（Kruskal-Wallis 检验）。其中，斯皮尔曼、曼-肯德尔、季节性肯德尔检验主要用于趋势检测和相关性分析（Siege and Castellan，1988；Abdul and Burn，2006），而曼-惠特尼-维尔科克森检验和克鲁斯卡尔-沃利斯检验主要用于中值突变点检测，确定突变点前后中值是否出现阶跃变化。有关各类非参数检验的适用条件和作用见表 4.1。

在生态水文学研究中，采取何种非参数检验方法主要取决于研究目的和流域数据情况。例如，要评价森林植被变化对水文过程的影响，则需要根据研究流域在森林变化前后的植被数据和水文数据的序列长短来确定选取何种非参数检验方法。对于具有长时间序列水文数据和植被变化数据的流域，我们通常可采用 Spearman's rho 检验、Kendall's tau 检验等方法来检测水文数据（如年径流量）和森林变化（如森林覆盖率）的相关性，以此确定森林变化是否对水文过程产生显著的影响。对于一些只有短期数据的流域，我们则可根据流域植被变化情况人为地将径流量数据分为变化前和变化后两个阶段，再采用 Wilcoxon-Mann-Whitney 检验或 Kruskal-Wallis 检验这类阶跃变化检验法来确定森林变化对水文过程是否有显著影响。但前提是要确保这两个阶段平均降水量相当或能够剔除降水的影响，否则结论是不可靠的。

4.3.3 多元线性回归

多元线性回归是指由一个因变量和多个自变量构成的线性回归模型，它能够反映一种现象或事物的数量随多种现象或事物的数量的变动而相应地变动的规律。该方法不仅能够分析因变量与各个自变量的相关关系，也能够确定每个自变量对因变量的影响大小，同时还能预测自变量随一个或者多个自变量变化的情况，且操作步骤简单。因此，多元线性回归在生态水文学研究中使用普遍，且多用于评价森林植被变化对各个水文变量的影响。一方面多元线性回归可以与配对流域实验等方法配合使用，另一方面也可以直接用于分析各个因素对流域水文过程的影响。例如，Jones 和 Grant（1996）用多元线性回归方法定量评价了美国俄勒冈州 Cascade 地区 3 对相邻大流域的洪水对森林采伐的响应程度，结果发现过去 50 年间森林采伐使得洪峰流量增加了一倍。Major 和 Mark（2006）用同样的方法分析了华盛顿圣劳伦火山喷发对水文变量的影响，发现火山喷发后洪峰流量在秋冬季有短暂的增加。该方法最大的优势在于对流域的大小限制，即同时适用于大、中、小流域。不过同时间序列分析法一样，为了得到更可靠的评估结果，多元线性回归也需要长时间序列的水文、气象和植被数据（20 年或更长）。

4.3.4 敏感性分析

敏感性分析方法是一种针对单个流域分析，定量评价气候变异和流域变化（如植被变化、人类活动等）对径流变化的相对贡献的方法。该方法首先计算流域气候变异对径流变化的影响。其理论依据是降水和潜在蒸散的波动会引起径流的变化。评估由气候因素引起的径流变化可以通过以下公式：

$$\Delta Q_{clim} = \beta \Delta P + \gamma \Delta PET \tag{4.3}$$

式中，ΔQ_{clim}、ΔP、ΔPET 分别为由气候引起的径流变化、降水前后变化插值和潜在蒸散前后变化差值；β、γ 分别表示降水和潜在蒸散的敏感系数。

$$\beta = (1+2x+3wx^2)/(1+w+wx^2)^2 \tag{4.4}$$

$$\gamma = (1+2xw)/(1+w+wx^2)^2 \tag{4.5}$$

式中，x 为干旱指数（潜在蒸散与降水的比值）；w 为植被可利用水因子，森林、草地和灌木分别取 2、0.5 和 1（Zhang et al.，2001）。

一旦定量出气候变异对径流变化的相对贡献，非气候因素（如植被变化或者人类活动）对径流的相对贡献也可以计算出来（径流总变化值减去气候影响部分）。这种方法适用于大、中、小流域，有诸多成功的应用案例（Dooge et al.，1999）。表 4.2 列出了部分敏感性分析应用的成功案例。例如，Zhao 和 Zong（2009）运用敏感性分析法定量评价了大型流域黄河源气候变异与人类活动对径流变化的相对贡献，结果表明气候变异对径流变化的相对贡献占 50%，而人类活动引起的径流变化占 40%。Zhang 等（2011）也采用敏感性分析与水文模拟结合的方法成功定量出澳大利亚 Crawford、Darlot Creek、Tinana 3 个流域气候变异和植树造林对径流的相对影响。不过这种方法也存在一定弊端：一是很难根据植被类型确定 w 值；二是植被干扰或土地利用对水文过程的影响是间接根据气候变异的相对贡献推算的，因此，该方法的可靠性依赖其他因子的准确性。

表 4.2　敏感性分析应用案例

流域（km²）	流域变化	相关贡献（%）	
		气候变化	流域变化
黄河源（Zhao and Zong，2009）	人类活动	50	40
白洋淀（Hu et al.，2012）	水土保持措施	38～40	60～62
黄河源（Zheng et al.，2009）	水土保持工程	30	70
黄土高原（Zhang et al.，2008a）	水土保持工程	21～57	43～79
澳大利亚 Crawford、Darlot Creek、Tinana 流域（Zhang et al.，2011）	植树造林 13.4%～23.5%	21～49	61～64

4.4　生态水文模型及其特点

在流域生态水文学研究中，不同时空尺度上的生态过程与水文过程的耦合关系是重要的研究内容之一。配对流域实验主要针对小流域尺度甚至林分尺度上（<10 km²）的生态水文过程进行研究，由于投入成本和后期维护成本较高、实验周期长，该方法无法在大、中流域尺度上推广。水文图形法和统计分析法尽管适用于不同大小的流域，但这两类方法主要用于生态系统和水文系统长期的作用关系研究，缺乏对生态水文过程机制的解释，预测功能不强。而生态水文模型则侧重于通过对生态过程内部机制的分析来研究流域的生态过程和水文过程，且具有适用范围广、研究周期短、预测能力强的特点，能够为高层管理者制定宏观的自然资源开发与生态系统保护决策提供科学支持。因此，在流域生态水文学研究中生态水文模型成为重要的手段，也是未来水文研究的重点之一。

下文将对国内外应用较广的流域水文模型和流域生态水文模型进行总结及分析，对比不同模型对生态水文过程刻画的程度以及国内外在生态水文模型研究方面取得的进展。

4.4.1　生态水文模型的概念及主要功能

流域生态水文模型是定量评估环境变化条件下流域生态水文响应的重要工具（孙晓敏等，2010），核心内容是研究不同环境条件下植被与水之间的生物物理过程和生物化学过程。不同的水文模型适用于不同的生态类型。例如，SWAT 模型比较适用于农田生态系统的水文过程研究；DHSVM 模型适用于森林生态系统的水文过程研究。

通过水文模型，首先可以将野外观测到的水文数据根据某方面的需求进行综合分析，对于部分水文学的假设进行验证分析，更加深入地了解水文学的机制；其次可以为管理人员预测不同条件下的水文响应结果，为管理决策提供科学支持；最后是可以为水文研究工作者提供较为方便的研究手段，由于流域水文过程复杂庞大，研究人员深入细致地分析野外的水文过程比较困难，生态水文模型可以使研究者根据简化的水文过程研究流域生态水文机制，且更加直观有效。

4.4.2　国内水文模型

表 4.3 列出了部分国内大尺度流域水文模型及其特点，选取何种大尺度流域水文模型一般需要考虑该模型的类型、适用气候类型以及对流域的数据要求等方面。按目前状况，可将它们分成 3 种主要类型，适用于湿润半湿润气候，以新安江模型为基础的水文模型；以双源蒸散模型为基础，对蒸散要求高的水文模型；可应用于无资料或缺资料的特大尺度流域水文模型。

表 4.3　国内大尺度流域水文模型及其特点

名称	类型	适用气候类型	是否描述生态水文过程	特点	模型类型
新安江模型	集总式	湿润半湿润	否	蓄满产流；三层蒸发计算模式；模型参数少；难以在无资料地区推广（芮孝芳等，2012）	以新安江模型为基础的水文模型
融雪型新安江模型	集总式	高寒山区	否	可模拟气象、水文等资料少的山区的融雪径流；模型参数少；暂没有形成统一体系（姜卉芳等，1998；穆振侠和姜卉芳，2009）	
流域数字水文模型	分布式	湿润半湿润	否	可自动划分子单元，提取水系、子流域特征；土壤水分运动的物理过程不明确（任立良，2000；任立良和刘新仁，2000）	
基于双源蒸散和混合产流的分布式水文模型	分布式	干旱半干旱	是	蒸散物理机制明确、考虑全面；坡面汇流不全面且参数依赖率定（刘晓帆等，2011）	蒸散要求高的水文模型
双源蒸散模型与栅格产汇流模型的分布式流域水文模型	分布式	干旱半干旱	是	蒸散物理机制明确、考虑全面；土壤水分运动描述简单；对土地覆被类型要求详细（杨邦等，2009）	
参数空间分异的嘉陵江日分布式水文模型	分布式	湿润半湿润	否	可模拟无资料地区水文；物理机制不明确；数据量大，侧重于统计分析（王渺林等，2012）	特大尺度流域水文模型*
长江上游大尺度分布式水文模型	分布式	湿润半湿润	否	可模拟下垫面条件和降水分布的空间变异性；可与大气模型对接；参数依赖率定（许继军等，2007）	
基于分布式水文模拟的干旱评估预报模型	分布式	湿润半湿润	否	可综合评估、预报旱情；对资料精度要求不高；水文物理机制简单（许继军和杨大文，2010）	
分布式时变增益水文模型	分布式	半干旱半湿润	否	可模拟无资料地区水文；物理机制不明确；模拟流量误差偏大（夏军等，2003，2005）	

*特大尺度流域是流域面积大于 $10\ 000\ \text{km}^2$ 的流域

以新安江模型为基础的水文模型包括新安江模型、融雪型新安江模型和流域数字水文模型。新安江模型在国内外水文预报工作中有较好的应用（赵人俊，1994）；融雪型新安江模型在新疆天山、切德克等多个流域都有应用（姜卉芳等，1998；穆振侠和姜卉芳，2009）；流域数字水文模型在淮河流域有应用（任立良，2000）。目前，国内大尺度流域水文模型中体系较为完整、应用较为广泛的只有赵人俊（1984）提出的新安江模型。该模型是集总式概念性模型，在我国南方湿润半湿润气候地区预测水情、洪水预报系统中大量应用，至今，该结构、理论都较为完善，应用效果也较好（芮孝芳等，2012）。"蓄满产流"是其区别于其他模型的核心标志。之后，国内学者就在新安江模型的基础上提出了许多新模型，如融雪型新安江模型（姜卉芳等，1998）、流域数字水文模型（任立良，2000）等。这类模型的特点是：①由于以新安江模型为基础，为了满足其核心"蓄满产流"机制应用的条件，应用流域要满足湿润或半湿润气候的条件。例如，虽然融雪型新安江模型是应用在新疆高寒山区，但新疆山区具有土壤缺水量少，易于蓄满；表土下渗率大，不易超渗等湿润半湿润地区的产流特征（穆振侠和姜卉芳，2009）。②这类模型的创新是整个水文结构中一个或几个模块的局部创新。例如，由于气象、水文等资料的匮乏、新疆山区径流补给的特点及"逆温层"现象等因素，融雪型新安江模型在产流模块、汇流模块中划分水源部分几乎与新安江模型一致，只是在积雪融雪模块、汇流模块、蒸散模块会根据不同的流域加以创新或改变（姜卉芳等，1998）。

蒸散要求高的水文模型一般是双源蒸散模型与其他产汇流模型的组合，包括基于双源蒸散和混合产流的分布式水文模型（刘晓帆等，2011）和双源蒸散模型与栅格产汇流模型的分布式流域水文模型（杨邦等，2009）。其中双源蒸散模型适用于估算干旱、半干旱和稀疏植被农业区的蒸散能力，并且已初步验证其可行性：将双源蒸散模型与混合产流模型进行结合建立分布式水文模型（刘晓帆等，2011），将双源蒸散模型与栅格产汇流模型进行结合（杨邦等，2009），研究结果基本吻合。双源蒸散模型的物理机制比较明确，且对蒸散的考虑非常全面。该模型与栅格产汇流模型都要求非常详细的土地覆被类型，只是栅格产汇流模型在描述产汇流时对土壤水分运动的描述比较简单（王贵作等，2008）。

特大尺度流域水文模型包括参数空间分异的嘉陵江日分布式水文模型、长江上游大尺度分布式水文模型、基于分布式水文模拟的干旱评估预报模型、分布式时变增益水文模型等，这些模型目前的应用都不是很广泛。为了对流域进行整体考虑和分析，水文模型需要对某些特大型流域进行模拟，应用到这些大尺度空间时，就必须考虑流域空间上的变异性，需要兼顾精度和单元数目。长江上游大尺度分布式水文模型应用到杨大文等（2004）提出的基于地貌特征的水文模型（geomorphology based hydrological model，GBHM），该模型采用了一些描述水文过程各环节机制的数学物理方程来计算降雨径流过程，因此为考虑流域下垫面条件和降雨分布的空间变异性提供了可能（许继军等，2007）。除此之外，分布式时变增益水文模型也可用于特大型流域，对无资料或缺资料地区有一定的适用性，但精度得不到保证。这些模型的物理概念、机制普遍不是很明确，而且数据量偏大，更多偏向数学统计分析、产汇流迭代计算等黑箱系统，不过这些特大型流域水文模型结合数字高程模型（DEM）、地理信息系统和遥感等技术，对无资料、缺资料和精度要求较低的大流域的水文模拟较适用。

当然，国内模型在与计算机技术等技术结合后，新水文模型的创新层出不穷，但也存在一个普遍的现象——"后继乏力"。国内学者往往在某个流域提出水文模型中某一模块的创新，或各种新方法之间的糅合，验证结果也符合，但这并不能说明该模型在某一特定气候条件下的普遍适用性，由于没有长期后续研究和水文模型的整体研究，目前国内知名流域水文模型缺乏。而且，相比国外，国内水文模型通常缺少生态水文模块。例如，在蒸散模块，通常是将蒸发皿观测值与蒸发皿经验系数相乘即蒸散能力或采用经验公式进行估算。

4.4.3　国外大尺度生态水文模型

国外生态水文模型的发展相对成熟，类别多样。表 4.4 列出了国外主要代表性生态水

表 4.4　国外大尺度流域生态水文模型及其特点

名称	空间代表性	适用流域大小	适用气候类型	描述的生态水文过程	特点
MIKE-SHE	分布式	大、小尺度均可	湿润半湿润	湿地/沼泽生态水文过程 农田生态水文过程 森林生态水文过程 草地生态水文过程	可模拟整个地表水和地下水的生态水文；用户界面先进；可模拟非饱和层水分的三维运动；无法体现植被动态变化（Sahoo et al.，2006；Thompson et al.，2004）
SICS-ALFISHES	分布式	大尺度	湿润半湿润	沿海湿地生态水文过程	仅适用于沿海红树林湿地，评估水文变化对鱼类的影响；地表水-地下水过程刻画完整（Cline et al.，2004）
SWAT	半分布式	大、小尺度均可	不同气候条件下均可	森林生态水文过程 农田生态水文过程 湿地生态水文过程	可模拟地表水和浅层地表水与生态过程的相互作用；采用作物经验生长模型；用户界面友好；对土壤数据要求详细（Bouraoui et al.，2005）
VIC	半分布式	大尺度	湿润半湿润	农田生态水文过程 森林生态水文过程 草地生态水文过程	模拟地表水分和能量交换过程；模型参数少；仅能模拟非饱和层水分的二维运动；未能体现植被动态变化（Cherkauer and Lettenmaier，1999）
DHSVM	分布式	小、大流域	湿润半湿润	森林生态水文过程	可模拟地形、土壤、植被等下垫面地质条件与水文循环的关系；森林水文过程模拟全面；植被动态变化未考虑；模型参数较多；操作界面复杂；仅能模拟非饱和层水分的二维运动（Leung et al.，1996）
HYLUC	半分布式	中、大流域	湿润半湿润	森林生态水文过程 草地生态水文过程	参数少，应用广泛；采用经验型植被动态变化模型；模型操作界面不完善；仅能模拟非饱和层水分的二维运动（Calder et al.，2004）
DANUBIA simulation system	分布式	大尺度	湿润半湿润	农田生态水文过程	包含水文和能量交换模块、植物生长模块和土壤氮转化模块，可进行多时间尺度（小时、天）的碳、氮、水通量交换过程模拟。不适用于森林、湿地生态水文过程模拟（Barth et al.，2004）
WaSSI	半分布式	大尺度	不同气候条件下均可	草地生态水文过程 农田生态水文过程 森林生态水文过程	基于 web、月尺度；模拟土地利用/土地覆被、气候变化等对生态系统生产力、碳交换等的影响；核心是蒸散和碳循环模块；具有高度尺度依赖性（Sun et al.，2011a，2011b）
PnET	分布式	不限	不同气候条件下均可	森林生态水文过程	氮循环模拟完整，估计森林系统的最大生产潜力；数据要求详细；仅能模拟非饱和层水分的二维运动（Goodale et al.，2002）
SWIM	半分布式	中、大尺度	半干旱半湿润	森林生态水文过程 农田生态水文过程	可模拟水文、植被生长、侵蚀、养分（N 和 P）等过程；适用气候带窄；仅能模拟非饱和层水分的二维运动（Krysanova et al.，2005）
LHEM	半分布式	大、小尺度均可	湿润半湿润	草地生态水文过程 湿地生态水文过程 农田生态水文过程 森林生态水文过程	模拟水文过程，以及植物生长、降解、养分循环等生态过程；仅能模拟非饱和层水分的二维运动（Voinov et al.，2004）

文模型，并对其空间代表性、适用流域大小、适用气候类型、描述的生态水文过程、基本特点等进行了总结。通过生态水文模型在生态水文学研究中对蒸散、能量平衡、元素（C、N 等）平衡等多方面刻画的全面程度，将这些模型划分为简单型、专业型和完整型等 3 类。

（1）简单型

该类模型对研究区内植被蒸散、植被类型都有描述，但描述程度有限，包括MIKE-SHE 和 VIC 模型。MIKE-SHE 模型在平原、山区、沿海湿润区域、内地干旱地带等各种地理条件下都有模拟（Dai et al.，2010a，2010b）。VIC 模型已作为大尺度生态水文模型用于美国 Arkansas-Red 等流域的大尺度区域径流模拟（Abdulla et al.，1996）。MIKE-SHE 模型在功能上可模拟非饱和层水分的三维运动，同时对地下水资源和地下水环境问题进行分析、规划和管理，这是它的一大特色，可应用于环境影响评估、洪泛区研究、湿地的管理和修复、地表水和地下水的相互影响、地下水和地表水的连续使用、分析气候和土地利用对含水层的影响，对农业活动的影响进行研究等，并且该模型的用户界面较为先进，可以精确浏览所有数据，支持复杂输出。但是，参数是根据流域物理特性数据来确定的，建立一个较为理想且可运用于实际工作的分布式物理模型十分复杂，并且对研究人员的水文、地理、计算机等专业技能要求较高，因此限制了该模型的推广应用（Sahoo et al.，2006）。MIKE-SHE 模型很好地体现了流域的物理分析，对生态水文方面的蒸散、植被类型都有描述，不过程度很有限。

另一类简单型生态水文模型侧重于描述水文过程中的能量交换。水文过程中的能量交换是水分蒸散、大气环流和气候等的基本特征，包括太阳辐射、大气辐射、蒸散耗热量等都在热平衡中起主要作用，对能量交换的研究目前已成为研究水循环的基本内容之一。VIC 模型就属于这一类，它可以模拟地表水分和能量交换过程，以水分和能量的交换过程为基础来研究流域的水循环过程。

（2）专业型

专业型模型主要是针对特定类型的生态系统如森林、农业或者湿地等而开发的模型，主要包括 SWAT、DHSVM、HYLUC 和 SICS-ALFISHES 模型。SWAT 模型在加拿大和北美寒区具有广泛的应用（Neitsch et al.，2005）。DHSVM 模型对北美西部山区的哥伦比亚河、美洲河等流域及加拿大温哥华岛的水文变化进行了模拟（Leung et al.，1996）。HYLUC 模型在英国森林集水区有应用（Calder et al.，2003）。SICS-ALFISHES模型目前仅应用于对佛罗里达东北部湾的湿地评估（Cline et al.，2004）。

其中，SWAT 模型最初主要是针对以农业为主的流域而开发的。该模型具有很强的物理基础，适用于土壤类型多样、土地利用及覆盖复杂的大流域，主要用来预测人类活动对水分、沙、农业、化学物质的长期影响。蒸散方面将土壤水分蒸发和植物蒸腾分开模拟，而且植物生长模型能区分一年生植物和多年生植物，被用来判定根系区水分和营养物的移动、蒸腾和生物量；河道汇流部分考虑水分、沙、营养物（N、P）和杀虫剂在河网中的移动，因此对生态水文的描述程度较为详细。

DHSVM 模型则主要针对森林生态系统。该模型是以数字高程模型为基础的分布式水文模型，可模拟地形、土壤、植被等下垫面地质条件与水文循环的关系，并且对森林生态水文过程的模拟比较全面。在计算时段内，模型对流域各网格依据能量和质量平衡方程进行联立求解，各网格之间则通过坡面流和壤中流的汇流演算产生水文联系。在计算坡面流时，考虑 3 种产流机制（蓄满产流、超渗产流和回归流），采用逐网格计算和单位线法计算坡面流；采用相对简单但很稳健的线性槽蓄法来计算河道的汇流。但在水流下渗过程中也只能模拟非饱和层水分的二维运动（Leung et al.，1996）。

SICS-ALFISHES 模型主要针对沿海湿地生态系统。该模型侧重于对生物数量的统计分析。例如，有研究者利用该模型对佛罗里达东北部湾湿地生态系统恢复对鱼类、粉红琵鹭、鳄鱼的影响进行评估。该模型也可用于评价湿地环境、濒危物种。但是，该模型要求输入湿地盐分、鱼量等数据信息，对于无数据或少数据地区应用不便。因此，目前该模型缺乏广泛适用性。

（3）完整型

完整型模型全面地描述了水循环和碳、氮等营养元素的循环及其耦合作用，代表性模型包括 DANUBIA simulation system、WaSSI（water supply stress index）、PnET、SWIM、LHEM 等。DANUBIA 模型在多瑙河上游等流域有应用（Barth et al.，2004）；WaSSI 模型虽然提出的比较晚，但在美国、中国和澳大利亚等都有应用（Sun et al.，2011a，2011b）；PnET 模型已经在美洲、欧洲及亚洲的一些地区得到了验证和运用，可用于森林甚至陆地生态系统的模拟；SWIM 模型在美国和德国的 Elbe River 等流域有应用（Krysanova et al.，2005），LHEM 模型在美国的 Patuxent、Baltimore 等地区都有应用（Voinov et al.，2004）。

通过生态水文模型研究水、碳和氮等元素的循环，可以比较详细地了解生态水文的物化过程，满足人类对土地、森林和水资源的适应性管理需求。DANUBIA system simulation 模型包含水文和能量交换模块、植物生长模块和土壤氮转化模块，可进行多时间尺度（小时、天）的碳、氮、水通量交换过程模拟。WaSSI 模型，是一个在网页上运行的月尺度水文模型，可模拟由土地利用、土地覆被、气候变化、水资源流出和供给压力变化等引起的生态系统生产力、碳交换等的变化，该模型的核心是蒸散模块和碳循环模块。目前应用较为广泛的是 WaSSI-C 模型，是由 WaSSI 模型和水碳耦合经验模型构成的月尺度生态系统集成水碳耦合模型。其可对区域包括径流、净生态系统碳交换量（NEE）、生态系统呼吸消耗量等在内的水、碳通量进行模拟。其中，水碳耦合模型是基于全球长期通量观测网络（FLUXNET）测定的水、碳通量，利用统计分析法构建的水、碳耦合的经验模型（Sun et al.，2011a，2011b）。

除此之外，PnET 模型对氮循环的模拟也比较完整，并且可以评估森林系统的最大生产潜力，对可持续林业的发展具有积极的指导作用（Goodale et al.，2002）。SWIM 模型在流域尺度上综合了水文、土壤侵蚀、植被生长和氮磷的动态变化，可用来研究土地利用变化和气候变化对水文过程、农业生产与水质的影响（Krysanova et al.，2005）。LHEM 模型可以模拟水循环、营养物循环、植被生长、分解等过程（Voinov et al.，2004））。这些模型的特点就是对营养物或 C、N 等元素的循环过程的模拟比较完整，对生态水文过程的刻画比较详细。

国外生态水文模型种类较多，针对不同的生态水文过程都有相应的模型，且生态刻画相对完善，不过对于用户界面，部分模型对使用者的专业知识要求相对较高，不利于模型的推广。随着全球气候变化的加剧，人们对生态水文方面的关注会逐渐增加，RS、GIS 等技术的不断发展，也会在一定程度上加快模型模拟技术的不断改进。而相比国外生态水文模型，国内水文模型在生态刻画方面相对欠缺，且目前尚未形成完整的体系，对植被、土壤、大气之间的复杂关系的研究尚浅，更多的是不同生态模块之间的简单耦合，如基于双源蒸散和混合产流的分布式水文模型、双源蒸散模型与栅格产汇流模型的分布式流域水文模型等。不过，这种耦合所描述的只是松散的耦合关系，没有充分考虑过程之间的内在联系和动态反馈（杨大文等，2010）。

4.5　遥感监测和同位素技术

本部分主要对遥感和同位素技术进行简单的概述，关于遥感和同位素技术在空间生态水文学中的具体应用，请阅读本书第 5、6 章的相关内容。

4.5.1　遥感

自 1972 年美国发射了第一颗陆地卫星后，遥感技术经过几十年的飞速发展，其时空分辨率得到极大的提高，观测指标也更加丰富。目前遥感技术已被广泛应用于资源环境、水文、气象、地质地理等领域，成为一门实用、先进的空间探测技术。在生态水文学研究中，遥感技术可以提供长期连续的高时空尺度的数据支持。遥感探测器可以获取日尺度、米级的大尺度监测数据。目前较为常用的遥感数据主要包括 Landsat、MODIS、AVHRR/NOAA、QuickBird 和 SPOT。最常规的遥感应用是通过解译遥感数据获取下垫面的特征，包括地形、土壤、植被和水文等。与此同时，遥感资料逐渐被用到生态水文过程参数的估算中。其中包括：构建反映植被特征的植被指数，如广泛应用的 NDVI 等；推算水文指标，如基于遥感的蒸散推算模型；将遥感数据用于生态水文模型的构建中，实现大尺度空间生态水文过程的模拟研究。遥感作为一种大尺度监测手段，具有常规手段无法比拟的优势，然而遥感技术仍然受自身设计和外部因素的影响，因此在利用遥感数据的过程中还需要对数据进行严格的质量控制和验证。

4.5.2　同位素

同位素技术是指将同位素或同位素的标记化合物通过生物、物理或者化学手段渗透进研究对象中，再利用生物、化学、物理等科学手段追踪同位素的位置、变化情况的技术。在生态学研究问题更趋复杂化和全球化的背景下，稳定同位素技术应运而生。20 世纪 80 年代以后，随着同位素质谱测试技术的不断完善，环境同位素技术在生态学领域受到重视并取得了一些可喜的成果，已成为现代生态学研究的一种新方法（Dawson et al.，2002；Thompson et al.，2004），使得精确测定水样中稳定同位素的含量成为可能。同位素技术在森林生态系统水文过程研究中的优势在于可将水循环过程，包括从大气降水、林冠穿透水、地表水、土壤水、地下水和植物水等的整个迁移、转化与分配过程作为一个整体来研究，并可阐明其过程与机制，克服传统方法的缺点，定量综合地揭示森林植被变化对水文过程的调控机制（徐庆等，2008）。稳定同位素技术对于人们分析水循环的过程、认识森林生态水文过程具有重要的意义。

4.6　结论及展望

在流域生态水文研究中，最经典的方法是集水区实验法，但是该方法主要针对小流域尺度（<10 km²），且所需的投入成本和后期维护成本高、实验周期长，故无法在大中型流域尺度上推广。目前开展大流域生态水文研究主要依赖于经验公式和统计结合的方法以及生态水文模型。水文图形法和统计分析法尽管适用于不同大小的流域，但这两类方法均着重于生态系统和水文系统长期的作用关系研究，缺乏对生态水文过程机制的解释且预测功能不强。生态水文模型则侧重于通过对生态过程内部机制的分析来研究流域的生态过程和水文过程，且具有适用范围广、研究周期短、预测能力强的特点。但是无论是大流域还是小流域尺度的生态水文模拟均主要依赖于小尺度的实验研究来描述生态过程和水文过程的耦合关系，而生态-水文过程事实上具有高度的时空尺度依赖性。在当今变化环境下，依据早期小尺度研究开发出来的生态水文模型在应用于大尺度流域时，其有效性值得商榷。由此可见，各类生态水文学方法都具有其优势和局限性。在实际的研究中需要尽量综合多种方法，以便得到更可靠的结论。

在未来的生态水文学研究中，研究者需要致力于生态水文过程的长期定位观测和生态过程与水文过程的尺度效应及尺度转换研究，运用遥感、同位素、大数据和高性能计算理论及技术，充分挖掘生态水文隐含信息和机制，并用于生态水文模型的改进。

（1）长期定位观测

要充分认识各类生态过程与水文过程的作用关系和作用机制，需要对森林、草地、灌丛、湿地、农田、湖泊、河流等各类型生态系统中碳、水、氮等要素的循环过程和耦合过程进行定位观测。尤其是在气候变化、人类活动干扰加剧等大背景下，生态水文过程的平衡将有可能被打破，其作用关系和机制将随之发生改变。因此，只有坚持开展长期定位观测，才有可能捕捉到各类生态系统中生态水文过程平衡关系的变动。

（2）尺度效应与尺度转换

水文过程及其变化如何在不同时空尺度上影响生态过程一直是生态水文学研究的核心。目前对生态过程和水文过程的认识主要集中在小尺度上，缺乏大尺度上描述水文循环影响生态过程的关键参数以及许多未知的生态作用参数的研究。由于生态过程和水文过程对时间及空间尺度都有明显的依赖性，简单小尺度上的研究结果推演到大尺度上势必影响大尺度研究结果的有效性和代表性。同时，我们对小尺度的生态水文过程的认识尚不全面，只能通过不断的"地面实验—改进模型—再实验"的过程来完善模型。只有依赖更先进的观测技术观测不同时空尺度上的物理和生物过程，才能获取相应尺度上的生态水文过程的关键参数，开发出更为精准的生态水文模型。

（3）生态水文大数据

流域尺度上的生态水文学研究涉及长时间序列复杂的植被、水文、土壤、气象、地形、社会经济、人口等数据，这些数据形成一个生态水文大数据集。未来生态水文学研究的重点方向之一将是运用遥感和同位素技术获取更加详尽的空间生态水文过程数据,并利用大数据理论和高性能计算技术充分挖掘数据背后隐含的生态水文信息与规律,以此建立动态描述植被生长、水循环、碳循环和氮循环等相互作用关系的模型,并用于生态水文模型的改进,实现生态水文模型在技术上和机制上的双突破。

主要参考文献

姜卉芳, 姜毅, 陈亮. 1998. 新疆河流径流模拟. 新疆农业大学学报, 21(3): 176-183.

刘昌明, 钟骏襄. 1978. 黄土高原森林对径流影响的初步分析. 地理学报, 33(2): 112-126.

刘庆, 吴彦, 何海. 2001. 中国西南亚高山针叶林的生态学问题. 世界科技研究与发展, 23(2): 63-69.

刘晓帆, 任立良, 徐静, 等. 2011. 基于双源蒸散和混合产流的分布式水文模型构建及应用——以辽河老哈河流域为例. 湖泊科学, 23(2): 174-182.

马雪华. 1987. 四川米亚罗地区高山冷杉林水文作用的研究. 林业科学, 23(3): 253-265.

穆振侠, 姜卉芳. 2009. 基于数字高程模型建立融雪型新安江模型. 新疆农业大学学报, 32(5): 75-80.

任立良. 2000. 流域数字水文模型研究. 河海大学学报, 28(4): 1-7.

任立良, 刘新仁. 2000. 基于 DEM 的水文物理过程模拟. 地理研究, 19(4): 369-376.

芮孝芳, 凌哲, 刘宁宁, 等. 2012. 新安江模型的起源及对其进一步发展的建议. 水利水电科技进展, 32(4): 1-5.

孙阁, 张志强, 周国逸, 等. 2007. 森林流域水文模拟模型的概念、作用及其在中国的应用. 北京林业大学学报, 29(3): 178-184.

孙晓敏, 袁国富, 朱致林, 等. 2010. 生态水文过程观测与模拟的发展与展望. 地理科学进展, 29(11): 1293-1300.

陶敏, 陈喜. 2015. 黄土高原沟壑区覆被变化生态水文效益分析. 人民黄河, 37(3): 96-99.

王贵作, 任立良, 王斌. 2008. 基于栅格的分布式流域水文模型的构建与应用. 水电能源科学, 26(6): 17-20.

王红闪, 黄明斌, 张橹. 2004. 黄土高原植被重建对小流域水循环的影响. 自然资源学报, 19(3): 344-350.

王渺林, 夏军, 毛红梅. 2012. 基于下垫面特征值的日径流模拟//中国水利学会水文专业委员会. 中国水文科技新发展——2012 中国水文学术讨论会论文集. 南京: 河海大学出版社: 122-127.

魏晓华, 李文华, 周国逸, 等. 2005. 森林与径流关系: 一致性和复杂性. 自然资源学报, 20(5): 761-770.

夏军, 王纲胜, 吕爱锋, 等. 2003. 分布式时变增益流域水循环模拟. 地理学报, 58(5): 789-796.

夏军, 叶爱中, 王纲胜. 2005. 黄河流域时变增益分布式水文模型(I)——模型的原理与结构. 武汉大学学报(工学版), 38(6): 10-15.

徐庆, 安树青, 刘世荣, 等. 2008. 环境同位素在森林生态系统水循环研究中的应用. 世界林业研究, 21(3): 11-15.

许继军, 杨大文. 2010. 基于分布式水文模拟的干旱评估预报模型研究. 水利学报, 41(6): 739-747.

许继军, 杨大文, 刘志雨, 等. 2007. 长江上游大尺度分布式水文模型的构建及应用. 水利学报, 38(2): 182-190.

杨邦, 任立良, 王贵作, 等. 2009. 基于水文模型的流域蒸散发规律. 农业工程学报, 25(2): 18-22.

杨大文, 雷慧闽, 丛振涛. 2010. 流域水文过程与植被相互作用研究现状评述. 水利学报, 41(10): 1142-1149.

杨大文, 李翀, 倪广恒, 等. 2004. 分布式水文模型在黄河流域的应用. 地理学报, 59(1): 215-223.

赵人俊. 1984. 流域水文模拟——新安江模型和陕北模型. 北京: 水利电力出版社.

赵人俊. 1994. 水文预报集. 北京: 水利水电出版社.

周国逸, 闫俊华. 2000. 生态公益林补偿理论与实践. 北京: 气象出版社.

Abdul A O, Burn D. 2006. Trends and variability in the hydrological regime of the Mackenzie River Basin. Journal of Hydrology, 319(1-4): 282-294.

Abdulla F A, Lettenmaire D P, Wood E F, et al. 1996. Application of a macroscale hydrologic model to estimate the water balance of the Arkansas-Red River basin. Journal of Geophysical Research, 101(D3): 7449-7459.

Andréassian V. 2004. Waters and forests: from historical controversy to scientific debate. Journal of Hydrology, 291(1-2): 1-27.

Barth M, Hennicker R, Kraus A, et al. 2004. DANUBIA: an integrative simulation system for global change research in the upper danube basin. Cybernetics and Systems, 35(7-8): 639-666.

Bates C G, Henry A J. 1928. Forest and streamflow experiment at Wagon Wheel Gap, Colorado. Monthly Weather Review Supplement, 30: 1-79.

Bosch J M, Hewlett J D. 1982. A review of catchment experiments to determine the effect of vegetation changes on water yield and evapotranspiration. Journal of Hydrology, 55 (1-4): 3-23.

Bouraoui F, Benabdallah S, Jrad A, et al. 2005. Application of the SWAT model on the Medjerda river basin (Tunisia). Physics & Chemistry of the Earth Parts A/B/C, 30(8): 497-507.

Bouten W, Bosveld F C. 1991. Microwave transmission: a a new tool in forest hydrological research. J Hydrol, 125(3-4): 313-370.

Box G E P, Jenkins G M. 1976. Time series analysis: forecasting and control. Journal of the American Statistical Association, 68(342): 343-344.

Brown A E, Lu Z, Mcmahon T A, et al. 2005. A review of paired catchment studies for determining changes in water yield resulting from alterations in vegetation. Journal of Hydrology, 310(s1-4): 28-61.

Calder I R. 2003. Assessing the water use of short vegetation and forests: development of the hydrological land use change (HYLUC) model. Water Resources Research, 39(11): WR002040.

Calder I R, Amezaga J, Bosch J, et al. 2004. Forest and water policies-the need to reconcile public and science perceptions. Geologica Acta, 2 (2): 157-166.

Calder I R, Wright I R. 1986. Gamma ray attenuation studies of interception from Sitka spruce: some evidence for an additional transport mechanism. Water Resources Research, 22: 409-427.

Cherkauer K A, Lettenmaier D P. 1999. Hydrologic effects of frozen soils in the upper Mississippi River basin. Journal of Geophysical Research, 104(D16): 19599-19610.

Cline J C, Lorenz J J, Swain E D. 2004. Linking hydrologic modeling and ecologic modeling: an application of adaptive ecosystem management in the Everglades mangrove zone of Florida Bay. International Environmental Modelling and Software Society iEMSs 2004 International Conference, Germany: University of Osnabrück.

Costa M H, Botta A, Cardille J A. 2003. Effects of large-scale changes in land cover on the discharge of the Tocantins River, Southeastern Amazonia. Journal of Hydrology, 283(1-4): 206-217.

Dai Z, Li C, Trettin C, et al. 2010a. Bi-criteria evaluation of the MIKE SHE model for a forested watershed on the South Carolina coastal plain. Hydrology and Earth System Sciences, 14(6): 1033-1046.

Dai Z, Trettin C, Li C, et al. 2010b. Sensitivity of stream flow and water table depth to potential climatic variability in a coastal forested watershed. Journal of the American Water Resources Association, 46(5): 1036-1048.

Dawson T, Mambelli S, Plamboeck A, et al. 2002. Stable isotopes in plant ecology. Annual Review of Ecology and Systematics, 33(1): 507-559.

Goodale C L, Lajtha K, Nadelhoffer K J, et al. 2002. Forest nitrogen sinks in large eastern U. S. watersheds: estimates from forest inventory and an ecosystem model. Biogeochemistry, 57-58(1): 239-266.

Hu S, Liu C, Zheng H, et al. 2012. Assessing the impacts of climate variability and human activities on streamflow in the water source area of Baiyangdian Lake. Journal of Geographical Sciences, 22(5): 895-905.

Jassby A, Powell T. 1990. Detecting changes in ecological time series. Ecology, 71(6): 2044-2052.

Jones J A, Grant G E. 1996. Peak flow responses to clear-cutting and roads in small and large basins, Western Cascades, Oregon. Water Resources Research, 32(4): 959-974.

Krysanova V, Hattermann F, Wechsung F. 2005. Development of the ecohydrological model SWIM for regional impact studies and vulnerability assessment. Hydrological Processes, 19(3): 763-783.

Kundzewicz Z, Robson A. 2004. Change detection in hydrological records—A review of the methodology. Hydrological Sciences Journal, 49(1): 7-19.

Law T H, Umar R S, Zulkaurnain S, et al. 2005. Impact of the effect of economic crisis and the targeted motorcycle safety programme on motorcycle-related accidents, injuries and fatalities in Malaysia. International Journal of Injury Control & Safety Promotion, 12(1): 9-21.

Leung L R, Wigmosta M S, Ghan S J. 1996. Application of a subgrid orographic precipitation surface hydrology scheme to a mountain watershed. Journal of Geophysical Research, 101(D8): 12803-12817.

Lin Y, Wei X. 2008. The impact of large-scale forest harvesting on hydrology in the Willow watershed of Central British Columbia. Journal of Hydrology, 359(1): 141-149.

Major J J, Mark L E. 2006. Peak flow responses to landscape disturbances caused by the cataclysmic 1980 eruption of Mount St. Helens, Washington. Geological Society of America Bulletin, 118(7-8): 938-958.

Nandakumar N. 1993. Analysis of paired catchment data to predict the hydrological effects of land-use changes. Melbourne: PhD Thesis, Monash University.

Neitsch S L, Arnold J G, Kiniry J R, et al. 2005. Soil and Water Assessment Tool Input/Output File Documentation, Version 2005. Temple, Tex.: USDA-ARS Grassland, Soil and Water Research Laboratory. https://www.brc.tamus.edu/swat/doc.html[2008-11-1].

Ruprecht J K, Stoneman G L.1993. Water yield issues in the jarrah forest of south-western Australia. Journal of Hydrology, 150(2-4): 369-391.

Sahoo G B, Ray C, de Carlo E H. 2006. Calibration and validation of a physically distributed hydrological model, MIKE SHE, to predict stream flow at high frequency in a flashy mountainous Hawaii stream. Journal of Hydrology, 327 (1): 94-109.

Scott D F, Prinsloo F W, Moses G, et al. 2000. A re-analysis of the South African afforestation experimental data. Water Research Commission Report, 99088(811): 138.

Siegel S, Castellan N Jr. 1988. Nonparametric Statistics for the Behavioral Sciences. 2nd ed. New York: McGraw-Hill.

Stednick J D. 1996. Monitoring the effects of timber harvest on annual water yield. Journal of Hydrology, 176 (1-4): 79-95.

Sun G, Alstad K, Chen J, et al. 2011a. A general predictive model for estimating monthly ecosystem evapotranspiration. Ecohydrology, 4(2): 245-255.

Sun G, Caldwell P, Noormets A, et al. 2011b. Upscaling key ecosystem functions across the conterminous united states by a water-centric ecosystem model. Journal of Geophysical Research Biogeosciences, 116(G3): G00J05.

Sun L, Wang M. 1996. Global warming and global dioxide emission: an empirical study. Journal of Environmental Management, 46(4): 327-343.

Thompson J R, Sørenson H R, Gavin H, et al. 2004. Application of the coupled MIKE SHE/MIKE 11 modelling system to a lowland wet grassland in southeast England. Journal of Hydrology, 293(1): 151-179.

Wei X, Zhang M. 2010. Quantifying streamflow change caused by forest disturbance at a large spatial scale: a single watershed study. Water Resources Research, 46(12): 439-445.

Wigbout M. 1973. Limitations in the use of double mass curves. Journal of Hydrology, 12: 132-138.

Zhang L, Dawes W, Walker G. 2001. Response of mean annual evapotranspiration to vegetation changes at catchment scale. Water Resources Research, 37(3): 701-708.

Zhang L, Zhao F, Chen Y, et al. 2011. Estimating effects of plantation expansion and climate variability on streamflow for catchments in Australia. Water Resources Research, 47(12): 12539.

Zhang M, Wei X H, Li Q. 2016. A quantitative assessment on the response of flow regimes to cumulative forest disturbances in large snow-dominated watersheds in the interior of British Columbia, Canada. Ecohydrology, 9(5): 843-859.

Zhang X, Zhang L, Zhao J, et al. 2008a. Responses of streamflow to changes in climate and land use/cover in the Loess Plateau, China. Water Resources Research, 44(7): W00A07.

Zhang Y, Liu S, Wei X, et al. 2008b. Potential Impact of afforestation on water yield in the subalpine region of Southwestern China. Journal of the American Water Resources Association, 44(5): 1144-1153.

Zhao F F, Zong X U. 2009. Streamflow response to climate variability and human activities in the upper catchment of the Yellow River Basin. Science in China, 52(11): 3249-3256.

Zheng H, Zhang L, Zhu R, et al. 2009. Responses of streamflow to climate and land surface change in the headwaters of the Yellow River Basin. Water Resources Research, 45(7): W00A19.

第5章 遥感在空间生态水文学中的应用

5.1 研 究 背 景

5.1.1 遥感与生态水文学的关系

5.1.1.1 遥感解决了生态水文学研究中空间尺度不断扩大的需求问题

当今，随着对不同尺度上（包括局地、区域、洲际、全球）生态学与水文学的科学认识的进一步提高，对于气候、水文、植被生态等多尺度多过程的耦合模拟也提出了要求。其中存在的一个主要问题是，如何获取有关生态水文过程参数的定量化的空间数据，尤其是大尺度数据，这对于揭示生态过程与水文过程之间的关系尤为重要。然而，在大尺度上，这些参数往往无法通过常规的地面调查方法获取，但近年来遥感技术的发展为获取地面参数提供了极大的便利。光学、热红外、微波乃至高光谱等遥感技术及大量不同时空分辨率的卫星传感器产品的应用，可提供区域乃至全球多时相、多波段遥感信息及地表植被覆盖状况，为大面积区域甚至全球的植被覆盖度和动态变化分析提供了强有力的手段。当前遥感在水文上的应用主要体现在利用遥感手段确定一系列的水文参数，包括植被结构、土壤湿度、表面温度、空气动力学和表面阻力，以及植物光合生理参数，这些参数将被应用在水文模型和陆-气相互作用的关系模型中。遥感数据的生态水文学价值或意义是通过在反射光谱和水文学变量之间的敏感性以及可靠的反演方法体现，并且对于反演算法的检验和测试需要在不同尺度（小到叶片尺度，大到区域尺度）上开展，而时空尺度的变化成为影响这些算法精确性的重要因素。因此，将局地地面观测数据扩大到区域，以及将瞬时观测的数据扩大到较长时间周期时，不确定性以及相应的验证方法也要考虑在内。

近年来，遥感水文学作为一门交叉学科逐渐兴起。缺乏观测资料的区域一直是水文、水资源研究领域的难点，也成为国际水文科学协会无资料流域水文预报（prediction in ungauged basin，PUB）计划的主要目标，遥感是解决缺测资料问题的辅助手段之一，因此遥感水文学的理论与相关方法得到了系统化的研究，出现了遥感生态水文学的研究方向，以及基于遥感数据的生态水文模型，如 EcoHAT（Eco-Hydrology Assessment Tools）软件将遥感数据与水文模型进行了深度的融合（杨胜天等，2015）。

遥感技术在水文学中应用的主要目的是解决空间数据问题，目前遥感技术在生态水文学中的应用可分为两种类型：第一种类型是利用遥感数据获取各种水文单元（如地表覆盖类型、湖泊、湿地等）的面积变化、冰川和积雪的融化状态，以及洪水动态过程，这是遥感技术在水文学中的直接应用。其中遥感数据在生态水文学中的直接应用就是地表植被分类，如利用 Landsat TM 数据对植被分类，这是早期获取地表植被类型空间分布的重要途径。但是随着模型参数化的要求不断提高，简单、静态的植被分类显然不能满足要求，因此对植被结构的动态表达成为水文学研究对遥感技术提出的新的要求。第二种类型是利用遥感资料进行有关水文过程中的参数和变量的推算。通常是利用一些经验公式、统计模型和概念性水文模型等来获取诸如径流、土壤水分、区域蒸发量等水文变量。由于这些水文变量不是由遥感资料直接获得，在目前的科技水平下也不可能直接获得，因此是遥感技术在水文学中的间接应用。例如，对于蒸散估算，遥感技术是常规手段无法比拟的，特别是在反演区域等大尺度条件地面覆盖特征信息和气象信息（如地表温度）方面，是目前最经济、最准确、最实时的手段。

气候变化是影响陆地生态系统/植被分布格局的关键因素，这已经由众多观测、实验及模型研究所证实。随着人类活动范围的扩大、改造自然能力的增强及生活方式的改变，人为干扰在环境演变过程中的作用逐渐加强，人类对土地利用方式及强度的改变显然影响自然植被的演变过程和规律，进而影响整个自然环境的演变进程。18世纪60年代工业革命以来，矿物燃料的大量燃烧、森林的过度砍伐、草原过牧与退化及土地面积减少、荒漠化等，导致大气中温室气体排放增加，引起全球气候变化，必然会对全球植被与生态系统及人类生存环境产生深远的影响。全球气候正在发生有史以来从未有过的急剧变化，这是一个不争的事实。全球变化所带来的全球暖化、降水格局变化、云量变化、极端事件增加和厄尔尼诺（El-Niño）事件频发（赵国强，2008）已经对陆地植被造成了深刻的影响。很多全球尺度的研究借助遥感手段，发现和证实了全球范围内植被活动规律的改变。例如，增温使北半球植物生长加快（Myneni et al.，1997）；在水分限制情况下，全球植被净生产力下降（Zhao and Running，2010）等，这些研究从宏观上提高了人们的科学认识。

因此，在气候变化已经发生并影响植被分布格局变化的前提下，人类活动干扰所引起的土地利用/土地覆被变化造成了同一气候区内植被类型的复杂多样性、镶嵌分布和梯度变化，这使得全球变化背景下植被分布格局的变化研究和趋势预测更加复杂。人们为了把握未来全球变化对人类生存环境的影响，必须要摸清不同时间尺度上自然环境的演变规律及其与人类活动的关系，植被分布格局的变化及其与气候变化和人类活动之间的关系研究就是其中的一个重要内容，这不仅是传统的植物生态学和生物地理学的研究热点，也是目前全球生态学和空间遥感科学所要研究的重点研究领域之一。

5.1.1.2 遥感解决了生态格局和生态水文过程的动态描述问题

土地覆被类型的改变影响了植被的空间分布格局，而这种格局的改变必然导致生态系统在其所影响的空间范围内物质循环和能量流动的改变。而目前对植被景观格局变化的研究主要集中在土地利用/土地覆被变化的研究，通过遥感解译不同时相的卫星遥感图像（卫片）或航空照片（航片）来研究区域植被景观格局变化。但这些研究大多集中于结构变化研究，对其格局变化的连续过程的研究较为欠缺。近年来，将土地利用/土地覆被变化（LUCC）与气候、水文效应相结合，通过建立各种预测模型来揭示其中的特征和规律，已成为 LUCC 的研究重点。例如，美国国家环境保护署（Environmental Protection Agency，EPA）建立的暴雨洪水管理模型（SWMM）和长期水文影响评价模型（L-THIA）等，都是在流域尺度上探讨土地利用变化与大气和水文过程的相互关系。土地覆被变化对水文过程的影响主要表现在其影响了水分在流域中的再分配与运行过程（Porporato et al，2002）。土地覆被变化改变了地表蒸发、土壤水分状况及地表覆被的截留量等，进而对流域的水量平衡产生影响。测定土地覆被变化对流域水文的影响的方法很多，较早的有对比流域实验（通过两个结构和自然环境背景相似的流域对比研究，评价植被清除或植被类型变化对流域产水量的影响）和时间序列分析（针对一个流域，选择较长时间段上反映土地覆被变化水文效应的特征参数，尽量剔除其他因素的作用，从特征参数的变化趋势上评估土地覆被变化的效应与趋势）。近年来随着计算机技术和"3S"（遥感、全球定位系统和地理信息系统）技术的发展，用综合模型模拟植被景观变化下水文生态功能动态变化已成为研究的热点方向。

水量平衡是区域环境的一个重要特征。区域水循环与水量平衡是水文学和生态学研究的焦点之一。目前，国内外流域生态水文的研究普遍采用模型模拟的方法，而且通过该方法可以揭示生态系统的生态水文功能及变化机制。主要原因为：一是通过建立模型，确定植被水分生理过程与环境因子之间的数量关系、敏感性和响应机制；二是利用模型预测区域未来的情况。对于有强烈反馈机制的系统，不可能用实验对比的方法，而且有些条件是实验无法模拟的。例如，在大气 CO_2 浓度倍增时，大尺度的生态系统和气候系统的响应只能用数学模拟的方法加以探讨。

用数学方法描述和模拟水文循环的过程，水文模型的概念得以产生，20 世纪六七十年代出现了大量的流域水文模型，如斯坦福模型（SWM）、萨克拉门托模型（Sacramento）、水箱模型（Tank）、包顿模型（Boughton）、新安江模型等。这些模型参数的计算和模型验证的数据基于水文环境不变这一基本假设，因此不能揭示土地利用格局变化和森林植被动态变化对流域水文过程的影响。近年来随着地理信息系统、遥感技术和计算机的更新发展，基于物理过程分布式参数的流域水文模型不断发展，如欧洲水文系统模型（SHE）、水文模型系统（HMS）、基于地形的水文模型（TOPMODEL）、土壤和水分评估工具（SWAT）等，基于过程的分布式水文模型侧重于对水文过程本身的物理描述，可以模拟和预测土地利用格局变化对水文过程的影响，为实现流域可持续经营与管理提供有力工具。

生态学研究的核心内容之一是生态系统的结构与功能或格局与过程。对生态系统结构的动态模拟是生态学研究中出现较早的一类模型，该模型主要是以林隙动态为基础，模拟森林生态系统结构、功能和动态，模拟结果包括森林结构特征（如林分的径级分布、树冠剖面结构等）及种类组成、胸径断面积、生产力和生物量。目前研究林隙动态的模型很多，如 JABOWA、FORET、ZELIG、FORSKA、SPACE 等。各模型的侧重点有所不同，如 SPACE 模型在森林动态模拟中考虑了样地内各林隙之间的相互作用，并通过计算不同距离邻体对一株树木（幼苗）的影响，模拟林隙的边缘效应。FORSKA 模型以树木个体为基础模拟林隙动态过程，并且通过对一系列独立斑块上的幼苗更新、树木生长和死亡过程的模拟，表示林分的结构和动态过程。对生态系统的生态过程模拟是一种结合生物地球化学、生理生态学和小气候学的综合过程，它强调生物之间及其生物活动中的能量和物质的循环、传输与积累，如 FOREST-BGC、CENTURY、Biome-BGC、Biome-4、LANDIS、TRIPLEX（3-PG）。FOREST-BGC 模型是最早的能较完整模拟碳、水和营养物质循环的生态系统过程模型，植被生态过程的研究主要有植被结构动态研究和植被功能研究。这一模型成功地模拟和绘制了美国蒙大拿州西部针叶林区（28 km×

55 km 山区）的蒸散量和光合同化量分布图，模拟结果与野外测定值具有很好的吻合性。Biome-BGC 模型对此进行了完善。Biome-BGC 模型是一个综合性的生态系统过程模型，它跨越多个尺度来模拟生态系统水文和生物地球化学过程。Biome-BGC 模型的前身是 FOERST-BGC 模型，它将研究区域从森林扩展到复合群系中，包括草原、森林、灌木和高山植被。

大气环流模型（general circulation model，GCM）一般作为生态模型、水文模型的输入模型，将气象要素在空间上离散化，配合区域地形的特点，按照一定的规律性呈现出气象要素的空间变化。较为常见的山地气候模型有 ANUSPLIN、MT-CLIM-3D、PRISM 等，ANUSPLIN 模型利用样条平滑方法对数据进行空间插值，并且提供综合统计分析、数据诊断和空间分布标准差的计算。PRISM 是基于地理空间特征和回归统计方法生成气候变量空间分布图的模型。MT-CLIM-3D 模型是许多生态、生理模型的分析工具，它能解释模型的结果，分析一些生态、水文过程在不同气候条件下的变化趋势，该模型应用地形气候学规律把地面的气象状况通过空间递推应用到复杂地形，并从输入的温度、降水量推算出日照时数、总辐射等其他的气象信息。区域水文生态模拟系统（RHESSys）通过 MT-CLIM-3D 模型对气象观测数据进行了外延，预测了各景观单位上的气象变化特征，进行了由林分到景观尺度上生态过程的空间转化，从而实现了集水区上的蒸散（ET）和净初级生产力（NPP）的模拟。

随着水文学、生态学与大气科学之间的广泛交叉，人们越来越重视诸如土壤水分过程、大气反馈这样的水文中间过程，土壤-植被-大气交换过程的研究应运而生。水文模型与更多的气候模型、植被模型相结合，如 DHSVM 模型利用第五代中尺度气候模型（MM5）模拟的结果作为其气候变量的输入。MT-CLIM-3D 模型对于水量平衡研究极其重要，计算水分平衡和小流域上的森林生态系统过程要应用该模型的各个输出变量。Running 等（1989）把 MT-CLIM-3D 和 FOREST-BGC 两个模型结合起来应用，模拟出的光合速率、蒸散值无论是与实际观测值还是与用常规气象观测数据模拟出的光合速率、蒸散值都相差不大。在各种生态水文模型中以区域水文生态模拟系统（RHESSys）较具特色。在该模拟系统中，生态过程模拟以 FOREST-BGC 模型为基础，流域水文模型使用 TOPMODEL，气候模拟基于 MT-CLIM-3D 模型，可以说该系统较好地实现了生态水文上的耦合。

在大尺度生态系统模拟中，叶面积指数作为重要的植被参数，对其研究具有重要的意义。植被叶面积指数已成为进行空间尺度拓展的连接点，FOREST-BGC 模型通过叶面积指数将生态系统水平的功能模拟拓展到景观或区域范围。在整个模型中，叶面积指数作为能量和物质交换相关联的最重要的因子，可用以计算林冠的截留、蒸散、呼吸、光合、碳同化物的分配和凋落物量等系统功能过程。而区域范围内的叶面积指数通过遥感卫星图像能够很容易测定，由此该模型把生态系统水平的功能模拟拓展到景观或区域范围。根据某一立地条件下植被叶面积指数的消长与土壤水分和光照条件的动态关系，建立一种预测陆地植被分布与水分平衡的模型（MAPSS），该模型的主要原理是：在某一立地条件下，植被叶面积指数将达到某一最大值以最有效地利用有限的土壤水分和光照资源，所以在一定的气候环境下演变出相应的植被类型并达到相应的叶面积指数。这一原理已得到有关植物生理学研究和区域水分平衡分析的证实（Bachelet et al.，1998）。

在区域尺度上植被特征参数一般通过遥感手段进行反演,遥感信息为水文学家和生态学家提供了新的机遇。目前,遥感可提供常规的数据用于水文模型参数的估计、土壤水分状况和流量状况的计算。遥感能够使得水分平衡方程的关键水分通量和储量(即降水量、蒸散量、雪盖、径流和水分)量化到 $10\sim30$ m 分辨率的程度。甚高分辨率辐射仪(AVHRR)的卫星传感器中红光波段对植物的光合作用具有较强的敏感性,近红外波段对绿色叶片的叶肉组织结构具有较强的敏感性。以这两个波段为基础计算产生的各种参数常被用来描述植被生理状况,进而估测地表覆被面积的大小、植物光合能力、叶面积指数、现存生物量、植被生产力。遥感除为生态水文模型提供参数外,还用于进行土地利用/土地覆被的研究。进行空间大尺度土地覆被分类的重要意义在于由此可以理解土地覆被类型的空间配置,即空间分异规律以及各种覆被类型正在发生的变化。目前植被生态水文过程的模拟还未充分考虑土地利用格局的变化。因此研究区域农林复合景观格局演变及其生态水文功能变化规律已成为生态水文学的发展方向之一。

5.1.2　以归一化植被指数为代表的遥感光谱指数在生态水文学中的广泛应用

先进的遥感技术提供了对受人类活动和气候影响的大尺度植被变化进行监测、量化与研究的新手段。与传统的地面调查相比,用遥感技术研究气候与植被的关系,在效率和精度上都有很大的提高。植被指数(vegetation index)就是基于遥感技术获得的一种反映绿色植物光谱反射特征的指标。它是利用以近红外和红光波段为主的多光谱遥感数据计算出的数值。这些经线性和非线性组合构成的数值对植被有一定的指示意义,并且能够较好地反映植被覆盖情况及生长状况,是一组常用的光谱常量(董永平和吴新宏,2005)。它是遥感领域中用来表征地表植被覆盖和生长状况的一种简单、有效的度量参数(郭铌,2003),用以定性和定量地评价植被覆盖、生长活力及生物量等。植被光谱特征的规律性非常明显:植物叶片中含有叶绿素、类胡萝卜素和叶黄素等。在蓝光(0.47 μm)和红光(0.67 μm)波段,由于叶绿素和类胡萝卜素的强烈吸收,辐射能量很低;但在绿光(0.55 μm)波段附近,由于叶绿素对绿光的强烈反射,形成一个小的峰值。在近红外($0.7\sim1.0$ μm)波段,由于叶肉海绵组织结构中有许多空腔,具有很大的反射表面,而且细胞内的叶绿体呈水溶胶状态,辐射能量大都被散射,形成高反射率。在 1.1 μm 附近有一峰值,形成植被的独有特征。因此,红光和近红外光的反差是对植物生物量很敏感的度量。无植被或少植被区反差最小,中等植被区反差是红光和近红外波段的反射率变化结果,而高植被区只有近红外波段对反差有贡献,红光波段趋于饱和,不再变化。因此植被指数在一定程度上反映着植被的演化信息(张培松,2007)。

基于遥感手段获得的植被指数有很多种,其中归一化植被指数(normalized difference vegetation index,NDVI)能较好地反映植被的季节变化和年际变化,因而在植被分类、植被活动状况监测、与气候变化的关系等研究方面得到了广泛的应用(赵国强,2008)。

$$\text{NDVI} = \frac{\text{NIR} - R}{\text{NIR} + R} \tag{5.1}$$

式中，NIR 为近红外波段反射率；R 为红光波段反射率。

NDVI 的取值范围为 0～1.0，一般认为生长季节 NDVI 达到 0.1 以上表示有植被覆盖，增加表示绿色植被的增加；0.1 以下则表示地表无植被覆盖，如裸土、沙漠、戈壁、水体、冰雪和云。研究表明，NDVI 和光合作用有效辐射分量（fraction of photosynthetically active radiation，FPAR）、光化学反射指数（photochemical reflectance index，PRI）、NPP、LAI、生物量、覆盖度等植被生物物理特征高度相关（Paruelo and Lauenroth，1998；Sun et al.，2008）。

除 NDVI 外，许多学者还提出了其他一些植被指数，如比值植被指数（ratio vegetation index，RVI）、差值植被指数（difference vegetation index，DVI）（Richardson and Wiegand，1977）、土壤调整植被指数（soil adjusted vegetation index，SAVI）（Huete，1988）和修正土壤调整植被指数（modified soil adjusted vegetation index，MSAVI）（Qi et al.，1994）等。从目前的研究情况来看，NDVI 作为植被变化研究的重要特征参数，究其原因可能有以下几点：一是美国国家航空航天局（National Aeronautics and Space Administration，NASA）提供了自 1982 年以来的 8 km 的 NOAA/AVHRR 的 NDVI 数据以及部分年代的 1 km 的 NDVI 数据，这些数据可以十分方便地免费获取并且用于分析植被的长期变化；二是与土壤背景调整相关的植被指数中的一些参数的确定尚存在一定难度，而且对大范围的植被变化监测而言，由于土壤类型的不同，需要确定不同的土壤参数，这可能会大大增加植被变化研究的工作量以及由过多的人为因素所带来的不确定性（慈龙骏，2005）；另外，国内外关于 NDVI 的研究比较多，选择该指数的外延性比较好，便于借鉴前人的研究结论以及将本研究所得结论和相关研究进行对比。

过去 20 多年，基于甚高分辨率辐射仪（AVHRR）的归一化植被指数（NDVI）时间序列，发展了许多估算植物生长季开始和结束的估算模型。这些模型运用了不同的指标，包括归一化植被指数的阈值（Lloyd，1990）和移动平均值（Repo et al.，1996）等。某些研究开始利用 NDVI 资料来发展区域尺度的物候模型（Liideke et al.，1996）和估算区域物候（Moulin et al.，1997）。这种物候模型主要是便于区域尺度的应用，面向大面积植被的变化，目前该研究还无法确定精确的物候时间，而是根据植被（通常用光谱指数，如 NDVI）的绿度变化特点确定植被总体上的物候变化。Karlsen 等（2007）用 GIMMS-NDVI 数据分析了北欧地区 1982～2002 年的植物物候，发现春季温度升高 1℃ 会导致该区域生长季提前 5～6 天，而在海洋性气候主导的区域，春季温度升高导致生长季比大陆性气候主导的区域显著提前。Piao 等（2006）研究中国温带地区的物候发现生长季有明显延长的趋势。而 Xiao 等（2005，2006）应用遥感手段对南美洲亚马孙流域常绿植物物候进行分析后，认为降水和光照也可能是植被物候的决定因素。

5.1.3　高光谱遥感在生态水文学中的深度应用与未来的方向

高光谱遥感在生态学上的应用扩展了我们认识植被的能力，使我们能够由原来简单地辨识植被"是什么"逐步发展到定量化估测植被功能"怎么样"等更高级的水平（Muttiah，2002）。例如，早期我们主要利用遥感手段解译植被类型等静态信息，而现在，更多的研究发现了遥感在探测植被生理状态及动态方面的巨大潜力。在冠层水平上，利用高光谱参数与植被生物物理、生物化学参数之间的定量关系，对于研究植被水分胁迫和光合生理状态具有重要指示意义（Zarco-Tejada et al.，2003；Dobrowski et al.，2005）。利用高光谱参数在景观水平上快速估测植被的光合生产力的探索也已经开始（Grace et al.，2007）。实际上，美国自 2003 年已经开始倡导建立光谱网络（SpecNET），将植被反射光谱的观测和现有的碳水通量观测同步进行（Gamon et al.，2006）。

5.1.3.1　利用高光谱反射率的水分敏感性预测森林干旱胁迫程度

尽管植被水分胁迫在反射光谱上的响应具有复杂性和物种差异性，但是引起反射光谱变化的本质还是物质吸收光谱变化或者伴随生理活动的光化学反应。上述结构性变化和生理性变化均可以通过叶片光谱反射率的变化反映出来，且分别作用于叶片反射光谱上的不同波段（Muttiah，2002）。具体来讲，一方面水分被看作一个影响反射光谱的结构性因素，是植物叶片的重要组成部分，在短波红外区（SWIR）具有较强的光谱吸收；另一方面水分的胁迫又诱导植物叶片的生理变化，引起反射光谱中可见光区（VIS）的变化，这充分体现了水分胁迫对光谱影响的复杂性。

迄今已经发现了一些水分敏感性光谱指数，用于估测植物水分含量的变化，如光谱反射率指数 R_{1650}/R_{1430}（Aoki et al.，1988）、水分指数（WI）（Peñuelas et al.，1994）及相对深度指数（RDI）（Rollin and Milton，1998）等，此外，Imanishi 等（2004）发现栎类树种叶片反射光谱的"红边"位移现象和叶片含水量的变化有关。Yu 等（2000）建立了草本和木本植物通用的水分含量与叶片反射光谱之间的关系。Sun 等（2008）发现水分含量反射指数（WCRI）可以甄别不同程度的模拟干旱。为了便于与卫星遥感数据结合，还有一些研究基于冠层水平的等效水厚度（EWT）（Ustin et al.，1998；Ceccato et al.，2001）和叶面积指数估算冠层含水量（CWC），从而揭示水分胁迫对森林的影响。水分胁迫对植被叶片反射光谱的影响除其自身在近红外和短波红外区间的光谱吸收外，由失水所诱导的光合生理的变化是近年来国内外科学家新的兴趣点，如干旱引起色素含量的变化（Sims and Gamon，2003；李云梅等，2003）。

以上研究表明，森林遭受干旱胁迫是一个非常复杂的"综合症状"，对其评价的指标和方式也趋于多样化，因此需要综合多因素才能确定森林的干旱状态。最直接的指标为森林冠层含水量的下降，同时还需要参考林冠层生理活动受到影响的程度、水文过程与土壤含水量的变化以确定干旱持续的时间。

5.1.3.2　利用高光谱参数与光能利用率的相关性提高生产力的估算精度

在当前大多数基于机理、分布式的植被生产力的过程模型中，一般通过光能利用率（LUE）和光合有效辐射分量（FPAR）之间的函数关系来确定（Running et al.，2004）。过程模型因加入了植物生理生态特性因子而能反映 NPP 的动态变化（如 CASA、Biome-BGC），目前此类模型虽然充分考虑了环境条件和植被本身的特征，但仍存在最大光能利用率（ε）取值对 NPP 估算结果影响较大的不足等问题（朴世龙等，2001；宋富强等，2009）。

近年来，随着对 LUE 与光谱反射率之间的关系的研究的加深，利用高光谱对植物生理活动敏感的特点，建立光谱指数与 LUE 的关系，能够更好地以遥感的方法直接估算 LUE，使其在时间和空间上的扩展性大大增强。目前国际上集中研究的是光化学反射指数[（$R_{531}-R_{570}$）/（$R_{531}+R_{570}$）]，它是描述生理变化的一个重要光谱指数，研究最初发现 PRI 能够反映叶黄素含量的变化（Gamon et al.，1997），并被多次证明其对预测 LUE 非常有效（Gamon et al.，1997），后来发现 PRI 与类胡萝卜素和叶绿素之间的比率的相关性也非常高（Sims and Gamon，2002），利用 PRI 的这一特性也可以定量估测植物光合速率等生理活动。最近，Suárez 等（2008）利用航空遥感获得 PRI 指数，成功探测了果树和农田作物的水分胁迫情况，甚至对水果的产量和品质也进行了预测（Suárez et al.，2010）。Garbulsky 等（2011）整合分析（meta-analysis）了国际上 1992～2009 年 80 多篇有关 PRI 在不同尺度的研究文献后认为，PRI 在估算生产力方面的潜力很大，至少应该像 NDVI 估算绿色生物量一样被广泛应用。目前的研究焦点集中在 PRI 与 LUE 关系上，存在的主要问题是 PRI 与 LUE 之间的响应曲线在不同植被类型和不同尺度间的一致性需要继续检验；不同程度的水分胁迫也会导致非线性的 PRI-LUE 关系，趋向复杂化，这都需要区分具体植被类型进行深入研究。

5.1.3.3　MODIS 多光谱数据与高光谱的结合

借助航空多波段传感器，在更大的空间尺度上监测森林干旱和生产力变化已经具有可操作性。1999 年 12 月 18 日，美国国家航空航天局（NASA）发射了地球观测系统（EOS）第一颗先进的极地轨道环境遥感卫星 Terra（EOS-AM1），搭载中分辨率成像光谱仪（MODIS），测量范围涵盖多达 36 个光谱波段的地球表面数据，已经实现对地观测 10 多年，到现在其数据序列已具有较高的科研价值。MODIS 是目前最适合估算 PRI 的卫星传感器，因为它的第 11 波段正好以 531 nm 为中心，且具有非常高的时间分辨率。但是目前，基于卫星数据研究 PRI 与 LUE 关系的研究刚起步（Goerner et al.，2009）。Rahman 等（2004）在加拿大北方森林中的研究发现，PRI 与 LUE 具有显著相关性（$R^2>0.75$）。随后 Drolet 等（2005）年在白杨林里又做了一次尝试，在 MODIS 卫星影像拍摄时，天-地同步测量，这次侧重了 PRI 与 LUE 空间变异性的研究，并把研究尺度扩展到景观水平。在地中海沿岸的栎树林，基于 MODIS 的 PRI 显示了与其生态系统 LUE 极佳的相关性，即使在严重干旱的夏季也是如此（Goerner et al.，2009）。最近在欧洲国家进行的对灌木增温和干旱控制的试验表明，PRI 均能很好地跟踪及预测温度和水分胁迫的程度（Mand et al.，2010）。总之，基于 MODIS 的宏观尺度 PRI 与 LUE 的关系及其时间和空间变异性是当前被广泛关注的主要方向（Hilker et al.，2010）。

5.2　植被结构与功能的遥感分析

5.2.1　NDVI 与植被功能的动态表达

5.2.1.1　植被 NDVI 时间序列及其对气候变化的响应

植被是陆地生态系统的主体，它不仅对气候变化表现敏感，还对气候有直接的反馈作用。因此，科学界越来越多地关注植被对全球变化的响应，迫切需要了解大气组成、土地利用和气候的变化对植被的影响与反馈（Cramer and Leemans，1993）。植被与气候的相互作用关系非常复杂，基于遥感方法监测植被动态变化及分析这种变化与气候的关系已经成为全球变化研究的一个重要领域。

进入 20 世纪 90 年代，随着各种遥感对地观测资料的积累，以美国为代表建立和完善了全球土地覆盖数据库，该数据库提供了多种空间分辨率、多时相的对地观测数据（Townshend，1994），包含了全球变化研究所需的若干地表特征值（James and Kalluri，1994）。该数据库的建立，极大地推动了全球气候与环境变化研究。遥感数据已被广泛应用于区域、大洲甚至全球植被研究中，在大、中尺度植被区域分布及动态变化研究中具有很大优势。基于这个数据库提供的遥感数据，研究发现中国区域近 20 年来的植被活动在不断增强（方精云等，2003），并且这种增强方式具有空间上的异质性，如整体 NDVI 呈稳中略升的变化趋势（陈云浩等，2002），但是西北植被覆盖度在近 21 年普遍降低（马明国等，2003）。

5.2.1.2　植被 NDVI 时间序列与碳循环

植被是陆地生态系统的主体，它不仅在全球物质与能量循环中起着重要作用，还在调节全球碳平衡、减缓大气中的 CO_2 等温室气体浓度上升以及维护全球气候稳定等方面具有不可替代的作用（朴世龙和方精云，2003）。植被净初级生产力（NPP）是表征植被活动的关键变量，全球变化对植被的影响将直接影响 NPP 的大小，同时，NPP 作为全球碳循环的重要组成部分，其变化又必然会对全球变化起到反馈作用。NDVI 数据与植被冠层吸收的光合有效辐射分量（FPAR）具有近线性的关系，已经作为指示植被活动强度及 NPP 的指标。基于 FPAR 的净初级生产力模型已被广泛应用于 NPP 的计算中，它们将资源平衡的观点转换成区域或全球净初级生产力模型（肖和善，2007），相应也建立了很多模型，如 CASA、GLO-PEM、C-FIX 等。例如，朴世龙等（2001）利用 CASA 模型估算了 1997 年我国植被的 NPP，并根据不同植被类型和季节进行了分析。

5.2.1.3　植被 NDVI 数据动态与土地利用/土地覆盖的变化

NDVI 可以在一定程度上指示土地覆盖变化，因此对于气候与 NDVI 之间关系的研究在全球变化探索中起着至关重要的作用。分析 NDVI 时序的动态变化特征，可以反映土地覆盖的动态性（郭建坤和黄国满，2005）。NDVI 是植物生长状态及植被空间分布密度的最佳指示因子，与植物覆盖分布密度呈线性相关（孙红雨等，1998）。而且，NDVI 是通过波段反射率的比值计算，因而可以消除大部分与太阳角、地形、云、暗影和大气条件有关的辐照度条件的变化，增强了 NDVI 对植被变化的响应能力。

长时间的 NDVI 时序数据可以用来分析生态脆弱区的土地利用变化、土地沙化过程和沙漠与非沙漠区的界限等（Anyamba and Tucker，2005；Yu et al.，2004）。运用高分辨率的遥感数据（如 Landsat、SPOT、MODIS）能对恢复植被斑块的空间信息进行更为详细的研究。例如，有研究表明，快速城市化导致我国珠江三角洲和长江三角洲地区成为 18 年来植被覆盖下降趋势最明显的地区（朴世龙和方精云，2001）；黄河流域近 20 年的植被覆盖总体一直处于上升趋势（杨胜天等，2002）。有的学者还构建了 NDVI 与气温、降水量和浅层地温的统计模型，分析了植被退化与温度和降水的关系（杨建平等，2005）。

5.2.1.4 植被 NDVI 与气候的协同性、响应与适应

AVHRR 的 NDVI 数据由于时间序列连续、覆盖范围广且可以免费获取，被广泛应用于各种植被和气候关系分析，不但可以用来探索植被长势与降水的响应关系（Richard and Poccard，1998；Paruelo and Lauenroth，1998；Li and Kafatos，2000；Schmidt and Gitelson，2000；Fu and Wen，1999），而且可以量化降水对植被产生胁迫的临界值（Nicholson et al.，1990）。Yang 等（1998）通过分析 1989~1993 年的 NDVI 数据，研究了北美草原气候和 NDVI 的关系，结果表明 NDVI 与春季和夏季累积降水量呈正相关关系，而与春季潜在蒸散呈负相关关系。Milich 和 Weiss（2000）的研究表明在生长季节降水量为 250~500 mm/a 的地区，NDVI 与降水之间的关系较为密切，当降水量为 250 mm/a 时，关系不明显，这是由于上一年的降水、当年降水及潜在蒸散对 NDVI 值有影响。在某些区域，如美国大草原中部，降水均值能反映该区域 NDVI 的梯度变化（Nicholson et al.，1990），而降水距平值能反映 NDVI 空间格局的年度变化；温度与 NDVI 正相关，但是温度距平值不能指示 NDVI（Rikie et al.，2001）。

有的研究结果则与大部分结论相悖，如 Eklundh（1998）的研究表明：旬和月 NDVI 序列数据与前期降水、土壤水分及植被有关，但这种关系不是很明显，这个观点与其他研究者的观点相反。这些结论差异也表明了 NDVI 与降水关系在空间上的异质性和复杂性。有的学者采用模型进行研究，试图进一步揭示这种复杂的关系（高志强和刘纪远，2000），认为中国植被指数的时空变化极其复杂，虽然受水、热和地表植被覆盖类型 3 个主导因子的影响与控制，但因时因地而异，三者的主导地位也因时因地而不同，并提出了基于水、热和地表植被覆盖类型的空间概念模型。而有的研究则重视 NDVI 的未来发展趋势，利用气候变量实现对 NDVI 所表现的植被绿度信息的预测，以表达生物圈过去和未来的状态（李晓兵等，2000）。

由上可以看出，NDVI 与气候因子之间的相关关系的研究已经在区域尺度和全球尺度上广泛开展。植被与气候的关系是全球变化研究中的重要组成部分，植被分布及变化反映了气候、地貌、土壤及人类活动等长期的综合作用，其中气候及气候变化是决定地表植被生存状态和分布的重要因素（Lambin and Strahler，1994），对植被变化的研究有助于推动全球变化的探索，对植被的动态监测和预测可以从一个侧面反映气候变化的趋势。

5.2.2 重要的植被结构特征参数——叶面积指数

叶面积指数（LAI）被定义为单位投影面积上植物群落的累积叶面积（对阔叶林而言是单侧叶面积，针叶林是被太阳光线直射到的叶片曲面的面积）。叶面积指数不仅作为关键的生物物理参数用来研究生态系统光合生产力、水分以及能量平衡（Luo et al.，2002；Bonan，1995），还是景观乃至全球尺度生物地球化学循环中重要的植被结构参数（Running et al.，1989；Turner et al.，1999）；在近来的生态水文耦合模拟研究中，LAI 因其水文敏感性（调节蒸散、冠层截留等）成为耦合生态过程和水文过程的关键参数（Warrick et al.，1997；Watson et al.，1998；孙鹏森和刘世荣，2003），而且随着空间精细化模型的发展和基于过程的分布式模拟时代的到来，关键植被参数 LAI 的精细化研究越来越重要。

另外，短周期的卫星影像为大面积植被 LAI 的季节变化和物候规律研究提供了有利的工具，早期 NOAA-AVHRR 数据（如 NDVI）和 FPAR 被用来估算草地与大面积农田的 LAI 的季节变化（Prince，1991；Daughtry et al.，1992），但是 AVHRR 最初的设计意图是用来提供全球尺度的数据源，并不适合较小尺度的地面植被动态监测，主要是几何校正和建立地理参考的精度较差及近红外波段较强的水汽吸收等问题（Goward et al.，1991）。MODIS 传感器是美国于 1999 年底发射的 Terra 卫星平台上搭载的对地观测仪器，其 36 个波段的光学遥感资料直接对全球共享。MODIS 数据因具有较高的光谱分辨率、高时间分辨率（每天过境两次）和高空间分辨率（可见光最高可达 250 m）而在植被物候监测研究中极具应用前景，LAI 已经成为 MODIS 科技小组为全球提供的数据产品之一，围绕这个产品开展的多尺度分析和验证开始成为热点（Justice et al.，2000；Tian et al.，2002）。例如，由美国国家航空航天局（NASA）资助的"BigFoot"工程，针对 MODIS 科技小组的产品（包括 LAI、NPP、FPAR 等）在全球主要生物区系建立验证网络站点，目前这一网络发展到覆盖北美及全球 31 个长期定位地面验证点（中国境内尚无），每个地面验证点覆盖 25 km^2（5 期 5 km）的核心区以及周围 49 km^2（7 km×7 km）基于 ETM+ 的辅助验证区。"BigFoot"工程为全球和区域 MODIS 产品的精确评估与验证提供了有力支持，并为同类研究提供了技术标准。

虽然卫星遥感数据可以被广泛地应用于 LAI 物候学的研究，但至今仍然有很多不确定性因素。许多研究结果表明，随着 LAI 的提高，近红外（NIR）的光谱反射率亦随即升高，并在 LAI 达到 6 左右时趋于饱和，因此基于植被指数（VI）推算 LAI 的方法受到了挑战，"饱和"问题在热带和亚热带常绿林中最为突出（White et al.，1997）。目前大多数植被指数都利用了 NIR 波段，所以常规宽波段遥感（如 AVHRR）难以解决"饱和"问题，而将问题的解决寄希望于高光谱遥感提供的窄而连续的波段信息（浦瑞良和宫鹏，2000），如从高光谱中构建的垂直植被指数（PVI）、土壤调整植被指数（SAVI）、绿波段植被指数（NDVI$_g$），从而提高光谱数据提取 LAI 的水平。但目前的高光谱传感器一般都采用机载低空飞行，数据的获取成本较高。利用便携式光谱辐射仪地面测定植被表面反射光谱并提取植被光谱参数（其中包括植被指数）是目前野外验证遥感影像的最新方法，但仍然存在光谱混合、采样时间配合等问题，不适合大面积估测（Wolfgang and Andrew，2000）。尽管存在一些不确定性因素，MODIS 作为新一代环境遥感卫星传感器，它所提供的信息源仍为我们研究植被在更短周期内的物候变化提供了可能。

先进的遥感手段为我们提供的是陆地表面的结构特征，我们更关注这个现象背后的驱动因素。在植被 LAI 物候动态的各种影响因素中，水是最重要的限制因子，这已经被许多研究所证实。例如，20 世纪 70 年代，在植被 LAI 与水分环境关系的研究中，Grier 和 Running（1977）提出了"水文平衡理论"，认为在具有限水分的植物群落中，植物的叶面积与其水分环境存在一种动态的平衡关系，植物适应立地水分条件并影响了冠层 LAI 的形成，冠层发育的规模既能保证最大化地利用光能，又尽可能避免过度利用土壤水分。Eagleson（1982）和 Prentice 等（1992）将这一理论进行了发展，进一步提出这种平衡关系是植物短期（一两个季节）的一种适应，而不是先前人们普遍认为的一种长期进化适应过程。从地理分布上看，LAI 最大值的确与植被类型和长期的气候因素（如温度、降水）有关，但是在水分亏缺的局部环境中，植被 LAI 所能达到的最大值与短期土壤中可利用的水分有关（Woodward，1987）。因此，我们通过遥感技术观测到的植被 LAI 的季节动态，实际上是其自身潜在的物候学规律对水分环境短期适应性调整的结果。

5.2.3　植被物候过程的研究

5.2.3.1　植物物候研究的发展历程

植物的生命循环周期与温度、降水和光照的季节性变化是紧密相连的，并且随着生长季变化，对全球碳循环、水循环和氮循环都有重要影响。气候变化使植物开始生长和结束生长的日期发生了相应的变化，植物对全球变暖的响应表现为春季物候期提前，秋季、夏季物候期推迟（Ahas and Jaagus，2000），植物生长季长度延长，主要是由于春季物候期的提早到来。

欧洲有组织地观察物候开始于 18 世纪中叶。植物分类学创始者林奈（1707—1778 年）在瑞典建立了 18 个地点的观测网，观测植物的发芽、开花、结果和落叶的时期。瑞典观测网的建立为欧美物候观测网的建立起到了示范作用。19 世纪欧洲物候观测网更加完善，其观测站点分布在比利时、荷兰、意大利、英国和瑞士等国家，其中瑞士的森林观测网于 1869 年在伯尔尼建立，观测一直持续至 1882 年；20 世纪 50 年代，欧洲各国均建立了物候观测网；1957 年，德国著名的物候学家 Schnella 创立了国际物候观测园。美国从 19 世纪后半期开始进行物候观测，逐渐建立物候观测网。到 20 世纪初，在森林昆虫学家霍普金斯领导下扩充到全国，并提出所谓的物候定律。

中国早在 3000 年前的西周初期，就有讲述物候的专著《夏小正》。近代物候学则由中国著名科学家竺可桢创导。在 1931 年的《论新月令》一文中，竺可桢总结了中国古代物候方面的成就，建议用新方法开展物候观测。他在 1934 年组织建立的物候观测网是中国现代物候观测的开端（竺可桢和宛敏渭，1999；徐雨晴等，2004）。

20 世纪 50 年代以来，由于各国物候观测网的扩大，物候资料更加丰富。在过去 20 多年中，遥感技术和电子计算机技术飞速发展，为物候学研究提供了新的手段。由遥感数据生成的归一化植被指数（NDVI）能够在很大覆盖范围内相当准确地反映植被的绿度和光合作用强度，能够较好地反映植被的代谢强度及其季节性变化和年际变化，因而该指数被广泛地运用于植被的监测、分类、物候分析、农作物估产中，在全球变化研究中也常用于计算植被的初级生产力、研究植被与气候变化的关系等方面（吴炳方，2000）。借助遥感手段可以在不同地区连续地获得近 20 年包括植物生长季节变化在内的观测数据，使得研究者能够深入理解区域、大洲甚至全球尺度的植被动态以及 10 年以上的年际变化。

5.2.3.2　植物物候的主要研究手段

植物物候被认为是陆面过程模型以及用于模拟植被生产力与类型变化的动态全球植被模型的重要参数（Haninnen，1994；Chuine et al.，2000），也是集成生物圈模型（IBIS）必要的输入项。确定植物物候响应环境变化的类型和机制，对于预测气候变化对植物和植被生态系统的影响至关重要。为了定量研究气候变化对物候的影响，描述气候驱动与物候响应之间的因果关系,有必要建立能够反映其规律的各种物候模型。目前,物候变化研究主要基于以下 3 种方法。

(1)传统物候观测方法

传统物候观测方法主要是以野外观测为基础的目视观察法,即直接定点观测生物物候现象的年内和年际变化。物候观测最主要的问题是选定观测的植物种类,以便使全国各地的物候观测工作协调一致。我国已经拟定了统一观测的植物种类供各地观测时选定。木本植物主要的物候期有萌动期、展叶期、显蕾期、开花期、果熟期、果实脱落期、秋色期和落叶期;草本植物主要的物候期有萌发期、展叶期、显蕾期、开花期、果熟期、果实脱落期和黄枯期。对于农作物物候的观测,各种作物有不同生长阶段的物候期。在观察作物各个物候期时要分为初期和盛期。例如,初期指 10%的植株已进入这个物候期,而盛期指 75%的植株已进入这个物候期。关于作物进入某一物候期的特征标志也必须统一,这样才能相互比较。

总体来看,传统测量方法简单易行,不受环境限制,但需耗费大量人力和物力,而且受时间所限,周期短,覆盖面小。基于地面观测的方法能够获得精确的物候数据,如开花期、展叶期等详细的时间记录,但是尺度比较小。这种方法由于需要耗费大量的人力,并且获得数据序列所需的时间较长,数据记载量少,但记录的数据具有很高的价值。

(2)基于气候经验模型

模拟物候期最早最广泛使用的是 1735 年由 Reaumut 建立的热时模型,即积温模型。其生物学意义是:在基础温度以上,植物的发育速率假设与温度是线性成比例增长的关系。现在已经提出了不同的响应函数(Leinonen and Kramer,2002),有大量的模型描述物种物候对温度的响应,这种响应被认为是线性的(Ahas and Jaagus,2000)或接近线性关系(Sparks et al.,2000)或明显的曲线关系(Sparks and Carey,1995)。通用模型通常是精确描述资料的统计模型,这类模型通常仅基于温度的影响,或考虑温度与光周期或其他光因子的综合影响(Hakkinen et al.,1998;Lemos et al.,1997);而有关水分与物候之间相互关系的研究相对较少。通用模型由于建立在对长期观测资料的统计分析上,是经验性的,并不能描述气候与物种之间的机理关系,估算未来气候变化的潜力有限。1970 年以来,已经开发了几种区域物候模型(Sarvas,1974;Hänninen,1990;Murray et al.,1989),这些基于过程的模型,其假设基于物候对各种环境变量响应的实验结果,而且很多研究工作主要集中在个体物种水平的物候模型上,如平行模型(Landsberg,1974)是根据苹果树芽的发育特征建立的,深休眠模型(Kobayaski et al.,1982)是一种山茱萸植物的发育模型。局地尺度上物候模型近期不断发展,虽然是利用局部的观测数据建立的,但通过模型拟合方法和模型统计假设的改进(Chuine et al.,1999;Kramer,1994),模型的有效性已得到提高(Chuine et al.,2000),提高了尺度扩展性,可以在更大尺度空间使用。

(3)基于遥感卫星的观测以及模型计算

近 20 年来,遥感技术和电子计算机技术的发展为物候监测、研究提供了新的技术手段与契机。NOAA/AVHRR、MODIS 等卫星影像数据为遥感监测全球植被绿波、褐波推移及季相变化提供了便利条件。根据免费下载的全球遥感影像数据可获取各种植被指数（VI），其中归一化植被指数（NDVI）被广泛应用于基于遥感影像的植被分类、农作物估产、植被初级生产力的估算、植被的季相变化、病虫害监测、植物生长发育等方面。

NDVI 数据为客观评估土地覆被地区物候特征及其在大范围地理区域的变化提供了可行的方法。它能够在大范围覆盖区域内精确地反映植被绿度、光合作用强度，反映植被代谢强度及其季节性和年际变化，因而该指数可应用于植被的监测、分类和物候分析（吴炳方，2000）。随着遥感资料的不断丰富，如冠层覆盖度标准差植被指数（Yoder and Waring，1994）、叶面积指数（Spanner et al.，1990）和生产力等资料提供了植被物候变化的基本信息，已被应用于个体生物尺度向气候模型的区域尺度和全球尺度的外推。越来越多的方法用于确定来自遥感数据的植物物候过程曲线，基于物候过程曲线推导关键的物候事件发生时间，常见的有阈值方法、滑动平均方法、求导方法及 logistic 拟合方法等。

1）阈值方法

White 等（1997）结合传统气象物候模型与遥感物候观测，提出特定生物群落生态系统的 NDVI 比率阈值方法，使用 NDVI 比率阈值方法对植物返青期和结束期的计算结果与实际观测值之间的差异最小。Kang 等（2003）用 MODIS 叶面指数开发了一个简单的物候模型，用于预测朝鲜温带混交林地区植物 NDVI 在返青开始期的动态变化。该方法首先假设落叶树种发芽期的 LAI 存在一个阈值，并且认为标准化后的 LAI 高于该阈值时植物返青期可能开始。根据提出的阈值范围大小获得了返青开始期，且判断与地面数据具有一定的相关性。通过对二者进行交叉验证确定最佳阈值，高于该阈值时预测植物返青期开始。

总体来看，阈值方法充分考虑了研究区 NDVI 多时相曲线的特征，通过设定阈值条件，可将植物物候相的评估限制在合理生育期内，从而提高计算效率与准确性。但是，阈值的选择本身也受人为主观影响，其结果直接影响物候评估的准确性。

2）滑动平均方法

Reed（1994）等认为，NDVI 时间序列数据突然增长时可能意味着植物显著的光合作用活动开始（即植物进入返青期）。以 1989～1992 年实际 NDVI 时间序列数据为基础提取美国陆地植物物候特征，使用后向（或延迟）滑动平均方法分别计算出返青期、生长季长度、衰老期、最大 NDVI 日期等。研究结果表明，不同植物类型物候特征的计算结果与实际值具有很强的一致性。该方法基于自回归滑动平均模型，NDVI 时间序列曲线与其滑动平均曲线之间的比较结果反映了实际 NDVI 值偏离既定趋势的程度。Schwartz 和 Reiter（2000）在使用 NOAA/AVHRR 数据对美国大陆 1990～1993 年和 1995～1999 年落叶林与混交林站点植被生长季的春季物候开始日期（SOS）进行分析研究时，分别采用了延迟滑动平均方法（DMA）、季节性 NDVI 中点方法（SMN）和春季指数方法（spring indices，SI），并且做了比较分析。作者最终认为，DMA 是一种更为稳妥的方法，且存在时序系统误差。其中部分误差可能是当地植被响应的现实差异造成的，如在适度气候条件下南方植物物种快速生长时比北方物种需要更多的能量（Schwartz and

Crawford，2001）。

滑动平均方法使得对 NDVI 时间序列数据的计算更为稳定、可靠。由于是对连续几个物候生育期进行监测，故滑动平均时间间隔的选择可能使第一个返青期无法进行监测，而且如果受春季雪融影响，计算得出的返青期可能早于植物实际返青期。

3）求导方法

这种方法主要通过求导，并结合其他条件或方法共同推算物候信息。通过求导和经验系数计算出了植物生长的开始期、结束期、最大 NDVI 日期和生长季长度，可以详细分析全球植物物候的季相模式和空间变化模式。Yu 等（2003）假设认为，植物返青期是指植物在春季或早夏时开始迅速生长的时期。在利用 NDVI 数据推算中亚东部植物返青期时，通过不同阈值对 NDVI 最大变化斜率范围的限制，更为高效和准确地计算了中亚东部地区植物的返青期。

4）logistic 拟合方法

Zhang 等（2003a）在考虑如何精确测量地区到全球尺度的植物物候变化时，提出一种分段式 logistic 函数拟合的新方法，对每年的 NDVI 时间序列数据进行拟合，利用拟合曲线曲率变化的特点，确定 NDVI 时间序列曲线上植物各物候转换期（返青期、成熟期、衰败期和休眠期），从而反映植物物候年内变化情况。该方法以曲率变化率的极值点反映植物各个物候的转换期。

采用拟合方法逐个处理像素时不需设置阈值或经验限制条件，因此具有全球适用性。但实际的 NDVI 时间序列曲线并非理想的规则曲线，拟合精度的高低直接影响物候相的确定。

5）遥感监测与地面观测相结合的方法

传统的植物物候研究是通过地面观察针对个体植物或物种来进行的。这种确定植物生长季的方法有两个缺点（Chen et al.，2001）。第一，它描述的仅仅是单个植物物种的生长季节，而不是植物群落层面的；第二，它反映的只是特定站点的生长季，而非区域层面的。基于遥感方法的植物物候研究，反映的是整个植被生态系统上的物候状况，用于监测大尺度上的地表景观变化，该变化往往与特定物种的物候事件（如发芽、开花等）无关。因此，遥感监测与地面观测之间由于巨大的尺度差异而缺乏有效的关联，可比性大大降低。基于此，Chen（2000，2001，2002b，2005）首先提出植物物候相的频率分布型方法以计算中国东部温带地区各物候站点植物群落层面的生长季（计算生长季开始日期和结束日期），然后利用计算所得的开始日期和结束日期确定各个站点相应时间的 NDVI 绿度值，再根据已知站点的物候生长季进行空间外推，以确定地区尺度上的物候生长季。该方法为在局域与地区尺度、地表物候观测与遥感监测之间建立联系而进行了有益的探索和尝试，具有科学的借鉴意义。Menzel 和 Fabian（1999）采用 1951～1998 年德国 4 种落叶树的生长季长度与 16 种物候期的年距平值的空间平均值、1982～1998 年 NDVI 的空间平均值指标，对上述空间平均值的变化趋势与单站点物候期记录的线性趋势进行比较，发现可以根据 NDVI 数据的变化趋势分析生长季的始末时间变动趋势。

地表植物物候观测站点分布的有限性，严重限制了地面物候与遥感监测结合方法的广泛应用。但是，这一方法却为我们建立不同空间尺度之间的联系提供了很好的思路。

迄今为止，有关植物物候遥感监测的方法已有不少。使用 NDVI 时间序列数据对植物物候进行监测是目前最常用的手段。尽管从植物生理特征和遥感监测原理的角度定义物候相的认识趋于统一，但是由于在 NDVI 数据质量、监测模型的构建原理、总体精度以及适用范围等方面有所不同，各种方法遥感监测的结果有较大差异（武永峰等，2005；李荣平等，2005）。基于不同空间尺度和地表覆盖类型的研究区域，应充分考虑气候、植物生理特征等因素，选择构建最佳监测模型。

5.2.3.3 气候变化对植物物候的影响

（1）气候变暖与生长季提前与延长

比较详细和连续的记载主要在欧洲一些国家，如 Roetzer 等（2000）对 1951～1995 年中欧 10 个地区 4 种植物春季物候期的观测发现，无论是城市地区还是乡村地区，植物生长季均提前到来。还有记录显示，1959～1996 年，北欧到欧洲东南部地区，春季叶片展开平均每年提前 6 天，而秋季叶片变色平均每年推迟 4.8 天，因此平均年生长季延长了 10.8 天（Menzel and Fabian，1999）。欧洲国际物候园（International Phenology Garden，IPG）是世界上著名的研究植物物候的机构之一，对收集的物候观测资料的分析表明，国际物候园内的植物呈现出春季物候现象提前、秋季物候现象推迟、平均年生长季延长的趋势（Menzel，2000）。美国森林昆虫学家霍普金斯花了多年的时间专门研究物候，尤其是研究物候与美国各州冬小麦的播种、收获、发育季节的关系。霍普金斯认为，植物的阶段发育受当地气候的影响，而气候又受该地区所在的纬度、海陆关系与地形等因素的影响；换句话说，就是受限于纬度、经度和高度这 3 个因素。他从大量的植物物候材料中总结出如下结论：假如其他因素不变动，在北美洲温带内，每向北移动纬度 1°，或向东移动经度 5°，或上升 400 ft[①]，植物的阶段发育在春天和初夏将各延期 4 天。这就是所谓的霍普金斯物候定律。对于植物物候的研究已经在北美（White et al.，1999；Zhou et al.，2001；Menzel，2003；Menzel et al.，2001；Shetler et al.，2001；Bradley et al.，1999；Schwartz and Reiter，2000；Beaubien and Freeland，2000）、西欧（Menzel，2003；Sparks et al.，2000）、中欧（陈效逑，2000；Ahas and Jaagus，2000）和亚洲（Piao et al.，2006；徐雨晴等，2005）广泛开展，并且结合温度和降水资料做了相关探讨。此外，也可以由古代的文字记载推导出各个历史时期上的物候记录。我国向来以农立国，在汉代就有七十二候。但作物的生长因地而异，各年也有不同，所以古代的月令不能完全解决问题。公元 6 世纪，贾思勰在《齐民要术》中所说的农业耕种时期的物候，也与现代的物候研究的内涵不完全相同。

植物物候是植被响应区域气候变化的最敏感的特征指标之一。20 世纪 80 年代以来，北半球部分区域增温显著，使人们越来越关注植被物候期变化及其对气候变化的响应的研究（Chmielewski et al.，2004）。植物物候期的提前可能会导致植被初级生产力的提高

---

① 1 ft = 3.048×10^{-1} m

（Lucht et al.，2002），影响大气中 CO_2 的季节性变化（Myneni et al.，1997），植被物候期的变化甚至会对陆地生态系统以及人类社会产生十分广泛的影响（Piao et al.，2006）。许多资料证实了中、高纬度区域春季物候期都有提前的趋势（Schwartz and Reiter，2000；Defila and Clot，2001；Parmesan，2007），但也有一些研究发现在过去 20 多年低纬度区域也出现这种趋势（Heumann et al.，2007；Xiao et al.，2006）。

（2）多气候要素对植被物候的共同影响

气候变化对特定区域植被的影响是其对植被的影响在空间上的表现，而这些区域的植被对于温度、降水量等因素的响应主要表现在物候的变化上。

Moulin 等（1997）使用每周合成的 NDVI 数据从全球尺度上获取定量的植物物候相信息，建立了植物物候与全球气候因素的关系。分析认为，寒带落叶林地区的 NDVI 变化与平均气温相关，生长季开始日期和积温相关；热带稀树草原地区的 NDVI 和开始日期均与降水变化呈现一定的相关性，且 NDVI 的变化往往滞后于气候参量的变化。Tateishi 和 Ebata（2004）利用 10 天合成的 NOAA/AVHRR 数据（包括 NDVI 和地表温度）确定全球植物物候相并分析其与气候的关系后发现，NDVI 和 LST 在北半球中、高纬度地区具有正相关关系，而在南美洲东部、中非部分地区和澳大利亚西部呈现负相关。根据这一相关特性，将全球植物物候划分为温度主导型和降水主导型两类。Zhou 等（2001）使用 1981～1999 年 NDVI 数据分析了欧亚大陆植物对温度变化的响应状况，结果表明：①在 40°N～70°N 约 61%的植被覆盖地区，生长季 NDVI 在中欧、西伯利亚到阿尔丹高原范围广阔的条带区域内持续增加，该条带中林地面积约占 58%；而在北美，仅在东南部林地与中西部北部草地的破碎区域中显示生长季的变化。②由于春季提前和秋季推迟，欧亚大陆与北美生长季的 NDVI 值分别增长约 12%和 8%，生长季分别延长约 18 天和 12 天。③在阿拉斯加、加拿大北部和东北亚部分地区 NDVI 值降低，这可能是气候显著变暖而降水无增长引起的干旱现象造成的。进一步统计分析显示，40°N～70°N 植被覆盖地区的 NDVI 和地表温度变化存在相关关系，即 NDVI 的时相变化和地区差异与基于地面监测的温度保持一致。总之，以上结果表明，过去 20 年来欧亚大陆和北美植物光合作用较为强烈，可能由温度和降水因素驱动。Tucker 等（2000）利用 1981～1999 年的卫星数据，分析了北美地区的春、夏二季植被对温度变化的响应。研究结果表明，1992～1999 年 5～9 月光合作用总量增加了 8%～14%，生长季开始日期提前了 6 天。1991～1992 年的总光合作用减少，与全球变冷（变冷的原因是皮纳图博火山在 1991 年 6 月爆发）密切相关。Myneni 等（1997）利用 NDVI 对北半球高纬度地区 1981～1991 年的植被生长进行了研究。研究表明，1981～1991 年陆地植被光合作用逐渐增强，生长季开始日期提前 8 天，生长季结束日期推迟 4 天，因此生长季延长了 12 天。积雪的过早融化，致使 45°N～70°N 地区的春季出现明显变暖的趋势。

气候变化对高纬度植被生长有影响，特别是气候变暖使生物的生存北界向高纬度地区延伸。Lucht 等（2002）利用 1982～1998 年的气候数据和地面植被的遥感数据建立了一个生物地球化学模型。在建这个模型的过程中，以遥感数据中春天植被发芽和夏天植被繁茂的年际变化趋势来研究气温变化的生态响应。结果发现，过去 20 年里北半球高纬度有变绿的趋势（原因是全球变暖），1992～1993 年这一趋势减弱，生物量下降（原因是 1991 年皮纳图博火山爆发导致的气温暂时下降）。这一研究再一次充分说明了植物生长对气候变化响应的规律。

Ebata 和 Tateishi（2001）提出了利用 1982～2000 年西伯利亚的 NDVI 时间序列数据获取一年中植被生长周期开始日期、结束日期和生长季长度的方法，同时提供了每个物候期的空间格局图。在整个研究区域，植被的生长期随纬度的升高而缩短。在大多数地区，春季植被 5～6 月开始变绿，NDVI 峰值出现的日期随纬度的变化小于其他物候期随纬度的变化。与气候数据比较的结果表明，生长季结束日期的年际变化主要与降雪开始的日期有关，而生长季开始日期则受北方地区气温变化的影响。从 NDVI 与生长季长度的相关性分析得出，20 世纪 80 年代的植被生长季呈延长趋势。生长季开始日期的变化与温度呈负相关。

我国学者在气候变化与植物物候变化关系研究中利用遥感技术开展了许多工作。齐晔（1999）利用 AVHRR 数据集分析了北半球高纬度地区气候变化对植被的影响途径和机制，发现北半球高纬度地区 NDVI 的年最大值以及该值出现的时间与温度之间存在密切的相关性，植被功能随温度升高而更接近低纬度地带。赵茂盛等（2001）应用 1982～1994 年的 NDVI 和 587 个气象站点的数据对我国不同类型植被生态系统与气候的关系进行了研究。结果表明：在多年平均状态下，植被生态系统 NDVI 水平主要受水分条件的影响；年内变化上，温度对植被生态系统季相的变化起着比降水略大的作用，年降水量造成了植被季相响应的差异。孙红雨等（1998）得出植被指数沿经线具有明显的季相推移规律，且推移的时间与范围都远超过沿纬线的推移，绿波推移的方式和途径都与大陆主控气团（副热带高压）的季相推移同步，并受其影响。同时，植被指数具有明显的季相变化，随气候的暖冷而增减。朴世龙和方精云（2003）利用 NOAA/AVHRR 数据研究中国 1982～1999 年四季植被活动的变化，探讨植被活动对全球变化的主要响应方式。研究结果表明，18 年来中国植被四季平均 NDVI 均呈上升趋势。春季是中国植被平均 NDVI 上升趋势最为显著、增加速率最快的季节；秋季是 NDVI 上升趋势最不明显的季节。从不同植被季节平均 NDVI 年变化分析来看，生长季的提前是中国植被对全球变化响应的最主要方式，而这种季节响应方式也存在明显的区域差异。李晓兵等（2000）分析了 1983～1992 年降水的年际动态、季节动态与中国北方几种典型植被类型 NDVI 的关系，以及降水的空间分异对植被的影响。结果表明，降水的年际变化对植被生长的影响存在明显的区域差异；在不同植被类型分布区，10 年间降水的季节分配动态不同，降水季节分配的变化对不同类型植被生长有重要的影响；地表植被 NDVI 对降水的时空变化敏感。

国内外大量研究表明，目前国际上研究植被与气候变化之间的关系主要在以下几个方面：①气候变化对陆地生态系统的影响以及这些生态系统的响应和反馈；②气候变化对特殊区域植物生态系统的影响。

综述以往研究成果发现，当前的研究大量集中于气候单因子或少数因子对植物生态系统的影响，缺少多因子之间的协同作用及其对生态系统的影响。由于生态系统本身的复杂性，因此多因子间的相互影响及其生态系统的协同作用将成为未来的研究热点和难点。基于此，遥感监测模型成为未来研究的重要手段，它不仅可以弥补实验方法的不足，还具有简单有效、快速实用的特点（赵茂盛等，2002）。因此，各种遥感监测模型的开发与应用也成为全球变化研究中的一项重要内容。

5.3　植被生态水文过程参数的遥感估算

遥感技术极大地拓宽和丰富了水文学的研究内容，全球水文学的兴起在很大程度上得益于遥感技术的发展。当今，利用多尺度的航空-卫星遥感产品和地面观测相结合的方法，国内外在积雪参数提取、森林结构参数的观测和遥感反演、蒸散遥感估算、土壤水分反演、生物物理参数和生物化学参数反演、水文气象数据推导、流域水文模拟和数据同化等方面已经进行了大量研究工作。

尽管在遥感在生态水文学的应用方面做了大量的尝试，但仍缺乏能够从整体上分析流域水循环和生态过程的集成性遥感应用。由于在流域尺度上，地表异质性凸显，水循环和生态过程参量的变异较大，需要更高空间分辨率和时间分辨率且时空分辨率相对一致的遥感产品，但现阶段的许多全球遥感产品还满足不了这种需求。在这种情况下，如何利用多源卫星遥感数据，结合航空遥感和地面观测，融合并生成可用于流域生态水文研究的高质量、高时空分辨率遥感数据产品，是一个很大的科学挑战。目前遥感在生态水文建模中的作用主要表现为提供参数、验证模型，以及通过模型和观测的融合提高模型的模拟精度和可预报性。遥感在生态水文过程研究中的应用，不仅取决于遥感产品的时空精度，更多地取决于我们对生态水文过程的认识，尤其是对生态水文过程耦合机理的认识。因此，以下科学问题仍然非常重要。如何更深入地挖掘和理解遥感产品的水文学意义？对于异质性地表，如何设计针对遥感产品地面验证的科学方法以减少不确定性？在较大时空尺度上，如何集成遥感、地面观测和模型模拟从而更准确地估计水循环与生态过程的状态变量及通量并提高流域水文和生态的模拟与预报精度？

5.3.1　叶面积指数的遥感数据估算

叶面积指数（LAI）被定义为单位地表面积上总绿叶面积的一半（Chen and Black，1992），对阔叶林而言是单侧叶面积，针叶林根据叶或小枝的形态用转换系数校正（Chen and Cihlar，1996）。叶面积指数不仅作为关键的生物物理参数用来研究生态系统光合生产力、水分及能量平衡（Luo et al.，2002；Bonan，1995），还是景观乃至全球尺度生物地球化学循环中重要的植被结构参数（Running et al.，1989；Turner et al.，1999）。在近来的生态水文耦合模拟研究中，LAI 因其水文敏感性（调节蒸散、冠层截留等）成为耦合生态过程和水文过程的关键参数（Warrick et al.，1997；Watson et al.，1998；孙鹏森和刘世荣，2003），而且随着空间精细化模型的发展和基于过程的分布式模拟技术的应用，对于关键植被参数 LAI 的准确估算越来越重要。

LAI 在多学科和多尺度的广泛应用得益于它可以通过多种遥感技术估算，其中应用最多的是基于各类植被指数（如 NDVI）的推算技术（Spanner et al.，1990；Curran et al.，1992），近来也有通过冠层辐射传输模型的反演算法（RT 模型）（Kuusk，1995，2001）和遗传算法（GA）（de Wit，1999），以及将 RT 模型和 GA 算法结合的推算技术（Fang et al.，2003a）。国内学者根据叶片生长的形态学规律，建立 LAI 物候学模型（PhenLAI），并利用我国 16 种类型的天然林验证了其模拟的最大 LAI（罗天祥，1997；Luo et al.，2002）。Sellers 等（1997）提出了基于光合有效辐射分量（FPAR）推算 LAI 的简单有效的方法：$LAI = LAI_{max}/[\ln(1 - FPAR)\cdot\ln(1 - FPAR_{max})]$。在区域和景观尺度上，由于群落组成的复杂性和气候、水分条件的分异性，区域植被 LAI 的物候特性和时空格局非常复杂，通常一个物候周期（年）中还包含多个小周期，因此通常采用"分段逻辑斯谛法"（Zhang et al.，2003a）。

短周期的卫星影像为大面积植被 LAI 的季节变化和物候规律研究提供了有利的工具，1981 年的 NOAA-AVHRR 数据，1998 年以来的 SPOT VGT 数据以及 2000 年以后 MODIS（作为新一代环境遥感卫星传感器）所提供的丰富的遥感信息产品为研究植被在更短周期的物候变化提供了极为便利的条件。

目前的卫星影像具有较高的空间分辨率，往往时间周期较长（如 TM，再访周期是 16 天），而时间周期较短的卫星影像（如 MODIS，2 次/d）则空间分辨率较低，探求在较高空间分辨率的情况下建立植被指数与叶面积指数之间的关系，以及在较低空间分辨率上应用的可行性，将有助于进一步更加详尽地描述较大尺度的植被格局及季节性变化。

5.3.1.1 研究区概况

岷江发源于岷山，岷江上游是指岷江干流都江堰以上的流域范围，位于 32°N～34°N、102°E～104°E，覆盖陆地面积约 24 000 km^2，多年年均降水量约为 1000 mm，年均温为 5.8～9.1℃，7 月均温为 14.6～17.6℃，≥10℃的连续积温为 1300～2500℃（张文辉等，2003）。由于地处四川盆地和青藏高原的过渡地带，海拔为 600～4400 m，气象条件分异性显著，该区植被格局复杂。从垂直分布上看，海拔 1600 m 以下基带植被为常绿阔叶林，1600～2000 m 的代表类型为常绿和落叶阔叶混交林，2000～3800 m 阴坡的代表类型为亚高山针叶林如岷江冷杉（*Abies faxoniana*）；阳坡是以川滇高山栎（*Quercus aquifolioides*）为主的硬叶常绿阔叶林或灌丛，海拔 3800～4400 m 为高山草甸。从纬向分布来看，岷江上游南部卧龙国家级自然保护区，植被和水分条件较好，原始植被得以保存；岷江上游中部茂汶地区为峡谷地貌，谷深 2000～3000 m，受"焚风效应"影响，降水量不到 500 mm，年均温及≥10℃的积温都较高。植被为旱生半旱生的草本及灌木，不适合森林生长；北部为松潘草原，地势平坦，海拔较高，是典型的高山灌丛草甸区。

从历史上看，随着人口的增多，岷江流域的耕地面积经历了 1949～1958 年的大幅增长期、1958～1977 年的平稳期和 1977～1998 年的逐年增长期，而与此同时，砍伐和土地开垦致使森林面积也由新中国成立初期的 39.5%左右降到了 1985 年的最低点（16%），20 世纪 80 年代末随着森工转产和造林工程的实施，至 1998 年森林覆盖率仅恢复到 27%左右（樊宏，2002）；而人类活动频繁、破坏严重的镇紫区间（镇江关到紫坪铺两水文站之间的流域区间）森林覆盖率至今仍徘徊在 16%左右（陈祖铭和任守贤，1995）。在今后相当长的一段时间内，该区的森林植被将会逐渐步入全面恢复期，研究 LAI 季节动态和空间分布规律，可以在较短的时期内掌握该区水分环境和植被动态之间的相互适应关系，对于更深入地了解和定量评价森林植被水文功能具有重要意义。

5.3.1.2　叶面积指数的样地测定

选取 50 m×50 m 大小的样地，样带周边地区的植被类型较为均一，利用全球定位系统对样地进行定位。LAI 的测定主要利用 LAI-2000 冠层分析仪，LAI-2000 是美国 LI-COR 公司的产品，它的设计特点是对从低矮草本到高大森林冠层结构的 LAI 均能测定，适用于在本研究区域内进行不同植被类型 LAI 的测定。LAI-2000 冠层分析仪的测定值一般称为有效 LAI（Chen and Cihlar，1995），是假设树冠叶片的分布完全随机，但实际冠层往往存在一定的间隙，通过测定冠层间隙尺寸分布可以较好地解决叶片随机分布的问题，因为间隙尺寸分布包含冠层结构信息，可以定量分析叶子集聚效应从而间接测定其对 LAI 的影响。加拿大遥感中心的陈镜明等研制的跟踪辐射与冠层结构测量仪（TRAC）是测定 LAI 和冠层吸收的光合有效辐射分量（FPAR）的一种新型光学仪器，使用一种高频抽样技术在冠层下沿横切线测量太阳直射透射光的光合有效辐射（PAR），从高空间密度的 PAR 数据可以得到冠层间隙分量和间隙尺寸分布，进而从间隙尺寸分布可以得到集聚指数（Ω_E），并通过下面的公式计算实际 LAI：

$$L=(1-\alpha)L_e\gamma_E/\Omega_E \tag{5.2}$$

式中，L 为实际叶面积指数；α 为树干等非树叶因素对总叶面积影响的比率；L_e 为有效叶面积指数，可以由 LAI-2000 冠层分析仪直接测定；γ_E 为不同针叶树种的针叶总面积与簇面积的比值，对于阔叶树种，γ_E 取值为 1；Ω_E 为集聚指数。

5.3.1.3　LAI 预测模型的建立及检验

根据岷江上游流域内的植被分布特点，建立针对不同植被类型的 LAI-NDVI 关系，选取的植被类型有亚高山暗针叶林（包括云杉林和冷杉林，简称 CF）、针阔叶混交林（MCBF）、阔叶林（BF）、落叶灌丛（TDS）、亚高山常绿灌丛（AES）、高山草甸（AM）、农田（CL）7 种植被类型。由于 LAI 具有很强的季节性，为了提高不同类型的可比性，样地测定集中在 2002～2004 年的 7～8 月，测定的叶面积指数应为年度最高值，即最大叶面积指数（以下通用 LAI 表示），共计样地 481 块，其中 441 块作为建模样地，其余 40 块样地用于检验模型。在建模样地中，亚高山暗针叶林包括云杉林和冷杉林共计 283 块、亚高山常绿灌丛 22 块、高山草甸 5 块、农田 15 块、阔叶林 26 块、针阔叶混交林 44 块、落叶灌丛 46 块。以上样地主要用于建立并测试基于 TM NDVI 和 LAI 关系的模型。样地的分布密度与植被类型的空间分布具有相关性，但同一种类型的取样尽量照顾到整个流域。

利用 LAI-NDVI 关系模型估计 LAI 值，对于每一种植被类型，其预测精度可用均方根误差（root mean square error，RMSE）来评价：

$$\text{RMSE}=\sqrt{\frac{\sum_{i=1}^{n}(y_i-\hat{y}_i)^2}{n}} \tag{5.3}$$

式中，y_i 和 $\hat{y}_i$ 分别为测定值、预测值；n 为样本数（包括建模样本和测试样本）。

5.3.1.4 LAI 的遥感估算与多尺度分析

采用 2002 年 7 月的 TM 遥感影像数据，进行大气校正后，从 1:10 万地形图中选取地面控制点，进行几何精校正并建立地理参考系统 UTM（48）/WGS 84，使其精度控制在一个像元以内，重新采集 TM 数据，建立 30 m 分辨率的数据集，并在 ENVI 平台下通过波段代数运算方法生成流域 30 m NDVI 图，NDVI=(NIR–R)/(NIR+R)，所采用的红光反射波段和近红外反射波段分别为 630～690 nm、760～900 nm。SPOT-4 VEGETATION 的 NDVI 数据（以下简称 VGT NDVI）来自全球共享数据集，利用 610～680 nm 红光反射波段和 780～890 nm 近红外反射波段计算得到，并利用最大化合成（maximum value composition，MVC）的方法求得 7 月最大的 NDVI 值，该方法可进一步消除云、大气、太阳高度角等部分干扰，重新采集 VGT NDVI 数据，生成 1 km 的数据集。250 m 分辨率的 MODIS NDVI 数据（以下简称 MODIS NDVI）来源于 NASA 的陆地过程分布式动态档案中心（LP DAAC）的植被指数三级产品，该产品经过大气校正、16 天限定视角的最大合成（CV-MVC）并附有基于栅格的质量检验标记，所采用的红光反射波段和近红外反射波段的波长分别为 620～670 nm、841～876 nm，2002 年 7 月获取最大合成值。VGT NDVI 图、MODIS NDVI 图及 490 块野外样地的位置图均投影到和 TM NDVI 相同的地理参考系中。

利用 30 m 分辨率的 TM NDVI，根据不同植被类型，建立 LAI-NDVI 关系。从理论上讲，在植被均一的条件下，这种关系不会随着空间分辨率的变化而改变，或者空间分辨率变化引起的预测偏差很小（Chen et al.，2002a），在此基础上，利用植被分类图、同期的较低分辨率 NDVI 数据可推算全流域 LAI 的空间分布。但实际上，在野外尤其山区地形条件下，植被分布破碎化，采用 NDVI 估算方法最主要的误差可能来源于植被类型分类的精度、植被分布的均一性等。在破碎化程度较高的区域，利用 NDVI 估算 LAI 的精度将大大降低。

5.3.1.5 NDVI 和 LAI 的相关关系

以往的研究表明，NDVI 和 LAI 之间的双曲线关系是估算 LAI 的最适当的形式（浦瑞良和宫鹏，2000）。但由于在生长旺季，不同植被类型的 LAI 均达到其最大值，同一种类型的 LAI 可能分布在较窄的值域区间内，因此，在较小的区段内，有可能用线性关系拟合效果更好。在测定的 8 种类型中，亚高山暗针叶林和针阔叶混交林用双曲线关系拟合效果较好，而其他类型则呈现线性关系。亚高山暗针叶林共计 283 块样地，云杉属和冷杉属的 LAI 与 NDVI 之间为双曲线关系，二者 LAI 的变化范围相似，为 3.0～8.0。从 LAI 与 NDVI 的关系图可以看见，云杉和冷杉的样地混合在一起，不能清晰区分，说明这两种类型的亚高山暗针叶林在反射特性上具有相似的规律。针阔叶混交林和针叶林的 LAI-NDVI 关系类似，但其 LAI 变化区间小一些，为 3.0～5.0。从亚高山常绿灌丛和落叶灌丛的情况来看，两者均为线性关系，但亚高山灌丛的 LAI 变化较小，为 2.0～4.2，而落叶灌丛为 0.5～4.5，主要原因是落叶灌丛包含的种类复杂，分布的海拔变化也较大，LAI 波动较大，因此其预测精度低于常绿灌丛。阔叶林的 LAI 值一般为 2.5～6.0，且随着 LAI 增大，NDVI 值变化很快，说明在预测阔叶树种 LAI 变化时，尤其当 LAI 在 6.0 以下时，NDVI 是比较敏感的（R^2=0.732，$P<0.001$）（图 5.1）。

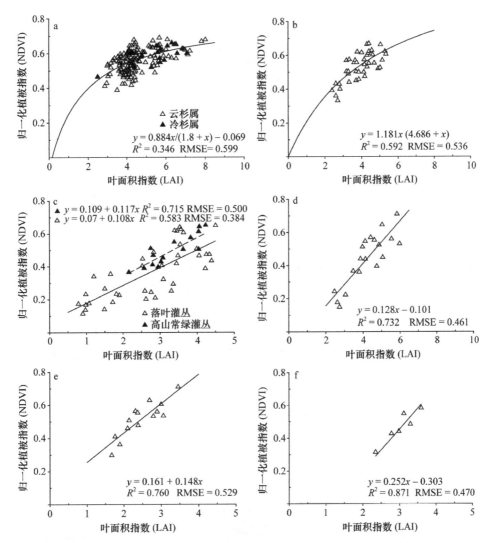

图 5.1 基于 TM 影像和地面测定的岷江上游各植被类型的 LAI-NDVI 关系

a. 针叶林；b. 针阔叶混交林；c. 灌丛；d. 阔叶林；e. 农田；f. 高山草甸

5.3.1.6　基于 NDVI 的 LAI 算法及 TM LAI 精度检验

根据图 5.1，基于 TM 影像和地面调查建立 LAI-NDVI 关系，即区分不同植被类型的 LAI-NDVI 关系，将这种关系应用到不同分辨率的 NDVI 遥感数据上，便可以求算基于 VGT NDVI 的 LAI 最大值及空间分布图。采用优化迭代无监督分类（OIUC）技术（Jiang et al.，2004），得到岷江上游的植被分类图，NDVI<0.1 的区域包括裸岩、水体和冰雪部分（作为非植被处理），即叶面积指数为 0，其他区域按植被类型分别应用下面的转换模型，通过计算 NDVI 得到 LAI 值及最大叶面积指数（表 5.1）。

首先将上述的关系模型应用到 TM NDVI 中，计算得到 TM LAI 数据。TM LAI 的精度通过上述预留的 40 块样地分植被类型进行检验，其 RMSE 变动范围为 0.384～0.599，总体预测误差为 8.5%～13.3%。

表 5.1 不同植被类型基于 NDVI 的 LAI 算法

植被类型	回归方程	R^2	RMSE
针叶林	LAI = 1.8×(NDVI+0.069)/(0.815–NDVI)	0.346	0.599
针阔叶混交林	LAI = 4.686×NDVI/(1.181–NDVI)	0.592	0.536
落叶灌丛	LAI = 8.547×NDVI–0.932	0.583	0.384
高山常绿灌丛	LAI = 9.174×NDVI–0.648	0.715	0.500
阔叶林	LAI = 7.813×NDVI + 0.789	0.732	0.461
农田	LAI = 6.211×NDVI–1.088	0.760	0.529
高山草甸	LAI = 3.968×NDVI +1.202	0.871	0.470

5.3.1.7 VGT LAI 和 MODIS LAI 的计算与校正

将基于 TM 的 LAI-NDVI 关系模型应用到 MODIS LAI 和 VGT LAI 的推算上，最主要的误差来源可能有：①传感器之间的系统误差，导致 TM NDVI 和 VGT NDVI 数据之间的差别；②地表异质性大，LAI-NDVI 关系模型在较低分辨率的 SPOT 上应用导致的误差；③几何精确校正与重建地理参考系造成的误差；④植被分类造成的误差；⑥LAI-NDVI 非线性转换模型带来的误差。这些因素可能会不同程度地影响最终得到的 MODIS LAI 和 VGT LAI 的精度，但前两种是主要的误差来源，由于 3 种传感器所覆盖的波段范围不同，因此，计算的植被指数不同，为了消除这种系统性的传感器误差，以 TM NDVI 为基准进行相对校正。主要步骤如下：选取地面控制点校准地理参考，选取和 TM 影像在时间上最接近的 SPOT 影像和 MODIS 影像（图 5.2），同时选取该区植被类型中分布面积较大、植被均一性较好、受人类干扰较低的高山草甸作为背景进行校正，发现 VGT NDVI 整体均值比 TM NDVI 高约 0.29，MODIS NDVI 比 TM NDVI 高 0.26，在将 TM 的 LAI-NDVI 转换模型应用到 SPOT 上的时候，先将系统误差予以校正。

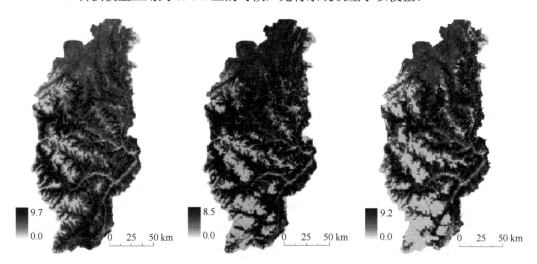

图 5.2 不同来源与分辨率的遥感数据及推算岷江上游 LAI 的空间分布图
图中从左到右依次为 30 m TM LAI、250 m MODIS LAI、1000 m VGT LAI

总体上看，利用 3 种分辨率的 NDVI 数据计算出的 LAI 结果比较接近，其中 TM LAI

的变动范围为 0～9.68，均值为 4.53；MODIS LAI 的变动范围为 0～8.49，均值最小，为 3.55；VGT LAI 的变动范围为 0～9.18，均值为 4.20，尽管进行了传感器之间的相对校正，MODIS 的模拟结果仍然偏低（表5.2）。但从模拟精度来看，以 30 m TM LAI 为基础，对 1000 m VGT LAI 和 250 m MODIS LAI 的模拟结果进行检验，发现 250 m MODIS LAI 的总体预测误差为 30%左右，而 1000 m VGT LAI 的误差接近 50%，且和 TM LAI 数据的相关性较差，250 m MODIS LAI 具有较好的模拟精度（图5.2），进一步分析发现，250 m MODIS LAI 被低估的区域主要在 LAI>4.0 以上的地方（图5.3）。

表5.2 不同分辨率的 LAI 数据及不同植被类型的相关统计特征

分辨率	统计值	总体	针叶林	针阔叶混交林	高山常绿灌丛	阔叶林	落叶灌丛	农田	高山草甸
30 m TM LAI	最大值	9.68	9.68	7.07	7.72	7.97	4.41	5.12	4.44
	最小值	0.00	2.32	2.37	1.53	2.40	0.93	1.21	2.03
	均值	4.53	4.98	4.74	4.49	4.73	2.37	3.01	3.23
	标准差	1.01	1.56	1.36	1.69	2.09	1.42	1.62	0.86
250 m MODIS LAI	最大值	8.49	8.49	6.89	6.31	6.42	3.81	2.94	4.37
	最小值	0.00	2.07	1.14	2.47	1.07	0.71	0.89	2.47
	均值	3.55	3.95	4.07	3.79	3.78	2.48	2.18	3.28
	标准差	1.21	0.76	1.09	1.04	1.45	0.83	0.85	0.63
1000 m VGT LAI	最大值	9.18	9.18	4.51	3.52	6.75	6.57	5.77	4.18
	最小值	0.00	2.11	1.43	0.81	0.55	1.70	2.09	0.50
	均值	4.20	5.10	3.81	3.05	4.47	4.93	4.12	2.23
	标准差	1.89	1.51	1.36	1.34	1.73	1.48	1.13	1.30

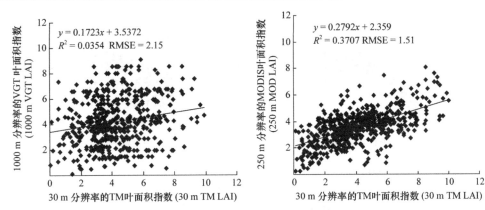

图5.3 基于相同的算法利用 VEGETATION 和 MODIS 遥感数据推算 LAI 并与 TM 推算结果进行比较

从不同植被类型的统计特征看，针叶林的 LAI 均值在 3 种分辨率的数据中最高，其中 MODIS LAI 的模拟结果明显偏低。针阔叶混交林中 VGT LAI 的均值偏低。高山常绿灌丛和阔叶林中 MODIS LAI 与 VGT LAI 都被不同程度地低估。根据 TM 和 MODIS 数据，落叶灌丛的 LAI 均值相对于其他类型是最低的，这是因为这种类型在分类时包括了流域内相对较大面积的干旱河谷杂灌，而这种灌木的郁闭度和盖度较低，总体 LAI 值也偏低；另外，由于该类型分布比较破碎，VGT LAI 值因像元面积较大，在其他一些区域也可能混合了高覆盖度类型而偏高，因此造成标准差较高，极差较大。总体上看，相对于 TM LAI，MODIS LAI 明显被低估，而 VGT LAI 也有被低估的趋势，但不明显，对于覆盖度较好的类型，VGT LAI 被低估，对于覆盖度较差且破碎化的类型，VGT LAI 则倾向于被高估（表 5.2）。

5.3.1.8 LAI 的空间尺度扩展与误差分析

前文讲过，将在较高空间分辨率上建立的 LAI-NDVI 转换模型应用到较低分辨率上会产生一系列的误差，这可能是较高的空间异质性导致的，空间异质性包括同一类型植被的密度不同、单像元混合植被类型，有的学者证明植被密度不同是可以被忽略的（Chen and Cihlar，1996），对于混合植被类型，可以采用亚像元面积比率的方法有效解决植被密度不同的问题。另外，LAI-NDVI 之间的非线性关系也可能影响尺度转换，并有可能是 MODIS LAI 和 VGT LAI 被低估的主要原因。

图 5.4 中显示了随着像元空间分辨率的增大（100 m、250 m、500 m、1000 m），LAI 的均方根误差由 0.99 逐渐增大到 1.80，预测误差也从 23% 增大到 40%，这些误差包含上述所有与尺度转换有关的因素，如空间异质性、非线性转换模型等。这些误差反映了该区域地面特征的现实状况，从某种程度上将是很难被消除的。同时还发现，在像元大小从 30 m 增加到 250 m 的过程中，其预测误差迅速扩大，而 500～1000 m 内，预测误差增加减缓。据此可以推断，在该区域进行 LAI 的测定，其像元大小只有小于 250 m，其预测误差才有望控制在 30% 左右，像元空间尺度增大，预测精度将大大降低。

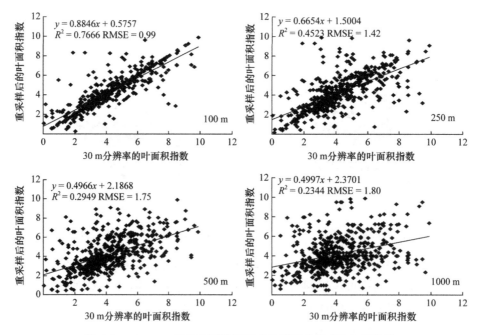

图 5.4　TM LAI 及其重采样后形成的不同分辨率结果的比较

5.3.1.9 讨论与小结

利用高分辨率卫星影像区分不同植被类型而建立 LAI 算法,并将这种算法在更大的尺度上进行测试,这一工作的关键是如何防止误差扩大化。由于 TM 影像具有较高的空间分辨率,基本可以保证像元内植被类型的单一性,野外样地覆盖一个以上的像元,因此经过精确几何校正完全能够保证野外研究和遥感分析的对象一致。本研究证实了利用 NDVI 估算 LAI 取得了相对可靠的精度,当然也有学者利用其他与植被有关的光谱指数取代 NDVI,也取得了相当好的效果,如利用红外反射波段和红光反射波段的简单比率($SR=\rho_{NIR}/\rho_{R}$),本研究的主要目的并不是比较哪种植被指数的预测效果好,所以没有对其他植被指数进行比较。

重采样后,LAI 图的空间分辨率降低,分辨率降低后,像元中心植被类型与建模样地位置和类型的吻合程度也逐渐降低,数据趋向离散化,这主要是由该区域的地形条件和景观破碎化程度决定的,破碎化程度越高,重采样前后像元值的变化就越大,这明显区别于大面积均一的下垫面。例如,在加拿大的试验结果表明,被重采样到空间分辨率 1 km 和 4 km 后,TM LAI 和 AVHRR LAI 仍然表现出良好的吻合关系,预测精度没有明显变化(浦瑞良和宫鹏,2000),但这一结论不能在岷江流域被证实,主要是由于两个区域的植被均一性差别太大了。空间分辨率降低后,本研究也发现 LAI 出现负向偏差,这一点与 Chen 和 Cihlar(1996)的结论一致,即尺度增大,LAI 有被低估的趋势,胡少英和张万昌(2005)在黑河及汉江流域的 LAI 产品质量评价研究中证实,相对于经过验证的 TM LAI,1000 m MODIS LAI 产品被低估 10%~58%。

本研究利用地面调查数据和 TM 影像数据建立 LAI 算法,区分不同植被类型,经验证具有较高的可靠性。

LAI 算法在较低空间分辨率遥感数据上应用时,主要的预测误差由像元尺度扩大导致,而尺度扩大对误差的影响与下垫面的均一化程度有很大关系,在植被分布复杂、景观破碎化程度高的地区,尽可能选取高分辨率的遥感影像进行 LAI 的预测。综合考虑岷江上游地形、植被等因素,选择 250 m 分辨率的遥感数据比较合适,一方面有望将预测误差控制在 30% 以内,另一方面从数据源的可获取性来看,LP DAAC 数据中心已经为全球提供了 250 m 分辨率的 16 天合成数据,具有较短的时间周期,基本能够满足 LAI 季节动态等短周期分析的需要。

5.3.2 景观尺度上植被降水截留的空间模拟

林冠截留在生态系统水文循环和水量平衡中具有极其重要的地位,对此已有诸多文献报道,但以往的研究多集中在林分尺度,对流域或区域景观尺度的研究则较少。植被冠层截留是水文过程与生态过程耦合的关键过程之一,国内外的研究也比较多,但由于林冠截留雨水受降水量、降水强度、降水历时、环境状况及植被类型等多种因素的影响和制约,过程十分复杂(Liu,1997;Crochford,2000;Hashino et al.,2002),缺乏理想的模型加以定量描述。以往的模拟多数局限于经验或半经验模型,缺乏林冠特征和截留机制的考虑，多难以向大尺度上推绎和应用。

大尺度冠层截留模型的建立需要深入的机理研究，模型参数要少且需要有明确的物理意义，模型本身也应比较简单。在降水模型研究中，对最大截留量的研究较为重要，最大截留量的定义决定模型的形式。一般模型假设，对于给定植被类型及叶面积指数，冠层存在一个最大截留量，当降水量小于最大截留量时，降水完全被截留。在模型参数的选取上，洪伟（1999）等提出的模型中都假定最大截留量由叶面积指数和叶表面最大吸附水量确定，不受植被盖度的影响。而 Jasper 等（2002）、夏军（2002）等认为最大截留量由植被盖度、叶面积指数和叶表面最大吸附水量决定。仪垂祥等（1996）提出最大饱和截留量（E）：

$$E = a \times v \times \text{LAI} \tag{5.4}$$

式中，v 为植被盖度（$0 \leqslant v \leqslant 1$）；$a$ 为叶表面上平均最大持水深度，变化范围为 $0.1 \sim 0.2$ mm。Jasper 等（2002）在 WaSiM-ETH 模型中对最大截留量进行定义：

$$\text{SL}_{\max} = v \times \text{LAI} \times h_{\text{sl}} + (1-v) \times h_{\text{sl}} \tag{5.5}$$

式中，$\text{SL}_{\max}$ 为最大截留量（mm）；v 为植被盖度；LAI 为叶面积指数；h_{sl} 为叶表面最大水层厚度（mm）。

洪伟（1999）认为此类公式的物理学意义不明确，因为当植被类型 α 一定、叶面积指数（LAI）一定时，也就是在单位面积上截留降水体积一定时，若植被盖度越小，那么在植被投影面积内叶层厚度越大，叶子重叠得越多，这时植被的最大截留量越大；相反，当植被盖度越大时，在植被投影面积内叶层厚度越小，叶子重叠得越少，因而植被的最大截留量就越小，因此提出改进公式：

$$E = \alpha \times \text{LAI} \times [1 - (v/\text{LAI})^a] \tag{5.6}$$

式中，α 为叶表面上平均最大持水深度，变动范围为 $0.1 \sim 0.3$ mm。从公式中可知，对于一定的植被类型 α、植被盖度 v 及其叶面积指数 LAI，最大截留量 E_i^* 是一个常数。在实际截留过程中，由于受降水强度、降水延续时间，特别是枝叶表面蒸发的影响，冠层截留水量不是恒定值，而是随 P^*（临界降水量）的增加而有所增加的渐进值。从以往研究来看，植被郁闭度为林冠截留模型的首要变量之一，过去的经验模型往往都将郁闭度设定为常数。因此对于区域尺度模型来说，应该考虑植被盖度。

目前，在国外已有的林冠截留模型中，Rutter 模型（Rutter et al.，1971）和 Gash 解析模型（Gash et al.，1995）是较为完善与应用广泛的两个林冠截留模型。这两个模型与国内多数截留模型最大的不同是它们都考虑了附加截留（降水过程中冠层的蒸发量）。而在理论上，根据截留机制，冠层截留量应包括林冠最大吸附水量和冠层表面蒸发导致的附加截留量。周国逸（1997）认为附加截留作用是很不稳定的，在降水时间很长、降水强度又较小的情况下，林冠的蒸发面很大，附加截留作用所占比重很大，此过程不应该被忽略。但由于林冠附加截留的研究较为困难，国内对其具体定量过程还未过多涉及。在王彦辉等（1998）提出的一个截留标准模型中加了附加截留这一项，并提出模型参数降水蒸发率可用统计软件来拟合。而国外，对于大尺度生态水文模型，由于模拟林冠饱和时蒸发量的计算多采用 Penman-Monteith 方程，需要较多的参数，较少考虑附加截留，如 Biome-BGC、MIKE-SHE、WaSiM-ETH 模型中的截留模块均未考虑附加截留。当然，对附加截留的取舍，还有完全不同的观点，陈祖铭和任守贤（1994）认为林冠雨期蒸发与冠层截留分属两个不同的范畴，在其 FCHM 模型中将林冠雨期蒸发归入流域蒸散一并模拟。

综上所述，目前国外截留模型的发展路线较为清晰，即从 Horton 到 Rutter 再到 Gash 模型。而国内所研究的截留模型很多，但由于对截留过程本质缺乏统一的认识，研究方法很不统一，为此王彦辉等（1998）建议将各种形式的研究结果转化为标准形式。考虑到我国的实际情况，要转换成标准模型不宜太复杂，公式（5.7）的截留机制基础较好，因而用它来进行计算和预测林冠截留量时，不会出现大的偏差。之所以将附加截留项简化为降水量的比例，是因为常规气象数据中缺乏次降水历时数据和不易取得树体表面积动态数据。不进行这样的简化，就无法利用常规气象数据进行林冠截留功能的区域模拟和评价。

$$I_{c} = I_{cm}^{*}\left[1 - \exp\left(-\frac{AP}{I_{cm}^{*}}\right)\right] + \alpha P \qquad (5.7)$$

式中，I_c 为次降水截留量（mm）；P 为次降水量（mm）；A 为林冠郁闭度（可用 LAI 代替）。式中两个独立的模型参数为降水蒸发率 α 和林冠吸附降水容量 I_{cm}^{*}，可用标准统计软件（STATISTICA）来拟合。谢春华等（2002）对贡嘎山暗针叶林用类似的模型做了对比和验证，结果表明：该模型由于考虑了林冠层降水截留过程的影响，要比单纯通过观测数据进行简单统计拟合的统计模型的模拟精度高。

本研究于 2003 年 7～9 月对岷江上游进行了实地踏查，并在卧龙、米亚罗两地进行了定位观测研究，同时结合对 MODIS 卫星遥感数据的分析，采用 "3S" 技术对岷江上游植被冠层截留进行了初步模拟，以期为全面了解该地区生态水文耦合机制、揭示生态系统对水文过程的调节作用提供理论依据。

5.3.2.1　冠层截留模型的构建及参数化过程

（1）模型的构建

本研究中，模型构建以夏军（2002）提出的模型为基础。模型假定存在一个临界降水量 P^{*}（mm），当降水量大于最大截留量时，对于给定的植被类型，最大截留量为

$$E_i^{*} = h_{sl} \times v \times \text{LAI} \qquad (5.8)$$

式中，h_{sl} 为叶表面最大水层厚度（mm）；v 为植被盖度；LAI 为叶面积指数。

当降水量小于最大截留量时，降水并非完全被截留，其截留量由植被盖度决定，截留量为

$$E_i = v \times P \qquad (5.9)$$

式中，P 为降水量（mm）。

在模型验证时，选取了米亚罗实验区、卧龙邓生亚高山暗针叶林森林生态定位研究站实验区 5 个降水截留观测点 8 月 11 日至 9 月 11 日的数据，其中每个地区选一个点作为模型验证点，其余观测点用来推算附加截留量，附加截留量为实际截留量减去最大截留量（包括树干径流）。附加截留在参考王彦辉等（1998）提出的标准模型的思路上加以改进，附加截留是与降水量 P 有关的函数，该函数可用降水截留数据拟合。

（2）研究方法及参数计算

本研究使用的 MODIS 数据取自 MODIS 的 MOD09A1 产品，为近红外、红外及蓝光波段的合成数据，分辨率为 500 m，时间为 2003 年 8 月 13 日至 9 月 13 日。该数据经过大气校正，消除了云层的影响。本研究中将岷江上游植被图（1∶100 万）数字化，结合野外踏查和 GPS 定位，对图像进行几何校正和配准；流域边界由 1∶10 万数字地形图生成。所有图层经 ArcInfo 统一转换为等面积投影（Albers 投影），模型模拟运算在 ArcInfo 的 grid 模块下进行，栅格大小为 500 m×500 m。

本研究 LAI 的测定时间为 2003 年 8 月 10 日至 9 月 7 日，乔灌层采用 LAI-2000 冠层分析仪进行测定，草甸采用 LAI-3000 叶面积仪测定单位面积上的叶片总面积。地面取样工作在样地和样方尺度上进行。在岷江上游共选取 94 个 GPS 定位地面观测点，对裸地、水体叶面积指数赋值零。由于针叶林针叶的束生性，LAI-2000 冠层分析仪的测定值偏低，对此本研究在仪器测定结果的基础上乘以调整系数 1.43（Stenberg，1996）。运用 AML 编程将 GPS 对应点的 NDVI 和增强型植被指数（EVI）值提取出来。使用统计分析软件 SPSS 对 LAI 与 NDVI、LAI 与 EVI 的关系进行相关分析。本研究 EVI 的计算采用 Huete 等（2002）的算法：

$$EVI = G \frac{\rho_{NIR} - \rho_{red}}{\rho_{NIR} + C_1 \times \rho_{red} - C_2 \times \rho_{blue} + L} \tag{5.10}$$

式中，ρ_{NIR} 为近红外波段数值；$L=1$，$C_1=6$，$C_2=7.5$，$G=2.5$。

本研究采用近年来较为常用的亚像元分解法进行植被盖度的空间模拟。根据 Gutman 和 Lgnatov（1998）的研究，亚像元分解模型应用于遥感影像，存在以下关系：

$$f = \frac{NDVI - NDVI_{min}}{NDVI_{max} - NDVI_{min}} \tag{5.11}$$

$$NDVI = \frac{\rho_{NIR} - \rho_R}{\rho_{NIR} + \rho_R} \tag{5.12}$$

式中，f 为单位像元的植被盖度；NDVI 为归一化植被指数；$NDVI_{max}$ 和 $NDVI_{min}$ 分别为植被整个生长季 NDVI 的最大值和最小值，本研究分别取 0.94 和 0.0028；ρ_{NIR}、ρ_R 分别为近红外波段与红光波段数值。

5.3.2.2 基于 MODIS 数据对岷江上游植被类型盖度的空间模拟

植被盖度反映植物群落覆盖茂密的程度，是表征陆地表面植被数量的一个重要参数，也是指示生态系统变化的重要指标。目前，利用遥感资料测量植被盖度常通过对各像元中植被类型及分布特征的分析，建立植被指数与植被盖度之间的转换关系来直接估算植被盖度。NDVI 长期以来被用来监测植被的变化情况，它与植被的叶面积指数、盖度等都有很好的相关关系。

图 5.5 为岷江上游 2003 年 8 月 13 日至 9 月 13 日植被盖度空间分布图。除高山、亚高山草甸、干旱河谷的植被盖度较低外，该季节在岷江上游大部分地区的植被盖度较高。经 ArcView 软件统计分析，植被盖度在 0～50% 的面积占 11.05%，50%～80% 的面积占 31.64%，80%～100% 的面积占 57.34%。整个岷江上游植被平均盖度为 75%。由于本研

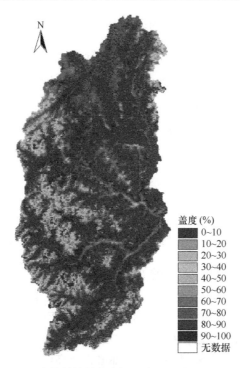

图 5.5　岷江上游植被盖度空间分布图（彩图见文后图版）

究采用的方法与月均 NDVI 密切相关，因此模拟的植被盖度与植被盖度的季节变化密切相关，而本研究的时间恰好是在植物生长的旺盛时期，因此模拟的植被盖度也较高。

5.3.2.3　基于 MODIS 数据对岷江上游植被叶面积指数的空间模拟

植被指数可用来估算叶面积指数、植被覆盖率、生物量、光合有效辐射吸收分量（FPAR）等一系列生物物理参量，又可用来分析植被净初级生产力（NPP）和蒸散（蒸腾）等。目前，大多采用植被指数（如 NDVI）与 LAI 关系换算来模拟叶面积指数的空间分布，因此植被指数的选取和合成至关重要。由于植被反射光谱为植被、土壤亮度、环境影响、阴影、土壤颜色和湿度等的复杂混合光谱，而且受大气空间-时相变化的影响，因此植被指数具有高度的时空变异性。

本研究首先探讨植被指数与叶面积指数的关系，然后对岷江上游植被叶面积指数进行空间模拟。经统计分析，将 LAI 与 NDVI 拟合为二次多项式，其复相关系数 R^2 为 0.8071。从图 5.6 可见 NDVI 存在饱和问题（NDVI 最大值为 1），当 LAI 大于 3 时，NDVI 趋于饱和，达到 0.8 左右。这是由于随着叶面积指数持续增加，红光波段的吸收趋于饱和，植被指数无法同步增长，NDVI 对 LAI 指示趋向饱和，因此在本研究中不宜用 NDVI 反演 LAI。比较图 5.6 和图 5.7 可见：EVI 要优于 NDVI，当 LAI 大于 3 时，EVI 值仅为 0.6 左右。同样 LAI 与 EVI 拟合为二次多项式效果较好，而且其与 LAI 的复相关系数为 0.8279，要高于 NDVI 与 LAI 的复相关系数。因此，本研究选用 EVI 对全流域的 LAI 进行推导。由图 5.6 和图 5.7 还可以看出，LAI 在 0~2 的实测值和大于 4.5 的实测值较少，这是因为草地 LAI 的测定较为困难、取样较少，加之全流域的测定点还不充足，所以 LAI 的小值较少；同时，由于在岷江上游地面实测的地点用冠层分析仪（LAI-2200）

测定的 LAI 都小于 5，因此植被 LAI 的取值不高。

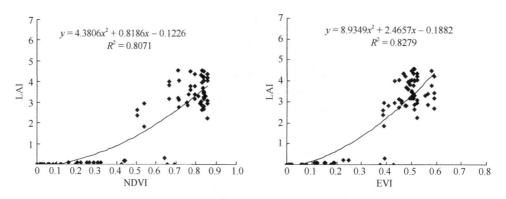

图 5.6　岷江上游植被 NDVI 与 LAI 的关系　图 5.7　岷江上游植被 EVI 与 LAI 的关系

　　根据 LAI 与 EVI 的关系，模拟出岷江上游 LAI 的空间分布（图 5.8），经 ArcView 软件统计分析，岷江上游 LAI 值在 0～2 的占 28.57%，在 2～4.5 的占 63.06%，大于 4.5 的占 8.37%，其中 LAI 最大值为 7.394。由此可见，在岷江上游根据 EVI 反演 LAI 是可行的。从图 5.8 可见，岷江上游植被叶面积指数随海拔梯度的增加有减小的趋势，这与其植被垂直分布性有关。下部森林较多，上部多为亚高山草甸。结合中国植被二级分类代码，经 ArcInfo 分析表明：岷江上游高山草甸的 LAI 平均为 2.30，灌丛的 LAI 平均为 2.60，针阔叶混交林的 LAI 平均为 3.73。

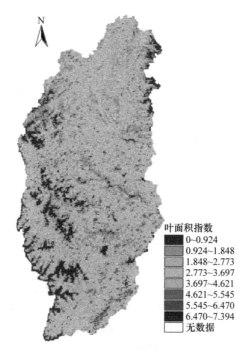

图 5.8　岷江上游植被 LAI 空间分布图（彩图见文后图版）

5.3.2.4　岷江上游植被叶片吸附水量的空间模拟

植被叶片吸附水量是指单位叶面积上的水层厚度。本研究参照周国逸（1997）提出的计算方法对川滇高山栎（*Quercus aquifolioides*）、杜鹃（*Rhododendron* spp.）、箭竹（*Sinarundinaria nitida*）、川西云杉（*Picea likiangensis* var. *balfouriana*）、岷江冷杉（*Abies faxoniana*）、高山草甸（混合植物样本）等叶表面的吸附水量进行了测定，并结合有关资料查找了部分植被叶片吸附水量数据（刘世荣等，1996）。结合中国植被三级分类代码，在 ArcInfo 软件支持下对岷江上游植被叶片吸附水量进行赋值，无植被地段和高山稀疏值为零（图 5.9）。本研究中，岷江上游植被叶片吸附水量在 0.15~0.47 mm，其中箭竹林最小，为 0.15 mm，云冷杉林最大，为 0.47 mm。

5.3.2.5　岷江上游植被冠层最大截留量的模拟

在植被盖度、植被叶片吸附水量和叶面积指数等参数计算的基础上，借助 ArcInfo 对岷江上游植被冠层最大截留量进行了模拟计算并应用 ArcView 进行了空间分析。从模拟结果来看，植被冠层截留量与植被分布吻合较好，如图 5.10 所示。例如，卧龙、米亚罗的植被冠层最大截留量较大，分别为 0.692 mm 和 0.648 mm。而干旱河谷、上游高山草甸等地的植被冠层最大降水截留量相对较小，分别为 0.403 mm 和 0.480 mm。结合中国植被二级分类代码，ArcInfo 分析结果表明：岷江上游高山草甸的最大截留量为 1.506 mm，平均最大截留量为 0.434 mm；灌丛的最大截留量为 2.170 mm，平均最大

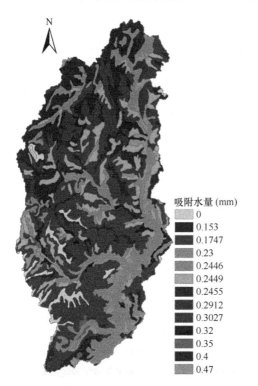

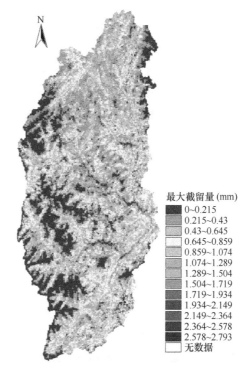

图 5.9　岷江上游植被叶片吸附水量分布图　　　图 5.10　岷江上游植被冠层最大截留量分布图
　　　　（彩图见文后图版）　　　　　　　　　　　　　（彩图见文后图版）

截留量为 0.440 mm；针阔叶混交林的最大截留量为 1.585 mm，平均最大截留量为 0.903 mm；针叶林的最大截留量为 2.793 mm，平均最大截留量为 0.698 mm；阔叶林的最大截留量为 2.515 mm，平均最大截留量为 0.764 mm。对于整个岷江上游植被来说，植被冠层平均最大截留量为 0.527 mm。

5.3.2.6 模型的验证

鉴于全流域降水的空间准确模拟难度较大，加之在全流域大量布点进行实测也不可行，所以在全流域尺度对模型进行验证非常困难。本研究分别在米亚罗实验区、卧龙邓生亚高山暗针叶林森林生态系统定位研究站实验区（简称卧龙邓生实验区）设置了 5 个降水截留观测点。为了保持数据的时间序列一致，本研究选取了 2003 年 8 月 11 日至 9 月 11 日的降水截留数据。模型验证是利用截留观测点数据进行验证，所以需要考虑冠层附加截留。附加截留在参考王彦辉等（1998）提出的标准模型的思路上加以改进，认为附加截留是与降水量（P）有关的函数，该函数可用降水截留数据拟合。模型验证时，公式为 $E=E_i+f(P)$。式中，E 为实测的林外雨与林内雨之差，即为实际截留量。在卧龙邓生、米亚罗两个实验区分别选取一个观测点作为模型验证点，其余点作为辅助观测点，用于拟合附加截留函数。

从辅助观测点数据的统计分析结果看，附加截留和降水量呈线性关系，卧龙的植被冠层附加截留和降水量关系式为 $f(P)=0.2983P-0.2012$（$R^2=0.939$，$P<0.01$），米亚罗的植被冠层附加截留和降水量关系式为 $f(P)=0.3511P-0.201$（$R^2=0.870$，$P<0.01$）。将此关系式代入冠层截留模型，对验证点的数据进行验证。

图 5.11 和图 5.12 分别为植被冠层截留模型在卧龙邓生、米亚罗实验区的验证结果，由图可以看出，当降水量较小时，模拟效果较好，当降水量较大时偏差较大。这说明随着降水量增大，雨时增长，降水过程趋于复杂，模拟附加截留偏差也随之增大。卧龙邓生实验区的平均误差为 15.1%，米亚罗实验区的平均误差为 19.4%。模型验证时考虑了附加截留，使得模型模拟结果较为理想。

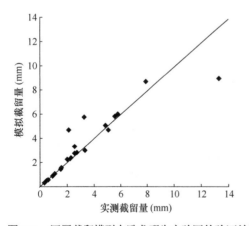 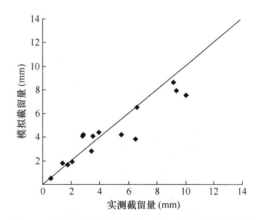

图5.11 冠层截留模型在卧龙邓生实验区的验证结果　图5.12 冠层截留模型在米亚罗实验区的验证结果

5.3.2.7 讨论与小结

本研究在区域景观尺度上对岷江上游植被冠层截留进行了模拟，模型主要参数的物理意义明确。植被盖度的计算以 2003 年 8～9 月 NDVI 为基础，结果表明岷江上游植被平均盖度为 75%。岷江上游植被叶面积指数（LAI）是在实测的基础上借助植被指数进行反演的。由于 NDVI 存在饱和问题，LAI 在大尺度上难以进行推绎。对此 Luo 等（2002）基于叶生长的生物学原理提出了 PhenLAI 模型，并对中国主要森林叶面积指数的季节变化进行了模拟。EVI 是对 NDVI 的继承和改进，它用蓝光波段对红光波段进行了大气气溶胶散射修正。研究表明，EVI 对植被类型、冠层结构、叶面积指数更为敏感，本研究对 EVI 进行了进一步的应用研究。另外，有关植被指数与 LAI 之间关系的研究较多，不同研究得出了不同关系表达式。本研究表明：岷江上游植被 LAI 与 NDVI 和 EVI 以二项式关系拟合效果较好。NDVI 存在饱和问题，并不适合对整个流域的 LAI 进行推导。EVI 要优于 NDVI，且 EVI 与 LAI 的相关性要高于 NDVI 与 LAI 的相关性。

李爱农等（2003）对岷江上游植被遥感解译的研究结果表明：岷江上游森林面积为 18%左右，但对于 LAI 在岷江上游的分布情况未见相应说明。Luo 等（2002）在四川贡嘎山对不同海拔森林的最大叶面积指数进行了测定，最大 LAI 值为 4.17～8.51。吕建华和季劲军（2002）在青藏高原东南部植被 LAI 的研究中，测定的 LAI 最大值为 4.4。从本研究 LAI 模拟结果来看：岷江上游 LAI 值在 0～2 的占 28.57%，在 2～4.5 的占 63.06%，大于 4.5 的占 8.37%，其中 LAI 最大值为 7.394。虽然本研究依据有关文献将针叶林的 LAI 乘以调节系数，但 LAI 测定取样时针叶林样地相对较少，而对于分布较多的针阔叶混交林样地，由于实测校正非常困难，加之相关研究较少，因此并未乘以相应的调节系数，LAI 模拟值会偏低。此外，研究表明，根据 EVI 反演 LAI 是可行的，且反演的 LAI 较好地反映了岷江植被类型及其空间分布变化的趋势。但利用 EVI 进行 LAI 的准确反演及探讨 LAI 空间分布特点还需要进一步深入研究。

从冠层截留模拟结果来看，整个岷江上游植被的平均最大截留量为 0.527 mm；植被较好的地区，如卧龙、米亚罗的植被冠层最大截留量较大，分别为 0.692 mm 和 0.648 mm。而干旱河谷、上游高山草甸等地的植被冠层最大截留量相对较小，分别为 0.403 mm 和 0.480 mm；本研究选取卧龙邓生、米亚罗实验区两个点的数据对模型进行了验证。辅助观测点数据分析表明，附加截留与降水量呈线性相关，模型验证时以此函数关系为基础对验证点的附加截留进行了计算，发现模型模拟的结果较为理想。由于冠层附加截留作用很不稳定，其量化过程也较为复杂，建议在研究尺度较小时加以考虑，而对于大尺度上的生态水文模拟还是将其纳入蒸散过程统一考虑为好。

尺度匹配的问题是本研究中的一个难点，而且在大尺度模型中很难做到时空绝对匹配。本研究主要考虑了时间上的匹配，选取的 MODIS 影像与实测值在同一时间段内。在空间尺度匹配上，主要基于 MODIS 影像，实际上最佳选择应是 TM 影像。但考虑到流域面积较大，8～9 月气候状况复杂，获取高质量的影像很难，所以在空间尺度上的匹配还有待改进。本研究获得了较为理想的模型参数的模拟过程与模拟结果，说明在该尺度上进行模拟是可行的。当然本研究仅进行了初步探讨，还需要实测更多的参数值，利用 TM 影像和 MODIS 影像进行对比验证，进一步探讨使用 MODIS 影像时信息损失的问题。

5.3.3 基于遥感的蒸散模型

5.3.3.1 主要蒸散模型的形式与定义

较早的基于能量平衡的蒸散模型方法是波文比法，该方法是 1926 年 Bowen 提出的基于能量平衡的微气象学方法，其物理概念明确、计算方法简单，测定结果可达较高精度。能量平衡基本方程为

$$R_n – LE – H – G – M – S = 0 \tag{5.13}$$

式中，参数解释见文后附录。通常 M、S 值较小可忽略不计，而波文比 β 是 H 与 LE 的比值：

$$\beta = H/LE = \frac{C_p\left(\Delta T_a / \Delta Z\right)}{L\left(\Delta q / \Delta Z\right)} = \frac{C_p \Delta T}{L \Delta q} \tag{5.14}$$

由公式（5.13）、公式（5.14）可得 LE：

$$LE = -\frac{R_n + G}{1 + \beta} \tag{5.15}$$

空气动力学方法是在大气中水汽、能量、冲量传输系数相同的假设前提下由涡动传输系数和通量梯度测定得到 LE。涡动传输系数为

$$K = \frac{k^2 \times u_z}{\left(\ln \dfrac{z - d}{z_0}\right)^2} \tag{5.16}$$

一般 d、z_0 作为冠层高度的特征参数可通过估算得到。依据通量梯度理论，LE 的计算如下：

$$LE = \rho_a \times L \times K \times \frac{\Delta e}{\Delta z} \tag{5.17}$$

$$H = \rho_a \times C_p \times K \times \frac{\Delta T_a}{\Delta z} \tag{5.18}$$

由公式（5.17）可以直接得到 LE，但测定冠层上不同高度的空气湿度较为困难，而空气温度的测定相对简单，因此可由公式（5.18）通过能量平衡间接得到 LE。

大气层底部垂直传输多是通过混乱涡动过程实现的，因此可以用垂直风速变化与温湿度变化的协方差计算潜热通量、感热通量（Garratt，1984）。利用涡动协方差（eddy covariance method）计算感热通量、潜热通量的公式为

$$H = \rho C_p \mathrm{Cov}(WT) = \rho C_p \mathrm{Cov}(W'T') \tag{5.19}$$

$$LE = \lambda \mathrm{Cov}(Wq) = \lambda \mathrm{Cov}(W'q') \tag{5.20}$$

以上微气象学方法测定蒸散都是在假定空气动量、能量和水汽湍流扩散系数相同的前提下进行的，即在中性层结大气条件下才能获得较为准确的结果，而在非中性层结条件下要对参数进行相应调整，因此这类方法的应用需特别注意平流对仪器的影响及仪器本身灵敏度等的要求，以免得出错误的测定结果。

蒸散模型中分析模型以 Penman-Monteith（P-M）模型和 Shuttleworth-Wallace（S-W）模型最为成熟、常用。Penman（1948）将能量平衡原理和空气动力学原理结合，引入干

燥力参数 E_a，提出计算自由水面或供水充足矮小绿色植被蒸发量的 Penman 公式。其基本形式如下：

$$\lambda ET = \frac{\Delta(R_n - G) + \gamma E_a}{\Delta + \gamma} = \frac{\Delta}{\Delta + \gamma}(R_n - G) + \frac{\gamma}{\Delta + \gamma}E_a \tag{5.21}$$

Penman 公式对水分胁迫时植被蒸散的状况不适用。基于此 Penman 提出植物单叶气孔的蒸腾计算模式。Covey 于 1959 年将气孔阻抗的概念推广到整个植被冠层表面。Monteith 在 Penman 和 Covey 的基础上引入表面阻抗因子，提出冠层蒸散计算模型，即 Penman-Monteith 模型（P-M 模型）。

$$\lambda ET = \frac{\Delta(R_n - G) + \rho C_p[e_s - e_a]/r_a}{\Delta + r(1 + r_a/r_c)} \tag{5.22}$$

Penman-Monteith 模型将植被看成位于动量源汇处的"一片大叶"，将植被冠层和土壤看成一层，故也被称为"大叶"模式或一层模型（McNaughton and Jarvis，1984）；该模型全面考虑影响蒸散的大气物理特性和植被生理特性，具有很好的物理依据，能比较清楚地了解蒸散的变化过程及其影响机制。但模型视冠层为均质整体，假设冠层显热、潜热通量发生于同一理论表面；同时空气动力学阻抗也在这个高度和参比高度之间求得。

Shuttleworth 和 Wallace 于 1985 年提出了 Shuttleworth-Wallace 模型，即双源模型，弥补了 P-M 模型的不足，该模型将蒸散分为冠层蒸腾、土壤蒸发。在获取相应参数的前提下，双源模型可以很好地模拟蒸散，并可以分离植被蒸腾和土壤蒸发，对研究植被和土壤对蒸散的影响、植物水分利用效率都有重要意义。

P-M 模型、S-W 模型是基于大气物理和植被生理学理论，其假设有坚实的理论基础，是研究蒸散较为理想的模型，得到了广泛应用；但模型需要较多的参数，若不能准确获取这些参数，则蒸散计算值将产生较大误差，因此许多学者提出了模型的简化形式，用于模拟计算。

经验模型所需参数较少，应用相对简单，其中以联合国粮食及农业组织（FAO）作物系数法、Priestley-Taylor 模型和 Thornthwaite 法较为常用。

FAO 以 P-M 方程为基础提出了作物系数法，用于作物蒸散计算及作物需水及灌溉用水估算。1990 年 FAO 又组织有关专家对原有作物系数法进行改进，充分考虑环境因子对作物的影响，发布了适合于不同地理区域和气候特征的单因子作物系数法、双因子作物系数法，作为作物需水及灌溉用水的统一方法（Allen et al.，1998）。

不同生长阶段作物系数不同，获取合适作物系数是应用 FAO 作物系数法的关键。在获取合适作物系数的前提下，利用作物系数法可得到较为理想的作物蒸散。但作物系数的确定非常复杂，在不同的区域需要进行校正且方法主要是针对农作物，虽然进行了修正，可用于计算自然植被蒸散，但也只能用于低矮草本，无法应用于高大森林。

Priestley-Taylor 模型：

$$\lambda ET = \alpha\left[\frac{\Delta(R_n - G)}{\Delta + \gamma}\right] \tag{5.23}$$

Priestley 和 Taylor 于 1972 年经过大量实验得出 α 在（1.08±0.01）～（1.39±0.05）变动，平均值为 1.26。大量研究表明 α=1.26 具有广泛性，用于不同区域都得到较为理想的结果。但研究也表明 α 与蒸气压、土壤水分、风速、辐射、大气稳定性等有关；理论大气边界层模型研究表明 α 随表面阻力增加而降低。然而模型未考虑蒸气压、风速、平流等对蒸散的影响，计算值比其他方法得到的蒸散值偏低，但模型参数简单，可与遥感资料结合进行推算，对于大尺度研究非常有意义（Jiang and Islam，2001）。

5.3.3.2 遥感蒸散的估测方法

传统蒸散测算方法多是利用点数据，在推广到大尺度时由于下垫面几何结构及物理性质的非均质性，很难取得准确结果，遥感技术的出现和发展为此带来新希望。多时相、多光谱及多倾角遥感资料能够综合反映出下垫面的几何结构和湿热状况，特别是表面热红外温度与其他资料结合起来能够较客观地反映出近地层湍流热通量大小和下垫面干湿差异，使得在区域蒸散计算方面遥感方法比常规的微气象学方法精度高（张仁华等，2001）。

经验统计模型及半经验模型是利用瞬时的遥感观测值，通过各种回归关系得到日蒸散量。计算方法最早由 Jackson 等（1977）提出并被广泛采用（Kustas and Norman，1996）。其表达式为

$$R_{sd} - LE_d = B(T_{radi} - T_{ai}) \tag{5.24}$$

Seguin 和 Courault（1994）对公式（5.24）进行了修改：

$$R_{nd} - LE_d = B(T_{radi} - T_{ai})^n \tag{5.25}$$

此后许多学者发展了不同经验公式用于计算蒸散。Seguin 和 Courault（1994）等指出经验公式可产生 ± 1 mm/d 的误差，对于天尺度的应用不适合，而对于较长时间尺度则很有用。

物理模型多是基于能量平衡法以余项计算蒸散，因此需要精确计算净辐射、土壤热通量、感热通量，否则上述三者的误差都累积到蒸散中，使蒸散结果产生较大误差。能量平衡法中感热通量的获取最为复杂，其一般由式（5.26）计算：

$$H = \rho C_p \frac{(T_{aero} - T_a)}{r_{ah}} \tag{5.26}$$

热传输空气动力学阻抗 r_{ah} 由公式（5.27）计算：

$$r_{ah} = \frac{\left[\ln\left(\dfrac{Z_u - d}{Z_{om}}\right) - \Psi_m\right]\left[\ln\left(\dfrac{Z_t - d}{Z_{oh}}\right) - \Psi_H\right]}{k^2 u} \tag{5.27}$$

由于空气动力学表面温度 T_{aero} 不能直接用遥感方法测得，在实际中常用辐射表面温度 T_{radi} 代替空气动力学温度，但两者并不相同，完全覆盖植被区域两者差异小于 2℃，而部分覆盖植被区域两者差异则达 10℃，因此需要引入一个订正项，校正两者的差异。目前有两种方法导出该订正项：一种方法是在空气动力学阻抗中加一项"额外阻抗"，该"额外阻抗"是调整观测角度、风速等对辐射温度影响的经验值；另一种方法是直接调整辐射温度和空气动力学温度的温差，通过迭代法得到感热通量。对这两种订正方法的可行性研究颇多，但至今尚无具有说服力的方法。空气动力学温度与辐射表面温度的差异取决于许多因子，如植被类型与状态、土壤湿度及大气变量（风速、入射辐射等），很难找到一个稳定不变的关系来反映所有这些因子。

上述的经验模型和物理模型是用瞬时的遥感资料来估算蒸散的，按一定的比例关系

转换成日蒸散量，而数值模型则能够模拟能量通量过程的连续时间变化，并用遥感资料及时更新。但数值模型需要输入很多与土壤和植被属性有关的参数，使其在区域尺度上很难应用。但数值模型仍有很多优点：首先，数值模型充分考虑了土壤-植被-大气间能量传输的物理特性；其次，借助于内部和边界条件，可以模拟能量通量变化的连续过程和边界条件。但是数学模型需要风速、气温、水汽压等连续气象资料，或可以模拟近地表气象状况的大气模型及辐射资料等，因此可以用于区域尺度上的遥感数值模型很少，需要对已有的模型进行必要的修正。

5.3.3.3　蒸散研究中的尺度转换问题

尺度转换是指将某一水平测定值转换为其他时空尺度所需值，包括时间和空间两方面。尺度转换有利于对同一过程在不同水平的充分认识和了解。由于仪器设备限制，无法在不同尺度对同一因子进行测量，不清楚变量在不同尺度对过程的影响，因此尺度转换非常困难（Jarvis，1995）。

（1）空间尺度转换

空间尺度转换是指将某一空间尺度的结构、功能与过程向上（bottom-up）或向下（top-down）转换为其他空间尺度。

上行尺度转换是基于细胞、叶片、样枝水平将某一参数因子扩展到植株、冠层、生态系统水平。上行尺度转换可较清楚地揭示某一参数的生理过程机制，但其需要大量测定取样以降低由异质性导致的误差。此外，从叶片到冠层、生态系统具有各自不同的边界层特征，使上行尺度转换受到限制。

下行尺度转换是将大尺度结果分解为生态系统、冠层水平。较常用的方法包括"大叶模型"、多层模型等，是将遥感和微气象学方法结合，从区域尺度转换到生态系统尺度（Jarvis，1995）。在转换到生态系统尺度时结果较为准确，且因其综合性及相对简单的能量平衡理论在大尺度研究中占优势（刘昌明和王会肖，1999），但在转换到生态系统以下尺度时由于忽略植被生理机制，该方法的应用受到限制（Perez et al.，1999）。

（2）时间尺度转换

时间尺度问题主要为遥感估算。遥感方法所获得的蒸散为瞬时值，而农业、气象、水文所需的蒸散值至少以天为步长，因此需要将瞬时值扩展为天或更长时间尺度。

1）简化法

Jackson 等（1977）最早提出了简化法假设，对地表能量平衡方程进行 24 h 积分，忽略土壤热通量，日蒸散值由公式（5.28）计算：

$$LE_{24} = R_{n24} - H_{24} \tag{5.28}$$

日感热通量可用午后 1～1.5 h 表面温度和气温之差进行线性估计：

$$H_{24} = B(T_s - T_a) \tag{5.29}$$

经验系数 B 与植被类型、表面粗糙度、风速等有关。公式（5.29）中的温度差为植被实际温度和潜在蒸散下的植被温度之差，并以 24 h 潜在蒸散取代 24 h 净辐射：

$$LE_{24} = LE_{p24} - B(T_c - T_c^*) \tag{5.30}$$

Carlson 等（1995）将简化法进行了改进，用 NDVI 计算有关参数：

$$R_{n24} - LE_{24} = B(T_{013} - T_{a13})^n \tag{5.31}$$

公式（5.31）可以用 13:00 的温度差计算日蒸散。Carlson 等（1995）认为 B、n 与植被盖度关系紧密，可用植被盖度计算 B、n，而植被盖度由 NDVI 反演。

2）蒸散比率法

蒸散比率法（evapotranspiration ratio method）的基本假设是能量平衡中各通量所占比例相对稳定（Brutsaert and Sugita，1992）。在此假设条件下公式（5.32）成立：

$$\frac{LE_d}{F_d} = \frac{LE_i}{F_i} = ER \tag{5.32}$$

能量平衡组分 F 可以是入射与反射短波辐射、上行与下行长波辐射、净辐射、光合有效辐射等，以短波辐射、净辐射及光合有效辐射效果最好。利用公式（5.29）可通过日间几个瞬时值计算日间总蒸散量。但在夜间，通量组分 F 的波动较大，因此蒸散比率很不稳定。Brutsaert 和 Sugita（1992）建议利用两次以上温度、风速等微气象数据计算蒸散瞬时值，进而获得更准确的 24 h 蒸散值。夜间蒸散量在天步长上常忽略不计，而在旬、月步长上计算蒸散时则必须考虑夜间蒸散。可以通过如下方式进行订正，得到 24 h 蒸散：

$$LE_{24} = cLE_d \tag{5.33}$$

式中，订正常数 c 为 1.10～1.20。

此外，研究发现蒸散比率在白天也有较大波动，以正午前后蒸散比率较为稳定，但瞬时值和日平均值并不完全相等，若采用正午前后的 ER 瞬时值计算日蒸散值则会偏高。一般在有效能量（$R_n - G$）超过 200 W/m^2 时蒸散比率趋于稳定，可用于计算 24 h 蒸散。

3）相似法

Jackson 等（1983）假设蒸散日变化趋势与太阳辐射日变化趋势相似，而日辐射与瞬时辐射比值可由正弦函数表示，通过转换系数由瞬时蒸散值计算日蒸散值。

$$LE_d = LE_i (S_d/S_i) = LE_i [2N/\pi\sin(\pi t/N)] \tag{5.34}$$

此方法只需要研究区域纬度、日序数、遥感获取时刻等参数即可实现瞬时值和日间值的转换，较为简便。

5.3.3.4 基于遥感数据的表面能量平衡法

（1）SEBAL 模型介绍

随着遥感技术的发展和应用，利用遥感技术计算蒸散成为近年来水文研究的重要趋势。遥感数据中可见光、近红外和热红外波段反映了植被覆盖与地表温度的时空分布特征，可用于能量平衡中净辐射、土壤热通量、感热通量组分的计算（Coll and Caselles，1997）。利用遥感研究蒸散有很多种方法，主要有经验统计模型及半经验模型、物理模型和数值模型。其中物理模型因其基础模型和参数的相对容易获取而应用较为广泛。物理模型多是基于能量平衡和 Penman-Monteith 方法计算蒸散，包括单层模型、双层模型、简化的地表能量平衡指数（S-SEBI）模型、地表能量平衡系统（SEBS）模型、表面能量平衡算法（surface energy balance algorithm for land，SEBAL）模型等多种计算模拟方法（张长春等，2004）。

物理模型中的表面能量平衡算法最早是由荷兰 Water-Watch 公司开发的基于遥感数据的地面能量平衡模型，在 1995～1998 年 Bastiaanssen 等（1998a，1998b）和 Bastiaanssen（2000）对其进行了发展和完善。SEBAL 模型开发虽然只有十几年时间，但其物理概念清楚，所需地面数据较少且易于获取而得到广泛应用。迄今为止已在非洲、欧洲、南亚等的多个国家成功应用和验证。在美国爱达荷州、犹他州和怀俄明州 Bear River 流域的研究表明，SEBAL 模型的模拟结果与蒸渗仪得出的结果相比在天尺度上误差为 16%左右，而在月或季尺度上误差只有 4%。Wang 等（1998）只在中国的黑河地区对 SEBAL 模型进行过比较详细的研究，而在新疆南部、海河流域、山东东营等地区该模型只有探索性应用（李红军等，2005；刘志武等，2004；王介民等，2005）。

SEBAL 是当前国际上遥感监测蒸散方法中应用较广泛的一个。其优点是物理概念清楚，可在不同的气候条件下应用，除卫星资料外所需气象资料较少，易于实现。各种有 VIS/NIR/TIR 探测器的卫星数据都可用；高空间分辨率、低时间重复性卫星资料（如 Landsat TM、SPOT 等）可以和低空间分辨率、高时间重复性卫星资料（如 NOAA-AVHRR、MODIS 等）结合使用，互相补充。但 SEBAL 模型也有许多不足：①SEBAL 模型最初针对平坦区域，国内外的应用也多限于地势起伏相对较小的区域，在山地区域的应用还在探索阶段；②在计算感热通量时，模型要求研究区域内存在"冷""热"两个极端点，且两点的选择需要人为主观判断，这必然导致感热计算的人为误差；③模型中净辐射、土壤热通量和感热通量的参数化过程多是依据数值回归关系获取，还存在许多不确定性，有待进一步深入研究。

本研究以 SEBAL 模型为基础，对模型中净辐射、感热通量的计算方法进行相应改进，利用 MODIS 数据对研究区域蒸散的季节动态进行模拟研究，以便分析区域蒸散季节变化规律及植被结构变化与蒸散变化的相互关系。

（2）数据来源及处理

研究所用遥感数据为 MODIS 的 MOD09、MOD11、MOD13 数据产品。MOD09 为红外波段及近红外波段反照率产品，分别为 MODIS1B 陆地数据中的 1 波段、2 波段、3 波段、4 波段、5 波段、7 波段通过双向分布函数（BRDF）计算获取；MOD11 为表面温度产品，由 MODIS 20 波段、22 波段、23 波段、29 波段和 31～33 波段数据利用分裂窗算法计算；MOD13 为植被指数产品，由 MODIS 红光、近红外波段反照率数据计算，数据的空间分辨率为 1 km，时间为 2000 年 2 月至 2001 年 2 月，来源于 NASA 的陆地过程分布式动态档案中心（LP DAAC），该产品经过大气校正、8 天限定视角的最大合成（CV-MVC）并附有基于栅格的质量检验标记。气象数据由国家气象中心提供，包括四川省 45 个国家标准气象台站 2000 年气象资料及流域内布设的 Campbell 自动气象站微气象数据资料。

从 MODIS 网站获取研究所需遥感数据后，利用 ERDAS IMAGINE 软件进行数据导入，提取研究区域数据并统一转换为地理坐标，去除云量大于 10%的数据。区域宽波段反照率利用 MOD09 数据采用 Liang（2000）的方法计算。DEM 数据利用地形图数字化后生成；区域气温插值采用廖顺宝等（2003）的方法计算；日照时数采用李占清和翁笃鸣（1987）等的方法结合 DEM 数据计算；SEBAL 模型构建及运行在 ERDAS 的 model maker 模块中完成。

（3）模型结构及其参数化

1）模型结构

SEBAL 模型以能量平衡理论为基础，通过余项法计算蒸散（图 5.13）。能量平衡基本形式如下：

$$R_n = LE + H + G \tag{5.35}$$

地表净辐射 R_n 是地表能量平衡的输入项，可由公式（5.36）计算：

$$R_n = (1-\alpha)R_s + (\varepsilon \times L_{in} - L_{out}) \tag{5.36}$$

土壤热通量是指进入土壤的能量，相对于能量平衡中的其他 3 项一般较小，但在干旱区域，由于植被稀少则占比较大。土壤热通量可由土壤温度梯度和土壤热传导率计算：

$$G = \lambda_s \frac{\partial T_s}{\partial Z} \tag{5.37}$$

SEBAL 模型中将土壤热通量作为净辐射、植被指数、表面温度和反照率的函数，通过建立函数关系求得土壤热通量，其函数形式如下：

$$G = f(R_n, \text{VI}, T_s, \alpha) \tag{5.38}$$

感热通量是 SEBAL 模型中计算最为复杂的分量，其需要风速、表面粗糙度、表面温度和气温。感热通量的经典计算公式为

$$H = \rho C_p \frac{T_s - T_a}{r_{ah}} = \rho C_p dT / r_{ah} \tag{5.39}$$

公式（5.39）中 H、dT、r_{ah} 均为未知量且彼此相关，SEBAL 模型引入 Monin-Obukhov 理论，通过循环迭代法计算感热通量（图 5.13）。首先假设地表上空（模型中取 200 m）在一个混合层，此处风速不受表面粗糙度影响且各处相等，利用研究区域某一点的实测风速、测定高度和测点粗糙长度计算研究区域 200 m 处的风速，进而利用 200 m 处风速求得中性层结条件下摩擦风速 u_* 和空气动力学阻力 r_{ah}：

$$\mu_{200} = \frac{\mu_* \times \ln(200 / z_{om})}{k} \tag{5.40}$$

$$\mu_* = \frac{\mu_z \times k}{\ln(z_x / z_{om})} \tag{5.41}$$

$$r_{ah} = \frac{\ln(z_2 / z_1) - \Psi_{h(z_2)} + \Psi_{h(z_1)}}{\mu_* \times K} \tag{5.42}$$

SEBAL 模型中假设热发射率大的区域比小的区域空气垂直温差 dT 大，即干燥下垫面垂直温差大于湿润下垫面的垂直温差；并且垂直温差 dT 与表面温度呈线性关系：

$$dT = aT_s + b \tag{5.43}$$

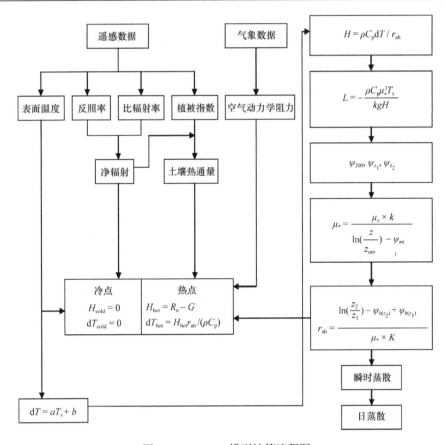

图 5.13 SEBAL 模型计算流程图

然后模型假设两个极端点:"冷点(湿点)"和"热点(干点)"。在冷点,下垫面湿润,水分充足,蒸散为潜在蒸散,没有感热通量,垂直温差为零:

$$ET_{cold} = R_{n(cold)} - G_{cold} \qquad (5.44)$$

$$H_{cold} = 0 \qquad (5.45)$$

$$dT_{cold} = 0 \qquad (5.46)$$

在热点,下垫面干燥,水分匮缺,蒸散为零:

$$ET_{hot} = 0 \qquad (5.47)$$

$$H_{hot} = R_{n(hot)} - G_{hot} \qquad (5.48)$$

$$dT_{hot} = H_{hot} \times r_{ah}/(\rho C_p) \qquad (5.49)$$

因为近地面大气并不是处于稳定的中性状态,SEBAL 模型利用 Monin-Obukhov 理论,以中性条件下的空气动力学阻抗为起始输入值,计算非中性层结条件下的感热通量,结果作为新的输入值,如此循环计算至所得感热通量与前一次计算结果相等为止。

SEBAL 模型的模拟结果为瞬时值,需要扩展到天、月或年的时间步长才更具有意义,模型以蒸散比率法进行时间尺度扩展。蒸散比率法的基本假设是能量平衡中蒸散与各通量比例相对稳定,据此进行时间尺度的扩展:

$$\frac{LE_i}{R_{ni} - G_i} = ER \qquad (5.50)$$

$$ET_{24}=ER\times(R_{n24}-G_{24})/\lambda \tag{5.51}$$

月步长蒸散首先要获取转换系数 K_m，然后计算月均蒸散：

$$K_{m(i)}=\frac{ET_{0(month)}}{ET_{0(i)}} \tag{5.52}$$

$$ET_{month}=\sum_{i=1}^{n}\left(ET_{24(i)}\times K_{m(i)}\right) \tag{5.53}$$

2）模型参数化

A. 净辐射通量的计算

净辐射是能量平衡中的输入项，是净短波辐射和净长波辐射的总和，是地表生命活动、水分传输、物质转移的能量来源，其基本计算方法如公式（5.33）所示。公式（5.33）中反照率的计算，本研究采用 MODIS09 数据产品和 Liang（2000）的方法：

$$\alpha=0.16\alpha_1+0.291\alpha_2+0.243\alpha_3+0.116\alpha_4+0.112\alpha_5+0.081\alpha_7-0.0015 \tag{5.54}$$

净短波辐射是净辐射中的主要分量，其可通过到达大气层顶的太阳辐射和短波大气穿透率进行计算：

$$R_s=\tau_{sw}\times R_a \tag{5.55}$$

$$\tau_{sw}=0.75+2\times10^{-5}Z \tag{5.56}$$

SEBAL 模型中净辐射的计算以平坦下垫面为前提，没有考虑地形变化对辐射的影响。本研究中考虑到研究区域地形的复杂性，采用翁笃鸣和罗哲贤（1990）等的算法对净辐射进行地形校正：

$$R_a=G_{sc}d_r\cos\theta \tag{5.57}$$

太阳常数 G_{sc} 为 1367 W/m^2，相对日地距离订正系数 d_r 由公式（5.58）计算：

$$d_r=1+0.033\cos\left(DOY\frac{2\pi}{365}\right) \tag{5.58}$$

太阳入射角 θ 采用翁笃鸣和罗哲贤（1990）的算法计算：

$$\cos\theta=\sin\delta\sin\varphi\cos s-\sin\delta\cos\varphi\sin s\cos\gamma_s+\cos\delta\cos\varphi\cos s\cos\omega$$
$$+\cos\delta\sin\varphi\sin s\cos\gamma_s\cos\omega+\cos\delta\sin\varphi\sin s\sin\omega \tag{5.59}$$

纬度 φ、坡度 s 和坡向 γ_s 由 DEM 数据通过 GIS 地形分析获取，太阳时角 ω 和太阳赤纬 δ 分别由公式（5.60）～公式（5.62）计算：

$$\delta=0.409\sin\left(\frac{2\pi}{365}\times DOY-1.39\right) \tag{5.60}$$

$$\omega=arcos\left[-\tan(\varphi)\tan(\delta)\right] \tag{5.61}$$

$$S_C=0.1645\sin\left(\frac{4\pi(DOY-81)}{364}\right)-0.1255\cos\left(\frac{2\pi(DOY-81)}{364}\right)-0.025\sin\left(\frac{2\pi(DOY-81)}{364}\right) \tag{5.62}$$

入射长波辐射利用 Stefan-Boltzman 公式计算：

$$L_{in}=\varepsilon_a\times\sigma\times T_a^4 \tag{5.63}$$

大气发射率 ε_a 采用 Idso-Jackson 公式（Brutsaert and Sugita，1992）计算：

$$\varepsilon_a = \left\{ 1 - 0.26 \exp\left[-7.77 \times 10^{-4} T_a^2 \right] \right\} \qquad (5.64)$$

地表发射长波辐射由公式（5.65）计算：

$$L_{out} = \varepsilon \times \sigma \times T_s^4 \qquad (5.65)$$

表面发射率 ε 采用 Jiang 和 Islam（2001）等的方法计算：

$$\varepsilon = \begin{cases} 1.009 + 0.047 \ln(NDVI) & (NDVI \geqslant 0.16) \\ 0.9 & (0 < NDVI < 0.16) \\ 1.0 & (NDVI < 0) \end{cases} \qquad (5.66)$$

24 h 净辐射通过积分方法由瞬时值计算：

$$R_{a24} = G_{sc} d_r \int_{\omega_1}^{\omega_2} (\cos\theta) d\omega \qquad (5.67)$$

$$\begin{aligned} \int_{\omega_1}^{\omega_2} (\cos\theta) d\omega = & (\sin\delta \sin\varphi \cos s)(\omega_2 - \omega_1) \\ & - (\sin\delta \cos\varphi \sin s \cos\gamma)(\omega_2 - \omega_1) \\ & + (\cos\delta \cos\varphi \cos s \cos\omega)(\sin\omega_2 - \sin\omega_1) \\ & + (\cos\delta \sin\varphi \sin s \cos\gamma \cos\omega)(\sin\omega_2 - \sin\omega_1) \\ & + (\cos\delta \sin\varphi \sin s \sin\omega)(\cos\omega_2 - \cos\omega_1) \end{aligned} \qquad (5.68)$$

$$R_n = (1-\alpha)R_a \tau_{sw} / \cos s - 110\tau_{sw} \qquad (5.69)$$

B. 土壤热通量的计算

在遥感数据中，估算公式（5.37）中土壤温度梯度是比较困难的，通常的方法是以遥感数据建立植被指数与 G/R_n 的经验关系进而计算土壤热通量。Bastiaanssen（2000）等通过研究建立了如下关系：

$$G = \left[\frac{T_s - 273.1}{\alpha} \left(0.0038\alpha + 0.0074\alpha^2\right) \times \left(1 - 0.98 NDVI^4\right) \right] \times R_n \qquad (5.70)$$

研究表明，公式（5.70）对于没有植被覆盖的下垫面的计算并不准确（Souch et al.,1996）。Tasumi 等（2000）研究表明清澈的深水区可看作一个大储热体，其蒸发量并不大，认为水体热通量和净辐射有如下关系：

$$G_{water} = R_n - 90 \qquad (7\sim12 \text{ 月}) \qquad (5.71)$$

$$G_{water} = 0.9 R_n - 40 \qquad (1\sim6 \text{ 月}) \qquad (5.72)$$

Burba 等（1999）通过对湿地的研究则认为土壤热通量与净辐射为如下关系：

$$G_{water} = 0.41 R_n - 51 \qquad (5.73)$$

基于以上研究，本研究中对植被覆盖区域利用公式（5.70）计算土壤热通量；对于研究区域水体和冰雪，由于其介于深水体和湿地之间，故取值 $0.5R_n$。

C. 感热通量的计算

SEBAL 模型中感热通量的计算方法和计算步骤是非常复杂的。其假设在研究区域存在"冷点""热点"两个极端点，通常以充足灌溉的农田或水体为"冷点"，干燥的裸地或弃耕的农田为"热点"；并且假设在"冷点"感热通量为零，在"热点"蒸散为零。模型的这种假设并不完全正确，研究表明，表面温度与风速有很大的相关性，同样的区域风速大则表面温度低，风速小则表面温度高；对于水体而言，虽然其表面温度低，可作为"冷点"，但深水体表面蒸发却较相同表面温度的其他下垫面低得多。此外，"冷点""热点"的选择是人为完成的，主观性大，且需要相关专业知识，这也增加了 SEBAL 模型感热通量计算的复杂性和不确定性。

本研究是在岷江上游区域，地形复杂，海拔相对高差大，风速受地形影响变异大；此外，研究区域降水频率高，空气湿度大，平均气温低，这些因素都会对冷热点选择和感热通量计算中的温度梯度 dT 产生影响，加之感热通量计算的复杂性和不确定性，因此本研究中舍弃 SEBAL 模型中感热通量的计算方法，采用翁笃鸣和罗哲贤（1990）的计算方法。其计算方法在青藏高原区域应用取得了较为准确的结果，本研究区域自然条件与其研究区域接近，因此本研究采用其计算方法：

$$H = \rho C_p C_D u_{10} (T_s - T_a) \tag{5.74}$$

$$C_D = 0.001\,12 + \frac{0.01}{u_{10}} + \frac{0.003\,62(10P - 720)}{280} \tag{5.75}$$

（4）结果与分析

1）参数的敏感性分析

由于区域大尺度研究面积远大于生态系统尺度，有关参数的空间变异很大，研究结果存在很多的不确定性，需要谨慎选择和处理相关参数，因此在利用模拟结果作相关分析之前进行参数敏感性检验，分析关键参数的变化对结果的影响程度，这对最终得出准确结论是非常重要的。本研究采用 Nosetto 等（2005）的方法对 SEBAL 模型中的关键参数进行敏感性分析。

在 SEBAL 模型中表面温度是模型的重要参数，能量平衡中每一分量的计算都需要表面温度作为输入项，因此表面温度的变化对模型模拟结果有重要影响。将研究区域表面温度分别增加 2 K 和 4 K，然后分析表面温度变化后能量平衡中各分量的变化，进而检验模型对表面温度的敏感性。

结果表明，表面温度变化对净辐射、土壤热通量的影响较小，而对感热通量的影响较大，作为能量平衡余项的蒸散量，其受表面温度变化的影响也较大（表 5-3，图 5.14）。由公式（5.36）、公式（5.65）可知，净辐射计算中只有地表发射长波辐射需要表面温度，而地表发射长波辐射在净辐射中所占比例较小。由表 5.3 和图 5.14a 可知，在表面温度分别升高 2 K 和 4 K 后由于地表发射长波辐射增加，净辐射减少 10 W/m² 左右，与表面温度不变相比净辐射只减少 3% 左右。土壤热通量对表面温度变化也不敏感，表面温度变化后土壤热通量只减少 3 W/m² 左右（表 5.3，图 5.14b）。而感热通量对表面温度较为敏感，表面温度每升高 2 K 感热通量增加 20～30 W/m²，与未变化表面温度计算的感热通量相比约增加 20%（表 5.3，图 5.14c）。由于净辐射、土壤热通量对表面温度不敏感而表面温度升高后感热通量显著增加，因此利用能量平衡计算得到的蒸散量也随之显著减少，区域日蒸散减少 0.5～2.5 mm/d，与表面温度未升高计算得到的蒸散值相比降低 20%～60%（图 5.14d）。蒸散量的减少主要是由蒸散比率的减少所致，表面温度增加 2 K，蒸散比率减少 0.1～0.3，与未变化表面温度蒸散比率相比减少 10%～60%（表 5.3，图 5.14e）。

表 5.3　SEBAL 模型对表面温度的敏感性分析

项目	日序数*	原始计算值	表面温度+2 K	表面温度+4 K
净辐射（W/m²）	DOY081	353.779	343.749	333.507
	DOY129	410.965	399.910	388.628
	DOY241	329.254	317.279	305.681
	DOY305	291.832	281.469	270.887
土壤热通量（W/m²）	DOY081	117.173	113.715	110.173
	DOY129	106.391	103.423	100.393
	DOY241	49.060	47.244	45.565
	DOY305	70.246	67.715	65.131
感热通量（W/m²）	DOY081	127.516	155.539	184.823
	DOY129	130.181	157.788	185.64
	DOY241	126.932	153.533	181.952
	DOY305	144.997	175.352	204.539
蒸散比率	DOY081	0.485	0.378	0.286
	DOY129	0.543	0.443	0.261
	DOY241	0.531	0.170	0.158
	DOY305	0.345	0.169	0.183
蒸散量（mm/d）	DOY081	2.848	2.281	1.76
	DOY129	4.411	3.638	1.955
	DOY241	3.707	1.170	1.089
	DOY305	1.343	0.613	0.732

*日序数（DOY）：一年中每一天的次序数，1 月 1 日记为 DOY001，依次类推到 DOY365 或 DOY366，下同

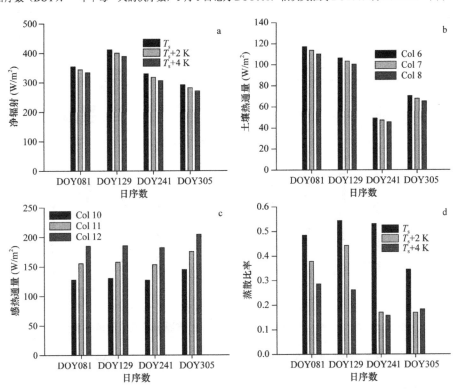

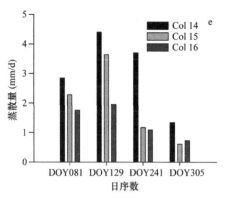

图 5.14   能量平衡项对表面温度的敏感性分析

研究表明，风速变化会对感热通量产生明显影响。根据气象站风速资料，通过公式（5.74）计算感热通量，然后将风速提高 1 m/s 再计算感热通量，与风速不变计算的感热通量值比较，分析感热通量对风速变化的敏感性（表 5.4）。结果表明，风速增加 1 m/s 即对感热通量产生较为明显的影响，整个区域感热通量平均升高 8～10 W/m²，增加值约为风速不变计算值的 7% 左右（图 5.15a）。模拟也表明风速改变对茂汶干热河谷感热通量的影响更明显，感热通量增加 20～30 W/m²，约占未改变风速计算值的 10%（图 5.15b）。

表 5.4   感热通量对风速的敏感性分析   （单位：W/m²）

日序数	岷江上游		干旱河谷	
	原始风速	增加风速	原始风速	增加风速
DOY081	127.516	136.080	303.619	335.039
DOY129	130.181	139.164	185.884	206.073
DOY241	126.932	134.567	207.552	230.168
DOY305	144.997	155.921	174.316	195.263

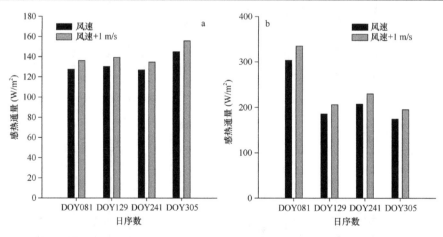

图 5.15   岷江上游（a）和干热河谷（b）感热通量对风速的敏感性分析

2）SEBAL 模型模拟结果及验证

A. 净辐射

反照率是计算净短波辐射的重要参数。利用公式（5.54）反演各类下垫面反照率，模拟结果与参考文献中的反照率接近（表 5.5），说明模拟方法可用于计算研究区域的反照率。但反照率有明显的季节变化，冬春季由于降雪及植被生长状况的影响，高山区域反照率较高；而夏秋季冰雪融化，植被生长旺盛，区域总体反照率较低（图 5.16）。

表 5.5　模拟反照率与文献反照率对比

下垫面	参考值[*]	计算值
针叶林	0.10～0.15	0.14
草地	0.15～0.25	0.15
裸地	0.15～0.25	0.17
农田	0.05～0.15	0.15
积雪	0.35～0.65	0.40

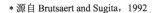

* 源自 Brutsaert and Sugita，1992

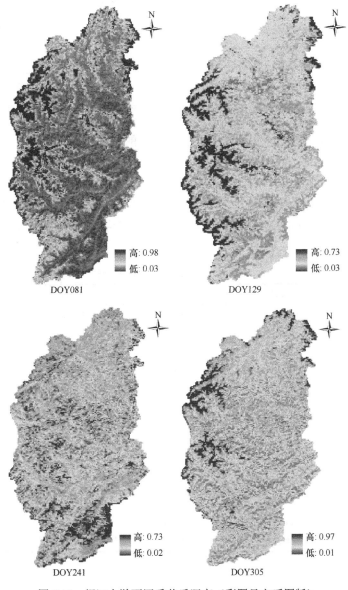

图 5.16　岷江上游不同季节反照率（彩图见文后图版）

利用公式（5.54）～公式（5.69）模拟研究区域24 h净辐射。模拟结果与实测结果的复相关系数为 0.7177（$P<0.05$），表明方法准确性较高，可用于研究区域净辐射的模拟计算（图 5.17）；模拟结果还表明研究区域冬春季净辐射相对较低，而夏秋季净辐射相对较高（图 5.18）。

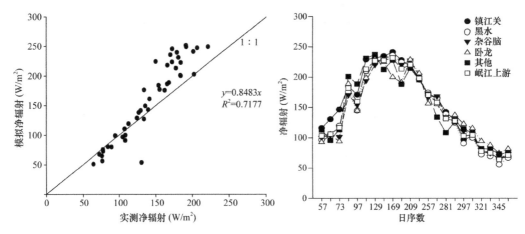

图 5.17　模拟净辐射与实测净辐射对比　　　图 5.18　岷江上游及其子流域净辐射季节变化

模拟结果表明，利用翁笃鸣和罗哲贤（1990）的方法计算净辐射能较好地体现地形对辐射的影响（图 5.19）。在冬春季阴坡日净辐射较低，为30～140 W/m²，明显低于同期阳坡净辐射（110～190 W/m²），两个坡向净辐射相差 20～80 W/m²，平均相差 60 W/m²；而在夏季由于太阳位置北移，阴坡、阳坡的净辐射相差不大，阴坡净辐射为180～250 W/m²，阳坡净辐射为200～240 W/m²，两个坡向净辐射差只有15 W/m²左右（表 5.6，图 5.20）。

表 5.6　不同坡向净辐射的比较　　　　　　　　（单位：W/m²）

日序数	阴坡	半阴坡	半阳坡	阳坡
DOY057	82.431	96.896	111.147	118.616
DOY065	91.141	103.008	112.115	114.939
DOY081	139.627	153.712	173.042	185.248
DOY105	181.917	190.962	201.519	204.856
DOY121	206.083	211.714	216.308	216.983
DOY145	246.571	247.006	243.489	237.417
DOY193	245.383	244.118	239.165	230.175
DOY201	216.020	216.601	214.603	207.088
DOY241	183.781	192.854	204.440	209.030
DOY305	63.906	87.397	120.410	140.054
DOY321	37.369	61.159	93.439	113.354
DOY337	27.791	52.478	87.287	109.353
DOY361	28.224	53.247	88.368	109.663

高: 303.73

低: 2.6

图 5.19 岷江上游 24 h 净辐射

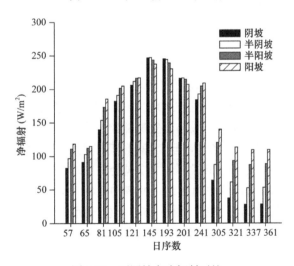

图 5.20 不同坡向净辐射对比

B. 蒸散结果及验证

SEBAL 模型首先利用遥感数据计算研究区域的瞬时蒸散值，然后利用蒸散比率法进行时间尺度扩展，得到 24 h 蒸散量，计算方法如公式（5.47）～公式（5.50）所示。蒸散比率法的基本假设是在能量平衡中，能量通量组分的相对比率保持稳定。由此假设可以从一个或几个瞬时蒸散值得到天尺度上的蒸散值。

图 5.21 表明蒸散比率存在波动，夜间波动剧烈，日间则保持相对稳定。计算表明 24 h 蒸散比率变异系数为 7.73%～18.24%，而白天 9:00～15:00 的变异系数仅为

4.43%～8.92%。因此在利用蒸散比率法进行时间尺度扩展时应采用 9:00～15:00 时间段的瞬时蒸散比率比较合理，而 MODIS 数据的卫星获取时间与这一时间段接近，因此可用蒸散比率法进行时间尺度扩展。图 5.22 则表明，白天 9:00～15:00 的瞬时蒸散比率与日蒸散比率有很好的相关性，两者的复相关系数为 0.91（P<0.05），因此公式（5.50）、公式（5.51）成立，即蒸散比率法的基本假设成立，研究区域可用此方法进行时间尺度扩展。

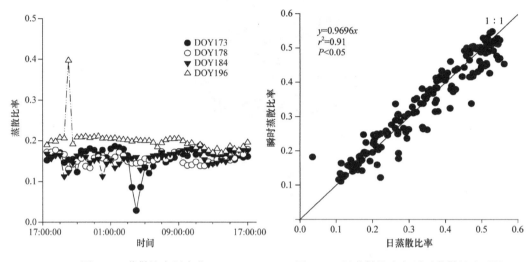

图 5.21　蒸散比率日变化　　　　图 5.22　日蒸散比率与瞬时蒸散比率对比

　　由于研究区域缺乏蒸散实测数据，本研究采用 MODIS 数据，利用 SEBAL 模型模拟计算岷江上游的蒸散值，然后提取研究区域内气象站点的蒸散值，两者对比以检验模型方法的准确性。蒸发皿测定值利用 FAO 公布的 ET 经验算法转换为实际蒸散值。

　　图 5.23a 表明 SEBAL 模拟结果与蒸发皿测定值在天尺度上表现出较好的相关性，两者的复相关系数为 0.63（P<0.05），但 SEBAL 模拟值多低于蒸发皿测定值，这主要是由于在天尺度上蒸发皿测定值受风影响明显，风会大大增加蒸发皿蒸发量。在月尺度上，SEBAL 模拟值与蒸发皿测定值更为接近，两者的复相关系数为 0.867（P<0.05），但模拟值与蒸发皿测定值相比仍然偏低（图 5.23b）。总体而言，SEBAL 模拟值与蒸发皿测定值具有较高的相关性，说明了 SEBAL 模型在研究区域应用的可行性。

　　图 5.23c 为 SEBAL 模拟值与蒸发皿测定值的季节动态对比，由图可知，在非生长季 SEBAL 模拟值与蒸发皿测定值相差较大，偏差为 20%～70%，而在生长旺季的 6～8 月，两者接近，偏差为 2%～20%。这主要是由于在冬、春季节研究区域风速较大（图 5.24），而风速对蒸发皿蒸发量会产生很大影响，与无风时相比测定值明显偏大；同时期研究区表面温度低、反照率大（图 5.16，图 5.25），区域净辐射低（图 5.18），加之植被生长不活跃，SEBAL 模拟计算蒸散较低，因此两者数值偏差较大。在夏、秋季风速较小，风对蒸发皿的影响减小；而此时研究区域净辐射大，加之水热充足，植被生长旺盛，蒸腾量大，SEBAL 模拟值与蒸发皿测定值接近，说明此时蒸散接近潜在蒸散状态。

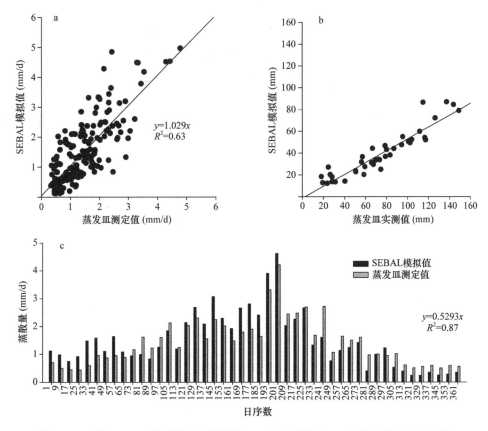

图 5.23　利用 SEBAL 模型模拟日蒸散值（a）、月蒸散值（b）及季节动态（c）并
分别与蒸发皿测定值进行对比

　　图 5.26a、图 5.26b 表明 SEBAL 模型的模拟结果能较好地反映研究区域蒸散的季节变化。模拟结果表明区域年总蒸散量为 439.8 mm；5～10 月为蒸散最大的时期，蒸散量约为 303.1 mm，约占年蒸散量的 68.92%；其他 6 个月份蒸散量较小，总计只有 136.7 mm。

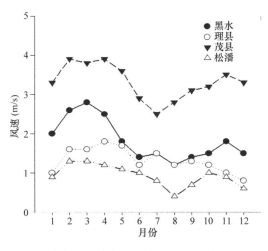

图 5.24　岷江上游气象站的风速

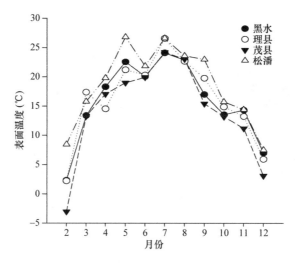

图 5.25　岷江上游气象站的表面温度

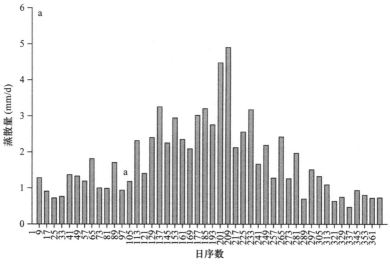

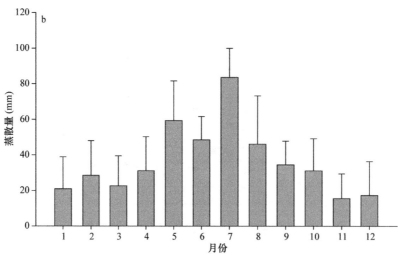

图 5.26　岷江上游日蒸散量（a）与月蒸散量（b）的动态变化

3）小结

SEBAL 模型以能量平衡理论为基础模拟计算区域蒸散时空动态，其为大尺度蒸散及水文过程研究提供了有效手段。模型只需要少量的地面气象信息即可模拟计算研究区域的蒸散通量，对缺乏详细地面微气象数据的研究区域非常有用。虽然 SEBAL 模型发展只有十几年的时间，但许多研究表明其是进行大尺度蒸散研究行之有效的方法。

SEBAL 模型最初是针对相对平坦的下垫面而发展的，而对于地形变化对能量平衡的影响没有充分考虑。本研究对 SEBAL 模型中的能量输入项（即净辐射）引入地形校正算法，使模型可应用于山区复杂地形，计算结果更符合实际。引入地形校正后，地形对净辐射的影响可得到明显体现，阳坡净辐射明显高于阴坡，在太阳高度角较小的冬、春季节尤为明显，两个坡向净辐射相差 20～80 W/m²，平均相差 60 W/m²。模拟结果也更为准确，模拟值与实测值的复相关系数达 0.7，在流域尺度研究中达到这样的精度是可信的。

对参数敏感性的分析表明，表面温度、风度等对模拟结果都有不同程度的影响。两者的影响主要是对感热通量的改变，而对净辐射、土壤热通量的影响相对较小。由于净辐射、土壤热通量对参数不敏感而感热通量显著变化，因此利用能量平衡计算得到的蒸散量出现了明显变化。温度升高 2 K，可使区域蒸散减少 0.5～2.5 mm，与表面温度未升高计算得到的蒸散值相比降低 20%～60%。

总体而言，引入地形校正算法的 SEBAL 模型在具有复杂地形的岷江上游区域模拟蒸散是可行的。模拟结果与蒸发皿测定值对比结果表明，在天尺度上两者差异较大，复相关系数为 0.63，效果不很理想；但在月尺度上两者相关性较好，复相关系数达 0.867，这与其他相关的研究结果类似。总体上，模型模拟结果能有效反映岷江上游区域蒸散的时空格局。整个区域年蒸散为 439.8 mm 左右，5～10 月为蒸散最大的时期，约占年蒸散量的 69%，其他月份蒸散量较小，约为 31%。

4）不同方法模拟蒸散的结果比较

本研究利用传统蒸散模拟和遥感反演两种不同方法对研究区域蒸散的季节及年际动态进行了模拟。无论是基于 Thornthwaite 公式的传统方法还是基于遥感数据的方法都能反映研究区域蒸散的季节动态。Thornthwaite 公式由于只需要温度数据，在没有微气象数据及遥感数据的情况下也可以作为计算蒸散行之有效的方法。但 Thornthwaite 公式假设在温度低于 0℃时没有蒸散，因而其模拟结果在冬、春季节偏低。本研究引入了山区日照时数算法对 Thornthwaite 公式进行校正，模拟结果与未校正结果相比误差明显降低，但校正后的模拟结果误差有时也达 20%。因此，如何提高模拟精度以更好地反映区域蒸散的时空格局是值得进一步探讨的问题。

利用 SEBAL 模型以 MODIS 遥感数据反演研究区域蒸散为区域大尺度研究提供了有效手段，而且模拟结果可以和植被数据在景观尺度上叠加分析，有助于流域植被景观格局变化与水循环相互作用的研究。此外，MODIS 数据的时间频率高，其数据获取可以 1 天 2 次，这对动态监测是非常有效的数据源。SEBAL 模型在模拟蒸散时所需要的地面微气象资料较少，这对大尺度研究非常有益。因为大尺度研究监测整个区域的微气象参数在人力、物力上都是难以实现的，而 SEBAL 模型的发展为解决这一难题提供了有效手段。SEBAL 模型所需微气象数据较少，但模型对风速等参数变化敏感（表 5.4，图 5.15a，图 5.15b）。在地形复杂的山地区域地形对风速影响很大，如何获取地形复杂区域的整体风速是 SEBAL 模型需要解决的问题。此外，模型在计算感热通量时需要在研究区域选择"冷点""热点"两个极端点。极端点的选择需人为完成，这增加了模型应用的主观性，会对模拟结果产生影响。本研究中感热通量的计算采用了适合本研究区域的计算公式，取得了较好的效果，但方法对其他区域的适用性还有待研究。

从两种方法的结果来看，两者所反映的研究区域蒸散的季节动态相似，即在冬、春季节（1~4 月、11 月、12 月）蒸散少，而夏、秋季（5~10 月）相对旺盛。但两者又有区别，主要表现在两者对非生长季节蒸散模拟的差异（表 5.7，图 5.27）。Thornthwaite公式的假设条件致使冬、春季节蒸散量很低，有些区域蒸散为零，而 SEBAL 模拟却相对较大，冬、春季节的月蒸散为 15~30 mm，与 Thornthwaite 公式法相差 10~20 mm。在生长季节，除个别月份（如 8 月）两者相差较大外，其余月份差值都在 10 mm 左右。

表 5.7 岷江上游 SEBAL 模型蒸散模拟值与 Thornthwaite 公式法蒸散模拟值对比（单位：mm）

月份	SEBAL 模拟值	Thornthwaite 模拟值
1	20.96	1.47
2	28.53	2.43
3	22.69	7.69
4	31.11	21.52
5	59.37	44.98
6	48.45	62.06
7	83.60	69.13
8	46.09	65.00
9	34.51	45.77
10	31.12	22.04
11	15.57	5.30
12	17.35	2.14
合计	439.35	349.53

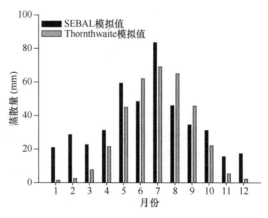

图 5.27 岷江上游蒸散季节动态
SEBAL 模拟值与 Thornthwaite 模拟值对比

若以5~10月作为研究区域生长季,SEBAL模型和Thornthwaite公式法蒸散模拟值在生长季累计分别为303.14 mm、308.97 mm,两者结果非常接近。

5)岷江上游蒸散与NDVI关系分析

蒸散主要包括植被蒸腾蒸发、土壤蒸发,各自所占比例的时空变异非常大,植被蒸腾占蒸散的比例则可达80%。其他研究表明,蒸散随植被盖度、年龄变化呈现不同的时空规律,而NDVI很好地反映了植被盖度、生长状况、叶面积指数等信息,因此分析NDVI与蒸散关系对于进一步揭示不同植被蒸散特征及其变化规律非常有意义。

研究表明,岷江上游不同植被蒸散动态与NDVI有很好的相关性(图5.28)。随NDVI季节变化,植被蒸散也随之变化,在7月、8月NDVI达到峰值时植被蒸散也达到顶峰,之后随NDVI下降蒸散也降低。草地、灌木、针叶林蒸散与NDVI的相关系数分别为0.604、0.59、0.498($P<0.01$);但就生长季而言(DOY121~DOY305),植被蒸散与NDVI的相关性较低,草地、灌木、针叶林蒸散与NDVI的相关系数分别只有0.299、0.226和0.075,没有达到显著水平。这主要是由于在生长季岷江上游天气多变,阴雨时间长,日照时间短,辐射低,因此某些时间即使NDVI值较高,蒸散也相对较低。例如,在生长季的8月、9月,各类植被平均NDVI都在0.7以上,植被生长旺盛,但此时却是降水较多的时候,在本研究的时间段内平均日照时数只有4 h左右,导致该时期的低蒸散量及蒸散与NDVI的低相关性。

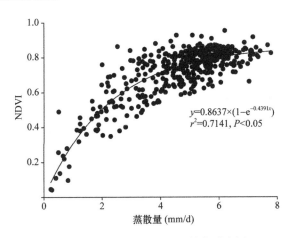

图5.28 日蒸散量与NDVI的关系分析

植被蒸散虽然与NDVI显著相关,但两者之间并非呈线性关系,而是呈指数关系(图5.28)。由提取的研究区域蒸散与NDVI相关分析表明,两者的指数关系相关性较高,复相关系数$r^2=0.7141$($P<0.05$)。由图5.28可知,NDVI在0.8以下与蒸散的相关性较好,蒸散随NDVI的增加而上升,近于线性关系;NDVI大于0.8后其对蒸散的变化不再敏感,即NDVI对蒸散出现饱和现象,此时蒸散增加0.5 mm,NDVI只增加0.01左右,上升幅度很小,变异系数仅为1.36%。这是由于随LAI增加,红光波段的吸收趋于饱和,当LAI在3以上时NDVI对LAI的变化不再敏感。研究表明岷江上游区域生长季植被LAI多在3.0以上,针叶林LAI则可达8.0以上,利用NDVI预测LAI会产生显著的饱和现象,然而随着LAI增加,冠层蒸腾面积增加,冠层整体导度也增加,蒸散也随之上

升，蒸散与 LAI 之间没有出现饱和现象，而出现了 NDVI 对蒸散的饱和现象（图 5.28）。

植被蒸散不仅受到太阳辐射、气温、土壤水分等非生物因子的影响，同时植被自身年龄、叶面积指数等也影响蒸散。这些因子的综合作用使得植被蒸散过程非常复杂，研究植被蒸散与这些因子的相互关系是非常困难的，但对于揭示植被蒸散规律又是非常有意义的。本研究利用遥感数据在 ArcGIS 支持下，对岷江上游主要植被的蒸散与海拔、坡向、NDVI 的关系进行分析，试图进一步揭示研究区域植被蒸散的变化规律。由于研究区域植被特别是草地有明显的物候变化，因此本研究只对岷江上游主要植被生长季蒸散与上述因子间的相互关系进行综合分析，同时由于生长季初期和末期 NDVI 物候变化近似，因此只针对生长季初期和中期进行分析。

在相同坡向、海拔区间条件下，生长季初期和中期植被蒸散随 NDVI 增加而上升（表 5.8～表 5.13）。例如，生长季初期在海拔 3000～3500 m，NDVI 增加 0.1，针叶林阳坡蒸散增加 0.47 mm/d（r^2=0.98，P<0.05），阴坡蒸散增加 0.32 mm/d（r^2=0.98，P<0.05）

表 5.8　生长季初期针叶林蒸散与坡向、海拔、NDVI 的关系分析

坡向	NDVI 区间	海拔区间（m）					
		1500～2000	2000～2500	2500～3000	3000～3500	3500～4000	4000～4500
阳坡	[0.1～0.2)			4.93	2.55	2.39	2.65
	[0.2～0.3)	1.86	0.89	3.59	3.58	3.32	2.99
	[0.3～0.4)	1.73	2.20	2.89	2.86	2.91	3.10
	[0.4～0.5)	1.46	2.55	3.15	3.37	3.09	3.34
	[0.5～0.6)	4.68	4.19	4.16	3.97	3.88	3.75
	[0.6～0.7)	5.19	4.78	4.50	4.42	4.27	4.60
	[0.7～0.8)	5.25	4.89	4.71	4.68	5.13	
半阳坡	[0.1～0.2)				2.99	3.00	2.87
	[0.2～0.3)			1.63	3.32	2.96	3.54
	[0.3～0.4)	2.38	2.02	3.13	3.13	3.31	3.58
	[0.4～0.5)	3.04	2.31	3.56	3.51	3.59	3.78
	[0.5～0.6)	3.92	3.96	4.08	4.13	4.09	4.03
	[0.6～0.7)	5.01	4.71	4.58	4.62	4.69	4.45
	[0.7～0.8)	5.17	4.51	4.85	4.77	4.78	
半阴坡	[0.1～0.2)				3.83	3.26	2.87
	[0.2～0.3)	1.56	0.95	0.51	3.01	3.70	3.13
	[0.3～0.4)	1.23	1.35	2.64	3.27	3.35	3.50
	[0.4～0.5)	1.92	1.38	3.59	3.76	3.84	3.84
	[0.5～0.6)	2.87	2.00	4.02	4.17	3.93	4.02
	[0.6～0.7)	4.22	2.46	4.42	4.45	4.37	4.15
	[0.7～0.8)	4.86	2.75	4.59	4.77	4.92	4.73
阴坡	[0.1～0.2)				3.07	2.13	2.06
	[0.2～0.3)		1.34	2.00	2.96	3.04	3.57
	[0.3～0.4)	1.51	0.96	2.33	3.20	3.26	3.30
	[0.4～0.5)	1.76	1.53	3.38	3.73	3.52	3.93
	[0.5～0.6)	3.31	2.96	3.85	3.84	4.06	3.99
	[0.6～0.7)	3.93	4.31	4.27	4.17	4.40	4.23
	[0.7～0.8)	5.15	4.59	4.43	4.58	4.51	4.31
	[0.8～0.9)	4.29	3.80	4.71		5.08	

表 5.9　生长季初期灌木蒸散与坡向、海拔、NDVI 的关系分析

坡向	NDVI 区间	海拔区间（m）					
		1500~2000	2000~2500	2500~3000	3000~3500	3500~4000	4000~4500
阳坡	[0.1~0.2)			3.47	3.37	1.27	2.25
	[0.2~0.3)	1.35	1.41	2.40	2.26	3.01	2.73
	[0.3~0.4)	1.15	1.58	2.22	2.65	2.83	2.86
	[0.4~0.5)	1.89	2.29	3.11	3.44	3.02	3.32
	[0.5~0.6)	2.41	3.89	4.09	4.11	3.93	3.94
	[0.6~0.7)	4.47	4.38	4.57	4.46	4.37	
	[0.7~0.8)	4.66	4.58	5.09	3.94		
半阳坡	[0.1~0.2)		3.79	1.42	3.63	3.17	2.57
	[0.2~0.3)	1.58	1.47	2.78	2.96	3.16	2.87
	[0.3~0.4)	2.05	1.90	2.56	2.61	2.86	2.97
	[0.4~0.5)	2.90	2.80	3.06	3.45	3.18	3.42
	[0.5~0.6)	3.37	3.76	3.88	4.17	3.80	4.09
	[0.6~0.7)	4.19	4.34	4.50	4.32	4.63	4.69
	[0.7~0.8)	4.65	4.29	4.57	4.62	4.23	
半阴坡	[0.1~0.2)			1.59	2.65	2.23	2.63
	[0.2~0.3)	0.29	2.27	1.70	2.35	2.62	3.20
	[0.3~0.4)	2.11	3.17	1.95	2.83	3.00	3.48
	[0.4~0.5)	2.45	2.44	3.33	3.55	3.60	3.82
	[0.5~0.6)	2.89	3.50	4.04	3.87	3.97	3.90
	[0.6~0.7)	3.74	3.97	4.27	4.20	4.25	4.44
	[0.7~0.8)	4.65	4.34	4.62	4.96	4.55	5.21
阴坡	[0.1~0.2)	1.55			2.40	2.33	2.50
	[0.2~0.3)	1.45			2.89	3.24	2.97
	[0.3~0.4)	1.63	1.44	2.28	2.57	2.78	3.21
	[0.4~0.5)	1.52	2.04	3.35	2.94	3.53	3.44
	[0.5~0.6)	2.72	2.62	3.73	3.67	4.07	4.25
	[0.6~0.7)	3.41	3.92	4.22	4.03	4.32	4.19
	[0.7~0.8)	4.11	4.03	4.63	4.21		4.45
	[0.8~0.9)	4.54	4.19		4.37		

表 5.10　生长季初期草地蒸散与坡向、海拔、NDVI 的关系分析

坡向	NDVI 区间	海拔区间（m）					
		1500~2000	2000~2500	2500~3000	3000~3500	3500~4000	4000~4500
阳坡	[0.1~0.2)				3.07	3.06	2.42
	[0.2~0.3)	1.22	1.93	1.83	2.21	2.63	2.59
	[0.3~0.4)	1.21	1.44	2.02	2.75	2.45	2.85
	[0.4~0.5)	1.98	2.14	3.07	3.41	2.95	3.33
	[0.5~0.6)	2.43	3.35	4.15	4.17	4.04	3.97
	[0.6~0.7)	3.30	3.86	4.80	5.08	4.09	
	[0.7~0.8)		4.98	4.75	4.70		

坡向	NDVI 区间	海拔区间（m）					
		1500~2000	2000~2500	2500~3000	3000~3500	3500~4000	4000~4500
半阳坡	[0.1~0.2)				3.08	2.35	2.49
	[0.2~0.3)			1.42	3.09	2.42	2.88
	[0.3~0.4)	1.34	2.25	1.81	2.79	2.79	3.12
	[0.4~0.5)	2.09	2.31	3.14	3.49	3.17	3.63
	[0.5~0.6)	3.29	3.39	4.03	3.92	3.96	4.08
	[0.6~0.7)	4.01	4.31	4.22	4.64	4.60	4.37
	[0.7~0.8)	4.69	4.01	5.05	4.95		4.64
半阴坡	[0.1~0.2)				3.43	3.13	2.71
	[0.2~0.3)	1.41	2.15	1.21	3.31	2.94	2.98
	[0.3~0.4)	1.10	1.45	2.33	2.97	3.05	3.14
	[0.4~0.5)	2.44	2.06	3.44	3.64	3.48	3.70
	[0.5~0.6)	2.73	3.93	3.71	3.95	3.86	3.72
	[0.6~0.7)	3.58	4.14	4.32	4.38	4.31	4.06
	[0.7~0.8)	5.01	4.39	4.03	4.45	4.59	4.24
阴坡	[0.1~0.2)					2.85	2.37
	[0.2~0.3)				3.19	2.74	2.88
	[0.3~0.4)	1.54	1.48	2.10	2.99	2.90	3.15
	[0.4~0.5)	1.07	2.22	3.77	3.61	3.40	3.59
	[0.5~0.6)	2.60	3.34	4.11	4.03	3.82	4.01
	[0.6~0.7)	4.03	4.72	4.47	4.46	4.31	4.16
	[0.7~0.8)	5.05	4.51	4.73	4.47	4.31	4.03

表 5.11　生长季中期针叶林蒸散与坡向、海拔、NDVI 的关系分析

坡向	NDVI 区间	海拔区间（m）					
		1500~2000	2000~2500	2500~3000	3000~3500	3500~4000	4000~4500
阳坡	[0.2~0.3)	3.06			3.33	2.79	0.43
	[0.3~0.4)	1.13	2.61		2.46	1.83	1.75
	[0.4~0.5)	1.24	1.44			2.41	1.87
	[0.5~0.6)	1.27	1.50	1.60	2.06	1.93	2.07
	[0.6~0.7)	1.50	2.83	2.83	2.26	1.88	1.92
	[0.7~0.8)	3.32	3.27	2.79	2.36	2.55	2.19
	[0.8~0.9)	3.86		2.96	2.67		2.54
半阳坡	[0.2~0.3)			3.29	3.19		
	[0.3~0.4)			4.26	4.14		1.79
	[0.4~0.5)	1.00	2.78	4.20	4.30		1.94
	[0.5~0.6)	1.68	2.80	3.88	2.49	2.59	2.46
	[0.6~0.7)	2.33	2.13	2.15	2.24	2.10	2.30
	[0.7~0.8)	2.70	2.66	2.80	2.34	2.11	2.32
	[0.8~0.9)	3.39	3.04	3.04	2.65	2.55	2.46

坡向	NDVI 区间	海拔区间（m）					
		1500~2000	2000~2500	2500~3000	3000~3500	3500~4000	4000~4500
半阴坡	[0.1~0.2)	3.31			3.54		
	[0.2~0.3)	3.10		1.16	3.17		2.26
	[0.3~0.4)	1.38		1.05	3.02	2.89	1.81
	[0.4~0.5)	1.04		3.39	2.12	2.61	1.86
	[0.5~0.6)	1.60	1.26	1.83	2.83	2.24	1.94
	[0.6~0.7)	1.40	0.97	2.08	2.28	2.15	1.91
	[0.7~0.8)	2.46	2.23	2.64	2.60	2.16	2.22
	[0.8~0.9)	2.79	2.76	2.78	3.63	2.61	2.62
阴坡	[0.1~0.2)		3.52		1.97	2.49	
	[0.2~0.3)		2.26	3.92			
	[0.3~0.4)	0.91	2.22				1.37
	[0.4~0.5)	1.79	4.31		2.26	2.73	0.40
	[0.5~0.6)	1.30	0.84	1.44	2.12	2.87	0.96
	[0.6~0.7)	1.22	1.24	2.07	2.89	2.21	1.85
	[0.7~0.8)	2.37	1.81	2.42	2.35	2.61	2.18
	[0.8~0.9)	2.99	2.51	2.59	2.48		2.37

表 5.12　生长季中期灌木蒸散与坡向、海拔、NDVI 的关系分析

坡向	NDVI 区间	海拔区间（m）					
		1500~2000	2000~2500	2500~3000	3000~3500	3500~4000	4000~4500
阳坡	[0.2~0.3)	1.26					
	[0.3~0.4)	1.16					2.37
	[0.4~0.5)	1.07	0.86			2.29	1.84
	[0.5~0.6)	1.17	1.29	1.05	1.17	1.45	1.79
	[0.6~0.7)	1.23	2.24	2.35	1.74	1.69	1.38
	[0.7~0.8)	1.89	3.21	2.54	2.16	1.90	2.02
	[0.8~0.9)	2.88		3.02	2.40		2.49
半阳坡	[0.2~0.3)	2.85					2.02
	[0.3~0.4)	1.04				1.62	1.37
	[0.4~0.5)	1.15	1.05		2.30		1.76
	[0.5~0.6)	1.04	3.98		4.25	0.93	1.67
	[0.6~0.7)	1.36	1.65	1.86	1.89	1.23	1.85
	[0.7~0.8)	1.79	2.26	2.45	2.06	1.83	1.97
	[0.8~0.9)	3.15	2.82	2.90	2.33	2.48	2.42
半阴坡	[0.2~0.3)	1.75			3.34		1.22
	[0.3~0.4)	1.31		2.25			1.30
	[0.4~0.5)	1.41	1.03	2.76	3.82	1.53	2.02
	[0.5~0.6)	0.90	0.64	1.59	1.88	1.41	1.79
	[0.6~0.7)	1.18	1.49	1.45	2.21	1.64	1.63
	[0.7~0.8)	1.77	1.80	2.20	2.40	1.97	2.13
	[0.8~0.9)	2.63	2.61	2.67		2.50	2.57

坡向	NDVI 区间	海拔区间（m）					
		1500～2000	2000～2500	2500～3000	3000～3500	3500～4000	4000～4500
阴坡	[0.2～0.3)	1.06					
	[0.3～0.4)	1.02					2.37
	[0.4～0.5)	0.99					1.84
	[0.5～0.6)	0.89	0.76		3.35	1.96	1.79
	[0.6～0.7)	1.04	1.26	1.56	2.48	1.96	1.38
	[0.7～0.8)	1.26	1.83	2.34	2.11	2.57	2.02
	[0.8～0.9)	2.06	2.43	2.56	2.52		2.49

表5.13 生长季中期草地蒸散与坡向、海拔、NDVI 的关系分析

坡向	NDVI 区间	海拔区间（m）					
		1500～2000	2000～2500	2500～3000	3000～3500	3500～4000	4000～4500
阳坡	[0.2～0.3)	0.96					1.73
	[0.3～0.4)	0.91	1.06				1.36
	[0.4～0.5)	1.18	0.63	3.39		1.86	1.55
	[0.5～0.6)	0.85	1.05	0.68	3.02	1.24	1.58
	[0.6～0.7)	1.49	1.91	0.58	1.77	1.56	1.63
	[0.7～0.8)	1.95	2.48	2.26	1.92	1.83	1.79
	[0.8～0.9)			2.91	2.00		2.42
半阳坡	[0.1～0.2)						2.07
	[0.2～0.3)					2.05	1.31
	[0.3～0.4)					1.43	1.41
	[0.4～0.5)	1.09			1.62	2.31	1.67
	[0.5～0.6)	0.96	1.06	1.00	2.38	1.77	1.69
	[0.6～0.7)	0.83	1.42	1.39	2.10	1.39	1.80
	[0.7～0.8)	1.54	2.04	2.13	1.96	1.63	1.99
	[0.8～0.9)	2.28	2.44	2.79	2.41	2.53	2.42
半阴坡	[0.2～0.3)				1.89		1.36
	[0.3～0.4)	1.57	2.33			1.67	1.46
	[0.4～0.5)	0.99	3.07	3.97	2.53	1.11	1.82
	[0.5～0.6)	0.87	0.79	0.67	2.26	2.00	1.72
	[0.6～0.7)	0.81	1.58	1.23	2.14	1.67	1.68
	[0.7～0.8)	1.02	2.25	2.20	2.51	1.85	2.07
	[0.8～0.9)	1.74	2.57	2.53		2.31	2.39
阴坡	[0.2～0.3)	1.95	1.89		1.17		1.63
	[0.3～0.4)	1.34					1.55
	[0.4～0.5)	1.18	0.77	3.61		1.45	1.49
	[0.5～0.6)	0.95	2.72	3.03	3.34	1.38	1.68
	[0.6～0.7)	2.52	0.83	2.30	2.24	1.71	1.66
	[0.7～0.8)	3.47	2.77	2.62	2.30	2.51	1.95
	[0.8～0.9)	1.04	2.07	2.58	2.51		2.39

（表 5.8）；灌木阳坡、阴坡蒸散分别增加 0.32 mm/d（$r^2=0.98$, $P<0.05$）（表 5.9）、0.38 mm/d（$r^2=0.94$, $P<0.05$）；草地阳坡、阴坡蒸散分别增加 0.72 mm/d（$r^2=0.99$, $P<0.05$）、0.37 mm/d（$r^2=0.94$, $P<0.05$）（表 5.10）。在低海拔区域随 NDVI 增加植被蒸散的增幅大于高海拔区域，如海拔 1500～2000 m 区域，NDVI 增加 0.1，针叶林阳坡蒸散增加 1.1 mm/d（$r^2=0.802$, $P<0.05$）；阴坡蒸散增加 0.95 mm/d（$r^2=0.97$, $P<0.05$）（表 5.8），灌木阳坡、阴坡蒸散分别增加 0.96 mm/d（$r^2=0.93$, $P<0.05$）和 0.58 mm/d（$r^2=0.93$, $P<0.05$）（表 5.7）。这是因为在生长季初期低海拔区域气温较高，植被已经开始生长，植被对蒸散影响明显，而在高海拔区域物候期晚于低海拔区域，此时气温较低，植被未进入活跃生长时期，故蒸散随 NDVI 变化幅度没有低海拔区域明显。在生长季中期，蒸散同样随 NDVI 增加而上升，但规律没有生长季初期明显，变化幅度也相对较小。例如，在海拔 3000～3500 m，NDVI 增加 0.1，针叶林各坡向蒸散增加多在 0.2 mm/d 左右（表 5.11）。但由于此时阴雨天气较多，日照时数少，日蒸散却小于生长季初期。草甸处于高海拔区域，天气更加多变，其蒸散与 NDVI 的关系更显杂乱（表 5.13）。

相同植被的 NDVI，在同一坡向植被蒸散随海拔变化也表现出一定规律，但生长季不同变化规律不同。在生长季初期，不同海拔区域气候条件差别很大，低海拔区域植被开始生长，而高海拔区域植被有的还处于休眠状态，因此这一时间段，在 NDVI 相同的条件下植被蒸散随海拔变化规律不明显（表 5.8～表 5.10）。到生长季中期，植被处于生长旺季，且不同海拔区域物候条件相近，此时在 NDVI 相同的前提下，各坡向植被蒸散随海拔有较为明显的变化规律。在 NDVI 小于 0.7 以下的区间，针叶林各坡向蒸散随海拔上升而增加，如 0.6<NDVI<0.7，海拔每上升 500 m 针叶林阳坡蒸散增加 0.66 mm/d（$r^2=0.75$, $P<0.05$），阴坡蒸散增加 0.59 mm/d（$r^2=0.89$, $P<0.05$）（表 5.11）。在 NDVI 大于 0.7 的区间，由于 NDVI 出现饱和现象，其对蒸散变化不敏感，因此蒸散变化没有明显规律。在 NDVI 相同区间，灌木不同坡向蒸散随海拔上升呈现先上升后降低的趋势，在海拔 3000 m 左右为变化的转折点（表 5.12）。在 3000 m 以下特别是 1000～2000 m 为干旱河谷区域，降水稀少，土壤蓄水能力差，即使灌木 NDVI 较高，由于可利用水减少，蒸散也相对较低，此区域灌木蒸散多在 2 mm/d 以下。随海拔上升，由于地形抬升作用，降水增加，可利用水增加，蒸散也随之上升，增加到 2～3 mm/d，但 3000 m 以上由于气温等气候条件影响蒸散随之下降（表 5.12）。

同一海拔相同 NDVI 条件下植被蒸散在不同坡向也有明显差异。在海拔 3000 m 以下特别是 1500～2000 m 区域，针叶林阳坡蒸散大于阴坡；灌木则是半阳坡（半阴坡）>阳坡>阴坡；草地蒸散与灌木相同。3000 m 以上区域，针叶林蒸散阴坡>半阴坡（半阳坡）>阳坡；灌木、草地变化与针叶林类似。植被蒸散的这一变化规律与植被垂直分布规律及物种生活型密切相关，在前面章节已经进行了分析。在相同海拔、NDVI、坡向条件下，不同植被蒸散为针叶林>灌木>草地，这与不同植被间蒸散差异的规律是相符的。

5.3.3.5　改进的 Priestley-Taylor 公式

（1）区域蒸散的研究趋势

由于蒸散的实际测量较为复杂，在较小尺度上多用涡动相关法，而对于流域尺度多基于水量平衡法进行推算（Braun et al.，2001；Domingo et al.，2001；Boegh and Soegaard，2004）。目前对于坡面尺度的蒸散研究较多，相对比较详细，而对于流域尺度的蒸散多用公式推算。流域尺度蒸散法的推算由于需要参数多，验证也较为困难，一直是研究的难点（陈祖铭和任守贤，1994；Boegh et al.，2004）。近年来，随着"3S"技术的快速发展和应用，通过遥感和地面测量获取模型参数，用 GIS 技术将点数据推绎到面上，并通过机理性模型的模拟来估算区域尺度的蒸散法，已成为目前研究发展的方向。

近年来，国内外相继开展利用卫星遥感技术估算区域蒸散量的研究，遥感技术并不能直接测量蒸散，但它可以为蒸散模型提供辐射表面温度、反照率和植被指数等一系列能够表征空间异质特征的行之有效的参数（Choi and Inoue，2004）。尽管模型中的其他参数如风速、空气温度、空气动力和阻力与饱和水汽压等变量不能通过遥感直接测定，但是可以利用遥感技术间接估测大尺度异质区域的蒸散。利用遥感并结合模型模拟研究非均匀陆面上的蒸散是一个新的趋势，较适合研究区域尺度上蒸散的空间变化（Mauser and Schaedlich，1998）。

目前，利用遥感方法估计区域蒸散量应用比较广泛的有以下几种方法：①经验方程法，利用遥感数据同蒸散建立经验方程；②以地表热量平衡方程为基础，利用遥感数据获取一些参数，求出方程的净辐射、土壤热流量和感热通量，然后用余项法求出蒸散量；③模型推演法，以蒸散方程为基础，利用遥感技术反演模型参数，并用 GIS 技术将点数据扩展到大区域上。

经验方程法：用辐射温度和每日能量平衡建立相关法，如 Jackson 等（1977）提出的公式：

$$R_{nd} + E_d = A + B(T_{rad} - T_a) \tag{5.76}$$

式中，R_{nd} 为每日瞬时辐射值（接近正午）；E_d 为蒸散值；A 和 B 为回归系数；T_{rad}、T_a 分别为辐射表面温度和空气温度（赵英时，2003）。

此外，许多研究表明植被指数同辐射表面温度（T_{rad}）在不同表面有显著负相关性。例如，蒸散同 NDVI 或 PD（极差）之间建立经验关系，但在某些条件下，NDVI 同蒸散之间的相关性受很多其他条件的限制。

能量平衡法：LE 作为余数项在表面能量平衡中可表述为 LE＝R_n－H－G，其中 R_n 为净辐射通量；H 为感热通量；G 为土壤热通量。净辐射通量 R_n 的推算常利用标准台站的太阳辐射观测资料，地表反照率可以利用卫星资料进行反演，土壤热通量 G 常利用经验公式进行推算。一些研究认为 G/R_n 为植被盖度或叶面积指数功能值。例如，Allen 等（1998）的蒸散模型用净辐射通量（R_n）和叶面积指数（LAI）的指数方程来表述。Bastiaanssen 等（1998a）提出的计算公式用反照率（α）、NDVI 和净辐射通量（R_n）的函数来表述。

模型推演法：以机理性的蒸散方程为基础，利用遥感技术反演模型参数。例如，Jiang 和 Islam（1999，2001）基于遥感数据提出了 Priestley-Taylor 的改进方程，用一个复合效应的参数 Φ 取代 α 值。其中，Φ 值由植被指数和温度进行两步线性插值获得。方程最大的特点在于将遥感数据同地面辅助观测数据结合起来，较为准确地反映了区域蒸散的空间异质性。

总之，随着"3S"技术的发展，遥感蒸散模型将会得到更完善的发展和应用。

蒸散既是地面热量平衡的组成部分，又是水分平衡的重要组成部分。区域蒸散过程由于涉及土壤、植被和大气等与气候密切相关的多种复杂过程，一直是生态水文学中的研究热点之一。一般说计算蒸散常用 Penman-Monteith 公式、Priestley-Taylor 公式和 Thornthwaite 公式等。其中 Thornthwaite 模型需要参数较少，适宜在大尺度上应用，但模型缺乏机理性，难以进一步推广。Penman 用热量平衡和空气动力学的方法解析自由水面蒸散的计算公式，此公式有比较深厚的数学基础。但在区域尺度上 Penman-Monteith 公式主要基于气象站点的观测资料计算，存在由点向面的尺度转换问题，在大面积区域上推广存在很大困难。相对来说，Priestley-Taylor 公式需要的参数较少并具有一定的机理性，许多生态水文模型都采用它进行蒸散的计算。该公式仅需要太阳辐射、空气温度和高程作为模型的输入项。

Priestley-Taylor 公式在估算潜在蒸散时忽略了标准蒸散的饱和水汽压亏缺，同 Penman-Monteith 公式相比少了空气动力学项的计算，因此不受在大尺度上较难准确模拟风速、相对湿度和气孔阻力参数等的限制。对此该公式引入经验系数 α 来进行调节（Utset et al.，2004；Pereira，2004）。Bastiaanssen 等（1998a）研究表明 α 值同特定像元的物理特性密切相关，如表面湿度、表面导度和表面温度等。

本研究基于改进的 Priestley-Taylor 公式，并对模型进一步完善，其中对于太阳总辐射的计算，基于 DEM 根据坡度、坡向进行了校正计算。在此基础上根据 2002 年 MODIS 遥感数据和地面气象站数据，对岷江上游潜在蒸散进行时空模拟，并将原始的 Priestley-Taylor 公式和 Thornthwaite 模型模拟的结果进行对比分析，为进一步揭示岷江上游生态系统的水文生态功能奠定基础。

（2）研究方法

1）数据来源

本研究使用的 MODIS 数据取自 MODIS 的 MOD09A1 产品，为红外波段及近红外波段反射率产品。空间分辨率为 500 m，时间为 2002 年 12 月至 2003 年 12 月。该数据经过大气校正，消除了云层的影响。

流域边界由 1∶10 万数字地形图生成，数字高程模型（DEM）由 1∶10 万地形图生成，并经 ArcInfo（version 8.3）生成坡度图和坡向图。为了方便计算所有图层，通过 ArcInfo 统一转换为地理坐标系，模型模拟运算在 ArcInfo 的 grid 模块中进行，栅格大小为重采样 500 m×500 m。由于研究区内气象数据较少，流域内仅有松潘、茂县、黑水、理县等 4 个站点的观测数据可用（图 5.29），为解决这一问题，本研究首先利用四川省所有气象基准站点的观测数据对整个省区进行空间模拟，然后将岷江上游提取出来。空气温度 T_a 和日照时数 n 为四川省标准气象台站提供的数据，空气温度结合 DEM 在 ANUSPLIN 3.2 软件支持下通过插值完成。因日照时数与海拔高程无明显的相关性，日照时数采用 ArcInfo 支持下的 IDW 插值完成。本研究中的太阳辐射部分在 ArcView 扩展模块 Solar Analysis1.0 中完成。

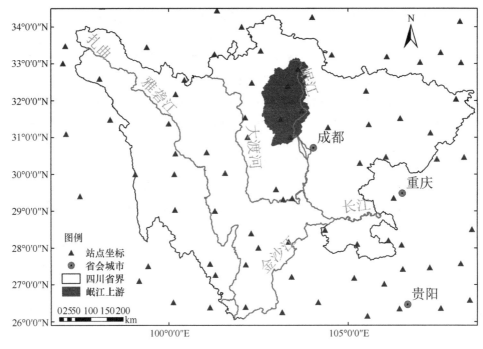

图 5.29　岷江上游周边标准气象台站分布图

2）主要模型介绍

A. Thornthwaite 公式

潜在蒸散概念是 1948 年 Thornthwaite 进行气候分带时提出的，通过设定参考水平来估算实际蒸散的一种有效的方法。采用较传统的 Thornthwaite 公式法来计算潜在蒸散，它是 Thornthwaite（1948）提出的一个利用月平均气温来计算蒸散力的经验公式（洪伟，1999；Pereira and Pruitt，2004），公式假设条件为：一个月为标准的 30 天，每天有标准的 12 h 天文日照时数。由月平均温度计算每个月的潜在蒸散，其表达式如下：

$$
\begin{aligned}
&\mathrm{ET_M} = -415.85 + 32.24T - 0.43T^2 && T > 26℃ \\
&\mathrm{ET_M} = 0 && T < 0℃ \\
&\mathrm{ET_M} = 16 \times \left(10 \times \frac{T}{I}\right)^a && 0℃ \leqslant T \leqslant 26℃
\end{aligned} \tag{5.77}
$$

$$
I = \sum_{n=1}^{12} (0.2T_n)1.514 \qquad T_n > 0℃ \tag{5.78}
$$

$$
a = 6.75 \times 10^{-7} I^3 - 7.71 \times 10^{-5} I^2 + 1.7912 \times 10^{-2} I + 0.492\,39 \tag{5.79}
$$

B. Priestley-Taylor 公式

利用 Priestley-Taylor 公式估算潜在蒸散仅需要太阳辐射、空气温度和高程作为输入项，模型表述如下：

$$
\mathrm{ET_p} = \alpha \times \frac{R_n}{\lambda} \times \frac{\Delta}{\Delta + \gamma} \tag{5.80}
$$

式中，ET_p 为潜在蒸散（mm）；R_n 为净辐射（MJ/m²）；λ 为汽化潜热（MJ/kg）；Δ 为饱和水汽压曲线斜率（kPa/℃）；γ 为干湿表常数（kPa/℃）。汽化潜热和饱和水汽压 e_a^* 可用日平均温度函数表示，$\lambda = 2.5 - 0.0022T$。α 为常数，根据 Priestley 和 Taylor 的分析，认为 α 最佳值应该为 1.26。

$$e_a^* = 0.1 \times \exp[54.88 - 5.03 \times \ln(T+273) - 6791/(T+273)] \tag{5.81}$$

饱和水汽压曲线斜率：$\delta = \left(\dfrac{VP}{T+273}\right) \times \left(\dfrac{6791}{T+273} - 5.03\right) \tag{5.82}$

干湿表常数 γ 由水汽压 e_a（kPa）的方程来表示：$\gamma = 6.6 \times 10^{-4} \times e_a$

大气压 P（kPa）为高程 H（m）的函数

$$P = 101 - 0.0115H + 5.44 \times 10^{-7} H^2 \tag{5.83}$$

太阳总入射辐射 R_i（MJ/m²）：$R_n = R_i \times (1-\alpha)$，$R_n$ 为净辐射，α 是反照率。

C. 改进型 Priestley-Taylor 公式

基于能量平衡方程，不同形式的潜在蒸散表达式可以用如下通用方程来表示：

$$\lambda E = \beta \left[A(R_n - G)\frac{\Delta}{\Delta + \gamma} + B\frac{\Delta}{\Delta + \gamma}f(u)\left(e_a^* - e_a\right) \right] \tag{5.84}$$

式中，λE 为潜热通量；R_n 为净辐射通量；G 为土壤热通量；$f(u)$ 为风的函数；e_a 和 e_a^* 分别为水汽压和饱和水汽压（下标 a 指大气）；Δ 指在大气温度 T_a 时的饱和水汽压斜率。假设 $A = \alpha$、$\beta = 1.0$、$B = 0$，同时将 α 定为无量纲系数 1.26，方程即类似于 Priestley-Taylor 方程。Bastiaanssen 等（1998a）研究表明 α 值同遥感影像特定像元的物理特性密切相关，如表面湿度、表面导度和表面温度等。对此 Jiang 和 Islam（1999，2001）提出了 Priestley-Taylor 的改进方程：

$$\lambda E = \Phi \left[(R_n - G)\frac{\Delta}{\Delta + \gamma} \right] \tag{5.85}$$

式中，E 为潜在蒸散量（mm/d）；R_n 为净辐射通量[MJ/(m²·d)]；G 为土壤热通量[MJ/(m²·d)]；Δ 为饱和水汽压斜率（kPa/℃），它描述了饱和水汽压与温度的关系；λ 为气化潜热（MJ/kg）；γ 为干湿表常数（kPa/℃）；Φ 为一个代表复合效应的参数，它综合了 Priestley-Taylor 公式中 α 和 β 的复合效应，包含了宽范围的蒸发量空间变异值，通过 NDVI 和温度两步线性插值法获得。

3）模型的参数化过程

A. 净辐射通量（R_n）

地表净辐射通量（R_n）又称辐射平衡或辐射差额。它指地表面净得的短波辐射与长波辐射的和（即地表辐射能量收支的差额）。它是地表面能量、水分输送与交换过程的主要能源。本研究净辐射包括短波辐射和长波辐射两部分（Xu and Li，2003）。

$$R_n = (1-\alpha)R_0\left(0.18 + 0.55\frac{n}{N}\right) - \sigma\left(T_a + 273\right)^4\left(0.56 - 0.092\sqrt{e_a}\right)\left(0.1 + 0.9\frac{n}{N}\right) \tag{5.86}$$

式中，R_0 为入射辐射又称太阳总辐射（W/m²）；n 为日照持续时间（h）；N 为日照最大持续时间（h）；σ 为 Stefan-Boltzman 系数[5.67×10^{-8} W/(m²·K⁴)]；T_a 为空气温度（℃）；

α为反照率。计算模型中几个关键参数，分别为R_0、α和n。

结合地形特征对太阳总辐射R_0进行推算。任意平面每天所获得的太阳总辐射R_0可以根据傅抱璞等（1994）的公式计算：

$$R_0 = \frac{I_0 E_0 D_1}{\pi}\left(\omega_0 \sin\varphi\sin\delta + \cos\varphi\cos\delta\omega_0\right) \tag{5.87}$$

考虑坡度、坡向对辐射的影响，翁笃鸣和罗哲贤（1990）提出地面某一点实际接收到的太阳总辐射为

$$R_0\left(\varphi, A, B\right) = I_0 E_0 [\varpi_0\left(\sin\varphi\cos B - \cos\varphi\sin B\cos A\right)\sin\delta + (\cos\varphi\cos B + \sin\varphi\sin B\cos A)$$
$$\times \sin\varpi_0\cos\delta - \sin B\sin A\cos\delta\cos\varpi_0]$$
$$E_0 = 1/\left(1.000\,109 + 0.033\,494\cos\vartheta + 0.001\,472\sin\vartheta + 0.000\,768\cos 2\vartheta + 0.000\,079\sin 2\vartheta\right)$$
$$\delta = 0.4093\cos\left(2\pi\frac{t_d - 172}{365}\right)$$
$$\vartheta = 2\pi\left(t_d - 1\right)/365$$
$$\omega_0 = \arccos\left(-\operatorname{tg}\varphi\operatorname{tg}\delta\right)$$

$$\tag{5.88}$$

式中，R_0为任意平面上日太阳总辐射[J/(m²·s)]；R_0（φ, A, B）为任一点实际接受的日太阳总辐射[J/(m²·s)]；I_0为太阳常数[J/(m²·s)]；D_1为日长（h）；E_0是日地距离订正系数；φ为地理纬度；B为坡度（rad）；A为坡向（rad）；ϑ为日角（rad）；t_d为日序（1～365）；δ为太阳赤纬（rad）；ω_0为日没时角（rad）。

单位转换如下：

1 W/m² $= 1$ J/s$\times 3600$ s/m²$=3.6\times 10^{-3}$ MJ/m²$=3.6\times 10^{-3}/2.45$ mm$=1.469\times 10^{-3}$ mm

1 J/（m²·s） $= 1$ W/m²$=0.0864$ MJ/m²$=0.0864/2.45$ mm $= 0.035\,265$ mm

B. 地表反照率的推算

地表反射率α为地表面对太阳辐射的反射通量密度与其上入射通量密度之比，它决定下垫面所吸收的辐射量，因此是辐射平衡研究中的一个重要参数。科学工作者曾根据观测试验给出了宽带反射率（地表反射率）与卫星（NOAA/AVHRR）窄带反射率（谱反射率）之间的线性回归关系：

$$\alpha = a\times CH_1 + b\times CH_2 + c$$

式中，CH_1、CH_2分别是卫星（NOAA/AVHRR）第一波段（可见光）和第二波段（近红外）窄带反射率（谱反射率）；而常数a、b和c随试验区的不同而改变。本研究采用马耀明等（2004）提出的适合青藏高原地区的反演回归关系式：

$$\alpha = 0.546\times CH_1 + 0.454\times CH_2 + 0.038 \tag{5.89}$$

式中，α为地表反射率，CH_1、CH_2分别为第一波段（可见光）和第二波段（近红外）的光谱反射率。

C. 净辐射模型中其他参数的推算

饱和水汽压e_a^*可以根据以下公式计算：

$$e_a^* = 0.6108\times\exp\left(\frac{17.07T}{T + 237.3}\right) \tag{5.90}$$

式中，T 为空气温度（℃）；e_a^* 为温度是 T 时的饱和水汽压（kPa）。

D. 理论日照时数

$$N = \frac{24}{\pi}\omega_0 \qquad \omega_0 = \arccos\left(-\mathrm{tg}\varphi\,\mathrm{tg}\delta\right) \tag{5.91}$$

式中，ω_0 为日没时角（rad）；φ 为地理纬度（rad）；δ 为太阳赤纬（rad）。

空气温度 T_a 和日照时数 n 为四川省标准气象台站提供的数据，空气温度空间数据的生成是结合 DEM 在 ANUSPLIN3.2 软件支持下插值完成的，日照时数则采用 ArcInfo 8.3 支持下 IDW 插值完成。

E. 土壤热通量

土壤热通量为土壤内部的热量交换，对土壤蒸发、地表能量交换均有影响。计算土壤热通量的方法很多，本研究采用 Jiang 和 Islam（1999）提供的基于归一化植被指数（NDVI）和净辐射（R_n）计算的经验公式。

$$\begin{aligned} G &= 0.583 \times \exp\left(-2.13 \times \mathrm{NDVI}\right) R_n \qquad &\mathrm{NDVI} > 0.0 \\ G &= 0.583 R_n \qquad &\mathrm{NDVI} < 0.0 \end{aligned} \tag{5.92}$$

饱和水汽压曲线的斜率 Δ 根据下式计算：

$$\Delta = \frac{\mathrm{d}e_s}{\mathrm{d}T} = \frac{4098 e_s}{\left(T + 237.3\right)^2} \tag{5.93}$$

干湿表常数 γ 的计算公式如下：

$$\gamma = \frac{C_p P_a}{\varepsilon \lambda} \tag{5.94}$$

式中，γ 为干湿表系数（kPa/℃）；C_p 为稳压比热 $=1.013\times10^{-3}$ MJ/（kg·℃）；λ 为气化潜热 $=2.45$ MJ/kg；ε 为水汽分子与空气分子的分子质量比值，取 0.622。

大气压 P_a 的计算公式如下：

$$P_a = 101.3 \times \left(\frac{293 - 0.0065 Z}{293}\right)^{5.26} \tag{5.95}$$

式中，Z 为海拔（m）。

F. Φ 值的空间插值

Priestley-Taylor 公式中 Φ 代表了一个复合效应的参数，它包含了更宽泛意义上的蒸发空间变异值。根据能量平衡原理，当忽略感热通量时，潜热通量（蒸散）的值不会超过（$R_n - G$），因此 Φ 介于 0 和（$\Delta + \gamma$）/Δ 之间。根据遥感信息同像元内在蒸发力的关系，确定每个像元的 Φ 值。

空间插值 Φ 的关键是基于 Φ 值和遥感观测之间存在的关系，如在特定的辐射强度下，湿度较大的像元表现为较低的地表反照率和较低的温度，而干燥的像元则具有较高的反射率和较高的温度。Jang 和 Islam（1999）提出了表面温度、NDVI 和 Φ 之间的关系，对于特定的辐射状况，NDVI 值和温度的大小变化，体现了土壤含水量和蒸散量的空间变异性。两步线性插值首先根据像元的 NDVI 值对 Φ 进行查值（NDVI=0，Φ_{min}= NDVI$_{min}$=0；NDVI=NDVI$_{max}$，Φ_{max}），然后根据每个 NDVI 值确定的 Φ 值进行温度上的插值，由此区分相同 NDVI 值在温度变化时 Φ 值上的差异。对于地物表面温度来说，

温度越低 Φ 值越低，即（$T_{\min}$，$\Phi_{\max}$；$T_{\max}$，$\Phi_{\min}$），而对大气温度来说，大气温度越高蒸发力越高，即（$T_{\max}$，$\Phi_{\max}$；$T_{\min}$，$\Phi_{\min}$）。地表辐射温度可用遥感数据（NOAA 的 CH_4 和 CH_5，MODIS 的 CH_{31} 和 CH_{32}）反演，本研究由于数据限制，采用空气温度（依据 DEM 和气象数据插值）进行了二次线性插值。

G. 潜在蒸散与实际蒸散的换算

上述模型计算的为潜在蒸散，在实际应用中要将潜在蒸散转化为实际蒸散。由于生态系统的复杂性和异质性，目前还没有一个公认的转化方法。本研究采用叶面积指数经验公式，分别计算土壤蒸发和植被蒸腾。

植被蒸腾：

$$\begin{aligned} ET_P &= ET_0 \times LAI / 3 \qquad 0 \leqslant LAI \leqslant 3.0 \\ ET_P &= ET_0 \qquad\qquad\qquad LAI > 3.0 \end{aligned} \qquad (5.96)$$

土壤蒸发 E_{so}：

$$E_{so} = ET_0 \times \exp\left(-0.4 \times LAI\right) \qquad (5.97)$$

对于植被与土壤的混合区，实际蒸散则根据下列公式计算：

$$E = f \times ET_p + \left(1 - f\right) E_{so} \qquad (5.98)$$

式中，ET_p 为植被覆盖区蒸散量；ET_0 为参比蒸散；E_{so} 为裸露土壤蒸发量；f 为像元中的植被覆盖度，表示单位面积上植被所占的比例；$(1-f)$ 表示单位面积上裸土所占比例。

岷江上游 LAI 的空间模拟采用增强型植被指数（EVI）进行反演。

岷江上游植被盖度的空间模拟采用 Gutman 和 Lgnatov（1998）的方法用 NDVI 进行反演（参考上一章节）。

（3）主要计算结果分析

1）依据地形特征校正太阳总辐射

从图 5.30 可以看出，太阳辐射受地形影响，不同的像元接收的太阳总辐射，因受到坡度和坡向的影响而不同。此外，因海拔高程的不同，接收到的太阳辐射强度也不同，海拔高的地方（青藏高原东缘地区）太阳总辐射较高，而低海拔地区（成都平原地区）太阳总辐射较低。在 ArcView 下将集水区图层与各月太阳总辐射进行叠加统计，在不同集水区如寿溪集水区因海拔较低，接收太阳总辐射较低，月平均为 478.6 MJ/m²，镇江关集水区海拔较高，月平均为 578.1 MJ/m²。岷江上游月平均太阳总辐射为 541.4 MJ/m²。各集水区太阳总辐射季节差异也很明显，夏季较高，冬季较低（表 5.14）。

岷江上游月均温根据 DEM 空间插值完成，所以温度的地形特征较为明显（图 5.31）。将各气象站点的温度与海拔在 SPSS 中进行统计分析（表 5.15），显示两者具有很高的相关性，其中复相关系数（R^2）2 月最低，为 0.81（$P<0.01$），7 月最高，达 0.98，说明基于海拔高程进行的温度空间插值具有较高的可信度。岷江上游温度除季节波动外，空间分布差异也很大，寿溪流域月均温较高，镇江关和黑水上段流域月均温较低。

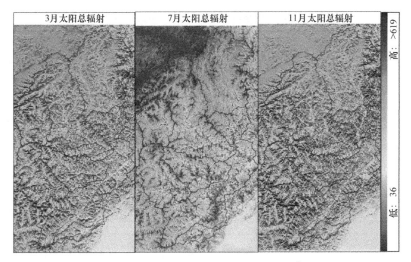

图 5.30　岷江上游不同季节太阳总辐射空间分布图（MJ/m^2）（彩图见文后图版）

表 5.14　2002 年岷江上游不同集水区太阳总辐射　（单位：MJ/m^2）

集水区	1月	2月	3月	4月	5月	6月	7月	8月	9月	10月	11月	12月	平均
镇江关	327.8	385.3	581.8	704.0	821.0	820.3	826.3	771.1	633.8	459.8	324.0	282.3	578.1
黑水上段	312.1	367.9	557.4	676.2	789.9	789.7	795.2	741.1	607.8	439.2	308.7	268.3	554.5
黑水下段	324.4	380.2	572.3	691.0	804.9	803.9	809.6	756.3	622.8	452.9	320.7	279.8	568.2
杂谷脑上段	306.4	360.5	545.4	661.5	772.8	772.8	777.6	724.6	594.1	429.8	303.1	263.7	542.7
杂谷脑下段	293.8	346.0	522.6	631.6	735.4	734.0	738.8	690.7	568.7	412.4	290.9	252.8	518.1
寿溪	260.6	312.8	481.4	588.6	689.6	689.1	693.5	645.1	525.8	374.9	259.5	222.8	478.6
其他	282.9	335.2	510.1	619.6	723.8	723.1	727.7	678.5	556.0	400.4	280.4	242.7	506.7
岷江上游	305.0	359.6	544.8	660.4	770.9	770.3	775.5	723.3	593.6	429.2	301.8	262.3	541.4

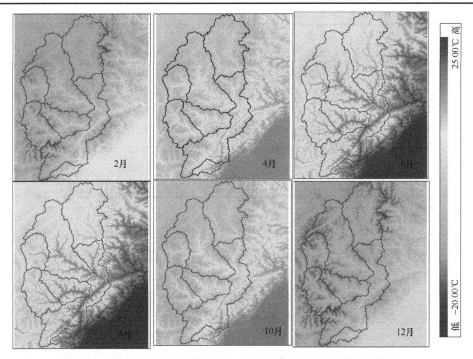

图 5.31　岷江上游不同季节气温空间模拟分布图（彩图见文后图版）

表 5.15　气象站点温度与海拔的相关分析

月份	温度与海拔的拟合公式	复相关系数
1	$y = -2 \times 10^{-6} x^2 + 0.0025x + 6.1459$	$R^2 = 0.84$
2	$y = -2 \times 10^{-6} x^2 + 0.0024x + 10.003$	$R^2 = 0.81$
3	$y = -1 \times 10^{-6} x^2 + 0.0009x + 14.592$	$R^2 = 0.89$
4	$y = -1 \times 10^{-6} x^2 + 0.0017x + 17.379$	$R^2 = 0.85$
5	$y = -9 \times 10^{-7} x^2 - 0.0005x + 21.04$	$R^2 = 0.91$
6	$y = -6 \times 10^{-7} x^2 - 0.002x + 26.228$	$R^2 = 0.94$
7	$y = 6 \times 10^{-8} x^2 - 0.005x + 29.588$	$R^2 = 0.98$
8	$y = -2 \times 10^{-7} x^2 - 0.004x + 27.316$	$R^2 = 0.98$
9	$y = -2 \times 10^{-7} x^2 - 0.004x + 25.132$	$R^2 = 0.95$
10	$y = -9 \times 10^{-7} x^2 - 0.0013x + 19.487$	$R^2 = 0.94$
11	$y = -1 \times 10^{-6} x^2 + 0.0003x + 13.683$	$R^2 = 0.90$
12	$y = -1 \times 10^{-6} x^2 + 0.0016x + 7.6719$	$R^2 = 0.84$

2）岷江上游净辐射的时空分布

因受地形、反照率、日照时数等因素的影响，岷江上游净辐射的时空分布差异明显（表 5.16）。2002 年岷江上游地区的净辐射季节波动较大，其中 6 月、7 月、8 月净辐射通量较高，以 8 月最高，为 249.4 MJ/m²；11 月、12 月净辐射通量较低，12 月最低，为 84.5 MJ/m²。在不同集水区间的净辐射通量差异也较大，镇江关流域最高，为 188.4 MJ/m²，寿溪流域最低，仅为 128.2 MJ/m²，说明流域内环境因素差异较大，空间异质性较高，净辐射的空间分布也有明显的不同。

表 5.16　2002 年岷江上游不同集水区的净辐射通量　（单位：MJ/m²）

集水区	1 月	2 月	3 月	4 月	5 月	6 月	7 月	8 月	9 月	10 月	11 月	12 月	平均
镇江关	121.4	138.7	183.0	223.6	233.7	258.0	256.0	274.2	202.0	153.2	116.5	100.7	188.4
黑水上段	111.8	128.1	176.5	222.2	230.0	246.6	250.3	266.8	190.7	148.3	109.1	94.1	181.2
黑水下段	118.6	133.0	175.8	227.6	240.3	248.9	258.2	272.9	198.7	154.3	114.0	100.3	186.9
杂谷脑上段	100.6	119.4	156.3	211.3	222.0	221.2	241.8	249.2	181.7	131.8	94.1	84.1	167.8
杂谷脑下段	88.7	106.1	152.2	193.3	197.3	203.2	226.1	231.3	162.0	126.5	87.8	73.4	154.0
寿溪	66.0	82.7	134.4	171.0	164.0	164.0	198.3	197.2	131.1	108.3	67.9	53.2	128.2
其他	79.8	97.7	146.0	183.3	190.0	190.0	215.2	218.2	151.2	119.7	80.8	65.2	144.8
岷江上游	101.6	118.7	164.5	207.8	225.8	225.8	238.6	249.4	178.4	137.6	99.1	84.5	169.3

3）基于 NDVI 线性插值的 Φ 值空间分布

Priestley-Taylor 公式中 Φ 值是一个较为关键的参数，过去的研究将 Φ 值定义为 1.26（Pereira，2004），这并不能反映其空间异质性。由于岷江上游地形环境情况变化较为复杂。岷江上游各集水区基于 NDVI 线性插值后的 Φ 值均值在 1.13～1.55（表 5.17）。值得注意的是，岷江上游月 Φ 值的计算是基于空间像元值统计出来的，并非将各集水区简单平均，这是因为各集水区像元值并不相同，权重也不相同。岷江上游月平均 Φ 值为 1.26，Jiang 和 Islam（1999）的研究也指出经 NDVI 线性插值后 Φ 值非常接近 1.26。虽然这有很大的偶然性，但说明基于 NDVI 对 Φ 值进行空间线性插值具有一定的合理性。基于温度对 Φ 值进行二次线性插值时，由于在冬季月均温大多低于 0℃，Φ 值也为 0，造成 Φ 值整体偏低。

表 5.17　岷江上游不同季节不同集水区的 Φ 值

集水区	1 月	2 月	3 月	4 月	5 月	6 月	7 月	8 月	9 月	10 月	11 月	12 月	平均
镇江关	1.26	1.16	1.16	1.00	1.31	1.33	1.36	1.34	1.09	1.07	1.00	1.21	1.19
黑水上段	1.28	1.15	1.16	1.04	1.38	1.31	1.36	1.36	1.17	1.13	1.05	1.24	1.22
黑水下段	1.20	1.06	1.04	0.94	1.23	1.23	1.26	1.27	1.09	1.04	1.03	1.15	1.13
杂谷脑上段	1.30	1.15	1.08	0.97	1.19	1.22	1.26	1.26	1.06	1.00	1.02	1.24	1.15
杂谷脑下段	1.51	1.37	1.38	1.16	1.42	1.23	1.29	1.30	1.19	1.29	1.22	1.47	1.32
寿溪	1.90	1.20	1.81	1.43	1.54	1.23	1.40	1.45	1.39	1.70	1.70	1.85	1.55
其他	1.59	1.39	1.49	1.24	1.46	1.26	1.32	1.35	1.27	1.40	1.32	1.56	1.39
岷江上游	1.39	1.23	1.26	1.09	1.36	1.28	1.33	1.33	1.17	1.20	1.14	1.35	1.26

4）基于 MODIS 近红外波段、红外波段反照率的变化

反照率在蒸散研究中具有较为重要的意义。FAO 在标准公式中将反照率定义为 0.25，这并不能反映其空间异质性。由于岷江上游地形环境情况变化较为复杂，反照率的空间变异也较为明显（图 5.32）。岷江上游反照率呈现较为明显的地带性，河流下段地区反照率要低于上段地区。河流下段地区森林占比较高，而上段地区草原面积较大。从 3 月和 10 月的反照率图可见，低海拔地区反照率要低于高海拔地区，这是由于山顶积雪面积较大，反照率相对也较高。从图中也可见干旱河谷反照率要高于周边地区，这是由于干旱河谷植被稀疏、地面裸露，反照率相应较高。

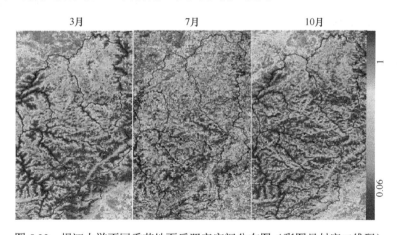

图 5.32　岷江上游不同季节地面反照率空间分布图（彩图见封底二维码）

5）岷江上游叶面积指数（LAI）时空变化的模拟分析

基于增强型植被指数（EVI）反演岷江上游叶面积指数（LAI）的季节变化（表 5.18）。不同集水区由于植被生长的不同叶面积指数（LAI）有很大差异，镇江关流域、寿溪流域叶面积指数较高，黑水下段和杂谷脑下段叶面积指数较低。这是因为镇江关流域、寿溪流域植被较好，而黑水下段和杂谷脑下段由于干旱河谷的存在，植被生长较差。此外，LAI 的季节变化也非常明显，夏季叶面积指数较高，冬季叶面积指数较低。岷江上游 LAI

的最大值在 7 月，这是由于 7 月 MODIS 的取值为 7 月 12 日至 8 月 12 日，这段时间植被长势较好。研究表明：2002 年岷江上游植被叶面积指数最大为 3.45，最小为 0.70。

表 5.18　2002 年岷江上游不同集水区叶面积指数变化

集水区	1 月	2 月	3 月	4 月	5 月	6 月	7 月	8 月	9 月	10 月	11 月	12 月
镇江关	0.64	0.77	0.90	1.14	1.67	3.22	3.65	2.59	1.41	0.89	0.68	0.67
黑水上段	0.66	0.75	0.87	1.26	1.95	3.27	3.58	2.73	1.58	0.98	0.68	0.72
黑水下段	0.69	0.73	0.87	1.19	1.69	3.08	3.27	2.61	1.50	0.91	0.69	0.73
杂谷脑上段	0.74	0.87	1.00	1.41	2.14	2.93	3.09	2.57	1.54	1.13	0.74	0.82
杂谷脑下段	0.71	0.80	0.87	1.19	1.78	2.94	3.19	2.56	1.43	0.94	0.70	0.73
寿溪	0.90	0.73	1.28	1.67	2.75	3.38	3.72	3.31	2.30	1.74	1.34	1.06
其他	0.76	0.84	1.05	1.49	2.27	3.12	3.43	2.89	1.71	1.29	0.88	0.87
岷江上游	0.70	0.79	0.94	1.30	1.97	3.14	3.45	2.71	1.57	1.07	0.76	0.77

6）岷江上游植被盖度时空变化的模拟分析

岷江上游不同集水区环境因子的空间差异较大，模型参数空间差异导致模拟结果不同。岷江上游植被盖度存在较大的时空变化差异（表 5.19）。植被盖度的季节变化特征明显，伴随着植物的生长，6 月、7 月、8 月植被盖度达到峰值，冬季植被盖度下降。不同集水区植被盖度也存在较大的差异，其中黑水下段和杂谷脑下段的植被盖度较低，植被年平均盖度分别为 45.03% 和 45.31%。寿溪流域植被盖度较高，年平均盖度为 59.80%。这是由于不同流域景观结构不同，寿溪流域植被较好，常绿阔叶林较多，而黑水下段和杂谷脑下段由于干旱河谷的存在，植被生长较差。岷江上游月平均植被盖度最大值为 72.43%，最小值为 34.96%。

表 5.19　2002 年岷江上游不同集水区植被盖度的变化　　　　　　（%）

集水区	1 月	2 月	3 月	4 月	5 月	6 月	7 月	8 月	9 月	10 月	11 月	12 月
镇江关	33.65	33.02	32.40	39.66	53.76	70.77	74.09	69.39	51.60	38.75	38.75	36.55
黑水上段	33.99	32.78	32.55	41.39	56.62	70.06	74.26	70.44	55.43	40.84	40.54	37.41
黑水下段	31.88	30.00	29.14	37.32	50.26	65.60	68.79	66.00	51.37	37.71	37.71	34.52
杂谷脑上段	40.18	39.07	38.64	46.39	58.32	65.62	70.47	67.50	55.98	46.78	46.78	44.22
杂谷脑下段	34.53	32.67	30.16	38.65	48.57	64.99	68.63	65.47	49.91	36.34	36.34	37.48
寿溪	50.83	34.17	50.81	56.94	63.12	65.42	76.33	75.46	65.59	61.59	61.54	55.73
其他	42.34	39.59	41.71	49.39	59.69	67.17	72.34	70.09	59.83	50.72	50.72	46.98
岷江上游	36.96	34.96	35.38	43.35	55.81	68.07	72.43	69.13	55.20	43.31	38.84	40.57

7）岷江上游潜在蒸散时空变化的模拟分析

选用不同模型模拟岷江上游蒸散，结果有较明显的差异（图 5.33～图 5.35）。综合分析 Priestley-Taylor 模拟值普遍较高，Thornthwaite 模拟结果普遍较低，改进型 Priestley-Taylor 公式结果介于两者之间（表 5.20）。在空间上不同集水区的蒸散具有很大不同，选用不同模型模拟结果也不尽相同。选用 Priestley-Taylor 公式，镇江关、黑水下段集水区蒸散量较高，年总蒸散量分别为 629.2 mm 和 624.6 mm。寿溪集水区蒸散量最低，年总蒸散量为 490.9 mm。岷江上游总蒸散量为 576.3 mm，岷江上游不同集水区最大差值为 21.98%；

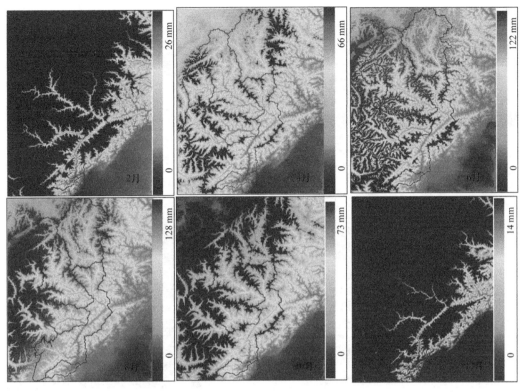

图 5.33 Thornthwaite 模型模拟岷江上游潜在蒸散的时空变化（彩图见文后图版）

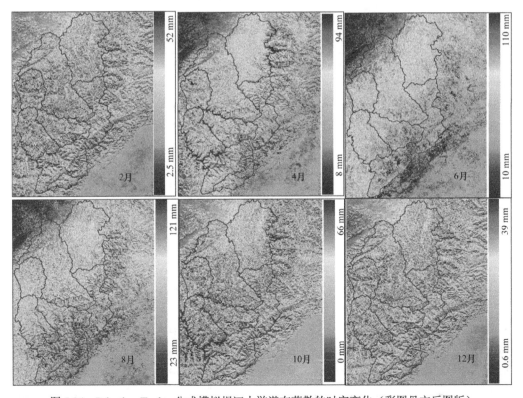

图 5.34 Priestley-Taylor 公式模拟岷江上游潜在蒸散的时空变化（彩图见文后图版）

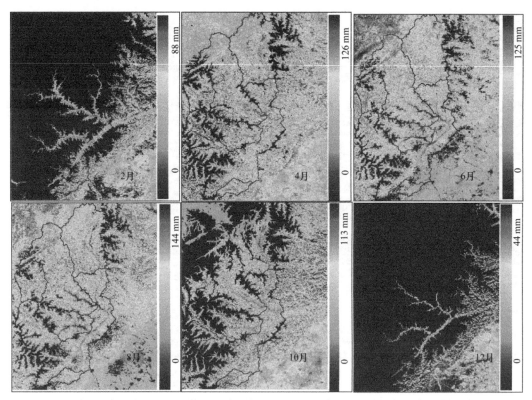

图 5.35　改进型 Priestley-Taylor 公式模拟岷江上游潜在蒸散的时空变化（彩图见文后图版）

表 5.20　岷江上游潜在蒸散时空变化模拟比较　　　　　　（单位：mm）

模型选择	集水区	1月	2月	3月	4月	5月	6月	7月	8月	9月	10月	11月	12月	总计
Priestley-Taylor	镇江关	21.8	29.3	42.5	62.2	74.3	77.2	86.6	88.8	61.4	39.9	25.9	19.3	629.2
Priestley-Taylor	黑水上段	20.5	28.0	42.1	63.1	72.2	76.4	85.2	87.0	58.7	39.3	25.0	18.6	616.1
Priestley-Taylor	黑水下段	21.4	28.7	41.3	64.2	71.8	78.6	86.4	87.2	60.0	39.9	25.6	19.5	624.6
Priestley-Taylor	杂谷脑上段	18.8	25.8	36.8	59.3	63.8	72.2	80.6	79.5	54.8	34.7	21.8	16.7	564.8
Priestley-Taylor	杂谷脑下段	17.0	23.6	37.1	55.2	60.3	65.9	77.5	76.3	50.5	34.7	21.1	15.0	534.3
Priestley-Taylor	寿溪	14.6	21.1	37.4	53.6	53.8	56.8	73.0	70.8	44.9	33.6	18.7	12.6	490.9
Priestley-Taylor	其他	15.7	22.2	36.4	53.0	57.3	62.1	75.0	73.4	48.0	33.8	19.9	13.7	510.3
Priestley-Taylor	岷江上游	18.9	26.0	39.5	59.1	66.3	71.2	81.5	81.7	55.1	37.0	23.1	16.9	576.3
Thornthwaite	镇江关	0.0	0.0	1.1	27.8	37.1	71.3	77.0	66.4	50.8	11.9	0.3	0.0	343.7
Thornthwaite	黑水上段	0.0	1.3	4.7	31.4	39.8	72.3	78.0	67.6	53.2	15.7	3.0	0.1	367.1
Thornthwaite	黑水下段	0.0	0.4	2.8	27.4	34.2	71.4	77.3	65.3	49.6	10.6	1.2	0.0	340.2
Thornthwaite	杂谷脑上段	0.0	0.8	3.5	25.7	32.9	71.3	78.7	65.7	48.1	13.4	2.6	0.0	342.7
Thornthwaite	杂谷脑下段	0.1	2.7	7.9	30.8	40.4	73.7	80.6	70.1	54.7	22.8	6.6	0.4	390.8
Thornthwaite	寿溪	1.7	11.7	23.7	47.6	59.2	83.9	91.9	84.1	70.3	45.7	22.1	4.3	546.2
Thornthwaite	其他	0.4	4.1	10.9	33.8	44.6	75.9	83.7	73.6	58.0	28.9	9.6	1.1	424.6
Thornthwaite	岷江上游	0.2	2.0	6.1	30.8	39.9	73.3	79.9	69.2	53.7	19.1	4.8	0.4	379.4
改进的 Priestley-Taylor	镇江关	0.0	0.2	4.6	37.4	64.4	71.6	82.7	82.8	43.9	19.5	0.8	0.0	407.9

模型选择	集水区	1月	2月	3月	4月	5月	6月	7月	8月	9月	10月	11月	12月	总计
改进型 Priestley-Taylor	黑水上段	0.1	2.5	10.9	40.0	65.9	69.4	81.0	82.0	45.2	21.5	3.7	0.3	422.5
改进型 Priestley-Taylor	黑水下段	0.0	2.2	11.0	37.5	59.6	66.2	75.0	76.4	43.4	19.1	3.1	0.0	393.5
改进型 Priestley-Taylor	杂谷脑上段	0.1	3.5	14.1	37.6	53.0	60.8	70.2	69.5	38.8	20.9	5.5	0.3	374.3
改进型 Priestley-Taylor	杂谷脑下段	0.6	5.2	19.0	41.0	57.6	55.2	68.9	68.1	39.8	27.5	8.2	1.1	392.2
改进型 Priestley-Taylor	寿溪	7.1	12.2	41.1	50.4	57.7	49.0	71.7	72.2	42.6	38.6	19.5	9.3	471.4
改进型 Priestley-Taylor	其他	1.5	6.9	28.8	41.7	57.0	54.4	69.3	69.1	40.9	29.8	10.4	2.4	412.2
改进型 Priestley-Taylor	岷江上游	0.7	3.7	14.8	39.8	60.5	63.0	75.4	75.6	42.5	24.0	5.8	1.1	406.9

选用 Thornthwaite 模型，寿溪蒸散量最高，年总蒸散量为 546.2 mm，而黑水下段集水区蒸散量较低，年总蒸散量为 340.2 mm。岷江上游年总蒸散量为 379.4 mm，流域内不同集水区年蒸散量高低相差为 37.7%。选用改进型 Priestley-Taylor 公式，寿溪蒸散量最高，年总蒸散量为 471.4 mm，而杂谷脑上段蒸散量最低，为 374.3 mm。岷江上游年总蒸散量为 406.9 mm。岷江上游不同集水区年蒸散量高低相差为 20.6%。在时间上岷江上游蒸散量的季节变化波动明显，夏季蒸散量高，冬季蒸散量最低。不同的是 Thornthwaite 模型模拟 6 月、7 月蒸散量达到最高，而其余两个模型都是 7 月、8 月达到最高。对于最低蒸散量的模拟，模型差异也较大，Priestley-Taylor 公式模拟 1 月和 12 月蒸散量大于 10 mm，而其余两个模型仅为几毫米甚至更低。这是因为 Priestley-Taylor 公式对温度的敏感性较低，其余模型对温度具有极高的敏感性，当温度小于 0℃时蒸散量为零。

总之，岷江上游潜在蒸散量具有较高的空间异质性。而选用不同模型模拟岷江上游潜在蒸散量时也存在较大的差异。这是因为不同模型选用参数不同，模型对参数的敏感性也不同。

8）岷江上游实际蒸散时空间变化的模拟分析

根据 Ritchie（1972）的方法估测岷江上游实际蒸散，发现同样具有较大差异（图 5.36）。综合分析 Priestley-Taylor 公式模拟值普遍较高，Thornthwaite 模拟结果普遍较低，改进型 Priestley-Taylor 公式结果介于两者之间（表 5.21）。同样选用不同模型模拟，不同集水区实际蒸散也具有很大的空间异质性。选用 Priestley-Taylor 公式黑水下段集水区蒸散量较高，年总蒸散量为 413.5 mm。寿溪集水区蒸散量最低，年总蒸散量为 331.1 mm。岷江上游总蒸散量为 380.1 mm，岷江上游不同集水区高低相差为 19.9%；选用 Thornthwaite 模型模拟实际蒸散量，寿溪年总蒸散量最高，为 384.5 mm，而黑水下段集水区蒸散量较低，年总蒸散量为 232.9 mm。岷江上游年总蒸散量为 260.6 mm，流域内不同集水区年蒸散量高低相差为 39.42%。选用改进型 Priestley-Taylor 公式，寿溪实际蒸散量最高，年总蒸散量为 326.4 mm，而杂谷脑上段实际蒸散量最低，为 261.9 mm。岷江上游年总蒸散量为 279.1 mm，岷江上游不同集水区年蒸散量高低相差为 19.76%。在

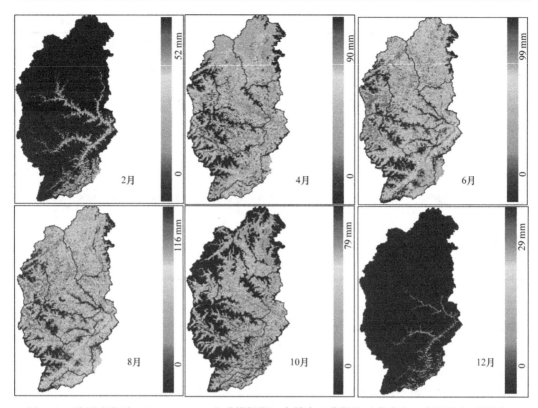

图 5.36 选用改进型 Priestley-Taylor 公式模拟岷江上游实际蒸散的时空变化（彩图见文后图版）

表 5.21 岷江上游实际蒸散时空变化模拟比较 （单位：mm）

模型选择	集水区	1月	2月	3月	4月	5月	6月	7月	8月	9月	10月	11月	12月	总计
Priestley-Taylor	镇江关	13.1	17.4	25.1	34.6	42.6	59.6	69.3	63.5	33.2	22.3	15.3	11.2	407.2
Priestley-Taylor	黑水上段	12.4	17.0	25.3	35.7	44.2	57.6	66.9	62.8	32.9	21.9	14.7	10.8	402.2
Priestley-Taylor	黑水下段	13.5	18.1	25.9	38.6	45.6	57.7	65.0	62.9	35.8	23.1	15.3	12.0	413.5
Priestley-Taylor	杂谷脑上段	11.8	16.5	23.7	37.2	43.4	54.3	61.4	57.9	33.4	21.8	13.6	10.4	385.4
Priestley-Taylor	杂谷脑下段	10.1	14.1	22.2	33.1	40.9	47.6	58.3	54.0	30.1	20.1	12.2	8.7	351.4
Priestley-Taylor	寿溪	7.4	12.6	19.6	29.9	36.9	42.3	60.0	56.6	29.9	19.6	9.9	6.4	331.1
Priestley-Taylor	其他	8.9	12.9	20.9	31.0	38.4	46.6	58.9	55.1	29.1	19.6	11.3	7.7	340.4
Priestley-Taylor	岷江上游	11.3	15.7	23.6	34.3	42.0	53.6	63.6	59.5	31.9	21.3	13.5	9.8	380.1
Thornthwaite	镇江关	0.0	0.0	0.6	15.2	21.4	55.1	61.6	47.5	27.4	6.3	0.2	0.0	235.3
Thornthwaite	黑水上段	0.0	0.8	2.7	17.3	25.1	54.8	61.5	49.0	29.9	8.1	1.8	0.0	251.0
Thornthwaite	黑水下段	0.0	0.2	1.4	15.3	21.8	52.9	58.5	47.5	29.4	5.3	0.6	0.0	232.9
Thornthwaite	杂谷脑上段	0.0	0.4	1.9	14.7	22.3	54.1	60.2	48.1	28.8	7.3	1.3	0.0	239.1
Thornthwaite	杂谷脑下段	0.1	1.6	4.3	17.4	27.8	53.6	60.9	50.1	32.2	11.9	3.5	0.2	263.6
Thornthwaite	寿溪	0.9	6.8	12.5	27.0	41.8	63.3	74.9	68.3	47.6	27.2	12.0	2.2	384.5
Thornthwaite	其他	0.2	2.3	5.8	19.2	30.4	57.2	65.9	55.6	35.1	16.1	5.1	0.5	293.4
Thornthwaite	岷江上游	0.1	1.2	3.3	17.2	25.8	55.4	62.5	50.7	31.3	10.3	2.6	0.2	260.6
改进型 Priestley-Taylor	镇江关	0.0	0.1	2.5	20.2	37.2	56.5	67.5	60.3	23.5	10.2	0.4	0.0	278.4

模型选择	集水区	1月	2月	3月	4月	5月	6月	7月	8月	9月	10月	11月	12月	总计
改进型 Priestley-Taylor	黑水上段	0.1	1.4	5.9	21.9	41.8	54.0	65.2	60.7	25.5	11.0	2.0	0.2	289.7
改进型 Priestley-Taylor	黑水下段	0.0	1.1	5.8	21.0	28.5	51.5	59.1	57.8	25.7	9.7	1.6	0.0	261.8
改进型 Priestley-Taylor	杂谷脑上段	0.0	1.8	7.7	21.4	36.3	48.2	56.0	53.0	23.2	11.4	2.8	0.1	261.9
改进型 Priestley-Taylor	杂谷脑下段	0.3	2.8	10.0	23.2	40.1	42.1	54.0	50.4	23.4	14.5	4.1	0.6	265.5
改进型 Priestley-Taylor	寿溪	3.6	6.9	21.5	28.4	41.6	38.8	59.0	59.2	29.3	22.9	10.5	4.7	326.4
改进型 Priestley-Taylor	其他	0.8	3.7	12.5	23.7	39.0	42.6	55.8	53.5	24.7	16.5	5.3	1.2	279.5
改进型 Priestley-Taylor	岷江上游	0.3	2.0	7.9	22.2	39.2	49.3	60.6	56.7	24.6	12.8	3.0	0.5	279.1

时间上岷江上游实际蒸散量也表现出明显的季节特征，夏季蒸散量最高，冬季蒸散量最低。由于各个模型结构和参数选用上的不同，模拟结果有较大的差异。例如，Priestley-Taylor 公式对温度敏感性较低，其在冬季模拟蒸散量较高，而其余两个模型对温度具有极高的敏感性，其模拟结果相对较高。本研究选用 Ritchie（1972）的方法，实际蒸散量与潜在蒸散量之比为 65%～70%。

总之，岷江上游实际蒸散量具有较高的空间异质性，而选用不同模型模拟岷江上游实际蒸散量时也存在较大的差异。这是因为不同模型选用的参数不同，模型对参数的敏感性也不同。

9）小结与讨论

本研究基于岷江上游不同的子流域，对岷江上游蒸散的空间变异进行研究，这是为了便于结合各子流域植被特征及降水和径流数据在流域尺度上对蒸散进行深入研究。目前区域蒸散模型的验证是研究中的难点，对于点数据的验证多采用涡动相关法，在流域尺度上多采用水量平衡反推法，如 Xu 和 Li（2003）基于 PDTank 模型在 Kasumigaura 集水区对流域蒸散进行了反推验证。本研究仅对不同模型的模拟结果进行了对比分析，还缺乏模型的验证，由于缺少土壤水分动态的研究，还无法在流域尺度对蒸散进行模拟验证。但结合流域特征进行区域蒸散的空间研究应是今后研究的方向。

模型结构上的差异造成了模拟结果上的差异，综合分析：Thornthwaite 公式以月平均气温为单一的主导因子，它假设温度为 0℃时蒸发停止，这显然与实际情况不符，因此模拟结果偏低。周杨明等（2002）在贡嘎山海螺沟用 Thornthwaite 公式模拟也得出了类似的结论。从模型结构上来看，原始的 Priestley-Taylor 公式将 α 值定为 1.28，缺乏对植被空间异质性的表述，此外模型缺乏对温度变量的敏感性，所以模拟的值偏高；改进型 Priestley-Taylor 公式有着较为深厚的理论基础，其 Φ 值是通过 NDVI 和温度进行二次线性插值获得的，它考虑的影响因子比较全面，能够反映植被的空间异质特征，具有较高的推广价值。

5.4 植被活动强度与长期水文效应的遥感分析

5.4.1 植被活动强度对水文的影响概述

植被活动的增强源自多种因素，如气候变化、土地使用或 CO_2 浓度增高（Betts et al.，2007），其中气温变暖已经被认为是最重要的因素，尤其是在北半球（Mitchell and Jones，2005；Linderholm，2006）。温度升高导致一个生长季长度的延长及较高的植被生产力（Hicke et al.，2002）从而有更高的植被覆盖度（Fang et al.，2004）。研究中国的温带植物也发现了类似结果：在过去 20 年间植被生长季节的持续时间每年增加 1.16 天（Zheng et al.，2002；Piao et al.，2006）。植被物候的变化对区域水文极其重要，原因在于它能改变季节性的 LAI，因此能够改变植被与大气之间碳和水交换系统的蒸散（Kucharik et al.，2006）。

大量植被指数在其结构或反射光谱上表现出较强的季节性（如 NDVI），可以通过这些指数的长时间序列及时间和空间变化趋势来描述植被的演变方向。遥感能有效地探测到植被物候的变化趋势（Piao et al.，2006），如 NOAA/AVHRR、SPOT/VEG-ETATION和 MODIS 的 NDVI 产品，可以在很长时间序列中，用高时间分辨率影像来分析大空间尺度的植被物候变化趋势（White et al.，1997，2005）。例如，NOAA AVHRR/NDVI 早在 20 世纪 80 年代初就被使用。该数据在过去几十年一直被用来量化区域、大陆和全球尺度不断变化的生态过程与气候之间的关系（Reed et al.，1994；McVicar and Jupp，1998；Huemmrich et al.，1999；Tucker et al.，2001；White et al.，2005）。有关气候变化（Burn，1994；Arnell and Reynard，1996；Leith and Whitfield，1998；Labat et al.，2004；Andersson et al.，2006；Andreo et al.，2006；Merritt et al.，2006）、土地利用/土地覆被变化（Niehoff et al.，2002；Hundecha and Bárdossy，2004；Sun et al.，2005，2006；Zhang and Schilling，2006；McVicar et al.，2007b）及气候和土地利用共同变化（Legesse et al.，2003；Bronstert，2004）的水文响应也受到越来越多的关注。与气候变化有关的植被蒸散（ET）的增加可能会导致径流减少，除非降水量增加或水资源利用效率提高（McCarty et al.，2001）。在全球范围内，人们认为变暖将导致大陆径流量的增加，相当于海洋蒸发量增加和大陆降水量增加（Labat et al.，2004）。这已经得到世界各地区大量研究的证实（McCarty et al.，2001；Schilling and Libra，2003）。同样的，与植被活动相关的 ET 的增加也可能对径流产生影响。Betts 等（2007）的研究表明，植物对二氧化碳增加的响应也将导致大陆径流量增加。在美国的新英格兰，有人预测，气候变暖将依据年平均温度和生长季节的长度增加或减少径流，这有可能增加森林蒸散（Huntington，2003）。这些研究表明气候变化对区域水文产生直接影响的结论不一致，此外，气候变化也可能影响植被结构、物候和演变趋势，最终可能间接对区域水文产生影响。植被的活动和气候与水文之间的相互作用发生在不同的时间、空间尺度上。在大多数情况下，很难将气象因子和植被因子对水文的作用分离出来，只能假设或者控制一定的气象条件，单独研究植被因子对水文的影响。

有许多有关小流域植被与水文相互作用的研究文献，典型的有 Hibbert(1967)、Bosch和 Hewlett（1982）、Zhang 等（1999）和 Brown 等（2005）的研究。这些研究通常表明，森林砍伐导致年平均径流量的增加。然而，森林和水之间的关系仍然存在科学争论，特别是在大的集水区土地利用在空间和时间上的变化不均匀，降水和蒸发需求变异大等因素，使在大集水区的研究很难得到一致的结论（Siriwardena et al.，2006）。此外，仅基于森林覆盖率进行流域尺度研究的分析与建模（Andréassian，2004）是不够的。尤其是在流域范围内，植被变化是缓慢的，而不是急剧的，我们需要对植被进行连续、定量的描述，追踪植被在长时间的缓慢变化。在过去的 20 多年，已校准的 NDVI 时间序列作为植被活动变化的重要描述因子已经得到应用。然而，人们对于 NDVI 时间序列数据与径流量时间序列数据之间的联系，以及 NDVI 的季节性和年际变化对径流量的影响知之甚少，特别是在气候变化的背景下。本研究致力于探究大尺度山区流域范围内，植被变化与流域径流量的相互作用，尤其是两者在长时间范围内的相关性分析研究。

5.4.2　数据处理与方法

5.4.2.1　研究区概况

岷江是长江最大的支流，它的径流量约占长江的 8.9%。本研究的目标区域位于岷江的上游流域，对位于下游的四川盆地的水资源有着重要的意义。研究区域面积约为 22 919 km²，从青藏高原东部延伸至成都平原。研究区地形复杂，流域内海拔为 500～5500 m，植被分布随海拔的变化而变化。通常，亚热带常绿阔叶林生长在海拔 500～1500 m 的区域。混合的常绿林与落叶林镶嵌分布在 1500～2000 m 的区域。暗针叶林与硬叶常绿阔叶林生长在海拔 2000～4000 m 的区域。在海拔高于 4000 m 的区域，植被类型主要为草地与灌木，高山草甸分布在山脊顶部。

由于 1980 年之前的大范围森林采伐作业，原始暗针叶林的覆盖率大幅下降，从 1949 年的 39.5%下降到 1980 年的 27%（Fan，2002）。虽然森林采伐活动在 1998 年以前并未完全禁止，但自从国家天然林保护工程启动，造林、更新，以及恢复活动从 20 世纪 70 年代后期就已经开始，所以对于整个研究区域，森林覆盖率在过去的 20 年里正慢慢恢复。城市化以及研究区内居民的工农业生产活动，都可能影响森林的恢复过程。但是，人类活动的影响主要集中于流域中下游的 4 个县级市地区，而在大多数高山和亚高山地区，人类的直接影响（由于农业活动或其他土地覆被变化）是最小的。

5.4.2.2　NDVI 时序数据的建立

本研究主要分析植被的季节和长期动态趋势，所使用的 NDVI 数据是由搭载在 NOAA 极地轨道卫星上的 AVHRR 传感器得到的（特别是 NOAA 7、9、11、14 和 16 传感器）。NDVI 是由 AVHRR 的可见光波段和近红外波段计算得到的，计算方法见公式（5.1）。

本研究所使用的数据如 Tucker 等（2005）所描述，由美国航空航天局戈达德太空飞行中心的全球库存建模与测绘系统进行处理。遥感数据已经经过传感器的校准，以降低传感器退化的影响。对于这项研究，空间分辨率为 8 km 的 NDVI 数据，为 16 天最大值合成 NDVI，有效地减少了云的影响（McVicar and Bierwirth，2001）。利用克里格插值法消除由阴天和缺失像素造成的噪声及衰减。

5.4.2.3 趋势分析-季节性 Mann-Kendall 检验

趋势分析是基于季节性 Mann-Kendall 检验（SMK），这个检验方法由 Mann（1945）和 Kendall（1975）首先提出，并经过发展，包括季节性（Hirsch and Slack，1984）、多过程（Lettenmaier，1988）和多变量（Libiseller and Grimvall，2002）。

通过 SMK 检验并校正时间自相关，可以检测到显著的季节性变化趋势。SMK 检验时间序列的详细方法参考 Beurs 和 Henebry（2004，2005a，2005b）。在本研究中，季节性和部分 Mann-Kendall 检验通过计算机程序执行。

5.4.2.4 基于物候曲线的植被分类方法

植被类型的物候差异（如返青和休眠起始期）可以反映 NDVI 的时序变化，根据这一特点，可以在大尺度上进行土地覆被分类（DeFries and Townshend，1994）。本研究基于 1 km 分辨率的 NDVI 数据集进行植被分类，数据集来自搭载在 SPOT 卫星的 VEGETATION 传感器，它是为期 10 天的合成数据并进行过大气校正，时间范围为 2001～2005 年。12 波段图像（NDVI 影像包含了季节性序列）用于岷江流域土地利用和土地覆被分类，基于 ENVI 遥感分析软件，采用最大似然分类方法。

地面验证包括 756 个实地调查样地，采用混淆矩阵（图中未显示）的方法计算精度。不同植被类型的生产者和用户精度在表 5.22 中列出，总体分类精度为 87.6%。植被类型分为高山组（A），包括草地和灌木，主要分布在高海拔山区尤其是海拔 4000 m 以上地区；亚高山带组（SA），包括常绿灌木和森林，主要分布在 2500～4000 m 地区；温带和亚热带组（T/ST），主要分布在 500～2500 m 地区。

表 5.22 岷江上游基于物候曲线的植被分类及各项统计资料

分组	植被类型	简称	面积比例（%）	地面验证样地数（个）	生产者精度（%）	用户精度（%）
A	高山草甸	AM	19.7	58	84.48	96.08
A	稀疏草甸	ASM	4.3	43	93.02	72.97
A	草甸与灌丛交错区	AMSM	5.7	32	84.38	93.10
A	亚高山落叶灌丛	ADS	3.3	21	100.00	94.64
SA	亚高山常绿灌丛	SAES	23.2	148	91.22	92.31
SA	亚高山针叶林	SACF	7.8	175	90.86	96.08
SA	针阔叶混交林	MCBF	10.4	83	87.95	72.97
T/ST	温带落叶灌丛	TDS	11.1	78	74.36	93.10
T/ST	亚热带常绿阔叶林	STEBF	9.9	73	82.19	94.64
T/ST	人工针叶林	MEPC	2.8	24	87.50	92.31
	雪及裸岩	SIR	0.4	5	80.00	100.00
	农田	CL	1.6	16	93.75	96.08

5.4.2.5 降水的空间数据插值

本研究采用 51 个雨量站数据进行空间插值，雨量站分布在流域内或者附近区域。雨量站的海拔为 450～4200 m，平均海拔约为 1900 m，历史降水数据记录为 1982～2003 年的日数据。插值软件采用 ANUSPLIN 软件包（Ver4.1），使用薄板平滑样条函数的多变量数据插值。ANUSPLIN 软件包在水文空间插值上的应用相对比较广泛，如国家气象局发布的部分空间气象数据也是采用 ANUSPLIN 软件包。本研究使用四变量薄板平滑样条，在三变量（经纬度和海拔）基础上，建立了主风向效应指数（Prevailing Wind Effect Index，PWEI），PWEI 通过地形和盛行风向的耦合效应建立（如季风风向），所有的变量都以 500 m 分辨率的栅格计算，最终生成不同时间序列的基于栅格的月平均降水空间数据集。

$$PWEI = \cos\left(\pi\left(\alpha - \beta + 360\right)/180\right) + 1 \qquad \left(0° \leqslant \alpha < \beta\right)$$
$$ = \cos\left(\pi\left(\alpha - \beta\right)/180\right) + 1 \qquad \left(\beta \leqslant \alpha < 360°\right) \tag{5.99}$$

式中，α 为坡向；β 为盛行季风风向；PWEI 的值域区间为 0～2。我们假定降水和 PWEI 之间有线性关系，经过交叉检验发现，PWEI 的应用使得整体模拟精度比三变量薄板样条模型的误差小。

5.4.2.6　每月累加生长度日因子（AGDD$_M$）

采用土壤表面（0 cm）温度计算度日因子（GDD$_t$），使用 GDD$_t$>0℃ 计算生长度日因子。每月累加生长度日因子的定义为：

$$AGDD_M = \sum_{t=1}^{n} GDD_t \left(\text{ if } GDD_t > 0℃\right) \tag{5.100}$$

式中，n 是一个月的天数。基于 ANUSPLIN 计算 AGDD$_M$ 每月空间数据，在此基础上建立了 AGDDM 1982～2003 年的时间序列。

5.4.2.7　集水区时间合成 NDVI 值

时间合成 NDVI 指数（TI-NDVI）代表每一个生长季的累积值（Jia et al.，2006），反映了植被活动强度的变化。该区域通常在 NDVI 大于 0.29 时为生长季，因此我们设置阈值 0.29，从 NDVI 的物候过程曲线可以看出，该阈值通常是常绿林的低点（如亚高山针叶林和阔叶林、混交林和亚热带常绿阔叶林）和落叶性植被的返青起始点（如高山落叶灌木、温带落叶灌木）（Piao et al.，2006）（图 5.37）。Jia 等（2006）也曾提出过在欧亚大陆 NDVI 的返青起始点为 0.3。使用生长季 NDVI 阈值很好地贴合了落叶类型的物候特征（返青和休眠），突出了常绿类型在非生长季的功能。

集水区 TI-NDVI（TI-NDVI$_c$）描述整个流域整年的 TI-NDVI，是不同的植被类型 TI-NDVI 权重之和。这个指数通过突出活跃的水分消耗季节，从而反映年度流域植被活动强度。

$$TI-NDVI_c = \sum_{i=1}^{12} \sum_{j=1}^{n} NDVI(\text{if} > 0.29)_{ij} \times C_j \tag{5.101}$$

式中，i 为一年之中的月份；j 为植被类型的代号；n 为土地类型的总数；C 为植被类型占整个集水区的比例。

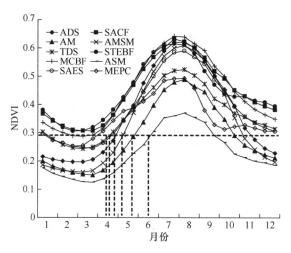

图 5.37　不同植被类型的 NDVI 物候曲线

图中虚线指向对应阈值 0.3 所发生的时间

5.4.2.8　基流划分

研究认为，流量（Q）由表面流（SF）和基流（BF）组成（Arnold and Allen，1999）。前者主要是地表径流和壤中流，后者为深层地下水流。SF 主要发生在降水发生时，而在干旱和两次降水之间的主要贡献是 BF。SF 和 BF 占 Q 的比例，受时间和气候的影响，也受流域特征、人类活动（如土地利用的变化）等的影响。BF 可以通过使用分离流域总流量的方法获得。例如，Arnold 等（1995）采用的数字滤波器分离方法，可以从水流的记录中获得基流衰退曲线的斜率。具体的编程和算法参考 SWAT（土壤和水分析工具）技术文档（https://swat.tamu.edu/）。

5.4.3　温度、降水与不同植被类型组 NDVI 时间序列的变化趋势

通过 SMK 检验 1982~2003 年的 $AGDD_M$ 时间序列，高山组（A）、亚高山组（SA）、温带和亚热带组（T/ST）显示了一致的上升趋势。高山组显著水平最高（$P<0.001$）。整个集水区呈显著性增加趋势（$P=0.016$）。SMK 检验显示月均降水（MMP）没有明显的趋势，无论是 A、SA 还是 T/ST 组，均显示 MMP 略有下降但不显著（表 5.23）。但是，1982~2003 年不同植被类型月均 NDVI 显示出不同的趋势。高山组植被类型显示出显著上升趋势（$P<0.05$），而亚高山组、温带和亚热带组则显示下降趋势（尽管不显著）（表 5.24）。

5.4.4　NDVI 时间序列和气候变化趋势

季节性趋势检验（SMK）显示流域径流量有显著减少趋势，包括流域总径流（$P=0.011$）和地表径流（$P=0.009$），但基流（BF）有不明显降低趋势（$P=0.161$）。NDVI 与流域总径流量、地表径流和基流的相关性如表 5.25 所示。很明显，归一化植被指数和径流在大多数月份尤其是生长季节（4~10 月）呈负相关。从相关系数来看，8 月的相关性最显著。9 月地表径流与归一化植被指数显著相关。相关系数从生长季早期（3~4 月）到生长季晚期（9~10 月）有明显的增大。

表 5.23　SMK 对 1982~2003 年 AGDD$_M$、MMP 及 NDVI 的检验结果

项目	分组	月数	SMK 统计值	P 值
AGDD$_M$	A	264	3.24	0.000*
	SA	264	2.35	0.018*
	T/ST	264	1.82	0.024*
MMP	A	264	−0.93	0.354
	SA	264	−1.37	0.134
	T/ST	264	−1.77	0.106
NDVI	A	264	2.25	0.024*
	SA	264	−0.60	0.516
	T/ST	264	−0.83	0.404

*表示 $P<0.05$；SMK 统计值为正值意味着上升趋势，负值为下降趋势

表 5.24　不同植被组 AGDD$_M$、MMP 及 NDVI 的相关性分析

	高山组 A			亚高山组 SA			温带和亚热带组 T/ST		
	MMP	AGDD$_M$	NDVI	MMP	AGDD$_M$	NDVI	MMP	AGDD$_M$	NDVI
MMP	1	−0.16	0.06	1	−0.38	0.27	1	0.2	0.57*
AGDD$_M$	−0.16	1	0.59*	−0.38	1	−0.2	0.2	1	0.26
NDVI	0.06	0.59*	1	0.27	−0.2	1	0.57*	0.26	1

*表示 $P<0.05$

5.4.5　NDVI 和流域径流关系的季节性检验

季节性趋势检验（SMK）显示流域径流量有显著减少趋势，包括流域总径流（$P=0.011$）和地表径流（$P=0.009$），但基流（BF）有不明显降低趋势（$P=0.161$）。NDVI与流域总径流量、地表径流和基流的相关性如表 5.25 所示。很明显，归一化植被指数和径流在大多数月份尤其是生长季节（4~10 月）呈负相关。从相关系数来看，8 月的相关性最显著。9 月地表径流与归一化植被指数显著相关。相关系数从生长季早期（3~4 月）到生长季晚期（9~10 月）有明显的增大。

表 5.25　NDVI 与总径流量、基流与地表径流之间的相关性

月份	总径流	基流	地表径流
1	−0.07	−0.2	0.24
2	0.35	0.07	0.28
3	0.07	0.02	−0.28
4	−0.31	−0.27	−0.41
5	−0.45	−0.42	−0.22
6	−0.34	−0.32	−0.2
7	−0.28	−0.38	−0.4
8	−0.66*	−0.53*	−0.67*
9	−0.31	−0.37	−0.61*
10	−0.14	−0.09	0.01
11	0.19	0.11	0.01
12	0.04	0.17	−0.12

*表示 $P<0.025$

5.4.6 NDVI 和流域长期径流量的变化关系

年降水量（P）为 907～1198 mm，年径流量（R）随降水在 433～702 mm 波动。两个变量间显示了较强的相关关系（$r^2 = 0.77$）。1982～2003 年，降水没有任何明显的趋势。相比之下，径流具有显著下降趋势（$P < 0.05$，图 5.38a）。径流趋势与我们采用 SMK 检验的趋势一致（降低趋势，$P < 0.05$）。假设流域年土壤水分蓄变量是常数，蒸散由年降水量与年径流之差计算得到。很明显，近 20 年来蒸散正在增加（$P < 0.01$，图 5.38a）。与 $AGDD_M$ 的趋势检验（SMK）结果相一致的是，年总 AGDD（$AGDD_A$）也显示了强劲的增长趋势（$P < 0.05$），与 TI-NDVI$_c$ 的增长趋势表现一致。

在过去 20 年里流域时间合成 TI-NDVI$_c$ 的变动范围从 5.1 增加到 5.8（$P < 0.05$，图 5.38b）。ET 在 386～496 mm 显示了同样的趋势和变化。相关分析发现 ET 和 TI-NDVI$_c$ 之间正相关（$R^2 = 0.43$，$P = 0.001$）（图 5.39），对 P、R、ET、TI-NDVI$_c$、$AGDD_A$ 年际变化趋势都进行了 SMK 检验。

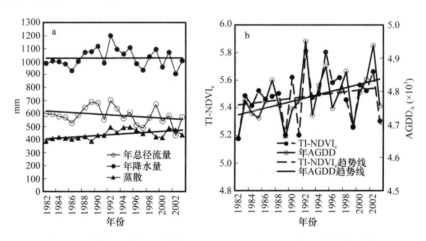

图 5.38　降水、径流、蒸散、TI-NDVI$_c$、$AGDD_A$ 的年际变化趋势

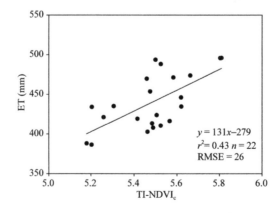

图 5.39　TI-NDVI$_c$ 与年蒸散（ET）之间的相关性（$r^2 = 0.43$，$P < 0.01$）

5.4.7　讨论与小结

本研究最显著的发现是在亚高山区域基于不同的植被组 NDVI 时间序列所呈现的上升趋势。尽管此前发现植被活动在北半球（Mitchell and Jones，2005；Linderholm，2006）及中国的温带地区活跃（Piao et al.，2006），这是较早发现亚热带地区植被活动有所增加的研究。该区域海拔 500~5000 m，植被类型包括亚热带、温带和亚高山的，根据海拔梯度，植被呈多样化分布，为分析不同植被类型组提供了很好的平台。该研究证明 3 种植被组对气候变化的反应不同：高山植被的植被活动（A 组）对气候变化响应明显，然而这一趋势在低海拔的植被中并不明显。使用 SMK 检验表明，归一化植被指数的变化与不同气候胁迫因子的关系随植被类型的不同而异。高山组 NDVI 与 $AGDD_M$ 紧密相关，与 MMP 关系很弱。这表明，在亚高山组归一化植被指数的变化对温度比降水更加敏感。相反在温带和亚热带组，NDVI 与 $AGDD_M$ 关系弱，与 MMP 关系强，说明降水对温带和亚热带组更重要。

亚高山组主要分布在中高海拔的流域，没有显示出 NDVI 与 MMP 或 $AGDD_M$ 显著相关。我们推测这一组中的 NDVI 对气候变量的响应不敏感。人类活动也可能影响植被的变化，尤其是在中低海拔流域。农业生产活动可能影响温带落叶灌丛（TDS）、亚热带常绿阔叶林（STEBF）等植被类型。山坡坡度超过 30° 的区域禁止进行农业活动，在这些区域中整体植被覆盖类型是由小块农田和森林或者灌木组成，因而植被 NDVI 值受到作物收获（每年两次）的季节波动影响。相比之下，高山地区人类活动最少，放牧强度很低。我们的结果表明，高山植被类型对气候变暖最敏感。$AGDD_M$ 在高山区呈上升的趋势也可以证明以上观点（表 5.23）。在早期的研究中也证明高海拔地区植被对变暖的反应更明显（Beniston and Rebetez，1996；Giorgi et al.，1997）。虽然 MMP 在本研究中显示出高度的空间变异性，三个植被组的时间序列均没有发现 MMP 明显减少或增加的趋势。只有 T/ST 组中 NDVI 和 MMP 有显著关系，表明在低海拔地区水对影响植被变化有更重要的作用。此外，T/ST 组中有一部分是常绿阔叶林，位于流域下游，具有亚热带常绿阔叶林的特点，其树种耗水量较大，所以在该组中 NDVI-MMP 的相关性也反映出较强的水分依赖性（表 5.24）。

我们研究的主要科学问题之一是植被变化对径流的潜在影响，尤其对大流域径流的影响。一些研究文献中涉及大集水区人工植被的影响（Siriwardena et al.，2006）。McVicar 等（2007a）总结了不同研究尺度上增加造林对黄土高原水文的影响，研究流域面积超过 30 000 km^2，这是大面积植被恢复导致流域产水量下降（Li et al.，2007）。岷江上游是一个 20 000 多平方千米的大流域。一方面，在研究期间没有大规模的造林，2002 年的森林调查显示，整个人工森林只占土地面积的 5.18%。另一方面，自 20 世纪 80 年代以来，这个地区禁止大规模的森林砍伐，所以在过去的 20 年土地覆被没有很大的变化。事实上，该地区的植被正处在自然恢复阶段。由于禁伐以及造林与再造林，植被恢复过程受环境因素的影响大于人类活动的影响。归一化植被指数时间序列分析表明，气候变暖，植被活动增加，高山植被类型尤为明显（表 5.24）。尽管 SA 组和 T/ST 组的趋势不显著，但整个流域 NDVI（TI-NDVI_c）显示增加的趋势。有趣的是，根据三组 MMP 的时间序列，发现年降水尽管有轻微减少的趋势，但在整体研究期间即 20 年内基本维持平衡，减少并不显著。因此，通过降水无法解释径流量的显著下降。因此我们推测，径流量减少可能归因于植被活动增强引起的蒸散（ET）增加，而不是降水减少。

气候变暖通常会引起 ET 增加，特别是 ET 中蒸发的部分增加，因为气温通常与辐射和 ET 的其他因素综合作用（Huntington，2003）。气温可以直接作为气象变量放在单层或双层物理模型中（McVicar et al.，2007b）。此外，气温可以通过影响物候事件或通过长期影响植被结构，改变特定立地环境下的植被特性（如冠层导度），从而改变了基于物理过程的蒸散估算方法 Penman-Monteith 中的表面阻力（导度）等参数，最终影响 ET 的估算。在大多数情况下，很难从气象因素中分离出植被因素从而探讨其对 ET 的影响。然而，本研究中 NDVI 与 ET 显示出线性关系，这可能为我们提供一种新的快速估算方法。首先，NDVI 能够被视为植被密度和植被活动的指标，并与 LAI（Chen et al.，2002a）进而和植被耗水量相关联。其次，考虑到人类行为的影响非常有限，NDVI 时间趋势反映了气候变化。在这种情况下，NDVI 可以作为一个综合指标，它既可以指示植被活动，又可以指示导致 ET 变化的气象因子的变化。在我们的研究中，TI-NDVI$_c$ 在整个水域尺度上较好地跟踪并表达了植被结构和功能上的变化。TI-NDVI$_c$ 能够体现不同植被比例而描述整个流域的植被变化。这个指数与流域蒸散显示出一定的正向相关性，可以解释 40% 的 ET 变化。图 5.38b 显示了 TI-NDVI$_c$ 比 AGDD$_A$ 具有更低的增长率。因此，TI-NDVI$_c$ 不能完全反映气温增长率。NDVI 渐近饱和问题（Jackson et al.，2004）可能会影响 TI-NDVI$_c$ 的估算精度。

NDVI 和生长季（4~9 月）的总径流量、基流与地表径流之间均呈现负相关关系（表 5.25），表明 NDVI 对径流量减少的作用主要表现在生长季，此时 NDVI 达到峰值（7 月和 8 月），是植被生长旺盛时期，对径流的削减作用显著。非生长季 NDVI 和流量具有不显著的正相关关系，NDVI 对径流的影响作用较小。相关系数在 3~4 月急剧下降。这可能是因为 4 月是低纬度落叶植被类型春季返青起始期。植被耗水量增加以满足发芽和展叶的需求（Broadhead et al.，2003；Muthuri et al.，2004）。我们的结果支持这一结论，在大流域植被盖度增加或植被活动增强将减少径流量。

总体上，我们研究了归一化植被指数的季节性和长期趋势对河川径流量的影响。归一化植被指数显著影响的径流量发生在高径流量时期或归一化植被指数峰值期。从流域的角度来看，区域气候变暖引起的高海拔植被的活动增强最为显著，TI-NDVI$_c$ 能够很好地跟踪流域植被的变化，解释大约 40% 的蒸散（ET）变动，在过去 20 年中，由气候变暖引发的植被活动增加是减少流域径流量的重要因素之一。

主要参考文献

陈效逑. 2000. 论树木物候生长季节与气温生长季节的关系——以德国中部 Taunus 山区为例. 气象学报, 58(6): 721-737.

陈云浩, 李晓兵, 陈晋, 等. 2002. 1983—1992 年中国陆地植被 NDVI 演变特征的变化矢量分析. 遥感学报, 6(1): 12-18.

陈祖铭, 任守贤. 1994. 枝叶截留与蒸散发模型及界面水分效应——森林流域水文模型研究之二. 四川水力发电, (2): 21-27.

陈祖铭, 任守贤. 1995. 岷江上游森林对紫坪铺工程和都江堰灌区的影响. 成都科技大学学报, (3): 1-14.

慈龙骏. 2005. 中国荒漠化及其防治. 北京: 高等教育出版社.

董永平, 吴新宏. 2005. 草原遥感监测技术. 北京: 化学工业出版社.

樊宏. 2002. 岷江上游近50a土地覆被的变化趋势. 山地学报, 20(1): 64-69.

方精云, 朴世龙, 贺金生, 等. 2003. 近20年来中国植被活动在增强. 中国科学, 33(6): 554-565.

方修琦, 余卫红. 2002. 物候对全球变暖响应的研究综述. 地理研究进展, 17(5): 713-719.

傅抱璞, 翁笃鸣, 虞静明, 等. 1994. 小气候学. 北京: 气象出版社.

高志强, 刘纪远. 2000. 基于遥感和GIS的中国植被指数变化的驱动因子分析及模型研究. 气候与环境研究, 5(21): 55-164.

郭建坤, 黄国满. 2005. 1998—2003年内蒙古地区土地覆被动态变化分析. 资源科学, 27(6): 84-89.

郭铌. 2003. 植被指数及其研究进展. 干旱气象, 21(4): 71-75.

何学兆. 2004. 1982—1999年我国北方农牧交错带植被NDVI的变化特征及其与气候因素的关系. 北京: 北京师范大学硕士学位论文.

洪伟. 1999. 植被截留降水量公式的改进. 农业系统科学与综合研究, 15(3): 6-9.

胡少英, 张万昌. 2005. 黑河及汉江流域MODIS叶面积指数产品质量评价. 遥感信息, (4): 22-27.

黄礼隆, 马雪华. 1979. 川西米亚罗林区冷杉林下水文特征的初步观测. 四川高山林业研究资料季刊, (1): 101-110.

李爱农, 周万村, 江晓波, 等. 2003. 土地利用与土地覆被时空动态变化分析——以岷江上游为例. 地球信息科学, 5(2): 100-104.

李红军, 雷玉平, 郑力, 等. 2005. SEBAL模型及其在区域蒸散研究中的应用. 遥感技术与应用, 20(3): 321-325.

李荣平, 周广胜, 阎巧玲. 2005. 植物物候模型研究. 中国农业气象, 26(4): 210-214.

李胜强, 张福春. 1999. 物候信息化及物候时空变化分析. 地理科学进展, 18(4): 352-359.

李晓兵, 史培军. 2002. 中国典型植被类型NDVI动态变化与气温、降水变化的敏感性分析. 植物生态学报, 24(3): 379-382.

李晓兵, 王瑛, 李克让. 2000. NDVI对降水季节性和年际变化的敏感性. 地理学报, 55: 82-89.

李云梅, 倪绍祥, 黄敬峰. 2003. 高光谱数据探讨水稻叶片叶绿素含量对叶片及冠层反射光谱特性的影响. 遥感技术与应用, 18(1): 1-5.

李占清, 翁笃鸣. 1987. 一个计算山地日照时间的计算机模式. 科学通报, 32(17): 1333-1335.

廖顺宝, 李泽辉, 游松财. 2003. 气温数据栅格化的方法及其比较. 资源科学, 25(6): 83-88.

刘昌明, 王会肖. 1999. 土壤-作物大气界面水分过程与节水调控. 北京: 科学出版社.

刘世荣, 常建国, 孙鹏森. 2007. 森林水文学: 全球变化背景下的森林与水的关系. 植物生态学报, 31(5): 753-756.

刘世荣, 温远光, 王兵, 等. 1996. 中国森林生态系统水文生态规律. 北京: 中国林业出版社.

刘志武, 雷志栋, 党安荣, 等. 2004. 遥感技术和SEBAL模型在干旱区腾发量估算中的应用. 清华大学学报(自然科学版), 44(3): 421-424.

罗天祥. 1997. 中国主要针叶树种叶面积指数分布格局. 地理学报, 7: 61-73.

吕建华, 季劲军. 2002. 青藏高原大气-植被相互作用的模拟实验 II. 植被叶面积指数和净初级生产力. 大气科学, 26(2): 255-262.

马明国, 董立新, 王雪梅. 2003. 过去21a中国西北植被覆盖动态监测与模拟. 冰川冻土, 25(2): 232-236.

马耀明, 刘东升, 苏中波, 等. 2004. 卫星遥感藏北高原非均匀陆表地表特征参数和植被参数. 大气科学, 28(1): 23-31.

莫兴国, 林忠辉, 刘苏峡. 2007. 气候变化对无定河流域生态水文过程的影响. 生态学报, 27(12): 4999-5007.

朴世龙, 方精云. 2001. 最近18年中国植被覆盖的动态变化. 第四纪研究, 21(4): 294-330.

朴世龙, 方精云. 2003. 1982-1999 年我国陆地植被活动对气候变化响应的季节差异. 地理学报, 58(1): 119-125.

朴世龙, 方精云, 郭庆华. 2001. 利用 CASA 模型估算我国植被净第一性生产力. 植物生态学报, 25(5): 603-608.

浦瑞良, 宫鹏. 2000. 高光谱遥感及其应用. 北京: 高等教育出版社.

齐晔. 1999. 北半球高纬度地区气候变化对植被的影响途径和机制. 生态学报, 19(4): 474-477.

宋富强, 康慕谊, 陈雅如, 等. 2009. 陕北黄土高原植被净初级生产力的估算. 生态学杂志, 28(11): 2311-2318.

孙红雨, 王长耀, 牛铮, 等. 1998. 中国地表植被覆盖变化及其与气候因子关系——基于 NOAA 时间序列数据分析. 遥感学报, 2(3): 204-210.

孙龙, 国庆喜, 王晓春, 等. 2003. 中国东部南北样带中南段典型植被类型 NDVI 变化分析. 应用与环境生物学报, 9(5): 449-454.

孙鹏森, 刘世荣. 2003. 大尺度生态水文模型的构建及其与 GIS 集成. 生态学报, 23(10): 2115-2124.

孙艳玲, 延晓冬, 谢德体. 2006. 基于布迪科指标的中国植被气候关系研究. 资源科学, 28(3): 23-29.

王介民, 刘绍民, 孙敏章, 等. 2005. ET 的遥感监测与流域尺度水资源管理. 干旱气象, 23(2): 2-7.

王彦辉, 于澎涛, 徐德应. 1998. 林冠截留降雨模型转化和参数规律的初步研究. 北京林业大学学报, 20(6): 25-30.

温刚. 1998. 利用 AVHRR 植被指数数据集分析中国东部季风区的物候季节特征. 遥感学报, 2(4): 270-275.

温刚, 符淙斌. 2001. 中国东部季风区植被物候季节变化对气候响应的大尺度特征: 年际比较. 气候与环境研究, 6(1): 1-11.

翁笃鸣, 罗哲贤. 1990. 山区地形气候. 北京: 气象出版社.

吴炳方. 2000. 全国农情监测与估产的运行化遥感方法. 地理学报, 55(1): 25-35.

武永峰, 何春阳, 马瑛, 等. 2005. 基于计算机模拟的植物返青期遥感监测方法比较研究. 地球科学进展, 20(7): 724-731.

夏军. 2002. 水文非线性系统理论与方法. 武汉: 武汉大学出版社.

谢春华, 关文彬, 吴建安. 2002. 贡嘎山暗针叶林生态系统林冠截留特征研究. 北京林业大学学报, 24(4): 68-71.

徐雨晴, 陆佩玲, 于强. 2004. 气候变化对植物物候影响的研究进展. 资源科学, 26(1): 129-136.

徐雨晴, 陆佩玲, 于强. 2005. 近 50 年北京树木物候对气候变化的响应. 地理研究, 24(3): 412-420.

杨建平, 丁永建, 陈仁升. 2005. 长江黄河源区高寒植被变化的 NDVI 记录. 地理学报, 60(3): 467-478.

杨胜天, 刘昌明, 孙睿. 2002. 近 20 年来黄河流域植被覆盖变化分析. 地理学报, 57(6): 679-684.

杨胜天, 王志伟, 赵长森, 等. 2015. 遥感水文数字实验——EcoHAT 使用手册. 北京: 科学出版社.

仪垂祥, 刘开瑜, 周涛. 1996. 植被截留降水量公式的建立. 土壤侵蚀与水土保持学报, 2(2): 47-49.

张福春, 郑景云. 2002. 中国物候观测规范质量要求与观测报表(简易本). 北京: 中国科学院地理科学与资源研究所.

张福春. 1985. 物候. 北京: 气象出版社: 20-21.

张培松. 2007. 气象因子与 NDVI 的相关性分析. 重庆: 西南大学硕士学位论文: 1-2.

张仁华, 孙晓敏, 刘纪远, 等. 2001. 定量遥感反演作物蒸腾和土壤水分利用率的区域分异. 中国科学 D 辑, 31(11): 959-968.

张文辉, 卢涛, 周建云, 等. 2003. 岷江上游流域种子植物区系研究. 西北植物学报, 23(6): 888-894.

张长春, 魏加华, 王光谦, 等. 2004. 区域蒸发量的遥感研究现状及发展趋势. 水土保持学报, 18(2): 174-182.

赵国强. 2008. 我国北方典型生态区气候变化对农田、森林和草地生态的影响研究. 南京: 南京信息工程大学博士学位论文.

赵茂盛, Ronald P N, 延晓冬, 等. 2002. 气候变化对中国植被可能影响的模拟. 地理学报, 57(1):

28-38.

赵茂盛, 符淙斌, 延晓东, 等. 2001. 应用遥感数据研究中国植被生态系统与气候的关系. 地理学报, 56(3): 287-296.

赵文智, 程国栋. 2008. 水文研究前沿问题及生态水文观测试验. 地球科学进展, 23(7): 671-674.

赵英时. 2003. 遥感应用分析原理与方法. 北京: 科学出版社: 387-399.

郑新奇, 姚慧, 王筱明. 2005. 20 世纪 90 年代以来《Science》关于全球气候变化研究评述. 生态环境, 14(3): 422-428.

周国逸. 1997. 生态系统水热原理及其应用. 北京: 气象出版社.

周杨明, 程根伟, 杨清伟. 2002. 贡嘎山东坡亚高山森林区蒸散力的估算. 山地学报, 20(2): 135-140.

竺可桢, 宛敏渭. 1999. 物候学. 长沙: 湖南教育出版社: 1-22.

Ahas R, Jaagus J A. 2000. The phenological calendar of estonia and its correlation with mean air temperature. International Journal of Biometeorology, 44: 159-166.

Allen R G, Pereira L, Dirk R. 1998. Crop evapotranspiration-guidelines for computing crop water requirements. Rome: FAO.

Andersson L, Martin J W, Todd C, et al. 2006. Impact of climate change and development scenarios on flow patterns in the Okavango River. Journal of Hydrology, 331: 43-57.

Andréassian V. 2004. Waters and forests: from historical controversy to scientific debate. Journal of Hydrology, 291: 1-27.

Andreo B, Jiménez P, Durán J J, et al. 2006. Climatic and hydrological variations during the last 117-166 years in the south of the Iberian Peninsula, from spectral and correlation analyses and continuous wavelet analyses. Journal of Hydrology, 324: 24-39.

Anyamba A, Tucker C A. 2005. Analysis of Sahelian vegetation dynamics using NOAA-AVHRR NDVI data from 1981-2003. Journal of Acid Environment, 63: 596-661.

Aoki M, Yabuki K, Totsuka T. 1988. Effective spectral characteristics of leaf for the remote sensing of leaf water content. Journal of Agricultural Meteorology, 44: 111-117.

Arnell N W, Reynard N S. 1996. The effects of climate change due to global warming on river flows in Great Britain. Journal of Hydrology, 183: 397-424.

Arnold J G, Allen P M. 1999. Automated methods for estimating baseflow and ground water recharge from streamflow records. Journal of the American Water Resources Association, 35: 411-424.

Arnold J G, Allen P M, Muttiah R. 1995. Automated base flow separation and recession analysis techniques. Ground Water, 33: 1010-1018.

Bachelet D, Brugnach M, Neilson R P. 1998. Sensitivity of a biogeography model to soil properties. Ecological Modelling, 109(1): 77-98.

Baird A J, Willy R L. 2002. 生态水文学——陆生环境和水生环境植物与水分的关系. 赵文智, 王根绪, 译.北京: 海洋出版社.

Bastiaanssen W G M. 2000. SEBAL-based sensible and latent heat fluxes in the irrigated Gediz Basin, Turkey. Journal of Hydrology, (229): 87-100.

Bastiaanssen W G M, Menenti M, Feddes R A, et al. 1998a. A remote sensing surface energy balance algorithm for land (SEBAL)1: formulation. Journal of Hydrology, (212-213): 198-212.

Bastiaanssen W G M, Pelgrum H, Wang J, et al. 1998b. A remote sensing surface energy balance algorithm for land (SEBAL) 2: validation. Journal of Hydrology, (212-213): 213-229.

Beaubien E G, Freeland H J. 2000. Spring phenology trends in Alberta. Canada: links to ocean temperature. International Journal of Biomateorology, 44: 53-59.

Beniston M, Rebetez M. 1996. Regional behavior of minimum temperatures in Switzerland for the period 1979-1993. Theoretical and Applied Climatology, 53: 231-244.

Benoît D, Jérôme G, Gaston C. 1999. Monitoring phonological key stages and cycle duration of temperate deciduous forest ecosystems with NOAA/AVHRR data. Remote Sensing of Environment, 67: 68-82.

Betts R A, Boucher O, Collins M, et al. 2007. Projected increase in continental runoff due to plant responses to increasing carbon dioxide. Nature, 448: 1037-1041.

Beurs K M, Henebry G M. 2004. Trend analysis of the pathfinder AVHRR land (PAL) NDVI data for the deserts of central asia. IEEE Geoscience and Remote Sensing Letters, 1: 282-286.

Beurs K M, Henebry G M. 2005a. Land surface phenology and temperature variation in the International Geosphere-Biosphere Program high-latitude transects. Global Change Biology, 11: 779-790.

Beurs K M, Henebry G M. 2005b. A statistical framework for the analysis of long image time series. International Journal of Remote Sensing, 26: 1551-1573.

Boegh E, Soegaard H. 2004. Remote sensing based estimation of evapotranspiration rates. International Journal of Remote Sensing, 25(13): 2535-2551.

Boegh E, Soegaard H, Christensen J H, et al. 2004. Combining weather prediction and remote sensing data for the calculation of evapotranspiration rates: application to Denmark. International Journal of Remote Sensing, 25(13): 2553-2574.

Bonan G B. 1995. Land-atmosphere interactions for climate system models: coupling biophysical, biogeochemical, and ecosystem dynamical processes. Remote Sensing of Environment, 51: 57-73.

Bosch J M, Hewlett J D. 1982. A review of catchment experiments to determine the effect of vegetation changes on water yield and evapotranspiration. Journal of Hydrology, 55: 3-23.

Bradley N L, Leopold C L, Ross J, et al. 1999. Phenological changes reflect climate change in wisconsin. Proc Natl Sci, 96: 9701-9704.

Braun P, Maurer B, Müller G, et al. 2001. An integrated approach for the determination of regional evapotranspiration using mesoscale modelling, remote sensing and boundary layer measurements. Meteorology and Atmospheric Physics, 76(1-2): 83-105.

Broadhead J S, Ong C K, Black C R. 2003. Tree phenology and soil water in semi-arid agroforestry systems. Forest Ecology & Management, 180: 61-73.

Bronstert A. 2004. Rainfall-runoff modelling for assessing impacts of climate and land-use change. Hydrological Processes, 18: 567-570.

Brown A E, Zhang L, McMahon T A, et al. 2005. A review of paired catchment studies for determining changes in water yield resulting from alterations in vegetation. Journal of Hydrology, 310: 28-61.

Brutsaert W, Sugita M. 1992. Application of self-preservation in the diurnal evolution of the surface energy budget to determine daily evaporation. Journal Geophysics Research, (97): 18377-18382.

Brutsaert W. 1982. Evaporation into the Atmosphere. London: D Reidel Publishing Company.

Burba G G, Verma S B, Kim J. 1999. Surface energy fluxes of *Phragmites australis* in a prairie wetland. Agricultural and Forest Meteorology, (94): 31-51.

Burn D H. 1994. Hydrologic effects of climatic change in west-central Canada. Journal of Hydrology, 160: 53-70.

Calder I R. 2002. Forests and hydrological services: reconciling public and science perceptions. Land Use and Water Resources Research, 2: 2.1-2.12.

Candell G R R. 2008. Managing forests for climate change mitigation. Science, 320: 1456-1457.

Carlson T N, William C, Rjobert J G. 1995. A new look at the simplified method for remote sensing of daily evapotranspiration. Remote Sensing of Environment, (54): 161-167.

Ceccato P, Flasse S, Tarantola S, et al. 2001. Detecting vegetation leaf water content using reflectance in the optical domain. Remote Sensing of Environment, 77: 22-33.

Chen J M, Black T A. 1992. Defining leaf area index for non-flat leaves. Plant Cell and Environment, 15: 421-429.

Chen J M, Cihlar J. 1995. Plant canopy gap size analysis theory for improving optical measurements of leaf area index. Applied Optics, 34: 6211-6222.

Chen J M, Cihlar J. 1996. Retrieving leaf area index of boreal conifer forests using Landsat TM images. Remote Sensing of Environment, 55: 153-162.

Chen J M, Pavlic G, Brown L, et al. 2002a. Derivation and validation of Canada-wide coarse-resolution leaf area index maps using high-resolution satellite imagery and ground measurement. Remote Sensing of Environment, 80: 165-184.

Chen J, Jonsson P, Tamura M, et al. 2004. A simple method for reconstructing a high-quality NDVI time-series data set based on the Savitzky-Golay filter. Remote Sensing of Environment, 91: 332-344.

Chen X Q, Hu B, Yu R. 2005. Spatial and temporal variation of phenological growing season and climate change impacts in temperate eastern China. Global Change Biology, 11: 1118-1130.

Chen X Q, Pan W F. 2002b. Relationships among phenological growing season, time-integrated normalized difference vegetation index and climate forcing in the temperate region of eastern China. International Journal of Climatology, 22(14): 1781-1792.

Chen X Q, Tan Z J, Schwartz M D, et al. 2000. Determining the growing season of land vegetation on the basis of plant phenology and satellite data in Northern China. International Journal of Biometeorology, 44: 97-101.

Chen X Q, Xu C X, Tan Z J. 2001. An analysis of relationships among plant community phenology and seasonal metrics of normalized difference vegetation index in the northern part of the monsoon region of China. International Journal of Biometeorology, 45 (4): 170-177.

Chmielewski F M, Müller A, Bruns E. 2004. Climate changes and trends in phenology of fruit trees and field crops in germany, 1961-2000. Agricultural and Forest Meteorology, 121: 69-78.

Choi E N, Inoue Y. 2004. Relationship of transpiration and evapotranspiration to solar radiation and spectral reflectance in soybean canopies - a simple method for remote sensing of canopy transpiration. Journal of Agricultural Meteorology, 60(1): 43-53.

Chuine I, Cambon G, Comtois P. 2000. Scaling phenology from the local to the regional level: advances from species-specific phenolgical models. Global Change Biology, 6: 943-952.

Chuine I, Cour R, Rousseau D D. 1999. Selecting models to predict the timing of flowering of temperate trees: implications for tree phenology modeling. Plant Cell and Environment, 22: 1-13.

Coll C, Caselles V. 1997. A split window algorithm for land surface temperature from advanced very high resolution radiometer data: validation and algorithm comparison. Journal of Geophysical Research, 102(D14): 16697-16713.

Cramer W P, Leemans R. 1993. Assessing impacts of climate change using climate classification system. In: solonon A M, shugart H H. Vegetation Dynamics and Global Change. London: Chapman and Hall: 190-217.

Crochford R H. 2000. Partition of rainfall into throughfall, stemflow and interception: effect of forest type, ground cover and climate. Hydrological Processes, 14: 2903-2920.

Curran P J, Dungan J L, Gholz H L. 1992. Seasonal LAI in slash pine estimated with landsat TM. Remote Sensing of Environment, (39): 3-13.

Daughtry C S T, Gallo K P, Goward S N, et al. 1992. Spectral estimates of absorbed radiation and phytomass production in corn and soybean canopies. Remote Sensing of Environment, 39: 141-152.

de Wit A J W. 1999. The Application of a Genetic Algorithm for Crop Model Steering using NOAA-AVHRR Data. http: //cgi.girs.wageningen-ur.nl/cgi/products/publications.htm [2018-6-15].

Defila C, Clot B. 2001. Phytophenological trends in Switzerland. International Journal of Biometeorology, 45: 203-207.

DeFries R S, Townshend J R G. 1994. NDVI-derived land cover classification at a global scale. International Journal of Remote Sensing, 15: 3567-3586.

Dobrowski S Z, Pushnik J C, Zarco-Tejada P J, et al. 2005. Simple reflectance indices track heat and water stress-induced changes in steady-state chlorophyll fluorescence at the canopy scale. Remote Sensing of Environment, 97: 403-414.

Domingo F, Villagarcia L, Boer M M, et al. 2001. Evaluating the long-term water balance of arid zone stream bed vegetation using evapotranspiration modelling and hillslope runoff measurements. Journal of Hydrology, 243(1-2): 17-30.

Drolet G G, Huemmrich K F, Hall F G, et al. 2005. A MODIS-derived photochemical reflectance index to detect inter-annual variations in the photosynthetic light-use efficiency of a boreal deciduous forest. Remote Sensing of Environment, 98: 212-224.

Duncan I, Stow D, Franklin I, et al. 1993. Assessing the relationship between spectral vegetation indices and shrub cover in the Jornada Basin, New Mexico. International Journal of Remote Sensing, 14: 3395-3416.

Eagleson P S. 1982. Ecological optimality in water-limited natural soil-vegetation systems, 1. Theory and hypothesis. Water Resources Research, 18(2): 325-340.

Ebata M, Tateishi R. 2001. Phenological stage monitoring in Siberia by using NOAA/AVHRR data. The 22nd Asian Conference on Remote Sensing, Singapore.

Eklundh L. 1998. Estimating relations between AVHRR NDVI and rainfall in East Africa at 10-day and monthly time scales. International Journal of Remote Sensing, 19(3): 563-570.

Fan H. 2002. A study on 50a land use and cover change of watershed of upper Minjiang River. Journal of Mountain Science, 20: 64-69.

Fang H L, Liang S L, Kuusk A. 2003a. Retrieving leaf area index using a genetic algorithm with a canopy radiative transfer model. Remote Sensing of Environment, 85: 257-270.

Fang J Y, Piao S L, Field C B. 2003b. Increasing net primary production in China from 1982 to 1999. Frontiers in Ecology and the Environment, 1: 293-297.

Fang J Y, Piao S L, He J S, et al. 2004. Increasing terrestrial vegetation activity in China, 1982-1999. Science in China (Ser. C, in Chinese), 47: 229-240.

Fontes J, Gastellu-Etchegorry J P, Amram O, et al. 1995. A global phonological model of the African continent. Ambio, 24: 297-303.

Fu C, Wen G. 1999. Variation of ecosystems over East Asia in association with seasonal interannual and decadal monsoon climate variability. Climate Change, 43: 477-494.

Gamon J A, Dungan J L, Schildhauer M, et al. 2006. Spectral Network (SpecNet)—what is it and why do we need it? Remote Sensing of Environment, 103: 227-235.

Gamon J A, Serrano L, Surfus J S. 1997. The photochemical reflectance index: an optical indicator of photosynthetic radiation use efficiency across species, functional types, and nutrient levels. Oecologia, 112: 492-501.

Garbulsky M F, Peñelas J, Gamon J, et al. 2011. The photochemical reflectance index (PRI) and the remote sensing of leaf, canopy and ecosystem radiation use efficiencies: a review and meta-analysis. Remote Sensing of Environment, 115: 281-297.

Garratt J R. 1984. The measurement of evaporation by meteorological methods. Agricultural Water Management, (8): 99-118.

Gash J H C, Lloyd C R, Lachaud G. 1995. Estimating sparse forest rainfall interception with an analytical model. Journal of Hydrology, 170(1-4): 79-86.

Gedney N, Cox P M, Betts R A, et al. 2006. Detection of a direct carbon dioxide effect in continental river runoff records. Nature, 439: 835-838.

Giorgi F, Hurrell J W, Marinucci M R, et al. 1997. Elevation dependency of the surface climate change signal: a model study. Journal of Climate, 10: 288-296.

Goerner A, Reichstein M, Rambal S. 2009. Tracking seasonal drought effects on ecosystem light use efficiency with satellite-based PRI in a Mediterranean forest. Remote Sensing of Environment, 113: 1101-1111.

Goward S N, Markham B, Dye D G, et al. 1991. Normalized difference vegetation index measurements from the advanced very high resolution radiometer. Remote Sensing of Environment, 35: 257-277.

Grace J, Nichol C, Disney M, et al. 2007. Can we measure terrestrial photosynthesis from space directly, using spectral reflectance and fluorescence? Global Change Biology, 13: 1484-1497.

Grier C C, Running S W. 1977. Leaf area of mature northwestern coniferous forest: relation to site water balance. Ecology, 58: 893-899.

Gutman G, Lgnatov A. 1998. The derivation of the green vegetation from NOAA/AVHRR data for use in numerical weather prediction models. International Journal of Remote Sensing, 19: 1533-1543.

Hakkinen R, Linkosalo T, Hari P. 1998. Effect of dormancy and environmental factors on timing of bud burst in *Betula pendula*. Tree Physiol, 18: 707-712.

Hänninen H. 1990. Modelling bud dormancy release in trees on cool and temperate regions. Acta For Fenn, 213: 1-47.

Häninnen H. 1994. Effects of climatic change on trees from cool and temperate regions: an ecophysiological approach to modelling of bud burst phenology. Can J Bot, 73: 183-199.

Hashino M Y, Yao H, Yoshida H. 2002. Studies and evaluations on interception processes during rainfall based on a tank model. Journal of Hydrology, 255(1-4): 1-11.

Heumann B W, Seaquist J W, Eklundh L, et al. 2007. AVHRR derived phenological change in the Sahel and Soudan, Africa, 1982-2005. Remote Sensing of Environment, 108: 385-392.

Hibbert A R. 1967. Forest treatment effects on water yield. *In*: Sopper W E, Lull H W. International Symposium on Forest Hydrology. Oxford: Pergamon Press: 813.

Hicke J A, Asner G P, Randerson J T, et al. 2002. Trends in North American net primary productivity derived from satellite observations. Global Biogeochemical Cycle, 16(2): 1018.

Hilker T, Hall F G, Coops N C, et al. 2010. Remote sensing of photosynthetic light-use efficiency across two forested biomes: Spatial scaling. Remote Sensing of Environment, 114: 2863-2874.

Hirsch R M, Slack J R, Smith R A. 1982. Techniques of trend analysis for monthly water quality data. Water Resources Research, 18: 107-121.

Hirsch R M, Slack J R. 1984. A nonparametric trend test for seasonal data with serial dependence. Water Resources Research, 20: 727-732.

Hu Z, Islam S. 1997. A framework for analyzing and designing scale invariant remote sensing algorithms. IEEE Transactions on Geoscience and Remote Sensing, 35: 747-755.

Huemmrich K F, Black T A, Jarvis P G. 1999. High temporal resolution NDVI phenology from micrometeorological radiation sensors. Journal of Geophysical Research-Atmosphere, 104: 27935-27944.

Huete A R. 1988. A soil adjusted vegetation index (SAVI). Remote Sensing of Environment, 25: 295-309.

Huete A, Didan K, Miura T, et al. 2002. Overview of the radiometric and biophysical performance of the MODIS vegetation indices. International Journal of Remote Sensing, 83: 195-213.

Hundecha Y, Bárdossy A. 2004. Modeling of the effect of land use changes on the runoff generation of a river basin through parameter regionalization of a watershed model. Journal of Hydrology, 292: 281-295.

Huntington T G. 2003. Climate warming could reduce runoff significantly in New England, USA. Agricultural and Forest Meteorology, 117: 193-201.

Hutchinson M F, Gessler P E. 1994. Splines-more than just a smooth interpolator. Geoderma, 62: 45-67.

Imanishi J, Sugimoto K, Morimoto Y. 2004. Detecting drought status and LAI of two *Quercus* species canopies using derivative spectra. Computers and Electronics in Agriculture, 43: 109-129.

Jackson R D, Hatfileld J L, Reginato R J, et al. 1983. Estimation of daily evapotranspiration from one time-of-day measurements. Agricultural Water Management, 7: 351-362.

Jackson R D, Renginato R J, Idso S B. 1977. Wheat canopy temperature: a practical tool for evaluating water requirements. Water Resources Research, 13(3): 651-656.

Jackson T J, Chen D, Cosh M, et al. 2004. Vegetation water content mapping using Landsat data derived normalized difference water index for corn and soybeans. Remote Sensing of Environment, 92: 475-482.

James M E, Kalluri S N V. 1994. The Pathfinder AVHRR land data set: an improved coarse resolution data set for terrestrial monitoring. International Journal of Remote Sensing, 15(17): 3347-3363.

Jarvis P G. 1995. Scaling processes and problems. Plant Cell and Environment, (18): 1079-1089.

Jasper K, Gurtz J, Herbert L. 2002. Advanced flood forecasting in Alpine watersheds by coupling meteorological observations and forecasts with a distributed hydrological model. Journal of Hydrology, 267(1-2): 40-52.

Jia G J, Epstein H E, Walker D A. 2006. Spatial heterogeneity of tundra vegetation response to recent temperature changes. Global Change Biology, 12: 42-55.

Jiang H, Liu S R, Sun P S, et al. 2004. The influence of vegetation type on the hydrological process at the landscape scale. Canadian Journal of Remote Sensing, 30: 743-763.

Jiang L, Islam S. 1999. A methodology for estimation of surface evapotranspiration over large areas using remote sensing observations. Geophysical Research Letters, 26(17): 2773-2776.

Jiang L, Islam S. 2001. Estimation of surface evaporation map over southern Great Plains using remote sensing data. Water Resources Research, 37(2): 329-340.

Jordan C F. 1969. Derivation of leaf area index from quality of light on the forest floor. Ecology, 50: 663-666.

Jue W, Price K P, Rich P M. 2001. Spatial patterns of NDVI in response to precipitation and temperature in the central Great Plains. International Journal of Remote Sensing, 22(18): 3827-3844.

Justice C, Belward A, Morisette J, et al. 2000. Developments in the 'validation' of satellite sensor products for the study of the land surface. International Journal of Remote Sensing, 21(17): 3383-3390.

Kaduk J, Heimann M. 1996. A prognostic phenology model for global terrestrial carbon cycle models. Climate Research, 6: 1-19.

Kang S, Running S W, Lim J H, et al. 2003. A regional phenology model for detecting onset of greenness in temperate mixed forests, Korea: an application of MODIS leaf area index. Remote Sensing of Environment, 86: 232-242.

Karlsen S R, Solheim I, Beck P S A, et al. 2007. Variability of the start of the growing season in Fennoscandia, 1982-2002. International Journal of Biometeorology, 51: 513.

Kendall M G. 1975. Rank Correlation Methods. London: Charles Griffin.

Kite G W, Droogers P. 2000. Comparing evapotranspiration estimates from satellites, hydrological models and field data. Journal of Hydrology, 229(1-2): 3-18.

Kobayaski K D, Fuchigami L H, English M J. 1982. Modelling temperature requirements for rest development in Comus sericea. Journal of American Society of Horticultural Science, 107: 914-918.

Kostner B. 2001. Evaporation and transpiration from forests in Central Europe relevance of patch-level studies for spatial scaling. Meteorology and Atmospheric Physics, 76(1-2): 69-82.

Kramer K. 1994. A modeling analysis of the effects of climatic warming on the probability of spring frost damage to tree species in the Netherlands and Germany. Plant Cell and Environment, 17: 367-378.

Kucharik C J, Barford C C, Maayar M E, et al. 2006. A multiyear evaluation of a Dynamic Global Vegetation Model at three AmeriFlux forest sites: vegetation structure, phenology, soil temperature, and CO_2 and H_2O vapor exchange. Ecological Modelling, 196: 1-31.

Kustas W P, Norman J M. 1996. Use of remote sensing for evapotranspiration monitoring over land surface. Hydrological Sciences, 41(4): 495-515.

Kuusk A. 1995. A fast invertible canopy reflectance model. Remote Sensing of Environment, 51: 342-350.

Kuusk A. 2001. A two-layer canopy, reflectance model. Journal of Quantitative Spectroscopy and Radiative Transfer, 71(1): 1-9.

Labat D, Probst Y J L, Guyot J L. 2004. Evidence for global runoff increase related to climate warming. Advances in Water Resources, 27: 631-642.

Lambin E F, Strahler A H. 1994. Indicators of land-cover change for change-vector analysis in multitemporal space at coarse spatial scales. International Journal of Remote Sensing, 15(10): 2099-2119.

Landsberg J J. 1974. Apple fruit bud development and growth: analysis and an empirical model. Ann Bot, 38: 1013-1023.

Legesse D, Vallet-Coulomb C, Gasse F. 2003. Hydrological response of a catchment to climate and land use changes in Tropical Africa: case study South Central Ethiopia. Journal of Hydrology, 275: 67-85.

Leinonen J, Kramer K. 2002. Application of phenological models to predict the future carbon sequestration potential of boreal forests. Climatic Change, 5: 99-113.

Leith R, Whitfield P. 1998. Evidence of climate change effects on the hydrology of streams in south-central BC. Canadian Water Resources Journal, 23: 219-230.

Lemos F J P, Nova N A, Pinto H S. 1997. A model including photoperiod in degree days for estimating Hevea bud growth. International Journal of Biometeorology, 41: 1-4.

Lettenmaier D P. 1988. Multivariate nonparametric tests for trend in water quality. Water Resources Bulletin, 24: 505-512.

Li L J, Zhang L, Wang H, et al. 2007. Assessing the impact of climate variability and human activities on streamflow from the Wuding River Basin in China. Hydrological Processes, 21: 3485-3491.

Li Z T, Kafatos M. 2000. Interannual variability of vegetation in the United States and its relation to EI Ni ño/Southern oscillation. Remote Sensing of Environment, 71: 239-247.

Liang S. 2000. Narrowband to broadband conversions of land surface albedo I algorithms. Remote Sensing of Environment, (76): 213-238.

Libiseller C, Grimvall A. 2002. Performance of partial mann-kendall test for trend detection in the presence of covariates. Environmetrics, 13: 71-84.

Liideke M B K, Ramge P H, Kohlmaier G H. 1996. The use of satellite NDVI data for the validation of global vegetation phenology models. Ecological Modelling, 91: 255-270.

Linderholm H W. 2006. Growing season changes in the last century. Agricultural and Forest Meteorology. 137(1-2): 1-14.

Liu S G. 1997. A new model for the prediction of rainfall interception in forest canopies. Ecological Modelling, 99(2-3): 151-159.

Lloyd D. 1990. A phenological classification of terrestrial vegetation covers using shortwave vegetation index imagery. International Journal of Remote Sensing, 11: 2269-2279.

Los S O. 1998. Linkages between global vegetation and climate: an analysis based on NOAA Advanced Very High Resolution Radiometer Data. Amsterdam: Vrije Universiteit Ph. D. dissertation.

Lucht W, Prentice I C, Myneni R B, et al. 2002. Climatic control of the high-latitude vegetation greening trend and Pinatubo effect. Science, 296: 1687-1689.

Luo T X, Neilson R P, Tian H Q, et al. 2002. A model for seasonality and distribution of leaf area index of forests and its application to China. Journal of Vegetation Science, 13: 817-830.

Mand P, Hallik L, Penuelas J, et al. 2010. Responses of the reflectance indices PRI and NDVI to experimental warming and drought in European shrublands along a north-south climatic gradient. Remote Sensing of Environment, 114: 626-636.

Mann H B. 1945. Nonparametric Tests against Trend. Econometrica, 13: 245-259.

Mauser W, Schaedlich S. 1998. Modelling the spatial distribution of evapotranspiration on different scales using remote sensing data. Journal of Hydrology (Amsterdam), 212(1-4): 250-267.

McCarty J J, Canziani O F, Leary N A, et al. 2001. Climate Change: Impacts, Adaptation and Vulnerability. The Third Assessment Report of Working Group II of the Intergovernmental Panel on Climate Change (IPCC). Cambridge: Cambridge University Press: 1000.

McNaughton K G, Jarvis P G. 1984. Using the Penman-Monteith equation predictively. Agricultural Water Management, 8: 263-278.

McVicar T R, Bierwirth P N. 2001. Rapidly assessing the 1997 drought in Papua New Guinea using composite AVHRR imagery. International Journal of Remote Sensing, 22: 2109-2128.

McVicar T R, Jupp D L B. 1998. The current and potential operational uses of remote sensing to aid decisions on drought exceptional circumstances in Australia: a review. Agricultural Systems, 57: 399-468.

McVicar T R, Li L T, Niel T G V, et al. 2007a. Developing a decision support tool for China's re-vegetation program: simulating regional impacts of afforestation on average annual streamflow in the Loess Plateau. Forest Ecology and Management, 251: 65-81.

McVicar T R, Van Niel T G, Li L T, et al. 2007b. Spatially distributing monthly reference evapotranspiration and pan evaporation considering topographic influences. Journal of Hydrology, 338: 196-220.

Menzel A. 2000. Trends in phenological phases in Europe between 1951 and 1996. International Journal of Biometeorology, 44: 76-81.

Menzel A. 2003. Plant phenological anomalies in Germany and their relation to air temperature and NAO. Climatic Change, 57: 243-263.

Menzel A, Estrella N, Fabian P. 2001. Spatial and temporal variability of the phenological seasons in germany from 1951-1996. Global Change Biology, 7: 657-666.

Menzel A, Fabian P. 1999. Growing season extended in Europe. Nature, 397: 659.

Merritt W S, Alilav Y, Barton M, et al. 2006. Hydrologic response to scenarios of climate change in sub watersheds of the Okanagan basin, British Columbia. Journal of Hydrology, 326: 79-108.

Metz B, Davidson O R, Bosch P R, et al. 2007. Climate Change 2007: Mitigation. Contribution of Working

Group Ⅲ to the Fourth Assessment Report of the Intergovernmental Panel on Climate Change. Cambridge and New York: Cambridge University Press.

Michael A W, Forrest H, William W H, et al. 2005. A global framework for monitoring phenological responses to climate change. Geophysical Research Letters, 32(4): L04705.

Middelkoop H, Daamen K, Gellens D, et al. 2001. Impact of climate change on hydrological regimes and water resources management in the Rhine basin. Climatic Change, 49: 105-128.

Milich L, Weiss E. 2000. GAC NDVI images: relationship to rainfall and potential evaporation in the grazing lands of the Gourma (northern Sahel) and in the croplands of the Niger-Nigeria border (southern Sahel). International Journal of Remote Sensing, 21(2): 261-280.

Mitchell T D, Jones P D. 2005. An improved method of constructing a database of monthly climate observations and associated high-resolution grids. International Journal of Climatology, 25: 693-712.

Moulin S, Kergoat L, Viovy N, et al. 1997. Global-scale assessment of vegetation phenology using NOAA/AVHRR satellite measurements. Journal of Climate, 10: 1154-1170.

Murray M B, Cannell M G R, Smith R I. 1989. Date of bud burst of fifteen tree species in Britain following climatic warming. J App Ecol, 26: 693-700.

Muthuri C W, Ong C K, Black C R, et al. 2004. Modelling the effects of leafing phenology on growth and water use by selected tree species in semi-arid Kenya. Land Use & Water Resources Research, 4: 1-11.

Muttiah R S. 2002. Form Laboratory Spectroscopy to Remotely Sensed Spectra of Terrestrial Ecosystems. Dordrecht: Kluwer Academic Publishers.

Myneni R B, Keeling C D, Tucker C J, et al. 1997. Increased plant growth in the northern high latitudes from 1981 to 1991. Nature, 386: 698-702.

Nicholson S E, Davenport M L, Malo A L. 1990. A comparision of the vegetation response to rainfall in the Sahel and east Africa using normalized difference vegetation index from NOAA/AVHRR. Climate Change, 17: 209-241.

Niehoff D, Fritsch U, Bronstert A. 2002. Land-use impacts on storm-runoff generation: scenarios of land-use change and simulation of hydrological response in a meso-scale catchment in SW-Germany. Journal of Hydrology, 267: 80-93.

Nosetto M D, Jobbagy E G, Paruelo J M. 2005. Land-use change and water losses: the case of grassland afforestation across a soil textural gradient in central Argentina. Global Change Biology, 11(7): 1101-1117.

Parmesan C. 2007. Influences of species, latitudes and methodologies on estimates of phenological response to global warming. Global Change Biology, 13(9): 1860-1872.

Paruelo J M, Lauenroth W K. 1998. Interannual variability of NDVI and its relationship to climate for North American shrublands and grasslands. Journal of Biogeography, 25: 721-733.

Penman H L. 1948. Natural evaporation from open water, bare soil and grass. Proceedings of the Royal Society of London. Series A. Mathematical and Physical Sciences, 193(1032): 120-145.

Peñuelas J, Gamon J A, Fredeen A L, et al. 1994. Reflectance indices associated with physiological changes in nitrogen- and water-limited sunflower leaves. Remote Sensing of Environment, 48: 135-146.

Penuelas J, Fitella I. 2001. Phenology: responses to a warming world. Science, 294: 793-795.

Pereira A R. 2004. The Priestley-Taylor parameter and the decoupling factor for estimating reference evapotranspiration. Agricultural and Forest Meteorology, 125(3-4): 305-313.

Pereira A R, Pruitt W O. 2004. Adaptation of the Thornthwaite scheme for estimating daily reference evapotranspiration. Agricultural Water Management, 66(3): 251-257.

Perez P J, Castellvi F, Ibanez M, et al. 1999. Assessment of reliability of Bowen ratio method for partitioning fluxes. Agricultural and Forest Meteorology, (97): 141-150.

Piao S L, Fang J J Y, Zhou L M, et al. 2006. Variations in satellite-derived phenology in China's temperate vegetation. Global Change Biology, 12: 672-685.

Porporato A, D'Odorico P, Laio F, et al. 2002. Ecohydrology of water-controlled ecosystems. Advances in Water Resources, 25(8-12): 1335-1348.

Prentice I C, Cramer W, Harrison S P, et al. 1992. A global biome model based on plant physiology and dominance, soil properties and climate. Journal of Biogeography, 19: 117-134.

Prince S D. 1991. Satellite remote sensing of primary production: comparison of results for Sahelian grasslands 1981-1988. International Journal of Remote Sensing, 12: 1301-1311.

Qi J, Chehbouni A, Huete A R, et al. 1994. Modified soil adjusted vegetation index. Remote Sensing of Environment, 48(2): 119-126.

Rahman A F, Cordova V D, Gamon J A, et al. 2004. Potential of MODIS ocean bands for estimating CO_2 from terrestrial vegetation: a novel approach. Geophysical Research Letters, 31: L10503-L10506.

Reed B C, Brown J F, Vander Zee D, et al. 1994. Measuring phenological variability from satellite imagery. Journal of Vegetation Science, 5: 703-714.

Repo T, Hnninen H, Kellomakl S. 1996. The effects of long-term elevation of air temperature and CO_2 on the frost haziness of Scots pine. Plant Cell and Environment, 19: 209-216.

Richard Y I, Poccard A. 1998. Statistical study of NDVI sensitivity to seasonal and interannual rainfall variation in southern Africa. International Journal of Remote Sensing, 19: 2907-2920.

Richardson A J, Wiegand C L. 1977. Distinguishing vegetation from soil background information. Photogrammetric Engineering and Remote Sensing, 43: 1541-1552.

Rikie S, Nomaki T, Yasunari T. 2001. Spatial distribution and its seasonality of satellite-derived vegetation index (NDVI) and climate in Siberia. International Journal of Climatology, 21(11): 1321-1335.

Ritchie J T. 1972. A model for predicting evaporation from a row crop with incomplete cover. Water Resources Research, 8(5): 1204-1213.

Roetzer T, wittenzeller M. Haeohel H, et al. 2000. Phenology in central Europe—differences and trends of spring phenophases in urban and rural areas. International Journal of Biometeorology, (2): 60-66.

Rollin E M, Milton E J. 1998. Processing of high spectral resolution reflectance data for the retrieval of canopy water content information. Remote Sensing of Environment, 65: 86-92.

Running S W, Nemani R R, Heinsch F A, et al. 2004. A continuous satellite-derived measure of global terrestrial primary production. BioScience, 54: 547-560.

Running S W, Nemani R R, Peterson D L, et al. 1989. Mapping regional forest evapotranspiration and photosynthesis by coupling satellite data with ecosystem simulation. Ecology, 70: 1090-1101.

Rutter A J, Keshaw K A, Robins P C, et al. 1971. A predictive model of rainfall interception in forests. I. Derivation of the model from observations in a plantation of Corsican pine. Agricultural and Forest Meteorology, 9: 367-384.

Sarvas R. 1974. Investigations on the annual cycle of development of forest trees. Autumn dormancy. Commun Inst For Fenn, 84: 10.

Schilling K E, Libra R D. 2003. Increased base flow in Iowa over the second half of the 20th century. Journal of American Water Resources Association, 39: 851-860.

Schmidt H, Gitelson A. 2000. Temporal and spatial vegetation cover changes in Israeli transition zone: AVHRR-based assessment of rainfall impact. International Journal of Remote Sensing, 21: 997-1010.

Schwartz M D, Crawford T M. 2001. Detecting energy-balance modifications at the onset of spring. Physical Geography, 22: 394-409.

Schwartz M D, Reiter B E. 2000. Changes in North American spring. International Journal of Climatology, 20: 929-932.

Seguin B D, Courault G M. 1994. Surface temperature and evapotranspiration: application of local scale methods to using satellite data. Remote Sensing of Environment, (49): 287-295.

Sellers P J, Dickinson R E, Randall D A, et al. 1997. Modeling the exchanges of energy, water, and carbon between continents and the atmosphere. Science, (275): 502-509.

Shetler S, Abu-Asab M, Peterson R, et al. 2001. Earlier plant flowering in spring as a response to global warming in the Washington, D C, area. Biodiversity and Conservation, 10: 597-612.

Sims D A, Gamon J A. 2002. Relationships between leaf pigment content and spectral reflectance across a wide range of species, leaf structures and developmental stages. Remote Sensing of Environment, 81:

337-354.

Sims D A, Gamon J A. 2003. Estimation of vegetation water content and photosynthetic tissue area from spectral reflectance: a comparison of indices based on liquid water and chlorophyll absorption features. Remote Sensing of Environment, 84: 526-537.

Siriwardena L, Finlayson B L, McMahon T A. 2006. The impact of land use change on catchment hydrology in large catchments: the Comet River, Central Queensland, Australia. Journal of Hydrology, 326: 199-214.

Souch C, Wolfe C, Grimmond C. 1996. Wetland evaporation and energy partitioning: Indiana Dunes National Lakeshore. Journal of Hydrology, (184): 189-208.

Spanner M A, Pierce L L, Running S W, et al. 1990. The seasonality of AVHRR data of temperate coniferous forests: relationship with leaf area index. Remote Sensing of Environment, 33: 97-112.

Spares T H, Carey P K, Combes J. 1997. First leafing dates of trees in Surrey between 1947 and 1996. London Natural History, 76: 15-20.

Sparks T H, Carey P D. 1995. The responses of species to climate over two centuries: an analysis of the Marsham phonological record 1736-1947. Journal of Ecology, 83: 321-329.

Sparks T H, Jeffree E P, Jeffree C E. 2000. An examination of the relationship between flowering times and temperature at the national scale using long-term phenological records from the UK. International Journal of Biometeorology, 44: 82-87.

Stenberg P. 1996. Correcting LAI-2000 estimates for the clumping of needles in shoots of conifers. Agricultural and Forest Meteorology, 79: 1-8.

Suárez L, Zarco-Tejada P J, Gonzalez-Dugo V, et al. 2010. Detecting water stress effects on fruit quality in orchards with time-series PRI airborne imagery. Remote Sensing of Environment, 114: 286-298.

Suárez L, Zarco-Tejada P J, Sepulcre-Cantó G, et al. 2008. Assessing canopy PRI for water stress detection with diurnal airborne imagery. Remote Sensing of Environment, 112: 560-575.

Sun G, McNulty S G, Lu J, et al. 2005. Regional annual water yield from forest lands and its response to potential deforestation across the southeastern United States. Journal of Hydrology, 308: 258-268.

Sun G, Zhou G, Zhang Z, et al. 2006. Potential water yield reduction due to forestation across China. Journal of Hydrology, 328: 548-558.

Sun P S, Grignetti A, Liu S R, et al. 2008. Associated changes in physiological parameters and spectral reflectance indices in olive (Olea europaea L.) leaves in response to different levels of water stress. International Journal of Remote Sensing, 29(6): 1725-1743.

Sun P S, Liu S R, Li C W. 2004. Estimation of precipitation using altitude and prevailing wind direction effect index in mountainous region. Acta Ecologica Sinica, 24: 1801-1808.

Tasumi M, Allen R G, Bastiaanssen W G M. 2000. The Theoretical Basis of SEBAL. Appendix A of Morse et al. ldaho Department of Water Resources, Idaho. http://www.idwr.state.id.us/gisda/ET/final_sebal_page.htm [2010-5-14].

Tateishi R, Ebata M. 2004. Analysis of phonological change patterns using 1982-2000 advanced very high resolution radiometer (AVHRR) data. International Journal of Remote Sensing, 25(12): 2287-2300.

Thornthwaite C W. 1948. An approach toward a rational classification of climate. Geographical Review, 38: 55-94.

Tian Y H, Woodcock C E, Wang Y J, et al. 2002. Multiscale analysis and validation of the MODIS LAI product I. Uncertainty assessment. Remote Sensing of Environment, 83: 414-430.

Townshend J R G. 1994. Global data sets for land applications from the advance very high resolution radiometer: an introduction. International Journal of Remote Sensing, 15(17): 3319-3332.

Tucker C J, Dregne H E, Newcomb W W. 2000. AVHRR datasets for determination of desert spatial extent. International Journal of Remote Sensing, 15: 3547-3565.

Tucker C J, Pinzon J E, Brown M E, et al. 2005. An extended AVHRR 8-km NDVI data set compatible with MODIS and SPOT vegetation NDVI data. International Journal of Remote Sensing, 26(20): 4485-4498.

Tucker C J, Slayback D A, Pinzon J E. 2001. Higher northern latitude normalized difference vegetation index and growing season trends from 1982 to 1999. International Journal of Biometeorology, 45: 184-190.

Turner D P, Cohen W B, Kennedy R E, et al. 1999. Relationships between leaf area index, fPAR, and net primary production of terrestrial ecosystems. Remote Sensing of Environment, 70: 52-68.

Ustin S L, Roberts D A, Pinzón J, et al. 1998. Estimating canopy water content of Chaparral shrubs using optical methods. Remote Sensing of Environment, 65: 280-291.

Utset A, Farre I, Martinez-Cob A, et al. 2004. Comparing Penman-Monteith and Priestley-Taylor approaches as reference-evapotranspiration inputs for modeling maize water-use under Mediterranean conditions. Agricultural Water Management, 66(3): 205-219.

Wang J, Bastiaanssen W G M, Ma Y, et al. 1998. Aggregation of land surface parameters in the oasis-desert systems of northwest China. Hydrological Processes, (12): 2133-2147.

Warrick R D, Lu Z, Tom J H, et al. 1997. Evaluation of a distributed parameter ecohydroloical model (TOPOG_IRM) on a small cropping rotation catchment. Journal of Hydrology, 191: 64-86.

Watson F G R, Grayson R B, Vertessy R A. 1998. Large scale distribution modeling and the utility of detailed ground data. Hydrological Processes, 12: 873-888.

Wei X, Zhang M. 2010. Quantifying streamflow change caused by forest disturbance at a large spatial scale: a single watershed study. Water Resources Research, 46(12): 439-445.

White M A, Hoffman F, Hargrove W. 2005. A global framework for monitoring phenological response to climate change. Geophysical Research Letters, 32: L04705.

White M A, Thomton P E, Running S W. 1997. A continental phenology model for monitoring vegetation responses to interannual climatic variability. Global Biogeochemical Cycles, 11: 217-234.

White M Z, Running S L, Thornton P E. 1999. The impact of growing-season length variation on carbon assimilation and evapotranspiration over 88 year in the Eastern US deciduous forest. International Journal of Biometeorology, 42(3): 139-145.

Wilk J, Andersson L. 2001. Hydrological impacts of forest conversion to agriculture in a large river basin in Northeast Thailand. Hydrological Processes, 15: 2729-2748.

Wolfgang L, Andrew H H. 2000. A comparison of satellite-derived spectral Albedos to ground-based broadband albedo measurements modeled to satellite spatial scale for a semi-desert landscape. Remote Sensing of Environment, 74: 85-98.

Woodward F I. 1987. Climate and Plant Distribution. London: Cambridge University Press.

Xiao X M, Hagen S, Zhang Q Y, et al. 2006. Detecting leaf phenology of seasonally moist tropical forests in South America with Multi-temporal MODIS Images. Remote Sensing of Environment, 103: 465-473.

Xiao X M, Zhang Q Y, Saleska S, et al. 2005. Satellite-based modeling of gross primary production in a seasonally moist tropical evergreen forest. Remote Sensing of Environment, 94: 105-122.

Xu Z X, Li J Y. 2003. A distributed approach for estimating catchment evapotranspiration: comparison of the combination equation and the complementary relationship approaches. Hydrological Processes, 17: 1509-1523.

Yang L M, Bruce L W, Larry L T, et al. 1998. An analysis of relationships among climate forcing and time-integrated NDVI of grasslands over the U.S. northern and central great plains. Remote Sensing of Environment, 65: 25-37.

Yoder B J, Waring R H. 1994. The Normalized difference vegetation index of small Douglas-fir canopies with varying chlorophyll concentrations. Remote Sensing of Environment, 49: 81-91.

Yu F F, Kevin P P, James E, et al. 2003. Response of seasonal vegetation development to climatic variations in eastern central Asia. Remote Sensing of Environment, 87: 42-54.

Yu F, Price K P, Ellis J, et al. 2004. Interannual variations of the grassland boundaries bordering the eastern edges of the Gobi Desert in central Asia. International Journal of Remote Sensing, 25: 327-346.

Yu G, Miwa T, Nakayama K, et al. 2000. A proposal for universal formulas estimating leaf water status of herbaceous and woody plants based on spectral reflectance properties. Plant and Soil, 227: 47-58.

Zarco-Tejada P J, Pushnik C, Dobrowski S, et al. 2003. Steady-state chlorophyll a fluorescence detection from canopy derivative reflectance and double-peak red-edge effects. Remote Sensing of Environment, 84: 283-294.

Zhang L, Dawes W R, Walker G R. 1999. Predicting the Effect of Vegetation Changes on Catchment Average Water Balance, Cooperative Research Centre for Catchment Hydrology, Technical Report 99/12, 35.

Zhang T, Barry R G, Knowles K, et al. 2003b. Distribution of seasonally and perennially frozen ground in the Northern Hemispher//Proceedings of the 8th International Conference on Permafrost. Zürich, Switzerland: AA Balkema Publishers, 2: 1289-1294.

Zhang X Y, Mark A F, Crystal B S, et al. 2003a. Monitoring vegetation phenology using MODIS. Remote Sensing of Environment, 84: 471-475.

Zhang Y K, Schilling K E. 2006. Increasing streamflow and base flow in Mississippi River since the 1940s: effect of land use change. Journal of Hydrology, 324: 412-422.

Zhao M, Running S W. 2010. Drought-induced reduction in global terrestrial net primary production from 2000 through 2009. Science, 329: 940.

Zheng J, Ge Q, Hao Z. 2002. Impacts of climate warming on plants phenophases in China for the last 40 years. Chinese Science Bulletin, 47: 1826-1831.

Zhou L, Tucker C J, Kaufmann R B, et al. 2001. Variation in northern vegetation activity inferred from satellite data of vegetation index during 1981 to 1999. Journal of Geophysical Research, 106 (D17): 20069-20083.

Zierl B, Bugmann H. 2005. Global change impacts on hydrological processes in Alpine Catchments. Water Resources Research, 41: W02028.

第6章　同位素在空间生态水文学中的应用

6.1　稳定同位素技术

同位素是指原子核中的质子数相同而中子数不同的一类原子。同位素含量用同位素丰度表示，即指一种元素中的某一同位素在原子中所占的相对含量。例如，氢同位素在自然界的平均丰度为：$^{1}H=99.98\%$，$^{2}H(D)=0.0156\%$。由于同位素质量不同，在物理、化学及生物化学作用过程中，一种元素的不同同位素在两种或两种以上物质之间具有不同的同位素比值，即同位素以不同比例分配于不同物质中，称为同位素分馏（isotope fractionation）。自然界中的化学反应、蒸发作用、扩散作用、吸附作用、生物化学反应都能引起同位素分馏。自然界中稳定同位素组成的变化很微小，国际上一般用 δ 值表示元素的同位素含量。δ 值指样品中某元素的同位素比值（R）相对于标准样品同位素比值的千分偏差，即

$$\delta(‰) = \left(\frac{R_{sample}}{R_{standard}} - 1 \right) \times 100\% \qquad (6.1)$$

式中，R_{sample} 为样品的同位素比值；$R_{standard}$ 为标准物质的同位素比值。

利用质谱仪等现代仪器可以精确地测量到这种变化。平衡态下的矿物或分子之间的同位素分馏，可以用来指示物质形成时的温度和过程的一些信息，是地球化学最重要的基本研究工具之一。

同位素技术是指将同位素或同位素的标记化合物通过生物、物理或者化学手段渗透进入研究对象，再利用生物、化学、物理等科学手段追踪同位素的位置、变化情况的技术。同位素分为放射性同位素和稳定性同位素两种，在科学研究中，对不同的同位素采用不同的办法测量。稳定性同位素使用质谱分析法进行测定，放射性同位素则通过盖革计数器或者闪烁计数器进行测定。目前同位素的运用主要有放射性自显影、同位素稀释和放射性免疫分析。

在生态学研究问题更趋复杂化和全球化的背景下，稳定同位素技术应运而生。稳定碳同位素技术具有示踪、整合和指示多项功能，以及检测快速、结果准确等特点，得到越来越广泛的应用。环境同位素技术在 20 世纪 50 年代初开始被用于大气降水的研究中（Craig，1953）。大范围有组织的取样工作始于 1961 年（Craig，1961）。同位素水文学发展成为一门新兴学科，主要利用同位素技术解决水文学中的一些关键问题（胡海英等，2007）。地球上的水分通过蒸发、凝结、降落、渗透和径流形成水的循环，由于水分子的某些热力学性质与组成它的氢原子、氧原子的质量有关，在水的各种状态转化过程中，组成水分子的氢同位素和氧同位素发生分馏，造成天然水中同位素化合物的差异。

20 世纪 80 年代以后，随着同位素质谱测试技术的不断完善，环境同位素技术在生态学领域受到重视且得以应用并取得了一些可喜的研究成果，已成为现代生态学研究的

一种新方法（林光辉和柯渊，1995；徐庆等，2005；Thompson et al.，2005；徐庆和左海军，2019），使得精确测定水样中稳定同位素的含量成为可能。同位素在森林生态系统水文过程研究中的优势在于可将森林水循环过程（包括从大气降水、林冠穿透水、地表水、土壤水、地下水和植物水等的整个迁移、转化与分配过程）作为一个整体来研究，并可阐明其过程与机制，克服传统方法的缺点，综合反映植被和土壤对降水过程的截留能力，定量评价林冠和土壤对水分的截流效应，深入揭示森林植被变化对水文循环过程的调控机制（徐庆等，2008）。稳定同位素技术对于人们分析水循环的过程、认识森林生态水文过程具有重要的意义。

6.2 利用氢氧环境同位素研究森林生态系统水文过程

6.2.1 森林生态系统的水循环与转化

森林/灌丛植被与水之间的相互关系是研究森林生态系统中的水循环过程的中心议题。降水是自然界森林生态系统水循环过程中的一个重要环节。在自然水的循环中，降水是地表水和地下水的主要来源。但降水的形成又与地表的江河、湖、海的蒸发有关，地表水与地下水相互之间又存在不断补给和排泄的关系，降水、地表水和地下水三者很自然地构成水的动态循环。可以利用氢氧同位素的方法，估算每一集水区 3 种水体之间相互转换的数量关系。

降水的氢氧同位素值受气候和地理因素的影响，具有明显的时空变化，并且与云团凝结温度、降水量、高程等环境因素之间存在相关性（孙佐辉，2003；黄天明等，2008）。因此，查明大气降水 $\delta^{18}O$ 和 δD 在不同地区的分布特点，以及它们与各种环境因素之间的因果关系是研究区域同位素水资源的关键和先决条件，为最终建立一个地区的水循环模式提供理论依据。

林冠穿透水是林冠对降水的第一次分配，其与降水的氢氧同位素值具有较好的线性关系（徐振等，2007）。由于森林植被结构的复杂性及林内多种环境因子（温度、湿度、蒸发等）的综合影响，林冠穿透水 $D(^{18}O)$ 贫乏，降水 $D(^{18}O)$ 富集。在森林生态系统水文过程研究中，利用大气降水与林冠穿透水的氢氧同位素差异可有效反映植被对水分的截留能力，这已引起森林水文学家的关注。

森林土壤水对植物-大气、大气-土壤和土壤-植物 3 个界面物质与能量的交换过程有着重要的控制作用。不同深度的土壤水氢氧同位素的空间分布实际上很好地记录了降水从地表向地下渗浸的过程，用土壤水中环境同位素的变化研究水分在土壤中的迁移过程是一种有效的方法。

通过分析森林植物茎木质部水分及其所利用的水源的氢氧同位素，可定量阐明森林各层次优势植物之间的竞争关系和水分的吸收利用模式，利用同位素脉冲标记还可有效揭示群落内不同生活型植物如何进行水资源的分配、不同深度土壤含水量随季节的变化和植物吸收水分的区域变化，以及这种变化与生活史阶段、生活型差异、功能群分类和植物大小之间的关系（Ehleringer and Dawson，1992；Martín-Gómez et al.，2015；Cernusak et al.，2015；巩国丽等，2011；朱建佳等，2015）。

地下水受到大气降水、地表水、土壤水的补给。环境同位素技术在生态水文中应用最成功的领域之一就是对地下水的补给、运移、滞留和排泄的整个过程,以及对地下水的定量深入研究。在森林生态系统水循环研究中,首先判断大气降水的水气来源,定量分析土壤水、地下水的循环机制,进而研究"大气降水-林冠穿透水-地表水-土壤水-地下水"的相互作用关系,结合森林各层次优势植物的吸水模式和水循环过程,明确区域生态系统"五水"转化关系和水循环机制。

河水(地表水)作为水循环过程中的另外一个重要环节,通过蒸发和补排途径与大气降水、地下水不断发生转化。所以,开展以地表水为主要对象的同位素示踪研究,揭示其主要影响因素,对于建立流域的水循环模式及查明水资源的时空分布规律、制定水资源的可持续管理模式具有十分重要的意义。

6.2.2 林冠穿透水

森林冠层是生态系统发挥水文生态功能的主体。降水进入森林、灌丛生态系统时首先与林冠层接触,并通过林冠进行第一次再分配,林冠截留部分降水,并在接触面上直接蒸发一部分降水,其余部分形成穿透水和树干径流。林冠对降水的再分配过程不仅削减了降水的动能,截留了部分降水,改变了降水的空间分布格局,还影响了林下植物水、土壤水和营养物质的循环及再分配,以及植物的水分吸收、地表径流、壤中流和河川径流等,因此,冠层对降水截留、林下穿透水的水文学和生态学意义一直是生态水文学研究的热点。

与降水过程一样,林冠穿透水形成过程中存在的蒸发、凝结、生物交换等都会导致同位素分馏,从而改变穿透水的稳定同位素组成,因此,目前稳定同位素已被广泛应用于研究林冠对降水再分配及相关联过程的影响,如降水通过林冠影响营养物质循环和分配(Chuyong et al.,2004;Garten et al.,1999;Heaton et al.,1997)、林冠穿透水的水文作用(Kubota and Tsuboyama,2003,2004)、森林对水分的利用等(黄建辉等,2005;孙双峰等,2005),但是林冠影响穿透水稳定同位素组成的研究还很少。

徐庆等(2005,2006a)研究四川卧龙亚高山暗针叶林中林冠穿透水的氢氧同位素特征发现,影响暗针叶林穿透水同位素值的因素不仅仅是水分蒸发和林冠对降水的截留,还有温度、湿度、蒸发等多种环境因素的综合效应,林冠穿透水的同位素值可以灵敏地反映植被对水分截留能力的大小。此外,在穿透水与其他因子的综合研究方面也取得了可喜的研究成果。例如,刘文杰等(2006)根据溪流水和穿透水(穿透雨水+滴落雾水)的同位素差值,利用平衡状态下的瑞利蒸馏方程计算森林土壤蒸发率,结果表明持久、浓重的辐射雾是导致西双版纳地区热带雨林蒸散和土壤蒸发率较低的重要因子。

6.2.3 地表水/地表径流

降水-径流关系是水文学的重要组成部分,其研究的主要内容是降水和径流量的分配问题。流域产流机制是水文学研究中最重要的基础问题,一般采用传统的经验划分方法。但是,传统的流域模型面临的最大问题是建模所需的信息缺乏,并且这些模型包含了一些假设，这些假设是否合理，有待利用氢氧环境同位素技术来验证（高东东等，2015）。

在利用稳定同位素技术研究地表径流的工作中，Aravena 等（1990）首先研究了智利北部 Loa 和 Tarapaca 河流的河水同位素演化，阐明了地表水（河水）与地下水相联系的补给区域。后来，顾慰祖（1992）利用氚(T)和 ^{18}O 研究了实验集水区内降水与径流的响应关系，发现地表径流必源于本次降水的概念不明确，往往含有非本次降水的成分，在部分年份非本次降水对径流的贡献高达 50%。徐庆等（2007a）运用氢氧环境同位素技术研究了卧龙巴郎山森林大气降水与林下皮条河河水的关系，发现高山雪水和冰雪融水补给皮条河河水的时间为 11 月至翌年 6 月。而在黑河源区，降水对地表径流的主要贡献时段在 6～9 月中旬，冬季以基流（以泉水的形式）补给河水为主，但流量较低（赵良菊等，2011）。河水中氢稳定同位素的时空变化是降水形成机制和地形格局相互作用的结果（刘玉虹等，2007）。

6.2.4　土壤水和壤中流

地球上的水资源均来源于降水。在降水过程中，"重"的分子优先凝结降落，而在蒸发过程中，"轻"的分子优先蒸发，故土壤剖面不同深度的土壤水氢氧稳定同位素组成差异显著，直至较深层次才相对稳定（张小娟等，2015）。土壤水中稳定同位素可以作为一种天然的示踪剂来追踪降水-土壤水-地下水之间的转化甚至"土壤-植物-大气"界面的输送和循环过程（李晖和周宏飞，2006；马雪宁等，2012）。一般而言，土壤水的氢氧同位素变化受大气降水同位素及地表蒸发、水分在土壤中的水平迁移和垂直运动等多种因素的影响。

20 世纪 60 年代，国外开始运用同位素技术研究土壤水分的运移规律。70 年代末，国外开始使用多箱模型（multi-box model）模拟土壤水分的运移过程，并通过相应的数值模型对示踪剂的迁移与弥散进行模拟计算（张小娟等，2015）。时至今日，国内外已有大量关于土壤水氢氧同位素示踪的研究。在我国，田立德等（2002）对青藏高原中部土壤水中环境同位素变化进行了初步报道。徐庆等（2007b）对四川卧龙亚高山暗针叶林土壤剖面不同深度土壤水氢氧同位素的变化规律及其与水分迁移的关系进行了研究，结果发现表层土壤水 δD 受降水 δD 的直接影响，并且与降水 δD 有相同的变化趋势，50～60 cm 深层土壤水 δD 受浅层地下水 δD 的影响增强，δD 基本稳定；而在壤中流的研究中发现，不同的降水强度对壤中流的影响不同（徐庆等，2005，2006b）。

6.2.4.1　土壤水的垂直迁移

土壤水中氢氧稳定同位素作为土壤水的组成部分，随着包气带土壤水分一起流动，在其运移过程中，由于受到大气降水中稳定同位素，以及地表蒸发、水分在土壤中的水平迁移和垂直运动等多种因素的影响，其丰度不断发生变化。D 和 ^{18}O 在土层中的非均匀分布，为建立土壤水垂直运移模型提供了充分条件。通过建立模型和分析数据开展包气带土壤水垂向运动情况的同位素示踪研究，分层计算土壤水垂直运移量，可以建立某一时段内通过土壤某一水平断面的土壤水垂直运移量与该时段降水量、该时段土壤含水量变化的关系（张小娟等，2015）。

在土壤水运移过程中，具有不同同位素含量的降水入渗土壤后，与土壤原有水分发生交换混合，原有土壤水同位素丰度发生改变。同时，水分在土壤内水平迁移和垂向运动过程中发生分馏，土壤水同位素丰度逐渐富集、水岩交换对深层土壤水同位素组成的改变（胡海英等，2008）等都将使得原有土壤水同位素产生丰度变化。此外，降水中的同位素组分还存在季节变化特征（陈中笑等，2010），也会引起土壤水氢氧稳定同位素的浓度变化，因此，可通过对比不同水体之间的同位素组成和土壤剖面上不同深度的同位素分布特征，研究降水入渗过程及土壤水分的运移过程（杨红斌，2014；陈同同等，2015）。

6.2.4.2　土壤水的滞留时间

稳定同位素 D 和 ^{18}O 是水分子的组成部分，在自然界中具有化学稳定性，因此成为评估水体滞留时间的首选。对于土壤水滞留时间的计算，常用的分布模型有活塞流模型、指数模型、指数活塞流模型、弥散模型、线性模型、线性活塞流模型（吴锦奎等，2008）。在目前的研究中，多数学者采用数理统计中正弦函数模型的方法来计算土壤水滞留时间。该方法主要是依据降水与土壤水中 δD、$\delta^{18}O$、氘盈余的季节性变化趋势和正弦曲线或余弦曲线函数的变化趋势相似，通过拟合计算并比较降水和土壤水拟合曲线的振幅及相（时间）的位移，从而计算出自地表到某一特定土壤深度之间土壤水的滞留时间（刘君等，2012）。

6.2.5　地下水

环境同位素技术已被广泛地应用于地下水的来源、运移、滞留和排泄整个过程的研究。Craig 等（1963）在研究中性和弱碱性地热水时发现，不同地热区喷出的热水及蒸汽的 $\delta^{18}O$ 值是变化不定的，而 D 值保持基本不变，研究认为，这是水中的氧同位素和硅酸盐岩石、碳酸盐岩石中氧同位素逐步平衡的结果，这些水的来源是大气降水。尹观和范晓（2000）根据氢氧同位素研究了九寨沟风景区的水分循环，发现尽管大气降水是九寨沟的主要水分来源，但是由于大气降水补给到各种水体内的时间、补给源区的高度、补给方式，以及地下水库容的大小、水的滞留时间和新老水更替周期不同，各种水体中 $\delta^{18}O$ 和 δD 存在较大的差异。

6.2.6　植物水

植物体中的氢和氧主要来源于水。植物所能利用的水分主要来自降水、土壤水、径流（包括融雪）和地下水。土壤水、径流和地下水最初也全部来自降水。氢氧同位素在植物吸收、运输和蒸腾水分时表现出自身的变化规律。对一般植物而言，水分在被植物根系吸收和从根向叶移动时不发生氢氧同位素分馏（Dawson and Ehleringe，1991）。因此，分析对比植物水与各种水源的同位素组成，可以确定植物体水分的来源。在国内，杜雪莲和王世杰（2011）对稳定氢氧同位素在植物水分利用研究中的现状做了概述，并着重对稳定同位素技术在确定不同生境植物水分利用策略、区分不同功能群植物水分来源、植物水分再分配及指示环境气候信息等研究中的应用及前景进行了详细介绍。

除此之外，利用氢氧同位素技术还能确定植物根系吸收水分最活跃的区域（孙双峰等，2005；Lubis et al.，2014），也能反映出植物吸收水分的季节差异（Barbeta et al.，2014）。虽然植物根系可以遍布整个土壤剖面，但这并不意味着所有根系在其存在的土层中都表现出水分吸收能力，这已由氢氧同位素技术得到证实（吴华武等，2015）。

总之，在全球气候变化条件下，将同位素地球化学与生态学相结合，运用氢氧同位素技术，研究森林生态系统水文过程，包括大气降水、林冠穿透水、地表水、土壤水、地下水和植物水的来源、混合比和运移规律，以及"六水"转化关系，结合森林植被结构、土壤结构特征和林内外环境因子，定量揭示森林植被结构对水文过程的调控机制，创新和发展水循环模式，为揭示森林植被对区域暴雨径流（或洪水）与水资源的调控机制提供科学依据，具有重要的理论和实践意义。

6.3　利用氢氧环境同位素研究灌丛水文过程

森林与灌丛植被是我国青藏高原东缘的主要植被类型，对我国西部生态环境演化有重要作用。川西亚高山森林与灌丛是我国西南亚高山林区水源涵养林的重要组成部分（张远东等，2005），以冷杉为主要优势种的原生亚高山暗针叶林在被长期大规模采伐后，天然更新的次生川滇高山栎灌丛（林）已成为该区域的主要植被类型之一。目前，对采伐后人工林和天然次生的生态水文研究主要集中在人工云杉林，在天然次生桦木林中也有少量研究（张远东等，2005；巩合德等，2004），因此，有必要研究川滇高山栎灌丛（林）的生态水文过程。目前，灌丛内的相关研究还不够深入。关于川滇高山栎灌丛的穿透水及其水文特征的氢氧同位素研究表明，穿透水量与降水量具有显著的一元线性关系，穿透水率与降水量呈对数正相关；穿透水与降水的稳定同位素组成没有显著差异，并有降水量效应；但与降水中稳定同位素值相比，穿透水中稳定同位素值随着穿透水量的增大，先富集重同位素，再贫乏重同位素，最后趋向一致（徐振等，2007）。影响穿透水同位素值的因素不仅仅是水分蒸发和植被对雾水的截获，还有多种因素的综合效应（崔军等，2005）。

6.4　稳定同位素技术在岷江流域森林生态水文中的应用

6.4.1　岷江上游的降水来源

在岷江上游卧龙国家级自然保护区，研究人员分析了2003年7月到2004年7月降水的稳定同位素特征及相应的气象参数，结果显示，4~8月降水气团主要来自东南季风，9~10月降水气团主要来自严重贫乏重同位素的西南季风，11月至翌年3月降水气团主要来自本地水汽再循环及高空西风环流带来的内陆水汽。氘盈余值（*d*-excess）显示了季风的进退。在季风期降水的稳定同位素值具有降水量效应，同时季风活跃期降水的稳定同位素值与南风指数（SWI）呈显著负相关，特别是在西南季风输送了低同位素值和负过量氘值水汽时，SWI 指示了水汽来源与输送强度（图 6.1）。

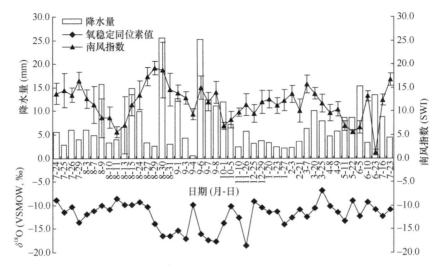

图 6.1　2003 年 7 月至 2004 年 7 月卧龙国家级自然保护区降水事件中
$\delta^{18}O$ 与相应降水量和 SWI 的对比

　　根据 2003 年 7 月至 2004 年 7 月在四川卧龙国家级自然保护区收集到的降水事件样品，分析了卧龙降水的稳定同位素特征及其与降水量、近地面气温和风向风速等气象参数的关系。研究结果支持了东南季风、西南季风和西风环流影响卧龙的时段划分：稳定同位素显示降水在 4～8 月由东南季风带来的具有初始凝结特征的洋面水汽主导，在 9～10 月主要来自西南季风带来的经过强烈洗涤作用影响的洋面水汽，在 11 月至翌年 3 月主要来自本地蒸发水汽以及西风环流带来的内陆蒸发水汽。并且 d-excess 显示了不同阶段的过渡期，如 4 月、8 月、10 月等。卧龙国家级自然保护区季风活动阶段稳定同位素值的降水量效应显著，并与南风指数呈显著负相关，表明降水中的同位素值对水汽来源与运输过程的指示性很强，特别是西南季风的爆发带来稳定同位素值和 d-excess 都极低的降水；同时降水事件中稳定同位素值的温度效应不显著，显示季风气候对当地降水的影响较大陆性气候要强。

6.4.2　植被空间配置对径流分配的影响

　　利用河水稳定同位素数据计算了岷江上游黑水河 7 个支流（包括 A、B、E、F、H、I、K）的基流对干流河水（M 点）的贡献率，发现支流 H 的基流贡献率最大（40.4%），支流 F 的基流贡献率最少（2%）。利用遥感数据（TM）计算了不同植被的覆盖率，森林覆盖率在 I、A、F、K、B、H 和 E 流域分别是 43.12%、35.56%、32.99%、25.34%、23.23%、20.56% 和 19.58%。相关分析显示：增加落叶阔叶林和亚高山针叶林的面积能够减少产水，而增加高山灌丛和高山草甸的面积可以增加产水（图 6.2）。同时，研究也发现在较大尺度的流域中，植被面积（包括森林、灌丛、草甸）在产水上起着非常重要的削弱作用，而森林植被类型仅在小尺度上发挥作用。但植被与产水的关系十分复杂，需要开展大量细致的研究，从而阐明其作用机制。

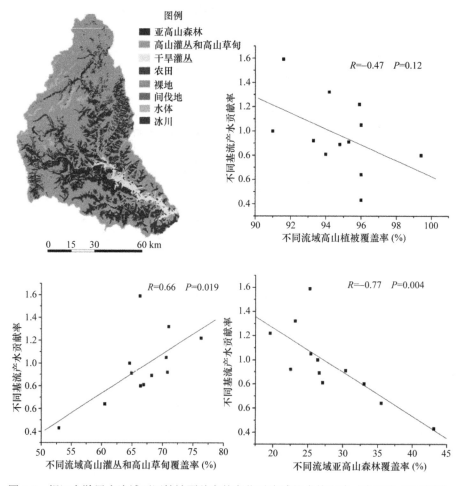

图 6.2　岷江上游黑水流域不同植被覆盖率的变化对流域基流的影响（彩图见文后图版）

　　分析单次降水过程（降水量>8 mm）中 7 个支流的氢氧时间变化发现，单次降水过程中氧稳定同位素比氢同位素更适合计算支流对干流的贡献率，这源于不同类型水源混合的程度不同。根据二元及多元混合模型，计算了雨水在不同降水时段对 7 个支流的贡献，其贡献率为 1%～40%。

　　根据降水量空间分布的相似性和流域的相邻性，把流域 A 和 B 分成一组，流域 E 和 F 分成一组，流域 H 和 I 分成一组，进行组内贡献率与不同植被覆盖率的配对分析，发现森林面积增加会造成雨水贡献率的减少，而高山灌丛和高山草甸面积增加能够使雨水的贡献率增加（图 6.3），这说明植被配置格局对洪水的形成具有一定的影响（Liu et al.，2008，2011）。进一步的统计检验表明：降水量差异对单次降水后河水径流变化的贡献率为 17%，降水量与地形坡度的贡献率为 28%，而植被配置格局具有重要作用。

　　本研究利用氢稳定同位素技术定量研究了枯水径流、平水径流和洪峰径流之间的相互关系，发现在不同的径流时期不同的水源对河水的贡献率是不同的，并且在不同的海拔，水源的贡献率也存在一定的差异，这是因为海拔差异造成的温度差异、气候差异、植

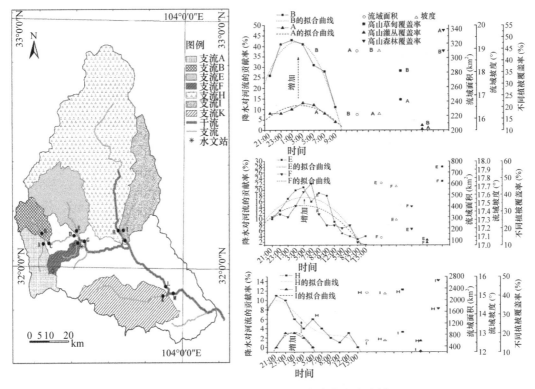

图6.3 景观格局对流域洪水径流的影响分析

被和土壤差异等都会对水源的贡献率产生影响。但是，无论在高海拔集水区还是在低海拔集水区，基流都在平水径流量中占有较大的比例（>60%），说明在平水期，河水补给是枯水径流的主要来源。由于黑水研究区的枯水径流主要来源于冰川融雪，而且全球变暖会导致这种补给逐渐减少，因此枯水径流的变化直接影响着整体水量的补给与平衡。在枯水季冰川融雪是河水的主要补给来源，如果气候变暖加剧，河水基流补给将受到威胁；在大尺度上，植被对基流和洪水具有一定的作用，即森林面积增加会造成基流和洪水的减少，灌丛、草甸面积增加会使基流和洪水增加。这些结果是在气候条件相对一致的条件下产生的，因此气候变化的影响不能被忽视。然而，在较短时间内，要想深入揭示降水-植被-径流的相互关系还是很困难的，需要继续深入地开展这方面的研究。

根据二元及多元混合模型，本研究对黑水流域的平水径流和洪峰径流分别进行了不同水源贡献率的辨析，结果表明：在平水期，高海拔集水区和低海拔集水区的枯水期基流分别占71.6%、65.8%，地下水比例分别为28.4%和34.2%，表明河水的主要来源是枯水期基流，地下水的补给量相应增加。但是，对于这两个不同海拔的集水区，水源的贡献率是不同的，即高海拔集水区的枯水期基流贡献率高于低海拔集水区，而低海拔集水区地下水的贡献率要高于高海拔集水区。在丰水期，对于高海拔集水区和低海拔集水区，平水期基流分别占76.3%和73.3%，降水分别占23.7%和26.7%，说明洪峰径流主要来源于平水期基流，并且降水对径流的影响显著加强。但是，低海拔集水区降水对径流的影响要高于高海拔集水区，主要是因为低海拔集水区的平水期基流小于高海拔集水区。

6.4.3 岷江上游主要植被类型的水分转换过程示踪

利用氢氧稳定同位素技术研究了森林、草甸、高山灌丛的水分转换过程，以高山灌丛为例进行介绍。

2003 年 7 月 28 日到 9 月 6 日，研究分析川滇高山栎灌丛样地内降水与林冠穿透水在量、相对比例、同位素特征和同位素差值上的关系。结果显示穿透水量与降水量显著线性相关，同时穿透水率与降水量呈显著的对数正相关。穿透水的稳定同位素组成整体上与降水的稳定同位素组成没有显著差异，并伴有降水量效应。但与各自对应的降水稳定同位素值相比，穿透水随着量的增大，先富集重同位素（穿透水量 2 mm 左右），再贫乏重同位素（穿透水量 4~10 mm），最后趋向一致（穿透水量大于 15 mm）；这与林冠从干燥、蒸发显著，到湿润、出现饱和水汽界面和稀释作用，再到林冠下层形成的水滴占穿透水的比例越来越小有关（图 6.4）（徐振等，2007）。

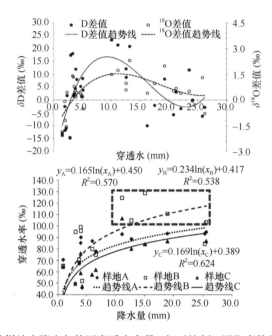

图 6.4 川滇高山栎灌丛样地内降水与林冠穿透水在量、相对比例、同位素特征和同位素差值上的关系

2003 年 8 月 10~14 日和 8 月 16~20 日，研究分析了样地内枯枝落叶层、腐殖质层、土壤层水稳定同位素的时间序列。水源贡献比例结果表明，即使 4.0 mm/d 的降水也能有效更新 40~50 cm 的土壤水，单次水文输入事件（包括降水和穿透水）在腐殖质层和土壤层中最大能占到约 60%的比例。壤中流补给土壤水的比例最高可达 96%，但该比例在有降水时会迅速降低。降水事件发生后，土壤水同位素剖面显示出明显的活塞式流动（图 6.5），同时小规模降水居多、土壤下层处于未饱和状态使得侧面优势流也普遍发生在坡面上。降水和穿透水在土壤水中的平均滞留时间只有 3~5 天。降水和穿透水的滞留时间短和优势流的普遍性可能是高山栎林覆盖地较岷江冷杉林雨季径流产出大的重要因素。

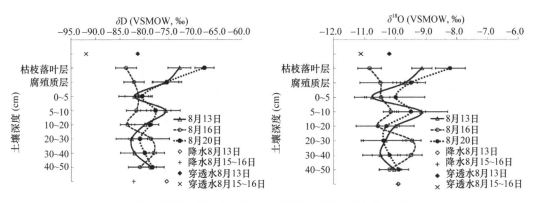

图 6.5 不同日期土壤水同位素剖面同位素测定值随土壤深度的变化

2003 年 8 月 13 日、16 日和 20 日研究分析了川滇高山栎和丝毛柳（*Salix luctuosa*）的根系水稳定同位素特征，并与对应日期土壤水稳定同位素值和细根生物量分布进行了相关分析（图 6.6）。结果显示，这两个物种在当地属于浅根系的灌木，能吸收所有土壤层次的水，但主要利用 0～30 cm 的土壤水，特别是腐殖质层和 0～10 cm 土壤层的水。灌木吸收水的模式与细根生物量分布和土壤水含量剖面均呈显著正相关，但是仅丝毛柳吸收水的模式与这两个因素同时匹配。与岷江冷杉林相比，灌木主要利用表层 30 cm 土壤水，可能导致草本层种类和生物量的降低。

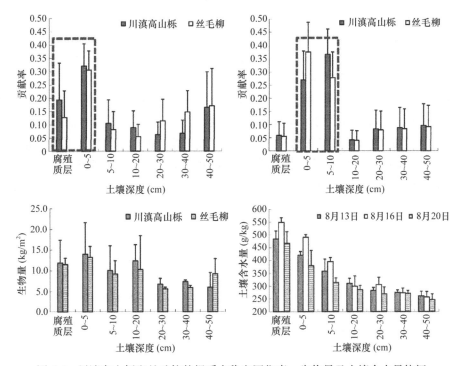

图 6.6 川滇高山栎和丝毛柳的根系水稳定同位素、生物量及土壤含水量特征

以上研究分析了大气-植被-土壤的水分循环过程，并发现了灌丛冠层对降水的截留特征、降水在土壤中的移动过程、植物分层利用土壤水的特征、水分蒸散中土壤蒸发与植被蒸腾的贡献等。在此基础上，构建了高山灌丛的水分循环过程与相关机制

（图 6.7）。

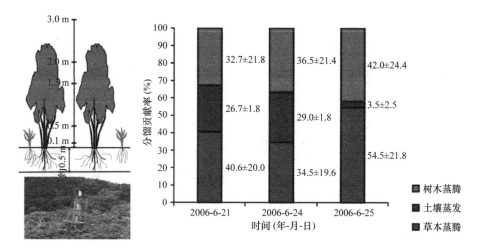

图 6.7　川滇高山灌丛生态系统内土壤、植物蒸腾作用（0.1～3 m 高度）稳定同位素特征分析
（彩图见封底二维码）

6.4.4　岷江上游主要植被类型间的局地景观水循环

通过对高山草甸水分微循环及其降水来源的辨识，发现在高海拔草甸植被与低海拔森林植被间形成了局地景观水循环系统。

高山草甸大气降水线（LMWL）方程为 $\delta D= 7.98\delta^{18}O + 34.28$，其截距远高于全球降水线和东南亚降水线，表明高山草甸降水具有明显的高 d 值（氘过量参数）特征。高山草甸降水的平均 d 值为 34.70‰，揭示了其降水来源水汽中含有较多内陆蒸发水汽（图 6.8）。高山草甸雾水 δ 值满足方程：$\delta D= 7.96\delta^{18}O + 37.99$。雾水 δ 值和 d 值都高于降水，表明雾水是来自山区内陆蒸发的水汽；雾水的同位素组成还随雨水同位素组成不同而变化，表明雾水来自雨水的蒸发。高山草甸土壤水分 δ 值范围介于雨水和雾水之间，表明高山草甸土壤水为雨水和雾水的混合。土壤水中旧水（非本次降水）所占比例为 0～62%，雨水比例为 16%～67%，雾水比例为 0～84%（表 6.1）。

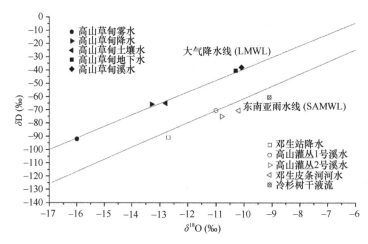

图 6.8　高山草甸水分循环过程中不同水分稳定同位素的特征分析

表 6.1　高山草甸区重要水源的同位素 *d*-excess 特征比较

取样类型	过量氘值（‰）			取样数
	均值±SD	最小值	最大值	
降水	34.70±5.55	20.21	42.21	20
雾水	38.68±4.18	32.64	45.27	15
土壤水				
0～5 cm 层土壤水	34.83±9.73	20.85	64.45	41
5～10 cm 层土壤水	35.26±10.32	7.48	56.52	33
10～15 cm 层土壤水	33.50±9.36	14.17	54.19	33
浅层地下水	33.79±4.81	23.87	40.18	21
河道水	36.54±6.24	27.78	52.60	22

高山草甸土壤水 $\delta^{18}O$ 值剖面具有较大的空间变异性。不同的 δ 值剖面反映了高山草甸土壤水分运动同时存在优势流和活塞流的机制，而且土壤表层水分存在不同程度的沿坡面向下的侧向流动，坡度越高水分侧向流动越强。土壤水 δ 值的时间序列变化还显示，高山草甸土壤具有极强的渗透性，即使小雨也有可能较快地入渗到土壤深层，但越大的降水对土壤深层水分的影响越大。

利用同位素质量守恒的方法，计算得到实验期间高山草甸土壤水分平均蒸发强度为0.48 mm/d，表明高山草甸水分蒸发作用微弱，其水分蒸散主要为植物蒸腾。高山草甸浅层地下水具有相当稳定的同位素组成，显示其同位素组成为多年降水同位素组成的整合，也表明其具有较大的库容量和稳定来源。高山草甸溪水的同位素组成也相当稳定，但其变幅大于浅层地下水，平均 δ 值略低于浅层地下水，但两者很接近，体现了溪水主要补给源为浅层地下水，但同时还来自高海拔的部分降水。溪水的同位素组成是较大时空尺度内降水同位素组成的整合，其平均 *d* 值为 36.54‰，同样表明高 *d* 值是高山草甸降水的一般特征。高山草甸植物水的同位素组成介于雨水和雾水之间，反映了植物水分来源为雨水和雾水的混合。进一步的研究表明，高山草甸的雾水来自邻近森林的蒸腾，雾水作为高山草甸的主要水源，其对高山草甸的产流贡献在 50%以上（表 6.2）。

表 6.2　高山草甸区的降水特征比较

时间（月/日）	降水		样地-1		样地-2		样地-3	
	雨水（mm）	雾水（mm）	蒸发（mm/d）	蒸腾（mm/d）	蒸发（mm/d）	蒸腾（mm/d）	蒸发（mm/d）	蒸腾（mm/d）
6/26～6/29	19.37	0.42	0.39	3.10	0.25	2.89	0.15	2.68
7/2～7/3	5.70	0.44	1.17	5.07	1.06	3.71	0.26	22.49
7/5～7/8	20.70	3.00	0.10	8.03	0.01	7.76	−0.03	6.87
7/8～7/9	18.07	1.85	−0.02	10.01	−0.01	9.27	0.20	19.62
7/10～7/11	3.00	3.00	−0.23	7.08	−0.18	2.63	−0.17	4.84
平均值	18.02	1.68	0.34	7.77	0.21	7.37	0.20	7.29

在亚高山暗针叶林中的研究发现：①岷江上游卧龙地区大气降水线方程为 $\delta D = 9.443\delta^{18}O + 28.658$（$r = 0.943$，$n = 74$，$P < 0.05$）。卧龙地区冬季降水主要来源于大陆性气团，夏季降水主要来源于海洋性气团，并受东南季风的影响。夏季降水事件中出现一些

极低的 d 值，主要是受到了大陆性冷气团的干扰和东南季风的影响。②不同群落中的降水 δD（$\delta^{18}O$）与穿透水 δD（$\delta^{18}O$）的差值（$\Delta\delta D$，$\Delta\delta^{18}O$）随着降水量的增大，其分布呈现偏正态结构。③地被层水中 δD（$\delta^{18}O$）变化表现出与降水、穿透水和树干液流中 δD（$\delta^{18}O$）的变化一致的趋势，显示出地被层水的主要来源是降水、穿透水和树干液流的补给，最终来源于降水。④暗针叶林中土壤水中的 δD 介于降水 δD 与浅层地下水 δD 之间，表明林中土壤水的主要来源是降水与浅层地下水的补给。⑤当降水量为 0~10 mm 时，降水对壤中流的影响甚微。降水中 δD、$\delta^{18}O$ 的降低引起壤中流 δD、$\delta^{18}O$ 的降低，这种影响在降水第 4 天才滞后发生。当降水量为 10~20 mm 时，这种影响在降水第 2~3 天滞后发生。当降水量为 20~30 mm 时，壤中流 δD、$\delta^{18}O$ 的变化曲线随雨水的 δD、$\delta^{18}O$ 变化而变化，这种影响在降水当天或第 2 天发生。壤中流 δD、$\delta^{18}O$ 相对稳定；壤中流 δD、$\delta^{18}O$ 及其变化动态与降水有明显差异，表明其补给来源受降水的影响，但不是由当日当次降水直接补给，这显示出亚高山暗针叶林的植被结构对壤中流具有显著的调控作用。⑥暗针叶林中 3 个不同群落类型中优势植物岷江冷杉（*Abies faxoniana*）、冷箭竹（*Bashania fangiana*）、大叶金顶杜鹃（*Rhododendron faberi*）对水分利用的格局不同，岷江冷杉主要利用 30~60 cm 的土壤水，冷箭竹主要利用 0~30 cm 的土壤水，而大叶金顶杜鹃主要利用 0~40 cm 的土壤水。

高山草甸氢氧同位素的研究揭示了来自上风向的亚高山森林生态系统的水汽蒸发可能对高山草甸的降水有较大贡献。高山草甸降雨的高 d 值表明，其受到水分蒸发的强烈影响，而高山草甸本身的蒸发作用微弱。研究利用同位素质量守恒的方法，得出实验期间蒸发强度平均为 0.48 mm/d，这相对于同时段降水量是很微小的，足见高山草甸本身的蒸发对其降水形成的作用微弱。对该地区高山草甸的研究也同样表明：因高海拔的高山草甸地区气候冷湿，且植被盖度大，表层土壤腐殖质含量高，高山草甸的蒸发率较低；而在较低海拔的森林生态系统，其水分同位素却明显表现出强烈蒸发分馏的特征。由此可见，来自森林生态系统蒸发的水汽在不同海拔的生态系统间运移，从而增加了高海拔地区高山草甸的降水。

比较低海拔森林地区的降水与高海拔高山草甸降水的同位素组成，可以发现这种蒸发水汽的作用随海拔升高而增大。这就提示，不同类型植被间通过对水文过程的影响而相互作用，而在此过程中森林可能对地区水文循环过程有着更重要的影响，其水文功能可能影响更高海拔植被的水分利用。由此表明，在长江上游地区，对森林植被的保护可能会影响对高山草甸植被的保护，而高山草甸低蒸发、高渗透的特性对补给低海拔亚高山针叶林的水分具有重要作用，从而影响地区水文平衡和洪涝灾害的发生。因此，在制定水土保持和植被恢复等生态保护管理措施时，需要考虑到流域景观不同类型植被间的水分联系。

主要参考文献

陈同同, 陈辉, 韩璐, 等. 2015. 石家庄市区土壤水分运移的稳定同位素特征分析. 环境科学, 36(10): 3641-3648.

陈中笑, 程军, 郭品文, 等. 2010. 中国降水稳定同位素的分布特点及其影响因素. 大气科学学报, 33(6): 667-679.

崔军, 安树青, 徐振, 等. 2005. 卧龙巴郎山高山灌丛降雨和穿透水稳定性氢氧同位素特征研究. 自然资源学报, 20(5): 660-668.

杜雪莲, 王世杰. 2011. 稳定性氢氧同位素在植物用水策略中的研究进展. 中国农学通报, 27(22): 5-10.

高东东, 吴勇, 陈盟, 等. 2015. 贡嘎山森林系统小流域基流分割与降雨入渗补给计算. 长江流域资源与环境, 24(6): 949-955.

巩国丽, 陈辉, 段德玉. 2011. 利用稳定氢氧同位素定量区分白刺水分来源的方法比较. 生态学报, 31(24): 7533-7541.

巩合德, 王开运, 杨万勤, 等. 2004. 川西亚高山白桦林穿透雨和茎流特征观测研究. 生态学杂志, 23(4): 17-20.

顾慰祖. 1992. 集水区降雨径流响应的环境同位素实验研究. 水科学进展, 3(4): 246-254.

胡海英, 包为民, 瞿思敏, 等. 2007. 稳定同位素在水文学领域中的应用. 矿物岩石地球化学通报, 26(s1): 548-549.

胡海英, 包为民, 王涛, 等. 2008. 土壤水中氢氧同位素变化模拟及实验. 水电能源科学, 26(4): 149-152.

黄建辉, 林光辉, 韩兴国. 2005. 不同生境间红树科植物水分利用效率的比较研究. 植物生态学报, 29(4): 530-536.

黄天明, 聂中青, 袁利娟. 2008. 西部降水氢氧稳定同位素温度及地理效应. 干旱区资源与环境, 22(8): 76-81.

李晖, 周宏飞. 2006. 稳定性同位素在干旱区生态水文过程中的应用特征及机理研究. 干旱区地理, 29(6): 810-816.

林光辉, 柯渊. 1995. 稳定同位素技术与全球变化研究//李博. 现代生态学讲座. 北京: 科学出版社: 161-188.

刘君, 卫文, 张琳, 等. 2012. 土壤水 D 和 18O 同位素在揭示包气带水分运移中的应用. 勘察科学技术, (5): 38-43.

刘文杰, 李鹏菊, 李红梅, 等. 2006. 西双版纳热带季节雨林林下土壤蒸发的稳定性同位素分析. 生态学报, 26(5): 1303-1311.

刘玉虹, 范宁江, 杨海波, 等. 2007. 高山径流的时空变化及不同水源的贡献率. 南京林业大学学报(自然科学版), 31(2): 23-26.

马雪宁, 张明军, 李亚举, 等. 2012. 土壤水稳定同位素研究进展. 土壤, 44(4): 554-561.

孙双峰, 黄建辉, 林光辉, 等. 2005. 稳定同位素技术在植物水分利用研究中的应用. 生态学报, 25(9): 2362-2371.

孙佐辉. 2003. 黄河下游河南段水循环模式的同位素研究. 长春: 吉林大学博士学位论文.

田立德, 姚檀栋, 孙维贞, 等. 2002. 青藏高原中部土壤水中稳定同位素变化. 土壤学报, 39(3): 289-295.

吴华武, 李小雁, 蒋志云, 等. 2015. 基于 δD、$\delta^{18}O$ 的青海湖流域芨芨草水分利用来源变化研究. 生态学报, 35(24): 8174-8183.

吴锦奎, 杨淇越, 叶柏生, 等. 2008. 同位素技术在流域水文研究中的重要进展. 冰川冻土, 30(6): 1024-1032.

徐庆, 安树青, 刘世荣, 等. 2005. 四川卧龙亚高山暗针叶林降水分配过程的氢稳定同位素特征. 林业科学, 41(4): 7-12.

徐庆, 安树青, 刘世荣, 等. 2008. 环境同位素在森林生态系统水循环研究中的应用. 世界林业研究, 21(3): 11-15.

徐庆, 蒋有绪, 刘世荣, 等. 2007a. 卧龙巴郎山流域大气降水与河水关系的研究. 林业科学研究, 20(3): 297-301.

徐庆, 刘世荣, 安树青, 等. 2006a. 川西亚高山暗针叶林降水分配过程中氧稳定同位素特征. 植物生态学报, 30(1): 83-89.

徐庆, 刘世荣, 安树青, 等. 2006b. 卧龙地区大气降水氢氧同位素特征的研究. 林业科学研究, 19(6): 679-686.

徐庆, 刘世荣, 安树青, 等. 2007b. 四川卧龙亚高山暗针叶林土壤水的氢稳定同位素特征. 林业科学,

43(1): 8-14.

徐庆, 左海军. 2019. 稳定同位素在流域生态系统水文过程研究中的应用. 世界林业研究, doi: 10.13338/j.cnki.sjlyyj.2019.0097.y.

徐振, 安树青, 王中生, 等. 2007. 川滇高山栎灌丛冠层穿透水及其稳定同位素组成变化特征. 资源科学, 29(5): 129-136.

杨红斌. 2014. 氢氧稳定同位素在半干旱地区包气带中的分馏机制. 西安: 西安科技大学博士学位论文.

尹观, 范晓. 2000. 四川九寨沟水循环系统的同位素示踪. 地理学报, 55(4): 487-494.

张小娟, 宋维峰, 王卓娟, 等. 2015. 应用氢氧同位素技术研究土壤水的原理与方法. 亚热带水土保持, (1): 32-36.

张远东, 刘世荣, 马姜明, 等. 2005. 川西亚高山桦木林的林地水文效应. 生态学报, 25(11): 2939-2946.

赵良菊, 尹力, 肖洪浪, 等. 2011. 黑河源区水汽来源及地表径流组成的稳定同位素证据. 科学通报, (1): 58-67.

朱建佳, 陈辉, 邢星, 等. 2015. 柴达木盆地荒漠植物水分来源定量研究——以格尔木样区为例. 地理研究, 34(2): 285-292.

Aravena R, Suzuki O. 1990. Isotopic evolution of river water in the northern chile region. Water Resources Research, 26(26): 2887-2895.

Barbeta A, Mejía-Chang M, Ogaya R, et al. 2014. The combined effects of a long-term experimental drought and an extreme drought on the use of plant-water sources in a Mediterranean forest. Global Change Biology, 21(3): 1213-1225.

Cernusak L A, Barbour M M, Arndt S K, et al. 2015. Stable isotopes in leaf water of terrestrial plants. Plant Cell & Environment, 39(5): 1087-1102.

Chuyong G B, Newbery D M, Songwe N C. 2004. Rainfall input, throughfall and stemflow of nutrients in a central African rain forest dominated by ectomycorrhizal trees. Biogeochemistry, 67(1): 73-91.

Craig H. 1953. The geochemistry of the stable carbon isotopes. Geochimica et Cosmochimica Acta, 3(2-3): 53-92.

Craig H. 1961. Isotopic variations in meteoric waters. Science, 133(3465): 1702-1703.

Craig H, Gordon L I, Horibe Y. 1963. Isotopic exchange effects in the evaporation of water: 1. Low-temperature experimental results. Journal of Geophysical Research, 68(17): 5079-5087.

Dawson T E, Ehleringer J R. 1991. Streamside trees that do not use stream water. Nature, 350(6316): 335-337.

Ehleringer J R, Dawson T E. 1992. Water uptake by plants: perspectives from stable isotope composition. Plant Cell & Environment, 15(9): 1073-1082.

Garten Jr C G, Schwab A B, Shirshac T L. 1999. Foliar retention of ^{15}N tracers: implications for net canopy exchange in low- and high-elevation forest ecosystems. Forest Ecology & Management, 103(2): 211-216.

Heaton T H E, Spiro B, Robertson S M C. 1997. Potential canopy influences on the isotopic composition of nitrogen and sulphur in atmospheric deposition. Oecologia, 109(4): 600-607.

Kubota T, Tsuboyama Y. 2003. Intra- and inter-storm oxygen-18 and deuterium variations of rain, throughfall, and stemflow, and two-component hydrograph separation in a small forested catchment in Japan. Journal of Forest Research, 8(3): 179-190.

Kubota T, Tsuboyama Y. 2004. Estimation of evaporation rate from the forest floor using oxygen-18 and deuterium compositions of throughfall and stream water during a non-storm runoff period. Journal of Forest Research, 9(1): 51-59.

Liu Y, Fan N, An S, et al. 2008. Characteristics of water isotopes and hydrograph separation during the wet season in the Heishui River, China. Journal of Hydrology, 353(3): 314-321.

Liu Y H, Leng X, Deng Z F, et al. 2011 Effects of watershed vegetation on tributary water yields during the wet season in the Heishui Valley, China. Water Resources Management, 25: 1449-1464.

Lubis M E S, Harahap I Y, Hidayat T C, et al. 2014. Stable oxygen and deuterium isotope techniques to identify plant water sources. Journal of Water Resource & Protection, 6(15): 1501-1508.

Martín-Gómez P, Barbeta A, Voltas J, et al. 2015. Isotope-ratio infrared spectroscopy: a reliable tool for the investigation of plant-water sources? New Phytologist, 207(3): 914-927.

Thompson D R, Bury S J, Hobson K A, et al. 2005. Stable isotope in ecological studies. Oecologia, 144(4): 517-519.

第 7 章　水碳耦合与模拟

7.1　水碳耦合关系

7.1.1　不同空间尺度的水碳耦合关系

碳循环主要包括植被光合固碳、植被呼吸消耗、凋落物分解和土壤碳循环等过程，水循环则主要包括降水、蒸散、产流、土壤水分运移等过程。水、碳循环过程通过内在机制相互作用而产生一定的耦合效应，并在不同尺度上发生。例如，在叶片尺度上，光合作用过程主要受辐射、土壤水分等外部条件以及自身生物物理和生物化学过程控制，而这些因素同时也是在冠层和生态系统尺度上调节蒸散的关键因素，此外，生态系统尺度上的水碳耦合效应又受到系统发育、系统结构、物候过程等因素的制约。在区域尺度上，水碳耦合研究主要关注气温和降水的季节模式共同影响区域植被的水分利用效率、生产力、区域水量平衡等的宏观格局。总体而言，植被、土壤、大气和多种生物与环境因子相互作用，共同控制生态水文耦合过程。赵风华和于贵瑞（2008）根据水、碳在土壤-植被-大气连续体中的运动过程，将水、碳之间的耦合作用分为 4 个尺度：土壤与大气之间，土壤与植被之间，植被与大气之间及植物体内部。其中水、碳之间的耦合过程包括植物体内部的水、碳生化反应过程，气孔光合作用和呼吸作用的协同作用，以及生态系统对水、碳循环的同向驱动作用。从基于生理生态的叶片尺度，到利用通量观测的冠层尺度，再到基于遥感数据和水文观测的区域、全球尺度，研究者已在不同尺度上证明了水碳耦合关系的存在。

在叶片尺度上，气孔作为 CO_2 和水汽通道，影响着植物的光合作用和蒸腾作用，控制着植物水、碳间的平衡关系。自然条件下植物调节气孔导度从而实现最大限度的固碳，同时由于蒸腾作用消耗大量的水，水分亏缺对气孔导度起反馈作用，限制碳的固定。这种反馈机制构成了植物固碳和耗水之间的平衡关系，影响叶片的水分利用效率。在气孔调节下，叶片的光合作用和蒸腾作用通常存在较明显的一致性变化特征，如在农田生态系统中，两者的日变化特征也趋于一致（王建林等，2009；郭维华和李思恩，2010）。苏培玺等（2003）对多个树种的蒸腾作用和光合作用的对比发现，蒸腾作用和光合作用的日变化均呈单峰特征，显著受太阳辐射的影响。

在冠层尺度上，基于涡度相关技术的水、碳通量观测成为研究水碳耦合关系的主要途径。植被冠层的气孔行为和从土壤到冠层的水分运移及传输是植被与水文相互作用中的关键过程。由于植物光合作用与蒸腾作用同时受气孔行为的影响，形成"光合作用–气孔行为–蒸腾作用"耦合模式。植被冠层的气孔阻抗控制着植被与大气的能量传输和湍流交换，决定了植被的蒸腾作用。植被冠层的气孔行为取决于叶保卫细胞和叶表皮细胞的膨压变化，而膨压变化取决于从土壤到叶片的水分供应和叶片蒸腾失水之间的水分收支。土壤水分运动又取决于地表的水循环过程，由此将大气过程、植被生态过程和水循环过程耦合在一起，形成一个整体（陈腊娇等，2011）。分析通量站提供的连续的水、碳通量发现，水、碳通量之间存在明显的耦合作用，耦合关系表现为冠层水、碳通量存在一致的日变化和季节变化特征（张永强等，2002；朱治等，2004）；两者具有明显的线性正相关关系；季节内累积碳同化量与累积蒸散量具有稳定的线性关系等。生态系统水、碳循环的驱动能源具有严格的同步变化特点。驱动冠层碳同化过程的光合有效辐射与驱动蒸散的太阳辐射有较稳定的比例关系（任传友等，2004）。

在区域和全球尺度上，基于通量站的全球通量网和多光谱、高分辨率遥感数据是区域水碳耦合研究的数据基础。全球通量网可以提供连续站点级别的水、碳通量观测数据（Baldocchi et al.，2001）。遥感技术的发展使大尺度的水、碳通量耦合研究成为可能。区域尺度的水碳耦合关系主要体现在蒸散与总初级生产力、净初级生产力、生态系统呼吸之间的相互关系。对全球通量网和遥感数据的分析发现，陆地年总初级生产力与蒸散量之间呈显著的线性正相关关系，同一植被类型年总初级生产力与蒸散量的比值趋于一个稳定的数值（Law et al.，2000，2002；Xiao et al.，2008）。现存的许多植被生产力模型都将降水量、蒸散量等作为主要变量，认为植被生产力与水通量之间具有某种经验性的函数关系（周广胜等，1998）。Law 等（2002）利用全球通量站数据对不同生态系统类型的水、碳通量关系进行研究，发现不同生物群落内的月总初级生产力与蒸散存在显著的线性关系，并且耗水和固碳存在很强的年内耦合关系。Beer 等（2010）结合通量站数据和各种诊断模型对全球陆地总初级生产力进行估计，发现超过40%林地的总初级生产力与降水相关。Zhao 和 Running（2010）利用遥感数据与全球通量站数据对全球陆地净初级生产力的分析发现，2000～2009 年，干旱化造成陆地净初级生产力的降低；陆地净初级生产力的变化趋势与干旱指数具有较强的相关性，间接反映了水分对全球生产力的限制。

7.1.2　水碳耦合关系的重要评价指标——水分利用效率

固碳与耗水的比值常被称为水分利用效率（water use efficiency，WUE），用来量化水、碳之间的耦合关系。水分利用效率同时也反映了植被对全球气候变化的响应策略。随着全球气候的变化，植被逐渐形成了适应目前气候类型的分布特征，产生了新的分布格局。气候变化一方面直接影响水文过程，另一方面通过影响植被生态过程和空间格局，对水文循环产生间接影响，使植被与水循环的关系变得更为复杂。因此在不同尺度，研究不同植被类型的水分利用效率对环境变化的响应机制和特征，有助于理解不同尺度上水、碳循环之间的耦合关系。掌握植物对气候变化的响应和水分利用策略，了解和预测全球变化对群落结构与景观分布格局的影响，能够为应对全球变化提供新的对策依据（王庆伟等，2010）。准确计算和预测水分利用效率，也将成为有关部门制定水资源管理决策和植被经营与管理方案的重要理论依据。

7.1.2.1　不同尺度水分利用效率的定义

水分利用效率在不同尺度上，由于水、碳循环过程的不同而具有不同的定义。根据空间尺度的大小可将其分为叶片水分利用效率、生态系统水分利用效率和区域尺度降水利用效率，分别对其定义和计算方法进行描述。

根据《植物生理学》中的定义，水分利用效率为"植物每消耗单位含水量生产干物质的量（或同化二氧化碳的量）"（孟庆伟和高辉远，2011）。叶片水分利用效率是对叶片水平上蒸腾作用和光合作用耦合机制的评价，用净光合速率与蒸腾速率的比值表示（李机密等，2008）。

$$tWUE = A/T \tag{7.1}$$

式中，tWUE 为基于蒸腾作用计算的叶片水分利用效率；A 为净光合速率；T 为蒸腾速率。

叶片水分利用效率是基于叶片生理过程对水、碳通量的评价，代表个体对碳的固定能力，也间接反映了个体的水分利用策略。对不同物种叶片水分利用效率的研究发现，植物水分利用效率具有遗传性，不同的水分利用效率代表植被对水分的竞争能力。不同竞争能力对应不同的植被类型，伴随着不同的水分利用策略。

生态系统水分利用效率(eWUE)是生产力与总蒸散量的比值，反映了生态系统水平上植物利用水分的能力。根据选择的生产力指标的不同，具有不同的表达方式，如 eWUE=GPP/ET，eWUE=NPP/ET，eWUE=NEE/ET，式中，eWUE 为生态系统水分利用效率，GPP、NPP、NEE 分别为总初级生产力（gross primary productivity）、净初级生产力（net primary productivity）和净生态系统碳交换量（net ecosystem change），ET 为生态系统蒸散量（evapotranspiration）。GPP 和 NPP 的差异可以反映生态系统内部碳的动态分配。NEE 作为生态系统的净生态系统交换量，可以更好地反映生态系统的水碳交换效益。上述 3 个公式相互补充，共同说明生态系统尺度水、碳通量之间的平衡关系（胡中民等，2009）。

降水利用效率（rain use efficiency）是区域乃至全球尺度上人们对碳通量与水通量比值的描述。由于在较大尺度上还无法实测水、碳通量，目前主要采用降水利用效率来权衡水、碳之间的耦合关系（Wight and Black，1979）。

$$RUE = P_n /P \tag{7.2}$$

式中，RUE 为降水利用效率；P_n 为年总净初级生产力；P 为年降水量。

在干旱半干旱地区，由于径流很少，年水分蒸发量几乎等于年降水量，这时的降水利用效率更接近于其他尺度上的水分利用效率，因此降水利用效率在干旱区的研究尤为重要。降水利用效率受降水变化的影响很小。Le Houerou（1984）发现，全球范围内干旱和半干旱区的降水利用效率在没有人为干扰的情况下具有一个固定的值（大约平均每公顷土地每年每消耗 1 mm 的降水量可以生产 4 kg 的干物质），因此，降水利用效率常被作为评价土地退化情况的重要指标（Wight and Black，1979；高志海等，2005；齐清等，2009）。

7.1.2.2 不同空间尺度水分利用效率的测算

由于机制不同，不同尺度水分利用效率的求算方法不同。叶片尺度上一般采用气体交换法和稳定碳同位素法；生态系统尺度上涡度相关技术的发展为水分利用效率的测量提供了较准确、可靠的方法，因此基于涡度相关技术的测算方法成为水分利用效率测算的主流；区域尺度上由于实测比较困难，目前主要基于降水数据和区域水、碳通量进行推算。

叶片水分利用效率是单位水量通过叶片蒸腾所换取的光合产物量，反映叶片碳吸收和水分耗散的内在调控情况。目前主要利用气体交换法（Niu et al.，2011）和稳定碳同位素法进行测算。气体交换法是通过测定单叶瞬时 CO_2 和 H_2O 的交换通量来计算水分利用效率的，虽然操作简单快捷，但得到的水分利用效率只代表某特定时间内植物部分叶片行为，推广受到局限。稳定碳同位素作为植物水分利用效率的一个间接指标，没有时间和空间的限制，使得这种方法在不同水分梯度环境中，在研究植物不同代谢产物与水分关系中有着广泛的应用。Farquhar 等（1982）认为，光照和水分是植物水分利用效率的主要影响因子。叶片水分利用效率的高低取决于由气孔控制的光合作用和蒸腾作用的关系，因此叶片光合作用和蒸腾作用的影响因子均可改变植物的水分利用效率，其中，光、水和 CO_2 浓度是影响叶片水分利用效率的 3 个主要环境因素。光照强度的增加在一定范围内会提高光合速率和蒸腾速率，但超过一定值后随着气孔关闭，光合速率和蒸腾速率都会降低，蒸腾速率的降低更加明显，因此随着光强的增加，植物水分利用效率呈增加趋势。随着可利用水的减少，植物的水分利用效率有所提高（王庆伟等，2010；Niu et al.，2011）。大多数研究表明，CO_2 浓度的增加会提高水分利用效率。鉴于气孔是叶片尺度上蒸腾作用和光合作用的共同通道，故基于对植物气孔行为环境控制机制的理解，模拟由气体交换决定的水分利用效率对环境变化的适应特征和机制成为叶片水分利用效率研究的关键。

在生态系统尺度上，由于采用不同的水、碳通量指标，水分利用效率需要不同的测定和研究方法。由于 NEE 能更好地反映生态系统的固碳效益，因此，基于 NEE 的生态系统水分利用效率的测算受到研究者的普遍关注。涡度相关系统的观测值是生态系统水、碳通量的净交换量，即生态系统蒸散和 NEE，因此许多研究者将涡度相关法作为测定生态系统水分利用效率的主要方法。涡度相关技术的出现使水、碳通量的测量具有更精细的时间间隔，从而可以更加深刻地分析水、碳之间的变化机制（胡中民等，2009）。宋霞等（2006）采用涡度相关观测技术对亚热带季风气候区人工针叶林进行水分利用效率的季节变化研究，发现水分利用效率的季节变化模式与冠层蒸散和总初级生产力的季节动态变化大致相反，夏季水分利用效率为最小值，冬季达到最大值。Zhang 等（2016）基于全球 253 个通量观测点最新的数据，推导出了全球主要植被类型的水分利用效率，研究发现混交林生态系统的水分利用效率最高，为 3.35 g C/kg H_2O，灌木生态系统的水分利用效率最低，为 1.68 g C/kg H_2O；全球主要生态系统类型的水分利用效率顺序为森林>农田>草地>灌木。由于通量站提供的是点状的观测数据，因此在进行较大区域研究和比较时需要进行尺度外推，但该过程会给数据处理带来不确定性。目前，对于特定生态系统水分利用效率的研究较多，但不同生态系统间的比较研究还较少，未能全面掌握不同生态系统水分利用效率对多气候因子的综合响应。

在区域和景观尺度上，降水利用效率一般采用地上部分的年生物产量与年降水量进行计算，因此能够测定区域年生产力的方法都可以用于计算降水利用效率，如基于遥感的方法和模型等。在干旱半干旱地区，由于植被指数与生产量具有一致的变化趋势（高志海等，2005），因此可以直接将归一化植被指数（normalized difference vegetation index，

NDVI）作为 NPP 的代理变量进行降水利用效率的计算。齐清等（2009）利用 NDVI 数据和降水的长期观测数据，对黄土高原中部泾河流域 1982~2003 年的植被覆盖时空演变及其与降水的关系进行研究，发现泾河流域 NDVI 与降水存在显著相关性。Fensholt 和 Rasmussen（2011）利用归一化植被指数残差（ΣNDVI）模拟了 1982~2007 年萨赫勒地区降水利用效率的变化趋势，发现只有 ΣNDVI 与年降水量存在显著相关才可以很好地模拟气候变化对土地变化的影响。

目前，关于各个尺度上水分利用效率的研究已经有很多，但对于不同尺度之间水分利用效率的关联研究还很缺乏。未来应该加强不同尺度之间水分利用效率的关联研究，加强多因子的综合响应研究，准确测定各尺度水分利用效率对环境响应的阈值，建立尺度转换机制模型，从水分利用效率的角度理解水、碳的耦合关系，掌握水、碳循环对全球气候变化的响应模式。另外，应加强对区域甚至全球尺度水分利用效率的研究，为政策制定部门提供可靠的理论支撑。

7.1.3　水碳耦合中的关键过程——蒸散

蒸散是水量平衡中的一个重要输出变量，也是直接关联水文和生物过程的最关键因子。蒸散中的植物蒸腾是水分通过植物的吸收、运输、利用，最后通过气孔调节和蒸腾过程耗散到大气中，与植物的生物学过程紧密相连。土壤蒸发和截留蒸发部分虽然是物理过程，但也受生态系统中植物冠层结构和盖度的影响，生物学因素也起着相当重要的调节作用。蒸散作为水循环的重要过程，通常可以消耗一半以上的降水，在干旱区甚至可以消耗全部的降水。蒸散一般分为土壤蒸发和植被蒸腾，有些地区还需考虑水体蒸发。蒸散是水量平衡和能量平衡的重要组成部分，是水、碳平衡关系研究中必须考虑的因素，现存的水碳耦合模型、水文模型和植被动态模型中基本都包括蒸散的计算。因此，准确理解蒸散在不同尺度上与碳循环的关系，以及精确地估算、研究水碳耦合关系，是构建水碳耦合模型的前提。本书第 5 章详细论述了不同蒸散模型与计算方法。

7.1.3.1　不同尺度上蒸散与碳循环过程的耦合关系

叶片尺度的蒸散过程包括叶片的蒸腾作用和叶片表面水分的蒸发，其中叶片表面水分的蒸发可以忽略，而与此对应的碳循环过程为光合作用，因此叶片水碳关系可以认为是蒸腾作用与光合作用关于气孔的耦合关系。

冠层尺度上植被蒸散与碳的关系，主要表现为植物体的蒸腾和土壤的蒸散与林分生长的关系。林分通过水分的消耗使生物量增加，林分的蒸散与生长受许多内外因素的影响，其中包括环境因子和林分本身的结构。然而这些变化通常并不会立刻明显地反映出来，因此研究者多采用模型分析蒸散与林分生长的关系，并构建了一些基于林分生长的蒸散模型。Le Maitre 和 Versfeld（1997）基于林地实测数据，利用回归分析的方法构建了蒸散与林分生长之间的指数方程，$ET=ax^b$，式中，x 为林分的生长指标（树高、材积等）；a 为林分的年龄；b 为方程的参数，当 $b<1$ 时，随着林分的生长，林分的相对耗水会随之减小。

区域尺度上蒸散与碳循环的耦合关系，表现在区域蒸散量与生产力在不同的时间尺度上都具有较强的相关性，存在一致的变化特征。生态系统年净初级生产力与蒸散存在显著的线性正相关关系，同一植被类型具有稳定的水分利用效率。Law 等（2002）对从全球通量塔获取的水、碳通量数据进行分析发现，不同生态系统的蒸散与生产力存在一致的相关性，生产力是蒸散的一次函数，水分利用效率的平均值为 2.8 g CO$_2$/kg H$_2$O。随着遥感技术和涡度相关技术的发展，基于遥感数据和通量数据模拟蒸散与生产力之间的关系成为研究区域尺度水碳耦合关系的主要途径。

7.1.3.2 基于遥感技术的蒸散估算

自 Dalton（1802）提出蒸散的计算公式以来，蒸散估算方法的发展经历转折（武夏宁等，2006；易永红等，2008；刘钰和彭致功，2009）。目前比较有代表性的方法为基于涡度相关技术的仪器测量（Aubin et al.，2012）和以 Penman-Monteith 公式为代表的综合空气动力学与能量平衡理论的蒸散计算模型（Penman，1948）。近年来随着遥感技术的发展，高空间、时间分辨率及多光谱遥感的出现，基于遥感的区域蒸散估算模型出现，并在区域蒸散的估算上表现出极大的优越性。尽管基于气孔导度构建的叶片尺度蒸散机理模型在小尺度上具有很好的估算效果，但随着尺度的扩大，模型所选用的机理方程就不再适用，因此这种模型并不适用于区域尺度的蒸散估算。然而随着遥感技术的完善，基于遥感技术改进后的机理和过程模型在区域蒸散估算上表现出极大优势。本部分以基于遥感数据改进的 Penman-Monteith 公式为例，探索基于遥感技术的蒸散估算方法，以期为区域乃至全球蒸散的估算提供新的研究思路。

Penman（1948）提出了计算湿润下垫面潜在蒸发的公式，Monteith（1965）在此基础上引入表面阻抗的概念，推导出计算非饱和下垫面蒸散的 Penman-Monteith 公式：

$$ET = \frac{(R_n - G)\Delta + \rho \dfrac{C_p(e_s - e_a)}{r_a}}{\lambda \left[\Delta + \left(1 + \dfrac{r_s}{r_a}\right)\right]} \qquad (7.3)$$

式中，ET 为蒸散；R_n 为净辐射；Δ 为一定气温下水体饱和水汽压的增加率；ρ 为空气密度；C_p 为空气定压比热；$e_s - e_a$ 为空气水汽压差；r_a 为水汽传输的空气动力学阻抗；λ 为水体潜在潜热；γ 为干湿表常数；r_s 为水汽传输的地表阻抗；G 为土壤热通量。

通过遥感技术不仅可以求得 Penman-Monteith 公式中计算净辐射和土壤热通量的参数以及各种阻抗所涉及的部分下垫面特征参数，还能够提高模拟精度、增强模型适用性，但表面阻抗中涉及的土壤水分状况和植被生理特征，在区域尺度上仍难以通过遥感直接获得。为了解决这个问题，Cleugh 等（2007）利用叶面积指数（leaf area index，LAI）遥感数据估算模型中的表面阻抗，构建了基于遥感的 Penman-Monteith 模型（RS-PM），发现由遥感数据驱动的 Penman-Monteith 公式比基于地面获取参数的模拟结果更稳定。RS-PM 中基于遥感数据对表面阻抗的计算公式为

$$F_c = \left(\frac{NDVI - NDVI_{min}}{NDVI_{max} - NDVI_{min}}\right)^2 \qquad (7.4)$$

$$g_s = C_L \max\left(LAI_{min}, \left(F_c LAI_{max}\right)\right) \qquad (7.5)$$

式中，F_c 为植被覆盖比例；NDVI 为归一化植被指数；$NDVI_{max}$、$NDVI_{min}$ 分别为 NDVI 的最大值和最小值；g_s 为表面阻抗；C_L 为单位叶面积指数的平均表面阻抗；LAI_{min}、LAI_{max} 分别为叶面积指数的最小值和最大值。

Mu 等（2007）在 RS-PM 基础上进一步增加了土壤蒸散的计算，考虑到 NDVI 在 LAI 较大时会出现饱和现象，提出用增强型植被指数代替 NDVI。Zhang 等（2009）用 NDVI 代替 LAI 估算表面阻抗，结合互补关系假设和 Penman-Monteith 公式模拟了土壤蒸发和水体蒸发，对模型进行进一步修订，并在全球尺度上利用通量塔实测数据对模拟结果进行验证，发现模拟和实测蒸散具有较高的一致性。

遥感蒸散模型以其特有的数据获取优势和客观性成为蒸散研究的热点。未来蒸散研究仍需以完善现有估算区域蒸散模型和方法为主，加强模型的率定和验证，可以将不同区域尺度的蒸散估算方法有机结合起来，探讨多尺度估算的转换途径，以期构建综合性的多尺度遥感蒸散模型。在实际应用中，在对研究对象和实验条件全面考虑的基础上，再根据每种估算方法的特点和局限性进行优选，同时也要不断提高监测仪器的测定精度以降低观测误差，确保所获数据的质量，以检验和改进蒸散估算方法。

7.1.4 气候变化对水分利用效率的影响

全球大气中的 CO_2 浓度在过去的 1980～2010 年中以平均 1.7 μmol/（mol·a）的速度升高，伴随着波动的升温过程。相比温度变化趋势，降水的变化趋势较为复杂，全球降水模式正在发生变化，具体表现在干旱的地方趋于更加干旱，而原来较为湿润的地区，降水变得更加充沛，同时还伴随着不同程度的季节性变异（IPCC，2013）。这些气候条件的变化，都在不同程度地影响水碳耦合关系，也给生态系统的水分利用效率带来影响。

7.1.4.1 CO_2 浓度升高对水分利用效率的影响

CO_2 浓度升高可以提高叶片的固有水分利用效率，这是因为 CO_2 浓度升高会提高碳的同化速率，降低气孔导度。在叶片水平，CO_2 浓度升高会导致叶片气孔张开度缩小，部分气孔关闭，降低气孔导度，从而使单位叶面积蒸腾强度下降，水分利用效率提高。Ainsworth 和 Rogers（2007）通过自由空气中增加 CO_2 浓度（Free-Air CO_2 Enrichment，FACE）实验证明草地 CO_2 浓度升高到 567 μmol/mol，叶片的气孔导度会降低 30%。其他一些森林和草地生态系统尺度上关于固有水分利用效率的研究也得出类似的结论。利用涡度相关技术，Keenan 等（2013）发现 CO_2 浓度升高使加拿大温带阔叶森林的水分利用效率以每年大约 1.07 g C/kg H_2O 的速率升高。Zhu 等（2011）基于集成的生物圈模型（integrated biosphere simulator，IBIS）利用未来气候情景，预测直到 21 世纪末，我国植被水分利用效率会持续增加，其中森林水分利用效率的增加最为明显。然而从叶片尺度到生态系统尺度，CO_2 对固有水分利用效率的作用并不一致，因为在生态系统尺度上不同的林冠组成、根结构和叶面积指数都会对水分利用效率产生影响。例如，一方面 CO_2 浓度的增加，被认为会提高叶面积指数和蒸散，另一方面叶面积指数的增加又会减少到达地面的太阳辐射，从而降低土壤蒸发，进而减少蒸散。另外，CO_2 浓度增加到一定程度后，会导致气孔关闭，水分由植物体内向外排放的阻力增加，反而会减少植物体的蒸腾。因此，CO_2 浓度升高对水分利用效率的作用还存在较大的不确定性，需要将更多不同尺度、不同植被类型的研究结果进行进一步的综合分析比较。

7.1.4.2 升温对水分利用效率的影响

一般认为，温度对光合作用的影响为钟形曲线，在温度较低时，光合速率随温度的升高而增大，但当超过适宜温度后，高温会使酶失去活性，光合速率反而会减小。同时，温度的变化又通过影响叶片的气孔导度和土壤蒸发速率来影响作物的蒸散过程。在一定的温度范围以下，温度升高，增加了叶片气孔导度，而且净光合速率的提高幅度大于蒸腾速率的增加幅度，从而使 WUE 提高；而当超过某一阈值时，温度升高增加了水分蒸腾，又导致 WUE 降低；该阈值与植被最佳净光合速率的温度阈值不同，且不同植被类型的阈值不同。此外，温度升高可能导致叶片温度升高，提高叶内水汽压，也会增加叶片蒸腾作用。同时，温度升高会使土壤蒸发率过高，可能抵消因 CO_2 浓度增加而提高的水分利用效率，导致植被的水分胁迫更加严重。Huang 等（2015）通过对全球 1982～2008 年植被水分利用效率的分析发现，升温对水分利用效率的正效应主要发生在高纬度地区，温度增加显著增加了植被的固碳能力，尤其是在高纬度地区的森林。而在低纬度地区，温度的增加增大了饱和水汽压差，会较大程度地提高蒸散，从而降低水分利用效率。

7.1.4.3 干旱对水分利用效率的影响

关于干旱对水分利用效率的影响存在较大的争议。一方面，许多实验和模型模拟的结果发现，一定程度的干旱会减少植被蒸散，从而降低水分消耗，然而对生产力的影响不大，从而提高水分利用效率。另一方面，伴随着干旱和高温，会发生一些病虫害，造成植被水分利用效率的降低，甚至极端干旱条件还会造成植被的死亡。水分利用效率一般受到饱和水汽压差、土壤水分含量和光合作用速率的影响，另外这些因素对于植被对干旱的响应存在交互作用，从而在不同的植被类型和气候条件下会产生截然不同的结果（Yang et al.，2010）。当土壤含水量不足时，部分气孔关闭，一方面使通过气孔蒸腾损失的水分减少，另一方面使通过气孔进入叶片的 CO_2 减少，从而引起植物叶片内 CO_2 浓度下降，光合作用产物增加。由于蒸腾速率降低的相对幅度比光合作用大，气孔的部分关闭往往可以提高水分利用效率。Liu 等（2015）通过 BEPS（boreal ecosystem productivity simulator）模型对我国 2000～2001 年干旱条件下的植被水分利用效率的变化进行研究，发现干旱通常提高北方植被的水分利用效率，但是会造成南部地区水分利用效率的降低。

7.2 水碳耦合模型

在全球气候变化的大环境下，固碳与耗水的矛盾日益突出，对水碳耦合关系的研究成为生态水文学研究的热点。涡度相关技术的出现为水碳耦合模型提供了连续、长期的生态系统尺度的水、碳通量观测数据（于贵瑞等，2006）。但仅凭实测资料难以预测水、碳通量在气候变化情景下的波动规律。水碳耦合模型作为一种基于现有理论构建的条件可控的研究手段，具有实地观测和其他实验方法无法比拟的优点，因此模型成为水碳耦合关系研究的一种有效工具。因此基于模拟方法构建水碳耦合模型进而探索水、碳循环之间耦合关系的研究，成为解决水、碳资源矛盾的主要途径。

水碳耦合的模拟始于 Farquhar 等（1982）的光合模型和 Ball（1987）的光合与气孔导度关系模型。研究者利用光合作用与蒸腾作用关于气孔的协同交换关系，在叶片尺度上构建了模拟水碳耦合关系的机理模型；又基于"大叶模型"的假设（即把植物冠层想象成为一片大的叶子），对叶片尺度模型进行冠层尺度的拓展，从而构建冠层尺度的耦合模型。此外，全球通量网和遥感技术的不断完善，使区域尺度乃至全球尺度上水碳耦合模型的构建成为可能，基于从全球通量塔获取的数据，利用遥感技术进行尺度外推，从而构建更大尺度的水、碳资源评价模型。全球通量网络的出现，也为模型的验证提供了更加可靠、准确的数据来源，从另外一方面促进了模型的发展。通量观测与遥感技术的结合有助于改善大尺度模型的模拟效果，提高模型在不同生态系统中的适用性（Law et al.，2000；Falge et al.，2002）。

基于对模型中水碳耦合实现方法的分析，将现存的水碳耦合模型分为两类：一种是基于光合-气孔-蒸腾机理构建的水碳耦合模型，这类模型在构建之初就考虑了水、碳之间的耦合关系；另一种是通过集成现有水文模型和生态模型构建的模型，这类模型大多通过模型之间输入与输出的对接实现水、碳过程松散的耦合。

7.2.1　基于光合-气孔-蒸腾机理构建的模型

基于光合-气孔-蒸腾耦合关系构建的模型多是以 Jarvis（1986）的气孔导度与环境变量之间的阶乘响应模型、Farquhar 等（1980）的光合模型和 Ball（1987）的光合与气孔导度关系模型为基础发展而来的。由于早期理论的限制，这类模型相对复杂，实际应用中需要大量的辅助实验来确定经验常数。其中，比较常用的模型有 CEVSA（carbon exchange between vegetation，soil and atmosphere）（Cao and Woodward，1998）、BEPS（Liu et al.，1997）、IBIS（Foley et al.，1996）等。

CEVSA 模型是基于生理生态过程模拟植物-土壤-大气连接体能量交换和水、碳、氮耦合循环的生物地球化学模型。该模型采用模块化的结构实现对各种过程和变量之间相互作用的描述，经过不断完善，已在各个尺度上进行了验证和应用，并取得了较好的模拟效果，可用于模拟陆地生态系统水、碳循环的时空变异及其对气候变化的响应。但该模型对于一些生态系统的生理生态过程（如植被物候、LAI 动态、碳分配）的机理和环境控制因素缺乏足够的体现，限制了对相关过程的定量表达。为此，顾峰雪等（2010）对模型中 LAI 动态和蒸散计算进行改进，利用碳平衡方法计算每日 LAI，并通过 Penman-Monteith 公式估算蒸散，Penman-Monteith 公式将气孔阻抗与植物的光合同化过程联系在一起，能更好地模拟冠层水碳耦合循环过程。

BEPS 模型是以 FOREST-BGC（forest biogeochemical cycle）（Running and Coughlan，1988）为基础建立的基于过程的生物地球化学循环模型。该模型涉及生态系统的生化、生理和物理等多个过程，可用于模拟生态系统的水、碳和能量平衡，将遥感资料与机理性生态模型有机结合，利用其水分平衡和冠层气孔导度部分模拟生态系统的水、碳循环过程，基于冠层气孔导度对光合作用和蒸腾作用的协调控制作用，将生态系统的水、碳循环过程耦合到一起（Liu et al.，1997）。另外，该模型将叶片尺度的瞬时光合作用模型进行时空尺度的转换，以天为时间步长模拟冠层的光合和蒸腾过程，进一步拓宽了模型的适用范围。王秋凤等（2004）根据长白山温带阔叶红松林生态系统的生态过程机制，建立了能够描述半小时尺度生态系统水、碳通量日变化的 BEPS 模型，改进后模型的模拟结果与涡度相关系统的实测数据相关性较好。

集成生物圈模型（IBIS）将地表水文过程、陆地生物地球化学循环和植被动态等整合为一个独立、连续的框架结构，形成了基于生物物理和植被动态的水碳耦合模型（Foley et al.，1996）。该模式框架可直接与大气环流模式耦合，从而可模拟生态系统与气候系统的双向反馈作用。IBIS 是目前应用最广泛、模拟效果较好的水、碳循环模型，已成为模拟大尺度植被地理分布，水、碳平衡，以及预测气候变化对陆地生态系统潜在影响的有效工具（Foley et al.，1998；Delire and Foley，1999；Levis et al.，1999；Kucharik et al.，2006；Zhu et al.，2010）。Kucharik 等（2000）从碳平衡、水平衡和植被结构方面对 IBIS 模型进行了验证，通过 1965～1994 年全球尺度上的模拟发现：NPP、生物量、径流量、叶面积指数、土壤 CO_2 通量等的模拟值与实际观测值之间具有较好的一致性。

7.2.2 基于模块化集成的模型

至今，国内外已开发了大量生态模型和水文模型，大多数模型均采用模块化建模策略，这些模型为水碳耦合模型的构建提供了基础模块模型库。水碳耦合模型的构建可采用这种模块化的建模策略（严登华等，2008），利用对现有生态模型和水文模型的整合，构建新型水碳耦合模型。其中，利用这种思路开发的水碳耦合模型有陆地生态系统动态模型（dynamic land ecosystem model，DLEM）（田汉勤等，2010）、WaSSI-C（water supply stress index-carbon model）（Sun et al.，2011b）、RHESSys（regional hydro-ecologic simulation system）（Tague and Band，2004）等。

DLEM 是高度集成的陆地生态系统模型，可在日尺度上模拟大气化学等过程对水、碳、氮循环的影响。该模型包含 4 个核心部分：生物物理学模块，植物生理学模块，土壤生物地球化学模块和植被动态与土地利用模块。其中，生物物理学模块模拟水和能量循环过程，植物生理学模块模拟碳循环过程。通过这种集成化的模块构建方式，实现了水碳耦合模拟。Tian 等（2010）对美国南部地区的水、碳通量和水分利用效率进行了模拟研究，发现 NPP、ET、WUE 在研究期内具有较大的空间和年际变异性，指出在模拟气候变化对水、碳通量的作用时需加强对各植被类型水分利用效率和控制因素之间交互作用的考虑。

WaSSI-C 模型是一个集成了水分供需计算模型（WaSSI）（Sun et al.，2011a）和水分利用效率经验模型的月尺度生态系统模型，其可对区域包括径流、NEE、生态系统呼吸消耗量等在内的水、碳通量进行模拟。其中，水碳耦合模型是基于全球通量网（FLUXNET）测定的水、碳通量，利用统计分析方法构建的水碳耦合经验模型。其水文模型——萨克拉门托模型是 20 世纪 70 年代初由美国加利福尼亚州萨克拉门托河流预报中心研制出的一个集总参数的模型，虽然有明确的物理意义，但模型需要的参数多，产流部分达 17 个，且有些并不独立，这给参数调试带来困难。Sun 等（2011b）利用多种来源的蒸散、径流和生产力数据在美国地区对模型进行分流域验证，证明了模型具有较好的模拟效果。

RHESSys 模型将 Biome-BGC 模型的前身——FOREST-BGC 模型与流域水文模型 TOPMODEL 进行耦合，在流域尺度探讨生态过程和水文循环的相互反馈。TOPMODEL 是一个以地形和土壤为基础的半分布式流域水文模型，它具有参数较少、物理基础明确等特点。RHESSys 用 TOPMODEL 的土壤水模拟过程取代了 FOREST-BGC 模型中的简单土壤水模块，加入了土壤水纵向入渗过程和壤中流过程，使 FOREST-BGC 模型中植被土壤水分吸收过程的反演更加准确，同时对土壤出流过程的计算也比单独使用流域水文模型准确。由于模型的计算单元划分基于地形参数的分布，因此模型计算可同时分析土壤水空间分布及植被生长状况与地形的关系。此外，模拟中各种水、碳通量过程的耦合可以更准确地反映区域尺度上陆地与大气的水、碳交换过程（Tague and Band，2004）。

7.2.3　模型尺度的选择及不确定性

水、碳循环过程随时间和空间变化显著，是对尺度响应的非线性过程。微观尺度上适用的基于生理的水碳耦合机理，需要大量简化和再参数化以适应时空尺度的扩展（王鸣远和杨素堂，2008）。另外，由于数据选取和处理过程以及模型所依据的理论与方法存在不确定性，因此在模型构建中存在许多不确定因素。

现存模型多基于某个时空尺度构建，并不一定适用于其他尺度，因此在模型应用之前需要进行多尺度的分析和验证，也应加强对多尺度综合模型的研究。基于涡度相关仪器测量的通量值只能代表通量塔处的通量交换数据，在更大尺度上应用时需要进行尺度外推。Xiao 等（2008）基于 MODIS 数据和美国通量观测网的通量数据，利用修改回归树的方法构建预测模型，实现将仪器测量的通量数据延拓到区域尺度上，达到尺度转换的目的。遥感技术可以提供常规手段无法获取的长期、动态、连续大范围的空间资料，因此在水碳耦合模拟研究上有着广泛的应用前景。但由于气候和技术条件等的限制，实际应用中并不一定能找到尺度完全匹配的遥感数据；另外，由于输入的气象数据和通量数据以点状数据为主，而遥感数据为二维空间数据，因此在模型使用过程中需要对点状数据进行尺度外推，对遥感数据进行尺度匹配处理（于贵瑞等，2011）。

模型构建的不确定性包括数据的不确定性和模型的不确定性。数据的不确定表现在数据本身的不确定性和数据处理引入的不确定性。基于地面仪器和遥感传感器获取的气象及遥感数据，由于仪器自身的缺陷和外界环境的影响，会产生数据的不确定性；通量测量中夜间测量的不确定性也是影响数据质量的重要原因。点状数据在大尺度上的应用需要进行数据的插值处理，不同的数据插值方法存在不确定性；通量塔数据处理方法存在不确定性，不同站点应根据其特殊情况选择最佳的处理方法，尽可能减少数据处理带来的不确定性（刘敏等，2010）。这些数据的不确定性最终都会体现在水、碳通量的模拟上，并且会放大通量模拟结果的不确定性。受目前研究水平的制约，现存模型依据的理论和方法本身也可能存在不确定性。水碳耦合集成模型中的耦合点是模型构建的关键，但由于不同模型依据的机理可能不同，会存在耦合点的不同，因此耦合模型的可信度存在不确定性。

7.3 水碳耦合模型实例——基于 WaSSI-C 模型对川西亚高山地区水碳耦合关系的研究

川西位于青藏高原和四川盆地的交界地区，经历了 20 世纪 50 年代森林的大面积采伐和 80 年代后期的植树造林工程，该区域经历了较大面积的植被类型变化。与此同时，该地区在过去的 50 年中观测到明显的升温和径流下降，因此详细分析该区域过去以及当前的水、碳资源现状是制定土地、水资源和森林适应性综合管理措施的前提。然而，由于其特殊的地理条件，缺少足够的实际观测数据，因此，基于遥感观测的生态水文模型方法成为研究该区域水、碳平衡状况的最佳选择。

WaSSI-C 模型是 Sun 等（2011b）利用全球通量网（FLUXNET）中的水、碳通量测量数据和水量平衡模型构建的月尺度水碳耦合模型。其计算方法类似于 Beer（2007）的水分利用效率方法，即利用水文过程的中间变量推导碳循环过程变量。模型中水碳耦合关系的表达式由大量观测数据推导，能够很好地反映月尺度上生态系统内水、碳循环过程之间的耦合关系，将生态系统和冠层尺度观测数据进行扩展，为大量通量数据的应用提供了新的思路。模型输入的气象数据通常基于区域和全球的数据集，包括降水（P）和气温（T）。模型需要的植被相关的数据常来源于遥感数据，如叶面积指数（LAI）和植被类型，这些遥感数据易于获取提高了模型的实用性。模型中集成的水文模型则充分考虑了土壤质地、水分划分等关键水文要素。Sun 等（2011b）对美国 2103 个流域进行了模拟，并利用不同来源的水、碳通量数据进行验证，结果显示水、碳通量的模拟数据与验证数据存在比较好的一致性。

本研究以杂谷脑上游流域为研究区，研究 WaSSI-C 模型在我国西南湿润地区的适用性，并根据研究区的情况对模型进行了一些探索性的改进，通过多种来源的水、碳循环过程的实测数据对 WaSSI-C 模型的模拟结果进行校验和验证，并利用改进后的模型分别在流域和网格尺度上分析了川西亚高山地区不同植被类型的水、碳情势，进而了解不同植被类型的径流量、固碳和土壤水分之间的耦合关系，为制定造林决策提供理论依据。其主要包含以下几项内容。

（1）WaSSI-C 模型的改进

原 WaSSI-C 模型没有对应的数据处理、验证和结果显示功能，另外原模型中对温度<−1℃时蒸散和融雪的模拟考虑不足。针对这两个问题分别通过引入蒸散和融雪计算方法及开发相关的数据处理与模型率定模块对模型进行了改进。

（2）与 WaSSI-C 模型响应尺度的确定和参数敏感性的分析

水文过程和碳循环过程都具有较高的尺度依赖性，模拟尺度是模型应用的前提，然而还没有关于 WaSSI-C 模型空间响应尺度的研究，因此本研究首先对 WaSSI-C 模型的模拟尺度进行了分析，另外分析了模型对主要土壤参数的敏感性。

（3）WaSSI-C 模型在川西亚高山地区的适用性分析

在确定模型最适模拟尺度的基础上，利用实测流域出口的径流，对模拟的径流进行了验证，进而分析模型在川西亚高山地区的适用性。

（4）应用 WaSSI-C 模型阐明川西亚高山地区水碳过程的时空情势

基于模拟结果分析杂谷脑流域水、碳循环过程的空间和季节变异性，阐述水、碳循环过程与气候条件、植被类型和地形条件之间的关系。基于流域水分利用效率和产水与固碳之间的关系，对杂谷脑流域水、碳平衡做出了评价。

7.3.1　研究区概况

7.3.1.1　研究区的地理位置

本研究选取杂谷脑河上游流域为研究区（31°10.8′N ～31°55.8′N，102°34.8′E ～103°13.2′E）（图 7.1），该流域以杂谷脑水文站为出口，位于杂谷脑河上游。该流域坐落在西藏的东南峡谷地带，处于青藏高原和四川盆地的过渡带上，流域面积为 2528 km²，流域海拔为 1823～5769 m，平均为 3859 m，其中海拔在 3800 m 以上的区域占流域总面积的 56.8%。河流全长 113 km，河宽为 4～36 m，平均河道比降为 23‰（刘建梅等，2005）。杂谷脑河源自鹧鸪山脉，流经理县，于汶川县汇入岷江（Sun et al.，2008），径流总长度约为 168 km，汇集总面积为 4632 km²。杂谷脑河以杂谷脑水文站为界又可分为两个部分：杂谷脑上游流域和杂谷脑下游流域，流域出口分别为杂谷脑水文站（31°26′N，103°10′E）和桑坪水文站（31°29′N，103°35′E）。鉴于杂谷脑下游植被数据缺乏，故本研究选取杂谷脑上游流域作为研究区（本部分都简称为杂谷脑流域）。

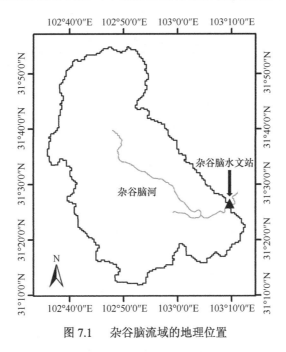

图 7.1　杂谷脑流域的地理位置

7.3.1.2　研究区的气候条件

杂谷脑流域夏季凉爽，冬季寒冷，属于典型的高山气候。流域年平均温度为 9℃，最高温度在 7 月，达 16.8℃，最低温度在 1 月，达−0.1℃（表 7.1）。受海拔和地形条件的影响，流域多年平均温度空间变异很大（−1.7～12℃），沿东南—西北方向递减。另外，由于杂谷脑流域海拔较高，高山林立，区域之间的气候差异较大。以杂谷脑流域的米亚罗镇（海拔 2760 m）为例，1 月平均气温为–6.7℃，7 月平均气温为 8.6℃；≥10℃的年积温为 1200～1400℃。流域全年降水量为 870.5～1300.0 mm，平均降水量为 1028.6 mm。夏季主要受印度洋西南季风的影响，形成 5～9 月的雨季，流域雨季的平均降水量为 880 mm，占全年总降水量的 80%（图 7.2）。杂谷脑流域的气温、风速、降水、湿度等气候资料情况详见表 7.1。另外，杂谷脑流域具有较高的径流量，如图 7.2 所示，流域径流量占降水的比例达到 0.55～0.67，其中在干旱季节仍有较大比例的径流量（10 月至翌年 2 月的径流量高于降水量），说明流域具有较高的地下水补给径流。

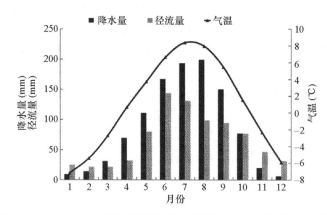

图 7.2　1988～2006 年杂谷脑流域的月平均降水量、径流量和气温

表 7.1　杂谷脑流域多年气象资料统计

气象因子	1 月	2 月	3 月	4 月	5 月	6 月	7 月	8 月	9 月	10 月	11 月	12 月	平均值
风速（m/s）	1.0	1.1	1.3	1.3	1.1	0.9	0.9	0.9	0.9	0.9	0.9	0.9	1.01
降水量（mm）	2.9	8.3	25.7	58.4	111.9	130.9	125.4	114.5	116.3	57.7	11.8	2.5	63.9
气温（℃）	0.1	3.5	6.6	10.1	12.8	14.9	16.8	16.3	13.8	9.3	3.9	–0.1	9.0
最高气温（℃）	11.4	14.7	16.9	19.9	22.4	23.5	26.2	25.7	23.6	19.2	15.1	11.4	19.2
最低气温（℃）	–7.0	–4.1	–0.5	3.1	6.4	9.8	11.2	10.9	8.7	4.1	–2.5	–6.8	2.9
日照时数（h）	188.9	175.1	183.9	178.2	175.3	138.8	174.3	166.9	162.1	162.4	181.5	200.7	174.0
相对湿度（%）	43.6	42.8	48.4	54.0	61.7	71.6	71.8	72.8	74.3	70.6	56.3	48.6	59.7

注：风速、降水量、气温、最高气温、最低气温、日照时数和相对湿度资料统计源自杂谷脑流域周边气象站

　　杂谷脑流域平均海拔为 3859 m，其中 4200 m 以上的地段占流域总面积的 34.03%，而 3800 m 以上的地段高达 56.80%，同时 10 月至翌年 3 月的平均气温均在–1℃以下，这意味着流域内一些地段在一年内的大部分月份会发生降雪和融雪事件，杂谷脑上游流域的融雪过程是研究杂谷脑上游植被生态水文功能时必须考虑的一个水文过程（俞鑫颖和刘新仁，2002）。即使在 6 月下旬，杂谷脑流域冰雪覆盖的面积比例也仍占 3.53%。

7.3.1.3　主要植被类型及其分布特征

　　杂谷脑流域的植被呈现出典型的垂直分布规律。由于气候冷寒湿润，流域分布的主要森林类型有云杉（*Picea asperata*）林、岷江冷杉（*Abies faxoniana*）林和冷杉、云杉混交林。在 2000～3700（3900）m 的森林分布带下段（2400～2900 m）阴坡和半阴坡分布着山地暗针叶林，主要森林类型为铁杉林、云杉林和铁杉-槭树-桦木混交林，阳坡和半阳坡则分布着川滇高山栎（*Quercus aquifolioides*）和高山松林，立地条件差的地段为高山栎灌丛。另外还有一定数量的华山松、油松和辽东栎分布。森林分布带上段（2900～3900 m）分布着亚高山暗针叶林，主要种类为岷江冷杉、紫果云杉、云杉、青扦等，此外还有紫果冷杉、冷杉和黄果冷杉等分布；阳坡为高山栎林或灌丛，以及桦木、山杨等树种形成的小块森林。在海拔 4000 m 森林线以上主要分布着一些稀疏的由小杜鹃（*Cuculus poliocephalus*）、山生柳（*Salix oritrepha*）等组成的灌丛和一些由以蒿草（*Kobresia* spp.）、苔草（*Carex* spp.）、羊茅（*Festuca* spp.）、早熟禾（*Poa* spp.）、鹅观草（*Roegneria* spp.）、披碱草（*Elymus* spp.）、细柄草（*Capillipedium* spp.）等属为主组成的高山草甸，其中包含蒿草草甸和禾草草甸。

基于模型需求以及流域森林植被特征，将流域内的植被类型划分为高山草甸、农田、阔叶林、针叶林、混交林和灌丛六大类（图 7.3）。几种主要植被类型沿海拔梯度的分布面积变化见表 7.2。农田占全流域的比例最小，只有 11.47 km²，占全流域的 0.33%。

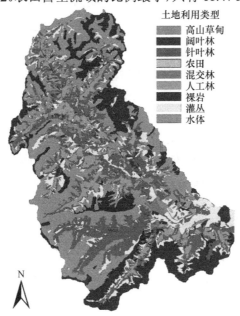

土地利用类型
高山草甸
阔叶林
针叶林
农田
混交林
人工林
裸岩
灌丛
水体

图 7.3   杂谷脑流域土地利用类型分布（根据 2000 年前后 TM 影像解译）（彩图见文后图版）

表 7.2   2000 年杂谷脑流域主要植被类型随海拔梯度的分布变化   （%）

植被类型	总比例	1800～2500 m	2500～3500 m	3500～4500 m	4500 m 以上
阔叶林	16.3	0.66	6.49	8.61	0.54
针叶林	18.02	0.67	8.78	8.49	0.08
混交林	15.4	0.46	5.37	9.53	0.04
灌丛	7.62	0.42	1.75	5.16	0.29
高山草甸	20.76	0.29	3.12	15.06	2.29
农田	0.08	0.08	—	—	—
其他	21.82	0.04	0.34	9.99	11.45

阔叶林主要分布在海拔1800～2500 m，面积占全流域的比例为1.48%；针叶林的分布比例仅次于高山草甸（48.24%），占整个流域的28.85%，主要分布在海拔2500～3500 m；草甸分为高山草甸和草地，高山草甸主要分布在海拔3500～4500 m，其他草地分布在2500 m以下河谷区。

除高山草甸和灌丛外，各种自然植被类型在阳坡分布都较少，高山草甸由于处在高海拔区域，气候寒冷，土壤稀薄，而阴坡过于寒冷，土壤近乎冰冻状态，因此高山草甸在阴坡分布最少；灌丛在半阴坡和阳坡分布最多。阔叶林主要分布在半阴坡和阴坡，阳坡分布最少；针叶林主要分布在半阳坡和阴坡，混交林主要分布在半阴坡和半阳坡（表7.3）。

表7.3 2000年杂谷脑流域主要植被类型随坡向的分布

植被类型	总面积（km²）	半阳坡（%）	半阴坡（%）	阳坡（%）	阴坡（%）
阔叶林	16.44	10.42	30.02	0.86	58.71
针叶林	753.24	42.07	18.83	6.78	32.32
混交林	66.58	33.83	36.12	11.08	18.97
灌丛	343.37	17.92	39.57	31.83	10.68
高山草甸	1056.82	23.71	42.19	21.33	12.76
农田	11.47	7.76	18.66	48.65	24.93

杂谷脑流域在1953～1978年进行过大规模皆伐，之后可采资源趋于枯竭，年采伐量逐渐减少，在大面积的皆伐活动下森林结构和土壤属性产生了巨大改变。从20世纪60年代中期到80年代末由于经营方式的改变，森林采伐从大面积皆伐转变成了顺序小面积皆伐再到择伐，森林采伐量得以控制，保持在0.2%以内并趋于平稳，部分采伐迹地上人工针叶林和天然林的更新对水文环境造成了影响。1998年彻底停采封育（图7.4）。采伐迹地上最初的植被类型是草本，3～4年后草地覆盖的迹地上逐渐出现灌丛，11～20年后通过天然更新逐渐恢复成了以桦木为先锋种的次生阔叶林。人为干扰频繁的地段，则多停滞在灌丛阶段。1955年以后，部分迹地上陆续进行以云杉（*Picea asperata*）为主的人工更新（张远东等，2009）。

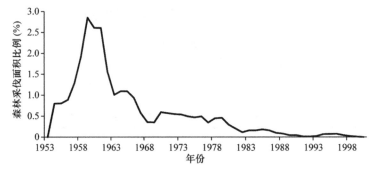

图7.4 杂谷脑流域森林采伐历史

7.3.1.4 土壤特征

杂谷脑流域在土壤地理分区上属于川西北高山高原半湿润半干旱森林和草甸草原土壤区，分布于南坪-德荣山地和毛儿盖-新龙山地范围内（朱鹏飞和李德融，1989）。土壤类型的分布受温度、水分、植被等条件的影响，表现出较为强烈的垂直地带性（图7.5）。

土壤类型
■ 山地灰化土
■ 山地石灰性土
■ 山地褐土
■ 高山草甸土
□ 山地暗棕壤
■ 千枚岩棕壤
□ 高山寒漠土
■ 山地棕色针叶林土
■ 亚高山草甸土
■ 裸岩

N

图 7.5　杂谷脑流域土壤类型分布（彩图见文后图版）

　　在海拔 4551 m 以上地区主要分布有裸岩和高山寒漠土。高山寒漠土土层薄，土壤属性仍处于原始状态，有机质含量很低，是石质土壤，土地覆被以稀疏草地为主。海拔 3823～4980 m 区域分布有高山草甸土，高山草甸土上主要分布有高山草甸，土壤矿物质成分中粗粉粒比例最大，细砂粒次之，土壤黏粒含量为 12.22%～12.79%。海拔 3521～4018 m 区域主要分布有亚高山草甸土，主要分布区在阴向坡面，土壤矿物质组成中，砂粒（>0.01 mm）占 60.72%～77.49%，土壤通透性好，土层较薄。海拔 1800～3900 m 的山地上生长着针阔叶混交林和以云杉、冷杉为主的针叶林，主要分布有山地暗棕壤、山地褐土、山地棕色针叶林土和山地灰化土。研究区山地暗棕壤的母质为砂岩、千枚岩和板岩等，土壤呈酸性；山地褐土的主要母质为钙质砂板岩，较为疏松，保水性能较好；山地灰化土属于棕壤类型，多分布于山体中下部的阴向山坡；山地棕色针叶林土主要分布在流域内冷山林带下方和云杉林带上方，母质为黑色钙质千枚岩风化坡积物，结持度紧。海拔 1300～2600 m 干旱河谷内的土壤发育为山地石灰性土，垂直幅度可达 300～800 m，其上多伴生半干旱森林和灌丛植被，按国际制分类方法属于石灰性雏形土，理化性质基本与其他褐土相似，但是母质为冰水沉积黄土状物质，所以矿质颗粒细小，质地黏重，结构不良，结持度紧，通透性差，一旦地上植被被毁，必将会对地面造成严重冲刷（朱鹏飞和李德融，1989；刘丽娟等，2004；李崇巍等，2005）。

　　从整体土壤理化性质来看，土层浅薄，土壤贫瘠，缺氮、少磷，富积钙、钠、钾，供养不平衡，土壤结构松散或板结，石砾含量高（郭永明和汤宗祥，1995）。土层厚度多为 30～50 cm，薄的仅为 10～20 cm，甚至白色基岩裸露。土壤结构中砾石含量达 30%～50%，不利于土壤保蓄水分，导致土壤干旱，土壤含水量最低值仅为 5% 以下，土壤中有效水的利用范围较窄，不利于植物生长，明显干旱化。土壤呈碱性，下层的 pH 常比表层土低。遇中度雨水冲刷，极易发生水土流失、盐碱化和潜育化，土地承载力很低（包维楷和王春明，2000；叶延琼等，2002；李崇巍等，2005）。

7.3.2 多源数据处理

模型用到的数据主要包括模型输入数据和模型验证数据。其中模型输入数据主要有数字高程模型（digital elevation model，DEM）、气象数据[降水（P）、气温（T）]、叶面积指数（LAI）、土壤类型、植被类型数据等；用于模型验证的数据主要有流域出口水文站的径流数据、中分辨率成像光谱仪（moderate resolution imaging spectroradiometer，MODIS）ET 和 GPP 数据产品，以及 Zhang 等（2010）模拟的蒸散数据。本研究根据模型的需要分别利用不同的软件和处理方法对多来源、不同尺度的数据进行统一处理。详细数据集来源和介绍见表 7.4。

表 7.4　本研究中用到的数据集

数据集	来源	用途	分辨率	年份
气象数据（温度和降水）	国家气象信息中心	输入数据	—	1970~2006
植被覆盖数据	寒区旱区科学数据中心	输入数据	1 km × 1 km	2000
叶面积指数	中分辨率成像光谱仪	输入数据	1 km × 1 km	2000~2006
土壤属性数据	中国科学院南京土壤研究所	输入数据	1 km × 1 km	
总初级生产力	中分辨率成像光谱仪	模型验证	1 km × 1 km	2000~2006
MODIS 的蒸散产品（MOD16A2）	中分辨率成像光谱仪	模型验证	1 km × 1 km	2000~2006
Zhang 等（2010）的蒸散数据	全球 ET 数据集	模型验证	8 km × 8 km	1988~2006
径流数据	四川省水文资源勘测局	模型验证	—	1988~2006

7.3.2.1　流域单元的划分

DEM 是流域地形、地物识别的重要原始资料。其主要用于提取研究区的海拔、坡向、水系信息以及流域水文单元的划分。其中流域水文单元的划分过程为：首先利用八邻域法（D8）确定 DEM 格网中的水流方向，该过程需要对原始的 DEM 进行填注和平坦处理；然后在确定流域出口的条件下识别流域的分水岭，确定流域的边界；最后通过给定的最小河道集水面积阈值，确定河网水系，生成流域划分图。本研究中用于流域划分的 DEM 数据分辨率为 90 m，投影坐标系为中国 Albers 投影，数据来源于国家自然科学基金委员会"寒区旱区科学数据中心"（http://westdc.westgis.ac.cn）。该数据集为拼接好的全国 90 m DEM 数据集。

本研究分别介绍基于 ArcGIS 中的 ArcSWAT 和基于 MapWindow 中的流域划分模块，以及进行流域划分的步骤和相关注意事项。

ArcSWAT 流域单元的划分：ArcSWAT 扩展模块是 Soil and Water Assessment Tool（SWAT）模型在 ArcGIS 平台上的图形用户界面。SWAT 是一个应用非常广泛的流域分布式水文模型。由于本研究只用到其中的流域划分模块，因此下面只对流域划分过程进行详细描述，其他的操作细节在此不多赘述。关于 SWAT 模型和 ArcSWAT 的更多细节，请参见相关的技术文献和用户手册（http://swat.tamu.edu/software/arcswat/）。首先要注意的是 ArcSWAT 中的流域划分模块所需的 DEM 必须包含的投影信息，这里最好选取最小单位为米的投影。DEM 的投影可以利用 ArcGIS 的"定义投影"工具完成。

　　ArcSWAT 的流域划分主要包含 5 个步骤，分别对应 ArcSWAT 流域划分界面上的 5 个部分（图 7.6）。加载 DEM 之后，选取 DEM 的高程单位，单位选取米（m），另外有两个可选加载项——遮盖（Mask）和流域特征。其作用分别是：确定研究区域和加载已存在的流域特征数据，以减少数据处理量和提高数据处理的质量。

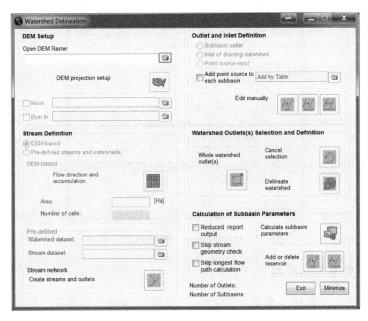

图 7.6　ArcSWAT 流域划分界面

　　定义河网可以通过加载已有的流域水系图和基于 DEM 生成两个方法完成。如果有研究区精度较高的水系图，可以选择加载河网，这样就可以得到精度符合要求的水系图。假如没有水系图，则选择基于 DEM 定义，软件将基于 DEM 和自定义的汇流面积（Area）进行流域河网划分。参数 Area 决定了子流域的最小汇流面积，这个数值越小，划分的河网就会越详细，后面得到的子流域数也会越多。

　　设置流域的子流域出口（OUTLET）和点源监测点（INLET）；流域内将要用来做径流、泥沙和水质校准的水文站点、水质站点，可以定义为 OUTLET，以便更好地定位监测点的位置，以作校准、验证之用。而点源监测点则为特定的径流来源点，如工厂的排水口等。

　　选取整个研究流域的总出口位置，即最终整个流域的汇流点。然后可以单击"Delineate watershed"完成流域划分，生成对应的子流域矢量图。计算子流域的参数，主要生成每个子流域的地貌参数和水文特征信息，如子流域号、面积、径流长度、对应的上游和下游子流域等。

　　MapWindow 流域单元的划分：MapWindow 是一个开源、免费的桌面 GIS 软件，功能类似于 ArcGIS，提供 C++开发的 ActiveX 控件，支持二次开发，自定义添加插件（http://www.mapwindow.org/）。因此相比 ArcGIS，其具有特有的优势。可以利用其中的流域划分插件，实现子流域的划分。图 7.7 为其流域划分模块的界面，设置过程和 ArcSWAT 流域划分非常类似，在此不再详述。

图 7.7　MapWindow GIS 流域划分界面

7.3.2.2　空间气象数据

作为模型输入参数的气象数据包括月尺度的降水和气温数据。本研究使用的原始气象数据基于全国 752 个气象站的气温和降水数据，利用 ANUSPLIN 软件（http://fennerschool.anu.edu.au/research/products/anusplin-vrsn-44），引入经度、纬度、高程信息作为协变量，采用三变量薄板样条插值法制备的 1 km × 1 km 气温和降水数据集。ANUSPLIN 是澳大利亚国立大学科学家 Hutchinson 编写的针对气象数据空间插值的软件，其基于薄板样条表面拟合技术，最早由 Wahba（1979）提出，之后由 Bates 和 Wahba（1982）、 Eldén（1984）、Hutchinson 和 de Hoog（1985）拓展到更多的数据集，之后由 Bates 等（1987）扩展到局部样条。局部薄板光滑样条的理论统计模型为

$$z_i = f(x_i) + b^\mathrm{T} y_i + e_i \ (i = 1, \cdots, N) \tag{7.6}$$

式中，z_i 为位于空间 i 点的因变量；x_i 为 d 维样条独立变量；$f(x_i)$ 为需要估算的关于 x_i 的未知光滑函数；b 为 y_i 的 p 维系数；y_i 为 p 维独立协变量；e_i 为具有期望值为 0 且方差为 $w_i \sigma^2$ 的自变量随机误差，其中 w_i 是作为权重的已知局部相对变异系数，σ^2 为误差方差，在所有数据点上为常数，通常未知。由公式（7.6）可见，当式中缺少第二项，即协变量维数 $p = 0$ 时，模型可简化为普通薄板光滑样条；当缺少第一项独立自变量时，模型变为多元线性回归模型，但 ANUSPLIN 中不允许这种情况出现。

函数 $f(x_i)$ 和系数 b 可通过下式的最小化确定，即最小二乘估计确定：

$$\sum_{i=1}^{N} \left(\frac{z_i - f(x_i) p b^\mathrm{T} y_i}{w_i} \right) + \rho J_m(f) = \min \tag{7.7}$$

式中，$J_m(f)$ 为函数 $f(x_i)$ 的粗糙度测度函数；m 在 ANUSPLIN 中称为样条次数，也称粗糙度次数；ρ 为正的光滑参数，在数据保真度与曲面的粗糙度之间起平衡作用。当

ρ 接近于零时，拟合函数比较精确。当 ρ 接近于无穷时，函数接近于最小二乘多项式，命令由粗糙次数 m 决定。而光滑参数值通常由广义交叉验证（generalized cross validation，GCV）的最小化来确定，也可由最大似然估计（generalized max likelihood，GML）或期望真实平方误差（expected true square error，MSE）的最小化来确定。GCV、GML、MSE 的具体计算公式请参考 ANUSPLIN 4.4 用户说明文档（Hutchinson and Xu，2013）。

ANUSPLIN 插值气象数据主要分为两步：第一步是采用 SPLINA 或者 SPLINB，利用局部薄板样条函数根据已知点得到拟合表面，两者的功能相同，但 SPLINA 只能处理不超过 2000 个站点的数据；第二步是 LAPGRD 基于 DEM 数据，利用第一步生成的拟合表面系数计算每个像素点的预测值。SPLINA 和 SPLINB 可以输出提供统计分析、数据错误检测等多种信息的 5 或 6 个文件，其中生成的拟合表面系数存储于 ".sur" 文件中，误差协方差矩阵存储于 ".cov" 文件中，两者在后续程序中分别用于计算拟合表面值及其标准误差；其中 ".sur" 文件是 LAPGRD 必备的过程文件。在使用 SPLINA 或者 SPLINB 时，如果需要拟合的要素对象是非负值（如降水）时，则一般需要先对已知数据进行平方根转换，再使用薄板样条函数进行拟合，得到的结果将更可靠（钱永兰等，2010）。

ANUSPLIN 用的数据包括气象站的观测数据、插值像素点的经纬度，另外还可以结合 DEM 数据。本研究用到的为气象站的月观测降水和气温数据，重采样为 1 km 的 DEM 数据。所有输入文件都需要处理为固定形式存储的标准格式文本文件。如果文件格式不对或者数据有重复错误等，在程序执行过程中会产生错误提示信息，并中断程序执行。插值前应对数据进行检查修正处理，剔除重复站点、缺值、错值等。ANUSPLIN 需要 4 个输入文件，分别为气象数据文件、DEM 数据文件、SPLINA 或者 SPLINB 参数文件和 LAPGRD 参数文件。气象数据文件中的数据以 ANUSPLIN 标准格式书写，包括站点代码、经度、纬度、高程和气象要素值，其中气象要素值的个数可以为任意值（建议为某个气象指标的时间序列）。DEM 数据文件要求按 ASCII 形式书写，因此需要将原来以栅格形式存储的 DEM 数据转成 ASCII 格式，同时检查和保证转换过程中数据的正确性。栅格数据向 ASCII 的转换可以利用 ArcGIS 的 "栅格转换 ASCII" 工具完成，另外也可以通过 ENVI 的 "另存为 ASCII" 操作完成。高程数据的空间范围由需要进行插值的目标区域决定。SPLINA 或者 SPLINB 参数文件和 LAPGRD 参数文件（"*.cmd"）的详细配置可以参考刘志红等（2008）的研究。

7.3.2.3 土壤参数

模型中土壤水分的计算模块用到的是萨克拉门托土壤湿度计算模型（详见 7.3.3.3），其共需要 11 个土壤参数：LZFPM，下层主要自由水容量（mm）；LZFSM，下层次要自由水容量（mm）；LZPK，下层主要基流出流速率（d^{-1}）；LZSK，下层次要基流出流速率（d^{-1}）；LZTWM，下层张力水容量(mm)；PFREE，渗透到下层自由水的比例；REXP，渗流曲线形状参数；UZFWM，上层自由水容量（mm）；UZK，上层交互出流速率（d^{-1}）；UZTWM，上层张力水容量（mm）；ZPERC，土壤上下层间的最大下渗率。获取这些土壤属性参数的基础数据为中国 1∶100 万土壤图（Shi et al.，2010），其中包含 5 层的土壤类型和土壤质地等。原始的土壤质地数据为 5 层土壤的颗粒组成数据，土层划分为 0～10 cm、10～20 cm、20～30 cm、30～70 cm 和 70 cm 以上。

基础参数的计算公式如下（Anderson et al.，2006）：

$$\theta_s = -0.001\,26F_{\text{sand}} + 0.489 \tag{7.8}$$

$$\psi_s = -7.74e^{-0.030\,2F_{\text{sand}}} \tag{7.9}$$

$$b = 0.159F_{\text{clay}} + 2.91 \tag{7.10}$$

$$\theta_{\text{fld}} = \theta_s(\psi_{\text{fld}}/\psi_s)^{-1/b} \tag{7.11}$$

$$\theta_{\text{wlt}} = \theta_s(\psi_{\text{wlt}}/\psi_s)^{-1/b} \tag{7.12}$$

$$\mu = 3.5(\theta_s - \theta_{\text{fld}})^{1.66} \tag{7.13}$$

$$Z_{\text{up}} = 5.08 \times \frac{\frac{1000}{\text{CN}} - 10}{\theta_s - \theta_{\text{fld}}} \tag{7.14}$$

式中，θ_s 为饱和土壤含水量（%）；θ_{fld} 为田间持水量（%）；θ_{wlt} 为萎蔫点（%）；Ψ_s 为土壤水分基质势（MPa）；Ψ_{fld} 为田间持水量基质势（MPa）；Ψ_{wlt} 为萎蔫点基质势（MPa）；F_{sand} 为土壤中的沙粒比例（%）；F_{clay} 为土壤中的黏粒比例（%）；b 为土壤容重（g/cm^3）；Z_{up} 为上层土壤深度（mm）；CN 为径流曲线数。

模型输入参数的计算公式如下：

$$\text{UZTWM} = (\theta_{\text{fld}} - \theta_{\text{wlt}})Z_{\text{up}} \tag{7.15}$$

$$\text{UZFWM} = (\theta_s - \theta_{\text{fld}})Z_{\text{up}} \tag{7.16}$$

$$\text{LZTWM} = (\theta_{\text{fld}} - \theta_{\text{wlt}})(Z_{\text{max}} - Z_{\text{up}}) \tag{7.17}$$

$$\text{LZFWM} = \text{LZFSM} + \text{LZFPM} = (\theta_s - \theta_{\text{fld}})(Z_{\text{max}} - Z_{\text{up}}) \tag{7.18}$$

$$\text{LZFSM} = \text{LZFWM}\left(\frac{\theta_{\text{wlt}}}{\theta_s}\right)^{1.6} \tag{7.19}$$

$$\text{LZFPM} = (\theta_s - \theta_{\text{fld}})(Z_{\text{max}} - Z_{\text{up}}) \times \left[1 - (\theta_{\text{wlt}}/\theta_s)^{1.6}\right] \tag{7.20}$$

$$\text{UZK} = 1 - \left(\frac{\theta_{\text{fld}}}{\theta_s}\right)^{1.6} \tag{7.21}$$

$$\text{LZSK} = \frac{\text{UZK}}{1 + 2(1 - \theta_{\text{wlt}})} \tag{7.22}$$

$$\text{LZPK} = 1 - e^{\left(-\frac{\pi^2 K_s D_s^2 (Z_{\text{max}} - Z_{\text{up}})\Delta t}{\mu}\right)} \tag{7.23}$$

$$\text{ZPERC} = \frac{\text{LZTWM} + \text{LZFSM}(1 - \text{LZSK})}{\text{LZFSM} \times \text{LZSK} + \text{LZFPM} \times \text{LZPK}} + \frac{\text{LZFPM}(1 - \text{LZPK})}{\text{LZFSM} \times \text{LZSK} + \text{LZFPM} \times \text{LZPK}} \tag{7.24}$$

$$\text{REXP} = \left(\frac{\theta_{\text{wlt}}}{\theta_{\text{wlt,sand}} - 0.001}\right)^{0.5} \tag{7.25}$$

$$\text{PFREE} = \left(\frac{\theta_{\text{wlt}}}{\theta_{\text{s}}}\right)^{1.6} \qquad (7.26)$$

式中，K_{s} 为土壤饱和导水率（mm/h）；D_{s} 为水渠密度；Z_{max} 为土壤最大深度（mm）；Δt 为时间步长（日）；μ 为土壤单位出水量(mm)。

7.3.2.4　植被类型数据

植被类型数据为 1∶100 万中国植被图，该数据来源于国家自然科学基金委员会"寒区旱区科学数据中心"（http://westdc.westgis.ac.cn），是由中国植被图集数字化而来。数据中包含 11 个植被类型组，54 个植被型的 833 个群系和亚群系（包括自然植被和栽培植被）以及约 2000 多个群落优势种、主要农作物与经济植物的地理分布。根据模型的需要，本研究将原植被类型重新划分为农田、灌丛、阔叶林、草丛、常绿针叶林、针阔叶混交林、草甸等。研究区的详细植被特征参见本章 7.3.1.3 小节。

7.3.2.5　叶面积指数（LAI）数据

本研究中用到的 LAI 数据为 MODIS 的 LAI 产品——MOD15A2。该数据集由 MODIS 地面工作组生产。数据来源于 MODIS 官方下载网站（https://lpdaac.usgs.gov/products/mcd15a2hv006/）。该产品的空间分辨率为 1 km，时间分辨率为 8 天。MOD15A2 标准产品中除包括全球范围的 LAI 外，还提供了各像素对应的 LAI 的质量控制信息。MODIS LAI 标准产品的质量控制信息用一个 8 位的二进制数据来描述。因此，LAI 的质量控制信息可以作为我们改进 MODIS LAI 标准产品的重要依据。数据应用之前需要基于 LAI 的计算原理对原始 LAI 数据进行处理，其中主要包括数据的拼接、异常值的剔除和更改（Zhao et al.，2005）。由于模型以月尺度进行计算，因此还需要将处理好的 8 天的 LAI 数据汇总到月尺度上。

最新的 MODIS 数据可通过美国地质勘探局（U.S. Geological Survey,USGS）的在线数据处理平台 AppEEARS 下载（https://lpdaac.usgs.gov/tools/appeears/）。

7.3.2.6　MODIS 的 ET 和 GPP 数据产品

由于研究区缺少蒸散和生产力的实测数据，因此本研究中利用 MODIS 的 ET 和 GPP 产品作为参照，验证模型水、碳通量的模拟效果。其中 MODIS 蒸散数据集（MOD 16）（https://modis.gsfc.nasa.gov/data/dataprod/mod16.php）被用于模拟的 ET 的验证，MODIS 总初级生产力数据集（MOD 17）（https://modis.gsfc.nasa.gov/data/dataprod/mod17.php）被用于模拟的 GEP 的验证。为了表述一致，将 MODIS 的总初级生产力数据写为 MODIS_GEP。在生态系统尺度上，总初级生产力（GPP）近似等于总生态系统生产力（GEP），GPP 和 GEP 都代表植被的固碳能力。这两个数据集的空间尺度都为 1 km，时间尺度为月。可以首先利用编写的数据处理工具将它们转换到模型对应的空间尺度——水文响应单元，然后用于模型的验证。

7.3.2.7　全球数据集

模型的验证数据还有 Zhang 等（2010）制备的全球 1983～2006 年的月 ET 数据集。

该数据集的空间分辨率为 8 km，主要作为第三方的参考数据，验证模型 ET 的模拟结果。该数据集基于改进的 Penman-Monteith 公式（Penman，1948）进行计算，其中通过引入归一化植被指数（NDVI）和遥感数据实现对冠层表面阻抗的计算，从而构建遥感 Penman-Monteith 模型对蒸散进行模拟。其通过引入利用遥感数据计算冠层导度的方法将基于空间动力学的 Penman 公式在大尺度上进行应用，这在蒸散模拟方法上是一种极大的创新。

7.3.2.8　径流验证数据

径流验证数据为流域出口位置杂谷脑水文站的实测流量数据，主要用于模型的率定和验证。径流验证数据为水文站实测的 1988～2006 年的日流量数据，其中 1988～1996 年的数据用于模型的率定，1997～2006 年的数据用于模型的验证。由于模拟结果为径流深度，因此需要首先通过 ArcGIS 的曲面面积计算工具计算出流域的曲面面积，然后再将流量数据转换为径流深度数据，才能用于模型的率定和验证。

7.3.3　WaSSI-C 模型介绍

WaSSI-C 模型是 Sun 等（2011b）开发的一个以水文模拟为核心的月尺度生态系统模型，是由水分供需计算模型（WaSSI）（Sun et al.，2011a）和水碳经验模型构成的月尺度生态系统集成水碳耦合模型，模型框架见图 7.8。该模型以水文响应单元（hydrological response unit，HRU）为基本单位进行计算，可对包括径流（RUNOFF）、GEP、生态系统呼吸消耗量（REC）和蒸散（ET）等在内的水、碳通量进行模拟。其中，水碳耦合模型是基于全球通量网（FLUXNET）测定的水、碳通量，利用统计分析方法构建的水碳耦合的经验模型；水文模型萨克拉门托土壤湿度计算模型是 20 世纪 70 年代初由美国加利福尼亚州萨克拉门托河流预报中心研制的一个集总参数模型，以土壤水分的贮存、

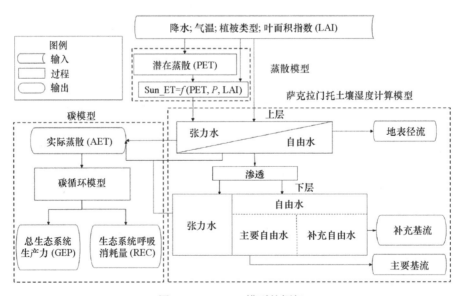

图 7.8　WaSSI-C 模型的框架

渗透、运移和蒸散特性为基础，用一系列具有一定物理概念的数学表达式描述径流形成的各个过程，模型中的状态变量代表水文循环中一个相对独立的特性，模型参数具有明确的物理意义，可以根据流域特征、降水量和流量资料推算。

WaSSI-C 模型的核心是蒸散经验模型和碳循环经验模型。其中，蒸散经验模型基于涡度相关法和树干液流法实测的蒸散数据、降水数据和 MODIS 的叶面积指数数据，利用多元线性回归模型构建；碳循环经验模型则基于全球通量网（FLUXNET）中的通量数据（GEP、ET、REC），利用线性回归模型进行关系构建。

7.3.3.1　蒸散计算公式

Hamon（1963）的 PET 公式如下：

$$PET_t = \frac{0.021 \times H_t^2 \times e_{0t}}{T_t + 273.0} \tag{7.27}$$

式中，PET_t 为第 t 天的潜在蒸散；H_t 为第 t 天的日照时间（h）；e_{0t} 为饱和蒸汽压；T_t 为日平均温度（℃）。

其中饱和蒸汽压的计算公式为

$$e_{0t} = 33.8639 \times [\,(0.007\,38T_t + 0.8072) \times 0.8 - 0.000\,019 \times |1.8T_t + 4.8| + 0.001\,36\,] \tag{7.28}$$

计算蒸散的经验公式是

$$Sun\_ET = a \times PET + b \times LAI + c \times PET \times P \tag{7.29}$$

式中，LAI 为从站点测量或者从陆地 MODIS 产品得到的月平均叶面积指数；a、b、c 为经验参数；PET 为通过 Hamon 模型利用大气温度和最大日照时数计算的潜在蒸散，这种 PET 计算方法避免了复杂的参数化过程，从而提高了模型的可靠性（Sun et al.，2011a）。

7.3.3.2　碳循环过程计算公式

GEP 与 ET 的关系是基于全球通量网中的数据构建的，强制使两者的拟合线通过坐标原点，从而使 GEP 与 ET 回归模型的斜率代表基于 GEP 的水分利用效率，以此反映水碳的耦合关系。

$$GEP = a \times ET \tag{7.30}$$
$$REC = m + n \times GEP \tag{7.31}$$

式中，GEP 为总生态系统生产力；ET 为生态系统的实际蒸散；REC 为生态系统呼吸消耗量；a、m、n 为基于通量站数据推导出的经验参数，不同植被类型的参数值详见表 7.5（Sun et al.，2011b）。

表 7.5　WaSSI-C 模型主要植被类型的碳通量回归模型的参数

植被类型	GEP = $a \times$ ET		REC = $m + n \times$ GEP		
	$a \pm$ SD	R^2	$m \pm$ SD	$n \pm$ SD	R^2
农田	3.13 ± 1.69	0.78	40.6 ± 3.84	0.43 ± 0.02	0.77
郁闭灌丛	1.37 ± 0.62	0.77	11.4 ± 15.62	0.69 ± 0.15	0.74
落叶阔叶林	3.20 ± 1.26	0.93	30.8 ± 2.93	0.45 ± 0.03	0.83
常绿阔叶林	2.59 ± 0.54	0.92	19.6 ± 8.74	0.61 ± 0.06	0.63

续表

植被类型	GEP = a × ET		REC = m + n × GEP		
	a± SD	R^2	m ± SD	n ± SD	R^2
常绿针叶林	2.46 ± 0.96	0.89	9.9 ± 2.24	0.68 ± 0.03	0.80
草地	2.12 ± 1.66	0.84	18.9 ± 2.31	0.64 ± 0.02	0.82
混交林	2.74 ± 1.05	0.89	24.4 ± 4.24	0.62 ± 0.05	0.88
稀疏灌丛	1.33 ± 0.47	0.85	9.7 ± 3.03	0.56 ± 0.08	0.81
高山草甸	1.26 ± 0.77	0.80	25.2 ± 3.23	0.53 ± 0.07	0.65
湿地	1.66 ± 1.33	0.78	7.8 ± 3.04	0.56 ± 0.03	0.80

注：ET 为蒸散；GEP 为总生态系统生产力；R^2 为决定系数；REC 为生态系统呼吸消耗量；SD 为标准偏差；a, m, n 为回归方程的系数

7.3.3.3　水文过程计算方法——萨克拉门托土壤湿度计算模型

萨克拉门托土壤湿度计算模型（Sacramento soil moisture accounting model）是 20 世纪 70 年代初期由美国加利福尼亚州萨克拉门托河流预报中心研制的一个确定性、概念性的集总参数模型，已在美国的水文预报中广为应用，是水文模型中较为成熟的一种。

萨克拉门托土壤湿度计算模型根据土壤垂向分布的不均匀性，分为上下两层计算土壤水分动态，其中主要水文过程有蒸散、地表径流、壤中流和地下径流。其中蒸散的水分来自上层土壤的束缚水和自由水以及下层土壤的束缚水。蒸散过程完成后，超出上层土壤饱和持水量的水分以地表径流的形式流出流域，模型中的地表径流直接进入河网；另外下层土壤剩余的自由水会以壤中流和地下径流的形式流向河道或者其他水文单元，壤中流和地下径流按线性水库调蓄后进入河网；各种水源的总和扣除时段内的水面蒸发，即得到河网总入流，河网总入流经河网调蓄后形成出口断面流量过程。该模型由于在基本单元的划分过程中考虑了自然地形对水文过程的影响，是具有较好模拟效果的集总式水文模型。

7.3.4　WaSSI-C 模型改进

初始模型将温度小于−1℃时蒸散和融雪的模拟值设定为 0。然而由图 7.11 可知，流域处于高海拔地区，冬季存在长时间和大量的降雪，1~3 月和 11~12 月流域中的大量区域平均气温小于−1℃，并且在此期间枯水期径流值较大。可见这种简化设定并不适用于高海拔常绿针叶林主导的川西山区。因此，本研究对温度小于−1℃的模型计算方法进行了改进，以提高模型对类似气候条件区域的适用性。

7.3.4.1　冬季融雪计算模块

本研究引入基于气温的融雪计算公式（包为民，1995）：

$$\text{SNOWMELT} = \text{SNOWPACK} \times (r + sT) \quad \text{SNOWMELT} \subset [0, \text{SNOWPACK}] \quad (7.32)$$

式中，SNOWMELT 为融雪量（mm/d）；SNOWPACK 为积雪量（mm）；T 为日平均气温；

r、s 为经验参数。

7.3.4.2 冬季蒸散计算模块

当 Sun_ET≤UZTWC + SNOWMELT 时：

$$ET = Sun\_ET \tag{7.33}$$

当 Sun_ET>UZTWC + SNOWMELT 时：

$$ET = UZTWC + SNOWMELT \tag{7.34}$$

式中，ET 为实际蒸散；Sun_ET 为蒸散，由公式（7.29）计算；UZTWC 为上层张力水含量；SNOWMELT 为融雪量。

7.3.4.3 分布式 WaSSI-C 模型——dWaSSI-C 模型

WaSSI-C 模型原为集总式模型，其最小响应单元为流域，整个流域被看作一个黑箱，因此这类流域模型又称为黑箱模型。为了更加详细地分析空间气候、植被和水文之间的相互作用，我们对模型进行了重大的结构改进，即编写了基于网格尺度的空间分布式 WaSSI-C 模型——dWaSSI-C 模型。dWaSSI-C 模型所有输入数据和输出数据的来源都与 WaSSI-C 模型基本相同，但是，数据单元不再是流域，而是网格单元。模型由流域级别转变为网格像素级别，模型相关的数据量会发生指数增长。例如，一个流域有 10 000 km^2，原来 100 个流域的输入和输出数据总量为 10~100 MB，如果转变为 1 km 的网格，数据量会变为 100 MB~1 GB；在全国范围内应用，1 km 的网格会产生 TB 级别的数据量。与此同时，随着数据量的增加，模型运算的时间也成为必须考虑的问题，在流域尺度完成模型模拟可能仅需要几分钟。而到了网格级别，随着网格数目的增加，数据量呈指数增加，因此完成模型模拟可能花费几天甚至更多的时间。为了提高模型运算的效率，我们对原模型进行了并行算法上的改进，结合高性能的超级计算机，即使 TB 级别的数据量，dWaSSI-C 模型也可以在 1 h 内完成整个模拟过程。

7.3.4.4 模型总体应用方案优化及应用模块设计

dWaSSI-C 模型为一个分布式经验模型，没有独立的模拟结果显示和率定模块。为了提高模型的实用性，专门设计了一系列应用流程，其中涉及模型多源输入数据的处理、模型的率定和验证以及模型模拟结果的显示。

首先，将不同格式、不同来源的输入数据处理到模型需要的目标格式。这一过程包括对栅格数据、矢量数据和数值的处理，主要用到 ArcGIS、Python、IDL 和 VBA 编程语言，通过程序化的操作可以大大缩短数据处理的时间。本研究中开发了对应不用数据源的数据处理工具，对于空间上的栅格数据和矢量数据主要用 ArcGIS 进行前期处理，然后再利用 Python 和 VBA 编写的工具进行目标格式的转换。例如，用 Python 编写的处理 MODIS 数据的工具，可以实现从原始数据到模型目标格式的全程序化操作。

然后，利用模型率定和验证模块对模型进行率定与验证。该模块实现验证数据的输入、参数设定和模型模拟效果的评价输出功能。其可以基于 3 个评价指标（效率系数、决定系数和平均根方差）对模型的模拟结果进行评价，从而在模型运行过程中可以根据评价指标的值进行模型的参数设定，进而起到模型率定和验证的作用。另外，模块可以进行单参数和多参数的同时率定工作，这样可以极大地缩短模型的率定时间，减少人工参与，提高工作效率，更好地实现模型的应用。

最后，模拟结果的显示模块。基于 SAS 的数据处理和结果显示功能，针对模型的模拟结果专门编写了相关的模型模拟结果的显示模块，实现模拟结果的图像化操作。此工具可以和模型率定和验证模块结合使用，从而在率定过程中快速了解模型的模拟效果。

7.3.5 模型的评价方法和不确定性分析

7.3.5.1 评价方法

模型模拟的准确性可通过水、碳通量的模拟值与观测值的比较进行评价，还可进一步利用相关统计参数评价模型的模拟效果，在本研究中主要利用决定系数（R^2）和 Nash-Sutcliffe 效率系数（NS）对模型进行评价。

决定系数的公式如下：

$$R^2 = \left(\frac{n\left(\sum(OS)\right) - \left(\sum O\right)\left(\sum S\right)}{\sqrt{\left[n\sum O^2 - \left(\sum O\right)^2\right]\left[n\sum S^2 - \left(\sum S\right)^2\right]}} \right) \tag{7.35}$$

式中，O 和 S 分别为时间步长上的观测值、模拟值；n 是观测值和模拟值的数目。

Nash-Sutcliffe 效率系数（NS）（McCuen et al.，2006）的计算公式如下：

$$NS = 1 - \frac{\sum\limits_{i=1}^{n}\left(O_i - S_i\right)^2}{\sum\limits_{i=1}^{n}\left(O_i - \bar{O}\right)^2} \tag{7.36}$$

式中，O_i 和 S_i 分别为时间步长上的观测值和模拟值；n 是观测值和模拟值的数目。

NS 是一个广泛应用的统计变量，用于评价模型的效果。NS 是均方差与观测值变异的比例减去 1，其值从负无穷到 1。若模拟值与观测值之间的方差和观测方差一样大，则 NS = 0；若模拟值与观测值之间的方差超过观测方差，则 NS < 0；若模拟值与观测值之间的方差趋近于 0，则模型很好地模拟了观测值的变化，NS 趋近于 1。

7.3.5.2 水文过程模型参数的敏感性分析

敏感性分析常用来研究和预测不确定因素发生变化时，模型模拟结果的响应程度。本研究首先通过敏感性分析方法确定模型中的关键参数和变量，进而确定这些参数和变量的最优值。通过参数敏感性分析可以更好地了解模型的计算机制，为模型的率定工作提供指导，有效地缩短模型率定的时间，提高模型率定过程的有效性。

本研究选取 11 个参数和变量进行敏感性分析，探讨这些参数在模型径流模拟中的贡献。敏感性评价通过参数变化达 10%时模型模拟指标的变化进行评价，结果发现：这 11 个参数中影响土壤下层径流的参数具有较高的敏感性（表 7.6）。在敏感性分析的基础上，基于现有的输入参数对模型的这 11 个参数进行初步的率定，得到研究区相关参数的最优值（表 7.6）。

表 7.6　WaSSI-C 模型中主要参数的敏感性和最优值

敏感性排序	参数	理论区间	单位	最优值
1	REXP	1～5	—	2.4
2	UZFWM	5～150	mm	22
3	LZFSM	5～400	mm	36
4	LZSK	0.01～0.35	(d^{-1})	0.060
5	LZPK	0.001～0.05	(d^{-1})	0.016
6	LZTWM	10～500	mm	162
7	UZK	0.10～0.75	(d^{-1})	0.15
8	ZPERC	5～350	—	80
9	UZTWM	10～300	mm	30
10	LZFPM	10～1000	mm	65
11	PFREE	0.0～0.8	—	0.20

注：LZFPM 为下层主要自由水容量；LZFSM 为下层次要自由水容量；LZPK 为下层主要基流出流速率；LZSK 为下层次要基流出流速率；LZTWM 为下层张力水容量；PFREE 为渗透到下层自由水的比例；REXP 为渗流曲线形状参数；UZFWM 为上层自由水容量；UZK 为上层交互出流速率；UZTWM 为上层张力水容量；ZPERC 为土壤上下层间的最大下渗率

分析参数敏感性，发现模型的渗流曲线形状参数最为敏感，其次为上层自由水容量，其直接决定地表径流的比例。上层土壤向下层土壤的渗透能力也对模型的模拟结果起到较大的作用，说明该流域具有较大的地下水补给量，正如图 7.2 所示干旱季节仍然保持较高的径流量。经过模型率定，可以确定这些参数的最优值都处于理论区间内。

7.3.6　WaSSI-C 模型响应单元空间尺度的确定

水、碳循环过程变量属于非线性尺度响应变量，随时空变化发生显著改变，因此模型模拟尺度的确定是模型应用的前提，只有对模型进行多尺度的分析和验证，才能找到最适模拟尺度，得到准确的模拟结果。生态过程和水文过程具有各自的尺度特性，随着尺度变化，相关过程和参数随之改变，继而影响模型的适用性。模型的模拟尺度包括时间尺度和空间响应尺度。模型的时间尺度为模型可以模拟的最小时间间隔，由于受现实观测条件的限制，在模型实际应用时，并不能完全满足各时间尺度模拟的需要，因此模型的时间尺度需要基于现实的观测条件和研究目的而定；而模型的空间响应尺度需要基于不同地理条件下的立地条件确定。模型的空间响应尺度是确定模型尺度适用性的关键。研究者对模型的空间响应尺度进行了研究，其中包括分布式生态水文模型的单元格大小和集总式模型响应单元大小的确定。王盛萍等（2008）对分布式水文模型 MIKE-SHE 的研究发现，模拟单元大小对径流的模拟具有显著影响，单元格变化引起流域特征变化，从而可改变流域的径流量和峰值。张雪松等（2004）研究 SWAT 模型的流域单元划分发现，随着亚流域数的增加，径流逐渐增加，但是当亚流域数增加到一定程度后，模拟结果的敏感性就会降低，模拟结果趋于稳定。

由于水文过程和碳循环过程对尺度的依赖性不同，目前对于同时评价水碳耦合模拟效果的研究尚少，本研究基于不同的流域单元划分方案，对杂谷脑上游流域水、碳通量的模拟结果利用多个验证指标进行评价，探讨月尺度上生态水文过程耦合模型 WaSSI-C 模拟生态和水文过程的空间尺度依赖性。

7.3.6.1 流域划分方案的设置

本研究中 ArcSWAT 水文单元划分模块，基于 90 m 的 DEM 数据，通过设置不同水文响应单元（hydrologic response unit，HRU）划分的面积阈值 AREA（km²），对杂谷脑上游流域进行水文响应单元划分。详细的划分步骤见 7.3.2.1。本研究基于不同的面积阈值，设计出 13 种流域划分方案（表 7.7）。

表 7.7 不同面积阈值对应的水文响应单元数及其平均面积

面积阈值（km²）	10	12.5	15	25	35	40	50	85	100	160	200	300	650
水文响应单元数	105	78	64	45	35	27	24	22	15	11	7	3	1
平均面积（km²）	22.9	30.8	37.5	53.4	68.6	88.9	104	126	160	218	343	800	2403

7.3.6.2 不同划分方案模拟结果的对比

基于初步率定的参数，分别模拟不同面积阈值的流域划分方案，以及杂谷脑上游流域 2000 年每个月的总生态系统生产力（GEP）、蒸散（ET）和径流（RUNOFF）。然后利用表 7.4 中的验证数据集，分别计算这 3 个变量不同流域划分方案的 R^2 和 NS，从而对不同流域划分方案的模拟效果进行评价。

由图 7.9 可见，不同流域划分方案 3 个水、碳变量（GEP、ET 和 RUNOFF）的模拟值与其验证值的 R^2 存在一致的变化特征，在流域划分面积阈值较大时，模型的精度对尺度较为敏感，拟合度较差；而中小尺度敏感性较小，拟合度较好。R^2 表现出随着流域划分面积阈值减小呈现增加—稳定—减小的变化趋势。并且 R^2 的变化曲线存在明显的分界点，曲线可以分为两个不同变化特征区域——敏感区域和稳定区域，其中，面积阈值等于 85 km² 为曲线的分界点。另外，3 个变量对流域响应单元空间尺度的变化表现出不同的敏感性，其中流域径流的响应幅度最大，R^2 的最大值为 0.81，最小值为 0.10；ET

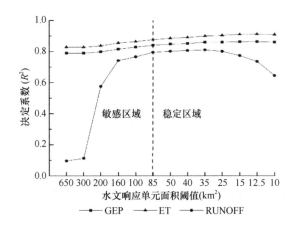

图 7.9 不同流域划分方案模拟的总生态系统生产力（GEP）、蒸散（ET）和流域总径流（RUNOFF）与验证数据的决定系数（R^2）

和 GEP 的响应幅度相似，其中 ET 的 R^2 最大值和最小值分别为 0.91、0.83；GEP 的 R^2 最大值和最小值分别为 0.81、0.76。从 3 个变量的 R^2 曲线可知，三者模拟效果也存在差异，模拟效果从好到差依次为 ET、GEP、RUNOFF。

图 7.10 描述了模型模拟的 3 个变量在不同流域划分方案中验证数据的 NS 指标，3 个变量的 NS 与 R^2 存在相似的变化特征，变量之间也存在一致的变化趋势。面积阈值较大时，NS 较小，变化显著；中小尺度的模拟效果较好，差异不大。NS 变化曲线也以 85 km^2 为分界点，将整个曲线分为敏感区域和稳定区域。3 个变量的效率系数指标从好到差的顺序为 GEP、ET、RUNOFF，敏感程度的顺序为 RUNOFF>ET>GEP。

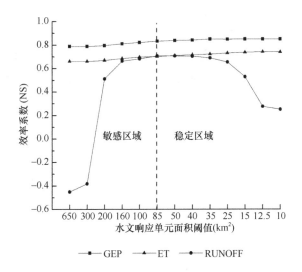

图 7.10　不同流域划分方案模拟的总生态系统生产力（GEP）、蒸散（ET）和流域总径流（RUNOFF）与验证数据的效率系数（NS）

随着流域划分面积阈值的减小，流域数逐渐增加，子流域面积逐渐减小，通过模型的计算原理发现：随着子流域数增加，模型对流域内不同植被类型和土壤类型的气候条件的考虑趋于精细，因此必将提高模型的模拟效果（图 7.9 和图 7.10 左侧的上升趋势）；但随着流域数增加到一定程度，模型响应单元中包含的植被类型和土壤类型将趋于稳定，从而出现模拟效果相对不变的阶段（图 7.9 和图 7.10 中部的稳定期）；当流域单元数增加到一定程度后，子流域汇流过程以及模型误差的积累造成径流模拟效果的降低（图 7.9 和图 7.10 右侧）。萨克拉门托土壤湿度计算模型作为模型的水文模块，充分考虑了土壤中的水文过程。从模拟结果来看，该模型对水文过程的模拟具有很强的尺度依赖性。随着尺度的精细化，径流的模拟结果变差，表明需要进一步完善模型的汇流过程。张雪松等（2004）、郝芳华等（2003）分别在卢氏流域和 Lake Fork 流域的类似研究中发现，流域径流随着流域数的增加出现先快速增加后趋于稳定的变化趋势。Wolock（1995）对以地形为基础的水文模型（topography based hydrological model，TOPMODEL）模拟水文响应单元的尺度进行研究也发现：水文响应单元的面积从 0.05 km^2 变化到 5 km^2 的过程中，模拟的流域径流迅速增加，之后随着面积增大趋于相对恒定的状态。Wood 等（1988）对山坡的研究发现，随着采样单元数的增加，同一水文过程响应的差异逐渐减小，达到某一尺度时，流域对同一水文过程的响应差异达到最小值，这一尺度就是模型的最适模拟尺度。

另外，从评价指标的变化曲线可看出，空间响应尺度变化对模型模拟的 3 个变量的影响程度不同，其中 RUNOFF 对尺度变化最为敏感，ET 和 GEP 对尺度变化的敏感性较低。这主要是由于尺度变化，子流域汇流过程明显变化。而 ET 和 GEP 基于植被类型计算，流域响应单元内植被类型的变化随尺度变化相对缓和，从而出现较弱的敏感性。同时，由于模型中的碳通量模型是基于 FLUXNET 中通量数据推导的经验公式，从机理上也表现出对尺度的不敏感性。同时，3 个变量的模拟效果也存在差异，其中 ET 的 R^2 最大，而 NS 相对较低，这表明模型模拟的 ET 与验证数据存在较一致的时间变化趋势。GEP 模拟验证的 R^2 和 NS 相对都较高，说明模拟的 GEP 与 MODIS 的 GEP 比较一致，模型对 GEP 的模拟效果较好。RUNOFF 模拟验证的 R^2 和 NS 相对低一些，但是均符合模拟标准。综合上述两个验证评价指标发现，尽管 GEP 和 ET 的尺度敏感性较弱，但径流模拟具有较强的尺度敏感性，因此可以认为响应单元的空间尺度对 WaSSI-C 模型的模拟效果具有较大的影响。只有找出最佳的模型响应单元空间尺度，才能得到最好的模拟效果。

7.3.6.3 流域划分方案

不同尺度的分析结果显示：流域划分的面积阈值小于 85 km^2 时模型的模拟效果较好，并且随着尺度的减小，模拟效果略有增加，基于 3 个模拟变量的两个评价指标和工作量的考虑，最终将模型响应单元的划分面积阈值确定为 85 km^2。在此基础上将整个流域划分为 22 个子流域（图 7.11，表 7.8）。然而，模拟尺度的确定是一个复杂且耗时的过程，需要进行大量的流域对比分析。本研究虽然不能充分确定模型的固有尺度，但是在一定程度上解释了模型空间响应尺度的变化特征，可为模型在类似气候条件和植被类型的流域以及其他流域的应用提供参考依据。另外，85 km^2 为流域划分过程中的一个约定值，在实际应用中应该代表接近 85 km^2 的一个阈值区间。

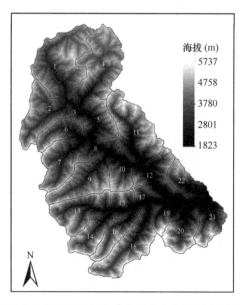

图 7.11 杂谷脑上游流域子流域划分方案（图内序号为子流域编号）

表 7.8　各子流域的地理信息

子流域编号	面积（km²）	平均坡度（°）	平均海拔（m）
1	251.55	25.58	4004
2	146.17	28.03	3995
3	20.03	29.83	4077
4	221.76	26.32	3371
5	89.19	30.01	3838
6	82.47	28.76	3672
7	132.74	29.81	3446
8	49.76	30.74	3924
9	149.11	29.38	3628
10	84.37	30.4	3948
11	195.9	30.95	4011
12	127.91	33.66	3323
13	139.78	32.42	3348
14	87.89	32.27	3998
15	47.62	33.72	3355
16	81.15	33.56	3349
17	25.65	35.47	3648
18	171.15	32.34	3937
19	59.61	36.2	3867
20	96.87	34.33	4017
21	112.54	33.84	4018
22	66.04	29.47	3543

7.3.7　WaSSI-C 模型的率定和验证

在杂谷脑上游出口水文站收集到了 1988～2006 年的水文实测数据，因此我们将 1988～1996 年作为模型的率定期，将 1997～2006 年作为模型的验证期。模型的率定和验证过程均在月尺度上进行。另外，由于缺少 2000 年以前可靠的 GEP 和 ET 空间数据集作为参照，因此在率定期（1988～1996 年）主要对流域的径流模拟进行率定，调整影响流域径流模拟的参数，以期获得理想的模拟效果。在验证期（1997～2006 年）主要使用 MODIS 的 ET、GEP 产品和 Zhang 等的 ET 全球数据集对模型进行验证。分别在率定期和验证期利用决定系数（R^2）、效率系数（NS）两个评价指标分析模型的模拟效果。由于研究区内没有实测的 ET 和 GEP 数据，因此只能利用现阶段模拟较好的其他数据源进行对比验证，这种方法难免存在不确定性，但在观测数据缺乏的条件下，模型对比验证也得到普遍的应用。另外，用到的其他模型的 ET 和 GEP 数据都得到了实测数据的验证，具有较好的模拟效果（Turner et al.，2006；Zhang et al.，2008b；Mu et al.，2011）。

如表 7.9 所示，率定后的模型，月尺度上流域总径流模拟值与实测值的 R^2 为 0.86，NS 为 0.82，说明模型在率定期（1988～1996 年）具有很好的模拟效果，可以很好地再现率定期径流的变化过程。与率定期相比，验证期的模拟结果相对差一些，月尺度上流域总径流模拟值与实测值的 R^2 为 0.78，NS 为 0.67。通过综合两个评价指标，可以确定模型在率定期和验证期获得了相对可靠的模拟结果。

表 7.9 模型径流率定期（1988～1996 年）和验证期（1997～2006 年）的评价指标值

评价指标	率定期（1988～1996 年）	验证期（1997～2006 年）
决定系数 R^2	0.86	0.78
Nash-Sutcliffe 效率系数 NS	0.82	0.67

7.3.7.1 流域总径流的验证结果

在杂谷脑上游流域，模型对流域总径流的模拟在率定期和验证期都具有很好的验证结果。如图 7.12 所示，其中模型率定期（1988～1996 年）（图 7.12a）模拟值与实测值的决定系数达到 0.86，效率系数达到 0.82，拟合线的斜率为 1.03，说明模型很好地模拟了径流的变化趋势，整体上模拟值与实测值的差异很小，模拟结果与实测结果非常吻合。从验证的散点图可以看出，当径流量较小时模拟值与实测值相差很小，而当径流量较大时存在差异较大的情况。从图 7.12a 模拟值与实测值的对比曲线可以看出，1990 年和 1992年径流峰值的模拟值与实测值存在较大的差异，其他时期模拟径流与实测径流基本完全吻合。模型验证期（1997～2006 年）（图 7.12b）的模拟值与实测值的决定系数为 0.78，效率系数为 0.67，拟合线的斜率为 0.81。与率定期相似，当径流量较小时模拟值与实测值的差异较小，而当径流量较大时模拟效果较差。从图 7.12b 模拟值和实测值的对比曲线也可以得出相同的结论。综合模型率定期和验证期的径流模拟对比结果，可以发现，模型对于汛期的径流模拟存在较大的不确定性，对于洪峰的再现效果不好。

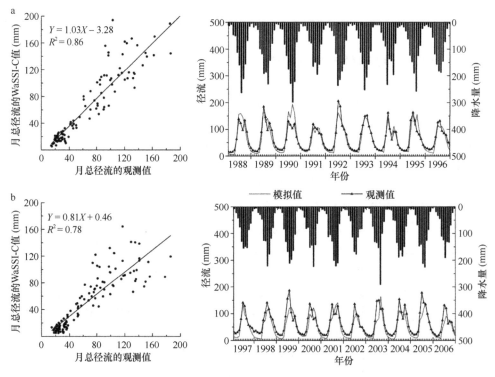

图 7.12 率定期（a）和验证期（b）流域月总径流（mm）的 WaSSI-C
模拟值（点线）与观测值（实线）的对比

通过对径流曲线的雨季模拟值和实测值的对比可以发现，模拟效果不好的年份，除个别年份模拟值大于实测值（1988 年、1990 年）外，其余均存在雨季模拟值低估的现象。这可能是由雨季产生大量的超渗产流造成的。在雨季降雨强度较大时，由于土壤下渗条件的限制，极易发生超渗产流过程。然而，模型中的水文过程仅考虑蓄满产流过程，未对超渗产流进行模拟，从而造成对汛期径流量的低估（崔泰昌和陆建华，2000）。

7.3.7.2　蒸散（ET）的验证结果

我们利用 2000～2006 年 MODIS 的 ET 产品及 Zhang 等（2010）模拟的全球 ET 数据（Zhang_ET）分别在水文响应单元和流域尺度上对模型结果进行验证。月尺度上不同空间尺度的 ET 验证结果显示，模型可以较好地模拟流域的 ET。在水文响应单元尺度上，模拟的 ET 与 MODIS_ET 对比的决定系数为 0.75，拟合线的斜率为 1.24（图 7.13）；模拟的 ET 与 Zhang_ET 对比的决定系数为 0.78，拟合线的斜率为 1.01（图 7.14）。在流域尺度上，模拟的 ET 与 MODIS_ET 对比的决定系数为 0.90，拟合线的斜率为 1.41；模拟的 ET 与 Zhang_ET 对比的决定系数为 0.86，拟合线的斜率为 1.13。可见 ET 模拟值与 Zhang_ET 存在较好的一致性，模拟值与 MODIS 值存在较大的差异。

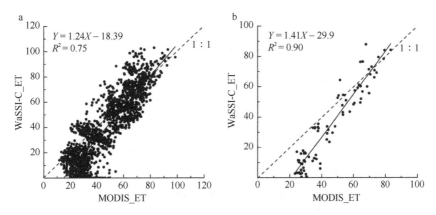

图 7.13　各水文响应单元（a）和流域（b）总月平均蒸散（ET，mm）的 WaSSI-C 模拟值（WaSSI-C_ET）与 MODIS 模拟值（MODIS_ET）的对比

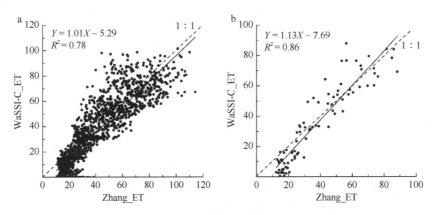

图 7.14　各水文响应单元（a）和流域（b）总月平均蒸散（ET，mm）的 WaSSI-C 模拟值（WaSSI-C_ET）与 Zhang 模拟值（Zhang_ET）的对比

从图 7.15 中不同模拟方法计算的 ET 月平均值的对比可见，研究区湿润季节（5～10 月）3 种方法的 ET 模拟值之间差异较小，而在干旱季节（11 月至翌年 4 月）模拟结果存在较大的差异，其中 MODIS 的模拟值最高，其次为 Zhang，二者都远大于 WaSSI-C 的模拟值。另外，从图 7.2 中可以发现，研究区干旱季节的降水量很小（＜30 mm），同时径流量超过降水量，因此该阶段的径流和蒸散主要来源于土壤中的水分。从图 7.13 和图 7.14 中可以看到类似的结果：ET 值较小时，WaSSI-C 模拟值与 MODIS 和 Zhang 的模拟值之间存在较大差异，WaSSI-C 模拟值小于其他二者。

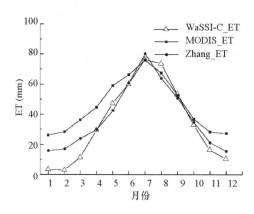

图 7.15　2000～2006 年 WaSSI-C、MODIS 和 Zhang 模拟的月平均蒸散的对比

引起差异的原因可能是：①计算方法的不同，MODIS_ET 和 Zhang_ET 是基于饱和水汽压差（vapor pressure deficit，VPD）计算的，没有考虑土壤水分的限制，在土壤水分较少的情况，会造成 ET 的高估。而本研究基于萨克拉门托土壤湿度计算模型，考虑了土壤水分的影响，因此出现模拟值远低于验证数据的现象。②模型中对于温度较低时土壤蒸发和积雪融化蒸发的考虑不足，造成 ET 的低估。

7.3.7.3　总生态系统生产力（GEP）的验证结果

利用修改后的模型模拟杂谷脑上游流域 2000～2006 年的总生态系统生产力（GEP），并利用 MODIS 的 GEP 产品分别进行水文响应单元和总流域模拟结果的验证。从图 7.16 可见，模型在两个空间尺度上都具有很好的模拟效果，同时在流域尺度上模拟效果更好。水文响应单元的 GEP 模拟值与 MODIS 值对比的决定系数为 0.89，拟合线的斜率为 0.85；流域尺度验证的决定系数为 0.91，拟合线的斜率为 0.88。不同月份的平均 GEP 模拟值与 MODIS 值除个别月份（4 月、5 月、7 月）差异较大外，其他月份具有极为相似的模拟结果（图 7.17），可见模型对于碳通量的模拟效果较好。然而，从两个散点图可以发现，WaSSI-C 模拟的 GEP 值在 GEP 较小的区间高于 MODIS 的 GEP 值，在 GEP 较大的区间与 MODIS 值比较接近。这与 Sun 等（2011b）在美国进行的 GEP 的验证结果一致。可见非生长季或某些植被类型 GEP 的模拟值与 MODIS 值之间还存在较大的差异。这可能是由于：①计算方法的不同，MODIS_GEP 是利用光能利用率模型计算的，没有考虑土壤水分的限制，而本研究基于 ET 和水分利用效率计算 GEP，考虑了土壤水分的影响，但忽略了饱和水汽压差的作用，当植被覆盖率很低时，LAI 很小，光合有效辐射吸收比例（fraction of photosynthetically active radiation，FPAR）很低，MODIS_GEP 会较小，而根据公式（7.29），当 LAI 很小时，ET 仍可能较高，计算的 GEP 也会较高，从而在 GEP 较小时，模拟的 GEP 明显高于 MODIS 值。另外，MODIS_GEP 计算时利用了辐射数，而本研究没有使用，尽管辐射与温度之间有很好的相关性，但不能完全相互替代（Zhao et al.，2005）。②使用的气象数据的差异也会导致计算结果的差异，MODIS_GEP 是利用全球气象数据计算的，而本研究的气象数据是基于观测站点的插值数据，造成输入气象数据的不确定性。

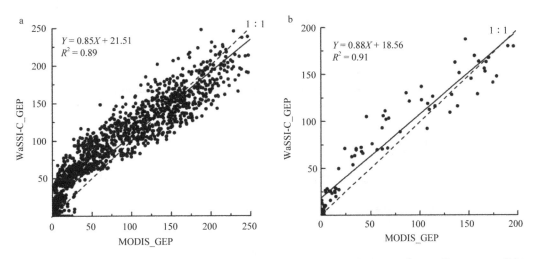

图 7.16　各水文响应单元（a）和流域（b）月平均总生态系统生产力[g C/（m²·月）]的 WaSSI-C 模拟结果（WaSSI-C_GEP）与 MODIS 值（MODIS_GEP）的对比

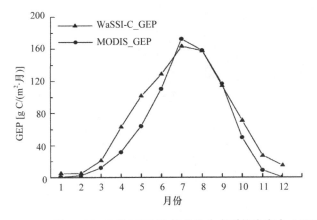

图 7.17　2000～2006 年 WaSSI-C 和 MODIS 的月总生态系统生产力（GEP）的对比

7.3.8　杂谷脑流域水碳过程模拟结果

基于 2000～2006 年的水、碳循环过程的模拟结果，分析杂谷脑流域水、碳平衡的空间分布格局和季节变异模式，进一步了解该流域的水、碳资源态势，同时探索流域水、碳资源时空分布模式与植被类型、地形因素和气候之间的关系，进而为区域尺度的水、碳资源管理提供有力的理论支撑。

7.3.8.1 杂谷脑流域各子流域的植被分布特征

杂谷脑流域的主导植被类型为高山草甸和亚高山常绿针叶林，两者的比例之和约占流域总面积的 80%。流域植被的分布具有严格的垂直地带性，从上到下依次为高山草甸、灌丛、常绿针叶林、针阔叶混交林和阔叶林（图 7.18）。基于 7.3.6 的流域划分方案可以得到每个子流域的植被类型比例，同时基于其主导植被类型，将这些子流域划分为三类：高山草甸主导的流域、常绿针叶林主导的流域和混交林主导植被类型的流域。其中高山草甸主导的子流域包括 1、2、4、6、7、9、13、14、16、20；常绿针叶林主导的子流域包括 3、5、8、10、15、17，子流域 3 的常绿针叶林比例占 91%；混交林主导植被类型的子流域包括 11、12、18、19、21、22。每个子流域植被类型的比例如表 7.10 所示。

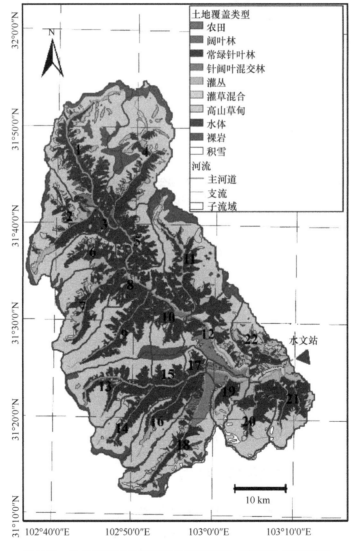

图 7.18 杂谷脑流域各子流域的植被类型（彩图见文后图版）

表 7.10　各子流域的各植被类型的面积比例

子流域	地形特征			植被组成			主导植被类型
	面积（km^2）	坡度（°）	平均海拔（m）	针叶林覆盖率	森林覆盖率	高山草甸覆盖率	
3	20.0	51.5	4077	0.91	0.99	0.00	
5	89.2	56.4	3838	0.54	0.65	0.33	常绿针叶林
8	49.8	59.4	3924	0.61	0.81	0.19	（森林覆盖率
10	84.4	63.2	3948	0.50	0.75	0.25	≥0.5 且针叶
15	47.6	76.5	3355	0.50	0.64	0.36	林>0.5）
17	25.6	68.8	3647	0.60	0.68	0.32	
11	195.9	58.4	4010	0.28	0.53	0.42	
12	127.9	69.3	3322	0.28	0.6	0.38	混交林
18	171.2	65.9	3937	0.18	0.5	0.44	（森林覆盖率
19	59.6	71.6	3866	0.24	0.76	0.23	≥0.5 且针叶
21	112.5	66.7	4017	0.39	0.58	0.34	林<0.5）
22	66.0	59.1	3543	0.22	0.48	0.43	
1	251.5	49.4	4004	0.27	0.48	0.51	
2	146.2	54.9	3995	0.25	0.47	0.50	
4	221.7	58.9	3371	0.21	0.41	0.55	
6	82.5	59.3	3672	0.33	0.52	0.49	
7	132.7	61.3	3446	0.30	0.47	0.51	高山草甸
9	149.1	60.9	3628	0.37	0.43	0.57	（高山草甸覆
13	139.8	73.6	3348	0.32	0.43	0.55	盖率≥0.5）
14	87.9	69.6	3998	0.33	0.45	0.51	
16	81.2	70.6	3348	0.36	0.51	0.50	
20	96.9	66.6	4016	0.29	0.43	0.54	

7.3.8.2　杂谷脑流域水文过程的空间分布特征

从流域的降水格局看，流域年均降水量为 896～1073 mm，并且具有明显的空间分布特征，年均降水量由南向北逐渐减少（图 7.19）。其中子流域 1、3、8 的年均降水量均小于 940 mm，属于降水相对较少的区域；流域 14、16、18、20 的年均降水量均在 1030 mm 以上，降水充沛。总体上流域年降水量在 900 mm 以上，属于降水充足地区。

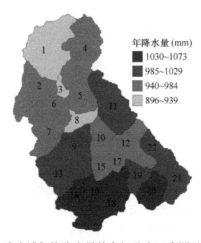

图 7.19　杂谷脑流域年均降水量的空间分布（彩图见封底二维码）

由图 7.20 可见，流域年蒸散量具有明显的垂直分布特征，处于高海拔的子流域蒸散量较低；相反，处于低海拔的河道下游子流域具有较高的年蒸散量，这与气温和植被类型具有一致的空间分布特征。这是由于高海拔地区的主要植被类型为高山草甸，气温较低，潜在蒸散量较小，因此实际蒸散量较小。由图 7.20 可见，流域的年均蒸散量为 367～542 mm，年均蒸散量大于 500 mm 的子流域分别为子流域 3、8、12、17、19，这些子流域以常绿针叶林和混交林为主，这与 Jiang 等（2004）模拟的森林分布区域实际蒸散值（480～520 mm）的结果一致；高山草甸主导的子流域一般处于高海拔地区，年均蒸散量较低，如子流域 1、4、14、16、18 等，这些子流域的年均蒸散量均在 411 mm 以下。另外，从图 7.21 可见，杂谷脑流域的干旱指数较小（PET/P < 0.6），类似 Zhang 等（2008b）得到的整个岷江流域 1992～2002 年的干旱指数（0.28～0.48）。因此可知流域属于能量限制的区域，流域蒸散量主要受太阳辐射和风速等气候条件的限制。

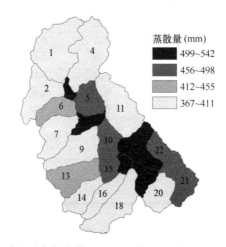

图 7.20　杂谷脑流域年均蒸散（ET）的空间分布（彩图见封底二维码）

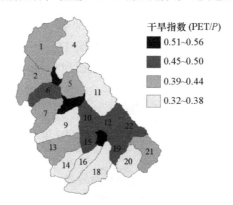

图 7.21　杂谷脑流域干旱指数（PET/P）的空间分布（彩图见封底二维码）

流域年均径流量的空间分布特征类似于蒸散，但是与蒸散存在相反的变化特征。在蒸散比较高的常绿针叶林主导的子流域，年均径流量较低（图 7.22），这与 Liu 等（2006）基于同位素测定的黑水流域的产流和植被之间存在一致的关系，即常绿比例越高径流量越小，反之高山草甸比例越高径流量越大。以子流域 3、8、12、17 径流量最低，年均径流量均小于 470 mm（小于年降水量的 50%），子流域 3 的径流量最低，年径流量最低仅有 409 mm（占降水量的 44%），这主要是因为该流域常绿针叶林的比例占流域总面积的 91%，大量的水分用于植被蒸腾。同时产流高的子流域也具有较高的径流系数，以子流域 16 和 18 的径流量最高，年径流量分别为 750 mm 和 746 mm，年径流量约占年降水量的 75%（图 7.23）。这两个子流域具有充沛的降水，同时处于高海拔、以高山草甸为主的植被类型区，蒸散量较低，因此绝大多数的降水以径流的形式流到河道中。

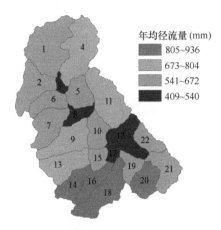

图 7.22　杂谷脑流域年均径流量的空间分布（彩图见封底二维码）

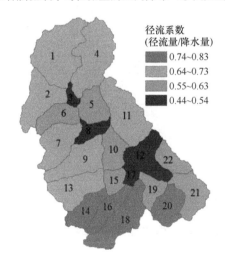

图 7.23　杂谷脑流域径流系数的空间分布（彩图见封底二维码）

7.3.8.3　杂谷脑流域碳循环过程的空间分布特征

模型模拟的碳通量包括总生态系统生产力（GEP）和净生态系统碳交换量（NEE），作为蒸散（ET）的函数，两者与 ET 具有一致的空间分布特征（图 7.24，图 7.25），即常绿针叶林和混交林主导的流域具有较高的生产力，这些流域的 GEP 为 637～1066 g C/（m²·a），NEE 为 −239～−76 g C/（m²·a），其中以常绿针叶林主导的子流域固碳能力最大，如子流域 3 的 GEP 为 1066 g C/（m²·a），NEE 为 −239 g C/（m²·a）。尽管子流域 16 和 18 具有充足的降水（年降水量 ＞1030 mm），但是两个子流域的海拔均在 4000 m 以上，而且这两个子流域的主导植被类型均为高山草甸，因此有>70%的水分转换为地表径流流出，表现出低固碳能力。子流域 16、18 的 GEP 和 NEE 分别为 704 g C/（m²·a）、670 g C/（m²·a）和−87 g C/（m²·a）、−76 g C/（m²·a）。

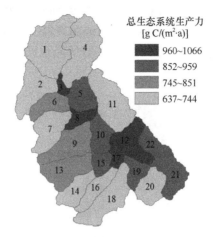

图 7.24　杂谷脑流域年均总生态系统生产力的空间分布（彩图见封底二维码）

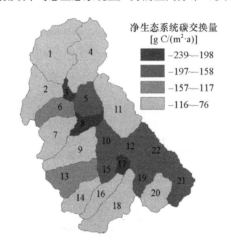

图 7.25　杂谷脑流域年均净生态系统碳交换量的空间分布（彩图见封底二维码）

7.3.8.4　杂谷脑流域水文过程的季节变化特征

在季节尺度上，杂谷脑流域的水文通量具有明显的季节变异性（图 7.26）。其中夏季（6～8 月）由于受降水和高温的影响，该流域具有较高的蒸散量和径流量，整个夏季的蒸散量可达 216 mm，占全年总蒸散量的 50%；径流量可达 360 mm，占全年径流量的51%。冬季主要受北方寒冷气候的影响，整个流域被积雪覆盖，此时流域的蒸散量最低，仅有 21 mm，然而冬季的产流有 45 mm，两者之和是流域冬季降水量的 2 倍以上（降水量为 27 mm），可见该流域冬季仍然存在较大的地下水补给径流、融雪产生的径流和雪面蒸发。空间分布上各个季节的水文要素分布具有相同的变化特征，即海拔较低、常绿针叶林或混交林主导的流域具有较高的蒸散量、较低的径流量；海拔较高、温度较低、高山草甸主导的区域具有较低的蒸散量、较高的径流量（图 7.27）。

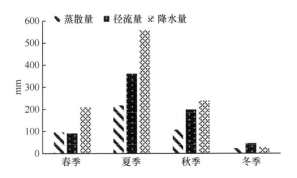

图 7.26　杂谷脑流域不同水文要素的季节动态

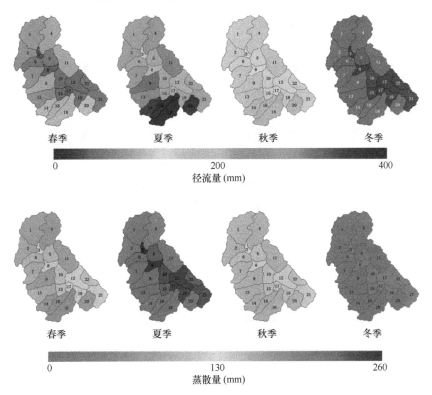

图 7.27　杂谷脑流域不同水文要素季节动态的空间分布（彩图见封底二维码）

7.3.8.5　杂谷脑流域碳循环过程的季节变化特征

在季节尺度上，杂谷脑流域的碳循环通量也表现出明显的季节变异性（图 7.28）。其中夏季（6～8 月）流域植被旺盛生长，整个夏季的 GEP 可达 435 g C/m^2，占全年总 GEP 的 53%；NEE 可达−102 g C/m^2，占全年总 NEE 的 86%。可见尽管其他季节植被仍在生长，但是有更多的有机物被呼吸消耗。冬季主要受北方寒冷气候的影响，整个流域处于积雪覆盖的区域，此时流域植被基本停止生长，但是仍有少量的呼吸消耗。各个季节碳循环通量的空间分布具有相同的变化特征，即海拔较低，常绿针叶林或者混交林主导的流域具有较高的生产力、较高的固碳量，相反海拔较高、温度较低，高山草甸主导的区域具有较低的生产力、较低的固碳量（图 7.29）。

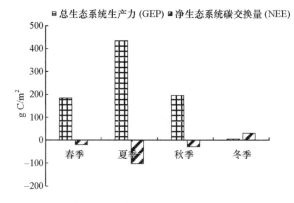

图 7.28　杂谷脑流域碳循环过程（GEP、NEE）的季节动态

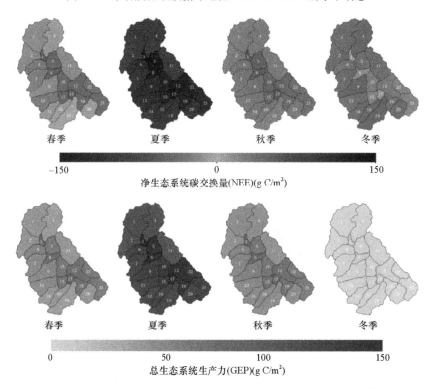

图 7.29　杂谷脑流域碳循环过程（NEE、GEP）季节动态的空间分布（彩图见封底二维码）

7.3.8.6　杂谷脑流域不同主导植被类型的土壤水分蓄变量（ΔS）的变化趋势

本研究对 22 个子流域的分类统计的结果表明，针叶林主导和混交林流域径流量明显低于草甸流域，这说明无论在哪个季节，森林覆盖率高的植被类型径流量明显小于草甸主导的类型，但同时在森林主导的流域内，针叶林覆盖率高的流域径流量小于那些针阔叶混交林的类型（图 7.30a）。由于径流量仅是森林植被水源涵养功能的一个指标，据此还不能完全判断森林对水源的涵养功能不及草甸。我们采用研究期间 25 年土壤水分蓄变量（$\Delta S = P-\text{ET}-Q$）的平均值来分析，不同植被类型将降水转化为土壤水分储存并实现消洪补枯的能力。结果表明，在生长季，针叶林和混交林ΔS 明显高于高山草甸，

而非生长季没有明显差异（图 7.30b）。

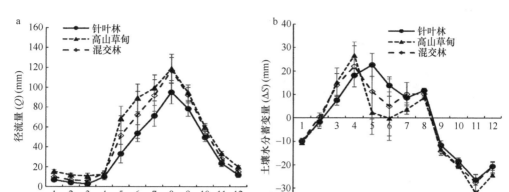

图 7.30 杂谷脑流域不同水量平衡要素的季节动态

进一步分析森林覆盖率与生长季（5～10 月）土壤含水量之间的关系后发现，尽管森林覆盖率高的类型土壤水分蓄变量（ΔS）高于其他两个类型，但其土壤含水量的绝对值（SWC）仍然低于其他两个类型，且随着森林覆盖率的升高，生长季土壤含水量呈现显著的线性下降趋势（图 7.31a）。基于 25 年的平均ΔS来显示每个子流域的总体水量平衡状态，发现针叶林主导的流域为−5 mm，混交林为−18 mm，两者虽然略有亏缺但基本维持平衡状态，而高山草甸出现较为严重的水分失衡（−44 mm）（图 7.31b）。

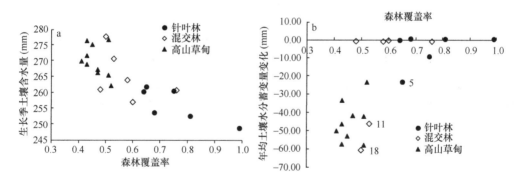

图 7.31 土壤含水量、土壤水分蓄变量与森林覆盖率之间的关系（孙鹏森等，2016）

7.3.8.7 杂谷脑流域径流量与净生态系统生产力的关系

为了定量探讨流域产水与固碳的权衡关系，以生态系统的径流量（Q，即蓝水）和净生态系统生产力（net ecosystem productivity，NEP）作为其服务功能的重要标准，本研究采用这两个指标进行衡量。我们采用生长季（4～10 月）时间序列进行统计，这样可以排除因落叶树种或者草本在非生长季的变化因素，以便不同主导类型之间进行比较研究。研究发现，在研究的区间（1982～2008 年），各流域的径流输出总体呈现显著的下降趋势，其中高山草甸主导的流域显著度高于针叶林主导的流域，3 类主导植被类型的流域模拟结果基本一致，且总体模拟结果基本符合杂谷脑水文站的实测水文数据。NEP 的变化方向恰好与流域径流的变化趋势相反，呈现上升趋势，其中针叶林和混交林主导的植被类型上升趋势不显著（$P > 0.1$），而高山草甸主导的类型上升趋势显著（$P<0.05$）（图 7.32）。

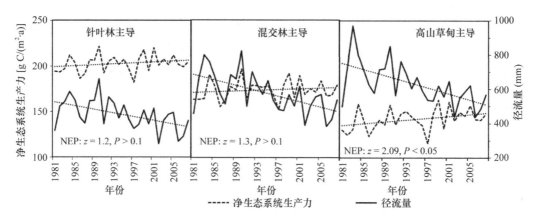

图 7.32　不同植被类型主导的流域生长季平均径流量与净生态系统生产力的变化趋势检验（Spearman's rho）（孙鹏森等，2016）

　　下面利用流域尺度的生态系统水分利用效率（WUE = GEP/ET）来评价流域的水、碳平衡关系。如图 7.33 所示，杂谷脑流域的生态系统水分利用效率为 1.6～2.0 g C/kg H₂O，其中以常绿针叶林为主的子流域 3、5、17 具有相对较高的水分利用效率；高山草甸主导的子流域 9 具有较高的水分利用效率；无主导植被类型的子流域 12 也具有较高的水分利用效率。这是因为这些子流域具有较高的蒸散潜力，同时还具有较高生产力的植被类型，如子流域 3 的水分利用效率达到 2.0 g C/kg H₂O，这与 Law 等（2002）基于通量数据导出的常绿针叶林生态系统的水分利用效率（2.4 g C/kg H₂O）的结论相一致。尽管子流域 9 的主导植被类型为高山草甸，但是其平均海拔仅为 3300 m，该子流域具有较高的年积温，因此植被的生产力相对较高，从而具有较高的固碳能力。与此相反，子流域 11 和 18 由于处于高海拔地区，温度较低，主导植被类型高山草甸的生产力较低，尽管有充足的降水，但是生态系统的水分利用效率并不高。

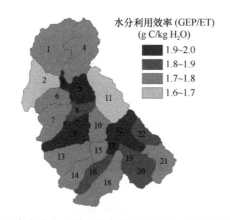

图 7.33　杂谷脑流域水分利用效率的空间分布（彩图见封底二维码）

　　另外，对 22 个不同植被组成类型子流域的多年平均径流量（Q）与净生态系统生产力（NEP）进行回归分析，发现两者存在显著的负相关关系（NEP=−0.4 Q +365，R^2=0.84，P< 0.001）（图 7.34），即两者存在显著的权衡关系。通过分析各植被类型在总体拟合回归线上的分布，我们发现以下 3 个规律：①不同主导植被类型的子流域具有明显的分界，高山草甸主导的子流域具有较高的径流量，而固碳能力较低，这些子流域一般径流量为600～800 mm，固碳能力为 50～120 g C/（m²·a）。与此相反常，常绿针叶林主导的流域具有较低的径流量，拥有较高的固碳能力，径流量为 350～550 mm，固碳能力为 120～250 g C/（m²·a）。没有主导植被类型混交林的流域分布在两者之间，具有中等的径流量和固碳能力。②无主导植被类型的混交林子流域具有较高的水、碳转换效率（拟合方程的斜率为 0.56），而高山草甸主导的子流域的水、碳转换效率较低（拟合方程的斜率为0.12）（图 7.34），针叶林的水、碳转换效率居中，约为 0.41。③在针叶林和混交林类型中，森林覆盖率决定不同植被组成的子流域在回归拟合线上的位置。森林覆盖率高的流域位于水、碳平衡线的左侧，即高碳固定，低径流量；而森林覆盖率低的流域位于水、碳平衡线的右侧，即高径流量，低碳固定（图 7.34）。

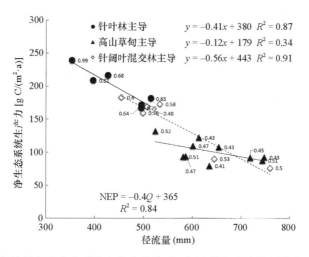

图 7.34　各子流域的径流量与净生态系统生产力的关系（图中数据为森林覆盖率）（孙鹏森等，2016）

7.3.9　杂谷脑流域水碳平衡的评价

7.3.9.1　森林的水源涵养功能不足以弥补高蒸散带来的水分损失

关于森林植被对水文的影响已经争论了一个多世纪，迄今为止，比较一致的观点认为，森林采伐或者面积的减少将增加流域径流（Bosch and Hewlett，1982；Andréassian，2004）。但在我国长江流域早期的观点认为：流域径流量随森林覆盖率的减少而减少（马雪华，1987；程根伟，1993）。石培礼和李文华（2001）也认为，除长江中上游外，森林砍伐会降低植被层的蒸散，增加河川径流。

长江中上游区域与世界上大多数区域真的会有区别吗？本研究表明，在生长季，森林调节土壤水分的功能高于高山草甸，原因是森林具有良好的截留降雨的能力，同时林下土壤发育较好，含蓄水源的功能得以发挥。同时，本研究还发现了重要的时间节点：4 月中旬和 8 月中旬，ΔS 发生了明显的变化。4 月中旬的迅速降低与融雪径流有关，而

8 月中旬的快速降低与雨季结束有关，而此时森林植被生长仍很茂盛，因而土壤水分大量消耗。而 11 月到翌年 4 月各类型 ΔS 不断上升，主要与积雪效应有关，这部分水分由于没有发生转移，模型运算过程中仍被视作土壤储存的水分（图 7.31b）。

蒸散的模拟结果与 Jiang 等（2004）及 Zhang 等（2008b）模拟的森林分布区域实际蒸散值为 480～520 mm 的结果基本吻合；高山草甸主导的子流域一般处于高海拔地区，年均蒸散量较低，如子流域 1、4、14、16、18 等，这些子流域的年均蒸散量均在 400 mm 以下。另外，总体上讲，杂谷脑流域的干旱指数较小（PET/P < 0.6），因此可知该流域蒸散属于能量限制的区域，流域蒸散量主要受太阳辐射、气温和风速等能量输入的条件限制（Budyko，1974）。土壤平均含水量（SWC）是衡量年际水量平衡的重要指标，我们的研究结果是针叶林<混交林<高山草甸，由此可以推断，尽管森林尤其是针叶林在增加土壤水分入渗方面具有一定的作用，但其不足以补偿其水分消耗（高蒸散）所带来的土壤失水，换言之，森林的土壤含水量随着覆盖率的升高而降低，比其他类型，森林总体上仍然是高耗水的。

但是，森林维持水文系统的稳定性高于高山草甸。综合 1982～2008 年的平均土壤水分蓄变量（ΔS）值，我们发现该区域不同植被类型土壤水分平衡的变化趋势，该区域约一半的流域均处于水分减少的状态，其中高山草甸的流域减少最为显著。针叶林、混交林大部分类型基本维持平衡，略有水分亏缺。这一结果与其产水能力的分析并不矛盾，这反而说明，处于较高海拔区域的植被类型并不稳定，很有可能是增温显著的直接结果，也有可能是高海拔的植被活动强度增加，物候期延长，使蒸散升高显著，从而打破原来的平衡状态（Sun et al.，2008），另外，有研究表明，川西地区季节性积雪和融雪也在减少（刘巧等，2011）。这些原因最终会导致流域水资源供给减少，从长远来看，其下游的针叶林生长也会受到影响。另外森林子流域 5、11、18 也明显发生土壤水分亏缺，虽然这几个流域总体的森林覆盖率高于 50%，但是其针叶林比率较低，树种多为次生阔叶林或者郁闭灌木，草甸的比例均高达 40% 左右，所以土壤水分状况出现类似草甸的特征。

7.3.9.2 生态系统的水碳平衡

流域的管理需要综合考虑不同植被类型的综合效益，制定合理的经营管理措施，因而需要进行量化分析。水、碳效益之间的权衡可以辅助确定森林固碳和产水目标。从不同主导植被类型净生态系统生产力（NEP）和径流量（Q）之间的关系（图 7.34）及变化趋势（图 7.32）可以看出，这两个指标之间存在此消彼长的权衡关系。水、碳平衡本质上是生态系统自身特征导致的蓝水（Q）和绿水（ET）之间的分配关系，即生态系统维持生产力与径流量平衡的状态。图 7.34 中总体拟合线的斜率体现出不同流域的特点，包含植被组成特征、温度、降水等自然条件，也可能与植被的水分利用效率和蒸散的限制机制有关，如水分限制或能量限制的改变（McVicar et al.，2012），尚待进一步研究。在一个流域中，不同植被类型的水分利用效率混合在一起，形成流域整体的水分利用效率，从而决定着生态系统的水分是用于形成生产力还是输出为径流量，这是水、碳效益权衡关系的生态学机制。通过调整各植被类型的组成和比例可以实现水、碳平衡拟合线的重心转移，获得相应的目标效益。例如，流域森林的面积增加或覆盖率增加，其拟合线重心会向左侧移动，区域整体会增大固碳效益，减少径流量；反之则增加径流量，减少固碳（图 7.34）。

区域植被结构调整方向应该根据区域的总体水分承载力进行总体平衡后决定，调整的强度可参考年水分蓄变量（ΔS），使其总体维持稳定，不可盲目偏重单一效益。以杂谷脑流域为例，通过以上二者的相关分析我们看出，高山草甸主要分布于高海拔地区，本身固碳能力较低，并且水分利用效率低，因此产生相同产量的碳必然消耗更多的水分。尽管常绿针叶林主导的子流域具有较高的固碳能力，但是其造成的径流减少量也很高，水、碳之间的转换效率并不高。近期欧洲的研究结果发现，混交林在养分利用、水分利用以及光能利用方面均高于纯林，在应对气候变化方面具有优势（Forrester，2014，2015）。从拟合线的斜率来看，混交林类型具有稍高于针叶林的水、碳转换效率。但是由于目前该混交林类型在流域的总体森林覆盖率并不高，因此不是主导整个杂谷脑流域的水、碳耦合特征。

从图 7.34 的拟合关系线上不同子流域的分布位置来看，当前不同植被组成的流域基本上均匀分布，没有发生重心偏移，从而使流域整体的水碳关系维持在大致平衡的状态。区域整体的拟合线斜率和针叶林主导的植被类型的拟合曲线的斜率比较接近，说明该区域植被特征仍然维持以亚高山暗针叶林为主体。但是，随着区域性增温等因素的影响，高山草甸主导的类型短期内覆盖率、植被指数以及生产力提高显著（Sun et al.，2008），草甸类型的流域在水、碳平衡线上整体向左侧移动，势必会增加对水分的需求。本研究也发现该类型流域径流量显著降低而生产力显著上升的状况，但同时其土壤水分蓄变量（ΔS）多年平均值为负值，说明这种趋势是温度升高造成的短期效应，具有不可持续性，如果水分减少的趋势不改变，未来将可能出现季节性土壤干化现象，从而影响整个流域上下游植被的水分供应。现在已经发现部分造林地人工云杉林有枯梢现象，因此不应大力发展高密度的人工纯林，应依据自然条件，适当增加混交林的比例。可以在低海拔区域进行植被恢复时，将已有的人工云杉林地进行疏伐，充分权衡其水分需求和水量平衡状况，以提高水分利用效率，实现水、碳双赢。

7.4　本研究小结

通过改进气温<−1℃时模型的蒸散、融雪计算方法和设计模型应用方案，模型的适用性和实用性得到极大提高，体表现在：模型可以更好地模拟具有长时间积雪覆盖的区域；本研究开发的输入数据处理工具、模型率定和验证模块、模型结果显示工具，使模型应用所需时间大幅缩短。

本研究通过构建不同面积阈值的流域划分方案，探讨了生态水文模型 WaSSI-C 响应单元对空间尺度的依赖性。研究发现：模型响应单元空间尺度的变化对模型的模拟效果存在显著影响，WaSSI-C 模型具有高度的尺度依赖性，其模拟尺度的研究具有重要的应用价值。基于模型验证的散点图和两个评价指标值可以确定，WaSSI-C 模型响应单元的划分面积阈值为 85 km^2，此时水、碳循环变量验证的决定系数和效率系数均达到最大值。

在确定模型空间响应尺度的基础上，在杂谷脑上游流域应用 WaSSI-C 模型发现，WaSSI-C 模型对研究区域水、碳循环过程（ET、GEP、RUNOFF）的模拟效果都很好，模型的两个评价指标 R^2（>0.8）和 NS（>0.7）均处于理想区间。尽管模型的模拟值与验证数据之间存在一定差异，但考虑到数据（输入数据和验证数据）本身可能存在的误差和模型本身的不确定性，可以认为 WaSSI-C 模型在研究区域内具有较好的适用性。模型的模拟结果可以很好地反映研究区域不同尺度上水、碳循环过程的时空变化特征。WaSSI-C 模型作为区域水、碳资源管理和水、碳平衡评价的工具具有较高的可靠性。

杂谷脑流域水、碳循环过程具有明显的时空变异性，并且其空间分布与植被类型和海拔具有较强的相关性。主要表现在：以高山草甸为主的高海拔区域，具有高径流量、低蒸散量和低固碳能力；相反，以常绿针叶林和混交林植被类型为主的低海拔区域，具有高蒸散量、高固碳能力和低径流量。

不同植被类型相比，针叶林在生长季增加土壤水分入渗方面具有一定的作用，但不足以补偿其水分消耗所带来的土壤含水量降低，从而低于高山草甸和混交林类型的作用。而且，仅对森林而言，土壤含水量随着覆盖率的升高而逐渐降低，森林的耗水是显著的。

通过分析 1982~2008 年的土壤水分蓄变量（ΔS），我们发现了该区域不同植被类型土壤水分平衡的变化趋势，该区域约一半的流域处于水分减少的状态，其中高山草甸流域减少最为显著。针叶林、混交林大部分类型基本维持平衡。这说明从趋势上看，高山草甸流域的产水能力在下降，一方面可能由于本身受增温的影响而生产力增加，另一方面季节性积雪和融雪也在减少，最终会对流域水资源供给以及其下游的针叶林产生长远影响。

3 种植被类型的 NEP 在研究期间均呈现上升趋势，且高山草甸的趋势显著。流域径流量（Q）和固碳（净生态系统生产力，NEP）存在显著的负相关性，水、碳之间存在定量的交易和转换关系，固碳则必然以耗水为代价，区域性的水、碳平衡拟合线是进行水、碳关系调整的依据。从经营管理的角度讲，调整森林覆盖率或者植被类型组成均可以实现水、碳效益的转移。在西南地区低海拔区域进行植被恢复时，应充分权衡其水分需求和水量平衡状况，以提高水分利用效率，实现水、碳双赢。

主要参考文献

包为民. 1995. 小流域水沙耦合模拟概念模型. 地理研究, 14(2): 27-34.

包维楷, 王春明. 2000. 岷江上游山地生态系统的退化机制. 山地学报, 18(1): 57-62.

陈腊娇, 朱阿兴, 秦承志, 等. 2011. 流域生态水文模型研究进展. 地理科学进展, 30(5): 535-544.

程根伟. 1993. 从森林水文作用看长江上游防护林工程. 成都: 中国科学院·水利部成都山地灾害与环境研究所博士学位论文.

崔泰昌, 陆建华. 2000. 试论蓄满产流模型与超渗产流模型. 山西水利科技, (3): 13-15.

高志海, 李增元, 丁国栋, 等. 2005. 基于植被降水利用效率的荒漠化遥感评价方法. 中国水土保持科学, 3(2): 37-41.

顾峰雪, 陶波, 温学发, 等. 2010. 基于 CEVSA2 模型的亚热带人工针叶林长期碳通量及碳储量模拟. 生态学报, 30(23): 6598-6605.

郭维华, 李思恩. 2010. 西北旱区葡萄园水碳通量耦合的初步研究. 灌溉排水学报, 29(5): 61-63.

郭永明, 汤宗祥. 1995. 岷江上游水土流失及其防治. 山地研究, 13(4): 267-272.

郝芳华, 张雪松, 程红光, 等. 2003. 分布式水文模型亚流域合理划分水平刍议. 水土保持学报, 17(4):

75-78.

胡中民, 于贵瑞, 王秋凤, 等. 2009. 生态系统水分利用效率研究进展. 生态学报, 29(3): 1498-1507.

李崇巍, 刘世荣, 孙鹏森, 等. 2005. 岷江上游景观格局及生态水文特征分析. 生态学报, 25(4): 691-698.

李机密, 黄儒珠, 王健, 等. 2008. 陆生植物水分利用效率. 生态学杂志, 8: 37.

刘建梅, 王安志, 裴铁璠, 等. 2005. 杂谷脑河径流趋势及周期变化特征的小波分析. 北京林业大学学报, 27(4): 49-55.

刘丽娟, 咎国盛, 葛建平. 2004. 岷江上游典型流域植被水文效应模拟. 北京林业大学学报, 26(6): 19-24.

刘敏, 何洪林, 于贵瑞, 等. 2010. 数据处理方法不确定性对 CO_2 通量组分估算的影响. 应用生态学报, 21(9): 2389-2396.

刘巧, 刘时银, 张勇, 等. 2011. 嘎山海螺沟冰川消融区表面消融特征及近期变化. 冰川冻土, 33: 228-236.

刘钰, 彭致功. 2009. 区域蒸散发监测与估算方法研究综述. 中国水利水电科学研究院学报, 7(2): 96-104.

刘志红, Lingtao L, Tim R. 2008. 专用气候数据空间插值软件 ANUSPLIN 及其应用. 气象, 34(2): 92-100.

马雪华. 1987. 四川米亚罗地区高山冷杉林水文作用的研究. 林业科学, 23(3): 253-265.

孟庆伟, 高辉远. 2011. 植物生理学. 北京: 中国农业出版社.

齐清, 王天明, 寇晓军, 等. 2009. 泾河流域植被覆盖时空演变及其与降水的关系. 植物生态学报, 33(2): 246-253.

钱永兰, 吕厚荃, 张艳红. 2010. 基于 ANUSPLIN 软件的逐日气象要素插值方法应用与评估. 气象与环境学报, 26(2): 7-15.

任传友, 于贵瑞, 王秋凤, 等. 2004. 冠层尺度的生态系统光合-蒸腾耦合模型研究. 中国科学: 地球科学, 34(2): 141-151.

石培礼, 李文华. 2001. 森林植被变化对水文过程和径流的影响效应. 自然资源学报, 16(5): 481-487.

宋霞, 于贵瑞, 刘允芬, 等. 2006. 亚热带人工林水分利用效率的季节变化及其环境因子的影响. 中国科学: 地球科学, 36(s1): 111-118.

苏培玺, 赵爱芬, 张立新, 等. 2003. 荒漠植物梭梭和沙拐枣光合作用、蒸腾作用及水分利用效率特征. 西北植物学报, 23(1): 11-17.

孙鹏森, 刘宁, 刘世荣, 等. 2016. 川西亚高山流域水碳平衡研究. 植物生态学报, 40(10): 1037-1048.

田汉勤, 刘明亮, 张弛, 等. 2010. 全球变化与陆地系统综合集成模拟——新一代陆地生态系统动态模型 (DLEM). 地理学报, 65(9): 1027-1047.

王建林, 温学发, 孙晓敏, 等. 2009. 华北平原冬小麦生态系统齐穗期水 碳通量日变化的非对称响应. 华北农学报, 24(5): 159-163.

王鸣远, 杨素堂. 2008. 水文过程及其尺度响应. 生态学报, 28(3): 1219-1228.

王庆伟, 于大炮, 代力民. 2010. 全球气候变化下植物水分利用效率研究进展. 应用生态学报, 21(12): 3255-3265.

王秋凤, 牛栋, 于贵瑞, 等. 2004. 长白山森林生态系统 CO_2 和水热通量的模拟研究. 中国科学: 地球科学, 34(s2): 131-140.

王盛萍, 张志强, 孙阁, 等. 2008. 基于物理过程分布式流域水文模型尺度依赖性. 水文, 28(6): 1-7.

武夏宁, 胡铁松, 王修贵, 等. 2006. 区域蒸散估算测定方法综述. 农业工程学报, 22(10): 257-262.

严登华, 王浩, 杨舒媛, 等. 2008. 干旱区流域生态水文耦合模拟与调控的若干思考. 地球科学进展, 23(7): 773-778.

叶延琼, 陈国阶, 樊宏. 2002. 岷江上游脆弱生态环境刍论. 长江流域资源与环境, 11(4): 383-387.

易永红, 杨大文, 刘钰, 等. 2008. 区域蒸散遥感模型研究的进展. 水利学报, 39(9): 1118-1124.

于贵瑞, 伏玉玲, 孙晓敏, 等. 2006. 中国陆地生态系统通量观测研究网络 (ChinaFLUX) 的研究进展及其发展思路. 中国科学: 地球科学, 36(A01): 1-21.

于贵瑞, 王秋凤, 朱先进. 2011. 区域尺度陆地生态系统碳收支评估方法及其不确定性. 地理科学进展, 30(1): 103-113.

俞鑫颖, 刘新仁. 2002. 分布式冰雪融水雨水混合水文模型. 河海大学学报: 自然科学版, 30(5): 23-27.

张雪松, 郝芳华, 程红光, 等. 2004. 亚流域划分对分布式水文模型模拟结果的影响. 水利学报, 7(7): 1-7.

张永强, 沈彦俊, 刘昌明, 等. 2002. 华北平原典型农田水、热与 CO 通量的测定. 地理学报, 57(3): 333-342.

张远东, 刘世荣, 顾峰雪. 2011. 西南亚高山森林植被变化对流域产水量的影响. 生态学报, 31(24): 7601-7608.

张远东, 刘世荣, 罗传文, 等. 2009. 川西亚高山林区不同土地利用与土地覆盖的地被物及土壤持水特征. 生态学报, 29(2): 627-635.

赵风华, 于贵瑞. 2008. 陆地生态系统碳-水耦合机制初探. 地理科学进展, 27(1): 32-38.

周广胜, 郑元润, 陈四清, 等. 1998. 自然植被净第一性生产力模型及其应用. 林业科学, 34(5): 2-11.

朱鹏飞, 李德融. 1989. 四川森林土壤. 成都: 四川科学技术出版社.

朱治, 林一, 孙晓敏, 等. 2004. 作物群体 CO_2 通量和水分利用效率的快速测定. 应用生态学报, 15(9): 1684-1686.

Ainsworth E A, Rogers A. 2007. The response of photosynthesis and stomatal conductance to rising [CO_2]: Mechanisms and environmental interactions. Plant Cell and Environment, 30: 258-270.

Anderson R M, Koren V I, Reed S M. 2006. Using SSURGO data to improve Sacramento Model a priori parameter estimates. Journal of Hydrology, 320(1-2): 103-116.

Andréassian V. 2004. Waters and forests: from historical controversy to scientific debate. Journal of Hydrology, 291(1-2): 1-27.

Baldocchi D, Falge E, Gu L, et al. 2001. FLUXNET: A new tool to study the temporal and spatial variability of ecosystem-scale carbon dioxide, water vapor, and energy flux densities. Bulletin of the American Meteorological Society, 82(11): 2415-2434.

Ball J. 1987. A model predicting stomatal conductance and its contribution to the control of photosynthesis under different environmental conditions. Prog Photosynthesis Res Proc Int, 4(4): 221-224.

Bates D M, Lindstrom M J, Wahba G, et al. 1987. GVCPACK—routines for generalized cross validation. Communications in Statistics-simulation and Computation, 16(1): 263-297.

Bates D M, Wahba G. 1982. Computational methods for generalized cross-validation with large data sets. In: Baker C T H, Miller G F. Treatment of Integral Equations by Numerical Methods. New York: Academic Press: 283-296.

Beer C, Reichstein M, Tomelleri E, et al. 2010. Terrestrial gross carbon dioxide uptake: global distribution and covariation with climate. Science, 329(5993): 834-838.

Beer C, Reichstein M, Ciais P, et al. 2007. Mean annual GPP of Europe derived from its water balance. Geophysical Research Letters, 34(5): L05401.

Bosch J M, Hewlett J D. 1982. A review of catchment experiments to determine the effect of vegetation changes on water yield and evapotranspiration. Journal of Hydrology, 55(1-4): 3-23.

Budyko M I. 1974. Climate and Life. New York: Academic Press.

Cao M K, Woodward F I. 1998. Net primary and ecosystem production and carbon stocks of terrestrial ecosystems and their responses to climate change. Global Change Biology, 4(2): 185-198.

Cleugh H A, Leuning R, Mu Q, et al. 2007. Regional evaporation estimates from flux tower and MODIS satellite data. Remote Sensing of Environment, 106(3): 285-304.

Dalton J, Essay I I. 1802. On the force of steam or vapour from water and various other liquids, both in a vacuum and in air. Memoirs of the Literary and Philosophical Society of Manchester, 2nd, 5: 550-595.

Delire C, Foley J A. 1999. Evaluating the performance of a land surface/ecosystem model with biophysical measurements from contrasting environments. Journal of Geophysical Research-Atmospheres, 104(D14): 16895-16909.

Eldén L. 1984. A note on the computation of the generalized cross-validation function for ill-conditioned least squares problems. BIT Numerical Mathematics, 24(4): 467-472.

Falge E, Baldocchi D, Tenhunen J, et al. 2002. Seasonality of ecosystem respiration and gross primary production as derived from FLUXNET measurements. Agricultural and Forest Meteorology, 113(1): 53-74.

Farquhar G D, O'Leary M, Berry J. 1982. On the relationship between carbon isotope discrimination and the intercellular carbon dioxide concentration in leaves. Functional Plant Biology, 9(2): 121-137.

Fensholt R, Rasmussen K. 2011. Analysis of trends in the Sahelian 'rain-use efficiency' using GIMMS NDVI, RFE and GPCP rainfall data. Remote Sensing of Environment, 115(2): 438-451.

Foley J A, Levis S, Prentice I C, et al. 1998. Coupling dynamic models of climate and vegetation. Global Change Biology, 4(5): 561-579.

Foley J A, Prentice I C, Ramankutty N, et al. 1996. An integrated biosphere model of land surface processes, terrestrial carbon balance, and vegetation dynamics. Global Biogeochemical Cycles, 10(4): 603-628.

Forrester D I. 2014. The spatial and temporal dynamics of species interactions in mixed-487 species forests: from pattern to process. Forest Ecology and Management, 312: 282-292.

Forrester D I. 2015. Transpiration and water-use efficiency in mixed-species forests versus monocultures: effects of tree size, stand density and season. Tree Physiology, 35: 289-304.

Huang M T, Piao S L, Sun Y, et al. 2015. Change in terrestrial ecosystem water-use efficiency over the last three decades. Global Change Biology, 21(6): 2366-2378.

Hutchinson M F, de Hoog F R. 1985. Smoothing Noisy Data with Spline Functions. Numerische Mathematik, 47(1): 99-106.

Hutchinson M F, Xu T. 2013. ANUSPLIN version 4.4 user guide. Canberra: The Australian National University.

IPCC. 2007. Climate Change and Water: IPCC technical paper VI. World Health Organization.

IPCC. 2013. Observations: atmosphere and surface. *In*: Stocker T F, Qin D, Plattner G K, et al. Climate Change 2013 the Physical Science Basis: Working Group I Contribution to the Fifth Assessment Report of the Intergovernmental Panel on Climate Change. Cambridge: Cambridge University Press.

Jiang H, Liu S, Sun P, et al. 2004. The influence of vegetation type on the hydrological process at the landscape scale. Canadian Journal of Remote Sensing, 30(5): 743-763.

Keenan T F, Hollinger D Y, Bohrer G, et al. 2013. Increase in forest water-use efficiency as atmospheric carbon dioxide concentrations rise. Nature, 499(7458): 324-327.

Kucharik C J, Barford C C, El Maayar M, et al. 2006.A multiyear evaluation of a dynamic global vegetation model at three AmeriFlux forest sites: vegetation structure, phenology, soil temperature, and CO_2 and H_2O vapor exchange. Ecological Modelling, 196(1-2): 1-31.

Kucharik C J, Foley J A, Christine D, et al. 2000. Testing the performance of a dynamic global ecosystem model: water balance, carbon balance, and vegetation structure. Global Biogeochemical Cycles, 14: 795-825.

Law B, Falge E, Gu L V, et al. 2002. Environmental controls over carbon dioxide and water vapor exchange of terrestrial vegetation. Agricultural and Forest Meteorology, 113(1): 97-120.

Law B, Williams M, Anthoni P, et al. 2000. Measuring and modelling seasonal variation of carbon dioxide and water vapour exchange of a *Pinus ponderosa* forest subject to soil water deficit. Global Change Biology, 6(6): 613-630.

Le Houerou H N. 1984. Rain use efficiency: a unifying concept in arid-land ecology. Journal of Arid Environments, 7(3): 213-247.

Le Maitre D C, Versfeld D B. 1997. Forest evaporation models: relationships between stand growth and evaporation. Journal of Hydrology, 193(1-4): 240-257.

Liu J, Chen J M, Cihlar J, et al. 1997. A process-based boreal ecosystem productivity simulator using remote sensing inputs. Remote Sensing of Environment, 62(2): 158-175.

Liu Y B, Xiao J F, Ju W M, et al. 2015. Water use efficiency of China's terrestrial ecosystems and responses to drought. Scientific Reports, 5: 13799.

Liu Y, An S, Deng Z, et al. 2006. Effects of vegetation patterns on yields of the surface and subsurface waters in the Heishui Alpine Valley in west China. Hydrology and Earth System Sciences Discussions, 3(3): 1021-1043.

McCuen R H, Knight Z, Cutter A G. 2006. Evaluation of the Nash-Sutcliffe efficiency index. Journal of Hydrologic Engineering, 11(6): 597-602.

McVicar T R, Roderick M L, Donohue R J, et al. 2012. Less bluster ahead? Ecohydrological implications of global trends of terrestrial near-surface wind speeds. Ecohydrology, 5: 381-388.

Monteith J. 1965. Evaporation and environment. Symp Soc Exp Biol, 19(19): 205-234.

Mu Q, Heinsch F A, Zhao M, et al. 2007. Development of a global evapotranspiration algorithm based on MODIS and global meteorology data. Remote Sensing of Environment, 111(4): 519-536.

Mu Q, Zhao M, Running S W. 2011. Improvements to a MODIS global terrestrial evapotranspiration algorithm. Remote Sensing of Environment, 115(8): 1781-1800.

Niu S, Xing X, Zhang Z H E, et al. 2011. Water-use efficiency in response to climate change: from leaf to ecosystem in a temperate steppe. Global Change Biology, 17: 1073-1082.

Penman H L. 1948. Natural evaporation from open water, bare soil and grass. Proceedings of the Royal Society of London. Series A, Mathematical and Physical Sciences, 193(1032): 120-145.

Running S W, Coughlan J C. 1988. A general model of forest ecosystem processes for regional applications I. Hydrologic balance, canopy gas exchange and primary production processes. Ecological Modelling, 42(2): 125-154.

Shi X, Yu D, Xu S, et al. 2010. Cross-reference for relating genetic soil classification of China with WRB at different scales. Geoderma, 155(3): 344-350.

Sun G, Alstad K, Chen J, et al. 2011a. A general predictive model for estimating monthly ecosystem evapotranspiration. Ecohydrology, 4(2): 245-255.

Sun G, Caldwell P, Noormets A, et al. 2011b. Upscaling key ecosystem functions across the conterminous United States by a water-centric ecosystem model. Journal of Geophysical Research, 116: 1-16.

Sun P S, Liu S R, Jiang H, et al. 2008. Hydrologic effects of NDVI time series in a context of climatic variability in an Upstream Catchment of the Minjiang River. Journal of the American Water Resources Association, 44(5): 1132-1143.

Tague C L, Band L E. 2004. RHESSys: regional hydro-ecologic simulation system-an object-oriented approach to spatially distributed modeling of carbon, water, and nutrient cycling. Earth Interactions, 8(19): 1-42.

Tian H, Chen G, Liu M, et al. 2010. Model estimates of net primary productivity, evapotranspiration, and water use efficiency in the terrestrial ecosystems of the southern United States during 1895-2007. Forest Ecology and Management, 259(7): 1311-1327.

Turner D P, Ritts W D, Cohen W B, et al. 2006. Evaluation of MODIS NPP and GPP products across multiple biomes. Remote Sensing of Environment, 102(3): 282-292.

Wahba G. 1979. How to smooth curves and surfaces with splines and cross-validation. DTIC Document.

Wight J R, Black A L. 1979. Range fertilization: plant response and water use. Journal of Range Management, 32(5): 345-349.

Wolock D M. 1995. Effects of subbasin size on topographic characteristics and simulated flow paths in sleepers river watershed, Vermont. Water Resources Research, 31(8): 1989-1997.

Wood E F, Sivapalan M, Beven K, et al. 1988. Effects of spatial variability and scale with implications to hydrologic modeling. Journal of Hydrology, 102(1): 29-47.

Xiao J, Zhuang Q, Baldocchi D D, et al. 2008. Estimation of net ecosystem carbon exchange for the conterminous United States by combining MODIS and AmeriFlux data. Agricultural and Forest Meteorology, 148(11): 1827-1847.

Yang B, Pallardy S G, Meyers T P, et al. 2010. Environmental controls on water use efficiency during severe drought in an Ozark Forest in Missouri, USA. Global Change Biology, 16(8): 2252-2271.

Zhang K, Kimball J S, Mu Q Z, et al. 2009. Satellite based analysis of northern ET trends and associated changes in the regional water balance from 1983 to 2005. Journal of Hydrology, 379(1-2): 92-110.

Zhang K, Kimball J S, Nemani R R, et al. 2010. A continuous satellite‐derived global record of land surface evapotranspiration from 1983 to 2006. Water Resources Research, 46(9): 109-118.

Zhang L, Potter N, Hickel K, et al. 2008a. Water balance modeling over variable time scales based on the Budyko framework—model development and testing. Journal of Hydrology, 360(1-4): 117-131.

Zhang Y, Song C, Sun G, et al. 2016. Development of a coupled carbon and water model for estimating global gross primary productivity and evapotranspiration based on eddy flux and remote sensing data. Agricultural and Forest Meteorology, 223: 116-131.

Zhang Y, Yu Q, Jiang J, et al. 2008b. Calibration of Terra/MODIS gross primary production over an irrigated cropland on the North China Plain and an alpine meadow on the Tibetan Plateau. Global Change Biology, 14(4): 757-767.

Zhao M, Heinsch F A, Nemani R R, et al. 2005. Improvements of the MODIS terrestrial gross and net primary production global data set. Remote Sensing of Environment, 95(2): 164-176.

Zhao M, Running S W. 2010. Drought-induced reduction in global terrestrial net primary production from 2000 through 2009. Science, 329(5994): 940-943.

Zhu Q A, Jiang H, Peng C H, et al. 2011. Evaluating the effects of future climate change and elevated CO_2 on the water use efficiency in terrestrial ecosystems of China. Ecological Modelling, 222(14): 2414-2429.

Zhu Q, Jiang H, Liu J, et al. 2010. Evaluating the spatiotemporal variations of water budget across China over 1951-2006 using IBIS model. Hydrological Processes, 24(4): 429-445.

第8章 北温带森林生态水文过程的变化规律

在地球表面，太阳辐射随纬度不同而发生有规律的变化，导致地球表面热量由赤道向两级逐渐变少，因而产生地球表面的热量分带——热带、亚热带、温带和寒温带。热带分布在赤道附近及其两侧，是地球上最热的地带；亚热带分布在热带两侧的低纬度地区，南半球的亚热带称为南亚热带，北半球的亚热带称为北亚热带；温带分布在亚热带两侧、中纬度地区，南北半球各有一个温带，分别称为南温带和北温带；寒温带分布在高纬度地区，是地球上最寒冷的地带，位于南半球的寒带称为南寒带，位于北半球的寒带称为北寒带（图 8.1）。中国南北纬度跨度大，各地接受的太阳辐射热量不等。根据各地≥10℃积温大小的不同，中国自北向南有寒温带、中温带、暖温带、亚热带、热带等温度带，以及特殊的青藏高原气候区，各地的热量条件差异很大。

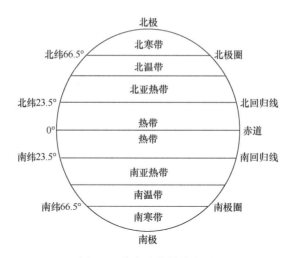

图 8.1 纬度地带性分布图

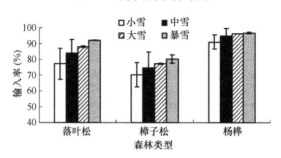

图 8.2 不同森林类型降雪强度与降雪输入率的关系

与热量带平行于纬线呈东西向分布且随着纬度的高低呈南北交替变化相对应，植被类型也沿着纬度方向呈带状有规律的更替。因气温和水分条件的差异，从赤道向极地依次出现热带雨林、亚热带常绿阔叶林、温带夏绿阔叶林、寒温带针叶林、寒带冻原和极地荒漠，称为植被分布的纬度地带性。在北温带，主要分布的森林类型为大面积的夏绿阔叶林、寒温带针叶林和针阔叶混交林。在我国，主要的森林类型有落叶阔叶林、红松阔叶混交林、兴安落叶松林等。在此我们主要探讨大、小兴安岭主要森林类型（红松阔叶混交林、白桦林、兴安落叶松林）的生态水文学变化规律。

8.1　森林生态系统对降水输入过程的影响

降水是指空气中的水汽冷凝并降落到地表的现象，它包括两部分：一部分是大气中的水汽直接在地面或地物表面及低空的凝结物（如霜、露、雾和雾凇），又称为水平降水；另一部分是从空中降落到地面上的水汽凝结物（如雨、雪、霰雹和雨凇等），又称为垂直降水。中国气象局的《地面气象观测规范》规定，降水量仅指垂直降水，水平降水（单纯的霜、露、雾和雾凇等）不作降水量处理，因此发生降水不一定有降水量，只有有效降水才有降水量。

大、小兴安岭地区属于温带大陆性季风气候区，冬季寒冷干燥，夏季高温多雨，年平均气温分别为-4.3℃和-0.3℃。大、小兴安岭地区有效降水的形式主要为降雨和降雪，且降水季节分布不均，降雨主要集中在每年的 7～8 月，积雪期约为半年。由于不同森林生态系统的特点各不相同，其对输入到生态系统内的降水的影响也各有特点，并且降雨和降雪输入到生态系统内的过程各有差异。

8.1.1　森林冠层对降水的再分配过程

林外大气降雨进入森林生态系统后，降落在森林的水量与空旷地相比显著不同。森林将降雨重新分配为穿透雨、树干径流和林冠截留三部分，即降雨首先为树木枝叶、树干所吸附和滞留，当表面张力与重力失去平衡，其中一部分受重力或风力影响从树上滴下，称为滴落；或沿树干流到地面，称为树干径流；还有一部分降雨直接穿过林冠间隙落到林地，称为穿透雨。滴落量、树干径流量、穿透雨量之和称为林内雨量，林冠上部或空旷地雨量称为林外雨量。林外雨量减去林内雨量为林冠截留量（包括降水期间的林冠蒸发量）。

林冠截留量的大小受林冠结构（冠层厚度、分枝角度、叶面积指数、叶倾角）和树种组成、年龄、密度等生态系统因素，以及降水强度、频度和降水量等多因素综合影响。不同的森林生态系统对降水输入过程的影响不同。已有研究表明，我国主要森林平均林冠截留率一般为 14.7%～31.8%（Wei et al.，2005），但在部分地区某些森林类型的林冠截留率会超过 50%（常志勇等，2006）。另有研究表明，降雨量级是影响林冠截留最大、最直接的因素（陈书军等，2015）。在降雨事件过程中，降雨强度的变化也能够影响森林冠层对降雨的截留速率（陈书军等，2015）、延滞能力（含延滞和终止时间）（刘玉杰等，2015）等，进而导致林冠截留特征发生改变。不同学者分析降雨强度对林冠截留的影响的结果各不相同，主要有以下几种观点：林冠截留量（率）与降雨强度呈反比（陈书军等，2015；Alan and Ali，2010）；降雨强度对林冠截留无显著影响（李振新等，2006；Peng et al.，2014）；林冠截留量与 30 min 最大降雨强度显著相关，而与平均降雨强度的相关性不高（陈丽华等，2013）。

穿透雨是林冠对降雨再分配后形成的主要部分，是林地土壤水分的重要来源（Gómez et al.，2002），也是养分物质到达森林地表的重要途径（Parker，1983），干旱半干旱区域的穿透雨尤为重要。穿透雨不但能够改变林下水分输入的空间分布格局，影响林地内土壤水分的分布和养分的循环利用，而且穿透雨量的空间异质性能够影响穿透雨中的溶质浓度、溶质沉积和林地养分输入的空间分布格局（盛后财等，2016）。因此，林下穿透雨的变化在森林生态系统水量平衡、水文过程和养分循环中极其重要（曹云等，2008）。国内外学者研究认为不同研究地点、树种、降水大小等因素均能够极大地影响穿透雨（时忠杰等，2009），且不同森林冠层下穿透雨的空间异质性是普遍存在的，通常情况下林型效应和森林的季相变化是导致穿透雨空间异质性的主要原因。国外在此方面已开展了大量研究，但我国的研究相对较少，在今后的研究中要注重穿透雨空间异质性对穿透雨测定的影响，可通过增加取样面积和取样数量及随机设置穿透雨测量装置来克服穿透雨的空间异质性，从而实现对穿透雨量的客观、准确估算（孙忠林等，2014）。

树干径流也称为（树）干流或茎流，是枝叶拦截汇集到树干和直接落到树干上的降雨，在满足树皮吸湿后沿树干向下流到树干基部的雨水。在降雨形成树干径流的过程中，树木枝叶、树干上分泌和吸附着的物质将被冲洗、淋溶，树干径流中的各元素含量也会发生改变（Carlyle-Moses and Price，2006）。因此，降雨再分配的过程也会同时导致雨水中元素含量的再分配（荐圣淇，2013），其变化将会影响林下土壤的理化性质，从而影响植物的生长（孙浩，2014）。在森林生态系统水循环过程中，树干径流总量虽小，但一方面增加了树木根部的土壤含水率，另一方面可将植物直接吸收利用的无机养分输送到根部土壤中（盛后财等，2015），尤其在干旱半干旱地区，树干径流中养分物质的输入对林木生长具有重要意义（刘世海等，2001）。

森林对降雪过程的影响相对简单（与降雨过程相比）。降雪通过森林冠层，一部分被林冠层截留形成林冠截留，其余部分则完全进入林地成为降雪输入。根据郁闭度的差异，通常分成常绿林和落叶林两种类型分析森林对降雪过程的影响情况。

8.1.2　北温带主要森林类型对降雨输入过程的影响

阔叶红松林生态系统和兴安落叶松林生态系统是北温带最主要的森林生态系统，在我国主要分布于长白山和大、小兴安岭林区。据不完全统计，小兴安岭和长白山地区不同类型阔叶红松林的冠层截留率为 19.59%～37.8%，大兴安岭兴安落叶松林的冠层截留率为 15.35%～39.89%。其中阔叶红松林的平均截留率为 27.42%±5.70%，长白山地区阔叶红松林的平均截留率为 26.39%±4.61%，而小兴安岭地区的平均截留率则为 27.72%±6.17%，且早期（20 世纪五六十年代）的实验结果（31.80%±3.69%）与近年（2005 年后）的研究结果（21.61%±2.91%）差异极显著（$P<0.01$）。不同区域、不同森林类型对降雨过程的影响也各不相同（表 8.1）。

表 8.1　不同研究区域、不同森林类型对降雨的截留再分配特征

研究地点	森林类型	降雨量（mm）	时段	林冠截留		穿透雨		树干径流		文献
				mm	%	mm	%	mm	%	
长白山	阔叶红松林	599.13	5～10 月	189.99	31.7	313.99	52.41	95.18	15.89	贺淑霞等，2011
	红松林	743.1	—	179.1	24.1	564.00	75.20	5.20	0.70	
	落叶松林	743.1	—	151.6	20.4	591.50	79.20	3.00	0.40	
	油松林	743.1	—	169.4	22.8	573.70	76.70	3.70	0.50	刘玉学等，1993
	杂木林	743.1	—	129.3	17.4	613.80	82.00	4.50	0.60	
	蒙古栎林	743.1	—	127.8	17.2	615.30	82.20	4.50	0.60	
	阔叶红松林	469.2	2001 年 6～9 月	109.69	23.38	322.12	68.65	37.39	7.79	Xiao et al.，2002
小兴安岭	阔叶红松混交林	763.7	1957 年	288.3	37.8					
		648.2	1958 年	190.5	29.4					
		792.8	1962～1963 年	271.3	34.2					王维华和张胜利，1982
		643.2	1963～1964 年	199.6	31.0					
		712.2	1964～1965 年	195.2	27.4					
	原始红松林	716.0	1962～1965 年	222.0	31.01					朱劲伟和史继德，1982
	原始红松林	503.23	2005 年 5～9 月	98.68	19.61	395.77	78.65	8.78	1.74	蔡体久等，2006
	原始红松林	828.5	2006 年和 2007 年 5～9 月	177.84	21.47	636.04	76.77	14.62	1.76	及莹和蔡体久，2015
	红松混交林	354.83	2010 年 6～8 月	69.50	19.59	248.38	70.00	36.95	10.41	张会儒等，2012
	阔叶红松混交林	514.1	2010 年 7～10 月 2011 年 5～10 月	132.43	25.76	373.19	72.59	8.02	1.56	柴汝杉等，2013
	阔叶红松混交林	325.2	2007 年 5～9 月	71.6	22.02	252.63	77.68	0.97	0.30	盛后财，2009
	阔叶红松混交林	409.2	2008 年 5～9 月	89.8	21.94	318.02	77.72	1.38	0.34	
	云冷杉红松林	514.10	2010 年 7～10 月 2011 年 5～10 月	159.86	31.10	358.70	69.77	0.53	0.10	柴汝杉等，2013
	次生白桦林	503.23	2005 年 5～9 月	75.35	14.97	418.35	83.12	9.52	1.89	蔡体久等，2006
	兴安落叶松人工林	503.05	2005 年 5～9 月	109.19	21.71	393.39	78.20	0.47	0.09	盛后财等，2009
大兴安岭	兴安落叶松林	396.01	7～8 月	92.23	23.29	303.20	76.57	0.56	0.14	盛后财等，2014
	兴安落叶松林	262.19	6～9 月	40.25	15.35	213.39	81.39	8.55	3.26	吴旭东等，2006
	天然樟子松林	493.12	7～9 月	123.48	25.04	362.85	73.58	6.79	1.38	李奕等，2014
	天然白桦林	236.62	5～9 月	50.97	21.54	182.35	77.06	3.30	1.39	
	杨桦混交林	236.62	5～9 月	84.99	35.92	148.69	62.84	2.94	1.24	
	蒙古栎林	236.62	5～9 月	78.66	33.24	156.29	66.05	1.67	0.71	
	红松人工林	236.62	5～9 月	80.15	33.87	151.48	64.02	4.99	2.11	姜海燕等，2008
	红皮云杉人工林	236.62	5～9 月	78.01	32.97	156.16	66.00	2.45	1.04	
	兴安落叶松人工林	236.62	5～9 月	94.40	39.89	141.40	59.76	0.82	0.35	
	樟子松人工林	236.62	5～9 月	73.23	30.95	162.11	68.51	1.28	0.54	

8.1.3　不同森林类型对降雪输入过程的影响

不同森林类型对降雪输入的影响也各不相同。据不完全统计，大、小兴安岭地区不

同森林类型林冠层对降雪的截留率为4.19%~39.7%（刘海亮等，2012；俞正祥等，2015），降雪截留量有常绿针叶林>落叶林的规律，且不同森林类型的平均截雪量差异极显著（P<0.01）（刘海亮等，2012）。从全年的林内、林外总降雪量和总截留率来看，不同森林类型对降雪的截留作用明显不同（表8.2），且不同森林类型在不同降雪等级下的降雪输入率有明显不同。俞正祥等（2015）研究大兴安岭地区3种森林类型的降雪发现，森林内的降雪输入率随林外降雪强度的增加而升高（图8.2），且森林的截雪能力与降雪间隔期有关，但主要受林型与郁闭度的影响。

表8.2 不同研究区域、不同森林类型对降雪的截留作用

研究地点	森林类型	降雪量（mm）	林内降雪量（mm）	林冠截留		参考文献
				mm	%	
小兴安岭	阔叶红松林	72.8	56.7	16.2	21.2	刘海亮等，2012
	云冷杉红松林	72.8	43.9	28.9	39.7	
	次生白桦林	72.8	67.6	6.2	8.5	
	兴安落叶松人工林	72.8	60.9	11.9	16.3	
	红松人工林	72.8	52.3	20.5	28.2	
大兴安岭	兴安落叶松林	49.86	43.89	5.97	11.97	俞正祥等，2015
	樟子松林	49.86	38.62	11.24	22.54	
	杨桦混交林	49.86	47.77	2.09	4.19	

8.2 森林生态系统的蒸散规律

土壤水分经森林植被蒸腾和林地地面蒸发进入大气，这种蒸腾与蒸发作用称为蒸散（evapotranspiration）。森林的蒸腾应包括林木和活地被物的蒸腾，但以林木为主。蒸腾还分为气孔蒸腾和角质层蒸腾，从量上看，以气孔蒸腾为主，一般角质层蒸腾量不及气孔蒸腾量的1/10。蒸腾量与叶面积、温度、空气饱和差、不同深度土壤的含水率、气孔导度和风有密切关系。

森林蒸散的另一种形式是林地地面蒸发，如果林内地表温度高于近地面的气温，土壤水将会变成水汽散放于大气。蒸发需要两个先决条件，即太阳辐射能或热量、土壤底层同表层土间保持连续的水柱，后者与土壤质地结构有关。裸露沙地和中等质地土壤，开始蒸发较快，一旦表层水蒸发干，之后蒸发变慢，而几厘米以下土壤的水分依然接近田间持水量。

森林蒸散除上述林木蒸腾和林地地面蒸发外，还应包括林冠截留水的蒸发，且地域性的蒸散量与太阳分布、水分环境和植被类型有密切关系。

8.2.1 不同林木树种的蒸腾规律

在过去的200多年里，林木耗水量的研究得到了全世界的广泛关注（Bosch and Hewlett，1982；Cornish，1993）。为了了解森林如何影响水资源的供应，以及森林与溪流下游的洪水和水土流失调控的关系，林业科研人员和水资源管理、规划人员不断积极推动树木耗水量研究的发展。伴随着社会进步和时代发展，树木蒸腾耗水研究也逐步由

稚嫩走向成熟。20 世纪初，伴随着第一次、第二次工业革命的结束，在物质极度丰富、科技手段充分发展的前提下，植物生理学、林学和生态学的学者逐渐认识到水资源的重要性及树木蒸腾耗水的生物学意义，因此在树木蒸腾耗水方面的研究也日益增多，快速剪枝（叶）称重法和盆栽苗木称重法陆续出现。20 世纪 30 年代中期以来，称重、蒸渗仪、蒸腾计、通风室、放射性同位素、稳定同位素和一些以热为基础的技术方法先后被用于定量估测整株植物的水分利用（Wullschleger et al.，1998），并进一步推动了树木蒸腾耗水研究的发展。20 世纪 60 年代以后，国外又陆续提出许多仅适用于树木蒸腾耗水量测定的方法（Diawara et al.，1991；Anfdillo et al.，1993），树木蒸腾耗水研究得到长足的发展。

在自然界土壤-植物-大气构成连续的水流路径，树干木质部液流上升速度及液流量制约着整株树木的蒸腾量。在树干上升的液流中，有 99.8%以上消耗在蒸腾上（张小由等，2005）。一般认为，木质部边材液流量即整株树木叶片的蒸腾耗水量。因此对树干液流进行标记并测定其流动速度就可以简捷地确定树冠蒸腾耗水量（刘奉觉等，1997），且不同树种、相同树种的不同植株间，个体尺度上的耗水情况各不相同（表 8.3）。

表 8.3　不同树种个体尺度蒸腾耗水比较

项目	核桃楸	紫椴	水曲柳	红松	黄檗	蒙古栎	樟子松	参考文献
生长季耗水量（10^3 kg/株）	3.84	2.82	2.71	2.12	1.47	1.39	—	孙慧珍等，2005a
生长季树干液流密度均值 [$cm^3/$（$cm^2 \cdot h$）]	29.44	14.91	17.97	12.10	15.27	17.68	6.49	孙慧珍等，2005a，2005b

树木的蒸腾耗水受天气情况（晴、阴、雨）和环境因子的影响。一般仅在雨天情况下，树干的液流密度会表现出双峰曲线（樟子松、水曲柳）（孙慧珍和赵雨森，2008），其他天气条件下，树干液流密度则多表现为单峰曲线（黄檗出现过双峰曲线）（孙慧珍等，2005a），且日峰值主要出现在 10:00～14:00（69%～91%）。不同天气条件下，不同树种对环境因子的响应的敏感度不同（孙慧珍和赵雨森，2008）。在晴-阴天气下，水曲柳树干液流密度主要由光合有效辐射决定，偏决定系数在 0.55～0.84；在雨-晴天气下，水曲柳树干液流密度主要由水汽压差决定，偏决定系数在 0.59～0.72；而樟子松树干液流密度在以上两种天气组合下，均主要由水汽压差决定，偏决定系数在 0.70～0.88。

8.2.2　不同森林林分尺度的蒸腾耗水规律

林分耗水量是指该林分的每一株林木耗水量的总和。获取林分耗水量信息可以通过两种方法实现：一是直接测定；二是根据单木耗水量进行推导，即扩大空间尺度得到林分耗水量（张小由等，2006）。林分耗水量的直接测定，目前主要是利用微气象手段（微气象学法），包括波文比-能量平衡法、空气动力学法、Penman-Monteith 法和涡度相关法。微气象学法建立在冠层内同一水平层上潜热、显热和水汽湍流扩散系数相等，植被结构、水平方向的所有物理量场都均匀且只与垂直高度有关这一重要假设的基础上。微气象手段在使用上受地形和下垫面均一性、林分面积和混交度以及植被结构等条件的限制（马钦彦，1982），相比其他方法，涡度相关法具有理论假设少、精度高、测量步长较短、测量代表区域更广等优点，且涡度相关法可以对地表实施长期、连续和非破坏性的定点监测，因此被全球通量网作为主要技术手段，利用该方法对生态系统水分交换进行长期监测（李思恩等，2008）。

近些年来，一些学者利用林木与林地面积比、叶面积、边材面积或林木胸径等指标，将单株树木的耗水量转换为林分耗水量（常学向和赵文智，2009），并得到令人满意的结果（表 8.4，表 8.5）。当然，经空间尺度上推算得到的林分耗水量必然存在误差。Hatton等（1995）认为，林分蒸腾耗水量的估算误差来源于单木耗水量的测定，而不是尺度的上推过程。Wullschleger 等（1998）也持相同观点，认为林分蒸腾耗水量是利用液流速度乘以边材面积计算得到的，应准确研究单木液流的径向变化和不同边材位置的运水比例，以减小单木耗水向林分耗水尺度转化过程中的误差。

表 8.4　不同森林生长季蒸腾耗水量（引自池波，2013；李奕，2016）

项目		5 月	6 月	7 月	8 月	9 月	5～9 月
兴安落叶松林生长季蒸腾耗水量	耗水量（mm）	8.71	14.91	15.24	14.42	3.37	56.65
	占当月降水量百分比（%）	29.9	18.75	12.77	10.05	3.48	12.08
	占生长季降水量百分比（%）	1.86	3.18	3.25	3.07	0.72	12.08
樟子松林生长季蒸腾耗水量	蒸发量（mm）	31.82	40.24	47.17	44.05	36.67	199.95
	占当月降水量百分比（%）	29.62	104.26	25.51	82.15	56.76	44.52
	占生长季降水量百分比（%）	7.08	8.96	10.50	9.81	8.16	44.51

表 8.5　高纬度各种森林类型林分尺度上的蒸腾耗水量（引自张彦群和王传宽，2008）

林型	$E_{stand\text{-}mean}$			$E_{stand\text{-}max}$		
	样本数 N	平均值（mm/d）	变异系数（%）	样本数 N	平均值（mm/d）	变异系数（%）
北方针叶林	13	1.24a	42.8	11	2.31b	30.0
温带针叶林	14	1.51a	40.5	10	2.68b	35.2
温带阔叶林	18	1.58a	40.3	17	3.96a	53.0
温带针阔叶混交林	6	1.46a	27.9	4	2.68ab	38.8

注：表中字母 a、b 表示显著性差异组（$\alpha = 0.05$）；$E_{stand\text{-}mean}$ 和 $E_{stand\text{-}max}$ 分别表示生长季林分蒸腾耗水量平均值和最大值

8.2.3　林地地面的蒸发规律

林地地面蒸发是森林内的地表温度高于近地面的气温，地表的水分会转变成水汽散放于空气中的现象，其包括林地土壤蒸发、枯落物层蒸发，受蒸气压、蒸发面的温度及供给蒸发面的水量影响，前两者又受到日照、气温、湿度、风速等环境因子的影响。不同类型森林林地土壤蒸发具有季节性变化规律，且蒸发量差异显著（表 8.6）。

表 8.6　不同森林生长季林地土壤蒸发量（引自池波，2013；李奕，2016）

	项目	5 月	6 月	7 月	8 月	9 月	5～9 月
兴安落叶松林地土壤蒸发	耗水量（mm）	3.95	5.60	8.20	4.64	3.88	26.27
	占当月降水量百分比（%）	13.21	7.05	6.87	3.23	4.01	5.60
	占生长季降水量百分比（%）	0.84	1.19	1.75	0.99	0.83	5.60
樟子松林地土壤蒸发	蒸发量（mm）	16.87±2.21	19.62±1.93	20.03±1.02	15.49±5.09	14.57±2.21	86.58±12.31
	占当月降水量百分比（%）	15.70	50.82	10.83	28.89	22.55	19.27
	占生长季降水量百分比（%）	3.76	4.37	4.46	3.45	3.24	19.27

8.3 小流域森林覆盖率对径流的影响

森林的水文效应是生态系统中森林和水相互作用及其功能的综合体现（刘世荣等，1996）。水是森林生态系统中物质与能量流动的载体，森林覆盖率变化对水量平衡的各个环节都有显著影响（李文华，2001；高甲荣等，2001）。森林变化对径流量的影响在国外已被广泛深入研究（Andréassian，2004；Cosandey et al.，2005；Calder，2007）。但关于小流域径流量对森林变化响应的研究结果并不一致。Buttle 和 Metcalfe（2000）、Jones（2000）认为采伐导致的森林覆盖面积减小会增加径流量，Thomas 和 Megahan（1998）则认为只有小流域才存在这种增加作用。Harr 和 Mccorisin（1979）研究认为采伐会减小径流量。Thomas 和 Megahan（1998）发现采伐对径流量无显著影响。国内在相关方面的研究较少，且已有研究多集中在黄河、长江等大流域。例如，Sun 等（2006）分析认为，从我国范围来看，广泛植树造林后径流量反而有所减少，因此有必要对全国各个纬度上径流量与森林变化的关系进行深入研究。对于时间、空间尺度上的森林覆盖率与径流关系的研究也亟待向纵深发展。

小兴安岭是我国的重要林区，其森林广袤，水资源丰富，但新中国成立初期小兴安岭森林曾经历过度采伐，并引发了水土流失、洪水暴发、河床抬高等一系列生态危机（满秀玲等，1997）。为了解小兴安岭区域内森林覆被变化与年径流量的关系，选择了该区域内新林沟和育林沟两个小流域，选取年平均径流量、年最大洪峰径流量和融雪径流量作为水文参数，引入双累积曲线法进行对比分析，研究该生境条件下森林覆盖率变化对径流量的影响。

8.3.1 对比流域森林覆盖率和年径流量变化情况

育林沟和新林沟两个小流域均位于小兴安岭带岭林业局寒月林场，且地理位置邻近。研究表明（图 8.3），由于森林的大面积采伐，1970 年育林沟小流域的森林覆盖率只有 28%，尽管在随后的几年大面积造林，但由于幼树没有郁闭，1971~1980 年森林覆盖率没有太大的变化，1981~1990 年森林覆盖率大幅提高，从 28%升至 80%，1991~2005 年由于合理的森林经营管理，森林覆盖率变化较小，在 80%上下波动。

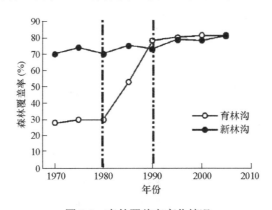

图 8.3　森林覆盖率变化情况

依据上述森林覆盖率的变化规律，将时间划分为 1973～1980 年、1981～1990 年和
1991～2005 年 3 个阶段，分析新林沟与育林沟多年平均年降水量可知（表 8.7），两个对
比流域在 3 个阶段的降水量基本持平，但年径流模数和径流系数有较大变化。将两个小
流域进行比较可知，1973～1980 年，两个小流域 8 年平均年径流模数差距为 5.4 万 m³/
（km²·a），径流系数相差 19.2%；1981～1990 年，两个小流域平均年径流模数的差距缩
小至 4.2 万 m³/（km²·a），径流系数差距缩小为 6.9%；1991～2005 年，两个小流域平均
年径流模数之间的差距缩小至 0.7 万 m³/（km²·a），径流系数仅相差 1.4%。

表 8.7 对比流域各阶段降水与径流特征值（引自崔雪晴，2010）

阶段	新林沟			育林沟		
	年降水量（mm）	年径流模数 [10⁴ m³/(km²·a)]	径流系数（%）	年降水量（mm）	年径流模数 [10⁴ m³/(km²·a)]	径流系数（%）
1973～1980 年	434.6	21.5	57.1	435.2	26.9	76.3
1981～1990 年	505.9	25.8	59.5	503.6	30.0	66.4
1991～2005 年	484.9	28.5	60.6	479.8	27.8	59.2

8.3.2 森林覆盖率变化对年径流深度的影响

育林沟和新林沟地理位置邻近，且两个流域的降水量相近（表 8.7），但两个小流域
之间年径流深度-年降水量双累积曲线存在极显著差异（$P<0.01$），因此可以认为是森林
覆盖率的变化导致了新林沟和育林沟年径流深度差异显著。

分析育林沟小流域年降水量和年径流深度的双累积曲线（图 8.4）可知，在 1983 年
和 1993 年有两个拐点（$P<0.05$）。1973～1983 年双累积曲线斜率为 0.75（$R^2=0.99$），
平均年径流系数为 74.82%，而同期新林沟小流域双累积线斜率为 0.58（$R^2=0.99$），平
均年径流系数为 53.37%，由此可知育林沟小流域的径流量大。这是因为森林覆盖率的
增加，林冠对大气降水的截留量增加和森林整体蒸腾作用增强，减少了最终汇入径流的
雨量，从而降低了降水转化为森林径流的效率（Macdonald et al., 2003）。1984～1993 年
育林沟双累积曲线斜率为 0.69（$R^2=0.99$），仍大于新林沟小流域同期年降水量和年径
流量双累积曲线斜率（0.58，$R^2=0.99$），说明随着森林覆盖率的增大，育林沟的径流
深度在减小，并逐渐接近新林沟的水平。1994～2005 年，由于合理的森林经营，两

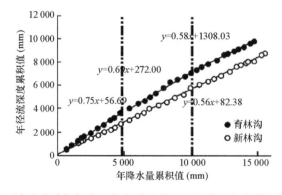

图 8.4 两个小流域年径流深度-年降水量双累积曲线与森林覆盖率变化

个小流域的森林覆盖率都稳定在 80%左右，其间，育林沟双累积曲线斜率与新林沟持平（0.58，$R^2 = 0.99$）。随着森林覆盖率的增加，林下凋落物层逐渐变厚，土壤的物理化学性质有所改善，致使林冠截留率、凋落物的降水截留能力和蓄水能力、土壤的渗透和蓄水能力均有所提高，有效地降低了降水转化为径流的效率。此外，从拐点的年份看，径流深度变化的拐点比森林覆盖率变化的拐点晚 3 年，说明森林覆盖率对径流的影响有滞后性。

8.3.3　森林覆被变化对洪峰径流的影响

利用双累积曲线分析洪峰径流的变化趋势（图 8.5）。育林沟与新林沟的年最大洪峰径流量存在极显著差异（$P<0.01$）。育林沟双累积曲线的两个拐点分别出现在 1980 年和 1992 年，1973～1980 年双累积曲线斜率为 1.61（$R^2 = 0.99$），而同期新林沟小流域双累积曲线斜率为 0.25（$R^2 = 0.98$），由此可知育林沟小流域洪峰径流量大。1981～1992 年育林沟双累积曲线斜率为 0.57（$R^2 = 0.95$），仍大于新林沟小流域同期降水量和径流双累积曲线斜率，这说明随着森林覆盖率的增大，育林沟的洪峰径流量在减小，但仍然大于新林沟。1993～2005 年育林沟双累积曲线斜率下降至 0.25（$R^2 = 0.99$），与新林沟持平。这个变化规律与森林覆盖率变化的趋势亦有负相关特征（崔雪晴等，2010），说明年最大洪峰径流量随着森林覆盖率的增大而减小，森林覆盖率稳定，其年最大洪峰径流量双累积曲线也平稳。

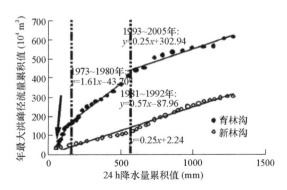

图 8.5　1973～2005 年年均最大洪峰径流量与相应平均 24 h 降水量双累积曲线图

此外，瞬时洪峰还受连续强降雨和累积径流量的影响。由于两个小流域降水量相近，而且两个对比流域之间每次洪峰流量出现前 3 日平均径流模数的变化趋势极显著相关（$P < 0.01$）（图 8.6），说明这两个因子不是造成两个流域洪峰流量出现显著差异的原因。

8.3.4　森林覆被变化对融雪径流的影响

森林覆盖率的变化对融雪径流存在一定影响（图 8.7），育林沟和新林沟的融雪径流量-降雪量双累积曲线存在极显著差异（$P<0.01$）。森林流域中对融雪径流有影响的因子有蒸散、降雪和土壤贮水量（刘世荣等，1996），采伐和造林初期降低了森林覆盖率，进而减少了土壤贮水量，加之两个流域温度、蒸发等气候因子相近，土壤类型相同，因此认为是森林覆盖率的降低影响了融雪径流量。

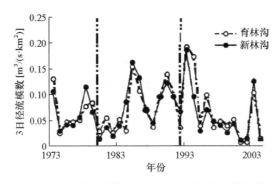

图 8.6　1973～2005 年洪峰流量出现前 3 日平均径流模数的变化趋势

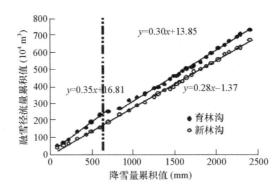

图 8.7　1973～2005 年融雪径流量与降雪量双累积曲线图

育林沟小流域双累积曲线在 1981 年出现拐点（$P < 0.05$），新林沟双累积曲线则无显著变化。1973～1981 年育林沟小流域双累积曲线斜率为 0.35（$R^2 = 0.99$），而同期新林沟小流域双累积曲线斜率为 0.28（$R^2 = 0.99$），由此可知育林沟小流域融雪径流量大。1982～2005 年，育林沟双累积曲线斜率降低至 0.30（$R^2 = 0.98$）。第一阶段育林沟皆伐后前 5 年幼苗仍处在更新阶段，加上一些采伐迹地未及时更新，导致林内积雪量很大；第二阶段森林覆盖率增加，导致林冠截雪量的加大，因而减少了融雪径流量。

8.4　大流域森林植被变化对径流的影响

植被是连接土壤、大气和水分等要素的自然连接点，植被的动态变化在某种程度上代表着土地覆被的动态变化（Tucker et al.，1985；Sudipta and Menas，2004；权维俊等，2007），其受多种因素控制，对地理环境的依赖性很大，是气候和人类活动对环境影响的敏感指标，在全球变化中起着重要作用。在一定条件下，植被变化和全球变化的其他要素一样，对水文具有重要的影响，不同时段的植被条件不同，会直接或间接影响流域的蒸散，从而减少流域径流并产生一系列的水资源、水环境和生态问题，从而影响社会经济发展和生态环境质量（李恒鹏等，2005）。在土地利用类型以森林为主的流域中，我们选择了森林覆盖率这一指标来分析森林植被变化对径流的影响情况。

8.4.1　汤旺河流域的森林覆盖率变化

小兴安岭流域森林覆盖率变化对流域径流变化的影响已有相关研究（王维华和张胜

利，1982；李金中等，1999；张庆费等，1995；朱道光等，2005），多涉及森林采伐对流域径流影响方面的研究，而对于森林覆盖率的增加对流域径流影响方面的研究涉及较少。

根据汤旺河流域 3 个年份（1976 年、1991 年、2006 年）的遥感资料，对汤旺河流域进行土地利用分类，分析小兴安岭森林覆盖率的动态变化及其对河川径流的影响（图 8.8）。流域土地利用类型主要为森林、耕地、草地和城市用地以及水体/湿地。流域内大部分区域被森林覆盖，但森林面积却出现减少的趋势（Liu et al.，2013）。1976～2006 年，汤旺河流域林地减少了 6.84 个百分点（1976 年为 88.98%，2006 年为 82.14%），其中 1991 年比 1976 年减少了 4.48%。在 20 世纪七八十年代，小兴安岭地区经历了大量的采伐（陈迎春，2003），但从总体上来看，1976～2006 年汤旺河流域森林面积变化不太大，说明汤旺河流域在人为进行采伐时，也在逐步进行造林更新，这对小兴安岭地区森林的合理经营和可持续发展有着重要的意义。

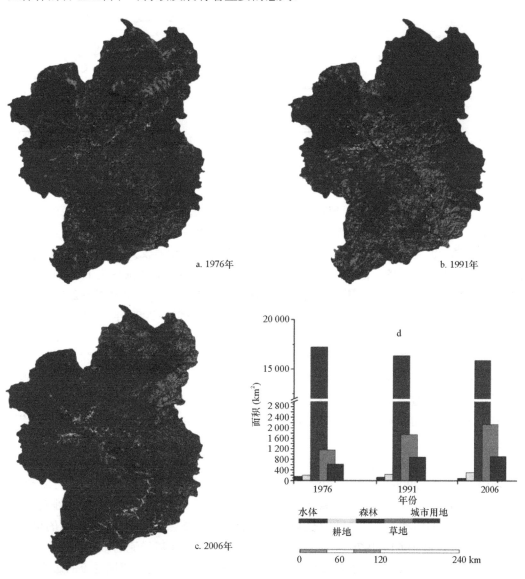

图 8.8　汤旺河流域 1976～2006 年不同时期森林面积变化情况（刘文彬，2010）（彩图见文后图版）

8.4.2 森林覆盖率变化对年径流深度的影响

根据汤旺河流域不同时期的森林覆盖率变化情况，将 1964～2006 年划分为 1964～1976 年、1977～1991 年及 1992～2006 年 3 个不同时期，分析森林覆盖率变化对流域径流的影响。图 8.9 给出了 3 个不同时期汤旺河流域年径流深度的图形曲线（FDC 曲线），因为 1964～1975 年没有汤旺河流域森林覆盖率变化的详细资料，在这仅以 1964～1976 年流量过程曲线（FDC 曲线）作为参照，分析 1976～2006 年森林覆盖率变化对流域年径流深度的影响（姚月锋，2011）。

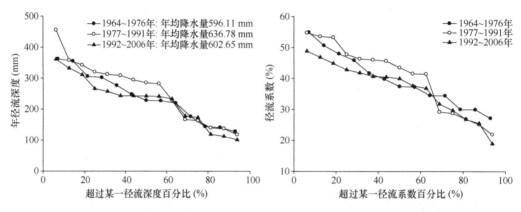

图 8.9 汤旺河流域不同时期年径流深度及径流系数流量过程曲线

从不同时期流域径流深度 FDC 曲线可以看出，出现频率在 60%～100%范围的年径流深度变化基本一致，而在 60%以下的流域年径流深度变化差异较大，森林覆盖率的减少主要对高径流量及洪峰径流产生影响。但各时期降水量相差较大，径流的变化也有可能是由降水差异引起的。因此，为了消除降水差异，我们采用径流系数 FDC 曲线来分析森林覆盖率变化对径流的影响。同样可以看出，1977～1991 年和 1992～2006 年 FDC 曲线径流系数出现在 0～60%范围的相差较大，表明在 1992～2006 年，汤旺河流域森林覆盖率的减少主要减少了高径流量。森林覆盖率的减少，在一定程度上增大了陆面及大气降水的蒸发，使得直接汇入河川径流的有效降水量减少。但对 3 个不同时期的径流深度进行方差分析，结果表明，不同时期的流域径流不存在显著差异（$P = 0.531$），表明汤旺河流域森林覆盖率的微小变化对径流减少的影响不显著。Bosch 和 Hewlett（1982）及 Buttle 和 Metcalfe（2000）的研究表明，当森林覆盖率变化小于 20%以上时，对流域径流变化的影响是不显著的。

为了进一步定量分析森林覆盖率变化对流域径流的影响，我们利用双累积曲线对汤旺河流域 1964～2006 年累积年径流深度与累积年降水量进行拟合（图 8.10）。可以看出，1964～1976 年，累积年径流深度和累积年降水量之间存在极显著的线性关系（$P<0.0001$），假定其为流域在未受到森林覆被变化产生显著变化前径流和降雨的自然响应关系，即假定 1964～1976 年流域森林覆盖率的变化对流域径流的影响不显著。以此线性关系趋势线为参照线，分析 1976～2006 年森林覆盖率变化对流域径流的影响规律，

偏离参照线的差值即为流域森林覆盖率变化对径流的累积影响。从 1976 年以后，年累积径流整体偏离参照线的距离呈现出减少的趋势，流域森林覆盖率变化对累积年径流量产生影响。但在 1992～1999 年年累积径流量相对偏离参照线的距离较小，说明流域森林覆盖率变化对径流的影响在减小。

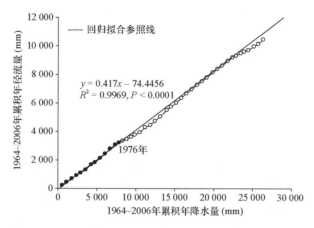

图 8.10　汤旺河流域年径流量与年降水量的双累积曲线及回归拟合参照线

表 8.8 给出了 ARIMA 模型对 1976 年突变点分析的最佳模型参数估计值，可以看出，突变点 1976 年前后流域森林覆被变化对径流的影响是存在显著性的。因此，假定 1964～1976 年为未受到森林覆盖率变化产生显著影响的累积年径流深度与年累积降水量的自然响应关系成立，1976～2006 年流域年径流深度实测值与预测值的差值即为流域累积年径流深度对森林覆被变化的响应。

表 8.8　累积年径流深度和累积降水量双累积曲线在 1976 年突变点 ARIMA 模型参数估计

突变点 ARIMA 模型结构	参数估计			
	p（1）	q（1）	Omega（1）	Delta（1）
图 8.10 的突变点斜率　　（0，1，1）		−0.542（$P<0.001$）	207.79（$P=0.001$）	1.008（$P<0.001$）

注：ARIMA 模型（autoregressive integrated moving average model），即差分整合移动平均自回归模型，又称整合移动平均自回归模型（移动也可称滑动），时间序列预测分析方法之一。ARIMA（p, d, q）中，AR 是"自回归"，p 为自回归项数；MA 为"滑动平均"，q 为滑动平均项数，d 为使之成为平稳序列所做的差分次数（阶数）

汤旺河流域 1977～2006 年森林覆盖率减少导致累积年径流深度降低，平均每年减少 232.64 mm/3.65%（径流深/百分比）（图 8.11），其中负值表示当年覆被变化对累积年径流深度减少的影响。从 1977 年的减少 53.33 mm，覆盖率变化对累积年径流深度的影响增加到 2005 年的减少 502.03 mm。在 1977 年，覆盖率变化减少的径流深度（533.33 mm）占累积年径流深度的 1.57%，在 1977～1981 年，覆盖率对累积年径流深度的减少影响百分比急剧增加到 1981 年的峰值（8.93%）。随后覆盖率变化对累积年径流深度的减少影响相对减弱，到 20 世纪 90 年代中末期，不超过 1%。从 20 世纪末到 21 世纪初期，覆盖率变化对累积年径流深度的减少影响再次表现出增加的趋势，但减少影响幅度相对平缓。其中 2006 年覆盖率变化对累积年径流深度的减少影响为 4.19%，减少累积年径流深度 456.58 mm。

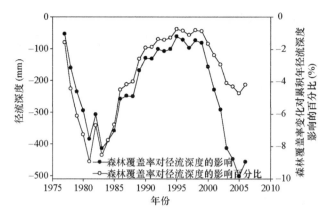

图 8.11 汤旺河流域森林覆盖率变化对累积年径流深度的影响

森林流域内，表层土壤透水性较强，降水能较快地渗入土壤并形成土壤水，向下流动形成壤中流、地下径流（余新晓等，2003；尹佃忠，2003）。小兴安岭林区森林流域土壤发育相对良好，森林植被能够降低土壤相对密度，增大土壤孔隙度和贮水量。森林覆盖率的减少，相应地减少了地表径流的入渗，以及壤中流和地下径流，同时增加了地表径流的蒸发消耗，从而减少了河川径流。本研究从另一个角度验证了张庆费等（1995）研究中小兴安岭森林有补给径流、调节径流的作用。

8.4.3 森林覆盖率变化和气候变化对河川径流的贡献率分析

在气候和人为因素的共同作用下，年径流序列表现出一定的变化趋势，它反映了河川径流演变的总体规律。对获取的 1982～2003 年汤旺河流域的蒸散数据进行分析（图 8.12），选择1993～2006 年作为汤旺河流域气候变异和人类活动对径流影响较小的时期，将 1982～1992 年作为气候变异和人类活动对径流具有显著影响的时期。根据Zhang 等（2004）的模拟结果和流域植被覆盖状况，公式（8.1）中的 $w = 2.84$。通过统计分析，1993～2006 年的平均径流量为 224.56 mm，1982～1992 年的平均径流量为267.42 mm，增加了 42.86 mm，增长率为 19.08%。从分析结果来看（表 8.9），气候变化对径流变化的贡献率相对较大，占总贡献率的 53.5%，人类活动的影响占 46.5%。这说明气候波动对流域水文水资源具有更直接的影响，尤其是降水的时空变化会引起径流的快速响应，当然，温度作为径流发生器的作用也将越来越强。1982～1992 年土地利用的剧烈变化，使得人类活动对径流变化的贡献率近 50%，不过庆幸的是近年来由于森林采伐活动的减弱，人类活动的整体影响略有减小，这对于流域水文水资源的恢复具有重要的意义。

$$\frac{E}{P} = \frac{1 + w\left(E_0 / P\right)}{1 + w\left(E_0 / P\right) + \left(E_0 / P\right)^{-1}} \tag{8.1}$$

式中，P 为降水量；E 为实际蒸发量；E_0 为潜在蒸散；w 为植被可用水系数，表示不同植被类型利用土壤水的差异，w 取值与流域的植被覆盖和植被类型有关，在湿润或干旱条件下，w 对潜在蒸发的影响很小。

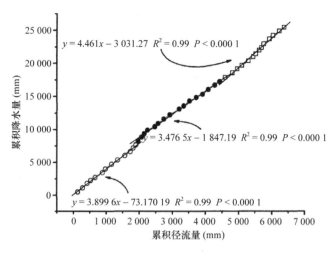

图 8.12　年降水量和年径流量的双累积曲线

表 8.9　汤旺河流域 1982～2003 年气候变化和森林覆盖率变化对径流的影响（引自刘文彬，2010）

年份	P（mm）	E_0（mm）	Q（mm）	β	γ	ΔQ_{clim}（mm）	$\Delta Q_{clim}/\Delta Q$（%）	$\Delta Q_{hum}/\Delta Q$（%）
1993～2003	585.89	361.78	224.56	1.15	0.70	22.92	53.5	46.5
1982～1992	613.18	349.55	267.42					

注：P 为平均降水量；E_0 为平均潜在蒸散；Q 为平均径流量；ΔQ 为流域内平均径流量的总改变量；ΔQ_{clim} 为气候变化引起的平均径流改变量；ΔQ_{hum} 为人类活动（森林覆盖率变化）引起的平均径流改变量

主要参考文献

蔡体久, 朱道光, 盛后财. 2006. 原始红松林和次生白桦林降雨截留再分配效应研究. 中国水土保持科学, 4(6): 61-65.

曹云, 黄志刚, 郑华, 等. 2008. 杜仲林下穿透雨时间及空间分布特征. 中南林业科技大学学报, 28(6): 19-24.

柴汝杉. 2013. 小兴安岭原始红松林降雨截留分配及其修正的Gash模型模拟研究. 哈尔滨: 东北林业大学硕士学位论文.

柴汝杉, 蔡体久, 满秀玲, 等. 2013. 基于修正的 Gash 模型模拟小兴安岭原始红松林降雨截留过程. 生态学报, 33(4): 1276-1284.

常学向, 赵文智. 2009. 林木尺度水分利用测算方法与研究进展. 冰川冻土, 31(6): 1201-1210.

常志勇, 包维楷, 何丙辉, 等. 2006. 岷江上游油松与华山松人工混交林对降雨的截留分配效应. 水土保持学报, 20(6): 37-40.

陈丽华, 张艺, 余新晓, 等. 2013. 北京山区典型森林植被林冠截留特征及模拟. 应用基础与工程科学学报, 21(3): 423-431.

陈书军, 陈存根, 曹田健, 等. 2015. 降雨量级和强度对秦岭油松林林冠截留的影响. 应用基础与工程科学学报, 23(1): 41-55.

陈迎春. 2003. 小兴安岭植被现状及发展趋势. 北方环境, 28(2): 42-44.

池波. 2013. 大兴安岭北部兴安落叶松蒸腾耗水规律. 哈尔滨: 东北林业大学硕士学位论文.

崔雪晴. 2010. 小兴安岭地区森林植被变化对小流域径流的影响. 哈尔滨: 东北林业大学硕士学位论文.

崔雪晴, 蔡体久, 刘文彬. 2010. 小兴安岭林区森林覆盖率变化对小流域径流的影响. 水土保持学报, 24(1): 16-19.

高甲荣, 肖斌, 张东升, 等. 2001. 国外森林水文研究进展述评. 水土保持学报, 15(5): 60-75.

贺淑霞, 李叙勇, 莫菲, 等. 2011. 中国东部森林样带典型森林水源涵养功能. 生态学报, 31(12): 3285-3295.

及莹, 蔡体久. 2015. 小兴安岭原始红松林降雨截留观测及分段模拟. 北京林业大学学报, 37(10): 41-49.

荐圣淇. 2013. 黄土高原典型灌木树干茎流特征及其生态水文效应. 兰州: 兰州大学硕士学位论文: 2.

姜海燕, 赵雨森, 信小娟, 等. 2008. 大兴安岭几种典型林分林冠层降水分配研究. 水土保持学报, 22(6): 197-201.

李恒鹏, 杨桂山, 刘晓玫, 等. 2005. 流域土地利用变化的长周期水文效应及管理策略. 长江流域资源与环境, 14(4): 450-455.

李金中, 裴铁璠, 牛丽华, 等. 1999. 森林流域坡地壤中流模型与模拟研究. 林业科学, 35(4): 2-8.

李思恩, 康绍忠, 朱治林, 等. 2008. 应用涡度相关技术监测地表蒸发蒸腾量的研究进展. 中国农业科学, 41(9): 2720-2726.

李文华. 2001. 森林的水文气候效应研究进展. 北京: 中国科学院地理科学与资源研究所: 10-16.

李奕. 2016. 大兴安岭北部樟子松林生态水文过程及水量平衡研究. 哈尔滨: 东北林业大学博士学位论文.

李奕, 蔡体久, 满秀玲, 等. 2014. 大兴安岭地区天然樟子松林降雨截留再分配特征. 水土保持学报, 28(2): 40-44.

李振新, 欧阳志云, 郑华, 等. 2006. 岷江上游两种生态系统降雨分配的比较. 植物生态学报, 30(5): 723-731.

刘奉觉, 郑世锴, 巨关升, 等. 1997. 树木蒸腾耗水量测算技术的比较研究. 林业科学, 33(2): 117-125.

刘海亮, 蔡体久, 满秀玲, 等. 2012. 小兴安岭主要森林类型对降雪、积雪和融雪过程的影响. 北京林业大学学报, 34(2): 20-25.

刘世海, 余新晓, 余志民. 2001. 北京密云水库集水区板栗林水化学元素性质研究. 北京林业大学学报, 23(2): 12-15.

刘世荣, 温远光, 王兵, 等. 1996. 中国森林生态系统水文生态功能规律. 北京: 中国林业出版社: 3-9.

刘文彬. 2010. 汤旺河流域气候变异和土地利用变化对河川径流量的影响. 哈尔滨: 东北林业大学硕士学位论文.

刘玉杰, 满秀玲, 盛后财. 2015. 大兴安岭北部兴安落叶松林穿透雨延滞效应. 应用生态学报, 26(11): 3285-3292.

刘玉学, 李红君, 李光森, 等. 1993. 辽宁山区不同林型降雨截流的研究. 沈阳农业大学学报, 24(4): 298-301.

马钦彦. 1982. 研究森林与大气间 CO_2 交换的微气象学法(综述). 北京林学院学报, (1): 59-85.

满秀玲, 于凤华, 戴伟光, 等. 1997. 森林采伐与造林对土壤水分物理性质的影响. 东北林业大学学报, 25(5): 57-60.

权维俊, 郭文利, 叶彩华, 等. 2007. 基于 TM 卫星影像获取北京市水体密度指数与植被覆盖指数的方法. 大气科学学报, 30(5): 610-616.

盛后财. 2009. 原始红松林降雨截留再分配及其影响因子研究. 哈尔滨: 东北林业大学硕士学位论文.

盛后财, 蔡体久, 琚存勇. 2015. 小兴安岭白桦林降水转化过程元素特征分析. 北京林业大学学报, 37(2): 59-66.

盛后财, 蔡体久, 李奕, 等. 2014. 大兴安岭北部兴安落叶松(*Larix gmelinii*)林降雨截留再分配特征. 水土保持学报, 28(6): 101-105.

盛后财, 蔡体久, 俞正祥. 2016. 大兴安岭北部兴安落叶松(*Larix gmelinii*)林下穿透雨空间分布特征. 生态学报, 36(19): 6266-6273.

盛后财, 蔡体久, 朱道光, 等. 2009. 人工落叶松林降雨截留再分配及其水化学特征. 水土保持学报, 23(2): 79-83, 89.

时忠杰, 王彦辉, 徐丽宏, 等. 2009. 六盘山华山松(*Pinus armandii*)林降雨再分配及其空间变异特征.

生态学报, 29(1): 76-85.

孙浩. 2014. 六盘山香水河小流域四种典型林分的生态水文特性研究. 北京: 中国林业科学研究院硕士学位论文: 35-40.

孙慧珍, 李夷平, 王翠. 2005b. 不同木材结构树干液流对比研究. 生态学杂志, 24(12): 1434-1439.

孙慧珍, 孙龙, 王传宽, 等. 2005a. 东北东部山区主要树种树干液流研究. 林业科学, 41(3): 36-42.

孙慧珍, 赵雨森. 2008. 水曲柳和樟子松树干液流对不同天气的响应. 东北林业大学学报, 36(1): 1-3.

孙忠林, 王传宽, 王兴昌, 等. 2014. 两种温带落叶阔叶林降雨再分配格局及其影响因子. 生态学报, 34(14): 3978-3986.

王维华, 张胜利. 1982. 小兴安岭林区森林水文效应分析. 东北林学院学报, 13(2): 42-47.

吴旭东, 周梅, 张慧东. 2006. 兴安落叶松林冠截留与降雨量及降雨强度的关系. 内蒙古农业大学学报, 27(4): 83-86.

姚月锋. 2011. 小兴安岭森林流域气候和覆被变化对河川径流的影响. 哈尔滨: 东北林业大学博士学位论文.

尹佃忠. 2003. 森林植被对地下水补给作用分析. 地下水, 25(1): 9-10.

余新晓, 赵玉涛, 张志强, 等. 2003. 长江上游亚高山暗针叶林土壤水分入渗特征研究. 应用生态学报, 14(1): 15-19.

俞正祥, 蔡体久, 朱宾宾. 2015. 大兴安岭北部主要森林类型林内积雪特征. 北京林业大学学报, 37(12): 100-107.

张会儒, 李超, 董希斌. 2012. 小兴安岭低质林林冠对降水截留量的影响. 东北林业大学学报, 4(4): 90-91, 105.

张庆费, 周晓峰, 王传宽. 1995. 小兴安岭西南部森林对洪水径流的影响. 生态学杂志, 14(4): 10-14.

张小由, 康尔泗, 司建华, 等. 2006. 胡杨蒸腾耗水的单木测定与林分转换研究. 林业科学, 42(7): 28-32.

张小由, 康尔泗, 张智慧, 等. 2005. 黑河下游天然胡杨树干液流特征的试验研究. 冰川冻土, 27(5): 742-746.

张彦群, 王传宽. 2008. 北方和温带森林生态系统的蒸腾耗水. 应用与环境生物学报, 14(6): 838-845.

朱道光, 蔡体久, 姚月锋. 2005. 小兴安岭森林采伐对河川径流的影响. 应用生态学报, 16(12): 2259-2262.

朱劲伟, 史继德. 1982. 小兴安岭红松阔叶林的水文效应. 东北林学院学报, (4): 36-44.

Alan M, Ali F. 2010. Throughfall characteristics in three non-native Hawaiian forest stands. Agricultural and Forest Meteorology, 150: 1453-1466.

Andréassian V. 2004. Waters and forests: from historical controversy to scientific debate. Journal of Hydrology, 291: 1-27.

Anfdillo T, Sigalotti G B, Tomasi M, et al. 1993. Applications of a thermal imaging technique in the study of the ascent of sap in woody species. Plant Cell and Environment, 16(8): 997-1001.

Bosch J M, Hewlett J D. 1982. A review of catchment experiments to determine the effects of vegetation changes on water yield and evapotranspiration. Journal of Hydrology, 55(1-4): 3-23.

Buttle J M, Metcalfe R A. 2000. Boreal forest disturbance and streamflow response, Northeastern Ontario. Canadian Journal of Fisheries and Aquatic Sciences, 57(2): 5-18.

Calder I R. 2007. Forests and water-ensuring benefits outweigh water costs. Forest Ecology and Management, 251(1): 110-120.

Carlyle-Moses D E, Price A G. 2006. Growing-season stemflow production within a deciduous forest of southern Ontario. Hydrological Process, 20(17): 3651-3663.

Cornish P M. 1993. The effects of logging and forest regeneration on water yields in a moist eucalypt forest in New South Wales, Australia. Journal of Hydrology, 150(2-4): 301-322.

Cosandey C, Andréassian V, Martin C, et al. 2005. The hydrological impact of the Mediterranean forest: a review of French research. Journal of Hydrology, 301: 235-249.

Diawara A, Loustau D, Berbigier P. 1991. Comparison of two methods for estimating the evaporation of a *Pinus pinaster* (Ait.) stand: sap flow and energy balance with sensible heat flux measurements by an eddy covariance method. Agricultural and Forest Meteorology, 54(1): 49-66.

Gómez J A, Vanderlinden K, Giráldez J V, et al. 2002. Rainfall concentration under olive trees. Agricultural Water Management, 55(1): 53-70.

Harr R D, Mccorisin F M. 1979. Initial effects of clear cut logging on size and timing of peak flow s in a small watershed in western Oregon. Water Resources Research, 15: 90-94.

Hatton T J, Moore S J, Reece P H. 1995. Estimating stand transpiration in a *Eucalyptus populnea* woodland with the heat pulse method: Measurement errors and sampling strategies. Tree Physiology, 15: 219-227.

Jones J A. 2000. Hydrologic processes and peak discharge response to forest removal, regrowth, and roads in 10 small experimental basins, western Cascades, Oregon. Water Resources Research, 36(9): 2621-2642.

Liu W, Cai T, Fu G, et al. 2013. The streamflow trend in Tangwang River basin in northeast China and its difference response to climate and land use change in sub-basins. Environmental Earth Sciences, 69(1): 51-62.

Macdonald J S, Beaudry P G, Mac Isaac E A, et al. 2003.The effects of forest harvesting and best management practices on streamflow and suspended sediment concentrations during snow melt in headwater streams in sub-boreal forest of British Columbia, Canada. Canadian Journal of Forest Research, 33: 1397-1407.

Parker G G. 1983. Throughfall and stemflow in the forest nutrient cycle. Advances in Ecological Research, 13: 57-133.

Peng H H, Zhao C Y, Feng Z D, et al. 2014. Canopy interception by a spruce forest in the upper reach of Heihe River Basin. Hydrological Processes, 28: 1734-1741.

Sudipta S, Menas K. 2004. Interannual variability of vegetation over the Indian sub-continent and its relation to the different meteorological parameters. Remote Sensing of Environment, 90 (2): 268-280.

Sun G, Zhou G, Zhang Z, et al. 2006. Potential water yield reduction due to forestation across China. Journal of Hydrology, 328: 548-558.

Thomas R B, Megahan W F. 1998. Peak flow responses to clear-cutting and roads in small and large basins, western Cascades, Oregon: a second opinion. Water Resources Research, 34: 3393-3403.

Tucker C J, Townshend J R, Goff T E. 1985. African land cover classification using satellite data. Science, 227(4685): 369.

Wei X H, Liu S R, Zhou G Y, et al. 2005. Hydrological processes in major types of Chinese forest. Hydrologycal Process, 19(1): 63-75.

Wullschleger S D, Meinzer F C, Vertessy R A. 1998. A review of whole-plant water use studies in trees. Tree Physiology, 18(8-9): 499-512.

Xiao Y H, Dai L M, Niu D K, et al. 2002. Influence of canopy on precipitation and its nutrient elements in broadleaved/Korean pine forest on the northern slope of Changbai Mountain. Journal of Forestry Research, 13(3): 201-204.

Zhang L, Hickel K, Dawes W R. 2004. A rational function approach for estimating mean annual evapotranspiration. Water Resources Research, 40(2): 89-97.

第9章　中温带森林生态水文过程的变化规律

我国中温带地带性森林类型为针阔叶混交林，代表性森林类型只有一类，即红松针阔叶混交林，也称为阔叶红松林（孙鸿烈，2005）。天然阔叶红松林分布于我国东北地区的东部山区，向东北延伸至俄罗斯的远东地区和沿海地区。我国境内主要分布于长白山、老爷岭、张广才岭、完达山等山脉，这些地区也是东北主要河流的发源地，所以阔叶红松林的生态水文特征对本地区和下游地区的水资源、生态安全、粮食安全具有重要的意义。本章以长白山阔叶红松林为主要研究对象，对中温带森林空间生态水文学的变化规律进行简要的总结。

9.1　中温带森林生态系统的降水再分配过程

9.1.1　不同树种降雨截留的差异

9.1.1.1　研究方法

（1）研究地概况

研究地位于中国科学院长白山森林生态系统定位站的一号标准地红松针阔叶混交林内（42°24′N、128°05′E，海拔 738 m）。研究区的年平均气温为 3.6℃，年降雨量为 700 mm 左右，生长季降雨量约占全年降水总量的 80%，年蒸发量为 1272 mm。土壤为山地暗棕色森林土，0～10 cm 土层的田间持水量为 40.11%。主要建群种有红松（*Pinus koraiensis*）、紫椴（*Tilia amurensis*）、色木槭（*Acer mono*）、蒙古栎（*Quercus mongolica*）和水曲柳（*Fraxinus mandschurica*）等，林分为复层结构，下木覆盖度为 40%，平均树高为 26 m，林分密度为 560 株/hm²，郁闭度为 0.8，总蓄积量约为 380 m³/hm²，优势树龄为 200 年左右。

（2）截留容量的确定方法

为了确定长白山阔叶红松林冠层的截留容量，选取该林型 18 个主要树种（表 9.1），在长白山森林水文模拟实验室分别测定其截留容量。首先对选定的树种剪取一定数量的枝叶，称重后将枝叶按原有角度固定，利用降雨器进行人工模拟降雨（雨强为 0.56 mm/min），直至枝叶截留水分达到饱和为止；然后再次称取枝叶重量，测定叶面积，从而得到各树种枝叶单位叶面积的截留容量；最后将所得结果进行平均，作为该林型单位叶面积的截留容量。同时，应用 LAI-2000 冠层分析仪（LI-COR）定期观测林地叶面积指数。

（3）风速与截留量关系的模拟实验

实验在中国科学院长白山森林水文模拟实验室进行。选取长度为 50～60 cm 的红松、紫椴、蒙古栎、水曲柳和色木槭各6条树枝。测量所取树枝的直径、长度、重量、叶面积和叶重量（树枝直径和长度见表9.1），并根据测量的直径和长度计算出树枝的表面积。实验所用仪器：BP221S Sartorius 电子天平（德国赛多利斯公司），LI-300 叶面积仪，标准游标卡尺，标准刻度尺。

表9.1　树枝直径和长度 （单位：cm）

序号	红松		蒙古栎		色木槭		水曲柳		紫椴	
	直径	长度	直径	长度	直径	长度	直径	长度	直径	长度
1	0.570	49.0	0.679	60.0	0.371	50.5	0.728	52.0	0.763	65.1
2	0.670	46.0	0.588	59.5	0.553	61.0	0.613	49.1	0.836	64.2
3	0.700	56.2	0.542	48.0	0.680	67.1	0.680	60.2	0.533	35.3
4	0.411	42.1	0.488	48.0	0.621	57.0	0.770	61.5	0.775	60.0
5	0.799	56.0	0.321	41.0	0.420	43.2	0.592	45.2	0.714	58.2
6	0.776	59.3	0.263	36.0	0.411	40.0	0.741	50.3	0.624	46.1
平均值	0.654	51.4	0.480	48.8	0.510	53.1	0.687	53.0	0.708	54.8

1）风速与摆动关系的测定

在水文模拟实验室，利用工业风扇模拟自然风，使用风速仪在距离风扇0.5 m、1 m、1.5 m、2 m、2.5 m、3 m、3.5 m、4 m和4.5 m处测量风速，通过回归分析，推导出风速与距离之间的经验关系。再用摄像机拍摄树枝在距风扇不同距离处随风速摆动情况，分析视频，推算山摆动幅度与风速之间的关系。

2）摆动与截留容量关系的测定

将选取的树枝置于一个自制的透明箱中，箱体底部设有可控排水口。在树枝长度二分之一处系一个标有刻度的伸缩尺，连接到箱体外部。用大型喷壶模拟降水，持续降水3 min后，打开箱体底部排水口，测量模拟降雨量 V，排水量换算成体积 V_1（mL）。用滤纸擦拭箱壁残留水分，称其前后重量差，换算成体积 V_2（mL），树枝饱和截留容量（S'）为

$$S' = V - V_1 - V_2 \tag{9.1}$$

调节伸缩尺的长度，模拟树枝受到风的吹动而产生的摆动。实验前，选取与实验树种长度、直径接近的树枝对摆动次数与截留容量间的关系进行预实验。研究发现，截留容量随着摆动次数的增加而逐渐减小，经过4次摆动后，截留容量减小趋势变得平稳（图9.1），说明摆动4次后，截留容量将不再发生明显变化。所以本实验每个幅度级别摆动4次，伸缩尺幅度级别分别为1 cm、3 cm、5 cm和8 cm。每次摆动后，用滤纸擦拭箱体壁上的水滴，称其前后重量差，即为饱和截留容量的损失量。

9.1.1.2　研究结果

（1）不同树种的截留容量与叶面积指数

18个树种截留容量的观测结果表明，樟子松、杉松、红松等针叶树种的截留容量较大（0.10～0.15 mm），而山杨、胡桃楸、蒙古栎、稠李等叶片表面光滑的阔叶树种截留

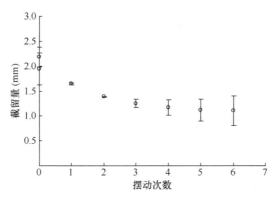

图 9.1 截留量与摆动次数的关系

容量较小（0.01～0.04 mm），其他阔叶树截留容量居中（只有紫椴例外，其截留容量较大）。综合实验结果，得出长白山阔叶红松林主要树种单位叶面积的平均截留容量为 0.071 mm，方差为 0.023 mm^2（表 9.2）。

表 9.2 不同树种的截留容量

物种	干重（kg）	湿重（kg）	叶面积（cm^2）	截留容量（mm）
蒙古栎 Quercus mongolica	0.337	0.419	21 986.71	0.037
白桦 Betula platyphylla	0.164	0.221	8 684.83	0.066
黄檗 Phellodendron amurense	0.131	0.156	5 486.56	0.046
紫椴 Tilia amurensis	0.182	0.262	7 260.49	0.110
春榆 Ulmus davidiana var. japonica	0.189	0.242	7 285.66	0.073
色木槭 Acer mono	0.131	0.217	10 688.58	0.080
假色槭 Acer pseudosieboldianum	0.155	0.239	8 632.90	0.097
稠李 Prunus padus	0.096	0.122	7 905.44	0.033
朝鲜槐 Maackia amurensis	0.216	0.257	9 962.91	0.041
水曲柳 Fraxinus mandschurica	0.486	0.579	18 609.10	0.050
山杨 Populus davidiana	0.107	0.113	5 510.34	0.011
胡桃楸 Juglans mandshurica	0.412	0.47	19 415.13	0.030
杉松 Abies holophylla	0.455	0.56	8 044.98	0.131
落叶松 Larix olgensis	0.326	0.431	20 896.80	0.050
红松 Pinus koraiensis	0.183	0.221	3 700.10	0.103
臭冷杉 Abies nephrolepis	0.278	0.343	8 639.95	0.075
樟子松 Pinus sylvestris	0.356	0.438	5 504.97	0.149
红皮云杉 Picea koraiensis	0.372	0.428	6 137.15	0.091
平均				0.071

（2）单位叶面积截留损失量与风速的经验关系

1）风速与摆动的关系

实验发现，随着风速的增大，树枝的摆幅随之增大，两者呈明显正相关关系。模

拟风速自变量 x，摆动幅度为因变量 y，用一元回归方法求出风速与摆幅的关系，公式如下：

$$红松 \quad y = 6.03x - 5.21 \qquad R^2 = 0.983 \qquad (9.2)$$
$$蒙古栎 \quad y = 4.42x - 1.35 \qquad R^2 = 0.983 \qquad (9.3)$$
$$色木槭 \quad y = 4.29x - 2.61 \qquad R^2 = 0.996 \qquad (9.4)$$
$$水曲柳 \quad y = 4.42x - 1.55 \qquad R^2 = 0.997 \qquad (9.5)$$
$$紫椴 \quad y = 3.35x - 1.25 \qquad R^2 = 0.995 \qquad (9.6)$$

式中，x 的系数表示了树枝受风速影响的大小。从回归方程的系数看，红松摆动幅度受风速影响最大，x 的系数为 6.03；紫椴摆动摆幅受风速影响最小，x 的系数为 3.35。从树叶类型看，在风速相同的情况下，针叶树种的摆动幅度比阔叶树种的摆动幅度大，说明针叶树种更容易受到风速的影响而产生较大的摆动。

2）截留量与风速的关系

根据得到的风速与摆动之间的经验关系以及摆动与截留损失量之间的关系，将摆动幅度换算成风速，推导得出截留量 y 与风速 x 的经验关系式。回归方程为：$y = c + ae^{-bc}$，其中 c 代表树枝最低截留量，是一个固定值，不会随风速的变化而发生改变。a 和 c 的值之和即为树枝的饱和截留量，b 值可以体现树枝截留量受摆动幅度影响的大小。公式如下：

$$红松 \quad y = 1.19 + 0.74e^{-0.21x} \qquad R^2 = 0.966 \qquad (9.7)$$
$$蒙古栎 \quad y = 0.96 + 1.46e^{-0.56x} \qquad R^2 = 0.995 \qquad (9.8)$$
$$色木槭 \quad y = 1.66 + 0.77e^{-0.99x} \qquad R^2 = 0.962 \qquad (9.9)$$
$$水曲柳 \quad y = 0.9 + 1.41e^{-0.28x} \qquad R^2 = 0.996 \qquad (9.10)$$
$$紫椴 \quad y = 0.89 + 0.64e^{-0.71x} \qquad R^2 = 0.996 \qquad (9.11)$$

将树种划分成阔叶和针叶两种，两类树种的风速与截留量关系如下：

$$阔叶 \quad y = 1.098 + 1.02e^{-1.654x} \qquad R^2 = 0.987 \qquad (9.12)$$
$$针叶 \quad y = 1.305 + 0.658e^{-1.083x} \qquad R^2 = 0.966 \qquad (9.13)$$

将上面两个公式绘图进行比较（图 9.2），可以发现阔叶和针叶树种截留量与风速之间的关系差异。两个树种截留量随风速的增加均逐渐减小。风速小于 1.0 m/s 时，阔叶

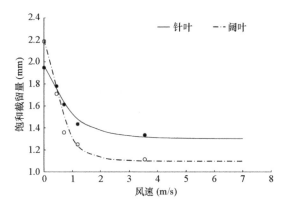

图 9.2　风速与截留量关系

的递减速度比针叶的快，说明此时的风速对阔叶树种饱和截留量的影响大于对针叶树种的影响，阔叶树种饱和截留量从 2.20 mm 快速减小到 1.31 mm，针叶树种的饱和截留量从 1.96 mm 下降到 1.59 mm；风速超过 4 m/s，则截留量的下降趋势趋于平稳，基本保持在一个固定值。

9.1.2　中温带针阔叶混交林的降雨再分配过程

9.1.2.1　研究方法

（1）林冠截留观测

林冠截留观测点位于辽宁省抚顺市后安镇五龙林场（41°44′N，124°13′E）。该地区属长白山余脉，温带大陆山地气候，平均海拔为 240 m，年平均气温为 7～8℃，年平均降雨量为 780 mm。观测点植被为落叶松人工林，以长白落叶松（*Larix olgensis*）、日本落叶松（*Larix kaempferi*）和华北落叶松（*Larix principis-rupprechtii*）为主，40 年生，林分密度为 1020 株/hm²，平均树高为 21 m，平均胸径为 20 cm，郁闭度为 0.88。

随机布设 6 个面积为 2.0 m×0.2 m 的雨量收集器测定穿透雨，每隔 24 h 收集雨水称量，并换算为水深，6 个数值的平均值记为穿透雨量。在距样地 200 m 处的皆伐地，利用标准自计雨量筒测定林外降雨量。根据以往辽宁东部山区的林冠截留数据，树干茎流仅占总降雨量的 0.5%～3%（高人和周广柱，2002），可以忽略，林冠截留量等于林外降雨量与穿透雨量之差。

（2）气象要素的获取与计算

研究采用的日平均温度、水汽压和风速，以及日降雨量和日照时数等气象数据均来自距离研究地分别为 65 km、30 km 和 77 km 的抚顺市气象观测站、清原县气象观测站和新宾县气象观测站。取 3 个气象观测站的平均值作为研究地气象要素值。太阳净辐射计算公式如下（翁笃鸣等，1996）：

$$R_n = a + bQ \tag{9.14}$$

式中，Q 为天文辐射，根据经纬度和日照时数求出；经验参数 a、b 可用平均水汽压 e 表示：

$$a = -83.75 - 6.24e, \ b = 0.45 + 0.03e$$

（3）林冠持水能力的测定

林冠持水能力 S 可根据 Leyton 等（1967）提出的方法计算。具体方法见图 9.3，根据单次降雨事件的穿透雨量和降雨量的观测数据，求出穿透雨量随降雨量变化的线性关系，x 轴的截距即为林冠持水能力 S。

（4）Gash 模型的改进

Gash 模型描述的是一系列彼此分离的降雨事件，每个降雨事件都包含林冠加湿、林冠饱和及降雨停止后林冠干燥的过程，并将林冠截留分为林冠吸附、树干吸附和附加

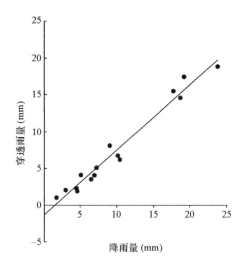

图 9.3　林冠持水能力测定方法

截留 3 个部分，采用分项求和的形式，将林冠在降雨过程中各个阶段的截留损失相加，得到总的林冠截留量。Gash 模型的基本形式如下：

$$I = n\left(1 - p - p_t\right)P_G + \left(E/R\right)\sum_{i=1}^{n}\left(P_i - P_G\right) + nS + \left(1 - p - p_t\right)\sum_{i=1}^{m}P_i + qS_t + \sum_{i=1}^{m+n-q}P_i \quad (9.15)$$

式中，I 为林冠截留量（mm）；n 为林冠达到饱和的降雨次数；m 为林冠未达到饱和的降雨次数；p 为自由穿透降雨系数，即不接触林冠直接降落到林地的降雨的比率；p_t 为树干径流系数；R 为平均降雨强度（mm/h）；E 为平均林冠蒸发速率（mm/h）；P_i 为单次降雨事件的降雨量（mm）；P_G 为使林冠达到饱和的降雨量（mm）；S_t 为树干持水能力（mm）。

使林冠达到饱和所必需的降雨量 P_G 可根据下面公式求出：

$$P_G = \left(-RS/E\right)\ln\left[1 - E/R\left(1 - p - p_t\right)^{-1}\right] \quad (9.16)$$

式中，S 为林冠枝叶部分的持水能力（mm）。

饱和林冠的平均蒸发速率 E 由 Penman-Monteith 公式来计算：

$$\lambda E = \left(\Delta R_a + \rho C_p D / r_a\right)\left(\Delta + \gamma\right)^{-1} \quad (9.17)$$

式中，λ 为水的汽化潜热（20℃时，2454 J/g）；E 为林冠蒸发速率（mm/h）；Δ 为饱和水汽压曲线随气温变化的斜率（hPa/℃）；R_a 为大气净辐射（W/m²）；ρ 为空气密度（20℃时为 1204 g/m³）；C_p 为空气在常压下的比热 [1.0048 J/(g·℃)]；D 为饱和水汽压差（hPa），即气温（T）对应的饱和水汽压（E）与同温度对应的水汽压（e）之差（$D = E - e$）。

空气动力学阻力（r_a）按下式计算：

$$r_a = \frac{\left\{\ln\left[\left(z - d\right)/z_0\right]\right\}^2}{k^2 U} \quad (9.18)$$

式中，z 为风速观测高度（m）；d 为零平面位移（m）；z_0 为粗糙度长度（m）；k 为 von Karman 常数（$k = 0.4$）；U 为 z 高度的风速（m/s）。

Gash 模型各分项的意义见表 9.3。

表 9.3　Gash 模型的组成

林冠截留的组成部分	表达式
林冠未饱和的 m 次降雨	$n(1-p-p_t)P_G - nS$
林冠达到饱和的 n 次降雨的林冠加湿过程	$(1-p-p_t)\sum\limits_{i=1}^{m} P_i - nS$
降雨停止前饱和林冠的蒸发	$(E/R)\sum\limits_{i=1}^{n}(P_i - P_G)$
降雨停止后的林冠蒸发	$n \quad S$
树干蒸发，其中 q 次降雨树干达到饱和，其余 $m+n-q$ 次降雨树干未饱和	$qS_t + p_t \sum\limits_{i=1}^{m+n-q} {}_t P_i$

　　林冠截留量主要受饱和截留、蒸发率等影响。而风速在很大程度上影响林冠的饱和截留量。根据室内模拟实验，并综合针叶和阔叶树种摆动与风速的关系，推导出的风速与截留量的关系为

$$S = 1.14 + 1.013e^{-1.563U} \tag{9.19}$$

改进后的模型简称为 Gash-wind 模型。

9.1.2.2　研究结果

（1）运用 Gash 模型预测截留量

　　根据 2005～2008 年 6～9 月辽宁省抚顺市后安镇五龙林场的降雨观测数据，分别运用 Gash 模型和 Gash-wind 模型模拟计算了林冠截留量。从模型计算和观测数据的比较结果看（图 9.4），相比 Gash 模型，Gash-wind 模型的模拟结果更接近实测值。Gash 模型对截留总量模拟的误差为−13.28%～61.86%，平均值是 16.26%。Gash-wind 模型的误差为−19.29%～54.74%，因其充分考虑到风速对饱和截留量的影响，从而提高了模拟精度，平均误差仅为 8.91%。但与 Gash 模型相似的是，Gash-wind 模型得到的林冠截留量模拟值一般大于实测值。

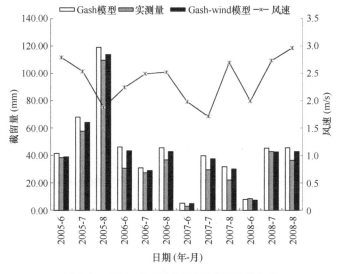

图 9.4　模型模拟和实际观测截留量的比较

（2）林冠截留量与降雨量的关系

图 9.5 为林内穿透降雨月总量与林外降雨月总量之间的关系，右上方 3 个点为 2005 年的超大降雨量数据，剔除该数据后，两者之间具有显著的正相关关系，即穿透雨量随降雨量增大而增大，2007 年的相关系数（R^2）最高，达 0.99，2005～2008 年 4 年平均 R^2 为 0.98。4 年年均穿透雨量占总降雨量的（77.64±4.25）%，其中 2007 年的值最大。

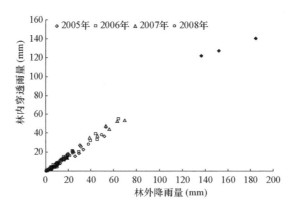

图 9.5　林内穿透降雨量与林外降雨量的关系

林冠截留量随着林外降雨量的增加而增大，但两者非直线关系。降雨量较小时，截留量随降雨量的增加而成正比增加，但当林冠截留量接近或达到某一个数值时，随着降雨量的增加，截留量增加量的幅度很小，基本趋于平稳。此外，由于林冠截留量随降雨量变化的关系，截留率也不是一个常数，在降雨开始时，林冠几乎截留了全部降雨，此时的截留率最大。随着降雨量的增加，林冠蓄水量接近饱和状态，截留率也相应逐渐减小。

9.2　森林生态系统的蒸散规律

9.2.1　主要树种的蒸腾规律

9.2.1.1　研究方法

（1）液流测定

2009 年 6～9 月选取同一生境条件下生长状况良好的紫椴、色木槭和红松各 3 株（基本特征见表 9.4），使用 Granier 热扩散观测系统（TDP10，北京鑫源时杰科技发展有限公司，北京）进行树干液流的观测。为避免由方位及阳光直射引起的误差，液流传感器安装在树干西侧 1.3 m，外面覆裹保温铝膜。使用数据采集器（SQ2020，Grant Instruments Ltd.，Cambridge，UK）自动记录数据，每 30 min 进行平均值的计算并储存。液流速率（cm/s）依据 Granier 等（1996）的经验公式进行计算：

$$J_s = 0.0119 \times \left(\frac{dT_{\max} - dT}{dT} \right)^{1.231} \tag{9.20}$$

式中，J_s 为液流速率（cm/s）；dT_{max} 为测定期间的最高探针温差（℃）；dT 为瞬时探针温差（℃）。

表 9.4 研究样树的基本特征

树种	平均树高（m）	平均胸径（cm）
紫椴 *Tilia amurensis*	26.0	55.8
色木槭 *Acer mono*	24.5	43.5
红松 *Pinus koraiensis*	25.0	38.9

（2）环境因子的观测

实验地建有 62 m 高的微气象观测塔。塔上装有 7 层风速仪（A100R，Vector Instruments，Denbighshire，UK）、大气温度和湿度传感器（HMP45C，Vaisala，Helsinki，Finland），安装高度分别为 2.5 m、8 m、22 m、26 m、32 m、50 m、60 m（本研究使用 32 m 处数据）；光合有效辐射（PAR）传感器（LI-190Sb，LiCoR Inc.，USA）设在 32 m 高度处；降雨量（Rain Gauge 52203，Young，MI，USA）安装在 60 m 高度；土壤温度探头（105T，Campbell，USA）的设置深度为 0 cm、5 cm、10 cm、20 cm、50 cm、100 cm，土壤水分探头（CS616_L，Compbell，USA）的设置深度为 5 cm、20 cm、50 cm（本研究的土壤温湿度数据为 5～20 cm 处对应数据的平均值）。以上所有数据均与液流数据同步观测，每 30 min 计算平均值，通过数据采集器（CR23X 和 CR10X，Campbell Scientific，USA）自动存储。

饱和水汽压差（VPD，kPa）的计算公式如下（Campbell and Norman，1998）：

$$E = 0.611 \times \exp\left(\frac{17.502T}{T + 240.97} \right) \tag{9.21}$$

$$\text{VPD} = E - \frac{E \cdot R_h}{100} \tag{9.22}$$

式中，E 为饱和水汽压（kPa）；T 为空气温度（℃）；R_h 为空气相对湿度（%）。

研究期间（2009 年 6～9 月）总降雨量为 498 mm，高于相同时段的多年平均值[1982～2008 年 6～9 月平均总降雨量为 446.2 mm（Shi et al.，2008）]，可以认为土壤水分供应充足。

（3）数据处理

采用 Origin 软件对数据进行处理，对土壤湿度与树干液流速率的关系进行单因素方差分析，对树干液流速率与环境因子进行相关分析和多因子的逐步回归分析。

9.2.1.2　结果与分析

（1）树干液流速率的日动态

图 9.6 为紫椴、色木槭和红松在生长季典型晴天（2009 年 7 月 27 日）和典型阴天（2009 年 7 月 25 日）的液流速率与 PAR 的日动态。3 个树种的液流速率在晴天和阴天下都呈现明显的单峰型。相同天气条件下各树种液流的启动时间和到达峰值的时间基本

一致，但停止时间存在差异。主要表现在：晴天时，3 个树种树干液流的启动时间较早（6:00～7:00），11:00 左右达到峰值，并持续维持较高值至 14:00，之后开始逐渐下降，色木槭和红松在 19:00 左右降至最低，而紫椴直到 21:00 才达到最低值。阴天时，液流启动时间较晚，3 个树种均在 9:00 左右开始启动，而后迅速上升，在 13:00 前后达到峰值，而后随 PAR 的下降而降低，色木槭和红松的液流速率在 19:00 降到最小值，而紫椴在 20:00 左右达到最低值。

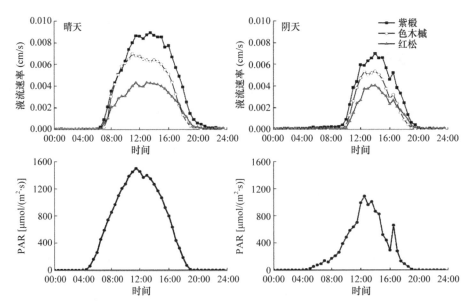

图 9.6　生长季典型晴天（2009 年 7 月 27 日）和典型阴天（2009 年 7 月 25 日）紫椴、色木槭、红松的液流速率与 PAR 的日动态

尽管晴天时 3 个树种的液流速率都明显大于阴天时的液流速率，但天气差异引起的液流变化幅度在不同树种间有所不同。具体表现为：紫椴在晴天和阴天的日平均液流速率分别为 3.261×10^{-3} cm/s 和 1.834×10^{-3} cm/s，前者比后者高出 77.8%；色木槭在晴天和阴天的日平均液流速率分别为 2.397×10^{-3} cm/s 和 1.259×10^{-3} cm/s，前者比后者高出 90.4%；红松在晴天和阴天的日平均液流速率分别为 1.585×10^{-3} cm/s 和 0.982×10^{-3} cm/s，前者比后者高出 61.4%。

（2）树干液流速率在生长季的月动态

图 9.7 为紫椴、色木槭和红松日均液流速率（每月所有数据的平均值）的月动态。6～9 月，均呈现先增加后减少的月动态特征。由于 6 月各树种处于展叶初期，叶片气孔导度和蒸腾面积较小，日均液流速率也较小，紫椴、色木槭和红松的日均液流速率分别为 1.934×10^{-3} cm/s、1.449×10^{-3} cm/s 和 0.798×10^{-3} cm/s；随着生长季的推进，叶片生理功能逐渐加强，冠层叶面积也逐渐增加，各树种的日均液流速率也逐渐增大，最大值出现在 8 月，分别为 2.606×10^{-3} cm/s、1.97×10^{-3} cm/s 和 1.283×10^{-3} cm/s。9 月，随着气温的下降，叶片开始变色、凋落，叶片蒸腾能力逐渐下降，各树种的日均液流速率也降低。另外，不同树种间的日均液流速率存在差异：紫椴的日均液流速率在各月中均为最高，其

次是色木槭，而红松的日均液流速率在各月中都表现为最低。

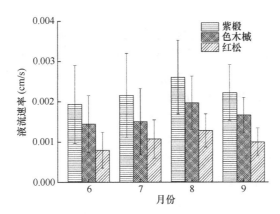

图 9.7　生长季紫椴、色木槭和红松日均液流速率的月动态（2009 年 6～9 月）

（3）树干液流与环境因子的关系

1）不同 VPD 水平下液流速率与 PAR 的关系

为了分析不同 VPD 水平下紫椴、色木槭和红松液流速率与 PAR 的关系，我们选取土壤湿度不亏缺时（土壤湿度>田间持水量的 60%）各树种的 30 min 液流数据，并将 VPD 分为 a（<0.5 kPa）、b（0.5～1.0 kPa）和 c（>1.0 kPa）3 个水平，以此区分 PAR、VPD 对液流速率的交互影响。以 6 月为例，从图 9.8 中可以看出，不同 VPD 水平下 3 个树种的液流速率与 PAR 的关系表现不同。

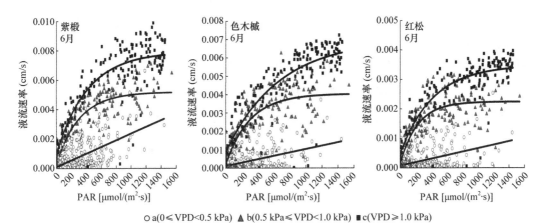

○ a(0≤VPD<0.5 kPa)　▲ b(0.5 kPa≤VPD<1.0 kPa)　■ c(VPD≥1.0 kPa)

图 9.8　不同 VPD 水平下紫椴、色木槭和红松液流速率与 PAR 的关系

当 PAR 在 0～800 μmol/（m²·s）时，紫椴的液流速率随 PAR 的升高而迅速增长，当 PAR>800 μmol/（m²·s）时，VPD<0.5 kPa 水平的液流速率随 PAR 的升高继续保持增长状态，而 VPD>0.5 kPa 水平的液流速率则缓慢增长或保持平稳。红松的液流速率随 PAR 增长的趋势与紫椴类似，不同的是 PAR 阈值比紫椴小，当 PAR > 600 μmol/（m²·s）时，VPD<0.5 kPa 水平的液流速率随 PAR 的升高继续保持增长状态，VPD>0.5 kPa 水平的液流速率则缓慢增长或保持平稳。色木槭在 PAR>800 μmol/（m²·s）、VPD 在 0.5～1.0 kPa

水平时，液流速率保持平稳，在 PAR>1200 μmol/（m²·s）、VPD>1.0 kPa 水平时，液流速率缓慢增长。

当 VPD<0.5 kPa 时，紫椴、色木槭和红松液流速率随 PAR 增长的幅度不同，紫椴的增长幅度最大，色木槭与红松的增长幅度相近。当 VPD 在 0.5～1.0 kPa 水平时，3 个树种的液流速率与 PAR 总体呈现指数函数关系，表现为液流速率在低 PAR 时，随 PAR 的升高迅速增大，而当 PAR 达到一定值后，液流速率缓慢增长或保持平稳。从图 9.8 可知，紫椴、色木槭和红松液流速率随 PAR 升高而上升的变化趋势相似，不同的是红松的 PAR 阈值最小。当 VPD>1.0 kPa 时，3 个树种的液流速率与 PAR 的关系与 VPD 在 0.5～1.0 kPa 水平时类似，都是随着 PAR 的升高液流速率的增长速率由快变慢，呈指数关系。不同的是 3 个树种的液流速率随 PAR 上升的幅度大于 VPD 在 0.5～1.0 kPa 水平的上升幅度。

2）液流速率与环境因子的相关分析

树干液流速率不仅受辐射、VPD 和土壤湿度（Sw）的影响，还与风速（Ws）、空气温度（T）等环境因子有关。相关分析发现，不同树种液流速率与各环境因子的相关性在各月间存在差异（表 9.5）。总体来说，各树种的液流速率在 6～9 月均与 PAR、VPD、T、Ws 呈显著正相关（$P<0.01$），与 Rh、Sw 则呈显著负相关（$P<0.01$），与土壤温度（Ts）的相关性较弱，只有部分树种的液流速率在部分月份与 Ts 呈显著正相关。尽管各树种的液流速率与 Sw、Ts 有显著相关性，但是各树种的平均相关系数都小于 0.21，说明与其他环境因子相比，Sw 和 Ts 不是影响液流速率的重要因子。而 PAR、T、VPD 等是影响液流速率的重要环境因子，且与树干液流速率的相关关系总体表现为 PAR>VPD>Rh>T>Ws。这几个重要影响因子对紫椴、色木槭和红松液流速率的影响在各月间也存在差异：紫椴 6 月、8 月重要影响因子为 PAR>VPD>Rh>T，7 月为 VPD>Rh>PAR>T，9 月为 VPD>PAR>T>Rh；色木槭除了 6 月表现为 PAR>Rh>VPD>T，

表 9.5 紫椴、色木槭和红松的液流速率与环境因子的相关分析

树种	月份	T	Rh	Ws	PAR	Ts	Sw	VPD
紫椴 *Tilia amurensis*	6	0.722*	−0.822*	0.433*	0.847*	0.202*	−0.158*	0.838*
	7	0.858*	−0.892*	0.258*	0.869*	0.090*	−0.310*	0.893*
	8	0.673*	−0.795*	0.095*	0.887*	−0.035	−0.110*	0.863*
	9	0.795*	−0.758*	0.161*	0.848*	0.075	−0.094*	0.865*
色木槭 *Acer mono*	6	0.681*	−0.794*	0.449*	0.826*	0.176*	−0.170*	0.792*
	7	0.784*	−0.813*	0.243*	0.893*	0.134*	−0.309*	0.815*
	8	0.636*	−0.732*	0.115*	0.935*	−0.015	−0.089*	0.791*
	9	0.710*	−0.718*	0.223*	0.907*	0.017	−0.096*	0.784*
红松 *Pinus koraiensis*	6	0.708*	−0.798*	0.475*	0.806*	0.260*	−0.079*	0.814*
	7	0.814*	−0.856*	0.262*	0.859*	0.084*	−0.292*	0.843*
	8	0.640*	−0.779*	0.121*	0.894*	−0.047	−0.084*	0.828*
	9	0.743*	−0.699*	0.206*	0.853*	0.099*	−0.107*	0.801*

*$P<0.01$ 差异显著

其他月份均为 PAR>VPD>Rh>T；而红松 4 个月的重要影响因子各不相同，分别表现为 VPD>PAR>Rh>T、PAR>Rh>VPD>T、PAR>VPD>Rh>T、PAR>VPD>T>Rh。由此得出影响 3 个树种液流速率的主要环境因子为 PAR 和 VPD。

为了进一步评价各环境因子对树干液流的综合影响，进行了多元线性逐步回归分析，相关回归方程见表 9.6。结果表明，不同树种在不同月份引入回归模型的环境因子是不同的。6～9 月 PAR、VPD 皆引入紫椴的回归模型，即紫椴每月的液流速率均受 PAR、VPD 的影响；6～9 月 PAR、VPD、Ws、Rh 皆引入色木槭的回归模型，即色木槭每月的液流速率均受 PAR、VPD、Ws、Rh 的影响；同样，6～9 月 PAR、Rh 皆引入红松的回归模型，即红松每月的液流速率均受 PAR、Rh 的影响。3 个树种在 6～9 月的决定系数均为 0.833～0.928。

表 9.6　紫椴、色木槭和红松液流速率与环境因子的回归模型

树种	月份	回归模型	R^2
紫椴 *Tilia amurensis*	6	1000Js=1.249+0.003PAR+2.389VPD−0.253Ts+0.09Ws+0.047T+1.718Sw	0.895
	7	1000Js=0.41+0.003PAR+3.684VPD−0.112Ts+0.204Ws+1.665Sw	0.928
	8	1000Js=1.427+0.003PAR+3.508VPD−0.451Ts+0.09Ws+0.112T+0.041Rh	0.928
	9	1000Js=−8.338+0.003PAR+4.508VPD+0.086Ws+0.072T+16.505Sw+0.051Rh	0.909
色木槭 *Acer mono*	6	1000Js=1.915+0.002PAR+1.276VPD+0.13Ws−0.183Ts+0.04Ta−0.009Rh	0.834
	7	1000Js=0.441+0.004PAR+1.742VPD+0.13Ws+0.203Ts−0.119T−0.024Rh	0.884
	8	1000Js=−0.7+0.004PAR+1.308VPD+0.05Ws−0.114Ts+0.07T+0.017Rh−1.877Sw	0.925
	9	1000Js=−2.829+0.003PAR+1.001VPD+0.151Ws+0.083T+0.009Rh+5.047Sw	0.890
红松 *Pinus koraiensis*	6	1000Js=−0.152+0.001PAR+0.872VPD+0.072Ws−0.036Ts−0.005Rh+2.798Sw	0.833
	7	1000Js=5.179+0.002PAR+0.075Ws−0.029T−0.056Rh+1.087Sw	0.876
	8	1000Js=1.243+0.002PAR+1.083VPD−0.162Ts+0.005Rh+0.05T	0.897
	9	1000Js=−4.652+0.002PAR+2.115VPD+0.106Ws+0.098Ts+0.028Rh+2.794Sw	0.857

（4）讨论

1）夜间液流

典型天气条件下紫椴、色木槭和红松液流速率的日动态表明，3 个树种液流速率在午间达到峰值后均有短暂的液流减少现象，这是植物特有的"午休"现象（张小由等，2003）。一般情况下，植物的蒸腾耗水都在白天进行，夜间由于植物叶片气孔的关闭，蒸腾作用亦停止。但 3 个树种的日动态表明，它们在夜间仍有微弱的液流存在，其他地区的许多树种也有类似现象（聂立水等，2002；Daley and Phillips，2006；郭宝妮等，2012）。这是因为，一方面，白天树冠蒸腾作用强烈，树体失水过多，树体水分供耗平衡失调，水容降低，在根压动力下，根系在夜间吸收水分从而回补白天的水分亏缺（Granier et al.，1994；李海涛和陈灵芝，1998）；另一方面，有些树种的气孔在夜间仍然保持开放的状态，Daley 和 Phillips（2006）研究桦树等发现，在环境因子的驱动下，气孔在夜间将继续保持开放状态，液流会随 VPD 的升高而增大。马钦彦等（2005）研究松油时也发现其夜间存在液流，且夜间液流量能达到白天液流量的 5%～15%。

2）树种间液流日动态的比较

相同天气下紫椴、色木械、红松树干液流的启动时间和到达峰值的时间基本一致，但是液流停止时间不同，这可能是因为不同树种间树体储水能力的差异。3 个树种日均液流速率大小也有差异，表现为紫椴的液流速率均是最大，色木械次之，红松最小。这主要是由于：一方面，不同树种木质部解剖结构存在差异。红松是针叶材，其输水单元为管胞，紫椴、色木械为阔叶树，其输水单元是导管，3 个树种的输水单元半径大小依次为紫椴>色木械>红松（成俊卿，1985；张大维等，2007），根据 Hagen-Poiseuille 定律，液流速率与输水单元半径的 4 次方成正比，所以红松的液流速率最小。又因针叶树种叶片角质层厚，叶肉细胞明显褶皱，气孔导度最大值及平均值明显低于阔叶树（孙慧珍等，2005），因此红松树干的液流速率低于其他两种阔叶树种。另一方面，植物本身的生理生化特性（同化方式及气孔行为等）不同，使得不同植物在水分消耗能力上有所差异（Gong et al.，2011），最终导致水分利用效率的差异。展小云等（2012）研究发现，水分利用效率表现为阔叶树种高于针叶树种，因此紫椴、色木械的耗水量大于红松的耗水量。以上原因也引起 3 个树种对 PAR 和 VPD 变化的响应程度的差异，PAR 对 3 个树种的影响程度表现为色木械>紫椴>红松；VPD 对 3 个树种的影响程度表现为红松>紫椴>色木械。

3）区域间液流月动态的比较

长白山阔叶红松林 3 个树种液流速率的季节变化日均值在 6 月最小，8 月最大。孙龙等（2007）在研究东北帽儿山红松时，发现其液流速率在 6 月最大。这可能是因为研究期间黑龙江地区 7 月、8 月降雨比较频繁（孙龙等，2007），而长白山地区的降雨大部分集中在 6 月、7 月。虽然降雨频繁，土壤水分充足，但太阳辐射弱，温度低，蒸腾拉力不够，导致帽儿山地区 7 月、8 月和长白山地区 6 月、7 月的液流速率不高，因此造成同一树种在两个研究区不同月份的最大蒸腾耗水特征不同。

4）影响液流的环境因子

对于长白山阔叶红松林 3 个树种来说，PAR 和 VPD 是其主要环境影响因子，该地区降水充沛，土壤水分等不是主要的环境限制因子。高西宁等（2002）通过对长白山阔叶红松林的研究也认为太阳辐射是影响蒸散的主要因素。树干液流速率受多种环境因子的影响，但因立地条件不同和气候差异，不同地区影响液流速率的主要因子不尽相同（高照全，2004）。马履一和王华田（2002）对北京西山地区油松液流速率的研究发现，T、Rh 和 Sw 是决定油松边材液流速率的关键因子。孙慧珍等（2005）研究紫椴、红松等液流时发现，液流速率由 PAR 和 VPD 主导。孙迪等（2010）研究辽西地区杨树液流变化时发现辐射、T、Rh 是杨树液流速率的主要影响因子。

5）问题与展望

本研究观测并分析了生长季 3 个树种的液流速率与环境因子的关系，但是尚存在一些不足。例如，没有监测生长季各树种初期的液流活动，只监测 6~9 月树种的液流，于占辉等（2009）研究刺槐树干液流动态时发现，其展叶期（4 月 26 日至 5 月 31 日）同样存在液流且受环境因子的影响。另外，实验研究时间尺度不长，无法探讨水分的长期胁迫对树干液流的影响。王文杰等（2012）对不同时间尺度上兴安落叶松树干液流速率与环境因子的关系的研究表明，土壤水分在短期内对树干液流的影响较小，长期则对液流速率的影响显著。此外，本实验只探讨了散孔材（紫椴、色木槭）和针叶材（红松）树种的液流动态，尚需对长白山阔叶红松林建群种中的环孔材（蒙古栎、水曲柳）进行探讨研究。

9.2.2　森林蒸散模型与模拟研究

目前，测算蒸散的方法主要有涡动相关技术、蒸渗仪、波文比-能量平衡法（BREB）、Penman-Monteith 联合方程（PM）等。森林复杂的垂直结构限制了很多直接测定蒸散的方法的应用，在森林中可行性较高且常用的方法有波文比-能量平衡法和 Penman-Monteith 联合方程等。波文比-能量平衡法的优点是，只需要冠层以上的辐射以及冠层以上两个不同高度的温湿度资料即可估算森林蒸散量，但是其不足之处在于对温湿度观测仪器的精度要求较高，且当波文比接近−1 时，即潜热和感热方向相反、大小相近时（一般发生在日出和日落时分），计算结果容易出现异常值。Penman-Monteith 联合方程的优点是，只需要冠层以上一个高度的辐射、温湿度、风速等气象资料，但是该方程中所包含的冠层导度不容易进行测算，许多学者用经验公式来计算，如著名的 Jarvis-类气孔导度模型（Jarvis，1976）。本部分将根据波文比-能量平衡法和 Penman-Monteith 联合方程计算长白山阔叶红松林的蒸散，并与利用涡动相关技术得到的观测结果进行对比和分析。

9.2.2.1　研究方法

（1）水汽通量、常规气象和叶面积指数的观测

观测地点在长白山阔叶红松林一号标准样地（林分和气候特点见 9.1.1 节），样地内建有高 62 m 的微气象观测塔，自冠下 2.5 m 至冠上 60 m 共配备有 9 个观测平台，能够满足垂直尺度上森林微气象的观测需求。在森林冠上和冠下分别安装了一套开路式涡动相关系统（OPEC），对森林与大气和土壤与大气间的 CO_2/H_2O/能量通量进行观测。在观测塔上同时配备了 7 层常规气象观测系统，对森林气象因子进行连续测定。

其中，开路式涡动相关系统的传感器安装在观测塔 40 m（1.5 倍林冠高）高处的主风方向（西南），为减少观测塔塔身尾流效应的影响，仪器安装支架通过延长臂向外伸出约 1.5 m。其中，风速与空气虚温脉动采用三维超声风温仪（CSAT3，Campbell.，USA）进行测量，CO_2 与 H_2O 浓度脉动采用 CO_2/H_2O 红外气体分析仪（LI-7500，LI-COR，USA）进行测量。在超声风速仪上附加细线热电偶（FW05，Campbell.，USA），用于温度脉动测量。另外，为了获取林下土壤和草本层、灌木层在森林生态系统碳水收支中的贡献，在林下 2.5 m 高处还安装了一套 OPEC，系统仪器配置同前。所有湍流脉动信号的采样频率为 10 Hz，脉动数据通过数据采集器（CR5000，Campbell，USA）进行采集，并通过 LoggerNet 软件自动下载到计算机上。对 CO_2/H_2O 红外气体分析仪每年进行一次人工标定。CO_2 的浓度标定通过国家标准物质中心提供的 CO_2 标准气和零气（纯度为 99.99%的氮气）实现，H_2O 的浓度标定通过便携式露点发生器（LI-610，LI-COR，USA）实现。

常规气象观测系统包括对 7 个层次的大气温度、湿度和风速的观测（2.5 m、8 m、16 m、

22 m、26 m、32 m、50 m、60 m）；5 个层次的土壤温度的观测（0 cm、5 cm、20 cm、50 cm、100 cm）；3 个层次的土壤湿度的观测（5 cm、20 cm、50 cm）；1 个层次的风向（60 m）、大气压强（2.5 m）、降雨量（60 m）、净辐射（32 m）、土壤热通量（5 cm）的观测。所有的传感器分别与 3 个 CR10X（Campbell）或 1 个 CR23X（Campbell）型数据采集器中的一个相连，采样频率全部为 0.5 Hz，每 30 min 自动记录平均值。所有数据采集器通过网线与气象塔东 10 m 处的工作室内的计算机相连，从而实现对数据的实时监视和拷贝。

叶面积指数采用叶面积分析仪（LAI-2000，LI-COR，Lincoln，NE，USA）进行测定，在微气象观测塔的西南方 200 m 长的样线上选取 10 个样点，观测高度为 1 m。由于 LAI 是通过植被冠层的辐射传输模型来计算的，要求天空为散射辐射，因此选择早晨日出前或阴天散射辐射较多时进行观测。在生长季初末期（5 月和 9 月）叶片刚开始展叶或枯黄凋萎时，叶面积变化较大，每隔 3 天观测一次。在生长旺盛期（6～8 月）叶面积较为稳定时，每隔 5～10 天观测一次。

（2）波文比-能量平衡法

波文比（β）为某一界面上感热与潜热通量的比值。根据能量平衡原理，潜热通量（LE_{BREB}）可通过下式计算：

$$LE_{BREB} + H = R_n - S \tag{9.23}$$

$$\beta = \frac{H}{LE_{BREB}} = \frac{\rho_a \cdot C_p \cdot K_h \cdot \dfrac{\Delta\theta}{\Delta z}}{\rho_a \cdot L_v \cdot K_w \cdot \dfrac{\Delta q}{\Delta z}} \tag{9.24}$$

$$LE_{BREB} = \frac{R_n - S}{1 + \beta} \tag{9.25}$$

式中，H 为感热通量；R_n 为净辐射；S 为生态系统总储热通量；L_v 为水的汽化潜热；K_h 和 K_w 分别为显热和潜热的湍流交换系数；Δz 为冠层以上两个观测高度之差；$\Delta\theta$ 和 Δq 分别为两个观测高度的位温差和湿度差。

根据莫宁-奥布霍夫（Monin-Obukhov）相似理论，显热和潜热的湍流交换系数相等，即 $K_h = K_w$，则

$$\beta = \frac{C_p \cdot \Delta\theta}{L_v \cdot \Delta q} = \gamma \cdot \frac{\Delta T_a}{\Delta e_a} \tag{9.26}$$

$$\gamma = \frac{C_p \cdot P}{L_v \cdot \varepsilon} \tag{9.27}$$

式中，γ 为干湿表常数；ΔT_a 和 Δe_a 分别为冠层以上两个不同观测高度大气的温度差和水汽压差；P 为大气压；ε 为水汽与空气的分子质量比（0.622）。森林中气温的实际递减率远大于干绝热递减率，可以用实测气温差（ΔT_a）来代替位温差（$\Delta\theta$）。

（3）Penman-Monteith 联合方程

在 Penman 公式的基础上，Monteith（1965）提出了计算植物整个冠层的蒸散公式：

$$\mathrm{LE_{PM}} = \frac{\Delta \cdot (R_\mathrm{n} - S) + \rho_\mathrm{a} \cdot C_\mathrm{p} \cdot V_\mathrm{PD} \cdot g_\mathrm{a}}{\Delta + \gamma \cdot (1 + g_\mathrm{a}/g_\mathrm{c})} \tag{9.28}$$

式中，Δ 为饱和水汽压随温度变化曲线的斜率；V_PD 为观测高度的水汽压差；g_a 为空气动力学导度；g_c 为冠层导度。假设 g_a 等于动量的导度，大气中的风速廓线接近中性稳定条件，g_a 的计算公式为（Thom，1957）。

$$g_\mathrm{a} = \frac{k^2 \cdot u_z}{\left\{ \ln\left[(z-d)/z_0 \right] \right\}^2} \tag{9.29}$$

式中，u_z 为观测高度的风速；k 为 von Karman 常数（$k = 0.41$）；d 为零平面位移；z_0 为粗糙度长度。

在 Jarvis-类气孔导度模型（Jarvis，1976）的基础上，Stewart（1988）和 Wright 等（1995）等建立了冠层导度模型，认为冠层导度有一个最大值，各环境因子（包括叶面积指数、光、温度、水汽压等）对该值施加影响，导致实际导度降低。冠层导度（g_c）的计算公式如下：

$$g_\mathrm{c} = g_\mathrm{sm} \cdot \mathrm{LAI} \cdot f(\mathrm{PAR}) \cdot f(T) f(D) \tag{9.30}$$

式中，g_sm 为最大气孔导度；LAI 为叶面积指数；$f(\mathrm{PAR})$、$f(T)$、$f(D)$ 分别为光合有效辐射 P_AR、气温 T、空气比湿 D 对冠层导度的控制函数（取值在 0～1）。

$$f(\mathrm{PAR}) = \frac{\mathrm{PAR}}{\mathrm{PAR} + 1/k_1} \tag{9.31}$$

$$f(T) = \left(\frac{T - T_1}{T_\mathrm{o} - T_1} \right) \cdot \left(\frac{T_\mathrm{h} - T}{T_\mathrm{h} - T_\mathrm{o}} \right)^{\left[(T_\mathrm{h} - T_\mathrm{o})/(T_\mathrm{o} - T_1) \right]} \tag{9.32}$$

$$f(D) = \frac{1}{1 + (D/D_\mathrm{m})^{k_2}} \tag{9.33}$$

式中，T_1 和 T_h 分别为植物蒸腾作用的温度上限和下限（℃）；T_o 为蒸腾作用的最适温度（℃）；D_m 为当 $f(D) = 0.5$ 时的 D 值；k_1 为 $g_\mathrm{s} \sim f(\mathrm{PAR})$ 曲线的起始斜率；k_2 为与曲线凸度有关的常数。一般 T_1 和 T_h 值分别为 $-5 \sim 0$℃ 和 $40 \sim 50$℃（Jarvis, 1976；Wright et al., 1995；Sommer et al., 2002），本研究中，分别取值 0℃ 和 45℃。根据 Matsumoto 等（2005）的文献，D_m、k_1、k_2 和 g_sm 分别设为 15 g/kg、0.015、3.2 和 0.0056 m/s。

9.2.2.2　研究结果

（1）波文比-能量平衡法的模拟结果

根据长白山阔叶红松林冠层（26 m）以上 3 个高度（32 m、50 m、60 m）的气象资料，可以分别计算出 3 组不同的 BREB 蒸散值，与涡相关实测值的比较见图 9.9 左侧图，其线性回归结果见表 9.7。比较各层次 BREB 值与涡相关值的回归方程斜率和截距，可见最高层（50～60 m）气象数据计算出的 LE 值与涡相关值最接近，相关系数最高，标准差最低，且平均值也最接近涡相关实测的平均值。而由最低层（32～50 m）气象资料得出的 LE 值拟合效果最差。表 9.7 中，BREB（32～50 m、32～60 m、50～60 m）与涡相关值的回归方程斜率均小于 1（0.64、0.66、0.71），平均值比涡相关实测的平均值分别低 32.3%、30.4%、26.4%。

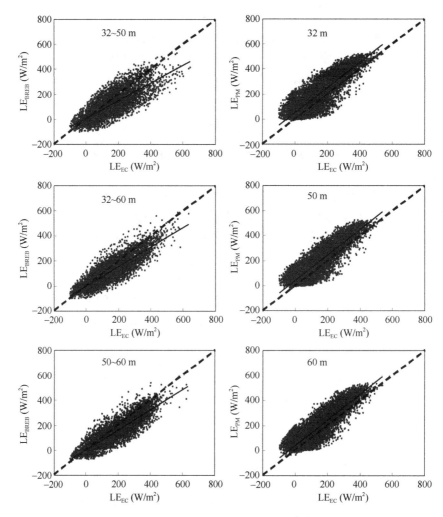

图 9.9　用不同参考高度（32 m、50 m、60 m）的气象资料计算出的潜热（左图为 BREB 方法，LE_{BREB}；右图为 PM 方法，LE_{PM}）与涡相关实测值（EC，LE_{EC}）的比较

图中实线为回归线（回归方程见表 9.7），虚线为 1∶1 的线

表 9.7　不同高度的模拟值（y，BREB 或 PM）与涡相关（x，EC）30 min 值（W/m^2）的线性回归及统计分析

模型	高度（m）	线性回归方程*	相关系数（r^2）	x 均值	y 均值	标准差（SD）
BREB-EC	32～50	$y = 0.64x + 6.80$	0.55**	166.7	112.9	76.3
	32～60	$y = 0.66x + 6.21$	0.68**	166.7	116.1	62.7
	50～60	$y = 0.71x + 4.86$	0.77**	166.7	122.7	55.1
PM-EC	32	$y = 1.09x + 40.11$	0.76**	166.7	221.5	56.0
	50	$y = 1.08x + 34.57$	0.80**	166.7	214.2	51.6
	60	$y = 1.07x + 32.78$	0.81**	166.7	211.3	50.5

*回归方程中 y 为蒸散模拟值（BREB 或 PM），x 为涡动相关实测值（EC）

**$P < 0.0001$

图 9.10a 显示了 BREB 方法模拟值的潜热日总量与对应涡动相关系统实测结果的比较。BREB 与 EC 值的线性回归方程斜率为 0.761，截距为 0.274 MJ/（m²·d），相关系数为 0.721，线性相关达到极显著水平。若强迫回归线经过原点，则 BREB 与 EC 值的趋势线斜率为 0.797，相关系数为 0.719，线性相关极显著。BREB 方法大多低估了蒸散值，在中午较为明显，只有 19.75%的 BREB 计算数据高于 EC 值，大多出现在日出和日落时分。

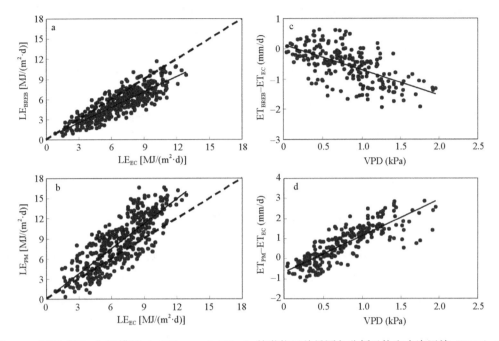

图 9.10　实测（LE_{EC}）和模拟（a. LE_{BREB}；b. LE_{PM}）的潜热日总量回归分析及饱和水汽压差（VPD）对模拟值与实测值之差（c. $ET_{BREB}-ET_{EC}$；d. $ET_{PM}-ET_{EC}$）的影响

图中实线为回归线，虚线为 1∶1 的线

BREB 的模拟结果受到空气湿度的显著影响，图 9.10c 分析了其日总量的模拟值和 EC 实测值的差异与 VPD 的关系。当 VPD 值较低时（VPD<0.8 kPa），森林冠层空气湿润，BREB 的拟合值与 EC 实测结果的差值小于 1 mm/d。当 VPD 值较高时（尤其当 VPD>1.3 kPa 时），森林冠层空气较干燥，BREB 日总量平均低于 EC 值（1.46 mm/d），最大差值为 3.02 mm/d。分析其原因，BREB 方法根据冠层以上不同高度的温度、湿度差来计算蒸散值，因而对温湿度的测量精度要求较高，当空气干燥时，森林水汽压梯度较小，相应的波文比测量系统误差增大（吴家兵等，2005）。BREB 方法假设 $K_h=K_w$，但两者的比值是随大气稳定度的不同而变化的，该假设也会导致蒸散的估算产生误差。

（2）Penman-Monteith 联合方程的模拟结果

根据长白山阔叶红松林冠层（26 m）以上 3 个高度（32 m、50 m、60 m）的气象资料，可以分别计算出 3 组不同的 PM 蒸散值，与 EC 实测值的比较见图 9.9（右侧图），二者的线性回归见表 9.7。与 BREB 方法的结果类似，由 PM 计算的 LE 值与 EC 观测值的线性回归方程也可以得出最高层（60 m）气象资料计算出的 PM 值拟合效果最好。PM（32 m、50 m、60 m）与 EC 的回归方程斜率均大于 1（1.09、1.08、1.07），截距也较 BREB

方法的大（40.1 W/m²、34.6 W/m²、32.8 W/m²），PM 平均值比 EC 实测的平均值分别高32.9%、28.5%、26.8%。

图 9.10b 比较了用 PM 方法模拟值的 LE 日总量与涡动相关系统的实测结果。PM 与EC 值的线性回归方程斜率为 1.24，截距为 0.0972 MJ/（m²·d），相关系数为 0.664，线性相关达到显著水平。若设置截距为 0，则 PM 与 EC 值的趋势线斜率为 1.25，相关系数为0.663，线性相关显著。PM 数据点中有 22.35%的低于 EC 值，大多出现在 10:00 之前，而中午和下午的 PM 均高估了蒸散值，尤其是 14:30 之后的 PM 估算值甚至高于净辐射值。

PM 的模拟结果受到空气湿度的显著影响，图 9.10d 分析了 PM 日总量的模拟值与EC 实测值的差异和 VPD 的关系。当 VPD 值较低时（VPD<0.8 kPa），森林冠层空气湿润，PM 的拟合值与 EC 实测结果的差值小于 1 mm/d。当 VPD 值较高时（尤其当VPD>1.3 kPa 时），森林冠层空气较干燥，PM 蒸散日总量平均高于 EC 值（1.56 mm/d），最大差值为 2.42 mm/d。其原因可能是，PM 方法对冠层导度采用 Jarvis-类气孔导度模型模拟时把辐射、湿度、温度等影响函数相互乘在一起，没有考虑各环境因子的交互作用，因而会导致蒸散的计算值产生误差。

9.2.3 中温带针阔叶混交林的积雪升华过程

积雪具有独特的辐射和热力学特征,强烈影响地表的能量平衡（McKay and Thurtell,1978；Groisman et al.，1994）、大气环流和区域水量平衡（Barnett et al.，2005；朱玉祥和丁一汇，2007），是区域乃至全球气候的主要影响因素之一（Barnett et al.，1988），包括雪面蒸发在内的陆地表层积雪动态变化及其影响研究已成为当今气候学、水文学和生态学研究的热点（丁永建和秦大河，2009；马丽娟等，2010）。目前，全球季节性积雪覆盖约 34%的地球表面，积雪时间长达 26 周（李栋梁和王春学，2011），相较于生长季，尽管冬季雪面蒸发速率小，但由于覆盖面广且积雪时间较长，故蒸发总量较大。因此研究雪面蒸发对于正确理解区域水文过程和水量收支平衡、合理开发利用水资源、应对全球变化与保障水资源安全具有重要意义。

我国稳定积雪区达 420×10⁴ km²，其中，包括内蒙古在内的东北地区多达 120×10⁴ km²（李培基和米德生，1983），是我国季节积雪水资源的主要蕴藏区之一。目前，我国关于积雪蒸发的研究主要集中在天山和青藏高原等西部地区（杨大庆和张寅生，1992；周宝佳等，2009），东北区域积雪蒸发研究至今没有报道。长白山区常年积雪，作为我国北部积雪季节最长的地区之一，长白山区年均积雪日数达 170 天以上（李培基和米德生，1983），是东北积雪区的典型代表，研究长白山区的积雪蒸发特征有助于理解东北区域的能量与水量平衡特征，可为应对气候变化和水资源短缺提供理论依据。

本部分基于长白山阔叶红松林 2002～2005 年冬季积雪期涡度相关水汽通量和微气象观测资料，测定冬季雪面蒸发量，分析其动态特征及其与气象因子的关系。

9.2.3.1 研究地区与研究方法

（1）研究地概况

观测地点在长白山阔叶红松林一号标准样地（样地介绍见 9.1.1 节）。冬季气候特征为，最冷月（1 月）平均气温为-18.6℃，极端低温可达-32℃，冬季降雪可达 131 mm，年积雪期长达 170 天。

（2）观测方法

观测点建有高 62 m 的微气象观测塔，采用开路式涡动相关系统（OPEC）测定森林下垫面的水汽通量（潜热），同步进行常规气象要素的观测，观测方法见 9.2.2 节。同时，在长白山森林生态系统定位站森林气象观测场同步进行温度、湿度、风速、气压和雪深的常规气象观测。

（3）储热量的计算

储热量变化（ΔQ）公式如下：

$$\Delta Q = S_a + S_v + S_s + S_g + G \tag{9.34}$$

式中，S_a 为观测高度下气层储热量的变化；S_v 为植被储热量的变化；S_s 为积雪储热量的变化；S_g 为表层土壤（5 cm 以上）储热量的变化；G 为深层土壤（5 cm 以下）储热量的变化。G 由安装在林内土壤 5 cm 深处的土壤热通量板直接进行测量，S_a、S_v、S_s 和 S_g 参照相关文献（Oliphant et al., 2004；关德新等，2004）方法计算。

（4）积雪期阶段的划分

根据气象站积雪观测及通量塔下方的地表温度观测数据，将整个积雪期划分为稳定积雪期和融雪期两个阶段。

稳定积雪期指积雪稳定、无显著融雪现象的时期，初始日定义为气象站有连续积雪观测的初日，结束日定义为林内 0 cm 地面温度上升到-0.2℃并趋于稳定的初日。本研究观测时间包括 2002 年 11 月 1 日至 2003 年 3 月 22 日、2003 年 11 月 27 日至 2004 年 3 月 11 日、2004 年 11 月 26 日至 2005 年 3 月 20 日、2005 年 11 月 29 日至 2005 年 12 月 31 日。

融雪期指春季来临前有显著融雪现象的时期，定义为从林内地表温度稳定在-0.2℃开始到林内积雪融尽。本研究观测时间包括 2003 年 3 月 23 日至 4 月 9 日、2004 年 3 月 11 日至 4 月 10 日、2005 年 3 月 20 日至 4 月 4 日。

（5）数据插值

计算日蒸发速率时，对低于 2 h 的潜热通量异常值根据前后数据进行线性插补，对高于 2 h 的异常值不统计其日总量，直接将该日排除。对缺失的日蒸发速率，利用微气象观测数据，采用日蒸发速率与净辐射的拟合方程进行插补。

9.2.3.2　研究结果与分析

（1）能量平衡闭合度

能量平衡闭合度是评价涡动相关系统湍流通量观测数据质量的重要指标。本研究采用能量平衡比率（EBR）计算 10 月 1 日至次年 4 月 30 日和积雪期的能量平衡闭合度：

$$EBR = \frac{\sum LE + Hs}{\sum R_n - G - \Delta Q} \tag{9.35}$$

式中，LE 为潜热通量；Hs 为感热通量；R_n 为净辐射。

研究区整个冬季 EBR 为 83.7%，积雪期 EBR 为 79.9%，达到国际平均闭合度（79%）水平（Wilson et al.，2002）。整个冬季和积雪期，潜热通量在净辐射中的比率分别达到26.8%和21.4%。

（2）气象条件

净辐射、气温、饱和水汽压差和风速在稳定积雪期与融雪期的平均日变化趋势相同，呈单峰曲线形式。数值在夜间较低，日出后开始升高，中午前后达到峰值，之后开始下降，夜间重新趋于较低的数值（图 9.11）。稳定状态下，净辐射在 12:00 左右达到峰值，而气温、饱和差和风速的峰值都较净辐射滞后 1～2 h。融雪期和稳定积雪期的平均净辐射分别为 106.16 J/（m²·s）、24.71 J/（m²·s），融雪期>稳定积雪期。融雪期的气温、饱和差、风速和净辐射的平均值均大于稳定积雪期的相应值（表 9.8）。

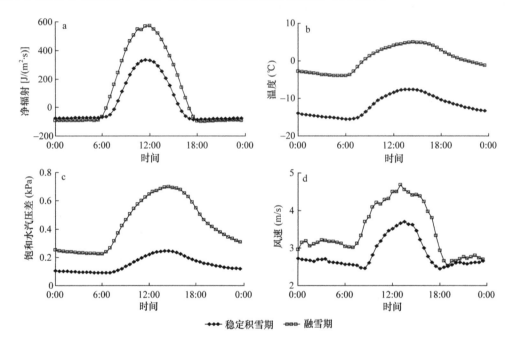

图 9.11　稳定积雪期和融雪期不同气象要素的平均日变化
a. 净辐射；b. 气温；c. 饱和差；d. 风速

表 9.8　稳定积雪期和融雪期不同气象要素的日平均值

时期	净辐射[J/(m²·s)]	气温（℃）	饱和差（kPa）	风速（m/s）
稳定积雪期	24.71	−11.94	0.15	2.83
融雪期	106.16	0.46	0.43	3.45

（3）雪面蒸发的日变化及阶段动态

1）潜热的日变化

研究区积雪期潜热的日变化特征表现为：夜间较低（接近 0）且变化较小，日出后逐渐升高，中午（11:30～12:00）达到最大，然后降低，直到日落后又趋于稳定（图 9.12）。积雪期雪面能量平衡中，感热所占的比例明显高于潜热，与生长季情况相反，这主要是因为冬季积雪期植被处于休眠状态，植物蒸腾消耗潜热量较小。

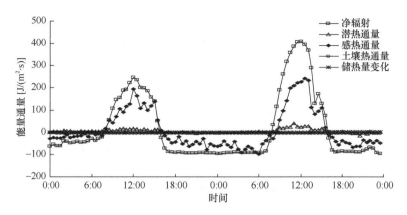

图 9.12　积雪期潜热的日变化

2）不同阶段雪面蒸发速率的平均日变化

稳定积雪期和融雪期蒸发速率的平均日变化趋势相同，呈单峰曲线形式：夜间较低且较稳定，日出以后开始升高，12:00 达到峰值，蒸发速率的峰值分别为 5.85×10^{-6} mm/s 和 16.98×10^{-6} mm/s，然后开始下降，夜间趋近于 0（图 9.13）。这与净辐射、气温、饱和差和风速的平均日变化趋势相同，只是气温和饱和差峰值的出现时间较蒸发速率延迟 2 h 左右。两个时期蒸发速率的绝对值相差较大，融雪期大于稳定积雪期，这与两个时期辐射、气温、饱和差和风速的差异相同，辐射、气温、饱和差和风速较大的阶段，蒸发速率也相对较大。

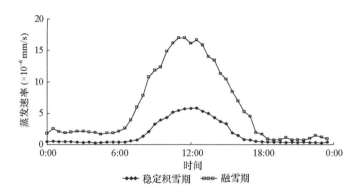

图 9.13　稳定积雪期和融雪期蒸发速率的平均日变化

（4）雪面蒸发与气象因子的关系

研究雪面蒸发与气象因子的关系有助于正确判断影响雪面蒸发的主要因子，更好地理解雪面蒸发的物理过程及气象因子的影响规律。

1）雪面蒸发与净辐射的关系

30 min 的平均蒸发速率（$E_{1/2h}$）与净辐射（R_n）之间呈线性相关关系（图9.14a），融雪期和稳定积雪期的拟合方程分别为

$$E_{1/2h} = 0.0218R_n + 2.3666 \qquad R^2 = 0.6884 \qquad (9.36)$$
$$E_{1/2h} = 0.0119R_n + 0.8329 \qquad R^2 = 0.5911 \qquad (9.37)$$

在净辐射相同的条件下，融雪期的蒸发速率明显大于稳定积雪期，这是由于蒸发受净辐射、空气温度和饱和差等多个气象要素的影响，与稳定积雪期相比，融雪期气温和饱和差较高，更有利于雪面蒸发耗热。

稳定积雪期和融雪期的净辐射日总量差别明显，重合部分较少，将整个积雪期数据拟合为一个曲线，结果发现，日蒸发速率（E_d）和 R_n 之间符合二次曲线关系（图9.14b），拟合方程为

$$E_d = 0.0021R_n^2 + 0.0203R_n + 0.0463 \qquad R^2 = 0.7915 \qquad (9.38)$$

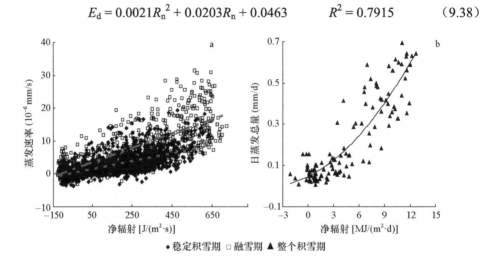

◆稳定积雪期 □融雪期 ▲整个积雪期

图9.14　蒸发与净辐射的关系
a. 30 min 平均值；b. 日汇总值

2）雪面蒸发与气温的关系

$E_{1/2h}$ 与气温（T_a）之间呈二次曲线关系（图9.15a），稳定积雪期和融雪期的拟合方程分别为

$$E_{1/2h} = 0.0346T_a^2 + 0.601T_a + 2.5722 \qquad R^2 = 0.5075 \qquad (9.39)$$
$$E_{1/2h} = 0.0088T_a^2 + 0.4203T_a + 4.9445 \qquad R^2 = 0.2634 \qquad (9.40)$$

融雪期 T_a 明显高于稳定积雪期。在气温相同的条件下，融雪期的蒸发速率明显大于稳定积雪期，这是由于蒸发受净辐射、空气温度和饱和差等多个气象要素的影响，与稳定积雪期相比，融雪期净辐射和饱和差相对较高，促进雪面蒸发。

稳定积雪期和融雪期的气温差别明显，重合部分较少，将整个积雪期数据拟合为一个曲线，发现日蒸发速率（E_d）与气温（T_a）之间近似呈指数关系（图9.15b），拟合方程为

$$E_d = 0.3678 \times \exp(0.1057T_a) \qquad R^2 = 0.7634 \qquad (9.41)$$

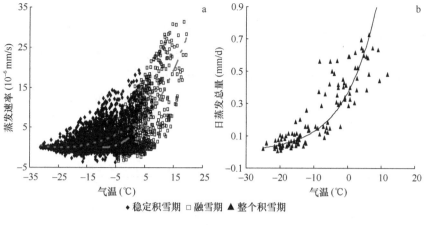

♦ 稳定积雪期　□ 融雪期　▲ 整个积雪期

图 9.15　蒸发与气温的关系

（5）日蒸发速率及动态

2002～2005 年，研究区日蒸发总量最大值为 0.73 mm（2003 年 4 月 6 日），最小值为 0.004 mm（2002 年 12 月 4 日）。一个完整的积雪期内，日蒸发总量基本呈下降—稳定—上升的动态变化特征，整体上符合净辐射和气温的变化趋势（图 9.16），说明日蒸发总量与净辐射和气温密切相关，这与前面得到的结论相同。在波动程度方面，日蒸发总量和净辐射的波动较小，气温的波动程度明显大于日潜热总量和净辐射，说明日蒸发总量与气温的相关性相对较低，而与净辐射的相关性较高，这证实了利用净辐射插补日潜热总量的合理性。

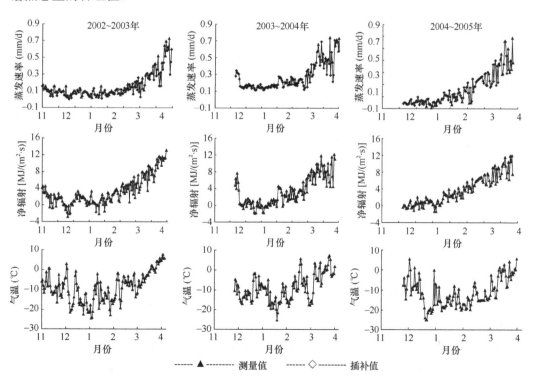

------ ▲ --------- 测量值　------ ◇ --------- 插补值

图 9.16　积雪期日蒸发总量及气象因子的动态变化特征

根据日蒸发总量的动态变化特征，研究区积雪期日蒸发总量的动态变化过程可划分为下降期、稳定期和上升期3个阶段。2002~2003年，下降期、稳定期和上升期的日蒸发总量平均值分别为0.103 mm、0.067 mm和0.276 mm，上升期>下降期>稳定期，与3个时期净辐射和气温平均值的变化相同。2003~2004年，3个时期的日蒸发总量、净辐射和气温平均值的变化特征与前一年相同，但其下降期明显短于前一年，这是由于2003年下半年降雪天气出现的时间晚于前一年。2004~2005年，这种现象更明显，日蒸发总量变化没有下降期，只有稳定期和上升期（表9.9）。

表9.9　积雪期雪面日蒸发总量及气象因子的变化特征

年份	下降期			稳定期			上升期		
	蒸发量 (mm/d)	净辐射 [MJ/(m²·d)]	气温 (℃)	蒸发量 (mm/d)	净辐射 [MJ/(m²·d)]	气温 (℃)	蒸发量 (mm/d)	净辐射 [MJ/(m²·d)]	气温 (℃)
2002~2003	0.103	1.88	−8.61	0.067	0.62	−13.9	0.276	4.94	−6.51
2003~2004	0.202	5.56	−8.15	0.080	0.46	−12.64	0.354	5.10	−6.08
2004~2005	—	—	—	0.049	0.34	−11.92	0.177	5.44	−10.86

2002~2003年、2003~2004年和2004~2005年积雪期的蒸发总量分别为27.6 mm、25.5 mm和22.9 mm，平均日蒸发总量分别为0.17 mm/d、0.19 mm/d和0.17 mm/d，降雪总量分别为72.8 mm、131.1 mm和76.6 mm，蒸发总量分别占降雨量的37.9%、19.5%和30.0%。

（6）讨论

1）雪面蒸发的研究方法

地表积雪蒸发过程的早期研究主要是通过直接观测积雪特征（如雪深、密度等）对蒸发过程进行推算的（Kaser，1982；周宏飞，2009），但直接观测存在费时费力、采样频率低和数据量少等缺点，涡度相关技术的出现极大地解决了这些问题。作为国际公认的碳水通量研究的主流方法，涡度相关法具有响应速度快、采样频率高、连续性好和直接测量精度高等优势（Baldocchi et al.，2001），不仅可以保证对积雪蒸发速率的高精度连续长期测量，还具有测量空间大（几百米到上千米）等优点（Lundberg et al.，1998），在积雪蒸发研究方面已被广泛采用（McKay and Thurtell，1978；Nakai et al.，1999；Knowles et al.，2012）。但是，由于大气物理过程、地形、探头姿态及极端寒冷天气等对仪器的影响，涡度相关数据存在数据缺失和数据失真等问题（李思恩等，2008）。因此，冬季积雪蒸发的涡度相关数据分析工作还需要进一步加强。

2）森林雪面蒸发

对于森林下垫面来说，一部分降雪被林冠截留，剩余部分直接落到林地，其积雪蒸发过程包括林下地表雪蒸发和林冠截留雪蒸发两个子过程（Rutter et al.，2009）。对于不同森林类型，研究者对林下和林冠两个子过程的关注度有所不同。对于针叶林，特别是北方森林，一般几乎都关注林冠截留雪蒸发（Lundberg et al.，1998；Varhola et al.，2010）；对于阔叶林，虽然研究者关注树干截留雪蒸发（Suzuki and Nakai，2008），但大多都只强调林下地表积雪的蒸发过程。目前，同时考虑林下地表雪蒸发和林冠截留雪蒸发的研究尚属罕见，尤其关于针阔叶混交林积雪蒸发的相关研究尚不多见（刘海亮等，2008）。将森林下垫面看作一个整体，不同林分组成对森林生态系统雪面蒸发的影响，以及森林与其他植被生态系统雪面蒸发比较研究等问题都值得进一步探讨。

3）不同区域的雪面蒸发

对于积雪蒸发速率和蒸发量已有很多报道。Kattelmann 和 Elder（1991）对内达华山脉高山盆地 1985~1987 年两个积雪期的研究发现，雪面蒸发量分别占同期降雪量的 18%和 33%，差异在于后一积雪期处于干旱期，积雪量只有正常年份的 1/3。加拿大和美国学者分别在北极圈西部的复杂地形区与内达华高山地区观测到很高的积雪蒸发速率，分别为 2.35 mm/d（Hood et al.，1999）和 2.17 mm/d（Marks and Dozier，1992）。在加拿大西部的观测发现，冬季雪面蒸发总量占同期降雪量的 15%~40%（Woo et al.，2000），占年均降雪量的 12%~33%（Pomeroy and Li，1997）。Suzuki 等（2002）在西伯利亚东部的观测发现雪面蒸发量占同期（10 月至翌年 4 月）总降雪量的 25.6%。Zhang 等（2005）分析欧亚蒙古冰冻圈山区气象站 19 年的数据和平原气象站 24 年的数据发现，平原地区和山区的年均积雪蒸发量分别为 11.7 mm 与 15.7 mm，分别占降雪量的 20.3%、21.6%。

由于涡度相关数据本身存在数据缺失和数据失真等问题，冬季雪面蒸发研究方法还需结合常规观测、空气动力学方法等进行深入探讨。同时，不同区域雪面蒸发研究结果差别较大，这是因为影响雪面蒸发的因素有很多，时空、地形地貌、植被类型和植被结构等差异都会造成雪面蒸发速率、蒸发量的不同。因此，研究雪面蒸发速率、蒸发量的大小和动态变化需要结合不同类型的研究区域。

9.2.4　森林流域蒸散过程的时空变化

流域尺度的蒸散研究，一直是国内外地学、水文学关心的焦点问题之一（吴绍洪等，2005；Wang et al.，2011；Jhajharia et al.，2012）。近些年来，中国各大流域参考蒸散量和潜在蒸散量的研究已被多次探讨，众多学者基于 Penman-Monteith 模型计算了西辽河（孙小舟等，2009）、长江（Gong et al.，2006）、淮河流域（蔡辉艺等，2012）、沙澧河（陈佩英等，2010）、雅鲁藏布江（付新峰等，2006）、海河（刘小莽等，2009）、黑河（雒新萍等，2011）、汉江上游（张东等，2005）、渭河（左德鹏等，2011）及黄河流域（史建国等，2007）的参考蒸散量和潜在蒸散量并分析了其变化趋势及影响因素。事实上，潜在蒸散量指下垫面充分供水的条件下蒸发到空气中的水量（王艳君等，2005），参考蒸散量指下垫面充分供水的条件下假想作物蒸散到空气中的水量，这两种都是在假设理想条件下的蒸散量，并不能真正反映一个流域的蒸散情况，而实际蒸散量才是直接参与水文循环的变量（朱非林等，2013）。人们对蒸散机制的研究越来越关注，所以，寻求合适的方法计算流域蒸散，成为当今水文界共同关注的焦点。

受到气候条件和下垫面状态等诸多因素的影响，实际蒸散很难直接测量，因此通常使用间接方法估算。Bouchet 于 1963 年提出了陆面实际蒸散与潜在蒸散之间的互补相关原理，即假设陆面实际蒸散增加（或减小）的速率与相应的潜在蒸散减小（或增加）的速率相等，这一假设为区域实际蒸散的计算开辟了一条新途径。利用互补相关法估算蒸散，仅需要气温、风速、湿度等常规气象观测资料，简化了蒸散机制，避开了复杂的土壤-植被系统（Hobbins et al.，2001），因其计算简便，近年来被众多学者用来估算实际蒸散。目前有 3 种典型的互补相关蒸散模型：平流-干旱互补相关模型（Advection-Aridity 模型，AA 模型）、区域蒸散互补（complementary relationship areal evapotranspiration，CRAE）模型（Morton，1983）和非饱和面蒸散互补模型（Granger 模型）（Granger et al.，1989；Granger，1989）。刘波等（2010）和刘健等（2010）分别采用互补相关模型估算了长江流域与鄱阳湖流域的实际蒸散，均取得了较好的模拟效果。Gao（2012）、刘绍民等（2004）、郭生练和朱英浩（1993）认为互补相关模型在不同地区应用时误差不同，通过调整模型的参数可使估算的蒸散精度大大提高。因此互补相关模型在不同区域应用时需要对其经验参数进行校正。

浑河和太子河流域属于辽河流域，是辽宁中部经济区水资源的主要来源之一，近年来，有学者对浑太流域的降雨极值分布规律进行了探讨（胡乃发等，2012），但对于蒸散的研究还是空白，分析浑太流域蒸散的时空变化，是研究浑太流域气候、水文循环的基础。本研究的目的是寻找适合浑太流域的 AA 模型参数，模拟浑太流域的蒸散过程，分析蒸散变化的特征，为流域暴雨和洪水预报、干旱监测等提供科学依据，更有助于认识浑太流域的水循环过程，实现对水资源的合理利用与分配。

9.2.4.1 研究方法

（1）研究区域和研究资料

以辽宁省东部浑河和太子河上游的森林流域为研究区域，这两个水系发源于长白山余脉，最终注入渤海，河长分别为 415 km 和 413 km，属温带湿润-半湿润的季风气候区，自然植被类型为落叶阔叶林，上游地区为低山丘陵，植被覆盖率达 50%；中下游为平原区，土地开发程度高，分布有沈阳、抚顺、本溪等大型城市，是东北的经济核心。气候特征是四季分明，雨热同期，寒冷期长，春秋季节时间短。流域年均降雨量为 800～900 mm，年内分配很不均匀，冬季多受大陆干冷气团影响，降水较少；夏季在东南季风控制下，海洋暖湿气流北上，雨量显著增多，降水多集中在 6～8 月。

研究资料包括浑太流域内 6 个气象站 1970～2006 年的逐日常规气象资料，包括日最高气温、日最低气温、日平均气温、气压、相对湿度、日照时数。模型的率定和验证选用桥头、二道河子、大河泡、北口前、南甸峪水文站的径流资料（图 9.17）。由于径流资料有限，大河泡水文站为 1975～2006 年资料，北口前水文站为 1983～2006 年资料，其余站点为 1970～2006 年资料。

（2）实际蒸散的计算方法

Brutsaert 和 Stricker（1979）根据 Bouchet 的互补相关原理，提出了平流-干旱互补相关模型（AA 模型）。AA 模型中的潜在蒸散 ET_p 与湿润环境蒸散 ET_w 分别利用 Penman 公式、Priestley-Taylor 公式计算。

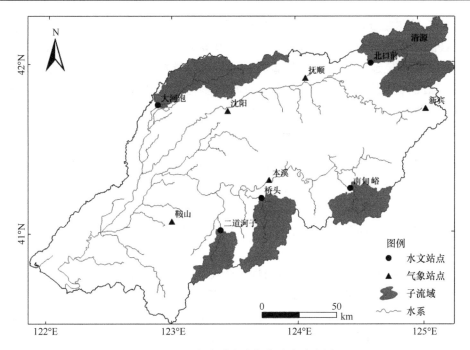

图 9.17 浑太流域水文气象站点分布图

$$\mathrm{ET_p} = \frac{\Delta}{\Delta + \gamma}(R_n - G) + \frac{\gamma}{\Delta + \gamma}E_a \tag{9.42}$$

$$\mathrm{ET_w} = \alpha\frac{\Delta}{\Delta + \gamma}(R_n - G) \tag{9.43}$$

实际蒸散 $\mathrm{ET_a}$ 的计算公式为

$$\mathrm{ET_a} = 2\mathrm{ET_w} - \mathrm{ET_p} \tag{9.44}$$

式中，α 为经验系数，推荐取值 1.26；Δ 为饱和水汽压曲线斜率（kPa/℃）；γ 为干湿表常数（kPa/℃）；R_n 为地表净辐射[MJ/（m²·d）]；G 为土壤热通量[MJ/（m²·d）]，相对于净辐射 R_n 来说，土壤热通量 G 很小，特别是当地表被植被覆盖、计算时间尺度是 10 天或更短时，假定 $G=0$；E_a 为干燥力（mm/d）。净辐射 R_n、净短波辐射 R_{ns}、净长波辐射 R_{nl} 及干燥力 E_a 采用下式计算：

$$R_n = R_{ns} - R_{nl} \tag{9.45}$$

$$R_{ns} = (1-\alpha)\left(a + b\frac{n}{N}\right)\frac{24\times60}{\pi}G_{sc}d_r\left[\omega_s\sin(\varphi)\sin(\delta) + \cos(\varphi)\cos(\delta)\sin(\omega_s)\right] \tag{9.46}$$

$$R_{nl} = \sigma\left[\frac{T_{\max,k}^4 + T_{\min,k}^4}{2}\right]\left(0.34 - 0.14\times\sqrt{e_a}\right)\left(1.35\times\frac{R_s}{R_{so}}\right) \tag{9.47}$$

$$E_a = f(u_2)(e_s - e_a) = 0.35 \times(1 + 0.54u_2)(e_s - e_a) \tag{9.48}$$

公式（9.46）中，$\alpha=0.23$，为地表反照率；a 为云全部遮盖下（$n=0$）大气外界辐射到达地面的分量；b 为晴天（$n=N$）时大气外界辐射到达地面的分量，推荐值为 $a=0.25$ 及 $b=0.5$；n 和 N 分别为日照时数和最大可能日照时数；G_{sc} 为太阳常数；d_r 为日地相对距离；ω_s 为日落时角（rad）；φ 为纬度（°）；δ 为太阳倾角（rad）。公式（9.47）中，

σ 为斯蒂芬-玻尔兹曼常数；$T_{\max,k}$ 和 $T_{\min,k}$ 分别为日最高、最低温度（K）；e_a 为实际水汽压（kPa）；R_s/R_{so} 为相对短波辐射。公式（9.48）中，u_2 为 2 m 高处的风速（m/s），中国气象台站的风速测定高度一般都是 10 m，需要转换成 2 m 高度的风速；e_s 为饱和水汽压（kPa）。上述公式及经验系数的取值参考联合国粮食及农业组织的推荐值（Allen，1998）。

（3）参数 α 的率定与验证数据

公式（9.43）中 α 为经验参数，实际上反映了平流的变化情况。Priestley 和 Taylor（1972）分析了海洋和大范围饱和陆面的观测资料，推荐 α 的值为 1.26。已有研究表明，α 的取值与土壤含水量存在高度非线性关系，其取值范围从森林环境下的 0.72 至强平流条件下的 1.57（Flint and Childs，1991）。一般都采用调整后的值进行计算，因此，有必要对模型的参数进行调整。

为验证 AA 模型在浑太流域的适用性，将采用水量平衡方程得到的蒸散值与模型计算结果进行对比。根据水量平衡原理，某流域多年平均实际蒸散量可表示如下：

$$ET_a = P - R \pm \Delta W \tag{9.49}$$

式中，P 为对应气象站的多年平均年降雨量；R 为水文观测站的多年平均年径流量；ΔW 为多年平均土壤蓄水变化量。在计算中假设多年平均土壤蓄水变化量为 0，该方法不受气象学中诸多条件的限制，可以在非均匀下垫面和任何天气条件下应用。

（4）灵敏度分析

在计算实际蒸散的模型中，输入变量和参数包含一定程度的不确定性，当模型中某一变量发生变化时，模型的输出结果也会发生相应改变，这种变化的大小就称为灵敏度（Li and Lyons，1999）。本研究采用灵敏度方法分析浑太流域影响蒸散变化的主要因素。

$$S_x = \left| \frac{ET_a\left(1.1X_i\right) - ET_a\left(0.9X_i\right)}{ET_a\left(X_i\right)} \right| \tag{9.50}$$

式中，S_x 为灵敏度；X_i 为模型中的某一参数。S_x 越大，表明 ET_a 对 X_i 越敏感，反之，S_x 越小，ET_a 对 X_i 越不敏感。

9.2.4.2　研究结果

（1）参数 α 的率定结果

大量研究表明（Xu and Singh，2005；马耀明和王介民，1997；曾燕等，2007），经验参数 α 值随着研究区地理特征的不同而变化，同时受海陆间平流输送的季节性变化和降雨量变化的影响，直接运用平流-干旱互补相关模型（AA 模型）会产生很大的误差，因此需要对参数 α 进行率定。本研究根据水量平衡方程得到的实际蒸散量率定 AA 模型中的经验参数。选取浑太流域的子流域——桥头水文站的集水域作为参数率定区域。运用水量平衡方程 $ET_a = P - R$，即多年平均降雨量扣除多年平均径流量，得到桥头站集水域 1970～2006 年均实际蒸散量，约为 354.1 mm。以此为标准，令 α 由 0.72 变化至 1.57，

给定步长 $\Delta\alpha$=0.01，多次调整参数 α，随着 α 值的增加，多年平均实际蒸散量呈显著上升趋势，取与水量平衡值误差最小的点为最优参数，最后将参数 α 定为 0.75（图 9.18），集水域的模拟 ET_a 为 346.7 mm，与水量平衡方程计算结果的相对误差为-2.10%。

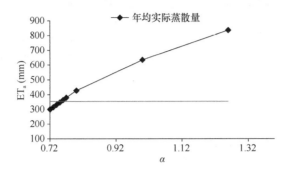

图 9.18　α 取值不同的条件下桥头站集水域的年均实际蒸散量

（2）模型验证

选取浑太流域另外 4 个子流域，分别为二道河子、南甸峪、大河泡和北口前水文站集水域，用这 4 个子流域的平均误差来估算 AA 模型在整个浑太流域上的误差。由长期水量平衡方程可得到以上 4 个集水域多年年均实际蒸散量分别为 312.4 mm、367.7 mm、280.7 mm 和 296.0 mm。采用参数率定后的模型计算蒸散量，得到 4 个子流域内多年平均蒸散量分别为 347.4 mm、342.5 mm、341.3 mm、340.5 mm。由表 9.10 看出，位于西南部的二道河子水文站集水域的误差最小，为-2.1%，而位于西北部的大河泡水文站集水域的误差最大，为 21.6%。可能是由大河泡水文站集水域与桥头水文站集水域的下垫面的差异造成的，前者农田覆盖度较大，而后者以落叶阔叶林为主，使得两个区域的蒸散机制不同。本研究采用 4 个子流域的平均误差来代表 AA 模型在整个浑太流域上应用的误差，为 11.4%，基本可满足应用精度要求，所以，可以认为参数率定后的 AA 模型适合用于估算浑太流域的实际蒸散量。

表 9.10　子流域的验证结果

子流域	二道河子	南甸峪	大河泡	北口前
计算值（mm）	347.4	342.5	341.3	340.5
水量平衡值（mm）	312.4	367.7	280.7	296.0
误差（%）	−2.1	−6.8	21.6	15.0

（3）实际蒸散的时空变化

采用模型率定后的 AA 模型计算实际蒸散量。结果表明，浑太流域多年平均实际蒸散量为 347.4 mm，1970～2006 年浑太流域的实际蒸散量呈上升趋势，上升幅度为 1.58 mm/10 a。从 5 年滑动平均曲线来看，流域实际蒸散量 1970～1983 年逐渐下降，1983～1988 年上升，到 1988 年升至最高，之后又开始逐渐下降，到 1993 年降至最低，1993～1998 年明显上升，到 1998 年达到最大值，而后又呈下降趋势（图 9.19）。

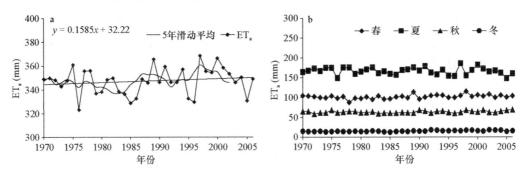

图 9.19　浑太流域 1970～2006 年实际蒸散的年季变化（a）和季节变化（b）

从图 9.19 描述的蒸散量的季节变化可看出，夏季的蒸散量最大，达 166.7 mm；春季和秋季次之，分别为 101.6 mm 和 63.5 mm；而冬季最小，仅为 15.2 mm。春季蒸散量呈下降趋势，下降幅度为 1.25 mm/10 a，夏、秋、冬三季均呈上升趋势，上升幅度分别为 1.58 mm/10 a、0.78 mm/10 a 和 0.8 mm/10 a。

根据浑太流域 6 个气象站点的逐日气象资料，应用率定的 AA 模型计算了各站点的逐日实际蒸散量，并汇总出月尺度的实际蒸散量。表 9.11 给出了浑太流域 6 个气象站 1～12 月实际蒸散多年平均值。结果表明，6 月、7 月、8 月各站点蒸散量都在 50 mm 以上，4 月、5 月、9 月在 30～50 mm，其余月份在 30 mm 以下。蒸散量年内变化都呈单峰型，峰值出现在 7 月，次峰值出现在 6 月，两者之和占全年的比例超过 30%。

表 9.11　浑太流域 6 个气象站 1～12 月实际蒸散量多年平均值

月份	清原		本溪		沈阳		鞍山		新宾		抚顺	
	月值 (mm)	比例 (%)	月值 (mm)	比例 (%)	月值 (mm)	比例 (%)	月值 (mm)	比例 (%)	月值 (mm)	比例 (%)	月值 (mm)	比例 (%)
1	4.1	1.2	4.0	1.2	3.7	1.0	3.9	1.1	4.0	1.1	3.8	1.1
2	8.3	2.3	8.1	2.4	7.6	2.2	7.9	2.3	7.9	2.3	9.9	2.8
3	19.1	5.4	19.0	5.6	18.3	5.3	18.8	5.4	18.7	5.4	19.8	5.7
4	33.8	9.6	33.6	9.8	32.8	9.4	33.2	9.6	33.1	9.6	33.1	9.5
5	50.4	14.2	49.6	14.6	49.3	14.1	47.4	13.7	49.4	14.3	48.4	13.9
6	57.5	16.2	55.1	16.2	57.2	16.4	56.5	16.3	56.5	16.3	56.5	16.2
7	59.7	16.9	55.1	16.2	58.7	16.8	57.2	16.5	57.1	16.5	57.2	16.4
8	53.7	15.2	50.4	14.8	54.0	15.5	52.5	15.2	51.5	14.9	50.5	14.5
9	37.8	10.7	36.1	10.6	37.8	10.8	36.8	10.6	37.8	10.9	38.8	11.1
10	19.5	5.5	19.3	5.7	19.7	5.6	21.3	6.2	19.3	5.6	19.3	5.5
11	6.9	1.9	7.1	2.1	6.6	1.9	7.1	2.1	7.1	2.1	8.1	2.3
12	3.2	0.9	3.4	1.0	3.0	0.9	3.4	1.0	3.4	1.0	3.4	1.0
年总量	354.0		340.8		348.7		346		345.8		348.8	

（4）影响因素分析

由于影响实际蒸散的因素众多，包括能量因素（风速、气温、日照时数、相对湿度、实际水汽压、最高温度、最低温度、辐射等）和水量供应因素（土壤含水量），但缺少流域土壤含水量的资料，因此本研究主要探讨气候因子对实际蒸散的影响。由 AA 模型计算出 ET_a 对各气候因子的逐日灵敏度，并求出多年平均值，结果见表 9.12，可以看出，在年尺度上，ET_a 对净辐射最敏感，其次是风速，对饱和水汽压的敏感程度最小；从季节尺度上来看，春季对气候因子的灵敏度依次为净辐射>风速；夏季为净辐射>风速>实际水汽压；秋季为净辐射>相对湿度>风速>实际水汽压；冬季为净辐射>相对湿度＝实际水汽压>气温。总体来看，四季均对辐射最为敏感，春夏两季对风速较为敏感，秋季对相对湿度较为敏感。能量的主要来源是太阳辐射，因此净辐射是决定 ET_a 最主要的因素。

表 9.12　浑太流域不同季节和全年气候因子的灵敏度比较

季节	风速	气温	净辐射	相对湿度	实际水汽压	饱和水汽压
春季	0.19	0.06	0.24	0.06	0.06	0.03
夏季	0.09	0.07	0.25	0.07	0.08	0.01
秋季	0.09	0.06	0.23	0.17	0.08	0.02
冬季	0.06	0.11	0.28	0.14	0.14*	0.05
年均	0.11	0.07	0.24	0.09	0.09	0.03

9.3　森林流域径流变化及其影响因素

近些年来，随着社会的快速发展，人口数量的增加，世界不同国家或地区相应出现了许多与水相关的问题，如水污染、河道断流、湿地萎缩、地下水超采等，水问题已经成为限制国家和区域可持续发展的关键性因子（夏军和谈戈，2002）。土地利用/土地覆被变化是全球环境变化的主要原因之一，对区域水循环、环境质量、生物多样性及陆地生态系统的生产力和适应能力影响深刻（李秀彬，1996）。20 世纪 90 年代，全球环境变化研究领域逐渐加强了土地利用/土地覆被变化的研究,国际地圈生物圈计划（International Geosphere-Biosphere Programme，IGBP）和全球环境变化的人文因素计划（International Human Dimensions Programme on Global Environmental Change，IHDP）于 1995 年共同拟定并发表了《土地利用/土地覆被变化（Land Use/Land Cover Change，LUCC）科学研究计划》，将土地利用/土地覆被变化列为全球环境变化研究的核心计划之一。其中，土地利用/土地覆被变化对水循环、水量平衡及洪水的影响十分明显，被称为土地利用/土地覆被变化的水文效应。目前，土地利用/土地覆被变化的水文效应研究成为热点问题。

在全球变化的大背景下，中国地表气温显著上升：近 100 年来中国地表年平均气温明显增加，升温幅度为 0.56～0.92℃（秦大河等，2007）。中国东北和西北地区的降水也发生了明显变化（翟盘茂和邹旭恺，2005）。东北地区是气候变化敏感地区，研究表明，自 20 世纪中期以来该区增暖显著，同时，降水在波动中趋于减少（王亚平等，2008）。中国水资源系统对气候变化的承受能力十分脆弱，多数河流径流对大气降水的变化非常敏感（任国玉等，2008）。

浑河和太子河流域属于辽河流域，位于中国辽宁省，地理位置为 40.5°N～42.5°N，122.0°E～125.5°E，流域面积为 2.73×10^4 km²。浑河发源于清原县。太子河上游分南北两支，北支源于新宾县平顶山镇红石砬子，南支源于桓仁县白石砬子，浑河和太子河在三岔河附近汇合，形成大辽河，至辽宁省营口市注入渤海。浑河和太子河由降雨量较大且植被良好的辽东山地丘陵区流入下辽河平原，在辽东山地丘陵区的面积约占全流域面积的 70%，其径流量明显多于辽河。浑太流域上游森林径流量变化对中下游的径流量有直接的影响，也对中下游的生态环境、经济和社会的发展具有重要的影响，是下辽河平原辽宁中部城市群最主要的水资源来源。辽宁中部城市群是东北地区经济发展的重要地域和辽宁省的经济核心地带，是东北经济区和环渤海都市圈的重要组成部分，是中国主要的重工业发展基地之一，是世界上特别是东北亚地区少有的都市密集区。辽宁中部城市群总面积为 65 040 km^2，占辽宁省总面积的 44%，包括沈阳、鞍山、抚顺、本溪、营口、辽阳、铁岭、阜新 8 个城市。因此，对浑太流域的径流变化及其对气候和土地利用/土地覆被变化的响应进行研究具有重要意义。

气候与土地利用变化对水文过程的影响，直接导致水资源供需关系发生变化，从而影响流域生态、环境及经济发展。因此研究浑太流域上游径流量的时间变化规律，以及其与气温、降水和其他相关因子的关系，探究径流量变化对气候变化和人类活动导致的土地利用/土地覆被变化的响应，对于揭示水资源的变化规律、阐释水资源的变化对生态环境和社会经济的影响具有指导意义。

9.3.1　森林流域径流变化分析

9.3.1.1　数据来源与研究方法

（1）数据来源

本研究用到的水文数据主要来自松辽流域水文年鉴、松辽流域水资源调查报告，包括 1961～2006 年浑太上游森林流域 6 个子流域主要水文控制站点的逐日径流资料。各子流域对应的水文控制站分别为浑河源头流域（北口前水文观测站）、浑苏子河流域（占贝水文观测站）、太子河源头流域（本溪水文观测站）、汤河流域（汤河水文观测站）、细河源头流域（桥头水文观测站）和兰河流域（梨庇峪水文观测站），各个水文站的具体水文特征见表 9.13。

表 9.13　浑太上游森林流域 6 个子流域及其水文控制站点特征

流域	水文控制站	控制面积（km^2）	平均径流（mm）	径流资料时间	平均降雨量（mm）
浑河源头	北口前	1832	314	1961～2006 年	755
浑苏子河	占贝	2040	261	1961～2006 年	766
太子河源头	本溪	4324	322	1961～2006 年	800
细河	桥头	1023	335	1961～2006 年	787
兰河	梨庇峪	417	223	1961～2006 年	729
汤河	汤河	1228	191	1961～2006 年	761

（2）线性趋势法（倾向率）

线性趋势法是水文、气象要素时间序列变化趋势分析常用的方法，用 y_i 表示样本量

为 n 的某一变量，用 t_i 表示 y_i 所对应的时间，建立 y_i 与 t_i 之间的一元一次线性回归方程：

$$y_i = at_i + b \quad (i = 1,2,\cdots,n) \tag{9.51}$$

式中，a 为回归系数；b 为回归常数；a 和 b 可以用最小二乘法进行估计（魏凤英，1999）。通常，将 a 称为线性倾向率，$a>0$ 时，表示样本序列随时间递增；当 $a<0$ 时表示样本序列随时间递减；a 的绝对值越大，趋势越明显，否则无明显变化趋势。

（3）Mann-Kendall 趋势检验法

Mann-Kendall 趋势检验法是一种非参数方法，常用于水文、气象序列研究中。Mann-Kendall 趋势检验法以序列平稳为前提，并且序列是随机独立的，其概率分布等同（符淙斌，1992）。将 $x_i(i = 1,2,\cdots,n)$ 看作一组按序列抽得的样本，$F_i(x)$ 为样本 x_i 的分布函数。在 Mann-Kendall 假设检验中，零假设 $H_0：F_i(x) =\cdots= F_n(x)$，即 $x_i(i = 1,2,\cdots,n)$ 为独立随机变量；$H_1：F_i(x) >\cdots> F_n(x)$ 或 $H_1：F_i(x) <\cdots< F_n(x)$，即序列存在趋势。在零假设下当 $n\geqslant10$ 时，具体计算步骤如下：

$$s = \sum_{i=1}^{n-1}\sum_{j=i-1}^{n} \mathrm{sgn}\left(x_j - x_i\right)$$

$$\mathrm{sgn}\left(\theta\right)=\begin{cases}+1 & (\theta > 0)\\ 0 & (\theta = 0)\\ -1 & (\theta < 0)\end{cases} \tag{9.52}$$

S 近似服从正态分布，该统计量的期望和方差分别为

$$E[S] = 0; \mathrm{Var}[S] = \frac{n(n-1)(2n+5)}{18} \tag{9.53}$$

将 S 标准化得到：

$$Z_c=\begin{cases}\dfrac{S-1}{\sqrt{\mathrm{Var}[S]}} & S > 0\\[2mm] 0 & S = 0\\[2mm] \dfrac{S+1}{\sqrt{\mathrm{Var}[S]}} & S < 0\end{cases} \tag{9.54}$$

在双边检验中，当 $-Z_{1-\alpha/2}\leqslant Z_c\leqslant Z_{1-\alpha/2}$ 时，接受零假设；否则 $Z_c<-Z_{1-\alpha/2}$ 表明序列有显著下降的趋势，$Z_c>-Z_{1-\alpha/2}$ 表明序列有显著上升的趋势，α 是显著水平。

（4）Mann-Kendall 突变点检验法

在水文、气象要素时间序列突变检验中，常用的方法有 Mann-Kendall 突变点检验法、滑动 t 检验法、Cramer 法和 Yamamoto 法等。Mann-Kendall 突变点检验法能够较好地确定突变的具体时间，不需要样本遵从一定的分布，不受少数异常值的干扰，适合于顺序变量，目前在气象、水文要素时间序列突变检验中应用最为广泛。

具体数理统计步骤如下。

在原假设 H_0：气象、水文序列没有变化的情况下，设此序列为 $x_1, x_2, x_3,\cdots, x_n$，$r_i$ 表示第 i 个样本 x_i 大于 $x_j(1\leqslant j\leqslant i)$ 的累计数，定义统计量（魏凤英，1999）：

$$S_k = \sum_{i=1}^{k} r_i \quad (k = 2, 3, \cdots, n) \tag{9.55}$$

在时间序列随机独立的假定下，将 S_k 进行标准化，定义统计量 uf_k：

$$uf_k = \frac{\left[S_k - E(S_k) \right]}{\sqrt{\mathrm{Var}(S_k)}} \quad (k = 2, 3, \cdots, n) \tag{9.56}$$

式中，$uf_1 = 0$，$E(S_k)$、$\mathrm{Var}(S_k)$ 分别是累计数 S_k 的均值和方差。

在 $x_1, x_2, x_3, \cdots, x_n$ 相互独立且有相同连续分布时，S_k 的均值和方差可由下式算出：

$$E(S_k) = \frac{n(n+1)}{4} \tag{9.57}$$

$$\mathrm{Var}(S_k) = \frac{n(n-1)(2n+5)}{72} \tag{9.58}$$

uf_k 为标准正态分布，其标注概率 $\alpha_1 = \mathrm{prob}(|u| > |uf_k|)$ 可以通过计算或查表获得，给定某一显著水平 α_0，当 $\alpha_1 > \alpha_0$ 时，接受原假设 H_0，当 $\alpha_1 < \alpha_0$ 时，则拒绝原假设，它表示此序列将存在一个强的增长或减少趋势。所有 $uf_k (1 \leqslant k \leqslant n)$ 将组成一条曲线 uf，通过信度检验可知其是否有变化趋势。

它是按时间序列顺序 $x_1, x_2, x_3, \cdots, x_n$ 计算出的统计量序列，给定显著性水平 α，查正态分布表，若 $|uf_k| > u_\alpha$，则表明序列存在明显的趋势变化。

把此方法引用到反序列当中，按时间序列逆序 $x_n, x_{n-1}, x_{n-2}, \cdots, x_1$，再重复上述过程，同时使

$$ub_k = -uf_k, \ k = (n, \ n-1, \cdots 1), \ ub_1 = 0 \tag{9.59}$$

所有 ub_k 将组成一条曲线 ub，当曲线 uf 超过置信度线即表示存在明显的变化趋势时，如果曲线 uf 和 ub 的交叉点位于置信度线之间，这个点便是突变点的开始（符淙斌，1992）。

9.3.1.2 主要研究结果

（1）径流年内分配

河川径流的年内分配变化主要取决于河流的补给来源与变化。浑太流域河流的补给来源主要有雨水、融雪水和地下水，其中以雨水补给为主。浑太上游 6 个子流域 1961～2006 年平均月径流量年内分配见表 9.14。

表 9.14　浑太上游 6 个子流域径流量年内分配　　　　　　　　　（%）

月份	浑河源头	浑苏子河	太子河源头	细河	兰河	汤河
1 月	0.45	0.55	1.67	1.13	2.08	2.13
2 月	0.40	0.38	1.56	1.05	1.73	1.89
3 月	3.47	2.22	2.81	3.01	3.80	3.26
4 月	7.08	7.29	6.35	5.39	4.96	4.50
5 月	6.76	6.73	8.90	6.45	5.46	18.49
6 月	8.41	9.09	8.62	6.22	6.08	10.01
7 月	21.03	22.95	22.31	23.79	19.45	17.23
8 月	33.07	31.07	30.20	33.14	32.08	24.93

续表

子流域	浑河源头	浑苏子河	太子河源头	细河	兰河	汤河
9 月	9.20	10.52	9.16	9.28	10.55	7.82
10 月	5.37	4.76	5.07	5.05	6.44	4.19
11 月	3.52	3.16	3.64	3.58	4.38	3.24
12 月	1.24	1.29	2.23	1.92	2.98	2.31
5～9 月	78.47	80.36	79.19	78.88	73.62	78.48
6～9 月	71.71	73.63	70.29	72.43	68.16	59.99
7～8 月	54.10	54.02	52.51	56.93	51.53	42.16
3～5 月	17.31	16.24	18.06	14.85	14.22	26.25
11 月至翌年 3 月	9.08	7.60	11.91	10.69	14.97	12.83

从表 9.14 可以看出,浑太上游 6 个子流域径流量年内分配具有一致性,总体特点是:年内分布极不均匀,季节变化明显。最大径流量出现在 7 月、8 月,最小流量出现在 1 月、2 月,6～9 月的径流量占全年径流量的 74%～80%,11 月至翌年 3 月的径流量只占 8%～15%。3～4 月随着气温缓慢上升,冰雪融化,河川径流逐渐增加,形成春汛,6 月由于降雨量增加,径流急剧上升,至 8 月达到极大值,9 月开始下降,至 12 月达到低值。由于以雨水补给为主,河水的年内变化主要受降水季节变化的支配,而且季节变化非常剧烈,并兼有融雪水补给的影响,因此,每年有春、夏两次汛期。春汛时间短且量小,汛期一般在 3～5 月,汛期流量占年径流量的 14%～26%;夏汛时间长且量大,一般汛期在 6～9 月,汛期径流量占年径流量的 60%～74%,其中又以 7～8 月两月的径流量最大,仅 7～8 月主汛期两月平均径流量就占全年径流量的 42%～57%。

（2）年径流量的变化趋势

1961～2006 年浑太上游 6 个子流域的年径流量变化情况如图 9.20 所示,年径流量呈现不连续的丰、枯交替变化,其中年径流量在 20 世纪 80 年代中期和 90 年代中期出现两个峰值。应用线性趋势法对浑太上游森林流域年径流量的变化趋势进行分析,发现浑河源头、浑苏子河、太子河源头、细河、兰河和汤河流域的径流量变化倾向率分别为 −3.56 mm/a、−1.14 mm/a、−2.73 mm/a、−2.69 mm/a、−1.77 mm/a 和 −3.77 mm/a。总体而言,浑太上游 6 个子流域年径流变化均表现为下降趋势,其中浑河源头流域、太子河源头流域和汤河流域下降幅度较大。

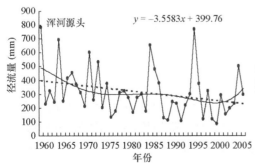
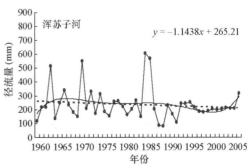

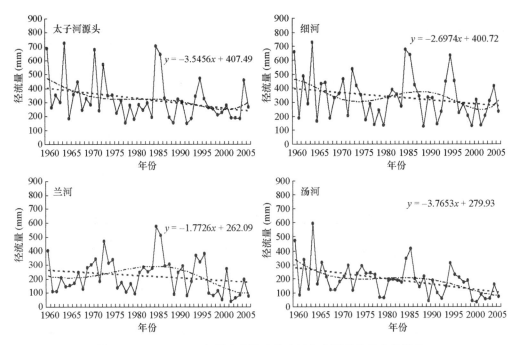

图 9.20　1961～2006 年浑太上游森林流域年实测径流量变化趋势

同时，应用 Mann-Kendall 趋势检验法对浑太上游 6 个子流域年径流量长时间变化趋势进行分析，结果见图 9.21。浑太上游 6 个子流域年径流量均呈下降趋势，其中，浑河源头、太子河源头和汤河子流域下降趋势显著，通过了 0.05 显著性水平检验，研究结果与线性趋势法分析的结果完全一致。

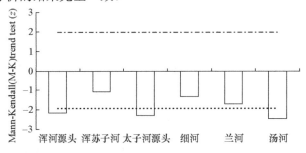

图 9.21　研究区年实测径流量的非参数趋势检验

纵坐标为 Mann-Kendall 趋势检验系数，虚线值为经验阈值

（3）年径流量突变分析

运用 Mann-Kendall 突变点检验法对浑太上游 6 个子流域年径流量时间序列数据（1961～2006 年）进行突变点检验，结果如图 9.22 所示，可以看出，在浑河源头子流域，*uf* 曲线随时间序列呈下降趋势且超过了置信度线，说明年径流量存在明显减少的趋势；同时，*uf* 曲线与 *ub* 曲线交点位于置信度线之间，这个交点便是突变点的开始，可以看出突变点发生在 1978 年。在浑苏子河流域，*uf* 曲线呈下降趋势，*uf* 曲线与 *ub* 曲线交点位于置信度线之间，且发生于 1978 年。同样，对太子河上游森林流域年径流量突变点进行分析，太子河源头子流域，*uf* 与 *ub* 两条曲线在 1978～1998 年重合部分较多，1998

年后，uf 曲线呈明显下降趋势；细河、兰河和汤河流域，uf 曲线与 ub 曲线均交于 1998年左右。结果表明，浑河上游森林流域两个水文观测站的年径流量的突变点都发生在1978 年左右，太子河上游森林流域 4 个水文观测站的年径流量的突变点都发生在 1998年左右，并且年径流在突变点后呈显著下降趋势。

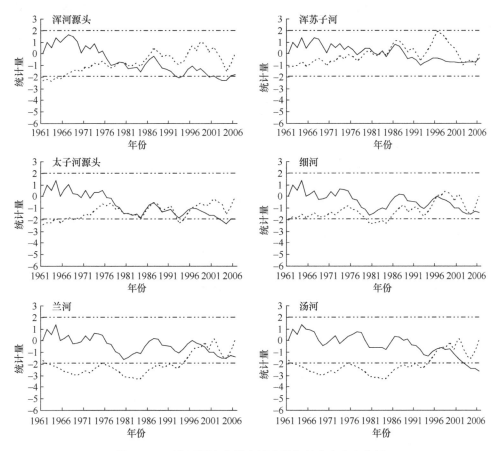

图 9.22　研究区浑太上游森林流域年径流突变点分析

uf—实线，ub—虚线

9.3.2　森林流域径流的主要影响因素分析

9.3.2.1　数据来源与研究方法

（1）气象数据

收集流域内 1961～2006 年 34 个雨量站点的日降雨资料。

气象数据包括 1961～2006 年研究区内及周边地区 11 个气象站点的降水、气温、日照时数、相对湿度、风速等要素的日尺度资料，数据来源于中国气象局。

（2）数字高程模型

数字高程模型（digital elevation model，DEM）数据为空间分辨率为 100 m 的栅格数据，主要用于提取河网，子流域的划分及 SWAT 模型中坡度、坡长、汇流面积和汇流时间等特征参数的计算。

（3）土地利用数据

土地利用数据来源于中国科学院资源环境科学数据中心。土地利用数据以 1 : 10 万土地利用图为基础，有 1980 年和 2000 年两期，空间分辨率均为 1 km 格网。土地利用数据中土地利用类型包括 6 个一级分类和 25 个二级分类（表 9.15）。土地利用数据主要用于 SWAT 模型中子流域和水文响应单元的划分。

表 9.15　土地资源分类系统

一级类型		二级类型		含义
编号	名称	编号	名称	
1	耕地	—	—	指种植农作物的土地，包括熟耕地、新开荒地、休闲地、轮歇地、草田轮作地；以种植农作物为主的农果、农桑、农林用地；耕种 3 年以上的滩地和滩涂
		11	水田	指有水源保证和灌溉设施，在一般年景能正常灌溉，用于种植水稻、莲藕等水生农作物的耕地，包括实行水稻和旱地作物轮种的耕地
		12	旱地	指无灌溉水源及设施，靠天然降水生长作物的耕地；有水源和浇灌设施，在一般年景下能正常灌溉的旱作物耕地；以种菜为主的耕地，正常轮作的休闲地和轮歇地
2	林地	—	—	指生长乔木、灌木、竹类以及沿海红树林地等林业用地
		21	有林地	指郁闭度>30%的天然林和人工林，包括用材林、经济林、防护林等成片林地
		22	灌木林	指郁闭度>40%、高度在 2 m 以下的矮林地和灌丛林地
		23	疏林地	指疏林地（郁闭度为 10%~30%）
		24	其他林地	未成林造林地、迹地、苗圃及各类园地（果园、桑园、茶园、热作林园地等）
3	草地	—	—	指以生长草本植物为主，覆盖度在 5%以上的各类草地，包括以牧业为主的灌丛草地和郁闭度在 10%以下的疏林草地
		31	高覆盖度草地	指覆盖度在>50%的天然草地、改良草地和割草地。此类草地一般水分条件较好，草被生长茂密
		32	中覆盖度草地	指覆盖度在 20%~50%的天然草地和改良草地，此类草地一般水分不足，草被较稀疏
		33	低覆盖度草地	指覆盖度在 5%~20%的天然草地。此类草地水分缺乏，草被稀疏，牧业利用条件差
4	水域	—	—	指天然陆地水域和水利设施用地
		41	河渠	指天然形成或人工开挖的河流及主干渠常年水位以下的土地
		42	湖泊	指天然形成的积水区常年水位以下的土地
		43	水库坑塘	指人工修建的蓄水区常年水位以下的土地
		44	永久性冰川雪地	指常年被冰川和积雪所覆盖的土地
		45	滩涂	指沿海大潮高潮位与低潮位之间的潮浸地带
		46	滩地	指河、湖水域平水期水位与洪水期水位之间的土地
5	城乡、工矿、居民用地	—	—	指城乡居民点及县镇以外的工矿、交通等用地
		51	城镇用地	指大、中、小城市及县镇以上建成区用地
		52	农村居民点	指农村居民点
		53	其他建设用地	指独立于城镇以外的厂矿、大型工业区、油田、盐场、采石场等用地，交通道路、机场及特殊用地

续表

一级类型		二级类型		含义
编号	名称	编号	名称	
		—	—	目前还未利用的土地,包括难利用的土地
		61	沙地	指地表被沙覆盖,植被覆盖度在5%以下的土地,包括沙漠,不包括水系中的沙滩
		62	戈壁	指地表以碎砾石为主,植被覆盖度在5%以下的土地
		63	盐碱地	指地表盐碱聚集,植被稀少,只能生长耐盐碱植物的土地
6	未利用土地	64	沼泽地	指地势平坦低洼,排水不畅,长期潮湿,季节性积水或常积水,表层生长湿生植物的土地
		65	裸土地	指地表土质覆盖,植被覆盖度在5%以下的土地
		66	裸岩石砾地	指地表为岩石或石砾,其覆盖度面积>5%以下的土地
		67	其他	指其他未利用土地,包括高寒荒漠、苔原等

(4)土壤数据

土壤数据来源于中国科学院资源环境科学数据中心与中国科学院南京土壤研究所,土壤数据包括土壤的空间数据和属性数据两个方面。土壤空间数据为分辨率 1∶100 万的栅格数据,主要用于 SWAT 模型中子流域和水文响应单元的划分。土壤属性数据主要包括土壤质地、土壤厚度、容重、孔隙度、有机质含量等属性,主要用于模型土壤属性数据库的构建。

9.3.2.2 主要研究结果

(1)浑太上游森林流域气候变化特征

在一定的天气条件下,大气中的水分以降水(雨、雪、冰雹等)形式降落到地面,通过下渗、径流和蒸发等水文过程,周而复始地不断运动,形成了水文循环。其中,降水是产生径流的直接因素,降水经蓄渗过程(植物截留、土壤下渗和地面填洼)、坡面漫流和河槽汇流,最后流经出口断面,成为河川径流。作为气候变化的主要衡量指标的气温,则直接影响着流域的水分蒸发量。研究气候变化特征对于理解流域径流变化具有重要意义。

1)流域气温变化特征

A. 年平均气温年际变化

浑太上游 6 个子流域 1961~2006 年的年平均气温时间变化如图 9.23 所示,6 个子流域的年平均气温均表现为增加趋势,浑河源头、浑苏子河、太子河源头、细河、兰河和汤河的气温变化率分别为 0.28℃/10 a、0.28℃/10 a、0.09℃/10 a、0.31℃/10 a、0.30℃/10 a 和 0.36℃/10 a,汤河流域气温升温幅度最大,太子河源头流域气温升温幅度最小。浑太上游森林流域年平均气温变化特征为:46 年来,流域年平均气温存在较小幅度的上下波动,但总体上呈增加趋势,平均变化率为 0.30℃/10 a,年平均气温约上升了1.48℃,高于全国年平均气温增温幅度;46 年来全国年平均地表气温增加 1.1℃,增温速率为 0.2℃/10 a(丁一汇等,2006);本研究区年平均气温升高主要发生在 20 世纪 80 年代中后期,20 世纪 60 年代中期至 70 年代中期处于低温期,与全国年平均气温变化一致。

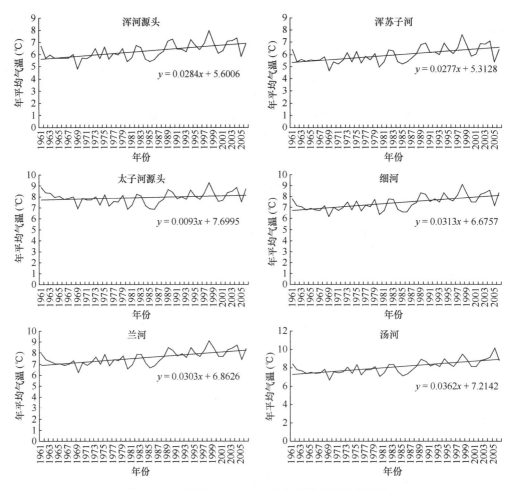

图 9.23 研究区 1961~2006 年年平均气温变化趋势

同时，应用 Mann-Kendall 趋势检验法对浑太上游 6 个子流域年平均气温长时间序列变化趋势进行分析，结果如图 9.24 所示，可以看出，浑太上游 6 个子流域年平均气温均呈增加趋势，浑河源头、浑苏子河、太子河源头、细河、兰河和汤河的气温变化非参数统计量 z 值分别为 3.63、3.60、0.97、4.05、4.07 和 4.64，除太子河源头流域外，其他 5 个子流域的年平均气温增加趋势均达到 0.05 显著性水平，研究结果与线性趋势法分析的结果完全一致。

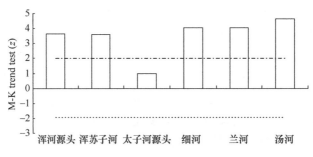

图 9.24 研究区年平均气温趋势检验

纵坐标为 Mann-Kendall 趋势检验系数，虚线值为经验阈值

B. 流域年平均气温变化趋势的空间分布

尽管流域年平均气温整体上呈显著上升趋势，但存在明显的区域差异性。采用 Mann-Kendall 趋势检验法对流域 46 年来年平均气温的变化趋势进行分析，得到浑太上游森林流域年平均气温变化趋势空间分布，如图 9.25 所示。结果表明：①研究区全部呈增温趋势，东北部山区比中南部地区增温趋势更显著；②从各子流域来看，浑河源头、浑苏子河和汤河流域增温趋势非常显著（信度水平>99%），细河、兰河和太子河源头增温趋势相对弱一些。

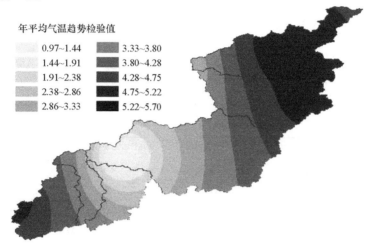

年平均气温趋势检验值

- 0.97~1.44
- 1.44~1.91
- 1.91~2.38
- 2.38~2.86
- 2.86~3.33
- 3.33~3.80
- 3.80~4.28
- 4.28~4.75
- 4.75~5.22
- 5.22~5.70

图 9.25　研究区年平均气温变化趋势空间分布（彩图见封底二维码）

2）流域降雨量变化特征

A. 年降雨量的年际变化趋势

1961～2006 年浑太上游 6 个子流域的年降雨量随时间序列变化趋势如图 9.26 所示。浑河源头子流域年降雨量呈增加趋势，以 12.9 mm/10 a 的速率增加，20 世纪 80 年代中期和 90 年代中期年降雨量出现峰值；浑苏子河流域年降雨量呈微弱减少趋势，以 1.4 mm/10 a 的速率减少；太子河源头流域年降雨量呈减少趋势，以 8.1 mm/10 a 的速率减少；细河流域年降雨量呈微弱增加趋势，以 0.1 mm/10 a 的速率增加；兰河流域年降雨量呈减少趋势，以 9.4 mm/10 a 的速率减少；汤河流域年降雨量呈减少趋势，以 14.7 mm/10 a 的速率减少。整个浑太上游森林流域年降雨量变化表现为减少趋势，变化率为 9.7 mm/10 a。与以往研究认为东北南部等地区年降雨量出现下降趋势的结果一致（丁一汇等，2006）。

应用 Mann-Kendall 趋势检验法对浑太上游 6 个子流域年降雨量长时间序列变化趋势进行分析，结果如图 9.27 所示。浑太上游 6 个子流域（浑河源头、浑苏子河、太子河源头、细河、兰河和汤河）的降雨量趋势检验系数 z 值分别为 0.42、-1.06、-1.19、-0.68、-0.79 和-1.33，变化趋势均未通过 0.05 显著性水平检验，除浑河源头子流域呈弱的增加趋势外，其他 5 个子流域均呈弱的下降趋势。总体来看，浑太上游 6 个子流域年降雨量变化趋势不明显。

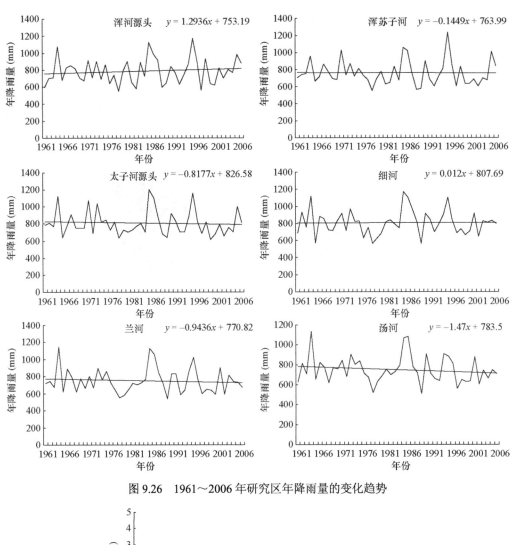

图 9.26　1961～2006 年研究区年降雨量的变化趋势

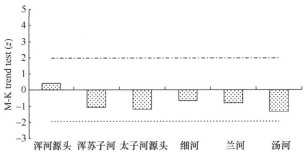

图 9.27　研究区年降雨量的非参数趋势检验

纵坐标为 Mann-Kendall 趋势检验系数，虚线值为经验阈值

B. 降雨量空间分布及其年代变化特征

图 9.28 为浑太上游森林流域 1961～2006 年 46 年来平均降雨量的空间分布图，可以看出，大部分地区的降雨量在 660～800 mm。受纬度的差异、距海洋的远近以及地形的变化等因素的影响，流域多年平均降雨量的空间分布总体上呈现出中部降水多、东北和西南两端降水少的特征。从各个子流域来看，太子河源头流域降雨量最大，多年平均降雨量为 807 mm，汤河流域降雨量最小，多年平均降雨量为 749 mm。

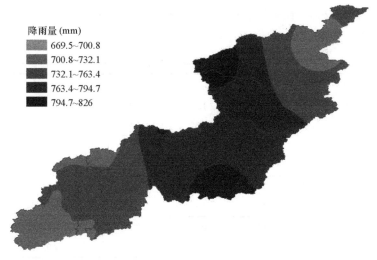

图 9.28　浑太上游森林流域年平均降雨量的空间分布（彩图见封底二维码）

采用 Mann-Kendall 趋势检验法，对浑太上游森林流域 34 个雨量站的年降雨量时间序列（1961~2006 年）变化趋势进行分析，结果如图 9.29 所示，可以看出，34 个雨量站中有 28 个站的降雨量呈下降趋势，但只有一个站的降雨量下降趋势达到显著性水平；有 6 个站的降雨量呈上升趋势，但均未达到显著性水平。对 1961~2006 年研究区各个雨量站年降雨量的变化趋势进行几何平均，可以看出整个研究区年降雨量呈微弱的减少趋势，变化趋势不显著。

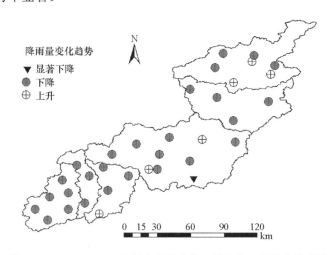

图 9.29　1961~2006 年浑太上游森林流域年降雨量的变化趋势

（2）流域土地利用变化

1）流域土地利用比例变化

研究区 1980 年和 2000 年两期土地利用分类系统包括 3 级，由于二级分类系统过于详细，不能很好地反映研究区土地利用/土地覆被变化的总体变化趋势，为此建立一级土地利用/土地覆被类型数据库，包括耕地、林地、草地、水域、建设用地和未利用土地

6 种土地利用类型。2000 年浑太上游森林流域 6 个子流域的主要土地利用类型所占比例如表 9.16 所示。

表 9.16　浑太上游森林流域主要土地利用类型所占比例　　（%）

流域	年份	耕地	林地	草地	水域	建设用地	未利用土地
浑河源头	1980	17.68	78.51	1.32	1.21	1.28	
	2000	18.60	77.37	1.50	1.14	1.39	
浑苏子河	1980	15.37	82.09	0.39	1.33	0.82	
	2000	15.71	81.65	0.47	0.95	1.22	
太子河源头	1980	14.62	79.73	1.58	1.81	2.22	0.04
	2000	14.96	79.38	1.39	1.94	2.28	0.05
细河	1980	15.25	80.84	0.67	0.71	2.53	
	2000	16.04	79.75	0.58	0.71	2.92	
兰河	1980	24.62	65.91	2.39	3.69	3.00	0.39
	2000	25.61	64.76	2.50	3.67	3.07	0.39
汤河	1980	19.28	75.35	1.07	2.66	1.64	
	2000	20.77	74.46	0.91	1.89	1.97	

可以看出，浑太上游森林流域土地利用结构以林地和耕地为主，不同土地利用类型占总面积的比例相差很大。研究区各子流域中，林地面积占总面积的比例为 64%～83%，6 个子流域平均来看，林地面积占研究区总面积的 77%；其次是耕地，占研究区总面积的 18%。

对 1980 年和 2000 年两期土地利用图进行比较，研究区土地利用结构的根本特征没有发生改变，均以林地和耕地为主，其他类型所占比例较少。尽管总体结构未变，但是不同的土地利用类型之间也存在此消彼长的动态特征，耕地面积所占比例增加（0.3%～1.5%），林地面积所占比例减少（0.3%～1.2%），其中，汤河流域耕地所占比例增加最大，细河和兰河流域林地所占比例减少较大。就各个子流域而言，1980～2000 年，各种土地利用类型变化面积为：浑河源头子流域耕地增加 25.67 km²、林地减少 27.75 km²、草地增加 6.49 km²、水域减少 0.4 km²、建设用地增加 0.63 km²；浑苏子河子流域耕地增加 7.91 km²、林地减少 8.45 km²、草地增加 1.54 km²、水域增加 0.63 km²、建设用地增加 0.17 km²；太子河源头子流域耕地增加 15.17 km²、林地减少 16.57 km²、草地减少 8.74 km²、水域增加 6.13 km²、建设用地增加 2.57 km²、未利用土地增加 0.01 km²；细河流域耕地增加 8.8 km²、林地减少 12.1 km²、草地增加 1.0 km²、建设用地增加 4.25 km²；兰河流域耕地增加 7.28 km²、林地减少 8.04 km²、草地增加 0.77 km²、水域减少 0.09 km²、建设用地增加 0.34 km²；汤河流域耕地增加 21.19 km²、林地减少 8.41 km²、草地减少 2.26 km²、水域减少 10.88 km²、建设用地增加 0.16 km²、未利用土地增加 0.24 km²。

2）土地利用/土地覆被的变化速率

土地利用的变化速率可以通过土地利用动态度模型来衡量，土地利用动态度模型能够较好地分析土地利用/土地覆被时间序列上的变化，本研究用单一土地利用动态度来表示。

单一土地利用动态度是某研究区一定时间范围内某种土地利用类型的数量变化情况，表达式为（王秀兰，1999）

$$K = \frac{U_b - U_a}{U_a} \times \frac{1}{T} \times 100\% \qquad (9.60)$$

式中，K 为研究区研究时段内某一土地利用类型的变化率（%）；U_a 为研究初期某一种土地利用类型的面积（km^2）；U_b 为研究末期某一土地利用类型的面积（km^2）；T 为研究时段长，此处以年为单位。

1980~2000 年，浑河上游 6 个子流域单一土地利用动态度如表 9.17 所示。研究区域（浑太上游森林流域）整体表现为：林地、草地、水域面积有所减少，耕地、建设用地、未利用土地面积有所增加。土地利用类型的年变化率：耕地为 0.11%~0.39%、林地为-0.08%~-0.02%、草地为-0.75%~0.90%、水域为-1.44%~0.37%、建设用地为0.03%~0.75%、未利用土地为 0~0.29%。具体而言，各子流域各种土地利用类型的变化速率为：浑河源头子流域耕地增加 0.27%、林地减少 0.06%、草地增加 0.90%、水域减少 0.06%、建设用地增加 0.09%；浑苏子河流域耕地增加 0.12%、林地减少 0.02%、草地增加0.87%、水域增加0.11%、建设用地增加0.05%；太子河源头流域耕地增加0.11%、林地减少 0.02%、草地减少 0.60%、水域增加 0.37%、建设用地增加 0.13%、未利用土地增加 0.02%；细河流域耕地增加 0.26%、林地减少 0.07%、草地减少 0.66%、建设用地增加 0.75%；兰河流域耕地增加 0.20%、林地减少 0.08%、草地增加 0.22%、水域减少 0.02%、建设用地增加 0.08%；汤河流域耕地增加 0.39%、林地减少 0.04%、草地减少 0.75%、水域减少 1.44%、建设用地增加 0.03%、未利用土地面积增加 0.29%。

表 9.17　研究区 1980~2000 年的单一土地利用动态度　　　（%）

流域	耕地	林地	草地	水域	建设用地	未利用土地
浑河源头	0.27	-0.06	0.90	-0.06	0.09	
浑苏子河	0.12	-0.02	0.87	0.11	0.05	
太子河源头	0.11	-0.02	-0.60	0.37	0.13	0.02
细河	0.26	-0.07	-0.66	0	0.75	
兰河	0.20	-0.08	0.22	-0.02	0.08	0
汤河	0.39	-0.04	-0.75	-1.44	0.03	0.29

9.3.3　气候变化和土地利用变化对径流的影响

9.3.3.1　径流变化的影响因素分析

流域径流量变化受气候、地貌、土壤、植被等自然条件和人类活动两方面的影响。在自然因素方面，主要包括气候和下垫面因子的影响，其中气候变化的影响最为明显。浑太上游森林流域以降水补给为主，可以认为降水是影响天然径流的最直接因素。人类活动对径流影响的最直接的体现形式是土地利用/土地覆被变化，土地利用/土地覆被情况作为下垫面要素的重要组成部分对流域径流变化具有重要影响。

（1）径流与气候变化的关系

1）径流与降水的关系

图 9.30 给出 1961～2006 年浑太上游 6 个子流域年降雨量与年径流量的变化情况，从图中我们可以看出：年径流量与年降雨量的年际变化趋势基本一致，说明在以降雨为主要补给源的研究区，降雨量变化对径流的变化起决定性作用。

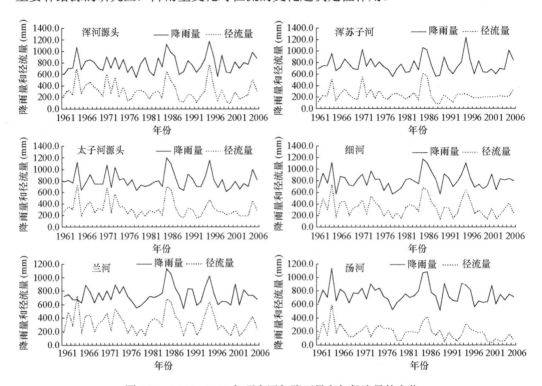

图 9.30　1961～2006 年研究区年降雨量和年径流量的变化

应用 Mann-Kendall 趋势检验法对浑太上游 6 个子流域年径流量与年降雨量的变化趋势进行对比分析，结果如表 9.18 所示。可以看出，6 个子流域 1961～2006 年的年径

表 9.18　年径流量和年降雨量变化趋势的检验结果

子流域	年径流量趋势检验		年降雨量趋势检验		所在河流
	Z_c	显著性水平	Z_c	显著性水平	
浑河源头	−2.15	—	0.42	—	浑河
浑苏子河	−1.20	—	−1.06	—	浑河
太子河源头	−2.31	—	−1.19	—	太子河
细河	−1.35	—	−0.68	—	太子河
兰河	−1.84	—	−0.79	—	太子河
汤河	−2.61	**	−1.33	—	太子河

注：负值表示下降趋势

**表示 0.01 显著性水平；Z_c 表示检验统计值

流量趋势检验统计值都是负值，表明年径流量随时间变化均呈下降的趋势，其中汤河流域呈现出极显著下降趋势。同时对 6 个子流域的降雨量进行趋势检验，而降雨量变化趋势不显著。年径流量的年际变化幅度大于年降雨量的变化幅度，这在一定程度上说明，径流变化除受降水影响外，还受到其他因素的影响。

　　基于 9.3.1 节对年径流量突变分析的结果，以突变点为分界点，浑河上游森林流域的径流变化两个时间段分别是：1961～1978 年（第一阶段）和 1978～2006 年（第二阶段）。太子河上游森林流域的径流变化两个时间段分别是 1961～1998 年（第一阶段）和 1998～2006 年（第二阶段）。对两个不同时间段的降水与径流资料进行相关分析，结果如图 9.31 所示。浑河上游，在第一阶段，两个子流域（浑河源头、浑苏子河）中径流与降水的相关系数高于 0.9；在第二阶段，两个子流域中径流与降水的相关系数较低，分别为 0.75 和 0.39。太子河上游，在第一阶段，4 个子流域中，太子河源头和细河两个子流域径流与降水的相关系数较高，均高于 0.90，兰河和汤河两个子流域径流与降水的相关系数相对较低，分别约为 0.71 和 0.61。在第二阶段，太子河源头和细河两个子流域径流与降水的相关系数较高，分别约为 0.87 和 0.84，兰河和汤河两个子流域径流与降水的相关系数相对较低，分别约为 0.05 和 0.17。总体来看，浑太流域上游 6 个子流域中，径流与降水的相关系数在第一阶段均比第二阶段的高。这一结果在一定程度上可以认为突变点前，人类活动对径流的影响相对较小；突变点后，人类活动加剧，流域的下垫面性质发生改变，对径流变化的影响也加剧。

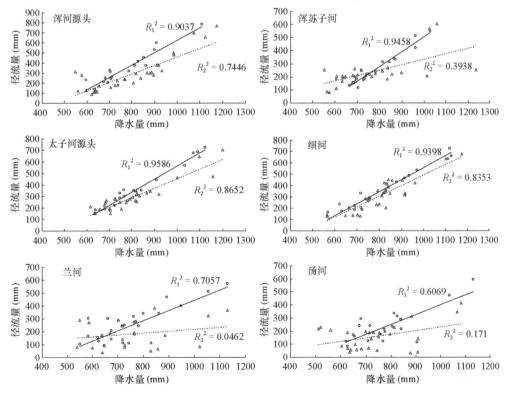

图 9.31　研究区突变前后径流与降水的关系（圆点：突变前；三角：突变后）

2）径流与气温的关系

气温作为热量指标主要通过影响冰川和积雪的消融，以及流域总蒸发量，进而对径流量产生影响。随着气温的升高，蒸发能力加强，植物耗水量增加，径流量减少。表 9.19 列出浑太上游森林流域 6 个子流域年径流量与气温的相关关系，6 个子流域年径流量与年均气温均呈负相关关系，相关系数为−0.36～−0.24，相关性不高，由此我们可以看出径流量和气温存在微弱的负相关。

表 9.19　研究区径流量与气温的相关系数

子流域	浑河源头	浑苏子河	太子河源头	细河	兰河	汤河
相关系数	−0.24	−0.26	−0.24	−0.28	−0.36	−0.34

（2）人类活动对径流的影响

人类活动对径流的影响主要是通过改变流域下垫面性质实现的，人类活动（包括植树造林、森林砍伐、兴建水库等各种水土保持和水利工程的建设）对土地利用方式的改变是引起流域下垫面性质发生变化的直接因素。人类活动对径流的影响主要可以归为两类：地表植被变化和水利工程建设。

1）地表植被变化对径流的影响

浑太上游森林流域森林覆盖率高达 60%，森林具有涵养水源、蓄水、增加枯水流量的作用，同时具有防止水土流失、削减洪峰流量的作用。1980～2000 年，浑太上游森林流域森林面积减少 81.32 km²，导致径流量增加，水土流失加剧；耕地面积增加，导致农业用水增多；城镇建设用地增加，导致绿地面积减少，城镇不透水面积增加，导致径流增加。

径流系数变化能够较好地反映土地利用/土地覆被变化对径流的影响，流域下垫面性质是影响径流系数的主要因子之一。当地表植被减少时，根部水分吸收能力会减弱，水量平衡中的蒸发分量减少，流域产流能力增强，径流系数增大（张永芳等，2008）。

径流系数（runoff coefficient，RC）是指在一定汇水面积上，任意时段的径流总量与该时段的降雨量的比值（邓珺丽等，2011）。径流系数反映了流域内下垫面因素对降水与径流关系的影响（邓绶林，1985）。为分析土地利用/土地覆被变化对径流的影响，基于 1980 年和 2000 年两期土地利用数据，以 1980 年为分界点，1980 年之前（1961～1980 年）为第一阶段，1981～2006 年为第二阶段，分析浑太上游森林流域径流系数的变化，结果如图 9.32 所示。从图中可以看出，浑太上游森林流域 6 个子流域的径流系数在第一阶段的平均值均高于第二阶段的平均值。1961～2006 年研究区径流系数呈下降的趋势，原因是年径流量呈明显的下降趋势，而年降雨量的变化趋势却不明显。

2）水利工程建设对径流的影响

1980 年以后，随着社会经济的发展，工农业用水和生活用水不断增加，导致河道水量减少。此外，水利工程的修建，增强了对径流的调蓄能力。辽河流域水资源开发利用程

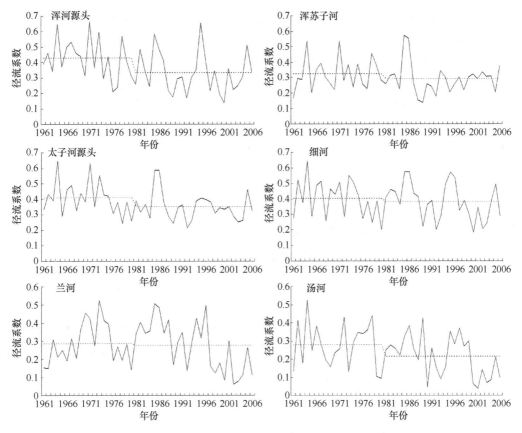

图 9.32　研究区径流系数的变化趋势

度较高，而浑太流域水资源利用程度在辽河流域中属于最高的，其中地表水资源利用率为52.5%，水资源总量消耗率为50%。水库是流域的蓄水主体，对洪水的控制能力较强。

自 1961 年来，浑太上游森林流域进行了不少水利工程修建，包括防洪堤坝、引水渠道、修建水库等。浑河上游大伙房水库于 1958 年 9 月竣工并投入使用，其坝址以上集水面积为 5437 km^2，总库容为 21.81×10^8 m^3，调洪库容为 11.87×10^8 m^3，是新中国成立后东北地区修建的第一座大型水库工程。大伙房水库可以调节浑河源头和浑苏子河流域的水资源，具有防洪、供水、灌溉、发电、养鱼和旅游等综合利用价值。自投入运行以来，水库对抚顺和沈阳两座城市的防洪起到很大作用。例如，1975 年入库洪峰流量高达 4250 m^3/s，经水库调蓄，洪水全部拦蓄在水库内，仅由输水道放流 405 m^3/s。浑河上游，除大伙房水库外，还建有红升、白家、得胜、尹家、刘家和红旗等中小型水库，以及木家、红升和得胜等小型水电站。

太子河上游建有观音阁水库、参窝水库和汤河水库，可调节洪水，防洪对象主要是本溪和辽阳两座城市。其中，参窝水库于 1972 年竣工并投入运行，1985~1991 年实施加固工程，其控制的流域面积为 3380 km^2，总库容为 7.91×10^8 m^3，调洪库容为 7.26×10^8 m^3；汤河水库是汤河干流上的一座大型水库，1958 年建立，1978 年又进行水库加固至 1983 年完成，流域控制面积为 1228 km^2，总库容为 7.07×10^8 m^3，调洪库容为 3.74×10^8 m^3；观音阁水库自 1990 年开始修建至 2000 年竣工，控制的流域面积为 2795 km^2，总库容为

$21.68×10^8\,m^3$，调洪库容为 $7.48×10^8\,m^3$，可以有效提高防洪能力，进而有效控制常遇洪水。太子河上游森林流域水库修建时间比浑河上游晚，即水库对洪水调蓄作用要比浑河上游晚，从某种程度上可以作为太子河上游径流突变点与浑河上游径流突变点时间不一致的原因。浑太上游森林流域水库修建以防洪、灌溉和供水为主，起到泄洪的作用，同时方便了工农业取水，自水库建成并开始蓄水以来，水库下游水文站实测径流量明显减少。

9.3.3.2 量化气候变化和土地利用变化对径流的影响

流域水文系统受诸多因素（如地形、地貌、气候、土壤和植被）的影响，任何因素的变化，都可能导致水文系统发生变化。在短时间尺度上，气候和土地利用/土地覆被变化是影响流域水文过程的主要因素。本部分通过水量平衡模型，定量分析气候波动和人类活动导致的土地利用/土地覆被变化对径流的影响。

（1）气候与土地利用变化对径流影响的量化原理

本研究通过一种简单的水量平衡原理分析气候和土地利用变化对径流的影响。

水量平衡是指在任意选择的流域，在任意时段内，其收入的水量与支出的水量之间的差额等于该时段流域内蓄水的变化量，即在水循环过程中，总体上收支平衡（黄锡荃，1993）。降水和蒸发是多年水量平衡的主要控制因素，降水和蒸发的改变将导致年径流量发生变化。

其中流域水量平衡方程为

$$P = E + Q + \Delta S \tag{9.61}$$

式中，P 为年降雨量；E 为年蒸发量；Q 为年径流量；ΔS 为流域储水量的变化值。长时间序列上（如 5～10 年），可以认为 ΔS 为零。蒸发量和降雨量的变化都会导致水量平衡发生改变。

因此，流域多年平均水量平衡情况可以用下式表示：

$$P = E + Q \tag{9.62}$$

年均径流量的变化可以用下面的方程计算：

$$\Delta Q = Q_2 - Q_1 \tag{9.63}$$

式中，ΔQ 表示年平均径流量总的变化；Q_1 是第一阶段（参考期）年平均径流量；Q_2 是第二阶段（变化期）年平均径流量。

同样，年均径流量总的变化也可以表示成：

$$\Delta Q = \Delta Q_{气候} - \Delta Q_{土地利用} \tag{9.64}$$

式中，$\Delta Q_{气候}$ 表示由气候变化导致的径流变化；$\Delta Q_{土地利用}$ 表示由土地利用/土地覆被变化导致的径流变化。

径流和气候因素的关系可以表示为

$$\Delta Q_{气候} = \frac{\partial Q}{\partial P}\Delta P + \frac{\partial Q}{\partial E}\Delta E \tag{9.65}$$

式中，ΔP、ΔE 分别为降水和蒸发的变化量。其中，关于实际蒸发量 E 的估算，Budyko（1974）、傅抱璞（1981）、Zhang 等（2001）等都做了相关研究，其中，物理和数学意义较明确的是傅抱璞（1981）提出的公式，该公式是从 Budyko 的基本假设出发，基于量

纲和微积分推导出来的，建立的潜在蒸发量 E_0 与实际蒸发量 E 之间的函数关系为

$$\frac{E}{E_0}=1+\frac{P}{E_0}-\left[1+\left(\frac{E_0}{P}\right)^w\right]^{\frac{1}{w}} \tag{9.66}$$

式中，w 为与下垫面性质有关的参数，表示植被类型、土壤属性和地形的模型参数（傅抱璞，1996）。在下垫面透水性差、植被少、地形坡度大、地表流量大的地区，w 值小。反之，在下垫面透水性好、植被多、地形平坦、地表径流量小的地区，w 值大。

径流与降水和蒸发的关系函数为（Ma et al.，2008）

$$\frac{\partial Q}{\partial P}=P^{(w-1)}\left(E_0^w+P^w\right)^{1/w-1} \tag{9.67}$$

$$\frac{\partial Q}{\partial P}=E_0^{(w-1)}\left(E_0^w+P^w\right)^{1/w-1}-1 \tag{9.68}$$

（2）气候与土地利用变化对径流的影响

流域水量平衡模型的构建是基于 Mann-Kendall 突变点检验法所确定的突变点开始的，综合径流量、降雨量和蒸发量三个分量的突变点，以径流量突变为主，选择径流量的突变点为分界点。浑河上游森林流域径流变化的两个时间段分别是：第一阶段（1961～1978 年），作为参考期，选取 1978 年之前的径流量、降雨量和蒸发量的年平均值；第二阶段（1978～2006 年），作为变化期，选取 1978 年之后的径流量、降雨量和蒸发量的年平均值。参考期年平均降雨量和蒸发量分别为 664 mm、702 mm，变化期年平均降雨量和蒸发量分别为 650 mm、720 mm。太子河上游森林流域径流变化的两个时间段分别是：第一阶段（1961～1998 年），作为参考期，选取 1998 年之前的径流量、降雨量和蒸发量的年平均值；第二阶段（1998～2006 年），作为变化期，选取 1998 年之后的径流量、降雨量和蒸发量的年平均值。参考期年平均降雨量和蒸发量分别为 725 mm、653 mm，变化期年平均降雨量和蒸发量分别为 653 mm、614 mm。

通过上面所述的水量平衡方程，基于降水、径流和蒸发三者的关系，评价气候波动对径流变化的影响。通过计算得出浑太上游森林流域气候波动和土地利用变化对径流变化的贡献率，如表 9.20 所示。气候变化和人类活动引起的土地利用/土地覆被变化是导致径流减少的主要因素（表 9.20）。研究区浑河上游森林流域，气候变化导致径流量减少 15 mm，土地利用变化导致径流量减少 20 mm；太子河上游，气候变化导致径流量减少 34 mm，土地利用变化导致径流量减少 44 mm。总体而言，浑太上游森林流域气候变化对径流影响的贡献率为 43.3%，人类活动导致的土地利用/土地覆被变化对径流影响的贡献率为 56.7%。在二三十年的时间尺度上，人类活动导致的土地利用/土地覆被变化是影响径流变化的主导因素。

表 9.20　气候与土地利用变化对径流的影响

流域	突变点	变化前（mm）			变化后（mm）			变化量（mm）		贡献率（%）	
		P	E_0	Q	P	E_0	Q	$\Delta Q_{气候}$	$\Delta Q_{土地利用}$	$\Delta Q_{气候}$	$\Delta Q_{土地利用}$
浑河上游	1978年	664	702	199	650	720	165	15	20	43.3	56.7
太子河上游	1998年	725	653	231	653	614	153	34	44	43.5	56.5

主要参考文献

蔡辉艺, 余钟波, 杨传国, 等. 2012. 淮河流域参考蒸散发量变化分析. 河海大学学报(自然科学版), 40(1): 76-82.

陈佩英, 宋玉民, 江清霞, 等. 2010. 1965—2007 年沙澧河流域潜在蒸散量变化趋势. 气象与环境科学, 33(3): 52-58.

成俊卿. 1985. 木材学. 北京: 中国林业出版社.

邓珺丽, 张永芳, 王安志, 等. 2011. 太子河流域 1967—2006 年径流系数变化特征. 应用生态学报, 22(6): 1559-1565.

邓绶林. 1985. 普通水文学. 2 版. 北京: 高等教育出版社.

丁一汇, 任国玉, 石广玉, 等. 2006. 气候变化国家评估报告(I): 中国气候变化的历史和未来趋势. 气候变化研究进展, 1(2): 3-8.

丁一汇, 张莉. 2008. 青藏高原与中国其他地区气候突变时间的比较. 大气科学, 32(4): 794-805.

丁永建, 秦大河. 2009. 冰冻圈变化与全球变暖: 我国面临的影响与挑战. 中国基础科学, 3: 4-10.

冯秋红, 史作民, 董莉莉, 等. 2010. 南北样带温带区栎属树种功能性状间的关系及其对气象因子的响应. 植物生态学报, 34(6): 619-627.

符淙斌, 王强. 1992. 气候突变的定义和检测方法. 大气科学, 6: 482-493.

付新峰, 杨胜天, 刘昌明. 2006. 雅鲁藏布江流域潜在蒸散量计算方法. 水利水电技术, 37(8): 5-8.

傅抱璞. 1981. 论陆面蒸发的计算. 大气科学, 5(1): 23-31.

傅抱璞. 1996. 山地蒸发的计算. 气象科学, 16(4): 328-335.

高人, 周光柱. 2002. 辽宁东部山区几种主要森林植被类型林冠层对降雨的再分配作用. 辽宁农业科学, (1): 5-9.

高西宁, 陶向新, 关德新. 2002. 长白山阔叶红松林热量平衡和蒸散的研究. 沈阳农业大学学报, 33(5): 331-334.

高照全, 邹养军, 王小伟, 等. 2004. 植物水分运转影响因子的研究进展. 干旱地区农业研究, 22(2): 200-204.

关德新, 吴家兵, 金昌杰, 等. 2006. 长白山红松针阔混交林 CO_2 通量的日变化与季节变化. 林业科学, 42(10): 123-128.

关德新, 吴家兵, 王安志, 等. 2004. 长白山阔叶红松林生长季热量平衡变化特征. 应用生态学报, 15(10): 1828-1832.

郭宝妮, 张建军, 王震, 等. 2012. 晋西黄土区刺槐和油松树干液流比较. 中国水土保持科学, 10(4): 73-79.

郭生练, 朱英浩. 1993. 互补相关蒸散发理论与应用研究. 地理研究, 12(4): 32-38.

胡乃发, 金昌杰, 关德新, 等. 2012. 浑太流域降水极值的统计分布特征. 高原气象, 31(4): 1166-1172.

胡兴波, 韩磊, 张东, 等. 2010. 黄土半干旱区白榆和侧柏夜间液流动态分析. 中国水土保持科学, 8(4): 51-56.

黄锡荃. 1993. 水文学. 北京: 高等教育出版社.

拉夏埃尔. 1980. 植物生理生态学. 李博, 等, 译. 北京: 科学出版社.

李栋梁, 王春学. 2011. 积雪分布及其对中国气候影响的研究进展. 大气科学学报, 34(5): 627-636.

李海涛, 陈灵芝. 1998. 应用热脉冲技术对棘皮桦和五角枫树干液流的研究. 北京林业大学学报, 20(1): 1-6.

李培基, 米德生. 1983. 中国积雪的分布. 冰川冻土, 5(4): 9-18.

李思恩, 康绍忠, 朱治林, 等. 2008. 应用涡度相关技术监测地表蒸发蒸腾量的研究进展. 中国农业科学, 41(9): 2720-2726.

李秀彬. 1996. 全球环境变化的新领域——土地利用/土地覆被变化的国际研究动向. 地理学报, 51(6): 553-558.

刘波, 翟建青, 高超, 等. 2010. 基于实测资料对日蒸散发估算模型的比较. 地球科学进展, 25(9):

974-980.

刘奉觉, Edwards W R N, 郑世锴, 等. 1993. 杨树树干液流时空动态研究. 林业科学研究, 6(4): 368-372.

刘海亮, 蔡体久, 闫丽. 2011. 不同类型原始红松林对降雪融雪过程的影响. 水土保持学报, 24(6): 24-27.

刘健, 张奇, 许崇育, 等. 2010. 近 50 年鄱阳湖流域实际蒸发量的变化及影响因素. 长江流域资源与环境, 19(2): 139-145.

刘绍民, 孙睿, 孙中平, 等. 2004. 基于互补相关原理的区域蒸散量估算模型比较. 地理学报, 59(3): 331-340.

刘小莽, 郑红星, 刘昌明, 等. 2009. 海河流域潜在蒸散发的气候敏感性分析. 资源科学, 31(9): 1470-1476.

雒新萍, 王可丽, 江灏, 等. 2011. 2000~2008 年黑河流域潜在蒸散量的时空变化. 安徽农业科学, 39(25): 15737-15738, 15778.

马丽娟, 秦大河, 卞林根, 等. 2010. 青藏高原积雪的脆弱性评估. 气候变化研究进展, 5: 325-331.

马履一, 王华田. 2002. 油松边材液流时空变化及其影响因子研究. 北京林业大学学报, 24(3): 23-27.

马钦彦, 马剑芳, 康峰峰, 等. 2005. 山西太岳山油松林木边材心材导水功能研究. 北京林业大学学报, (增刊 2): 156-159.

马耀明, 王介民. 1997. 非均匀陆面上区域蒸发(散)研究概况. 高原气象, 16(4): 111-117.

聂立水, 李吉跃, 翟洪波. 2002. 油松、栓皮栎树干液流速率比较. 生态学报, 38(5): 31-37.

秦大河, 陈振林, 罗勇, 等. 2007. 气候变化科学的最新认知. 气候变化研究进展, 2(2): 63-73.

任国玉, 姜彤, 李维京, 等. 2008. 气候变化对中国水资源情势影响综合分析. 水科学进展, 19(6): 772-782.

史建国, 严昌荣, 何文清, 等. 2007. 黄河流域潜在蒸散量时空格局变化分析. 干旱区研究, 24(6): 6773-6778.

孙迪, 关德新, 袁凤辉, 等. 2010. 辽西宁林复合系统中杨树液流速率与气象因子的时滞效应. 应用生态学报, 21(11): 2742-2748.

孙鸿烈. 2005. 中国生态系统. 北京: 科学出版社.

孙慧珍, 孙龙, 王传宽, 等. 2005. 东北东部山区主要树种树干液流研究. 林业科学, 41(3): 36-42.

孙龙, 王传宽, 杨国亭, 等. 2007. 应用热扩散技术对红松人工林树干液流通量的研究. 林业科学, 43(11): 8-14.

孙鹏森, 马履一, 王小平, 等. 2000. 油松树干液流的时空变异性研究. 北京林业大学学报, 22(5): 1-6.

孙小舟, 封志明, 杨艳昭, 等. 2009. 西辽河流域近 60 年来气候变化趋势分析. 干旱区资源与环境, 23(9): 62-66.

王华田, 马履一, 孙鹏森. 2002. 油松、侧柏深秋边材木质部液流变化规律的研究. 林业科学, 38(5): 31-37.

王文杰, 孙伟, 邱岭, 等. 2012. 不同时间尺度下兴安落叶松树干液流密度与环境因子的关系. 林业科学, 48(1): 77-85.

王秀兰, 包玉海. 1999. 土地利用动态变化研究方法探讨. 地理科学进展, 18(1): 81-87.

王亚平, 黄耀, 张稳. 2008. 中国东北三省 1960—2005 年地表干燥度变化趋势. 地球科学进展, 23(6): 619-627.

王艳君, 姜彤, 许崇育, 等. 2005. 长江流域 1961—2000 年蒸发量变化趋势研究. 气候变化研究进展, 1(3): 99-105.

魏凤英. 1999. 现代气候统计诊断与预测技术. 北京: 气象出版社.

翁笃鸣, 高庆先, 姚志国. 1996. 中国大气短波吸收辐射的气候研究. 南京气象学院学报, 19(4): 450-455.

吴芳, 陈云明, 于占辉. 2010. 黄土高原半干旱区刺槐生长盛期树干液流动态. 植物生态学报, 34(4): 469-476.

吴家兵, 关德新, 张弥, 等. 2005. 涡动相关法与波文比-能量平衡法测算森林蒸散的比较研究——以长白山阔叶红松林为例. 生态学杂志, 24(10): 1245-1249.

吴绍洪, 尹云鹤, 郑度, 等. 2005. 近 30 年中国陆地表层干湿状况研究. 中国科学: 地球科学, 35(3): 276-283.

夏军, 谈戈. 2002. 全球变化与水文科学新的进展与挑战. 资源科学, 24(3): 1-7.

杨大庆, 张寅生. 1992. 乌鲁木齐河流域山区冬季积雪蒸发观测的主要结果. 冰川冻土, 14(2): 122-128.

杨弘, 李忠, 裴铁璠, 等. 2007. 长白山北坡阔叶红松林和暗针叶林的土壤水分物理性质. 应用生态学报, 18(2): 267-271.

于占辉, 陈云明, 杜盛. 2009. 黄土高原半干旱区人工林刺槐展叶期树干液流动态分析. 林业科学, 45(4): 53-59.

余振, 孙鹏森, 刘世荣, 等. 2010. 中国东部南北样带主要植被类型物候期的变化. 植物生态学报, 34(3): 316-329.

曾燕, 邱新法, 刘昌明, 等. 2007. 1960—2000 年中国蒸发皿蒸发量的气候变化特征. 水科学进展, 18(3): 311-318.

翟盘茂, 邹旭恺. 2005. 1951—2003 年中国的气温和降水变化及其对干旱的影响. 气候变化研究进展, 1(1): 16-18.

展小云, 于贵瑞, 盛文萍, 等. 2012. 中国东部南北样带森林优势植物叶片的水分利用效率和氮素利用效率. 应用生态学报, 23(3): 587-594.

张大维, 邢怡, 党安志. 2007. 黑龙江槭树属植物导管分子解剖学研究. 植物研究, 27(4): 408-411.

张东, 张万昌, 徐全芝. 2005. 汉江上游流域蒸散量计算方法的比较及改进. 资源科学, 27(1): 97-103.

张劲松, 孟平, 孙惠民, 等. 2006. 毛乌素沙地樟子松蒸腾变化规律及其与微气象因子的关系. 林业科学研究, 19(1): 45-50.

张小由, 龚家栋, 周茂先, 等. 2003. 应用热脉冲技术对胡杨和柽柳树干液流的研究. 冰川冻土, 25(5): 585-590.

张彦群, 王传宽. 2008. 北方和温带森林生态系统的蒸腾耗水. 应用与环境生物学报, 14(6): 838-845.

张永芳, 张勃, 张耀宗. 2008. 张掖绿洲土地利用/覆被变化的水文效应. 人民黄河, 30(12): 50-52.

周宝佳, 周宏飞, 代琼. 2009. 准噶尔盆地沙漠-绿洲雪面蒸发实验研究. 冰川冻土, 31(5): 843-849.

周宏飞. 2009. 古尔班通古特沙漠地区雪面蒸发凝结试验研究. 石河子: 石河子大学硕士学位论文.

朱非林, 王卫光, 孙一萌, 等. 2013. 汉江流域实际蒸散发的时空演变规律及成因分析. 河海大学学报(自然科学版), (4): 300-306.

朱玉祥, 丁一汇. 2007. 青藏高原积雪对气候影响的研究进展和问题. 气象科技, 35(1): 1-8.

左德鹏, 徐宗学, 程磊. 2011. 渭河流域潜在蒸散量时空变化及其突变特征. 资源科学, 33(5): 975-982.

Allen R G. 1998. Crop evapotranspiration-Guidelines for computing crop water requirements. FAO Irrigation and drainage paper 56.

Baldocchi D, Falge E, Gu L, et al. 2001. FLUXNET: a new tool to study the temporal and spatial variability of ecosystem-scale carbon dioxide, water vapor, and energy flux densities. Bulletin of the American Meteorological Society, 82: 2415-2434.

Barnett T P, Adam J C, Lettenmaier D P. 2005. Potential impacts of a warming climate on water availability in snow-dominated regions. Nature, 438: 303-309.

Barnett T P, Dumenil L, Schlese U, et al. 1988. The effect of eurasian snow cover on global climate. Science, 239: 504-507.

Bouchet R. 1963. Evapotranspiration réelle et potentielle, signification climatique. IAHS Publ, 62: 134-142.

Brutsaert W, Stricker H. 1979. An advection-aridity approach to estimate actual regional evapotranspiration. Water Resources Research, 15: 443-450.

Budyko M I. 1974. Climate and Life. New York: Academic Press.

Campbell G S, Norman J M. 1998. An Introduction to Environment Biophysics. Berlin, New York: Spring-Verlag: 36-51.

Cermak J, Kucera J, Nadezhdina N. 2004. Sap flow measurements with some thermodynamic methods, flow integration within trees and scaling up from sample trees to entire forest stands. Trees, 18: 529-546.

Daley M J, Phillips N G. 2006. Interspecific variation in nighttime transpiration and stomatal conductance in a mixed new England deciduous forest. Tree Physiology, 26: 411-419.

Do F, Rocheteau A. 2002. Influence of natural temperature gradients on measurements of xylem sap flow with thermal dissipation probes. 1. Field observations and possible remedies. Tree Physiology, 22: 641-648.

Flint A L, Childs S W. 1991. Use of the Priestley-Taylor evaporation equation for soil water limited conditions in a small forest clearcut. Agricultural and Forest Meteorology, 56: 247-260.

Fredrik L, Anders L. 2002. Transpiration response to soil moisture in pine and spruce trees in Sweden. Agricultural and Forest Meteorology, 112: 67-85.

Gao G, Xu C Y, Chen D, et al. 2012. Spatial and temporal characteristics of actual evapotranspiration over Haihe River basin in China. Stochastic Environmental Research and Risk Assessment, 26: 655-669.

Gong L, Xu C Y, Chen D, et al. 2006. Sensitivity of the Penman-Monteith reference evapotranspiration to key climatic variables in the Changjiang (Yangtze River) basin. Journal of Hydrology, 329: 620-629.

Gong X Y, Chen Q, Lin S, et al. 2011. Trade offs between nitrogen-and water-use efficiency in dominant species of the semiarid stepper of Inner Mongolia. Plant and Soil, 340: 227-238.

Granger R J, Gray D M. 1989. Evaporation from natural nonsaturated surfaces. Journal of Hydrology, 111: 21-29.

Granger R J. 1989. An examination of the concept of potential evaporation. Journal of Hydrology, 111: 9-19.

Granier A. 1985. A new method for measure sap flow. Annals of Forest Science, 42: 193-200.

Granier A. 1987. Evaluation of transpiration in a Douglas-fir stand by means of sap flow measurement. Tree Physiology, 3: 309-320.

Granier A, Anfodillo T, Ssbatti M, et al. 1994. Axial and radial water flow in the trunks of oak trees: a quantitative analysis. Tree Physiology, 14(12): 1383-1396.

Granier A, Hucr R, Barigah S T. 1996. Transpiration of natural forest and its dependence on climatic factors. Agricultural and Forest Meteorology, 78: 18-29.

Groisman P Y, Karl T R, Knight R W. 1994. Observed impact of snow cover on the heat balance and the rise of continental spring temperatures. Science, 263: 198-200.

Hen N N, Guan D X, Jin C J, et al. 2011.Influences of snow event on energy balance over temperate meadow in dormant season based on eddy covariance measurements. Journal of Hydrology, 399: 100-107.

Hobbins M T, Ramírez J A, Brown T C. 2001. Trends in regional evapotranspiration across the United States under the complementary relationship hypothesis. Hydrology Days, 2001: 106-121.

Hood E, Williams M, Cline D. 1999. Sublimation from a seasonal snowpack at a continental, mid-latitude alpine site. Hydrological Processes, 13: 1781-1797.

Jarvis P G. 1976. The interpretation of the variations in leaf water potential and stomatal conductance found in canopies in the field. Philosophical Transactions of the Royal Society B: Biological Sciences, (273): 593-610.

Jhajharia D, Dinpashoh Y, Kahya E, et al. 2012. Trends in reference evapotranspiration in the humid region of northeast India. Hydrological Processes, 26: 421-435.

Kaser G. 1982. Measurement of evaporation from snow. Theoretical and Applied Climatology, 30: 333-340.

Kattelmann R, Elder K. 1991. Hydrologic characteristics and water balance of an alpine basin in the Sierra Nevada. Water Resources Research, 27: 1553-1562.

Knowles J F, Blanken P D, Williams M W, et al. 2012. Energy and surface moisture seasonally limit evaporation and sublimation from snow-free alpine tundra. Agricultural and Forest Meteorology, 157: 106-115.

Köstner B, Biron P, Siegwolf R, et al. 1996. Estimates of water vapour flux and canopy conductance of Scots pine at the tree level utilizing different xylem sap flow method. Theoretical and Applied Climatology, 53: 105-113.

Leyton L, Reynolds E R C, Thompson F B. 1967. Rainfall interception in forest and moorland. In: Sopper W E, Lull H W. International Symposium on Forest Hydrology. Oxford, U. K.: 163-178.

Li F, Lyons T J. 1999. Estimation of regional evapotranspiration through remote sensing. Journal of Applied Meteorology, 138: 1644-1654.

Lundberg A, Calder I, Harding R. 1998. Evaporation of intercepted snow: measurement and modelling. Journal of Hydrology, 206: 151-163.

Lundberg A, Halldin S. 2001. Snow measurement techniques for land-surface-atmosphere exchange studies in boreal landscapes. Theoretical and Applied Climatology, 70: 215-230.

Ma Z M, Kang S Z, Zhang L, et al. 2008. Analysis of impacts of climate variability and human activity on streamflow for a river basin in arid region of northwest China. Journal of Hydrology, (352): 239-249.

Marks D, Dozier J. 1992. Climate and energy exchange at the snow surface in the alpine region of the Sierra Nevada. Water Resources Research, 28: 3043-3054.

Matsumoto K, Ohta T, Tanaka T. 2005. Dependence of stomatal conductance on leaf chlorophyll concentration and meteorological variables. Agricultural and Forest Meteorology, (132): 44-57.

McKay D C, Thurtell G W. 1978. Measurements of the energy fluxes involved in the energy budget of a snow cover. Journal of Applied Meteorology, 7: 339-349.

Monteith J L. 1965. Evaporation and environment. In: Fogg G E. The State and Movement of Water in Living Organisms, Symposium of the Society of Experimental Biology, vol. 19. Cambridge: Cambridge University Press: 205-234.

Morton F I. 1983. Operational estimates of areal evapotranspiration and their significance to the science and practice of hydrology. Journal of Hydrology, 66: 1-76.

Nakai Y, Sakamoto T, Terajima T, et al. 1999. Energy balance above a boreal coniferous forest: a difference in turbulent fluxes between snow-covered and snow-free canopies. Hydrological Processes, 13: 515-529.

Oliphant A J, Grimmond C S B, Zutter H N, et al. 2004. Heat storage and energy balance fluxes for a temperate deciduous forest. Agricultural and Forest Meteorology, 126: 185-201.

Pomeroy J W, Li L. 1997. Development of the Prairie Blowing Snow Model for Application in Climatological and Hydrological Models. Banffb: 65th Annual Western Snow Conference: 186-197.

Priestley C H B. 1972. On the assessment of surface heat flux and evaporation using large-scalc parameters. Monthly Weather Rcview, 100: 81-92.

Priestley C H B, Taylor R J. 1972. On the assessment of surface heat flux and evaporation using large-scale parameters. Monthly Weather Review, 100: 81-92.

Rutter N, Essery R, Pomeroy J, et al. 2009. Evaluation of forest snow processes models (SnowMIP2). Journal of Geophysical Research, 114: 1991-2002.

Shi T T, Guan D X, Wu J B. 2008. Comparison of methods for estimating evapotranspiration rate of dry forest canopy: eddy covariance, Bowen ratio energy balance, and Penman-Monteith equation. Journal of Geophysical Research, 113: 19116.

Sommer R, de Abreu Sá T D, Vielhaue K, et al. 2002. Transpiration and canopy conductance of secondary vegetation in the eastern Amazon. Agricultural and Forest Meteorology, (112): 103-121.

Steve G, Brent C, Bryan J. 2003. Theory and practical application of heat pulse to measure sap flow. Agronomy Journal, 95: 1371-1379.

Stewart J B. 1988. Modelling surface conductance of pine forest. Agricultural and Forest Meteorology, (43): 19-35.

Suzuki K, Nakai Y. 2008. Canopy snow influence on water and energy balances in a coniferous forest plantation in northern Japan. Journal of Hydrology, 352: 126-138.

Suzuki K, Ohata T, Kubota J. 2002. Winter hydrological processes in the Mogot experimental watershed, in the southern mountainous taiga, eastern Siberia. Tokyo: Proceedings of the 6th Water Resources Symposium: 525-530.

Thom A S. 1957. Momentum, mass and heat exchange of plant communities. In: Monteith J L. Vegetation and the Atmosphere, vol. 1. New York: Academic Press: 57-110.

Varhola A, Coops N C, Weiler M, et al. 2010. Forest canopy effects on snow accumulation and ablation: an integrative review of empirical results. Journal of Hydrology, 392: 219-233.

Wang W, Peng S, Yang T, et al. 2011. Spatial and temporal characteristics of reference evapotranspiration trends in the Haihe River Basin, China. Journal of Hydrologic Engineering, 16: 239-252.

Wilson K, Goldstein A, Falge E, et al. 2002. Energy balance closure at FLUXNET sites. Agricultural and Forest Meteorology, 113: 223-243.

Woo M, Marsh P, Pomeroy J W. 2000. Snow, frozen soils and permafrost hydrology in Canada, 1995-1998. Hydrological Processes, 14: 1591-1611.

Wright I R, Manzi A O, da Rocha H R. 1995. Surface conductance of Amazonian pasture: model application and calibration for canopy climate. Agricultural and Forest Meteorology, (75): 51-70.

Xu C Y, Singh V P. 2005. Evaluation of three complementary relationship evapotranspiration models by water balance approach to estimate actual regional evapotranspiration in different climatic regions. Journal of Hydrology, 308: 105-121.

Zhang L, Dawes W R, Walker G R. 2001. The response of mean annual evapotranspiration to vegetation changes at catchment scale. Water Resources Research, (37): 701-708.

Zhang Y, Ishikawa M, Ohata T, et al. 2008. Sublimation from thin snow cover at the edge of the Eurasian cryosphere in Mongolia. Hydrological Processes, 22: 3564-3575.

第10章 南亚热带降水时空特征变化对植被水文过程的影响

10.1 近50年来南亚热带区域降水的基本特征

我国南亚热带区域受季风气候的影响,海洋上空的潮湿气流易在本区上空集聚而带来较多的降水,比同纬度其他地区的降水量丰沛。近50年来,南亚热带区域平均年降水总量没有显著增加或减少的趋势,但存在较大的年际波动。自20世纪50年代以来,鼎湖山地区在气候变暖的同时降水格局时间序列上的变化主要表现为:年降水量虽然没有显著变化,但自80年代以后,年际以及干季尺度上无雨日数显著增加,小雨日数显著减少,以及暴雨雨量所占的比例在年际及湿季显著增加(Zhou et al.,2011)。

10.1.1 年际动态

以鼎湖山地区近50多年(1954~2009年)监测的气象资料为依据[前期气象资料参照高要气象站(23°02′N,112°27′E)],降水数据分析表明鼎湖山地区降水量丰富,多年平均降水量为 1642.0 mm±270.4 mm,最大年降水量达2221.0 mm(2008年),而最小年降水量为1099.0 mm(1956年)。降水变率是衡量气候特征的一个重要指标,用于表征某一地区降水的变化程度。该地区平均降水变率为13.4%,年际分布较为均匀,但干季降水的平均变率(39.7%)明显高于湿季(15.4%)。干季降水的不稳定,反映出该区域干季期间干旱的可能性较高(图10.1)。

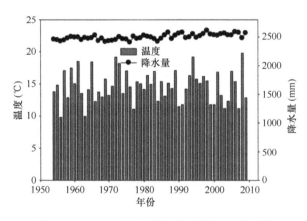

图 10.1　1954~2009 年年平均气温和年降水量

10.1.2 季节动态

南亚热带地区具有明显的干湿季分异,其中雨季(4~9月)降水量均值为1324.6 mm,

占全年降水量的 80%；旱季（10 月至翌年 3 月）降水量均值为 331.5 mm，占全年降水量的 20%。年内 6 月的降水量最大，达 313.6 mm，占年降水量的 18.9%；12 月的降水量最小，仅为 32 mm，占年降水量的 1.9%；年内各月降水量的差异很大，多年极端月降水最大值在 1989 年 5 月，达 753.7 mm，极端最小值为 0；从各月降水量占年降水量的百分比可以看出鼎湖山地区年内降水分配极不均匀。降水量干湿季节的分配符合南亚热带区划的条件，降水丰沛的湿季气温也较高（图 10.2），正是植物的生长季节，充沛的雨水资源有利于生物量的积累。

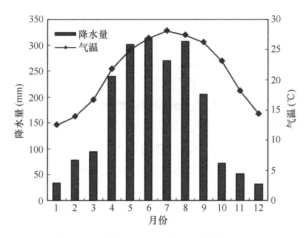

图 10.2　鼎湖山降水量与气温的月变化

10.1.3　日动态

位于南亚热带的鼎湖山年平均降水日数为 156.5 天，最高年降水日数为 188 天，最低年降水日数为 115 天。日降水量大于 50 mm 的平均每年有 7.4 天，日降水量大于 100 mm 的平均每年有 0.78 天，日最大降水量为 219.1 mm，发生在 1996 年 4 月 19 日。

10.1.4　特征与变化趋势评估

我国北回归线附近地区地带性森林受季风气候的控制，在这种气候的控制下，夏季湿润气团所带来的大量降水加上本区充足的热量为森林的生存创造了基本条件。

季风气候给本区只是带来了降水，即影响水分供应的潜力，而降水在各个月份的分配极不均匀，如果生态系统能很好地调节这些水分，使其在系统内部的季节性差异上趋于均匀，则系统的生产力将会很高。发育成熟的生态系统，如鼎湖山的季风常绿阔叶林往往具有这样的水分调节功能；而退化生态系统则不具备。

10.2　降水在南亚热带主要植被类型中的再分配过程

大气降水与森林冠层的相互作用，增加了林内降水的复杂性，使林内降水与空旷地降水的物理和化学过程存在差异。这种差异是森林生态系统发挥水文生态服务功能和维持自身健康发展的基础，对人类来说也是非常重要的。进入森林生态系统的大气降水可分为直接穿透水、间接穿透水（也称为冠滴水）和树干径流，本研究将直接穿透水和间接穿透水统称为穿透水。

10.2.1　研究方法

有关观测穿透水与树干径流的装置已有详细介绍（周国逸，1997），此处不再做介绍。这里所要说明的是 3 种林型的穿透水与树干径流的装置规格是完全一样的，因此可比性较强。

（1）大气降水及穿透水的采集

在每个林冠层上方约 3 m 的雨量筒内收集大气降水，在各个样地内随机安置 4 个集水槽，收集林内穿透水。将由 PVC 材料制成的收集面积为 1.25 m^2 的十字形承接槽用自来水清洗后再用蒸馏水清洗至少 3 次，承接槽离地面高度约为 40 cm，以排除灌草层对穿透水的影响。承接槽与水平地面保持 0.5°倾角，较低一端底部开口，连接 1 个清洁塑料桶（所有收集装置均用盐酸浸泡 24 h，并用自来水清洗干净后再用蒸馏水清洗至少 3 次）。为了避免枯枝落叶等对测量结果的影响，降水前对承接槽进行清理（周国逸和闫俊华，2000）。

（2）树干径流的采集

根据各个林内优势树种和径级分布，选择各自的优势乔木树种作为标准木。每个树种选择株型和树冠中等的标准木 3 株，将直径为 4 cm 的聚乙烯塑料管沿中缝剪开，在树干上呈螺旋状环绕一周，用玻璃胶固定并封严接缝处，确保树干径流全部流入聚乙烯塑料管下的带盖塑料壶里（闫文德等，2005）。水样采集工作在雨后及时进行，并对采样装置进行定期清理。

（3）地表径流的采集

分别在每个林内径流场下方安装 6 个地表径流收集装置，每个装置用 PVC 板沿坡度倾斜插入表层土壤，并沿 PVC 板边缘在下方设置 PVC 凹槽，将地表径流引入悬挂于凹槽末端的收集漏斗，漏斗插入收集瓶底部，PVC 板及凹槽应定期清洗，收集瓶应定期更换。

水样评价标准参照《地表水环境质量标准 GB 3838—2002》，单次采样容器有 100 ml 棕色玻璃瓶和 1000 ml 塑料瓶（采样容器在采样前均用 3%盐酸浸泡 24 h 后用蒸馏水洗涤至少 3 次），采样时先用水样洗涤采集容器 2 或 3 次后再开始采集，采样容器留出 5～10 cm^3 空间，塞紧瓶盖，立刻置于 2～5℃冷藏，并带回实验室迅速完成各项分析测试。

10.2.2　穿透水

（1）穿透水与降水量的关系

这里不考虑林冠对穿透水的作用过程，仅分析穿透水与降水量的关系。事实上，尽管林冠结构的差异对间接穿透水的大小有一定的影响，但它们有类似的作用过程：大气降水对林冠的湿润过程；林冠对液体的吸收、吸附及其液体间的吸附作用；林冠充分湿润后，冠滴水下落到林地的过程。因此，穿透水与降水量的关系在不同的林型内有着相似的规律。对鼎湖山的马尾松林和季风常绿阔叶林的研究表明，穿透水与降水量呈线性关系（图 10.3，图 10.4）。

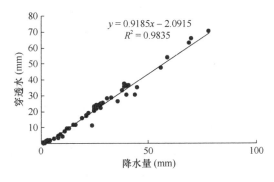

图 10.3　马尾松林穿透水与降水量的关系

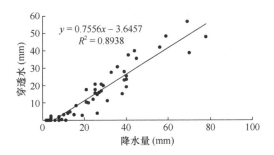

图 10.4　季风常绿阔叶林穿透水与降水量的关系

尽管穿透水与降水量在两种林型内都存在着较明显的相关性，但由于林型的不同，这种相关性也存在一定的差异。马尾松林内的林相单一，结构简单，林冠对穿透水产生过程的影响不太复杂，因此，相关系数较大，几乎完全相关；季风常绿阔叶林层次多样，结构复杂，穿透水在产生过程中受到多次阻挡才到达林地，两者的相关性没有马尾松林内显著。

（2）不同林型穿透水产生的临界值

当降水量小到一定程度时，就没有穿透水产生，也就是所有的降水被林冠吸收和吸附。由于不同林型的林冠覆盖度和叶面积指数不同，产生穿透水的降水量临界值也不同，即使在同一林型内，由于降水强度和林冠的湿润程度不同，产生穿透水的降水量临界值也不同，因此，难以准确找出产生穿透水的降水量临界值。我们把观测到产生穿透水的最小降水量记作 r_1，把没有产生穿透水的最大降水量记作 r_2，r_2 必然大于 r_1，即当降水量在区间$[r_1, r_2]$时，既可能产生穿透水也可能不产生穿透水，降水量的临界值一定在这个范围内，再根据在这个区间内所有观测值的加权平均求出产生穿透水的降水量的临界值。按照上述方法，求得马尾松林、针阔叶混交林和季风常绿阔叶林产生穿透水的降水量临界值分别为 1 mm、1.7 mm、2.3 mm。产生穿透水的降水量临界值反映了林冠的覆盖度、叶面积指数、叶倾角、叶表面的光滑程度等综合特征，林冠的覆盖度越大，叶面积指数越高，叶倾角（指的是中叶轴与水平面之间的夹角，在 0°～90°，0°表示叶水平，90°表示叶垂直）越小，叶表面的光滑程度越低，这个临界值越小，反之，这个临界值就越大。很显然，这个临界值与林分的密度呈正相关，在稠密的林分里，较小的降水量可能被林冠完全吸收和吸附，因此没有穿透水产生，如季风常绿阔叶林；而在马尾松林内，由于是演替的初级阶段，林分的密度小，在一些没有林冠覆盖的林窗内，没有林冠的拦截，即使是较小的雨量也有穿透水产生。

（3）形态结构与穿透水

3 个林型的穿透水占降水量的百分比分别是：马尾松 83.4%、针阔叶混交林 68.3%、季风常绿阔叶林 59.9%。这种差异是由森林生态系统水平结构和垂直结构的差异引起的，马尾松林是演替系列的先锋群落类型，该群落垂直结构较为简单，大致可分为 3 层，即乔木 1 层、灌木 1 层、草本 1 层，基本上没有藤本和附生植物等层间植物，叶面积指数小，林冠覆盖度低，林冠截获的雨水少，大气降水多以直接穿透水的形式进入林地，是马尾松林穿透水较大的原因。针阔叶混交林是演替系列中间阶段的典型代表类型，该群落垂直结构大致可分为 4 层，即乔木 2 层、灌木 1 层、草本 1 层，此外还有多种藤本和附生植物等层间植物，其水平结构与垂直结构的复杂程度也处于马尾松林和季风常绿阔叶林之间，叶面积指数和林冠覆盖度也处于中间水平，导致其穿透水高于马尾松林而低于季风常绿阔叶林。季风常绿阔叶林是典型的地带性植被代表类型，群落的水平结构和垂直结构复杂，该群落垂直结构大致可分为 5 层，即乔木 3 层、灌木 1 层、草本 1 层，此外还有多种藤本和附生植物等层间植物，叶面积指数达 17.76，林冠覆盖度达 93%，大气降水经过多层次的拦截、吸收和吸附之后，最终到达林地的穿透水较少（表 10.1）。

表 10.1　3 种林型的叶面积指数和林冠覆盖度

项目	马尾松林	针阔叶混交林	季风常绿阔叶林
叶面积指数	6.61	11.28	17.76
林冠覆盖度	58%	86%	93%

10.2.3　树干径流

（1）树干径流与降水量的关系

树干径流与降水量的关系在 3 种林型中基本相同，由于马尾松林的树种单一，林冠间的交错不是很复杂，测量冠幅投影面积的精度较高，本部分以马尾松林为例来研究树干径流与降水量的关系。马尾松林树干径流与降水量的关系如图 10.5 所示，总体来讲，随着降水量的增加，树干径流呈增加的趋势。但在不同的降水范围内，树干径流增加的方式和速率不同，当降水量小于 25 mm 时，树干径流的增加相当缓慢；当降水量大于 25 mm 而小于 45 mm 时，树干径流的增加速度较快，因此，在降水量小于 45 mm 的范围内，树干径流与降水量的关系符合乘幂的回归关系（图 10.6），相关系数达 0.9596。

当降水量大于 45 mm 时，树干径流的增加速率相对稳定，呈线性增加（图 10.7），相关系数约等于 1，说明此时树干径流的大小几乎不再受其他因素的影响，完全依赖于降水量，这可以从两方面来解释：一方面是由于树干径流较小，当降水量较大时，树干径流与降水量相比相差悬殊，其他因素的影响在它们的相关性中显得微不足道；另一方面降水量较大时，冠层与树干的湿润程度达到饱和状态，树干径流的大小取决于降水量。

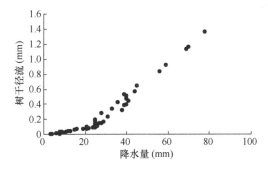

图 10.5　马尾松林的树干径流与降水量的关系（1）

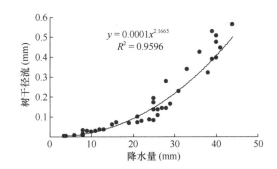

图 10.6　马尾松林的树干径流与降水量的关系（2）

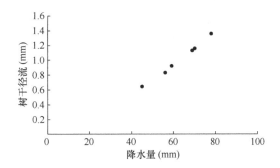

图 10.7　马尾松林的树干径流与降水量的关系（3）

（2）不同林型树干径流产生的临界值

同穿透水类似，当降水量小到一定范围内，就没有树干径流发生，也就是说存在着产生树干径流的降水量的临界值。由于这个临界值也受多种因素的影响，具有与产生穿透水的降水量临界值类似的性质，因此，用求产生穿透水的降水量临界值的方法求得马尾树林、针阔叶混交林和季风常绿阔叶林产生树干径流的降水量临界值分别为 3.6 mm、

2.8 mm、2.5 mm，其大小顺序与产生穿透水的降水量临界值恰好相反，将它们进行比较可以看出，在马尾松林内，当降水量等于 1 mm 时，就可以观测到穿透水，此时并没有树干径流产生，直到降水量达到 3.6 mm 时才有树干径流的产生；在季风常绿阔叶林内，当降水量达到 2.3 mm 时就能观测到穿透水的产生，而降水量达到 2.5 mm 时才有树干径流。可见，不同的林型树干径流与穿透水的产生量并不同步，这与它们产生过程的不同有关，也与影响其主导因子不同有关。如果不考虑直接穿透水，在降水过程中，降水首先满足林冠蓄水即树叶和连接树叶细小分枝的蓄水，当林冠的蓄水容量得到满足后，开始出现间接穿透水，随着降水量的增多，树的分枝蓄水量达到饱和，多余的雨水顺着树枝逐渐汇总到树干，满足树干蓄水量之后，多余的水在树干上以股状流下从而形成树干径流。树干径流的降水量临界值的大小主要受枝倾角（指的是枝条与树干向上方向的夹角，在 0°~180°，0° 表示枝条竖直向上，90° 表示枝条与树干垂直，180° 时表示枝条竖直向下）和树皮光滑程度的制约，枝倾角越大，树皮光滑程度越低，临界值就越大；枝倾角越小，树皮光滑程度越高，临界值越小。

（3）形态结构与树干径流

3 个林型的树干径流占降水量的百分比分别是：马尾松 1.9%、针阔叶混交林 6.5%、季风常绿阔叶林 8.3%。可见，3 个林型的树干径流差异十分明显。树干径流的产生过程是：降水被树叶表面截获并汇入枝条，再流入主干，经主干的根部进入林地。因此，树叶、枝条和树皮的形态特征都影响树干径流。马尾松林的树叶小并呈针形，表面光滑，部分叶片平展或下垂，大的雨滴可以把树叶上暂时截获的雨水弹下，以间接穿透水的形式进入林地，这种现象在有风的情况下更为明显，同时，马尾松林的叶面积指数低，林冠覆盖度小，叶面截获的降水量较少，没有更多的树干径流来源，粗糙的树对树干径流的形成也不利，这些都是马尾松林树干径流较小的原因。相比较而言，作为地带性群落的季风常绿阔叶林，其树种多数为黄果厚壳桂、木荷和锥栗，其叶片宽大、质厚、枝条较粗，能承受较大雨滴的冲力，林冠覆盖度大，叶面积指数较高，截获的雨水较多，同时，枝倾角小，树皮光滑，枝条表面上的水下滑力大，流动的速度快，易于形成树干径流，因此，季风常绿阔叶林的树干径流高于马尾松林和针阔叶混交林。

（4）树干径流对演替过程中物种消退的影响

不同树种的树干径流因形态结构不同而存在着较大差异，但对同一树种的树干径流来说，影响其大小的主要因素是冠幅和胸径。一般而言，在同一森林群落类型内，树木的冠幅与胸径成正比，也就是说树干径流与冠幅的关系同它与胸径的关系类似。由于树木胸径的测量简单而且较为精确，因此，本研究对树干径流与胸径的关系进行探讨。鼎湖山的马尾松林地处在演替的初级阶段，基本上没有阔叶树种的入侵，单一的马尾松纯林是研究树干径流与胸径关系的理想实验地。我们对多种回归分析进行挑选，发现马尾松胸径与树干径流年总量的关系符合乘幂的函数方程（图 10.8）。回归方程为 $y = 0.4101x^{0.9023}$（$R^2 = 0.9569$），该方程表明，随着树木胸径的增加，树干径流年总量也增加，由于幂指数为 0.9023，接近于 1，因此，增加的方式基本上也是呈线性的。

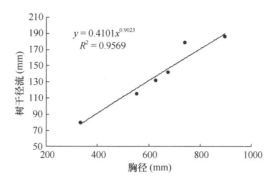

图 10.8 马尾松林树干径流与胸径的关系

由于同一树种在不同的森林类型所处的"地位"不同，胸径与树干径流年总量的关系在不同的林型有着不同的关系。如果用马松尾林内的回归方程来计算针阔叶混交林内的马尾松的树干径流，则与实际的观测值大相径庭。例如，对针阔叶混交林内胸径为 640 mm 的马尾松的树干径流年总量观测值为 95.94 L，而用上述回归方程计算的数值为 139.60 L。形成这种差异的原因主要是森林的自然演替。马尾松作为先锋种群，最先在恶劣的生境生长并发展起来，首先形成马尾松纯林，在纯林内，几乎没有阔叶树种，马尾松的林冠可以自然向外伸展，形成了较大的冠幅，截获的雨水较多，有利于树干径流的形成。由于马尾松林结构简单、种类单纯、盖幕作用弱，因此形成了林内光强、相对高温、低湿、温差大的生境特点。在这种生境条件下，阳生性阔叶植物，如锥栗、木荷等的幼苗能正常发育，并逐步占据上层林冠，进而逐渐使得群落生境向着不利于马尾松种群更新的方向发展，在这种情况下，阳生性阔叶树种逐渐取代了马尾松种群成为群落的优势种，而将原有的以马尾松种群为单优势种的马尾松林逐渐改变成为针阔叶混交林，随着阳生性阔叶树种的进一步增加，群落的荫蔽度更大，不利于马尾松树叶的更新和枝条的伸展，失去了冠层的生存空间，也就失去了截获雨水的有利结构，树干径流随之减少，其根部也就得不到充沛的水分和水中伴随的养分，其林内的小生境就更加不适于先锋树种马尾松种群的生存与更新，从而最终将马尾松排挤出群落。即在群落的演替过程中，马尾松作为先锋群落不断地开创领地，同时又在演替过程中被变化了的生存环境不断向外排挤，这是森林与环境相互作用的一个有力例证。

在针阔叶混交林和季风常绿阔叶林中也存在着类似的现象，对针阔叶混交林中直径为 6.30 cm 的木荷的树干径流进行观测，年总量为 1382.6 L，而季风常绿阔叶林中直径为 10.38 cm 的木荷的树干径流年总量仅为 1365.1 L，显然，木荷已不适应在季风常绿阔叶林中生长，也可以说针阔叶混交林中木荷所处的"地位"比季风常绿阔叶林中优越，这一点同实际相符，可以用来解释针阔叶混交林中木荷生长良好而季风常绿阔叶林中的木荷经常出现死亡的现象。从这一点上可以说明，用不同林型间同一树种树干径流的差异来判断生态系统的演替方向可能获得成功，在研究生态系统的脆弱性时，首先就是确定生态系统是顺行还是逆行演替，但至今也没有学者能够给出确定演替方向的研究指标。

10.2.4 冠层截留

（1）3 种林型的冠层截留

冠层截留的作用主要有 3 个方面：一是从时间上延缓地表径流的产生，从而提高水分利用效率；二是由于截获部分雨水，减少了系统的产水量；三是通过改变降水的运动方式，增加或减小雨滴对地面的溅蚀力。这 3 个方面都是当今林学和生态学研究的热点问题，因此，对冠层截留的研究备受学者的关注（唐常源，1992；郭立群等，1999）。上文分析了鼎湖山 3 种林型的穿透水和树干径流，利用水量平衡的方法很容易得出 3 种林型的冠层截留率（表 10.2）。

表 10.2　鼎湖山 3 种林型冠层对雨水的分配格局

项目	马尾松林	针阔叶混交林	季风常绿阔叶林
降水量（mm）	100.0	100.0	100.0
穿透水（mm）	83.4	68.3	59.9
树干径流（mm）	1.9	6.5	8.3
林冠截留（mm）	14.7	25.2	31.8

从表 10.2 可以看出：林冠截留的大小顺序为季风常绿阔叶林>针阔叶混交林>马尾松林，这与各林分结构复杂程度或演替进程一致。季风常绿阔叶林林分郁闭度大，林冠蓄水量大，穿透水所占比例较小，而截留率高，其在南亚热带地区是截留能力最大的类型之一（吴厚水和黄大基，1998），这种林型有利于提高水分利用效率，但减少了系统的产水量；马尾松林与之相反，有利于增加系统的产水量，但不利于提高水分的利用效率。

（2）季风常绿阔叶林冠层截留的年际动态与季节动态

先后有不同的学者对鼎湖山季风常绿阔叶林的冠层截留率进行了研究。1985～1986 年的冠层截留率为 25.5%（吴厚水和黄大基，1998）；1985～1988 年的冠层截留率为 22.6%；1989～1990 年的冠层截留率为 26.3%（黄忠良等，1998）；1993～1994 年的冠层截留率为 28.3%（黄忠良等，1998）；1999～2000 年的冠层截留率为 31.8%。从上面的数据反映出季风常绿阔叶林冠层截留率的年际动态呈逐渐增高的趋势。究其原因：一方面与林分结构变化有关，1985～1986 年正是樟翠绿尺蠖大暴发的年份，季风常绿阔叶林内樟科植物的叶基本上被该种尺蠖吃光，群落的叶面积指数大大下降，因而林冠截留率较低，随后几年虫害逐渐得到控制，部分樟科植物恢复正常生长，群落的叶面积指数逐渐增高，因而林冠截留率逐渐增高；另一方面与降水的特征有关，1999～2000 年较低的降水量可能是林冠截留率偏大的原因。

图 10.9 为冠层截留的季节变化规律，可以看出截留量与降水量的季节变化有着相似的规律，截留量随降水量的增加而增大，截留量最大值和最小值所在的月份与降水量相同，分别为 7 月和 2 月。湿季（4～9 月）的截留量占全年截留量的 66.7%，不及降水量干湿季差异明显（湿季降水量占全年的 80.4%）。说明尽管干季的降水较少，相对而言，森林冠层对降水的截留量并不小，这些截留量用于冠层的表面蒸发，有利于减少林地土壤的水分损失，使土壤能够在干季保持湿润状态，同时，干季冠层的截留作用增加了森

林蒸发量，减少了下垫面与大气间的热量交换，有利于保持森林环境的温湿程度。可见，森林冠层的截留对调节水分的干湿状态有着一定的作用。各月的截留率差异很大，干湿季差异也很明显。降水量大的月份，其林冠截留率较低；降水量小的月份，其林冠截留率较高。其关系式可以用 $I=ae^{-bR}$ 来表示，I 是截留率，R 是降水量，a、b 是与群落性质和冠层结构有关的参数。一般而言，降水量大的月份，林中湿度大，且每次雨量大，持续时间长，林冠水容量处于饱和状态的时间长，因而其林冠截留率低。而降水量小的月份雨日也少，树冠干燥度大，因而林冠容量经常处于非饱和状态，其林冠截留率较高。从图 10.9 中可以看出，2 月的降水量虽然只有 28.7 mm，但冠层截留率达 83.3%，而 6 月的截留率仅为 18.9%。

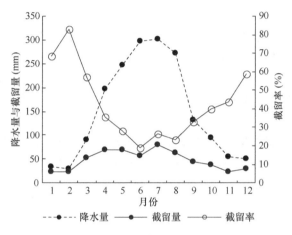

图 10.9 季风常绿阔叶林冠层截留的季节变化

10.2.5 穿透水与树干径流的养分特征

（1）穿透水的养分元素

从表 10.3 的分析结果可以看出，相对于大气降水，马尾松林内的穿透水各养分元素的浓度都有所增加，但增加的幅度并不一致，其中 P、N 浓度增加较为明显。这一结论说明降水经过森林冠层传输过程能显著改变到达地面大气降水的化学特征。大气干沉降受到森林冠层的拦截，并滞留在冠层上，降水时这些干沉降随着大气降水一起被冲洗下来，这些干沉降是穿透水养分的重要来源，同时，冠层分泌的一些代谢产物对穿透水养分元素浓度的改变也起到一定的作用。

同马尾松林相似，针阔叶混交林内的穿透水各养分元素浓度都高于同期的大气降水。值得注意的是，该林内浓度增加较为明显的不是 P、N，而是 K、Mg，这种差异是两种林型冠层功能差异的一种体现。马尾松林的叶呈针形，表面光滑，质地较硬，大气降水在其冠层上作用的时间不长，以冠滴水的形式脱落下来，而一般的阔叶树种叶片宽阔且质地柔软，大气降水在冠层的叶片上有一个"运动汇集"的过程，在这个过程中，叶片上及叶片内的 K、Mg、Na、Ca 等金属离子同雨水中的 H 离子进行交换，导致针阔叶混交林穿透水中 K、Mg、Na、Ca 浓度的增加比马尾松林明显，而 H 离子的浓度则有所降低，这进一步揭示了针阔叶混交林穿透水 pH 升高的原因以及针阔叶混交林冠层缓冲酸雨的功能过程。

表 10.3　3 种林型穿透水与树干径流养分元素的年平均值

项目		K（mg/L）	Na（mg/L）	Ca（mg/L）	Mg（mg/L）	P（mg/L）	N（mg/L）	pH
大气降水		0.54	4.25	1.13	0.08	0.03	0.91	4.86
马尾松林	穿透水	1.39	4.34	1.37	0.14	3.37	0.24	4.51
	树干径流	4.13	5.11	6.12	0.64	7.25	0.11	3.98
针阔叶混交林	穿透水	7.83	5.14	1.86	0.49	2.39	0.09	5.10
	树干径流	6.68	5.12	2.73	0.59	3.09	0.08	4.72
季风常绿阔叶林	穿透水	7.85	5.61	1.56	0.59	0.79	0.04	5.33
	树干径流	9.14	5.10	2.10	0.50	1.62	0.08	4.90

季风常绿阔叶林内的穿透水各营养元素浓度的变化要复杂一些，K、Mg、Na 浓度的增加比针阔叶混交林还要明显，这与冠滴水形成时相对较长时间的"运动汇集"有关。但 P 浓度基本上没有太大幅度的增加，N 浓度不但没有增加反而降低了，对同处于南亚热带季风区的鹤山人工阔叶林（木荷林和马占相思林）的研究也发现穿透水中 N 浓度比同期大气降水的要低。笔者认为，南亚热带阔叶林生长迅速，对 N 的需求量大，作为地带性群落的季风常绿阔叶林更是如此。另外，南亚热带地区干沉降中的氮素及氮氧化物含量不高，目前，已有类似的报道。由此进行推测，引起南亚热带干沉降酸化的主要原因可能是硫化物，而氮化物对干沉降酸化的贡献并不大。

（2）树干径流的养分元素

林地内的降水除穿透水外，还有树干径流。但多数研究者有时并没有把树干径流计算在林内降水之内。事实上，树干径流随着降水量的大小和降水时间的长短变化非常大。在降水量较少的地区，树干径流的数值非常小，一般在观测误差范围之内，常忽略不计。但在南亚热带季风区内，由于降水丰富而且集中，树干径流的数值较大，养分元素含量高，树干径流对树木根部水分和养分的供给起到了重要作用。因此，在研究南亚热带森林水文过程中，树干径流也应值得重视。

马尾松林的树干径流中各养分元素的浓度相对于大气降水都有所增加，除 P 外，其他各元素浓度的增加比穿透水还明显，这可能是由于马尾松的树叶吸收、吸附雨水中的 P。值得提出的是，马尾松树干径流中 K 浓度增加，高达大气降水的 8 倍左右，接近于穿透水的 3 倍，为马尾松在南亚热带荒坡地等恶劣生境中的生长发育提供了重要的养分来源，这一结果可能是马尾松能在贫瘠的土壤中生长发展起来的机制之一，为马尾松作为南亚热带森林植被的先锋种群提供了科学依据。

针阔叶混交林的树干径流中各养分元素浓度也都高于同期的大气降水，增加的幅度与其穿透水相似。树干径流中 N 的浓度略高于穿透水，说明在针阔叶混交林内，树干径流对土壤中的 N 素养分的补充仍有一定的作用；而 K 的浓度略低于穿透水，说明针阔叶混交林的树叶对 K 素的吸收、吸附作用较为明显；Na、Mg 的浓度与穿透水相比，基本上没有变化。

与同期的大气降水相比，季风常绿阔叶林的树干径流中各元素浓度呈增加趋势，但与穿透水相比，P、N、Ca 的浓度高于穿透水，而 Mg、Na 的浓度低于穿透水。需要指出的是，与马尾松林、针阔叶混交林相比，季风常绿阔叶林的树干径流中的 N 浓度要小。这可能是森林生态系统功能自我协调的体现，地带性群落季风常绿阔叶林土壤中的有机质大量富集，凋落物分解速度快，土壤中 N 素养分含量高，如果穿透水和树干径流仍携带大量的 N 素进入土壤就会显得"多余"，因此，季风常绿阔叶林的冠层部分就对 N 进行大量的吸收、吸附，导致穿透水与树干径流中的 N 素浓度明显偏低，该过程更有利于 N 素的循环和周转，这也印证了地带性群落具有更为合理的结构和完善的功能。

10.2.6　讨论

鼎湖山森林生态系统树干径流和穿透水中的养分含量一般都高于大气降水，而且随着森林植被演替的进展，林内雨（树干径流和穿透水）某些养分元素还呈现递增的趋势。树冠和树干的淋洗是自然发生的现象，养分增加的原因主要来自两方面：一是森林叶面的淋洗和植物体细胞的淋溶；二是干沉降。由于鼎湖山地区森林覆盖面积大，工业污染少，干沉降的量很小，因此，第一个来源是林内雨养分增加的主要原因。植物中的养分来自根系对土壤中养分的吸收，说明植物将土壤中的养分向地上部分输送，并随着林内雨而富集于地表，这种土壤养分的表层富集随森林植被的演替进展而趋于明显。这就意味着，一旦地带性植被被破坏，地表面富集的养分将随地表径流而流失，造成土壤贫瘠，为生态系统的自然恢复增加了难度，由此可以看出，对于鼎湖山这种较为成熟的生态系统，其脆弱性也是存在的。

10.3　南亚热带主要植被类型的降水-产流特征

径流是生态系统水量平衡中的一个重要分量，也是森林水文学研究的一个重要内容。生态系统的径流特征集中反映了生态系统在涵养水源、保持水土方面的基本特征（周国逸和余作岳，1995；周国逸，1997）。径流是地表水蚀的主要源动力之一，是洪水流量的主要成分（孙阁，1989），以其所具有的能量侵蚀土壤、改变流域的地貌特征。森林植被具有调节径流的功能，从而集中体现了森林在涵养水源、保持水土方面的水文效益，是评价森林生态系统功能的一个重要指标。森林的这种效益，不仅取决于森林的覆盖率，也取决于森林类型的差异。目前，森林类型差异性研究是径流规律研究的薄弱环节。因此，本研究以鼎湖山处于不同演替阶段的 3 种森林类型为研究对象，对比分析径流差异规律，能够反映出不同森林生态系统类型的径流特征。3 种森林类型所在的集水区海拔、平均坡度都相似，且相互毗邻，地质状况差异不大，因而可比性强，能更加突出植被状况对径流的影响效应。

10.3.1　径流量的测定与计算

采用集水区径流场实测法测量 3 种森林生态系统的径流量；本项研究采用"小集水区径流场"配合自然分水和人工封闭技术，把生态系统边界定义在小集水区的边界以内，在自然分水不明显的地方加以人工隔离，人为地将整个集水区的地表径流导入测流堰中，使之成为地表径流的唯一出口，通过测流堰用自记水位计记录径流量。测流堰顶角为 90°，流量计算式如下：

$$Q_0 = 1.343H^{2.47} \tag{10.1}$$

$$Q = \sum_{i=1}^{n} \frac{1}{2} \left[Q_{0(1)} + Q_{0(2)} \right] \tag{10.2}$$

式中，Q_0 为水位自记曲线上某一水位高度的流量（m³/s）；H 为堰口水头高度（m）；Q 为某一降水过程的径流总量（m³/s）；$Q_{0(1)}$ 和 $Q_{0(2)}$ 分别为水位曲线上相邻两点水位高度（H_1 和 H_2）的流量（m³/s）；i=1, 2, 3, …, n 分别表示某一径流过程在 1, 2, 3, …, n 个相邻两点间的径流时段。根据集水区的面积可将径流流量换算为径流深度。地表径流与地下径流采用径流过程线分割法求得。

10.3.2 3 种森林生态系统的径流特征

季风常绿阔叶林年径流总量为 875.5 mm，针阔叶混交林为 887.5 mm，马尾松林为 820.0 mm，总径流系数分别为 0.486、0.492 和 0.455。可见 3 种林型的总径流量差别不大，马尾松林的总径流量最小，随着森林演替的进展，到针阔叶混交林阶段总径流量有所增加，但当森林演替到地带性植被时，总径流量又有所降低。由于影响森林生态系统径流量的因素很多，也很复杂，要对森林演替过程中总径流的变化做出正确解释是不容易的。针对有无林地的总径量的变化问题，目前就有 3 种不同的观点：第一种是森林有减少年总径流量的作用，这是主流的看法；第二种是森林对年径流量的影响不大，这主要是在匈牙利西部的实验结果；第三种是森林增加年径流量，这主要是在原苏联的实验结果。因此，对鼎湖山 3 种森林生态系统年径流总量的差异只能作为资料性报道，有待进一步研究。

3 种林型对总径流影响的差异虽然不明显，但对径流的组成比例和径流的季节变化影响很显著。3 种林型的地表径流量：季风常绿阔叶林为 197.5 mm，针阔叶混交林为 234.6 mm，马尾松林为 355.2 mm，地表径流系数分别为 0.110、0.130 和 0.197。可见，随着森林演替，地表径流量呈明显降低的趋势。相应的，3 种林型的地下径流量随着森林演替呈增加的趋势。马尾松林、针阔叶混交林和季风常绿阔叶林的地下径流量分别为 464.8 mm、652.9 mm 和 678.0 mm。从上述结论可以看出，森林减少径流量，并不能说明其对水资源的利用不利，因为森林减少的径流量实际上是雨期的地表径流，这部分水是人类难以利用的，反而可能造成灾害。地带性森林并没有使总径流发生较大改变，但大大改变了径流的组成和结构，使大量的水分以地下径流的形式输出系统，这也表明地带性森林结构和功能的完善性。

从季节分配来看，干季的地表径流量很少，马尾松林、针阔叶混交林和季风常绿阔叶林干季地表径流量分别占全年地表径流总量的 0.8%，4.9% 和 8.3%。在干季的 1 月，3 种林型均没有地表径流的产生，马尾松林在干季的 12 月和 2 月也没有地表径流的产生。说明马尾松林的地表径流不仅较大，还集中在湿季。尽管季风常绿阔叶林的地表径流量在 3 种林型中最小，但干季地表径流所占的比例在 3 种林型中最大，说明地带性森林不仅减小了地表径流量，还大大调节了地表径流的季节分配，避免湿季较大的地表径流对系统造成破坏，从而有利于维持森林生态系统的稳定性。湿季的地表径流系数较大，不同的林型最大值出现的月份不同，但集中在 6~8 月，这与 6~8 月降水量大且集中有关。

总体上讲，地表径流系数的季节变化趋势与降水量相似，即降水量大的月份地表径流均较大，由于各月降水强度、降水频次和降水时间间隔不同，地表径流系数的月变化趋势与降水量并不完全一致。

季风常绿阔叶林的地下径流量的最大值都出现在湿季的 6 月，而地下径流系数最大值却出现在干季的 10 月（表 10.4）；针阔叶混交林和马尾松林的地下径流量最大值出现在 7 月，而地下径流系数最大值出现在 9 月（表 10.5，表 10.6）。这是因为季风常绿阔叶林系统在湿季贮存了大量的水分，到了干季的 10 月，尽管降水量急剧减少，依然有较多的地下径流流出。这表明系统对径流有一定的调节和滞后作用，尤其是对地下径流的调节。显然，针阔叶混交林和马尾松林贮存水分的持久性不及季风常绿阔叶林，到了干季的 10 月，系统的水分因降水量减少而大大减少，导致 10 月系统没有较多的地下径流流出，因此地下径流系数最大值出现在 9 月。

表 10.4　鼎湖山季风常绿阔叶林径流特征

月份	降水量（mm）	地表径流量（mm）	地下径流量（mm）	总径流量（mm）	地表径流系数	地下径流系数	总径流系数
1	34.5	0.0	3.3	3.3	0.000	0.096	0.096
2	28.7	0.3	2.4	2.7	0.010	0.084	0.094
3	90	1.2	20.1	21.3	0.013	0.223	0.236
4	197.5	14.2	49.1	63.3	0.072	0.249	0.321
5	247.2	31.2	62.5	93.7	0.126	0.253	0.379
6	297.8	49.6	128.3	177.9	0.167	0.431	0.598
7	301.7	49.4	82.3	131.7	0.164	0.273	0.437
8	272.8	27.7	105.9	133.6	0.102	0.388	0.490
9	132.9	9.1	69.5	78.6	0.068	0.523	0.591
10	94.6	12.6	87.8	100.4	0.133	0.928	1.061
11	55.5	1.0	38.8	39.8	0.018	0.699	0.717
12	49.7	1.2	28.0	29.2	0.024	0.563	0.587
年统计值	1802.9	197.5	678.0	875.5	0.110	0.376	0.486

表 10.5　鼎湖山针阔叶混交林径流特征

月份	降水量（mm）	地表径流量（mm）	地下径流量（mm）	总径流量（mm）	地表径流系数	地下径流系数	总径流系数
1	34.5	0.0	2.6	2.6	0.000	0.075	0.075
2	28.7	0.6	2.5	3.1	0.021	0.087	0.108
3	90	5.6	28.0	33.6	0.062	0.311	0.373
4	197.5	11.2	56.6	67.8	0.057	0.287	0.344
5	247.2	42.5	85.7	128.2	0.172	0.347	0.519
6	297.8	44.5	108.8	153.3	0.149	0.365	0.514
7	301.7	52.7	112.0	164.7	0.175	0.371	0.546
8	272.8	48.1	109.5	157.6	0.176	0.401	0.577
9	132.9	24.1	86.4	110.5	0.181	0.650	0.831
10	94.6	4.0	46.2	50.2	0.042	0.488	0.530
11	55.5	0.8	11.3	12.1	0.014	0.204	0.218
12	49.7	0.5	3.3	3.8	0.010	0.066	0.076
年统计值	1802.9	234.6	652.9	887.5	0.130	0.362	0.492

表 10.6 鼎湖山马尾松林径流特征

月份	降水量（mm）	地表径流量（mm）	地下径流量（mm）	总径流量（mm）	地表径流系数	地下径流系数	总径流系数
1	34.5	0.0	0.0	0.0	0.000	0.000	0.000
2	28.7	0.0	0.5	0.5	0.000	0.017	0.017
3	90	0.4	6.1	6.5	0.004	0.068	0.072
4	197.5	12.5	34.1	46.6	0.063	0.173	0.236
5	247.2	47.5	55.5	103.0	0.192	0.225	0.417
6	297.8	89.6	92.2	181.8	0.301	0.310	0.611
7	301.7	94.7	94.5	189.2	0.314	0.313	0.627
8	272.8	89.7	85.7	175.4	0.329	0.314	0.643
9	132.9	18.3	58.7	77.0	0.138	0.442	0.580
10	94.6	2.3	32.5	34.8	0.024	0.344	0.368
11	55.5	0.2	5.0	5.2	0.004	0.090	0.094
12	49.7	0.0	0.0	0.0	0.000	0.000	0.000
年统计值	1802.9	355.2	464.8	820.0	0.197	0.258	0.455

10.3.3 地表径流与降水的关系

有些降水能够引起地表径流，而有些降水则不会，这主要与降水特征及下垫面状况有关。对于较干旱地区，有效降水量（刘昌明，1997）是水文过程研究的一个重要方面，而对于较湿润地区，能够使地表径流（指的是整个集水区的产流，能够在集水区出口处测量）产生的那部分降水应该引起我们的关注，但以往被研究者忽视。我们把能够产生地表径流的那部分降水称为产流降水，产流降水既是洪水的根源，又是生态系统水土及养分流失的动力，从而对生态系统造成损害，严重且长期的恶性循环可能会引起生态系统的退化。产流降水反映的是下垫面和区域降水特征，如果下垫面渗透能力强，降水强度小而趋于均匀，产流降水占年降水量的比例小，相反，产流降水占年降水量的比例大，因此，对于同一区域降水特征而言，产流降水与年降水量的比值可用于衡量下垫面对水分的调节能力。由于本研究的历时较短，对比分析 3 种森林生态系统产流降水与年降水量的差异规律不够充分，但鼎湖山季风常绿阔叶林的连续观测时间已达 7 年，而 7 年正是鼎湖山所在区域降水的显著周期，我们对该地带性森林生态系统的资料整理如表 10.7 所示，季风常绿阔叶林年均产流降水为 1303.0 mm，占年降水量的 66.6%，不同的年份，产流降水占年降水量的百分比有很大的差异，这个百分比随年降水量的增加而增大。7 年的数据表明，产流降水与年降水量之间存在着显著的指数回归关系，回归方程为 $Y=161.6e^{0.001x}$，相关系数 $R^2=0.98$，说明产流降水随年降水量增加的变化不是匀速的。

表 10.7 季风常绿阔叶林降水量与产流降水的关系

项目	1993 年	1994 年	1995 年	1996 年	1997 年	1998 年	1999 年	平均
降水（mm）	2244	2177	1887	2002.2	2125.3	1700	1624	1965.6
产流降水（mm）	1777.6	1609.3	1119.2	1285.1	1443.7	981.3	904.6	1303.0
百分比（%）	79.2	73.9	59.3	64.2	67.9	57.7	55.7	66.3

降水是影响径流的重要因素之一，它直接影响着地表径流量的大小。对鼎湖山 3 种森林生态系统地表径流量与降水量之间建立回归模型，结果表明，均存在二次抛物线型回归关系。这里以季风常绿阔叶林为例，其他森林生态系统也具有相似的回归关系图，在此不一一绘出。图 10.10 和图 10.11 分别描述了季风常绿阔叶林集水区每次降水的降水量和降水强度与该次降水所产生的地表径流间的回归关系。可以看出，地表径流与降水量之间存在二次抛物线型回归关系（$n=238$），相关系数 $R=0.9107$，这与同处于亚热带的草坡生态系统的研究结果一致（申卫军等，2000）。地表径流与降水强度之间的相关点分布异常散乱，看不出有明显的相关关系，这说明季风常绿阔叶林的产流形式是蓄满产流。因为蓄满产流主要受降水量的影响，与降水强度的关系不大，而超渗产流则相反（马雪华，1989；Lee，1980）。

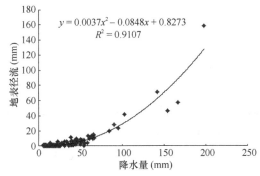

图 10.10　鼎湖山季风常绿阔叶林地表径流与降水量的关系

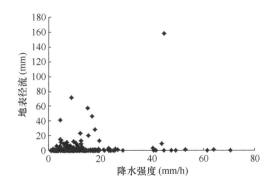

图 10.11　鼎湖山季风常绿阔叶林地表径流与降水强度的关系

事实上，这两种产流并不是完全分开的，某一生态系统是蓄满产流，并不意味着在这个系统内不发生超渗产流，而是说明由该地区的降水和下垫面特征所决定的产流以蓄满产流为主。对于下垫面入渗率适当的地区，而该地区一般的降水强度又低于这个入渗率，这时只有当下垫面的水分饱和时才产生地表径流，当降水强度大于下垫面的入渗率时，下垫面即使水分不饱和也会产生地表径流，但对于这个地区而言还是蓄满产流；对于下垫面入渗率相当小的地区，一般的降水强度就超过了该地的入渗率，产流主要是超渗产流，当然，对于下垫面入渗率相当大的地区，只要降水强度不超过入渗率就不会发生地表径流，除该地下垫面水分饱和时产生的地表径流外，从区域性产流机制来说，该地主要还是超渗产流。可见，产流的形式主要针对的是具体区域的下垫面状况，而对于一次降水而言，蓄满产流与超渗产流可能并存。鼎湖山季风常绿阔叶林地处湿润地区，土壤通透性良好，土壤剖面变化比较均匀，符合蓄满产流发生的条件。

生态系统产流降水的临界值是反映生态系统水文功能的重要指标，对于生态水文区划及生态系统服务功能的评估有重要意义。由于它受到降水量、降水强度、系统贮水量等多种因子的影响，准确找出临界值并不是一件容易的事，国内外也很少报道。由以上的分析可知，季风常绿阔叶林的产流形式为蓄满产流，与降水强度的关系不大，将产流降水的临界值按干季和湿季分别求出，认为干季和湿季系统的贮水量相对稳定。根据各次降水量是否有地表径流产生，取发生产流的最小降水量作为下界 r_1（mm），取没有发生产流的最大降水量作为上界 r_2（mm），则产流降水的临界值必然在区间 $[r_1, r_2]$ 中。对7 年的观测数据进行分析，干季时，产流降水的临界值区间为 $[7.5, 8.9]$；湿季时，区间为 $[5.1, 5.8]$。再根据加权平均，得出季风常绿阔叶林干季和湿季产流降水的临界值分别为 7.9 mm 和 5.5 mm。

10.3.4　我国森林与年径流量关系研究

影响年径流量的因素除了森林植被特点外（森林类型、年龄、覆盖率等），还与气候、自然地理、地质、土壤等条件密切相关。森林在不同的地区对流域年径流量的影响表现形式不一，有些地区表现为增加年径流量，有些地区表现为减少年径流量。我国有关研究的普遍结论是：森林在长江流域增加年径流量，在黄河流域中上游减少年径流量。对于这两种相反的结果，马雪华（1993）分析认为，长江上游流域由于属于高山深谷地貌，切割很深，气候湿润，森林总蒸发量较小，因此大面积森林流域的年径流量常常大于少林或无林流域的径流量，虽然采伐森林能促使年径流量略有增加，但是，由于该区域的植被恢复较快，径流量很快恢复至原有水平；而在黄河中上游黄土高原地区，由于属于半干旱地区，蒸发量很大，森林的生长势必引起蒸发量大大增加，从而显著减少径流量，使得森林的年径流量显著小于少林或无林地区的年径流量。

实际上，从产流机制的角度分析，长江上游流域是蓄满产流区；黄河中上游黄土高原地区属于超渗产流区。如果一个地区是蓄满产流，那么年径流量的大小主要与降水量有关，降水量大，其年径流量也大，因此，有林地生态系统年径流量的大小主要取决于降水量。尽管关于森林增加垂直降水长期存在争议，但森林增加水平降水是不可否认的，尤其在地貌复杂和湿度较大的区域。因此，长江流域森林通常增加年径流量。如果一个地区是超渗产流，年径流量的大小主要与降水强度有关，降水强度大，年径流量大，也就是说无林地生态系统年径流量的大小主要取决于降水强度，降水经过林冠阻挡后，降水强度大大减小，从而减少了年径流量。黄河流域属于沙土，下渗能力相当大，林内的降水强度又相当小，因此森林生态系统减少了年径流量是可以理解的。

10.3.5　鼎湖山 3 种林型径流的养分特征

本研究所收集的水样取自集水区径流堰，主要由地表径流和地下径流组成，在研究其养分时，并没有把二者分开。径流中养分元素的浓度特征往往反映林地的土壤养分状况。

在马尾松林地内，径流中 N、P、K 的浓度并不高，这一结果符合马尾松林地的实际状况，马尾松林处在群落演替的初级阶段，土壤肥力差，N、P、K 含量低，由穿透水和树干径流输入的 N、P、K 一部分被植物吸收利用，另一部分储存在土壤中，用于土壤养分的积累，这也体现了马尾松作为先锋树种来改善土壤养分的功能，为演替中期阔叶树种入侵提供了高养分供给条件。同时，马尾松林地土壤中腐殖质少，砂性重，沙粒成分占有一定的比例，因此，径流中 Na、Ca 的浓度较高，尤其是 Ca。

针阔叶混交林是群落演替的中级阶段，土壤养分得到改善，N、P、K 含量较高，径流中这 3 种元素的浓度比马尾松林地要高，但 Ca 浓度明显小于马尾松林地，主要是由土壤理化性状差异引起的，针阔叶混交林土壤中的腐殖质含量相对增加，沙粒成分比马尾松林地要低得多，而黏粒成分则比马尾松林地要高。

作为地带性群落的季风常绿阔叶林，径流中 K、P、N 的浓度分别达到 2.52 mg/L、1.62 mg/L、0.06 mg/L，比马尾松林、针阔叶混交林都要高或相近，而 Ca 的浓度只有 1.18 mg/L，小于马尾松林的 7.96 mg/L、针阔叶混交林的 2.20 mg/L。季风常绿阔叶林径流中 Mg 浓度达 1.29 mg/L，明显高于马尾松林的 0.32 mg/L 和针阔叶混交林的 0.57 mg/L，其原因难以做出准确的判断，对马尾松林、针阔叶混交林和季风常绿阔叶林土壤中的速效 Mg 进行分析，其含量差异并不明显，分别为 1.036 mmol/kg、1.183 mmol/kg、1.519 mmol/kg（表 10.8）。

表 10.8　鼎湖山 3 种林型径流养分元素的年平均值

项目	K（mg/L）	Na（mg/L）	Ca（mg/L）	Mg（mg/L）	P（mg/L）	N（mg/L）	pH
大气降水	0.54	4.25	1.13	0.08	0.03	0.91	4.86
马尾松林径流	0.99	4.93	7.96	0.32	0.87	0.03	5.45
针阔叶混交林径流	1.90	5.43	2.20	0.57	0.98	0.06	6.49
季风常绿阔叶林径流	2.52	5.09	1.18	1.29	1.62	0.06	6.75

大气降水中含有相当数量的养分物质，是生态系统养分收入的主要途径，而径流携带着养分流出界外则作为森林生态系统的养分支出，由于林外雨与林内雨（穿透水和树干径流）养分元素的差异较大，因此，判断生态系统水文过程中的养分收支状况可分为两个方面：一是比较林外雨与径流中所含养分的差异；二是比较林内雨与径流中所含养分的差异。前者分析的主要是湿沉降对生态系统养分状况的影响，后者不但考虑了湿沉降，而且把部分干沉降也考虑在内，也就是分析降水及由降水引起的养分元素浓度变化对生态系统养分状况的影响。

10.3.6　结论

径流是生态系统液态水输出的主要形式，从降水输入到输出，径流的输出时间是最短的，尤其是地表径流，这种短时间的变化对生态系统本身乃至更大系统容易造成威胁，如水分、养分流失，崩塌，洪水灾害等。因此，径流的大小和组成、产生过程等特点在很大程度上反映了生态系统本身水文功能的强弱和脆弱性的程度。从鼎湖山 3 种森林生态系统径流规律的研究中可以看出，随着森林植被演替，虽然对径流总量的调节不明显，但地表径流系数明显呈降低的趋势，尤其是在降水季节。事实上，如果对有无林地的径流规律进行比较，其差异非常显著。周国逸和余作岳（1995）在广东电白的研究结果表明，混交林、桉树林和裸地 10 年平均地表径流系数分别为 1.65%、18.6%和 43.0%。从森林类型来讲，作为经济林经营的果园和作为生态公益林经营的马占相思林在对雨期地表径流的作用上也有着明显的差异，果园的多年平均年径流系数为 4.8%，而马占相思人工林为 1.6%（周国逸和闫俊华，2000）。从以上这些数据得出：森林具有明显减少地表径流量的功能，且不同的林型对地表径流量的调节程度不同，一般而言，自然林大于人工林，而人工林又以经济林的调节能力最弱。

森林及其各个成分都可以极大地调蓄年内径流量的季节分配，调节由于干湿季节所带来的水资源不均。以流溪河水源涵养林为例（周国逸和闫俊华，2000），其森林土壤平均涵养水的能力为 1246 万 m^3，枯落物吸水能力为 30.4 万 m^3，总涵养水的能力达 1276.4 万 m^3，森林调蓄水量为 539.6 万 m^3，调蓄率为 42.28%。不同林分每公顷土壤平均贮水能力为 1436～2104 m^3。林区年径流量为 7373 万 m^3，按调蓄率 42.28%计算，则有林地比无林地时多蓄水 3116 万 m^3，因此森林生态系统的水资源生态效益是非常明显的。

就大区域而言，我们不仅要研究生态系统对径流量的调节能力，还需研究森林覆盖率对径流量的影响，以便合理进行生态公益林的规划（周国逸和闫俊华，2000）和林草植被资源的配置（吴钦孝和赵鸿雁，2000）。张立恭等（1998）应用遥感技术研究了岷江上游和小巫峡森林植被变化对河川径流的影响，发现森林对径流构成和径流年内分配有决定性作用，森林覆盖率与径流量变化的关系呈"S"形曲线，森林覆盖率在 15%以下和 50%以上时，森林面积变化对径流量没有显著影响，只有森林覆盖率为 15%～50%时增效明显。这与鼎湖山 3 种森林生态系统对径流量影响的研究结果一致，说明鼎湖山马尾松林、针阔叶混交林和季风常绿阔叶林的年径流量差异不明显可能是由其覆盖率均在 50%以上导致的。但是，这并不说明它们的水文功能差异不大，毕竟，3 种森林生态系统的地表径流系数差异是相当明显的。

10.4 南亚热带主要植被类型的蒸散过程

潜在蒸散（potential evapotranspiration）是指蒸发面水分供应充足时的蒸散，对于森林生态系统来说，潜在蒸散则是指整个系统水量充足时的蒸散量。整个系统水量充足包括地上植被含水量和林地土壤含水量均达饱和的情况。潜在蒸散反映了蒸发面的热量状况，而与水分的多少没有关系，是一个热量指标，反映出一个地区潜在的热量供应能力，其量值大小按能量的当量来计算。Penman 提出潜在蒸散的概念后，这个概念被气象学、水文学、农业气象学和自然资源学等学科广泛引用，虽然不同的学科对潜在蒸散的理解和定义有所差异，但它们都以下垫面水分充分供应作为前提条件。因此，森林生态系统潜在蒸散可视为在下垫面足够湿润的条件下，水分保持充分供应时，由本地区的能量潜力所决定的森林生态系统水分以气态形式输出的最大量。潜在蒸散规定了蒸散可能达到的最大程度。

蒸散（evapotranspiration）是指构成生态系统各部分的蒸发和蒸腾所消耗的水分总和，包括生物活体（指植被）的蒸腾和蒸发、非生物活体的蒸发两个部分。蒸散的大小往往决定了生态系统中的其他水文过程，反映了系统中植被、土壤、小气候和其他一些综合水文特征；同时，由于水分是物质运输和能量的载体，特别是蒸散消耗了输入到系统中的太阳能的大部分，详细、深入地研究蒸散规律对于研究物质循环和能量流动都具有深刻的意义。蒸散是森林生态系统中水分损失的主要部分，在森林生态系统水分平衡中占有重要的地位。它不仅是系统水分损失的过程，也是热量耗散的一种形式，系统中的水分和热量供应量是决定蒸散大小的基础。占蒸散量很大一部分的是植物体的蒸腾，蒸腾作用既是一个物理过程，也是一个生物过程，作为生物过程，它必然受到植物生理活动的调节。因此，总体来说，蒸散发生于土壤-植物-大气连续体（SPAC）内，是一个相当复杂的连续过程（Tang et al.，1984）。

10.4.1　潜在蒸散的计算方法

潜在蒸散的计算方法很多，但多用于区域或更大尺度的潜在蒸散计算，而对于森林生态系统潜在蒸散的应用和研究并不多见。本研究采用空气饱和差法、气温积温法、Penman 公式法和布德科公式法等 4 种常用的潜在蒸散计算方法分别对鼎湖山马尾松林的潜在蒸散进行计算，找出适合森林生态系统潜在蒸散计算的较为有效的方法。然后，分别计算混交林与季风常绿阔叶林生态系统的潜在蒸散。

（1）空气饱和差法

空气饱和差法是根据月平均的温度和相对湿度来计算潜在蒸散，其公式为

$$E_0 = 0.0018 \times (t + 25)^2 \times (100 - f) \qquad (10.3)$$

式中，E_0 为潜在蒸散（mm/月）；t 为月平均温度（℃）；f 为月平均相对湿度。

（2）气温积温法

气温积温法根据积温和辐射平衡之间的关系来计算潜在蒸散，公式为

$$E_0 = c \sum T \qquad (10.4)$$

式中，E_0 为潜在蒸散（mm/月）；$\sum T$ 为每月高于 10℃的积温；c 是系数，在计算中假定秦岭、淮河一带的潜在蒸散和降水量接近平衡，订正了系数 c 取值为 0.16。

（3）Penman 公式法

Penman 用热量平衡和空气动力学方法导出了自由水面潜在蒸散计算的理论公式，Shiau 和 Davar（1973）认为 Penman 对其公式中各个参数的计算方法并不适合于陆面，特别是在森林生态系统内的差异可能更大，于是，对 Penman 公式中的参数计算方法进行了一系列探讨，得到了适合于森林的 Penman 公式中的参数。

$$E_0 = \frac{R_0 \Delta + v e_a}{v + \Delta} \qquad (10.5)$$

式中，E_0 是森林生态系统潜在蒸散（mm/d）；v 为干湿温度表中的湿度常数，为 0.61

mb^{①}/℃；Δ是在平均湿球温度 t℃时的饱和水汽压曲线的斜率（mb/℃），$\Delta=5430e_s/1.8T^2$；e_a 是 Penman 称为空气干燥力的参数（mm/d），由下式推算：

$$e_a = 0.002(e_s - e_d)(1.0 + 0.009V) \tag{10.6}$$

式中，V 为林内风速（m/s）；e_d 为林地 2 m 高处的实际水汽压（Pa）；e_s 为林地 2 m 高处在当时温度下的饱和水汽压（Pa），如用 T 表示热力学温度，则 e_s 满足下式：

$$e_s = 132.89 \exp\left[1.52 + 5430\left(\frac{1}{273.3} - \frac{1}{T}\right)\right] \tag{10.7}$$

式中，R_0 是有效辐射量[mm/d，1 mm/d=59 Cal^{②}/（cm^2·d）]，由下式推算：

$$R_0 = (1-a)R_a\left(0.20 + 0.64\frac{n}{N}\right) - \varepsilon T^4\left(0.56 - 0.092\sqrt{e_d}\right)\left(0.10 + 0.90\frac{n}{N}\right) \tag{10.8}$$

式中，a 为反射率，无量纲；n/N 为日照率，实照时间与可照时间的比值，无量纲；ε 为斯蒂芬-玻尔兹曼常数，其值为 2.015 25×10^{-9} mm / (K)^4；R_a 为假定无大气存在情况下的最大可能辐射量（mm/d），由下式算出：

$$R_a = 7.7695 \times \frac{s}{\rho^2}(\omega_0 \sin\alpha\sin\delta + \cos\delta\cos\alpha\sin\omega_0) \tag{10.9}$$

式中，s 为太阳常数，取值为 1.95 Cal/（cm^2·min）；ρ 是以日地平均距离的分数所表示的日地距离，约等于 1；ω_0 为中午到日落或日出到中午的时角（rad）；α 为当地的地理纬度（rad）；δ 为太阳赤纬（rad），可在天文年历中查算。

（4）布德科公式法

布德科以水汽的湍流扩散表达式为依据，推导出潜在蒸散的计算公式为

$$E_0 = 0.126 \times (e_s - e_d) \tag{10.10}$$

式中，E_0 为潜在蒸散（mm/月）；e_s 为林地 2 m 高处在当时温度下的饱和水汽压（Pa）；e_d 为林地 2 m 高处的实际水汽压（Pa）。

10.4.2　蒸散的研究方法

运用整体的观点，对森林生态系统或整个集水区的蒸散量进行估量，有直接测定和计算两类。直接测定方法常用的有 3 个，即水分平衡法（water balance method），它通过测定区域内蒸散面的水分收支来确定蒸散量；热量平衡法（heat balance method）的基础在于水分的蒸发需要能量的消耗，通过测定整个集水区的热量平衡，以获得蒸散量；涡度相关法（eddy covariance method）是测定集水区边界层的水蒸气扩散与流动的方法。有关蒸散的推算，很多人都提出了相应的方法（Thornthwaite and Mather，1957；Penman，1963；Shiau and Davar，1973；布德科，1960；刘振兴，1956；崔启武和孙延俊，1979；傅抱璞，1981；周国逸和潘维俦，1988），但所使用的手段归纳起来，大多为水热平衡相关的方法，下面简单地加以介绍。

---

① 1 mb = 100 Pa = 0.1 kPa
② 1 Cal=1 kcal=4186.8 J

（1）空气动力学方法

静止空气中水汽的分子扩散与热的传导相似；单位面积上垂直方向的通量与密度的垂直梯度存在如下关系：

$$E = -D \frac{\mathrm{d}\rho_v}{\mathrm{d}z} \tag{10.11}$$

式中，E 为单位面积上水汽垂直方向的通量[g/（cm^2·s）]；ρ_v 为水汽密度梯度（g/cm^3）；D 为空气中的水汽扩散系数。其稳态形式可以用水汽压差表示如下：

$$E = -\frac{D}{\delta_v}(\rho_s - \rho_a) = -\frac{\rho_s - \rho_a}{\gamma_a} \tag{10.12}$$

式中，ρ_s 为蒸发面的水汽密度（g/cm^3）；ρ_a 为距离表面 δ_v 处的水汽密度；γ_a 为空气阻力（s/cm）。由能量交换当量可以得到：

$$L_v E = -0.013 \times \frac{L_v}{T} \frac{\Delta e}{r_a} \tag{10.13}$$

式中，L_v 为水的汽化热（J/g）；T 为绝对温标（K）；$\Delta e = e_s - e_a$（hPa），为当量水汽压差，其他符号意义同上。一般情况下，地表的水汽密度和压力无法直接测得，只能根据其他数据推导。上式的一般形式可用如下的方程来代表：

$$L_v E = -0.013 \times \frac{L_v}{T} \frac{\Delta e}{r_a + r_s} \tag{10.14}$$

式中，r_s 为额外的表面阻力，如孔隙或气孔阻力。在考虑到边界层外的水汽运送时，蒸散公式可用下式表示：

$$L_v E = -\frac{0.17 \rho L_v \Delta q \Delta u}{\left\{ \ln\left[(Z_2 - x) / (Z_1 - x) \right] \right\}^2} \tag{10.15}$$

式中，Δq 为自由空气中高差为 $\Delta z = Z_2 - Z_1$ 时的比湿差；x 为零平面的位移量，所谓零平面，是指风速与高度的分布呈现某种规律变化的起始高度所在的平面，当风吹过某一粗糙表面时，加大了乱流的作用，使零平面的高度发生变化，出现零平面上升的现象；Δu 为高度 Z_2 和 Z_1 处的风速差；其他符号意义同上。

（2）Turc 公式

此公式是一种计算蒸散的经验公式：

$$E = \frac{P}{\left[0.9 + \left(\dfrac{P}{E_0} \right)^n \right]^{1/n}} \tag{10.16}$$

式中，E 为年蒸散量（mm）；P 为年降水量（mm）；E_0 为土壤水分饱和时的潜在蒸散（mm），其值 $E_0 = 300 + 25T + 0.05T^2$；$T$ 为年平均气温（℃）；n 为常数。

（3）布德科公式

对于地面水热平衡的研究，有两个众所公认的方程，这两个方程在计算多年平均值的基础上可以写成如下的形式，水量平衡方程：$r = f + E + \Delta S$，式中，r 为降水量，f 为径流量，E 为蒸发量，ΔS 为系统贮水量的变化，在多年平均的基础上 ΔS 约等于零，故水量平衡方程写成：$r = f + E$。热量平衡方程：$R = P + LE$，式中，R 为辐射差额，P 为乱流热通量，L 为汽化热。这两个方程中，涉及 5 个因子，故应该进行 3 个因子的实际测定才能求解，于是人们都试图建立独立的第 3 个方程，以利用这 3 个方程来研究蒸散、潜在蒸散、降水量和辐射差额的相互关系，布德科发表于 1948 年的所谓"水热联系方程"就是之一，其形式为

$$E = \sqrt{\frac{R}{L} \mathrm{th} \frac{L_r}{R} \cdot r (1 - e^{-\frac{R}{L_r}})} \tag{10.17}$$

此公式用于计算蒸散，它使水量平衡各分量与热量平衡各分量之间建立了内在的联系，并对两种极端条件下的适应性作出了理论解释。

（4）崔启武公式

陆面蒸发依赖于水源和热源两个条件。对于常定的水量，热量是蒸发的制约因素；而对于常定的热量，水量又是蒸发的制约因素。如果设可用于蒸发的水量以降水量（r）表示，所获得的可用于蒸发的热量以辐射差额（R）表示，则从水分和热量的交换过程及其对蒸发的影响来说，可以假定：

$$\frac{\partial E}{\partial r} = \left(1 - \frac{LE}{R}\right) \frac{E}{r}$$

$$\frac{\partial LE}{\partial R} = \left(1 - \frac{E}{r}\right) \frac{LE}{R}$$

通过一系列的近似处理与变形，得到了如下公式：

$$E = \frac{R_r}{R + A + L_r} \tag{10.18}$$

（5）周国逸公式

在上述计算蒸散的方法中，存在的问题仍然不少。一些公式的经验性都是十分明显的，有的对公式形式直接进行假定，使之适合于研究者所针对的范围，有的是对公式的微分形式假定，并在此基础上推导出公式的形式等。周国逸通过逻辑推论，导出了一个计算森林生态系统蒸散的公式（周国逸和潘维俦，1988），公式为

$$E = E_0 \left\{ 1 + \frac{r}{E_0} - \left[1 + \left(\frac{r}{E_0}\right)^{\frac{NP}{P^2 - P - 1} + N + 1} \right]^{\frac{1}{\frac{NP}{P^2 - P - 1} + N + 1}} \right\} \tag{10.19}$$

式中，E 为蒸散；E_0 为潜在蒸散；r 为系统中能用于蒸散的贮水量；P 是系统中大气相对湿度；N 是一个表征系统对防止液态水输出能力的常数。

运用上述各蒸散公式对鼎湖山季风常绿阔叶林的蒸散进行计算，并与水量平衡法进行比较（周国逸和闫俊华，2000），结果表明周国逸公式与观测结果较为接近，因此，

采用此公式来研究生态系统的潜在蒸散。

10.4.3　影响潜在蒸散的气象因子分析

（1）太阳总辐射

蒸散所需的能量来源于太阳辐射，季风常绿阔叶林冠层顶部的太阳总辐射量观测值年平均为 3489.5 MJ/m^2，这与理论计算所得出的 3727.8 MJ/m^2 值接近（彭少麟和任海，1998），说明辐射自动观测系统的记录值是可信的。7 月最大，为 498.1 MJ/m^2（理论计算值为 502.1 MJ/m^2），1 月最小，为 154.8 MJ/m^2（理论计算值为 159.0 MJ/m^2），这与该地区太阳高度角最大和最小所出现的月份延迟 1 个月。同空旷地相比，林冠层顶部的太阳总辐射量年平均只有空旷地表面的 72.8%，7 月最大，是空旷地的 90.5%，9 月最小，只有空旷地的 62.6%。从上下半年的情况来看，上半年（1～6 月）的较大，平均占到78.2%，下半年（7～12 月）的较小，平均占到 70.3%。冬夏半年的差异不明显，尽管冬夏半年的太阳高度角和太阳赤纬相差较大，从表 10.9 中看到夏半年（4～9 月）林冠层上太阳辐射总量为空旷地的 73.5%，冬半年（10 月至翌年 3 月）为空旷地的 75.0%，两者几乎相近。

表 10.9　季风常绿阔叶林冠层上与空旷地多年平均月太阳辐射量的比较

项目	1 月	2 月	3 月	4 月	5 月	6 月	7 月	8 月	9 月	10 月	11 月	12 月	总计
林冠层上（MJ/m^2）	154.8	145.5	194.4	290.5	290.4	274.5	498.1	480.4	357.1	324.2	249.7	229.9	3489.5
空旷地（MJ/m^2）	176.5	173.3	232.8	393.1	421.7	385.3	550.4	648.6	570.7	506.5	383.3	349.4	4791.6
林冠层上与空旷地太阳辐射之比（%）	87.7	84.0	83.5	73.9	68.9	71.2	90.5	74.1	62.6	64.0	65.1	65.8	72.8

（2）反射辐射

森林林冠的反射辐射状况是最具特色的林冠特性之一。由于鼎湖山季风常绿阔叶林样地与自动气象站所在的空旷地毗邻，太阳高度变化基本一致，因此，其季风常绿阔叶林冠层上与空旷地反射率的差异由下垫面特征不同所导致，也就是说植被的存在使反射率发生了变化。从图 10.12 中可以看到季风常绿阔叶林日变化的平均值由太阳辐射强度-反射辐射强度和太阳辐射总量-反射辐射总量两种不同的方法所计算的结果稍有不同，

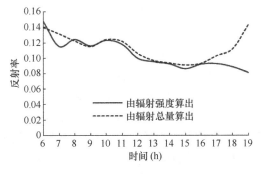

图 10.12　林冠对太阳辐射反射率的日变化

分别为 0.105 和 0.114,全天的变化趋势在下午 16:00 以前两种方法的计算结果大致相近,但 16:00 以后有较大的差异,以辐射总量为基础所计算出的反射率表现出随太阳高度角增大反射率减小的趋势,日变化为 0.0931~0.1434;而以辐射强度为基础所计算出的反射率这个规律不明显,日变化为 0.0812~0.1475。季风常绿阔叶林冠层午前的反射率大于午后的反射率。

表 10.10 显示了不同月份林冠反射率变化依据计算方法不同而有很小的差异,这个差异在 99% 的可信水平上检验是不显著的。由太阳辐射强度-反射辐射强度得到的结果年内变化为 0.079~0.144,平均值为 0.105;由太阳辐射总量-反射辐射总量得到的结果年内变化为 0.090~0.139,平均值为 0.110。

表 10.10　季风常绿阔叶林林冠对太阳辐射反射率的月变化

项目		1月	2月	3月	4月	5月	6月	7月	8月	9月	10月	11月	12月	平均
森林冠层	1	0.127	0.099	0.144	0.125	0.118	0.100	0.079	0.085	0.088	0.103	0.100	0.088	0.105
	2	0.131	0.104	0.139	0.125	0.116	0.090	0.102	0.099	0.101	0.114	0.105	0.099	0.110
空旷地表	1	0.116	0.108	0.102	0.114	0.114	0.109	0.120	0.127	0.128	0.159	0.171	0.156	0.127
	2	0.120	0.112	0.120	0.125	0.122	0.115	0.124	0.132	0.142	0.164	0.185	0.161	0.135

注:1 为根据辐射强度算出;2 为根据辐射总量算出

两种计算方法的月变化趋势都显示,太阳高度角较大的 6~9 月反射率较小,除此以外,表 10.10 也显示,上半年季风常绿阔叶林冠层的太阳辐射反射率比下半年的大,计算是在太阳高度角相近的情况下进行的。相比之下,空旷地表的反射率月变化比较平缓,月份之间的差异较小,下半年比上半年的太阳辐射反射率要大,刚好与森林冠层反射率的情况相反。空旷地的年平均值比森林冠层的要大。也就是说林冠对太阳辐射的反射作用比地表要小,无论从月变化量还是平均值来看,都是这个结果,说明暗绿色的季风常绿阔叶林在捕获太阳辐射方面更强。太阳辐射是植物进行光合作用的能源,也是影响植物生长发育的重要气候要素之一。阔叶林群落垂直结构大致可分为 5 层,叶面积指数为 17.76(任海和彭少麟,1997),其复杂的结构和较大的叶面积指数能最有效地吸收利用林冠层的太阳辐射。

影响林冠反射率的因素很多,除太阳高度角以外,主要还是林分的生长情况和林冠的特性,这包括种类组成、枝叶取向及冠层的总体颜色。对于顶极群落来说,林冠的特性在一定时间内,如没有人为和其他一些突发性的自然因素,其变化都不会很多。在南亚热带地区,树木四季都可以生长,群落内基本不存在落叶种类,这就决定了冠层的总体颜色是基本恒定的,但年内不同物种的生长节律不一样,必将造成微量的冠层结构变化,季风常绿阔叶林上半年叶的颜色较浅,下半年叶的颜色较深,导致上半年反射率较大,而下半年较小。至于一天内午前的反射率较大、午后的反射率较小的现象,目前难以给出合理的解释,如果说反射率受植物"午休"影响,那么午后的反射率应该比午前的大,当然这里给出的是一年内的日平均数据,应该说"午休"的影响是可以忽略的。笔者认为由于鼎湖山季风常绿阔叶林的湿度大,午前和午后反射率的差异可能是由于午前林冠表面水珠较多,对太阳辐射的反射作用加强,而午后叶面干燥,冠层对太阳辐射的吸收作用增大。

对于上述两种反射率计算方法，很多研究都不加区别地采用，但实际上，它们是有差异的，用第一种方法得到的反射率给出了某一瞬间的反射率值，它准确反映了某一物体对太阳辐射的反射状况，它的时间"采样"非常短暂，下垫面在这个瞬间是不会发生变化的，应该是一种更准确的结果，但人们在实际应用时所需要的反射率往往有一个"时段"，而由某一瞬间的反射率去代替反而可能导致误差；与此相反，由第二种方法所计算出来的反射率由于太阳辐射总量-反射辐射总量都有一定的时间长度，采用这个时段内的平均值，在这个时段内，天气状况和下垫面状况可能会有所变化，所得到的反射率可能并不完全取决于下垫面的特性，而与其他因素相联系。因此，应根据需要来确定到底采用哪一种计算方法。在研究某一物体或特定下垫面的反射能力或特点时，应采用通过太阳辐射强度-反射辐射强度的计算方法，以准确地反映下垫面的反射能力，在研究辐射平衡及辐射环境等问题时，应该采用太阳辐射总量-反射辐射总量的计算方法。

一般情况下，林内气温与林冠层上太阳辐射、反射辐射有明显的相关关系，本研究利用气象观测场空旷地和季风常绿阔叶林冠层上的太阳辐射及反射辐射推求出鼎湖山针阔叶混交林、马尾松林年总辐射量分别为 3671.3 MJ 和 4193.2 MJ，年反射辐射量分别为 444.2 MJ、559.8 MJ，则年反射率分别为 12.2%和 13.5%（表 10.11）。

表 10.11　鼎湖山马尾松林与针阔叶混交林的反射率

项目	1 月	2 月	3 月	4 月	5 月	6 月	7 月	8 月	9 月	10 月	11 月	12 月	平均
马尾松林	0.24	0.13	0.18	0.16	0.12	0.12	0.10	0.11	0.11	0.14	0.11	0.10	0.135
针阔叶混交林	0.13	0.12	0.19	0.12	0.11	0.10	0.09	0.12	0.13	0.12	0.10	0.13	0.122

（3）鼎湖山地区的日照率

日照不仅为系统的蒸发提供能量，同时，通过对植物生命活动的作用而影响植物的蒸腾，可见，日照时间是影响潜在蒸散的一个重要因子。由于日照时间受到天文、云量和地理等多种因素的影响，通常用实照时间与可照时间的比值即日照率来反映日照时间的综合特征。鼎湖山地区日照率各月的计算值见表 10.12。鼎湖山人工松林日照率年平均为 38%，日照率最大的月份是 10 月和 11 月，为 52%，最小的月份为 4 月，为 17%。在一年中，上半年的日照率明显小于下半年，这是因为上半年的梅雨季节带来了大量的阴雨天气，加上 6 月有雨日数多，因而实际日照时间较少，日照率偏小。日照率的月变化比较明显，但干湿季和年际变化不大。

表 10.12　鼎湖山地区的日照率

月份	1	2	3	4	5	6	7	8	9	10	11	12	平均
日照率	0.31	0.32	0.19	0.17	0.35	0.40	0.45	0.41	0.46	0.52	0.52	0.43	0.38

（4）鼎湖山 3 种林型林内气温、水汽压和相对湿度

林内气温是林内小气候的基本特征，是影响森林生态系统各个层面蒸发和植被蒸腾的重要因素。鼎湖山季风常绿阔叶林、针阔叶混交林、马尾松林林内年平均气温分别为 20.8℃、21.1℃和 23.2℃，随着森林演替的进展，林内气温呈下降的趋势，说明森林减

缓气温上升的作用是明显的，尤其是地带性的自然森林类型。3 种林型的最热月都在 8 月，最冷月都是 1 月，这主要同该地区的太阳赤纬有关，同时森林生态系统温度极值出现的月份较太阳辐射极值出现的月份有所延迟，这是森林生态系统对温度的滞后效应。

3 种林型林内水汽压差异不是很大，季风常绿阔叶林年平均为 2365.4 Pa，针阔叶混交林为 2279.1 Pa，马尾松林为 2302.3 Pa。形成这种现象主要是气温和湿度共同作用的结果，马尾松林内虽然有较高的气温，但湿度较低，季风常绿阔叶林气温虽低，但湿度较大。不同的林型最大值与最小值所出现的月份不同，但基本上还是与气温变化的规律类似（表 10.13）。

表 10.13　鼎湖山 3 种林型林内的气温、水汽压和相对湿度

月份	气温（℃）			水汽压（Pa）			相对湿度（%）		
	季风常绿阔叶林	混交林	马尾松林	季风常绿阔叶林	针阔叶混交林	马尾松林	季风常绿阔叶林	针阔叶混交林	马尾松林
1	13.2	11.5	15.4	1408.6	1302.3	1475.1	88.0	75.4	75.6
2	15.7	15.7	16.6	1554.8	1541.5	1528.2	79.1	70.6	65.5
3	16.2	16.6	19.4	1953.5	1966.8	1887.0	90.2	83.2	82.5
4	21.9	22.3	26.1	2671.1	2604.6	2724.2	91.5	85.5	83.1
5	22.4	22.4	23.4	2684.4	2631.2	2764.1	92.2	85.6	84.1
6	24.8	25.6	26.7	3096.3	3096.3	3136.2	95.2	91.6	94.8
7	25.7	26.3	28.8	3162.8	3109.6	3109.6	92.8	85.0	86.1
8	26.9	27.6	29.4	3242.5	3122.9	3136.2	87.2	76.2	83.6
9	24.8	25.7	27.7	2910.3	2418.6	2259.1	92.9	80.7	85.1
10	23.6	24.0	25.6	2365.4	2259.1	2232.6	75.5	62.5	71.5
11	19.2	20.1	21.5	2059.8	2073.1	2086.4	67.5	57.3	65.2
12	14.9	15.8	17.3	1275.7	1222.6	1289.0	72.4	64.5	69.1
平均	20.8	21.1	23.2	2365.4	2279.1	2302.3	85.4	76.5	78.9

大气相对湿度的大小直接反映空气中水汽含量距离饱和的程度。相对湿度愈小，表明当时空气中水汽量离饱和愈远，有利于森林生态系统中各个层面的蒸发和蒸腾；相对湿度较大，蒸发和蒸腾因空气中的水汽含量较大而受到抑制。鼎湖山 3 种林型林内大气的相对湿度分别为：季风常绿阔叶林 85.4%，针阔叶混交林 76.5%，马尾松林 78.9%。一般情况下认为 3 种林型林内的相对湿度大小顺序为季风常绿阔叶林>针阔叶混交林>马尾松林，而观测值显示针阔叶混交林的相对湿度小于马尾松林，这可能是坡向和海拔的微弱差异引起的。3 种林型林内的相对湿度均是 6 月最大，而最小值出现在 11 月。3 种林型春夏季节的相对湿度高于秋冬季节，其原因一方面是由于春季的梅雨和夏季的大量降水给系统带来了充沛的水分，另一方面是由于植被在春夏季节生命活动旺盛，蒸腾作用较强。

10.4.4　潜在蒸散的计算结果

（1）用 4 种方法计算马尾松林的潜在蒸散及其比较

从表 10.14 可以得出，运用 Penman 公式法计算鼎湖山马尾松林生态系统年潜在蒸

散为 937.55 mm，运用空气饱和差法和布德科公式法计算的鼎湖山马尾松林森林生态系统的年潜在蒸散小于 Penman 公式法计算值，分别为 764.78 mm 和 654.59 mm；运用气温积温法的计算值比 Penman 公式法计算值大，潜在蒸散为 1192.10 mm。产生这种情况的原因可能是：①空气饱和差法、布德科公式法和气温积温法 3 种公式缺乏足够的理论基础，公式的经验性比较明显，如不对其系数进行订正，直接计算不同地域森林生态系统的潜在蒸散时，会引起较大误差甚至错误。②这些公式中考虑影响潜在蒸散的因子比较单一，具有一定的片面性，使公式对某些影响因子过于敏感，而对另一些影响因子反应缓慢或没有反应。而森林生态系统的潜在蒸散受多种因子的影响，用这些公式去计算潜在蒸散难免出现较大误差或错误。③这些公式都是建立在区域尺度气象资料的基础上，某些气象因子的微弱变化可被区域尺度的空间变异所掩盖，对整个区域潜在蒸散的干扰因尺度较大而显得微不足道，而对于森林生态系统这样的小尺度范围内，某些气象因子的微弱变化对生态系统潜在蒸散的影响却非常显著。因此，在没有考虑尺度效应的情况下，用这些公式计算森林生态系统潜在蒸散时，较大误差或错误的出现是难免的。

表 10.14　4 种方法计算出的鼎湖山马尾松林潜在蒸散　（单位：mm）

月份	Penman 公式法	空气饱和差法	布德科公式法	气温积温法
1	21.94	23.95	14.55	39.7
2	39.84	54.23	41.86	64.7
3	43.46	18.00	15.64	82.0
4	59.40	45.82	39.02	100.4
5	107.41	76.13	72.43	127.4
6	113.90	48.60	52.77	127.9
7	148.57	65.78	71.60	134.6
8	116.92	79.54	63.46	134.3
9	99.85	86.58	71.82	119.0
10	84.48	86.27	76.94	113.0
11	56.10	86.05	66.13	85.2
12	45.68	93.83	68.37	63.9
总计	937.55	764.78	654.59	1192.10

森林生态系统的潜在蒸散随其生态因子的不同而较空旷地、自由水面有很大的变化，林地土壤表面因林冠郁闭而日照减少，因此地表以上出现逆温层，热流向下，与弱风并行的热流运动受到限制，从而使得热的乱流扩散接近于分子扩散（周国逸，1997）。但从本质上来说，森林生态系统的蒸散与自由水面的蒸发有着同样的过程。因此可采用计算 Penman 自由水面潜在蒸散的理论公式来计算森林生态系统的潜在蒸散，但必须对其中一些参数进行重新确定，从中找出适合林地条件的参数值。Shiau 和 Davar（1973）对 Penman 公式中参数的计算方法进行了一系列的探讨，得到了适合于森林的 Penman 公式中的参数。Shiau 和 Davar（1973）的计算参数在加拿大多雨森林集水区的检验结果令人很满意。周国逸和潘维俦（1988）、周国逸和余作岳（1995）在中国中亚热带和热带北缘的研究也证明了 Shiau 和 Davar（1973）计算参数应用的可能性。

由于森林生态系统的结构复杂，蒸散的界面较多，且不同界面间水相转换的理论基础和发生原理大相径庭，实际测定森林生态系统潜在蒸散变得没有可能，因此，借助理论上推导的公式对其进行计算显得尤为必要。然而，森林生态系统内，绿色林冠吸收了大量的生理辐射并将一部分非生理辐射作为热效应消耗，同时它也影响了林地获得大气逆辐射和系统内的气态水分扩散到外部大气的过程，这一切使得林内各种环境条件与林外的情况大不一样，因此，在计算森林生态系统的潜在蒸散时，如何选择合适的潜在蒸散公式是一个值得考虑的问题。上述分析了空气饱和差法、布德科法和气温积温法 3 种方法计算森林生态系统潜在蒸散产生差异的可能原因。Penman 公式法中尽管有些参数是由经验公式求得的，但是，它的理论概念比较完整，考虑的因素比较全面，如因地制宜地对其参数进行重新确定，用该公式来计算森林生态系统的潜在蒸散是一种值得推广的方法。

（2）林内与自由水面潜在蒸散的比较

从图 10.13 可以得出，鼎湖山季风常绿阔叶林、针阔叶混交林和马尾松林生态系统的潜在蒸散差异不明显，分别为 987.5 mm、996.4 mm 和 937.6 mm。湿季的潜在蒸散明显大于干季。潜在蒸散最大的月份是 7 月，潜在蒸散最小的月份是 1 月，这与近地面层的气温变化规律一致，也就是说鼎湖森林生态系统的潜在蒸散对近地面层气温变化较为敏感。

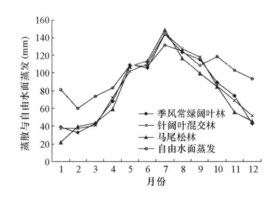

图 10.13　鼎湖山 3 种林型潜在蒸散与自由水面蒸发

由于难以准确测定自由水面蒸发量，本研究中自由水面蒸发量的资料来自蒸发器的直接观测结果。但通过蒸发器所得出的结果不能准确反映自由水面蒸发量的值，经实验标定得出本研究使用的蒸发器测量的蒸发量大约为大型蒸发池的 97%，而且两者的关系较为稳定，用此百分比作为折算系数，通过计算得出林外自由水面蒸发量。林外自由水面蒸发量年平均为 1194.7 mm，大于各林型的潜在蒸散，其年变化幅度小于各林型的潜在蒸散。自由水面蒸发主要反映的是一个地区的热量条件，潜在蒸散作为系统蒸散的热量供应因子，同时也间接反映了一个地区的水分条件以及下垫面的特性，两者相比可用来分析一个地区的水热状况。

自由水面蒸发量比林内潜在蒸散大，是由森林冠层作用、林内荫蔽、风速微弱、相对湿度较大所致。一年中，处在干季的 10 月至翌年 3 月林内潜在蒸散明显小于林外自由水面的蒸发，而湿季的 4~9 月两者又十分接近，其中个别月的潜在蒸散大于自由水面蒸发，这是森林蒸发层面较多的缘故。从上述结论可初步得出：如果林内潜在蒸散明显大于自由水面蒸发，则说明系统贮水量较少，没有足够的水分提供给蒸散，因蒸散而损失的热量少，下垫面的温度将升高，从而导致潜在蒸散较大；如果两者十分接近或者潜在蒸散小于自由水面蒸发，则说明系统充分湿润，有充沛的水分供给蒸散，由大量的蒸散所带走的热量较多，下垫面的温度也随之降低，导致潜在蒸散接近或小于自由水面蒸发。这样林内潜在蒸散与林外自由水面蒸发相比可作为划分小尺度如森林生态系统范围干湿时期的一个参考指标，尤其是用来判断下垫面的湿润状况。

10.4.5　蒸散对比分析

（1）对蒸散计算公式中 N 值的讨论

在周国逸推求的森林生态系统蒸散计算公式中，N 值是一个表征系统对防止液态水输出能力的常数，它是一个无量纲的量。当 N 等于零时，系统的蒸散为零，表明林地不能贮存水分，全部降水将在短暂的时间内以地表径流方式流走，来不及蒸发；当 N 趋于正无穷大时，若潜在蒸散大于贮水量，则系统的蒸散等于贮水量，若潜在蒸散小于贮水量，则系统的蒸散等于潜在蒸散。对于一个具体的生态系统来说，系统绝对不保水和绝对保水的情况是不存在的，因此 N 的取值应在零和正无穷大之间。

在周国逸的公式中，除参数 N 外，其他的参数均有严格的理论推导，因此，如何正确地选取 N 值的大小是决定所计算出的系统蒸散准确性的关键所在。对于不同的森林生态系统，其选取 N 值的方法也不同。径流量与系统贮水量有良好相关关系的生态系统，N 值的选取如下。

令 R 为径流量，W 为土壤贮水量，P 为降水量，K 为径流量与系统水量的相关系数，线性相关时，$R=K(W+P)+a$（其中 a 为常数）

非线性相关时，$R=f(K, W+P)$

由于 R 反映的是系统液态水的输出量，$W+P$ 反映的是系统的贮水量，相关系数 K 则反映的是系统液态水输出的系数，那么 $1-K$ 反映的是系统防止液态水输出的系数，则 $1/(1-K)$ 就是系统防止液态水输出能力的量度，这与 N 值的意义完全相同。即

$$N = \frac{1}{1-K}$$

本研究采用气象因素迭代法。由于影响森林生态系统蒸散的是下垫面水分条件和外部气象因素两个方面，当下垫面充分湿润时，外部的气象因素成为蒸散的限制因素，这与决定林外自由水面蒸发的气象因素基本相同，此时，系统的实际蒸散应约等于林外自由水面蒸发。根据此原理进行迭代，得出鼎湖山季风常绿阔叶林、针阔叶混交林和马尾松林研究地的 N 值分别为 12.5、12.2 和 8.7。

（2）3 种林型蒸散的对比分析

运用周国逸导出的计算蒸散的方法得出鼎湖山 3 种林型的蒸散量如图 10.14 所示。季风常绿阔叶林年平均蒸散量为 951.8 mm，针阔叶混交林为 924.3 mm，马尾松林为 823.4 mm；分别占同期降水量的 52.8%、51.3% 和 45.7%。平均相对变差：季风常绿阔叶林为 0.45，针阔叶混交林为 0.48，马尾松林为 0.58。三者的变幅大小依次为马尾

松林>针阔叶混交林>季风常绿阔叶林，在雨量充沛的 5～7 月，3 种林型的蒸散量大小依次为马尾松林>针阔叶混交林>季风常绿阔叶林，而在其他月份，蒸散量的大小依次为季风常绿阔叶林>针阔叶混交林>马尾松林。对这一结果可以作如下解释：5～7 月，3 种林型的系统水分充足，蒸散几乎不受水分限制，其蒸散量的大小依赖于热量；在其他月份，尽管马尾松林获得的热量较多，但系统没有足够的水分，蒸散因水分的限制而减少，季风常绿阔叶林内虽然热量少，温度低，但系统的保水贮水能力强，其蒸散量依然很大。由此说明系统水分充分时，蒸散量的大小取决于热量；系统水分不足时，蒸散量的大小取决于水分。

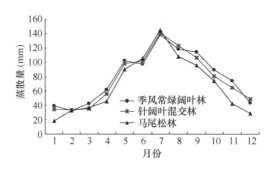

图 10.14　鼎湖山 3 种林型的蒸散量

10.4.6　湿润指数

干与湿是森林生态系统主要的小气候特征量。降水量与潜在蒸散之比或差常用作干湿指标，但该指标存在一定的缺陷（周广胜和张新时，1996a；周国逸，1997），用来分析小尺度生态系统的干湿状况不适合。选用蒸散与潜在蒸散的比值能比较真实地反映林地的干湿状况，定义这一指标为湿润指数（周广胜和张新时，1996b）或相对蒸散系数（周国逸，1997）。3 种林型的湿润指数：季风常绿阔叶林为 0.96，针阔叶混交林为 0.93，马尾松林为 0.88。季风常绿阔叶林森林高大茂盛，冠层结构复杂，对降水的截留量大，林冠下枯枝落叶层厚且含水量大，土壤含水量比较丰富，加上植被根系发达，主根较深，森林蒸腾不受土壤表层水分的限制，因此，其湿润指数较大。

10.4.7　蒸散过程与脆弱性探讨

蒸散过程受控于生态系统水分贮存量，还受到热量和大气环境因素的制约，成熟且发育好的生态系统，水分环境比较稳定，年内热量条件也相对稳定，因此蒸散过程时间稳定性较高，也就是说成熟的生态系统能有效地调节蒸散量在月份之间的差异，减小同一系统内不同月份之间的相对变化，从而提高系统内部生态因子的稳定性。由于生物及其环境能组成一个自我调节的反馈系统以对抗不适于生物生存的环境变化，因此，森林植被通过对蒸散过程的调节能增强抗干扰的能力，尤其是来自水热环境因子的压力。鼎湖山 3 种森林生态系统潜在蒸散的月相对标准偏差：马尾松林为 0.50，针阔叶混交林为 0.45，季风常绿阔叶林为 0.44。蒸散的月相对标准偏差：马尾松林为 0.58；针阔叶混交林为 0.48；季风常绿阔叶林为 0.45。不难看出，随着森林植被的演替，生态系统趋于成熟，对潜在蒸散和蒸散月份间差异的调节能力增强，尤其是对蒸散的调节，这是因为森林植被的生命活动与蒸散高度相关，而蒸散主要反映的是一个地区的热力状况，森林植被只能通过调节环境因子间接地改变潜在蒸散月份间的差异。

植被含水量动态是直接反映生态系统抵抗环境变化并保持稳定性的一个参数，植被水分又是植被能供给蒸腾作用、消耗蒸散潜力热量的直接水分，在较高的蒸散量条件下，植被所贮存的水分必须多次更换才能满足蒸腾作用的需要，否则，将因缺水而死亡，因此，我们可以根据植被水分的更新次数来研究生态系统的脆弱性。表 10.15 给出了鼎湖山 3 种植被地上部分贮水量和蒸散的对照值。

表 10.15　鼎湖山 3 种林型地上部分贮水量与蒸散对比　　（单位：mm）

林型		1 月	2 月	3 月	4 月	5 月	6 月	7 月	8 月	9 月	10 月	11 月	12 月
季风常绿阔叶林	A	22.4	22.8	23.5	24.1	24.6	24.6	24.2	23.7	23.1	22.4	21.9	21.5
	B	38.9	32.7	42.5	61.5	101.9	97.6	137.9	118.0	114.1	89.1	74.3	43.2
针阔叶混交林	A	14.9	15.5	16.3	17.0	17.3	17.7	17.5	16.3	15.7	14.4	14.1	14.0
	B	34.5	33.4	35.6	56.4	98.4	101.6	140.7	123.1	106.3	80.8	64.6	48.9
马尾松林	A	4.4	5.1	6.2	7.2	7.1	7.2	7.2	6.0	5.6	4.1	4.2	4.0
	B	18.9	32.7	36.5	45.7	90.0	105.5	144.4	108.0	95.9	74.3	42.8	28.7

注：A 为地上部分贮水量；B 为蒸散

表 10.16 的结果表明，如果按蒸腾所需的水分供应量占蒸散量的 60% 计算，则植被中月平均水分更新次数：季风常绿阔叶林为 2.0 次；针阔叶混交林为 2.9 次；马尾松林为 7.0 次。月平均水分更新次数的相对标准偏差：季风常绿阔叶林为 0.07；针阔叶混交林为 0.10；马尾松林为 0.29。可见，当森林植被演替到高级阶段时，生态系统趋于成熟，植被的水分动态也随之稳定，无论是水分更新次数还是月平均水分更新次数的相对标准偏差均是如此。这说明两方面的问题：一是随着森林植被演替，作为参与植物生理过程的植物活体的水分趋于相对稳定，也意味着生态系统抵抗外界水分变化的能力增加；二是随着森林植被演替，森林的覆盖度增加，林内湿润程度高，导致植物蒸腾的阻力增大，使植物活体的水分损失减小，大大提高了水分利用效率，这更符合地带性植被水分结构与功能趋于完善的形式。

表 10.16　3 种林型植物活体月平均水分循环次数

项目	1 月	2 月	3 月	4 月	5 月	6 月	7 月	8 月	9 月	10 月	11 月	12 月	平均
季风常绿阔叶林	1.0	0.9	1.1	1.5	2.5	2.4	3.4	3.0	3.0	2.4	2.0	1.2	2.0
针阔叶混交林	1.4	1.3	1.3	2.0	3.4	3.4	4.8	4.5	4.1	3.4	2.8	2.1	2.9
马尾松林	2.6	3.8	3.5	3.8	7.6	8.8	12.0	10.8	10.3	10.9	6.1	4.3	7.0

主要参考文献

布德科. 1960. 地表面热量平衡. 李怀瑾, 等译. 北京: 科学出版社.

崔启武, 孙延俊. 1979. 论水热平衡联系方程. 地理学报, 34(2): 169-176.

傅抱璞. 1981. 论陆面蒸发的计算. 大气科学, 5(1): 23-31.

郭立群, 王庆华, 周洪昌, 等. 1999. 滇中高原区主要森林类型水源涵养功能系统分析与评价. 西部林业科学, (1): 32-40.

黄忠良, 蒙满林, 张佑昌. 1998. 鼎湖山生物圈保护区的气候. 热带亚热带森林生态系统研究. 北京: 气象出版社: 134-139.

刘昌明. 1997. 土壤-植物-大气系统水分运行的界面过程研究. 地理学报, 52(4): 366-373.

刘世荣, 温远光, 王兵, 等. 1996. 中国森林生态系统水文生态功能规律. 北京: 中国林业出版社: 203-207.

刘振兴. 1956. 论陆面蒸发的计算. 气象学报, 27(4): 15-27.

马雪华. 1989. 在杉木林和马尾松林中雨水的养分淋溶作用. 生态学报, 9(1): 15-20.

马雪华. 1993. 森林水文学. 北京: 中国林业出版社.

彭少麟, 任海. 1998. 南亚热带森林生态系统的能量生态研究. 北京: 气象出版社.

任海, 彭少麟. 1997. 鼎湖山森林群落的几种叶面积指数测定方法的比较. 生态学报, 17(2): 220-223.

申卫军, 彭少麟, 周国逸, 等. 2000. 鹤山丘陵草坡的水文特征及水量平衡. 植物生态学报, 24(2): 162-168.

孙阁. 1989. 林地地表径流的研究. 水土保持学报, 3(2): 52-55.

唐常源. 1992. 亚热带马尾松人工林的降水截留作用. 地理学报, 47(6): 545-551.

吴厚水, 黄大基. 1998. 鼎湖山季风常绿阔叶林蒸发散的估算//符淙斌, 严中伟. 全球变化与我国未来的生存环境. 北京: 气象出版社.

吴钦孝, 赵鸿雁. 2000. 黄土高原森林水文生态效应和林草适宜覆盖指标. 水土保持通报, 20(5): 32-34.

闫俊华. 1999. 计算森林生态系统蒸散力和蒸散理论公式中参数的确定. 资源生态网络研究动态, 10(3): 17-20.

闫文德, 田大伦, 陈书军, 等. 2005. 4个树种径流养分特征研究. 林业科学, 41(6): 50-56.

张秉刚, 卓慕宁. 1985. 鼎湖山自然保护区不同林型下土壤的物理性质. 热带亚热带森林生态系统研究. 海口: 海南人民出版社: 1-9.

张立恭, 吴秋菊, 石承苍, 等. 1998. 应用遥感技术研究森林植被变化对河川径流的影响. 四川林勘设计, 4: 12-23.

周广胜, 张新时. 1996a. 植被对于气候的反馈作用. 植物学报, 38(1): 1-7.

周广胜, 张新时. 1996b. 中国气候-植被关系初探. 植物生态学报, 20(2): 114-119.

周国逸. 1997. 生态系统水热原理及其应用. 北京: 气象出版社.

周国逸, 潘维俦. 1988. 森林生态系统蒸发散计算方法的研究. 中南林学院学报, (1): 22-27.

周国逸, 闫俊华. 2000. 生态公益林补偿的理论与实践. 北京: 气象出版社.

周国逸, 余作岳. 1995. 广东小良试验站降水径流关系的一个黑箱模型. 生态学杂志, 14(4): 67-72.

Lee R. 1980. Population and Economic Change in Developing Countries. Chicago: University of Chicago Press.

Penman H L. 1963. Vegetation and hydrology. London: Common Wealth Agricultural Bureau.

Shiau S Y, Davar K S. 1973. Modified Penman method for potential evapotranspiration from forest regions. Journal of Hydrology, 18: 349-365.

Tang D, Cheng W, Hong J. 1984. A review: evaporation study in China. Geogr Res, 13(3): 84-97.

Thornthwaite C W, Mather J R. 1957. Instruction sand tables for computing potential evapotranspiration and the water balance. Centerton: Publications in Climatology, Laboratory of Climatology, 3: 311.

Zhou G, Wei X, Wu Y, et al. 2011. Quantifying the hydrological responses to climate change in an intact forested small watershed in Southern China. Global Change Biology, 17(12): 3736-3746.

第11章　西北干旱半干旱区泾河流域植被格局变化与水文和水土流失响应

11.1　泾河流域概况

泾河流域位于黄土高原中部，34°46′N～37°19′N，106°14′E～108°42′E，流域面积为 45 421 km^2，横跨宁夏、甘肃、陕西三省（区）部分地区，流域绝大部分属于陇东黄土高原。流域边缘北有贺兰山、鄂尔多斯高原，南为秦岭山脉，西依六盘山脉，东抵子午岭山系，周围一圈山脉形成泾河集水区域的天然分水岭。流域内地貌特征可以分为北部黄土丘陵区、中部黄土残塬区、西南部山地林区和东南部山地河川区。流域内地势西北高，东南低，总体地势是东北西三面向东南倾斜。泾河发源于宁夏回族自治区泾源县关山东麓，由西北向东南流经宁夏、甘肃、陕西三省（区）的固原、平凉、庆阳和咸阳等地市，在陕西省高陵区注入渭河，为渭河的一级支流、黄河的二级支流。流域内水系较发达，集水面积大于 1000 km^2 的主要支流有 13 条，大于 500 km^2 的支流有 26 条，长 1～2 km 的冲刷沟系十分发育，多达上万条，流域水系情况及主要支流水文地理特征见表 11.1。泾河及各级支流均深切于墚、塬、峁和黄土沟壑镶嵌的黄土地貌景观中，使得流域内地形支离破碎，沟壑纵横，也使泾河流域成为黄土高原水土流失最严重的区域之一。

表 11.1　泾河流域主要支流特征统计表

支流名称	发源地	河流长度（km）	集水面积（km^2）	河道平均比降（%）
洪河	宁夏彭阳县	187.2	1 336	3.38
蒲河	甘肃环县	204.0	7 487	2.76
茹河	宁夏彭阳县	171.4	3 375	4.26
东川	陕西定边县	131.4	3 062	2.72
汭河	甘肃华亭县	116.9	1 671	5.27
黑河	甘肃华亭县	168.0	4 255	2.90
达溪河	陕西陇县	126.8	2 537	2.74
三水河	陕西旬邑县	128.9	1 321	5.49
合水川	甘肃合水县	68.7	850	4.35
城固河	甘肃合水县	103.6	2 478	3.17
环江	陕西定边县	374.8	19 086	1.35
泾河干流	宁夏泾源县	455	45 421	3.76

注：华亭县现称华亭市

11.1.1　气候

流域深处大陆，为典型的温带大陆性气候，处于温带半湿润向半干旱气候的过渡地带，冬季干旱少雨，夏季多暴雨。据流域各气象站点多年观测资料，流域多年平均气温为 8℃，最冷月平均气温为 –10～–8℃，最热月平均温度为 22～24℃，年降水量为 350～600 mm，主要集中于夏、秋汛期 5～9 月，这段时间内降水量可占年降水总量的 72%～86%；冬、春季降水稀少。最大月降水量一般出现在 7 月、8 月，两月降水量可占年降水量的 36%～44%；最小月降水量出现在 1 月、2 月，仅占年降水量的 0～3%。夏、秋季节出现大强度暴雨的频率高，降水量的年际变化比较明显，最小、最大年降水量相差1.8～3.5 倍。降水量的地域分布由南向北递减，南部的降水量可达北部的 2 倍。北部占流域面积 1/3 的干旱少雨地区，多年平均降水量在 400 mm 以下。

11.1.2　地质与土壤

流域内黄土分布广泛，除六盘山局部地区以外，其他地区全被黄土覆盖，黄土层深厚，一般为 50～80 m，部分残塬的黄土厚达 100 m 以上。黄土的化学成分主要包括 Fe_2O_3、SiO_2、Al_2O_3、MgO、CaO、Na_2O、K_2O、FeO 等，矿物组成主要为长石、石英、角闪石等。黄土粒度构成基本上集中在细粉砂、粉砂和黏粒粒级，其中以粉砂占优势，含量达50%，大于 0.1 mm 的砂粒含量极少。黄土的空隙度较大，可达 40%～50%，且多为肉眼可见的大空隙，空隙多呈垂直管状分布，明显受黄土垂直节理发育的影响，垂直节理广泛发育导致黄土边坡常呈陡崖状，极易发生崩塌、滑坡。土壤为典型的黄绵土和黑垆土，结构疏松，极易塌陷、流失。

11.1.3　植被

研究表明，战国中期，流域的上游地区，仍是从事畜牧业为主的少数民族地区，农业民族只是沿河谷分布，不会对自然植被造成很大破坏。泾河流域绝大多数地区保持着较好的自然植被，地带性植被为温带森林草原过渡类型，流域北部为典型温带草原。明清时期，流域人口呈稳定增长，对植被的破坏也逐渐加剧，黄土沟壑区的许多地方被开垦为农田。由于开垦，黄土丘陵沟壑区以草地、灌丛为主的自然植被遭到破坏。人类活动除了破坏黄土丘陵区以草地、灌丛为主的自然植被外，还破坏了以山地乔木为主的森林植被。流域东部的子午岭林区，新中国成立以来因毁林毁草共损失天然林 4800 km²，现在该林区南北两端都成了光山土岭。流域西部的六盘山林区，现在林缘线四周已经后退 8～20 km，森林面积减少了 400 km²。目前，泾河流域地表植被稀疏，地表覆盖以草地、农田为主，而且流域北部 80% 以上的草地已经处于严重退化状态，林地面积仅占流域面积的 6% 左右。

11.1.4　水文与水土流失

泾河流域多年平均降水量为 539.1 mm，径流量为 18.32 亿 m³，输沙量为 2.526 亿 t，流域径流量的年内分配主要受河川径流补给条件的影响。河川径流主要靠降水补给，河川径流的丰水期也正是降水集中时期，河川径流年内分配与降水趋势基本一致，径流的集中程度略低于降水，并且滞后于降水 10～30 天。汛期（5～9 月）降水量占年降水量的 72%～86%；最大 1 天降水量和最大 30 天降水量分别占年降水量的 9.2% 和 30.5%。汛期及 7 月、8 月两月径流量分别占年径流量的 55.6% 和 34.5%，输沙量分别占年输沙量的 92.6% 和 77.4%。输沙在汛期比径流更为集中。流域多年平均径流模数为 43 296 m³/(km²·a)，多年平均输沙模数为 5845 t/(km²·a)，多年平均含沙量为 154 kg/m³，实测最大洪峰流量为 7520 m³/s。流域植被稀少，水分涵养和土壤保持能力差，径流和输沙的年际变化很明显，各河流最大、最小年径流量相差达 3～5 倍。西南部由于六盘山、关山林区植被覆盖较好，对径流有明显的调蓄作用，年际变化略小一些，其余各地径流和输沙的年际变化均很大。

11.1.5 社会经济

泾河流域是中国农牧业文明的发祥地之一，早在商朝以前，周朝族群的先祖就在泾河流域从事农牧业生产活动。在宋朝以前泾河流域作为都城长安的京畿之地，政治、经济、文化一直是最为发达的地区之一。全流域现有人口 600 多万，平均人口密度为 150 人/km²，人口分布东南密集、西北稀疏，主要分布于流域中下游的黄土残塬和河谷平原地带。农业生产长期处于较低水平。农业结构中种植业比例过高，粮食种植中，夏粮的比例达 50% 以上，远远高于全国平均水平（22.3%），这对充分利用本区的光、热、水资源并不十分合理。林果业自 20 世纪 80 年代中期以来有了较快的发展，但在农业总产值中的比例仍然比较低。流域多种多样的土地类型没有得到合理利用，许多不易农耕的陡坡地仍旧以广种薄收的经营方式在耕种。流域的水资源特征决定农业只能以旱作为主，90% 以上的农田缺乏有效的水分保障，只能靠天吃饭。牧业主要集中在流域北部，长期在粗放经营的低水平徘徊，由于管理不善，草地退化、沙化严重。流域现有工业结构属于重工业范畴的资源导向型结构，能源重化工工业产值占工业总产值的 90% 以上，远高于全国平均水平，主要重工业为流域北部的长庆油田和流域西南部的华亭煤田。轻工业和第三产业力量薄弱。

11.1.6 主要生态环境问题

（1）水土流失严重

泾河流域是世界上水土流失最严重的地区之一，80% 以上的土地面临着水土流失，年平均土壤流失量为 5845 t/km²，其中洪河流域等一些中北部流域的土壤流失量达到 10 000 t/(km²·a) 以上，河流最大含沙量高达 1570 kg/m³。长期且频繁的水土流失，使土地退化，土壤沙化，生态恶化，阻碍了经济社会的可持续发展，造成广大农民的极度贫困。水土流失还导致黄河河道淤积，黄河三门峡水文站的监测结果表明黄土高原每年输沙负荷达到 1.64×10¹⁰ t，这是世界上其他大江大河的 9～21 倍，其中 25% 的输沙沉积于黄河下游河床，使河床每年增高 8～10 cm，"地上"黄河危及下游两岸数十万平方千米范围内的国民经济建设和人民生命财产安全。几十年来的水土保持工作使水土流失得到了一定程度的遏制。但是，资源的高强度开发、大规模基础设施建设和经济的快速增长，造成的"边治理边破坏"的现象愈演愈烈，人为水土流失已成为泾河流域水土资源可持续利用中的又一突出问题。水土流失在特定地理区域内是侵蚀力与反侵蚀力相互作用的结果。侵蚀力主要是降水，影响降水侵蚀的因子主要有降水强度、降水变率、降水历时。反侵蚀力主要是植被和地表覆盖。植被是影响水土流失的重要因子之一。水土流失严重的地区往往是自然植被严重破坏、生态环境退化的地方。自然植被完好的地方即使地形是沟壑陡坡，也很少发生水土流失。

（2）植被覆盖稀少

几十年来，泾河流域自然植被已经遭到严重的破坏，当前森林覆盖率仅为 6.5%，有些地区仅为 3%。草地覆盖率为 25%～65%。20 世纪 50 年代以来，子午岭林线向后退了 20 km，与此同时河流径流量和输沙量大大增加。据文献记载，历史上泾河流域到处是森林、草原。森林植被破坏基本开始于秦汉时期。秦汉到南北朝，本区森林不少于 2.5 万 km²，覆盖度大于 40%。到 1949 年全区森林仅有 0.27 万 km²，覆盖度只有 6.1%，且主要分布在六盘山和子午岭山区。20 世纪 90 年代流域森林覆盖率平均为 9.5%左右。流域北部气候干旱，土壤贫瘠，造林立地条件差，加上造林技术和抚育管理方法落后，致使造林的成活率和保存率很低，多年保存率一般在 30%左右。植被因水热条件差异而呈地带性分布，在营造人工植被时，往往不能依据植被地带性分布模式，导致盲目造林、树种选择不当、苗木质量低、配置结构简单，从而使树木生长不良，形成"小老树林"。毁林毁草、开荒、陡坡耕种、超载放牧、修路、开矿、建厂等各种人类活动直接侵毁林、灌、草植被。例如，位于黄土高原中部的子午岭林区，新中国成立以来因毁林造成天然林损失 4800 km²。

（3）水资源短缺

不合理的水资源利用导致地表水浪费、水资源破坏及土地干旱。泾河流域年平均降水量为 350～600 mm。由于 7 月、8 月、9 月三个月是热带海洋气团深入本地区活动的时期，因而全年降水总量的 50%～70%集中在汛期，又因本区多为山丘，坡地多，径流模数一般在 5 万～8 万 m³/km²。另外，工程建设和生产活动中的不合理用水，破坏了地下储水结构及地表环境、区域水分平衡和水文循环，造成区域水量损失及水质污染，引起地下水水位下降，井枯河干，严重影响了农业灌溉和防旱抗旱。另外，不合理的土地利用方式以及黄土本身的深层入渗能力强等导致耕层水资源缺乏，干旱面积扩大，旱灾频繁，土地生产力降低。

（4）耕地面积骤减

泾河流域的主要耕地集中在流域内大小不一的黄土残塬上和流域各条河流的河谷平原地带，在黄土残塬边缘和黄土丘陵山坡也存在大面积的低产坡地农田和梯田。20 世纪 80 年代以来，由于流域人口急剧增加，经济快速发展，城市建设、村镇建设、乡镇企业建设、流域基础设施建设、矿产资源开发等，国家有计划地征占土地并且比例逐年增加，平坦良田面积急剧缩减，土地占用和破坏及耕地减少的态势有增无减。近年来的退耕还林使大面积的山坡农田恢复为林草地，据庆阳市国土资源局调查，1954～2000 年共减少耕地 9.68 万 hm²，年均减少 0.29 万 hm²，相当于一个县的耕地面积；工业生产和建设过程中累计征用土地 2 万 hm², 土地恢复和整治的任务十分艰巨。严酷的资源和环境现实决定了大力开展生态环境建设是泾河流域实现经济社会可持续发展的唯一正确选择。

11.2　泾河流域植被-降水耦合过程研究

11.2.1　泾河流域植被分布现状

泾河流域主要植被覆盖类型有森林、农田、高覆盖度草地、中覆盖度草地、低覆盖度草地、荒漠草地等类型。其中低覆盖度草地的面积最大, 其次为农田、高覆盖度草地、中覆盖度草地, 森林、疏林和灌丛等植被覆盖类型面积较小, 植被覆盖组成结构为典型的农牧二元结构。按照各个子流域植被覆盖类型组成的差异（表 11.2）, 泾河流域的植被覆盖组成结构主要有森林型、林草型、农草型、草地型。其中森林型主要分布于流域东部的子午岭山区的合水川、三水河和流域南部山区的达溪河子流域, 林草型主要分布于流域西南部六盘山区的泾河干流区、汭河子流域, 农草型主要分布于流域中部的洪河子流域、董志塬和泾河干流区, 草地型主要分布于流域北部的环江、东川、蒲和茹河子流域。总体来看, 从南向北, 农业覆盖类型逐渐减少, 草地覆盖类型逐渐增加, 各类林地类型主要分布于流域东部的子午岭山区和流域西部的六盘山区及流域南部山区。除流域北部水分条件较差外, 流域北部地形相对复杂、人类活动少可能是草地覆盖完整的主要原因。

表 11.2　泾河流域植被覆盖与土地利用类型组成比例　　　　　　（%）

河流	森林	疏林	灌丛	农田	高覆盖度草地	中覆盖度草地	低覆盖度草地	荒漠草地	其他用地
环江	0	0.07	0.27	0.44	6.63	16.57	51.75	24.25	0.02
东川	0.93	2.20	3.98	1.05	20.31	15.95	52.15	3.47	0.03
蒲河	0.02	0.34	1.99	8.28	15.51	40.78	32.10	0.98	0
茹河	1.50	1.83	2.09	7.06	8.82	32.61	42.28	0	3.80
合水川	25.92	32.93	16.54	6.30	15.83	2.30	0.18	0	0
固城河	5.00	5.02	15.10	23.10	14.25	27.53	0.43	1.77	7.80
董志塬	0.54	4.71	3.56	43.06	10.60	28.26	0.13	0	9.14
洪河	0.86	1.78	4.24	23.67	27.58	36.73	5.13	0	0
泾河	18.64	8.07	9.85	26.55	21.59	14.54	0.58	0	0.19
汭河	22.28	11.80	14.31	19.66	21.18	10.55	0.18	0	0.05
黑河	7.28	13.60	19.08	29.53	24.92	5.32	0.27	0	0
达溪河	38.29	19.57	12.98	14.87	13.99	0.29	0	0	0
三水河	62.70	14.09	7.48	13.62	1.98	0.10	0.02	0	0
泾河干流	3.83	3.07	7.09	5.36	10.99	29.98	1.25	0	38.43

11.2.2　泾河流域潜在植被分析

植被自然发育状态与立地气候条件达到平衡状态时, 植被覆盖度与气候干燥度之间可能形成一种比例关系。气候干燥度指数的空间分布反映了水热平衡的空间特征（史培军等，2002；周涛等，2002；史培军和哈斯，2002）。干燥度指数（aridity index，AI，或其他缩写形式，如 K 等），在此特指气候干燥度，是表征一个地区干湿程度的指标，一般以某个地区水分收支与热量平衡的比值来表示，其倒数称为湿润指数（humidity index，HI）。自然植被的分布与气候干燥度密切相关（刘纪远等，2003）。

本研究假设植被与气候干燥度之间存在以下关系：

$$\mathrm{NDVI}_F / K_F = \mathrm{NDVI}_X / K_X \tag{11.1}$$

式中，NDVI_F 为与立地气候条件达到平衡状态的自然植被平均植被指数；K_F 为该立地气候条件下的气候干燥度；K_X 为 X 点的气候干燥度；NDVI_X 为 X 点的潜在植被 NDVI。由此式可得

$$\mathrm{NDVI}_X = (K_F \cdot \mathrm{NDVI}_F) / K_X \tag{11.2}$$

泾河流域干燥度空间特征分析显示，以流域东部的子午岭和西部的六盘山地最低（AI<0.80），流域南部山地次之（AI 为 0.80～0.90）。这些山地因海拔高、降水较大而温度偏低，故水热平衡比较好。流域南部低平原和河谷地带的干燥度明显比相邻的黄土残塬沟壑区高，显示出地形对干燥度空间格局的重要影响。由南向北，随着降水的逐渐减少，水热平衡遭到破坏，流域中部的董志塬地带干燥度增大到 1.0 左右，北部的环江流域达到 1.50 以上。

选取流域内受人类干预程度比较轻的自然植被点 50 个，同时提取这些点的干燥度指数和 NDVI，将 NDVI 对 AI 作图（图 11.1）。由图可以看出，NDVI 与 AI 负相关，利用 SAS 软件，统计拟合得到如下方程：

$$\mathrm{NDVI} = 1.647 \times \exp(-1.039\mathrm{AI}) \qquad R^2 = 0.863 \,(P<0.05) \tag{11.3}$$

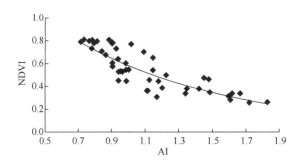

图 11.1　植被指数（NDVI）与气候干燥度（AI）的关系

根据上述方程，在地理信息系统的支持下，提取自然植被夏季平均 NDVI 及其立地平均干燥度指数，模拟得到泾河流域夏季和各月份潜在 NDVI_X 的空间栅格影像。

由图 11.2 可以看出，泾河流域潜在植被 NDVI 主要分布范围为 0.50～0.70，其占流域总面积的 56.15%；NDVI 大于 0.70 的面积也占到流域面积的 31.28%；NDVI 小于 0.50 的面积仅占流域面积的 12.57%。根据潜在 NDVI 数据进行土地覆被分类，森林覆盖占流域面积的 31.28%，疏林覆盖占 32.44%，灌丛覆盖占 23.71%。可以得出，泾河流域 87.43%的流域面积适合林灌覆盖类型发育，仅有 12.57%的流域面积为草地覆盖类型。

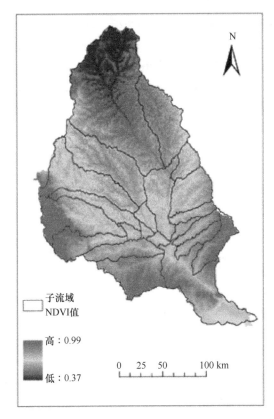

图 11.2　泾河流域潜在土地覆被类型分布图（彩图见文后图版）

　　泾河流域潜在植被覆盖的分布规律及其结构特点具有明显的地域差异性（图 11.2），NDVI 在流域南部大，流域北部小，由南向北逐渐递减。流域南部的达溪河子流域，潜在 NDVI 大于 0.80 的区域占流域面积的 53.80%，大于 0.70 的区域占流域面积的 96.76%，全部为森林覆盖区；流域中部的洪河子流域潜在 NDVI 大于 0.7 的区域仅占流域面积的 13.74%，大于 0.60 的区域占 95.30%，主要为疏林覆盖类型；北部的环江子流域潜在 NDVI 普遍比较小，潜在 NDVI 小于 0.50 的区域占流域面积的 52.47%，小于 0.60 的区域占流域面积的 95.67%，只适合灌丛、草地覆盖类型的发育。在东西方向上，流域东边的子午岭山区的三水河子流域，潜在 NDVI 大于 0.80 的区域占流域面积的 65.39%，大于 0.70 的区域占 97.59%，几乎全部为森林覆盖区；流域西边的六盘山区的汭河子流域，潜在 NDVI 大于 0.80 的区域占流域面积的 42.70%，大于 0.70 的区域占流域面积的 89.61%，为森林覆盖区；而流域中部的黄土残塬区的董志塬，潜在 NDVI 相对较小，大于 0.75 的区域仅占 3.42%，大于 0.60 的区域占 72.63%，为疏林、灌丛区。

　　年内 NDVI 所构成的 NDVI 时间序列曲线是表征植被生长规律的较理想的方法。从泾河流域潜在植被覆盖类型的 NDVI 随各月变化情况（图 11.3）可以看出，泾河流域不同潜在植被覆盖类型的 NDVI 在一年之中都呈单峰变化，在 7～8 月潜在 NDVI 达到最大值，但由于流域各区域水分等自然条件的不同，其最大值和最小值不相同。流域南部的三水河、达溪河子流域由于处在水分条件相对充足的地区，适合森林的生长发育，潜在 NDVI 最大值可达到 0.95；流域中部的董志塬、洪河子流域降水有所减少，水分不是特别充足，植被发育受到限制，只适合发育疏林、灌丛等土地覆盖类型，其 NDVI 最大值在 0.65 左右。流域北部的环江子流域，降水稀少，水分匮乏，植被发育受到严重限制，只适合耐干旱的草地、灌丛覆盖类型，分布稀疏，其 NDVI 最大值只有 0.45 左右。冬季的 12 月至翌年 2 月，受气温降低影响，潜在 NDVI 值较低，一般都低于 0.40，且流域北部潜在 NDVI 值的年内变化幅度比流域南部要大。

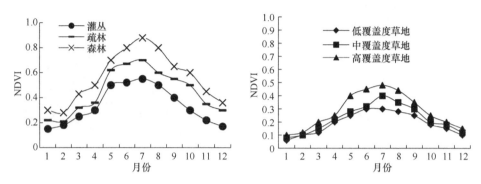

图 11.3   潜在植被覆盖类型年内 NDVI 动态

11.2.3   泾河流域植被退化分析

为了定量表征当前植被覆盖与潜在植被覆盖之间的差距，定义了植被冗亏指数：

$$K_{rd} = NDVI_P/NDVI_R \tag{11.4}$$

式中，K_{rd} 为植被冗亏指数；$NDVI_P$ 为潜在植被 NDVI；$NDVI_R$ 为当前植被 NDVI。

由图 11.4 可以看出，泾河流域植被覆盖亏缺较为严重，全流域有 52.93%的面积植被覆盖仅为潜在植被覆盖的 40%~60%，有 35.62%的面积植被覆盖仅为潜在植被覆盖的 60%~80%，仅有 4.20%的面积植被覆盖与潜在植被覆盖达到平衡。受地形、气候和人类活动等影响，泾河流域植被覆盖亏缺的区域差异比较大，其中茹河和洪河子流域的植被覆盖亏缺最为严重，洪河子流域有 82.90%的流域面积植被覆盖仅为潜在植被覆盖的 40%~60%，还有 16.49%的面积植被覆盖仅为潜在植被覆盖的 60%~80%；茹河子流域也有 14.22%的面积植被覆盖仅为潜在植被覆盖的 40%以下，有 66.63%的面积植被覆盖为潜在植被覆盖的 40%~60%，还有 18.21%的面积植被覆盖为潜在植被覆盖的 60%~80%。而处于流域东部山区的合水川和三水河子流域植被覆盖亏缺比较小，合水川有 31.57%的面积植被覆盖与潜在植被覆盖持平，有 16.95%的面积植被覆盖为潜在植被覆盖的 80%~100%，还有 46.32%的面积植被覆盖为潜在植被覆盖的 60%~80%，植被覆盖亏缺大于 60%的面积仅占流域面积的 5.16%；三水河也有 57.80%的流域面积植被覆盖为潜在植被覆盖的 80%以上，有 37.87%的面积植被覆盖为潜在植被覆盖的 60%~80%，植被覆盖严重亏缺的面积仅占流域面积的 4.33%。流域北部的环江流域由于气候相对干旱，加上地形复杂，植被自然恢复能力差，过度的人类活动使植被覆盖亏缺很大，全流域有 58.36%的面积植被覆盖为潜在植被覆盖的 40%~60%，有 41.25%的面积植被覆盖为潜在植被覆盖的 60%~80%。泾河下游的泾河干流区处于流域的最南端，也是整个流域地势最为低平、人口最为密集的一个区域，该区域虽然相对湿润，但是由于地势低平，区域大部分面积被开垦为农田和其他非农业用地，所以该区域植被覆盖亏缺也很大，有 38.48%的面积植被覆盖为潜在植被覆盖的 60%以下，有 77.90%的面积植被覆盖为潜在植被覆盖的 80%以下。

图 11.4　泾河流域植被冗亏指数（彩图见文后图版）

　　表 11.3 为泾河流域潜在植被覆盖与当前植被覆盖的转移矩阵。可以看出，泾河流域南部的潜在森林覆盖类型有 25.90%被开垦为耕地，仅有 13.32%保持为森林，另外有 13.04%变为疏林，有 25.03%变为灌丛，有 26.22%退化为各类草地；疏林覆盖类型有 25.92%变为灌丛，有 54.75%退化为各类草地；灌丛仅有 2.89%保存为原来覆盖类型，17.87%变为高覆盖度草地、30.30%变为中覆盖度草地，43.22%变为低覆盖度草地；分布

表 11.3　泾河流域潜在植被覆盖与当前植被覆盖的转移矩阵（%）

潜在植被类型 \ 当前植被类型	耕地	森林	疏林	灌丛	高覆盖度草地	中覆盖度草地	低覆盖度草地	居住用地	其他用地
森林	25.90	13.32	13.04	25.03	14.22	5.94	2.46	0.10	0
疏林	2.03	7.74	8.36	25.92	20.83	16.99	16.93	1.11	0.11
灌丛	0	0.41	2.38	2.89	17.87	30.30	43.22	2.93	0.01
高覆盖度草地	0	0.02	0.11	0.09	2.38	6.66	58.83	31.91	0
中覆盖度草地	0	0	0	0	0	0	11.77	88.23	0
低覆盖度草地	0	0	0	0	0	0.07	45.99	53.94	0

于流域北部的高覆盖度草地，有 58.83%退化为低覆盖度草地，有 31.91%被居住用地占用；中低覆盖度草地主要被居住用地占用。

11.2.4 泾河流域植被-降水的耦合关系

（1）植被-降水耦合关系

将泾河流域年内每月降水量与各类植被的 NDVI 进行时间耦合分析。图 11.5 为泾河流域 8 种主要土地覆盖类型的 NDVI 值、潜在 NDVI 与年降水分配的动态耦合。可以看出，森林类型中，降水量在 1~4 月一直徘徊在 50 mm 以下，从 5 月开始迅速增大，7 月达

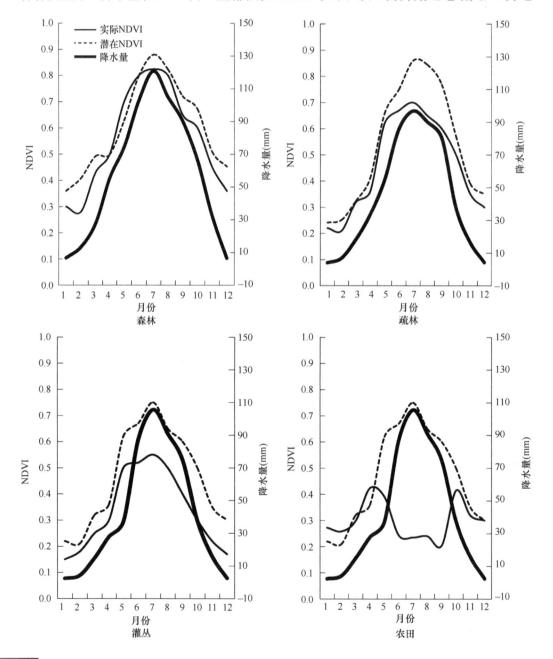

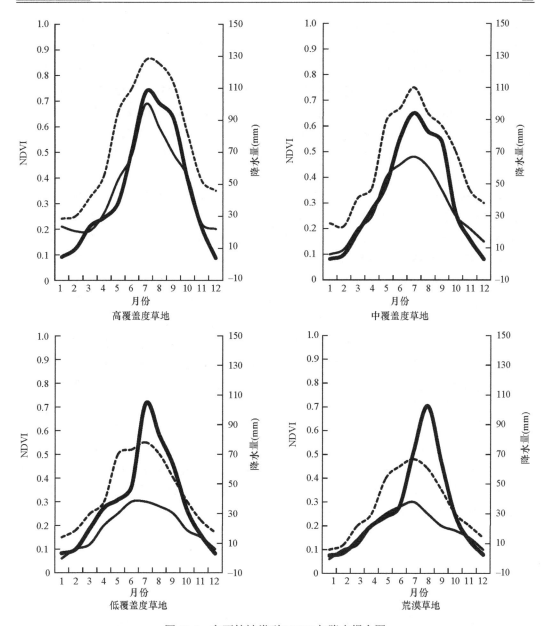

图 11.5　主要植被类型 NDVI 与降水耦合图

图中粗实线为降水量，细实线为实际 NDVI，虚线为潜在 NDVI

到 100 mm 以上，8 月持续多雨，10 月迅速下降到 69 mm，11 月以后降低到 30 mm 以下。各种植被类型的潜在 NDVI 与降水动态同步，在降水量逐渐增大的 1～5 月，潜在 NDVI 也在不断升高，在降水量较大的 7 月、8 月、9 月，潜在 NDVI 也达到最大值，之后降水量逐渐减少，潜在 NDVI 也逐渐降低，说明在当前气候下潜在 NDVI 与降水存在着较好的动态耦合关系。由于各种人为活动对地表植被覆盖的干扰，不同植被类型的 NDVI 值都与其潜在 NDVI 值有所偏离。森林是保存完好的自然植被覆盖类型，其 NDVI 年内动态与分布区潜在 NDVI 年内动态很接近，具有与年内降水同步的节律，表现出森林-降水很好的耦合关系。由于人类活动的强度干扰，大量的森林退化为疏林、灌丛，它们的 NDVI 值与潜在 NDVI 值产生偏离，尤其是在降水量大、植被发育茂盛的 7~9 月这种差异更为显著，这使得疏林、灌丛与降水的耦合产生分异。研究区农田作物以冬小麦为主，冬小麦在年初的 1 月、2 月，地表存留有上一年的枯苗，NDVI 值为 0.30 左右；3 月、4 月随气温回升，NDVI 值逐渐增大；5 月达到最大值 0.45；6 月随着冬小麦的成熟枯黄、收割，NDVI 值迅速降低；7 月、8 月农田处于休闲状态，NDVI 一直保持在较低的水平；9 月，第二年冬小麦播种发育，NDVI 又开始升高；10 月达到第二个高峰值，此后随着气温的回落，NDVI 值又开始降低；12 月达到年初的 0.30 左右。农田的 NDVI 在5 月和 10 月出现 2 个小高峰，而在降水量比较大的 7~9 月出现低谷，导致农田 NDVI 的年内动态与降水的年内动态的耦合错乱。草地是泾河流域分布面积最大的一类植被类型，有高覆盖度草地、中覆盖度草地、低覆盖度草地和荒漠草地，由图 11.5 可以看出，各类草地 NDVI 与其潜在的 NDVI 值都有较大的差异，虽然它们的 NDVI 年内动态与降水年内分配具有相同的趋势，即在降水量最大的 7~9 月，NDVI 也达到最大值，但是各类草地NDVI 最大值比潜在 NDVI 值要小很多，尤其是低覆盖度草地和荒漠草地的 NDVI 最大值不超过 0.30，这与集中于 7 月、8 月的降水年内动态导致极大的耦合关系失衡。

由以上分析可以看出，在当前气候条件下潜在植被的 NDVI 年内动态与降水的年内动态有着很好的耦合关系，但是由于各类人类活动改变了植被的潜在分布格局，使之成为植被覆盖格局，导致不同植被覆盖类型的 NDVI 与降水耦合的偏差，这种偏差打破了自然植被-降水的动态耦合关系，改变了地表生态水文过程。如果我们以与降水动态耦合很好的各类植被覆盖的潜在 NDVI 与当前 NDVI 的差距——耦合系数作为评价植被-降水动态耦合关系好坏的指标。从 8 种土地覆盖类型的年内动态耦合系数（图 11.6）可以看出，森林的 NDVI 与降水的动态耦合系数最大，其次是疏林、灌丛，各种草地覆盖类型与降水的动态耦合系数比较小，受人类活动控制的农田的 NDVI 与降水的动态耦合系数最小，从耦合系数的年内动态来看，各类土地覆盖类型都以汛期 7~8 月的耦合系数最小，而在年初的 1~4 月和年末的 11~12 月相对比较大。

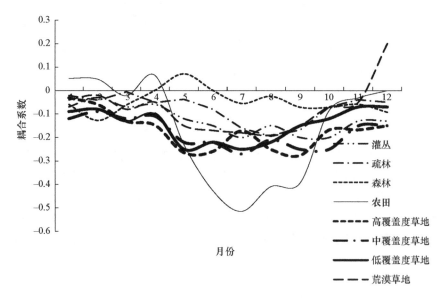

图 11.6　降水与 NDVI 的耦合曲线

（2）植被-降水耦合过程的水文响应

前面对植被 NDVI 及其与降水的年内动态耦合分析表明，泾河流域自然植被 NDVI 和降水的高峰都发生在 6～9 月，这段时间由于降水强度大，农田和各类不同覆盖度草地的 NDVI 与降水的耦合极差，而 6～9 月也是泾河流域水文过程变化最为剧烈的季节。这种植被和降水的动态耦合可能是影响泾河流域生态水文过程的最主要的因素，对不同植被类型流域的植被-降水耦合系数与各月水文特征进行相关分析（表 11.4），可以得出不同植被-降水耦合的水文响应。径流系数、侵蚀模数与植被-降水的耦合系数在发生时间上有较好的对应关系，在降水量比较小的 1～5 月，植被与降水耦合较好，这一时段的流域径流量小、输沙率比较低；在降水量比较大的 6～9 月，植被与降水耦合情况较差，流域径流量和输沙量都特别大，尤其是以农田和低覆盖度草地为主的洪河和黑河流域，最大径流量和输沙量可达平时的 1000 倍以上。这固然与 6～9 月高强度的降水有关，但也与流域植被-降水的耦合关系密切相关。对不同植被类型的流域降水量、径流深度、侵蚀模数、植被 NDVI 与植被-降水耦合系数进行相关分析，森林流域植被-降水的耦合系数与降水量和径流深度均呈显著负相关，与植被 NDVI 和输沙量的相关性不显著；草地流域植被-降水的耦合系数与降水量、NDVI、径流深度、输沙量均呈显著负相关；农田流域植被-降水的耦合系数与降水量和输沙量呈显著负相关；荒漠草地流域植被-降水的耦合系数与降水量、径流深度、侵蚀模数、植被 NDVI 也呈显著负相关。4 种植被综合分析表明，植被-降水的耦合系数与降水量和输沙量呈显著负相关，与 NDVI 和径流深度的相关性不显著。

表 11.4　植被-降水动态耦合的水文响应

	项目	1月	2月	3月	4月	5月	6月	7月	8月	9月	10月	11月	12月
森林	耦合系数	0.28	0.23	0.16	0.31	0.22	0.26	−0.06	−0.01	0.124	0.03	0.19	0.25
	降水量（mm）	0.8	2.6	12.8	21.6	62.5	76.4	105.8	90.9	70.3	53.4	26.1	0.5
	径流系数（×100）	44.11	201.65	17.01	2.61	1.87	6.39	14.73	11.16	2.85	3.35	5.51	147.72
	侵蚀模数[t/(km²·a)]	0	0	0	0	0	214.23	119.19	383.27	29.29	1.90	0	0
草地	耦合系数	0.17	0.16	0.04	0.03	0.01	0.01	−0.26	−0.20	0.02	0.15	0.15	0.22
	降水量（mm）	1.7	8.1	12.6	24.9	63.9	158.1	245.3	111.8	76.3	49.4	5.8	0.7
	径流系数（×100）	67.46	19.92	17.28	2.26	1.83	3.09	6.35	9.08	2.62	3.62	24.80	105.51
	侵蚀模数[t/(km²·a)]	0	0	0	0	1.14	266.44	890.50	493.93	16.46	13.05	0	0
农田	耦合系数	0.20	0.17	0.25	0.24	0.06	−0.25	−0.53	−0.48	−0.10	0.02	0.24	0.29
	降水量（mm）	2.0	3.4	9.6	11.6	43.5	118.3	135.8	53.2	46.9	37.7	8.7	4.2
	径流系数（×100）	57.34	47.45	22.68	4.86	2.68	4.12	11.48	19.07	4.27	4.74	16.53	17.59
	侵蚀模数[t/(km²·a)]	0	0	0	0.04	2.49	1544.72	5593.97	3209.41	18.97	4.58	0	0
荒漠草地	耦合系数	0.12	0.10	0.03	0	−0.13	−0.20	−0.48	−0.42	−0.17	−0.02	0.08	0.13
	降水量（mm）	0.5	1.2	10.4	11.5	56.5	59.6	89..3	67.1	43.2	7.3	0.5	0.2
	径流系数（×100）	4.21	5.30	6.30	2.51	0.32	2.32	3.49	3.44	1.15	3.35	40.10	12.71
	侵蚀模数[t/(km²·a)]	0	0	0.15	3.19	2.82	884.76	2226.05	1467.68	139.79	0.40	0	0

为了阐明植被-降水的耦合关系对径流、输沙过程的影响，本研究在考虑了土地利用、植被、降水对流域径流和输沙过程影响的基础上，构建了如下的水土流失风险指数：

$$SR_i = R_i \sum_{j=1}^{n} L_{ij} \int_{5}^{10} G_{ijk} \qquad (11.5)$$

式中，SR_i 为第 i 个流域的水土流失风险指数；G_{ijk} 为第 i 个流域第 j 种景观类型第 k 个月份的植被-降水耦合系数；L_{ij} 为第 i 个流域第 j 种景观类型的组成比例；R_i 为第 i 个流域的降水权重。SR_i 越大，表示该流域水土流失风险越大，反之越小。

由图 11.7 可以看出，年径流深度和风险指数都对基于植被-降水耦合动态过程的水土流失风险指数具有一定的响应，并且径流深度和土壤侵蚀模数都随水土流失风险指数的增大而增加。土壤侵蚀模数与水土流失风险指数之间具有特别显著的线性相关关系（R^2=0.823），而径流深度与水土流失风险指数之间的相关性不是特别显著（R^2=0.4915），这可能是土壤侵蚀与植被覆盖之间的关系相对简单而径流深度与植被覆盖之间的关系相对复杂的原因（邹亚荣等，2003；许学工等，2001）。

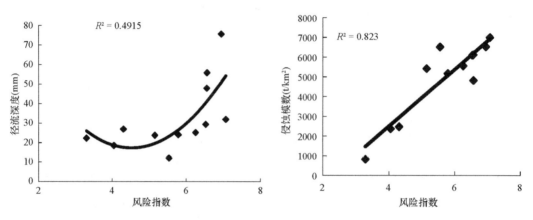

图 11.7　水土流失风险指数对径流深度和侵蚀模数的响应

选择三水河、达溪河、洪河和环江上游 4 个流域分别为森林、草地、农田和荒漠草地类型的代表流域，对不同植被流域的植被-降水耦合系数与各月水文特征进行相关分析（表 11.5），可以得出不同植被-降水动态耦合的年内径流、输沙响应。

表 11.5　植被-降水耦合系数与水文特征的相关分析

植被类型	降水量	NDVI	径流深度	输沙量
森林	−0.71	−0.38	−0.765	−0.47
草地	−0.84	−0.72	−0.85	−0.87
农田	−0.862	0.11	0.11	−0.88
荒漠草地	−0.95	−0.90	−0.92	−0.90
复合	−0.61	0.04	−0.22	−0.76

径流深度、输沙量与植被-降水的耦合系数在发生时间上有较好的对应关系，在降水量比较小的 1~5 月，降水与植被的耦合关系较好，这一时段的流域径流量小、输沙率比较低；在降水量比较大的 6~9 月，植被与降水的耦合情况较差，流域径流量和输沙量都特别大，尤其是以农田和低覆盖度草地为主的洪河和黑河流域，最大径流量和输沙量可达平时的 1000 倍以上。这固然与 6~9 月高强度的降水有关，但也与流域植被-

降水的耦合关系密切相关。

黄土高原塬、峁、沟壑错综的地形特征和以冬小麦种植为主的耕作方式，使得分布于广阔塬、峁、沟壑坡地的耕地，在每年汛期之前的 6 月冬小麦收割，耕地裸露休闲期正值汛期的强降水时期，疏松的黄土无任何地表覆被保护，在降水冲击和斜坡重力作用下极易流失，成为水土流失的主要源地，从而形成黄土高原沟壑、丘陵区严重的水土流失态势（李晓文和方精云，2003；许月卿和李秀彬，2003；张永民和赵士洞，2003）。以上分析结果表明，植被-降水的动态耦合是影响黄土高原水土流失的主要原因之一，这表明在黄土高原水土保持工作中应该尽量在降水量较大的汛期加强地表植被保护，提高极易产生水土流失的塬、峁、沟壑坡地的汛期植被覆盖度，保持降水和植被覆被的同步性，以达到有效消除降水动力、保护地表水土资源的目的。

11.3　泾河流域植被景观格局与水土流失过程

11.3.1　泾河流域植被景观格局分析

（1）植被覆盖程度评价

泾河流域的 15 个子流域植被覆盖程度差别较大。环江、东川、蒲河、茹河、洪河子流域植被覆盖以草地和退化草地所占比例最大，二者合计共占流域总面积的 80% 以上，其他植被覆盖类型所占比例微小，甚至缺失。其中流域最北部的环江上游退化草地占流域总面积的 65.22%，草地占 34.76%，是泾河流域植被覆盖程度较差的一个子流域；处于流域西南的洪河、泾河子流域植被组成等级有所改变，草地比例有所减少，稀疏灌丛面积大大增加，说明这 2 个子流域植被覆盖相对较好（图 11.8a）。图 11.8b 反映了流域东南部合水川、城固河、四郎河、三水河、黑河、达溪河、汭河、干流区子流域的植被覆盖状况。可以看出，流域东南部植被覆盖情况普遍好于流域西北部，除干流区和合水川外其他各子流域都以农田所占面积最大，干流区以郁闭灌丛所占面积最大，合水川所占比例最大的是稀疏灌丛。各个子流域植被覆盖相对比较复杂，其中在六盘山和子午岭的汭河、城固河、三水河及南部的达溪河流域森林、疏林所占比例分别为 28.43%、30.40%、36.76% 和 46.51%，说明这些子流域植被覆盖相对较好。

（2）植被景观破碎化

从表 11.6 可以看出，各个子流域不同植被覆盖类型的斑块总数目相差较大，干流区斑块数目为 946 个，占泾河流域斑块总数的 10.04%，最少的城固河子流域斑块数目为 396 个，仅占流域斑块总数目的 4.20%。从各植被覆盖类型破碎程度上来看，以泾河子流域和干流区破碎度最大，分别为 0.332、0.325；其次为黑河、合水川、洪河子流域；破碎程度较小的环江、东川、蒲河、茹河、三水河等子流域，其植被破碎程度都小于 0.20，其中环江上游破碎度最小，仅为 0.094。这一方面与流域的自然地貌特征和气候特征有关，另一方面也反映了人类活动对植被覆盖的影响。流域北部为山地丘陵，气候干燥，植被覆盖程度普遍比较差，加上流域北部人口稀疏，人为的植被破坏也较少，植被破碎程度小。流域中南部的洪河、黑河等子流域，气候相对湿润，植被覆盖比较好，但由于

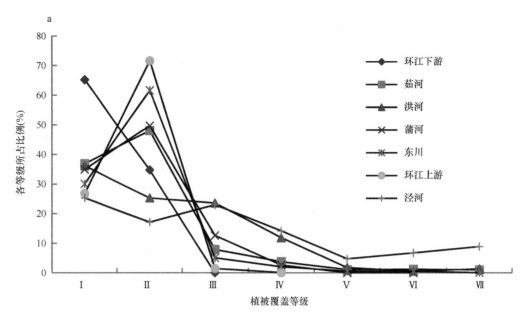

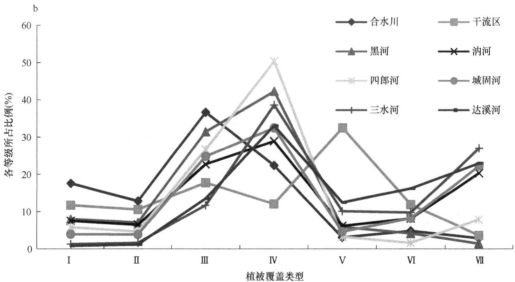

图 11.8　泾河流域各子流域植被覆盖类型

表 11.6　泾河流域各子流域植被景观格局数量特征

泾河流域	流域面积（km²）	斑块数（个）	斑块密度	最大斑块系数	形状指数	分维数	聚集度	破碎度
环江上游	4631.38	435	0.094	61.282	12.992	1.449	54.14	0.094
环江下游	5996.03	819	0.137	69.252	19.567	1.513	57.572	0.137
东川	3159.92	525	0.166	56.173	17.818	1.484	59.734	0.166
蒲河	4041.54	765	0.189	38.525	19.773	1.507	57.572	0.189
洪河	1813.98	493	0.272	20.736	17.456	1.505	39.233	0.272
汭河	2112.98	555	0.263	21.601	17.239	1.508	33.479	0.263
茹河	3579.25	635	0.177	37.950	20.722	1.525	49.101	0.177

续表

泾河流域	流域面积（km²）	斑块数（个）	斑块密度	最大斑块系数	形状指数	分维数	聚集度	破碎度
泾河	2684.71	890	0.332	14.632	22.850	1.536	28.496	0.332
城固河	1871.90	396	0.212	22.844	14.735	1.527	44.712	0.212
四郎河	2588.48	607	0.235	33.615	16.743	1.475	46.149	0.235
三水河	3213.75	621	0.193	26.763	17.497	1.511	43.777	0.193
黑河	1440.63	423	0.294	20.487	15.770	1.480	40.919	0.294
达溪河	2483.50	615	0.248	14.515	18.948	1.487	39.329	0.248
合水川	2458.67	693	0.282	22.591	20.476	1.527	38.531	0.282
干流区	2906.79	946	0.325	12.558	24.244	1.567	59.734	0.325

墚、塬、峁、坪相互交错的破碎地貌特征，加上人类开发历史悠久，人类活动对植被覆盖的影响较大，植被破碎程度比较严重。流域东西两侧的山地，气候湿润，植被覆盖好，人类干扰也比较少，故植被破碎程度比较小。

从植被聚集度指数来看，干流区、东川子流域聚集度指数最高，为 59.734，其次为蒲河、环江下游子流域，为 57.572，后面依次为环江上游、茹河、四郎河、城固河、三水河等子流域，聚集度最小的是泾河子流域，聚集度仅为 28.496。说明干流区和东川子流域植被覆盖呈聚集分布，而泾河子流域植被覆盖分布最为分散。最大斑块系数以流域北部的环江上、下游和东川子流域较大，分别为 61.282、69.252、56.173，向南部逐渐减少，到南部的达溪河、干流区较小，为 14.515、12.558，另外，泾河子流域也比较小，为 14.632。形状指数和分维数上的排序反映出的结果基本一致，为干流区>泾河>茹河>合水川>蒲河>环江下游>达溪河>东川>三水河>洪河>沭河>四郎河>黑河>城固河>环江上游；这是因为泾河、茹河、蒲河、干流区等地形比较破碎，环境差异比较大，加上人口密集，人类活动对植被的格局影响大，所以植被覆盖类型的斑块形状指数和分维数比较大，而沭河、四郎河、达溪河、环江流域地处流域东、西山地和北部丘陵地区，地形相对比较完整，人类活动对植被的干扰也较小，植被覆盖类型的斑块多呈自然圆整形态，故形状指数和分维数比较小。

（3）植被景观多样性分析

由于受自然环境的限制及人类活动的干扰，各个子流域植被景观多样性差异很大。从表 11.7 可以看出，泾河流域植被景观多样性水平可明显分为 3 类：第一类为环江上游、环江下游、东川，多样性指数小于 1；第二类为蒲河、茹河、洪河、黑河、四郎河，多样性指数在 1.0~1.50；第三类为泾河、合水川、沭河、三水河、达溪河、城固河、干流区，多样性指数大于 1.50。第一类主要分布在流域最北部，气候比较干燥，植被覆盖类型少，植被覆盖类型以草地和退化草地为主，二者都呈聚集分布，所占面积比例相差不大，所以多样性指数、均匀度指数都最小，优势度大，优势植被覆盖类型为草地和退化草地；第二类的多样性指数、均匀度指数中等，优势度指数相差比较大，优势等级也很分散，因为这些子流域气候条件相对好转，但限制植被发育的因素仍然很多，植被覆盖程度等级相对比较多，但还是以草地、退化草地和农田为主，加上人类活动的影响，所以多样性、均匀度相对较大，优势度由于人类干扰程度的不同，各个子流域有所不同，优势植被覆盖类型也比较分散。第三类的多样性指数、均匀度指数都比较高，优势度比较低，植被覆盖等级丰富，优势植被覆盖类型为稀疏灌丛、农田、郁闭灌丛，这类植被景观主要分布在流域南部及东、西两边山地。这些地区气候相对比较湿润，局部山地植被发育比较好，植被景观类型丰富，加上自然条件和人为干扰，植被覆盖多样性高，相对均匀分布。

表 11.7　泾河流域各子流域植被景观多样性特征

泾河流域	多样性	均匀度	丰富度	优势度	优势植被覆盖类型
环江上游	0.648	0.590	3	0.451	退化草地
茹河	1.198	0.616	7	0.748	草地
洪河	1.447	0.744	7	0.499	退化草地
蒲河	1.076	0.600	6	0.716	草地
东川	0.951	0.489	7	0.995	草地
环江下游	0.661	0.477	4	0.725	草地
泾河	1.808	0.929	7	0.138	草地
合水川	1.625	0.835	7	0.321	稀疏灌丛
干流区	1.789	0.919	7	0.157	郁闭灌丛
黑河	1.472	0.756	7	0.474	农田
汭河	1.764	0.907	7	0.182	农田
四郎河	1.380	0.709	7	0.566	农田
城固河	1.643	0.844	7	0.303	农田
三水河	1.551	0.797	7	0.395	农田
达溪河	1.616	0.83	7	0.330	农田

11.3.2　泾河流域植被景观格局对水土流失过程的影响

（1）植被景观格局对流域径流量年动态变化的平衡作用

通过分析泾河流域不同植被覆盖类型子流域 43 年来径流的动态变化过程（图 11.9）可以看出，以山地灌丛植被景观为主的泾河、汭河子流域年总径流量比其他景观要大，且流量明显出现 20 世纪 60 年代前期和 80 年代后期至 90 年代初两个高峰期，而以山地森林植被景观占优势的合水川子流域多年径流量相对比较小，且年际变化表现得比较平稳，显示出森林植被对流域多年径流的调蓄作用。流域南部黄土丘陵地带以森林、灌丛、农田为主的三水河、达溪河、黑河子流域年径流量以达溪河流域最大，其他两个流域相对比较小，且达溪河子流域也表现出较大的年际波动，其他两个子流域相对比较稳定。流域中部以农业景观为主的茹河、蒲河、洪河子流域多年径流量都较小，且年际波动相对较小（在 70 年代初和 80 年代初有两次较小的波动）。流域北部环江、东川和蒲河子流域以草地植被景观为主，多年径流量小，且多年径流量相对稳定。各个子流域年径流量的离差系数为：环江上游 12.07；环江下游 17.64；东川 23.52；泾河 88.27；汭河 99.12；合水川 18.78；蒲河 30.46；茹河 27.46；洪河 40.89；黑河 48.41；达溪河 55.68；三水河 22.71。可以看出，黄土高原地区植被景观结构越复杂，多样性越大，流域年径流就越大，且径流年际动态也会表现出较大的波动（图 11.9）。

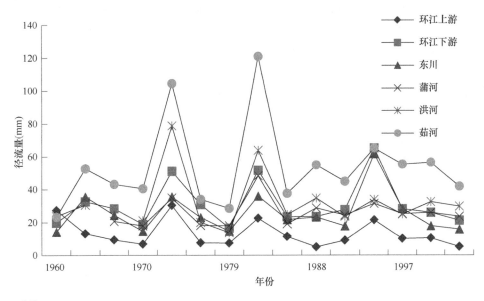

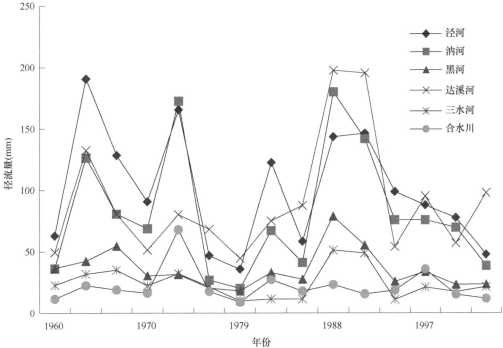

图 11.9　不同植被覆盖子流域多年径流动态

　　图 11.10 表明，结构简单、地面覆盖程度低的草地植被景观和农业植被景观流域全年径流主要集中在汛期的 7 月、8 月、9 月，使得年内径流分配极不均匀，而结构复杂、地面覆盖程度较高的山地植被景观和南部森林、灌丛植被景观年内径流分布相对均衡。草地植被景观 7 月、8 月、9 月三个月多年径流量分别占流域年总径流量的 70.83%（环江上游）、66.32%（环江下游）、63.23%（东川），而且植被景观破碎度越小，多样性越

低，汛期径流量占年总径流量的比例越大，显示出结构复杂，不同植被覆盖类型相间分布的草地景观格局对汛期径流有一定的拦截作用；而结构复杂的山地植被景观同期多年汛期平均径流量分别占年总径流量的 53.35%（合水川）、49.48%（泾河）、44.97%（泾河），即多样性相对低的流域汛期径流量大于多样性高的流域。南部森林、灌丛植被景观汛期同期平均径流量占年总径流量的 51.34%～41.76%，可以看出森林、灌丛植被景观对汛期径流量的拦截作用明显，且斑块形状复杂、多样性高的植被景观（达溪河）比斑块形状相对圆整、多样性低的植被景观（黑河）对汛期径流的拦截作用要大。受人类活动干扰比较严重的农业植被景观汛期同期径流量分别占年径流量的 61.14%（茹河）、56.53%（洪河）和 50.65%（蒲河）。

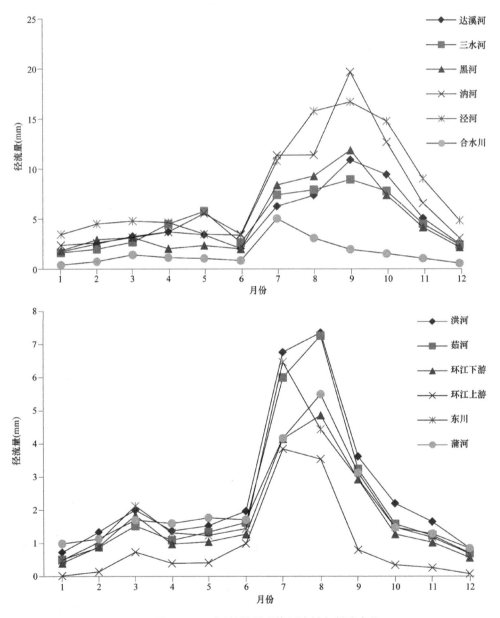

图 11.10　不同植被景观格局流域年径流变化

与流域北部结构简单、多样性低的荒草地植被景观（环江上游）相比较，结构复杂、多样性高的山地植被景观可拦截汛期径流量的 30.69%（泾河）、27.97%（合水川），南部森林、灌丛可拦截汛期径流量的 27.95%（达溪河）、24.36%（黑河）、19.02%（三水河），受人类活动改造较大的农业植被景观可拦截汛期径流量的 23.27%（蒲河）、18.36%（洪河）和 13.55%（茹河），显示出流域植被景观格局对汛期径流量有重要的影响。

（2）植被覆盖对枯水季节径流的调节作用

图 11.10 分别描述了不同植被景观格局下汛期、枯期径流量随季节的变化趋势。森林、灌丛植被景观枯期降水量、径流量分别占年降水量和径流量的 42.02%～45.55% 和 28.25%～32.14%，在各种植被景观中枯期径流系数最大，山地植被景观和中部的农业植被景观枯期径流系数为 3.27～8.30，其中以山地景观为主的泾河干流达到 8.30，这可能与流域地形有关，而处于退化草地植被景观的环江上游枯期径流系数仅为 1.46。可以看出，随着植被景观结构趋于复杂、景观多样性增大，枯期产流系数逐渐增大，表明结构复杂、多样性高的植被景观格局对枯期产流有重要调节作用（表 11.8）。

表 11.8　泾河流域各子流域的汛期、枯期径流

子流域	汛期降水比例（%）	汛期径流比例（%）	汛期径流系数	枯期降水比例（%）	枯期径流比例（%）	枯期径流系数	年径流系数
环江上游	71.59	85.97	3.56	29.41	14.03	1.46	2.96
环江下游	69.43	73.31	5.01	30.57	26.69	4.18	4.74
东川	71.68	89.67	15.25	29.32	10.37	4.55	9.90
蒲河	68.64	70.26	5.44	31.36	29.84	5.07	5.31
茹河	66.67	77.98	5.83	33.33	12.02	3.29	4.99
洪河	68.06	74.68	6.03	31.94	15.32	4.35	5.49
泾河干流	70.14	67.46	16.18	29.86	32.54	8.30	12.83
汭河	—	74.77	—	—	25.23	—	—
合水川	67.90	71.63	3.90	32.10	29.34	3.27	3.70
达溪河	54.45	67.86	13.90	45.55	32.14	7.91	11.15
三水河	56.87	69.60	5.50	43.13	30.40	3.17	4.49
黑河	57.98	71.75	14.80	42.02	28.25	8.04	11.96

斑块破碎度大、多样性高、不同类型呈交错分布的植被分布格局可有效拦截汛期降水，使之转化为地下水径流，在枯期流出，成为枯期流域径流的重要部分。植被景观斑块越破碎，景观多样性越高，对汛期降水的拦截作用越大，对枯期径流的补充量也越大。另外，由于黄土地区裂隙宽度较小，各种植被景观拦截的降水在入渗过程中，先要预湿"通道"，因此汛期降水入渗地下至形成地下径流需要较长的时间，一般至少需要 51～73 天甚至更多（Henderson-Sellers，1991），且随地形越复杂，其需要的时间越长，根据这一时间推算，汛期被各种植被景观截留入渗的降水刚好补给枯期径流。

（3）结论

在流域植被景观结构中，各种林草植被要素对流域径流都起着重要作用，但是，就

植被而言，用林草覆盖率大小来反映植被对流域径流的调节作用并不完整。对于黄土高原大多数流域而言，植被景观基质为农地，植被的水文效应还取决于基质中或者包括农地在内的广义上的各种植被斑块的形状、大小、数目、类型及其配置关系和空间分布格局。根据景观生态学的基本理论，流域径流是流域农、林、草地等生态系统之间产流与截流两种作用相互平衡的结果（Lambin，1994）。林地、草地是径流的滞纳区，而裸露地尤其是农地为径流产生区，梯田也有类似林地、草地的功能。将片林或带状林与农地、牧草地镶嵌配置，林地可以起到吸收地表径流的作用，当农地为景观基质时，林地、草地间的连通性对调水蓄流很有必要（肖笃宁和李秀珍，1997；林光辉，1995）。景观的多样性（即生态系统成分的多样性）高，即由多种生态系统组成，比单一农地或少数几种包括农地在内的植被类型组成的景观对流域径流的调节效果要好，植被斑块密度越高，形状系数越大，说明斑块边界越复杂，拦截地表径流的可能性越大。

在黄土高原，除个别林区流域外，植被稀少，地面过度裸露，景观组成成分趋于单一，植被对流域径流的调节作用微弱是众多小流域的共同特点。对泾河流域 12 个子流域不同植被景观格局的径流调节作用的研究表明，流域植被景观结构越复杂，多样性越高，流域多年径流量就越大，且径流的年际变化率也趋于增大，而植被景观结构简单的流域北部径流量相对较小，年际变化相对平稳；同时也可以看出，不同植被景观对流域年内径流的调洪补枯作用为：山地植被景观>黄土丘陵灌丛植被景观>农业植被景观>草地植被景观。同一类型的植被景观，结构越复杂，多样性越大，其对流域径流调洪补枯的作用越大。

11.3.3 水土流失与植被景观格局耦合过程分析

（1）水土流失与植被景观格局耦合过程的基本理论

"源-汇"理论认为一切物种都存在其最初产生的"源"和最终消亡的"汇"。在水、沙运移形成的水文过程中，流域内一些景观类型起到了水、沙径流"源"的作用，另一些景观类型可能滞蓄水、沙径流，因而起到"汇"的作用，同时一些景观（如河流水体）起到了传输的作用。如果流域中"源""汇"景观的空间分布达到了平衡状态，形成合理的空间分布格局，流域会具有较少的水、沙输出；反之，如果流域景观格局分布不合理，并有较多的"源"集中分布，而缺乏"汇"的滞蓄作用，流域将会有较多的水、沙输出。因此，如何判断流域"源""汇"景观格局的合理性对于研究一个流域的水文过程具有重要意义。地形被认为是影响流域水文过程的重要因素，尤其是坡度对流域的水、沙输移具有重要的影响。一般"源"景观单元分布的坡度越小，水、沙流失的可能性就越小，"汇"景观单元分布的坡度越小，其滞蓄水、沙的可能性越大；相反，如果"源"景观单元分布的坡度越大，水、沙流失的可能性就越大，"汇"景观单元分布的坡度越大，其水、沙滞蓄的可能性就越小。

洛伦兹曲线刻画的是某一因素累积值在递增过程中，另一个与其相关的变量的累积过程。本研究以对水文过程有重要影响的坡度作为一个景观空间分布因素，观察不同景观类型在坡度递增过程中的累积过程（图 11.11）。

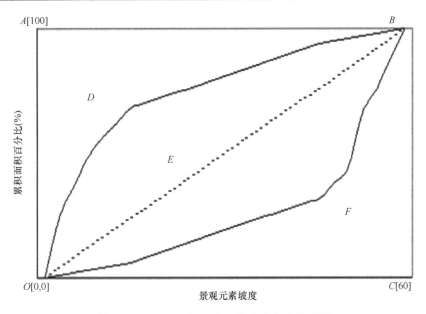

图 11.11　"源""汇"空间分布洛伦兹曲线图

图 11.11 中，O（0，0）表示 0°，C 点表示流域最大坡度，横坐标 OC 表示坡度的递增过程，纵坐标 OA 表示与坡度对应的景观类型的面积比例（取值范围 0～1）。ODB、OFB 分别表示不同景观类型随坡度增加的面积累积曲线。从图中看出，OAB 和 OCB 分别表示某一景观类型全部分布在 0°（平坦地）和最大坡度上的分布曲线。OEB 表示沿坡度绝对均匀分布的曲线，如果某一景观类型均匀地分布在各个坡度上，将会出现 OEB 的分布曲线。例如，ODB、OFB（假设它们分别表示不同的景观曲线）曲线所示，它们对水文过程的作用，可以用各种景观类型的面积累积曲线与直线 OC、CB 构成的不规则图形的面积来判断，如果曲线呈凸型并且接近于 A 点，表示该景观类型在空间分布上主要分布在平地，它们对流域水、沙输移过程的作用相对较小，此时该曲线与直线 OC、CB 构成的不规则多边形的面积较大；当曲线呈凹型并接近于 C 点时，则表示该类景观主要分布于坡度较陡的地方，它对水、沙输移的作用相对较大，此时该曲线与直线 OC、CB 构成的不规则多边形的面积较小。对于任何一个流域都可以得出每一种景观类型空间分布的累积曲线。我们以每一种景观类型的 0°分布（OAB）为标准，衡量其实际坡度空间分布，可以构建景观坡度指数：

$$\text{LSI}= S_{\text{OABC}}/S_{\text{OFBC}} \tag{11.6}$$

式中，LSI 为某一景观类型的坡度指数；S_{OFBC} 为某一景观面积累积曲线构成的不规则多边形面积；S_{OABC} 为如果该景观全部分布在 0° 时的面积累积曲线构成的不规则多边形面积。LSI 值越大，表示景观类型分布的坡度越大，对水文过程的影响越大。

如果从不同景观类型的"源""汇"作用来考虑，可以将各种景观类型划分为对水文过程起到"源"作用和起到"汇"作用两类，构成"源""汇"景观空间对比指数，即景观空间复合对比指数，其可以表示为

$$\text{LCI}= S_{\text{ODBC}}/S_{\text{OFBC}} \tag{11.7}$$

式中，LCI 为景观空间负荷对比指数；S_{ODBC}、S_{OFBC} 分别表示由"源""汇"景观类型的

面积累积曲线构成的不规则多边形面积。与曲线 *OFB* 相比，曲线 *ODB* 表示景观类型更多分布在坡度平缓的地方。LCI 值越大，对水文过程的影响越小，表明"源"景观分布在坡度较小的地方，"汇"景观分布在坡度较大的地方。

在流域径流产生过程中，不同景观类型对水、沙输移过程的影响差异较大。一般认为，农田、裸地和低覆盖度草地、居住用地等是水、沙流失的"源"，而森林、灌丛、高覆盖度草地可以截留和滞蓄坡面水、沙，在一定程度上起到"汇"的作用。由于不同土地利用类型的性质和受人为干扰的程度不同，它们在水、沙流失和滞蓄方面的作用差异较大，为了客观地评价它们在水文过程中的作用，需要对不同的景观类型根据其对地面的覆盖程度进行权重赋值。另外，由于不同的"源""汇"景观在流域中分布的比例也是影响流域水文过程的重要因素，为了考虑流域"源""汇"景观总量的贡献，需要将各类景观的面积百分比引入计算公式中。因此，上述公式可以改进为

$$\text{LCI}_x = \left| \frac{\sum_{i=1}^{2} S_{\text{ODBC}} \cdot W_{ix} \cdot \text{PC}_{ix}}{\sum_{j=1}^{2} S_{\text{OFBC}} \cdot W_{jx} \cdot \text{PC}_{jx}} \right| \tag{11.8}$$

式中，S_{ODBC}、S_{OFBC} 分别为第 i 种"源"景观和第 j 种"汇"景观在洛伦兹曲线图中面积累积曲线组成的不规则多边形面积；W_i、W_j 分别表示第 i 种"源"景观和第 j 种"汇"景观的地面覆盖度；PC_i、PC_j 分别表示第 i 种"源"景观和第 j 种"汇"景观在流域中所占的百分比。

（2）水土流失与植被景观格局耦合过程分析

景观坡度指数是把景观空间分布与地形平坦状况结合起来，描述景观空间分布地形格局的一个重要指标。表 11.9 为泾河流域各个子流域不同土地利用类型的景观坡度指数，耕地一般分布在坡度较小的平坦地带，所以各个子流域的耕地坡度指数大多在 0.80 以上（除环江下游、东川子流域外，其他地形比较复杂）；林地一般分布在坡度相对陡的山地地带，除个别地势平坦的子流域外，大多数森林、灌丛的坡度指数都小于 0.80，如处于流域西南部六盘山区的泾河、汭河子流域；森林主要分布于流域上游，由于地形陡峭，森林的坡度指数为 0.64。疏林地由于包括人工林和部分经济林，这些人工造林一般分布在坡度较小的地方，因此疏林坡度指数相对较大。各类草地主要分布在坡度不适于耕作的陡坡地带，这些地带由于森林被毁或不适于林地发育，其中流域北部主要由于气候干旱，加上人类活动干扰，很多地方只能发育中、低覆盖度的草地，因此各类草地的坡度指数都较小，而且各个子流域之间差异较大。

表 11.9　泾河流域各子流域植被景观格局数量特征

泾河流域	景观坡度指数							景观空间负荷对比指数
	耕地	森林	灌丛	疏林	高覆盖度草地	中覆盖度草地	低覆盖度草地	
环江上游	0.832	0.804	0.824	0.851	0.816	0.786	0.796	0.162
环江下游	0.791	0.750	0.756	0.769	0.791	0.766	0.758	0.648
东川	0.779	0.729	0.772	0.777	0.778	0.779	0.771	0.675
蒲河	0.835	0.830	0.844	0.848	0.825	0.806	0.817	0.381

泾河流域	景观坡度指数							景观空间负荷对比指数
	耕地	森林	灌丛	疏林	高覆盖度草地	中覆盖度草地	低覆盖度草地	
合水川	0.802	0.803	0.792	0.797	0.794	0.790	0	1.713
茹河	0.860	0.782	0.787	0.835	0.850	0.841	0.837	0.548
城固河	0.846	0.816	0.813	0.816	0.830	0.812	0.790	0.966
董志塬	0.857	0.816	0.806	0.829	0.823	0.799	0.824	0.502
洪河	0.852	0.809	0.790	0.810	0.824	0.816	0.815	0.420
泾河	0.842	0.643	0.677	0.693	0.821	0.717	0.800	1.030
汭河	0.855	0.646	0.790	0.827	0.827	0.816	0.813	0.916
黑河	0.841	0.801	0.824	0.818	0.818	0.807	0.831	0.856
达溪河	0.821	0.797	0.826	0.815	0.815	0.813	0.786	1.056
三水河	0.851	0.744	0.769	0.797	0.797	0.788	0.766	3.562
干流区	0.870	0.785	0.754	0.800	0.800	0.794	0.867	0.460

景观坡度指数在分析不同景观空间格局的异同方面非常有用，从表 11.10 可以看出，不同景观指数之间存在着显著的相关性。景观坡度指数较高的景观往往有较多的土地利用类型，但是没有明显的优势土地利用类型。耕地坡度指数与高覆盖度草地的坡度指数具有显著的相关性，可能是因为适合耕作的地方一般地势平坦，水分条件相对较好，适合高覆盖度草地发育；中覆盖度草地分别与森林、疏林和灌丛显著相关，这是因为这类林地主要分布于坡度大的山区，在林地遭到破坏后，一般转换成草地，草地又会因放牧变成中覆盖度草地，而耕地很少分布于这些陡坡地带；疏林地与森林的坡度指数也显著相关，主要是因为森林和疏林一般都分布于同样的立地条件，坡度较大；各类土地利用类型的坡度指数与景观空间负荷对比指数的相关性都不显著，说明景观空间负荷对比指数的综合性，受每一类景观类型变化的影响都不大。

表 11.10　泾河流域景观空间格局指数的相关矩阵

	LSI							LCI
	耕地	森林	灌丛	疏林	高覆盖度草地	中覆盖度草地	低覆盖度草地	
耕地	1.00	0.07	0.12	0.20	0.69*	0.35	0.44	−0.04
森林	0.07	1.00	0.27	0.82*	0.09	0.52*	−0.12	−0.10
灌丛	0.12	0.27	1.00	0.48	0.32	0.73*	0.03	−0.17
疏林	0.20	0.82*	0.48	1.00	0.28	0.67*	0.06	−0.45
高覆盖度草地	0.69*	0.09	0.32	0.28	1.00	0.49	0.36	−0.32
中覆盖度草地	0.35	0.52*	0.73*	0.67*	0.49	1.00	0.11	−0.14
低覆盖度草地	0.44	−0.12	0.03	0.06	0.36	0.11	1.00	−0.32

* $P<0.05$

景观空间负荷对比指数是结合了景观功能与其空间位置的一种流域综合景观格局指数。由于受自然环境的限制及人类活动的干扰，各个子流域土地利用景观空间负荷对比指数差异很大。泾河流域土地利用景观空间负荷对比指数可明显分为 3 类：第一类为环江上游、环江下游、东川、蒲河、茹河、洪河、董志塬和干流区，景观空间负荷对比指数小于 0.80；第二类为泾河、汭河、固城河、黑河、达溪河，景观空间负荷对比指数为 0.80～1.50；第三类为合水川和三水河，景观空间负荷对比指数大于 1.50。第一类主要分布在流域最北部，气候比较干燥，土地利用类型以耕地和中、低覆盖度草地等"源"为主，地面覆盖程度较低，而且主要分布于坡度相对小的平坦地带，所以景观空间负荷对比指数很小；第二类的景观空间对比负荷指数中等，因为这些子流域气候条件相对好转，植被覆盖相对比较好，但限制植被发育的因素仍然很多，土地利用类型相对比较多，但还是以耕地、高覆盖度草地、灌丛和疏林为主，"源""汇"在流域内的分布比例基本均等，但林地、草地等覆盖度较好的"汇"主要分布于坡度相对陡的山地，而耕地则主要分布于坡度较小的平坦地带，所以景观空间负荷对比指数较大，流域水土流失风险较小；第三类的景观空间负荷对比指数很大，这两个子流域主要分布于流域东部的子午岭山区，地形坡度较大，但流域的主要土地利用类型是林地、灌丛和高覆盖度草地，地面的覆盖程度比较好，耕地和人类活动干扰产生的中、低覆盖度草地主要分布于流域下游坡度较小的平地，所以水土流失风险特别小，景观空间负荷对比指数很大（图 11.12）。

图 11.12　泾河流域水土流失风险区

11.3.4　三水河流域森林破碎化对水文过程的影响

（1）森林破碎化监测分析方法

采用遥感卫星数据作为森林破碎化的主要监测数据源，时间序列为 1977 年的 MSS 数据，1986 年和 1995 年的 TM 数据，2002 年的 ETM 数据。在 ERDAS IMAGINE 和 ArcInfo 数据处理软件的支持下，参考 1∶50 000 地形图和其他区域研究专题与资料，对上述 4 期遥感数据进行地理坐标配准和几何精确校正,依据中国科学院资源环境数据库中的 1:100 000 土地利用分类系统,并根据研究区的土地覆被特点,进行计算机屏幕人机交互判读,将三水河流域土地覆被类型划分为天然林地、灌木林地、疏林地、人工林地、耕地、草甸、山地草原草地、居住交通用地和水域共 9 个类型。采用斑块数目、斑块面积、斑块密度描述森林破碎化过程,以上指数的计算在 FRAGSTATS 3.3 软件支持下完成。

三水河流域是一个以森林为主的山地森林流域,通过对以上遥感数据分析和查阅历史文献记载,获得了三水河流域 1977 年、1986 年、1995 年和 2000 年 4 个时期的各类林地面积分布。为了能够将森林破碎化数据与河流水文过程数据进行同步分析,利用分段线性插补技术获取 1970~2000 年 30 年的连续天然林地破碎化数据序列,分段线性插补方法是基于流域每年的森林砍伐量与森林破碎化的关系,利用森林砍伐量作为线性插值的权重,具体方法如下:

$$F_{it} = F_{it-1} + \alpha(F_i - F_{i0}) \tag{11.9}$$

式中,i 为分段数;F_i、F_{i0} 分别为第 i 阶段,天然林地在阶段末和阶段初的面积;α 为阶段的砍伐权重。

(2)森林破碎化与河流水文过程的相互关系

三水河流域处于子午岭山区,流域工农业发展落后,不考虑工业用水和其他水利工程对河流水文过程的影响,只认为流域河流水文过程变化与流域内的地表覆被变化和气候变化有关。

1)区别气候变化对水文过程的影响

为了区分河流水文过程变化中的气候因素,利用 1960~1980 年刘家河水文站的水文观测数据与流域同期平均降水数据,建立回归方程,分析其显著性和拟合误差,确定径流过程随降水变化的模拟模型,利用该模型获得 1980 年以后假定无森林破碎化的河流水文过程 $\hat{Q}_2$,评价实际水文过程 Q 与模拟水文过程 $\hat{Q}_2$ 之间的气候校准残差 R_2。类似地,利用森林破碎化与河流水文过程之间的模拟模型,计算不考虑气候变化因素下的河流水文过程 $\hat{Q}_1$,比较 R_1 和 R_2,评价气候变化与森林破碎化分别对河流水文过程的影响。

$$R_1 = Q - \hat{Q}_1 \qquad R_2 = Q - \hat{Q}_2 \tag{11.10}$$

2)模拟评价森林破碎化对河流水文过程变化的影响

基于上述森林破碎化的河流水文过程模拟基于气候变化的河流水文过程,建立考虑气候变化影响下流域河流水文过程随森林破碎化的动态变化过程模拟模型:

$$\hat{Q} = \alpha\hat{Q}_1 + \beta\hat{Q}_2 \tag{11.11}$$

式中,α、β 分别为森林破碎化和气候变化的影响权重函数,是依据 R_1 和 R_2 及最小二乘法来确定的。根据模拟误差大小,定量评价研究流域河流水文过程随森林破碎化的动态过程。

(3)三水河流域森林破碎化的动态变化特征

选择研究区的天然林地、灌木林地、疏林地和园林地 4 种林地类型,分析 1977 年以来森林景观破碎化的特征指标（表 11.11）。

表 11.11　森林景观破碎化动态特征

年份	森林总面积（×10⁴ hm²）	森林面积百分比（%）	斑块密度	景观聚集度	景观分维数	景观多样性指数
1977	8.758	68.23	0.876	95.817	1.365	1.452
1986	5.631	43.87	0.962	94.810	1.385	1.598
1995	4.813	37.50	1.168	93.572	1.406	1.813
2002	3.871	30.16	1.173	93.580	1.402	1.818

可以看出，三水河流域近 30 年以来发生了严重的森林破碎化过程，1977 年各类林地总面积达到流域总面积的 68.23%，到 2002 年减少为 30.16%，30 年减少了 4.887×10^4 hm²。从森林破碎化的动态过程来看，1977～1986 年森林面积减少最多，达 3.127×10^4 hm²；其次为 1995～2002 年，减少了 0.942×10^4 hm²；1986～1995 年仅减少 0.818×10^4 hm²。

对森林破碎化过程的景观空间特征值进行计算和分析，三水河流域景观斑块数目出现明显的增加趋势，斑块密度在持续增大，1977 年为 0.876，1986 年增大至 0.962，2002 年进一步增大为 1.173（表 11.11），说明人类活动促进了新斑块的产生，增加了斑块的总体数目。斑块数目的增加改变了森林景观的整体空间格局，成片分布的大斑块森林空间格局改变成小斑块零散分布的空间格局，从而降低了景观空间的聚集程度，景观聚集度由 1977 年的 95.817 降低到 2002 年的 93.580。景观分维数反映了景观斑块的圆整程度，可以看出，随着流域内斑块数目的增大，斑块的空间形状发生了很大的变化，景观分维数在 1977 年为 1.365，1986 年为 1.385，2002 年增大到 1.402，说明森林破碎化使景观斑块由圆整形状改变为各种复杂的空间形状。景观多样性指数主要反映景观空间格局的复杂程度，1977 年三水河流域景观多样性指数为 1.452，1986 年增大为 1.598，2002 年进一步增大为 1.818，呈现出明显的增加趋势，说明近 30 年来三水河流域景观空间结构由原来的单一化森林景观格局正在向多种景观类型的复合景观格局转化。

（4）三水河流域森林破碎化对水文过程影响

三水河上游的子午岭林区是该流域的主要径流发生区，1960 年以来，流域年径流深度、最大月径流量、年侵蚀模数和河流含沙量都呈现出明显的增大趋势（图 11.13），20 世纪 90 年代 10 年的平均径流量比 60 年代增加了 62.85%，最大月径流量增加了 58.36%，侵蚀模数增加了 90.76%。进入 90 年代，年径流深度和侵蚀模数的递增趋势有所减缓，但河流平均含沙量显著增大。根据线性回归趋势的斜率分析年平均变化速率，年径流深度平均增大 1.233 mm，年侵蚀模数平均每年增大 16.09 t/km²。

降水是研究区河流径流的主要来源。上述分析表明，研究流域地表径流自 1960 年以来呈现出明显的递增趋势，但对于降水变化起了多大作用未知。根据流域降水与径流多年变化特征，在 1980 年以前降水与径流具有较好的同步变化关系，故利用 1960～1980 年的降水和径流数据，研究降水和各种水文参数之间的统计关系，结果表明降水与各水文参数之间具有显著的相关关系，降水是构成径流的主要因素。利用回归分析，获得有效的可用来分析降水与各水文参数之间的统计方程（表 11.12）。

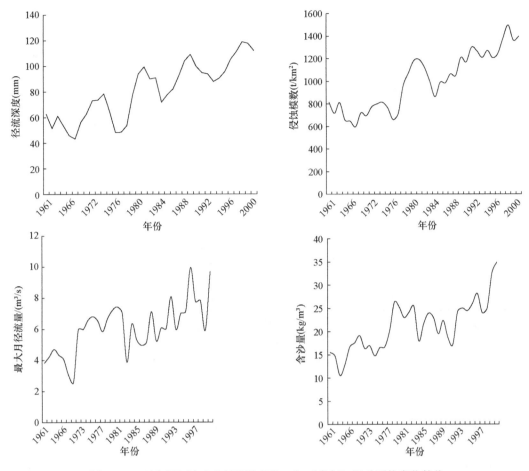

图 11.13　研究区河流水文过程特征的 5 年（多年）滑动平均变化趋势

表 11.12　降水与水文参数之间的回归方程

水文参数	回归方程	变量解释	决定系数 R^2	F
年径流深度	$Q=3E\text{-}4P^2-0.0954P+15.23$	Q、P 分别为年径流深度和降水量	0.728	18.70
最大月径流量	$Q=3E\text{-}4P^2-0.001P+1.703$	Q、P 分别为最大月径流量和最大月降水量	0.783	19.86
年侵蚀模数	$E=0.0042P^2-3.462P+1346.5$	E、P 分别为年侵蚀模数和降水量	0.666	13.96
河流年均含沙量	$S=-9E\text{-}5P^2+0.164P-43.61$	S、P 分别为河水年均含沙量和降水量	0.554	7.47

　　根据表 11.12 中所列的方程，进行误差校核以后，对流域的水文过程各参数进行模拟，对比模拟结果与实测结果，分析拟合的均方根误差（RMSE）和相对误差率（RE）的分布情况（图 11.14）。在 20 世纪 80 年代以前，水文过程各参数的降水模型模拟结果的 RMSE 较小。自 20 世纪 80 年代以来，年径流深度和年侵蚀模数的模拟误差急剧增加，70 年代的相对误差分别为 13.29% 和 52.28%，而到 90 年代分别为 26.48% 和 123.67%，说明 80 年代以来降水对径流和侵蚀的影响显著减弱，到 90 年代，降水对径流、侵蚀的贡献进一步减弱（表 11.13）。

　　上述分析表明，流域降水没有发生明显的增减变化，而水文各参数均呈现出显著的增大趋势，自 20 世纪 80 年代以来，降水对流域水文过程的影响逐渐减弱，以至于几乎

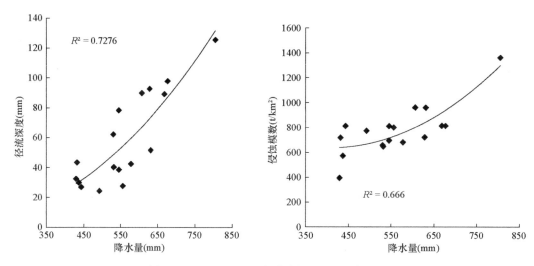

图 11.14　1960～1980 年降水与水文参数的关系

表 11.13　降水模型对水文过程各参数的模拟误差及变化

水文参数	20 世纪 60 年代		20 世纪 70 年代		20 世纪 80 年代		20 世纪 90 年代	
	RMSE	RE（%）	RMSE	RE（%）	RMSE	RE（%）	RMSE	RE（%）
年径流深度	190.719	6.11	290.419	13.29	227.256	16.84	1 021.197	26.48
最大月径流量	1.737	2.67	9.569	7.11	12.096	94.66	8.427	116.06
年侵蚀模数	8 051.38	3.43	5 208.70	52.28	47 359.320	55.02	10 990.041	123.67
河流平均含沙量	26.007	54.96	37.404	78.63	73.158	384.88	42.453	275.76

没有影响，流域强烈的森林破碎化是河流水文过程发生持续递增变化的根本原因。在流域上游的子午岭山区，森林破碎化的突出标志是大片天然成片分布的林地由于人类活动呈破碎的斑块状分布，这在很大程度上减弱了森林在水文过程调节方面的重要功能。选择各类林地总面积，利用森林破碎化面积变化的系列数据，分析其与水文过程各参数之间的统计关系，如表 11.14 所示。

表 11.14　森林破碎化与水文参数之间的回归方程

水文参数	回归方程	变量解释	决定系数 R^2	F
年径流深度	$Q=1012.5F^{-1.483}$	Q、F 分别为年径流深度和林地面积	0.635	47.0
最大月径流量	$Q=11.338F^{-0.465}$	Q、F 分别为最大月径流量和林地面积	0.445	2.38
年侵蚀模数	$E=4311.4F^{-0.7617}$	E、F 分别为年侵蚀模数和林地面积	0.741	71.61
河流平均含沙量	$S=55.69F^{-0.465}$	S、F 分别为平均含沙量和林地面积	0.493	26.21

　　从森林面积变化与水文过程各参数的关系来看，最大月径流量、河流平均含沙量与森林面积变化的关系较弱，回归分析的相关系数小于 0.50，其他参数与森林面积变化的关系都具有显著的幂指数关系。从林地模型拟合的相对误差来看，70 年代，年径流深度、年侵蚀模数、最大月径流量和河流平均含沙量模拟的相对误差为 14.11%～34.84%；80 年代，年侵蚀模数和河流平均含沙量模拟的相对误差分别增大到 50.65% 和 99.17%；90 年代各模拟相对误差都进一步增大。与降水模型的模拟结果相比较，森林破碎化模型具有很高的拟合精度。从模拟计算的 RMSE 值来看，年径流深度和年侵蚀模

数始终小于 0.08（表 11.15）。森林破碎化模型对这些径流模拟具有很高的有效性。

表 11.15 森林破碎化模型对水文过程各参数的模拟误差及变化

水文参数	20 世纪 70 年代		20 世纪 80 年代		20 世纪 90 年代	
	RMSE	RE（%）	RMSE	RE（%）	RMSE	RE（%）
年径流深度	0.024	34.84	0.018	20.09	0.011	33.55
最大月径流量	0.003	21.83	0.002	34.07	0.001	57.52
年侵蚀模数	0.004	14.11	0.006	50.65	0.001	83.48
河流平均含沙量	0.002	17.89	0.003	99.17	0.001	108.00

（5）三水河流域森林破碎化对水文过程的影响程度分析与模拟

利用上述各水文参数对降水和森林破碎化模型在不同时期模拟的相对误差，采用最小二乘法原理，确定拟合精度最高时的待定系数值，根据参数可构建基于降水和森林破碎化两种因素的水文过程模拟模型，确定最佳参数值后的模拟结果如图 11.15 所示，可以看出对 33 年水文过程的模拟具有很好的拟合结果。年径流深度和最大月径流量拟合结果的 R^2 值大于 0.60，年侵蚀模数和河流平均含沙量拟合结果的 R^2 分别为 0.518、0.497，表明模型具有较高的分析精度和有效性表 11.16。

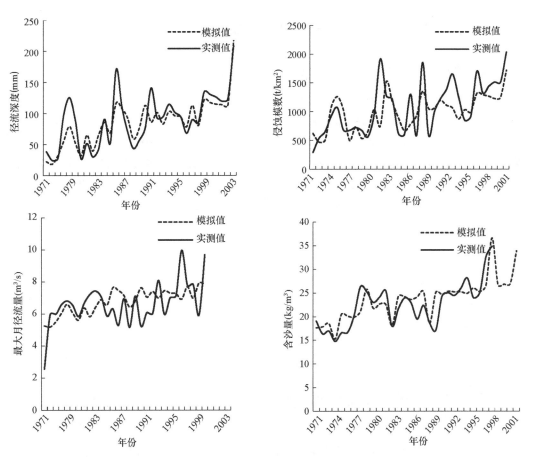

图 11.15 基于降水和森林破碎化两种因素的水文过程模拟结果与实测结果对比

表 11.16　森林破碎化与降水对河流各水文参数的影响因子值

水文参数	R^2	20 世纪 70 年代		20 世纪 80 年代		20 世纪 90 年代	
		α	β	α	β	α	β
年径流深度	0.726	0.222	−7.158	0.140	−13.494	0.227	−2.493
最大月径流量	0.623	0.0425	−0.777	0.095	−4.558	0.029	−9.678
年侵蚀模数	0.518	0.311	−121.714	1.241	−289.37	1.062	−93.171
河流平均含沙量	0.497	0.0615	−2.95	0.063	−13.01	0.0658	−7.428

　　不同时期的水文过程参数取得最佳模拟精度时的模型参数列于表 11.16。年侵蚀模数受森林破碎化的影响比较大，在 30 年的大部分时段，林地面积减少的因子贡献率在 77%以上，年径流深度变化受森林破碎化的影响相对较小，林地影响因子贡献率为 62%～65%；降水对最大月径流量的影响较大，平均降水贡献率为 14%～26%，对河流平均含沙量的影响微弱，其贡献率 30 年以来始终在 4%以下。总体上，对于水文过程各参数，20 世纪 80 年代以来，森林破碎化的影响十分显著，表现在森林面积变化对各水文参数变化过程的影响因子贡献率均在 60%以上，而降水影响的贡献率在 25%以下。

11.4　小流域植被变化的水土流失效应模拟研究

11.4.1　汭河流域植被变化对水土流失的影响分析

（1）植被变化对水土流失影响的分析方法

　　目前，在进行植被变化对水文过程影响研究中，水文过程数据多是长期观测的连续数据，植被数据则是间隔观测的数据，统计分析中的多种趋势分析方法和回归拟合方法是进行植被变化对水文过程影响研究的常用研究手段（张明，2001）。

　　从图 11.16a 可以看出，在 1958～1980 年，径流过程与降水过程之间具有较好的相关性，1980 年以后，径流过程与降水过程逐渐明显分离，故利用 1958～1980 年流域下游的径流、输沙观测数据和同期流域平均降水观测数据，建立相关回归方程，分析其显著性

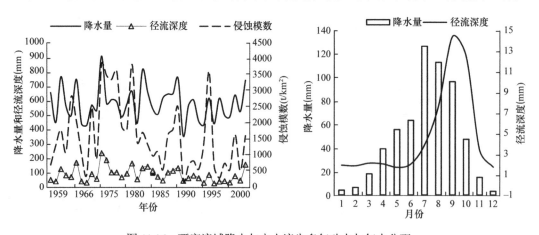

图 11.16　研究流域降水与水土流失多年动态与年内分配

和拟合误差，确定径流、输沙过程随降水变化的模拟模型。利用这些模型来获取 1980 年以后假定无植被变化的径流过程 Q_1 和侵蚀过程 W_1，无植被变化和无降水量变化的径流过程 Q_2 及侵蚀过程 W_2，并用实际径流过程 Q_0、实际侵蚀过程 W_0 进行比较，评价降水量变化和地表属性变化分别对径流过程和侵蚀过程的影响。

选择对径流过程影响最大的耕地类型，利用线性分段插补技术，获得 1977～2000 年连续的耕地面积变化数据序列，线性插补方法是基于该流域耕地面积的多年统计数据进行的。利用统计分析软件 SPSS，用耕地面积变化和地表属性变化导致的水土流失变化数据序列进行相关分析，评价水土流失对耕地变化的响应。

（2）流域水土流失的变化趋势

汭河中上游山区是流域径流的主要形成区，而中下游的黄土沟壑区是侵蚀泥沙的主要来源区。流域下游袁家庵水文站多年来（1958～2003 年）的实测资料表明（图 11.17），汭河流域多年平均年径流总量为 1.44 亿 m^3，平均径流深度为 65.07 mm，多年平均年输出泥沙量为 343.74×10^4 t，流域多年平均侵蚀模数为 1553.20 t/km^2，最大年侵蚀模数为 8811.57 t/km^2，最小年侵蚀模数为 135.56 t/km^2。1980 年以来，汭河流域水土流失变化存在持续的走低趋势，10 年范围的平均值，径流深度减少了 32.75 mm，侵蚀模数减少了 778 t/km^2。水土流失的变化存在明显的季节差异，汛期径流深度平均减少 69.47 mm，侵蚀模数平均减少 1063.26 t/km^2，枯期径流深度平均仅减少 11.6 mm。20 世纪 90 年代以来，径流深度、侵蚀模数和水土流失年际变化的变异系数均出现了明显的递减趋势。根据线性回归趋势的斜率分析年平均变化速率，径流深度年平均递减 1.24 mm，侵蚀模数年平均递减 37.56 t/km^2。鉴于流域水土流失年内汛期、枯期的分布特点，选择年内径流变化较大的汛期（6～11 月）和枯期（12 月至翌年 5 月）的径流、输沙过程变化反映流域水土流失的演化特征。与年径流深度、侵蚀模数变化过程相似，流域季节径流、侵蚀也呈现出较为明显的递减变化，其中汛期径流深度的递减率为 2.12 mm/a，侵蚀模数的递减率为 43.79 t/km^2，枯期径流深度的递减率为 0.8 mm/a，汛期的径流减少幅度要大于枯期的减少幅度。20 世纪 90 年代 10 年汛期、枯期径流深度比 60 年代同期减少了 44.63 mm，侵蚀模数减少了 42%，尤其是在 1990 年以后，8 月径流变化幅度一直稳定，未出现大于 5.0 m 的高水位。

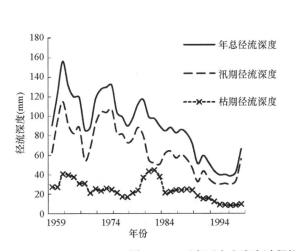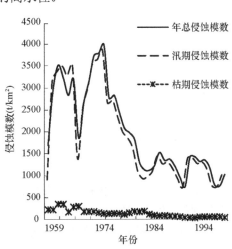

图 11.17　研究区水土流失过程的 5 年滑动平均变化趋势

（3）植被变化与水土流失变化的关系

根据流域降水与径流、侵蚀的多年变化特征，在 1980 年以前，降水与径流、侵蚀之间有较好的同步变化关系，1958～1980 年的降水和径流、输沙数据之间具有显著的线性关系（$P<0.05$）。利用回归分析，获得降水与水土流失各参数之间的统计方程，列于表 11.17。

表 11.17 降水与水土流失各参数变量之间的回归统计方程

水土流失参数	回归方程	变量解释	决定系数 R^2	RMSE
年径流深度	$Q_t=5E\text{-}5P_t^{2.2731}$	Q_t、P_t 分别为年径流深度和年降水量	0.7365	0.5513
年侵蚀模数	$E_t=0.1361Q_t^2-8.9987Q_t+1433.9$	E_t 为年侵蚀模数，Q_t 同上	0.7076	33.644
汛期径流深度	$Q_f=1E\text{-}5P_f^{2.5086}$	Q_f、P_f 分别为汛期径流深度和汛期降水量	0.7964	0.5992
汛期侵蚀模数	$E_f=0.3706Q_f^2-40.663Q_f+2113.2$	E_f 为汛期侵蚀模数，Q_f 同上	0.7574	37.271
枯期径流深度	$Q_d=0.0013P_d^2-0.0926P_d+15.843$	Q_d、P_d 分别为枯期径流深度和枯期降水量	0.6527	3.151

对表 11.17 中所列方程进行误差校核，以它们为依据来模拟 1980 年以后水土流失各参数的变化过程，对比模拟结果和实测结果，分析拟合的 RMSE 和 RE 分布情况（表11.18）。20 世纪 80 年代以前，水土流失过程各参数的降水模型模拟结果的 RMSE 较小，各变量相对误差也比较小。20 世纪 80 年代以来，年均径流深度和年侵蚀模数的模拟误差急剧增加，80 年代的相对误差分别达到 32.40%和 21.35%，到 90 年代分别为 35.76%和 45.88%。说明自 80 年代以来，降水对水土流失的影响显著减弱，尤其是 90 年代，降水对水土流失的影响进一步减弱。汛期、枯期水土流失存在较大的差异，汛期水土流失模拟结果的相对误差在 70 年代仅分别为 11.35%和 8.17%，80 年代分别增加到 30.88%和 13.29%，90 年代分别达到 55.64%、19.72%；枯期径流模数模拟结果的相对误差在 70 年代为 24.62%，到 90 年代发展到 51.65%。反映出汛期水土流失与降水关系始终较为密切，而枯期径流从 80 年代开始与降水的关系减弱，90 年代以后与降水的关系进一步减弱。

表 11.18 降水模型对水土流失过程各参数的模拟误差及其年代变化

水土流失参数	20 世纪 70 年代		20 世纪 80 年代		20 世纪 90 年代	
	RMSE	RE（%）	RMSE	RE（%）	RMSE	RE（%）
年径流深度	5.10	28.64	5.65	32.40	5.84	35.76
年侵蚀模数	12.54	6.73	18.47	21.35	34.19	45.88
汛期径流深度	2.49	11.35	4.22	30.88	4.31	55.64
汛期侵蚀模数	11.66	8.17	12.40	13.29	15.90	19.72
枯期径流模数	2.38	24.62	3.87	47.75	4.68	51.65

上述结果表明，汭河流域水土流失自 1980 年以后呈现明显的持续递减变化。为了区别降水变化和地表植被覆盖变化分别对水土流失变化的影响，假定 1971～2000 年降水仍保持 1958～1988 年的趋势，以这种降水趋势（5 年滑动平均趋势）作为水土流失模型的输入，模拟降水趋势和植被覆盖都未发生变化的情景下 1971～2000 年的水土流失变化过程；以 1971～2000 年的降水趋势（5 年滑动平均趋势）作为模型输入，模拟土地

利用不变情景下 1971～2000 年的水土流失动态。由此可以分离出研究区在降水和植被覆盖都无变化、降水变化而植被覆盖无变化两种情景下的水土流失过程，并和实际情况（降水和植被覆盖都发生变化）进行对比（图 11.18）。

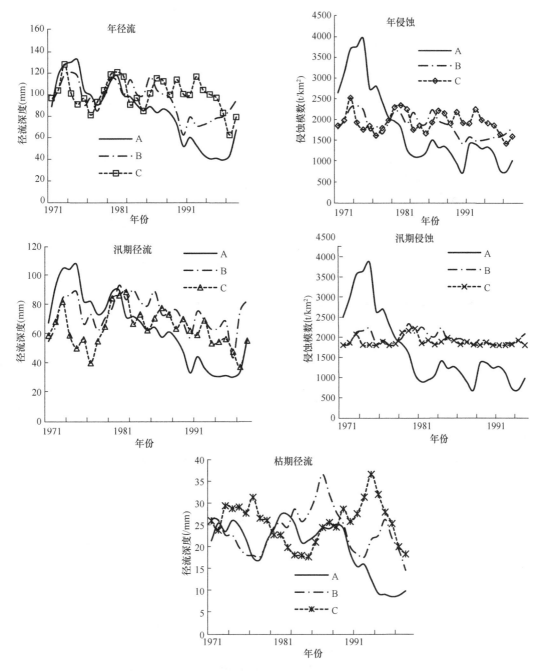

图 11.18　降水和植被覆盖变化分别对水土流失的影响
A. 实际观测值；B. 降水变化模拟值；C. 降水和植被覆盖都未变化的模拟值

　　根据以上模拟结果，可以分离出降水和植被覆盖变化分别引起流域水土流失变化的时间序列。以植被覆盖变化产生的水土流失变化对流域耕地面积变化序列进行响应分析得出，径流深度和侵蚀模数都对耕地面积变化有一定的响应，随着耕地面积比例的增大，径流深度和侵蚀模数都有增大趋势，不过它们之间的相关程度并不是特别显著（$P<0.1$）（图 11.19）。

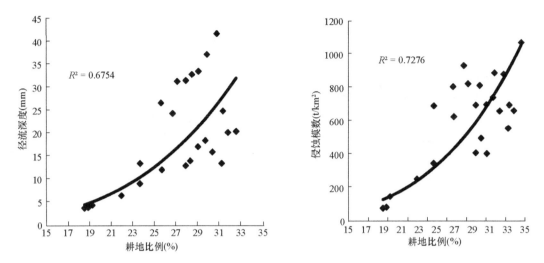

图 11.19　水土流失指标对耕地比例变化的响应

11.4.2　汭河流域植被覆盖变化的水文过程模拟研究

11.4.2.1　SWAT 模型结构

SWAT 模型采用先进的模块化设计思路，水循环的每一个环节对应一个模块，十分方便模型的扩展和应用。SWAT 模型提供 SCS 模型 CN（curve number）值的方法和 Green & Ampt 入渗方法计算地表径流。在计算蒸散时，考虑了水面蒸发、裸地蒸发和植物蒸腾，并分开模拟土壤水分蒸发和植物蒸腾。潜在土壤水分蒸发由潜在蒸散和植物叶面积指数的线性关系式计算，并提供了 3 种潜在蒸发的计算方法（Penman-Montieth 方法、Priestley-Taylor 方法和 Hargreaves 方法）以供模型使用者选用。壤中流的计算用动力贮水模型，考虑水力传导度、坡度和土壤含水量的时空变化。SWAT 模型将地下水分为浅层地下水、深层地下水。浅层地下径流汇入流域内河流，深层地下径流汇入流域外河流。

在 SWAT 模型中，由降水和径流产生的土壤侵蚀采用修正的通用土壤流失方程（modified universal soil loss equation，MUSLE）计算，MUSLE 是由 Wischmeier 和 Smith 在通用土壤流失方程（universal soil loss equation，USLE）基础上开发的一个修正版。在 USLE 中，把降水动能当作预测年均土壤流失总量的一个函数，而在 MUSLE 中用径流因子代替了降水动能，用径流因子代替降水改进了泥沙产生量的预测方法。因为径流不仅与降水动能密切相关，而且与前期土壤湿润程度有关，使模型能够应用于每一次降水事件（史培军等，2002；周涛等，2002；史培军和哈斯，2002）。

泛土壤流失方程如下：

$$\text{sed} = 1.292\text{EI}_{\text{USLE}} \cdot K_{\text{USLE}} \cdot C_{\text{USLE}} \cdot P_{\text{USLE}} \cdot \text{LS}_{\text{USLE}} \cdot \text{CFRG} \quad (11.12)$$

式中，sed 为一个时期内的泥沙产生量；EI$_{\text{USLE}}$ 为降水侵蚀系数；K_{USLE} 为 USLE 中的土壤侵蚀因子；C_{USLE} 为 USLE 中的覆被和管理因子；P_{USLE} 为 USLE 中的水利工程因子；LS$_{\text{USLE}}$ 为 USLE 中的地形因子；CFRG 为粗糙度因子。

修正后的泛土壤流失方程如下：

$$A = R \cdot K \cdot L \cdot S \cdot C \cdot P \tag{11.13}$$

式中，A 为土壤流失量；R 为降雨；K 为土壤可蚀性；L 为坡长；S 为坡度；C 为作物管理；P 为水保措施。

11.4.2.2　汭河流域水土流失格局的模拟过程

（1）参数收集

SWAT 模型中的 CN 参数用来描述降水与径流关系，它反映流域下垫面单元的产流能力。CN 值受土壤性质和降水前流域内土壤湿润程度的影响，由于土壤性质比较稳定，故将土壤影响作为不变值。SWAT 模型将土壤湿润程度根据前 5 天的总雨量划分为 3 类，分别代表干、平均和湿 3 种状态（AMC Ⅰ、AMC Ⅱ、AMC Ⅲ），不同湿润状况的 CN 值有相互转换的关系。本研究根据 SWAT 模型提供的 CN 值查算表，考虑汭河流域的自然条件，并参考有关研究确定了汭河流域 CN 值矩阵（Henderson-Sellers，1991）。为了使模拟结果更接近流域出口水文站的实测资料，需要对模型的输入参数进行率定，SWAT 模型的输入参数较多，而在研究区的实测资料相对较少，这就增加了模型的率定难度。模型中的河道参数，如流域坡度、坡长等参数，可以由数字高程模型（DEM）直接计算得到；其他反映下垫面条件的参数，如影响径流量的关键参数 CN、冠层最大截留量 $C_{\max}$ 等由处理过的土地利用/土地覆被类型数据和土壤类型数据估算生成。进行水文模拟时，1973～1974 年径流、输沙模拟采用 20 世纪 70 年代的土地利用数据；1990～2003 年径流、输沙模拟采用 2000 年的土地利用数据，土壤数据统一使用 1974 年 1∶400 万的全国土壤分类数据。其他参数如基流衰退系数 a、饱和电导率和融雪参数等需要根据黄土高原各地实测资料进行调整，对于那些对径流、输沙量变化不太敏感的参数采用模型的默认值。

（2）水文过程评价

为了准确地评价流域水土流失的空间格局，首先利用卫星遥感数据解译获取研究区的现实植被覆盖格局。根据研究区现实植被格局，流域上游为温带阔叶落叶林和温带灌丛；流域中游为温带灌丛、人工林、农业草本栽培植被；流域下游为农业草本栽培植被和温带草原。

根据课题组前期研究获取的泾河流域潜在植被格局，在汭河流域范围内，除了流域下游很小一部分为温带落叶灌丛外，其他地方都适合温带阔叶落叶林的生长发育。

水土流失格局的模拟评价过程为：以流域数字高程模型、流域气候数据、流域土壤数据和流域现实植被格局为输入，模拟研究流域现状年径流深度空间格局和流域现状年侵蚀模数空间格局。以流域数字高程模型、流域气候数据、流域土壤数据和流域潜在植被格局为输入，模拟研究流域本底年径流深度空间格局和流域本底年侵蚀模数空间格局。

以流域本底径流深度空间格局和流域本底土壤侵蚀模数空间格局为评价标准，用现状径流深度格局和现状侵蚀模数与它们相应的评价标准进行比较，建立流域径流冗亏指数和侵蚀冗亏指数：

$$DRI = Runoff_i - Runoff_0 \tag{11.14}$$

$$DEI = Erosion_i - Erosion_0 \tag{11.15}$$

（3）模拟校准与评价

SWAT 模型校准的过程为：首先采用 1973～1974 年的实测水文数据对年平均径流量和输沙量进行校准，目的是调整研究区的水沙平衡；然后对逐月平均值进行精确校正，校准后得到模型的参数值，用于水文过程的模拟；最后通过线性回归法评价模型在黄土高原山地应用的可行性。

用 1973～1974 年的沏河流域降水、气温、土地利用/土地覆被、土壤等数据来模拟流域同期的径流量和输沙量，并和流域下游水文站点的同期实测数据进行对比，根据实测径流量和输沙量，通过调整模型参数，对模型进行校正，使模型能够比较准确地模拟沏河流域的径流和输沙过程。模型经过校正后，1973～1974 年年均模拟径流量为 $1.785\times10^8\ m^3$，比实际年均径流量高出 25.97%；同期年均模拟输沙量为 $1.582\times10^7\ t$，比实际值高出 35.613%。图 11.20 为校正模型参数后的沏河流域下游出水口袁家庵水文站 1990～2003 年模拟径流量、输沙量和实测径流量、输沙量的比较结果，多年输沙量的峰值与实测量的峰值基本一致，除了少数年份外，其他模拟结果都在可接受范围内。校正模型参数后的袁家庵水文站 1990～2003 年径流量与对应的实测值的线性回归系数为 $R^2=0.734$，表示模型在黄土高原沏河流域具有较好的适用性。

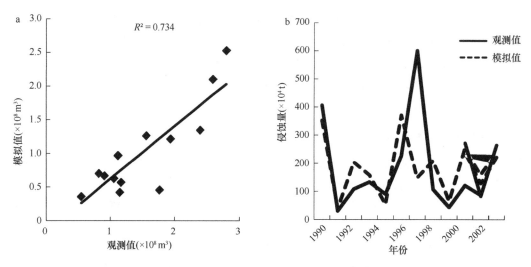

图 11.20　沏河流域年径流量（a）和年输沙量（b）的模拟值与实测值

11.4.2.3　水土流失格局现状分析

在当前土地覆被格局情景下，整个流域的径流深度普遍比较大，流域径流深度表现出较大的空间异质性（表 11.19）。在流域上游多数集水区的径流深度为 75～80 mm，总

面积为 109.59 km², 总集水区数目为 20 个; 流域中游多数集水区径流深度降低为 65~
70 mm, 总集水区个数为 76 个, 其面积占流域总面积的 57.63%; 流域下游的出水口附
近径流深度进一步减少到 55~60 mm, 有集水区 38 个, 占流域面积的 24.20%。在空间
上表现出流域上游径流深度最大, 随着向下游推进, 径流深度逐渐减少的总体空间格局。
这可能与流域的总体地势走向有关, 流域上游海拔高, 降水量大, 蒸发量小, 土壤层薄,
所以降水中很大一部分转化为地表径流, 而流域中下游, 海拔逐渐降低, 降水量减少,
蒸发量增大, 加上流域中下游黄土层深厚, 下渗量加大, 故流域中下游降水转换为地表
径流的比例降低, 地表径流深度减小。

表 11.19　SWAT 模型模拟的汭河流域水土流失现状特征

现状径流（mm）	<55	55~60	60~65	65~70	70~75	>75		合计
集水区面积（km²）	148.14	251.52	181.45	361.97	589.89	109.59		1642.2
集水区个数（个）	11	27	15	32	44	20		149
现状侵蚀（t/km²）	<800	800~2 000	2 001~3 750	3 751~6 500	6 501~9 000	9 001~12 500	12 501~20 000	>20 000
集水区面积（km²）	581.21	289.74	540.45	62.13	41.63	9.67	50.6	76.12
集水区个数（个）	36	31	59	6	4	2	6	5

　　在流域现状土地覆被格局情景下, 由于土地覆被、土壤和降水等空间格局的叠加,
土壤侵蚀模数的空间格局也表现出极大的空间异质性, 高、低侵蚀模数集水区空间交错,
结构复杂, 总体上有 24.16% 的集水区的侵蚀模数在 8 t/hm² 以下, 其总面积为 581.21 km²;
而侵蚀模数大于 90 t/hm² 的集水区只有 13 个, 总面积占流域总面积的 8.72%; 多数集水
区的侵蚀模数为 8~90.0 t/hm², 占流域总集水区的 67.11%, 面积占流域总面积的 56.55%
（图 11.21）。

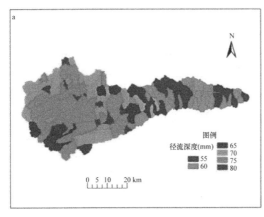
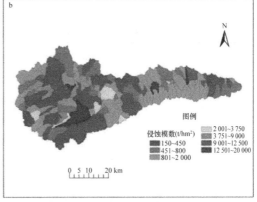

图 11.21　SWAT 模型模拟的汭河流域水土流失现状格局（彩图见文后图版）

a. 径流深度; b. 侵蚀模数

11.4.2.4 水土流失格局本底分析

在潜在植被覆被格局情景下，流域径流深度进一步减少，而且在空间上表现出较均匀的分布格局。流域上游各个集水区径流深度为 70～75 mm，总集水区为 97 个，占流域总面积的 68.68%；流域中下游降低为 60～65 mm，集水区为 45 个，占流域总集水区个数的 30.20%，面积占流域总面积的 28.96%（图 11.22）。表现出从黄土山地到黄土丘陵林地地表径流显著减少，这与黄土高原地表径流空间分布的其他研究结论相同（Lambin，1994；肖笃宁和李秀珍，1997）。潜在植被覆被情景下的流域径流深度总体比现状植被覆被情景下的径流深度有所减小，说明植被覆盖的降低有利于产流的发生。

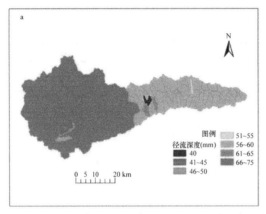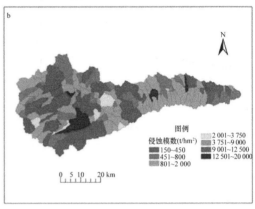

图 11.22 SWAT 模型模拟的沭河流域水土流失本底格局（彩图见文后图版）
a. 径流深度；b. 侵蚀模数

在潜在植被覆被情景下，流域土壤侵蚀模数普遍降低到 8 t/hm² 以下，只有极少数集水区的侵蚀模数为 8～20 t/hm²。在土壤侵蚀模数 8 t/hm² 以下的集水区中，有 30 个集水区的土壤侵蚀模数在 1.5 t/hm² 以下，占流域总面积的 17.66%；有 36 个集水区的土壤侵蚀模数为 1.5～4.5 t/hm²，占流域总面积的 23.08%；有 66 个集水区的侵蚀模数为 4.5～6.5 t/hm²，占流域总面积的 50.08%。土壤侵蚀模数的空间差异明显，表现出较大的土壤侵蚀空间异质性（表 11.20）。

表 11.20 SWAT 模型模拟的沭河流域水土流失本底特征

本底径流（mm）	<40	40～50	50～55	55～60	60～65	65～70	>70	合计
集水区面积（km²）	7.06	0.96	9.36	5.80	478.36	15.68	1134.31	1651.53
集水区个数（个）	1	1	2	1	45	2	97	149
本底侵蚀（t/km²）	<150	150～450	451～650	651～800	801～900	901～1750	>1750	
集水区面积（km²）	291.59	381.25	827.16	34.26	40.75	7.71	68.83	1651.53
集水区个数（个）	30	36	66	4	5	1	7	149

11.4.2.5 水土流失盈亏格局分析

从表 11.21 可以看出，流域地表径流盈亏格局呈现出较大的空间差异，流域内地表径流的盈亏指数小于 0 的区域所占面积比例较大。

表 11.21　汭河流域水土流失空间模拟评估

径流冗亏指数	<−10	−10～−5	−5～0	0～5	5～10	10～15	15～25	25～30
面积（km²）	60.07	466.29	994.07	21.51	68.00	34.01	1.14	8.05
侵蚀冗亏指数	0～0.4	0.4～0.7	0.7～2.2	2.2～5.5	5.5～9.7	9.7～14.7	14.7～24.7	24.7～39.7
面积（km²）	481.27	390.49	135.79	459.22	56.68	7.43	100.65	21.63

　　由图 11.23 的径流深度空间格局可以看出，在潜在植被的林地、高覆盖度草地土地覆被情景下，流域总体的径流深度比现状植被的情景有所减少，流域上游的多数集水区的径流深度为 75～80 mm，流域中游减少为 70～75 mm，流域下游进一步减少到 65～70 mm，表现出林草植被对流域水文循环过程的重要影响，但在总体空间格局上与现状植被的模拟结果类似。

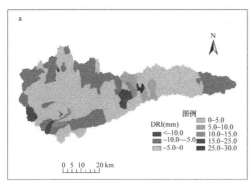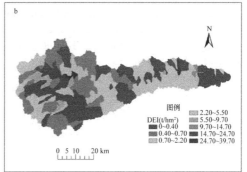

图 11.23　汭河流域水土流失空间差异评估（彩图见文后图版）
a. 径流冗亏指数（DRI）；b. 侵蚀冗亏指数（DEI）

　　在土壤侵蚀模数的空间格局方面，在植被覆被格局情景模式下，流域大多数集水区的侵蚀模数都比较大，其中侵蚀模数大于 10 t/hm² 的有 28 个集水区。不同侵蚀级别的集水区在空间分布上表现出很大的异质性，在流域上游，降水量比较大，故有许多集水区的侵蚀模数达到 10 t/hm² 以上，但由于流域上游土壤层薄，仍存在许多侵蚀模数较小的集水区，而多数集水区则表现出中等的侵蚀模数（2.2～8.0 t/hm²），在流域中下游，大多数集水区的侵蚀模数都在 2.2～8.0 t/hm²。

主要参考文献

李晓文, 方精云. 2003. 近 10 年来长江下游地区耕地动态变化特征. 自然资源学报, 18(5): 562-567.

林光辉. 1995. 全球变化研究进展与新方向//李博. 现代生态学讲座. 北京: 科学出版社.

刘纪远, 张增祥, 庄大方, 等. 2003. 20 世纪 90 年代中国土地利用变化的时空特征及其成因分析. 地理研究, 22(1): 1-12.

史培军, 哈斯. 2002. 中国北方农牧业交错带与非洲萨哈尔地带全新世环境变迁的比较研究. 地学前缘, 9(1): 121-128.

史培军, 宋长青, 景贵飞. 2002. 加强我国土地利用/土地覆被变化及其对生态环境安全影响的研究. 地球科学进展, 17(2): 161-168.

肖笃宁, 李秀珍. 1997. 当代景观生态学研究的进展与展望. 地理科学, 17(4): 356-363.

许学工, 陈晓玲, 郭洪海. 2001. 黄河三角洲土地利用与土地覆被的质量变化. 地理学报, 56(6):

640-648.

许月卿, 李秀彬. 2003. 基于 GIS 的河北南部平原土地利用变化动态分析. 资源科学, 25(2): 77-84.

张明. 2001. 以土地利用/土地覆被变化为中心的土地科学研究进展. 地理科学进展, 20(4): 297-304.

张永民, 赵士洞. 2003. 近 15 年科尔沁沙地及其周围地区土地利用变化分析. 自然资源学报, 18(2): 174-181.

周海, 史培军, 范一大. 2002. 中国北方土壤适度变化趋势及人类活动对其影响的研究. 北京师范大学学报(自然科学版), 38(1): 131-137.

邹亚荣, 张增祥, 周全斌, 等. 2003. 中国农牧交错区土地利用变化空间格局与驱动力分析. 自然资源学报, 18(2): 222-227.

Eric F L. 1997. Modeling and monitoring land cover change processes in tropical regions. Progress in Physical Geography, 21(3): 375-393.

Henderson-Sellers A. 1991. Tropical deforestation: albedo and the surface-energy balance. Climatic Change, 19(1-2): 135-137.

Lambin E F. 1994. Modeling deforest processes a review: TREES Series B. research Report 1. Office of Official Publication of the European Community, Luxembourg.

Lambin E F, Baulies X, Bockstael N E, et al. 1999. Land-Use and Land-Cover Change Implementation Strategy. IGBP Report No.48 & IHDP Report No.10. Stockholm: IGBP: 11-16.

Skole D L. 1995. Terrestrial carbon budget. Natural and Anthropogenic Change: Impact on Global Biogeochemical Cycle. Beijing: IGBP: 19.

第12章 西南亚高山森林植被生态水文过程的时空特征

西南亚高山森林主要分布于喜马拉雅山脉、横断山脉等由于新构造运动而形成的不同山系和山体的中上部，其外延区域多为亚高山/高山草甸、高山苔原、干旱河谷等自然衍生或人工形成的脆弱或极端的生态系统。亚高山森林在涵养水源、保育生物多样性、保持水土、调节区域气候、庇护相邻生态系统等方面具有十分重要且不可替代的作用和地位。同时，亚高山森林常常地处高山峡谷地带，其显著的气候垂直分异、特殊的地质地貌、不同发育阶段的土壤和植被及其多样化的植被和土壤组合等为研究森林生态系统过程及其对全球气候变化的响应提供了天然的实验室。与此同时，亚高山森林多具有长年的积雪与融雪、冻结与解冻过程，具有特殊的降水（雪、雾、霜）事件。对于融雪、土壤解冻过程不能单纯地按照降水事件来分析，其间水分的再分配过程、养分及其他元素的积累释放与转移过程也可能因土层冻结时间与深度、土壤理化性质、植物群落不同而差异显著。因此，研究西南亚高山森林植被生态水文过程的时空分布格局具有特殊性与重要性。

12.1 川西亚高山森林植被对降水输入时空过程的影响

12.1.1 不同森林类型冠层对降水输入过程的影响

川西亚高山森林以暗针叶林为主体，下层为蓄水性能良好、肥力高的山地棕壤、黄棕壤、暗棕壤，并具有较厚的活体和死体地被层（蕨类、苔藓、动植物残体等），中层树干和树枝多具附生物，上层树叶较小且光滑。在降水事件特征既定的情况下，亚高山森林多具较低的林冠截留量和截留率，较大的穿透雨量和穿透雨率、径流量和径流率，加之系统保水持肥能力较强，进而成为天然蓄水库和水分调节器（刘彬等，2010）。国内外先后在阿尔卑斯山、落基山、米亚罗、贡嘎山、王朗、大小兴安岭建立水文效应自动或人工长期观测站，详细阐述了典型亚高山森林降雨量、降雨持续时间及降雨间隔时间等降雨特征对穿透水、树干径流和林冠截留等水文过程的影响，以及群落特征与林冠截留蒸发、养分元素及水分吸收传输和再分配过程的互动关系。

研究表明，川西亚高山暗针叶林林冠截留量的最大值出现在冬季的降雪期，最小值出现在雨季，截留率为21.8%~66.1%，年平均值为32.7%。不同林型之间，林冠截留量存在明显差异，截留系数以高山栎-冷杉林最大（48.2%），其次是箭竹-冷杉林（38.2%），最小的是藓类-冷杉林（37.2%）（李承彪，1990；马雪华，1987）。林冠截留量与林分郁闭度呈正相关，当亚高山冷杉林的林分郁闭度为0.7时（5~7月），平均截留率为24.6%，当郁闭度在0.3时（5~7月），平均截留率降为9.5%（刘世荣等，2001）。不同演替阶段，林冠截留能力不同，一般成熟林>过熟林>中龄林>幼龄林（谢春华等，2002）。岷江冷杉林穿透雨的空间分布具有显著的差异，穿透雨率与林外降雨量之间的关系可以用逻辑斯谛曲线方程较好地模拟（李振新等，2004）。谢春华等（2002）研究表明，公式（12.1）

能够准确地模拟亚高山暗针叶林林冠对季节性或长期降雨的总体截留能力，公式（12.2）～公式（12.4）能够很好地模拟林冠对单场降雨的截留能力。

$$I = \frac{A_m}{P_s}\sum_{i=1}^{m}P_i + \frac{P}{P_m}\sum_{i=1}^{m}P_i^2 + nA_m + \beta\sum_{i=1}^{m}P_i \tag{12.1}$$

$$\Delta I_i = i(1-\alpha)(1-\beta_i e^{-\beta_i \Delta t_i})\Delta t_i \tag{12.2}$$

$$I = \sum \Delta I_i = (1-\alpha)\sum i(1-\beta_i e^{-\beta_i \Delta t_i})\Delta t_i \tag{12.3}$$

$$I = \sum(1-\alpha)(1-e^{-\Delta t_i})P_s + \sum \frac{E}{i}(i\Delta t - P_s) \tag{12.4}$$

式中，I 为林冠截留量；P 为降雨量；P_s 为林冠饱和降雨量；P_m 为第 m 次降雨量；n 为 $P>P_s$ 的次数；m 为 $P<P_s$ 的次数；β 为林冠蓄水蒸发系数，可以由林内降雨与林外降雨的回归系数（α）来估计，$\beta=1-a$；$A_m=C_{ts}-C_0$，C_{ts} 为 t 时刻林冠饱和蓄水量，C_0 为初始时刻的冠层蓄水量，A_m 可以由林内降雨与林外降雨的回归直线的截距（b）来估计，$A_m=-b$；Δt_i 为林冠饱和前时段；ΔI_i 为林冠饱和前时段截留量；P_i 为 i 时段的降雨量；α 为林冠透水系数，$\alpha=1-0.05\times\text{LAI}$；$\beta_i$ 为某时段末的林冠湿润系数；$B_i=P_i(1-\alpha)/I_m$；E 与 β 相同。

在对贡嘎山亚高山峨眉冷杉中龄林、峨眉冷杉成熟林和针阔叶混交林的冠层枯落物截留能力的研究中，孙向阳等（2013）发现，峨眉冷杉中龄林 2008 年的林冠截留率为 20.9%，针阔叶混交林 2008 年和 2009 年的林冠截留率分别为 23.0%和 23.6%；虽然在贡嘎山亚高山区枯落物层具有较大的饱和持水能力，但是林冠截留蒸发仍是生态系统截留蒸发的主要组成部分。

12.1.2 不同森林类型地被物层对降水输入过程的影响

川西亚高山苔藓、枯枝落叶的持水性能良好，不同林型持水顺序为箭竹-冷杉林>藓类-冷杉林>杜鹃-冷杉林>高山栎-冷杉林（蒋有绪，1981；林波和刘庆，2001），在川西亚高山云杉林、方枝柏林、冷杉+云杉混交林和冷杉+桦木混交林中，冷杉+桦木混交林苔藓层的蓄积量、持水量最大（徐振锋等，2008）。川西亚高山针叶林的岷江冷杉由于含有较多的苔藓，比其他树种具有更好的水源涵养功能，而且枯落物持水量与现存量之间呈较好的线性相关关系（刘世荣等，2001）。

在地被物层截留方面，川西亚高山暗针叶林地被物层较厚（8～10 cm），具有良好的持水性能，拦蓄降水的能力很强，水源涵养作用明显。不同林型，持水性能差异明显。在 4 个主要的冷杉林型中，藓类-冷杉林持水特性最佳，持水量为 73.8 m³/hm²，持水深为 7.4 mm，其次是箭竹-冷杉林、杜鹃-冷杉林、高山栎-冷杉林，持水量与持水深依次为 61.3 m³/hm² 与 6.1 mm、41.3 m³/hm² 与 4.2 mm、37.4 m³/hm² 与 3.9 mm（马雪华，1987；黄礼隆和马雪华，1979；黄礼隆，1994）。地被物层各组分持水率测定结果为：苔藓（587%）>软阔叶（386%）>硬阔叶（250%）>针叶（172%）>乔灌木枝干（152%）。地被物层各组分对降雨的截留作用大小排序为枯枝落叶层>苔藓层>腐殖质层。初始含水量、降雨量和降雨强度是影响地被物层水分传输的主导因子（赵玉涛等，2002）。不同林龄，地被物层最大持水量存在一定差异，一般成熟林>过熟林>中龄林>幼龄林。枯落物持水量随时间而变化，在前 2 h 内增加较快，之后增加趋势明显变慢，4~6 h 时基本达到饱和（张洪江等，2003）。川西亚高山森林在人工及自然恢复过程中，苔藓及枯落物蓄积量均随林龄增大而增加，其最大持水量也相应增加，经过 70 年的恢复，人工云杉林地被物的最大持水量已接近原始冷杉林（张远东等，2004）。

在林地土壤水分方面，亚高山冷杉林林地土壤饱和含水量为 55.29%~83.96%，毛管含水量为 44.48%~75.41%，田间含水量为 39.50%~65.86%，0~10 cm 土层持水量最大，为 80~90 mm（程金花等，2002）。土壤持水量的年度变化不显著，雨季 0~50 cm 土层平均持水量为 150~270mm，各林型之间有差异，高山栎-冷杉林最高，箭竹-冷杉林最低（马雪华，1987）。不同演替阶段，土壤的持水能力差异明显，成过熟林>成熟林>中龄林>幼龄林（Chang et al.，2003；高甲荣等，2002）。随着土壤深度的增加，土壤含水量降低，腐殖质层>淀积层>母质层（Chang et al.，2003），土壤水分含量的动态变化与降水、蒸发的相关性不显著，除 11 月中下旬至翌年 4 月上旬为冻结期外，5~10 月土壤水分含量变化可大致划分为融冻上升期（4~6 月）、水分充足稳定期（6~9 月）、水分含量下降期（10~11 月）3 个阶段（张保华等，2003a）。林地土壤饱和导水率随着土层深度的增加呈负指数递减，从土壤表层的 3.16 mm/min 降低到底层的 1.64 mm/min，稳渗的时间随土层深度的增加而增加，平均在 110 min 左右（余新晓等，2003）。不同林地及不同演替阶段饱和导水率及其稳渗时间存在明显差异。林地土壤非饱和导水率与含水量之间存在指数函数关系，0~30 cm 土层深度土壤非饱和导水率明显比 30 cm 以下低，而 30 cm 以下差异不明显（张保华等，2003b）。

12.2　亚高山森林生态系统的蒸散规律

森林蒸散是森林系统水分循环与能量平衡中最重要的因素之一，作为最重要的水分输出机制，是决定森林水文效应的关键因素，其他的水文要素（如土壤水分、地面径流、地下渗透等）及其分布特征都受蒸散的影响。一般，森林蒸散大于无林区的蒸散，但实际上森林总蒸发量与无林地自由水面的蒸发量较接近。大多数研究者的研究结果表明，森林生态系统的蒸散最大值占降雨量的 40%~80%。由于气象和下垫面性质的影响，蒸散不宜观测和计算，所以，蒸散是森林水文过程研究的难题。森林蒸散的测量方法有水文学法、微气象学法、植物生理学方法和遥感估计法等。

20 世纪 60 年代以来的观测资料表明，川西亚高山地区地处高海拔，年均温相对较低，而降雨量相对较大，所以最终的森林蒸散比全国其他地区低（刘世荣等，2001）。森林覆盖率降低一般会使蒸散降低，全国其他地区也都如此，但是在川西亚高山所处的长江流域则出现相反的现象。这是因为森林对径流的影响是通过影响降水与蒸发来进行的，在长江上游地区，山高谷深，气候湿润，蒸发力与实际蒸发量接近，在这种气候条件下，森林生长并不一定引起实际蒸发量的显著增加。相反，由于森林的调蓄作用，达到对流域径流消洪补枯的效果，从而发挥其涵养水源的作用。因此，森林破坏可以导致径流系数降低，蒸发系数相对增加。

对于川西亚高山暗针叶林生态系统而言，控制其蒸散的主导因子是太阳有效辐射和大气温度，利用 Penman-Monteith 修正公式来计算，基本能反映其实际情况（赵玉涛等，2002；程根伟等，2003）。研究表明，长江上游暗针叶林生态系统年均蒸散量仅为 333.9 mm，蒸散率相对于全国其他森林类型较低，为 41%～61%；日蒸散变化过程为单峰型，峰值出现在 13:00～14:00，蒸散速率达 0.26 mm/h；蒸散多年变化不大，季节变化过程与水面蒸发的变化趋势一致，8～9 月蒸散达到高峰，日均蒸散量约为 1.28 mm。同时，森林地区蒸发与非森林地面蒸发的差别具有季节变化（程根伟等，2003）。

12.3　亚高山主要生态系统的水分循环

12.3.1　高山草甸的水分循环

草甸是以多年生草本植物为主组成的植物群落。亚高山草甸的形成取决于大气降水和空气湿度，丰富的泉水也起到重要作用。亚高山草甸是山地垂直带谱中的重要组成部分。亚高山草甸主要分布在四川省甘孜、阿坝地区的山地森林带上部海拔 2700～3800 m 的亚高山带内，面积近 700 万 hm² （魏绍成和杨国庆，1997）。草甸的垂直分布范围大致与亚高山针叶林带相对应，是山地草甸向高寒草甸的过渡型。气候条件比高寒草甸优越，比山地草甸寒冷，但地形条件好于山地草甸，多处于山地缓坡、宽谷、阶地及高原丘陵，地势较开阔、高亢，排水良好，土壤为亚高山草甸土。

草甸的水分除了个别地段由地下水补给外，在绝大多数情况下唯一的水源是大气降水，当然除大气降水和高海拔低温冷凝所导致的空气湿度增加因素外，与土壤状况也有密切关系。亚高山草甸的土壤较湿润，表层富含有机质且草根密集，20 cm 以下是深厚的腐殖质层，具有很好的保水性能。

随着水文循环的生物圈部分和联合国教育、科学及文化组织（联合国教科文组织）主持的国际水文计划（UNESCO/IHP2.3～2.4）等国际项目的实施，草地生态水文过程研究得到迅速的发展和广泛的重视，成为当前研究的重点。草地生态水文变化的一个主要原因是放牧对草地植被覆盖和土地利用变化的驱动。王永明等（2007）从草地水文的物理过程、化学过程和生态效应几部分探讨了草地生态水文过程的研究进展，并简要分析了草地生态水文过程未来的研究热点，将会集中在尺度转换中的生态学方面研究、草地水文模型研究以及草地水文恢复研究上。其中草地水文的物理过程主要是指草地植被覆盖和土地利用对降雨、径流和蒸发等水分要素的影响，草地水文的化学过程是指水质研究，而草地水文生态效应主要指水文过程对草地植被生长和分布的影响。

12.3.2　亚高山灌丛的水分循环

川西亚高山暗针叶林是该区的主要植被类型，但由于地形或人为原因，亚高山灌丛分布于森林边缘或是镶嵌其中，共同形成涵养水源的生态屏障。分布于林线上部的杜鹃灌丛和分布于阳坡的高山栎灌丛、檀子栎灌丛，都是局域生境条件下相对稳定的群落，并且位于生态环境较为恶劣的地段，其生态水文效应尤为重要。

川西亚高山的杜鹃灌丛、栎灌丛和檀子栎灌丛等 3 种灌丛类型的水文特征研究表明，杜鹃灌丛持水性能最强，其苔藓、枯落物和 0～40 cm 土层最大持水量在各海拔梯度平均分别为 46.73 t/hm^2、139.98 t/hm^2 和 2216.92 t/hm^2；栎灌丛平均分别为 1.64 t/hm^2、72.08 t/hm^2 和 2114.88 t/hm^2；檞子栎灌丛没有苔藓，枯落物和 0～40 cm 土层最大持水量在各海拔梯度平均分别为 84.55 t/hm^2 和 2062.83 t/hm^2。杜鹃灌丛苔藓蓄积量及最大持水量随海拔升高而降低；栎灌丛苔藓蓄积量及最大持水量先随海拔升高而增加，在 3400 m 处达到最大，之后又降低。杜鹃灌丛中苔藓的最大持水率远高于栎灌丛。杜鹃灌丛和栎灌丛的枯落物蓄积量及最大持水量均随海拔升高而降低；檞子栎灌丛则随海拔升高而升高。3 种灌丛在不同海拔随土壤深度的增加，土壤容重均显著增大，最大持水量显著下降，但毛管持水量和最小持水量仅在部分类型显著下降。0～40 cm 土层最大持水量只有杜鹃灌丛随海拔升高而显著降低，苔藓、枯落物的最大持水量在不同海拔间差异不显著（张远东等，2006）。

12.3.3　亚高山森林的水分循环

对于川西亚高山森林水文学的研究已相当丰富，内容涉及不同森林冠层截留、地被物持水特征、森林蒸散、土壤入渗、根土作用层等诸多方面。

余新晓等（2003）的研究表明，西南亚高山中以峨眉冷杉为主的暗针叶林流域土壤砂粒含量高，质地较粗，大部分属于壤质砂土。土壤质地和土壤水分的物理性质均随林地类型和土层深度的变化而异，随着森林演替、土层深度的减小，土壤质地逐渐变细，容重逐渐减小，土壤孔隙度和土壤贮水能力逐渐增大。土壤非饱和导水率与土壤含水量之间存在指数函数关系，0～30 cm 土层深度土壤非饱和导水率明显低于 30 cm 以下土壤非饱和导水率，而在 30 cm 以下，土壤非饱和导水率差异不明显。土壤饱和导水率随着土层深度的增加呈负指数递减，不同林地、不同土层间的饱和导水率以及相同条件下到达稳渗的时间存在明显差异，随着森林演替、土层深度的减小，土壤饱和导水率增加，到达稳渗的时间缩短。土壤质地变化和土壤水分物理性质的分异以及土壤水分的高入渗性是该暗针叶林流域水文循环中森林对水分传输调节的具体体现，也可以为该流域很少见到坡面径流或地表径流，而大部分以壤中流、回归流和地下渗漏等径流形式出现的机制作出有力的解释。

亚高山峨眉冷杉林地由于地被物层的存在，地面糙率明显高于裸地，而且糙率随地面坡度、径流深度的变化而变化。赵玉涛等（2002）对该区 4 类主要峨眉冷杉林演替阶段林下地被物层各自对林下降雨的截留作用及其过程作了分析和探讨，地被物层平均降雨截留量为 2.4～2.9 mm，对林下降雨的平均截留率为 20%～30%。地被物层各组分对降雨的截留作用大小排序为枯枝落叶层>苔藓层>腐殖质层。初始含水量、降雨量和降雨强度是影响地被物层水分传输的主导因子。

谢春华等（2002）对亚高山的贡嘎山处于不同演替阶段的暗针叶林群落进行研究，发现其林分空间结构存在着较大差异，并表现出对降雨的不同截留能力。幼龄林林冠截留降雨的能力最弱；成熟林林冠截留能力最强。林冠截留量随降雨量的增加而增加，但增加的比率越来越小，直到林冠达到饱和。不同类型的暗针叶林群落林冠截留量与林外降雨量呈现幂函数关系。

贡嘎山冷杉纯林不同林龄林下地被物最大持水量存在一定差异（程金花等，2002）。成熟林林下苔藓层最大持水量为 3435 g/kg，过熟林为 2845 g/kg，中龄林为 2825 g/kg，幼龄林为 2500 g/kg。成熟林林下枯落物最大持水量为 3018 g/kg，过熟林为 2264 g/kg，中龄林为 2094 g/kg，幼龄林为 2054 g/kg。成熟林林下苔藓层最大持水量为其风干重的 343.5%，即贡嘎山冷杉纯林林下地被物持水量最大可达其风干重的 3.5 倍。4 种林龄林下地被物持水量随时间变化过程均是在前 2 h 内持水量增加较快，之后增加趋势明显变慢，4～6 h 时基本达到饱和。这表明贡嘎山冷杉纯林林下地被物持水量随时间变化过程与林龄无关。贡嘎山 4 种林龄冷杉纯林林下苔藓层持水能力均强于林下枯落物层持水能力。贡嘎山冷杉纯林林地土壤土层容重为 0.851～1.136 g/cm³，土壤饱和含水量为 55.29%～83.96%，毛管持水量为 44.48%～75.41%，田间持水量为 39.50%～65.86%。这表明贡嘎山冷杉纯林林地土壤有较强的持水能力。

程根伟等（2003）也对贡嘎山林区的蒸散进行了实验观测，并利用修正的 Penman-Monteith 公式对地面和冷杉林的蒸散进行了模拟，并与水面实际观测资料进行了对比。结果显示该区蒸散的主导因子是太阳有效辐射、大气温度和植被类型；对 3 种地表类型（裸地、灌草、森林）蒸散模拟的年内变化过程与水面蒸发的实际观测值趋势一致。利用修正的 Penman-Monteith 公式对贡嘎山森林蒸散的模拟结果显示非生长季节期间，森林蒸散低于非森林蒸散；而在生长季节，森林蒸散要高于非森林蒸散，其变化差异为 –25%～25%。这些结果符合森林的蒸散特征，因此，在对亚高山森林地区的水文过程及水量平衡进行计算时，修正的 Penman-Monteith 公式是有效的分析评价工具之一。

而张远东等（2011）在总结前人的研究和使用 SEBAL 模型、液流测定结果和水量平衡方程的基础上，发现西南亚高山老龄暗针叶林蒸散量低，具有较高的产水量；老龄暗针叶被采伐后，流域产水量增加，但是，由于采伐迹地植被恢复很快，产水量增加所持续的时间很短，6 年后即恢复到原有水平。伴随着恢复演替进入灌丛、次生阔叶林、针阔叶混交林或人工云杉林阶段，产水量进一步下降，长期处于较低的水平，这种状态应当会持续百年以上的时间。西南亚高山森林采伐所引起的径流变化并非特例，实际上与国际上公认的普遍性规律是一致的，属于老龄林采伐后的树种转换。在西南亚高山地区以往研究中，所得到的森林可以增加年径流量的结论，只适用于森林处于老龄暗针叶林阶段的情况。由于老龄暗针叶林的蒸散低于灌丛，在森林以老龄暗针叶林占主导的大规模采伐期，森林覆被率增加导致径流增加；但随着植被演替，次生灌丛陆续进入天然次生林或人工林阶段，这些森林类型占主导地位，出现了优势树种改变和森林类型的变化，但仍然会出现森林覆盖率增加导致流域径流减少的现象。

12.4 岷江上游森林植被变化对径流的影响

12.4.1 岷江流域自然、社会经济概况

岷江是长江水系中水量较大的一条支流，发源于青藏高原东端岷山南麓。岷江流域高山耸峙，最高海拔 6253 m，最低海拔 870 m，最大相对高差达 5383 m，地表起伏巨

大，属典型的高山峡谷区（赵跃龙，1999）。该区是长江上游重要的水源涵养区，也是我国一个重要的大尺度、复合型生态过渡带，其自然环境的复杂性、经济发展的边缘性和社会文化的过渡性在全国都具有代表性。在历史的演进过程中，长期过度的人类活动干扰，尤其是大规模以森林资源、水资源和土地资源为主的开发，远远超过了环境承载力，从而导致整个山地生态系统的严重退化，生态环境变得十分脆弱。对于大江大河而言，上游地区是生态屏障的关键地区，是整个流域生态安全的重要保障。

岷江上游河水主要靠天然降雨、森林涵养、积雪融化补给水量，水资源相对丰富。著名的都江堰水利工程就是引自岷江，年供水量 70 亿 m^3，是成都平原农业、工业和城镇生活用水的主要来源，水资源的可持续利用对成都平原的发展具有重要意义。随着上游地区生态环境的不断恶化，再加上水电资源开发，岷江上游径流量逐渐减少，径流增大。紫坪铺水文站是岷江进入中游的控制性水文站，据该水文站长期连续观测资料，岷江上游年平均径流量 20 世纪 30 年代为 174 亿 m^3，60 年代为 155.8 亿 m^3，到 90 年代则下降为 132.6 亿 m^3。20 世纪 90 年代与 20 世纪 30 年代相比，年平均径流量减少 23.8%，2 月平均径流量减少 26.7%（张启东和石辉，2006）。岷江上游自 1937～1985 年枯水流量也呈锐减的趋势，这一历史时期枯水流量锐减与该地区森林面积锐减相吻合，充分说明岷江上游森林砍伐使枯水径流减小（张启东和石辉，2006）。因岷江上游水量逐年减少，水资源的供需矛盾日益突出，成都市人均占有水资源量不足 3000 m^3，已被列入全国 300 多个缺水城市之一（丁海容等，2007）。

岷江上游来水还面临着年内分配不均的问题，据统计，岷江上游各时段来水量占全年来水量的比例是：春季（3～5 月）17.07%；夏季（6～8 月）44.57%；秋季（9～11 月）29.62%；冬季（12 月至翌年 2 月）8.74%。即每年的枯水期（12 月至翌年 5 月）来水量只占全年来水量的 25.81%（刘兴良等，2006）。另外，近几十年来岷江上游江河含沙量、输沙量激增。径流中含沙量由 20 世纪 50 年代的 0.43 kg/L 上升到 1990 年的 0.73 kg/L，增加了近 70%，50～80 年代末河流年平均含沙量增加 1～3 倍（叶延琼等，2002；刘兴良等，2006）。岷江上游在 1986 年、1995 年与 2000 年 3 个典型时期的侵蚀面积分别为 2864.43 km^2、4122.70 km^2 和 3820.18 km^2，分别占岷江上游流域总面积（24 740.51 km^2）的 11.58%、16.66% 与 15.44%；3 个时期的年平均侵蚀模数分别为 832.64 t/km^2、1048.74 t/km^2 和 1362.11 t/km^2，土壤侵蚀程度呈日益加剧的趋势（何兴元等，2005）。

岷江上游森林植被发挥着重要的水源涵养作用，但从历史上看，随着人口的增多，流域的耕地面积经历了 1949～1958 年的大幅增长期、1958～1977 年的平稳期和 1977～1998 年的逐年增长期，而与此同时，砍伐和土地开垦致使森林面积也由新中国成立初期的 39.5% 左右降到了 1985 年的最低点（16%），20 世纪 80 年代末随着森工转产和造林工程的实施，至 1998 年森林覆盖率仅恢复到 27% 左右（樊宏，2002）；而人类活动频繁、破坏严重的镇紫区间（镇江关到紫坪铺两个水文站之间流域区间）森林覆盖率至今仍徘徊在 16% 左右（陈祖铭和任守贤，1995）。由此可见，该区的森林植被无论从数量上还是质量上都难以维持一个稳定复杂的水文景观，原先的水文平衡过程也遭到破坏，因此出现流域径流洪枯比例不协调和水资源空间分配不合理的现象（石承苍和罗秀陵，1999）。

岷江上游森林过度采伐、草地退化、干旱河谷面积不断扩大，荒漠化现象加剧、来水量减少与水质恶化、水土流失面积与强度增加、生物多样性锐减、大规模的水电开发，导致全球变化效应及频繁的自然灾害主要在 1950～1998 年集中出现,这使岷江上游的生态环境遭受了巨大的干扰与破坏。从以上分析可以看出,随着人口的增加与经济发展,人类活动对岷江上游的干扰强度难以在短时间内取得明显逆转,受到的重创与破坏的生态环境显然难以在短期内得到改善。再加上全球气候变化导致的山地冰川大量萎缩、水土流失、沙漠化、山地灾害(如崩塌、滑坡与泥石流等)进一步加剧,植被、生态系统等均将受到显著的影响,这都增加了岷江上游生态环境治理的难度。要恢复和重建岷江流域的生态环境,必须全面了解岷江上游生态环境脆弱性的成因与主要驱动因子,必须明确未来气候变化对当地生态环境的深刻影响,从根本上重新定位人与自然的关系,修正人类的价值观,减少人类活动对生态环境的干扰与破坏,且必须采取科学合理的治理措施,加强生态环境的治理力度,提高治理成效,从根本上提升该区域生态环境的恢复进程。

以森林为主体的植被生态系统,在生物地球化学循环过程中,通过与土壤、大气和水在多界面、多层次和多尺度上进行物质与能量交换,改变和影响区域气候、水资源分布,起到保护与涵养水源、净化水质、保持水土和抵御各种自然灾害的作用。1999 年底国家开始实施包括长江流域在内的"退耕还林"工程,目的是恢复重建植被生态系统,维持良好的生态环境。但是,长江上游植被生态系统的演变及时空分布格局对流域水文循环的影响机制、森林植被调控洪水径流的作用机制尚不明确,这制约着长江流域森林植被的恢复重建和流域生态环境的保护。

森林植被与水关系研究已有较长的历史,但是以往的研究局限在单项水文要素和小尺度研究层面,缺乏在大流域、系统上应该维持多人规模、何种时空结构及景观格局的植被生态系统才能有效地发挥改善、调控水文生态功能的理论依据,缺乏植被生态系统在不同时空尺度对洪水灾害、水土流失、淡水资源不足及水质污染与水环境退化等的影响机制和影响程度的重大理论。森林生态系统的水文循环动力学模型及多种尺度耦合的水循环调控理论尚未建立,森林采伐和气候变化对流域生态水文的影响尚待评价。因此,森林植被变化与生态水文格局与功能效应响应研究比以往任何时刻都显得更为重要。

12.4.2　山区地形条件下降水的时空模拟

大尺度的区域降水量是重要的环境变量,是生态水文景观模拟中的重要参数之一,准确测算区域降水量及其空间变化是核心问题,对于研究区域植被分布格局及生态演变规律、流域水资源合理规划与利用具有重要科学价值。目前降水量数据都来自固定气象站点的独立观测资料,但是,当研究扩展到景观和区域尺度时,仅仅基于站点的观测资料远远不能满足要求,降水的连续性空间分布数据更为重要。在本项目研究中,利用 ANUSPLIN 和 GIS 空间分析技术,采用岷江流域内及周边地区共计 51 个雨量站 1988～2002 年的各月连续观测数据(图 12.1),模拟产生岷江上游面积达 22 919 km^2 的流域范围内月平均降水量的空间分布栅格。为了体现当地季风方向和坡向之间的耦合效应,建立主风向效应指数(PWEI)(图 12.2),并从 DEM 中提取海拔形成两个协变量,以雨量站的大地坐标位置作为独立变量。降水的模拟采用样条平滑技术,利用降水量和 4 个变量的统计关系拟合产生样条表面,进而结合 DEM 和 PWEI 栅格产生空间分辨率达 500 m 的降水量栅格数据(图 12.3)。依据归一化交叉检验值确定平滑参数,并通过多次诊断运行实现平滑降噪，提高预测精度。统计结果表明，月平均降水量的预测误差为 15%~42%，是现有雨量站分布条件所能达到的较好的结果。雨季（5~9 月）的预测误差远小于旱季，表明东南季风对迎风坡面有明显的致雨效应，并因 PWEI 的运用提高了模拟精度；旱季 PWEI 效果不明显，降水分配主要依赖地形。和单纯利用海拔一个变量相比，增加 PWEI 可使全年平均预测误差降低 3.0%~11%（孙鹏森等，2004）。

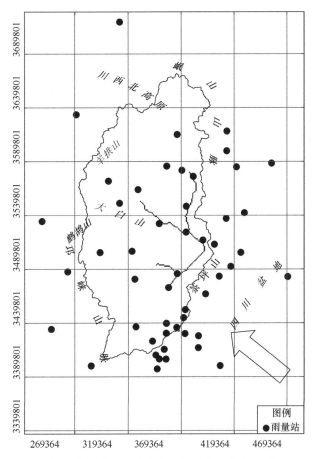

图 12.1　岷江位置及雨量站分布（本图使用北京 54 坐标系）

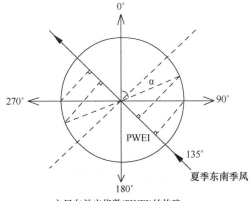

主风向效应指数(PWEI)的构建

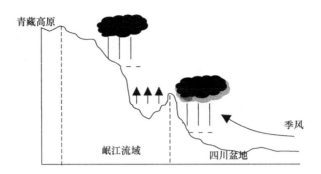

图 12.2　主风向效应指数（PWEI）的构建示意图

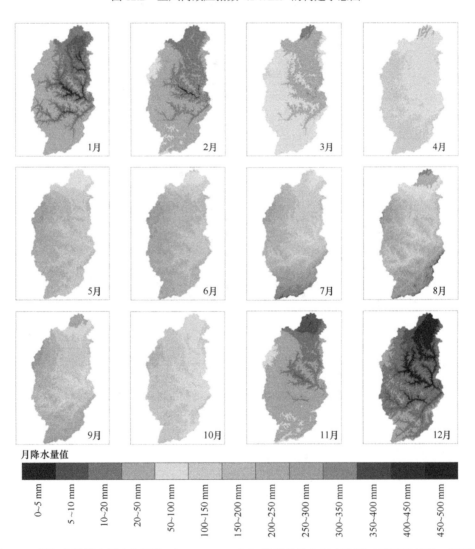

图 12.3　岷江上游降水量多年平均（1988～2002 年）的季节及空间变化图（彩图见封底二维码）

12.4.3　岷江大尺度植被覆盖和土地利用变化对水文的影响

为了阐明在气候变化和土地覆被变化的双重背景下，水文效应的特点以及土地覆被变化的影响程度，基于 MSS、TM 解译形成的 1974 年、1986 年、1995 年、2000 年土地利用/土地覆被图，分析了不同时段各类型的转换规律（图 12.4）。

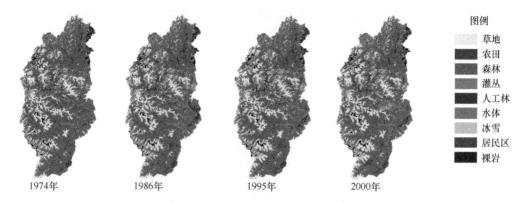

图 12.4　1974~2000 年各期土地利用/土地覆被变化（彩图见封底二维码）

结果表明，森林、灌丛和草地是 3 个最主要的土地覆被类型，其他土地覆被类型仅占 10%左右。由于人类活动，包括采伐和城市化导致的土地覆被变化在整个流域都有不同程度的发生，在各个子流域发生的幅度和范围各有不同。从整个流域来看，森林、灌丛和草地是该区的主要植被类型，面积占整个流域面积的 90%以上。1974~2000 年，大约有 13.2%的森林转变为灌丛，同时只有不到 1%的森林变为农田。在此期间，约有 3.7%的灌丛转变为森林，而大约 96.7%的草地维持不变（表 12.1）。

表 12.1　1974~2000 年岷江流域上游不同土地利用类型的转移百分比　　　（%）

	草地	农田	森林	灌丛	人工林	河流	湖泊	冰/雪	城区	居民点	湿地	裸岩
草地	96.7	0.1	2.3	0.7	0.0	0.0	0.0	0.0	0.0	0.0	0.0	0.2
农田	0.5	92.0	1.3	3.4	2.4	0.1	0.0	0.0	0.0	0.4	0.0	0.0
森林	2.8	0.8	82.7	13.2	0.4	0.0	0.0	0.0	0.0	0.0	0.0	0.1
灌丛	6.6	2.3	3.7	86.6	0.6	0.0	0.0	0.0	0.0	0.0	0.0	0.0
人工林	0.0	3.0	0.0	6.9	89.9	0.0	0.0	0.0	0.0	0.0	0.0	0.0
河流	0.0	0.3	0.6	0.5	0.1	98.3	0.0	0.0	0.0	0.2	0.0	0.0
湖泊	0.8	0.0	0.0	0.0	0.0	0.0	99.2	0.0	0.0	0.0	0.0	0.0
冰/雪	0.0	0.0	0.4	0.0	0.0	0.0	0.0	98.7	0.0	0.0	0.0	0.9
城区	0.0	0.6	0.0	0.0	0.6	0.0	0.0	0.0	98.8	0.0	0.0	0.0
居民点	0.2	0.5	0.2	0.2	0.0	0.0	0.0	0.0	0.0	98.8	0.0	0.0
湿地	0.0	0.0	0.0	0.0	0.0	0.0	0.0	0.0	0.0	0.0	97.4	2.6
裸岩	1.6	0.0	0.2	0.3	0.0	0.0	0.0	0.1	0.0	0.0	0.0	97.9

为了分析气候变化主要是降水变化对水文过程的影响，我们将整个流域根据地形划分为 7 个子流域（图 12.5），分别统计其植被覆盖变化特征和降水、水文之间的关系。结果发现，7 个子流域月平均降水量和当月径流量均存在显著相关性，进一步分析表明，相关系数在各子流域之间也存在差异。我们将相关系数和不同流域森林覆盖变化值进行比较发现，森林覆盖率变化值越低的流域，其降水和径流之间的相关性越高，

反之越低。这说明，在森林植被覆盖相对稳定的地区，其径流输出的连续性和稳定性大于植被覆盖变化剧烈的区域。所以，初步推断森林植被覆盖结构的变化影响降水与径流的相关关系，但尚不足以断定采伐或破坏森林植被直接影响径流量变化。国外的同类研究结论也表明，森林覆盖变化在 25%以下很难看出其对流域水文过程的影响（表 12.2）。

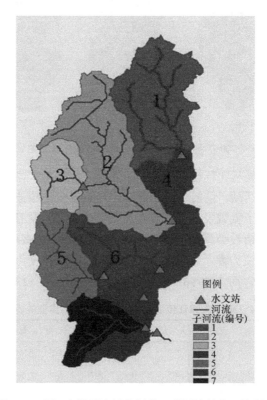

图 12.5　岷江上游子流域的划分（彩图见封底二维码）

表 12.2　岷江上游不同子流域的土地覆盖变化和对比水文统计

子流域	名称	年份	面积（km²）	平均海拔（m）	年降水量（mm）	年径流量（mm）	基流（mm）	森林（%）	灌木（%）	草地（%）
1	镇江关	1974	4276	3763				58.2	23.4	9.5
		1986			661.1	440.2	16.3	55.7	24.9	10.0
		1995			703.9	349.3	15.5	53.5	26.8	10.3
		2000			642.1	364.3	14.9	53.0	26.5	11.1
2	沙坝	1974	5426	3301				50.3	17.9	25.2
		1986			925.5	585.1	18.7	45.5	21.4	26.0
		1995			909.6	552.6	20.8	42.2	23.1	27.2
		2000			762.7	472.4	14.6	39.5	26.3	26.7
3	黑水	1974	1695	3707				46.2	4.8	44.2
		1986			1318.9	842.1	26.0	42.0	7.6	45.2
		1995			1282.4	745.6	19.7	39.0	7.5	47.5
		2000			1061.7	695.1	20.7	39.2	7.7	47.1

子流域	名称	年份	面积 (km²)	平均海拔 (m)	年降水量 (mm)	年径流量 (mm)	基流(mm)	森林（%）	灌木（%）	草地（%）
4	镇紫区间	1974	4489	2885				68.1	13.7	13.6
		1986			955.8	635.3	24.3	63.2	15.2	13.8
		1995			1080.2	696.7	28.6	60.7	19.2	13.7
		2000			805.6	549.1	21.5	57.5	22.3	13.6
5	杂谷脑	1974	2281	7389				46.8	15.4	30.3
		1986			1106.0	896.5	30.3	44.5	16.7	31.3
		1995			1036.6	949.9	32.7	43.6	16.8	31.9
		2000			952.2	814.4	31.5	41.4	19.0	32.0
6	桑坪	1974	2311	3122				58.4	12.4	24.5
		1986			904.6	661.1	19.0	54.5	15.1	24.9
		1995			848.0	554.7	12.8	54.4	14.7	25.3
		2000			762.9	458.5	13.6	49.8	19.1	25.0
7	渔子溪	1974	1660	3116				45.3	26.3	23.6
		1986			1294.7	1098.1	28.9	44.2	24.5	26.1
		1995			1226.8	816.9	20.5	40.0	21.4	33.3
		2000			1150.0	835.5	33.3	37.8	20.8	35.1

12.4.4　岷江上游杂谷脑流域径流动态小波分析

12.4.4.1　小波变换简介

小波是具有振荡特性、能迅速衰减到零的一类函数，即 $\int_{-\infty}^{+\infty} \Psi(t)\mathrm{d}t = 0$。由 $\Psi(t)$ 的伸缩和平移构成函数：

$$\Psi_{a,b}(t) = a^{\frac{1}{2}} \Psi\left(\frac{t-b}{a}\right), \ a \in R, \ b \in R, \ a > 0 \qquad (12.5)$$

式中，$\Psi_{a,b}(t)$ 为子小波；a 为尺度因子或频率因子；b 为时间因子或平移因子。对于能量有限信号 $f(t)$，其连续小波变换定义为

$$W_f(a,b) = a^{\frac{1}{2}} \int_{-\infty}^{+\infty} f(t)\Psi^*\left(\frac{t-b}{a}\right)\mathrm{d}t \qquad (12.6)$$

式中，$\Psi^*(t)$ 为 $\Psi(t)$ 的复共轭函数。公式（12.6）说明小波变换是对信号用不同的滤波器进行滤波。实际上，对于固定的尺度 a，$W_f(a,b)$ 是 b 的一元函数，描述尺度 a 下信号序列"平滑"的结果，表示原来的函数或信号 $f(t)$ 在 $t=b$ 点附近（由尺度 a 确定）按 $\Psi_{a,b}(t)$ 进行加权平均。当 $a>1$ 时，a 越大，小波函数图形变得越低越宽；当 $0<a<1$ 时，a 越小，图形变得越高越窄。当小波沿着时间轴移动（由参数 b 控制）并随着 a 的变动而伸缩时，对信号或时间序列 $f(t)$ 和小波 $\Psi\left[\Psi\left(\frac{t-b}{a}\right)\right]$ 在位置 b 处进行形状比较，小波变换系数 $W_f(a,b)$ 则体现了两者之间的相似程度。$W_f(a,b)$ 值越大，说明时间序列 $f(t)$ 具有越明显的 a

时间尺度的变化特征。参数 b 表示分析的时间中心或时间点。而参数 a 体现的是以 $x=b$ 为中心的附近范围大小。所以一般称 a 为尺度参数，而 b 为时间中心参数。当中心参数 b 不变时，小波变换 $W_f(a,b)$ 体现的是原来的函数信号 $f(x)$ 在 $x=b$ 点附近随着分析和观察的范围逐渐变化所表现出来的变化。

12.4.4.2 周期性分析

任何一个时间序列或信号都由长期趋势、各种周期性成分以及随机成分组成，水文时间序列也不例外。对径流时间序列进行周期性分析，得到其存在的各种准周期性成分，对森林植被变化的生态水文效应研究和水资源管理及规划具有重要意义。通过小波变换系数和小波方差可以了解时间序列存在的周期性成分。小波方差可以由下式计算：

$$\mathrm{Var}(a) = \int_{-\infty}^{+\infty} W_f\left(a,b\right)^2 \mathrm{d}b \tag{12.7}$$

式中，$\mathrm{Var}（a）$ 是指在尺度 a 下的小波方差；$W_f(a,b)$ 为小波变换系数。

小波方差随尺度 a 变化过程称小波方差图。它反映了波动的能量随尺度的分布，根据峰值对应的时间尺度可以确定一个时间序列中存在的主要周期成分。小波方差可以确定时间序列的周期性成分组成情况，确定整个时间序列中存在的各种主要周期。小波方差虽然可以确定整个时间序列的主导周期，但不能提供时间序列在不同时期的周期性成分变动信息。实际上，时间序列在不同时期存在的主导周期和周期性成分并不相同，而小波变换系数的二维图或者不同尺度上的小波变换系数曲线由于参数 b 的存在可以提供这方面的信息（杨志峰和李春晖，2004）。这是因为不同时间尺度下的小波系数可以反映不同时间尺度下的径流变化特征：正的小波系数对应丰水期，负的小波系数对应枯水期，小波系数为零时对应突变点；小波系数绝对值越大，表明该时间尺度变化越显著（Gaucherel，2002）。

12.4.4.3 小波多尺度分析

任何信号或者时间系列都可以用理想的低通滤波器和高通滤波器分解为高频部分 d1 和低频部分 a1，其中低频部分 a1 可以用低通滤波器和高通滤波器进一步分解为低频部分 a2 和高频部分 d2，同样 a2 可以分解为低频部分 a3 和高频部分 d3，如此重复进行，可以获得任意尺度上时间序列的概貌（低频部分）和细节成分（高频部分）。对于大多数信号来说，低频部分往往是最重要的，给出了信号的特征。而高频部分则与噪声及扰动联系在一起。多尺度分析就是利用小波变换来获得信号或时间序列在不同水平（或者层次）上的低频成分和高频成分，从而分析信号的变化特征，具体算法和原理参见杨福生（1999）的研究。

若 $\{V_j, j\in Z\}$ 是 $L^2(R)$ 中的一个闭子空间序列，它满足：

$$V_j \subset V_{j+1} \qquad j\in Z \tag{12.8}$$

$$\cup_{j\in Z}V_j=L^2(R), \quad \cap_{j\in Z} V_j=\{0\} \tag{12.9}$$

存在一个向量函数 $\varphi(t)$，使得 $\{2^{j/2}\varphi(2^jt-k),k\in Z\}$ 是 V_j 的规范正交基。

若设 W_j 是 V_j 在 V_{j+1} 上的正交补空间，即 $V_{j+1}=V_j+W_j$，并且存在一个函数向量 $\Psi(t)$，

使 $\{2^{j/2}\Psi(2^{j/2}t-n)\}$ 是 W_j 上的规范正交基，则有 $\Psi_{j,k}(t)=2^{j/2}\Psi(2^jt-k), k\in Z$。

因此，对于任意函数或信号 $f(t)[f(t)\in L^2(R)]$，有如下小波级数展开式：

$$f(t) = \sum_{k\in Z}a_k^J\varphi_{J,k}(t)+\sum_{j\leqslant J}\sum_{k\in Z}d_k^j\Psi_{j,k}(t) \qquad (12.10)$$

式中，第一项表示尺度 J 上的"近似"，第二项表示在各个尺度 j 上的"细节"，a_k^J、d_k^j 分别表示小波变换在尺度 J 上的近似项系数和在尺度 j 上的各细节项系数。

12.4.4.4　奇异点分析

信号或者时间序列中不规则的突变部分和奇异点往往含有比较重要的信息，是信号的重要特征之一。长期以来，傅里叶变换是研究函数奇异性的主要工具。但是傅里叶变换缺乏空间局部性，只能确定一个函数奇异性的整体性质，难以确定奇异点在空间的位置和分布情况。小波分析具有空间局部化性质，因此对于时间序列或者信号奇异性分析更为有效（杨福生，1999）。

当小波函数可以看作某一平滑函数的一阶导数时，信号的小波变换模的局部极值点对应信号的突变点（或边缘）；当小波函数可以看作某一平滑函数的二阶导数时，信号的小波变换模的过零点（即小波变换模的值为 0 的点）对应信号的突变点（或边缘）。因此，采用检测小波变换系数模的过零点或局部极值点的方法可以检测信号的边缘位置。比较来说，采用局部极值点进行检测更具有优越性。

通常情况下，信号的奇异性可以分为两种情况：一是信号在某一时刻，幅值发生突变，引起信号的不连续。信号的突变处是第一种类型的间断点；另一种是信号外观上很光滑，其幅值没有发生变化，但信号的一阶微分上有突变发生，且一阶微分是不连续的，称为第二种类型的间断点。

在进行信号或者时间序列的突变点检测时，值得注意的是小波函数的选择（并不是所有的小波变换函数适用于信号突变点的检测）非常重要，主要条件有两个：首先，选择的小波函数应是某一平滑函数的一阶或二阶导数。其次，尺度 a 必须适当，以便一方面使"平滑"处理后的时间序列的突变点基本上反映原始时间序列的突变点；另一方面只有在适当尺度下各突变点引起的小波变换才能避免交叠干扰。因此，在处理时需要和多尺度分析结合起来（杨福生，1999）。另外，特别值得注意的是，检验信号第二种类型的间断点时，所采用的小波必须是正则性的小波。

利用小波变换的过零点或极值点检验出信号的突变点位置后，还需要分析突变点的性质，这通常用 Lipschitz 指数来表征。设信号 $x(t)$ 在 t_0 附近具有以下特性：

$$|x(t_0+h)-P_n(t_0+h)|\leqslant A|h|^\alpha \qquad n<\alpha<n+1 \qquad (12.11)$$

式中，h 为一个充分小量；$P_n(t)$ 为过 $[t_0,x(t_0)]$ 点的 n 次多项式。则称 $x(t)$ 在 t_0 处的 Lipschitz 指数为 α。这个定义是对 $X(t)$ 上的一点 $x(t_0)$ 而言的。扩展到一段区间 $[t_1,t_2]$，则要求当 t_0 和 t_{0+h} 都在区间 $[t_1,t_2]$ 内时，区间内处处满足公式（12.11），则称 $x(t)$ 在此区间内 Lipschitz 指数均为 α。

可以证明当 t 在区间 $[t_1,t_2]$ 中时，时间序列 $x(t)$ 的小波变换系数 $W_f(a,b)$ 在对应尺度 a 如果有 $|W_f(a,b)|\leqslant K_a^\alpha$ 时，对数变换后也就是

$$\lg|W_f(a,b)|\leqslant\lg K+\alpha\lg a \qquad (12.12)$$

则 $x(t)$ 在区间 $[t_1,t_2]$ 中为均匀的 Lipschitz 指数 α ，其中 K 是一个与小波函数 $\Psi(t)$ 有关的常数。

为了分析径流时间序列在奇异点处的性质，用 Gaus1 小波函数（高斯函数的一阶导数）对径流时间序列进行小波变换，求算小波变换系数的极值点处的 Lipschitz 指数 α 来分析径流时间序列在突变位置的奇异性。具体做法如下。

对径流时间序列进行 Marr 小波变换得到小波变换系数 $W_f(a,b)$ ，其中 $a=1,2,3,\cdots,120$ ，$b=1,2,3,\cdots,540$ 。

求各个尺度上 $W_f(a,b)$ 在 $1<b<120$ ，$121<b<240$ ，$241<b<360$ ，$361<b<480$ ，$481<b<540$ 每个时间段的最大值 $W_f(a)$ 。

由数据 $[\lg a，\lg|W_f(a)|]a=1,2,3,\cdots,120$ 得到回归方程 $\lg|W_f(a)|=\lg K + \alpha\lg a$ 及其系数 α 即 Lipschitz 指数 α 。

α 越大，函数在该点的光滑度就越高，奇异性越小；α 越小，函数在该点的光滑度越小，奇异性越大。

12.4.4.5　数据来源和处理

本研究所用的数据为杂谷脑流域 1958～2002 年杂谷脑水文站月径流数据（M1 对应于 1958 年 1 月，M540 对应于 2002 年 12 月），其中漏测数据已经通过回归模型模拟获得（见第 2 章）。利用 Matlab 6.5 小波分析工具包的 Dmeyer 小波函数对这个径流时间序列进行多尺度分析，得到其在不同时间尺度上的趋势成分。通过小波变换系数图和小波方差图分析杂谷脑流域径流时间序列中的周期性成分组成，得到杂谷脑流域径流变化存在的主要周期。另外，对杂谷脑流域径流进行标准化处理，得到标准化径流时间序列，在此基础上用 Dmeyer 小波函数对标准化径流时间序列进行了连续小波变换，获得杂谷脑流域径流在主导周期变化对应的时间尺度上的小波连续变换系数，以分析杂谷脑流域径流的丰枯期变化。最后，分析杂谷脑流域径流时间序列的奇异性，用 Gaus1 连续性小波对径流时间序列进行了小波变换，求算各个时期内极值点的 Lipschitz 指数 α ，分析杂谷脑流域径流时间序列中的奇异点（第二种类型的间断点）。利用 Daubechies 7（Db7）小波函数对杂谷脑流域径流时间序列进行多尺度分析，确定杂谷脑流域径流时间序列中存在的第一种类型间断点。

12.4.4.6　结果与分析

（1）杂谷脑流域径流的周期性分析

任何一个时间序列都包括趋势成分和各种周期性成分，但不同的周期性成分在时间序列中所起的作用不同。为了分析杂谷脑流域径流动态的周期性，对杂谷脑流域标准化径流时间序列进行了 Dmeyer 小波连续变换，得到各个尺度上的小波变换系数，在此基础上计算小波方差（图 12.6）。由图 12.7 可以看出在 1～18 个月的时间尺度上，杂谷脑流域的主要周期并不是我们想象中的 12 个月，而是 10 个月。实际上，杂谷脑流域径流时间序列在 12 个月的尺度上的小波方差也明显低于 7 个月、8 个月、9 个月和 11 个月各个尺度上的小波方差，这更进一步说明 12 个月不是杂谷脑流域径流时间序列的主要周期。同时意味着年（12 个月）尺度并不是分析杂谷脑流域森林植被变化对径流影响的最佳尺度。在更大的时间尺度范围内（1.5 年以上的时间尺度上），杂谷脑流域径流时间序列的主要周期分别是 150 个月、65 个月和 26 个月，这一发现对水资源的可持续利用和规划具有重要意义。

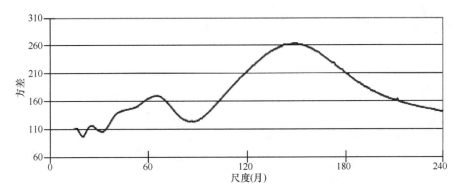

图 12.6　杂谷脑流域径流时间序列小波方差（大时间尺度）

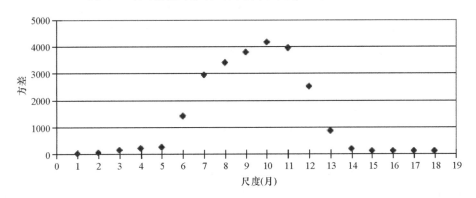

图 12.7　杂谷脑流域径流时间序列小波方差（小时间尺度）

通过小波方差图虽然可以确定整个时间序列中存在的各种主导周期，但对于不同时期的周期性成分组成研究却因为小波方差图不具有局部性而无能为力，但小波变换二维系数图可以提供这方面的信息。由于参数 b 的存在，我们可以根据小波变化系数确定不同时期的主导周期成分。小波变换系数 $W_f(a,b)$ 越大，时间序列对应的周期越明显。由图 12.8 可以看出，1958～1961 年，杂谷脑流域径流在 12～28 个月各个时间尺度上都有很明显的周期变化，但 1962 年以后，12～28 个月尺度上的周期变化明显减弱，直到 M150（1970 年左右）才重新增强，但保持 2～3 年后重新消失，在 M370～M420（对应于 1988～1992 年）和 2000 年以后重新出现。这种周期性变化可能包含着重要的水文信息。从小波变换系数二维图上还可以看出，虽然 150 个月是杂谷脑时间序列的第一主导周期，但在 1978 年以前周期性并不明显，150 个月的周期变化主要出现在 1978 年以后，而 65 个月的周期主要存在于 1963～1978 年。另外，9～11 个月的周期在整个时间段内都最明显，这可从另外一方面来证明杂谷脑流域径流的主要周期是 10 个月而不是 12 个月。

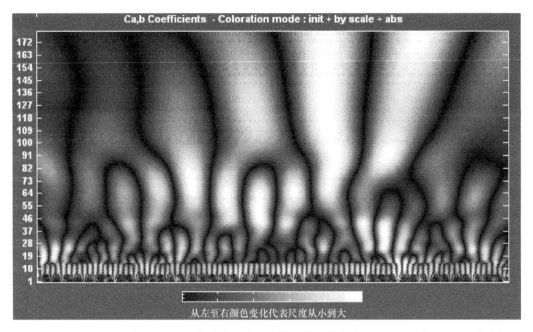

图 12.8　杂谷脑流域径流时间序列（标准化）小波变换系数二维分布（纵坐标对应尺度 a，横坐标对应平移时间 b，颜色对应小波变换系数大小）（彩图见封底二维码）

（2）杂谷脑流域径流的多尺度分析

由于各种周期性和随机性因素的影响，杂谷脑流域 45 年的月径流时间序列的长期趋势很不明显（图 12.9）。为此，利用小波变换函数在水平 5（a5）、水平 6（a6）和水平 7（a7）（相应的尺度 a 为 2^5、2^6 和 2^7）上将径流时间序列进行低通滤波，获得杂谷脑流域地表径流在 3 个尺度上的低频概貌成分（图 12.10）。在 a7 上可以清楚地看到 1988～2001 年杂谷脑流域的径流高于历史平均（1958～2002 年多年历史平均），是丰水期，而 1973～1988 年是枯水期。在森林大规模砍伐时期（1958～1965 年）径流虽然在增加但基本上对应枯水期，1968～1978 年径流一直在下降。从 a6 和 a5 上也可以看到 1988～2001 这个时期主要对应丰水期，1958～1963 年对应枯水期。另外，在 3 个时间尺度上还可以看到，M441～M540（1994～2002 年）径流在下降，杂谷脑流域径流从 2001 年开始进入枯水期。由杂谷脑流域标准化径流多尺度分析可以更清楚地得到这些结论（图 12.10）。

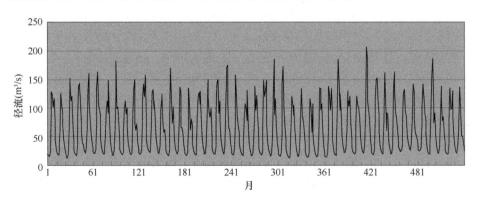

图 12.9　杂谷脑流域月径流时间序列（1958～2002 年）

另外，从水平 a7 和 a6（尤其 a5）上都可以看出杂谷脑流域的地表径流在 1994 年附近达到历史最高值，但在 a5 水平上历史最高值出现在 1977 年附近。而历史最低值在水平 a6 和 a5 都出现在 1986 年附近。在 a6 上还可以看出在 5 年左右的尺度上，杂谷脑流域丰枯期径流量波动一直在加速振荡，波动幅度有随着时间推移而增加的趋势，但 2000 年后波动幅度又有减小的趋势。同样，在 a7 上也可以得到类似结论。

从图 12.10 还可以看出杂谷脑流域径流在 45 年内出现了多次丰枯期变化，其次数多少与时间尺度有关。以出现的峰值次数计算，在 128 个月的尺度上为 2 次，在 64 个月的尺度上为 3 次，而在 32 个月的尺度上为 5 次。这进一步说明研究杂谷脑径流动态变化时需要进行多尺度分析，在多个时间尺度上分析杂谷脑流域径流时间序列十分必要。

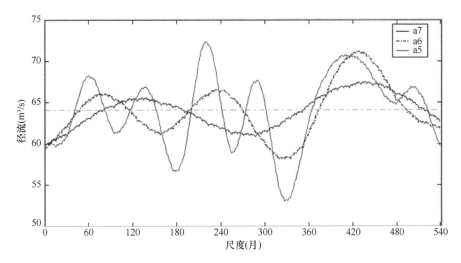

图 12.10　杂谷脑流域径流时间序列的多尺度分析（彩图见封底二维码）

我们在 32 个月、64 个月和 128 个月 3 个尺度上分析杂谷脑流域径流趋势变化。但这 3 个时间尺度是我们指定的，而不是径流本身所具有的尺度。小波方差分析表明杂谷脑流域径流存在的主要周期（年尺度以上的）是 150 个月和 65 个月而不是 128 个月和 64 个月。为了更准确地揭示杂谷脑流域径流动态规律，利用 Dmeyer 小波函数对标准化时间序列进行连续小波变换，得到杂谷脑流域 3 个主要时间尺度上（$a=26$、65 和 150）的小波变换系数图（图 12.11）。从 $W_f(150,b)$ 可以看出，在 12.5 年（150 个月）的尺度上，杂谷脑径流在 M283～M381（对应于 1981 年 7 月至 1989 年 9 月）属于枯水期（在 M337 即 1986 年 1 月达到历史最低），而 M381～M484（对应于 1989 年 9 月至 1998 年 2 月）属于丰水期，并在 1993 年 4 月（M424）达到历史最高值。1993 年以来杂谷脑流域径流处于下降趋势，但总体来说 1989～1998 年杂谷脑径流属于丰水期。从 65 个月的时间尺度上来看，杂谷脑流域 1998～2001 年也处于丰水期，而 M444～M485 却变成了枯水期，这和 $W_f(150,b)$ 提供的信息正好相反，说明多尺度分析对于揭示水文时间序列的动态特征非常重要。

从 $W_f(150,b)$ 可以看出 150 年的周期性在 1998 年以前随时间变化逐步增强，但 1998 年以后却有下降的趋势。这和小波变换系数二维图一致。另外还可以看出在 M52

之前杂谷脑径流以 26 个月的周期为主，但在这之后 65 个月的周期成分取代 26 个月的周期成分成为第一主周期，在 M258 之后 150 个月的周期成分获得主导地位。这说明杂谷脑流域径流时间序列在不同的时期有不同的主导周期，在小波方差分析基础上根据小波变换系数图确定研究信号或者时间序列在不同时期的周期性变化情况具有重要意义。

另外，从 $W_f(150,b)$ 曲线上可以看出杂谷脑流域 12.5 年的周期性成分在 1998 年前存在着持续增强的趋势，但 1998 年后却有所变化，出现减弱的迹象。这和在 128 个月的时间尺度上得到的结论比较一致。但由于 128 个月的尺度是我们指定的尺度，而 150 个月是杂谷脑流域径流时间序列内在的最大周期，因此，在 $W_f(150,b)$ 曲线上得到的结论更有意义。需要注意的是，无论从 $W_f(26,b)$、$W_f(65,b)$ 还是 $W_f(150,b)$ 变化曲线上来看，杂谷脑流域的径流在 2002 年以后的几年内将增加，有上升的趋势。这一发现无疑对于水利部门的水资源规划和管理具有重要的实践意义。

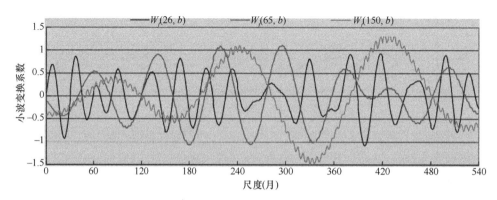

图 12.11 杂谷脑流域标准化径流时间序列在 65 个月和 150 个月尺度上的小波变换系数
（彩图见封底二维码）

（3）杂谷脑流域径流时间序列的突变（瞬态）特征分析

为了检验杂谷脑流域径流动态的第一种类型间断点即径流波动幅度发生突变的位置，用 Db7 小波对杂谷脑流域径流时间序列进行了多尺度分析（图 12.12）。由水平 4 上的细节（d4）可以看出，在 M25～M49（对应于 1960 年 1 月到 1961 年 12 月）杂谷脑流域径流时间序列的波动幅度明显降低，这可能与森林采伐导致径流模式变化有关。另外，还可以看出径流时间序列在 M67、M164、M499（大约 1963 年 6 月、1971 年 7 月、1999 年 6 月）也明显存在着第一种类型间断点。从水平 5 和水平 6 上的细节（d5 和 d6）同样可以发现 M31～M81（1960 年 6 月到 1964 年 8 月）杂谷脑流域径流波动幅度与前期相比明显下降。而这个时期正对应流域森林植被变化最剧烈的时期，说明森林砍伐导致杂谷脑流域径流模式发生了变化。值得一提的是，在水平 6 细节（d6）上可以看到 1962～1964 年杂谷脑流域径流时间序列比较平稳，说明在 64 个月的尺度上该时期径流时间序列低频成分可以较好地反映径流动态变化规律。在不同尺度上的杂谷脑流域径流的多尺度分析细节不同，反映的奇异点水文信息也不尽相同，这进一步说明在研究流域径流动态时进行多尺度分析的必要性和重要性。

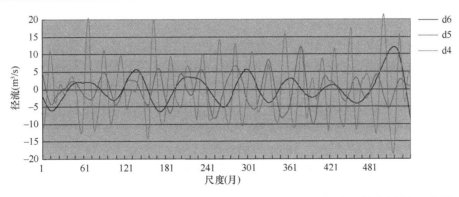

图 12.12　杂谷脑流域径流时间序列多尺度分析（d4、d5 和 d6）部分（彩图见封底二维码）

为了检验径流时间序列在各个时期（M1～M60、M60～M120、M120～M180、M180～M240、M240～M300、M300～M360、M360～M420、M420～M480、M480～M540）是否存在第二种类型间断点。对杂谷脑流域径流时间序列进行 gaus1 小波变换并求算各个时间段内的小波变换系数极值，以及其对应极值点的 Lipschitz 指数 α（表 12.3）。结果发现在 M1～M60 和 M480～M540 时间段内回归方程的确定系数（R^2）分别达到 0.967 和 0.971，存在第二种类型间断点，对应的 Lipschitz 指数 α 分别为 0.430 和 0.464，这说明在 1958～1962 年森林砍伐最严重的时期，杂谷脑流域径流时间序列存在着奇异点，该点径流虽然没有发生明显变化，但其变化速率（时间序列的一阶微分）发生了突变，意味着径流动态在该点有突变产生。类似突变点也存在于 1998～2002 年。而其他时间段内回归方程的确定系数很低（最大为 0.572），可能和这些时间段内存在多个极值或者没有极值有关。

表 12.3　杂谷脑流域径流时间序列的 Lipschitz 指数分析

周期（个月）	α	标准差	R^2	位置
1～60	0.430	0.007	0.967	M10，M19
60～120	0.787	0.081	0.444	NA
120～180	0.183	0.083	0.04	NA
180～240	−0.349	0.036	0.437	NA
240～300	−0.375	0.03	0.572	NA
300～360	−0.205	0.034	0.237	NA
360～420	0.069	0.035	0.031	NA
420～480	0.789	0.077	0.47	NA
480～540	0.464	0.007	0.971	M497，M540

12.4.4.7　小结

从杂谷脑流域径流时间序列来看，水文时间序列存在着多个时间尺度，且大时间尺度包含着小时间尺度，不同时间尺度隐含着水资源的变化规律。多时间尺度的存在，使得水文系统的描述和分析变得更加困难。小波分析为分析水文序列多时间尺度的变化、流量（流速）计算和预测奠定了基础（王文圣，2002，2004）。杂谷脑流域径流时间序列在不同的时间尺度上呈现不同的动态特征。但无论在 32 个月、64 个月、128 个月还是 150 个月（分别对应于 2.6 年、5.3 年、10.6 年和 12.5 年）都可以看到杂谷脑流域径流在 1989~1998 年处于丰水期，和一些文献提到的岷江上游地区径流下降的观点截然相反（姚建等，2004；李崇巍，2005）。实际上，1986~1993 年杂谷脑流域的径流一直在增加，1993 年径流虽然有下降的趋势，但径流量还是高于多年历史平均值。

杂谷脑流域地表径流量在 1968~1978 年的 10 年内处于下降趋势，与王文圣等（2005）在长江宜昌站测定的年径流小波变换系数结果一致。宜昌站 1890~1987 年的年平均径流序列在 12~14 年的时间尺度上出现了 4 次丰枯交替。其中 1965~1987 年为枯水期，而 1986~1995 年地表径流增加，虽然 1995~2002 年地表径流又呈现下降趋势，但从小波变换系数来看，1986~2002 年总体处于丰水期。杂谷脑流域地表径流的动态规律可能与全球气候变化有关。游松财等（2002）的研究表明，长江上游四川段的夏季径流增加，春季径流减少，但全年总趋势增加。Labat 等（2004）的研究也表明，随着全球气候变化，在大洲尺度上亚洲地区地表径流在增加。上述研究在某种程度上均解释了岷江上游杂谷脑流域在 1986~1995 年（或 1986~2002 年）地表径流增加的现象。

水文现象在时间变化上具有周期性和随机性的特征，其中径流量的突变性和周期性一直是水文学研究的主要内容（杨志峰和李春晖，2004）。本研究用小波方差图和小波变换系数二维图对杂谷脑流域径流时间序列进行了周期性分析。小波方差分析发现杂谷脑流域径流时间序列的最大周期性成分并不是我们一般想象中的 12 个月，而是 10 个月。这意味着我们用年径流量来分析森林植被或者全球气候变化对杂谷脑流域径流的影响并不是最佳尺度，这可能给研究结果带来一些影响。杂谷脑流域径流第一主导周期成分是 10 个月而不是 12 个月，可能与杂谷脑流域特殊的气温和降水特点有关。由于杂谷脑流域属于高寒地区，春季比较短，冬季和春季气温及降水特点比较相似，其中 11~12 月与 1~4 月都属于非生长季节，降水形式以降雪为主，这无疑将对径流动态的周期变化产生影响，从而形成与低海拔地区径流动态不同的周期变化规律。在杂谷脑流域径流第一主导周期是 10 个月的情况下，在年的尺度上研究径流与气候和植被变化的关系，则可能出现 1960 年径流比 1965 年径流低，这是由于 1960 年 12 个月中包括 2 个径流谷值月份而 1965 年 12 个月中出现两个峰值月份，而实际结果却并不如此。考虑到杂谷脑流域汛期径流和非汛期径流差异很大这一事实，在年尺度上分析杂谷脑流域径流动态是否合适确实值得进一步探讨。另外，杂谷脑流域径流时间序列还存在明显的 150 个月（即 12.5 年）和 65 个月（这和多尺度分析中的 a6 对应的尺度非常接近）的周期变化成分。此外，杂谷脑流域径流时间序列还存在着比较明显的 26 个月的周期变化。由杂谷脑流域标准化径流时间序列的小波变换系数二维图可以看出，在不同时期杂谷脑流域径流时间序列的主导周期成分不同，1961 年以前 26 个月的周期性成分最明显，而 1961~1978 年杂谷脑流域径流第一主导周期为 65 个月，1978~1997 年第一主导周期才变成 150 个月。1997 年以后 26 个月的周期性成分又占据主导地位。同样的结论可以从杂谷脑流域径流 3 个主要长周期的小波变换系数 $W_f(26,b)$、$W_f(65,b)$ 和 $W_f(150,b)$ 得出。小波变换系数 $W_f(65,b)$ 和 $W_f(150,b)$ 曲线表明杂谷脑流域径流在 1978 年以前以 65 个月的周期变化为主，而 150 个月的周期变化主要在 1978 年以后。无论从 $W_f(65,b)$ 还是 $W_f(50,b)$ 看，杂谷脑流域径流在 2002 年以后将继续增加，存在上升的趋势。杂谷脑流域径流的周期性分析对于杂谷脑流域水资源的可持续利用和规划及生态水文研究具有重要意义。

突变是自然界的一种正常现象，受降水突变和下垫面的影响（如植被变化），天然径流可能发生突变（杨志峰和李春晖，2004）。本研究利用小波多尺度分析和 Lipschitz 指数 α 分析了杂谷脑流域径流时间序列的两类突变点。结果发现在 1959~1962 年杂谷脑流域径流时间序列波动幅度与其他时期相比明显减小，这可能与森林植被变化有关。另外，还发现在 M380 和 M499 处杂谷脑流域径流存在第一种类型间断点。Lipschitz 指数 α 分析发现在 1958~1962 年和 1998~2002 年还存在第二种类型间断点，径流幅度没有明显变化，但径流速率发生了突变。这些间断点都包含着丰富的生态水文信息，在生态水文研究中需要重点关注。在径流或者其他时间序列分析中，小波函数的选择对结果影响很大（刘素一等，2003）。本研究用 Dmey 小波函数进行小波变换分析主要基于以下考虑。首先 Dmey 小波函数具有正交有限支撑特点，具有尺度函数，可以进行多尺度分析。其次，Dmey 小波函数波形和杂谷脑流域月径流曲线比较一致，而这正是考虑选择小波函数的主要因素。在周期性分析中，采用的时间序列均为标准化后的径流时间序列，这主要是为了避免在求算小波变换系数时出现"大数吃小数"、大数除小数的问题（徐萃薇和孙绳武，2002），作者在研究过程中发现用标准化时间序列和原始时间序列求算的小波方差相差很大，这可能与在计算小波变换系数时"大数吃小数"和大数除小数有关，因为本研究采用的时间序列为月径流时间序列而不是一般学者所用的年径流时间序列，而月径流变异很大可能会带来一些算法上的问题。求算 Lipschitz 指数 α 采用的是 Gaus1 小波变换函数，主要是因为该函数对阶跃突变的鉴别能力比较强，该类型突变点对应的小波变换值为极值而不是易受噪声影响的过零点（杨福生，1999）。

12.4.5　杂谷脑流域大规模连续的森林采伐对流域径流的影响

12.4.5.1　杂谷脑流域的采伐历史

采伐始于 1953 年，1955~1962 年进行了高强度的皆伐，在此期间年平均采伐面积占整个流域面积的 1%，大多数伐区都是在此期间形成的。1965 年以后，采伐量迅速减少，从 1966~1978 年的 0.2%降到 1979~1996 年的 0.1%。到 1996 年为止，大约流域面积的 15.5%已被采伐，其中占森林总面积的 50%。等效皆伐面积（Wei and Davidson，1998）从 1953 年的 0.4%增大到 1977 年的 9.6%，到 1996 年下降为 7.6%（图 12.13）。

12.4.5.2　森林采伐对流域径流的影响

相关分析发现采伐与枯水期径流具有显著的负相关性，即流域的森林采伐显著降低了枯水期的径流。这与流域内进行的小规模实验结果一致，在枯水期采伐地的径流量比有林地减少了 68%~76%（Ma，1980）。目前，森林采伐对枯水期径流的增加和降低作用都有报道（Calder，2005），但是目前关于森林采伐对枯水期径流的影响还没有形成一致的观点（Bruijnzeel，2004；Moore and Wondzell，2005）。森林采伐对枯水期径流量的

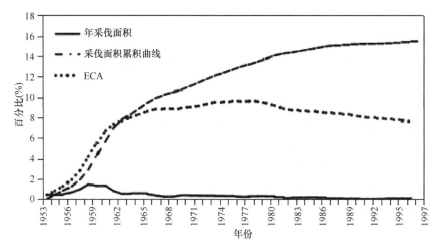

图 12.13   1953～1996 年杂谷脑上游流域的年采伐面积、采伐面积累积曲线和 ECA
（Zhang et al.，2012）

影响主要取决于采伐强度和由此导致的土壤侵蚀程度（如土壤板结）。当表土层被森林采伐严重破坏后，土壤的渗透能力严重受损，从而导致更多的地表径流，致使向深层土壤和地下水的补给减少，枯水期的径流减少。然而，当采伐对土壤扰动比较轻微时（如在冬、春季节进行采伐，此时高海拔地区的土壤处于冰冻状态），由于森林的采伐，流域蒸散量减少，从而有更多的水保留在土壤中，促进土壤的入渗和地下水回灌，增加枯水期径流。

雨季径流主要来自降雨，枯水期径流则来自地下水补给和雨季的土壤蓄水。森林采伐后，雨季的林冠截留、蒸散和土壤入渗减少，从而有更多的降水转换为地表径流和壤中流，最终转变为河道径流。此外，由于研究区山坡陡峭，采伐后土壤入渗和蓄水能力大大降低。刘世荣等（2001）发现杂谷脑上游流域的土壤湿度比采伐前下降了 36%。雨季土壤储水量的急剧下降，大大降低了枯水期可用于生成径流的水量。这表明，研究区的森林采伐后，破坏了其原有的雨季储水和枯水期释放的海绵效应。另外，随着植被更新耗水的增加，采伐后的区域枯水期径流会进一步减少（Bruijnzeel，2004）。所有这些原因共同造成了研究区内枯水期径流的减少。

12.4.5.3   森林采伐后的水文恢复

1958～1996 年流域的采伐率逐渐下降。第一阶段（1958～1969 年）的年均采伐率为 0.68%，第四阶段（1989～1996 年）下降到 0.04%。因此，随着植被的快速恢复，可以观察到采伐对水文的影响逐渐降低。在第二阶段（1970～1978 年），森林采伐后年均径流量为 80.2 mm/a，并迅速下降到 32.8 mm/a，最终下降到 1.1 mm/a。此外，在参考期间（第一阶段）、第三阶段和第四阶段，森林采伐造成的年径流变化没有显著的统计学差异。这进一步说明 1979～1996 年随着植被的恢复，采伐对径流的影响逐渐衰退。可以认为高强度采伐（1955～1962 年）20 年后，采伐的影响消失。先前对天然森林采伐后更新的研究表明，灌木和阔叶树的混交林在采伐后的第 10～20 年完成更新，并在 20 年后被阔叶林替代（Shi et al.，1988；Ma，2007）。因此，森林的快速演替是水文快速恢复的主要原因。

干扰后流域水文恢复速率受许多因素影响，如气候条件、干扰水平和与森林再生密切相关的土壤条件（Moore and Wondzell，2005）。通常，潮湿的热带森林径流恢复到干扰前水平的速率要比温带地区快，这是因为热带次生植被一般比温带森林生长旺盛（Bruijnzeel，2004）。例如，Malmer（1992）发现一个热带流域森林采伐 3～5 年后即可恢复到干扰前的水平。而类似的温带流域（针叶林流域）则需要 31 年（Stednick，2008）。我们估计的年径流恢复时间约为采伐后 20 年，处于上述两个研究结果之间，这是因为我们的研究流域处于亚热带地区。然而，需要指出的是，由于缺少长期和连续的监测数据，关于水文恢复的研究还很少，未来应该加强这一领域的研究。

12.4.5.4　森林采伐和气候变化作用的抵消

1970～1996 年，森林采伐引起的累积年径流量变化的贡献由 1971 年的 1.6%增加到 1987 年的 6.6%，同时气候变异引起的累积年径流量变异的贡献百分率从 1971 年的–1.8%减小到 1987 年的–7.2%。整个采伐干扰期的气候变异和森林采伐对年径流变化的贡献分别为 42.5%和 57.5%，说明森林采伐和气候变化在流域内具有相类似的影响力（图 12.14）。不同的是，采伐会增加径流，气候变化则引起径流的减少。显然，在研究期间森林采伐和气候变化产生的水文效应相互抵消（Zhang et al.，2012）。

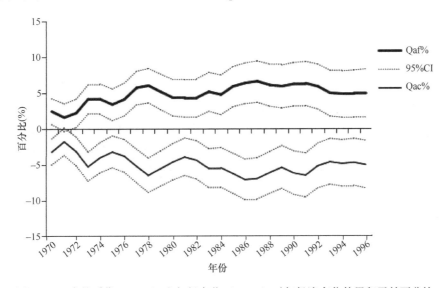

图 12.14　森林采伐（ΔQaf）和气候变化（ΔQac）对年径流变化的累积贡献百分比

12.5　岷江暗针叶林小流域生态水文过程耦合及模拟

12.5.1　研究区概况

（1）地理位置

研究区位于四川卧龙亚高山暗针叶林生态系统定位站（30°51′41″N，

102°58′21″E），距成都市中心约 134 km。实验小流域距定位站约 500 m，位于 30°59′29″N～30°59′39″N，102°58′02″E ～102°59′21″E（图 12.15），面积约为 1.44 km²，海拔为 2780～4080 m。

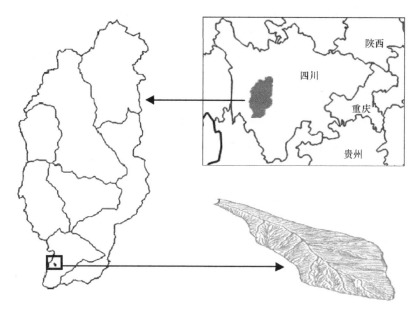

图 12.15　研究区的地理位置

（2）地质地貌

卧龙地区位于龙门山中南段，邛崃山东南坡，为四川盆地向川西高原的过渡地带，其地貌形态以高山深谷为主。区内最高峰四姑娘山，海拔为 6250 m。以四姑娘山-巴朗山为界，向东为四川盆地边缘山地，向西进入川西高原。大地构造上属于龙门山褶断带，由一系列北向平行的褶曲和断裂组成。山体主要由页岩、片岩、板岩、千枚岩、砂岩、砾岩、石灰岩、石英岩等沉积岩和变质岩类组成，母岩常见坡积物，也有残积物、洪积物、冲积物，高山顶部尚有第四纪冰川遗迹（卧龙自然保护区管理局，1987）。

（3）气候

卧龙地区属于青藏高原气候区，是典型的亚热带内陆山地气候，冬夏季风交替显著，气候凉爽，气温年差小，雨热同季，干湿分明，气候具有南北过渡性。12 月气温最低，平均为-5.2℃，7 月最高，平均为 12.4℃，年平均气温为 4.3℃。夏季相对湿度较大，为 84.8%，冬季较小，为 75.5%，年平均湿度为 79%。年均降水量约为 848.9 mm，集中在 6～9 月，占全年降水量的 64.25%。风向以北风及东北风为主。年蒸发量为 772.5 mm，日照时数为 1185.4 h（卧龙自然保护区管理局，1987）。气候的垂直变化明显，海拔每升高 100 m，降水量增加 3.4%左右，蒸发量下降 2.8%，林区气温下降 0.6℃，地表温度下降 0.62℃，绝对湿度下降 0.2 mbar，相对湿度增加 2.4%（李承彪，1990）。

（4）植被

卧龙地区植物区系起源古老，特有种属和孑遗植物较多。但由于人类活动频繁，部分原生植被已被破坏。根据《卧龙植被及资源植物》（卧龙自然保护区管理局，1987），现有植被类型如下。

1）常绿阔叶林

分布于海拔 1600 m 以下，是卧龙地区的基带植被。主要由樟科（Lauraceae）、山毛榉科（Fagaceae）、山茶科（Theaceae）和冬青科（Aquifoliaceae）常绿树种组成，外貌终年常绿，林下伴生有大面积的篌竹（*Phyllostachys nidularia*）、油竹子（*Fargesia angustissima*）和拐棍竹（*Fargesia robusta*）等，种类组成复杂。常绿阔叶林比较复杂，类型多样，各类型之间相互渗透，常见的有油樟（*Cinnamomum longepaniculatum*）、川桂皮（*C. mairei*）、白楠（*Phoebe neurantha*）、山楠（*P. chinensis*）、小果润楠（*Machilus microcarpa*）和曼青冈（*Cyclobalanopsis oxyodon*）等。

2）常绿、落叶阔叶混交林

分布于海拔 1600～2000 m，是常绿阔叶林与针阔叶混交林之间的过渡类型。建群种中，常绿树种有山毛榉科的曼青冈、青冈（*C. glauca*）、巴东栎（*Quercus engleriana*）、刺叶高山栎（*Q. spinosa*）、硬壳柯（*Lithocarpus hancei*）等，樟科的山楠、黄丹木姜子（*Litsea elongata*）；落叶树种有桦木科（Betulaceae）、山毛榉科、胡桃科（Juglandaceae）、槭树科（Aceraceae）等树种，在局部地区则有连香树（*Cercidiphyllum japonicum*）、珙桐（*Davidia involucrata*）、光叶珙桐（*D. involucrata* var. *vilmoriniana*）、水青树（*Tetracentron sinense*）、领春木（*Euptelea pleiospermum*）等古老植物伴生。林下层以拐棍竹为主，植被外貌季节变化明显，春夏深绿与嫩绿相间，入秋则叶片呈黄、红、紫色，冬季落叶后，林冠仅有少量绿色点缀于白色世界中。

3）适温针叶林

分布于海拔 1800～2600 m。建群种为华山松（*Pinus armandi*）、油松（*P. tabulaeformis*），刺叶栎、麦吊杉（*Picea brachytyla*）伴生其中。林木下层主要有杜鹃属（*Rhododendron*）、栒子属（*Cotoneaster*）、忍冬属（*Lonicera*）等。

4）适温针阔叶混交林

分布于海拔 2200～2700 m。主要的阔叶树种有红桦（*Betula albosinensis*）、华椴（*Tilia chinensis*）、藏刺榛（*Corylus ferox*）、槭树（*Acer* spp.）等，针叶树有铁杉（*Tsuga chinensis*）、麦吊杉、四川红杉（*Larix mastersiana*）、云南铁杉（*T. dumosa*）等。林木下层广泛分布着拐棍竹，局部地区还有冷箭竹（*Bashania fangiana*）、峨眉玉山竹（*Yushania chungii*）。群落外貌季节变化显著，春夏呈翠绿色，秋末冬初红、黄、紫镶嵌。

5）寒温性针叶林

分布于海拔 2400～3600 m，主要有麦吊杉林、多种冷杉（*Abies* spp.）林、方枝柏（*Sabina saltuaria*）林等，其中岷江冷杉（*A. faxoniana*）林是卧龙地区植被的主要组成部分，落叶针叶林分布面积狭窄，主要有四川红杉林。林木下层大面积分布着冷箭竹，其次有峨眉玉山竹、华西箭竹（*Fargesia nitida*），植被外貌呈暗绿色，四季变化不明显。

6）耐寒灌丛和高山草甸

分布于海拔 3800～4500 m，耐寒灌丛以青海杜鹃（*Rhododendron przewalskii*）、紫丁杜鹃（*R. violaceum*）、异型柳（*Salix dissa*）、细枝绣线菊（*Spiraea myrtilloides*）、蒙古绣线菊（*Spiraea mongolica*）、银露梅（*Potentilla glabra*）、香柏（*Sabina pingii* var. *wilsonii*）为主，主要分布在阴坡。高山草甸包括杂草类草甸珠芽蓼（*Polygonum viviparum*）草甸和圆穗蓼（*P. macrophyllum*）草甸，禾草草甸的羊茅（*Festuca ovina*）草甸，莎草草甸的矮生嵩草（*Kobresia humilis*）草甸。高山草甸多数分布于阳坡或半阳坡，夏季百花齐放，色彩艳丽。

7）高山流石滩稀疏植被

分布于海拔 4500～5000 m，植被组成主要为多毛、肉质的矮小草本，如多种风毛菊（*Saussurea* spp.）、多种虎耳草（*Saxifraga* spp.）、多种红景天（*Rhodiola* spp.）等，还有少数的地衣和苔藓植物。

（5）土壤

卧龙地区土壤垂直分布带明显，根据《卧龙植被及资源植物》（卧龙自然保护区管理局，1987），主要类型如下。

1）山地黄壤

分布在海拔 1600 m 以下，土壤母质主要是砂岩、石英砂岩。土体呈暗黄色，土壤呈酸性。有机质含量较高，含钙、镁量多，植被为亚热带常绿阔叶林。

2）山地黄棕壤

分布于海拔 1600～2000 m，母质为砂岩、千枚岩和石英砂岩，土层分化明显，心土呈棕黄色。有机质含量可达 10%左右，低于山地黄壤。土壤呈酸性。植被为常绿、落叶阔叶混交林。

3）山地棕壤

分布于海拔 1900～2300 m，母质为砂板岩、千枚岩和石英砂岩，呈黄棕色。土壤有机质含量为 2%～8%。土壤呈微酸性。植被为落叶阔叶林和针阔叶混交林。

4）山地暗棕壤

分布于海拔 2100～2600 m，母质为砂岩、千枚岩、板岩和灰岩等。土壤呈酸性，表面枯枝落叶层较厚。植被为针阔叶混交林。

5）山地棕色针叶林土

分布于海拔 2600～3600 m，母质为砂岩、千枚岩、板岩等，具有泥炭化的特性，持水性强。心土呈褐棕色，有机质含量为 8%～24%，土壤呈酸性。植被为冷杉林。

6）亚高山草甸土

分布于海拔 3600～3900 m，母质为砂岩、千枚岩和石英砂岩等。表层为草根盘结层，保持水土的功能强，土色为棕灰色。表层有机质含量很高，为 18%，土壤呈酸性，植被为亚高山灌丛、草甸。

7）高山草甸土

分布于海拔 3900～4400 m，与亚高山草甸土相似，有草根盘结层，但土壤呈微酸性。

8）高山寒漠土

分布于海拔 4400 m 以上，土层很薄，土壤处于原始状态，有机质含量极低，植被为流石滩疏草。

12.5.2　研究方法

12.5.2.1　数据观测及收集

（1）地形数据

主要为小流域 1∶15 000 地形图，由四川省林业科学研究院提供。

（2）气象数据

来源于卧龙亚高山暗针叶林生态系统定位站的气象观测站（海拔 2750 m）、高山栎林自动气象站（海拔 2900 m）和亚高山草甸自动气象站（海拔 3400 m）3 个气象站。本研究所用气象数据主要包括辐射（R_s）、降水量（P）、最高气温（T_{max}）、最低气温（T_{min}）、相对湿度（RH）。饱和蒸汽压差（VPD）由 RH、T_{max} 及 T_{min} 根据公式（12.13）（Running et al.，1987）计算得到。自动气象站数据采集间隔为 30 min，不定期下载。

$$\text{VPD} = e_a - e_d \tag{12.13}$$

$$e_a = 0.611 \times \exp\left(\frac{17.27T}{T + 237.3}\right) \tag{12.14}$$

$$e_d = \text{RH}e_a \tag{12.15}$$

式中，e_a 为温度 T 时的饱和水汽压（kPa）；e_d 为实际水汽压（kPa）；RH 为相对湿度（%）；T 为温度（℃）。

（3）植被数据

1）植被调查

依照小班划分标准和方法，将小流域划分成 8 个小班。2004 年 7～8 月，对每个小班的植被进行标准地调查，标准地面积乔木 20 m×20 m、灌木 5 m×5 m、草本 1 m×1 m。调查指标：乔木包括树种、树高、胸径、枝下高、冠幅；灌木包括种名、高度、地径、盖度、株数；草本包括种名、高度、盖度、株数（丛数）；苔藓包括高度、盖度。调查方法：目测估计树高和枝下高；在上坡方向测定胸径；冠幅用皮尺测定树冠投影，按东西×南北记录；测定灌木高度和地径，单株则取其测定值，丛生则取各株平均值；盖度根据每种灌木（草）冠层投影面积占标准地面积的百分数进行估计；丛生灌木株数记录丛数和每丛株数，草本记录丛数；对不认识的种，采集标本，做好记录，带回实验室鉴定。树高级与径级的划分均采用上限排外法。树高以 2 m 为一个树高级，4 m 以下划分到 4 m 树高级，4~6 m 划分到 6 m 树高级，依次类推，树高级分别为 4 m、6 m、8 m、10 m 等。胸径以 4 cm 为一个径级，4 cm 以下划分到 4 cm 径级，4~8 cm 划分到 8 cm 径级，依次类推，径级分别为 4 cm、8 cm、12 cm、16 cm。株数统计包括树高 3 m 以上所有的乔木树种。

2）地被物调查

在植被调查的同时，在每块标准地内，沿对角线取地被物（枯落物+苔藓）样 5 个，面积 5 cm×5 cm，取样前测量厚度，将样品带回实验室，立即用天平称重（g）（鲜重）。然后在清水中浸泡 12 h，取出称重（g）（饱和重）。最后将水空干，放入烘箱，在 75℃条件下烘干 24 h，取出称重（g）（干重）。计算地被物层的干物质量和最大持水率，公式如下：

$$干物质量（kg/hm^2）=干重×1000 \tag{12.16}$$

$$最大持水率（\%）=（饱和重-干重）/干重×100 \tag{12.17}$$

3）叶面积指数（LAI）的测定

样点的布置主要考虑植被类型和地形（包括海拔和坡向）2 个因子。植被类型包括小流域的全部 4 个岷江冷杉林和 1 个杜鹃灌丛，海拔从 2800 m 起至 3900 m，坡向分半阴坡（EN-slope）和半阳坡（WS-slope）。叶面积指数（LAI）用 LAI-2000 植物冠层分析仪进行测定，观测高度距地面 1 m。在小流域的两边坡面上，从低海拔到高海拔，结合植被类型，每升高 100 m 观测一个样地，每个样地观测 3 组数据，每组数据测定 10 个 LAI 值，取其平均值，每次观测 26 个样地 78 组数据。测定时间为 2005 年 7~9 月，每次测定的样地位置相同。本研究中，杜鹃灌丛 LAI 为冠层分析仪实测数据，针叶林 LAI 按照公式（12.16）计算：

$$L = (1-\alpha)L_e\gamma_E/\Omega_E \tag{12.18}$$

式中，L 为实际叶面积指数；α 为树干等非树叶因素对总叶面积的比率；L_e 为有效叶面积指数，可以由 LAI-2000 植物冠层分析仪直接测定；γ_E 为不同针叶树种的针叶总面积与簇面积的比例，对于阔叶树种，γ_E 取值 1，对于针叶树种，γ_E 取值 1.4；Ω_E 是针叶聚集指数，利用 LAI-2000 植物冠层分析仪对 4 种冷杉林类型的测定值约为 0.95，并且在不同林分类型之间没有显著性差异。

各群落类型 LAI 为该类型该次所有观测点的算术平均值，小流域 LAI 为该次所有群落类型 LAI 的面积加权平均值。

（4）土壤数据

1）土壤物理性质的测定

在植被调查的同时，每块标准地挖 1 个土壤剖面，记录土壤类型和厚度，用 100 cm³ 环刀分 3 层（0～20 cm、20～40 cm、40 cm 以上）取样，每层 3 个重复，按照土壤水分测定方法测定各项指标，计算公式（黄昌勇，2000）如下。

$$土壤容重（g/cm^3）= 环刀内干土重（g）/环刀体积（cm^3） \quad (12.19)$$

$$最大持水量（\%）= [浸润 12\,h 后环刀内湿土重（g）–环刀内干土重（g）]/$$
$$环刀内干土重（g） \quad (12.20)$$

$$最大持水量（mm）=0.1×土层厚度（cm）×土壤容重（g）×最大持水量（\%） \quad (12.21)$$

$$毛管持水量（\%）= [在干沙上搁置 2\,h 后环刀内湿土重（g）–环刀内干土重（g）]/$$
$$环刀内干土重（g） \quad (12.22)$$

$$毛管持水量（mm）=0.1×土层厚度（cm）×土壤容重（g）×毛管持水量（\%） \quad (12.23)$$

$$最小持水量（\%）= [在干沙上搁置 6\,h 后环刀内湿土重（g）–环刀内干土重（g）]/$$
$$环刀内干土重（g） \quad (12.24)$$

$$最小持水量（mm）=0.1×土层厚度（cm）×土壤容重（g）×最小持水量（\%） \quad (12.25)$$

$$非毛管孔隙（\%）= [最大持水量（\%）–毛管持水量（\%）]×土壤容重（g/cm^3） \quad (12.26)$$

$$毛管孔隙（\%）= 毛管持水量（\%）×土壤容重（g/cm^3） \quad (12.27)$$

$$总孔隙度（\%）= 非毛管孔隙（\%）+毛管孔隙（\%） \quad (12.28)$$

$$土壤通气度（\%）=总孔隙度（\%）–容积湿度（\%） \quad (12.29)$$

$$土壤通气度（\%）=重量湿度（\%）×容重（g/cm^3） \quad (12.30)$$

$$重量湿度（\%）= [环刀内湿土重（g）–环刀内干土重（g）]/环刀内干土重（g） \quad (12.31)$$

$$容积湿度（\%）= 重量湿度（\%）×土壤容重（g/cm^3） \quad (12.32)$$

$$土壤贮水量（mm）=0.1×重量湿度（\%）×土壤容重（g/cm^3）×土层厚度（cm） \quad (12.33)$$

2）土壤饱和导水率的测定

用双环法进行测定。用 100 cm³ 环刀分 3 层（0～20 cm、20～40 cm、40 cm 以上）取样，每层 3 个重复，浸泡 24 h 后，取出其中 1 个，在上部接一个同样大小的环刀，用胶带纸封好接口处，水平放在漏斗中，置于渗透架上，在上部环刀内注水，漏斗下用烧杯接渗出的水。从漏斗下面滴第一滴水开始计时，每隔 2 min、2 min、5 min、5 min 等测一次渗透水量，同时立即将上部水加至原刻度，直到单位时间内渗出的水量达到稳定时为止。渗透速率的计算公式如下：

$$v = \frac{10Q_i}{st_i} \quad (12.34)$$

式中，v 为渗透速率（mm/min）；s 为环刀横断面积（cm²）；Q_i 为在时段 t_i 中渗出的水量（cm³）。

3）土壤水分动态的测定

用 CNC503DR 型土壤中子水分仪进行测定。2005 年 6 月，在实验小流域内，按照植被类型，结合海拔、坡向、坡位，布置样点，埋设中子管。海拔梯度每隔 100 m 布置一个样点，坡位分上坡、中坡、下坡，每个样点 3 个重复，共 12 个样点 36 个重复。每次测定前，对仪器进行标定，记录标准计数 R_s。观测土壤水分时，记录中子数 R。观测深度为 5 cm、15 cm、25 cm 等，直到土壤底层。观测时间为 2005 年 7～10 月，每月上、中、下旬各测定一次，时间间隔为 10 天。

4）土壤中子水分仪的标定

2005 年 8 月，在其中一次观测的同时，在每个样点的旁边挖土壤剖面，采集土样，采样深度为 0～10 cm、10～20 cm、20～40 cm、40 cm 以上，用烘干法求得土壤容积含水量，建立每个样点中子水分仪的读数与土壤水分含量之间的关系（标定曲线），然后根据标定曲线和中子水分仪计数计算土壤容积含水量。计算公式如下：

$$W = AR/R_s + B \tag{12.35}$$

$$A = \frac{M_H - M_L}{R_H - R_L} \tag{12.36}$$

$$B = M_L - AR_L \tag{12.37}$$

式中，W 为土壤容积含水量；R 为测量计数；R_s 为标准计数（每秒计数）；A、B 为参数，需要标定；M_H 为高水分含量；M_L 为低水分含量；R_H 为高水分条件下探头计数比；R_L 为低水分条件下探头计数比。

12.5.2.2 TOPOG 模型

（1）模型简介

TOPOG 模型是一个基于地形分析的水文模拟软件包。它起源于 20 世纪 80 年代初澳大利亚的 WETZONE 计划，由澳大利亚联邦科学与工业研究组织（CSIRO，Australia）及集水区水文学合作研究中心（CRC）共同开发研制（黄志宏，2003；Hatton and Dawes，1991；O'Loughlin，1981，1986，1990）。它可以精确地描述复杂的三维地形，模拟集水区土壤湿润指数与侵蚀风险指数的空间分布、动态水文过程、植物生长及其对流域水量平衡的影响、土壤表面沉积物的搬运以及土壤中的物质运动过程。它的主要特点是"确定性"和"分布式"，模拟的流域面积一般小于 1 km²（最大可达 10 km²），时间步长为天或者小时。目前，该模型在国际上应用较多，已被用在许多方面，如地形分析、湿润指数的计算、侵蚀与滑坡模拟、洪水预报、动态水碳平衡等。但在我国的研究报道很少，仅见黄志宏用于地形分析和湿润指数的计算（Huang et al.，2005）。

（2）模型的基本原理

1）地形分析

首先将流域的地形图数字化，形成点（.xyz）文件或者原始等高线（.cns）文件。运行 TOPOG 模型的_demgen 程序，在 display 窗口中显示.xyz 文件或者.cns 文件。在 Build

窗口中建立.spl 文件和.gcn 文件，然后运行_grdcon 和_splin2h 程序，就可以生成流域的 DEM。再用_mkbdy 程序建立高点（.hpt）文件、鞍点（.sad）文件、边界顶点（.vrt）文件、溪流线（.stl）文件、内部流域（.iws）文件，其中.hpt 文件和.vrt 文件是必要的，之后运行_element 程序，就可以完成流域的地形分析，计算出流域的边界、溪流线、山脊线，并把流域划分成大小不等的单元格，计算出每个单元格的坡度、坡向、地形指数等，同时根据流域所在的纬度，计算出流域的理论辐射值。形成的图可以用_display 程序显示并且输出。各个程序之间的联系如图 12.16 所示。

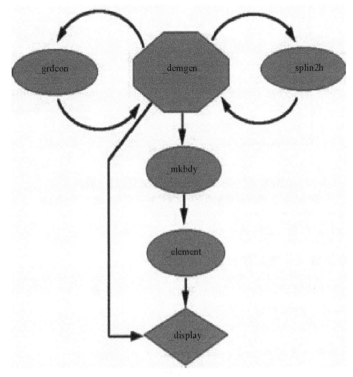

图 12.16　TOPOG 模型中的地形分析

此图来源于 TOPOG 模型的用户指南

2）水文过程模拟

TOPOG 模型可以进行静态模拟和动态模拟。静态模拟包括流域湿润指数和土壤侵蚀风险指数两类。在地形分析的基础上，根据流域的气候、土壤、植被、径流等特征，用_overlay 程序建立分布式的参数文件，然后运行_simul 程序，完成静态模拟。动态模拟包括 6 个模块：土壤水分模块、蒸散模块、植物生长模块、溶质运动模块、地面径流模块和沉积物搬运模块。在地形分析的基础上，根据原始数据，用_soil、_climate、_rcoeff、_overlay 程序分别建立土壤、气候、辐射校正、空间变量文件，然后把这些文件输入_simgen 程序，选择要运行的模块，运行_dynamic 程序，完成动态模拟。模拟结果可以用_chart、_profile、_display、_xhistog 程序显示。其中_chart 显示时间序列数据，_profile 显示土壤剖面数据，_display 显示空间数据，_xhistog 显示模拟结果的统计信息。各个程序之间的连接如图 12.17 所示。

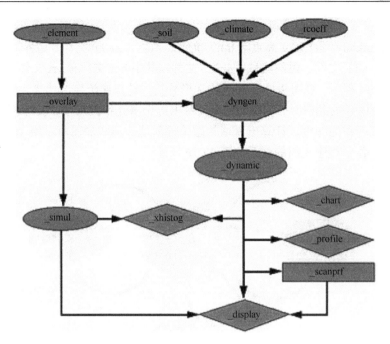

图 12.17　TOPOG 模型中的水文过程模拟

此图来源于 TOPOG 模型的用户指南，原图中_dyngen 应为_simgen

12.5.2.3　冠层截留

（1）冠层截留量（系数）的计算

降水（P）经过林冠后，被分成冠层截留（I）、穿透水（T）和树干径流（S）三部分（马雪华，1993）。根据水量平衡原理：

$$I = P - T - S \tag{12.38}$$

观测发现，研究区 S 很少发生，可视作 0，上式可简化为

$$I = P - T \tag{12.39}$$

冠层截留系数（CIR）按照下式计算：

$$\mathrm{CIR} = \frac{I}{P} \times 100\% \tag{12.40}$$

（2）冠层截留量的模拟

1）模型构建

本研究中，冠层最大截留量用公式（12.24）（何东进和洪伟，1999）计算：

$$E_I(P) = \begin{cases} \left(1 - \dfrac{\mathrm{veg}}{\mathrm{LAI}}\right) \cdot P & P \leqslant P^* \\ \alpha \cdot \mathrm{LAI} \cdot \left(1 - \dfrac{\mathrm{veg}}{\mathrm{LAI}}\right) & P > P^* \end{cases} \tag{12.41}$$

式中，$E_I(P)$ 为林冠截留量；veg 为植被盖度，取值 0～1；α 为叶面上平均最大持水深度；P 为降水量；P^* 为临界降水量，由公式（12.25）确定。

$$P^* = \alpha \cdot \text{LAI} \tag{12.42}$$

附加截留量等于冠层截留量与冠层最大截留量之差。其计算步骤如下：①基于箭竹-岷江冷杉林的实际冠层截留量和小流域内箭竹-岷江冷杉林的冠层最大截留量，计算出附加截留量；②根据王彦辉等（1998）和李崇巍等（2005）的文献，附加截留量与降水量呈紧密正相关关系，在实测数据基础上，拟合出该区植被冠层附加截留量[$f(P)$]与降水量（P）之间的关系式；③根据拟合出的关系式，结合小流域植被的空间分布以及降水量与海拔之间的关系（海拔每升高 100 m，降水量增加 3.4%），计算出小流域各种植被类型的附加截留量；④按照各种植被类型所占的面积比例，求出小流域植被冠层的附加截留量。

2）参数化

LAI 为小流域 7～9 月的平均值；α 根据有关资料（刘世荣等，1996；周国逸，1997；李崇巍等，2005），结合 2004 年 7～9 月小流域的标准地调查数据赋值，veg 为标准地调查数据。模型中各参数的取值见表 12.4。

表 12.4　模型的参数值

植被类型	α	veg	LAI	P^*
A	0.47	0.95	6.04	2.84
B	0.45	0.90	5.75	2.59
C	0.40	0.80	4.90	1.96
D	0.38	0.70	4.76	1.81
E	0.25	0.35	2.81	0.70
Aver	0.41	0.78	5.07	2.12

注：A～E 依次为藓类-箭竹-岷江冷杉林、草类-箭竹-岷江冷杉林、藓类-杜鹃-岷江冷杉林、草类-杜鹃-岷江冷杉林和杜鹃灌丛，Aver 为小流域面积加权平均值

3）模型验证

冠层截留量模拟值为冠层最大截留量模拟值与附加截留量模拟值之和。冠层截留量实测值为林外降水量与箭竹-岷江冷杉林林内降水量之差。模拟效果用以下几个参数来评价。

$$\text{MAE} = \frac{\sum\limits_{i=1}^{n} |o_i - p_i|}{n} \tag{12.43}$$

$$\text{RE} = \frac{\text{MAE}}{\overline{o}} \times 100\% \tag{12.44}$$

$$\text{PRMSE} = \sqrt{\frac{\sum\limits_{i=1}^{n} (p_i - o_i)^2}{n}} \times \frac{1}{\overline{o}} \tag{12.45}$$

$$EF = \frac{\sum_{i=1}^{n}(o_i - \overline{o})^2 - \sum_{i=1}^{n}(p_i - \overline{p})^2}{\sum_{i=1}^{n}(o_i - \overline{o})^2} \qquad (12.46)$$

$$CD = \frac{\sum_{i=1}^{n}(o_i - \overline{o})^2}{\sum_{i=1}^{n}(p_i - \overline{o})^2} \qquad (12.47)$$

式中，p_i 为第 i 个模拟值；o_i 为第 i 个实测值；$\overline{o}$ 和 $\overline{p}$ 分别为实测平均值和模拟平均值；n 为降雨场次；MAE 为绝对误差平均值，MAE≥0；RE 为相对误差平均值，RE≥0；RRMSE 为离差系数，RRMSE≥0；EF 为效率系数，$-\infty<EF\leqslant1.0$；CD 为确定系数，$0\leqslant CD<+\infty$。当模型模拟结果满足这几个指标的最佳组合（MAE、RE、RRMSE 最小，EF 最大，CD 临近 1）时，可以认为模拟结果最合理（刘建梅等，2005）。

12.5.2.4 蒸散

森林蒸散（evapotranspiration，ET）既是森林生态系统中水量平衡的最大分量（刘世荣等，1996；马雪华，1993），也是主要的生态水文过程之一，还是形成地表与大气之间联系与反馈的重要途径（Hutjes et al.，1998；Savabi and Stockle，2001）。研究森林蒸散对认识森林生态系统中水分循环过程的规律、揭示森林植被及其变化对水文过程的调节机制，以及了解森林植被对气候变化的影响和响应都非常重要（刘京涛，2006；Fisher et al.，2005）。研究蒸散的方法很多，相对而言，实测能够获得较为准确的蒸散。但由于影响森林蒸散的因素众多，实测非常困难，特别是在较大的空间尺度上。因此，在实际应用中，多用蒸散模型来进行估算。

估算蒸散的模型很多，大致可分为 3 类：潜在蒸散（potential evapotranspiration，PET）模型、实际蒸散（actual evapotranspiration，AET）模型和互补相关（complementary relationship）模型。PET 模型主要包括基于温度的模型[如 Thornthwaite（TH）模型（Thornthwaite，1948）]、基于辐射的模型[如 Priestley-Taylor（P-T）模型（Priestley and Taylor，1972）]和复合模型（Penman，1948）。这类模型结构简单，所需参数较少，且容易获得，在实际应用中十分普遍（Stannard，1993；Federer et al.，1996；Vörösmarty et al.，1998）。现存的 PET 模型很多，但不同模型提出的背景不同，适用的区域也不同。例如，TH 模型是在美国东部沿海地区提出的，Penman 模型是在欧洲提出的，P-T 模型是在澳大利亚提出的。Fontenot（2004）在美国路易斯安那州以 P-M 模型作为标准，比较了 FAO 24 Radiation（24RD）（Doorenbos and Pruitt，1977；Jensen et al.，1990）、FAO 24Blaney-Criddle（24BC）（Blaney and Criddle，1950）、Hargreaves-Samani（H-S）（Hargreaves and Samani，1985）、P-T、Makkink（Makk）（Makkink，1957）、Turc（Turc，1961）、Linacre（Lina）（Linacre，1977）7 个 PET 模型，结果表明：在内陆地区 24BC 模型最好，在沿海地区 Turc 模型最好，在湿润地区 P-T 模型较好。Fisher 等（2005）在美国 Sierra Nevada 森林生态系统研究站比较了 P-T 模型、SB 模型、Penman 公式、P-M

模型、S-W 模型，发现基于 Penman 公式的 P-M 模型、S-W（Shuttleworth-Wallace）模型和 McNaughton-Black（M-B）模型的模拟结果相似，S-W 模型模拟结果稍好，P-T 模型的 Φ 值经过土壤水分修订后的模拟效果很好。作者认为，在大尺度上，P-T 模型比 P-M 模型更为实用。Xu 和 Chen（2005）在德国 Mönchengladbach 水文气象站用蒸渗仪作为标准比较了 4 个 PET 模型（TH 模型、Hargreaves 模型、Makk 模型和 P-T 模型）和 3 个互补相关模型（AA 模型、GG 模型和 CRAE 模型），结果表明，PET 模型基于辐射的 Makk 模型和 P-T 模型比基于气温的 TH 模型、Hargreaves-Samani 模型的模拟效果好。李崇巍（2005）用 TH 模型、P-T 模型和 P-T 模型改进式（MPT 模型）研究了岷江上游的蒸散，他认为 MPT 模型的模拟效果较好。

依据这些研究结果，基于所能获得的数据，本研究选择了在湿润区模拟效果较好的 P-T 模型和 MPT 模型，以及最简单但应用最为广泛的 TH 模型和比较简单的 H-S 模型，对川西亚高山暗针叶林小流域蒸散的时空变化特征进行了研究。

（1）模型介绍

1）Thornthwaite（TH）模型

它是美国 Thornthwaite（1948）提出的一个利用月平均气温计算 PET 的经验公式，应用十分普遍（周国逸，1997）。该公式假设一个月为 30 天，每天有 12 h 日照时数，其表达式见第 5 章公式（5.77）～公式（5.79）。因为公式的假设与实际不完全相符，引入校正系数后，公式为

$$\mathrm{ET}_p' = \mathrm{ET}_p \left(\frac{d}{12}\right)\left(\frac{N}{30}\right) \tag{12.48}$$

式中，ET_p' 为校正后的 PET（mm）；N 为每月的天数（$1 < N \leqslant 31$）；d 为理论日照时数（$0 \leqslant d \leqslant 24$ h），与纬度和季节有关。

2）Hargreaves-Samani（HS）模型

Hargreaves 和 Samani（1985）对估算草地日蒸散的 Hargreaves-Samani 模型（Hargreaves，1975）提出了一些改进，其中一种为

$$\mathrm{ET}_p = 0.0023(T_{\mathrm{mean}} + 17.8)(T_{\mathrm{max}} - T_{\mathrm{min}})^{0.5} R_a \tag{12.49}$$

式中，T_{mean} 为日平均温度（℃）；T_{max} 为日最高温度（℃）；T_{min} 为日最低温度（℃）；R_a 为地外辐射，本研究用单位太阳总辐射所蒸散的水分当量（mm）代替。模型只用气象数据来估算 PET，计算简单，便于应用，被联合国粮食及农业组织（FAO）列为在空气温度为唯一可获得数据的地区计算 PET 的参考模型（Hargreaves and Allen，2003）。

3）Priestley-Taylor（P-T）模型

P-T 模型估算 PET 仅需要太阳辐射、温度和高程作为输入项，模型表述见第 5 章公式（5.85）。

4）Priestley-Taylor 改进式（MPT）

基于能量平衡方程，不同形式的 PET 表达式可以用如下通用方程来表示（Brutsaert，1982）：

$$\mathrm{ET}_p = \frac{\beta}{\lambda}\left[A(R_n - G)\frac{\Delta}{\Delta + \gamma} + B\frac{\Delta}{\Delta + \gamma}f(u)(e_a^* - e_a)\right] \tag{12.50}$$

式中，G 为土壤热通量[MJ/（$m^2·d$）]；$f(u)$ 为风的函数；e_a 和 e_a^* 分别为水汽压和饱和水汽压（a 指大气）；β、A 和 B 为系数，Δ 为饱和水汽压曲线的斜率；γ 为干湿表常数。当 $A=\Phi=1.26$，$\beta=1.0$，$B=0$ 时，方程即类似于 P-T 模型。对此 Jiang 和 Islam（1999，2001）提出了 P-T 模型的改进式：

$$\mathrm{ET}_p = \frac{\Phi}{\lambda}\left[(R_n - G)\frac{\Delta}{\Delta + \gamma}\right] \tag{12.51}$$

Bastiaanssen 等（1998）研究表明，Φ 值同遥感影像特定像元的物理特性密切相关，如表面湿度、表面导度和表面温度等。Jiang 和 Islam（2001）提出了表面温度、NDVI 与 Φ 之间的关系（李崇巍，2005）。据此，李崇巍（2005）利用 NDVI 与表面温度对岷江上游不同季节不同空间的 Φ 值进行了空间插值。Spittlehouse 和 Black（1981）指出，如果固定 Φ 值，P-T 模型会因为误差而不再适用。Flint 和 Childs（1991）将 Φ 值定义为土壤水分的函数，Fisher 等（2005）在此基础上提出了下面的经验公式：

$$\Phi = 0.84m + 0.72 \tag{12.52}$$

式中，m 为 0～20 cm 土壤容积含水量（cm^3/cm^3）。本研究考虑到研究区植被状况与 Fisher 等（2005）[在美国加利福尼亚州内华达山 Blodgett 森林研究站，植被以西黄松（*Pinus ponderosa*）为优势种]的研究相近，故用上面的经验公式来计算小流域各种群落类型的 Φ 值。

（2）模型参数化

净辐射 R_n，又称辐射平衡或辐射差额，是指地表净得的短波辐射与长波辐射的和（即地表辐射能量收支的差额）。它是地表能量、动能、水分输送与交换过程的主要能源。本研究净辐射包括短波辐射和长波辐射两部分（Xu and Li，2003）。

$$R_n = (1-\alpha)R_0\left(0.18 + 0.55\frac{n}{N}\right) - \sigma(T_a + 273)^4(0.56 - 0.092\sqrt{e_a})\left(0.1 + 0.9\frac{n}{N}\right) \tag{12.53}$$

式中，R_0 为入射辐射又称太阳总辐射（MJ/m^2），用 TOPOG 模型计算；n 为日照持续时间（h），等于实际日照时数；N 为日照最大持续时间（h），等于理论日照时数（h）；σ 为 Stefan-Boltzman 系数 [$5.67×10^{-8}$ W/($m^2·K^4$)]；T_a 为空气温度（℃）；α 为反照率，根据 Brutsaert（1982）和刘京涛（2006）的文献，本研究中的暗针叶林取值为 0.14。

$$N = \frac{24}{\pi}\omega_0 \tag{12.54}$$

$$\omega_0 = \arccos(-\mathrm{tg}\varphi\,\mathrm{tg}\delta) \tag{12.55}$$

$$\delta = 0.4093 \times \cos\left(2\pi\frac{t_d - 172}{365}\right) \tag{12.56}$$

式中，φ 为地理纬度（°）；t_d 为日序数（1～366）；δ 为太阳赤纬（rad）；ω_0 为日没时角（rad）。单位转换如下。

$$1\ \text{W·h/m}^2 = 1\ \text{J/s} \times 3600\ \text{s/m}^2 = 3.6 \times 10^{-3}\ \text{MJ/m}^2 = 3.6 \times 10^{-3}/2.45\ \text{mm} = 1.469 \times 10^{-3}\ \text{mm}$$

$$1\ \text{J/(s·m}^2) = 1\ \text{W/m}^2 = 0.0864\ \text{MJ/m}^2 = 0.0864/2.45\ \text{mm} = 0.035\ 265\ \text{mm}$$

其他参数如下。

饱和水汽压 e_a 根据下式计算：

$$e(T) = 0.6108 e^{\left(\frac{17.27T}{T+237.3}\right)} \tag{12.57}$$

式中，T 为空气温度（℃）；$e(T)$ 表示温度为 T 时的饱和水汽压（kPa）。

土壤热通量（G）为土壤内部的热量交换，对土壤蒸发、地表能量交换均有影响。计算土壤热通量的方法很多，本研究采用 Choudhury 等（1987）提出的基于叶面积指数（LAI）和净辐射（R_n）计算的经验公式。

$$G = 0.4 e^{(-0.5\text{LAI})} R_n \tag{12.58}$$

其他参数的计算如下：

$$\Delta = \left(\frac{V_s}{T_{\text{mean}}+273}\right) \times \left(\frac{6791}{T_{\text{mean}}+273} - 5.03\right) \tag{12.59}$$

$$V_s = 0.1 \times e^{[54.88 - 5.03 \times \ln(T_{\text{mean}}+273) - 6791/(T_{\text{mean}}+273)]} \tag{12.60}$$

$$P_a = 101 - 0.0115h + 5.44 \times 10^{-7} h^2 \tag{12.61}$$

$$\gamma = \frac{C_p P_a}{\varepsilon \lambda} \tag{12.62}$$

$$P_a = 101.3 \times \left(\frac{293 - 0.0065h}{293}\right)^{5.26} \tag{12.63}$$

式中，C_p 为稳压比热 $=1.013 \times 10^{-3}$ MJ/（kg·℃）；ε 为水汽分子与空气分子的分子质量比值，取 0.622；λ 为汽化潜热（MJ/kg），V_s 为饱和水汽压（kPa）；P_a 为大气压（kPa）；h 为高程（m），其他同上。

（3）PET 与 AET 的转换方法

PET 与 AET 的转换方法很多，但由于生态系统的复杂性和异质性，目前还没有一个公认的转化方法（李崇巍，2005）。本研究选用了下面 3 种比较常用的方法来进行转换。

1）Zhang 等（2001）的方法

在干旱条件下，PET 超过降水量，AET 接近降水量，而在湿润条件下，可利用的水分超过 PET 量，AET 接近 PET。基于这种认识，Budyko（1958）提出在干旱条件下：$R/P \to 0$，$ET_a/P \to 1$，$R_n/P \to \infty$；在湿润条件下：$ET_a \to R_n$，$R_n/P \to 0$。其中，R 是地表径流，P 是降水量，其他同上。据此，Zhang 等（2001）提出了 PET ET_p 转换为 AET（ET_a）的公式：

$$ET_a = \left(\frac{1 + w\dfrac{ET_p}{P}}{1 + w\dfrac{ET_p}{P} + \dfrac{P}{ET_p}}\right) \cdot P \tag{12.64}$$

式中，w 为植物可利用土壤水分系数，它描述了植物蒸腾耗水的差异性，范围为 0.1～

2.0，森林为 2.0，灌丛与草地为 0.5，裸地低于 0.5；P 为降水量（mm）。

在森林与灌丛、草地或裸地混合区，AET（ETa）根据下式计算：

$$ET_a = fET_a' + (1-f)ET_a''$$ (12.65)

式中，ET_a' 为森林蒸散；ET_a'' 为灌丛或草地或裸地蒸散；f 为森林覆盖度。

2）Saxton 等（1986）的方法

PET 是土壤水分充足时（土壤含水量在田间持水量附近）的蒸散，Saxton 等（1986）提出了根据土壤水分状况把 PET 转换为 AET 的公式：

$$ET_a = \frac{M}{M_1}ET_p$$ (12.66)

式中，M 为 0～20 cm 深度土壤容积含水量（cm³/cm³）；M_1 为 0～20 cm 土壤田间持水量（cm³/cm³）。本研究中，小流域各种群落类型 0～20 cm 土壤容积含水量和田间持水量都为实测值，参照第 5 章。

3）Ritchie（1972）的方法

Ritchie（1972）提出分别计算植物蒸腾与土壤蒸发的方法，在实际中应用非常广泛。AET 等于植物蒸腾（E_p）与土壤蒸发（E_s）之和：

$$ET_a = E_p + E_s$$ (12.67)

$$E_p = \begin{cases} ET_p \times LAI/3 & 0 \leqslant LAI \leqslant 3.0 \\ ET_p & LAI > 3.0 \end{cases}$$ (12.68)

$$E_s = ET_p \times e^{(-0.4LAI)}$$ (12.69)

在植被与土壤混合区，AET 根据下式计算：

$$ET_a = fE_p + (1-f)E_s$$ (12.70)

式中，各参数同上。

12.5.2.5 湿润指数的模拟

在地形分析的基础上，结合实验小流域的实测数据，用 TOPOG 模型中的_simul 软件模拟湿润指数。普通湿润指数（normal wetness index）的计算公式（Dawes and Short，1988）如下：

$$W_i = \frac{1}{mbT}\int q\,dA$$ (12.71)

$$q = R-E-D$$ (12.72)

式中，A 为单元面积（m²）；W_i 为普通湿润指数；m 为坡度；b 为单元底部等高线的长度（m）；T 为土壤水分扩散率（m²/d）；q 为壤中流（mm/d）；R 为降水量（mm）；E 为蒸发量（mm）；D 为深层渗漏（mm）。

考虑到蒸发、蒸腾对湿润指数的影响，用太阳辐射对上述公式进行校正。辐射权重湿润指数（radiation-weighted wetness index，W_r）的计算公式同公式（12.71），其中 $q = q_e$，q_e 的计算公式（Dawes and Short，1988）如下：

$$q_e = R - \left[\left(\frac{\alpha r_s}{2.2248} + \frac{\beta r_h}{2.2248} \right) W^{1/3} \right] - D \qquad (12.73)$$

式中，q_e 为蒸腾校正后的净壤中流（mm）；αr_s 为蒸腾效率（EFT）；βr_h 为遮蔽系数（EFS）；2.2248 为辐射单位[MJ/（m^2·d）]转换为当量蒸腾单位（mm/d）的系数，其他同上。

本研究中，EFT=0.25，为 TOPOG 模型的推荐值；分布式参数结合实际观测数据进行赋值（表 12.5）。

表 12.5　分布式模型参数的取值

群落类型	模型参数			
	T	q	R	EFS（遮蔽系数）
藓类-箭竹-岷江冷杉林	1.0	0.8	2.5	0.040
藓类-杜鹃-岷江冷杉林	1.0	0.5	3.5	0.030
草类-箭竹-岷江冷杉林	2.0	0.6	2.0	0.035
草类-杜鹃-岷江冷杉林	2.0	0.4	3.0	0.025
杜鹃灌丛	3.0	0.3	4.0	0.020

12.5.3　小流域植被的结构及空间分布特征

自 20 世纪 60 年代以来，许多学者在川西亚高山区域开展了暗针叶林森林水文学的研究，取得了丰硕成果。从这些研究中我们不难发现，早期的研究多集中在坡面尺度上，多为单一要素的水文功能研究，很少考虑植被特征及其动态变化对水文功能及过程的影响；近年来的研究多集中在生态系统尺度上，流域尺度的研究也日益增多，研究重点已从水文功能转到水文过程，植被特征及其动态变化的影响日益受到重视。实际上，森林植被参与到生态系统的水分循环过程中，任何一个生态特征的变化都可能会导致系统的水文功能及过程发生变化。因此，只有将植被的结构特征、分布格局及其动态变化与水文过程耦合起来，才能清楚地揭示森林植被与水之间的相互作用关系，最终阐明森林植被对流域水资源的调控机制。

叶面积指数（leaf area index，LAI）是植被的重要特征之一。其定义有多种，在最近的文献中使用最多的为"单位地面上叶片的倾斜投影面积"（Barclay，1998），Chen和 Black（1992）定义针叶林 LAI 为"单位地面上总针叶面积的一半"，即投影系数为0.5。LAI 能够定量描述植被冠层结构及其动态变化，反映冠层结构诸多影响因素的综合作用，也是控制植被生态系统中许多物理和生物地球化学过程（如初级生产力、蒸腾作用、能量交换、碳与养分循环以及降水截留等）的一个主导因子（Asner et al.，2003）。在许多领域（如生理学、生态学、气候学、生物地球化学等）中，都将 LAI 作为研究植被相关过程的关键变量，许多气候模型和生态模型也把它作为主要的输入项。

目前，有关川西亚高山暗针叶林 LAI 的研究有些报道，如 Luo 等（1997）测定了贡嘎山不同海拔云冷杉林的最大 LAI。Lü 和 Ji（2002）研究了青藏高原东南部植被 LAI与初级生产力之间的关系。李崇巍等（2005）利用 LAI 与 NDVI 之间的关系，反演了岷江上游主要植被类型的 LAI 及其空间分布格局。Luo 等（2002）建立物候模型模拟了中国主要植被类型 LAI 的季节性变化，其中包含云冷杉林。这些研究提供了该区宏观尺度上主要植被类型的 LAI，但对该区主要森林类型亚高山暗针叶林 LAI 的季节变化、空间分异、群落类型变化规律及其与水文过程耦合机制的定量研究很少。

因此，本研究试图基于实验小流域 1∶15 000 地形图和小班标准地调查资料，应用 LAI-2000 植物冠层分析仪，通过大量的实测分析，以 LAI 为切入点，研究川西亚高山暗针叶林小流域的植被结构、空间分布及其动态特征，揭示 LAI 的季节变化规律及其群落类型之间的差异性、LAI 随海拔和坡向变化的空间格局、LAI 在林分尺度和小流域尺度上的变异性，为确定川西亚高山暗针叶林影响水文循环过程的植被结构特征参数、建立植被生态过程与水文过程的耦合关系，以及预测森林植被对全球变化的响应提供依据。

12.5.3.1 小流域植被类型、组成和基本特征

（1）植被类型

在小班标准地调查的基础上，依据植物群落学-生态学原则，采用三级分类单位，将小流域的植被划分为两个植被型，即针叶林和灌丛；两个群系，即冷杉林和常绿阔叶灌丛；5 个群丛，即藓类-箭竹-岷江冷杉林、草类-箭竹-岷江冷杉林、藓类-杜鹃-岷江冷杉林、草类-杜鹃-岷江冷杉林和杜鹃灌丛。从划分的结果看，小流域的主要植被类型为岷江冷杉林，其次为杜鹃灌丛，没有亚高山草甸。随着小流域海拔、坡向等地形因子的变化，林分类型有所不同。

（2）植被组成

小流域的主要植被类型为岷江冷杉原始林。其乔木层以岷江冷杉为主，散生有红桦（*Betula albosinensis*）、糙皮桦（*B. utilis*）、四川红杉（*Larix mastersiana*）、疏花槭（*Acer laxiflorum*）、西南樱桃（*Prunus pilosiuscula*）等。灌木层以华西箭竹、冷箭竹、大叶金顶杜鹃（*Rhododendron faberi* subsp. *prattii*）、汶川星毛杜鹃（*Rh. asterochnoum*）、山光杜鹃（*Rh. oreodoxa*）为主，还有陕甘花楸（*Sorbus koehneana*）、峨眉蔷薇（*Rosa omeiensis*）、红毛五加（*Acanthopanax giraldii*）、冰川茶藨子（*Ribes glaciale*）、四川溲疏（*Deutzia setchuenensis*）、防己叶菝葜（*Smilax menispermoidea*）等。草本层植物种类稀少，山莓（*Rubus corchorifolius*）最为常见，习见种有山酢浆草（*Oxalis griffithii*）、蛛毛蟹甲草（*Cacalia roborowskii*）、七叶鬼灯檠（*Rodgersia aesculifolia*）、东方草莓（*Fragaria orientali*s）、苔草（*Carex* sp.）、黄精（*Polygonatum sibiricum*）等。苔藓植物发育繁盛，形成厚 10 cm 左右的覆盖层，盖度达 0.8，以锦丝藓（*Actinothuidium hookeri*）、塔藓（*Hylocomium splendens*）、曲尾藓（*Dicranum scoparium*）、赤茎藓（*Pleurozium schreberi*）等为优势种。

次要植被类型为青海杜鹃（*Rh. qinghaiense*）灌丛。主要灌木有青海杜鹃、紫丁杜鹃（*Rh. violaceum*）、褐毛杜鹃（*Rh. wasonii*）等。草本层主要有毛叶藜芦（*Veratrum grandiflorum*）、苔草、羊茅（*Festuca ovina*）、紫菀（*Aster tataricus*）、短柱梅花草（*Parnassia brevistyla*）、大戟（*Euphorbia pekinensis*）、扭盔马先蒿（*Pedicularis davidii*）、风毛菊（*Saussurea japonica*）、黄精、东方草莓等。

（3）基本特征

小流域的 4 种岷江冷杉林都是原始林，基本上都为岷江冷杉纯林，只是散生有少量其他树种（表 12.6）。不同林分之间，乔木层存在一定的差异。平均树高藓类-箭竹-岷江冷杉林最高，草类-箭竹-岷江冷杉林和藓类-杜鹃-岷江冷杉林次之，草类-杜鹃-岷江冷杉林最低，依次为 30 m、26 m、23.4 m、18 m。平均胸径藓类-箭竹-岷江冷杉林最大，为 52.4 cm，其大小顺序依次为藓类-箭竹-岷江冷杉林＞草类-杜鹃-岷江冷杉林＞藓类-杜鹃-岷江冷杉林＞草类-箭竹-岷江冷杉林。林分郁闭度藓类-箭竹-岷江冷杉林最大，为 0.7，草类-杜鹃岷江冷杉林最小，为 0.5，其他居中，都为 0.6。林分密度草类-箭竹-岷江冷杉林最大，为 350 株/hm²，藓类-箭竹-岷江冷杉林最小，为 250 株/hm²。而且，灌木层和草本层的种类组成、高度及盖度也不相同。藓类-箭竹-岷江冷杉林和草类-箭竹-岷江冷杉林的灌木层以华西箭竹、冷箭竹为主，高度较低，在 2 m 左右，但盖度较大，在 65% 以上；而藓类-杜鹃-岷江冷杉林和草类-杜鹃-岷江冷杉林的灌木层以大叶金顶杜鹃、星毛杜鹃、山光杜鹃等为主，高度较高，在 3.6 m 左右，但盖度较小，低于 50%。藓类-箭竹-岷江冷杉林和藓类-杜鹃-岷江冷杉林草本植物生长不良，高度较低，为 0.2～0.3 m，盖度较小，为 20%～30%；而草类-箭竹-岷江冷杉林和草类-杜鹃-岷江冷杉林草本植物生长茂盛，高度较大，为 0.6～0.8 m，盖度达 50%～80%。此外，小流域内苔藓植物生长繁盛，分布广泛，特别是藓类-杜鹃-岷江冷杉林，苔藓层平均厚度为 10 cm，最大可达 15 cm，盖度达 90% 以上；藓类-箭竹-岷江冷杉林苔藓植物的生长也比较茂盛，平均厚度为 8 cm，盖度在 60% 以上；相对而言，草类-箭竹-岷江冷杉林和草类-杜鹃-岷江冷杉林苔藓层不够发达，平均厚度为 3～5 cm，盖度为 30%～40%。

表 12.6　小流域植被的基本特征

林分类型	海拔（m）	坡向	平均树高（m）	平均胸径（cm）	郁闭度	林分密度（株/hm²）	土壤类型	面积 hm²	在流域分布占比（%）
藓类-箭竹-岷江冷杉林	2780～3400	半阴坡	30.0	52.4	0.7	250	棕色森林土	34.3	23.87
草类-箭竹-岷江冷杉林	2780～3300	半阳坡	26.0	36.3	0.6	350	棕色森林土	30.9	21.50
藓类-杜鹃-岷江冷杉林	3300～3800	半阴坡	23.4	39.2	0.6	300	灰化森林土	33.1	23.03
草类-杜鹃-岷江冷杉林	3200～3700	半阳坡	18.0	40.9	0.5	280	灰化森林土	27.8	19.35
杜鹃灌丛	3700～4080	阴坡	2.5	—	0.2	—	亚高山草甸土	17.6	12.25

杜鹃灌丛平均高度为 1.6 m，盖度为 60%。底部与藓类-杜鹃-岷江冷杉林和草类-杜鹃-岷江冷杉林相接，大约有一条 50 m 宽的郁闭灌木林带，主要由青海杜鹃组成，高度为 3.5 m，郁闭度为 0.4。上部相对比较矮小、稀疏，主要由青海杜鹃、紫丁杜鹃等组成，平均高度为 1.2 m，盖度约为 40%。

12.5.3.2　小流域植被的结构特征

（1）林层结构

小流域内 4 种岷江冷杉林都是复层林结构。其中，藓类-箭竹-岷江冷杉林和藓类-杜鹃-岷江冷杉林林冠层可以分为上、下两个林层，相对比较稠密，尤其是下层；

草类-箭竹-岷江冷杉林和草类-杜鹃-岷江冷杉林林冠层可分为更多的林层，相对比较稀疏。另外，藓类-箭竹-岷江冷杉林和草类-箭竹-岷江冷杉林上层林冠较长，枝下高较高；藓类-杜鹃-岷江冷杉林和草类-杜鹃-岷江冷杉林上层林冠较短，枝下高较低（图 12.18）。

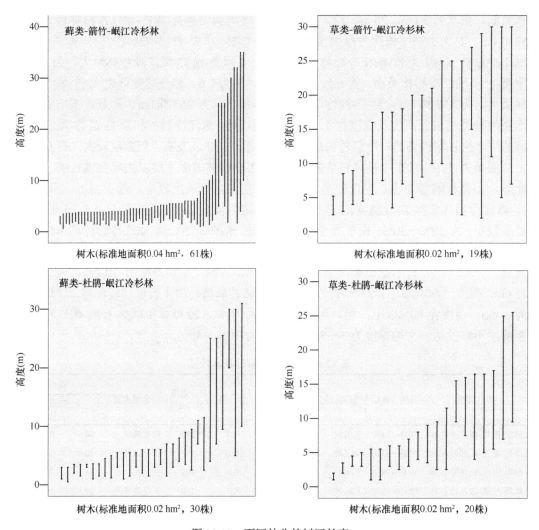

图 12.18　不同林分的树冠长度
图中线段上端表示树高，下端表示枝下高，全线表示树冠长度

从图 12.19 中可以看出，林木株数随着树高的增加分化加剧。当树高在 12 m 以下时，树高等级的株数分布比较集中，曲线为单峰；当树高在 16 m 以上时，株数分化加强，曲线出现多峰。不同林分之间，树高级株数的分布存在一定的差异。其中，藓类-箭竹-岷江冷杉林的分布集中在 4～12 m，占 83.6%，仅 4～6 m，就占 67.2%；其次是 26～36 m，占 14.8%；在 13～25 m，分布很少，仅占 1.6%。草类-箭竹-岷江冷杉林的分布主要在 22～32 m 和 6～12 m 两个区间，前者占 69.2%，后者占 30.8%；24～26 m、30～32 m 最多，各占 23.1%。藓类-杜鹃-冷杉林的分布主要在 4～12 m，占 82.8%，仅 4～8 m，就占 65.5%；其次是 22～26 m，占 17.2%。草类-杜鹃-岷江冷杉林的分布比

较均匀，各个高度均有分布，其中 6～10 m 最多，占 51.5%，其次是 4 m 以下和 22～24 m，各占 10.5%。

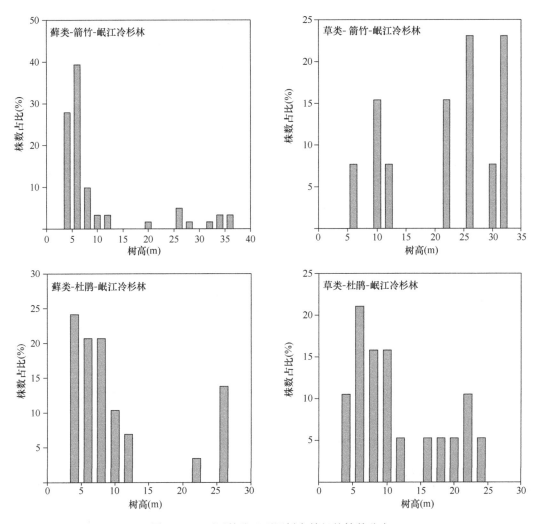

图 12.19 不同林分及不同树高等级的株数分布

（2）直径结构

从图 12.20 中可以看出，林分的直径分化强烈，跨幅很大，且随着直径的增大，分化程度加强。不同林分之间，径级株数的分布存在一定的差异。藓类-箭竹-岷江冷杉林的分布主要集中在 4～20 cm，占 85.2%（其中 4～8 cm，高达 75.4%）；其次是 40～60 cm，占 11.5%；72 cm 以上很少，仅占 3.4%。草类-箭竹-岷江冷杉林基本上呈现均匀分布，只是在 8～12 cm 和 28～32 cm 出现了两个峰，各占 15.4%。藓类-杜鹃-岷江冷杉林的分布集中在 8～16 cm，占 72.4%；在 20～60 cm 为均匀分布，各占 3.4%。草类-杜鹃-岷江冷杉林的分布主要在 4～20 cm，占 73.7%，仅 12～16 cm 就占 31.6%；其次是 44～64 cm，占 21.1%。

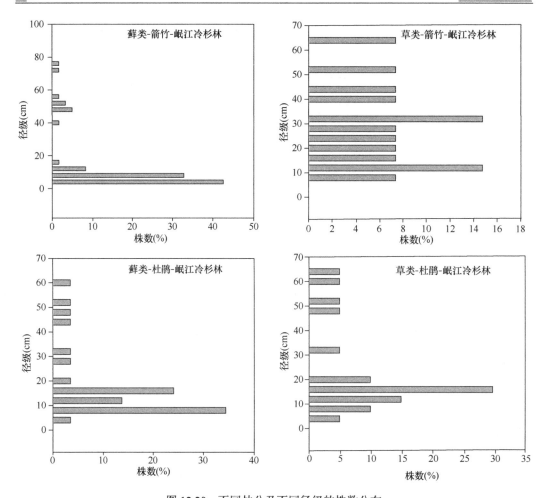

图 12.20　不同林分及不同径级的株数分布

（3）叶面积指数

1）生长季节小流域平均 LAI 的变化规律

研究期间，小流域 LAI 随时间的变化为单峰曲线，峰值出现在 8 月中旬，为 5.82±1.32，7 月初至 8 月中旬，LAI 增加约 25%，8 月中旬至 9 月末，减小约 25%。ANOVA 结果表明，不同时间 LAI 的差异极显著（$P<0.001$）（图 12.21）。说明研究期间，小流域 LAI 存在明显的时间动态变化。

2）不同岷江冷杉林之间 LAI 的比较

小流域内 4 种岷江冷杉林 LAI 的平均值、标准差和变异系数都是藓类-箭竹-岷江冷杉林较大，分别为 6.05、0.74 和 12.22%，草类-杜鹃-岷江冷杉林较小。ANOVA 结果表明，不同林分之间 LAI 的差异极显著（$P<0.001$）（表 12.7）。均值比较表明，4 种岷江冷杉林 LAI 两两之间差异都极显著（$P<0.001$），其中藓类-箭竹-岷江冷杉林与草类-杜鹃-岷江冷杉林之间的差异性较大，相关性较弱，两种杜鹃-岷江冷杉林之间和两

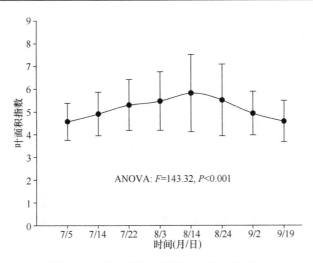

图 12.21　生长季节小流域 LAI 的时间动态

表 12.7　不同岷江冷杉林 LAI 的统计特征与方差分析

林分类型	统计特征						方差分析（ANOVA）		
	样本数	平均值	最大值	最小值	标准差	变异系数（%）	自由度（df）	F 值	显著性 P
藓类-箭竹-岷江冷杉林	168	6.05	8.03	4.45	0.74	12.22			
草类-箭竹-岷江冷杉林	144	5.75	7.22	4.45	0.65	11.27	548	143.32	<0.001
藓类-杜鹃-岷江冷杉林	120	4.76	5.93	3.54	0.52	10.99			
草类-杜鹃-岷江冷杉林	120	4.90	5.94	3.66	0.49	10.02			

种箭竹-岷江冷杉林之间的差异性较小，相关性较强（表 12.8）。说明分布在小流域不同海拔、不同坡向的岷江冷杉林，其 LAI 差异较大，灌木层优势种不同是造成差异的主要原因。

表 12.8　不同岷江冷杉林林分之间 LAI 的相关性及差异性

林分类型	相关性			差异性		
	相关系数 r	显著性 P	样本数	df	t 值	显著性 P
A-B	0.656	<0.001	144	143	6.8395	<0.001
A-C	0.349	<0.001	120	119	18.9443	<0.001
A-D	0.429	<0.001	120	119	18.2275	<0.001
B-C	0.416	<0.001	120	119	17.9754	<0.001
B-D	0.542	<0.001	120	119	17.8877	<0.001
C-D	0.715	<0.001	120	119	−3.8502	<0.001

注：A. 藓类-箭竹-岷江冷杉林；B. 草类-箭竹-岷江冷杉林；C. 藓类-杜鹃-岷江冷杉林；D. 草类-杜鹃-岷江冷杉林

　　4 种岷江冷杉林林分 LAI 的时间变化趋势一致，但变化幅度不同。从 7 月初到 8 月中旬，LAI 的增加幅度箭竹-岷江冷杉林 LAI 较大，杜鹃-岷江冷杉林较小，其中藓类-箭竹-岷江冷杉林最大，草类-杜鹃-岷江冷杉林最小，其他居中；从 8 月中旬到 9 月末，LAI 的降幅藓类-杜鹃-岷江冷杉林最小，草类-杜鹃-岷江冷杉林最大，两种箭竹-岷江冷杉林居中（图 12.22）。

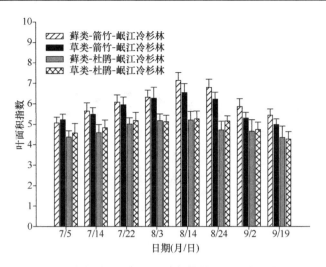

图 12.22　生长季节不同岷江冷杉林林分 LAI 的时间动态

3）小流域 LAI 随海拔的变化

随着海拔升高，小流域 LAI 先增大后减小，转折点在 3000 m 左右，LAI 为 6.17 ± 0.53，减幅随海拔升高越来越大，3900 m 处 LAI 最小，为 2.69 ± 0.17。LAI（y）与海拔（x）之间的回归方程为：$y = -22.4086 + 0.0196x - 3.3601E\text{-}06x^2$（$P<0.001$），ANOVA 结果表明，不同海拔之间 LAI 的差异极显著（$P<0.001$）（图 12.23），说明海拔是 LAI 的一个重要影响因子。

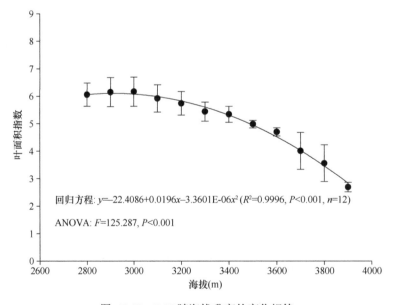

回归方程：$y=-22.4086+0.0196x-3.3601E\text{-}06x^2$（$R^2=0.9996$, $P<0.001$, $n=12$）
ANOVA: $F=125.287$, $P<0.001$

图 12.23　LAI 随海拔升高的变化规律

不同海拔 LAI 的时间动态变化趋势基本一致，与小流域 LAI 的时间动态相同。但是，曲线峰度低海拔比高海拔大（图 12.24）。

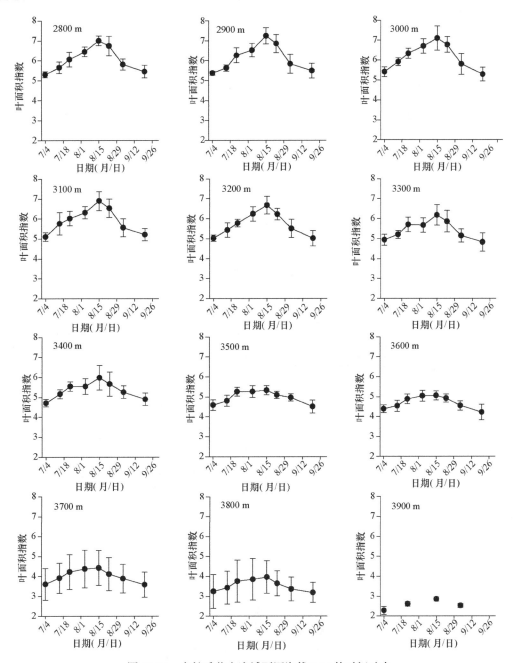

图 12.24 生长季节小流域不同海拔 LAI 的时间动态

不同海拔 LAI 的变异系数为 7.64%～23.09%。随着海拔升高，LAI 变异性的变化比较复杂。总体上，LAI 的变异系数在低海拔较小，在高海拔较大。其中，海拔 3500 m 最小，为 7.64%，海拔 3800 m 最大，为 23.09%（图 12.25）。

4）小流域不同坡向之间 LAI 的比较

研究期间，小流域半阴坡 LAI 平均值（5.51）比半阳坡（5.36）稍大。ANOVA 结果表明，两者之间差异显著（$P<0.05$）（表 12.9），说明坡向也是 LAI 的一个主要影响因子。

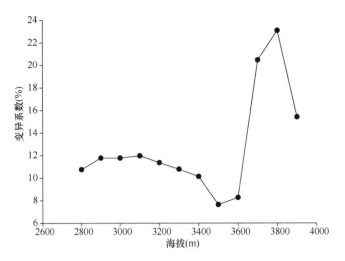

图 12.25　生长季节小流域不同海拔 LAI 的变异系数

表 12.9　不同坡向之间 LAI 的统计特征及方差分析

坡向	统计特征						方差分析 ANOVA		
	样本数	平均值	最大值	最小值	标准差	变异系数(%)	df	F 值	显著性 P
半阳坡	264	5.36	7.22	3.66	0.72	13.44	1，550	4.499	<0.05
半阴坡	288	5.51	8.03	3.54	0.91	16.58			

　　不同坡向 LAI 的时间变化趋势大致相同，与小流域不同海拔 LAI 的时间动态一致，但在时间上存在差异。7 月初，LAI 半阴坡比半阳坡低，到 7 月中旬，前者逐渐超过后者，8 月中旬两者之间相差最大，此后，两者虽然都逐渐减小，但直到 9 月底，前者始终比后者大（图 12.26）。

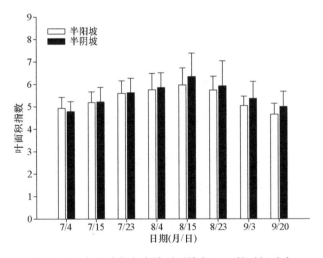

图 12.26　生长季节小流域不同坡向 LAI 的时间动态

12.5.3.3　小流域植被的空间分布及其与环境之间的关系

（1）植被的空间分布

把小流域的植被类型图、高程图、坡向图（图 12.27）进行叠加分析，可以得出：藓类-箭竹-岷江冷杉林和草类-箭竹-岷江冷杉林分布在小流域下部，海拔为 2780~3400 m；藓类-杜鹃-岷江冷杉林和草类-杜鹃-岷江冷杉林分布在小流域中部，海拔为 3200~3800 m；杜鹃灌丛分布在小流域上部，海拔为 3700~4080 m；藓类-箭竹-岷江冷杉林和藓类-杜鹃-岷江冷杉林分布在半阴坡（EN 坡），草类-箭竹-岷江冷杉林和草类-杜鹃-冷杉林分布在半阳坡（WS 坡），杜鹃灌丛分布在阴坡（N 坡）（表 12.10）。

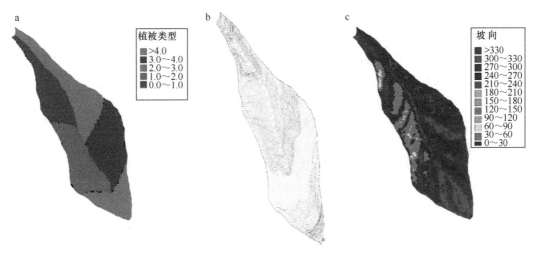

图 12.27　小流域植被类型图、高程图和坡向图（彩图见封底二维码）

a. 植被图（其中，0~1 为藓类-箭竹-岷江冷杉林；1~2 为藓类-杜鹃-岷江冷杉林；2~3 为杜鹃灌丛；3~4 为草类-杜鹃-岷江冷杉林；4 以上为草类-箭竹-岷江冷杉林）；b. 高程图；c. 坡向图

通过计算，小流域的面积为 143.7 hm²。其中，藓类-箭竹-岷江冷杉林面积最大，为 34.3 hm²，占 23.87%；藓类-杜鹃-岷江冷杉林面积次之，为 33.1 hm²，占 23.03%；其后依次为草类-箭竹-岷江冷杉林、藓类-杜鹃-岷江冷杉林，面积分别为 30.9 hm²、27.8 hm²，分别占 21.50%、19.35%；4 种岷江冷杉林总面积为 126.1 hm²，占 87.75%；杜鹃灌丛面积最小，为 17.6 hm²，只占 12.25%（表 12.10）。

表 12.10　小流域植被分布与环境因子之间的关系

植被类型	海拔（m）	坡向	年均降水量（mm）	年均蒸发量（mm）	年均气温（℃）	土壤类型	面积 hm²	面积 %
藓类-箭竹-岷江冷杉林	2780~3400	半阴坡	848.9~1037.5	651.5~772.5	0.7~4.3	棕色森林土	34.3	23.87
草类-箭竹-岷江冷杉林	2780~3300	半阳坡	848.9~1003.4	670.2~772.5	1.3~4.3	棕色森林土	30.9	21.50
藓类-杜鹃-岷江冷杉林	3300~3800	半阴坡	1003.4~1185.9	581.5~670.2	−1.7~1.3	灰化森林土	33.1	23.03
草类-杜鹃-岷江冷杉林	3200~3700	半阳坡	970.4~1146.9	598.3~689.5	1.1~1.9	灰化森林土	27.8	19.35
杜鹃灌丛	3700~4080	阴坡	1146.9~?	534.0~598.3	−2.9~−1.1	亚高山草甸土	17.6	12.25
小流域	2780~4080	—	848.9~?	534.0~772.5	−2.9~4.3	—	143.7	100

注："？"表示无数据

（2）植被与环境之间的关系

除了前面已经提及的海拔、坡向等地形因子外，小流域各种植被类型对应的气象因子和土壤因子范围也不同。藓类-箭竹-岷江冷杉林、草类-箭竹-岷江冷杉林的土壤类型主要为棕色森林土，年均降水量较低，在 848.9～1037.5 mm，年均蒸发量、年均气温较高，分别为 651.5～772.5 mm、0.7～4.3℃；藓类-杜鹃-岷江冷杉林、草类-杜鹃-冷杉林的土壤类型主要为灰化森林土，年均降水量较高，为 970.4～1185.9 mm，年均蒸发量、年均气温较低，分别为 581.5～689.5 mm、−1.7～1.9℃；杜鹃灌丛的土壤类型主要为亚高山草甸土，年均蒸发量、年均气温最低，分别为 534.0～598.3 mm、−2.9～−1.1℃（表 12.10）。

12.5.3.4 亚高山暗针叶林的组成、树高等级及胸径等级的株数分布特征

根据《卧龙植被及资源植物》（卧龙自然保护区管理局，1987），亚高山草甸是卧龙地区的一个重要植被类型，分布面积很广，但它主要分布在阳坡和半阳坡，在阴坡，林线以上分布着由杜鹃、绣线菊、银露梅等组成的高寒灌丛，更高处则是由风毛菊、虎耳草、红景天等组成的高山流石滩稀疏植被。本研究中，实验小流域位于阴坡，主要植被类型是岷江冷杉林，其次是杜鹃灌丛，没有亚高山草甸。

通常，岷江冷杉多与粗枝云杉、紫果云杉和糙皮桦等组成混交林（刘庆，2002；李承彪，1990）。但实验小流域沟深坡陡，原始环境保存良好，未遭破坏，林内阴冷潮湿，不适于喜光、偏阳、稍耐旱的粗枝云杉和紫果云杉的生存，仅在林缘散生有少量的四川红杉，在山坡中上部有少量的红桦、糙皮桦出现，尚不能形成混交林。故实验小流域的岷江冷杉林为纯林，不是混交林。小流域内苔藓植物生长繁盛，种类多，盖度大，形成一个平均厚度 3～10 cm 的苔藓层，这是环境阴湿的一个明显特征。

实验小流域的岷江冷杉林为复层结构，随着林分树高和直径的增加，林木株数分化加剧。但是，该小流域的岷江冷杉林除草类-箭竹-岷江冷杉林外，其他 3 种林分低树高级、小径级林木株数偏多。分析原因主要有两个：一是藓类-箭竹-岷江冷杉林和藓类-杜鹃-岷江冷杉林都是原始过熟林，林内阴湿，病腐率较高，树木枯死后，通过林窗更新，冷杉幼树生长，形成下层林冠，株数较多，但树高较低，胸径较小；二是藓类-杜鹃-岷江冷杉林和草类-杜鹃-岷江冷杉林林内杜鹃密集，形成林冠下层，其高度为 4～8 m，直径为 10 cm 左右，本研究在分析林分的树高和直径结构时，没有将杜鹃、糙皮桦等与冷杉分开。

12.5.3.5 亚高山暗针叶林 LAI 的特征

（1）LAI 的季节变化

尽管针叶林是常绿的，LAI 也存在季节变化。从卫星遥感影像上可以看到，针叶林的植被指数在夏季最大，冬季最小。Chen（1996）认为，针叶林 LAI 的季节变化依赖于针叶的平均寿命以及当年和前年针叶的数量，估计在 25%～30%，绝大部分的季节变化包含在针叶与簇面积比中。Luo 等（2002）研究表明，LAI 的季节变化主要受控于平均温度、降水量和辐射的季节变化。本研究结果表明，生长季节川西亚高山暗针叶林 LAI

存在明显的时间变化，为单峰曲线，峰值在 8 月中旬，与我国长白山温带山地云冷杉林、针阔叶混交林（Luo et al.，2002）及加拿大北部老龄黑云杉（*Picea mariana*）林（75～90 年生）（Chen，1996）的变化趋势基本一致。研究期间，LAI 增加（从 7 月初到 8 月中旬）与减小（从 8 月中旬到 9 月末）的幅度相当，约为 25%。这与 Chen（1996）估计的年变化接近。需要指出的是，本研究中 LAI 的观测高度为 1.0 m，25%的变化包括乔木层和灌木层的变化。Wirth 等（2001）对热带雨林的研究表明，LAI 存在明显的垂直分布，下层林冠的 LAI 较小，5 m 以上林冠 LAI 占总 LAI 的 50%以上。亚高山暗针叶林的冠层结构虽然没有热带林的复杂，但岷江冷杉林的原始林为复层异龄林，林下灌木、幼树生长良好，对 LAI 的贡献较大。关于川西亚高山暗针叶林 LAI 的垂直分布和全年变化规律，今后还需做进一步的观测研究。

（2）不同岷江冷杉林之间 LAI 的差异性

植被 LAI 主要受物种组成、结构、立地条件、微气象等许多因素的影响（Asner et al.，2003；Jonckheere et al.，2004），也与叶片的数量、分布角度及空间分布有关。实验小流域内，箭竹-岷江冷杉林分布面积比杜鹃-岷江冷杉林低，水热条件配合相对较好，乔木层的平均高度、平均胸径、林分郁闭度前者都比后者大（表 12.6），灌木层优势种前者为冷箭竹（*Bashania fangiana*），后者为杜鹃（*Rhododendron* spp.），冷箭竹密度和盖度比杜鹃的大，前者林内比后者阴暗，故前者 LAI 比后者的大。分布在不同海拔、不同坡向的岷江冷杉林，由于林分的组成、结构、生长状况及微气象条件等不同，LAI 差异极为显著。箭竹-岷江冷杉林与杜鹃-岷江冷杉林之间的差异主要是由灌木层的组成不同引起的，箭竹-岷江冷杉林之间、杜鹃-岷江冷杉林之间的差异主要是由不同坡向微气象条件不同引起的。相对而言，由林分组成和结构不同引起的 LAI 的差异性比由微气象条件不同引起的差异性要大。

（3）地形对 LAI 的影响

关于 LAI 与海拔之间的关系，研究报道不多。Luo 等（2002）在四川贡嘎山测定了不同海拔森林的最大 LAI，但他没有揭示 LAI 与海拔之间的关系。李崇巍等（2005）分析了岷江上游植被指数 NDVI 与海拔之间的关系，海拔 1500～3200 m，植被指数 NDVI 随着海拔升高而增加，由 LAI 与 NDVI 呈正相关（R^2=0.8071）可推断 LAI 随着海拔升高是增加的，但其对更高海拔没有研究。本研究结果表明，海拔是 LAI 的一个重要影响因子。在海拔 3000 m 以下，LAI 随海拔的升高而增加，与李崇巍等（2005）的研究结果一致。在海拔 3000 m 以上，LAI 随海拔升高而减小，且幅度越来越大。研究表明，在四川卧龙地区，海拔每升高 100 m，降水量增加 3.4%左右，蒸发量下降 2.8%，气温下降 0.6℃，相对湿度增加 2.4%。随着海拔升高，年均温度下降，年降水量增加，水热条件配合逐渐达到最佳，植被生长越来越好；但随着海拔继续升高，水热条件配合趋于不良，植被生长变差（李景文，1994）。小流域下部为生长茂密的箭竹-岷江冷杉林，中部为生长较好的杜鹃-岷江冷杉林，上部为生长稀疏的杜鹃灌丛，符合海拔 3000 m 以上 LAI 随海拔升高而减小这一规律，可以解释 LAI 随海拔升高的变化规律。但转折点在 3000 m 处，调查资料没有显示在这个高度实验小流域的暗针叶林生长状况最好，已有的文献也没有说明川西亚高山暗针叶林在海拔 3000 m 处生长最好。因此，这个数据是否适合整个川西亚高山暗针叶林，尚需进一步的研究证实。

本研究表明，坡向也是影响 LAI 的主要地形因子。这主要是因为不同坡向的小气候差异很大，导致不同坡向上植被类型及其生长状况明显不同（卧龙自然保护区管理局，1987）。半阴坡降水量、相对湿度比半阳坡大，前者日照时数、太阳辐射、平均温度、蒸发量比后者小。岷江冷杉喜阴耐湿，在半阴坡生长比半阳坡好，林分平均树高、郁闭度半阴坡都比半阳坡大（表 12.6），因而前者 LAI 比后者大。生长季初期，半阳坡林内光照比半阴坡充足，温度高，林下植物生长快，LAI 比半阴坡大，但进入生长季中后期，半阴坡植物生长逐渐赶上并超过半阳坡，LAI 比半阳坡大。

除海拔和坡向外，坡度也是一个重要的地形因子。但本研究没有分析其与 LAI 之间的关系，是否不同坡度 LAI 存在明显的变化规律，还有待研究。

（4）LAI 的变异性

本研究表明，观测期间，川西岷江冷杉林 LAI 的变异系数在林分尺度上为 10.02%～12.22%，在小流域尺度上为 19.79%～22.80%，前者约是后者的 1/2。LAI 主要受植被、地形、气候等因子的影响（Asner et al.，2003；Jonckheere et al.，2004）。在林分尺度上，上述因子基本相同，故 LAI 的变异性较小，但在流域尺度上，存在一定的异质性，故 LAI 的变异性较大。根据 Asner 等（2003）的研究，全球跨越干旱、半干旱、温带、热带、寒带及人工生态系统的 15 个生物区系（biome）LAI 变化范围很大，温带和热带常绿阔叶林变异系数最小，为 2%～20%，草地、灌丛及苔原最大，为 70%～78%，寒温性常绿针叶林为 30%～40%。川西岷江冷杉林 LAI 的变异性在林分尺度上约是全球寒温性常绿针叶林的 1/3。据此可以推断，随着空间尺度的增大，亚高山暗针叶林 LAI 的变异性增大。Aragao 等（2005）在亚马孙东部热带雨林的研究表明，LAI 的变异系数在 0.25 hm^2 上为 5.2%～23%，在 0.75 hm^2 上为 1.8%～12%，随着空间尺度的增大，LAI 的变异系数减小。这个结论似乎与本研究相反，但其实并不矛盾。本研究的结论是通过比较暗针叶林在林分（15～35 hm^2）尺度、小流域（1.44 km^2）尺度和全球尺度上 LAI 的变异性大小得出的，而 Aragao 等（2005）的结论是通过比较 0.25 hm^2、0.75 hm^2 尺度上 LAI 的变异性大小得出的。不难理解，热带森林植物种类非常丰富，面积越小，植被的异质性越大，LAI 的变异性越大。而在亚高山暗针叶林和寒温性针叶林，植物种类组成及结构相对较为简单，在较小的空间尺度上，植被状况基本相同，在较大的空间尺度上，植被才会表现出变异性。本部分没有研究亚高山暗针叶林 1 hm^2 以下 LAI 的异质性随空间尺度的变化，也未找到在大尺度上热带雨林 LAI 的变异性数据，因而无法更好地比较亚高山暗针叶林 LAI 的变异性与热带雨林的异同。

亚高山暗针叶林 LAI 的变异系数随着海拔升高的变化比较复杂。在低海拔，变异系数较小，在高海拔，变异系数较大。海拔 3700～3800 m 变异系数最大，为亚高山暗针叶林向杜鹃灌丛的过渡地带。不同坡向之间，半阴坡的变异系数比半阳坡大，这主要与不同坡向之间微气象条件的差异有关。比较不同海拔与不同坡向的变异系数，在低海拔，不同坡向之间的变异系数比不同海拔之间的变异系数大，但在高海拔则相反。因此，在低海拔测定暗针叶林 LAI 时，坡向比海拔的影响大，在高海拔则相反。

12.5.3.6　小结

实验小流域的植被可划分为 2 个植被型（针叶林和灌丛）、2 个群系（冷杉林和常绿阔叶灌丛）、5 个群丛（藓类-箭竹-岷江冷杉林、草类-箭竹-岷江冷杉林、藓类-杜鹃-岷江冷杉林、草类-杜鹃-岷江冷杉林和杜鹃灌丛）。其中，岷江冷杉林为主要植被类型，占小流域面积的 87.75%。

实验小流域的 4 种岷江冷杉林基本上都为纯林，表现为复层、异龄、过熟特征，原始性状明显，苔藓层较厚，病腐率较高。但不同类型之间，乔木层的伴生树种以及灌木层、草本层和苔藓层的种类组成、高（厚）度、盖度存在一定的差异，林分的树高结构、直径结构也不相同。

在生长季节，小流域 LAI 的时间动态变化为单峰曲线，峰值在 8 月中旬，为 5.82±1.32。岷江冷杉林的 LAI 为 5.44±0.83，不同林分之间差异极显著，大小顺序依次为藓类-箭竹-岷江冷杉林>草类-箭竹-岷江冷杉林>草类-杜鹃-岷江冷杉林>藓类-杜鹃-岷江冷杉林。随着海拔升高，LAI 先增加后减小，转折点约在 3000 m 处。不同坡向之间 LAI 的差异显著，半阴坡大于半阳坡。LAI 的变异系数在林分尺度上为 10.02%～12.22%，在小流域尺度上为 19.79%～22.80%，在不同海拔为 7.64%～23.09%，在半阴坡 16.58%，在半阳坡为 13.44%。

实验小流域植被的空间分布规律明显。藓类-箭竹-岷江冷杉林和草类-箭竹-岷江冷杉林分布在小流域下部，海拔为 2780～3400 m；藓类-杜鹃-岷江冷杉林和草类-杜鹃-岷江冷杉林分布在小流域中部，海拔为 3200～3800 m；杜鹃灌丛分布在小流域上部，海拔为 3700～4080 m。藓类-箭竹-岷江冷杉林和藓类-杜鹃-岷江冷杉林分布在半阴坡，草类-箭竹-岷江冷杉林和草类-杜鹃-岷江冷杉林分布在半阳坡。

实验小流域各种植被类型对应的环境因子范围不同。藓类-箭竹-岷江冷杉林和草类-箭竹-岷江冷杉的土壤类型为棕色森林土，年均降水量较低，年均蒸发量和年均温度较高；藓类-杜鹃-岷江冷杉林和草类-杜鹃-岷江冷杉林的土壤类型为灰化森林土，年均降水量较高，年均蒸发量和年均温度较低；杜鹃灌丛的土壤类型为亚高山草甸土，年均降水量、年均蒸发量和年均温度都很低。`

12.5.4　小流域植被的降水截留特征

冠层截留是植被与水相互作用、相互影响的一个主要过程，对生态系统中的许多过程都有重要的影响，多年来一直是森林水文学研究的热点之一（郭明春等，2005）。目前，冠层截留过程已被明确划分为降雨过程中湿润林冠上的雨水蒸发、雨后林冠蓄水蒸发和树干蓄水蒸发三部分（刘世荣等，2001）。但受植被、气候等因素的影响，冠层截留过程十分复杂，很难直接测定。为此，国内外学者建立了许多模型来对其进行研究。但不同模型模拟的尺度不同，对附加截留的取舍存在不同的看法（张志强，2003；Van Dijk and Bruijnzeel，2001；周国逸，1997；Hashino et al.，2002；Kimball et al.，2000）。

地被物层截留（包括枯落物层和苔藓层）是植被与水相互作用的另一个主要过程，在径流形成与水土保持方面都具有非常重要的意义。与冠层截留过程类似，地被物层截留过程是一个从开始吸持到逐渐饱和的有限增加过程。地被物层的持水能力很强，但受林分类型、林龄、地被物组成、累积状况、前期水分状况、降雨特点等的影响，差异较大（刘世荣等，2003）。

亚高山暗针叶林是川西地区主要的植被类型，多沿河曲与谷坡呈树枝状分布，在涵养水源、保持水土、调节气候、维护生态平衡等方面起着巨大的作用。目前，关于川西亚高山暗针叶林冠层截留和地被物层持水特性的研究有不少报道（刘世荣等，2001，2003；林波等，2002；陈丽华等，2002），但多集中于林分尺度，流域尺度很少。而且，由于该区微气候条件复杂，植被组成结构多变，不同的研究结果差异较大。

因此，本研究基于实测数据，应用由仪垂祥等（1996）建立、何东进和洪伟（1999）改进的冠层截留模型，结合小流域尺度和林分尺度，研究川西亚高山暗针叶林冠层对降水的截留特征，分析和比较不同植被类型地被物层的持水能力，为进一步揭示亚高山暗针叶林与水的相互作用关系、准确评价其生态水文作用提供科学依据。具体解决以下4个问题：①川西亚高山暗针叶林冠层截留与降水之间的关系；②川西亚高山暗针叶林的冠层截留能力及其季节动态；③不同植被类型之间冠层截留能力的差异；④不同植被类型之间地被物层截留能力的差异。

12.5.4.1　林外降水特征

2004 年，研究区降水量为 964.7 mm，降水天数为 180 天，主要集中在 5～10 月，其间降水量约占全年的 80%，降水天数约占全年的 70%，每月均在 15 天以上。1 月、2 月、12 月降水稀少，降水量和降水天数仅占全年的 2% 和 1% 左右。生长季节（5～10 月），降水高峰不止一个，2004 年有两个，2005 年有 3 个（图 12.28a）。

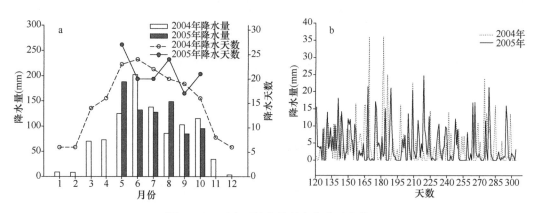

图 12.28　研究区降水的月变化和日变化

2004 年、2005 年生长季节，研究区降水量分别为 767.7 mm、774.9 mm，降水天数分别为 124 天、129 天。日降水量在 40 mm 以下，以小雨（日降水量<10 mm）为主，降水量分别占 46.58% 和 46.10%，降水天数分别占 79.84% 和 78.29%，其次为中雨，降水量分别占 34.73% 和 39.85%，降水天数分别占 16.13% 和 17.83%，大雨很少，降水量分别占 18.69% 和 14.05%，降水天数分别仅占 4.03% 和 3.88%，没有暴雨（表 12.11）。两个生长季节的降水量、降水天数和降水强度非常相似，但降水的季节分布存在差异（图

12.28b）。

表 12.11　2004 年、2005 年生长季节研究区日降水量统计

年份		2004					2005					
降水强度		小雨		中雨	大雨	合计	小雨		中雨	大雨	合计	
日降水量（mm）		<1	1~5	5~10	10~20	20~40		<1	1~5	5~10	10~20	20~40
降水天数	d	18	50	31	20	5	124	18	58	25	23	5	129
	%	14.52	40.32	25.00	16.13	4.03	100	13.95	44.96	19.38	17.83	3.88	100
降水量	mm	10.5	126.3	220.8	266.6	143.5	767.7	12.6	153.2	191.4	308.8	108.9	774.9
降水量和降水天数占比	%	1.37	16.45	28.76	34.73	18.69	100	1.63	19.77	24.70	39.85	14.05	100

12.5.4.2　箭竹-岷江冷杉林冠层截留特征

（1）冠层截留的季节动态

2004 年，箭竹-岷江冷杉林冠层截留量为 464.5 mm，1~2 月很小，3 月开始增加，6 月达到最大，随后减少，于 12 月降至最低。冠层截留系数为 32.98%~71.88%，平均为 48.15%，1~4 月较高，5 月开始减小，于 9 月降至最低，随后急剧增大，12 月最高（图 12.29）。2004 年、2005 年生长季节，冠层截留量、冠层截留系数分别为 347.3 mm 和 310.7 mm、45.24% 和 40.10%，比较接近。

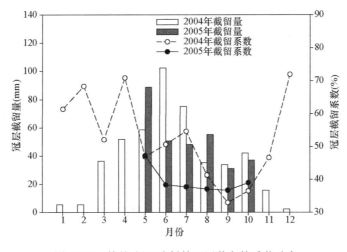

图 12.29　箭竹-岷江冷杉林冠层截留的季节动态

（2）冠层截留与降水量之间的关系

生长季节，箭竹-岷江冷杉林冠层截留量随降水量增加而增大。当降水量低于 10 mm 时，两者之间的关系用线性函数（图 12.30a）、幂函数（图 12.30c，图 12.30d）和指数函数（图 12.30e）均可拟合（R^2 大多在 0.8 以上，$P<0.05$）。当降水量较大时，用幂函数拟合更好。冠层截留量随降水量增加而减小，其中 2004 年两者之间的关系可以用指数函数来表示（图 12.30g）（$R^2=0.8635$，$P<0.01$），但 2005 年两者之间的关系不显著。

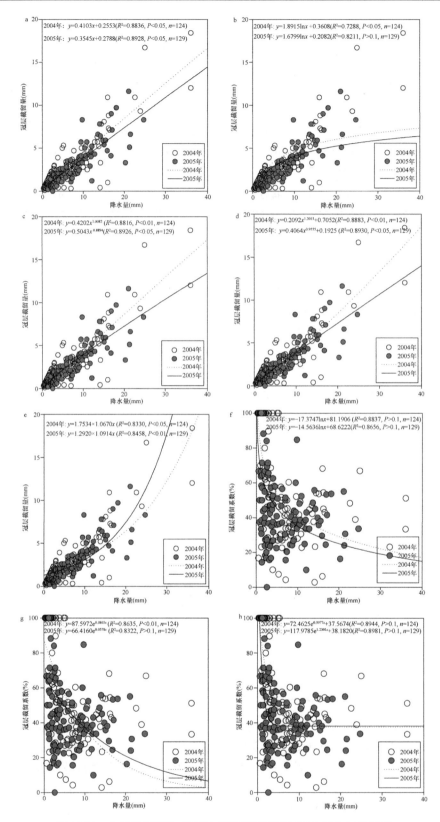

图 12.30　生长季节箭竹-岷江冷杉林冠层截留与降水量之间的关系

12.5.4.3　小流域植被冠层截留特征

（1）不同植被类型冠层最大截留量及其季节变化

2005 年生长季节，实验小流域植被冠层最大截留量平均为 1.7 mm，总最大截留量为 194.9 mm，占降水量的 25.36%。不同群落类型之间，冠层最大截留量存在明显差异（图 12.31a）。箭竹-岷江冷杉林最大，杜鹃-岷江冷杉林居中，杜鹃灌丛最小，大小顺序依次为藓类-箭竹-岷江冷杉林（2.4 mm 和 248.0 mm）>草类-箭竹-岷江冷杉林（2.2 mm 和 231.3 mm）>藓类-杜鹃-岷江冷杉林（1.6 mm 和 183.4 mm）>草类-杜鹃-岷江冷杉林（1.5mm 和 174.8 mm）>杜鹃灌丛（0.6 mm 和 77.7 mm）。冠层最大截留量随着 LAI 的增大而增加，两者呈极强的线性关系（$R^2=0.9982$，$P<0.001$）（图 12.31b）。

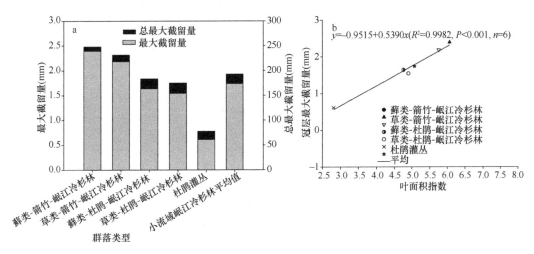

图 12.31　生长季节不同群落类型的冠层最大截留量（a）及其与 LAI 之间的关系（b）

生长季节，月冠层最大截留量为 22.9～47.6 mm，5 月最大，9 月最小，季节变化总体呈下降趋势，但具有波动性。不同群落类型冠层最大截留量的季节变化趋势一致，但变化幅度存在差异，箭竹-岷江冷杉林最大，杜鹃-岷江冷杉林居中，杜鹃灌丛最小（图 12.32a）。在 7～9 月，冠层最大截留量的时间变化规律与 LAI 的基本一致（图 12.32b）。

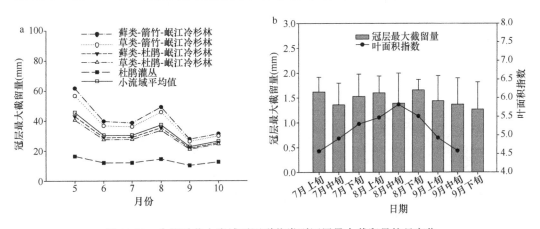

图 12.32　生长季节小流域不同群落类型冠层最大截留量的月变化

（2）小流域植被冠层截留的季节变化

2005 年生长季节，小流域两种箭竹-岷江冷杉林冠层最大截留量和截留系数分别比流域外箭竹-岷江冷杉林的实际冠层截留量和截留系数低 62.7 mm、79.4 mm 和 8.1%、10.25%，说明该区附加截留较大。基于小流域外箭竹-岷江冷杉林的实测数据，拟合出附加截留量[$f(p)$]与降雨量（P）之间的关系式为：$f(p)=-1.214+0.2774P$（$R^2=0.6399$）。据此式计算出小流域植被冠层的附加截留量为 106.0 mm，冠层截留量为 300.9 mm，分别占同期降水量的 13.88%和 39.24%。小流域植被冠层截留量与截留系数的季节变化与降水量密切相关（图 12.33）。

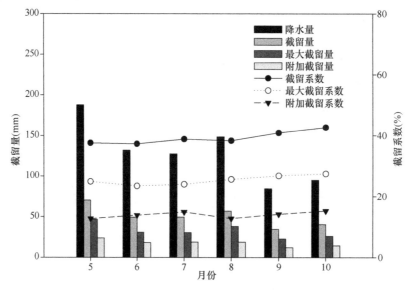

图 12.33　生长季节小流域植被冠层截留的月变化

（3）模型验证

比较箭竹-岷江冷杉林实际截留量（林外降水量与林内降水量之差）与小流域中两种箭竹-岷江冷杉林模拟截留量（最大截留量与附加截留量之和），当实际截留量<5 mm 时，模拟值偏大；当实际截留量>5 mm 时，模拟值偏小（图 12.34）。对日降水截留量的模拟，

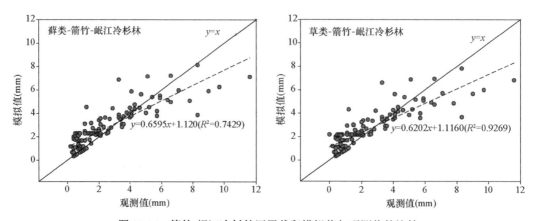

图 12.34　箭竹-岷江冷杉林冠层截留模拟值与观测值的比较

第12章 西南亚高山森林植被生态水文过程的时空特征

両种箭竹-岷江冷杉林平均绝对误差、平均相对误差分别为 0.8500 mm 和 0.8109 mm、35.07% 和 31.49%，模拟效果不是很好（表 12.12）。但 129 天降水实际截留量平均值（2.4240 mm）与模拟截留量平均值（2.7600 mm 和 2.6305 mm）比较接近，相对误差分别为 13.86% 和 8.52%，模拟效果较好。

表 12.12 不同林分植被类型冠层截留量的模拟效果

植被类型	平均绝对误差（mm）	平均相对误差（%）	离差系数	效率系数	确定系数
藓类-箭竹-岷江冷杉林	0.8500	35.07	0.5000	0.4064	1.6296
草类-箭竹-岷江冷杉林	0.8109	31.49	0.4908	0.4595	1.8176
最佳值	0.0000	0.00	0.0000	1.0000	1.0000

12.5.4.4 小流域地被物层的持水能力

实验小流域的植被类型主要为原始暗针叶林，未受人为活动的干扰，地被物层保存很好，盖度大、厚度深、蓄积量多，依次为 91%、11.6 cm 和 62 t/hm²。特别是苔藓植物高度发达，分布十分普遍，其平均盖度超过 50%，厚度达 6 cm 以上。这使得实验小流域地被物层的持水能力很强，平均最大持水率达 702.74%，平均最大持水量达 10.1 mm。不同植被类型之间，由于下木层组成不同，以及分布的海拔、坡向不同，林内光照条件存在差异，地被物的组成、盖度、厚度、蓄积量不同，导致其持水能力也不相同。其中，藓类-岷江冷杉林地被物层的持水能力较高，杜鹃-岷江冷杉林较低，尤其是藓类-杜鹃-岷江冷杉林地被物的各项指标最高，持水能力也最强，最大持水量高达 20.4 mm（表 12.13）。

表 12.13 小流域地被物的盖度、厚度、蓄积量和最大持水量

植被类型	盖度（%）		厚度（cm）			蓄积量（t/hm²）	最大持水量	
	枯落物	苔藓	枯落物	苔藓	合计		%	mm
A	80	60	4.5	8.0	12.5	41.47	854.81	8.8
B	60	40	4.0	5.0	9.0	47.40	559.44	6.2
C	50	90	8.0	10.0	18.0	109.27	768.55	20.4
D	50	30	5.5	3.0	8.5	51.53	587.60	6.4
E	40	20	5.0	2.5	7.5	51.06	716.06	6.0
平均	56	48	5.5	6.2	11.7	62.00	702.74	10.1

注：A～E 同上

12.5.4.5 川西亚高山暗针叶林冠层对降水的截留能力

本研究中，川西卧龙地区亚高山暗针叶林（箭竹-岷江冷杉林）年冠层截留系数为 32.98%～71.88%，平均为 48.15%，比中国主要森林生态系统的冠层截留系数都高（刘世荣等，1996）（表 12.14）。相邻地区的研究表明，贡嘎山暗针叶林冠层截留系数为 47%（易立群等，2000），与本研究很接近；米亚罗岷江冷杉林冠层截留系数为 21.8%～66.1%，平均为 32.7%（马雪华，1987；黄礼隆，1994），长江上游亚高山暗针叶林年冠层截留系数为 20%～70%（刘世荣等，2001，2003），贡嘎山峨眉冷杉成过熟林冠层截留系数

457

为 26%～28%（谢春华等，2002），都比本研究低。在生长季节，研究小流域植被冠层最大截留量平均值为 1.7379 mm，约是岷江上游平均值（0.5271 mm）的 3 倍（李崇巍等，2005）；4 种岷江冷杉林为 1.5428～2.3923 mm，杜鹃灌丛为 0.6150 mm，明显比岷江上游相应植被类型（针叶林为 0.698 mm，灌丛为 0.44 mm）的高（李崇巍等，2005）。研究表明，冠层截留能力随降水强度增大、降水历时延长而减小，随 LAI 增大而增大（Fleischbein，2005）。川西卧龙地区降水量充沛，雨日多，降水强度小、历时短，植被生长茂盛，原始状态保持良好，林分盖度大、LAI 高，故该区亚高山暗针叶林冠层截留能力很强。

表 12.14　我国不同类型森林生态系统冠层截留的比较

森林生态系统类型	林分郁闭度	年降水量（mm）		截留量（mm）		截留率（%）	
		平均	变异系数（%）	平均	变异系数（%）	平均	变异系数（%）
寒温带、温带山地落叶针叶林	0.4～0.7	751.1	15.77	142.2	25.34	18.86	20.85
寒温带、温带山地常绿针叶林	0.5～0.9	640.0	19.54	134.0	31.38	23.45	46.21
亚热带、热带东部山地常绿针叶林	0.65～0.9	1366.5	16.16	263.1	31.01	19.40	36.82
亚热带、热带西南部山地常绿针叶林	0.6～1.0	925.9	3.93	150.5	36.31	16.12	34.21
亚热带西部高山常绿针叶林	0.7～0.8	1230.4	6.89	425.3	14.27	34.34	6.86
温带山地落叶与常绿针叶林	0.7～0.8	696.0	7.34	202.8	23.89	28.92	18.11
温带、亚热带山地落叶阔叶林	0.7～0.9	853.3	25.61	146.3	14.31	17.85	21.54
亚热带山地常绿阔叶林	0.8～0.9	1749.0	16.01	271.5	4053	16.21	55.05
亚热带山地常绿落叶阔叶混交林	0.95	1778.5	—	202.0	—	11.4	—
亚热带竹林	0.5～0.95	1253.8	22.99	252.5	25.02	21.59	40.54
南亚热带山地季风常绿阔叶林	0.9	1753.4	8.49	336.9	35.96	18.93	29.53
热带半落叶季雨林	0.7～0.8	1826.2	—	529.5	—	28.99	—
热带山地雨林	0.8～0.9	2608.0	—	626.7	—	25.31	—
四川卧龙箭竹-岷江冷杉林	0.9	964.7	—	464.5	—	48.15	—

注：表中数据来源于刘世荣等（1996），其中四川卧龙箭竹-岷江冷杉林（最后一行）为本研究数据

不同岷江冷杉林分，冠层最大截留量及其季节变化幅度都存在差异。主要原因是林分的树高、胸径、郁闭度和密度不同，其次是下层林冠组成物种不同。箭竹-岷江冷杉林下层林冠主要由箭竹组成，生长非常茂密，而杜鹃-岷江冷杉林下层林冠主要由杜鹃组成，生长相对稀疏，前者的 LAI 及其季节变化幅度都比后者大，相应地前者冠层截留量及其季节变化也比后者大。

研究小流域植被冠层附加截留系数为 13.88%，约占总截留量的 1/3。王彦辉等（1998）、李崇巍等（2005）研究表明，附加截留量与降水量之间呈紧密正相关关系，复相关系数在 0.9 以上，认为附加截留量能够很好地用降水量拟合。但本研究中，它们之间的复相关系数较低，只有 0.6399，用降水量来模拟附加截留量误差可能较大。主要原因是本研究中所用的是日降水量（包括林内降水量），而不是次降水量。该区降水以小雨为主，降水天数多，经常出现多日连续降水和一日多次降水的情况。一方面林外降水停止后，林内雨滴会继续跌落，可能成为次日的林内降水，从而增加当日冠层截留量，减少次日冠层截留量；另一方面冠层经常保持湿润，附加截留量较大，但它不稳定，影

响因素很多，除了降水量外，风速、温度也很重要。在小流域尺度上，由于地形复杂，高差很大，降水存在空间异质性，附加截留量的模拟误差可能更大，导致日冠层截留量的模拟效果不理想。因此，建议在今后的研究中，缩短降水观测时间，提高观测精度，并考虑风速和地形的影响，进一步研究亚高山暗针叶林的附加截留特征。

12.5.4.6　川西亚高山暗针叶林地被物层对降水的截留能力

本研究表明，川西亚高山暗针叶林小流域地被物层（包括枯落物层和苔藓层）最大持水率为 702.74%，最大持水量为 10.1 mm。我国研究结果认为，森林枯落物层吸持水量可达自身干重的 2～4 倍，最大持水率平均为 309.54%，最大持水量平均为 4.18 mm（刘世荣等，1996）。可见，川西亚高山暗针叶林地被物层的持水能力约是我国主要森林生态系统枯落物层平均持水能力的 2.4 倍。据测定，地被物层各组分浸泡 24 h 后，持水率大小顺序依次为苔藓（587%）>软阔叶（386%）>硬阔叶（250%）>针叶（172%）>乔灌木枝干（152%）（李承彪，1990）。又据张洪江等（2003）对峨眉冷杉林地被物水文效应的研究，苔藓的最大持水量是枯落物的 1.3～1.8 倍。因此，研究认为，川西亚高山暗针叶林苔藓层普遍存在（平均盖度高达 52%），而且生长繁盛，厚度较大（平均厚度高达 6.2 cm），这是其地被物层持水能力较强的主要原因。此外，由于地处高海拔，气温低，林地生物活动较弱，加上针叶本身难以分解，枯落物层较厚、蓄积量较大也是重要的原因。

本研究表明，亚高山暗针叶林的不同林分类型之间，地被物层的持水性能差异明显。在 4 个不同的岷江冷杉林分中，分布在半阴坡的藓类-岷江冷杉林比分布在半阳坡的草类-岷江冷杉林地被物层持水能力更强，因为半阴坡林内相对半阳坡林内更为阴湿，苔藓植物更为发达。尤其是分布在小流域中部半阴坡的藓类-杜鹃-岷江冷杉林苔藓层最厚，枯落物累积量最大，其持水能力最大。马雪华（1987）、黄礼隆（1994）的研究与本研究结果相似。他们的研究表明，在四川米亚罗 4 个主要的冷杉林型中，持水特性藓类-冷杉林最佳，持水量为 7.4 mm，其次是箭竹-冷杉林、杜鹃-冷杉林、高山栎-冷杉林，依次为 6.1 mm、4.2 mm、3.9 mm。刘世荣等（2001）的研究结果为长江上游藓类-冷杉林、箭竹-冷杉林、杜鹃-冷杉林、高山栎-冷杉林地被物层的持水量分别为 2.8 mm、6.0 mm、4.4 mm 和 3.9 mm，与本研究结果略有差异。

此外，关于川西亚高山暗针叶林地被物的持水性能，张洪江等（2003）的研究表明，贡嘎山冷杉纯林地被物的持水量成熟林最大，过熟林次之，其后为中龄林，幼龄林最小。陈丽华等（2002）的研究表明，贡嘎山峨眉冷杉林幼龄林、中龄林、成熟林、过熟林苔藓层最大持水量依次为 18 t/hm^2、46 t/hm^2、69 t/hm^2 和 97 t/hm^2，他认为，苔藓最大持水量并不能反映苔藓实际有效持水能力，在长江上游以峨眉冷杉为代表的暗针叶林苔藓层的天然持水量是其最大持水量的 80%。张远东等（2004）的研究表明，川西亚高山森林在人工及自然恢复过程中，苔藓及枯落物蓄积量均随林龄增大而增加，其最大持水量也相应增加，经过 70 年的恢复，人工云杉林地被物的最大持水量已接近原始冷杉林。

12.5.4.7　小结

川西卧龙地区降水量充沛，雨日多，以小雨为主。该区亚高山暗针叶林（箭竹-岷江冷杉原始林）冠层截留系数较高。生长季节，当降水量低于 10 mm 时，冠层截留量与降水量之间的关系可以用直线、幂函数或者指数函数拟合，当降水量高于 10 mm 时，用幂函数拟合较好；截留系数与降水量之间呈负指数函数关系。实验小流域内，植被冠层最大截留量平均值为 1.7379 mm，不同林分之间差异明显，大小顺序依次为藓类-箭竹-岷江冷杉林>草类-箭竹-岷江冷杉林>藓类-杜鹃-岷江冷杉林>草类-杜鹃-岷江冷杉林>杜鹃灌丛；冠层最大截留量与 LAI 之间呈极显著的线性关系；冠层截留量、冠层最大截留量、附加截留量分别约占同期降水量的 39%、25% 和 14%。模型对日降水截留量模拟效果不理想，相对误差的平均值约为 33%～35%，但对整个生长季节的平均截留量模拟效果较好，相对误差为 8%～14%。川西亚高山暗针叶林苔藓植物繁盛，枯落物蓄积量大，地被物层的持水能力较强，最大持水率为 702.14%，最大持水量为 10.1 mm；不同群落类型之间，地被物层的持水性能差异明显，藓类-岷江冷杉林地被物层的持水性能比草类-岷江冷杉林更强，4 个岷江冷杉林分中，藓类-杜鹃-岷江冷杉林的持水能力最大。

12.5.5 小流域土壤水分的时空特征

森林土壤水分是指通过重力、分子吸力和毛管力保持在林地土壤中的水分，主要来源于自然降水。它既是地表水文过程的重要控制因素，也是地表能量与水量平衡的联系纽带，还控制着生态系统的许多其他过程，如植被碳循环、养分循环等。因此，多年来森林土壤水分一直是森林水文学的研究重点之一。研究表明，与非林地相比，林地土壤结构疏松，孔隙状况良好，渗透性能较强，蓄水能力较大（马雪华，1993）。但受植被、气候、土壤、地形等诸多因素影响，不同林地之间，同一林地不同土层深度之间，土壤水分的物理特性、渗透性及蓄水能力均存在较大差异（刘世荣等，1996）。另外，土壤水分具有显著的时空变异性（王军等，2002）。土壤水分异质性对生态系统的过程模拟非常重要，但它既受土壤质地的影响，也受植被异质性的影响，变化十分复杂。目前，土壤和植被特征的异质性与土壤水分变异性之间的关系，已成为森林土壤水分研究的一个热点问题（Teuling and Troch，2004）。

关于川西亚高山暗针叶林土壤水分的研究已有一些报道，涉及土壤持水特性（张远东等，2004）、土壤水分动态与土壤水分入渗特征（余新晓等，2003）等多个方面。但绝大部分研究都集中在坡面或者林分尺度上，对土壤水分的空间分布特征及其时空变异性缺乏研究。因此，本研究从林分和小流域两个尺度上，对川西亚高山暗针叶林的土壤水分物理特征、入渗特征、动态变化、空间分布特征及其变异性进行研究，为更深入地了解川西亚高山暗针叶林土壤的生态水文功能，揭示土壤水分与气候、植被、地形之间的相互作用关系，阐明亚高山暗针叶林对流域水资源的调控机制提供科学依据。

12.5.5.1 小流域土壤水分的物理特征

（1）不同群落类型土壤水分的物理特征

根据调查，实验小流域内土壤类型主要有 3 种：棕色森林土、灰化森林土和亚高山草甸土。棕色森林土发育在藓类-箭竹-岷江冷杉林和草类-箭竹-岷江冷杉林下，位于流域下部，土层厚度 90～95 cm。灰化森林土发育在藓类-杜鹃-岷江冷杉林和草类-杜鹃岷江冷杉林下，位于流域中部，土层厚度为 105～110 cm。亚高山草甸土发育在杜鹃灌丛下，位于流域上部，土层瘠薄，平均厚度约为 50 cm（表 12.15）。

表 12.15 小流域不同群落类型土壤水分的物理特征

群落类型	土壤类型	土层深度（cm）	容重（g/cm³）	毛管孔隙（%）	总孔隙（%）	非毛管孔隙（%）	通气度（%）
A	f	0～20	0.73	56.05	78.80	22.75	32.03
		20～40	1.13	48.01	60.38	12.38	21.15
		40～95	1.22	48.39	59.14	10.75	17.78
B	f	0～20	0.83	58.33	71.93	13.60	21.25
		20～40	1.02	52.30	63.60	11.30	19.25
		40～90	1.13	53.86	62.81	8.95	14.48
C	g	0～20	0.94	55.35	63.25	6.90	10.65
		20～40	0.83	54.61	65.21	11.60	20.85
		40～105	1.14	44.82	53.52	8.70	12.15
D	g	0～20	0.87	64.87	74.42	9.55	13.55
		20～40	0.88	55.47	69.34	12.88	19.68
		40～110	0.93	57.73	66.08	8.35	15.33
E	h	0～20	0.61	69.52	78.27	8.75	20.15
		20～40	0.86	54.09	62.24	8.15	14.95
		40～60	1.29	40.47	49.32	8.85	11.05
平均	—	0～20	0.80	61.02	73.33	12.31	19.53
		20～40	0.97	53.10	64.35	11.26	19.18
		40～95	1.12	49.05	58.17	9.12	14.16

注：A～E 依次为藓类-箭竹-岷江冷杉林、草类-箭竹-岷江冷杉林、藓类-杜鹃-岷江冷杉林、草类-杜鹃-岷江冷杉林、杜鹃灌丛；f. 棕色森林土；g. 灰化森林土；h. 亚高山草甸土

小流域内土壤容重平均值为 0.96 g/cm³。不同群落类型之间差异较小，但不同土层之间差异较大。随着土层深度增加，土壤容重增大。0～20 cm 土层为 0.61～0.94 g/cm³，平均值为 0.80 g/cm³；20～40 cm 土层为 0.83～1.13 g/cm³，平均值为 0.97 g/cm³；40 cm 以上土层为 0.93～1.29 g/cm³，平均值为 1.12 g/cm³。

小流域内土壤总孔隙、毛管孔隙、非毛管孔隙分别为 60.99%～69.95%、50.82%～59.69%、8.58%～15.29%，平均值依次为 65.29%、54.39%、10.89%；土壤通气度为 14.55%～23.65%，平均值为 17.62%。随着土层深度增加，土壤孔隙和通气度都减小，且差异明显。土壤总孔隙、毛管孔隙、非毛管孔隙和土壤通气度在 0～20 cm 土层依次为 74.35%、60.55%、13.43%和 20.56%，20～40 cm 土层依次为 64.39%、52.78%、11.61%和 19.49%，40 cm 以上土层依次为 59.86%、50.66%、9.21%和 14.79%。不同群落类型之间，土壤孔隙状况和通气度也存在差异，但无明显规律。

综上所述，不同群落类型分布在流域的不同部位，其土壤类型和土层厚度不同，土壤容重、孔隙状况及通气度都存在差异，但无明显规律。不同土层深度，土壤容重、孔隙状况及通气度也存在差异，且规律明显，随着土层深度增加，土壤容重增加，土壤孔隙度和通气度减小。

（2）不同群落类型的土壤持水量

从表 12.16 可以看出，随着土层深度增加，土壤持水量下降。实验小流域内土壤最大持水量和非毛管持水量的平均值 0～20 cm、20～40 cm、40～100 cm 土层依次分别为95.30%和68.16%、55.97%和17.67%、12.29%和8.52%。不同群落类型之间，土壤最大持水量、非毛管持水量和田间持水量均存在差异。

表 12.16　小流域不同群落类型的土壤持水量

群落类型	土层深度（cm）	最大持水量		非毛管持水量		田间持水量	
		%	mm	%	mm	%	mm
A	0～20	109.63	159.8	31.86	46.4	69.10	100.7
	20～40	55.07	124.6	11.38	25.8	37.54	84.9
	40～95	50.79	339.5	9.44	63.1	36.10	241.3
B	0～20	86.31	143.8	16.36	27.2	65.20	108.7
	20～40	62.83	127.7	11.49	23.4	46.70	94.9
	40～90	56.77	320.7	7.80	44.0	44.77	252.9
C	0～20	67.46	126.8	7.40	13.9	57.24	107.6
	20～40	80.08	132.7	14.03	23.3	62.63	103.8
	40～105	49.04	363.8	8.10	60.1	38.32	284.3
D	0～20	86.60	150.7	11.49	20.0	68.75	119.7
	20～40	78.57	138.8	14.54	25.6	57.35	101.3
	40～110	72.62	473.3	9.35	61.0	56.92	371.0
E	0～20	129.86	157.5	14.51	17.6	104.57	126.8
	20～40	72.24	124.3	9.45	16.3	58.65	100.9
	40～60	38.35	98.6	6.91	17.8	28.88	74.2
平均值	0～20	95.30	152.7	17.67	28.3	70.99	113.8
	20～40	68.16	132.0	12.29	23.8	50.56	98.0
	40～100	55.97	345.5	8.52	52.6	42.85	264.5

注：A～E 同上

图12.35 比较了不同群落类型之间 0～40 cm 土层和整个土层的最大持水量及非毛管持水量。4 种岷江冷杉林 0～40 cm 土层最大持水量为 259.4～289.6 mm，平均值为276.2 mm，高低相差 10.42%。其中，草类-杜鹃-岷江冷杉林最大，藓类-杜鹃-岷江冷杉林最小，藓类-箭竹-岷江冷杉林和草类-箭竹-岷江冷杉林居中。非毛管持水量为 37.2～72.2 mm，平均值为 51.4 mm，高低相差 48.48%。其中，藓类-箭竹-岷江冷杉林最大，藓类-杜鹃-岷江冷杉林最小，草类-箭竹-岷江冷杉林和草类-杜鹃-岷江冷杉林居中。整个土层最大持水量为 592.2～762.8 mm，平均值为 650.6 mm，高低相差 26.36%。整个土层非毛管持水量为 94.6～135.3 mm，平均值为 108.5 mm，高低相差 30.08%。不同岷江冷杉林之间，0～40 cm 土层最大持水量差异相对较小，但非毛管持水量的差异相对较大，整个土层则相反。说明中浅层土壤蓄水能力的差异主要体现在非毛管持水量上，整个土层蓄水能力的差异主要体现在土层厚度上。

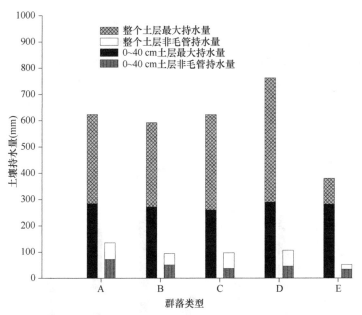

图 12.35　小流域不同群落类型之间 0～40 cm 土层和整个土层的最大持水量及非毛管持水量的比较
图中 A～E 依次为藓类-箭竹-岷江冷杉林、草类-箭竹-岷江冷杉林、藓类-杜鹃-岷江冷杉林、
草类-杜鹃-岷江冷杉林和杜鹃灌丛

12.5.5.2　小流域土壤水分的入渗特征

（1）不同群落类型土壤水分的入渗特征

小流域内 5 种群落类型土壤水分入渗过程基本一致（图 12.36）。在入渗初期，入渗速率最大，变化剧烈，随着时间的推移，入渗速率逐渐减小，变化趋于平缓，最终入渗速率达到稳定。整个入渗过程大致可分为 3 个阶段：剧变期（0～5 min）、渐变期（5～30 min）和稳定期（30 min 以后）。

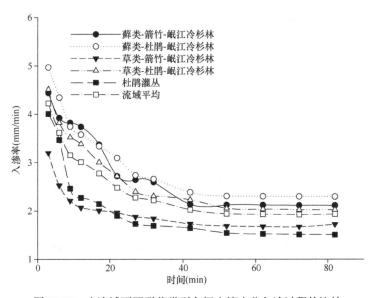

图 12.36　小流域不同群落类型之间土壤水分入渗过程的比较

　　但不同群落类型之间，土壤水分入渗特征差异明显（图 12.37）。5 种群落类型土壤初渗率、稳渗率、平均入渗率分别为 3.20～4.51 mm/min、2.03～3.15 mm/min、1.51～2.30 mm/min，群落类型内部高低相差达 29%～35%，平均值依次为 4.22 mm/min、2.63 mm/min、1.92 mm/min。其中，藓类-杜鹃-岷江冷杉林的土壤初渗率、稳渗率、平均入渗率最大，草类-箭竹-岷江冷杉林的土壤初渗率、稳渗率最小，杜鹃灌丛的平均入渗率最小。

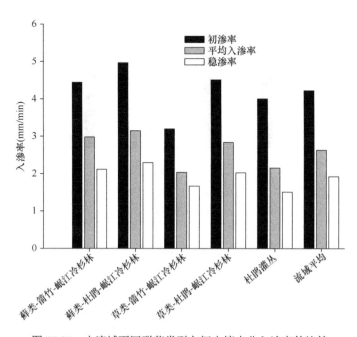

图 12.37　小流域不同群落类型之间土壤水分入渗率的比较

（2）不同土层深度土壤水分的入渗特征

　　小流域内不同土层深度土壤水分入渗过程基本相同（图 12.38），但不同土层深度之间，土壤水分入渗率差异较大（图 12.39）。整个土壤剖面的初渗率、稳渗率、平均入渗率分别为 4.22 mm/min、1.92 mm/min、2.63 mm/min。其中，0～20 cm 土层深度，入渗率较大，分别高出剖面平均值 34.32%、35.67%、38.74%；20～40 cm 土层深度，入渗率接近剖面平均值；40 cm 以上土层深度，入渗率较小，分别比剖面平均值低 69.43%、93.68%、130.67%。

（3）不同植被类型不同土层深度土壤饱和导水率的比较

　　土壤饱和导水率是一个重要的土壤水分运动参数，在一定程度上可以作为衡量土壤渗透性的指标。小流域内同一群落类型的不同土层深度，土壤饱和导水率差异较大（图 12.40）。如藓类-杜鹃-岷江冷杉林，0～20 cm 土层深度为 4.14 mm/min，20～40 cm 土层深度为 1.95 mm/min，降低了 52.90%，40 cm 以上土层深度为 0.8 mm/min，不到 0～20 cm 土层深度的 1/5。

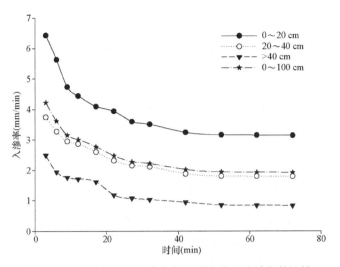

图 12.38 小流域不同深度之间土壤水分入渗过程的比较

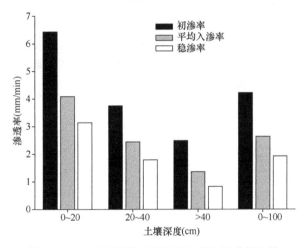

图 12.39 小流域不同土层深度之间入渗率的比较

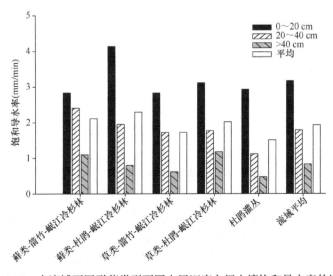

图 12.40 小流域不同群落类型不同土层深度之间土壤饱和导水率的比较

不同群落类型的同一土层深度，土壤饱和导水率也存在一定的差异（图 12.40）。5
种群落类型的饱和导水率在 0～20 cm 土层深度为 2.83～4.14 mm/min，其中藓类-杜鹃
-岷江冷杉林最大，草类-箭竹-岷江冷杉林最小，高低相差 31.6%；在 20～40 cm 土层深
度为 1.12～2.41 mm/min，其中藓类-箭竹-岷江冷杉林最大，杜鹃灌丛最小，高低相差
53.5%；在 40 cm 以上土层深度为 0.47～1.18 mm/min，其中草类-杜鹃-岷江冷杉林最大，
杜鹃灌丛最小，高低相差 60.2%。

12.5.5.3 小流域土壤水分的时间动态及变异性

（1）土壤平均含水量的时间动态及变异性

7～10 月，小流域土壤容积含水量为 0.59～0.66，变异系数为 0.2176～0.4098。7 月
中旬土壤容积含水量较高，之后持续下降，于 8 月中旬降至最低点，然后快速回升，并
于 8 月下旬达到最高点。此后近一个月，土壤都保持一个较高的水分状态，但总体趋势
下降，直到 10 月中旬后才开始回升。土壤水分异质性（变异系数）随时间的总体变化
规律与土壤平均含水量的相反。7 月中旬起，土壤容积含水量持续下降，变异系数开始
增大，随后减小。8 月中旬，伴随着土壤容积含水量的快速升高，变异系数急剧增大，
随后骤减。从 8 月下旬起，土壤容积含水量总体下降，变异系数逐渐增大。10 月中旬，
随着土壤含水量的回升，变异系数略有减小（图 12.41）。

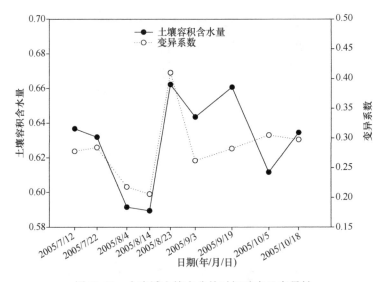

图 12.41　小流域土壤水分的时间动态及变异性

土壤含水量的时间动态是前期降水、蒸发以及植被蒸腾共同作用的结果。7 月上旬，
降水充沛，蒸发量较低，LAI 也较低，植被蒸腾耗水较少，故土壤含水量较高。7 月中
下旬，降水量减少，蒸发量增加，LAI 增大，植被蒸腾耗水增多，导致土壤水分持续下
降。8 月上旬的强降水、弱蒸发，使土壤水分快速回升，之后连续较强的降水、较高的
蒸发以及蒸腾耗水，使土壤水分保持在一个较高的状态。从 8 月下旬起，虽然 LAI 减小，
植被蒸腾耗水减少，但同期降水量减少，蒸发量增加，土壤水分开始回落。9 月中旬以
后，气温越来越低，生长季节将要结束，蒸发和蒸腾作用更弱，其间有较多的降水，使

土壤水分有所回升（图 12.42）。变异系数随时间的变化与土壤含水量紧密相关。当降水充沛时，流域普遍湿润，土壤含水量较高，空间分布比较均匀，异质性较低。当降水量减小时，流域变干，土壤含水量降低，空间分布不均匀，异质性较高。

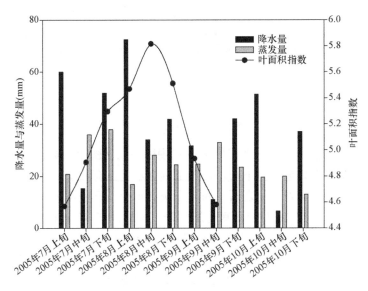

图 12.42　降水量、蒸发量和叶面积指数的季节变化

（2）不同植被类型土壤含水量的时间动态

小流域 5 种群落类型的土壤含水量随时间变化的规律与流域平均含水量的变化规律基本一致。但不同群落类型之间，土壤容积含水量差异比较明显（图 12.43）。其中，藓类-杜鹃-岷江冷杉林和草类-杜鹃-岷江冷杉林含水量较高，变幅较大；藓类-箭竹-岷江冷杉林和杜鹃灌丛的土壤含水量较低，变幅较小；草类-箭竹-岷江冷杉林的土壤含水量稍高于流

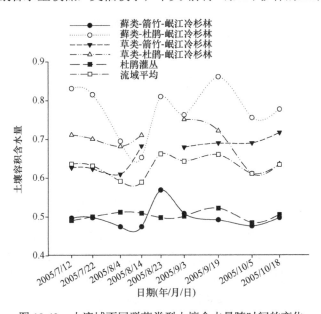

图 12.43　小流域不同群落类型土壤含水量随时间的变化

域平均含水量。不同群落类型土壤含水量的差异及其变幅的大小主要与其在流域内的空间分布有关。藓类-杜鹃-岷江冷杉林和草类-杜鹃-岷江冷杉林分布在流域中部，降水较流域下部和顶部多，故土壤含水量较高。两者不同的是，前者分布于半阴坡，后者分布于半阳坡，前者苔藓层较厚，太阳辐射较弱，蒸发和蒸腾作用都较弱，故前者土壤含水量较高。杜鹃灌丛分布在流域上部海拔 3800 m 以上，降水量较少，坡度大，土层薄，植被生长不良，蒸发强，土壤含水量最低，变化幅度也较小。藓类-箭竹-岷江冷杉林分布在流域下部的半阴坡，但土壤含水量较低，主要原因可能是坡度太大，土壤水分不易保存。

（3）不同土层深度土壤含水量的时间动态

不同土层深度，土壤含水量随时间的变化规律不同（图 12.44）。例如，在 5 cm 与 75 cm 深度，从 7 月中旬至 8 月下旬，前者土壤含水量虽有波动，但总体趋势是上升，而后者基本上是下降；8 月下旬之后，前者土壤含水量一直呈下降趋势，后者先有一个升高，然后才下降，并在 10 月中下旬有所回升。又如，在 45 cm 深度，土壤含水量的波动性更大，变化更加复杂，趋势与 5 cm 和 75 cm 深度都不一样。同时，不同土层深度，土壤含水量随时间的变化幅度也不同。表层土壤含水量较高，变幅较大，底层土壤含水量居中，变幅较小，中间土层含水量最小，但变幅较大。

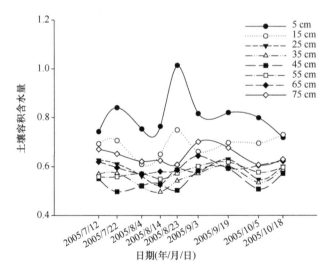

图 12.44　小流域不同土层深度土壤含水量随时间的变化

12.5.5.4　小流域土壤水分的空间分布及异质性

（1）土壤剖面平均容积含水量的时间动态及变异性

小流域内土壤剖面的容积含水量为 0.52~0.77，平均值为 0.60。表层土壤含水量最高，随着土层深度增加，土壤容积含水量逐渐下降，在 45 cm 深度土壤容积含水量最低，之后，土壤容积含水量随土层深度增加而逐渐升高（图 12.45）。分析原因，0~20 cm 土层深度土壤容积含水量较高，主要是因为研究期间降水充沛，雨日多，小流域地表覆盖有较厚的枯落物层和苔藓层，既抑制了表层土壤水分的蒸发，其吸持的降水又使表层土壤水分能够得到较好的补给。在 20～60 cm 土层深度，土壤含水量较低，主要是因为植物根系主要分布在这个深度，蒸腾失水导致该土层深度土壤水分减少，而枯落物层和苔藓层对降水的吸持又使该层的土壤水分得不到较好的补给。

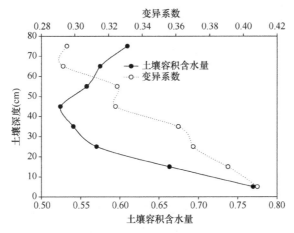

图 12.45　小流域土壤容积含水量和变异系数的剖面变化

小流域内土壤剖面土壤含水量的变异系数为 0.2929～0.4083，平均值为 0.3460。土壤表层变异系数较大，底层较小，随着土层深度增加，变异系数一直下降。分析原因，表层土壤受降水和蒸发的影响较大，土壤干湿变化剧烈，故土壤水分的变异性较大；随着土层深度的增加，降水和蒸发对土壤水分的影响减弱，但蒸腾作用的影响增强；在土壤底层，降水和蒸发的影响最弱，植物根系分布较少，蒸腾作用的影响也较弱，土壤的干湿变化平缓，故土壤水分的变异性较小。

（2）不同群落类型土壤剖面容积含水量的时间动态

不同群落类型，土壤剖面容积含水量高低不同。土壤容积含水量表层藓类-杜鹃-岷江冷杉林最高，25 cm 以下，草类-杜鹃-岷江冷杉林最高，总体上，藓类-箭竹-岷江冷杉林最低。而且，不同群落类型土壤剖面容积含水量的变化幅度也不相同。藓类-杜鹃-岷江冷杉林最大，高低相差 51.33%，藓类-箭竹-岷江冷杉林次之，高低相差 34.78%，其后依次为草类-箭竹-岷江冷杉林、草类-杜鹃-岷江冷杉林，高低相差分别为 27.16%、26.84%，杜鹃灌丛最小，仅为 14.71%。另外，不同群落类型，土壤容积含水量的剖面变化规律存在差异。草类-杜鹃-岷江冷杉林、藓类-箭竹-岷江冷杉林和杜鹃灌丛土壤容积含水量的剖面变化规律与流域平均含水量基本一致，即土壤表层容积含水量较高，随着土层深度增加，容积含水量降低，超过 45 cm，随着土层深度增加，容积含水量逐渐升高。藓类-杜鹃-岷江冷杉林随着土层深度增加，土壤含水量基本上呈下降趋势，表层土壤含水量最高，底层最低。草类-箭竹-岷江冷杉林土壤水分剖面变化波动性较大，变化较为复杂（图 12.46）。

（3）土壤容积含水量随海拔的变化

在海拔 2780～3800 m，小流域土壤容积含水量为 0.41～1.01，平均值为 0.64，变异系数为 0.0418～0.2757，平均值为 0.1631。随着海拔升高，土壤含水量总体上增加，在海拔 3700 m 以上则减少。土壤水分变异性随海拔的变化规律比较复杂，为"多峰"曲

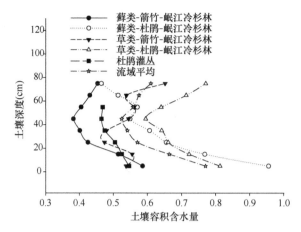

图 12.46　小流域不同群落类型土壤容积含水量的剖面变化

线，总趋势是随着海拔升高，变异性减小（图 12.47）。分析原因，随着海拔升高，降水量增加，蒸发量减少，LAI 减小，植被的蒸腾耗水减少，故土壤含水量升高；但海拔超过 3700 m 左右，随着海拔升高，降水量反而减小，故土壤含水量随之降低（图 12.48）。

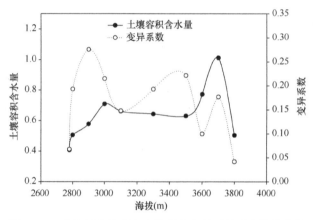

图 12.47　小流域土壤容积含水量和变异系数随海拔的变化

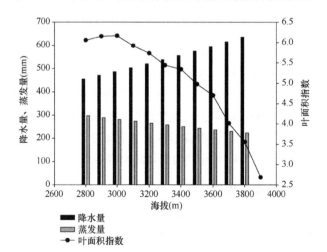

图 12.48　小流域降雨量、蒸发量和叶面积指数随海拔的变化

（4）不同坡向土壤容积含水量的剖面变化

小流域内坡向主要有两个：半阳坡（WS 坡）和半阴坡（EN 坡）。随着土壤深度增加，两个坡向上土壤容积含水量都是先降低，到一定深度后再升高，这个深度半阴坡是在 45 cm 处，半阳坡是在 30 cm 处。比较两个坡向的土壤容积含水量，平均值半阴坡为0.63，半阳坡为 0.68，总体上，半阳坡稍高于半阴坡。在 30 cm 深处基本相等；0～30 cm土层，半阴坡高于半阳坡，越接近地面，差别越大；30 cm 以下土层，则完全相反（图12.49）。另外，不同坡向土壤水分的变异性不同。半阴坡变异系数为 0.1348～0.4207，平均值为 0.3397；半阳坡变异系数为 0.1444～0.3050，平均值为 0.2027。土壤水分的变异性半阴坡大于半阳坡。半阴坡在 0～40 cm 土层，随着土层深度增加，变异系数增大；在 40 cm 以下土层，随着土层深度增加，变异系数减小。半阳坡土壤水分变异性变化复杂，曲线波动性较大，无明显规律（图 12.48）。

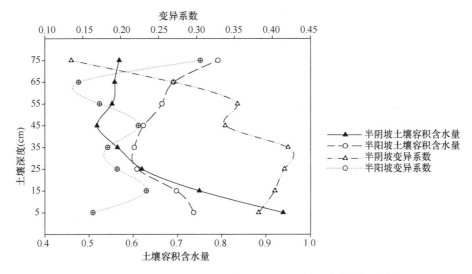

图 12.49 小流域不同坡向土壤容积含水量和变异系数的剖面变化

（5）不同坡位土壤容积含水量的剖面变化

不同坡位，土壤含水分量的剖面变化不同（图 12.50）。土壤容积含水量下坡最高，半阴坡、半阳坡分别为 0.69、0.72，其次是中坡，依次分别为 0.44、0.63，上坡最低，依次分别为 0.41、0.58。不同坡位之间的差别为半阴坡随土层深度增加而减小，半阳坡则无明显规律。半阴坡的上、中、下 3 个不同坡位，土壤容积含水量的剖面变化规律基本相同，随着土层深度增加，上层土壤含水量降低，下层土壤含水量升高。不同的是土壤含水量最低点的土壤深度，上坡和中坡较浅，为 25 cm，下坡较深，为 45 cm。半阳坡则略有不同，在 0～15 cm 土层，上坡和下坡的土壤水量随土层深度增加而升高。

另外，不同坡位，土壤水分的变异系数差别较大（图 12.50）。变异系数半阴坡、半阳坡都是下坡最大，分别为 0.1716、0.1552，在半阴坡，上坡的变异系数最小，为 0.0680，而在半阳坡，中坡的变异系数最小，为 0.0634。变异系数在半阴坡的剖面变化波动性较大，无明显的规律；在半阳坡规律比较明显，随着土层深度增加，上坡、下坡总体下降，中坡上升。

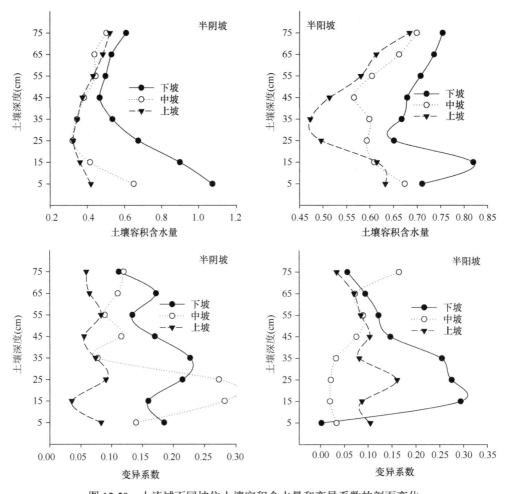

图 12.50　小流域不同坡位土壤容积含水量和变异系数的剖面变化

12.5.5.5　讨论

（1）川西亚高山暗针叶林土壤的蓄水能力

土壤是森林生态系统涵养水源的主要场所（马雪华，1993），土壤的蓄水能力与土壤孔隙状况密切相关，特别是非毛管孔隙（刘世荣等，1996）。据我国各类森林土壤 $0\sim60\ cm$ 土层的蓄水量测定结果，非毛管孔隙蓄水量为 $36.42\sim142.17\ mm$，平均值为 $89.57\ mm$，变异系数为 31.06%；最大蓄水量为 $286.32\sim486.6\ mm$、平均值为 $383.22\ mm$，变异系数为 $17.19\ \%$（刘世荣等，1996）。刘世荣等（1996）比较了我国各种森林生态系统类型 $0\sim60\ cm$ 土层的蓄水量（表 12.17），结果表明，土壤层非毛管孔隙蓄水量热带山地雨林最高，为 $150\ mm$，亚热带山地常绿阔叶林、亚热带山地常绿落叶阔叶混交林、南亚热带山地季风常绿阔叶林、热带半落叶季雨林、热带山地雨林、四川卧龙藓类-箭竹-岷江冷杉林均在 $100\ mm$ 以上，寒温带、温带山地落叶针叶林最低，为 $36.42\ mm$，其他森林生态系统类型土壤层非毛管孔隙蓄水量为 $80\sim100\ mm$。由此可见，热带和亚热带地区的森林生态系统，特别是阔叶林生态系统，其土壤层孔隙发育好，林地蓄水能力很强。

表 12.17　我国不同森林生态系统 0～60 cm 土壤层的蓄水量比较

森林生态系统类型	林分郁闭度	年降水量		0～60 cm 土壤层的蓄水量			
		平均(mm)	变异系数(%)	非毛管孔隙(mm)	变异系数(%)	总孔隙(mm)	变异系数(%)
寒温带、温带山地落叶针叶林	0.4～0.7	751.1	15.77	36.42	—	286.3	—
寒温带、温带山地常绿针叶林	0.5～0.9	640.0	19.54	87.08	37.50	417.0	28.88
亚热带、热带东部山地常绿针叶林	0.65～0.9	1366.5	16.16	92.08	32.32	360.0	15.64
亚热带、热带西南部山地常绿针叶林	0.6～1.0	925.9	3.93	80.57	0.05	374.0	—
亚热带西部高山常绿针叶林	0.7～0.8	1230.4	6.89	97.00	—	435.0	—
温带山地落叶与常绿针叶林	0.7～0.8	696.0	7.34	59.28	19.24	319.5	8.65
温带、亚热带山地落叶阔叶林	0.7～0.9	853.3	25.61	79.74	33.17	302.2	31.17
亚热带山地常绿阔叶林	0.8～0.9	1749.0	16.01	102.00	24.99	395.1	6.66
亚热带山地常绿落叶阔叶混交林	0.95	1778.5	—	142.20	14.47	471.7	5.55
亚热带竹林	0.5～0.95	1253.8	22.99	90.46	28.27	367.9	10.15
南亚热带山地季风常绿阔叶林	0.9	1753.4	8.49	118.38	—	485.6	—
热带半落叶季雨林	0.7～0.8	1826.2	—	102.00			
热带山地雨林	0.8～0.9	2608.0	—	150.00			
四川卧龙草类-箭竹-岷江冷杉林	0.6	964.7	—	75.9[*]		407.3[*]	
四川卧龙藓类-箭竹-岷江冷杉林	0.7	964.7	—	108.3[*]		426.6[*]	
四川卧龙草类-杜鹃-岷江冷杉林	0.5	964.7	—	68.4[*]		434.3[*]	
四川卧龙藓类-杜鹃-岷江冷杉林	0.6	964.7	—	55.8[*]		389.3[*]	

注：引自刘世荣等（1996），增加本研究数据（表中最后 4 行）

[*]根据 0～40 cm 土壤层持水量乘以 3/2 换算得来的

由表 12.17 还可以看出，在各类森林生态系统中，四川卧龙岷江冷杉林的土壤总孔隙蓄水量（平均值为 414.4 mm）较高，与亚热带西部高山常绿针叶林的数据接近，说明川西亚高山暗针叶林的林地蓄水能力较强。这主要是由于川西亚高山暗针叶林的原始林土壤发育良好，土层较厚，孔隙发达。根据本研究，同一小流域的不同岷江冷杉林分之间，土壤蓄水能力存在差异。当土层厚度相同时，土壤蓄水能力的差异主要体现在非毛管持水量上，这是由土壤非毛管孔隙的数量决定的，如藓类-箭竹-岷江冷杉林非毛管孔隙最大，其非毛管持水量也最大。当土层厚度不同时，土壤水分能力的差异主要体现在最大持水量上，如草类-杜鹃-岷江冷杉林土层最厚，其土壤蓄水能力也最强。

（2）川西亚高山暗针叶林土壤水分的入渗能力

林地土壤水分的入渗是森林流域径流形成的前提和基础（张志强等，2001），在探讨森林对流域水文过程的调节方面具有重要的意义（余新晓等，2003）。土壤的渗透性能取决于非毛管孔隙（马雪华，1993）。一般而言，森林土壤具有较大的孔隙度，特别是非毛管孔隙度大，渗透率比其他土地利用类型高。衡量土壤水分入渗能力的主要指标有初始入渗速率（初渗率）和稳定入渗速率（饱和导水率）。根据刘世荣等（1996）的研究，各种森林土壤的平均初渗为 14.41 mm/min，平均稳渗率为 9.20 mm/min。但受森林演替阶段、林分类型、密度、郁闭度、枯落物层厚度等因素的影响，森林土壤的入渗率存在较大差异（王玉杰和王云琦，2005）。而且，土壤的非饱和导水率随土层深度的增加而缓慢减小，饱和导水率随土层深度的增加呈负指数递减（余新晓等，2003）。

本研究中，在川西卧龙以岷江冷杉原始林为主的小流域（岷江冷杉林约占流域面积的84%），土壤的平均初渗率为 4.22 mm/min，平均稳渗率为 2.63 mm/min，依次从 0～20 cm 土层深度的 5.43 mm/min 和 2.49 mm/min 降低到 40 cm 以上土层深度的 3.17 mm/min 和 0.83 mm/min。这个值比刘世荣等的研究结果低很多，但与余新晓等（2003）在贡嘎山峨眉冷杉林的研究结果比较接近。其研究结果表明，土壤饱和导水率从土壤表层的 3.16 mm/min 降低到 1.64 mm/min，达到稳渗的时间平均在 110 min 左右，他们认为，贡嘎山峨眉冷杉林地属于高入渗性能的土壤，土壤的入渗能力比降水强度大，所以该区极少发生地表径流。我们在卧龙岷江冷杉林小流域的研究结果支持这一结论。研究表明，土壤水分入渗率与土壤孔隙状况密切相关，土壤孔隙越大，特别是非毛管孔隙，土壤水分入渗率越大（刘世荣等，1996）。本研究中，不同土层之间这一规律非常明显。总体上，表层土壤孔隙最发达，入渗率也最大。但不同林分的不同土层之间土壤孔隙的差异比较复杂，入渗率也不完全符合上述规律，如藓类-杜鹃-岷江冷杉林的土壤入渗率最大，但其总孔隙和非毛管孔隙都不是最大。

（3）川西亚高山暗针叶林的土壤水分变异性

土壤水分异质性主要指土壤水分在时空尺度上的变异性（Famiglietti et al.，1998）。土壤水分具有高度的异质性，无论在大尺度上还是在小尺度上，土壤水分的空间异质性均存在（王军等，2002）。土壤水分异质性，特别是水力传导度的异质性，对生态系统的过程模拟非常重要。但受土壤质地、地形因子及植被的异质性等因素的影响，土壤水分异质性的变化十分复杂。本研究结果表明，7～10月，川西卧龙地区亚高山暗针叶林小流域土壤水分变异系数为 0.2176～0.4098，变异性比较高。随着土壤含水量的增加，土壤水分的变异性增大，这与 Famiglietti 等（1998）的观点一致。土壤水分变异性随着土层深度增加而减小，随着海拔升高而减小，半阴坡高于半阳坡，下坡大于中坡和上坡，这与土壤含水量的变化大致相同。通过比较土壤水分变异性在各个地形因子的大小，我们发现剖面的土壤水分变异性最大，坡向的次之，其后为海拔和坡位。这意味着在研究川西亚高山暗针叶林的土壤水分异质性时，首先需要考虑的地形因子应当是土壤深度和坡向，之后才是海拔和坡位。至于坡度如何，没有进行研究，需进一步研究说明。

本部分虽然研究了川西亚高山暗针叶林小流域土壤水分的空间异质性，探讨了地形因子与土壤水分异质性之间的关系，但还无法回答土壤水分异质性与空间尺度大小的关系。因此，今后还需要采用地统计学方法做进一步的研究，才能更深入地了解川西亚高山暗针叶林的土壤水分异质性及其变化规律。

12.5.5.6　小结

川西卧龙岷江冷杉原始林土壤容重较小，孔隙发达，通气状况良好。小流域土壤容重为 0.89～1.03 g/cm³，平均值为 0.96 g/cm³；土壤总孔隙、毛管孔隙、非毛管孔隙分别为 60.99%～69.95%、50.82%～59.69%、8.58%～15.29%，平均值依次为 65.29%、54.39%、10.89%；土壤通气度为 14.55%～23.65%，平均值为 17.62%。土壤容重、孔隙度和通气度在不同林分类型之间差异较小，但在不同土层之间差异较大。

川西卧龙岷江冷杉原始林的土壤蓄水能力较强。0～40 cm 土层最大持水量和非毛管持水量分别为 259.4~289.6 mm 和 37.2~72.2 mm，平均值分别为 276.2 mm 和 51.4 mm，高低相差分别为 10.43% 和 48.48%。不同林分之间土壤蓄水能力存在差异，在浅中层土壤，造成差异的主要原因是非毛管孔隙，在整个土层则是土层厚度。

川西卧龙亚高山暗针叶林小流域土壤水分的渗透率较高，初渗率、稳渗率、平均入渗率分别为 3.20~4.51 mm/min、2.03~3.15 mm/min、1.51~2.30 mm/min，平均值依次为 4.22 mm/min、2.63 mm/min、1.92 mm/min。土壤水分渗透率岷江冷杉林比杜鹃灌丛大，不同岷江冷杉林分之间差异较小，不同土层深度之间差异较大。0~20 cm 土层深度稳渗率为 2.83~4.14 mm/min，20~40 cm 为 1.12~2.41 mm/min，40 cm 以上为 0.47~1.18 mm/min。

研究期间，川西卧龙亚高山暗针叶林小流域土壤含水量较高，平均容积含水量为 0.59~0.66。不同群落类型之间，土壤容积含水量差异比较明显，且随时间的变化规律不同。

小流域内土壤剖面的平均容积含水量为 0.52~0.77，平均值为 0.60，土壤表层最高，45 cm 深度最低。土壤含水量随着海拔升高呈增加趋势，但超过 3700 m 则减少。半阴坡与半阳坡的土壤含水量在 30 cm 深处基本相等，0~30 cm 土层，半阴坡高于半阳坡，30 cm 以下土层，则相反。土壤含水量下坡最高，其次是中坡，上坡最低。

川西卧龙亚高山暗针叶林小流域土壤水分变异系数为 0.2176~0.4098，变异性较大。土壤水分变异性随着土壤含水量的增加而增大，随着土层深度增加而减小，随着海拔升高而减小，半阴坡高于半阳坡，下坡大于中坡和上坡。不同地形因子之间，土壤剖面土壤水分变异性最大，坡向次之，其后为海拔和坡位。

12.5.6　小流域植被蒸散的时空变化

12.5.6.1　研究区潜在蒸散（PET）的季节变化

（1）太阳辐射的季节变化

2005 年，卧龙生态系统定位站太阳总辐射（R_0）为 6820.01 MJ/m²，月平均值为 568.33 MJ/m²，4 月最大，为 756.13 MJ/m²，10 月最小，为 362.82 MJ/m²；日平均值为 18.68 MJ/m²，最大值为 37.68 MJ/m²，出现在 6 月 14 日，最小值为 2.12 MJ/m²，出现在 1 月 10 日。总净辐射为 2000.40 MJ/m²，约为总辐射的 1/3，月平均值为 166.70 MJ/m²，最大值为 246.11 MJ/m²，最小值为 93.85 MJ/m²。太阳总辐射季节变化规律明显，1~4 月持续增加，之后逐渐减小。太阳净辐射（R_n）的季节变化规律大致相同，但由于受云量因素的影响，波动性更大（图 12.51）。

（2）日照时数的季节变化

2005 年，卧龙生态系统定位站理论日照时数（N）为 4380.00 h，月平均值为 366.31 h，7 月最多，为 437.34 h，12 月最少，为 299.26 h；日平均值为 12.00 h，最大值为 14.39 h，出现在 6 月 23 日，最小值为 9.61 h，出现在 12 月 21 日。实际日照时数（n）为 1143.20 h，约为理论日照时数的 1/4，月平均值为 95.27 h，1 月最多，为 131.10 h，10 月最少，为 51.60 h，日平均值为 3.13 h，最大值为 9.30 h，最小值为 0。夏季白昼时间比冬季长，理论日照时数较冬季多。但由于该区夏季出现阴雨多云天气非常多，每月降雨在 15 天以

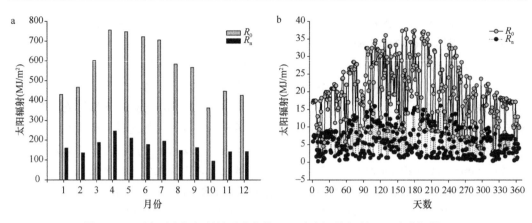

图 12.51　研究区太阳辐射的季节变化（R_0 为太阳总辐射，R_n 为净辐射）

上，而冬季晴朗少雨，实际日照冬季反而比夏季多。理论日照时数的季节变化规律十分明显，但实际日照时数则比较复杂（图 12.52）。

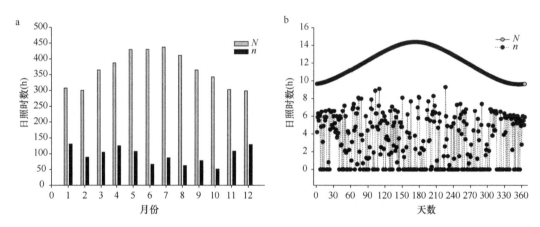

图 12.52　研究区日照时数的季节变化（N 为理论日照时数；n 为实际日照时数）

（3）PET 的季节变化

不同模型估算的蒸散差异较大。本研究中所用的 4 个蒸散模型，TH 模型结果最小，P-T 模型最大，H-S、MPT 模型介于中间。相对而言，生长季节差异较小，非生长季差异较大。TH 模型假定温度低于 0℃时，蒸散为 0，其非生长季节 PET 仅有 19.54 mm，远低于其他模型（表 12.18）。

表 12.18　不同模型 PET 模拟值的比较　　　　　　　（单位：mm）

模型	1 月	2 月	3 月	4 月	5 月	6 月	7 月	8 月	9 月	10 月	11 月	12 月	生长季节	非生长季节	合计
TH	0.00	0.00	3.08	14.71	29.34	43.16	55.78	48.65	41.60	14.08	1.75	0.00	232.61	19.54	252.15
H-S	23.92	29.69	41.77	65.16	62.53	67.84	69.37	51.90	50.54	23.86	25.82	20.15	326.04	206.51	532.55
P-T	36.18	33.57	51.17	74.66	67.90	62.07	70.13	52.53	55.67	28.32	37.78	30.70	336.62	264.06	600.68
MPT	35.19	32.59	49.55	72.04	65.38	59.58	67.22	50.38	53.46	27.33	36.60	29.90	323.36	255.86	579.22

不同模型估算的蒸散季节变化也存在差异。基于温度的 TH 和 H-S 模型,最大值出现在 7 月,而基于辐射的 P-T 和 MPT 模型,最大值出现在 4 月。TH 模型的季节变化为单峰曲线,与温度变化一致,而其他 3 个模型的季节变化为多峰曲线,与辐射变化一致(图 12.53)。

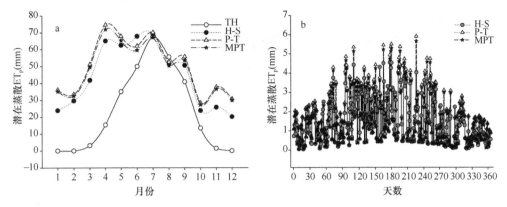

图 12.53　研究区 PET 的季节变化

2005 年,卧龙生态系统定位站用 MPT 模型计算的 PET 为 579.22 mm,其中生长季节为 323.36 mm,非生长季节为 255.86 mm,月均 PET 为 48.27 mm,4 月最大,为 72.04 mm,10 月最小,为 27.33 mm;日均 PET 为 1.59 mm,最大值为 5.66 mm,出现在 8 月 14 日,最小值为 0.05 mm,出现在 1 月 10 日。

12.5.6.2　小流域 PET 的时空变化

(1)太阳辐射的时空变化

基于实验小流域的 DEM,由 TOPOG 模型生成辐射校正系数,然后根据卧龙生态系统定位站的气象数据,计算出小流域的太阳总辐射,再与小流域植被空间分布叠加统计,得到小流域各种群落类型的太阳总辐射。最后,根据用辐射校正系数校正后的日照时数和小流域的地表反照率,计算出各种群落类型的净辐射。

小流域太阳总辐射存在明显的时空变异(图 12.54)。2005 年,小流域太阳总辐射夏至为 $4.39 \sim 45.95$ MJ/m^2,平均值为 37.24 MJ/m^2,春(秋)分为 $3.08 \sim 37.21$ MJ/m^2,平均值为 27.69 MJ/m^2,冬至为 $0 \sim 23.72$ MJ/m^2,平均值为 13.51 MJ/m^2。不同坡向之间,半阳坡(西南坡)太阳总辐射比半阴坡(东北坡)大,尤其是在冬至,差异非常明显。

2005 年,小流域太阳总辐射与净辐射分别为 5833.89 MJ/m^2、1628.00 MJ/m^2,月均分别为 486.16 MJ/m^2、135.67 MJ/m^2,净辐射约占总辐射的 27.9%。不同群落类型,因分布的海拔与坡向不同,接受的太阳辐射存在差异。其中,分布在半阳坡低海拔的草类-箭竹-岷江冷杉林最大,年太阳总辐射与净辐射分别为 6811.19 MJ/m^2、1927.02 MJ/m^2,月均分别为 567.60 MJ/m^2、160.59 MJ/m^2,分布在半阴坡低海拔的藓类-箭竹-岷江冷杉林最小,年太阳总辐射与净辐射分别为 4858.92 MJ/m^2、1333.68 MJ/m^2,月均分别为 404.91 MJ/m^2、111.14 MJ/m^2。大小顺序依次为草类-箭竹-岷江冷杉林>草类-杜鹃-岷江冷杉林>杜鹃灌丛>藓类-杜鹃-岷江冷杉林>藓类-箭竹-岷江冷杉林(表 12.19)。

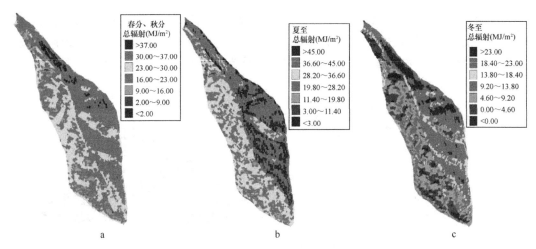

图 12.54　小流域太阳总辐射的时空变化（彩图见封底二维码）

a. 春（秋）风；b. 夏至；c. 冬至

表 12.19　小流域不同群落类型的太阳辐射 　　（单位：MJ/m²）

类型		1月	2月	3月	4月	5月	6月	7月	8月	9月	10月	11月	12月	合计	平均
A	R_0	524.63	537.04	626.00	714.28	661.81	609.01	602.64	530.13	562.17	396.67	522.67	524.14	6811.19	567.60
	R_n	186.73	158.06	182.11	219.53	180.73	138.77	149.76	120.46	143.92	89.50	169.00	188.45	1927.02	160.59
B	R_0	440.10	462.94	566.73	680.51	653.07	617.67	606.88	516.27	521.97	350.38	446.94	438.06	6301.52	525.13
	R_n	156.61	136.23	164.86	209.15	178.34	140.74	150.81	117.31	133.62	79.04	144.48	157.47	1768.66	147.39
C	R_0	326.97	360.95	478.96	620.74	625.80	614.03	597.72	485.73	458.51	284.60	343.66	323.26	5520.93	460.08
	R_n	116.29	106.17	139.29	190.76	170.89	139.91	148.54	110.37	117.35	64.18	111.05	116.14	1530.94	127.58
D	R_0	249.46	280.61	397.98	559.96	594.30	604.30	583.16	452.69	396.97	227.82	265.17	246.50	4858.92	404.91
	R_n	88.66	82.49	115.71	172.06	162.27	137.69	144.91	102.85	101.57	51.35	85.63	88.49	1333.68	111.14
E	R_0	377.75	406.54	517.94	647.07	637.63	615.37	601.52	499.09	486.59	313.91	389.88	374.82	5868.11	489.01
	R_n	134.39	119.61	150.65	198.87	174.13	140.22	149.48	113.41	124.55	70.80	126.01	134.71	1636.83	136.40
Aver	R_0	379.08	404.95	513.00	641.13	632.75	611.50	597.54	494.93	481.83	311.46	389.06	376.66	5833.89	486.16
	R_n	134.86	119.14	149.21	197.03	172.79	139.34	148.49	112.46	123.33	70.25	125.74	135.36	1628.00	135.67

注：A～E 依次为草类-箭竹-岷江冷杉林、草类-杜鹃-岷江冷杉林、藓类-杜鹃-岷江冷杉林、藓类-箭竹-岷江冷杉林和杜鹃灌丛，Aver 为小流域面积加权平均值

（2）日照时数的时空变化

2005 年，小流域理论与实际日照时数分别为 3750.05 h、982.78 h，月均分别为 312.50 h、81.90 h，实际日照时数约占理论日照时数的 26%。其中，分布在半阳坡低海拔的草类-箭竹-岷江冷杉林最大，年太阳总辐射与净辐射分别为 4414.42 h、1192.96 h，月均分别为 367.87 h、99.41 h，分布在半阴坡低海拔的藓类-箭竹-岷江冷杉林最小，年太阳总辐射与净辐射分别为 3092.14 h、780.33 h，月均分别为 257.68 h、65.03 h，大小顺序与太阳辐射的相同（表 12.20）。

表 12.20　小流域不同群落类型的日照时数　　　　（单位：h）

类型	日照时数	1月	2月	3月	4月	5月	6月	7月	8月	9月	10月	11月	12月	合计	平均
A	N	374.59	345.30	380.37	365.66	380.44	362.90	373.32	373.00	362.18	374.94	354.42	367.30	4414.42	367.87
	n	159.66	102.12	109.72	118.18	95.37	56.23	74.18	57.34	77.74	56.42	126.62	159.38	1192.96	99.41
B	N	314.24	297.65	344.35	348.37	375.42	368.06	375.94	363.25	336.28	331.18	303.07	306.98	4064.79	338.73
	n	133.94	88.03	99.33	112.59	94.11	57.03	74.70	55.84	72.18	49.83	108.27	133.21	1079.06	89.92
C	N	233.46	232.08	291.02	317.78	359.74	365.89	370.27	341.76	295.39	269.01	233.04	226.53	3535.97	294.66
	n	99.51	68.63	83.94	102.70	90.18	56.70	73.57	52.54	63.40	40.48	83.25	98.30	913.20	76.10
D	N	178.12	180.42	241.82	286.66	341.63	360.10	361.25	318.51	255.75	215.33	179.81	172.74	3092.14	257.68
	n	75.92	53.36	69.75	92.64	85.64	55.80	71.78	48.96	54.89	32.40	64.24	74.95	780.33	65.03
E	N	269.72	261.39	314.71	331.26	366.54	366.29	372.62	351.16	313.69	296.70	264.38	262.66	3750.04	312.50
	n	114.96	77.30	90.78	107.06	91.88	56.82	74.04	53.98	67.29	44.64	94.45	113.98	987.18	82.27
Aver	N	270.66	260.37	311.71	328.22	363.73	364.38	370.16	348.23	310.42	294.39	263.82	263.95	3750.05	312.50
	n	115.37	77.00	89.91	106.07	91.18	56.46	73.55	53.53	66.63	44.30	94.25	114.53	982.78	81.90

注：A~E 和 Aver 含义同上。

（3）Φ 值的时空变化

2005 年 7~9 月，小流域的 Φ 值平均为 1.25，9 月最大，为 1.27。5 种群落类型中，藓类-杜鹃-岷江冷杉林 Φ 值最大，平均为 1.37，杜鹃灌丛最小，平均为 1.15，其他居中，顺序为：藓类-杜鹃-岷江冷杉林（1.37）>草类-杜鹃-岷江冷杉林（1.30）>草类-箭竹-岷江冷杉林（1.28）>藓类-箭竹-岷江冷杉林（1.14）=杜鹃灌丛（1.15）（表 12.21）。

表 12.21　小流域不同群落类型的土壤水分与 Φ 值

类型	模型参数	7月	8月	9月	10月	平均
A	m	0.63	0.65	0.68	0.70	0.67
	$Φ$	1.25	1.26	1.30	1.31	1.28
B	m	0.71	0.70	0.74	0.62	0.69
	$Φ$	1.31	1.30	1.34	1.24	1.30
C	m	0.82	0.72	0.81	0.77	0.78
	$Φ$	1.41	1.32	1.40	1.36	1.37
D	m	0.50	0.51	0.50	0.49	0.50
	$Φ$	1.14	1.15	1.14	1.13	1.14
E	m	0.50	0.51	0.51	0.50	0.51
	$Φ$	1.14	1.15	1.15	1.14	1.15
Aver	m	0.63	0.61	0.65	0.62	0.63
	$Φ$	1.25	1.24	1.27	1.24	1.25

注：A~E 和 Aver 含义同上，Φ 为 MPT 模型参数；m 为 0~20 cm 土壤容积含水量。

（4）PET 的时空变化

小流域各种群落类型的 PET 用 MPT 模型计算。模型中太阳净辐射、理论日照时数、实际日照时数、平均温度为相应群落类型的月数据，反照率 $α$ 为 1.14，Φ 值、LAI 为相应群落类型的平均值。

2005 年，小流域 PET 为 415.60 mm，月均为 34.63 mm，4 月最大，为 50.72 mm，10 月最小，为 17.97 mm，高低相差 64.57%。不同群落类型，分布在小流域的不同部位，太阳辐射、日照时数、平均温度、Φ 值、LAI 等存在差异，PET 也不相同。其中，草类-杜鹃-岷江冷杉林最大，为 478.59 mm，草类-箭竹-岷江冷杉林次之，为 461.14 mm，其后为藓类-杜鹃-岷江冷杉林和藓类-箭竹-岷江冷杉林，分别为 442.46 mm 和 338.83 mm，杜鹃灌丛最小，为 335.25 mm（表 12.22）。

表 12.22　小流域不同群落类型的 PET　　　　（单位：mm）

类型	1 月	2 月	3 月	4 月	5 月	6 月	7 月	8 月	9 月	10 月	11 月	12 月	合计	平均
A	33.19	30.94	39.58	54.10	49.04	40.24	45.58	35.71	41.45	21.94	35.87	33.50	461.14	38.43
B	30.52	29.39	39.72	57.57	54.38	46.05	51.96	39.30	43.41	21.64	33.96	30.69	478.59	39.88
C	23.49	23.81	35.01	54.99	54.75	48.22	54.00	38.98	40.15	18.40	27.20	23.46	442.46	36.87
D	15.95	16.36	25.49	43.03	44.72	40.58	44.85	31.00	29.74	12.77	18.42	15.92	338.83	28.24
E	19.00	18.89	26.82	40.95	40.12	34.92	39.41	28.99	30.78	14.49	21.83	19.05	335.25	27.94
Aver	24.59	24.04	33.63	50.72	49.26	42.63	47.82	35.21	37.43	17.97	27.62	24.68	415.60	34.63

注：A~E 及 Aver 含义同上

（5）AET 的时空变化

根据不同蒸散转换模型计算的 AET 季节变化规律相同，但大小存在差异。比较 3 种方法的计算结果，Saxton 等的方法结果最大，为 395.93 mm，Ritchie 的方法结果最小，为 350.79 mm，Zhang 等的方法结果为 355.49 mm，略大于 Ritchie 的方法；Zhang 等的方法年变化较大，Saxton 等的方法和 Ritchie 的方法年变化较小。在生长季节，Zhang 等的方法结果最大，接近 PET，Ritchie 的方法结果最小，Saxton 等的方法介于中间。在非生长季节，Saxton 等的方法结果最大，接近 PET，Zhang 等的方法最小，Ritchie 的方法介于中间（图 12.55）。

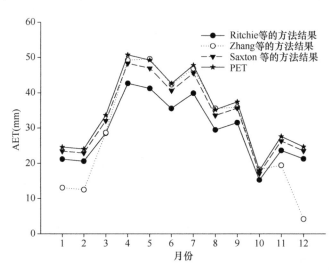

图 12.55　小流域 AET 的季节变化

不同群落类型，分布的海拔与坡向不同，其 AET 大小也不同。以 Ritchie 的方法结果为例，草类-箭竹-岷江冷杉林最大，为 421.98 mm，藓类-杜鹃-岷江冷杉林次之，为 363.10 mm，其后为草类-杜鹃-岷江冷杉林和藓类-箭竹-岷江冷杉林，分别为 355.62 mm 和 323.42 mm，杜鹃灌丛最小，为 248.40 mm，大小顺序与 PET 不同，AET 高低相差较大，比 PET 的差值大（表 12.23）。

表 12.23　小流域不同群落类型的 AET　（单位：mm）

模型	类型	1月	2月	3月	4月	5月	6月	7月	8月	9月	10月	11月	12月	合计	平均
Ritchie (1972)	A	30.37	28.32	36.22	49.50	44.87	36.82	41.71	32.68	37.93	20.08	32.83	30.65	421.98	35.17
	B	22.68	21.84	29.52	42.78	40.40	34.22	38.61	29.20	32.26	16.08	25.23	22.80	355.62	29.64
	C	19.28	19.54	28.73	45.13	44.93	39.57	44.31	31.99	32.95	15.10	22.32	19.25	363.10	30.26
	D	15.22	15.61	24.33	41.07	42.69	38.74	42.81	29.59	28.38	12.19	17.58	15.19	323.42	26.95
	E	17.88	16.67	21.32	29.14	26.42	21.67	24.55	19.24	22.33	11.82	19.32	18.05	248.41	20.70
	Aver	21.18	20.58	28.53	42.69	41.24	35.55	39.87	29.46	31.50	15.26	23.64	21.27	350.77	29.23
Zhang 等 (2001)	A	12.87	12.16	30.55	51.56	49.45	40.12	44.69	36.17	38.56	22.26	20.25	3.76	362.40	30.20
	B	13.84	13.16	31.53	54.14	53.79	44.87	49.74	39.08	40.06	21.67	21.14	4.25	387.27	32.27
	C	13.35	12.92	30.17	53.62	55.37	48.00	52.91	39.60	38.73	18.82	19.88	4.35	387.72	32.31
	D	10.73	10.49	23.66	43.44	46.24	41.38	45.17	32.16	29.96	13.25	15.36	3.71	315.59	26.30
	E	11.26	10.93	21.49	36.23	37.07	31.64	35.11	26.97	26.86	13.70	15.44	4.48	271.18	22.60
	Aver	13.05	12.48	28.65	49.22	49.57	42.35	46.84	35.58	35.90	18.26	19.41	4.18	355.49	29.62
Saxton 等 (1986)	A	34.11	31.79	40.67	55.59	50.39	41.35	46.84	36.70	42.59	22.55	36.86	34.42	473.86	39.49
	B	30.63	29.50	39.86	57.78	54.58	46.22	52.15	39.44	43.57	21.72	34.08	30.80	480.33	40.03
	C	32.01	32.45	47.71	74.93	74.61	65.71	73.58	53.12	54.71	25.07	37.06	31.97	602.93	50.24
	D	11.54	11.84	18.44	31.14	32.36	29.36	32.45	22.43	21.52	9.24	13.33	11.52	245.17	20.43
	E	12.74	12.67	17.98	27.46	26.90	23.41	26.42	19.44	20.64	9.72	14.64	12.77	224.79	18.73
	Aver	23.43	22.90	32.04	48.32	46.93	40.61	45.56	33.54	35.66	17.12	26.31	23.51	395.93	32.99

注：A～E 及 Aver 含义同上

（6）蒸散与降水量、蒸发量的比值

本研究中，Ritchie、Saxton 等和 Zhang 等 3 种方法计算出的 AET 与 PET 的比值依次为 84.40%、95.27% 和 85.54%（表 12.24），说明 MPT 模型计算的 PET 与 AET 比较接近。其中，Ritchie 的方法各月的比值在 83.38%～86.18%，Zhang 等的方法为 16.94%～101.61%，因此前者比后者好。由于没有相应的 1～12 月的土壤水分数据，Saxton 等的方法中，各月的土壤含水量相同，为 7～10 月的平均值，故该方法计算的 AET 与 PET 各月比值均为 95.27%（表 12.24）。因此，以下研究中，AET 均为 Ritchie 方法的计算结果。

表 12.24　小流域月蒸散值（AET，PET）与对应降水量（P）、蒸发量（E）的比值　（%）

比值	方法	1月	2月	3月	4月	5月	6月	7月	8月	9月	10月	11月	12月	生长季平均	非生长季平均	年平均
PET/ P	MPT 模型	184.89	190.79	73.75	40.61	26.24	32.34	37.56	23.73	44.24	18.90	116.54	705.14	29.72	82.86	41.62
PET/ E	MPT 模型	81.69	102.30	51.34	58.84	47.00	44.45	50.55	50.73	46.27	34.23	53.12	61.55	46.24	62.30	52.24
E/P	器测	226.32	186.51	143.64	69.02	55.83	72.76	74.31	46.77	95.63	55.21	219.41	1145.71	64.28	133.01	79.67
AET/ PET	Ritchie	86.13	85.61	84.83	84.17	83.72	83.39	83.38	83.67	84.16	84.92	85.59	86.18	83.64	85.19	84.40
	Saxton 等	95.27	95.27	95.27	95.27	95.27	95.27	95.27	95.27	95.27	95.27	95.27	95.27	95.27	95.27	95.27
	Zhang 等	53.08	51.92	85.19	97.05	100.63	99.33	97.95	101.05	95.90	101.61	70.29	16.94	99.21	68.55	85.54

续表

比值	方法	1月	2月	3月	4月	5月	6月	7月	8月	9月	10月	11月	12月	生长季平均	非生长季平均	年平均
AET/P	Ritchie	159.25	163.33	62.57	34.18	21.97	26.97	31.32	19.85	37.23	16.05	99.75	607.71	24.89	70.61	35.13
	Saxton等	176.14	181.76	70.26	38.69	25.00	30.81	35.78	22.61	42.15	18.01	111.02	671.77	28.31	78.94	39.65
	Zhang等	98.13	99.06	62.83	39.41	26.41	32.12	36.79	23.98	42.43	19.21	81.91	119.44	29.49	56.80	35.60
AET/E	Ritchie	70.37	87.57	43.56	49.52	39.35	37.07	42.15	42.45	38.94	29.07	45.46	53.04	38.72	53.09	44.09
	Saxton等	77.82	97.46	48.91	56.06	44.78	42.35	48.16	48.33	44.08	32.61	50.61	58.64	44.05	59.35	49.77
	Zhang等	43.36	53.12	43.74	57.10	47.30	44.15	49.51	51.26	44.37	34.78	37.34	10.43	45.87	42.70	44.69

实验小流域年 PET、AET、蒸发量分别占年降水量的 41.62%、35.13% 和 79.67%。其中，生长季节较小，依次为 29.72%、24.89% 和 64.28%，非生长季节较大，依次为 82.86%、70.61% 和 133.01%。生长季节虽然气温较高，植物处于生长发育阶段，但在此期间降水量充沛，降水天数多，太阳辐射和实际日照时数少，空气相对湿度大，故蒸发、蒸散与降水量的比值较低。非生长季节虽然气温低，植物处于休眠期，但降水量和降水天数都很少，太阳辐射和实际日照时数并不少，因此蒸发、蒸散与降水量的比值较高。另外，小流域年 PET 和年 AET 分别占年蒸发量的 52.24% 和 44.09%，生长季节较低，分别为 46.24% 和 38.72%，非生长季节较高，分别为 62.30% 和 53.09%。

（7）蒸散与气象因子之间的关系

随着降水量、蒸发量、太阳辐射（包括太阳总辐射与太阳净辐射）、理论日照时数及平均气温的增加，小流域的蒸散（包括 PET 与 AET）增加，反之，则减小。但蒸散在减小的过程中具有波动性，并且与降水量和蒸发量的波动性一致。蒸散在 4 月最大，与太阳辐射相同，但与平均气温、降水量和蒸发量不同。在冬季，虽然平均气温很低，降水量很少，但太阳辐射较大，日照时数较多，蒸发量较大，其间蒸散也较大（图 12.56）。

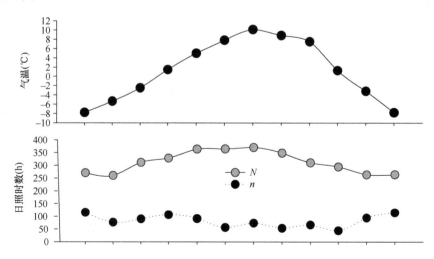

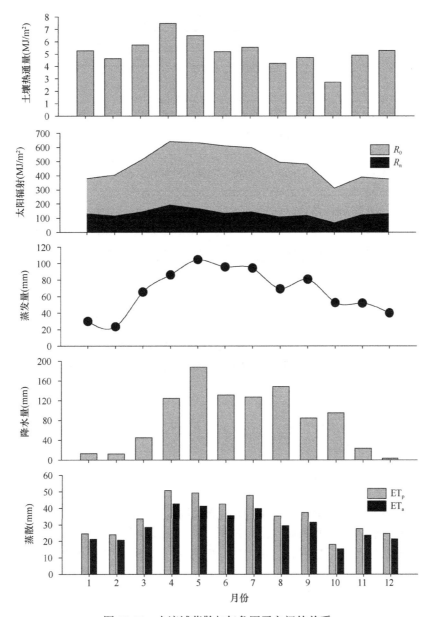

图 12.56　小流域蒸散与气象因子之间的关系

　　Pearson 相关分析表明，小流域 AET（PET）与降水、蒸发、太阳总辐射、太阳净辐射、土壤热通量和理论日照时数极显著正相关，相关系数依次为 0.740（0.751）、0.886（0.893）、0.976（0.977）、0.797（0.785）、0.754（0.740）和 0.818（0.830），与平均气温和饱和蒸汽压显著正相关，相关系数分别为 0.652（0.667）和 0633（0.648），与实际日照时数正相关，但不显著，相关系数为 0.046（0.026）（表 12.25）。说明影响研究区小流域 AET 最主要的气象因子为太阳总辐射，其次为蒸发，之后依次为理论日照时数、太阳净辐射、土壤热通量、降水量，平均气温与饱和蒸汽压，实际日照时数对蒸散的影响很小。

表 12.25　小流域蒸散与气象因子之间的 Pearson 相关分析

	PET	AET	P	E	T	R_0	R_n	G	N	n	e_a
PET	1										
AET	1.000**	1									
P	0.751**	0.740**	1								
E	0.893**	0.886**	0.874**	1							
T	0.667*	0.652*	0.855**	0.833**	1						
R_0	0.977**	0.976**	0.740**	0.869**	0.635*	1					
R_n	0.785**	0.797**	0.289	0.499	0.065	0.781**	1				
G	0.740**	0.754**	0.225	0.441	−0.003	0.735**	0.997**	1			
N	0.830**	0.818**	0.919**	0.916**	0.879**	0.846**	0.380	0.315	1		
n	0.026	0.046	−0.464	−0.280	−0.675*	−0.012	0.602*	0.654*	−0.413	1	
e_a	0.648*	0.633*	0.814**	0.796**	0.990**	0.612*	0.050	−0.016	0.869**	−0.650*	1

**$P<0.01$（双尾）；*$P<0.05$（双尾）

（8）蒸散与叶面积指数、植被盖度和土壤水分之间的关系

随着 LAI、植被盖度和土壤表层（0～20 cm）水分的增加，小流域 PET 与 AET 都增大（图 12.57）。LAI 在 4.8 以下，每增加 1，年 PET 增加 0.62%，年 AET 增加 2.26%，生长季节 PET 增加 0.33%，AET 增加 24.25%；LAI 在 4.8 以上，随 LAI 增加，PET 与 AET 略有下降。植被盖度在 70%以下，每增加 10%，年 PET 增加 0.98%，年 AET 增加 1.16%，生长季节 PET 增加 0.76%，AET 增加 0.78%；超过 70%，随着植被盖度增加，PET 与 AET 都略有下降。

12.5.6.3　不同蒸散模型模拟结果的比较

本研究所选用的 4 个 PET 模型，TH 模型最为简单，输入参数仅为月平均气温；H-S 模型较为复杂，输入参数有最高气温、最低气温、平均气温和地外辐射；P-T 模型最为复杂，输入参数涉及太阳辐射、云量参数、气温、海拔等。TH 模型 PET 的季节变化与气温的季节变化相同，为单峰曲线，峰值在 7 月，其他 3 个模型 PET 的季节变化与太阳辐射的季节变化相同，为多峰曲线，最高峰在 4 月。这说明在本研究区，太阳辐射对蒸散的影响比气温更显著。研究区海拔（2780～4080 m）较高，气温较低，特别是在冬季，气温多低于 0℃。TH 模型假定温度低于 0℃时，蒸散为 0，低估了蒸散，故该模型结果最低；H-S 模型的参数含有最高温度、最低温度和平均温度，其对温度较为敏感；P-T 模型和 MPT 模型（改进的 P-T 公式）仅有平均温度，它们对温度不太敏感，故前者结果比后者小。P-T 模型与 MPT 模型的差别是前者 Φ 值是均一的（1.28），无法反映流域的空间异质性，后者 Φ 值是基于流域特征修订的，能够体现流域的空间异质性。因此，MPT 模型结果更接近实际。尽管本研究缺乏对模型的验证，但从上述分析可以看出，在湿润气候的高海拔地区，TH 模型效果较差，H-S 模型和 P-T 模型效果较好，MPT 模型效果最好。

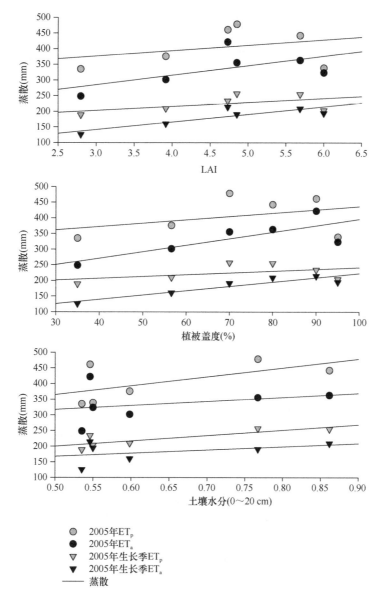

图 12.57　小流域蒸散与叶面积指数、植被盖度和土壤水分（0～20 cm）之间的关系

（1）Priestley-Taylor 模型中 Φ 值的修订

P-T 模型将 Φ 值定为 1.28，不能反映流域的空间异质性。Spittlehouse 和 Black（1981）认为，如果 Φ 值固定，P-T 模型将因为误差较大而不太实用。大量研究表明，不同表面，Φ 值存在差异（表 12.26）。Φ 值是一个复合效应参数，它与表面温度、表面湿度和表面导度有关（Bastiaanssen et al.，1998），Jiang 和 Islam（1999）提出了表面温度、NDVI 与 Φ 之间的关系。基于此关系，李崇巍（2005）利用 NDVI 与表面温度对岷江上游不同季节不同空间的 Φ 值进行了插值，得出各子流域 Φ 值为 1.13～1.55，平均值为 1.26。Flint 和 Childs（1991）将 Φ 值定义为土壤水分的函数。Fisher 等（2005）提出了 Φ 值与土壤水分关系的经验公式。本研究基于此关系式，得出研究小流域不同群落类型的 Φ 值

为 1.14～1.38，平均值为 1.25，与李崇巍（2005）的研究结果非常接近。

表 12.26　Priestley-Taylor 模型中的 Φ 实测值（Fisher et al.，2005）

Φ	界面条件	文献
1.57	强平流	Jury and Tanner，1975
1.29	草地（土壤田间持水量）	Mukammal and Neumann，1977
1.27	灌溉黑麦	Davies and Allen，1973
1.26	表面饱和	Priestley and Taylor，1972
1.26	开放水体表面	Priestley and Taylor，1972
1.26	湿润草甸	Stewart and Rouse，1977
1.18	冠层湿润花旗松林	McNaughton and Black，1973
1.12	低矮草地	De Bruin and Holtslag，1982
1.05	花旗松林	McNaughton and Black，1973
1.04	裸露土壤表面	Barton，1979
0.90	混交林造林地（缺水）	Flint and Childs，1991
0.87	西黄松林（缺水，日间）	Fisher et al.，2005
0.84	花旗松林（未疏伐）	Black，1979
0.80	花旗松林（疏伐后）	Black，1979
0.73	花旗松林（日间）	Giles et al.，1984
0.72	云杉林（日间）	Shuttleworth and Calder，1979

（2）PET 与 AET 的转换

本研究所选的 3 种 PET 转换为 AET 的方法，Saxton 等（1986）的方法用土壤实际含水量与田间持水量的比值来进行转换，Fisher 等（2005）在其研究中选用了这种方法；Ritchie（1972）的方法通过分别计算土壤蒸发和植被蒸腾来进行转换，李崇巍（2005）在其研究中选用了该方法；Zhang 等 1986 年的方法用作物系数和降水量来进行转换，刘京涛（2006）在其研究中选用了这种方法。从本研究结果来看，Zhang 等 1986 年的方法对降水非常敏感，其在湿润地区效果不好；Saxton 等（1986）的方法是一种较好的方法，但本研究缺乏足够的土壤水分数据；Ritchie（1972）的方法充分体现了植被对蒸散的影响，蒸散的季节变化更符合实际，因此效果最好。

（3）川西亚高山暗针叶林的蒸散

马雪华在 1963 年观测到，四川米亚罗冷杉林蒸散为 520～564 mm，占降水量的 30%～40%（马雪华，1987）。刘世荣等（2001，2003）比较了中国主要森林生态系统的蒸散，相对蒸散率为 40%～90%，四川米亚罗冷杉林相对蒸散率最低，仅为 30%～40%（表 12.27）。余新晓等（2003）用修正的 P-M 方程计算出长江上游亚高山暗针叶林的蒸散为 333.9 mm。本研究中，MPT 模型和 Ritchie 的方法计算出 2005 年四川卧龙亚高山暗针叶林小流域 AET 为 350.79 mm，占降水量的 35.13%，与前人的研究结果非常接近。此外，李崇巍（2005）用改进型 P-T 模型和 Ritchie 的方法计算出 2003 年岷江上游 AET 为 261.91～326.50 mm，平均为 279.20 mm；刘京涛（2006）用 SEBAL 模型计算出 2000 年岷江上游 AET 为 439.8 mm，其中卧龙为 459.5 mm。但由于他们没有计算相对蒸散率，因此无法将其研究结果与本研究进行比较。刘世荣等（2001，2003）认为，四川米亚罗冷杉林的蒸散低，主要原因是该区海拔高，年均温相对较低，而降水量相对较大。本研究认为，除了上述原因，降水天数多、雾日多、日照时数短、太阳总辐射量少是导致该区蒸散低非常重要的原因。

表 12.27　我国不同类型森林生态系统蒸散的比较

类型	地区	北纬	东经	林龄（年）	海拔（m）	年均温度（℃）	降水量（mm）	蒸散（mm）	ET/P(%)
红松林	小兴安岭	47°51′	129°52′			1	716	602	84
白桦林	帽儿山	45°24′	129°98′	40	373	2.6	700	554	89
柞树林	帽儿山	45°24′	129°98′		373	2.6	700	504	77
落叶松林	帽儿山	54°16′	129°34′	21	350	2.8	666	426	64
油松林	河北隆化	41°7′	117°5′	26			500	465	93
油松林	北京西山	39°54′	116°28′	33	375	11.8	630	315	50
华山松林	秦岭南坡	34°10′	106°28′		1710~2000		672~757	398~630	54~74
冷杉林	四川米亚罗	31°43′	102°39′	160	3600	6.5	700~900	520~564	30~40
杉木林	湖南会同	26°50′	109°45′			16.8	1158	896	77
季雨林	海南	18°40′	129°29′			24.5		520~540	41~58
季雨林	海南	18°40′	129°29′			24.5	1590	677	42.6
冷杉林	四川卧龙	30°59′	102°58′	原始林	2780~3800	6.0	998	350.79	35.13

注：引自刘世荣等（2001，2003），增加了本研究数据

关于川西亚高山暗针叶林蒸散的季节变化，程根伟等（2003）在贡嘎山的研究结果为多峰曲线，最高峰在 4 月，平均为 2.28 mm/d，11 月最低，为 0.66 mm/d；李崇巍（2005）在岷江上游的研究结果为单峰曲线，7 月最高，12 月最低；刘京涛（2006）研究发现，卧龙蒸散为多峰曲线，最高峰在 7 月，11 月最低。本研究结果表明，卧龙亚高山暗针叶林小流域蒸散的季节变化为多峰曲线，最高峰在 4 月，与程根伟等（2003）的研究结果一致，最小值在 10 月，与前人的研究结果不同。研究区相近，植被条件相似，但蒸散的季节动态不同，主要原因是上述研究的时间不同，而在不同研究期间气候条件是有差异的。因此，要清楚地了解川西亚高山暗针叶林蒸散的季节动态，必须进行长期的研究。

另外，本研究发现，LAI 在 4.8 以下，植被盖度在 70% 以下，随着 LAI 和植被盖度的增加，蒸散增大，但 LAI 超过 4.8，植被盖度超过 70%，随着 LAI 和植被盖度的增加，蒸散略有下降。刘京涛（2006）的研究得到相同的结果，即随着 NDVI 增加，蒸散增大，但存在饱和现象，当 NDVI 超过 0.8 时，蒸散的变化不明显。李崇巍（2005）的研究也得到了类似的结果，即随着 LAI 和植被盖度的增加，蒸散增大。这意味着当植被状况较差时，增加或恢复植被，增大植被盖度和 LAI，区域蒸散增大，进入河道的水量减少，径流量就会减小；减少或者破坏植被，区域蒸散则会降低，流域径流量则会增加。但是，植被对蒸散的影响存在一个上限，超过这个上限，增加植被对蒸散的影响不再明显，流域径流量也不再减少。本研究中，流域植被 LAI 上限为 4.8，植被盖度上限为 70%，刘京涛（2006）的研究中 NDVI 为 0.8。但由于数据有限，研究时间较短，这个结论尚需进一步证实，目前仅供参考。

12.5.6.4　小结

本研究所选的 4 个 PET 模型，TH 模型估算的 PET 最低，P-T 模型最高，H-S 模型和 MPT 模型介于中间，TH 模型估算的 PET 季节变化为单峰曲线，峰值在 7 月，与气温相同，其他 3 个模型为多峰曲线，最高峰值在 4 月，与太阳辐射相同。相对而言，MPT 模型效果最好。

本研究所用的 3 种蒸散转换方法，Ritchie 的方法效果最好，其次为 Saxton 等的方法，Zhang 等的方法最差。

MPT 模型和 Ritchie 的方法计算结果显示，2005 年小流域蒸散为 350.79 mm，占降水的 35.13%；不同群落类型之间蒸散差异明显，高低相差 41.13%，分布在低海拔半阳坡的草类-箭竹-岷江冷杉林最大，为 421.98 mm，分布在流域上部的杜鹃灌丛最小，为 248.40 mm，其他群落类型介于中间，依次为藓类-杜鹃-岷江冷杉林（363.10 mm），草类-杜鹃-岷江冷杉林（355.62 mm）和藓类-箭竹-岷江冷杉林（323.42 mm）。

影响川西亚高山暗针叶林蒸散的主导因子是太阳总辐射，其次为蒸发、理论日照时数、太阳净辐射、土壤热通量、降水量、平均气温与饱和蒸汽压，降水天数多、雾日多、日照时数短、太阳总辐射量少是导致该区蒸散低的主要原因，此外，海拔高、气温相对较低、降水量相对较大、相对湿度较大也是重要原因。

随着小流域 LAI 和植被盖度的增加，蒸散增大，但蒸散对植被变化的影响存在饱和现象，当 LAI 超过 4.8、植被盖度超过 70%时，蒸散的变化不再明显。

12.5.7　小流域水文过程的静态模拟——湿润指数

水分在坡面上的侧向移动取决于地形和植被特征（华孟和王坚，1993）。由于地形、植被特征的空间异质性以及气候变量（如降水、蒸发）的时间变异性，土壤水分存在显著的时空异质性（王军等，2002）。土壤水分异质性对生态水文过程的模拟十分重要，近年来已成为一个研究热点。但由于它非常复杂，准确表述十分困难。湿润指数（wetness index）是一个与地形、土壤、植被、气候等密切相关的综合指标，能够反映土壤水分的时空异质性，揭示这些因素对土壤水分的影响（Dawes and Short，1988）。TOPOG 模型是一个分布式的集水区水文模型，能够精确地描述复杂的三维地形，进行生态水文过程的静态模拟和动态模拟（Dawes and Short，1988）。应用 TOPOG 模型模拟湿润指数，国外报道较早，国内才刚刚开始（Huang et al.，2005）。而且，已有的报道集中在桉树林。因此，本研究应用 TOPOG 模型，在川西卧龙地区研究一个亚高山暗针叶林小流域的地形特征，模拟了湿润指数，分析了模型参数的敏感性，探讨了地形、植被、气候等因素对实验小流域水分状况的影响，为更深入地了解川西亚高山暗针叶林对流域水文过程的调控机制提供了科学依据。

12.5.7.1　小流域的地形特征

基于小流域的 5 m 间距的等高线、溪流线、山脊线和流域边界，将小流域划分为大小不等的单元，共计 2829 个，其中坡面单元为 2188 个、溪流单元为 632 个、溪流汇合点单元为 9 个，单元的最大面积为 2419.12 m^2，最小面积为 51.81 m^2，平均面积为

508.52 m²，小流域总面积为 1 438 610.35 m²。小流域的 DEM、溪流线与山脊线、单元网格及溪流网络如图 12.58 所示。

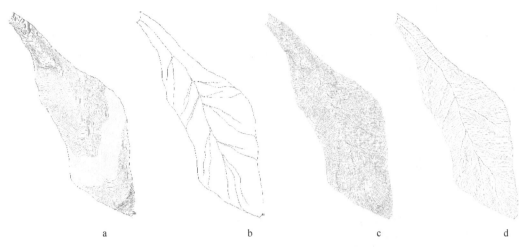

图 12.58　小流域的地形特征（彩图见封底二维码）

a. 等高线；b. 计算出的流域边界、溪流（蓝色）、山脊（红色）；c. 流域单元网络；d. 溪流网络

小流域的海拔在 2780～4080 m。坡向分布如图 12.59a 所示，主要在 30º～90º 和 240º～360º 两个区间，即主要坡向为 EN、WWS 和 WN，分别占流域单元个数的 27.47%、1.87%、70.66%。坡度分布如图 12.59b 所示，为 0.15～2.55，平均为 0.76，即 37.26º。

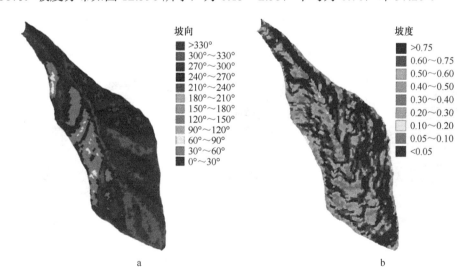

图 12.59　小流域的坡向和坡度（彩图见封底二维码）

a. 坡向图；b. 坡度图

12.5.7.2　小流域的湿润指数

（1）普通湿润指数

图 12.60 是均一参数下小流域的普通湿润指数（W_i）。由图可见，普通湿润指数在小流域的沟底较大，而在坡面上较小。比较图 12.60a 与图 12.60b、12.60c 与图 12.60d，可

以发现，当 T 相同时，q 越大，W_i 越大，即在相同的土壤水分扩散率下，净壤中流越大，普通湿润指数越大。比较图 12.60a 与 12.60c、图 12.60b 与图 12.60d，可以发现，当 q 相同时，T 越大，W_i 越小，即在相同的净壤中流下，土壤水分扩散率越大，普通湿润指数越小。另外，图 12.60b、图 12.60e 分别为用均一参数、分布式参数模拟的普通湿润指数，这两个图的参数取值都比较接近小流域的实际情况。在图 12.60b 中，$W_i<0.25$ 的流域面积占 80.84%，$0.25<W_i<0.5$ 的占 4.31%，$0.5<W_i<1.0$ 的占 4.06%，$W_i>1.0$ 的占 0.78%。在图 12.60e 中，依次分别占 78.13%、5.68%、3.28%、2.91%。比较两组数据，不难发现，用分布式参数模拟的普通湿润指数比用均一参数模拟的稍大。

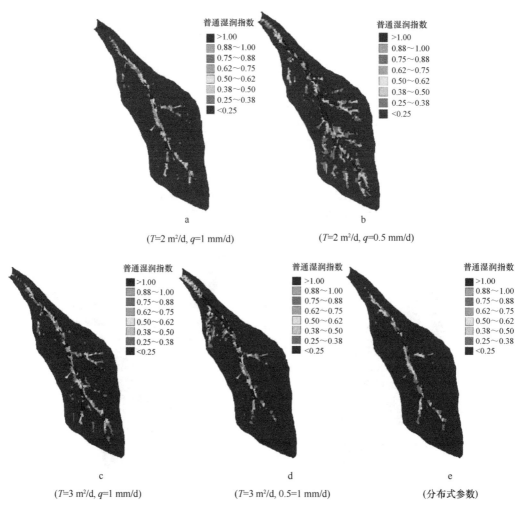

a
$(T=2 \text{ m}^2/\text{d}, q=1 \text{ mm/d})$

b
$(T=2 \text{ m}^2/\text{d}, q=0.5 \text{ mm/d})$

c
$(T=3 \text{ m}^2/\text{d}, q=1 \text{ mm/d})$

d
$(T=3 \text{ m}^2/\text{d}, 0.5=1 \text{ mm/d})$

e
（分布式参数）

图 12.60　小流域普通湿润指数的空间分布（彩图见封底二维码）

（2）辐射权重湿润指数

在不同季节、不同坡向，小流域的太阳辐射差异较大，尤其是在冬至（图 12.61）。太阳辐射是蒸腾蒸发的主要动力，因此它的时空分布对流域的水分状况具有很大的影响。

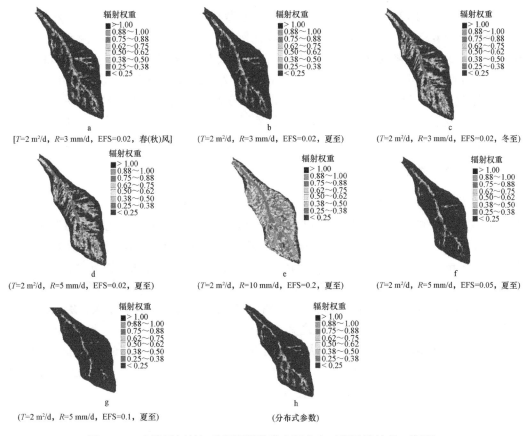

图 12.61　小流域辐射权重湿润指数的空间分布（彩图见封底二维码）

图 12.61a～g 是均一参数下小流域的辐射权重湿润指数（W_r）。其中，图 12.61a、图 12.61b 和图 12.61c 依次为在 $T=2.0$ m^2/d，$R=3.0$ mm/d，EFT=0.25，EFS=0.02 情况下，春（秋）分、夏至、冬至的 W_r，通过比较这 3 个图不难发现，夏至 W_r 最小，冬至最大，春（秋）分居中。这说明太阳辐射越小，辐射权重湿润指数越大。半阴坡比半阳坡 W_r 大，而半阴坡比半阳坡太阳辐射小，进一步证实了太阳辐射越小、湿润指数越大的结论。图 12.61d、图 12.61d 和图 12.61e 依次为在夏至 $T=2.0$ m^2/d，EFT=0.25，EFS=0.02 情况下，$R=3.0$ mm/d、5.0 mm/d、10.0 mm/d 的 W_r，通过比较这 3 个图，可以发现，W_r 在 $R=3.0$ mm/d 时最小，在 $R=10.0$ mm/d 时最大，在 5.0 mm/d 时居中。这说明降水量越大，辐射权重湿润指数越大。图 12.61d、图 12.61f 和图 12.61g 依次为在夏至 $T=2.0$ m^2/d，$R=5.0$ mm/d，EFT=0.25 情况下，EFS=0.02、0.05、0.1 的 W_r，通过比较这 3 个图可以发现，W_r 在 EFS=0.1 时最小，在 EFS=0.02 时最大，在 0.05 时居中。这说明遮蔽系数越大，辐射权重湿润指数越小。另外，图 12.61b、图 12.61h 分别为用均一参数、分布式参数模拟的辐射权重湿润指数，这两个图的参数取值都比较接近小流域实际情况。在图 12.61b 中，$W_i<0.25$ 的流域面积占 84.82%，$0.25<W_i<0.5$ 的占 9.53%，$0.5<W_i<1.0$ 的占 5.36%，$W_i>1.0$ 的占 0.29%。在图 12.61h 中，依次分别占 84.87%、10.53%、4.14%、0.46%。比较两组数据，可以发现，在考虑到太阳辐射的影响后，用均一参数和分布式参数模拟的湿润指数差异不大。

此外，比较图 12.60b 与图 12.61b，用均一参数模拟的普通湿润指数（W_i）和辐射权重湿润指数（W_r），小于 0.25 时所占的面积比例前者为 80.84%，后者为 84.82%；大于 0.25 小于 0.5 时，前者为 4.31%，后者为 9.53%；大于 0.5 小于 1.0 时，前者为 4.06%，后者为 5.36%；大于 1.0 时，前者为 0.78%，后者为 0.29%。比较这些数据，可以发现，考虑太阳辐射后，湿润指数在 1.0 以下所占的面积比例增大，而在 1.0 以上所占的面积比例减小，这意味着土壤水分饱和的面积比例减小。这与实际情况相符，说明辐射权重湿润指数比普通湿润指数能更好地反映流域土壤水分状况。

12.5.7.3 模型参数敏感性分析

湿润指数对模型参数变化的敏感性如图 12.62a～e 所示。随着土壤水分扩散率 T 增大，$W_i>1.0$（可认为土壤水分饱和）的面积比例减小，W_i 对 T 变化的敏感性减弱。$T<1.0$ m^2/d 时，W_i 对 T 的变化十分敏感；1.0 m^2/d$<T<3.0$ m^2/d 时，W_i 对 T 的变化较为敏感；$T>3.0$ m^2/d 时，W_i 对 T 的变化不敏感（图 12.62a）。随着净壤中流 q 增大，$W_i>1.0$ 的面积比例增大，W_i 对 q 变化的敏感性增强。$q<0.3$ mm/d 时，W_i 对 q 的变化较为敏感；$q>0.5$ mm/d 时，W_i 对 q 的变化非常敏感（图 12.62b）。随着降水量 P 增大，$W_r>1.0$ 的面积比例增大，W_r 对 q 变化的敏感性增强。$R>5$ mm/d 时，W_r 对 R 的变化十分敏感（图 12.62d）。随着遮蔽系数（EFS）增大，$W_r>1.0$ 的面积比例减小，W_r 对 EFS 变化的敏感性较为复杂。EFS<0.02 或 EFS>0.04 时，W_r 对 EFS 的变化不太敏感，但 $0.02<$EFS<0.04 时，W_r 对 EFS 的变化非常敏感（图 12.62e）。

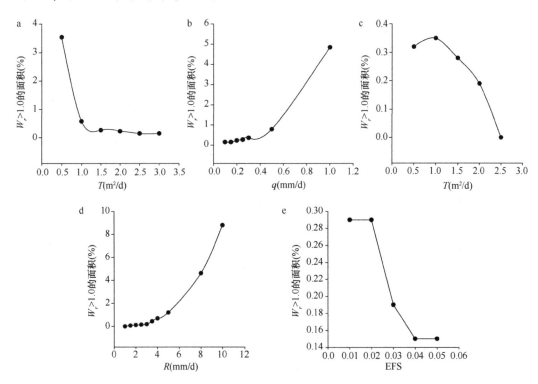

图 12.62 模型参数敏感性分析

12.5.7.4　讨论

（1）地形与湿润指数

海拔、坡向、坡度是主要的地形因子。本研究中，除沟底溪流两侧外，实验小流域中上部的湿润指数明显比下部大，这与海拔升高、降水量增加、气温下降、蒸发减弱、相对湿度增大的规律一致。比较不同的坡向，半阴坡湿润指数明显高于半阳坡。这主要是因为半阴坡的太阳辐射较小，蒸发和蒸腾较弱，水分损失较少。坡度不仅决定着土壤水分的流向，而且与土壤水分的多少密切相关。因此，在实验小流域相对较为平坦的地方，如溪流两侧，土壤水分含量较高，湿润指数也就较大。另外，湿润指数也与汇流面积密切相关。在靠近小流域的出口处，汇流面积比支流的大，这里的湿润指数也较支流两侧的大。

（2）土壤与湿润指数

本研究的实验小流域内存在 3 种土壤类型，包括山地棕色森林土、山地灰化森林土和亚高山草甸土。其中，山地灰化森林土分布在小流域的中部，土壤含水量最高，亚高山草甸土分布在小流域的上部，土壤含水量最低，山地棕色森林土分布在小流域的下部，土壤含水量位于中间（见第 5 章）。从图 12.61 可以看出，流域中部坡面的湿润指数较流域上部、下部的都高，这与土壤水分状况基本一致。土壤含水量越低，即土壤越干燥，则土壤水分扩散率越大，湿润指数越小。

（3）气候与湿润指数

大气降水是实验小流域的主要水分来源。降水量越大，则土壤水分越高，流域湿润指数就越大。高海拔湿润指数比低海拔大，一个主要原因是高海拔降水量较低海拔大。除径流外，蒸发、蒸腾是流域水分损失的主要途径，而太阳辐射是蒸发和蒸腾的主要动力。太阳辐射越强，蒸发和蒸腾则越强，水分损失就越多，土壤水分就越低，湿润指数也就越小。半阳坡湿润指数比半阴坡大，主要原因就是半阳坡的太阳辐射比半阴坡大。

（4）植被与湿润指数

遮蔽系数能够反映植被的覆被状况。遮蔽系数越小，说明植被越稀疏。而植被越稀疏，通过蒸腾作用造成的水分损失就越少，湿润指数也就越大。本研究中，分布在流域中上部的杜鹃冷杉林比分布在流域下部的箭竹冷杉林郁闭度小，土壤水分含量高，蒸散小，故其湿润指数也较大。分布在流域上部的杜鹃灌丛最为稀疏，但其海拔超过 3800 m，降水量反而比流域中部的杜鹃冷杉林小，土壤较为干燥，故流域顶部的湿润指数并不是最大。

需要指出的是，除了分析地形特征与模拟湿润指数，TOPOG 模型更重要的功能是进行动态水文过程的模拟。因此，本研究仅是对 TOPOG 模型的初步应用，有待进行更深入的研究。

12.5.7.5　小结

本研究应用分布式水文模型 TOPOG，分析了川西亚高山暗针叶林小流域的地形特征，模拟了流域的湿润指数，揭示了地形、土壤、气候、植被等因素对流域水分状况的影响。结果表明：①湿润指数在小流域沟底溪流两侧比坡面高，在小流域中部坡面比下部坡面高，在半阴坡比半阳坡高；②降水量越大，太阳辐射越小，湿润指数越大；③土壤水分含量越高，土壤水分扩散率越小，湿润指数越大；④遮蔽系数越小，植被越稀疏，湿润指数越大；⑤小流域中，杜鹃冷杉林最大，箭竹冷杉林居中，杜鹃灌丛最小。

12.5.8　川西亚高山暗针叶林的生态水文功能

林冠对降水的截持作用。一方面，川西亚高山暗针叶林（原始林）林冠结构复杂，树木高大，枝繁叶茂，林冠庞大，以箭竹、杜鹃为主的下木生长茂盛，灌木层盖度大，形成该类型植被郁闭度大、叶面积指数高的特点，使其对降水的截留能力很强。另一方面，该区降水以小雨和中雨为主，大雨很少，暴雨罕见，一次降水历时较短，一天常有多次降雨发生，中间多为晴天，这种降雨特点，能够充分发挥林冠对降水的截留能力。因此，川西亚高山暗针叶林冠层对降水的截留非常显著。本研究表明，生长季节，川西卧龙地区岷江冷杉林月冠层截留系数为33%～72%，平均值为48%，冠层最大截留量为1.5428～2.3923 mm，平均值为1.9394 mm，在中国主要森林生态系统中居于前列。

地被物层对降水的截持作用。川西亚高山暗针叶林分布海拔高，气温低，林地微生物活动较弱，加上针叶本身较难分解，枯枝落叶累积量较大，枯落物层较厚。同时，林内阴暗潮湿，苔藓植物生长繁盛，普遍形成较厚的苔藓层。两者共同组成了较厚的地被物层，具有较强的截留降水能力。本研究表明，实验小流域川西亚高山暗针叶林枯落物层的平均厚度为5.5 cm，平均干物质累积量为62.418 t/hm^2，苔藓层的平均厚度为6.5 cm，平均盖度为55%，地被物层（包括枯落物层和苔藓层）的厚度为12 cm，平均最大持水率为692.6%，平均最大持水量为10.5 mm，其持水能力约是我国主要森林生态系统枯落物层平均持水能力的2.5倍。苔藓层普遍存在是川西亚高山暗针叶林原始林的一个显著特点，也是地被物层持水能力较强的主要原因。例如，藓类-杜鹃-岷江冷杉林，其苔藓层盖度高达90%，厚度达10 cm，该林分地被物层的最大持水量高达20.4 mm。

土壤层的蓄水作用。土壤的蓄水能力与土壤的孔隙状况密切相关，特别是非毛管孔隙。川西亚高山暗针叶林原始林分布在深山区，受人为活动影响很少，树木高大，枝繁叶茂，根系发达，分布广而深，枯枝落叶多，苔藓植物繁盛，有利于土壤孔隙的发育，故土壤孔隙比较发达，土壤的蓄水能力较强。本研究表明，岷江冷杉林的土壤总孔隙、非毛管孔隙平均值分别为65%、11%，比热带亚热带常绿落叶阔叶混交林、针阔叶混交林和常绿阔叶林的稍低，但比温带、寒温带的绝大多数森林类型都高。0～60 cm土层的最大持水量平均值为414.3 mm，在我国主要森林生态系统中居于前列，非毛管持水量平均值为77.1 mm，稍低于我国主要森林生态系统的平均值。

森林截持降水的综合调节能力。对降水的截持是森林生态系统的主要水文生态功能之一。虽然森林生态系统可以通过林冠层、地被物层和土壤层对降水进行多次截持，但其截持能力是有一定限度的，存在一个阈值，不同的森林生态系统阈值不同。本研究表明，川西亚高山暗针叶林林冠层对一次降水的最大截留量平均值约为1.9 mm，地被物层的最大截留量平均值为10.5 mm，土壤层（0～60 cm）非毛管孔隙持水量平均值为

77.1 mm，综合调节能力为 89.5 mm。其中，土壤层的调节能力约占 86%，地被物层的约占 12%，林冠层的仅占 2%。通过比较我国森林生态系统水文生态功能的综合调节能力发现，其综合调节能力为 40～170 mm，热带、亚热带阔叶林调节能力较强，多在 100 mm 以上，暖温带、温带森林调节能力较弱，均在 100 mm 以下。将川西亚高山暗针叶林与我国森林生态系统进行比较，可以发现，川西亚高山暗针叶林的综合调节能力居于中间，主要是因为其土壤层的调节能力一般，但在所有森林生态系统中，其地被物层的调节能力最强，林冠层的调节能力也位于前列。

蒸散。蒸散是森林生态系统水分输出的主要形式之一。川西亚高山暗针叶林分布海拔较高，气温相对较低，降水量相对较大，在生长季节，该区降水天数多，雾日多，日照时数短，太阳总辐射量少，因此该区蒸散较低。本研究用 Priestley-Taylor 模型和 Ritchie 的方法计算出 2005 年四川卧龙亚高山暗针叶林小流域实际蒸散为 350.79 mm，占降水量的 35.13%。这个结果与前人的研究结果非常接近。例如，赵玉涛等（2002）用修正的 P-M 方程计算出长江上游亚高山暗针叶林蒸散为 333.9 mm，马雪华（1987）的研究表明，四川米亚罗冷杉林相对蒸散率为 30%～40%。与我国主要森林生态系统的蒸散（40%～90%）（刘世荣等，1996）比较，川西亚高山暗针叶林最低（表 12.27）。

径流。径流大小及其特点是森林水文效应的综合体现（刘世荣等，1996）。本研究对川西亚高山暗针叶林的径流未作研究，这里参考有关文献，结合对其他水文过程的研究结果，对川西亚高山暗针叶林的径流特征作一简单分析，以期让我们更好地理解川西亚高山暗针叶林的生态水文功能。根据本研究，川西亚高山暗针叶林区的降水以小雨、中雨为主，亚高山暗针叶林林冠层庞大，地被物层较厚，特别是普遍存在较厚的苔藓层，对降水的截留能力较强，土壤层孔隙发达，水分入渗快，理应很少产生地表径流。实际上，我们在观测期间也没有发现地表径流。这与已有的研究结论一致，即该区径流以壤中流、地下径流为主（张志强等，2002）。

除了蒸散外，径流是森林生态系统另一主要的水分输出形式。根据马雪华（1987）等在川西米亚罗夹壁沟 1961～1966 年的观测数据，以云冷杉为主，森林覆盖率为 70%、面积为 3.31 km² 的集水区，生长季节径流系数为 66.7%。本研究中，在川西卧龙邓生站，岷江冷林占 88%，面积为 1.44 km² 的集水区，年蒸散率约为 35%，生长季节约为 25%，根据水量平衡方程，可以得出年径流系数约为 65%，生长季节约为 75%。这个数据与前人的研究结果很接近。虽然缺乏验证，但据此我们可以了解川西亚高山暗针叶林的蒸散较小，河川径流量较大。

另外，本研究发现，川西亚高山暗针叶林土层深厚，孔隙发达，仅 0～60 cm 土层最大持水量平均值就达 414.3 mm。实际上，实验小流域亚高山暗针叶林的土层厚度为 0.8～1.2 m。可见，亚高山暗针叶林土壤的蓄水能力非常强。林地土壤蓄水对河川径流起着一定的调节作用。在雨季，该区降水以小雨、中雨为主，由于森林具有巨大的土壤蓄水能力，这种降水特点很少能引起径流的变化。但由于降水天数多，土壤水分含量经常保持在一个较高的状态（如研究期间小流域土壤容积含水量为 0.59～0.66），对大雨和暴雨径流的调节作用可能不大。但较高的土壤含水量与土壤蓄水能力，对旱季枯水径流的补给非常重要。该区径流的年季变化较小，季节分配比较均匀（易立群等，2000）。

12.5.9 川西亚高山暗针叶林植被变化对生态水文功能的影响

不同林分类型的生态水文功能比较。在川西地区，由于地形复杂，微气候条件多变，不同地区，组成亚高山暗针叶林的建群种不同；同一地区，即便建群种相同，但由于海拔、坡向等地形因子的差异，林分类型也存在变异。而不同林分，其树高、郁闭度、盖度、叶面积指数等植被特征不同，特别是下木组成、地被物层的厚度不同，导致其生态水文功能存在较大的差异。表 12.28 比较了实验小流域 4 种岷江冷杉林分的生态水文功能。由表中可以看出，综合调节能力箭竹-岷江冷杉林比杜鹃-岷江冷杉林强，特别是藓类-箭竹-岷江冷杉林最强。其中，林冠层对降水的截留能力箭竹-岷江冷杉林明显比杜鹃-岷江冷杉林强，草类-岷江冷杉林稍比藓类-岷江冷杉林强；地被物层对降水的截留能力藓类-岷江冷杉林明显比草类-岷江冷杉林强，杜鹃-冷杉林稍比箭竹-冷杉林强；土壤层的蓄水能力箭竹-岷江冷杉林明显比杜鹃-冷杉林强。此外，草类-岷江冷杉林的蒸散明显比藓类-岷江冷杉林的蒸散大。

表 12.28　不同岷江冷杉林分生态水文功能的比较

林分类型	冠层最大截留量（mm）	地被物层最大截留量（mm）	土壤非毛管孔隙持水量（mm）	综合调节能力（mm）	蒸散（mm）
藓类-箭竹-岷江冷杉林	2.4	8.8	108.3	119.5	323.42
草类-箭竹-岷江冷杉林	2.2	6.2	75.9	84.3	421.98
藓类-杜鹃-岷江冷杉林	1.6	20.4	55.8	77.8	363.09
草类-杜鹃-岷江冷杉林	1.5	6.4	68.4	76.3	355.62

叶面积指数变化对生态水文功能的影响。本研究表明，川西亚高山暗针叶林随着叶面积指数增大，冠层截留系数、冠层最大截留量及蒸散都增大。TOPOG 模型的模拟结果表明，随着植被盖度（遮蔽系数）增大，小流域的湿润指数减小，土壤含水量下降。叶面积指数和植被盖度的增大，意味着植被的恢复或进展演替；而蒸散的增大及土壤含水量的下降，则意味着河川径流量的减少。这说明保护或者恢复川西亚高山暗针叶林，流域的河川径流量就会减少。这个结论与马雪华（1987）在川西米亚罗的研究结果不同。其研究表明，在该区采伐森林，集水区径流量减少。

许多研究表明，植被变化对生态水文功能的影响是有限的，能够引起生态水文功能明显变化的植被变化存在一个阈值。植被减少到一定程度，才能引起生态水文功能的明显变化。同样，植被增加到一定程度后，继续增加则不会引起生态水文功能的明显变化。但这个阈值，不同地区及不同的森林类型是不同的。关于川西亚高山暗针叶林，本研究得到能够引起蒸散明显变化的 LAI 上限为 4.8，植被盖度上限为 70%，刘京涛（2006）得到 NDVI 上限为 0.8。但是，由于研究的时间较短，样点少，数据量有限，这个结论正确与否，尚待进一步证实，目前仅供参考。

12.5.10　小结

本研究以岷江冷杉林为研究对象，采用实验观测与模型模拟相结合的方法，在小流域尺度和林分尺度上，研究了川西亚高山暗针叶林的植被结构及空间分布特征、植被对降水的截留特征、土壤水分的时空分布及变异性以及植被蒸散的时空变化特征，模拟了小流域湿润指数的时空分布，分析了湿润指数与地形、土壤、植被和气候之间的关系，在此基础上，评价了川西亚高山暗针叶林的生态水文功能，并探讨了植被变化对其生态水文功能的影响。主要结论如下。

川西亚高山暗针叶林 LAI 较大，在生长季节，平均值为 5.44±0.83，不同林分之间差异极显著。

川西亚高山暗针叶林 LAI 的季节动态规律明显，为单峰曲线，峰值在 8 月中旬，为 5.82±1.32。

川西亚高山暗针叶林 LAI 的地形分异特征明显，随着海拔升高，LAI 先增大（在 3000 m 以下）后减小（超过 3000 m）；不同坡向之间差异显著，半阴坡比半阳坡大。

川西亚高山暗针叶林 LAI 存在一定的空间变异性，变异系数在林分尺度上为 10.02%～12.22%，在小流域尺度上为 19.79%～22.80%，在海拔梯度上为 7.6%～23.09%，在半阴坡上为 16.58%，在半阳坡上为 13.44%。

由于川西亚高山暗针叶林植被盖度大，LAI 高，该区降水以小雨、中雨为主，故其林冠层对降水的截留能力很强，截留系数为 33%～72%，平均值为 48%，最大截留量为 1.5～2.4 mm，平均值为 1.9 mm。

川西亚高山暗针叶林林内阴暗潮湿，苔藓植物繁盛，枯落物累积量大，地被物层的持水能力很强，最大持水量平均值为 10.5 mm，最高可达 20 mm 以上。

川西亚高山暗针叶林土层深厚，土壤容重小，孔隙发达，水分入渗快，持水能力强，平均值依次为 80～120 cm、0.96 g/cm^3、65%（总孔隙）和 11%（非毛管孔隙）、2.63 mm/min（稳渗率）、414.3 mm（0～60 cm 土层最大持水量）和 77.1 mm（0～60 cm 土层非毛管持水量）。

在生长季节，川西亚高山暗针叶林土壤水分含量高，容积含水量为 0.59～0.66，空间变异性大，变异系数为 22%～41%。

川西亚高山暗针叶林蒸散约占降水量的 35%，该区生长季节雨日多，太阳辐射少，是蒸散较低的主要原因。

川西亚高山暗针叶林截留降水的综合调节能力为 89.5 mm/a，其中，土壤层约占 86%，地被物层约占 12%，林冠层仅占 2%。

川西亚高山暗针叶林的不同群落类型，林冠层、地被物层的截留能力、土壤层的蓄水能力以及植被蒸散均存在差异，其对降水的综合调节能力也不相同，大小顺序依次为藓类-箭竹-岷江冷杉林>草类-箭竹-岷江冷杉林>藓类-杜鹃-冷杉林>草类-箭竹-岷江冷杉林。

川西亚高山暗针叶林随着植被盖度、LAI 增加，最大冠层截留量与蒸散增加，土壤含水量减少，但当植被盖度超过 70%、LAI 超过 4.8 时，蒸散的变化不再明显。

12.6　展　　望

气候-植被-水文耦合关系及其区域分异的研究一直是生态水文科学的前沿。在森林与水的研究领域，关于植被-水文的相互作用对小尺度坡面、流域的水文过程与水量平衡的影响已经开展了大量的研究，取得了长足的进展。近年来，为了解生态系统对气候变化的响应模式，国内外科学家开展了许多植被-水文过程对气候变化响应的长期观测、模拟实验和模型模拟。这些研究试图揭示水分条件变化如何限制与影响植被的空间分布、生长、演替和生态功能，以及受影响的植被如何与气候变化耦合，影响流域的生态水文过程和区域的水分平衡。但是，由于生态水文要素的复杂性和巨大的时空差异，当前对植被与水的相互关系和区域植被水文调节作用的时空变化还理解甚少。2003～2007年主要在岷江和泾河流域实施的973项目"西部典型区域森林植被对农业生态环境的调控机理"（2002CB111500），在造林降低产流、森林调节洪枯径流、植被防止水土流失等方面获得了很有价值的科学发现。但由于研究尺度较小、研究时间较短，而且没有特别关注气候变化的影响，关于植被生态水文过程的尺度效应和区域分异规律、气候-植被-水文的耦合变化机理等研究的深度和广度还需要进一步提升。

中国大规模植被建设对区域生态水文过程的影响研究，具有在国际上独一无二的突出特色，必将引领全球大尺度生态水文学的发展方向。大规模植被建设是在全球生态环境迅速退化的大背景下，中国政府举全国之力进行的史无前例的大型生态恢复工程建设的重要举措。这一世界范围内最大规模的植被建设工程产生的生态水文问题包括地理区域分异强、生态退化逆转快、气候变化驱动的植被-水文与水-碳相互作用的因子多、非线性和强耦合的特点等。需要利用野外观测、模拟实验、模型模拟、遥感反演、尺度分析等多种研究手段进行综合研究，以深入揭示其机制。

同时，未来的研究将通过学科交叉和集成，形成新的学科和学科群。由于气候变化复杂性的巨大挑战将革新传统的学科框架，地球系统科学体系的发展也非常强烈地推动着交叉学科的发展。国际上许多大型科学研究计划，如IGBP、IHDP、DIVERSITAS等都将全球变化驱动的关键生物学和地学过程作为交叉学科发展的动力。未来的研究将突破森林/生态水文学的传统研究思路，通过以多源遥感和综合模拟为特征的大量新方法和新技术的广泛应用，推动建立新的跨尺度的研究范式；以此为基础，将促进森林水文学在和生态学融合为生态水文学之后继续与全球变化科学等学科交叉，最终促进形成全球变化生态水文学的新学科发展方向。

开展"多源模型集成和综合模拟"，利用不同模型的优点，进行区域尺度生态水文过程的研究已成为一个新的国际发展趋势。由于水文要素的巨大时空异质性和相关生态水文过程与参数的广泛性，动态数据获取困难一直是限制大区域植被水文研究的关键，这是以往植被水文研究多限在小尺度、区域水文水资源研究忽视植被和土壤特征变化、现有模型对植被动态过分简化和不能反映植被与水相互作用的重要原因。现代信息技术为快速获取区域水文要素动态提供了新途径，多波段、多时相和多角度的卫星遥感有独特优势，可较准确地反映下垫面各水文要素的时空动态。另外，发展和利用数据同化技术，依靠融合多源信息（地表观测、卫星遥感、模型模拟等）及时校准地温、水分、能量、植被等的模型预报值解决植被特征、土壤水分等的前向依赖性和随时间演进的模拟误差不断累积的问题。本项目将针对区域植被水文研究需要，将近年来发展起来的"四维数据同化系统"（four-dimensional data assimilation system）作为植被生态水文研究的新技术，实现区域内水文要素与相关过程的多尺度动态集成，提高大区域植被生态水文研究的准确性和实时性。

主要参考文献

包维楷, 王春明. 2000. 岷江上游山地生态系统的退化机制. 山地学报, 18(1): 57-62.

陈东立, 余新晓, 廖邦洪. 2005. 中国森林生态系统水源涵养功能分析. 世界林业研究, 18(1): 49-54.

陈军锋, 李秀彬. 2001. 森林植被变化对流域水文影响的争论. 自然资源学报, 16(5): 474-480.

陈丽华, 余新晓, 张东升, 等. 2002. 贡嘎山冷杉林区苔藓层截持降水过程研究. 北京林业大学学报, 24(4): 60-63.

陈祖铭, 任守贤. 1995. 岷江上游森林对紫坪铺工程和都江堰灌区的影响. 成都科技大学学报, 3: 1-14.

程根伟. 1996. 贡嘎山极高山区的降水分布特征探讨. 山地研究, 14(3): 177-182.

程根伟, 陈桂蓉. 2003. 贡嘎山暗针叶林区森林蒸散发特征与模拟. 水科学进展, 14(5): 617-621.

程根伟, 陈桂蓉. 2004. 森林流域蒸散发的控制要素与区域差异探讨. 山地学报, 22(2): 175-178.

程根伟, 余新晓, 赵玉涛, 等. 2003. 贡嘎山亚高山森林带蒸散特征模拟研究. 北京林业大学学报, 25(1): 23-27.

程金花, 张洪江, 史玉虎. 2003. 林下地被物保水保土作用研究进展. 中国水土保持科学, 1(2): 96-101.

程金花, 张洪江, 余新晓, 等. 2002. 贡嘎山冷杉纯林地被物及土壤持水特性. 北京林业大学学报, 24(3): 45-49.

丁海容, 易成波, 黄晓红, 等. 2007. 岷江上游地区水资源现状与可持续利用对策. 国土资源科技管理, (3): 66-69.

樊宏. 2002. 岷江上游近 50a 土地覆被的变化趋势. 山地学报, 20(1): 64-69.

高甲荣, 尹婧, 牛健植, 等. 2002. 长江上游亚高山暗针叶林林地水文作用初探. 北京林业大学学报, 24(4): 75-79.

巩合德, 王开运, 杨万勤. 2005. 川西亚高山 3 种森林群落穿透雨和茎流养分特征研究. 林业科学, 41(5): 14-20.

顾慰祖. 1995. 利用环境同位素及水文实验研究集水区产流方式. 水利学报, 5: 9-17.

管中天. 2005. 森林生态研究与应用. 成都: 四川科学技术出版社: 192.

郭明春, 于澎涛, 王彦辉, 等. 2005. 林冠截持降雨模型的初步研究. 应用生态学报, 16(9): 1633-1637.

郭生练, 熊立华. 2000. 基于 DEM 的分布式流域水文物理模型. 武汉水利电力大学学报, 33(6): 1-5.

何东进, 洪伟. 1999. 植被截留降水量公式的改进. 农业系统科学与综合研究, 15(3): 200-202.

何其华, 何永华, 包维楷. 2004. 岷江上游干旱河谷典型阳坡海拔梯度上土壤水分动态. 应用与环境生物学报, 10(1): 68-74.

何兴元, 胡志斌, 李月辉, 等. 2005. GIS 支持下岷江上游土壤侵蚀动态研究. 应用生态学报, (12): 51-58.

胡继超, 张佳宝, 冯杰. 2004. 蒸散的测定和模拟计算研究进展. 土壤, 36(5): 492-497.

华孟, 王坚. 1993. 土壤物理学. 北京: 北京农业大学出版社.

黄昌勇. 2000. 土壤学. 北京: 中国农业出版社.

黄礼隆. 1994. 川西亚高山暗针叶林森林涵养水源性能的研究//林业部科技司. 中国森林生态系统定位研究. 哈尔滨: 东北林业大学出版社: 410-412.

黄礼隆, 马雪华. 1979. 川西米亚罗林区冷杉林下水文特征的初步观测. 四川高山林业研究资料集刊, 1: 101-110.

黄志宏. 2003. 雷州桉树人工林水文学与模型模拟. 北京: 中国科学院研究生院博士学位论文.

蒋有绪. 1981. 川西亚高山冷杉林枯枝落叶层的群落学作用. 植物生态学与地植物学丛刊, (2): 89-98.

李承彪. 1990. 四川森林生态研究. 成都: 四川科学技术出版社.

李崇巍. 2005. 岷江上游生态系统空间格局与生态水文过程模拟. 北京: 北京师范大学博士学位论文.

李崇巍, 刘世荣, 孙鹏森, 等. 2005. 岷江上游植被冠层降水截留的空间模拟. 植物生态学报, 29(1): 60-67.

李金中, 裴铁璠, 牛丽华, 等. 1999. 森林流域坡地壤中流模型与模拟研究. 林业科学, 35(4): 2-8.

李景文. 1994. 森林生态学. 北京: 中国林业出版社.

李兰. 2000. 流域水文数学物理耦合模型//朱乐明. 中国水利学会优秀论文集. 北京: 中国三峡出版社: 48-54.

李林, 王振宇, 秦宁生, 等. 2004. 长江上游径流量变化及其与影响因子关系分析. 自然资源学报, 19(6): 694-700.

李孟国, 曹祖德. 1999. 海岸河口潮流数值模拟的研究和进展. 海洋学报, 21(1): 111-125.

李文华. 2001. 森林生态系统水文生态功能综述//李文华. 森林的水文气候效应研究进展(之一). 北京: 中国科学院地理科学与资源研究所: 10-16.

李振新, 郑华, 欧阳志云, 等. 2004. 岷江冷杉针叶林下穿透雨空间分布特征. 生态学报, 24(5): 1014-1021.

林波, 刘庆. 2001. 中国西部亚高山针叶林凋落物的生态功能. 世界科技研究与发展, 23(5): 49-54.

林波, 刘庆, 吴彦, 等. 2002. 川西亚高山人工针叶林枯枝落叶及苔藓层的持水性能. 应用与环境生物学报, 8(3): 234-238.

林波, 刘庆, 吴彦, 等. 2004. 森林凋落物研究进展. 生态学杂志, 23(1): 60-64.

刘彬, 杨万勤, 吴福忠. 2010. 亚高山森林生态系统过程研究进展. 生态学报, 30(16): 4476-4483.

刘昌明, 王会肖. 1999. 土壤-作物大气界面水分过程与节水调控. 北京: 科学出版社.

刘建梅, 裴铁璠. 2003. 水文尺度转换研究进展. 应用生态学报, 14(12): 2305-2310.

刘建梅, 裴铁璠, 王安志, 等. 2005. 高山峡谷地区森林流域分布式降雨-径流模型的构建与验证. 应用生态学报, 16(9): 1638-1644.

刘京涛. 2006. 岷江上游植被蒸散时空格局及其模拟研究. 北京: 中国林业科学研究院博士学位论文.

刘京涛, 刘世荣. 2006. 植被蒸散研究方法的进展与展望. 林业科学, 42(6): 108-114.

刘丽娟. 2004. 岷江上游植被格局动态及其生态水文功能的研究. 北京: 北京师范大学硕士学位论文.

刘丽娟, 昝国盛, 葛建平. 2004. 岷江上游典型流域植被水文效应模拟. 北京林业大学学报, 26(6): 20-24.

刘庆. 2002. 亚高山针叶林生态学研究. 成都: 四川大学出版社.

刘世荣. 2003. 森林的生态水文功能//中国可持续发展林业战略研究项目组. 中国可持续发展林业战略研究森林问题卷. 北京: 中国林业出版社.

刘世荣, 孙鹏森, 王金锡, 等. 2001. 长江上游森林植被水文功能研究. 自然资源学报, 16(5): 451-456.

刘世荣, 孙鹏森, 温远光. 2003. 中国主要森林生态系统水文功能的比较研究. 植物生态学报, 27(1): 16-22.

刘世荣, 温远光, 王兵, 等. 1996. 中国森林生态系统水文生态规律. 北京: 中国林业出版社.

刘素一, 权先璋, 张勇传. 2003. 不同小波函数对径流分析结果的影响. 水电能源科学, 21(1): 29-31.

刘贤赵, 康绍忠. 1998. 林冠截留模型评述. 西北林学院学报, 13(1): 26-30.

刘兴良, 刘世荣, 宿以明, 等. 2006. 卧龙巴郎山川滇高山栎灌丛地上生物量及其对海拔梯度的响应. 林业科学, 39(6): 1-7.

刘兴亮, 苏春江, 徐云, 等. 2006. 岷江上游水资源问题及可持续利用. 水土保持研究, (3): 189-191.

吕一河, 傅伯杰. 2001. 生态学中的尺度及尺度转换方法. 生态学报, 21(12): 2097-2105.

马雪华. 1987. 四川米亚罗地区高山冷杉林水文作用的研究. 林业科学, 23(3): 253-265.

马雪华. 1993. 森林水文学. 北京: 中国林业出版社.

裴铁璠, 李金中. 1998. 壤中流模型研究的现状及存在问题. 应用生态学报, 9(5): 543-548.

秦耀东. 2003. 土壤物理学. 北京: 高等教育出版社: 97-110.

任立良, 刘新仁. 2000. 基于DEM的水文物理过程模拟. 地理研究, 19(4): 369-376.

芮孝芳. 1997. 产流理论与计算方法的若干进展与评述. 水文, 4: 16-19.

邵爱军, 段生贵, 彭建萍. 1995. 田间非饱和土壤水分运动的数值模拟——I. 源汇项及上边界条件的研究. 河北地质学院学报, 18(4): 355-364.

沈焕庭. 1997. 中国河口数学模拟研究的进展. 海洋通报, 16(2): 81-85.

石承苍, 罗秀陵. 1999. 成都平原及岷江上游地区生态环境变化. 西南农业学报, 12(土肥专辑): 75-80.

石辉, 陈凤琴, 刘世荣. 2005. 岷江上游森林土壤大孔隙特征及其对水分出流速率的影响. 生态学报, 25(3): 507-512.

时忠杰. 2006. 六盘山香水河小流域森林植被的坡面生态水文影响. 北京: 中国林业科学研究院博士学位论文.

孙鹏森. 2002. 岷江上游大尺度生态水文模型研究. 北京: 中国林业科学研究院博士后出站报告.

孙鹏森, 刘世荣, 李崇巍. 2004. 基于地形和主风向效应模拟山区降水空间分布. 生态学报, 24(9): 1910-1915.

孙向阳, 王根绪, 吴勇, 等. 2013. 川西亚高山典型森林生态系统截留水文效应. 生态学报, 33(2): 501-508.

万洪涛, 万庆, 周成虎. 2000. 流域水文模型研究的进展. 地球信息科学, 4: 46-50.

王安志, 裴铁璠. 2001. 森林蒸散测算方法研究进展与展望. 应用生态学报, 12(6): 933-937.

王根绪, 钱鞠, 程国栋. 2001. 生态水文科学研究的现状与展望. 地球科学进展, 16(3): 314-323.

王军, 傅伯杰, 蒋小平. 2002. 土壤水分异质性的研究综述. 水土保持研究, 9(1): 1-5.

王礼先, 孙宝平. 1990. 森林水文研究及流域治理综述. 水土保持科技情报, 2: 10-15.

王力, 邵明安, 王全九. 2005. 林地土壤水分运动研究述评. 林业科学, 41(2): 147-157.

王文圣, 丁晶, 向红莲. 2002. 水文时间序列多时间尺度分析的小波变换法. 四川大学学报(工程科学版), 34(6): 14-17.

王文圣, 向红莲, 黄伟军, 等. 2005. 基于连续小波变换的径流分维研究. 水利学报, 36(5): 598-601.

王文圣, 赵太想, 丁晶. 2004. 基于连续小波变换的水文序列变化特征研究. 四川大学学报(工程科学版), 36(4): 6-9.

王希群, 马履一, 贾忠奎, 等. 2005. 叶面积指数的研究和应用进展. 生态学杂志, 24(5): 537-541.

王彦辉, 于澎涛, 徐德应, 等. 1998. 林冠截留降雨模型转化和参数规律研究. 北京林业大学学报, 20(6): 25-29.

王印杰, 王玉珉. 1996. 非饱和土壤水分函数解析与 Richards 方程入渗新解. 水文, 2: 1-9.

王永明, 韩国栋, 赵萌莉, 等. 2007. 草地生态水文过程研究若干进展. 中国草地学报, 29(3): 98-103.

王佑民. 2000. 国林地枯落物持水保土作用研究概况. 水土保持学报, 14(4): 108-113.

王玉杰, 王云琦. 2005. 森林对坡面产流的影响研究. 世界林业研究, 18(3): 12-15.

魏绍成, 杨国庆. 1997. 草甸的分布和形成途径及草甸水分状况的分析. 草业科学, (6): 1-5.

魏晓华, 李文华, 周国逸, 等. 2005. 森林与径流关系——一致性和复杂性. 自然资源学报, 20(5): 761-770.

卧龙自然保护区管理局. 1987. 卧龙植被及资源植物. 成都: 四川科学技术出版社.

吴钦孝, 赵鸿雁, 刘向东, 等. 1998. 森林枯枝落叶层涵养水源保持水土的作用评价. 水土保持学报, 4(2): 23-28.

吴长文, 王礼先. 1995. 林地土壤的入渗及其模拟研究. 水土保持研究, 2(1): 71-75.

夏军. 1993. 水文尺度问题. 水利学报, 5: 32-27.

夏军, 丰华丽, 谈戈, 等. 2003. 生态水文学概念、框架和体系. 灌溉排水学报, 22(1): 4-10.

夏军, 谈戈. 2002. 全球变化与水文科学新的进展与挑战. 资源科学, 24(3): 1-7.

谢春华, 关文彬, 吴建安, 等. 2002. 贡嘎山暗针叶林生态系统林冠截留特征研究. 北京林业大学学报, 24(4): 68-71.

徐萃薇, 孙绳武. 2002. 计算方法引论. 北京: 高等教育出版社: 11-15.

徐庆, 安树青, 刘世荣, 等. 2005. 四川卧龙亚高山暗针叶林降水分配过程的氢稳定同位素特征. 林业科学, 41(4): 7-12.

徐振, 安树青, 王中生, 等. 2007. 川滇高山栎灌丛冠层穿透水及其稳定同位素组成变化特征. 资源科学, 29(5): 129-136.

徐振锋, 胡庭兴, 张远彬, 等. 2008. 川西亚高山几种天然林下苔藓层的持水特性. 长江流域资源与环境, 17(s1): 112-116.

闫俊华, 周国逸, 黄忠良. 2001. 鼎湖山亚热带季风常绿阔叶林蒸散研究. 林业科学, 37(1): 37-45.

闫文德, 张学龙, 王金叶, 等. 1997. 祁连山森林枯落物水文作用的研究. 西北林学院学报, 12 (2): 7-14.

严登华, 何岩, 邓伟, 等. 2001. 生态水文学研究进展. 地理科学, 21(5): 467-473.

杨福生. 1999. 小波变换的工程分析与应用. 北京: 科学出版社.

杨井, 郭生练. 2002. 基于 GIS 的分布式月水量平衡模型及其应用. 武汉大学学报(工学版), 35(4): 22-26.

杨立文, 石清峰. 1997. 太行山主要植被枯枝落叶层的水文作用. 林业科学研究, 10(3): 283-288.

杨志峰, 李春辉. 2004. 黄河流域天然径流量突变性与周期性分析. 山地学报, 22(2): 140-146.

姚建, 丁晶, 艾南山. 2004. 岷江上游生态脆弱性评价. 长江流域资源与环境, 13(4): 380-383.

叶延琼, 陈国阶, 杨定国. 2002. 岷江上游生态环境问题及整治对策. 重庆环境科学, 24(1): 2-6.

仪垂祥, 刘开瑜, 周涛. 1996. 植被截留降水量公式的建立. 土壤侵蚀与水土保持学报, 2(2): 47-49.

易立群, 缪韧, 林三益. 2000. 贡嘎山森林小流域水文特性探索. 四川大学学报(工程科学版), 32(1): 87-92.

游松财, Takahashi K, Matsuoka Y. 2002. 全球气候变化对中国未来地表径流的影响. 第四纪研究, 23(2): 148-157.

于澎涛. 2000. 分布式水文模型在森林水文学中的应用. 林业科学研究, 13(4): 431-438.

于澎涛. 2001. 分布式水文模型的理论、方法与应用. 北京: 中国林业科学研究院博士学位论文.

余新晓, 赵玉涛, 张志强, 等. 2003. 长江上游亚高山暗针叶林土壤水分入渗特征研究. 应用生态学报, 14(1): 15-19.

俞鑫颖, 刘新仁. 2002. 分布式冰雪融水雨水混合水文模型. 河海大学学报, 5: 23-27.

袁建平, 雷延武, 郭索彦, 等. 2001. 黄土丘陵区小流域土壤入渗率空间变异性. 水利学报, 10: 88-92.

昝国盛. 2003. 岷江流域植被水文模拟. 北京: 北京师范大学硕士学位论文.

张保华, 何毓蓉, 周红艺, 等. 2002. 长江上游典型区亚高山不同林型土壤的结构性与水分效应. 水土保持学报, 16(4): 127-129.

张保华, 何毓蓉, 周红艺, 等. 2003a. 贡嘎山东坡亚高山森林土壤水分动态变化分析. 西南农业学报, 16 (增刊): 98-100.

张保华, 何毓蓉, 周红艺, 等. 2003b. 长江上游亚高山针叶林土壤水分入渗性能及影响因子. 四川林业科技, 24(1): 61-64.

张保华, 何毓蓉, 周红艺, 等. 2004. 贡嘎山东坡亚高山不同林地土壤水分特性与生态环境效应. 山地学报, 22(2): 207-211.

张光灿, 刘霞, 赵玖. 2000. 树冠截留降雨模型研究进展及其述评. 南京林业大学学报, 24(1): 64-68.

张洪江, 程金花, 余新晓, 等. 2003. 贡嘎山冷杉纯林枯落物储量及其持水特性. 林业科学, 39(5): 147-151.

张建平, 樊宏, 叶延琼. 2002. 岷江上游土壤侵蚀及其防治对策. 水土保持学报, 5(16): 19-22.

张建云. 1998. 气候异常对水资源影响评估中的关键性技术研究. 水文, (s1): 12-14.

张启东, 石辉. 2006. 岷江上游的水沙变化及其与森林破坏的关系. 人民长江, 8(37): 30-37.

张元明, 曹同, 潘伯荣. 2002. 干旱与半干旱地区苔藓植物生态学研究综述. 生态学报, 22(7): 1129-1134.

张远东, 刘世荣, 顾峰雪. 2011. 西南亚高山森林植被变化对流域产水量的影响. 生态学报, 31(24): 7601-7608.

张远东, 刘世荣, 马姜明. 2006. 川西高山和亚高山灌丛的地被物及土壤持水性能. 生态学报, 26(9): 2775-2782.

张远东, 赵常明, 刘世荣. 2004. 川西亚高山人工云杉林和自然恢复演替系列的林地水文效应. 自然资源学报, 19(6): 761-768.

张志强. 2003. 森林水文: 过程与机制. 北京: 中国环境科学出版社.

张志强, 王礼先, 余新晓, 等. 2001. 森林植被影响径流形成机制研究进展. 自然资源学报, 16(1): 79-84.

张志强, 赵玉涛, 余新晓, 等. 2002. 长江上游暗针叶林流域水文过程分析. 北京林业大学学报, 24(5/6):

25-29.

赵文智, 程国栋. 2001. 生态水文学——揭示生态格局和生态过程水文学机制的科学. 冰川冻土, 23(4): 451-457.

赵西宁, 吴发启. 2004. 土壤水分入渗的研究进展和评述. 西北林学院学报, 19(1): 42-45.

赵玉涛, 余新晓, 张志强, 等. 2002. 长江上游亚高山峨眉冷杉林地被物层界面水分传输规律研究. 水土保持学报, 16(3): 118-121.

赵跃龙. 1999. 中国脆弱生态系统类型分布及其综合整治. 北京: 中国环境科学出版社.

周国逸.1997. 生态系统水热原理及其应用. 北京: 气象出版社.

周晓峰. 2001. 正确评价森林水文效应研究//李文华. 森林的水文气候效应研究进展(之一). 北京: 中国科学院地理科学与资源研究所: 35-40.

周宇宇, 唐世浩, 朱启疆, 等. 2003. 长白山自然保护区叶面积指数测量及其结果. 资源科学, 25(5): 38-42.

Abbort M B, Bathurst J C, Cunge J A, et al. 1986a. An introduction to the European hydrological system-Système Hydrologique Européen, "SHE", 1: history and philosophy of a physically-based, distributed modeling system. Journal of Hydrology, 87: 45-59.

Abbort M B, Bathurst J C, Cunge J A, et al. 1986b. An introduction to the European hydrological system-Système Hydrologique Européen, "SHE", 2: structure of a physically-based distributed modeling system. Journal of Hydrology, 87: 61-77.

Allen R G, Pereira L, Dirk R. 1998. Crop Evapotranspiration—Guidelines for Computing Crop Water Requirements. Rome, Italy: FAO.

Anderson M G. 1985. Hydrological Forecasting. New York: John Wiley & Sons.

Andréassian V. 2004. Waters and forests: from historical controversy to scientific debate. Journal of Hydrology, 291: 1-27.

Angel U, Imma F, Antonio M C. 2004. Comparing Penman-Monteith and Priestley-Taylor approaches as reference evapotranspiration inputs for modelling maize water-use under Mediterranean conditions. Agricultural Water Management, 66: 205-219.

Aragao L E O C, Shimabukuro Y E, Santo F D B E, et al. 2005. Landscape pattern and spatial variability of leaf area index in Eastern Amazonia. Forest Ecology and Management, 211: 240-256.

Asner G P, Scurlock J M O, Hicke J A. 2003. Global synthesis of leaf area index observation: implications for ecological and remote sensing studies. Global Ecology and Biogeography, 12: 191-205.

Austin S A. 1999. Streamflow Response to Forest Management: A Meta-analysis Using Published Data and Flow Duration Curves. Colorado State University: Colorado, USA.

Band L E, Vertessy R A, Lammers R. 1995. The effect of different terrain representations and resolution on simulated watershed processes. Zeitschrift für Geomorphologie, 101: 187-199.

Barclay H G. 1998. Conversion of total leaf area to projected leaf area in lodgepole pine and Douglas-fir. Tree Physiology, 18: 185-193.

Barton I J. 1979. A parameterization of the evaporation from nonsaturated surfaces. Journal of Applied Meteorology, 18: 43-47.

Bastiaanssen W G M, Menenti M, Feddes R A, et al. 1998. A remote sensing surface energy balance algorithm for land (SEBAL)I: formulation. Journal of Hydrology, 212-213: 198-212.

Bawazir A S. 2000. Saltcedar and Cottonwood Evapotranspiration in the Middle Rio Grande. Las Cruces: New Mexico State University.

Beven K J, Kirkby N J. 1979. A physically based variable contributing area model of basin hydrology. Hydrological Sciences Journal, 24: 43-69.

Beven K. 1982. On subsurface stormflow: prediction with simple kinematic theory for saturated and unsaturated flows. Water Resources Research, 18(6): 1627-1633.

Beven K. 1989. Changing ideas in hydrology—The case of physically-based models. Journal of Hydrology, 105: 157-172.

Black T A. 1979. Evapotranspiration from Douglas-fir stands exposed to soil water deficits. Water Resources Research, 15(1): 164-170.

Blaney H F, Criddle W D. 1950. Determining water requirements in irrigated areas from climatological and irrigation data. Soil Conservation Service Technical Paper 96. Washington, D.C.: Soil Conservation Service, U.S. Department of Agriculture.

Blöschl G, Sivapalan M. 1995. Scale issues in hydrological modelling: a review. Hydrol Process, 9: 251-290.

Boegh E, Soegaard H. 2004. Remote sensing based estimation of evapotranspiration rates. International Journal of Remote Sensing, 25(13): 2535-2551.

Boman G B. 1993. Importance of leaf area index and forest type when estimating photosynthesis in boreal forests. Remote Sensing of Environment, 43: 303-314.

Bonell M. 1998. Selected challenges in runoff generation research in forests from the hillslope to headwater drainage basin scale. Journal of the American Water Resources Association, 34(4): 765-785.

Bosch J M, Hewlett J L. 1982. A review of catchment experiments to determine the effects of vegetation changes on water yield and evapotranspiration. Journal of Hydrology, 55: 3-23.

Bouten W P, Swart J F, DeWater E. 1991. Microwave transmission: a new tool in forest hydrological research. Journal of Hydrology, 124: 119-130.

Bouten W, Bosveld F C. 1991. Microwave transmission: a new tool in forest hydrological research. Journal of Hydrology, 125: 313-370.

Bruijnzeel L A. 2004. Hydrological functions of tropical forests; not seeing the soil for the tree? Agriculture, Ecosystems and Environment, 104: 185-228.

Brutsaert W F. 1982. Evaporation Into the Atmosphere. Theory, history, and applications. Dordrecht, Holland: Reidel: 299.

Brutsaert W, Stricker H. 1979. An advection-aridity approach to estimate actual regional evapotranspiration. Water Resources Research, 15(2): 443-450.

Budyko M I. 1958. The heat balance of the earth's surface, US Dept. of Commerce. Weather Bureau, Washington, D. C., USA.

Calder I R. 1996. Dependence of rainfall interception on drop size I: development of two-layer stochastic model. Journal of Hydrology, 185: 363-378.

Calder I R. 1998. Water use by forests, limits and controls. Tree Physiology, 18: 625-631.

Calder I R. 2005. Blue Revolution-Integrated Land and Water Resources Management. 2nd ed. London: Earthscan.

Calder I R, Wright I R. 1986. Gamma ray attenuation studies of interception from Sitka spruce: some evidence for an additional transport mechanism. Water Resources Research, 22: 409-427.

Camargo A P, Marin F R, Sentelhas P C, et al. 1999. Adjust of the Thornthwaite's method to estimate the potential evapotranspiration for arid and superhumid climates, based on daily temperature amplitude. Rev Bras Agrometeorol, 7(2): 251-257.

Carlyle-Moses D E, Priceb A G. 1999. An evaluation of the Gash interception model in a northern hardwood stand. Journal of Hydrology, 214: 103-110.

Chang Z, Lu Z, Guan W. 2003. Water holding effect of subalpine dark coniferous forest soil in Gongga Mountain, China. Journal of Forestry Research, 14(3): 205-209.

Charpentier M A, Groffman P M. 1992. Soil moisture variability within remote sensing pixels. Journal of Geophysical Research, 97: 18987-18995.

Chen J M. 1996. Optically-based methods for measuring seasonal variation in leaf area index of boreal conifer forests. Agriculture and Forest Meteorology, 80: 135-146.

Chen J M, Black T A. 1992. Defining leaf-area index for non-flat leaves. Plant Cell Environment, 15: 421-429.

Chen J M, Rich P M, Gower S T, et al. 1997. Leaf area index of boreal forests: theory, techniques, and measurements. Journal of Geographical Research, 102: 29429-29443.

Choudhury B J, Idso S B, Rejinato R J. 1987. Analysis of an empirical model for soil heat flux under a growing wheat crop for estimating evaporation by an infrared-temperature based energy balance equation. Agricultural and Forest Meteorology, 37: 75-88.

Cihlar J. 1996. Identification of contaminated pixels in AVHRR composite images for studies of land biosphere. Remote Sensing of Environment, 25(2): 160-170.

Colosimo C M G. 1996. GIS for distributed rainfall-runoff modeling. *In*: Singh V P, Fiorentino M. Geographical Information Systems in Hydrology. Netherlands: Kluwer Academic Publishers: 195-235.

Connolly R D, Ciesiolka C A A, Silburn D M, et al. 1997. Distributed parameter hydrology model (ANSWERS) applied to a range of catchment scales using rainfall simulator data. Evaluating pasture catchment hydrology. Journal of Hydrology, 201: 311-323.

Connolly R D, Silburn D M. 1995. Distributed parameter hydrology model (ANSWERS) applied to a range of catchment scales using rainfall simulator data: application to spatially uniform catchment. Journal of Hydrology, 172: 105-125.

Crochford R H, Richardson D P. 2000. Partitioning of into throughfall, stemflow and interception: effect of forest types, ground cover and climate. Hydrological Processes, 14: 2903-2920.

Davies J A, Allen C D. 1973. Equilibrium, potential and actual evaporation from cropped surfaces in southern Ontario. Journal of Applied Meteorology, 12: 649-657.

Dawes W R, Short D L. 1988. TOPOG Series topographic analysis and catchment drainage modeling package: user manual, Canberra: CSIRO Division of Water Resources: 74.

Dawes W R, Short D L. 1994. The significance of topology for modelling the surface hydrology of fluvial landscapes. Water Resources Research, 30(4): 1045-1055.

De Bruin H A R, Holtslag A A M. 1982. A simple parameterization of the surface fluxes of sensible and latent heat during daytime compared with the Penman-Monteith concept. Journal of Applied Meteorology, 21: 1610-1621.

Dietrich W E, Wilson C J, Montgomery D R, et al. 1992. Erosion thresholds and land surface morphology. Geology, 20: 675-679.

Doorenbos J, Pruitt W O. 1977. Guidelines for predicting crop water requirements. FAO Irrigation and Drainage Paper 24. Food and Agriculture Organization, Rome.

Dunn S M, McAlister E, Ferrier R C. 1998. Development and application of a distributed catchment-scale hydrological model for the River Ythan, NE Scotland. Hydrological Processes, 12: 401-416.

Famiglietti J S, Rudnicki J W, Rodell M. 1998. Variability in surface moisture content along a hillslope transect: Rattlesnake Hill, Texas. Journal of Hydrology, 210: 259-281.

Federer C A, Vörösmarty C J, Fekete B. 1996. Intercomparison of methodes for calculating potential evapotranspiration in regional and global water balance models. Water Resources Research, 32(7): 2315-2321.

Fisher J B, DeBiase T A, Qi Y, et al. 2005. Evapotranspiration models compared on a Sierra Nevada forest ecosystem. Environmental Modelling and Software, 20: 783-796.

Fleischbein K E A. 2005. Rainfall interception in a lower montane forest in Ecuador: effects of canopy properties. Hydrological Processes, 19: 1355-1371.

Flint A L, Childs S W. 1991. Use of the Priestley-Taylor evaporation equation for soil water limited conditions in a small forest clearcut. Agricultural and Forest Meteorology, 56: 247-260.

Fontenot R L. 2004. An evaluation of reference evapotranspiration models in Louisiana. LSU Master's Theses: 4253. https: //digitalcommons.lsu.edu/gradschool_theses/4253

Gaucherel C. 2002. Usc of wavclct transform for temporal characterization of remote watersheds. Journal of Hydrology, 269: 101-121

Giles D G, Black T A, Spittlehouse D L. 1984. Determination of growing season soil water deficits on a forested slope using water balance analysis. Canadian Journal of Forest Research, 15: 107-114.

Gimona A, Birnie R V. 2002. Spatio-temporal modelling of broad scale heterogeneity in soil moisture content: a basis for an ecologically meaningful classification of soil landscapes. Landscape Ecology, 17: 27-41.

Granger R J, Gray D M. 1989. Evaporation from natural nonsaturated surfaces. Journal of Hydrology, 111: 21-29.

Grayson R B, Moore I D, McMahon T A. 1992. Physically based hydrologic modeling: 1. A terrain-based model for investigative purposes. Water Resources Research, 28: 2639-2658.

Grayson R, Blöschl G. 2000. Spatial Patterns in Catchment Hydrology: Observations and Modelling. Cambridge: Cambridge University Press: 54.

Hargreaves G H. 1975. Moisture availability and crop production. Transactions of the ASAE, 18: 980-984.

Hargreaves G H, Allen R G. 2003. History and evaluation of Hargreaves evapotranspiration equation. Journal of Irrigation and Drainage Engineering, 129(1): 53-63.

Hargreaves G H, Samani Z A. 1982. Estimating potential evapotranspiration. Journal of the Irrigation and Drainage Division, 108(3): 225-230.

Hargreaves G H, Samani Z A. 1985. Reference crop evapotranspiration from temperature. Applied Engineering in Agriculture, 1: 96-99.

Hashemi F, Habibian M T. 1979. Limitations of temperature-based methods in estimating crop evapotranspiration in arid-zone agricultural projects. Agricultural and Forest Meteorology, (20): 237-247.

Hashino M Y, Yao H, Yoshida H. 2002. Studies and evaluations on interception processes during rainfall based on a tank model. Journal of Hydrology, 255(14): 1-11.

Hatton T J, Dawes W R. 1991. The impact of tree planting in the Murray-Darling Basin: the use of the TOPOG-IRM hydroecological model in targeting tree planting sites in catchments. Canberra: CSIRO.

Hatton T J, Dawes W R, Walker J, et al. 1992. Simulations of hydroecological responses to elevated CO_2 at the catchment scale, Australia. Journal of Botany, 40: 679-696.

Hobbins M T, Ramirez J A, Brown T C, et al. 2001. The complementary relationship in estimation of regional evapotranspiration: the complementary relationship areal evapotranspiration and advection-aridity models. Water Resources Research, 37(5): 1367-1387.

Hörmann G, Branding A, Clemen T, et al. 1996. Calculation and simulation of wind controlled canopy interception of a beech forest in Northern German. Agricultural and Forest Meteorology, 79: 131-148.

Huang Z H, Zhou G Y, Zhou G Y, et al. 2005. Terrain analysis and steady-state hydrological modelling of a small catchment in southern China. Ecology and Environment, 14(5): 700-705.

Huber L, Gillespie T J. 1992. Modeling leaf wetness in relation to plant disease epidemiology. Ann Rev Phytopathology, 30: 553-577.

Hutchinson M F. 1988. A new procedure for gridding elevation and stream line data with automatic removal of spurious pits. Journal of Hydrology, 106: 211-232.

Hutjes R W A, Kabat P, Running S W, et al. 1998. Biospheric aspects of the hydrological cycle. Journal of Hydrology, 212: 1-21.

Iverson L R, Dale M E, Scott C T, et al. 1997. GIS-derived integrated moisture index to predict forest composition and productivity of Ohio forests USA. Landscape Ecology, 12: 331-348.

Jasper K, Gurtz J, Herbert L. 2002. Advanced flood forecasting in Alpine watersheds by coupling meteorological observations and forecasts with a distributed hydrological model. Journal of Hydrology, 267(1-2): 40-52.

Jensen M E, Burman R D, Allen R G. 1990. Evapotranspiration and Irrigation Water Requirements. ASCE Manuals and Reports of Engineering Practice No. 70. New York: ASCE.

Jiang H, Liu S R, Sun P S, et al. 2004. The influence of vegetation type on the hydrological process at the landscape scale. Can J Remote Sensing, 30(5): 743-763.

Jiang L, Islam S. 1999. A methodology for estimation of surface evapotranspiration over large areas using remote sensing observations. Geophysical Research Letters, 26(17): 2773-2776.

Jiang L, Islam S. 2001. Estimation of surface evaporation map over southern Great Plains using remote sensing data. Water Resources Research, 37(2): 329-340.

Jonckheere I, Fleck S, Nackaerts K, et al. 2004. Review of methods for *in situ* leaf area index determination Part I. Theories, sensors and hemispherical photography. Agricultural and Forest Meteorology, 121: 19-35.

Jones J A. 2000. Hydrologic processes and peak discharge response to forest removal, regrowth and roads in 10 small experimental basins, western Cascades, Oregon. Water Resources Research, 36: 2621-2642.

Jury W A, Tanner C B. 1975. Advection modification of the Priestley and Taylor evapotranspiration formula. Agronomy Journal, 67: 840-842.

Keim R F. 2004. Comment on "Measurement and modeling of growing-season canopy water fluxes in a mature mixed deciduous forest stand, southern Ontario, Canada". Agricultural and Forest Meteorology, 124(3-4): 277-279.

Kimball J S, White W A, Running S W. 2000. BIOME-BGC simulations of stand hydrologic processes for BOAEAS. Journal of Geophysical Research, 102: 29043-29051.

Labat D, Godderis Y, Probst J L, et al. 2004. Evidence for global runoff increase related to climate warming. Adv Water Resour, 27: 631-642.

Leavesley G H, Stannard L G, Singh V P. 1995. The precipitation-runoff modeling system-PRMS. Computer Models of Watershed Hydrology: 281-310.

Lee K S, Cohen W B, Kennedy R E, et al. 2004. Hyperspectral versus multispectral data for estimating leaf area index in four different biomes. Remote Sensing of Environment, 91: 508-520.

Linacre E T. 1977. A simple formula for estimating evaporation rates in various climates, using temperature alone. Agricultural Meteorology, 18(6): 409-424.

Liu Y, Fan N, An S, et al. 2008. Characteristics of water isotopes and hydrograph separation during the wet season in the Heishui River, China. Journal of Hydrology, 353: 314-321.

Lü J H, Ji J J. 2002. A simulation study of atmosphere-vegetation interaction over the Tibetan Plateau part II: net primary productivity and leaf area index, Chinese. Journal of Atmosphere Science, 26: 255-262.

Luo T X, Li W H, Zhao S D. 1997. Distribution patterns of leaf area index for major coniferous forest types in China. Journal of Chinese Geography, 7: 61-73.

Luo T X, Neilson R P, Tian H Q, et al. 2002. A model for seasonality and distribution of leaf area index of forests and its application to China. Journal of Vegetation Science, 13: 817-830.

Ma J. 2007. Ecological basis and solutions for evaluating the restoration of degraded dark subalpine dark coniferous forest. Beijing: Ph.D. Dissertation, Chinese Academy of Forestry [in Chinese].

Ma X. 1980. The impacts of forest harvesting on stream discharge and sediment in the upper Minjiang River Basin. Nat Res J, 5: 78-87[in Chinese].

MacDonald L H, Stednick J D. 2003. Forests and Water: A State-of-the-Art. Review for Colorado CWRRI Completion Report.

Mackay D S, Band L E. 1997. Forest ecosystem processes at the watershed scale: dynamic coupling of distributed hydrology and canopy growth. Hydrological Processes, 11: 1197-1217.

Makkink G F. 1957. Testing the Penman formula by means of lysimeters. Journal of the Institution of Water Engineers, 11(3): 277-288.

Malek E. 1987. Comparison of alternative methods for estimating ETP and evaluation of advection in the Bajah area, Iran. Agricultural and Forest Meteorology, (39): 185-192.

Malmer A. 1992. Water-yield changes after clear-felling tropical rainforest and establishment of forest plantation in Sabah, Malaysia. Journal of Hydrology, 134(1-4): 77-94.

Maunder C J. 1999. An automated method for constructing contour-based digital elevation models. Water Resources Research, 35(12): 3931-3940.

McKenney M S, Rosenberg N J. 1993. Sensitivity of some potential evapotranspiration estimation methods to climate change. Agricultural and Forest Meteorology, (64): 81-110.

McNaughton K G, Black T A. 1973. A study of evapotranspiration from a Douglas Fir forest using the energy balance approach. Water Resources Research, 9: 1579-1590.

Mein R G, O'Loughlin E M. 1991. A new approach to flood forecasting. Adelaide: Proceedings of the 1991 Australian Institution of Engineers Hydrology and Water Resources Symposium: 219-224.

Mo X G, Liu S, Lin Z, et al. 2004. Simulating temporal and spatial variation of evapotranspiration over the Lushi basin. Journal of Hydrology, 285: 125-142.

Monteith J L. 1965. Evaporation and the environment. Symposium of the Society of Exploratory Biology, 19: 205-234

Moore I D, Grayson R B, Ladson A R. 1991. Digital terrain modelling: a review of hydrological, geomorphological, and biological applications. Hydrological Processes, 5: 3-30.

Moore R, Wondzell S. 2005. Physical hydrology and the effects of forest harvesting in the Pacific Northwest: a review. J Am Water Reour Assoc, 41(4): 763-784.

Morton F I. 1983. Operational estimates of areal evapotranspiration and their significance to the science and practice of hydrology. Journal of Hydrology, 66(1-4): 1-76.

Mukammal E I, Neumann H H. 1977. Application of the Priestley-Taylor evaporation model to assess the influence of soil moisture on the evaporation from a large weighing lysimeter and class a pan. Boundary-Layer Meteorology, 12: 243-256.

Nandakumar N, Lane P N J, Vertessy R A, et al. 1994. Prediction of soil moisture variability using wetness indices. Adelaide: Proceedings of the Australian Institution of Engineers Hydrology and Water Resources Symposium: 49-54.

Neave H M, Cunningham R B, Norton T W, et al. 1998. Biological inventory for conservation evaluation 3. Relationships between birds, vegetation and environmental attributes in southern Australia. Forest Ecology and Management, 85: 197-218.

Neave H M, Norton T W. 1998. Biological inventory for conservation evaluation IV. Composition, distribution and spatial prediction of vegetation assemblages in southern Australia. Forest Ecology and Management, 106: 259-281.

Norman J M, Kusts W P, Humes K S. 1995. Source approach for estimating soil and vegetation energy fluxes in observations of directional radiometric surface temperature. Agricultural and Forest Meteorology, 77: 263-293.

O'Loughlin E M. 1981. Saturation regions in catchments and their relations to soil and topographic properties. Journal of Hydrology, 53: 229-246.

O'Loughlin E M. 1986. Prediction of surface saturation zones in natural catchments by topographic analysis. Water Resources Research, 22: 794-804.

O'Loughlin E M. 1990. Modelling soil water status in complex terrain. Agricultural and Forest Meteorology, 50: 23-38.

O'Loughlin E M, Short D L, Dawes W R. 1989. Modelling the hydrological response of catchments to land use change. Adelaide: Proceedings of the 1989 Australian Institution of Engineers Hydrology and Water Resources Symposium: 335-340.

Palacios-Vélez O L, Gandoy-Bernasconi W, Cuevas-Renaud B. 1998. Geometric analysis of surface runoff and the computation order of unit elements in distributed hydrological models. Journal of Hydrology, 211(1-4): 266-274.

Paw U K T, Falk M, Suchanek T H, et al. 2004. Carbon dioxide exchange between an old-growth forest and the atmosphere. Ecosystems, 7: 513-524.

Pearce J. 1990. Sreamflow generation processes: an Australian view. Water Resources Research, 26: 3037-3047.

Penman H L. 1948. Natural Evaporation from Open Water, Bare Soil, and Grass. London: Proceedings of the Royal Society of London.

Pereira A R. 2004. The Priestly-Taylor parameter and the decoupling factor for estimating reference evapotranspiration. Agricultural and Forest Meteorology, (125): 305-313.

Pereira A R, Pruitt W O. 2004. Adaptation of the Thornthwaite scheme for estimating daily reference evapotranspiration. Agricultural Water Management, 66(3): 251-257.

Pereira A R, Villa N N A. 1992. Analysis of the Priestley-Taylor parameter. Agricultural and Forest Meteorology, 61: 1-9.

Peters D L, Buttle J M, Tayler C H, et al. 1995. Runoff production in a forested, shallow soil, Canadian Shield basin. Water Resources Research, 31: 1291-1304.

Priestley C H B, Taylor R J. 1972. On the assessment of surface heat fluxes and evaporation using large-scale parameters. Monthly Weather Review, 100: 81-92.

Prosser I P, Abernethy B. 1999. Increased erosion hazard resulting from log-row construction during conversion to plantation forest. Forest Ecology and Management, 123: 145-155.

Prosser I P, Soufi M. 1998. Controls on gully erosion following forest clearing in a humid temperate environment. Water Resources Research, 34: 3661-3671.

Richard L. 1980. Forest Hydrology. New York: Columbia University Press.

Ritchie J T. 1972. Model for predicting evaporation from a row crop with incomplete cover. Water Resources Research, 8(5): 1024-1213.

Rodrigo A, Recous S, Neil C, et al. 1997. Modelling temperature and moisture effects on C-N transformations in soils: comparison of nine models. Ecological Modelling, 102: 325-339.

Rosenberg N J, Blad B L, Verma S H. 1983. The Biological Environment. 2nd ed. New York: John Wiley.

Running S W, Coughlan J C. 1998. A general model of forest ecosystem processes for regional applications I: hydrologic balance, canopy gas exchange and primary production processes. Ecological Modelling, 42: 125-154.

Running S W, Nemani R R, Hungerford R D. 1987. Extrapolation of synoptic meteorological data in mountainous terrain and its use for simulating forest evapotranspiration and photosynthesis. Can J For Res, 17: 472-483.

Savabi M R, Stockle C O. 2001. Modeling the possible impact of increased CO_2 and temperature on soil water balance, crop yield and soil erosion. Environmental Modelling & Software, 16(7): 631-640.

Saxton K E, Rawls W J, Romberger J S, et al. 1986. Estimating generalized soil-water characteristics from texture. Soil Science, 50(4): 1031-1036.

Sellers P J, Dickinson R E, Randall D A, et al. 1997. Modeling the exchanges of energy, water, and carbon between continents and the atmosphere. Science, 275: 502-509.

Shi L, Wang J, Xu Y. 1988. The early succession process of vegetation at cut-over area of dark coniferous forest in Miyaluo, West Sichuan. Acta Phytoecologica et Geobotanica Sinica, 2(4): 306-313.

Shuttleworth W J, Wallace J S. 1985. Evaporation from sparse crops-an energy combination theory. Quarterly Journal of the Royal Meteorological Society, 111: 839-855.

Shuttleworth W J, Calder I R. 1979. Has the Priestley-Taylor equation any relevance to forest evaporation? Journal of Applied Meteorology, 18: 639-646.

Silberstein R P, Vertessy R A, Morris J, et al. 1999. Modelling the effects of soil moisture and solute conditions on long term tree growth and water use: a case study from the Shepparton irrigation area, Australia. Agricultural Water Management, 39: 283-315.

Sloan P G, Moore I D. 1984. Modeling subsurface stormflow on steeply sloping forested watersheds. Water Resources Research, 20(12): 1815-1822.

Spittlehouse D L, Black T A. 1981. A growing season water balance model applied to two Douglas-fir stands. Water Resources Research, 17: 1651-1656.

Stannard D I. 1993. Comparison of Penman-Monteith, Shuttleworth-Wallace and modified Priestley-Taylor evapotranspiration models for wildland vegetation in semiarid rangeland. Water Resources Research, 29: 1379-1392.

Stednick J D. 2008. Long-term streamflow changes following timber harvesting. In: Stednick J D. Hydrological and Biological Responses to Forest Practices: The Alsea Watershed Study. New York: Springer: 139-155.

Stewart R B, Rouse W R. 1977. Substantiation of the Priestley and Taylor parameter alphaZ1.26 for potential evaporation in high latitudes. Journal of Applied Meteorology, 16: 649-650.

Sun G, Riekerk H, Comerford N B. 1998. Modeling the forest hydrology of wetland-upland ecosystems in Florida. Journal of the American Water Resources Association, 34(4): 827-840.

Sun P, Liu S, Jiang H, et al. 2008. Hydrologic effects of NDVI time series in a context of climatic variability in an Upstream Catchment of the Minjiang River. J Am Water Resour Assoc, 44: 1132-1143.

Swanson R H. 1998. Forest hydrology issues for the 21 century: a consultant's viewpoint. Journal of the American Water Resources Association, 34(4): 755-763.

Teuling A J, Troch P A A. 2004. Simulating soil moisture variability dynamics//Book of abstracts. International workshop on the terrestrial water cycle; Modeling and data assimilation across catchment scales, workshop held 25-27 October 2004 at Princeton University, New Jersey, USA: 81-85.

Thornthwaite C W. 1948. An approach toward a rational classification of climate. Geographical Review, 38: 55-94.

Turc L. 1961. Evaluation des besoins en eau d'irrigation, evapotranspiration potentielle, formule climatique simplifee et mise jour (In French). Annales Agronomiques, 12(1): 13-49.

Van Dijk A I J M, Bruijnzeel L A. 2001. Modelling rainfall interception by vegetation of variable density using an adapted analytical model. Part 1: model description. Journal of Hydrology, 247(34): 230-238.

Vertessey R A, Zhang L, Dawes W R. 2003. Plantations, river flows and river salinity. Australian Forestry, 66: 901-999.

Vertessy R A, Elsenbeer H. 1999. Distributed modeling of storm flow generation in an Amazonian rain forest catchment: effects of model parameterization. Water Resources Research, 35(7): 2173-2187.

Vertessy R A, Wilson C J, Silbeurn D M, et al. 1990. Predicting erosion hazard areas using digital terrain analysis. IAHS AISH Publication, 192: 298-308.

Vörösmarty C J, Federer C A, Schloss A L. 1998. Potential evaporation functions compared on US watersheds: possible implications for global-scale water balance and terrestrial ecosystem modeling. Journal of Hydrology, 207: 147-169.

Vrugt J A, Dekker S C, Bouten W. 2003. Identification of rainfall interception model parameters from measurements of rainfall and forest canopy storage. Water Resources Research, 39(9): 1251.

Watson F G R, Grayson R B, Vertessy R A, et al. 1998. Large scale distribution modelling and the utility of detailed data. Hydrological Processes, 12(6): 873-888.

Wei A, Davidson G. 1998. Impacts of large scale timber harvesting on the hydrology of the Bowron River Watershed. Victoria: Proceedings of the 51st Annual CWRA Conference, Mountains to Sea: Human Interaction with the Hydrologic Cycle: 45-52.

Wei M Y. 1995. Soil moisture: Report of a workshop held in Tiburon. California: NASA Conference Publication: 80.

Western A W, Blöschl G, Grayson R B. 1998. Geostatistical characterisation of soil moisture patterns in the Tarrawarra catchment. Journal of Hydrology, 205: 20-37.

Western A, Zhou S, Grayson R, et al. 2004. Spatial correlation of soil moisture in small catchments and its relationship to dominant spatial hydrological processes. Journal of Hydrology, 286: 113-134.

Wigmosta M S, Vail L W, Lettenmaier D P. 1994. A distributed hydrology-vegetation model for complex terrain. Water Resources Research, 30(6): 1665-1679.

Wirth R B, Weber R, Ryel J. 2001. Spatial and temporal variability of canopy structure in a tropic moist forest. Acta Oecologica, 22: 1-10.

Wood E F, Sivapalan M, Beven K, et al. 1988. Effects of spatial variability and scale with implications to hydrologic modeling. Journal of Hydrology, 102: 29-47.

Wu W, Dickinson R E. 2004. Time scales of layered soil moisture memory in the context of land-atmosphere interaction. Journal of Climate, 17: 2752-2764.

Xiong S, Johansson M E, Hughes F M R, et al. 2003. Interactive effects of soil moisture, vegetation canopy, plant, litter and seed addition on plant diversity in a wetland community. Ecology, 91: 976-986.

Xu C Y, Chen D. 2005. Comparison of seven models for estimation of evapotranspiration and groundwater recharge using lysimeter measurement data in Germany. Hydrological Processes, 19: 3717-3734.

Xu C Y, Singh V P. 2005. Evaluation of three complementary relationship evapotranspiration models by water balance approach to estimate actual regional evapotranspiration in different climatic regions. Journal of Hydrology, 308: 105-121.

Xu Z X, Li J Y. 2003. A distributed approach for estimating catchment evapotranspiration: comparison of the combination equation and the complementary relationship approaches. Hydrological Processes, 17: 1509-1523.

Ying F, Bras R L. 1995. On the concept of a representative elementary area in catchment runoff. Hydrological Processes, 9: 821-832.

Zhang L, Dawes W R, Hatton T J, et al. 1999. Estimating episodic recharge under different crop/pasture rotations in the Mallee region. Part 2: recharge control by agronomic practices. Agricultural Water Management, 42: 237-249.

Zhang L, Dawes W R, Walker G R. 2001. Response of mean annual evapotranspiration to vegetation changes at catchment scale. Water Resources Research, 37(3): 701-708.

Zhang M, Wei X, Sun P, et al. 2012. The effect of forest harvesting and climatic variability on runoff in a large watershed: the case study in the Upper Minjiang River of Yangtze River basin. Journal of hydrology(in Press).

Zhu T X, Band L E, Vertessy R A. 1999. Continuous modelling of intermittent stormflows on a semi-arid agricultural catchment. Journal of Hydrology, 226: 11-29.

第 13 章 青藏高原典型流域水文过程及其对气候变化的响应

青藏高原作为世界上海拔最高的巨型地貌单元，对我国和东亚地区，甚至全球气候都具有重要的影响。该地区由于对全球气候变化反应敏感，被称为全球气候变化的"驱动器"和"放大器"。青藏高原受人类干扰相对较少，是开展全球气候变化研究的理想实验地。气候变化对水文过程的影响一直是全球气候变化研究的重要内容之一。青藏高原素有"中华水塔"之称，是我国长江、黄河、澜沧江等重要大江大河的发源地，同时该地区具有丰富的冰川、冻土资源。因此，青藏高原地区水文过程对气候变化的响应将直接影响中国大部分地区的水资源安全。近年来我国学者在青藏高原开展了一系列的气候变化对水文过程及水资源的影响研究，其中以积雪冻土及冰川水文过程的响应研究最为集中。本章根据近年来青藏高原的相关研究成果，系统总结了青藏高原气候变化与气候变异的自然过程及未来气候变化的趋势、积雪-冻土-冰川水文过程特点及其对气候变化的时空响应特征和典型流域水资源的时空动态及其对气候变化的响应特征。

13.1 气候变化与气候变异

青藏高原被誉为"第三极"，是除南极和北极以外对气候变化反应最敏感、最直接的地区。研究水文过程对气候变化的响应，首先需要了解青藏高原历史时期及未来气候变化与变异情况。本部分主要介绍青藏高原历史时期气候变化与气候变异的诊断结果和未来气候变化的预测结果。

气候变化与气候变异是两个易混淆的概念。为便于读者理解，在此先阐述一下气候变化与气候变异的定义。气候变化是指气候长期相异于气候平均状态，即气候处于长时间、持续、缓慢的变化过程，且呈现某种趋势性特征。其时间跨度通常为几十年，甚至几百年。而气候变异则是指短期内（某一年或者某一季节）的气候与多年同期气候平均状态的相异性或者突变性，即气候短期内大幅度的波动行为。

13.1.1 历史时期气候变化与气候变异的诊断

青藏高原历史时期气候变化和气候变异的诊断主要通过两种途径实现：一是通过对冰心、树木年轮、湖泊沉积物等代用资料的分析推断气候变化；二是根据气象观测数据分析现代气候变化与变异特征。目前在青藏高原地区开展的气候变化与气候变异诊断主要集中在对气温和降水两大气候要素的研究上。

（1）气温

根据古里雅冰心记录，青藏高原在末次间冰期 ［125～75 ka BP（千年前）］ 气候变化剧烈，出现多个千年尺度的冷暖更替并在各个亚阶段出现数个百年尺度的冷暖交替。该时期的降温以大幅度突变为特征，而升温则以阶梯式缓变为特征。随后青藏高原温度骤降，进入末次冰期（75～10 ka BP）。根据冰心、植被变化等记录，该时期的最低温度出现在 23 ka BP，而 40～30 ka BP 青藏高原经历了一个异常温暖湿润的时期，温度高于现代 2～4℃。在末次冰期向全新世过渡中发生了一个重要的气候突变事件——新仙女木事件（YD 事件）。YD 事件发生于 12.2～10.9 ka BP。该时期气温最低点出现在 11.05 ka BP，之后温度逐渐升高。在 10.9 ka BP 时气温开始急剧升高，YD 事件结束。从 YD 事件到 10.5 ka BP 左右气温开始升高，进入全新世，但是到 7 ka BP 有一次突然降温，全新世大暖期结束，进入相对寒冷期（7.2～5.0 ka BP）。5.0 ka BP 以后．温度开始持续回升。此外，在全新世青藏高原南部气候冷暖变化的幅度较北部小。近 2000 年来，青藏高原的冷暖更替规律不明显。其中，1150～1400 年为高原的中世纪暖期，而公元 3～5世纪和 15～19 世纪为高原显著冷期。这一时期高原气候变化的区域差异较明显。高原西部和南部温度变化与东北部基本呈反向关系。例如，在 9～11 世纪青藏高原西部和南部地区处于冷期，而东北部地区则为暖期。

不同于古气候研究依赖冰心、树木年轮等间接资料，近代气候研究主要基于区域内各个气象台站的观测记录，直接分析青藏高原近代历史时期的气候变化和变异情况。根据青藏高原 66 个气象站点 1961～2007 年的逐月气象资料分析结果，青藏高原平均气温总体呈显著上升趋势，年平均气温增温率约为 0.37℃/10 a（李林等，2010），是全国平均增温水平的 2 倍（丁一汇等，2006）。尤其在 20 世纪 80 年代中期以后，青藏高原气温增幅明显扩大，出现由冷向暖的突变。例如，青海湖流域在五六十年代气温增幅缓慢，70 年代呈下降趋势，80 年代气温大幅回升，在经历 90 年代中期低温期后气温持续增加（孙永亮等，2008）。尽管在过去近 50 年，青藏高原各个区域气温均呈上升趋势，但其变化幅度存在一定的空间差异：高原边缘地区气温增幅要显著高于高原腹地，高原西北部要高于东北部，而高原中南部增温幅度最小。例如，在青海北部地区，尤其是柴达木盆地，气温增幅高于青藏高原腹地三江源区。即使在三江源区气温也存在一定的空间差异，黄河源区的气温增幅（0.36℃/10 a）大于长江源区（0.32℃/10 a）。此外，青藏高原地区的气温变化幅度也存在季节差异。虽然青藏高原四季年平均气温变化均呈现出显著增加趋势，但是冬季气温增幅（0.59℃/10 a）显著高于秋季（0.38℃/10 a）、夏季（0.26℃/10 a）和春季（0.25℃/10 a）（李林等，2010）。

（2）降水

根据对冰心、树木年轮、湖泊沉积物等资料的分析结果，青藏高原地区的降水变化滞后于气温变化 50～100 年，且一般与温度变化呈正相关关系。相对于温度变化，青藏高原的降水变化更为复杂。根据古里雅冰心记录，过去 2000 年中有 5 次高降水期和 4次低降水期。公元初期、16～18 世纪和 20 世纪为高降水期，而 5 世纪后期至 15 世纪及19 世纪为低降水期。

近 47 年来（1961～2007 年）青藏高原年降水量总体呈现增加趋势，平均变化速率为 9.1 mm/10 a。突变点检验结果表明，青藏高原总体气候在 1974 年左右出现由干向湿的转变。青藏高原总体年降水量的增加来自以降雪为主的春季和冬季降水的显著增加，春季和冬季的平均变化速率分别达到 4.7 mm/10 a 和 1.4 mm/10 a。尽管青藏高原年降水量总体表现为增多趋势，但是空间差异显著。青海北部的柴达木盆地中东部、西藏东南部和四川西北部降水量呈增加趋势，而其余区域尤其是黄河上游的河曲地区降水量呈明显减少的趋势。从年际变化看，藏北长江源地区、青海北部地区和黄河上游地区在 20世纪 60 年代和 90 年代为少雨期，70 年代、80 年代和 21 世纪初为多雨期。藏东南、川西地区自 20 世纪 70 年代以来降水量持续增加，为整个高原降水增幅最大的区域。此外，藏南地区自 80 年代以来年降水量也显著增加。除年降水量的空间差异性外，季节降水量也存在显著的空间差异。青藏高原及各个区域冬季和春季的降水量在 1961～2007 年均呈增加趋势，部分区域夏秋两季的降水量出现不同程度的减少，其中以黄河上游地区最明显。气候突变后，黄河上游地区年降水量较气候突变前减少 4.4 mm，其中 7 月和 9月的降水量减少幅度最大，分别减少 6.0 mm 和 18.6 mm。

13.1.2　未来气候变化预估

总体来看，2011～2070 年，青藏高原地区气候将朝着暖湿方向发展，即气温将持续升高，降水整体呈增加趋势，并且气温增幅远高于降水增幅。综合多个青藏高原未来气候变化预测研究，由于采用的气候模式、排放情景及基准期不同，预测的气温变化结果存在一定差异，但并不明显。徐影等（2005）采用联合国政府间气候变化专门委员会（Intergovernmental Panel on Climate Change，IPCC）发布的 5 个海气耦合模式（CCCma、CCSR、CSIRO、GFDL 和 Hadley）对青藏高原气候变化进行了全面预估。结果表明：在低排放情景（B2）下，2011～2040 年青藏高原总体年平均温度将增加 1.6℃，2041～2070 年增加 2.8～3.0℃。在高排放情景（A2）下，气温增加略高于低排放情景（B2），2011～2040 年和 2041～2070 年分别为 1.8℃和 3.4℃。这与刘晓东等（2009）的预测结果相似，即在中等排放情景（A1B）下，2030～2049 年气温增加 1.4～2.2℃。

不同于气温变化预测结果，不同排放情景下降水的预测结果差异较大，高排放情景和中等排放情景的预测结果相近且两者与低排放情景的预测结果差异明显。根据徐影等（2005）的预测，在 A2 情景下，2011～2040 年青藏高原总体增幅不明显，增加 5%左右。刘晓东等（2009）的预测也表明，在 A1B 情景下，2030～2049 年青藏高原降水增加幅度不超过 5%。在 A2 情景下，相较于 21 世纪早期，2041～2070 年降水增幅扩大，达到10%～15%。而在 B2 情景下，2011～2040 年青藏高原降水增幅达到 25%～30%，2041～2070 年降水增幅继续扩大至 30%～35%。

此外，研究结果表明青藏高原未来气候变化也存在一定的空间差异。就气温变化而言，无论是在 A2 情景下还是在 B2 情景下，青藏高原西部和北部地区未来 100 年间的增温幅度均大于其他区域。到 2100 年，青藏高原北部和西南部气温预计上升 3.0～3.6℃，而中部和东部地区增温为 2.0～3.0℃；青藏高原未来降水变化的空间差异较明显，到2100 年，青藏高原中部和东部降水量预计增加 0～300 mm，而西南部降水量预计减少0～500 mm（沈永平等，2002）。刘晓东等（2009）的预测结果也表明，2030～2049 年青藏高原东部，如川西高原和东喜马拉雅山地区，全年降水和夏季降水增加较显著；但是青藏高原西部和西南部的降水，尤其是夏季降水将出现较大幅度的减少。

13.2 积雪冻土水文过程及其对气候变化的时空响应

13.2.1 积雪水文过程及其对气候变化的响应

（1）积雪水文过程

青藏高原属于典型的高寒气候带，该地区大部分流域的降水有一半以上来自降雪，加之海拔高，气候寒冷，因此常年都有积雪覆盖。积雪面积分布具有明显的空间差异：四周山地积雪多，高原腹地积雪少。西部的喀喇昆仑山脉、南部的喜马拉雅山、东南部的念青唐古拉山脉等属于高积雪区，而高原中部腹地、北部的昆仑山、柴达木盆地等地由于受高山地形阻挡，水汽输送少，积雪量少于高原其他地区（高荣等，2003；王叶堂等，2007）。

青藏高原积雪期一般集中在 10 月至翌年 5 月。积雪在青藏高原各个流域水文循环中扮演着十分重要的角色。积雪的变化与河流径流量关系密切，融雪径流过程是该地区重要的水文过程。青藏高原的积雪层一般从 9 月中旬开始建立，进入冬季后积雪面积不断增加，到 3 月达到最大值，随后温度升高，进入消融期，积雪面积开始减少，到 5 月上旬积雪面积进入稳定状态（王叶堂等，2007）。与此相对应的是河道径流的变化，但河道融雪径流的产生通常滞后于积雪融化。青藏高原大部分河流在 11 月至翌年 4 月都处于枯水期，径流补给主要来自地下水。到 5 月上旬，低海拔地区的积雪融水进入河道，5月中旬，随着气温持续升高及降雨的增加，低海拔积雪进一步融化，随后高海拔积雪开始融化，高海拔与低海拔融雪融水汇流进入河道，于 5 月下旬或 6 月初形成春汛（图 13.1）。

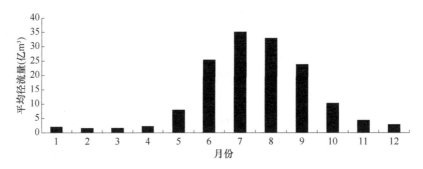

图 13.1 尼洋河更张站平均径流量的年内变化

（2）积雪动态及其对气候变化的响应

积雪动态可以通过积雪面积、积雪深度和积雪日数来描述。青藏高原积雪面积一般通过遥感影像提取；积雪深度既可以通过气象台站观测记录获取，也可以通过遥感影像结合地面观测数据反演获得；积雪日数则是通过气象台站的观测数据计算得来。目前在青藏高原开展的积雪相关研究集中在积雪面积和积雪日数的动态方面。

综合多个研究，1965～2004 年，青藏高原的积雪变化趋势不明显，但是存在明显的年际波动。1965～1971 年和 1999～2004 年两个时期，高原积雪整体偏少；1972～1998年，高原积雪偏多。有研究表明青藏高原积雪受降水和气温影响较大。积雪与降水量呈正相关，与气温呈负相关（高荣等，2003）。因此，尽管青藏高原降雪在同一时期呈增加趋势，但是气温升高导致融雪增大，在一定程度上抵消了积雪的增加量，使得高原积雪无明显变化。

随着全球进一步变暖，在未来 50 年青藏高原积雪将可能明显下降。由于气温升高，可能出现如下情形：一是以降雪为主的区域将转变为以降雨为主；二是原来可形成积雪的区域，降雪在地面无法累积。根据对青藏高原未来 40 年雪水当量的预估，在 A1B 和 B1 情景下，未来 40 年雪水当量呈减少趋势，其中以昆仑山西段帕米尔高原地区减少最为显著，其次为喜马拉雅山区和巴颜喀拉山东段地区。除积雪量的减少外，积雪期也将普遍缩短，积雪期开始时间推迟，结束时间提前（姚檀栋等，2013）。

13.2.2　冻土水文过程及其对气候变化的响应

（1）冻土水文过程

多年冻土是高原特定高寒气候与冰川、湿地、湖泊、地表植被、地下水等相互作用的产物。冻土的存在限制了地表、多年冻土层及其下伏融土层之间的水分交换，同时也影响着高寒草甸和湿地的地表径流与地下水的形成及性质。因此，多年冻土对高原水文循环起着特殊的作用。不同于非冻土区，冻土区具有产流率高、直接径流比率高、径流对降水的响应时间短、退水时间长、融水径流比例大等水文特性，并且河流直接径流率和退水系数随着冻土融化深度的增加明显降低。

多年冻土的活动层，即夏季融化、冬季冻结的近地表土岩层，在冻土区的水文过程中起着重要作用，其水热状况与地表径流的产生息息相关。青藏高原一般自 10 月进入冻结期，冻结过程从土壤表层开始，自上而下推进，进入 5～7 月，多年冻土的活动层消融（胡宏昌等，2009）。与之对应的是河道径流的变化。以长江源多年冻土和高寒草甸较典型的风火山地区为例，径流过程存在两个明显的汛期，即 6 月的春汛和 8 月的夏汛，同时有夏季 7 月和冬季 11 月至翌年 4 月两个枯水期。5～6 月的径流补给主要为积雪融水和浅层冻土融水，8 月的径流补给主要来自深层冻土融水和降水。7 月由于冻融水和降水补给减少及蒸发量的上升，进入干旱期。在多年冻土区，河道径流与冻土融水关系密切。

青藏高原地区由于气候条件恶劣，对高海拔冻土区进行水文监测十分困难。目前在该地区开展的水文研究相对较少，主要集中在降水、蒸散、冻土地温和水分变化等单个水文要素的研究（张寅生等，1994，1997；杨针娘等，1993；丁永建等，2000），对多年冻土区流域尺度的水文循环过程研究尚处于起步阶段，有关青藏高原冻土区的生态水文过程有待进一步探索。

（2）冻土动态及其对气候变化的响应

青藏高原是我国冻土分布面积最大的区域，约占我国冻土总面积的 70%（金会军等，2000）。该地区的地下冰储量达 9528 km^3，是青藏高原已探明地下水资源量的 10 倍以上。青藏高原冻土的空间分布具有一定的规律性。从整体上看，多年冻土的分布下界基本与年平均气温-2.5～-2.0℃等值线一致。青藏高原多年平均冻结日数由高原中部向四周递减，藏北高原和青海高原东南部冻结日数最大，西藏高原东南部、青海高原东部和中部冻结日数最小（高荣等，2003）。从分布海拔下界看，青藏高原北部的昆仑山地区多年冻土分布的海拔下界为 4150～4300 m，而青藏高原南部的青藏公路沿线两道河地区多年冻土分布的海拔下界为 4640～4680 m。多年冻土厚度分布不均，从几米到上百米，最大钻探深度为 128 m。

近 40 年来，随着平均气温，尤其是冬季气温的不断升高，青藏高原多年冻土总体呈退化状态，尤其是多年冻土边缘和岛状冻土退化最明显。1976～1985 年高原冻土基本处于相对稳定状态，1986～1995 年部分区域的冻土出现退化，1996 年至今冻土退化加速。高原多年冻土退化的具体表现为年平均低温升高、多年冻土活动层加深、活动层开始融化日期提前和结束日期推后、融化日数增加、冻土分布下界海拔上升、冻土空间连续性变差、局部岛状多年冻土消失等（汪青春等，2005；李韧等，2012）。20 世纪 90 年代青藏公路沿线地区季节冻融区及岛状多年冻土区地温较 70 年代升高了 0.3～0.5℃，连续多年冻土区地温升高了 0.1～0.3℃（金会军等，2000）。与此同时，多年冻土区活动层的厚度呈增加趋势。20 世纪 90 年代和 21 世纪初，青藏公路沿线多年冻土区活动层较80 年代（179 cm）分别增加 14 cm 和 19 cm（吴吉春等，2009；姚檀栋等，2013）。

需要特别指出的是，多年冻土与地表植被覆盖之间关系密切。多年冻土层的变化将对地表植被产生显著影响。例如，在长江、黄河源区，1967～2008 年，与多年冻土关系密切的高覆盖草甸减少了近 20%，而与冻土活动层关系不太密切的高覆盖高寒草原只减少了 8%。同时，由于冻土层上层水补给锐减，与浅层地下水（冻融水）关系密切的沼泽湿地萎缩，面积减少约 32%。

未来青藏高原多年冻土活动层厚度将随全球变暖而进一步增加。未来 40 年，青藏高原多年冻土可能发生的变化为：低温多年冻土将转变为高温多年冻土，冻土活动层加厚，多年冻土层厚度减小，尤其是多年冻土边缘及岛状冻土变化最明显；但是多年冻土分布面积变化不明显。2099 年以后，青藏高原多年冻土将可能发生显著变化，多年冻土的厚度和分布面积都将明显减少（张中琼和吴青柏，2012）。

13.3　冰川水文过程及其对气候变化的时空响应

13.3.1　冰川水文过程

冰川作为地球上固体淡水资源的主体，主要是通过冰面升华、蒸发、融化及降水积累等物理过程参与到流域水文循环过程中。在有冰川分布的流域，冰川对河道径流的调节作用十分明显。在青藏高原，很多河流和湖泊都是以冰川为主要的补给源。以青藏高原唐古拉山冬克玛底冰川流域为例，49%的径流补给来自冰川融水（张寅生等，1997）。冰川的调节作用使得河流径流过程的年内变化平稳。有研究表明，以降水补给为主的河流，径流年内波动很大。随着流域冰川覆盖率的增加，径流年内变化则趋于平稳。当流域冰川覆盖率超过 5%时，冰川对径流的年内调节作用变得明显（叶柏生等，1999）。

在以降水补给为主的流域，径流年内变化与降水关系密切；而在冰川覆盖的流域，径流的年内变化不仅受季节降水的影响，还受温度的影响。因为温度是冰川消融的主导气象因子。在青藏高原，冰川融水径流的产生主要集中在 6～9 月（张寅生等，1997；刘伟刚，2006；高坛光，2011）。冰川消融通常始于春末夏初（5 月），随着气温升高，冰川消融强度增强，冰面径流形成。冰川融水沿冰面下泄，汇入河道和湖泊。进入 7～8 月，在高温和降雨的双重作用下，冰川消融最强烈，此时河道径流量猛增，达到年内的最高值，形成夏汛。进入 10 月以后，冰川消融基本停止。河道径流量减少，进入结冰期。冰川流域的冰川融水对径流的补给相对稳定和持续，通常形成 6～9 月的丰水期（张菲，2007）。而冻土或积雪融水对径流的补给则不具持续性，因此，在以冻土或积雪补给为主的流域，若夏季降水不足，则易出现夏旱。

13.3.2　冰川动态及其对气候变化的响应

青藏高原是中国冰川分布面积最广、数量最多的区域。中国约 80%的冰川分布于此，主要集中分布在高原南缘的喜马拉雅山、西部的喀喇昆仑山和北部的昆仑山西段等山系。随着气候变暖，青藏高原冰川无论面积还是数量均呈减少趋势。根据中国第一冰川编目和第二次冰川编目的统计资料，1970～2008 年，青藏高原及其周边地区冰川面积减少了约 15%，由 53 005.11 km² 减少为 45 045.2 km²（图 13.2）。与此同时，冰川条数减少了 156 条，由 41 119 条变为 40 963 条。近 40 年间，共有 5797 条冰川消失，总面积为 1030.1 km²；另有 2425 条冰川解体成 5441 条冰川，面积减少 14.3%（姚檀栋等，2013）。其中退缩最明显的是海洋型冰川，其次为大陆型冰川，极大陆型冰川相对稳定。从区域分布看，冰川退缩程度从青藏高原外缘向高原内部递减。退缩冰川主要分布在喜马拉雅山脉。帕米尔高原冰川退缩程度最小。

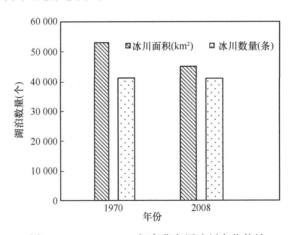

图 13.2　1970～2008 年青藏高原冰川变化统计

从时间上看，近 40 年来，青藏高原冰川的退缩速度呈加剧趋势，尤其是进入 21 世纪后（吴艳红等，2007；赵永利，2014）。念青唐古拉山脉西段冰川，1977～2000 年面积减少速度为 4.59 km²/a，而进入 2001～2010 年，冰川面积以 5.61 km²/a 的速度减少（王旭等，2012）。羊卓雍措流域内的冰川也呈现类似的加剧退缩趋势：2000 年之前，冰川面积的减少速度约为 1 km²/a，2000 年之后，减少速度提高了 3 倍（赵永利，2014）。除冰川数量和面积减少外，近年来，青藏高原部分冰川的厚度也呈减少趋势。藏南喜马拉雅山脉中段抗物热冰川在过去 30 多年里体积较 1974 年减少约一半，冰川厚度减少近 20%（李治国，2012）。同样，纳木错流域内的扎当冰川在 1970～2007 年厚度平均减少 11.2 m。

温度和降水是影响冰川物质平衡的重要因素。根据青藏高原未来气候变化预估结果，该地区未来几十年气温将持续增加，降水变化因区域不同而异。青藏高原东部，如川西高原和东喜马拉雅山地区，由于全年降水和夏季降水可能显著增加，该区域冰川退缩速度加剧的可能性较小，但是青藏高原西部和西南部地区由于年降水，尤其是夏季降水将出现较大幅度的减少，该地区冰川退缩速度将加快，面积小于 1 km² 的冰川将消失。

13.4 青藏高原典型流域水资源的时空动态及其对气候变化的响应

13.4.1 河流径流动态及其对气候变化的响应

青藏高原河流径流量的变化主要由降水主导，因此，绝大部分流域的径流变化趋势基本与降水变化规律一致。与降水变化的复杂性相比，径流由于受气候、地形、地表覆被等多种因素的影响，径流变化的空间差异更为显著和复杂。总体来看，自 20 世纪中期到 21 世纪初，青藏高原雅鲁藏布江、拉萨河、长江源、澜沧江、雅砻江等主要河流的径流量均呈增加趋势，但统计上不显著。1956～2009 年，拉萨河年径流量的增加幅度达到 9.8 m³/(s·10 a)（洛珠尼玛等，2012）。长江源年径流量增幅略高于拉萨河，达到 11.8 m³/(s·10 a)，其中以夏季径流量增幅最大，为 25.5 m³/(s·10 a)（李林等，2012）。从年际变化看，上述流域存在明显的干湿更替（湿—干—湿）：20 世纪 60 年代为丰水阶段，70 年代径流量开始减少，80 年代为径流量最低水平阶段，90 年代径流量持续保持低位，21 世纪初径流量显著上升，回到 60 年代的水平。根据雅鲁藏布江奴各沙、羊村、奴下 3 个水文站的流量记录，80 年代雅鲁藏布江平均年径流量较 60 年代分别减少 28%、27% 和 20%；90 年代平均年径流量较 60 年代分别减少 20%、15% 和 11%（洛珠尼玛等，2011）。

与此同时，黄河源地区径流量也呈显著减少趋势。1961～2007 年，黄河源年径流量下降幅度达到 12.6%/10 a（刘光生等，2012）。从年际变化看，黄河源年径流量曲线大致呈抛物线型，即呈现"干—湿—干"的周期更替。1955～1963 年和 1995～2005 年为黄河源干旱阶段，而 1964～1994 年则为丰水阶段。黄河源曾于 1961 年、1980 年、2000 年、2001 年和 2004 年出现了短时断流。研究数据表明，黄河源径流量的减少存在显著的季节差异。秋季径流量减少幅度最为明显，达到 4.217 m³/(s·10 a)。其次是夏季，以 1.575 m³/(s·10 年)的速度减少（常国刚等，2007）。黄河源径流量的显著减少主要与该地区自 90 年代以来夏、秋季降水的减少以及气候变暖导致蒸发量增加有关。由于黄河源（唐乃亥站）多年平均径流量占整个黄河流域的 38.5%，该地区径流量的变化将对黄河中下游人口密集地区的水资源量产生重大影响（谢昌卫等，2004）。黄河源径流量的显著减少，尤其是在耗水量大的夏、秋两季将严重威胁黄河中下游流域的水资源安全。

尽管降水的时空动态是引起径流量变化的主要原因，但是在以冰川补给为主或者混合补给的流域，气温变化对年径流量，尤其是春季径流量的影响也很明显。以拉萨河流域为例，1956～2009 年，降水变化趋势不明显，蒸发量和年径流量均呈显著增加趋势（洛珠尼玛等，2012）。气候变暖加剧冰川和积雪消融。冰川和积雪对径流补给增加，是引起年径流量，尤其是春季径流量增加的重要原因。同样，在长江源径流补给中冰川和融雪的比例也呈加大趋势。即使是黄河源，在年径流量呈显著下降趋势的背景下，春季径流量仍存在显著增加趋势（曹建廷等，2005），这也与该区域气候变暖引起冰川补给量增加有关。

13.4.2 未来气候情景下的水资源动态

在充分认识青藏高原典型河流水资源时空动态及其对气候变化的响应的基础上，进一步预估该地区在未来气候情景下的水资源动态将有助于保障该地区和长江、黄河等流域的水资源安全。三江源地处青藏高原腹地，是我国主要河流黄河、长江和澜沧江的发源地。黄河总水量的 40%和澜沧江总水量的 15%均来自该区域。因此，该区域一直是青藏高原研究气候变化对水资源影响的热点地区。本部分重点阐述三江源地区在未来气候情景下的水资源动态。

根据目前的预测结果，未来 50 年长江源、澜沧江源和黄河源径流量将延续过去近50 年的变化趋势。即在 21 世纪初到 21 世纪中期，长江源和澜沧江源的径流量将保持增长趋势而黄河源径流量将进一步减少（郝振纯等，2006；程志刚，2010；李林等，2012）。与基准期相比，在 21 世纪 20 年代和 30 年代长江源年径流量将分别增加 2%和 8%，其中非汛期径流量增幅最大，分别为 11%和 19%（张永勇等，2012）。澜沧江源径流量的变化规律基本与长江源一致。与基准期相比，在 21 世纪 20 年代和 30 年代澜沧江源年径流量将分别增加 3%和 4%，其中非汛期径流量增幅明显，分别为 11%和 17%（张永勇等，2012）。黄河源的预测结果正好与长江源和澜沧江源相反。相对于基准期（1961～1990 年），在 A2 情景下，到 21 世纪 20 年代和 40 年代黄河源径流量将分别减少约 8%和 12%（金君良等，2013）。出现上述差异的原因主要有两点：冰川补给量的差异和降水量变化的差异。冰川融水补给在长江源和澜沧江源径流补给中的比例大于黄河源，随着全球变暖进一步加剧，冰川退缩增速，冰川融水将持续增加，致使长江源和澜沧江源径流量，尤其是春季径流量的增加幅度较黄河源大。此外，未来长江源和澜沧江源的降水量呈增多趋势，而黄河源降水量，尤其是夏、秋季降水量呈减少趋势。由于黄河源的雨水补给减少，进一步导致黄河源径流量的减少。由此可见，未来黄河流域干旱将进一步加剧，而长江和澜沧江流域则可能面临更多的洪涝灾害。

青藏高原是我国湖泊最密集、分布最广泛的地区。面积大于 1 km² 的湖泊数量有1170 个（闫立娟和齐文，2012）。该地区湖泊总面积占我国湖泊总面积的近一半。由于该地区人口稀少，人类活动较弱，湖泊的动态变化能够真实反映气候变化的影响。青藏高原湖泊补给主要来自降水、冰川积雪融水、地下水及冻土融水。气候变化除了通过降水、蒸发等水文要素直接影响湖泊的水量平衡外，还通过影响冰川、积雪及冻土水文过程来间接作用于湖泊。

湖泊动态主要由湖泊面积、湖泊数量和湖泊水位变化来表征。不同时期的湖泊面积和数量信息可通过不同时相的遥感影像提取，而水位数据则来自相应湖泊的水文站观测。但是，在青藏高原地区，湖泊水文站数量少，且缺乏长期观测数据。因此，目前主要依靠遥感影像资料分析自 20 世纪 70 年代以来青藏高原湖泊面积和数量的变化以及空间分布特征。

综合多项研究来看，青藏高原湖泊在 1976～2009 年变化剧烈。部分湖泊出现萎缩，部分湖泊持续扩张，仅有小部分湖泊保持稳定状态（图 13.3）。总体上，该地区湖泊数量和面积呈增加趋势，但是不同时期主导的变化过程不同。在 20 世纪 70～90 年代，青藏高原萎缩湖泊总面积大于扩张面积，萎缩湖泊数量和扩张湖泊数量分别为 955 个和 925 个，湖泊总体上处于萎缩状态；在 20 世纪 90 年代到 21 世纪初，湖泊萎缩面积小于扩张面积，萎缩湖泊数量仅为 624 个而扩张湖泊数量高达 1486 个，总体进入扩张阶段；在 2000～2009 年，湖泊扩张面积进一步加大，总体进入加速扩张阶段。到 2009 年，青藏高原湖泊总面积较 1976 年增加 27.3%（李均力等，2011）。

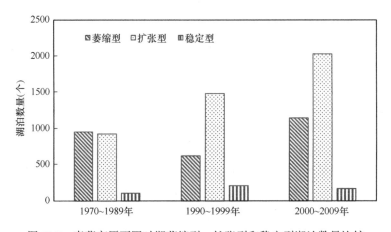

图 13.3　青藏高原不同时期萎缩型、扩张型和稳定型湖泊数量比较

青藏高原的湖泊变化具有明显的地域分异。总体来看，西藏东北部大部分地区和青海南部湖泊大多处于扩张状态或稳定状态；西藏西南部的湖泊处于萎缩状态或者稳定状态；青海北部的湖泊则处于明显的萎缩状态（闫立娟和齐文，2012）。在扩张型湖泊中，变化最明显的是色林错及其周边湖泊。过去近 40 年，色林错及其周边的巴木错域、班戈错域、兹格塘错流域、乃日平错等湖泊处于持续扩张状态。色林错湖泊面积由 1976 年的 1640.6 km^2 急剧扩大到 2009 年的 2335.3 km^2，增加了 42.3%，超过纳木错，一跃成为西藏第一大湖。西藏另一大湖纳木错也是典型的扩张型湖泊，但扩张速度低于色林错。1970～2007 年，纳木错湖泊面积以每年 2.0 km^2 的速率扩张，到 2007 年纳木错湖面面积较 1970 年增加了 72.6 km^2。在全球变暖背景下，冰川消融加剧、高山冻土退化，以及降水量增加可能导致色林错、纳木错等扩张型湖泊面积和水量的增加。而像青海湖、羊卓雍错等湖泊属于典型的萎缩型湖泊，无论是湖泊面积还是湖泊水位均呈现下降趋势。以羊卓雍错为例，2005 年湖泊面积较 1975 年减少了 7.2%（46.55 km^2）（边多等，2009）。与此同时，根据水文站观测记录，羊卓雍错自 1980 年开始，水位持续下降，到 1997 年水位累计下降了 3.92 m，到 2005 年以后下降加速，2010 年降至 4436.25 m 的最低水位。

青海湖作为我国最大面积的湖泊，近 50 年来尽管面积减少不明显，但是水位下降十分明显。水位高度由 1959 年的 6.5 m 下降到 2007 年的不足 3.5 m。这可能是由于升温引起的湖泊蒸发效应超过降水增加，从而导致湖泊水量减少（丁永建等，2006）。位于冈底斯山北麓、昆仑山和喀喇昆仑山南部的部分流域的湖泊，如当惹雍错、杰萨错、帕龙错等，由于地处地形条件、气候和水文过程复杂的高山深谷内，受气候变化影响不明显，湖泊面积基本处于稳定状态。

主要参考文献

边多, 杜军, 胡军, 等. 2009. 1975—2006 年西藏羊卓雍错流域内湖泊水位变化对气候变化的响应. 冰川冻土, 31(3): 404-409.

曹建廷, 秦大河, 康尔泗, 等. 2005. 青藏高原外流区主要河流的径流变化. 科学通报, 52(21): 2403-2408.

常国刚, 李林, 朱西德, 等. 2007. 黄河源区地表水资源变化及其影响因子. 地理学报, 62(3): 312-320.

程志刚, 刘晓东, 范广州, 等. 2010. 21 世纪长江黄河源区径流量变化情势分析. 长江流域资源与环境, 19(11): 1333-1339.

丁一汇, 任国玉, 石广玉. 2006. 气候变化国家评估报告(I): 中国气候变化的历史和未来趋势. 气候变化研究进展, 3(1): 3-8.

丁永建, 刘时银, 叶柏生, 等. 2006. 近 50a 中国寒区与旱区湖泊变化的气候因素分析. 冰川冻土, 28(5): 623-632.

丁永建, 叶佰生, 刘时银, 等. 2000. 青藏高原大尺度冻土水文监测研究. 科学通报, 45(2): 208-214.

高荣, 韦志刚, 董文杰, 等. 2003. 20 世纪后期青藏高原积雪和冻土变化及其与气候变化的关系. 高原气象, 22(2): 191-196.

高坛光. 2011. 青藏高原纳木错流域水文过程观测与模拟研究. 北京: 中国科学院研究生院博士学位论文.

郝振纯, 王加虎, 李丽, 等. 2006. 气候变化对黄河源区水资源的影响. 冰川冻土, 28(1): 1-7.

胡宏昌, 王根绪, 王一博, 等. 2009. 江河源区典型多年冻土和季节冻土区水热过程对植被盖度的响应. 科学通报, 54(2): 242-250.

金会军, 李述训, 王绍令, 等. 2000. 气候变化对中国多年冻土和寒区环境的影响. 地理学报, 55(2): 161-173.

金君良, 王国庆, 刘翠善, 等. 2013. 黄河源区水文水资源对气候变化的响应. 干旱区资源与环境, 27(5) : 11-12.

李均力, 盛永伟, 骆剑承, 等. 2011. 青藏高原内陆湖泊变化的遥感制图. 湖泊学科, 23(3): 311-320.

李林, 陈晓光, 王振宇, 等. 2010. 青藏高原区域气候变化及其差异性研究. 气候变化研究进展, 6(3): 181-186.

李林, 戴升, 申红艳, 等. 2012. 长江源区地表水资源对气候变化的响应及趋势预测. 地理学报, 67(7): 941-950.

李韧, 赵林, 丁永建, 等. 2012. 青藏公路沿线多年冻土区活动层动态变化及区域差异特征. 科学通报, 57(30): 2864-2871.

李治国. 2012. 近 50a 气候变化背景下青藏高原冰川和湖泊变化. 自然资源学报, 27(8): 123-131.

刘光生, 王根绪, 张伟. 2012. 三江源区气候及水文变化特征研究. 长江流域资源与环境, 21(3): 302.

刘伟刚, 任贾文, 秦翔, 等. 2006. 珠穆朗玛峰绒布冰川水文过程初步研究. 冰川冻土, 28(5): 663-667.

刘晓东, 陈志刚, 张冉, 等. 2009. 青藏高原未来 30～50 年 A1B 情景下气候变化预估. 高原气象, 28(3): 475-484.

洛珠尼玛, 王建群, 徐幸仪. 2011. 雅鲁藏布江流域径流变化特征及趋势分析. 水文, 31(5): 76-79.

洛珠尼玛, 王建群, 徐幸仪. 2012. 拉萨河流域水循环要素演变趋势分析. 水资源保护, 28(1): 51-53.

沈永平, 王根绪, 吴青柏, 等. 2002. 长江黄河源区未来气候情景下的生态环境变化. 冰川冻土, 24: 308-314.

孙永亮, 李小雁, 汤佳, 等. 2008. 青海湖流域气候变化及其水文效应. 资源科学, 30(3): 354-362.

汪青春, 李林, 李栋梁, 等. 2005. 青海高原多年冻土对气候增暖的响应. 高原气象, 24(5): 708-713.

王旭, 周爱国, SIEGERT Florian, 等. 2012. 念青唐古拉山西段冰川 1977—2010 年时空变化. 地球科学-中国地质大学学报, 37(5): 1082-1092.

王叶堂, 何勇, 侯书贵. 2007. 2000—2005 年青藏高原积雪时空变化分析. 冰川冻土, 29(6): 855-861.

吴吉春, 盛煜, 吴青柏, 等. 2009. 青藏高原多年冻土退化过程及方式. 中国科学(D 辑: 地球科学), 39(11): 1570-1578.

吴艳红, 朱立平, 叶庆华, 等. 2007. 纳木错流域近 30 年来湖泊-冰川变化对气候的响应. 地理学报, 62(3): 301-311.

谢昌卫, 丁永健, 刘时银. 2004. 近 50 年来长江-黄河源区气候及水文环境变化趋势分析. 生态环境, 13(4): 520-523.

徐影, 赵宗慈, 李栋梁. 2005. 青藏高原及铁路沿线未来 50 年气候变化的模拟分析. 高原气象, 24(5): 700-707.

闫立娟, 齐文. 2012. 青藏高原湖泊遥感信息提取及湖面动态变化趋势研究. 地球学报, 33(1): 65-74.

杨针娘, 杨志怀, 梁凤仙, 等. 1993. 祁连山冰沟流域冻土水文过程. 冰川冻土, 15(2): 235-241.

姚檀栋, 秦大河, 沈永平, 等. 2013. 青藏高原冰冻圈变化及其对区域水循环和生态条件的影响. 自然杂志, 35(3): 179-186.

叶柏生, 韩添丁, 丁永健. 1999. 西北地区冰川径流变化的某些特征. 冰川冻土, 21(1): 54-58.

张菲. 2007. 喜马拉雅山北坡典型高山流域水文过程与气候变化研究. 北京: 中国科学院青藏高原研究所硕士学位论文.

张寅生, 蒲建辰, 太田岳史. 1994. 青藏高原中部地面蒸发量观测计算与特征分析. 冰川冻土, 16(2): 166-172.

张寅生, 姚檀栋, 蒲健辰, 等. 1997. 青藏高原唐古拉山冬克玛底河流域水文过程特征分析. 冰川冻土, 19(3): 214-222.

张永勇, 张士锋, 翟晓燕, 等. 2012. 三江源区径流演变及其对气候变化的响应. 地理学报, 67(1): 71-82.

张中琼, 吴青柏. 2012. 气候变化情景下青藏高原多年冻土活动层厚度变化预测. 冰川冻土, 34(3): 505-511.

赵永利. 2014. 西藏羊卓雍错流域冰川-湖泊动态变化研究. 干旱区资源与环境, 28(8): 1-6.

第14章 海南尖峰岭热带森林生态水文过程及其对气候变化的响应

14.1 研究区概况

14.1.1 地理位置和地质地貌

14.1.1.1 地理位置

尖峰岭地区位于海南省西南部乐东县和东方市交界处（18°20′N～18°57′N，108°41′E～109°12′E），总面积约为 640 km²。尖峰岭地区包括尖峰岭林区和周边地区，在行政区划上尖峰岭林区隶属海南省乐东县尖峰镇。林区内有海南省尖峰岭林业局（海南尖峰岭国家级自然保护区管理局）、中国林业科学研究院热带林业研究所试验站及海南尖峰岭森林生态系统国家野外科学观测研究站等单位。

尖峰岭林区拥有丰富的森林资源，森林覆盖率达 93.18%，林区活立木蓄积量达 930 万 m³。尖峰岭国家级自然保护区内的热带雨林是我国现有面积较大、保存较完整的热带原始森林区域之一。

14.1.1.2 地质地貌

尖峰岭山地为海南岛东北—西南走向山系的西列霸王岭——尖峰岭山系的南段。自晚白垩纪燕山运动形成霸王岭——尖峰岭花岗岩穹形山地雏形，经第三纪断裂并伴岩浆活动，形成尖峰岭——白石岭岩浆岩山地，尖峰岭岩体是中生代第四期侵入的花岗岩，偶有晚期侵入的中性和基性岩体分布，后经更新世和全新世构造运动的强烈影响，地壳间歇性升降和断裂，多次剥蚀、夷平和堆积，形成今日具有多级地形的花岗岩梯级山地和山前宽广的海成阶地地貌。海拔高于 1200 m 的山峰，自西北向东南有黑岭（1329 m）、独岭（1344.2 m）、二峰（1258.4 m）、尖峰（1412.5 m）及其东侧峰（1277 m）。山体东南坡缓而宽，山间盆地发育，西坡陡而窄，也有数级夷平地，较少的山间盆地。低山外围为低丘-高丘区，丘顶海拔多在 100～400 m，相对高差 50～200 m，山地丘陵西南为开阔阶地，相对高差不到 10 m。尖峰岭山体东北面是多座 1000 m 以上的山峰，形成了巨大的屏障，而西南面则是开阔地，面向北部湾形成喇叭口（蒋有绪和卢俊培，1991）。

14.1.2 气候

尖峰岭地区地形地貌独特（图 14.1），自然生态环境条件优越，属低纬度热带岛屿季风气候，根据海拔 68 m 气象站资料，尖峰岭地区年均气温为 24.5℃，≥10℃年积温为 9000℃，最冷月平均气温为 19.4℃，最热月平均气温为 27.3℃，干湿两季明显（周璋等，2015a）。从沿海至林区腹地的最高海拔（尖峰岭顶，1412.5 m）约 15 km 的水平距离内，年平均气温从滨海的 25℃降低为最高海拔区域的 17～19℃，年平均降水量从 1300 mm 增加至 3500 mm，随海拔的变化，生态水热状况发生了一系列的垂直变化（表 14.1，图 14.2），以水热系数 2.0 作为干旱与湿润的指标来划分，那么海拔 68 m 气象站范围的干旱期为 5 个月左右，海拔 514 m 的南中气象站区域则为 3 个月左右，海拔 820 m 的天池气象站区域为 2 个月左右。

图 14.1　尖峰岭地区地形地貌示意图（彩图见封底二维码）

表 14.1　尖峰岭地区各植被生态系列特征一览表

植被类型	滨海有刺灌丛	稀树草原	热带半落叶季雨林	热带常绿季雨林	热带山地雨林	山顶苔藓矮林
地形	滨海台地	沿海平原	低山	切割中山		
土壤	沙土	燥红土	砖红壤		砖黄壤	黄壤
母岩	滨海沉积物		黑云母、闪长花岗岩		粗晶花岗岩	
海拔（m）	0～30	10～80	80～400	300～700	650～1200	>1200
小气候	干热，常风大，太阳辐射强烈		干热	干热，但雨季潮湿	温暖而湿润	多雾，常风大
年均气温（℃）	25		24	22	20	17
年降水量（mm）	1300		1700	2000	3000	3500
植被结构	简单		较复杂	复杂	非常复杂	较复杂
多样性	低		中等	高	很高	中等

14.1.3　土壤

热带地区的土壤类型复杂。就尖峰岭地区的土壤分布（表 14.1）特点而言，由平地土壤至山地土壤组成了一个完整的系列，与该地区的地貌变化及相应的植被-气候垂直分布完全一致。自滨海、河谷至山顶可分为 5 个土壤带，滨海风沙土—燥红土—富盐基砖红壤—潮砖红壤—腐殖质砖红壤—山地典型砖黄壤—山地腐殖质黄壤—山地表潜黄壤（蒋有绪和卢俊培，1991）。

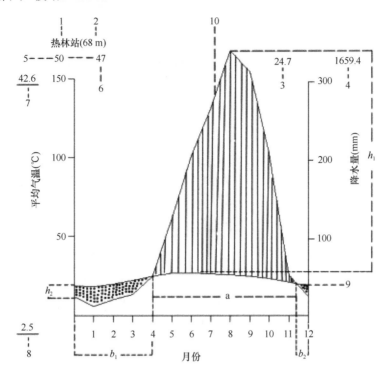

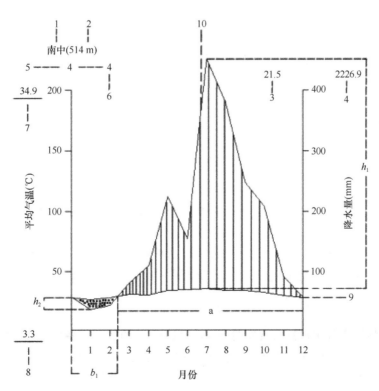

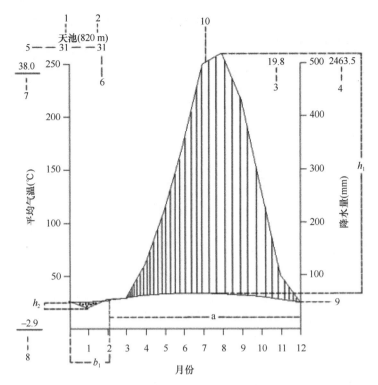

图 14.2　尖峰岭地区不同海拔的气候图

1. 地名；2. 海拔（m）；3. 年均温（℃）；4. 年平均降水量（mm）；5. 温度的观测年数；6. 降水的观测年数；7. 绝对最高温度（℃）；8. 绝对最低温度（℃）；9. 月平均温度曲线；10. 月平均降水量曲线；a 为相对湿润期；b_1+b_2 为相对干旱期；h_1 为湿润期的湿润强度；h_2 为干旱期的湿润强度

　　由于海拔和气候条件的变化，尖峰岭地区的土壤类型也发生了一系列的变化，沿海地区有滨海砂土、燥红土、砖红壤、砖黄壤，海拔较高的山顶区域为山地淋溶表潜黄壤等。

14.1.4　植被

14.1.4.1　植被类型

　　由于受气候和土壤等一系列生态环境因素的影响，自然植被由海边至山顶形成了7 个主要类型，即滨海有刺灌丛，热带稀树草原（或称稀树灌丛）、热带半落叶季雨林、热带常绿季雨林、热带山地雨林、热带山地常绿阔叶林和山顶苔藓矮林（图 14.3），基本上代表了海南岛南部山地的主要植被类型。尖峰岭地区的地带性植被类型为以龙脑香科植物青梅（*Vatica mangachapoi*）为主的热带常绿季雨林（李意德等，2002）。

14.1.4.2　尖峰岭地区植被分布现状

　　尖峰岭地区森林植被被大规模的开发，可追溯到 20 世纪三四十年代日军侵华时期，当时已有铁路进入尖峰岭林区进行热带林的开采，但持续的时间不长。新中国成立后，大面积的开发始于 1956 年，当年的森林资源调查发现尖峰岭地区有热带原始林 41 744 hm²。

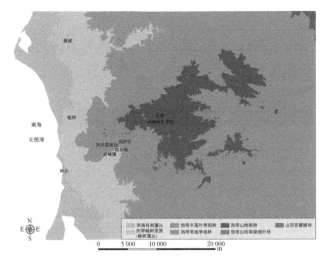

图 14.3　尖峰岭地区自然植被分布示意图（彩图见封底二维码）

尖峰岭的森工采伐企业（林业局）成立后，经过 35 年的开发，至 1991 年林区普查时，剩下的原始森林（指成熟林和过熟林）面积仅有 15 726 hm^2，减少了 26 018 hm^2。现存的热带原始林主要分布在热带山地雨林类型中，热带常绿季雨林和部分热带山地雨林等类型经商业性采伐后大多沦为次生林（轻度干扰为主，其次为中度干扰，重度干扰的主要在林区外围），热带半落叶季雨林类型则大都转变为灌木林、人工林、旱地、农业用地和居民用地等（图 14.4）（李意德等，2012）。

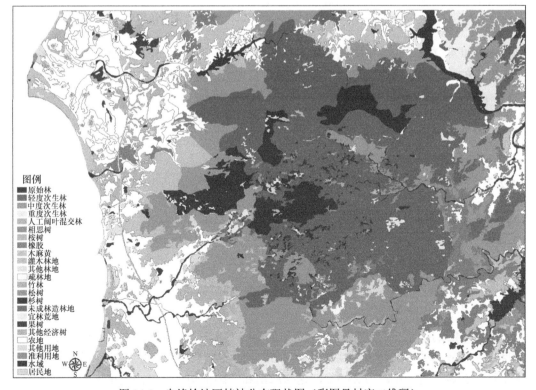

图 14.4　尖峰岭地区植被分布现状图（彩图见封底二维码）

14.2 尖峰岭近 50 年气候变化特征

14.2.1 研究方法

14.2.1.1 气象观测和气象要素统计

本部分研究资料来自海南岛尖峰岭森林生态系统国家野外科学观测研究站尖峰岭气象观测场 1957～2003 年的林外地面常规气象资料。该气象观测场位于中国林业科学研究院热带林业研究所海南尖峰岭试验站内，海拔 75 m，土壤为砖红壤。观测场按国家地面气象站标准设计：南北和东西边长 35 m×25 m，均质草皮地面，观测场四周距天然热带半落叶季雨林（次生林）2.0 m 以上。

14.2.1.2 气候趋势分析

本部分选用气候趋势系数（王绍武，1994）和气候倾向率（Jones，1988；魏凤英，2007）对气候趋势进行定量分析，以研究气象要素在气候变化中升降的程度。

14.2.1.3 气候突变、异常和周期分析

（1）气候突变

本部分采用的气候突变检测方法为累积距平法（符淙斌，1994）、Mann-Kendall 检验法（简称"M-K 法"）（符淙斌和王强，1992）。

（2）气候异常

根据世界气象组织提出的气候异常判别标准，距平大于标准差的 2.0 倍为异常，大于标准差的 1.5～2.0 倍为接近异常（符淙斌，1994）。

（3）气候变化周期

采用 Morlet 小波函数进行分析，应用 Math Works 公司的数学软件 Matlab R2009b 提供的 Morlet 小波函数进行分析检测。

14.2.2 气候变化趋势

由表 14.2 可知，1957～2006 年，平均气温、平均最高气温、平均最低气温、极端最高气温、极端最低气温和极端最高地温总体都呈明显上升趋势（$P<0.05$），其中极端最高地温上升最明显，升温幅度为 1.93℃/10 a。平均地温、平均最高地温、平均最低地温、极端最低地温都呈上升趋势，地气温差呈降低趋势，但均未通过 $P<0.05$ 显著性检验。

14.2.2.1 气温变化

如图 14.5a 所示，平均气温从 1957 年的 24.3℃上升到 2006 年的 25.4℃，其中上升幅度最大的是 1997～2006 年。尖峰岭林区 50 年的多年平均气温为 24.7℃，其中 1998 年为平均气温最高的一年，为 25.9℃，这与海南和全国平均气温最高值出现的年份一致；而 1971 年为平均气温最低的一年，为 23.7℃。

表 14.2　尖峰岭热带山地雨林区热量因子的趋势系数和气候倾向率

气候指标	趋势系数	气候倾向率（℃/10 a）
平均气温	0.5480*	0.17
平均最高气温	0.6279*	0.29
平均最低气温	0.5014*	0.35
极端最高气温	0.2996*	0.30
极端最低气温	0.2887*	0.53
平均地温	0.2685	0.16
平均最高地温	0.2663	0.43
平均最低地温	0.1725	0.12
极端最高地温	0.6960*	1.93
极端最低地温	0.1926	0.42
地气温差	−0.1073	−0.05

*P<0.05

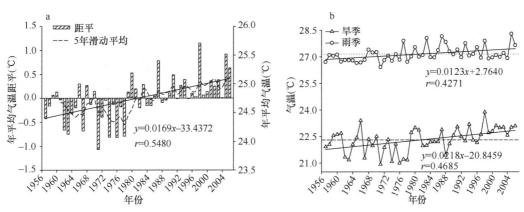

图 14.5　1957～2006 年年平均气温（a）、旱季和雨季平均气温（b）的变化

由图 14.5a 可知，1978 年很明显是一个转折点，1978 年以前，该地区平均气温普遍比较低，为负距平，且始终在较小的范围内上下波动；之后气温一直呈明显上升趋势，除少数几年外，平均气温都为正距平，两阶段温差达 0.54℃。因此，近 50 年海南尖峰岭林区地面气温增加主要发生在 1980～2005 年。

如图 14.5b 所示，旱季平均气温年际波动明显比雨季剧烈，增温速率同样高于雨季，由此可见，旱季对年平均气温的增温贡献值大于雨季。

14.2.2.2　地温

由表 14.2 可知，1963～2003 年，平均地温的趋势系数和气候倾向率分别为 0.2685℃和 0.16℃/10 a，说明 40 年尖峰岭林区平均地温总体呈上升趋势，每 10 年上升 0.16℃，平均气温增温速率接近。平均地温多年平均值为 29.0℃，其中 1972 年为最低的一年，为 27.5℃，比年平均气温最低年份晚一年；与气温一样，1998 年为年平均地温最高的一年，为 30.9℃（图 14.6a）。

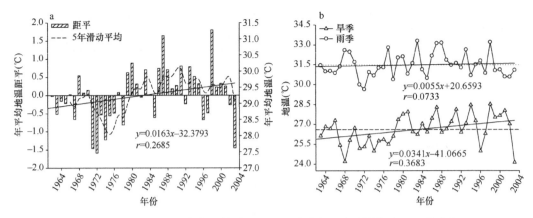

图 14.6　1962～2003 年年平均地温（a）、旱季和雨季平均地温（b）的变化

由图 14.6a 可知，1962～1978 年，除 1968 年外，平均地温距平都低于或接近 0，即平均地温较低，比多年平均值约低 0.6℃；20 世纪 80 年代以后，平均地温较高。与旱季、雨季平均气温变化一样，旱季对年平均地温升高的贡献大于雨季，见图 14.6b。

14.2.2.3　地气温差

从表 14.2 和图 14.7a 可以得出，1962～2003 年地气温差呈微弱下降趋势，每 10 年下降 0.05℃，地气温差在 20 世纪 70 年代初和 2000 年以后较小，在 80 年代和 90 年代的大多数年份为正值，即地温高于气温，热量是由地面输往大气；最大值和最小值分别出现在 1987 年和 2003 年。

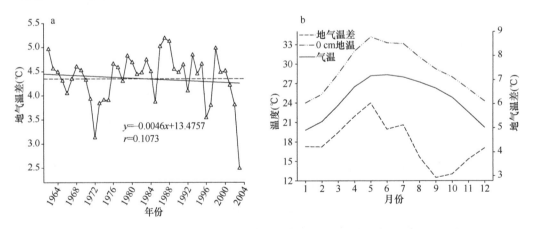

图 14.7　尖峰岭热带山地雨林地气温差年代际变化（a）和多年平均气温、0 cm 地温、
地气温差的季节变化（b）

从气温 T_a、0 cm 地温 T_s 和地气温差 T_s-T_a 多年平均值的季节变化可以看出（图 14.7b），气温和 0 cm 地温曲线都呈抛物线型，变化趋势相同，最高值出现在雨季的 5～6 月，最低值出现在旱季的 12 月至翌年 1 月。地气温差曲线明显不同于气温和 0 cm 地温曲线，最大值和最小值分别出现在雨季的 5 月和 9 月，最大值与全国平均出现时间（6 月和 7 月）相比，提前了 1～2 个月；最小值与全国平均出现时间（12 月至翌年 1 月）相比，提前了 3～4 个月。

14.2.2.4　降水和蒸发

由表 14.3 可知，47 年（1957～2003 年）来林区年降水量趋势不明显，仅呈现弱的增长趋势，每 10 年增长 35.56 mm；但年蒸发量却呈现显著的减少趋势，每 10 年减少126.88 mm。这与海南和全国 1950～2000 年降水量及蒸发量的变化趋势一样（何春生，2004；任国玉等，2005）。

表 14.3　尖峰岭林区各气象要素的趋势系数和气候倾向率

气候指标	样本数	趋势系数	10 年气候倾向率
年降水量（mm）	47	0.1211	35.56
年蒸发量（mm）	47	−0.7592[*]	−126.88
旱季降水量（mm）	47	0.1074	7.84
雨季降水量（mm）	47	0.0953	27.72
旱季蒸发量（mm）	47	−0.6983[*]	−52.24
雨季蒸发量（mm）	47	−0.6892[*]	−74.64
平均相对湿度（%）	47	0.5234[*]	0.75
平均水气压（hPa）	47	0.6965[*]	0.39

[*]表示通过 0.05 显著性水平的 t 检验

如图 14.8a 所示，尖峰岭林区 47 年的年降水量多年平均值为 1659.2 mm，最大值出现在 1963 年，为 2539.1 mm，最小值出现在 1969 年，为 914.3 mm。年蒸发量的多年平均值为 1725.6 mm，最大值出现在 1960 年，为 2089.1 mm；最小值出现在 1997 年，为 1292.4 mm（图 14.8b）。降水量和蒸发量的相对变率分别为 19.7% 和 11.0%，表明该区逐年降水量变动大，逐年蒸发量变动较小。

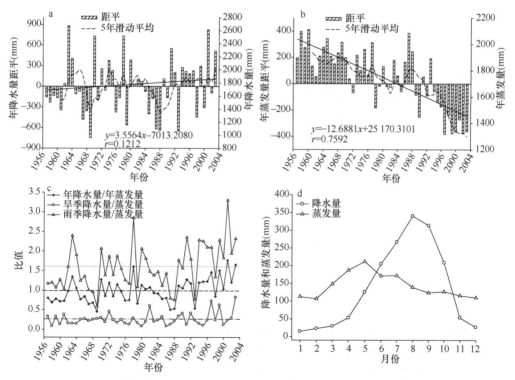

图 14.8　1957～2003 年年降水量（a）、年蒸发量（b）、旱季和雨季降水量/蒸发量（c）、年降水量/蒸发量（d）的变化

由表 14.3 可以看出，旱季和雨季降水量的趋势系数都为正值，呈增长趋势，旱季和雨季蒸发量的趋势系数都为负值，呈减小趋势；雨季蒸发量平均每 10 年减少 74.64 mm 高于旱季（–52.24 mm/10 a）。

雨季平均降水量为 1459.4 mm，占年降水量的 88.0%；旱季平均降水量为 199.8 mm，占年降水量的 12.0%。旱季降水量变化不明显，大多在 500 mm 以下，年际雨季降水量波动都比较剧烈。旱季和雨季平均蒸发量分别为 780.8 mm 和 944.8 mm，两者相差不大。

由图 14.8c 可知各年的水分平衡状况，多年平均年降水量与年蒸发量的比值接近 1.0，这表明尖峰岭林区 47 年里降水和蒸发总体趋于平衡状态。除了 1978 年和 2001 年，其余年份年降水量与年蒸发量的比值大多都在 1 附近波动，年降水量/年蒸发量在 2001 年达到最大值（1.76），在 1969 年为最小值（0.46）。旱季和雨季降水量与蒸发量的比值多年平均值分别为 0.27、1.61，旱季比值年际变动小，雨季比值年际变动大。

由于林区位于海南岛，经常受台风影响，根据历年降水在各月份的分布（图 14.8d），可以将尖峰岭林区划分出旱季（11 月至翌年 4 月）和雨季（5～10 月）。降水和蒸发的季节变化呈抛物线型，降水最大值在 8 月，蒸发最大值在 5 月，最小值都出现在 1 月。降水和蒸发平衡点出现在旱雨季交替期。

14.2.3 气候突变、异常和变化周期

14.2.3.1 气候突变

用累积距平法和 M-K 法检测了尖峰岭林区年平均气温、平均地温、年平均最高和最低气温的时间序列近 50 年来所发生的突变现象，突变情况如表 14.4 所示。

表 14.4 气候突变和气候异常年份

气候统计指标	累积距平法	M-K 法	气候接近异常	气候异常
平均气温（℃）	1978	1993	1963（–），1974（–），1976（–）	1971（–），1998（+），2005（+）
平均地温（℃）	1978	1977	1971（–），1974（–），2003（–）	1972（–），1987（+），1998（+）
年平均最高气温（℃）	1985	1989	1960（+），1974（–），1980（+），1998（+）	1982（–）
年平均最低气温（℃）	1977	1988	1971（–），1972（–），1976（–），1998（+）	1974（–），1977（–）
年降水量（mm）	无突变点	无突变点	1969（–），1970（+），1978（+），	1963（+），2001（+）
年蒸发量（mm）	1988	1990	1997（–），1999（–），2000（–）	—
平均相对湿度（%）	1988	1992	1997（+）	2000（+）
平均水汽压（hPa）	1989	1989	1963（–），1997（+），2000（+）	1998（+）

注：（+）表示异常偏暖年，（–）表示异常偏冷年，—表示无异常

检测结果如图 14.9 所示，从图 14.9a 和图 14.9c 可以看出，累积距平和 M-K 法检验年平均气温在 50 年中的突变点的结果不一致，分别为 1978 年和 1989 年。如图 14.9c 中的曲线 C_1 所示，年平均气温在 1989 年以后有明显增暖趋势，1992～2006 年这种趋势均大大超过了 0.05 临界线（$u_{0.05} = 1.96$）甚至超过 0.01 显著性水平（$u_{0.01} = 2.56$），表明尖峰岭林区近 10 年平均气温上升趋势很明显。由图 14.9b 和图 14.9d 可知年平均地温在 50 年中的突变点都为 1978 年，将突变前后平均值进行比较，温度上升了 0.7℃（下

文中的突变幅度均指突变后与突变前的两个时间段平均值的差值）。

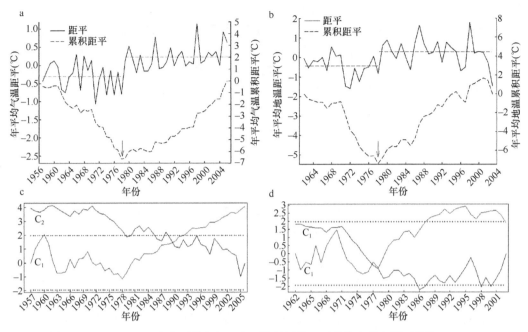

图 14.9 1957~2006 年年平均气温、年平均地温的距平曲线和累积距平曲线（a，b）
及其相应的 M-K 检验曲线（c，d）

如图 14.10a 和图 14.10c 所示，距平累积曲线和 M-K 检验曲线均测出年降水量在 50 年中无明显突变点，可能是由于时间序列存在多个突变点（符淙斌和王强，1992）。如

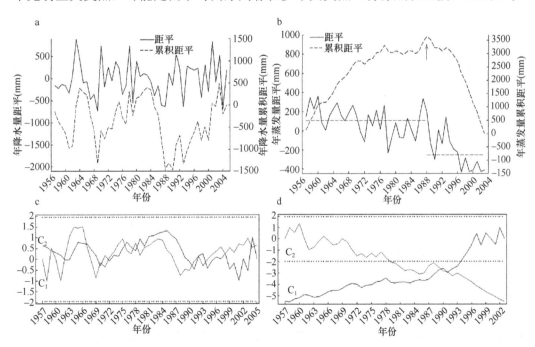

图 14.10 1957~2003 年年降水量、蒸发量的距平曲线和累积距平曲线（a，b）及其相应的 M-K 检验
曲线（c，d）

图 14.10b 所示,距平累积曲线表明年蒸发量在 1988～1990 年有一个突变点,发生了一次蒸发量下降突变,下降幅度为 357.6 mm。

气候突变的影响因素主要是天文因子和地球因子,前者包括太阳辐射强度、地球轨道参数、地球自转速率;后者主要是人类活动。不少学者研究北半球和我国的气候变化后认为,在 20 世纪 20 年代、60 年代中期和 80 年代初发生了 3 次突变(魏凤英和曹鸿兴,1995)。尖峰岭林区的气候突变与这些气候突变具有很好的一致性,可以推断这是由大气环流所引起的,其中太阳黑子和地球自转周期突变可能是导致林区气候突变的根本原因。降水量突变趋势复杂,究其原因可能是受热带风暴或台风以及厄尔尼诺-南方涛动(ENSO)事件的影响,导致降水量变化规律性较差,突变性复杂。

14.2.3.2 气候异常

气候异常是指气候明显偏离平均状态的稀有现象。自 20 世纪 70 年代以来,全球气候不断出现大范围的异常现象,气候异常越来越引起人们的关注。

由统计数据可以得出,8 个气候统计指标中,异常年份为 1998 年的占到 5 个,在尖峰岭林区 1998 年确实为气候异常年,表现为气温和地温偏高、降水量偏少、雨季蒸发量偏高和水气压偏高,全海南岛 1950～2000 年同样在 1998 年出现平均气温偏高、1 月平均气温偏高、年极端最低温度偏高等现象(何春生,2004)。究其原因,这和全球大尺度气候异常紧密相关,1998 年为厄尔尼诺和拉尼娜年,强暖事件和冷事件同时在一年中出现,ENSO 指数达 2.21,因为每次厄尔尼诺与拉尼娜过程都会导致气温、降水发生明显异常(李晓燕和翟盘茂,2000)。平均气温和年积温在 1986 年都出现异常偏低,可能是由于 1985 年拉尼娜现象的影响。

由表 14.5 还可以得出,除了蒸发只是出现接近异常偏高的年份,其他气象要素均同时存在异常偏高和偏低的年份。

表 14.5 1957～2006 年的 ENSO 年

类型	年份							
	1957	1963	1965	1968	1972	1976	1979	1982
厄尔尼诺年	1983	1986	1987	1988	1990	1991	1992	1993
	1994	1997	1998	2002	2004			
拉尼娜年	1964	1967	1970	1973	1974	1984	1985	1988
	1989	1995	1996	1998	2000	2001		

由表 14.5 可以看出,ENSO 事件发生的年份,尖峰岭林区气候都出现了异常或接近异常,由此可见,在全球气候变化下,气候异常频繁出现,1957～2006 年,该林区的森林气候变化正是对全球气候异常的明显响应过程。

14.2.3.3 气候变化周期

由气温周期变化小波系数和小波方差图(图 14.11)可知,尖峰岭林区气温近 50 年有明显的变化周期,为 15～25 年,其中年平均最高气温周期最明显,表现为 15 年的周期变化。

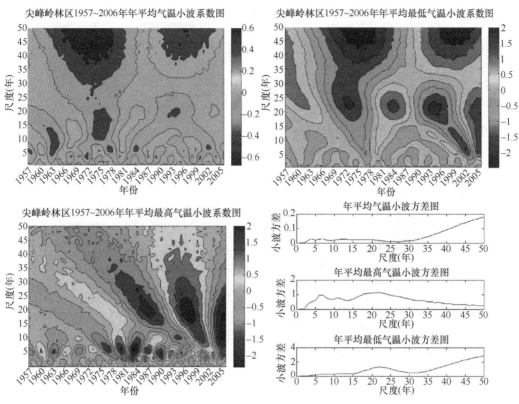

图 14.11　气温周期变化小波分析图（彩图见封底二维码）

从年降水量、年蒸发量、年平均相对湿度和年平均水汽压周期变化图（图 14.12）可知，尖峰岭林区近 50 年年降水量存在显著的 10 年和 20 年周期，并且降水量高低交替变化。而从表 14.6 中可以看出，年蒸发量、年平均相对湿度和年平均水汽压的变化周期都在 25 年左右。气候周期变化主要受海-气相互作用和太阳黑子活动等全球变化的影响，而随机变化则主要受偶然事件或极端事件的影响，同时还受下垫面因素的影响，而本研究区域为大型林区，林区小气候变化主要是在一定的下垫面条件下对外界变化的响应，而且不同的尺度下垫面影响大小不同。

表 14.6　尖峰岭林区气候的主要变化周期

气候因子	周期（年）
年平均气温	25
年平均最高气温	15
年平均最低气温	20
年降水量	10，20
年蒸发量	25
年平均相对湿度	25
年平均水汽压	25

14.2.3.4　小结

尖峰岭林区气候在 1957～2006 年发生了突变和异常，其中年平均气温、年平均

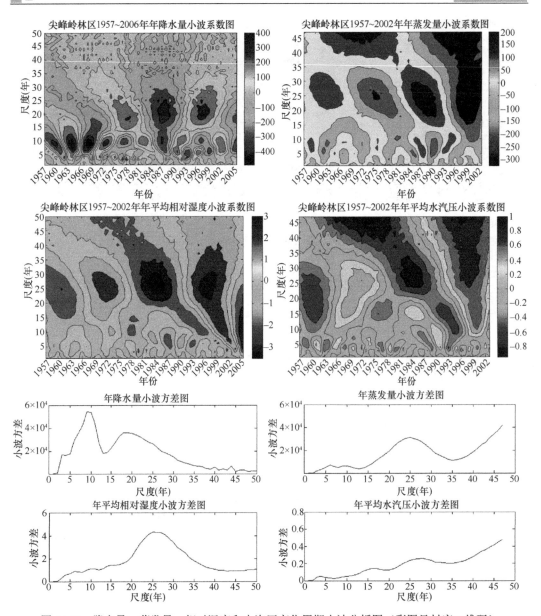

图14.12 降水量、蒸发量、相对湿度和水汽压变化周期小波分析图（彩图见封底二维码）

地温、年平均最低气温在1978年左右发生了一次由低到高的突变；年平均最高气温、年平均相对湿度和年平均水汽压在1988年左右都发生了一次由低到高的突变；年蒸发量在1988~1990年经历由大到小的突变。在1998年高强度ENSO事件发生的年份，气温、地温和地气温差均出现异常，由此可知，ENSO事件的发生往往可引起尖峰岭林区气候异常或接近异常，即全球极端气候事件往往能够影响区域或局部气候变化。尖峰岭林区近50年的气候变化存在15~25年的主要变化周期。这与海-气相互作用、太阳黑子活动和极端气候事件等因素有关，而且由于下垫面条件的影响，各气象因素的变化周期并不完全一致。

14.3　尖峰岭热带山地雨林水文变化特征

14.3.1　森林蒸散

14.3.1.1　森林蒸散的计算方法

森林蒸散包括林地蒸发、林木的蒸腾及林冠截留蒸发。由于气象和下垫面性质的影响，蒸散难以直接进行观测，因此蒸散是森林水文过程研究中的一大难题，目前还没有一种比较可靠的观测技术手段。

本研究根据已掌握的资料情况，选择水量平衡法、TURC 方法和高桥浩一郎公式 3 种方法计算尖峰岭热带山地雨林的蒸散，并对其进行比较，分析这 3 种方法的优缺点。以下是这 3 种方法的基本原理。

（1）水量平衡方法

水量平衡法是利用生态系统水量总输入等于总输出的原理，通过测定降水输入和径流输出从而计算蒸散，其计算公式为

$$E = P - R - \Delta W \tag{14.1}$$

式中，E 为集水区年总蒸散量（mm）；P 为年总降水量（mm）；R 为年总径流量（mm）；ΔW 为生态系统蓄水量变化（mm），一般指土壤蓄水量的变化。由于水量平衡法主要用于长期的蒸散量计算，因此，土壤蓄水量变化往往可以忽视。

（2）TURC 方法

王治国等（2000）介绍了一种简洁的基于年平均温度和年降水量的年蒸散计算方法，即 TURC 方法，该方法也得到了徐俊增等（2010）的推荐，其计算公式为

$$E = \frac{P}{\left(0.9 + \left(\dfrac{P}{E_0}\right)^n\right)^{\frac{1}{n}}} \tag{14.2}$$

式中，E 为年蒸散量（mm）；P 为年降水量（mm）；n 为常数，通常取 $n=2$；E_0 为土壤水分充足条件下的最大年蒸散潜力，E_0 可用下式计算：

$$E_0 = 300 + 25T + 0.05T^3 \tag{14.3}$$

式中，T 为年平均气温（℃）。

（3）高桥浩一郎公式

高桥浩一郎（1979）利用热量平衡方程，在物理上着重考虑降水、气温这两个影响实际蒸散的最主要因子，提出高桥浩一郎公式，该方法是目前估算蒸散能力较为简洁且适用范围较广的方法，其计算公式为

$$E = \frac{aP}{a + bP_{\mathrm{e}}^{2 - cT/(235+T)}} \tag{14.4}$$

式中，E 为月蒸散量（mm）；T 为月平均气温（℃）；P 为月降水量（mm）；a、b 和 c

为参数。

14.3.1.2 蒸散的变化特征

（1）年内变化

由于水量平衡法只适用于长期（至少是一年）的蒸散计算，因此，这里采用高桥浩一郎公式计算了 1980～2007 年各月的蒸散量，然后统计分析热带山地雨林蒸散的年内变化特征。图 14.13 显示，一年之中蒸散最高的是 5～9 月，每月的蒸散量都在 124 mm 以上，其中 8 月最高，为 133.4 mm；10 月和 4 月的蒸散也不少，分别为 95.7 mm 和 74.9 mm；一年中蒸散最小的月份为 1 月，只有 17.6 mm，仅为 8 月的 13.2%。总体上来讲，热带山地雨林的实际蒸散月际差异较大，雨季蒸发多，旱季蒸发少。这是因为雨季也是树木的生长旺季，植被的蒸腾耗水量很大，而且该段时期的降水量充足，林冠截留损失多，因此，雨季的蒸散大。

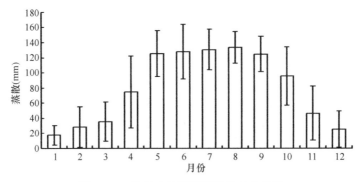

图 14.13 热带山地雨林蒸散的年内分配

（2）年际变化

1989～2007 年蒸散及其距平过程见图 14.14，从图中可以看出，1989 年蒸散最大，之后的 1990 年和 1991 年逐渐下降；1991～1993 年为一个上升过程；之后又从 1993 年逐年下降到 1995 年。整个蒸散时间序列一直处在上升与下降的波浪式变动之中，而且存在一个 6 年左右的周期。从距平值可以明显看出，1989～1999 年距平值正负基本各半，但到 1999 年以后距平基本为负，说明年蒸散总体上有下降的趋势。经统计，19 年中最大的蒸散量为 1989 年的 1671.4 mm，最小的蒸散量为 2004 年的 875.0 mm，标准差为212.6，变异系数为 0.19。

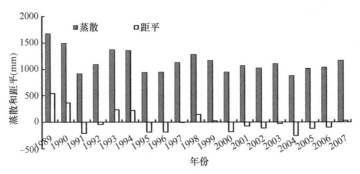

图 14.14 热带山地雨林蒸散及距平的年际变化

14.3.2 径流

森林径流是陆地水循环的重要组成部分，是人类生产、生活可直接利用的淡水资源，是森林水源涵养功能最直接的体现。本部分利用尖峰岭热带山地雨林次生林集水区多年的径流资料，应用数字滤波法将集水区径流分割成基流和快速径流，分析热带山地雨林总径流、基流、快速径流在不同时间尺度上的变化特征。

14.3.2.1 实验集水区的基本特征

尖峰岭热带山地雨林共建立有 3 个集水区测流堰，分别是五分区的原始林宽顶测流堰、一分区的次生林组合测流堰，以及二队的杉木人工林三角形测流堰。由于次生林是尖峰岭的主要森林类型，其面积占尖峰岭森林总面积的 60%，而且热带山地雨林次生林集水区测流堰的资料最齐全，因此，本部分的径流数据主要采用尖峰岭定位站热带山地雨林次生林集水区自 1989 年以来的观测资料。

该集水区为中山雨林山地，海拔 826～1010 m，面积为 3.01 hm^2，植被为 1965 年皆伐迹地上天然更新的热带山地雨林次生林，林分郁闭度为 0.92，上层植被以鳞锥（*Castanopsis fissa*）、海南韶子（*Nephelium topengii*）、公孙锥（*Castanopsis tonkinensis*）为主，下层以九节（*Psychotria asiatica*）和柏拉木（*Blastus cochinchinensis*）为优势种，林地平均坡度为 33°，集水区的基本情况见表 14.7。

表 14.7　尖峰岭热带山地雨林次生林集水区的基本特征

面积（hm^2）	海拔（m）	形状系数	沟道走向	平均坡度（°）	母岩类型	土壤类型
3.01	826～1010	0.35	NEE	33.0	花岗岩	山地黄壤

气候类型属于热带季风气候，总辐射量为 5517.4 MJ/m^2，年平均气温为 19.5℃，最低月平均气温为 14.3℃。1980～2002 年日照时数的年平均值为 1467.4 h，年平均降水量为 2449.0 mm，最大年降水量为 3662.2 mm，年平均水面蒸发量为 1248.8 mm，雨季平均降水量为 2138.7 mm，占年平均降水量的 87.3%；旱季平均降水量为 310.3 mm，占年降水量的 12.7%（周璋等，2009）。该集水区土壤为钾长石花岗岩发育的山地砖红壤性黄壤，适合热带植被群落的繁衍生长，对其土壤水分物理性质进行了测定（表 14.8），结果表明土壤透水、蓄水性能良好。

表 14.8　尖峰岭热带山地雨林次生林土壤水分的物理性质

土层（cm）	容重（g/cm^3）	总孔隙度（%）	毛管孔隙度（%）	非毛管孔隙度（%）
0～10	1.14±0.09	56.83±4.31	48.34±2.97	8.49±3.36
10～20	1.20±0.11	52.63±3.36	45.47±3.56	7.16±1.41
20～40	1.31±0.09	48.71±3.23	42.32±2.89	6.39±2.68
40～60	1.35±0.11	45.54±4.71	39.80±4.90	5.74±2.22
60～80	1.36±0.10	44.20±5.88	38.53±3.87	5.67±1.14
80～100	1.36±0.06	43.79±2.14	37.87±0.86	5.92±3.13
0～100	1.31±0.09	47.39±3.95	41.09±3.26	6.31±2.31

14.3.2.2 集水区总径流的测定与计算

尖峰岭热带山地雨林次生林集水区采用巴歇尔槽、90°和 30.3°两个镶嵌的"V"形堰三级连体测水工程测定总径流量，测定水头高度为 3～250 cm。旱季采用 30.3°镶嵌的"V"形堰；雨季采用 90°的"V"形堰，观测暴雨径流时采用巴歇尔槽。1989～1998 年采用自记水位计进行记录，每天由专人进行换纸和水头记录；1998 年以后改用可存储的自记水位计进行记录，每月由专人进行数据采集和电池更换。

尖峰岭热带山地雨林次生林集水区的计算公式如下。

（1）巴歇尔槽流量计算

$$Q = 0.023\,432\,7H^{1.55} \tag{14.5}$$

式中，Q 为流量（m³/s）；H 为水头高（cm）。

（2）90°三角堰流量计算

$$Q = 0.010\,175H^{2.6157}\times10^{-3} \quad (H<10.99) \tag{14.6}$$
$$Q = 0.014\,174H^{2.5000}\times10^{-3} \quad (H>10.99) \tag{14.7}$$

（3）30.3°三角堰流量计算

$$Q = 0.0052H^{2.4057}\times10^{-3} \quad (H<10.99) \tag{14.8}$$
$$Q = 0.0038H^{2.5000}\times10^{-3} \quad (H>10.99) \tag{14.9}$$

（4）时段流量计算

$$W = Q \times \Delta t \tag{14.10}$$

式中，W 为时段流量（m³）；Δt 为时间间隔（s）。

（5）径流深计算

$$R = \frac{W}{10A} \tag{14.11}$$

式中，R 为径流深（mm）；A 为集水区面积（hm²）。

（6）径流系数计算

$$K = R / P \tag{14.12}$$

式中，K 为径流系数；P 为降水量（mm）。

（7）水文响应计算

$$R_q = W_q / P \tag{14.13}$$

式中，W_q 为快速径流量（mm）；R_q 为水文响应值。

14.3.2.3 径流分割方法

在典型的径流过程中，可以很直观地将流量过程线区分为两部分：过程线中较低的一部分，其出现相当规则，年内逐渐变化，该部分为基流；另外一部分则快速波动，表示对降雨事件的直接响应，为快速径流；基流与快速径流叠加为总径流。

水文分析中常需将流量过程线分割为不同的径流成分进行基流分割。传统的基流分割法主要为图解法（包括斜割法、平割法、退水曲线法），具有很大的随意性和主观性，计算较为烦琐，且精度难以保证，不便于大量分析计算，在实际操作中特别是多峰洪水径流过程中变得更复杂。因此，在实践中经常采用自动分割技术进行基流分割，较为常用的自动分割方法主要包括滑动最小值法、计算程序流量自动分割法（HYSEP 法）及数字滤波法等。

数字滤波法为近年来国际上研究最为广泛的基流分割方法，它通过数字滤波器将信号分解为高频和低频信号，相应地将径流过程划分为快速径流和基流两个部分。尽管该项技术没有真正的物理学基础，但它是客观的，并且可再现，已经在实践中得到了大量的验证。

本部分利用 4 种数字滤波方法（4 种方法依次记为 BF1、BF2、BF3、BF4）（Nathan and McMahon，1990；Chapman，1991，1999），对尖峰岭热带山地雨林次生林集水区径流进行分割，然后从中选择 1 种最优的方法。

相关研究表明，基流量与总径流量的比率（base flow index，BFI）与流域地形地貌特征有着较为密切的联系，BFI 越稳定，越便于利用其流域特征值预测流域的 BFI。因此，可以利用各个年份 BFI 的变异系数来选择最优的方法，变异系数越小，说明该方法越好。

经计算，1989～2007 年 BF1 的多年平均 BFI 为 0.35，BF2 的多年平均 BFI 为 0.09，BF3 的多年平均 BFI 为 0.10，BF4 的多年平均 BFI 为 0.48。BF1 和 BF4 计算得出的 BFI 接近，BF2 和 BF3 计算得出的 BFI 接近。而且从表 14.9 可以看出，BF4 的变异系数最小，因而可以初步确定 BF4 为最佳方法。

表 14.9　1989～2007 年的 BFI 统计

年份	BFI1	BFI2	BFI3	BFI4
1989	0.32	0.09	0.09	0.45
1990	0.41	0.10	0.11	0.50
1991	0.28	0.09	0.09	0.46
1992	0.40	0.11	0.11	0.53
1993	0.49	0.11	0.12	0.55
1994	0.25	0.09	0.09	0.46
1995	0.21	0.06	0.07	0.35
1996	0.32	0.10	0.10	0.49
1997	0.51	0.12	0.12	0.57
1998	0.52	0.11	0.12	0.58
1999	0.38	0.10	0.10	0.49
2000	0.35	0.10	0.10	0.50
2001	0.30	0.09	0.09	0.47
2002	0.45	0.10	0.11	0.51

续表

年份	BFI1	BFI2	BFI3	BFI4
2003	0.26	0.08	0.08	0.40
2004	0.30	0.07	0.07	0.42
2005	0.19	0.06	0.06	0.36
2006	0.29	0.09	0.09	0.45
2007	0.41	0.11	0.11	0.58
均值	0.35	0.09	0.10	0.48
标准差	0.10	0.02	0.02	0.06
变异系数	0.28	0.18	0.17	0.14

14.3.2.4 热带山地雨林基流的变化特征

森林基流为径流过程线中最持续稳定的部分，是干旱季节河川径流量的主要补给源，对流域生产、生活稳定供水及维持生态环境保护起着至关重要的作用。

（1）年内变化

尖峰岭热带山地雨林基流的年内变化见图 14.15，从图中可以看出，1～4 月基流量逐月递减，4 月达到一年中的最小值（10.23 mm）。5 月尽管已经进入雨季，但基流量仍然很低，这是由于降水量的很大一部分用于填补土壤水分的亏缺。基流量的最高峰出现在 9 月，比降水量晚一个月，这说明基流的产生有一定的滞后效应。11 月和 12 月进入旱季，但由于前期的降水量丰富，降雨形成基流有一定的滞后作用，因此，11 月和 12 月的基流量并不低，分别为 61.99 mm、58.6 mm，这是热带山地雨林水源涵养功能的具体体现，对于保障旱季下游的水量供应具有十分重要的意义（邱治军，2011）。

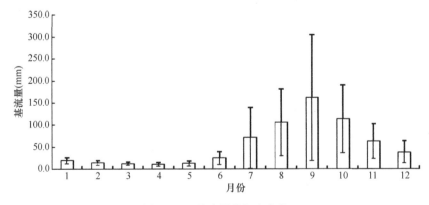

图 14.15　基流量的年内变化

进一步分析每一年的基流分布可以发现，一年之中基流量最少的月份大多出现在 4 月，这也是一年中最干旱的月份，也有少量年份出现在 2 月、3 月和 5 月。19 年中基流量最少的月份为 2005 年 4 月，仅为 2.0 mm，这是因为 2004 年下半年到 2005 年上半年尖峰岭出现了罕见的干旱，2004 年 10 月至 2005 年 4 月总共降水 121.2 mm。

（2）年际变化

1989～2007 年基流量各年度之间的差异较大，其中 2005 年的基流量最大，为 1122.9 mm，年总基流量大于 1000.0 mm 的年份还有 1991 年和 1996 年；1993 年基流量最小，为 227.8 mm，其次是 1998 年，为 249.8 mm（图 14.16）。

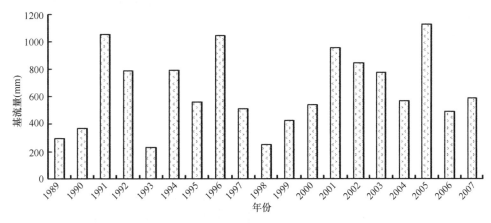

图 14.16　1989～2007 年尖峰岭热带山地雨林基流量变化

统计表明，1989～2007 年的年平均基流量为 673.6 mm，标准差为 307.0，变异系数为 0.46，说明年基流量的年际变化较大（表 14.10）。

表 14.10　年基流量参数统计（1989～2007 年）

最大值（mm）	最小值（mm）	中位数（mm）	平均（mm）	标准差	峰度	偏度	变异系数
1205.5	227.8	565.0	673.6	307.0	−1.16	0.21	0.46

以月基流量为指标，以年内 12 个月的基流量为处理 1，以各年之间同月的基流量为处理 2，采用的显著水平为 0.01，进行双因素无重复方差分析，结果表明：无论是年间还是月间的 F 值都大于 $F_{a=0.01}$，P 值都小于 0.01，说明基流的年际和月际差异都达到极显著水平（表 14.11）。

表 14.11　基流量双因素方差分析表（1989～2007 年）

差异源	SS	df	MS	F	P 值	F_a=0.01
月	519 881.5	11	47 261.96	15.11	< 0.001	2.34
年	116 799.6	18	6 488.87	2.07	0.008 044	2.03
误差	619 424.5	198	3 128.41			
总计	1 256 105.6	227				

14.3.2.5　热带山地雨林快速径流的变化特征

（1）年内变化

一般来讲，旱季降水量少，雨水绝大部分用于补充土壤水分亏缺或者以蒸散的形式返回大气，很少能够形成快速径流。一年之中快速径流量最多的是 8 月，其次为 9 月，再次为 7 月，雨季快速径流量的次序是 8 月>9 月>7 月>10 月>6 月（图 14.17）。从图中还可以看到，11 月和 12 月虽然是旱季，但其快速径流量比雨季的 5 月、6 月还多，造成这种情况的原因可能是尽管 5 月和 6 月降水量多，但由于经过前一个旱季的干旱，土壤水分亏缺严重，形成的总径流量少，快速径流量也少；而 11 月和 12 月尽管降水量少，但土壤水分含量高，降雨形成的径流多。另一个重要原因是径流分割方法，在选择数字滤波法时已经说明，我们采用的是数字滤波法 BF4，在旱季进行基流分割得到的结果会比实际值低，因此导致快速径流的比例变高。

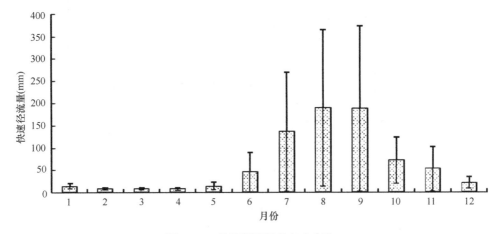

图 14.17　快速径流量的年内变化

快速径流量的多少与当月的降水量关系最紧密，其次是与上月降水量有关。例如，2003 年 11 月的快速径流量为 411.8 mm，为全年最高，这是由于 11 月 18 日和 19 日的台风带来了 740 mm 的强降雨。

水文响应体现了径流对降水的快速反应，是快速径流量与降水量的比值。经统计，一年之中水文响应值最高的是 9 月，其次是 8 月，再下来分别是 10 月和 7 月（表 14.12）。这是因为虽然 7 月和 8 月降水量显著高于 9 月，但 9 月在经过几个月的前期降雨，土壤含水量很高，降雨形成快速径流的比例高，因此，9 月的水文响应高于 8 月和 7 月。

表 14.12　月平均快速径流及水文响应（1989～2007 年）

项目	1 月	2 月	3 月	4 月	5 月	6 月	7 月	8 月	9 月	10 月	11 月	12 月
快速径流	14	8.2	7.7	7.4	14.2	45	135.4	189.1	187.8	71.9	52.3	21.1
水文响应	—	—	—	—	0.07	0.13	0.28	0.38	0.45	0.31	—	—

（2）年际变化

快速径流反映了径流对降水的即时反应，在数量上等于总径流减去基流，快速径流对于分析洪水特性具有重要的意义。表 14.13 显示，快速径流的年际变化十分明显，快速径流最大的年份为 2005 年，达 1938.5 mm，水文响应为 0.54；快速径流最小的年份为 1998 年，仅 174.1 mm，水文响应为 0.13，其次为 1993 年，为 181.5 mm，其水文响应为 0.12。

表 14.13　快速径流与水文响应（1989～2007 年）

年份	降水量（mm）	快速径流（mm）	水文响应
1989	2827.0	348.8	0.12
1990	2306.8	363.0	0.15
1991	3176.6	1180.8	0.32
1992	2573.7	674.4	0.21
1993	1782.8	181.5	0.12
1994	3297.4	900.8	0.30
1995	2529.8	996.5	0.39
1996	2924.6	1064.8	0.43
1997	2022.1	368.2	0.17
1998	1707.4	174.1	0.13
1999	2023.5	431.4	0.19
2000	2019.8	512.6	0.26
2001	3083.5	1039.1	0.34
2002	2688.5	798.9	0.30
2003	3041.8	1120.7	0.37
2004	2238.8	770.7	0.34
2005	3607.8	1938.5	0.54
2006	2119.1	573.8	0.27
2007	2237.0	485.9	0.22

统计表明，1989～2007 年的年平均快速径流为 754.0 mm，标准差为 446.42，变异系数为 0.59（表 14.14）。双因素无重复方差分析表明（表 14.15），在显著水平 $a = 0.05$ 的条件下，年际、月际 F 值都大于 $F_{a=0.05}$，P 值都小于 0.05，说明快速径流的月际差异和年际差异都达到显著水平。进一步采用显著水平 $a = 0.01$ 进行方差分析表明，月际的 $F = 10.64 > F_{a=0.01} = 2.34$，说明快速径流的月际差异达到极显著水平；而年际的 $F = 1.93 < F_{a=0.01} = 2.03$，说明快速径流的年际差异未达到极显著水平。

表 14.14　快速径流基本参数统计（1989～2007 年）

项目	最大值（mm）	最小值（mm）	中位数（mm）	平均（mm）	标准差	峰度	偏度	变异系数
快速径流	1996.50	179.27	694.60	754.00	446.42	1.86	1.10	0.59
水文响应	0.55	0.13	0.28	0.28	0.12	−0.08	0.53	0.43

表 14.15　快速径流量双因素方差分析表（1989～2007 年）

差异源	SS	df	MS	F	P 值	F_a=0.05
月	1 005 790	11	91 435.48	10.64	<0.001	1.84
年	298 931	18	16 607.26	1.93	0.015	1.66
误差	1 701 572	198	8 593.80			
总计	3 006 293	227				

14.3.2.6 热带山地雨林总径流的变化特征

（1）年内变化

1989～2007 年各月总径流量平均值的年内变化见图 14.18。从图中可以看出，1～4 月是逐渐减少的，4 月的总径流量达到最小值（17.7 mm），然后持续增加，9 月达到一年中的最大值（349.4 mm），然后又持续下降。这是因为 5 月是尖峰岭地区汛期的开始，台风、暴雨影响增多，尤其是 7～9 月暴雨天气最多，从而导致了大量的产流。据统计，5～10 月总径流量为 1103.3 mm，而旱季的 11 月至翌年 4 月总径流量为 291.6 mm，雨季径流量约是旱季径流量的 3.8 倍，这充分反映了雨水补给对总径流量的重要性。

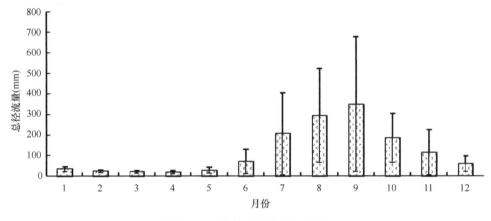

图 14.18 总径流量的年内变化

根据李栋梁等（1998）关于年内径流丰枯的评定方法：设 P 为年径流量的距平百分比，则当 $P>40\%$ 为丰水；$20\%<P\leqslant40\%$ 为偏丰；$-20\%<P\leqslant20\%$ 为平水；$-40\%\leqslant P<-20\%$ 为偏枯；$P<-40\%$ 为枯水。

年内各月总径流距平百分比（图 14.19）表明，12 月至翌年 6 月为枯水月份，7～10 月为丰水月份，只有 11 月为偏枯水月份，这也说明尖峰岭热带山地雨林总径流量的年内分配非常不均衡。

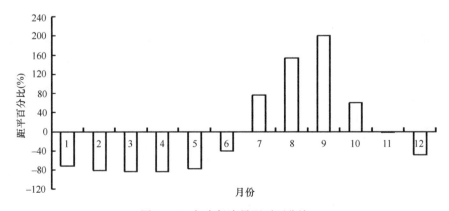

图 14.19 年内径流量距平百分比

（2）年际变化

1989～2007 年年均总径流量为 1394.9 mm。从总径流量年际变化可以看出（图 14.20），总径流量的年际变化较大，自 1989～1991 年总径流量逐年增加，之后 2 年又逐年减少；1993～1996 年又开始逐年增加，然后又逐年减少，到 1998 年达到最小值；从 1998～2001 年又有一个逐年上升的阶段；然后又开始出现一个 3 年的逐渐下降阶段；2005 年总径流量明显突增，达到 19 年中的最大值。

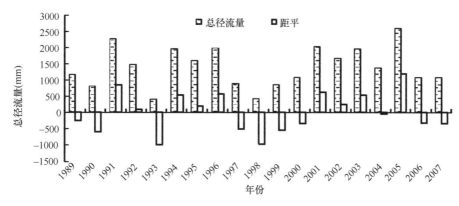

图 14.20　全年总径流量及其距平

从距平变化（图 14.20）来看，1989 年、1990 年、1993 年、1997～2000 年、2004 年、2006 年、2007 年为负值，1991 年、1992 年、1994～1996 年、2001～2003 年、2005 年为正值；最接近平均值的年份为 1992 年和 2004 年；年总径流量最大值出现在 2005 年，高出平均值 115%，其次是 1991 年，高出平均值 57%；最小值在 1993 年，比平均值低 71%，其次为 1998 年，比平均值低 70%。

采用显著水平 $a = 0.01$ 对 1989～2007 年每月的总径流量进行双因素无重复方差分析，结果显示（表 14.16）：无论是年间还是月间的 F 值都大于 $F_{a=0.01}$，P 值都小于 0.01，说明总径流的年际和月际差异都达到极显著水平。

表 14.16　径流量双因素方差分析表（1989～2007 年）

差异源	SS	df	MS	F	P 值	F_a=0.01
年	743 723	18	41 318	2.16	0.005	2.03
月	2 792 273	11	253 843	13.29	<0.01	2.34
误差	3 781 807	198	19 100			
总计	7 317 803	227				

根据以下标准对年径流量的丰枯情况进行评定，设年径流量的距平百分比为 P，$P>20\%$ 为丰水；$10\%<P\leqslant20\%$ 为偏丰；$-10\%<P\leqslant10\%$ 为平水；$-20\%\leqslant P<-0\%$ 为偏枯；$P<-20\%$ 为枯水。评定结果表明（表 14.17）：19 年中丰水年占 6 个，偏丰年份 2 个，枯水年占 8 个，偏枯年 1 个，平水年只有 2 个，这也说明了尖峰岭热带山地雨林总径流量的年际波动很大。

表 14.17　径流量的丰枯评定（1989～2007 年）

年份	总径流量（mm）	径流系数	距平百分比（%）	丰枯等级
1989	1155.7	0.41	−18	偏枯
1990	814.7	0.35	−42	枯水
1991	2261.8	0.71	61	丰水
1992	1487.3	0.58	6	平水
1993	415.4	0.23	−70	枯水
1994	1945.7	0.59	39	丰水
1995	1592.1	0.63	13	偏丰
1996	1981.9	0.68	41	丰水
1997	898.2	0.44	−36	枯水
1998	429.1	0.25	−69	枯水
1999	866.6	0.43	−38	枯水
2000	1071.0	0.53	−24	枯水
2001	2026.4	0.66	44	丰水
2002	1670.5	0.62	19	偏丰
2003	1942.4	0.64	38	丰水
2004	1363.8	0.61	−3	平水
2005	2597.5	0.72	85	丰水
2006	1085.7	0.51	−23	枯水
2007	1073.8	0.48	−24	枯水

14.3.2.7　小结

采用数字滤波法对热带山地雨林次生林集水区径流量进行了分割，根据变异系数及实际分割效果，最终选择了 BF4 作为热带山地雨林次生林集水区径流的分割方法。研究基流指数 BFI 的年际变化和年内变化分析发现，BFI 与降水量的年际变化和年内变化规律正好相反。

一年之内，4 月基流量最小，9 月最大。基流的年内分布格局与降水量相似，但在时间上滞后一个月。尖峰岭热带山地雨林次生林集水区 1 月的基流量为 18.78 mm，2 月和 3 月的基流量分别为 13.92 mm、12.10 mm，4 月达到最小值，为 10.23 mm。5 月尽管已经进入雨季，但基流量仍然很低，这是由于降水量的很大一部分用于填补土壤水分的亏缺。基流量的最高峰出现在 9 月，比降水量晚一个月，这说明基流的产生有一定的滞后效应。11 月和 12 月进入了旱季，但由于前期的降水量丰富，降水形成基流有一定的滞后作用，因此，11 月和 12 月的基流量并不低，分别为 61.99 mm、58.6 mm，这是森林水源涵养功能的具体体现。

基流量的年际差异较大，2005 年的基流量最大，为 1122.9 mm；1993 年基流量最小，为 227.8 mm。旱季基流量最小的年份也是 1993 年（105.3 mm）；旱季基流量最大的年份为 2003 年，达 461.9 mm。方差分析表明，基流量年际差异和月际差异都达到极显著水平。

快速径流是径流对降水的即时反应，对于研究流域的洪水规律有重要的作用。快速径流的年际变化十分明显，快速径流量最大的年份为 2005 年，达 1938.5 mm，水文响应为 0.54；快速径流量最小的年份为 1998 年，仅 174.1 mm，水文响应为 0.13。统计表明，1989～2007 年的年平均快速径流量为 754.0 mm，标准差为 446.42，变异系数为 0.59。方差分析表明，快速径流的年际差异达到显著水平，月际差异达到极显著水平。一年之中快速径流量最多的是 8 月，雨季快速径流的次序是 8 月>9 月>7 月>10 月>6 月。11 月和 12 月虽然是旱季，但其快速径流量比雨季的 5 月和 6 月还多，造成这种情况的原因可能是尽管 5 月和 6 月降水量多，但由于经过前一个旱季的干旱，土壤水分亏缺严重，形成的总径流量少，快速径流量也少；而 12 月和 1 月尽管降水量少，但土壤水分含量高，降水形成的径流多。

1～4 月的总径流量是逐渐减少的，4 月达到最小值（17.7 mm），然后持续增加，9 月达到一年的最大值（349.4 mm），然后又持续下降。这是因为 5 月是尖峰岭地区汛期的开始，台风、暴雨影响增多，尤其是 7～9 月暴雨天气最多，从而导致了大量的产流。统计表明，5～10 月总径流量为 1103.3 mm，而旱季的 11 月至翌年 4 月总径流量为 291.6 mm，雨季径流量约是旱季径流量的 3.8 倍，这充分反映了雨水补给对总径流量的重要性。

年内各月总径流的丰枯评定表明，12 月至翌年 6 月为枯水月份，7～10 月为丰水月份，只有 11 月为偏枯月份，说明尖峰岭热带山地雨林总径流量的年内分配非常不均衡。同时对 1989～2007 年的总径流丰枯评定也表明，19 年中丰水年占 6 个，偏丰年份 2 个，枯水年占 8 个，偏枯年 1 个，平水年只有 2 个，说明尖峰岭热带山地雨林总径流量的年际波动很大。方差分析显示，总径流量的年际和月际差异都达到极显著水平。

14.3.3　热带山地雨林的水量平衡

由于 1989～2007 年有实测的径流量，因此分析该段时间热带山地雨林的水量平衡规律。表 14.18 是 1989～2007 年的年降水量、年径流量与年蒸散量的水量平衡表。从表中可以看出，尖峰岭热带山地雨林生态系统的水分输入和输出年际变动很大，降水输入为 1707.4～3607.8 mm，径流输出为 415.4～2597.5 mm，蒸散损失为 875.0～1671.4 mm；年平均降水输入为 2537.3 mm，径流输出为 1404.2 mm，蒸散损失为 1133.1 mm；年平均径流系数为 0.53，蒸散系数为 0.47。

表 14.18　热带山地雨林水量平衡表

年份	年降水量（mm）	年径流量（mm）	径流系数	年蒸散量（mm）	蒸散系数
1989	2827.0	1155.7	0.41	1671.4	0.59
1990	2306.8	814.7	0.35	1492.1	0.65
1991	3176.6	2261.8	0.71	914.8	0.29
1992	2573.7	1487.3	0.58	1086.4	0.42
1993	1782.8	415.4	0.23	1367.4	0.77
1994	3297.4	1945.7	0.59	1351.7	0.41
1995	2529.8	1592.1	0.63	937.7	0.37
1996	2924.6	1981.9	0.68	942.7	0.32
1997	2022.1	898.2	0.44	1123.9	0.56
1998	1707.4	429.1	0.25	1278.3	0.75

年份	年降水量（mm）	年径流量（mm）	径流系数	年蒸散（mm）	蒸散系数
1999	2023.5	866.6	0.43	1156.9	0.57
2000	2019.8	1071.0	0.53	948.8	0.47
2001	3083.5	2026.4	0.66	1057.1	0.34
2002	2688.5	1670.5	0.62	1018.0	0.38
2003	3041.8	1942.4	0.64	1099.4	0.36
2004	2238.8	1363.8	0.61	875.0	0.39
2005	3607.8	2597.5	0.72	1010.3	0.28
2006	2119.1	1085.7	0.51	1033.5	0.49
2007	2237.0	1073.8	0.48	1163.2	0.52
平均	2537.3	1404.2	0.53	1133.1	0.47

从水量平衡的年际变化具体情况来看，径流系数最大的是 2005 年的 0.72，其次是 1991 年的 0.71，这两年的降水量都在 3000 mm 以上，年径流量也都排在前 2 位；径流系数最小的是 1993 年的 0.23，其次是 1998 年的 0.25，正好这两年的降水量排在最后 2 位。蒸散系数刚好与径流系数相反，2005 年和 1991 年最小，分别为 0.28 和 0.29；1993 年和 1998 年最大，分别为 0.77 和 0.75。

14.4 尖峰岭热带雨林凋落物和土壤生态水文功能

14.4.1 研究方法

14.4.1.1 样地设置

（1）固定样地

在尖峰岭国家级森林生态系统定位研究站已建成的 3 种林分固定样地（热带山地雨林原始林 9201 样地、热带山地雨林次生林 0502 样地、热带低地雨林原始林 0601 样地）和公里网格样地中完成土壤、凋落物的调查取样，并结合森林小气候观测系统对 3 种林分固定样地土壤水分进行连续定位观测。

（2）公里网格样地

根据 1：10 000 地形图，将尖峰岭林区中心区域按照 1 km × 1 km 进行公里网格分区，按照机械布点的方法在每个网格的节点处各设置一个 25 m × 25 m 群落调查样地，对于因地形因素而确实不能到达的样地（如峭壁），在其最邻近处进行取样。又考虑到机械布点法不能完全覆盖所有森林类型，故同时也在森林类型典型分布区设置少量样地。本研究共设置 161 个样地，总面积达 10.0625 hm²。通过调查 161 个样地历史上的采伐和经营情况，将所调查的样地分为 3 种主要森林类型：①原始林，即未经人为干扰和采伐的森林；②经过径级择伐后天然更新的次生林（简称"径级择伐林"）；③经过皆伐后天然更新的次生林（简称"皆伐林"）。3 种类型森林样地的基本情况见表 14.19。

表 14.19　海南岛尖峰岭林区 161 个公里网格样地的基本特征

森林类型	样方数目	采伐后恢复时间（年）	平均胸径（cm）	平均树高（m）	平均密度（株/hm²）	平均郁闭度
原始林	52	—	6.38	5.57	5476	0.79
径级择伐林	73	15～50	5.93	5.59	6161	0.78
皆伐林	36	15～51	4.94	5.27	7836	0.75

14.4.1.2　枯落物储量及持水特性测定

（1）凋落物采集与储量的测定

2010 年 3 月至 2011 年 2 月，于每月月末在尖峰岭 3 种林分固定样地内，按照随机加局部控制的原则（兼顾主要树种、密度、坡位、坡向等），按一定距离间隔随机取 15 个 0.5 m×0.5 m 水平面积的凋落物。将每月定期收集的凋落物样品在 80℃条件下烘至恒重，分别计算其凋落物自然含水率和储量。

采用五点取样法在尖峰岭 161 个网格样地内的每个样地的 4 个角及中心位置布设 0.5 m×0.5 m 样方 5 个，收集样方内凋落物，将其分别装袋后带回室内于 80℃条件下烘干至恒重，由此计算凋落物储量。

（2）凋落物持水特性的测定

在室内采用浸水法测定凋落物的持水量、持水率及其吸水速率。将烘干称重后的凋落物原状放入尼龙网袋中，然后将装有凋落物的尼龙网完全浸入盛有清水的容器中，水面略高于尼龙网袋上沿。在浸泡 0.25 h、0.5 h、1 h、2 h、4 h、6 h、8 h、10 h、16 h 和 24 h 后将凋落物连同尼龙网一并取出，静置 5 min 左右，直至凋落物不滴水时测定其湿重。凋落物浸水 24 h 后的持水量为其最大持水量。凋落物持水量 W_H（t/hm²）、凋落物持水率 W_R（%）和凋落物吸水速率 W_A[g/（kg·h）]的计算公式如下（薛立等，2008）：

$$W_H = (W_w - W_d)\times 10 \tag{14.14}$$
$$W_R = (W_H - W_d)\times 100 \tag{14.15}$$
$$W_A = W_R/t \tag{14.16}$$

式中，W_w 为凋落物湿重（kg/m²）；W_d 为凋落物干重（kg/m²）；t 为吸水时间（h）。

（3）凋落物有效拦蓄量的测定

有效拦蓄量可用来估算凋落物对降水的实际拦蓄量，凋落物有效拦蓄量 W（t/hm²）的计算公式为（张振明等，2006；姜海燕等，2007）

$$W = (0.85R_m - R_0)M \tag{14.17}$$

式中，R_m 表示凋落物最大持水率(%)；R_0 表示凋落物平均自然含水率(%)；M 表示凋落物储量(t/hm²)。

14.4.1.3　土壤水文特性的测定

（1）土壤物理性质的测定

2010 年 8 月，在尖峰岭 3 种林分固定样地周围选择代表性地点挖掘 3 个土壤剖面，记录土壤剖面发生层次，之后机械划分土层，用 100 cm³ 环刀分别在 0～10 cm、10～20 cm、20～40 cm、40～60 cm、60～80 cm、80～100 cm 深度取土，每层设 3 个重复。

采用五点取样法在每个公里网格样地的 4 个角及中心位置用 100 cm³ 环刀取 0～30 cm 的表层土壤样品 5 个。

利用环刀法测定土壤容重、总孔隙度、毛管孔隙度及非毛管孔隙度等物理性质（LY/T 1215—1999）。并由此计算土壤的最大持水量 W_t(t/hm²)、有效持水量（非毛管持水量）W_o(t/hm²)（孙艳红等，2006）。即

$$W_t = 10\,000P_t h \tag{14.18}$$

$$W_o = 10\,000P_o h \tag{14.19}$$

式中，P_t 表示土壤总孔隙度（%）；P_o 表示土壤非毛管孔隙度（%）；h 表示土层厚度（m）。

（2）土壤水分的定位观测

用森林小气候自动观测系统（CR1000，Compbell，美国）连续监测 3 种林分固定样地土壤体积含水率（仪器精度±1.5%）。数据采集器的时间间隔为 30 min，全年数据自动采集，每个月下载一次数据。其中山地雨林原始林同时测定 10 cm、30 cm、50 cm、80 cm、100 cm 5 个不同深度的土壤含水率，山地雨林次生林、低地雨林原始林分别同时测定 10 cm、30 cm 和 50 cm 3 个不同深度的土壤含水率。

14.4.2 凋落物层的水文特征

14.4.2.1 凋落物储量和持水特征

森林凋落物层水文生态功能的发挥，首先取决于它的数量和质量（朱金兆等，2002），因此热带雨林的凋落物储量是评价其水文生态功能的一个重要指标，而凋落物储量受林分类型、林龄、密度及凋落物种类、分解程度等多种因素的影响。

公里网格样地的凋落物调查结果表明，尖峰岭热带雨林的凋落物储量为 3.23～12.76 t/hm²，平均为 6.46 t/hm²（表 14.20）。不同样地的凋落物储量由于林分类型、树种组成、海拔、采伐后森林恢复时间等因素的不同差别较大（燕东，2011）。

表 14.20　尖峰岭 161 个公里网格样地凋落物储量及持水特性

项目	平均值±标准偏差	变化范围
凋落物储量(t/hm²)	6.46±1.68	3.23～12.76
最大持水量(t/hm²)	10.42±2.80	4.30～19.23
最大持水率（%）	164.6±24.4	85.0～233.1

公里网格样地的凋落物室内泡水实验结果表明，尖峰岭热带雨林的凋落物最大持水量为 4.30～19.23 t/hm²，平均为 10.42 t/hm²。凋落物最大持水率为 85.0%～233.1%，平均为 164.6%（表 14.20）。不同样地间凋落物最大持水量、最大持水率差异较大，尤其是凋落物最大持水量，最大值是最小值的 4.5 倍，这是因为凋落物最大持水量是由凋落物储量和凋落物最大持水率共同决定的，因为后两者的差异较大，必然加大了前者的差异。

14.4.2.2　凋落物有效拦蓄量

凋落物最大持水率和最大持水量都可以用来表示凋落物的持水能力,但凋落物最大持水率和最大持水量是将凋落物浸水 24 h 后测定所得的结果,而在野外实际中不会出现较长时间的浸水条件,且林地中的凋落物持水能力还受前期水分状况等多种因素的影响,所以其只能反映凋落物的潜在持水能力,并不能反映凋落物对降水的实际拦蓄能力。因此通常用凋落物有效拦蓄量表示森林凋落物的有效持水能力。

由公式(14.17)可知,凋落物有效拦蓄量是由凋落物储量、最大持水率和自然含水率共同决定的。而热带雨林年降水量大且降水在月份间分布不均匀,导致热带雨林凋落物自然含水率较大且月份间相差较大,所以本研究对 3 种林分固定样地的凋落物自然含水率进行了全年定位观测,并分雨季和旱季来探讨不同林分间凋落物自然含水率和有效拦蓄量的差异。

(1)3 种林分固定样地凋落物自然含水率的动态变化

由图 14.21 可知,尖峰岭热带雨林凋落物自然含水率较高,雨季和旱季差别明显。旱季(每年 11 月至翌年 4 月),山地雨林原始林、山地雨林次生林和低地雨林原始林的凋落物平均自然含水率分别为 78.8%、68.0%和 38.9%,而 3 种林分固定样地雨季(每年5~10 月)的凋落物平均自然含水率却分别高达 113.6%、107.0%和 102.5%。其季节动态与降水量季节动态相似,旱季凋落物自然含水率较低,进入 5 月雨季后,伴随着降水的增多,凋落物自然含水率逐渐升高,其中低地雨林原始林在 9 月达到最大值(123.2%),

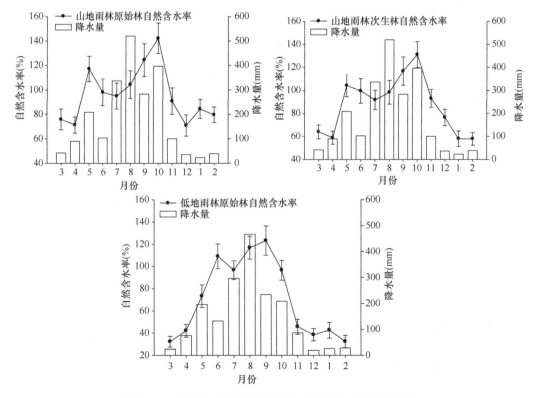

图 14.21　尖峰岭 3 种林分固定样地凋落物含水率的月变化

山地雨林原始林和山地雨林次生林于 10 月达到最大值,分别为 142.1%和 131.1%。10 月雨季结束后,降水逐渐减少,凋落物自然含水率也随之下降。

一年的定位观测结果表明,3 种林分固定样地凋落物自然持水率大小总体呈现出山地雨林原始林>山地雨林次生林>低地雨林原始林。这主要是因为低地雨林海拔较低(256 m)、降水少、温度高、蒸发量大,导致凋落物失水较多,所以自然含水率相对山地雨林低。

(2)3 种林分固定样地凋落物有效拦蓄量的分析

由表 14.21 可知,观测的 3 种林分固定样地凋落物有效拦蓄量差别较大。尖峰岭热带雨林 3 种林分固定样地雨季凋落物有效拦蓄量为 1.26～2.81 t/hm²,有效拦蓄量大小顺序依次是山地雨林次生林(2.81 t/hm²)>低地雨林原始林(2.17 t/hm²)>山地雨林原始林(1.26 t/hm²)。而进入旱季后伴随着降雨减少,凋落物自然含水率降低,所以各林分凋落物有效拦蓄量均有所增加,旱季 3 种林分固定样地凋落物有效拦蓄量为 2.86～4.62 t/hm²,有效拦蓄量大小顺序依次是低地雨林原始林(4.62 t/hm²)>山地雨林次生林(4.01 t/hm²)>山地雨林原始林(2.86 t/hm²)。雨季和旱季差别明显,尤其是山地雨林原始林,其旱季凋落物有效拦蓄量是雨季的 2.27 倍。

表 14.21　尖峰岭 3 种林分固定样地凋落物持水特性

森林类型	凋落物储量(t/hm²)		自然含水率(%)		最大持水率(%)		最大持水量(t/hm²)		有效拦蓄量(t/hm²)	
	A	B	A	B	A	B	A	B	A	B
Ⅰ	6.34	5.45	113.6	78.8	157.0	154.3	9.95	8.42	1.26	2.86
Ⅱ	6.60	5.67	107.0	68.0	175.9	163.3	11.60	9.26	2.81	4.01
Ⅲ	5.73	4.73	102.5	38.9	165.1	160.7	9.46	7.60	2.17	4.62

注:Ⅰ.山地雨林原始林,Ⅱ.山地雨林次生林,Ⅲ.低地雨林原始林;A.雨季,B.旱季

凋落物有效拦蓄量是由凋落物储量、最大持水率和自然含水率共同决定的。由表 14.21 可知,在旱季虽然山地雨林次生林比低地雨林原始林具有较高的凋落物储量和较大的最大持水率,但是由于低地雨林原始林海拔低、温度高、蒸发大,其凋落物自然含水量较低,所以其凋落物有效拦蓄量依然高于山地雨林次生林。

凋落物层作为森林生态系统的特有层次,其覆盖于地表,一方面可以抑制土壤水分蒸发,涵养水源;另一方面可以防止雨滴侵蚀并截留吸收一部分降水,保护水土。对尖峰岭热带雨林 3 种林分固定样地凋落物自然含水率和有效拦蓄量的研究表明,山地雨林、特别是山地雨林原始林,其凋落物在旱季具有较高的自然含水率,因此在旱季降水较少的情况下,可以抑制土壤水分蒸发,水源涵养功能较好。而在雨季,台风、暴雨频繁,山地雨林次生林和低地雨林原始林由于具有较高的有效拦蓄量,具有更好的调节径流、保持水土的功能。

14.4.3　土壤层的水文特征

(1)土壤物理性质

土壤物理性质是影响森林土壤层通气状况、水分运动的重要因素,是土壤涵养水源

能力的重要体现，其中土壤容重与孔隙度是反映土壤物理性质的重要参数，两者直接影响着土壤的蓄水和调蓄功能，土壤容重越小，孔隙度越大，说明土壤发育良好，利于水分的保持与渗透，并间接影响到土壤肥力状况。

尖峰岭 161 个公里网格样地土壤物理性质调查结果表明，热带雨林表层 0～30 cm 土层土壤容重为 0.74～1.67 g/cm³，总孔隙度为 33.6%～61.6%，毛管孔隙度为 17.5%～51.7%，非毛管孔隙度为 2.8%～21.3%，各样地土壤物理性质特征指标的变动幅度较大（表 14.22）。

表 14.22　尖峰岭 161 个公里网格样地 0～30 cm 土层土壤物理性质

项目	平均值±标准偏差	变化范围
土壤容重（g/cm³）	1.24±0.15	0.74～1.67
土壤总孔隙度（%）	49.0±5.2	33.6～61.6
土壤毛管孔隙度（%）	36.8±5.7	17.5～51.7
土壤非管孔隙度（%）	12.2±4.0	2.8～21.3

（2）土壤储水能力

森林土壤通过对降水的储存来延缓径流形成的时间和减小径流量，因此，林地土壤层储水能力是评价土壤涵养水源及调节水分循环的一个重要指标，它反映了土壤调蓄水分的能力，能够较好地评价土壤层的水文功能。根据吸持和调节水分能力的不同，可分为最大储水能力和有效储水能力。最大储水能力是指土壤中的全部孔隙都充满水时的饱和储水量，由公式（14.18）计算得出；有效储水能力是指土壤的非毛管孔隙充满水时的储水量，由公式（14.19）计算得出。

由表 14.23 可知，尖峰岭热带雨林表层 0～30 cm 土层土壤最大储水深平均值为（148.5±15.9）mm，变化范围为 100.2～184.8 mm。土壤有效储水深平均值为（36.6±12.0）mm，最大值 64.0 mm 和最小值 8.3 mm 相差 6.7 倍，表明尖峰岭热带雨林土壤有效持水能力差别较大，这与土壤类型不同有关。

表 14.23　尖峰岭 161 个公里网格样地 0～30 cm 土层土壤储水能力

项目	平均值±标准偏差	变化范围
最大储水能力（t/hm²）	1484.8±159.0	1001.7～1848.0
最大储水深（mm）	148.5±15.9	100.2～184.8
有效储水能力（t/hm²）	365.6±119.4	83.4～639.6
有效储水深（mm）	36.6±12.0	8.3～64.0

（3）土壤水分动态变化

土壤水分动态是指土壤水势或水分含量随时间发生变化，它不仅受气象、土壤及植被类型等其他因素影响，而且它本身直接影响森林的水源涵养功能及树木的生长状况。降水、气温、辐射和空气湿度等气候因子的季节性变化，都会引起土壤水分发生相应的规律性变化。

研究选取了 2007～2010 年尖峰岭生态站小气候自动观测系统对山地雨林原始林、

山地雨林次生林和低地雨林原始林土壤水分的有效连续监测数据，分析不同林分土壤水分的月变化和垂直变化规律，为研究热带地区水分平衡、植被建设提供一定参考。

由图 14.22 可以看出，山地雨林原始林 100 cm 内各土层土壤含水量的月变化均呈现双峰趋势，3 月、5 月和 10 月为转折点，10 月最高，3 月最低。旱季、雨季土壤含水量差别明显，这也与降水变化趋势基本一致。

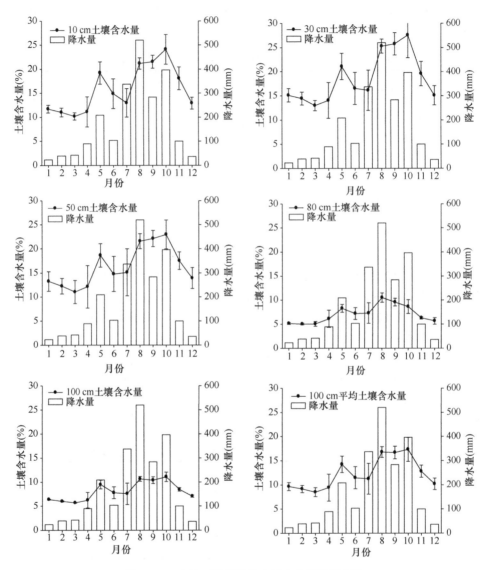

图 14.22　山地雨林原始林土壤含水量的月变化

由统计结果可知（表 14.24），山地雨林原始林 0～100 cm 土层土壤含水量年平均值是 12.3%，10 月最高（17.3%），3 月最低（8.5%）。其中 10 cm 土层土壤含水量变化范围是 10.2%～24.1%，平均为 15.74%；30 cm 土层土壤含水量年平均值为 18.66%，最大值为 27.6%（10 月），最小值为 13.0%（3 月）；50 cm 土层土壤含水量年平均值为 16.26%，变化范围是 11.0%～23.0%；80 cm 层土壤含水量年平均值为 7.08%，最大值为 10.5%（8

月），最小值为 5.0%（2 月）；100 cm 土层土壤含水量变化范围是 5.7%~11.1%，年平均值为 8.07%。

表 14.24　山地雨林原始林各月份不同土层土壤含水量统计特征 （%）

月份	10 cm		30 cm		50 cm		80 cm		100 cm		0~100 cm	
	平均	CV	平均	CV	平均	CV	平均	CV	平均	CV	平均	CV
1	11.7	6.8	15.1	9.0	13.2	15.4	5.2	4.0	6.4	1.5	9.7	8.2
2	11.0	8.3	14.5	9.2	12.2	13.3	5.0	3.6	6.0	2.1	9.1	7.2
3	10.2	7.4	13.0	8.1	11.0	21.9	5.1	9.9	5.7	1.4	8.5	9.9
4	11.1	28.1	14.1	26.3	12.1	36.5	6.1	29.2	6.2	26.2	9.4	29.0
5	19.2	12.2	21.1	12.9	18.6	13.1	8.3	10.0	9.5	9.7	14.2	11.1
6	14.9	20.6	16.5	20.0	14.8	24.7	7.2	16.9	7.8	15.7	11.5	18.7
7	13.0	22.7	16.2	25.8	15.1	32.4	7.3	29.2	7.6	29.6	11.3	27.8
8	21.2	5.6	25.3	5.8	21.6	7.2	10.5	9.1	10.7	4.6	16.8	6.2
9	21.5	6.2	25.8	8.9	22.1	7.7	9.6	8.4	10.4	6.6	16.7	7.1
10	24.1	12.7	27.6	16.9	23.0	13.1	8.6	16.7	11.1	8.8	17.3	13.6
11	18.1	13.2	19.6	12.9	17.5	10.3	6.3	3.9	8.4	4.3	12.8	6.0
12	12.9	8.8	15.1	12.2	13.9	14.6	5.7	11.4	7.0	3.3	10.2	1.5

14.5　尖峰岭径流变化对气候变化的响应

14.5.1　气候变化对径流的影响

水循环作为流域生态系统物质和信息的运载体，同时也是气候系统中重要的组成部分，受气候条件的制约是非常直接和显著的。河川径流作为气候变化最主要的影响因子，迄今世界上已有大量有关气候变化对径流影响的研究，同时径流变化对全球变化的响应已成为国际上重点关注的问题（IPCC，2013）。

随着大气二氧化碳等温室气体浓度的增加，气温、降水等要素在全球范围内发生趋势性变化。总体而言，气温呈现升高趋势，而降水在不同地区也呈现增加或减少的差异性。温度和降水即使变化较小，由于其对蒸散和土壤湿度具有非线性影响，也能够导致径流发生较大的变化。在高纬度地区，降水增加会导致径流增多，低纬度地区由于蒸散增加、降水减少的综合作用，径流量会减少（刘世荣等，1996）。本节将研究低纬度的尖峰岭热带雨林流域径流对气候变化的响应。

影响径流的气候要素很多，但水资源对各气候要素变化的响应程度并不一致，其中以降水、温度两个要素对水资源变化的影响最大。因此，这里只分析降水和气温这两个要素对尖峰岭热带山地雨林径流的影响。

14.5.1.1　总径流

尖峰岭热带山地雨林多年总径流与年均气温的相关系数为 0.026（$P>0.05$），与降水之间的相关系数为 0.88（$P<0.01$）（图 14.23，图 14.24），这说明降水是影响尖峰岭热带雨林总径流的主要因子。径流的直接来源是降水，因此，气候要素中降水对径流的影响最大。

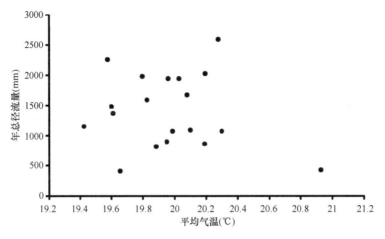

图 14.23　总径流与年均气温的关系

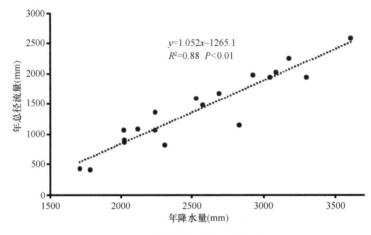

图 14.24　总径流与年降水量的关系

尖峰岭热带山地雨林多年平均气温为 19.8℃，1 月平均气温为 15.4℃，7 月平均气温为 24.6℃，气温年较差较小，对流域的潜在蒸发影响较小，而导致径流对温度的敏感性小。同时年径流量不仅与年降水总量有关，还与降水量的年内分配以及前一年度的降水量有关。由前面的分析可知，尖峰岭热带山地雨林受台风等极端气候天气影响很大，降水量的年际变化也很大，且没有明显的变化趋势，因此，未来降水对径流的影响还具有很大的不确定性。

14.5.1.2　快速径流

由图 14.25 和图 14.26 可知，尖峰岭热带山地雨林流域快速径流与年均气温的相关系数为 0.001（$P>0.05$），与降水之间的相关系数为 0.73（$P<0.01$），说明降水是影响尖峰岭热带雨林流域快速径流的主要因子。

14.5.1.3　枯水径流

基于流量持续曲线（FDC）和 Ouyang（2012）改进的流量选择方法，尖峰岭热带

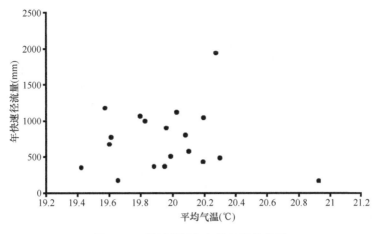

图 14.25　快速径流与年均气温的关系

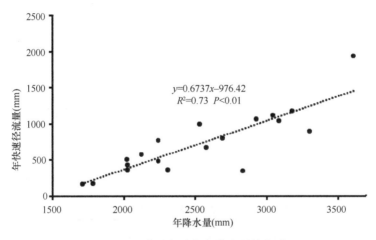

图 14.26　快速径流与年降水量的关系

山地雨林 18 年间的 60 天周期枯水流量平均为 0.49 m^3/s，其发生频率和间隔分别为 67% 和 1.5 年，即每隔 1.5 年尖峰岭热带山地雨林集水区发生 0.49 m^3/s 枯水流量的概率为 67% （图 14.27，表 14.25）。

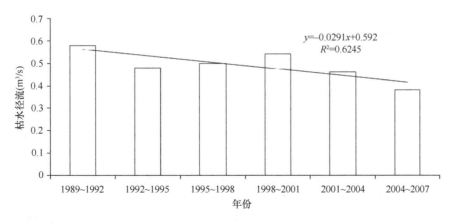

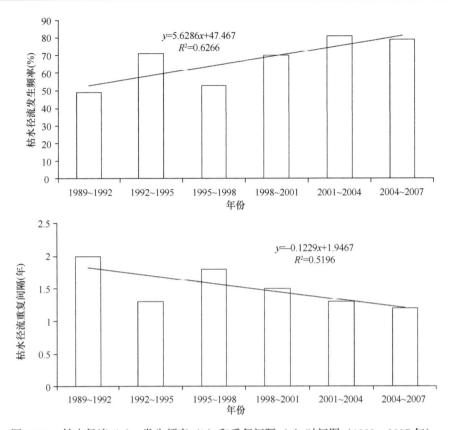

图 14.27　枯水径流（a）、发生频率（b）和重复间隔（c）时间图（1989~2007 年）

表 14.25　尖峰岭山地雨林枯水流量发生频率与间隔

年份	枯水流量（m³/s）	发生频率（%）	重复间隔（年）	平均气温（℃）
1989~1992	0.58	49	2	24.93
1993~1995	0.48	71	1.3	24.95
1996~1998	0.50	53	1.8	25.17
1999~2001	0.54	70	1.5	24.92
2002~2004	0.46	81	1.3	24.95
2005~2007	0.38	79	1.2	25.51

　　由图 14.28 可知，枯水径流与空气温度呈负相关（$P<0.05$），即尖峰岭热带山地雨林集水区随着气温的增加，枯水径流表现为线性减小。枯水径流与土壤温度的相关性不显著，表明土壤温度不是引起枯水径流发生变化的影响因子。枯水径流与降水的相关性不显著，即尖峰岭热带山地雨林集水区枯水径流不随降水的增加而变化，表明降水同样不是引起枯水径流发生变化的影响因子。

14.5.1.4　小结

　　通过径流与气温和降水的相关分析可知，气温是影响尖峰岭热带山地流域枯水径流的主要因子，而降水是影响总径流和快速径流的主要因子。

　　年均气温每增加 0.1℃，枯水径流减小 0.02 m³/s。年降水量每增加 100 mm，总径流增加 105 mm，快速径流增加 67 mm。

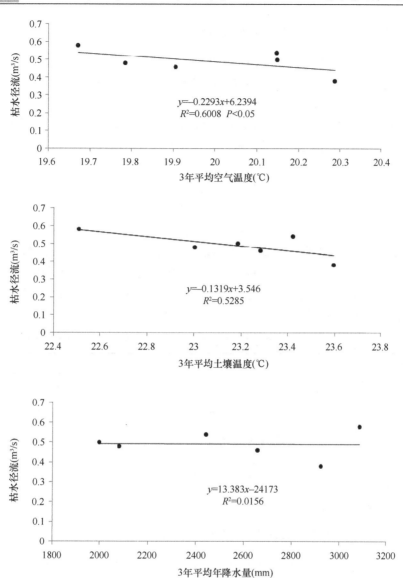

图 14.28　枯水径流与 3 年平均空气温度、土壤温度、年降水量的关系

14.5.2　未来气候变化对径流的影响

14.5.2.1　尖峰岭热带雨林小流域未来气候变化情景

全球气候变暖已经和正在影响着人类社会的发展，引起了国际社会和科学界的高度关注。IPCC（2013）第五次报告指出，1880～2012 年全球温度升高了 0.85℃，1901 年以来，北半球中纬度陆地区域平均降水量增加。预计与 1986～2005 年相比，2016～2035 年全球平均表面温度可能升高 0.3～0.7℃；21 世纪，全球水循环对变暖的响应不均一，干湿地区之间和干湿季节之间的降水差异将会增大；随着全球平均表面温度的上升，中纬度大部分陆地地区和湿润的热带地区的极端降水事件很可能强度加大、频率增高（IPCC，2013）。

14.5.2.2　未来降水变化对径流的影响

假定未来气候变化将重现降水减小的情景，根据前人研究区域未来气候变化的成果，同时结合本研究流域年径流主要受降水量的影响而几乎没有受到气温的影响，设定未来尖峰岭热带森林流域降水变化情景为降水量减少 10%、5%，增加 0、5%、10%、15%、20%共 7 个，分析尖峰岭热带森林流域年径流对未来降水量变化的响应。

根据图 14.24 和图 14.26，可以采用数理统计的方法对流域年总径流和快速径流与年降水量间的关系进行模型拟合，其关系式分别为

$$Q_{总径流}=1.052P-1265.1 \quad (R^2=0.88，P<0.01) \quad (14.20)$$
$$Q_{快速径流}=0.6737P-976.42 \quad (R^2=0.88，P<0.01) \quad (14.21)$$

式中，Q 为径流（mm）；P 为年降水量（mm）。

上面所有公式经过检验，各变量间所拟合的统计模型具有统计学意义，可以代表流域年总径流和快速径流与年降水量的关系。以所建立的流域年总径流和快速径流与年降水量的回归方程为依据，根据所设定的气候变化情景，计算出流域年总径流和快速径流对未来降水变化的响应规律，结果如表 14.26 所示。

表 14.26　不同降水变化情景下尖峰岭森林流域年总径流和快速径流的变化率

降水情景	−10%	5%	0	5%	10%	15%	20%
总径流	−21%	−10%	0	12%	23%	34%	45%
快速径流	−22%	−6%	0	25%	40%	56%	71%

结果表明，降水量的增加明显增加流域径流。这表明在尖峰岭热带森林流域中，降水对径流的影响起着重要的作用。在未来降水量变化趋势中，降水量每增加 5%时，流域总径流和快速径流分别增加 12%和 25%，快速径流增加的幅度大于总径流，说明不同径流量对降水变化的响应存在差异。

14.5.2.3　未来气候变暖对枯水径流的影响

气温作为热量指标对森林流域径流的影响主要是通过影响流域总蒸散量来实现的。一般来说，随着气温的升高，流域的蒸散量也会增多，因而径流输出就会减少。此外，气温还会改变流域高山区的降水形态、流域下垫面与近地面层空气之间的温差从而形成流域小气候。总之，气温上升改变了流域的产流条件，减少了地表径流的形成。

尖峰岭热带山地雨林 1980～2005 年气候变化分析结果表明，年平均气温升高趋势明显，每 10 年增加 0.32℃。基于该研究结果，设定未来 50 年尖峰岭热带森林流域气温变化情景为年平均气温增加 0、0.3℃、0.6℃、0.9℃、1.2℃和 1.5℃共 6 个，分析尖峰岭热带森林流域年径流对未来气温升高的响应。

采用数理统计的方法对流域年枯水径流和年均气温间的关系进行模型拟合，其关系式为

$$Q_{枯水径流}=-0.2293T_a+6.2394 \quad (R^2=0.6008，P<0.05) \quad (14.22)$$

以所建立的流域年径流与年均气温的回归方程为依据，根据所设定的气候变化情景，计算出流域年径流对未来降水变化的响应规律，结果如表 14.27 所示。气温的增加

明显减小流域枯水径流。这表明在尖峰岭热带森林流域中，气温对枯水径流的影响起着重要的作用。在未来气候变暖趋势中，年平均气温每增加 0.3℃，流域枯水径流减小 0.07 m³/s。

表 14.27　不同升温变化情景下尖峰岭森林流域枯水径流的变化

气温升高情景（℃）	0	0.3	0.6	0.9	1.2	1.5
枯水径流（m³/s）	0	0.07	0.14	0.21	0.28	0.35

温度上升除了影响蒸散外，另一个重要影响是改变了大气环流原有的运动规律，使全球气候变化越来越不稳定，导致台风、极端干旱等极端气候事件增多，从而影响降水量，并最终影响到热带山地雨林的径流量。

14.5.2.4　多变量回归模型

以上分别分析了降水和气温对径流量的影响，实际上多个气候因子同时综合对径流产生影响。为此，我们选择多变量自回归模型（CAR），以年径流量为因变量 Y，以年降水量（X_1）、年均气温（X_2）、年水面蒸发量（X_3）为自变量，建立时间序列多变量自回归模型。应用 DPS 系统，选择检测的显著水平为 0.05，建模所用的递推最小二乘法的遗忘因子为 1.0。以下是 DPS 系统的分析结果。

多变量自回归（CAR）模型定阶检验：CAR（n）残差平方和为 0.053 23；CAR（n -1）残差平方和为 0.081 66；模型定阶的 F 检验值为 0.320 465。

选定阶次模型全参数时的残差平方和为 0.081 659。

选定阶次、剔除不显著因素后模型的残差平方和为 0.086 188。

判断是否应该剔除不显著因子的检验值 $F = 0.277\ 319$。

$$F_{(a=0.05)} = 4.1028$$

剔除影响不显著项后的 CAR 模型：

$$Y_{(t)} = 0.537\ 926\ 5 Y_{(t-1)} + 0.949\ 748\ 7 X_{(2,t)} - 0.524\ 091\ 0 X_{(2,t-1)} + 1.125\ 046\ 1 X_{(3,t)} - 1.428\ 436\ 0 X_{(3,t-1)}$$

图 14.29 是模型的拟合效果图，该图说明拟合效果不错，可以用于预测未来气候变化对年径流量的影响。

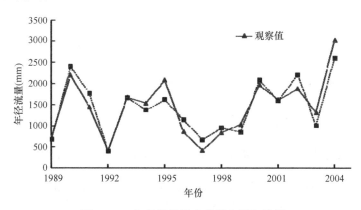

图 14.29　年径流量的多变量自回归模拟

主要参考文献

符淙斌. 1994. 气候突变现象的研究. 大气科学, 18(3): 373-384.

符淙斌, 王强. 1992. 气候突变的定义和检测方法. 大气科学, 16(4): 482-493.

高桥浩一郎. 1979. 月平均气温月降水量以及蒸发散量的推定方式. 天气(日本), 26 (12): 759-763.

何春生. 2004. 海南岛 50 年来气候变化的某些特征. 热带农业科学, 24(4): 19-24.

姜海燕, 赵雨森, 陈祥伟, 等. 2007. 大兴安岭岭南几种主要森林类型土壤水文功能研究. 水土保持学报, 21(3): 149-133.

蒋有绪, 卢俊培. 1991. 中国海南岛尖峰岭热带林生态系统. 北京: 科学出版社.

李栋梁, 张佳丽, 全建瑞, 等. 1998. 黄河上游径流量演变特征及成因研究. 水科学进展, (3): 22-28.

李晓燕, 翟盘茂. 2000. ENSO 事件指数与指标研究. 气象学报, 58(1): 102-109.

李意德, 陈步峰, 周光益, 等. 2002. 中国海南岛热带森林及其生物多样性保护研究. 北京: 中国林业出版社.

李意德, 许涵, 骆土寿, 等. 2012. 中国生态系统定位观测与研究数据集 森林生态系统卷: 海南尖峰岭站(生物物种数据集). 北京: 中国农业出版社.

刘世荣, 温远光, 王兵, 等. 1996. 中国森林生态系统水文生态功能规律. 北京: 中国林业出版社.

邱治军. 2011. 海南尖峰岭热带山地雨林生态系统水文特征与演变规律. 北京: 中国林业科学研究院博士学位论文.

任国玉, 郭军, 徐铭志, 等. 2005. 近 50 年中国地面气候变化基本特征. 气象学报, 63(6): 942-956.

孙艳红, 张洪江, 程金花, 等. 2006. 缙云山不同林地类型土壤特性及其水源涵养功能. 水土保持学报, 20(2): 106-109.

陶云, 何华, 何群, 等. 2010. 1961～2006 年云南可利用降水量演变特征. 气候变化研究进展, 6(1): 8-14.

王绍武. 1994. 近百年来气候变化与变率的诊断研究. 气象学报, 52(3): 261-273.

王治国, 张云龙, 刘徐师, 等. 2000. 林业生态工程学: 林草植被建设理论与实践. 北京: 中国林业出版社.

魏凤英. 2007. 现代气候统计诊断与预测技术. 2 版. 北京: 气象出版社: 37-41.

魏凤英, 曹鸿兴. 1995. 中国、北半球和全球的气温突变分析及其趋势预测研究. 大气科学, 19(2): 140-148.

徐俊增, 彭世彰, 丁加丽, 等. 2010. 基于蒸渗仪实测数据的日参考作物蒸发腾发量计算方法评价. 水利学报, 12(41): 1497-1505.

薛立, 冯慧芳, 郑卫国, 等. 2008. 冰雪灾害后粤北杉木林林冠残体和凋落物的持水特性. 林业科学, 44(11): 82-86.

燕东. 2011. 海南尖峰岭热带雨林凋落物和土壤水文特性研究. 北京: 中国林业科学研究院硕士学位论文.

张振明, 余新晓, 牛健植. 2006. 不同林分枯落物的水文生态功能. 水土保持学报, 19(3): 139-43.

周璋, 林明献, 李意德, 等. 2015a. 海南岛尖峰岭林区 1957～2003 年间光、水和风等气候因子变化特征. 生态环境学报, 24(10): 1611-1617.

周璋, 林明献, 李意德, 等. 2015b. 海南岛尖峰岭林区近 50 年的热量因子变化特征. 生态环境学报, 24(4): 575-582.

周璋, 李意德, 林明献, 等. 2009. 海南岛尖峰岭热带山地雨林区 26年的气候变化特征——光、水和风因子. 生态学报, 29(3): 1112-1120.

朱金兆, 刘建军, 朱清科, 等. 2002. 森林凋落物层水文生态功能研究. 北京林业大学学报, 26(5/6): 30-34.

Chapman T. 1991. Comment on "Evaluation of automated techniques for base flow and recession analysis" by R J Nathan and T A McMahon. Water Resources Research, 27(7): 1783-1784.

Chapman T. 1999. A comparison of algorithms for stream flow recession and base flow separation.

Hydrological Processes, 13: 701-714.

IPCC. 2013. Climate Change 2013: The Physical Science Basis. Contribution of Working Group I to the Fifth Assessment Report of the Inter Governmental Panel on Climate Change. Cambridge: Cambridge University Press.

Jones P D. 1988. Hemispheric surface air temperature variations: recent trend and an update to 1987. Journal of Climate, 1(6): 654-660.

Nathan R J, McMahon T A. 1990. Evaluation of automated techniques for base flow and recession analyses. Water Resources Research, 26: 1465-1473.

Ouyang Y. 2012. A potential approach for low flow selection in water resource supply and management. Journal of Hydrology, 454-455: 56-63.

第 15 章　东部南北样带主要生态系统水分平衡与植被活动规律

15.1　引　言

气候变化引起植被变化（结构或功能）一直是科学界长期关注的问题，在全球范围内，气温升高促进蒸散量（ET_a）和降水量（P）的增加，从而加快全球水循环（Held and Soden，2000；Huntington，2006）。然而最近发现，在过去的几十年里，全球风速降低导致大气蒸发需求降低，许多地方测量到蒸发皿蒸发率下降，这要对能源受限流域比水分受限流域产生更大的影响（McVicar et al.，2012a）。大规模的植被活动（如物候和生产力）与蒸发密切相关，由此与区域水文循环相联系（IPCC，2007）。以前公认气候变暖通过延长生长季促进北部高纬度地区植物生长（Myneni et al.，1997）。后来，Nemani 等（2003）发现太阳辐射增加引起热带森林的最大净初级生产力（NPP）增加。最近，Zhao 和 Running（2010）发现过去 10 年区域频繁干旱是制约植物生长和 NPP 增加的主要因素。因此，我们怀疑气候变暖会继续增加植被活动，或者是不同气候条件的限制更为重要或正在变为重要的。基于长期的生态水文平衡和趋势评估生态系统对气候变化的敏感性至关重要。

温度（T）和降水量（P）是决定植被变化的主要环境胁迫因子（Zhang et al.，2001；Sun et al.，2011），而它们对不同生态系统的综合效果很少被研究。例如，在许多生态系统中增加气温可能延长生长季（Piao et al.，2006a；Dragoni et al.，2011；Yu et al.，2010），但仅增温可能不会有益于发生水分胁迫的植被，因为它增加了蒸发量进而加速生态系统水的损失。在水资源有限的情况下，P 序列对植被序列有最大的影响（Martiny et al.，2006）。然而，在能量有限的情况下，辐射（Nemani et al.，2003）或其他因素如气压、风速（McVicar et al.，2010，2012a，2012b）等，支配着蒸散。因此，完全基于物理的蒸散模型，结合使用主要气象变量是更可取的（McVicar et al.，2012b），特别是评价植被对气候变化的生态水文响应时（Tan，2007；Donohue et al.，2009，2012；Scheiter and Higgins，2009）。有学者已经对地区或区域水量平衡与植被覆盖或成分变化（特别是与剧烈的森林干扰，如密集地砍伐树木（Zhang et al.，1999；Andréassian，2004；Brown et al.，2005）或森林火灾（Lavabre et al.，1993）的关系进行了广泛的研究（Niehoff et al.，2002；Hundecha and Bárdossy，2004；Sun et al.，2005；Zhang and Schilling，2006；McVicar et al.，2007；Wei and Zhang，2010；Zeng et al.，2012；Zang et al.，2012）。这些明显的森林干扰极大地改变了植被覆盖度，从而改变了水文过程。

为了满足越来越多的评估植被活动和气候变化下的水文响应的需要，一个基于遥感的定量绿色生物量指数——归一化植被指数（NDVI）被提出。NDVI 与叶绿素含量和叶密度相关（Tucker and Sellers，1986），已被广泛用于评估大规模植被活动，包括地上初级生产力（Tan，2007）或植被物候学（Piao et al.，2006a；Dragoni et al.，2011；Yu et al.，2010）。遥感平台的主要优点之一是其数据具可用性，不仅在空间上，而且在时间序列上可用于观察植被模式的变化和发展（Wang et al.，2012）。归一化植被指数季节性动态能够追踪大流域季节性水量平衡过程（Rhee et al.，2010；Sun et al.，2008）。具体来说，植被 NDVI 与流域水量平衡成分[即实际蒸散量(ET$_a$)]联系紧密，在评估渐变植被的水文效应时，是一种重要的测量指标。归一化植被指数数据可从遥感图像中获得，如NOAA/AVHRR、SPOT/VEGETATION 和 MODIS，因此可以用高时间分辨率影像来检查很长一段时间内大空间尺度上的植被物候变化趋势（White et al.，1997，2005；Beck et al.，2011）。长期、精细的时间和空间分辨率遥感归一化植被指数的数据集，促进了植被功能和气候变化间关系的研究。然而，多数现有文献关注 NDVI 和降水量（Méndez-Barroso et al.，2009）或温度（Prasad et al.，2006，2007）之间的关系。一些反映气候和植被关系的指数，如广泛的干旱指数（AI）（Budyko，1974；Arora，2002；Suzuki et al.，2006），归一化干旱条件指数（SDCI）和温度植被干旱指数（TVDI）（Patel et al.，2009；Chen et al.，2011），其公式只涉及气象变量。事实上植被响应干旱存在耗水差异的假设可能为探索植被对环境胁迫的抵抗力提供线索，从而指示生态系统的稳定性。P 和 ET$_a$ 之间的差异决定了生态系统的蓝色水产量，已被广泛用于确定土地管理替代方案，如评估极端气候事件或世界各地土地利用变化的影响（Brown et al.，2008；Liu et al.，2009；Liu and Yang，2010；Sun et al.，2011）。考虑到干旱或水分亏缺已经成为世界植物生长的主要约束（Zhao and Running，2010），需进一步评估生态系统敏感性，提出一种基于新的水量平衡概念的与植被活动和功能相关的指数很有必要。

我们的研究目标是：①确认气候、植被沿着中国东部南北样带（North-South Transect of Eastern China，NSTEC）的空间格局和时间动态与 12 个主要植被类型；②检查生长季集成的归一化植被指数所呈现的气候动态和植被活动之间的关系，从而明确植被活动的主要限制；③制定一个新的基于水量平衡概念的指数，代表生长季水分亏缺。基于水分亏缺和植被活动的时间动态，我们确定可能对气候变化敏感的植被。

15.2 陆地样带研究的发展

科学研究证实全球变化正在加剧，以气候变暖为突出标志的全球环境变化对陆地生态系统产生了严重影响，如自然灾害频繁发生、全球范围森林衰退、生物多样性锐减、土地退化与荒漠化、植被带迁移等，这些问题直接影响人类赖以生存的环境及社会的可持续发展，已经引起了科学家、各国政府与社会各界的极大关注。准确地预测生态系统的结构和功能对全球变化的反应及其反馈作用是国际全球变化研究计划的最终目标（陈燕丽，2007）。国际地圈-生物圈计划（International Geosphere-Biosphere Programme，IGBP）的核心项目之一"全球变化与陆地生态系统"（Global Change and Terrestrial Ecosystem，GCTE）过去十几年的观测、实验和模拟表明，气候变化在不同的时空尺度上对生物圈，特别是人类赖以生存的陆地生态系统产生了深刻的影响（Walker et al.，1999；Karl and Trenberth，2003），不仅包括陆地生态系统的结构（如物种组成和植被地理分布格局），还包括其功能（如净初级生产力和碳循环）。植被是陆地生态系统的主要指标之一，具有明显的年际变化、季节变化特点，是联结土壤、大气和水分的自然纽带；植被变化体现着自然演变和人类活动对生态环境的作用，因此在全球变化中植被充当着"指示器"的作用（马明国等，2006）。植被与气候之间的相互作用主要表现在两个方面：植被对气候的适应性与植被对气候的反馈作用。升温、降水量增加和 CO_2 浓度增高等变化会引起植被生态系统功能的变化，包括光合作用、呼吸作用和生长季节与物候等，最终影响全球碳平衡格局。监测长时间系列植被活动的年际变化特征有助于我们更好地理解和模拟陆地生态系统的动态变化特征，揭示全球气候变化的规律。中国地处东亚季风区，其环境具有空间上的复杂性、时间上的易变性和对外界变化的响应和承受力敏感与脆弱的特点（周广胜等，2004），研究全球变化与植被空间分布格局的关系，预测未来植被的发展趋势，对于制定我国的可持续发展战略具有重要的科学和实践意义。

经过长期研究，科学家已经基本清楚了全球变化引起生态系统和植被分布格局变化的驱动因子，但对其驱动机制的认识还存在很多不确定性。全球变化是如何影响我国陆地生态系统/植被的分布格局的，也就是说，生态系统/植被分布格局变化的环境驱动机制是什么？成为摆在我国科学家面前的一个关键科学问题。IGBP 的主要研究目标为预测气候变化及未来气候变化对陆地生态统的可能影响。这一目标的实现取决于气候预测的准确性和气候与植被之间关系模式的建立。IGBP 提出了全球变化的陆地样带研究方法。由于陆地样带可以作为分散研究站点观测研究与一定空间区域综合分析的桥梁，以及不同时空尺度模型之间耦合与转换的媒介，尤其是可作为进行全球变化驱动因素梯度分析的有效途径，已经成为 IGBP 的核心项目和非 IGBP 的研究项目（如生物多样性研究）的重要有效手段（周广胜，1999）。因此，解决这个关键问题的重要平台和有效途径之一就是陆地样带（terrestrial transect）。

陆地样带是空间变化的单一因子控制的梯度，它由沿基本梯度分布的一系列研究站点组成，有一定的长度和足够的宽度来涵盖遥感影像单元（Koch et al.，1995）；样带研究是连接分散站点的调查、观测和实验与区域的综合分析及建模，从而实现样带大尺度空间集成的一种方法，对于理解区域和国家尺度上陆地生态系统组成与结构、生物地球化学过程、地表与大气物质和能量交换等的全球变化影响具有重要作用（Koch et al.，1995）。在全球变化的研究框架里，样带研究：①有利于实现生态学过程从局地、景观、区域到全球的尺度转换；②通过数据和资源共享，强化多学科的合作研究；③为遥感和全球模型研究提供了理想的地面数据平台；④推动全球变化研究服务于生态系统管理实践的进程；⑤提高稀有资源的利用效率（Koch et al.，1995；Steffen，1995；Steffen et al.，1999；Canadell et al.，2002）。

中国东部南北样带（NSTEC）是世界上独特完整的受热量梯度驱动的植被连续带。由于在这条样带上，既包括了中国主要的农林业生态系统，又几乎覆盖了夏季东南季风气候控制下的地带性生态系统类型，是世界上典型的受热量驱动的纬度地带系列，对于全球变化增温效应的气候-生态系统研究来说是最理想的天然试验场（李岩等，2004）。

15.3 中国东部南北样带的概况

中国东部南北样带（NSTEC）的主体从中国东部 108°E～118°E 沿经线由海南岛北

上到 40°N，然后向东错位 8°，再由 118°E～128°E 往北到国界，总面积约占国土面积的 1/3，覆盖 17 个省市（彭少麟等，2002）（图 15.1）。样带南北距离超过 3500 km，有明显的热量梯度与水热组合梯度，同时还有土地利用强度的变化（滕菱等，2000）。南北样带是地圈-生物圈计划（IGBP）在 2000 年设立的国际标准样带，目标在于研究全球变化的科学问题（Gao et al.，2003）。

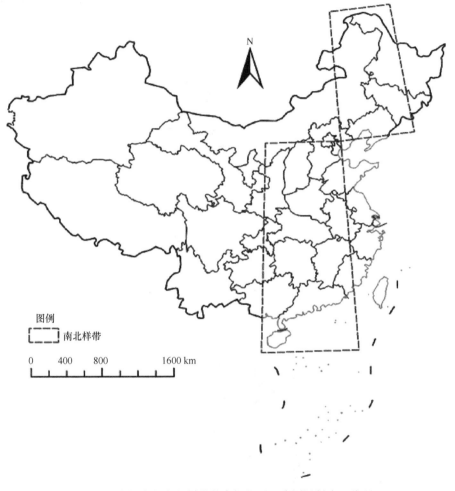

图 15.1　中国东部南北样带的空间位置（彩图见封底二维码）

　　中国东部南北样带受季风影响很显著，我国亚热带植物不能在秦岭、淮河以北生长，真正的热带植物不能在雷州半岛湛江以北正常生长，故秦岭、淮河一线是亚热带的北界，湛江的纬度圈是热带的北界，因此，我国季风亚热带和季风热带的北界，比理论上的界线依次南移 4～5 个纬度，这是因此我国冬季风特别强烈，所以暖温带与温带的界线在北京与沈阳之间（叶笃正和陈泮勤，1992）。南北样带的华南地区为多雨区，秦岭、淮河以南为湿润区，黄淮平原和东北大部分地区为半湿润区，东北西部为半干旱区，没有干旱区和极端干旱区。因而，其光、温、水资源十分丰富（叶笃正和陈泮勤，1992）。
　　南北样带内的年平均气温具明显的从南至北递减的趋势：海南 24℃，广东 20～24℃，湖南、湖北、江西 16℃,河南、安徽、河北、北京 8～12℃,辽宁 4～8℃,黑龙江 0～4℃。最冷月温度由南至北也逐渐降低,从海南的 20℃,到广东的 12～16℃,湖南、湖北 4～8℃,河南、安徽 0～4℃,山西、河北–4～8℃,辽宁–12℃,黑龙江–20～28℃。最热月温度在整个样带(除山地外)都在 20～30℃,纬度影响几乎消失(滕菱等,2000)(图 15.2)。样带的气温年较差从南至北显著增高:海南 10～15℃,广东约 20℃,湖南、湖北、江西 30℃,河南、安徽、河北、北京 30～35℃,辽宁 30～40℃,黑龙江在 40℃以上。从以上可以看出,东部样带的热量资源区域差异较大,基本趋势是从南至北递减。

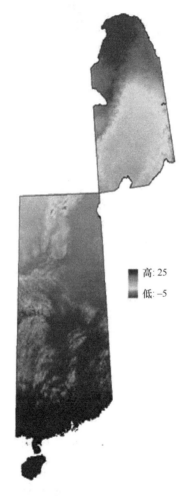

高: 25
低: –5

图 15.2　1982～2006 年南北样带年平均温度(℃)(彩图见文后图版)

　　由于受多种自然地理因素,如南北纬度高低的差异、东西距海远近的不同、地形起伏高低等的影响,南北样带上的降水量分配很不均匀。但是在总体上有自东南沿海向西北内陆递减的趋势,等雨量线大致呈东北-西南走向,样带上则大致以长江为 1000 mm 等雨量线,样带的长江以南地区年降水量在 1000 mm 以上,其中广东、海南在 1500 mm 以上,福建、湖南、江西、湖北为 1000～1400 mm,河南、安徽为 1000 mm 左右,河北、北京、山西为 500～700 mm,东北为 500 mm 左右,呈现由南至北递减的趋势。在东部南北样带，海南、广东的降水日为 100～150 d，江西、湖南、湖北为 120 d 左右，华北为 50～70 d，东北为 75～100 d（滕菱等，2000）（图 15.3）。

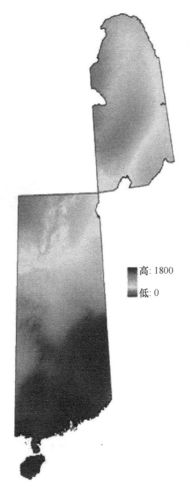

高: 1800

低: 0

图 15.3　1982～2006 年南北样带年平均降水量（mm）（彩图见文后图版）

中国年太阳总辐射量的范围为 376.7～795 kJ/cm^2，各地年太阳总辐射量以西北、华北、东北较大，以四川盆地、贵州东部、两湖盆地较小，华南及长江下游介于中间。在东部样带的分布特征是：以湖北、江西、湖南为界，样带南方从海南岛的 544 kJ/cm^2，到广东的 502 kJ/cm^2，再到湖南、湖北的 418.5～460 kJ/cm^2，样带北方从河南、安徽的 502 kJ/cm^2，到河北、北京的 544 kJ/cm^2，内蒙古、辽宁的 502～544 kJ/cm^2，到黑龙江降至 460 kJ/cm^2（滕菱等，2000）。

全国年平均日照时数为 1200～3400 h，年平均日照百分率为 30%～70%（滕菱等，2000），其分布规律大致与太阳总辐射量相同，在东部样带的分布特征为：以湖北、江西为界，南方从海南的 3000 h，到广东的 2000 h，再到湖南的 1800 h，江西、湖北的 2000 h，河南、安徽的 2200～2400 h，山西、河北、北京的 2800 h，辽宁至黑龙江为 2400 h（图 15.4）。日照百分率的分布规律与日照时数分布相似，海南、珠江流域、长江流域在 40% 左右，华北区域、东北区域在 50%～70%（图 15.5）。

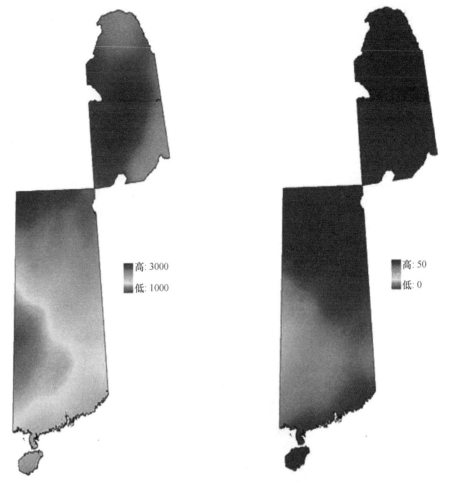

图 15.4　南北样带年平均日照时数分布（h）　　图 15.5　南北样带年平均日照百分率分布（%）
　　　　（彩图见文后图版）　　　　　　　　　　　　　　（彩图见文后图版）

　　中国自白垩纪以来，基本保持着温暖而湿润的气候，受冰川的影响小，加上有复杂的地形，因而植物种类组成十分丰富，仅种子植物就达 301 科 2980 属 30 000 多种，居世界第三位。丰富的物种构成了中国复杂多样的森林植被类型（孙颔，1994；朱炳海，1962；吴征镒，1980）。在南北样带的最北端分布着地带性的寒温带针叶林，主要种类是兴安落叶松；从辽宁到秦岭、淮河以北的广大丘陵地区分布着暖温带落叶阔叶林，建群种是壳斗科、桦木科、杨柳科、榆科和槭树科等科的树种，落叶栎类和槭、榆、椴等常组成典型的落叶阔叶林；在秦岭至南岭间分布着常绿阔叶林和落叶阔叶林，以壳斗科、樟科、茶科和木兰科的树种为主；在广东、海南等地区分布着热带季雨林和季雨林，主要是樟科、壳斗科、无患子科、龙脑香科、楝科等热带种类，海边有多种小乔木状红树林（滕菱等，2000）。

　　东部南北样带的主要植被分布（分布状况见图 15.6，具体植被类型代码见表 15.1）如下。

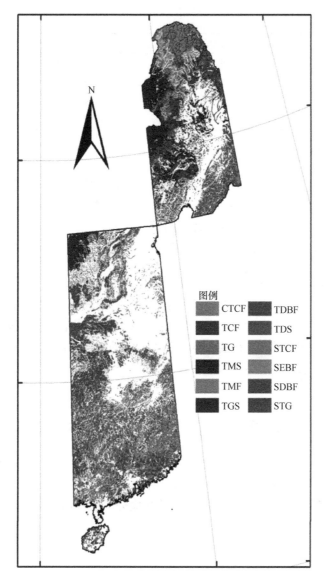

图 15.6　中国东部南北样带植被类型及分布图（彩图见文后图版）

植被类型缩写同表 15.1，下同

表 15.1　中国东部南北样带上不同植被类型及其分布概况

植被类型	简写	分布	NDVI 范围
寒温带山地针叶林	CTCF	48°N～53°N	0.11～0.77
温带针叶林	TCF	32°N～42°N	0.21～0.59
温带针阔叶混交林	TMF	40°N～47°N	0.20～0.77
温带落叶阔叶林	TDBF	32°N～53°N	0.16～0.70
温带落叶灌丛	TDS	30°N～50°N	0.18～0.61
温带草甸草原	TMS	35°N～53°N	0.11～0.67
温带禾草草原	TGS	36°N～50°N	0.12～0.43
温带草丛	TG	30°N～42°N	0.20～0.55

植被类型	简写	分布	NDVI 范围
亚热带热带针叶林	STCF	21°N～34°N	0.33～0.61
亚热带落叶阔叶林	SDBF	25°N～35°N	0.30～0.63
亚热带常绿阔叶林	SEBF	22°N～31°N	0.35～0.63
亚热带热带草丛	STG	18°N～34°N	0.31～0.59

（1）亚热带常绿阔叶林

亚热带常绿阔叶林为中亚热带和南亚热带的地带性植被，层片结构明显（乔木层、灌木层、草本层和地被层），层外有藤本植物和附生植物，具优势种；建群种主要为壳斗科、金缕梅科、大戟科、山矾科、冬青科植物。

（2）亚热带落叶阔叶林

亚热带落叶阔叶林主要分布在湖南、湖北等长江中下游区域，组成落叶阔叶林的树种有壳斗科的栎属、水青冈属、栗属，胡桃科的化香树属和山核桃属，樟科的檫木属，槭树科的槭属，金缕梅科的枫香树属，桦木科的鹅耳枥属、桤木属，榆科的榆属、榉属，以及安息香科的安息香属，豆科的合欢属和漆树科的黄连木属等。

（3）亚热带热带草丛

亚热带热带草丛在样带上分布比较广，主要有芒草（属）草丛，五节芒草丛，金茅、野古草、青香茅草丛，刺芒野古草草丛，穗序野古草草丛，蜈蚣草、细毛鸭嘴草草丛等。

（4）亚热带热带针叶林

亚热带热带针叶林的地带性十分明显，在样带的亚热带和热带区域内，分布着大面积的用材林。其灌木层和地被层都含有常绿成分，层片结构简单，主要树种为松、杉、柏。

（5）寒温带山地针叶林

寒温带山地针叶林分布于内蒙古和黑龙江北部以及长白山区域，主要包括兴安落叶松林、西伯利亚落叶松林、长白落叶松林、华北落叶松林、日本落叶松林、樟子松林、新疆五针松林、臭冷杉林和鱼鳞云杉林等类型。

（6）温带针叶林

温带针叶林分布在华北丘陵山地的褐土和胶东、辽东半岛的棕色森林土上，主要种为赤松、油松和侧柏。

（7）温带针阔叶混交林

温带针阔叶混交林为湿润温带的地带性植被，主要分布在东北东部低山和丘陵地带，其土壤为灰化棕色森林土，建群层片复杂，针叶树以红松为主，落叶阔叶树包括槭树科、椴树科、桦木科、榆科等，优势种不明显。

（8）温带落叶阔叶林

温带落叶阔叶林地带性十分显著，具中生叶，冬季脱落，具芽鳞，厚树皮，主要树种为壳斗科、榆科、椴树科、桦木科、松科、柏科。

（9）温带落叶灌丛

温带落叶灌丛广泛分布于陕西、山西、辽宁和内蒙古等省，种类丰富。

（10）温带草甸草原

温带草甸草原主要分布于内蒙古西部区域，形成在比较湿润的气候条件下，土壤为黑钙土。这类草原植物种类组成相当复杂，一般每平方米内有不同植物 35 种，其中多数是对水分条件要求较高的种类，如贝加尔针茅、地榆等。草甸草原植物群落的高度可达到 40～50 cm，是温带草原中产量最高的一种类型。

（11）温带禾草草原

温带禾草草原在南北样带的北部分布较广，包括羊草、大针茅、长芒草、芨芨草草原等。

（12）温带草丛

温带草丛主要分布于样带中部的陕西、山西和河北等地，主要有白羊草草丛、黄背草草丛等。

南北样带主要为季风气候，水分和热量资源十分充足，从低纬度到高纬度，温度和降水量呈递减趋势。本研究选取的样带主要植被从南至北依次为：亚热带常绿阔叶林、亚热带落叶阔叶林、亚热带热带针叶林、亚热带热带草丛、温带落叶灌丛、温带草甸草原、温带草丛、温带禾草草原、温带针阔叶混交林、温带落叶阔叶林、温带针叶林、寒温带山地针叶林等（图 15.6）。此外，本研究未选取热带雨林进行物候分析，是由于该植被类型几乎全年都在生长，没有明显的休眠期，季相不显著。

15.4　资料来源和研究方法

15.4.1　气象数据插值

利用 Anusplin（Ver. 4.1；Center for Resources and Environmental Studies，Australian National University，Canberra，Australia）软件，引入经度、纬度、高程信息作为协变量，采用三变量薄板光顺样条插值法（阎洪，2004；McVicar et al.，2007；Sun et al.，2008）对全国 752 个气象站点 1982～2006 年逐月的温度和降水量数据进行插值。

15.4.2　植被分类数据

本研究使用的植被图为中国科学院植物研究所 2001 年发布的 1∶100 万植被图。各个植被类型分布图的边缘区域受土地利用等多种因素的影响，是 NDVI 提取后产生噪声的主要原因之一，因此，首先应进行像元纯化处理。由于 NDVI 数据空间分辨率为 8 km × 8 km，因此植被图处理中，首先删除小于 64 km^2 的细小斑块；其次对植被图做缓冲处理，剔除像元边缘影响，进一步提高像元纯度。缓冲距离阈值偏大会造成数据不具代表性甚至植被类型缺失，缓冲区偏小无法有效地提高目标像元纯度。利用 ENVI 软件对植被图和 NDVI 数据进行匹配计算，该软件在匹配的过程中默认剔除面积小于 50% 的斑块，所以最后确定 2 km 作为缓冲距离最适宜（图 15.7）。上面的程序确保了选中的植被类型有准确和清晰的边界，在随后的叠加分析中归一化植被指数噪声大大降低。这项研究只选择自然植被类型，所有的人类影响地区包括城市和农田被排除在外。

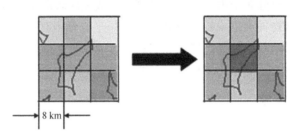

图 15.7　利用缓冲技术进行像元除噪（彩图见封底二维码）

15.4.3　NDVI 数据再处理

遥感数据是由美国国家航空航天局（NASA）全球监测与模型研究组（Global Inventor Modeling and Mapping Studies，GIMMS）发布的空间分辨率为 8 km × 8 km、时间范围从 1982 年到 2006 年共 25 年的 600 景数据，该数据已经过几何精纠正、辐射校正、大气校正等预处理，且都已采用最大值合成法（maximum value composite，MVC）减少云、大气和太阳高度角等的影响（McVicar and Bierwirth，2001；Tucker et al.，2005；Sun et al.，2008）。

双周 NDVI 数据来源于搭载在 NOAA 极地轨道卫星的 AVHRR 传感器（NOAA7、NOAA9、NOAA11、NOAA14、NOAA16），并由公式（15.1）计算：

$$\text{NDVI} = (R_{\text{nir}} - R_{\text{r}}) / (R_{\text{nir}} + R_{\text{r}}) \tag{15.1}$$

式中，R_{r} 是红色区域的光谱反射率（550～700 nm）；R_{nir} 是近红外光谱反射率（730～1000 nm）。

通常，NDVI 时间序列是连续和平滑的，因为随着时间的变化，植物树冠变化很小（Martiny et al.，2006）。然而，由于云的变化，数据传输错误、不完整或不一致的大气修正等影响，NDVI 数据集会有频繁的波动（Ma and Veroustraete，2006）。原始 NDVI 数据需要降噪或利用模型拟合以保证物候阶段的精度（Pouliot et al.，2011），尤其是热带和亚热带地区。在这项研究中，我们使用小波变换算法对原始 NDVI 数据去除噪声。小波信号分离到多分辨率组件，由一组函数表示。基函数的集合 $\{\Psi_{a,b}(t)\}$，可以通过移动和缩放母小波生成，根据 Martínez 和 Gilabert（2009）的公式：

$$\psi_{a,b}(t) \equiv \frac{1}{\sqrt{a}} \psi\left(\frac{t-b}{b}\right), a > 0, -\infty < b < \infty \tag{15.2}$$

式中，Ψ 是母小波（mother wavelet）；a 是一个特定的基函数的尺度因子；b 是在函数基础上平移的因子（Bruce et al.，2001；Pu and Gong，2004）。函数在零轴附近振荡，且固定在有限宽度区间（Martínez and Gilabert，2009）。利用小波变换算法分解为平滑(低频)信号和噪声(高频)信号。更多描述请参考 Quiroz 等（2011）及 Martínez 和 Gilabert（2009）。小波去噪的过程是在 MATLAB 的相关程序包中实现的。

小波变换算法广泛应用于数据信号的分析，如激光雷达信号降噪（Fang and Huang，2004），估算森林叶面积指数（LAI），检测 NOAA/AVHRR 归一化植被指数的年际变化及其与厄尔尼诺南方涛动指数和分析植被的变异性（Li and Kafatos，2000；Park et al.，2012）。然而，小波变换算法很少用来平滑时间归一化植被指数数据，图15.8 显示了原始的归一化植被指数数据与去噪之后的数据。显然，使用小波去噪可以帮助平滑异常值和保留（增加与减少）变化趋势及曲线形状（宽度和幅值）。

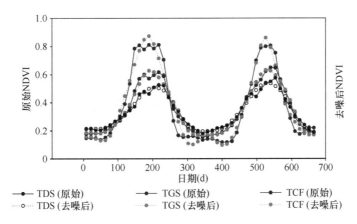

图 15.8　NDVI 时序数据的小波变换去噪处理（彩图见封底二维码）

15.4.4　物候期研究方法

基于遥感方法描述大尺度物候变化与基于单个植物或物种的物候监测有很大的不同。传统的生长季定义已经不再适用于遥感技术研究，许多学者进行了重新界定（Reed et al.，1994）。基于遥感技术反演的生长季开始日期和结束日期指的是较大尺度宏观区域地表植物生长季的开始和结束日期，而不是传统意义上定点、定株观测单一植物或植株生长季的开始和结束日期。区域的个别植株出现绿色并不意味着遥感技术生长季的开始；只有当地面绿度达到一定界限时，才能被遥感传感器所识别（武永峰等，2005）。因此，遥感手段提取出的返青起始期（或休眠起始期）是指区域植被的整体活动强度提高（或降低）最快的日期，该生长季描述的是整个植物群体在一年中的活跃状态。

15.4.4.1　利用样条平滑技术进行物候曲线模拟

采用基于样条平滑的最大斜率法计算植被物候。首先，应用样条平滑法模拟中国东部南北样带 12 种自然植被 25 年来的 NDVI 变化曲线（图15.9）；然后，应用最大斜率法确定各种植被每一年的物候（图 15.9）；最后，计算每一种植被各年的生长季长度。样条平滑法由参数 t 构成，使得公式（15.3）最小化：

$$t \sum_i \left[y_i - s(x_i) \right]^2 + (1-t) \int \left(\frac{d^2 s}{dx^2} \right)^2 dx \qquad （15.3）$$

式中，s 为以 t 为参数的样条平滑曲线函数；t 为平滑参数，定义在 $0\sim1$，如果 $t=0$，则为直线拟合，如果 $t=1$，则为三次方平滑。先根据计算机自动给出的 t 值进行模拟，再以较小步长逐步调整 t 值使拟合曲线平滑至适当值，在该模拟状态下，既有效地保留了物候变化信息，又较小地受到 NDVI 时间序列噪声的影响。

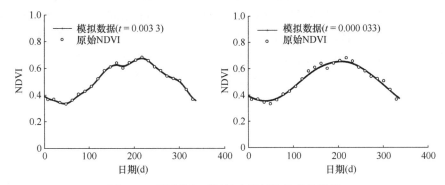

图 15.9　利用样条平滑技术进行物候曲线模拟

采用基于样条平滑的最大斜率法，可进一步降低 NDVI 时间序列中的噪声，生成平滑的拟合曲线（图 15.9）。同时，该方法可以将 25 年的 NDVI 时间序列作为一个连续的整体进行模拟，可以克服亚热带植被物候波动大、物候期可能出现于次年的现象。另外，对整体数据序列进行拟合，可以充分考虑相邻年份之间 NDVI 的关联，很好地反映整体变化趋势的信息，避免单年拟合可能出现的数据不充分、孤立拟合情况。

15.4.4.2　物候期确定

最大斜率法假设返青起始期是植物开始迅速生长即 NDVI 急剧升高的时期，休眠起始期是植物叶片脱落即 NDVI 迅速减小的时期（图 15.10）。将 NDVI 变化最显著的点即拟合曲线斜率最大和最小的点，定为返青起始期和休眠起始期。

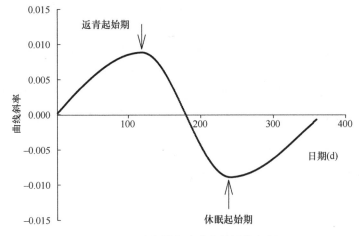

图 15.10　最大斜率法确定植被物候期

15.4.5　生长季时间合成 NDVI（TI-NDVI）

时间合成 NDVI（TI-NDVI）可作为植被活动强度的度量指标（Jia et al.，2006），用于分析植被活动与水量平衡的关系。我们选择不使用年平均 NDVI，因为北方非生长季的雪通常会对植被指数产生比较大的影响。研究发现中国年平均归一化植被指数和降水量、温度的关系通常不显著，但是在生长季（4～10 月）较显著。因此，本研究统一使用生长季的归一化植被指数的累计值（5～10 月）来反映植被的活动。生长季的持续时间根据我们之前分析的样带所有植被类型的物候期确定（Yu et al.，2010）。

$$\text{TI-NDVI}_g = \sum_{i=5}^{10} \text{NDVI}_i \tag{15.4}$$

式中，TI-NDVI_g 是合成的生长季累计 NDVI；i 是一年之中的月份，且 NDVI 根据植被类型分开统计。相应的，累积生长度日（AGDD）被定义为

$$\text{AGDD} = \sum_{t=i}^{i} \text{GDD} \left(\text{if GDD}_t > 0\text{℃} \right) \tag{15.5}$$

式中，t 是日序数（DOY）；i 和 j 是一年生长季开始和结束的日序数（DOY）；GDD 是生长季气温高于 0℃ 的积温。

15.4.6　ET 算法

通常有多种方法可以用来计算或模拟地表蒸散量（ET_a）。但迄今为止，它仍然是水量平衡中最难计算的部分，特别是在大尺度研究方面（Mu et al.，2007）。最近几个研究提出，基于物理过程考虑的蒸散模型比基于经验的蒸散模型如 Thornthwaite 或 Prestley-Taylor 更可取（McVicar et al.，2012a，2012b；Thomas，2008），这些研究特别强调风速（u）的重要性。如今，全球风速降低导致蒸发的需求下降。因此，在本研究中，我们使用 FAO-56（Allen et al.，1998）提出的参比蒸散（ET_0）估算区域潜在蒸散（ET_p），参比蒸散假定作物冠层阻力值为 70/m，反射率为 0.23，作物高度为 0.12 m。作物的 ET_0 由公式（15.6）计算：

$$\text{ET}_0 = \frac{0.408\Delta(R_n - G) + \gamma \frac{900}{T_a + 273} u_2 D}{\Delta + \gamma(1 + 0.34 u_2)} \tag{15.6}$$

式中，Δ 是饱和水汽压曲线的斜率（kPa/℃）；R_n 是净辐射[MJ/（m²·d）]；G 是地面热通量（MJ·m²/d）；γ 是湿度常量（kPa/℃）；T_a 是平均每天气温，$T_a = (T_{max} + T_{min})/2$（℃），$T_{max}$ 是一天最高气温，T_{min} 是一天最低气温（℃）；u_2 是离地面 2 m 每日平均风速（m/s）；D 是饱和水汽压亏缺（kPa），$D = e_s - e_a$，e_s 是饱和水汽压（kPa），e_a 是实际水汽压（kPa）。

年平均蒸散可以使用 Budyko（1974）的建模方法获得，Budyko（1974）理论框架只考虑水资源供给和大气蒸发需求。Zhang 等（2001）通过引入额外的降水和植被特征

等进一步发展了 Budyko（1974）的建模框架（Donohue et al.，2006）。

$$\frac{\mathrm{ET_a}}{P} = \frac{1 + w\dfrac{\mathrm{ET_p}}{P}}{1 + w\dfrac{\mathrm{ET_p}}{P} + \left(\dfrac{\mathrm{ET_p}}{P}\right)^{-1}} \tag{15.7}$$

式中，$\mathrm{ET_a}$ 是实际蒸散；$\mathrm{ET_p}$ 是潜在蒸散，在本研究中我们使用特定的 $\mathrm{ET_0}$ 代替 $\mathrm{ET_p}$；w 是草原、灌丛和森林的植被可用利用水系数，取值 0.2～2.0。

15.4.7 生长季水分亏缺指数（GWDI）

如今被广泛使用的干燥度（AI）（Budyko，1974）的计算公式为

$$\mathrm{AI} = P/\mathrm{ET_0} \tag{15.8}$$

AI>1 表明为潮湿情况，即可用水（降水量 P）超过大气蒸发水分需求（蒸散量 $\mathrm{ET_0}$）；AI<1 表明为干燥条件（Thomas，2008）。然而，实际蒸散（$\mathrm{ET_a}$）代表植被的水文响应，在 AI 中定义并不明确。为了提高它的生态含义，我们定义了一个新的水分平衡指数：生长期水分亏缺指数（GWDI），它描述了生长季蒸发水需求缺口（实际和潜在蒸散的差异）和生态系统水分冗余值（降水和实际蒸散之间的差异）的比值。不同于 AI 只考虑气象变量，GWDI 集成气象变量和植被实际的耗水量，与实际植被活动密切相关。为了突出 $\mathrm{ET_a}$ 的重要性，GWDI 只定义在生长季时间范围内：

$$\mathrm{GWDI} = \frac{\left(\mathrm{ET_p} - \mathrm{ET_a}\right)}{\left(P - \mathrm{ET_a}\right)} \tag{15.9}$$

式中，$\mathrm{ET_p}$、$\mathrm{ET_a}$ 和 P 是生长季蒸散量与降水量之和。假设水量平衡处于稳态，我们选择在以下三个主要水文条件中不在 GWDI 中定义生态系统水储存量[d（SW）/d（t），SW 为土壤水储存量]和流量（Q）变化。①干旱条件：土壤水储存量通常是非常低的，截留蒸发、土壤蒸发和植物蒸腾作用都高度依赖生长季内的降水。②潮湿条件：土壤蓄水达到最大，如 McVicar 等（2012b）的描述，$\mathrm{ET_a}$ 主要受能量限制。在上述两种情况下，通常可以假设整个生长季植物蒸腾和土壤蒸发通常不会受到往年土壤水储存量的影响（Richard et al.，2008）。③半干旱/半湿润条件：和 McVicar 等（2012b）定义的"equitant"相似，潜在蒸散（$\mathrm{ET_p}$）同时受关键限制因素（水或能量）的影响，$\mathrm{ET_a}$ 随季节波动。土壤水储存量[d（SW）/d（t）]在这种情况下会比前两种情况更有影响力，但我们还可以假设土壤水储存量的影响是短暂的，只在生长季的第一个月，因此对生长季的整体影响不大。

图 15.11 描述了 GWDI 对降水的响应曲线。垂直的实线代表着干湿平衡的降水量，其 GWDI=1，AI=1（假设 $P=\mathrm{ET_0}$）。与 McVicar 等（2012b）定义的"equitant"情况相似，根据蒸散的主要限制因素考虑。干旱和半干旱的边界条件是可变的，这里定义为+100%（GWDI=2.0）和−50%（GWDI = 0.5）。"equitant"情况下，土壤水分含量比较重要，较高的水储存量可能在生长季前期补偿植被 $\mathrm{ET_a}$ 受短期水分亏缺的影响。左半边（$a{\rightarrow}b$）平衡线（虚线曲线，即图 15.10 中曲线）代表土壤水分存储

对 GWDI 的潜在影响。在极端干旱条件（GWDI>2.0），植物生长和 ET_a 属于受降水限制（P–ET_a→0 和 GWDI→∞）。GWDI 明显的上升趋势和随后的植被褐变趋势可能表明其对环境变化的敏感性增加。在极端潮湿条件（GWDI<0.5），植物生长和 ET_a 是能量（如光照、风速）受限（ET_p–ET_a→0 和 GWDI→0），这种情况下，扣除植被需水量，生态系统存在水资源冗余，以径流输出（蓝水）（Calder，2005；Liu et al.，2009）。

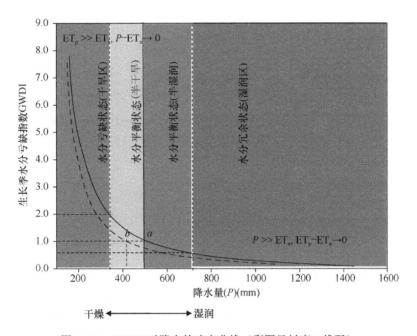

图 15.11　GWDI 对降水的响应曲线（彩图见封底二维码）

垂直的实线代表了水量平衡时的降水，对应 GWDI = 1，同等条件下干旱指数（AI）=1（假设 P =ET_0）；半干旱的和半湿润条件对应 McVicar 等（2012b）定义的"equitant"状态；左半边（a→b）的平衡线（虚线曲线）代表 GWDI 受土壤水储存量变化的潜在影响

15.4.8　植被 NDVI 变化与温度和降水的相关性

首先对全国 752 个气象站点 1982～2006 年逐月的温度和降水数据进行插值；然后根据 Pearson 相关系数[公式（15.10）]计算气候因子与 NDVI 的关系。NDVI 和降水的相关性基于 NDVI 像元进行分析，即由每一像元计算一个相关系数值。由于 NDVI 数据受冰雪影响较大，因此冬季情况未进行相关计算（Piao et al.，2003）。

$$r = \frac{\sum (x_i - \bar{x})(y_i - \bar{y})}{\sqrt{\sum (x_i - \bar{x})^2 \cdot \sum (y_i - \bar{y})^2}} \tag{15.10}$$

式中，x 序列表示温度或降水时间序列；y 序列表示 NDVI 时间序列。这里 r 的符号与 $\sum (x_i - \bar{x})(y_i - \bar{y})$ 的符号相同，若为正值则表示正相关，若为负值则表示负相关。相关系数的显著性检验采用 t 检验法。检验统计量 t 的计算方法见公式（15.11）。

$$t = \frac{r}{\sqrt{\dfrac{1-r^2}{n-2}}} \qquad (15.11)$$

显著性水平设置为 0.05（显著）和 0.01（极显著）。

本研究中，采用 IDL 集成开发环境进行程序的编写和运算，先将每一年的图层文件作为一个样本，共 25 个样本进行堆栈，然后依据公式（15.10）进行运算。

15.4.9 变化斜率法和非参数检验趋势法

15.4.9.1 变化斜率法

分析 NDVI 时间序列的方法中，变化斜率法已经被广泛应用于研究植被覆盖度、生物量、NPP 以及农作物产量的长期变化趋势等 （Milich and Weiss，2000；Fuller，1998；Tottrup and Rasmussen，2004）。本研究采用变化斜率法来研究 NDVI 随时间变化的趋势。斜率 b 的计算方法见公式（15.12）。

$$b = \frac{n \times \sum\limits_{i=1}^{n} i \times \mathrm{NDVI}_i - \left(\sum\limits_{i=1}^{n} i\right)\left(\sum\limits_{i=1}^{n} \mathrm{NDVI}_i\right)}{n \times \sum\limits_{i=1}^{n} i^2 - \left(\sum\limits_{i=1}^{n} i\right)^2} \qquad (15.12)$$

式中，i 是年序号；n 是时间长度；NDVI 是基于像元的 24 年时间序列，采用年平均值和季节平均值。

NDVI 随时间变化的斜率反映植被覆盖的变化方向，斜率为正值表示植被覆盖呈增加趋势，为负值表示植被覆盖呈减少趋势，为 0 表示植被覆盖无变化趋势（Kepner et al.，2006）。NDVI 变化百分率可表示 24 年 NDVI 的变化程度，见公式（15.13）：

$$\mathrm{NDVI}变化百分率 = \frac{nb}{\mathrm{NDVI}} \times 100\% \qquad (15.13)$$

对斜率的显著性检验采用 t 检验法，设置 0.05（显著）和 0.01（极显著）两个显著性水平。检验统计量 t 值计算方法见公式（15.14）：

$$t = \frac{b\sqrt{(n-2)\sum\limits_{i=1}^{n}(i-\bar{i})^2}}{\sqrt{\sum\limits_{i=1}^{n}(\mathrm{NDVI}_i - \overline{\mathrm{NDVI}})^2 - b\sum\limits_{i=1}^{n}(\mathrm{NDVI}_i - \overline{\mathrm{NDVI}})(i-\bar{i})}} \qquad (15.14)$$

15.4.9.2 非参数趋势检验法 SMK（seasonal Mann-Kendall）

Mann-Kendall 检验法是世界气象组织推荐的非参数统计检验法，广泛应用于分析降水、径流、气温和水质等要素时间序列的变化趋势。它的优点在于检测范围宽，定量化程度高，不需要样本遵从一定的分布，不受少数异常值的干扰，计算简便，尤其适用于水文、气象等呈非正态分布的数据（孙晓鹏，2009）。因此，本研究对温度数据的趋势检验采用 Mann-Kendall（MK）检验法。该检验方法最早由 Mann（1945）和 Kendall（1975）

提出，经过补充增加了季节性（Hirsch et al.，1982）、多观测点（Lettenmaier，1988）以及协变量用于代表自然波动（Libiseller and Grimvall，2002）。SMK 趋势性分析方法纠正了时间上的自相关，能直接计算出季节性数据的趋势显著性而无须将数据转换为年均值。Beurs 和 Henebry（2004，2005）提供了关于 SMK 方法检验时间序列数据的更详尽说明（Sun et al.，2008）。

Mann-Kendall 检验法的原假设 H_0 为：时间序列 $(x_1, x_2, x_3, \cdots, x_n)$ 是 n 个独立的随机变量，且分布相同；备择假设 H_1 为：对于所有的 k，$j \leq n$，且 $k \neq j$，x_k 和 x_j 分布不相同（孙晓鹏，2009），分别为第 k、j 时刻的样本值，Sgn( ) 为符号函数。检验统计变量 S 的计算公式为

$$S = \sum_{k=1}^{n-1} \sum_{j=k+1}^{n} \text{Sgn}(x_j - x_k) \tag{15.15}$$

其中，

$$\text{Sgn}(x_j - x_k) = \begin{cases} +1 & (x_j - x_k) > 0 \\ 0 & (x_j - x_k) = 0 \\ -1 & (x_j - x_k) < 0 \end{cases} \tag{15.16}$$

S 为正态分布，方差为

$$\text{Var}(S) = n(n-1)(2n+5)/18 \tag{15.17}$$

当 $n > 10$ 时，标准正态统计变量 Z 的计算方法如下：

$$Z = \begin{cases} \dfrac{S-1}{\sqrt{\text{Var}(S)}} & S > 0 \\ 0 & S = 0 \\ \dfrac{S+1}{\sqrt{\text{Var}(S)}} & S < 0 \end{cases} \tag{15.18}$$

双侧检验中，在特定的显著性水平 α 上，如果 $|Z| \geq Z_{1-\alpha/2}$，则拒绝 H_0，即时间序列数据存在明显的上升（$Z>0$）或下降趋势（$Z<0$）。

如果确定有变化趋势，再用 Sen 坡度估计法来计算变化趋势的大小。趋势函数见公式（15.19）：

$$f(t) = Qt + B \tag{15.19}$$

式中，B 是常数；Q 是变化趋势的大小，

$$Q_i = \frac{x_j - x_k}{j - k} \tag{15.20}$$

如序列长度是 n，则有 $N = n(n-1)/2Q_i$。Q 最终由 N 决定：

$$Q_i = \begin{cases} Q_{[(N+1)/2]} & N \text{为奇数} \\ 1/2(Q_{[(N+1)/2]}) & N \text{为偶数} \end{cases} \tag{15.21}$$

在本研究中，对于图层堆栈文件采用变化斜率法进行趋势检验，对于各植被类型平均的时间序列数据则采用非参数检验趋势法。

15.5   南北样带温度和降水的空间格局及变化趋势

15.5.1   南北样带年均温度和降水的趋势变化

从 1958~2006 年，中国陆地存在普遍增温的趋势，本研究结果发现，这个时期内南北样带上年平均气温升高比较显著的区域达到 0.06℃/a。但是从 1982 年以来，南北样带普遍增温有逐步加快的趋势，其中增温最为显著的区域在样带中部区域，年增温趋势达到 0.15℃/a，近 20 年来增温速率远远超过该区域 1958~1981 年年平均增温速率（0.05℃/a），这种加速增温的趋势也对中国陆地植被有着巨大的影响。

降水的变化与温度的变化相似，样带北部出现降水量减少的趋势，南部出现增加趋势。1982~2006 年的 20 多年，样带东北部和中部部分区域减少 5%~35%（3~18 mm/a），样带南部区域增加 10%~25%（4~10 mm/a），而这种南增北减趋势也在加速，进一步加剧了南涝北旱的现象（图 15.12 和图 15.13）。

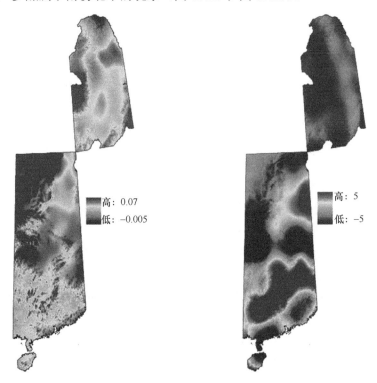

图 15.12   1982~2006 年南北样带年平均温度变化趋势（℃/a）（彩图见封底二维码）   图 15.13   1982~2006 年南北样带年平均降水量变化趋势（mm/a）（彩图见封底二维码）

15.5.2   南北样带不同季节温度的变化

1982~2006 年的温度变化趋势见图 15.14~图 15.21。春、夏、秋三个季节的温度在南北样带上的分布比较一致，都是由南向北递减，最高温和最低温分别出现在样带最南端的海南和最北端的黑龙江，春季变化范围在-5.9~26.5℃，夏季变化于 0~28.9℃，秋季变化于-8.1~26.0℃，冬季变化于-20~25℃。

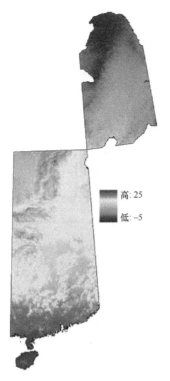

图 15.14　1982～2006 年春季平均温度分布
（℃）（彩图见封底二维码）

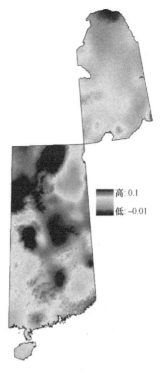

图 15.15　1982～2006 年春季温度变化趋势
（℃/a）（彩图见封底二维码）

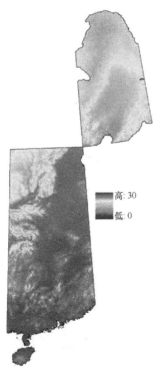

图 15.16　1982～2006 年夏季平均温度分布
（℃）（彩图见封底二维码）

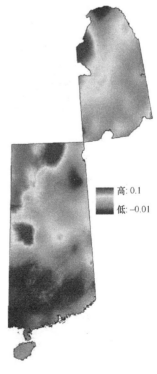

图 15.17　1982～2006 年夏季温度变化趋势
（℃/a）（彩图见封底二维码）

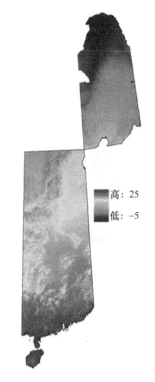

图 15.18 1982～2006 年秋季平均温度分布
（℃）（彩图见封底二维码）

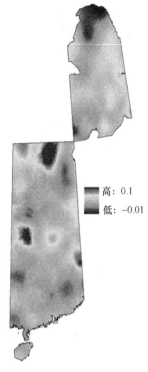

图 15.19 1982～2006 年秋季温度变化趋势
（℃/a）（彩图见封底二维码）

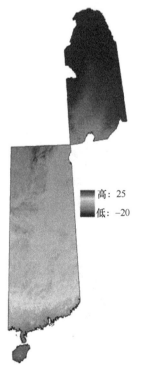

图 15.20 1982～2006 年冬季平均温度分布
（℃）（彩图见封底二维码）

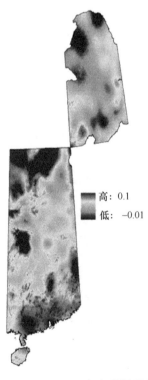

图 15.21 1982～2006 年冬季温度变化趋势
（℃/a）（彩图见封底二维码）

1982～2006 年，南北样带上存在普遍增温的趋势，尤其以样带中部区域增温最为显著，其次为样带东北部区域和南部区域。春季和冬季温度上升最为显著的区域集中在样带中部的黄河与长江中下游区域，其中最显著的区域增温幅度达到 0.20℃/a，这个幅度远远超过了该区域 1958～1981 年春季的增温速率（约 0.03℃/a）。夏季增温区域与春季相似，但是幅度较弱，增温最快达到 0.15℃/a，而 1958～1981 年夏季该区域的增温速率约为 0.03℃/a。秋季增温主要在样带中部区域，增温最快区域达到 0.16℃/a，而 1958～1981 年秋季的增温速率约为 0.01℃/a。

15.5.3　南北样带不同季节降水的变化

1982～2006 年的降水量变化趋势见图 15.22～图 15.29。在不同季节，南北样带的平均降水量差异较大，但大致呈由南向北递减的趋势，样带南部区域在春季和秋季降水比较充足，能达到 500～700 mm，而样带中部和北部则在 400 mm 以下。夏季，样带南部区域降水比较充沛，部分区域达到 1200 mm 左右。冬季降水较少，样带大部分区域冬季降水量都在 250 mm 以下。

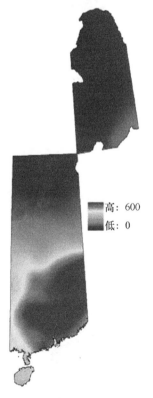

图 15.22　1982～2006 年春季平均降水量分布（mm）（彩图见封底二维码）

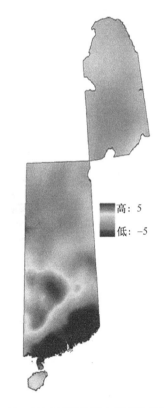

图 15.23　1982～2006 年春季降水量变化趋势（mm/a）（彩图见封底二维码）

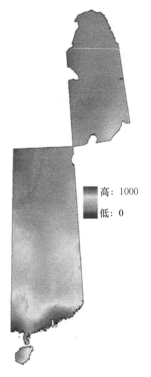

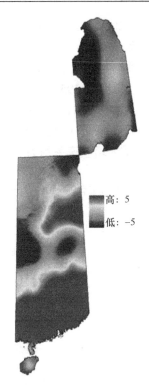

图 15.24　1982～2006 年夏季平均降水量分布
（mm）（彩图见封底二维码）

图 15.25　1982～2006 年夏季降水量变化趋势
（mm/a）（彩图见封底二维码）

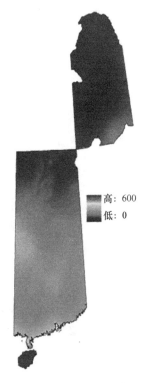

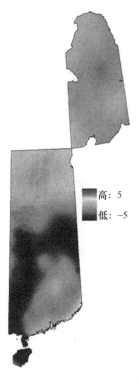

图 15.26　1982～2006 年秋季平均降水量分布
（mm）（彩图见封底二维码）

图 15.27　1982～2006 年秋季降水量变化趋势
（mm/a）（彩图见封底二维码）

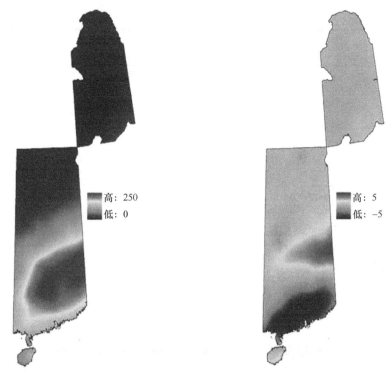

图 15.28　1982～2006 年冬季平均降水量分布　　　　图 15.29　1982～2006 年冬季降水量变化趋势
　　　　（mm）（彩图见封底二维码）　　　　　　　　　　（mm/a）（彩图见封底二维码）

不同季节不同区域的降水量变化趋势差异较大。样带南端的广东和福建区域春季降水量有所减少（5～10 mm/a），而样带中部的湖南和湖北区域春季降水量却有显著增加（1～5 mm/a）。样带南部的福建、广东、江西、湖南和广西夏季降水量均有显著增加（10～18 mm/a），但样带北部呈微弱的减少趋势（1～3 mm/a）。秋季降水量在样带南部出现了减少的趋势（1～3 mm/a），而样带北部区域变化却不大。冬季降水量在长江中下游与华南南部区域分别有微弱的增加和减少趋势。

15.5.4　各植被类型所在区域温度的长期变化趋势分析

基于 Anusplin 软件插值后的数据提取出样带上每一种植被类型自 1982 年以来每年 12 个月的温度和降水量数据，并通过 Mann-Kendall 检验分析各个月份值的变化趋势。表 15.2 为温度的检验结果。

表 15.2　1982～2006 年不同植被类型区域温度 Mann-Kendall 检验

月份	植被类型											
	CTCF	TCF	TMF	TDBF	TDS	TMS	TGS	TG	STCF	STG	SDBF	SEBF
1	0.3	1.0	1.4	1.3	1.1	0.7	0.8	1.9	1.4	1.3	0.3	1.3
2	1.5	3.5**	2.2**	2.0*	2.8**	1.8	2.7**	3.6**	3.0**	2.1*	2.9**	2.0*
3	1.1	3.7**	1.3	1.0	2.0*	0.8	1.7	3.3**	3.4**	2.8**	3.4**	2.0*
4	0.4	2.2*	1.3	0.9	1.5	1.5	1.8	2.2*	1.9	2.6**	2.2*	2.7**
5	0.5	1.6	1.3	1.3	2.0*	1.4	2.0*	2.0*	0.8	0.9	1.0	1.5
6	0.4	3.1**	3.0**	1.7	2.4*	1.5	2.5**	3.1**	3.3**	2.0*	3.3**	0.8

月份	植被类型											
	CTCF	TCF	TMF	TDBF	TDS	TMS	TGS	TG	STCF	STG	SDBF	SEBF
7	2.5**	3.1**	3.1**	2.1*	2.8**	2.9**	3.6**	3.0**	3.5**	1.7	2.4*	0.1
8	1.3	1.7	−0.3	−0.7	0.7	1.8	2.2*	1.5	0.4	0.6	−0.2	0.1
9	1.4	1.7	3.2**	3.1**	3.1**	3.3	3.5**	2.6**	1.7	1.8	1.5	0.8
10	1.1	0.4	1.5	1.0	1.1	1.5	0.9	1.2	0.4	0.5	0.7	0.6
11	−0.6	1.8	1.1	0.7	0.8	−0.3	0.5	1.9	1.4	1.6	0.7	2.0*
12	−0.6	1.3	−0.3	−0.4	−0.2	−1.5	−0.2	1.5	0.9	0.9	0.6	0.8
年平均	1.1	4.0**	2.7**	4.2**	4.1**	3.7**	2.6**	3.5**	3.5**	3.7**	4.1**	3.7**

注：*表示 $P<0.05$；**表示 $P<0.01$；MK 检验值为正表示上升趋势，为负表示下降趋势；下同

通过 Mann-Kendall 检验可以发现，南北样带上增温主要出现在 2～9 月，集中于春季初、秋季初和夏季。其中温带区域的温带针叶林（TCF）、温带落叶灌丛（TDS）、温带草丛（TG）、温带禾草草原（TGS）和亚热带落叶阔叶林（SDBF）至少有 5 个月出现了显著增温。而寒温带山地针叶林（CTCF）和温带草甸草原（TMS）只有个别月份出现显著增温。

15.5.5 各植被类型所在区域降水的长期变化趋势分析

对降水量进行 SMK 检验，结果如表 15.3 所示。

表 15.3　1982～2006 年不同植被类型区域降水量 Mann-Kendall 检验

月份	植被类型											
	CTCF	TCF	TMF	TDBF	TDS	TMS	TGS	TG	STCF	STG	SDBF	SEBF
1	−0.3	0.8	0.0	0.4	0.0	1.0	0.9	0.7	0.0	1.0	0.5	0.4
2	0.1	0.8	−0.8	−1.3	−0.3	−0.5	−0.1	0.1	0.8	−1.9	0.7	−1.3
3	0.2	−2.5**	0.0	1.1	−1.5	0.8	−0.9	−2.2*	−2.2*	0.3	−1.2	−1.3
4	−0.2	0.1	−0.8	−0.7	−0.4	0.4	0.2	0.1	−0.7	−0.5	0.6	0.0
5	0.5	−1.7	0.0	−0.5	−1.4	−0.6	−0.4	−1.1	−0.6	1.4	−0.9	0.4
6	−0.5	0.5	−0.7	−0.3	0.6	−0.9	−0.7	0.7	−0.6	1.4	0.5	1.8
7	−1.0	−0.3	−0.7	−0.2	−0.5	−1.0	−1.4	−0.7	−1.0	0.7	0.7	2.1*
8	−2.7**	−0.4	−1.4	−0.9	−1.6	−1.8	−1.9	−0.7	−0.8	0.5	−0.2	1.1
9	−1.5	0.1	−2.4*	−2.6**	−2.8**	−2.6**	−1.7	−0.8	−1.0	−2.0*	−0.4	−2.3*
10	0.3	−0.6	0.9	1.3	0.6	0.5	−0.1	−0.2	0.1	−0.4	−0.6	−1.3
11	0.4	−0.6	−0.7	−0.3	−0.4	−0.2	0.1	−0.2	−1.4	−1.3	−0.3	0.5
12	0.5	0.5	−0.2	0.3	0.6	0.8	1.1	0.3	0.1	1.1	0.6	−0.3
年平均	−2.2*	−1.7	−2.1*	−1.3	−2.2*	−2.2*	−1.1	−2.4*	0.9	0.2	−2.1*	−0.8

大多数植被类型所在区域降水量变化较小，显著变化的月份主要为 3 月与 9 月。3 月降水量出现显著减少的植被为 TCF、TG 和 STCF；9 月降水量出现显著减少的植被为温带针阔叶混交林（TMF）、温带落叶阔叶林（TDBF）、TDS、TMS、亚热带热带草丛（STG）和亚热带常绿阔叶林（SEBF）。降水出现显著减少的主要为温带植被类型所分布的区域。

样带各种植被中，分布在温带的某些类型年降水量有减少的趋势，如寒温带针叶林（CTCF）和温带草甸草原（TMS）。亚热带热带植被类型所在区域的年降水量年际波动

较大，变化趋势不是很显著。

15.5.6　小结

1958～2006 年，中国陆地存在普遍增温的趋势，国家气象局研究发现该时期内南北样带区域温度的增加趋势为 0.04～0.06℃/a。本研究结果与此相似，1958～2006 年，南北样带年平均气温升高比较显著的区域达到 0.06℃/a。根据国家气象局发布的研究结果，近 50 年来，我国东部地区频繁出现"南涝北旱"，华南地区降水量增加 5%～10%，而华北和东北大部分地区减少 10%～30%。但是 1982～2006 年的 20 多年，这种变化趋势的速度进一步加快，东北区域和长江中游部分区域减少 5%～35%（3～18 mm/a），华南部分区域增加 10%～25%（4～10 mm/a）。

南北样带增温主要出现在 2～9 月，集中于春季初、秋季初和夏季。其中温带区域的温带针叶林（TCF）、温带落叶灌丛（TDS）、温带草丛（TG）、温带禾草草原（TGS）和亚热带落叶阔叶林（SDBF）至少 5 个月出现了显著增温。而寒温带山地针叶林（CTCF）和温带草甸草原（TMS）只有个别月份出现显著增温。

除寒温带山地针叶林以外，其他所有植被类型所在的区域，年平均气温都极显著上升，其中显著性最高的是温带落叶阔叶林所在区域（表 15.2）。各种植被类型所在区域的温度变化节奏也相似，以 1998 年为例，几乎所有的植被类型所在区域都出现了气温的高峰值，而 1996 年则出现低谷值。这表明各植被类型所处的气候背景大致相似。

样带上各种植被类型所在区域在大多数月份的降水量变化较小，显著变化的月份主要为 3 月与 9 月。3 月降水量出现显著减少的植被为 TCF、TG 和 STCF；9 月降水量出现显著减少的植被为温带针阔叶混交林（TMF）、温带落叶阔叶林（TDBF）、TDS、TMS、亚热带热带草丛（STG）和亚热带常绿阔叶林（SEBF）。降水量出现显著减少的主要为温带植被类型所分布的区域。

样带各种植被中，分布在温带的某些类型年降水量有减少的趋势，如寒温带山地针叶林（CTCF）和温带草甸草原（TMS）。亚热带热带植被类型所在区域的年降水量年际波动较大，变化趋势不是很显著。

15.6　南北样带主要植被类型物候期变化

15.6.1　不同植被类型返青起始期的变化情况

温带寒温带植被的返青起始期多年平均发生时间为元旦后第（126±12）天，热带亚热带植被类型返青起始期发生时间为元旦后第（110±13）天。可以看出，返青起始期的发生时间在 4 月初到 5 月中旬变化。

从长期变化趋势看，不同植被类型返青起始期的逐年变化情况各异，大部分植被的返青起始期都有不同程度的提前，如温带针叶林（TCF）、温带草丛（TG）、亚热带热带针叶林（STCF）、亚热带落叶阔叶林（SDBF）、亚热带热带草丛（STG）等，分别提前 0.56 d/a（$P<0.01$）、0.66 d/a（$P<0.01$）、0.46 d/a（$P=0.01$）、0.58 d/a（$P<0.01$）、0.89 d/a（$P=0.02$）；此外，其他植被类型如 CTCF、TMS、TGS、TDS、SEBF、TMF、TDBF 等

变化趋势相对较小。在这些返青起始期提前比较显著的植被类型中，2 种分布在温带区域，3 种分布于亚热带区域（图 15.30）。

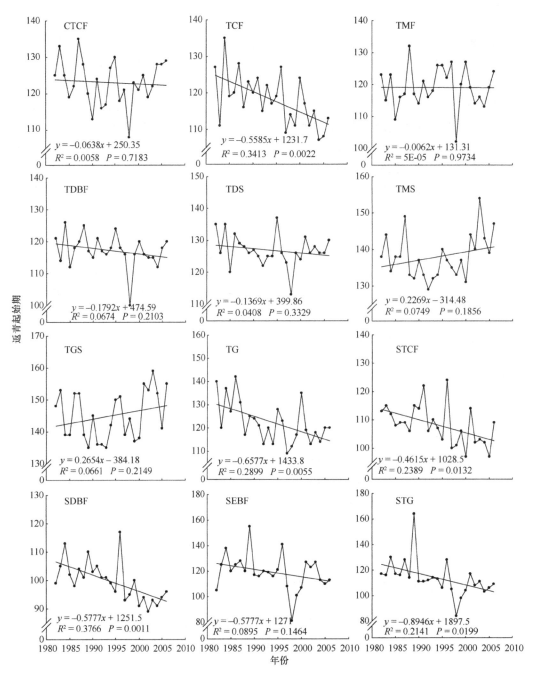

图 15.30　不同植被类型返青起始期的变化趋势

15.6.2　不同植被类型休眠起始期的变化情况

相比之下，温带寒温带植被的休眠起始期波动较小，波动范围为元旦后第（260±7）

天，比较集中在 9 月。热带亚热带植被类型休眠起始期波动较大，波动范围为元旦后第（290±25）天，主要发生在 10~11 月。

从 25 年的时间序列上看，大部分植被类型的休眠起始期都有不同程度的推迟，其中比较明显的类型有 CTCF、TDBF 和 SDBF，分别推迟 0.32 d/a（$P<0.01$）、0.18 d/a（$P=0.08$）、0.80 d/a（$P=0.02$）；此外，TCF、TMF、TDS、TMS、TGS、TG、STCF、SEBF 和 STG 类型，休眠起始期的变化趋势整体不显著。在这些休眠起始期推迟比较明显的植被类型中，一种类型分布在亚热带区域，两种分布于温带寒温带区域（图 15.31）。

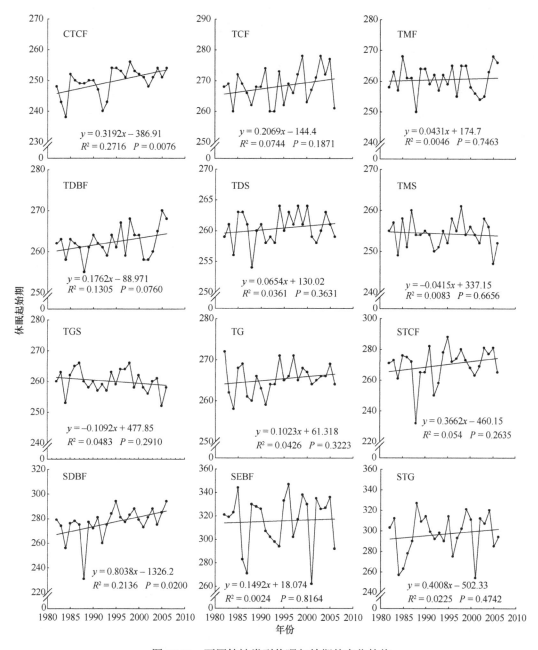

图 15.31　不同植被类型休眠起始期的变化趋势

15.6.3　不同植被生长季长度的变化情况

根据不同植被类型返青起始期和休眠起始期的数据，计算每种植被类型各年的生长季长度，分析物候期的变化情况。生长季长度定义为返青期开始至休眠期开始的日期长度。

从图 15.32 可以看出，1982～2003 年，中国东部南北样带上大部分植被类型生长季长度都有所延长。在这些生长季长度显著延长的植被类型中，分布在亚热带区域的有 STCF、SDBF 和 STG，分别延长 0.83 d/a（P=0.0320）、1.4 d/a（P=0.0008）和 1.3 d/a（P=0.0846）；而分布在温带寒温带的植被类型生长季有显著延长趋势的为 CTCF、TCF、TG 和 TDBF，分别延长了 0.38 d/a（P=0.08）、0.77 d/a（P<0.01）、0.76 d/a（P<0.01）和 0.36 d/a（P=0.08）；此外，TGS 的生长季长度有所缩短（0.37 d/a，P=0.07）。

温带寒温带植被类型的生长季长度一般都为 3～5 个月，大部分为 4 个月，波动范围为（134±15）d；而热带亚热带植被类型生长季长度为 5～7 个月，波动范围为（180±25）d。

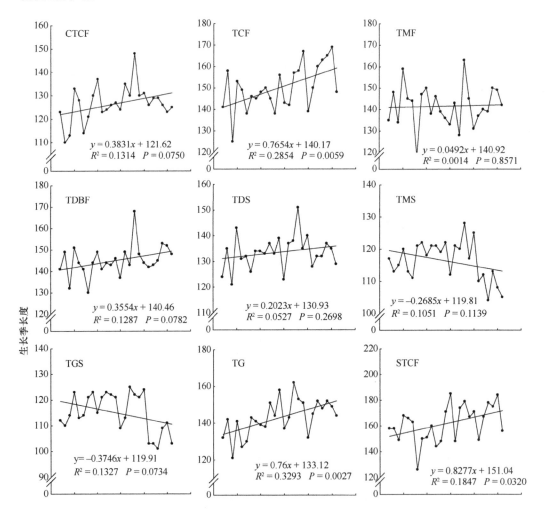

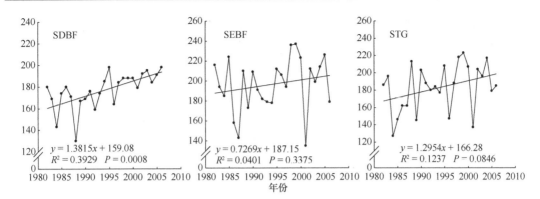

图 15.32　不同植被生长季长度变化图

生长季长度发生变化是由返青起始期和休眠起始期变化造成的，根据生长季延长的方式不同，划分为 3 种类型：第一种由返青起始期显著提前造成生长季延长，如 TCF；第二种由休眠起始期显著推迟造成生长季延长，如 CTCF 和 TDBF；第三种由返青起始期提前和休眠起始期推迟共同造成生长季延长，如 TG、STCF、SDBF 和 STG。

15.6.4　不同植被类型物候发生时间与温度和降水的关系

为了探索温度和降水对植被物候的影响，结合样带 1982～2006 年的气象数据对物候数据进行分析研究。计算不同植被类型对温度和降水的响应情况，各种植被类型的物候现象发生时间与温度及降水的相关系数及其显著性数据见表 15.4。

表 15.4　各种植被类型的物候变化与温度及降水的相关系数

植被类型	返青起始期		休眠起始期		生长季长度	
	温度	降水	温度	降水	温度	降水
CTCF	−0.64**	0.08	0.08	−0.14	0.47*	0.02
TCF	−0.52**	−0.11	0.49*	0.17	0.64*	−0.11
TMF	−0.48*	0.22	0.19	0.19	0.14	0.23
TDBF	−0.71*	−0.02	0.38	−0.01	0.43*	0.20
TDS	−0.50*	−0.41*	0.19	0.03	0.39	0.29
TMS	−0.08	−0.28	−0.07	0.14	0.10	0.38
TG	−0.40*	−0.16	−0.12	−0.04	−0.10	−0.02
TGS	0.16	−0.28	−0.09	0.12	0.50	−0.01
STCF	−0.47*	0.31	0.13	0.18	0.53**	−0.06
SDBF	−0.52**	0.01	0.30	−0.29	0.52**	−0.01
SEBF	−0.36	0.28	0.11	−0.20	0.34	−0.01
STG	−0.38	−0.06	0.03	−0.06	0.38	0.06

从表 15.4 可以看出，温度对返青起始期的影响较大，不论是温带植被还是亚热带植被，返青起始期与温度几乎都呈负相关。对于样带的大部分植被类型而言，返青起始期受降水的影响较小。对于休眠起始期，不论是温带还是亚热带，温度和降水的影响都相对较小。但是休眠起始期与温度几乎都呈正相关。

由于温度对样带上植被的物候影响较大，以下着重分析样带上不同植被类型物候现象对温度的响应差异。对每种植被类型的物候发生时间和温度做散点图（图 15.33）。

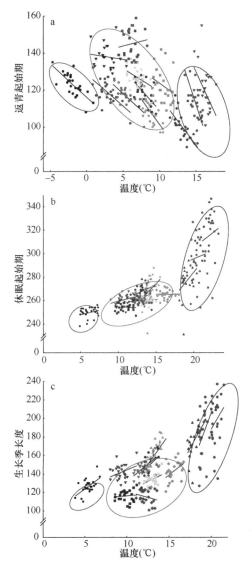

图 15.33　物候期与温度的相关关系（彩图见封底二维码）

a. 春季温度与返青起始期；b. 秋季温度与休眠起始期；c. 生长季温度与生长季长度；不同散点颜色表示不同植被类型；
红色椭圆为寒温带植被；绿色椭圆为温带植被；蓝色椭圆为亚热带热带植被

从图 15.33 可以看出，随着温度的升高，返青起始期提前，休眠起始期延迟，生长季延长。不同植被类型对温度的响应各异，但是各个温度带的植被类型物候现象都相对集中在特定的区域，可以从物候发生时间图上看出明显的 3 个温度带分异。

从整个样带尺度上看，随着纬度由亚热带经温带到寒温带逐渐升高，相应纬度植被的返青起始期有比较明显的梯度，发生时间先后顺序为：寒温带植被>温带植被>亚热带植被。随着纬度的升高，不同纬度带植被的休眠起始期和生长季长度也有一个梯度，具体表现为：亚热带植被>温带植被>寒温带植被。对于返青起始期而言，寒温带和温带植被都集中在 4～5 月,亚热带植被集中在 3～4 月(图 15.33a 和图 15.33b);对于休眠起始期而言,寒温带和温带植被都集中在 8～9 月,亚热带植被集中在 9～11 月;对于生长季长度而言,寒温带和温带植被一般为 4～5 个月,亚热带植被一般为 5～7 个月。

由图 15.33 也可以看出,在南北样带上,寒温带植被物候现象主要发生在 –5～0℃;温带植被物候现象主要发生在 0～18℃;亚热带植被物候现象主要发生在 15～20℃。从高纬度到低纬度,触发物候现象的温度阈值在升高。

从物候现象的时间跨度上比较,寒温带和温带植被物候现象发生的时间比较集中,而亚热带植被物候现象的发生时间波动很大,这也造成了亚热带植被生长季长度的波动比寒温带和温带植被大。

不同植被返青起始期与春季温度、休眠起始期与秋季温度、生长季长度与生长季温度的回归关系及显著性见表 15.5。

表 15.5　1982～2006 年温度每升高 1℃南北样带上各种植被类型物候事件变化的天数

植被类型	返青起始期			休眠起始期			生长季长度		
	每年变化天数(d/a)	儒略日	标准误差	每年变化天数(d/a)	儒略日	标准误差	每年变化天数(d/a)	儒略日	标准误差
CTCF	–3.6*	123	6.2	1.5	250	4.5	6.7*	127	7.8
TCF	–4.5*	118	7.0	3.0*	268	5.6	9.3*	150	10.5
TMF	–3.4*	119	6.4	1.7	260	4.7	3.8	142	9.5
TDBF	–3.6*	117	5.1	2.4*	262	3.6	7.6*	145	7.3
TDS	–2.5*	127	5.0	0.3	260	2.5	4.5*	134	6.5
TMS	–0.6	138	6.1	–0.1	254	3.4	0.8	116	6.1
TGS	1.0	145	7.6	–1.0	260	3.7	–2.5	115	7.6
TG	–2.9	122	9.0	0.1	265	3.6	7.2*	143	9.7
STCF	–5.5*	108	7.0	6.7*	270	11.6	13.0*	162	14.2
SDBF	–5.3*	100	6.9	7.9*	277	12.8	16.0*	177	26.2
SEBF	–8.6*	119	14.2	5.1	316	22.5	16.0	197	26.7
STG	–12.0*	114	14.2	2.7	297	19.7	25.0*	183	27.1

温带植被返青起始期、休眠起始期和生长季长度变化的标准误差比亚热带热带植被小得多。不同植被类型对温度的响应不一样,温带植被类型中,森林和灌丛物候变化与温度的关系比草丛要显著。其中,温带针叶林(TCF)对温度的响应最敏感,每上升 1℃,温带针叶林的返青起始期、休眠起始期和生长季长度各提前或推迟 4.5 d/a、3.0 d/a 和 9.3 d/a。部分植被类型对温度敏感程度为:TCF>TDBF> CTCF> TMF> TDS> TG。

亚热带植被类型的返青起始期、休眠起始期和生长季长度变化的标准误差较大,其中,亚热带热带草丛对温度的响应最敏感,每上升 1℃,亚热带热带草丛的返青起始期、休眠起始期和生长季长度各提前或推迟 12 d/a、2.7 d/a 和 25 d/a。其他 3 种亚热带热带植被对温度的敏感程度比较接近。

15.6.5　小结

本研究表明,基于样条平滑的最大斜率法可以有效地模拟和提取大尺度、连续时间序列的物候信息。传统的拟合方法（包括六次方拟合的阈值法和逻辑斯蒂拟合法等）只能拟合植被 1 年的 NDVI 数据，这些方法将一个连续的 NDVI 时间序列数据分割开，而样条平滑法可以把植被 NDVI 的 25 年长时间序列数据作为一个整体进行拟合，这样有效地保留了植被连续变化的信息，可以最大限度地提取整体物候特征。另外，由于物候年与自然年在时间上不重叠，有些植被比较难以界定 NDVI 数据拟合的时间段，这种现象在亚热带和热带植被中尤为明显，这种缺陷使得单年拟合 NDVI 的方法一般不适用于亚热带区域的物候计算，而样条平滑法可以有效地利用延续的 NDVI 数据进行拟合，解决了物候年与自然年在时间上不重叠的难题，同时对 NDVI 噪声比较大的亚热带和热带植被也能较好地提取物候信息。

本研究证实了国内外有关专家发现的植被生长季长度延长的现象（Beaubien and Freeland，2000；Menzel，2000），但与大多数早期的观点不同的是，本研究发现个别植被类型生长季长度延长是由于返青起始期提前（如温带针叶林）或休眠起始期推迟（如寒温带山地针叶林和温带落叶阔叶林），而另外一些类型则是由返青起始期提前和休眠起始期推迟共同造成的（如温带草丛、亚热带热带针叶林、亚热带落叶阔叶林和亚热带热带草丛）。这是由于近几十年来，北方高纬度地区温度上升导致了适宜植被生长的日期延长，植被的返青起始期提前而休眠起始期延后。

Piao 等（2006a）对中国温带区域植被 1982～1999 年物候期进行研究后发现，1982～1999 年返青期起始期显著提前的有 TCF、TG、TMS 和 TDS 等。本研究的时间范围在 1982～2006 年，得出的结论也证实了这一点，在 1999 年之前温带植被的返青期起始期显著提前的类型与 Piao 等（2006a）的研究结果相同。

许多研究依靠遥感手段发现，从 20 世纪 80 年代初至 90 年代末，全球各个区域植被的返青起始期提前、生长季长度延长。Stockli 和 Vidale（2004）研究发现欧洲大陆植被返青起始期提前 0.5 d/a；Zhou 等（2001）的研究认为北美大陆植被返青起始期提前 0.4 d/a，而在同一时期，我国南北样带上的植被返青起始期提前幅度为 0.8 d/a。就生长季延长的幅度而言，欧洲大陆为 1.0 d/a，北美大陆为 0.7 d/a（Zhou et al.，2001；Stockli and Vidale，2004），我国南北样带上植被的生长季长度延长幅度则为 1.3 d/a。可以看出，我国南北样带上植被的物候变化幅度皆大于欧洲和北美大陆。

与温带植被类型的物候发生时间相比，亚热带热带植被的物候期波动明显较大，这可能是由于亚热带区域的遥感信息中噪声和水热条件年际波动较大，因此亚热带植被物候现象波动大。国内对于亚热带植被的物候变化研究较少，样条平滑技术可以比较有效地去除植被 NDVI 的噪声，本研究基于这种方法计算了亚热带热带植被的物候变化，发现 STCF、SDBF 和 STG 等类型的返青起始期有所提前；SDBF 的休眠起始期有所推迟；STCF、SDBF 和 STG 的生长季长度有所延长。

引入温度和降水对植被的物候期进行分析的结果表明，整体而言，温度对中国东部南北样带植被物候的影响大于降水对其影响。温度对返青起始期的影响较大，不论是温带植被还是亚热带植被，返青起始期的提前与温度几乎都呈负相关。对于休眠起始期，不论是温带还是亚热带植被，温度和降水的影响都相对较小，但是休眠起始期的推迟与温度几乎都呈正相关。

从统计显著性上看，降水对样带上植被物候的影响不如温度明显。多数研究都只发现降水与 NDVI 的绝对值大小有明显的相关性，但是对物候期的影响程度有限，且不同植被类型之间的差异很大，这可能是由于降水在不同季节波动较大，植被在不同季节对水分的需求不同，以及水分利用有效性存在差异。因此可知样带上不同植被类型对降水的响应机制更复杂，需要做进一步的探索研究。

1982 年以来，温带植被中返青、休眠起始期和生长季长度变化最大的分别为 TG（提前 0.66 d/a）、CTCF（推迟 0.32 d/a）和 TCF（延长 0.77 d/a）；亚热带植被返青、休眠起始期和生长季长度变化最大的分别为 STG（提前 0.89 d/a）、SDBF（推迟 0.80 d/a）与 SDBF（延长 1.4 d/a）。这些植被也是样带上对温度响应较敏感的几种类型，在未来气候变化的条件下，这些植被类型的物候变化将对南北样带上初级生产力、碳水交换以及人类社会产生巨大影响。以热带亚热带草丛为例，该植被类型通常被认为具有较高的净初级生产力，因而具有较高的固碳潜力，并且对温度的响应非常敏感，其物候期和生长季长度的变化可能对区域的碳平衡产生一定影响。

从中国东部南北样带的空间上看，温度梯度对样带上的植被物候起着关键控制作用，随着温度由低纬度到高纬度的降低，分布在相应纬度带上的植被类型表现出明显的物候梯度，具体表现为随纬度升高，返青起始期提前，休眠起始期推迟，生长季长度延长。由于温带和亚热带区域的水热条件差异较大，不同植被类型的物候现象发生时间也随之波动，在水热条件年际波动比较小的温带区域，植被的物候周期相对比较固定地集中在一个时期内；而亚热带区域的水热条件年际差异很大，植被的物候现象对这种水热条件的响应也表现出大的波动。随着近几十年来高纬度地区明显的增温，南北样带上的水热分布格局也发生了改变，同时极端气候出现的频率也升高，这些因子对样带上植被的物候变化产生了重要的影响。例如，由图 15.29～图 15.31 可以看出，各种植被类型 1998 年的返青起始期都明显提前，休眠起始期明显推迟，生长季长度明显延长。这可能与 1998 年发生的 20 世纪最严重的厄尔尼诺现象有关。1998 年的厄尔尼诺现象使得温带区域出现了 40 多年以来的最高平均气温，并且降水也相应增多。由此可见，植被的物候现象包含着气候变化的信息。

15.7 东部南北样带植被活动趋势

15.7.1 生长季尺度植被变化趋势及其分布特征

15.7.1.1 植被 ET_a 和 ET_p 变化趋势

样带上的 12 个植被类型中，大多数的年潜在蒸散量在研究期间呈现增长趋势，只有 TMF 和 STG 显示不明显的下降趋势（表 15.6）。所有植被类型，生长季 ET_p 与年 ET_p 变化趋势一致。令人惊讶的是，大多数植被类型的生长季 ET_a 和年 ET_a 持续下降，其中 TMF、TMS 和 TGS 下降趋势显著，SEBF 是唯一一种表现为增加但不显著的植被。多数植被类型无论年还是生长季尺度，ET_a 和 ET_p 显示相反的趋势（即 ET_p 正，ET_a 负）（表 15.6）。

表 15.6   1982～2006 年植被类型 ET$_p$ 和 ET$_a$ 的季节性 Mann-Kendall（MK）趋势检验

植被类型		CTCF	TCF	TMF	TDBF	TDS	TMS	TGS	TG	STCF	STG	SDBF	SEBF
全年	ET$_p$	2.05a	1.3	−0.05	1.87	1.45	4.01b	1.59	3.17b	1.68	−0.93	0.47	1.58
	ET$_a$	−1.73	−1.49	−2.33a	−0.51	−1.96a	−1.77	−2.15a	−0.75	−2.15a	−0.09	−0.37	2.1a
生长季	ET$_p$	1.96a	0.14	−0.18	1.16	0.32	3.5b	1.35	1.45	0.18	−1.21	0.23	1.02
	ET$_a$	−1.58	−0.75	−2.05a	−0.65	−1.73	−2.10a	−2.14a	−0.47	−1.49	−1.35	−1.02	1.26

注：a 表示 *P* <0.05；b 表示 *P* <0.01

植被类型缩写同表 15.1，下同

　　一些以前的研究表明，全球由于气候变暖，水循环出现潜在加快的现象（Held and Soden，2000；Huntington，2006；Zhang et al.，2009），然而，在我们的研究中，大多数植被类型的实际蒸散量在减少，尽管它们的潜在蒸散量（ET$_p$）有上升的趋势。不同的趋势表明，降水量的下降，特别是在生长季，成为最主要的限制样带植被活动的因素。更有可能的是，水对 ET$_a$ 的限制抵消了增温的促进作用，特别是对于中部和北部的植被类型（表 15.7）。相反，南部湿润地区的 SEBF 植被类型是唯一一种 ET$_a$ 增加的植被，非生长季节的变暖是最重要的原因。

表 15.7   1982～2006 年植被类型降水的季节性 Mann-Kendall（MK）趋势检验

月份	CTCF	TCF	TMF	TDBF	TDS	TMS	TGS	TG	STCF	STG	SDBF	SEBF
1	−0.3	0.8	0.0	0.4	0.0	1.0	0.9	0.7	0.0	1.0	0.5	0.4
2	0.1	0.8	−0.8	−1.3	−0.3	−0.5	−0.1	0.1	0.8	−1.9	0.7	−1.3
3	0.2	−2.5b	0.0	1.1	−1.5	0.8	−0.9	−2.2a	−2.2a	0.3	−1.2	−1.3
4	−0.2	0.1	−0.8	−0.7	−0.4	0.4	0.2	0.1	−0.7	−0.5	0.6	0.0
5	0.5	−1.7	0.0	−0.5	−1.4	−0.6	−0.4	−1.1	−0.6	1.4	−0.9	0.4
6	−0.5	0.5	−0.7	−0.3	0.6	−0.9	−0.7	0.7	−0.6	1.4	0.5	1.8
7	−1.0	−0.3	−0.7	−0.2	−0.5	−1.0	−1.4	−0.7	−1.0	0.7	0.7	2.1a
8	−2.7b	−0.4	−1.4	−0.9	−1.6	−1.8	−1.9	−0.7	−0.8	0.5	−0.2	1.1
9	−1.5	0.1	−2.4a	−2.6b	−2.8b	−2.6b	−1.7	−0.8	−1.0	−2.0a	−0.4	−2.3a
10	0.3	−0.6	0.0	1.3	0.6	0.6	−0.1	−0.2	0.1	−0.4	0.6	−1.3
11	0.4	−0.6	−0.7	−0.3	−0.4	0.0	0.1	−0.2	−1.4	−1.3	−0.3	0.5
12	0.5	0.5	−0.2	0.3	0.6	0.8	1.1	0.3	0.1	1.1	0.6	−0.3
生长季平均降水	−2.1a	−1.0	−2.6b	−1.0	−1.7	−2.3a	−2.3a	−0.9	−1.6	0.0	−0.7	1.3
年平均降水	−2.2a	−1.7	−2.1a	−1.3	−2.2a	−2.2a	−1.1	−2.4a	0.9	0.2	−2.1a	−0.8

注：a 表示 *P* <0.05；b 表示 *P* <0.01

　　光合活性和生长季长度的不同反映了植被响应气候变化的特异性（Goetz et al.，2005），这些都与水消耗有关。在样带的森林类型中，ET$_a$ 的下行趋势可以直接反映植被活动的减弱（NDVI 为代替物）。生长季 ET$_a$ 和 TI-NDVI$_g$ 一致的趋势反映了气候和植被之间的合理关系。然而，NDVI 和 ET$_a$ 之间不同的表现趋势通常意味着极端的气候条件或趋势。例如，对于 CTCF，非生长季的降水量下降是主要限制森林生长的因素，其抵消了变暖的影响。由于相反的原因，温带草丛（TG）、草原（TMS、TGS）和灌丛（TDS）生长季主要受增温控制，在生长季 TI-NDVI$_g$ 呈现上升趋势，但 ET$_a$ 出现下降趋势。考虑到这 4 种植被类型长期遭受生长季降水的减少，并处在干旱和半干旱地区，我们推测，

TI-NDVI$_g$ 呈上升趋势是急剧升温延长了生长季长度所造成的。这与一些以前的研究观点相一致，非森林类型物候更容易受变暖的影响（Piao et al.，2006b；Yu et al.，2010）。NDVI 与 ET$_0$ 趋势相反的另一个原因是，本研究使用了与水分消耗更接近的蒸散代替植物蒸腾。因为土壤蒸发和截留蒸发可能造成 ET$_a$ 与植物蒸腾存在不一致的趋势，这些 ET 成分对低覆盖度植被更为重要。一般来说，我们同意水是限制这 4 种类型植被活动的主要因素（McVicar et al.，2012b），因为 ET$_0$ 在这些类型中是相当高的。植被活动增加可能不利于植被生长，特别是那些处在缺水条件下的植被，因为其可能会造成过多的深层水土流失，导致未来地下可用水减少（Bradley and Mustard，2008），从而在未来降低植被活动。我们对寒温带山地针叶林（CTCF）研究的结果和所得趋势与最近的研究相一致，表明内蒙古北部的寒带森林蒸散量有减少的趋势（Zhang et al.，2009）。

15.7.1.2　生长季植被活动的趋势

整个样带 TI-NDVI$_g$ 与 ET$_a$ 的正相关趋势（图 15.34c）与 Fang 等（2003，2004）的研究一致，他们揭示了 1982～1999 年在中国植被活动增加。在中高纬度地区，植被活动增幅明显，符合气候变暖空间模式（图 15.34a），它在促进植物生长和延长生长季中发挥了重要作用（Piao et al.，2006a）。我们先前的研究发现，在 1982～2006 年，NSTEC 的大多数植被类型的生长季长度延长（Yu et al.，2010）。虽然在整个样带降水减少，特别是在中纬度地区，但气候变暖对归一化植被指数的影响超过可用水减少所造成的影响。具体来说，在干旱和半干旱地区，绿化趋势可以归因于生长季长度的延长。

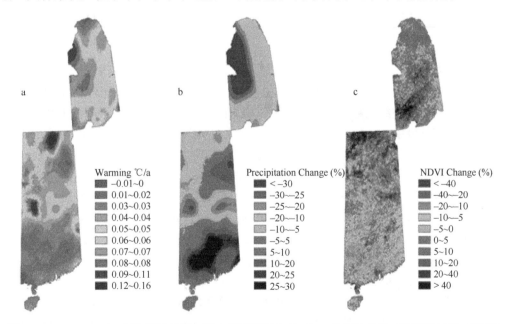

图 15.34　1982～2006 年生长季温度、降水量和时间合成 NDVI 的变化趋势（彩图见封底二维码）
a. 1982～2006 年平均生长季温度（MGT）的年变化率（℃/a）；b. 1982～2006 年平均生长季降水量（MGP）的年变化率（%）；c. 1982～2006 年生长季时间合成 NDVI（TI-NDVI$_g$）的年变化率（%）

然而，每个植被类型对环境胁迫的响应不同。在所有温带森林中，TI-NDVI$_g$ 呈下降趋势（TCF、TMF 和 TDBF）可以归因于 MGP 下降（表 15.7）。对于高纬度寒温带森林

（CTCF），似乎明显的生长季变暖对植被活动的影响超过冬季降温和降水量下降的影响（表 15.6～表 15.8）。我们对 CTCF 进行整体分析，包括 ET_a、降水量和 GWDI，结果与最近内蒙古北部北方森林的研究一致，表明水分亏缺加剧了出现的褐化趋势（Zhang et al.，2009）。我们的发现表明高纬度地区植被对气候变暖特别敏感，这可能在很大程度上弥补了水分亏缺对植被活动造成的影响。

表 15.8　1982～2006 年植被类型 NDVI 的季节性 Mann-Kendall（MK）趋势检验

月份	CTCF	TCF	TMF	TDBF	TDS	TMS	TGS	TG	STCF	STG	SDBF	SEBF
1	−1.7	0.1	−0.4	−0.2	0.7	−0.1	−1.0	−0.2	1.7	−2.1	1.2	−0.8
2	−0.9	0.8	−0.2	−0.1	0.8	0.1	0.1	−0.1	1.5	0.3	0.9	0.0
3	−1.6	1.0	−3.0b	0.1	2.2a	1.6	1.5	0.5	1.1	0.6	0.2	0.1
4	0.2	1.4	−1.6	−2.1a	0.6	1.8	1.2	1.4	3.2b	1.8	3.3b	1.3
5	−0.2	2.2a	−0.3	1.7	1.9	−0.6	0.2	3.6b	1.5	1.3	1.4	0.9
6	−0.7	−1.0	−1.7	−2.2a	−0.7	−0.9	−1.3	0.7	0.9	−1.7	−0.6	−1.9
7	−0.9	−2.4a	−0.7	−2.1a	0.0	0.2	0.7	1.2	−1.6	−1.7	−1.5	−2.3a
8	0.5	−1.9	−1.0	−1.2	0.5	2.4a	2.9b	0.8	−0.9	−2.8b	−2.5a	−3.5b
9	1.7	−0.9	1.2	0.1	1.4	0.1	1.2	1.9	−0.7	−1.5	−0.2	−2.2a
10	1.5	1.0	−1.5	0.1	0.5	−0.2	−0.4	1.2	1.1	−1.9	1.0	−1.6
11	−2.2a	0.5	−0.6	−0.1	0.6	−0.2	1.2	−0.4	1.0	0.4	0.3	0.3
12	−2.1a	1.5	−1.8	−0.5	0.8	−0.5	0.8	0.6	1.3	0.1	−0.1	0.5
生长季 TI-NDVI$_g$	0.9	−2.0a	−1.2	−1.3	1.4	0.3	1.1	2.2a	−0.7	−2.6b	−1.6	−3.3b
年 NDVI	−1.7	0.4	−2.8b	−1.3	1.6	1.0	1.6	1.8	2.1a	−1.8	0.6	−2.2a

注：a 表示 $P < 0.05$；b 表示 $P < 0.01$

中纬度温带落叶灌木（TDS）和三个非木本类型（TMS、TGS 和 TG），不仅经历气候变暖，而且经历生长季降水量下降。如上所述，跟温度有关的生长季长度增加似乎比水分亏缺对主要区域绿化趋势的影响更为重要。Piao 等（2006a）表示：在 1982～1998 年较短的时间跨度中，TMS 和 TGS 表现出归一化植被指数显著上升。然而，我们的研究显示：在较长的时间跨度 1982～2006 年，这两种类型的上升趋势不显著。有趣的是，这两项研究可能表明绿化速度变慢是气候变暖的结果，特别是在 1998～2006 年研究期间。两种草本类型的绿化速度下降可能是因为持续的降水减少造成持续的水分亏缺（表 15.7）。

亚热带类型包括 STCF、STG、SDBF 和 SEBF，TI-NDVI$_g$ 一贯显示夏季（6～8 月）下降（表 15.8）。与此同时，STG、SDBF 和 SEBF 一贯显示夏季降水增加（表 15.7）。因此，我们推测夏季出现褐变很可能是由于与日照时间大幅下降相关的表面太阳辐射减少（Wang et al.，2009）。同样，任国玉等（2005）也提出，自 1951 年以来的近 50 年，在中国东南部日照时间下降。值得注意的是，在这些领域，STG 和 SEBF 呈显著褐变的趋势暗示固碳潜力降低，而这两个植被所在的区域通常被认为是中国和全球重要的碳汇区域（Jepma，2008）。

15.7.1.3　生长季合成 NDVI 对气候梯度和植被类型的响应

使用空间平均的 12 个植被类型的 25 年时间序列数据估计了 TI-NDVI$_g$ 和 MGP（即

R_{NDVI-P}）、TI-NDVI$_g$ 和 AGDD（即 R_{NDVI-T}）之间的相关系数。将 MGP-R_{NDVI-P} 按照植被类型划分标注在图 15.35a，将 AGDD-R_{NDVI-T} 标注在图 15.35b。

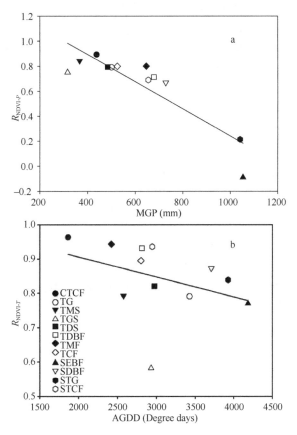

图 15.35　生长季平均降水量（MGP）和 R_{NDVI-P} 的关系（a）及生长季
累加度日因子（AGDD）和 R_{NDVI-T} 的关系（b）

大多数植被类型显示具有显著正相关的 R_{NDVI-P}，除了亚热带常绿阔叶林（SEBF，$R=-0.09$，$P>0.05$）和亚热带热带草丛（STG，$R=0.21$，$P>0.05$）（图 15.35）。当将 12 个植被类型 R_{NDVI-P} 汇集在一起，显示与 MGP 具有显著的线性正相关关系（$R^2=0.78$，$P<0.01$）。总的来看，NSTEC 的植被类型随着 MGP 的增加，R_{NDVI-P} 减少。所有植被类型的 R_{NDVI-T} 均为显著正相关。相比而言，TGS 具有最低的 R_{NDVI-T}，但有相对较高的 R_{NDVI-P}。将 12 个植被类型汇集在一起，R_{NDVI-T} 与 AGDD 显示不明显的负相关（$R^2=0.13$，$P=0.13$）。

15.7.1.4　沿样带梯度分布的植被对气候变化的响应分异

由沿 NSTEC 从干到湿地区分布的植被类型可以发现，随着 MGP（$R^2=0.78$，$P<0.01$）的增加，R_{NDVI-P} 呈线性下降趋势（图 15.35a）。这种跨越植被类型的"梯度效应"表明降水增加对植被活动的影响逐渐减小。与以往的研究结果一致的是，在半干旱地区，在年降水量为 200～600 mm 时，NDVI 和降水量之间的关系是线性的，并且当降水量超过 600 mm 时，降水的影响逐渐减弱（Martiny et al.，2006）。在我们的研究中，10 种植被

类型的 TI-NDVI$_g$ 与生长季降水量在 750 mm 内呈显著相关，当 MGP 超过 1000 mm 时相关性较差。这些结果显示：作为潜在蒸散和植被生长的一个限制，水的供应已经随其他的因素发生变化，如辐射和风速的变化，即转变为"能量限制"（McVicar et al.，2012b）。相反的，温度对 NDVI 的影响没有明显的梯度效应。虽然对样带内不同植被类型来说，变暖对植被的影响并没有达到统计学显著性，但是北部样带干旱和半干旱地区的植被绿度增加趋势表明，变暖对植被的影响超过了水分限制所造成的影响。然而在极端干旱的条件下，变暖的影响将会急剧下降，如温带禾草草原的 R_{NDVI-T} 比其他的类型都低得多（图 15.35b）。南方潮湿样区的褐变效应表明，变暖效应不足以抵消由风速降低（McVicar et al.，2012a）和日照时间缩短（Ren et al.，2005）所产生的"能量限制"。

15.7.2 年尺度和月尺度植被的变化特征

15.7.2.1 南北样带上整体 NDVI 的变化特征

样带上的平均 NDVI 分布大致有从南到北逐渐递减的趋势（图 15.36），1982～2006 年整个样带 NDVI 平均值为 0.37，其中平均 NDVI 最高的区域集中在样带最南部，这个区域主要为热带雨林和季雨林；NDVI 次高的区域为样带东南区域，平均达到 0.5 左右；样带西北部的 NDVI 较低，平均值为 0～0.2；样带东北部东北平原大概在 0.1～0.3。

1982～2006 年，南北样带上年 NDVI 的变化有很大的空间异质性（图 15.37）。本研究对每个像元都进行了趋势检验，不同的颜色表示变化趋势的大小，从红色经黄色到蓝

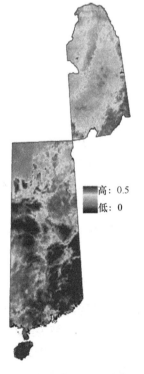
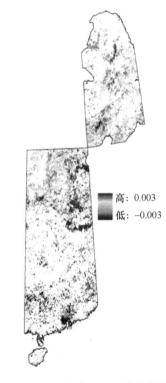

图 15.36　1982～2006 年年均 NDVI 分布　　　图 15.37　1982～2006 年年 NDVI 变化趋势
（彩图见封底二维码）　　　　　　　　　　（彩图见封底二维码）

色的变化依次代表趋势值由正值转为负值的过程。可以看出，NDVI 的空间变化与温度和降水量变化有相似性。其中，NDVI 上升比较明显的区域为样带东北部和中部，增速为 0～0.005/a，而 NDVI 减小比较显著的区域集中在样带南部区域，达到 0～0.006/a。年 NDVI 在样带南部区域，尤其是珠江流域出现了显著降低，可能是由该区域城市化发展迅速、绿地面积急剧减少而造成的（Piao et al.，2004）。

1982～2006 年，样带整体上的 NDVI 变化趋势不显著（图 15.38），而中国陆地整体 NDVI 呈上升趋势（图 15.39）。样带和全国尺度上的温度都出现显著升高，但是降水量都没有显著的趋势。NDVI 的变化节奏与温度的变化节奏相似，一般在高温和低温年份，样带的 NDVI 也相应出现高峰和低峰值。春季 NDVI 升高最显著的区域位于样带中部平原农业区，夏季为样带东北部平原农业区。可以看出，全国尺度上 NDVI 的升高与增温关系比较密切，而样带尺度上的 NDVI 变化与温度的关系则不如全国尺度的明显。

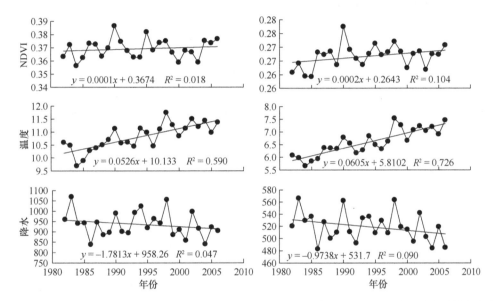

图 15.38　样带 NDVI、温度和降水量的年变化　　图 15.39　全国 NDVI、温度和降水量的年变化

在南北样带共 64 542 个像元中，年 NDVI 变化达到显著水平的共 19 635 个，占 30.5%；其中升高的有 12 844 个，占 19.9%；降低的有 6791 个，占 10.6%（表 15.9）。其中农业区的变化最为突出，共 9998 个像元 NDVI 变化达到显著水平，占 36.8%；其中升高的共 7817 个，占农业区 28.8%；降低的共 2181 个，占农业区 8.0%（表 15.10）。

样带上 12 种自然植被的 NDVI 都发生了不同程度的变化，其中草原和灌丛类型 NDVI 升高的像元比例最大，而温带森林 NDVI 降低的像元比例最大。温带草丛 40%多的像元 NDVI 都升高，其次是温带落叶灌丛（约 33%）、亚热带热带针叶林（约 25%）

表 15.9　南北样带年 NDVI 总体变化趋势分析

特征	升高			降低			不变
	显著	极显著	合计	显著	极显著	合计	
像元数（个）	5 873	6 971	12 844	3 778	3 013	6 791	44 907
占总像元素百分比（%）	9.1	10.8	19.9	5.9	4.7	10.6	69.6

表 15.10　南北样带农业区年 NDVI 变化趋势分析

特征	升高			降低			不变
	显著	极显著	合计	显著	极显著	合计	
像元数（个）	3 558	4 259	7 817	1 115	1 066	2 181	17 144
占总像元素百分比（%）	5.5	6.6	12.1	1.7	1.7	3.4	26.6
占农业区像元素百分比（%）	13.1	15.7	28.8	4.1	3.9	8.0	63.2

和温带禾草草原（约 23%）。NDVI 的像元比例降低最高的是温带针阔叶混交林，达到近 29%，其次是温带针叶林（约 25%）、温带落叶阔叶林（约 23%）。亚热带常绿阔叶林和亚热带热带草丛 NDVI 降低的像元比例也较高，分别达到约 18%和 19%。寒温带山地针叶林和亚热带落叶阔叶林绝大部分像元都没有发生显著变化，保持不变的像元比例分别约为 93%和 90%（表 15.11）。

表 15.11　南北样带自然植被年 NDVI 变化趋势分析　　　　　　　　　（%）

植被类型	升高			降低			不变
	显著	极显著	合计	显著	极显著	合计	
CTCF	0.88	0	0.88	5.44	0.70	6.14	92.98
TCF	0	0	0.00	25.00	0	25.00	75.00
TMF	0	0	0.00	21.43	7.14	28.57	71.43
TDBF	7.69	0	7.69	15.38	7.69	23.07	69.24
TDS	14.05	19.01	33.06	2.48	2.48	4.96	61.98
TMS	9.02	8.27	17.29	7.52	7.89	15.41	67.30
TGS	9.51	13.71	23.22	2.56	1.28	3.84	72.94
TG	14.69	25.64	40.33	7.23	4.90	12.13	47.54
STCF	25.00	0	25.00	0.00	12.50	12.50	62.50
SDBF	5.13	0	5.13	5.13	0	5.13	89.74
SEBF	0	0	0.00	8.77	8.77	17.54	82.46
STG	2.97	0	2.97	8.91	9.90	18.81	78.22

因此，根据 NDVI 发生变化的像元比例不同，可以将 12 种自然植被分为 4 种变化类型，第一种为大部分像元保持不变的类型，如寒温带山地针叶林和亚热带落叶阔叶林；第二种类型为较多像元 NDVI 显著升高的类型，如温带落叶灌丛、温带禾草草原、温带草丛和亚热带热带针叶林；第三种类型为较多像元 NDVI 显著降低的类型，如温带针叶林、温带针阔叶混交林、温带落叶阔叶林、亚热带常绿阔叶林和亚热带热带草丛；第四种为 NDVI 升降比例大致相当的类型，如温带草甸草原。

15.7.2.2　不同植被类型 NDVI 的变化特征

1982～2006 年，南北样带上不同植被类型 NDVI 在各个月份的变化情况各异（表 15.12）。其中年 NDVI 发生显著上升的类型是温带草丛；显著下降的类型为亚热带热带草丛和亚热带常绿阔叶林。春季（3～5 月）NDVI 以上升为主，显著升高的主要类型有温带针叶林（5 月）、温带落叶灌丛（3 月）、温带草丛（5 月）、亚热带热带针叶林（4 月）和亚热带落叶阔叶林（4 月）；下降的类型有温带针阔叶混交林和温带落叶阔叶林。夏季（6～8 月）NDVI 以降低为主，显著下降的主要类型有温带针叶林（7 月）、温带落叶阔叶林（6 月、7 月）、亚热带热带草丛（8 月）、亚热带落叶阔叶林（8 月）和亚热带常绿阔叶林（7 月、8 月）。秋季（9～11 月）NDVI 显著变化的类型较少，主要有寒温带山地针叶林（11 月、12 月）和亚热带常绿阔叶林（9 月）。

表 15.12　1982～2006 年不同植被类型 NDVI 的 Mann-Kendall 趋势检验

月份	植被类型											
	CTCF	TCF	TMF	TDBF	TDS	TMS	TGS	TG	STCF	STG	SDBF	SEBF
1	−1.7	0.1	−0.4	−0.2	0.7	−0.1	−1.0	−0.2	1.7	−2.1	1.2	−0.8
2	−0.9	0.8	−0.2	−0.1	0.8	0.1	0.1	−0.1	1.5	0.3	0.9	0.0
3	−1.6	1.0	−3.0**	0.1	2.2*	1.6	1.5	0.5	1.1	0.6	0.2	0.1
4	0.2	1.4	−1.6	−2.1*	0.6	1.8	1.2	1.4	3.2**	1.8	3.3**	1.3
5	−0.2	2.2*	−0.3	1.7	1.9	−0.6	0.2	3.6**	1.5	1.3	1.4	0.9
6	−0.7	−1.0	−1.7	−2.2*	−0.7	−0.9	−1.3	0.7	0.3	−1.7	−0.6	−1.9
7	−0.9	−2.4*	−0.7	−2.1*	0.0	0.2	0.7	1.2	−1.6	−1.7	−1.5	−2.3*
8	0.5	−1.9	−1.0	−1.2	0.5	2.4*	2.9**	0.8	−0.9	−2.8**	−2.5*	−3.5**
9	1.7	−0.9	1.2	0.8	1.4	0.1	1.2	1.9	−0.7	−1.5	−0.2	−2.2*
10	1.5	1.0	−1.5	0.1	0.5	0.2	−0.4	1.2	1.1	−1.9	1.0	−1.6
11	−2.2*	0.5	−0.6	−0.1	0.6	−0.2	1.2	−0.4	1.0	0.4	0.3	0.3
12	−2.1*	1.5	−1.8	−0.5	0.8	−0.5	0.8	0.6	1.3	0.1	−0.1	0.5
年平均	−0.5	−1.8	−0.9	−0.8	−1.2	−0.2	1.5	2.0*	0.3	−2.3*	−0.9	−3.3*

因此，不同植被类型年 NDVI 表现出不同的变化方式，其中 TG 波动上升；STG 和 SEBF 波动下降。其他植被类型表现为月 NDVI 波动变化。

表 15.12 给出了 NDVI 与温度和降水的关系，可以解释温度和降水在各个月份的变化对 NDVI 的影响。

CTCF：温度在 7 月显著升高，而 7 月温度对 9 月 NDVI 上升有显著的促进作用，使得 9 月的 NDVI 有上升趋势；8 月降水显著减少，而该月份的降水对 10 月 NDVI 有显著负效应，故 10 月的 NDVI 有上升趋势。

TCF：2～4 月温度显著升高，与其密切相关的 4～5 月 NDVI 也有所上升。3 月的降水与 6～10 月的 NDVI 呈比较显著的正相关，因此 3 月降水显著减少造成 6～9 月的 NDVI 出现下降的趋势，加之 6 月增温的负效应，7 月的下降趋势更是达到了显著水平。

TMF：3 月出现反常现象，3 月的温度与降水分别有较显著的正效应和负效应，虽然 1982 年以来温度和降水变化趋势未达到显著水平，但是 3 月的 NDVI 出现了显著降低。这可能是由于该月份的 NDVI 变化受到多个月份温度和降水耦合效应的影响，如前 4～6 个月的温度和降水变化。

TDBF：6 月的温度和 8 月的降水对 8 月的 NDVI 分别具有比较显著的正效应和负效应，虽然 6 月的增温趋势（趋势检验的 MK 值为 1.5）和 8 月的降水减少趋势（MK 值为−1.8）都未达到显著水平，但是其耦合效应使得 8 月的 NDVI 显著上升。

TDS：1～6 月的温度对 1～6 月的 NDVI 都有比较显著的促进作用，因此 2 月、3 月的显著增温促使 1~5 月的 NDVI 呈上升趋势，其中 3 月达到了显著水平。

TMS：6~8 月的温度和 8 月的降水对 8 月的 NDVI 分别具有正效应和负效应，因此 7 月显著增温与 8 月降水减少的耦合效应使得 8 月 NDVI 上升趋势达到显著水平。

TGS：2 月、6 月、7 月、8 月的显著增温对 8 月 NDVI 的升高有显著的促进作用。降水虽然在许多月份与 NDVI 都呈显著相关，但是 1982~2006 年的变化不大，所以对 NDVI 的效应没有显著表现出来。

TG：2~9 月几乎都出现了显著增温，但是 2~3 月的温度主要对 3~5 月的 NDVI 产生较大影响，因此 5 月 NDVI 升高达到了显著水平。

STCF：1~4 月的温度对 4 月的 NDVI 升高有显著的促进作用，因此 1~4 月的增温趋势（2~3 月增温趋势达到显著）提高了 4 月的 NDVI。

STG：1~7 月的温度对 8 月的 NDVI 有负效应，因此 2 月、3 月、4 月、6 月的增温使得 8 月的 NDVI 降低。

SDBF：4 月的 NDVI 显著增加归因于 2~4 月温度显著升高的正效应。4~7 月温度显著升高的负效应使得 8 月的 NDVI 显著降低。

SEBF：除了与本月温度呈正相关外，7~9 月的 NDVI 与前几个月份的温度几乎都呈负相关，而 7~9 月的降水对该时段内的 NDVI 也有负效应，因此 2~4 月温度显著升高和 7 月降水显著增加降低了 7~9 月的 NDVI。

可以看出，温度和降水对 NDVI 的变化起着至关重要的作用。如果与 NDVI 变化关系密切的月份的温度和降水对 NDVI 产生相同的效应，并且温度和降水的变化趋势相同（或者如果温度和降水对 NDVI 产生相反的效应，并且温度和降水变化趋势相反），那么 NDVI 也相应发生同向变化；如果温度和降水对 NDVI 产生相同的效应，但是温度和降水的变化趋势相反（或者如果温度和降水对 NDVI 产生相反的效应，但变化趋势相同），则 NDVI 可能没有显著变化。此外，如果温度和降水对 NDVI 产生相同的效应，虽然温度和降水同向变化的趋势都不显著，但是两者的耦合作用可能促使 NDVI 发生显著变化。

15.8 东部南北样带 NDVI 与气候因子的关系

15.8.1 南北样带 NDVI 与气候因子的空间相关关系

从样带年 NDVI 与温度和降水相关系数分布图可以看出，大部分区域年 NDVI 或与温度相关性很高，或与降水相关性很高，部分区域同时与温度和降水不相关（图 15.40 和图 15.41）。因此，从年际 NDVI 与气候因子的关系上看，可以将样带分为 4 种驱动类型区域，第一种为年 NDVI 受温度主导的区域；第二种为年 NDVI 受降水主导的区域；第三种为年 NDVI 同时受温度和降水主导的区域；第四种为年 NDVI 不受温度和降水主导的区域。

用 25 年各年年均 NDVI 值与温度和降水做相关分析，分析年际 NDVI 波动与气候因子的关系（表 15.13）。可以看出，温带落叶灌丛和亚热带热带针叶林的年 NDVI 与温度呈极显著正相关，其他植被类型 NDVI 与温度的关系未达到显著水平，但是以正相关

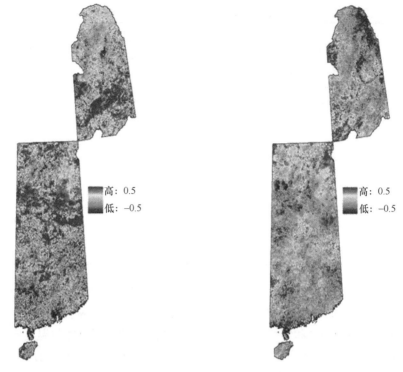

图 15.40　年 NDVI 与年均温相关系数值分布
（彩图见封底二维码）

图 15.41　年 NDVI 与年均降水量相关系数值
分布（彩图见封底二维码）

表 15.13　不同植被类型年 NDVI 与温度和降水的关系

系数	植被类型										
	CTCF	TCF	TMF	TDBF	TDS	TMS	TGS	TG	STCF	STG	SDBF	SEBF
R_T	0.07	0.34	−0.05	0.28	0.51**	0.11	0.34	0.36	0.52**	−0.18	0.34	−0.22
R_P	−0.18	−0.35	0.05	−0.18	0.10	0.22	0.32	−0.03	−0.44*	0.08	−0.19	−0.09
$R_{NDVI\text{-}TP}$	0.19	0.40	0.06	0.30	0.57*	0.26	0.51*	0.38	0.55*	0.20	0.35	0.23

注：R_T. NDVI 与温度相关系数；R_P. NDVI 与降水相关系数；$R_{NDVI\text{-}TP}$. NDVI 与温度和降水复相关系数

关系为主。而亚热带热带针叶林年 NDVI 与降水呈显著的负相关关系。因此，温带落叶灌丛年尺度的 NDVI 受温度控制；而亚热带热带针叶林年尺度的 NDVI 同时受温度和降水调控。其他各植被类型的 NDVI 在年尺度上与温度和降水单一因子的关系不显著。根据 4 种驱动方式划分自然植被，分析每种植被的驱动方式比例（表 15.14）。可以看出，在年尺度上，大部分植被类型的 NDVI 只有较小的比例受年均温和年均降水量控制，其中年 NDVI 受年均温影响较大的类型为亚热带热带针叶林，驱动比例达到 62.50%；其次为温带落叶灌丛、亚热带落叶阔叶林和温带针叶林，分别达到 30.58%、28.21% 和 25.00%；而温带禾草草原受年均温和年均降水量单因子调控的比例也较大，分别达到 21.57% 和 23.95%。寒温带山地针叶林受年均降水量和年均温驱动的比例之和为 10.35%，温带针阔叶混交林主要表现为温度驱动，为 7.14%。

表 15.14　自然植被 NDVI 的驱动方式组成　　　（%）

植被类型	主导驱动方式			
	年均降水量	年均温	年均温和年均降水量	不受年均温和年均降水量驱动
CTCF	9.12	1.23	0.00	89.82
TCF	12.50	25.00	0.00	75.00
TMF	0.00	7.14	0.00	92.86
TDBF	3.85	19.23	0.00	76.92
TDS	4.13	30.58	2.48	64.46
TMS	4.89	10.90	2.26	81.95
TGS	23.95	21.57	3.11	51.74
TG	5.00	20.00	7.50	70.00
STCF	12.50	62.50	0.00	37.50
SDBF	10.26	28.21	2.56	64.10
SEBF	10.53	12.28	3.51	77.19
STG	8.91	15.84	0.99	76.24

因此，除部分植被类型（亚热带热带针叶林、温带禾草草原和温带落叶灌丛等）外，其他植被类型的 NDVI 只有较小的比例受年均温和年均降水量控制，这也表明这些植被类型年 NDVI 与年均温和年均降水没有非常直接的关系，而可能与温度年内变化和降水年内分配状况更加密切相关。基于这个设想，继续降低研究的时间尺度，对季节、月 NDVI 与温度和降水的关系进行分析。

15.8.1.1　春季 NDVI 与温度和降水的关系

对于春季而言，NDVI 与温度和降水的相关系数分布有如下特点：NDVI 与温度在整个样带上普遍以正相关为主，并且相关系数值大多在 0.7 以上，相关性十分显著（图 15.42）；NDVI 与温度的负相关值分布零星，主要分布于样带最南端和样带北部平原等重要农业区。NDVI 与降水的相关系数（图 15.43）在区域上的分布差异很大，其中正相关主要分布于样带中部区域，如东北平原和华北平原，而负相关分布在样带的最北部和东南部。

15.8.1.2　夏季 NDVI 与温度和降水的关系

夏季，样带区域 NDVI 与温度和降水相关系数（图 15.44）的分布与春季有较大不同。其中最显著的差异在于，样带北部平原的 NDVI 与夏季温度普遍呈负相关，而样带南部和北端区域则仍然为普遍的正相关。南北样带夏季 NDVI 与降水呈负相关的区域比春季进一步扩大，在样带南部和北端区域普遍呈负相关关系，而样带的中部区域则主要以正相关为主（图 15.45）。

15.8.1.3　秋季 NDVI 与温度和降水的关系

秋季 NDVI 与气候因子的相关系数分布格局较独特，NDVI 与温度（图 15.46）以正相关为主，在部分区域，如样带东北部分和南部部分区域，NDVI 与温度呈负相关。秋季降水与 NDVI（图 15.47）在样带东北区域普遍以负相关为主，此外，样带西北区域也以负相关为主。

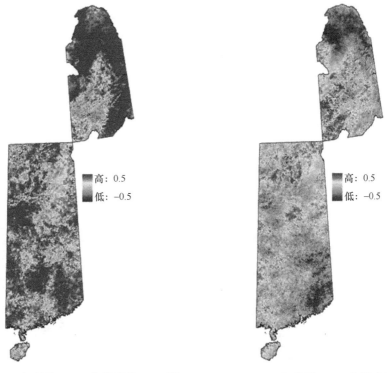

图 15.42　1982～2006 年春季 NDVI 与温度的
相关系数分布（彩图见封底二维码）

图 15.43　1982～2006 年春季 NDVI 与降水的
相关系数分布（彩图见封底二维码）

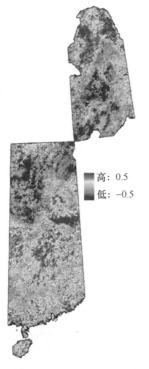

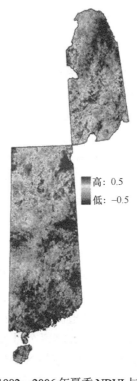

图 15.44　1982～2006 年夏季 NDVI 与温度的
相关系数分布（彩图见封底二维码）

图 15.45　1982～2006 年夏季 NDVI 与降水的
相关系数分布（彩图见封底二维码）

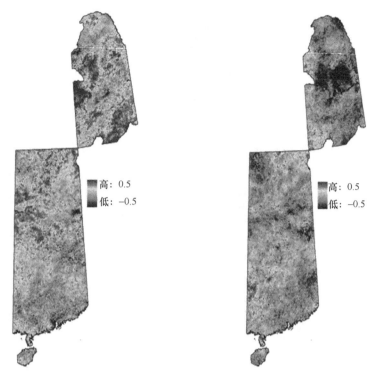

图 15.46　1982～2006 年秋季 NDVI 与温度的相关系数分布（彩图见封底二维码）　　图 15.47　1982～2006 年秋季 NDVI 与降水的相关系数分布（彩图见封底二维码）

15.8.1.4　冬季 NDVI 与温度和降水的关系

冬季 NDVI 与温度在样带大部分区域都呈正相关（图 15.48），而在样带北部区域呈负相关。NDVI 与降水普遍呈负相关（图 15.49），尤其在样带中北部和东北部。

对不同季节 NDVI 与温度和降水的相关关系比较可以看出，对于降水比较充沛的区域，植被 NDVI 主要受控于温度因子；而当降水在时空上处于不足状态时（区域性不足或季节性不足），植被的 NDVI 受制于降水和温度。在季节尺度上，虽然可以在区域上划分水热因子所驱动的空间范围，但还不能很好地区分温度和降水对各植被类型 NDVI 产生效应的持续时间与强度，因此进一步降低时间尺度，对各植被类型每月 NDVI 与温度和降水的关系进行分析。

15.8.2　不同月份 NDVI 与温度和降水的关系

受植物生理周期、区域下垫面异质性等因素影响，植被 NDVI 对温度和降水的响应可能存在滞后效应（Piao et al.，2003），并且其对不同植被类型的滞后效应各不相同。本研究提取 12 种植被类型自 1982 年以来 25 年每月的 NDVI 数据，结合温度和降水数据进行相关分析，计算每个月 NDVI 与该月之前月份温度和降水的关系。以温度为横轴，NDVI 为纵轴，做温度与 NDVI 在不同月份相关系数值的矩阵（图 15.50）。其中，横轴和纵轴相交的像元表示该月份气候因子与 NDVI 的相关系数值，颜色越深表示相关关系越强，从蓝色经青色和黄色到红色表示相关系数由正值转为负值的过程。

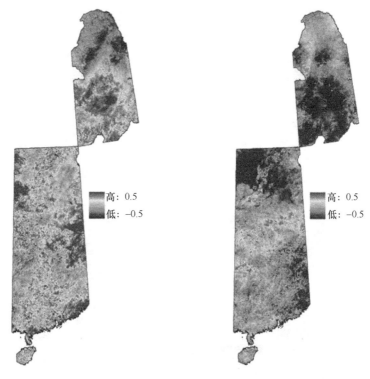

图 15.48　1982～2006 年冬季 NDVI 与温度的
相关系数分布（彩图见封底二维码）

图 15.49　1982～2006 年冬季 NDVI 与降水的
相关系数分布（彩图见封底二维码）

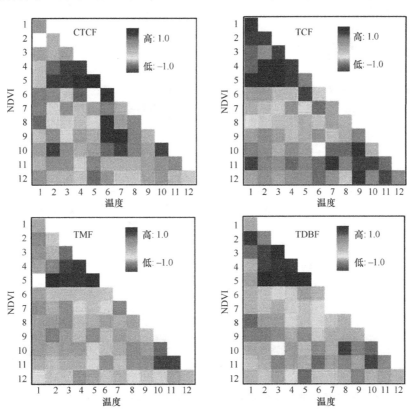

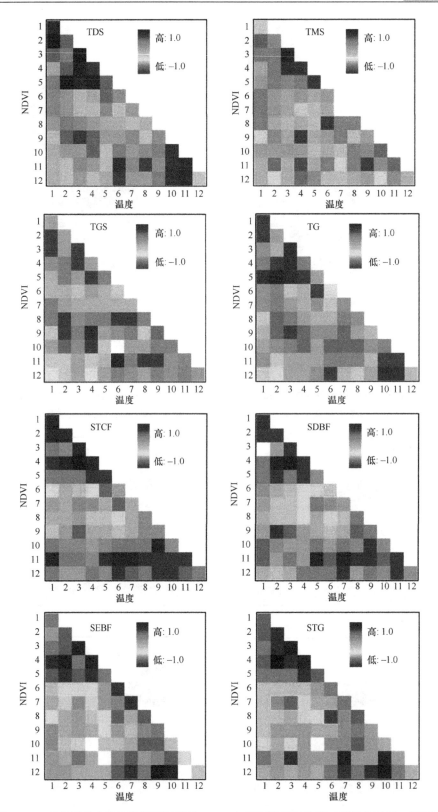

图 15.50 南北样带各植被类型不同月份 NDVI 与温度的相关关系（彩图见封底二维码）

由图 15.50 可以看出，NDVI 与温度的关系在不同类型植被、不同月份都存在很大差异，主要存在以下几个特点。

①几乎所有植被类型的 NDVI-温度相关图都可以划分为 A、B 和 C 三个区域，A 区域表示前 1～5 月的温度对前 5 个月 NDVI 的影响，一般以正相关为主；B 区表示大部分情况下，1～8 月的温度与 6～10 月的 NDVI 呈负相关；C 区则表示 9～12 月的温度对 9～12 月 NDVI 的影响，正、负相关皆有。

②一般 A 区、B 区和 C 区都有一个或多个极大值，这个极大值表示对该植被类型 NDVI 产生巨大影响的关键月份温度。例如，TCF 和 TG 中 5 月的温度对 NDVI 产生极大的负效应，这可能是由于 TCF 和 TG 分布在比较干旱的区域，5 月的高温伴随着稀少的降水，对植被生长不利。

③一般而言，植被 NDVI 与前 4 个月的温度关系最为密切，不同植被类型 NDVI 在不同季节与温度的相关性各有差异。 1～4 月，温度的滞后时长在缩短，如 TCF 中，1 月的温度对 1～5 月的 NDVI 都有比较强烈的影响，2 月温度则对 4 个月的 NDVI 有较强影响，3 月和 4 月只对 3 个、2 个月的 NDVI 有影响。

由图 15.51 可以看出，NDVI 与降水的关系在不同类型植被、不同月份也存在很大差异，主要存在以下几个特点。

草原和灌丛类型（TDS、TMS、TGS、TG、STG 等）当月 NDVI 与当月降水主要以正相关为主，而森林类型当月 NDVI 与当月降水主要以负相关为主。

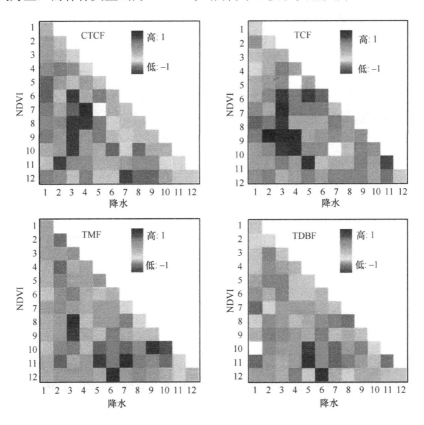

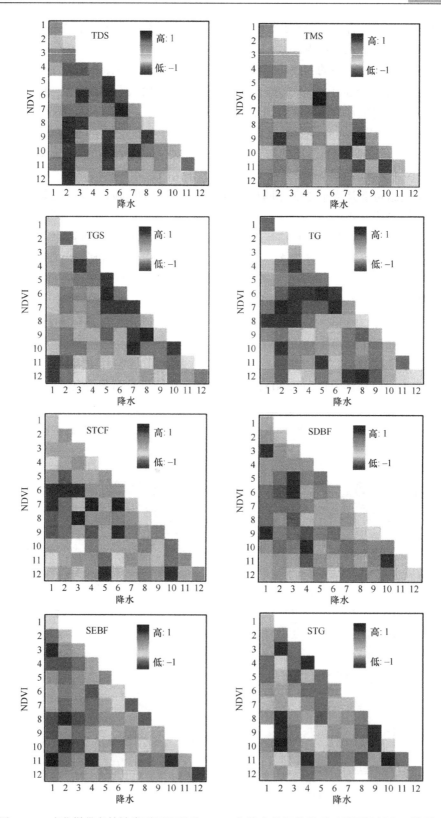

图 15.51 南北样带各植被类型不同月份 NDVI 与降水的相关关系（彩图见封底二维码）

　　不同植被类型，对 NDVI 产生重大影响的关键月份不一样，3 月、4 月降水对 CTCF 的 NDVI 影响比较大，并且在前三个月以内以负相关为主，三个月之后以正相关为主；TCF 6～9 月的 NDVI 受 3 月的降水影响最大，9～10 月的 NDVI 则同时与 3 月、4 月降水密切相关。

　　左上角（1～3 月）和右下角（10～12 月）的相关系数值以负为主，这可能是由于该时期内植被活动强度较弱，降水的增加对 NDVI 的贡献不大。颜色较深的像元集中在中间区域，即 4～9 月，这段时间内植被活动强度大，对水分的需求较高，因此降水的增加有助于 NDVI 的升高。

　　温带寒温带植被类型相关系数图的颜色比亚热带热带植被类型要深。这表明，与亚热带热带植被相比，温带寒温带植被类型与降水的关系更加密切。其中温带植被又以 TCF、TDS、TGS 和 TG 等类型与降水的关系密切程度较高，这些植被类型分布区域的降水量相对较低。

　　综合比较 NDVI 与温度和降水在不同月份的关系发现，大部分植被类型 NDVI 与温度的关系比与降水的关系密切。NDVI 与温度以正相关为主，与降水以负相关为主。与温度呈正相关的区域，一般与降水都呈负相关。NDVI 与温度相关值较高的像元都离左下角较远，而 NDVI 与降水相关系数值比较大的像元都靠近左下角，说明降水的滞后影响比温度要长。

15.8.3　南北样带上不同植被类型 NDVI 对温度和降水的敏感性

　　针对不同植被类型，将 25 年的半月 NDVI 序列与温度和降水做相关分析，以确定系数作为植被对气候因子的敏感性，由散点图（图 15.52）可以发现，随着温度的升高，植被 NDVI 对温度的敏感性有所降低，但总体而言都比较高，变化于 0.7～0.9。而随着降水量的增加（300～1700 mm/a），NDVI 对降水的敏感性显著降低（图 15.53），从 0.8（温带落叶灌丛）降低至 0.1（亚热带常绿阔叶林）以下。

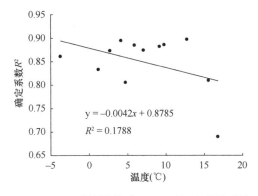
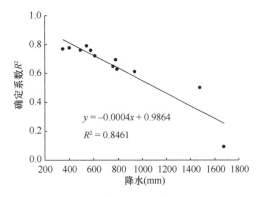

图 15.52　12 种植被类型 NDVI 对温度的敏感性　图 15.53　12 种植被类型 NDVI 对降水的敏感性

　　因此，分布在降水比较充沛区域的植被，其 NDVI 主要受温度控制；降水比较缺乏区域的植被，其 NDVI 同时受控于温度和降水两个因子。

15.8.4 小结

　　1982～2006 年，南北样带上的 NDVI 变化趋势表现出较大的差异，其不但受诸如温度、降水和辐射等气候因素的影响，而且与人类活动的变化息息相关。例如，年 NDVI 在样带南部部分区域，尤其是珠江流域出现了显著降低（Piao et al.，2004）。这可能是由该区域城市化进程快、绿地面积急剧减少而造成的。南北样带东部和中部平原农业区的 NDVI 都普遍呈现极显著的升高趋势，这可能部分归因于气候变暖以及 CO_2 浓度上升促使粮食增产。此外，由于该区域是中国的重要粮食产区，随着施肥、灌溉技术的发展，农作物种植的种类改良等，农作物产量不断提高。根据《中国农业年鉴》（2000 年）记载，1982～1999 年，主要农作物产量提升了 40%，虽然本研究还未能分离出这部分农作物增产对 NDVI 提高的贡献，但从中也可以看出人类活动的重要影响。

　　在季节尺度上，NDVI 对温度和降水的响应在不同区域表现出极大的差异，本研究结果与 Piao 等（2003）的研究结果十分一致。春季是植被 NDVI 迅速上升的时期，这个时段的水热组合对 NDVI 的影响十分重大。从整体上看，春季温度对 NDVI 的升高有极大的促进作用，尤其在寒温带山地针叶林和温带落叶阔叶林分布的区域。春季降水对 NDVI 的影响在不同区域具有很大的差异性。在样带北端区域，两者表现出极显著的负相关，这可能是由于该区域的冬季积雪还未融化、气温较低，降水转化为冰雪而降低了 NDVI。而样带南部区域的福建省和江西省，同样表现出 NDVI 与降水呈负相关，这可能是由于该区域降水丰沛，过多的降水不但增加了多云的天气，而且使得太阳辐射减少，从而降低了该区域的 NDVI。

　　在夏季，样带东北部和中北部平原农业区的 NDVI 与温度普遍呈负相关。这可能是由于该区域降水相对较少，高温极易导致干旱而影响植物生长。此外，该区域夏季的微弱增温与降水减少趋势更促进了上述进程。样带南部区域 NDVI 与温度呈正相关，但与降水呈负相关，这是由于该区域降水充足，植被的生长主要受限于温度因子，同时过多的降水减少了太阳辐射，影响了植被生长。而华北平原和东北平原农业区，降水相对不足，是促进植被生长的重要因子，因此表现出显著的正相关关系。

　　在秋季，由于样带东北区域温度迅速降低，而且大部分森林植被开始凋落，因此降水与 NDVI 在该区域表现出呈大范围的负相关。长江中游与华南区域的秋雨较多，也对植被的生长不利，从而表现出局部的负相关。

　　全国尺度上 NDVI 的变化与温度相关，但局域上的 NDVI 变化受降水调控，NDVI 在局域上的异质性与局部气候、土地利用和植被类型密切相关，这个结论与 Piao 等（2003）的研究结果相同。也可以看出，样带尺度上的 NDVI 变化同时受控于温度和降水的变化。根据 NDVI 的变化，在样带尺度上可以划分为农业区和自然植被区。农业区的温度和降水变化不甚显著，但是 NDVI 的变化是样带中最显著的区域，因此农业区 NDVI 的变化可能主要是由于人类活动的影响。自然植被区 NDVI 的驱动因子以降水的丰沛程度为界限。分布在降水比较充沛区域的植被，其 NDVI 主要受温度控制；分布在降水比较缺乏区域的植被，其 NDVI 同时受控于温度和降水两个因子。

　　对于具体植被类型而言，在年尺度上 NDVI 受温度控制的是温带落叶灌丛；温带禾草草原和亚热带热带针叶受温度和降水调控。其他植被类型整体上的年 NDVI 与年均温和年均降水量没有直接显著的关系，只有部分达到显著相关，这些植被类型的年 NDVI 受年内温度变化和降水分配状况影响更大，因此与季度、月尺度的温度和降水关系更为密切。

对月尺度 NDVI 与温度和降水的关系分析可以看出，对 NDVI 影响最大的一个或多个月份的气候因子决定着 NDVI 的变化方式。如果温度和降水对 NDVI 产生相同的效应，并且温度和降水的变化趋势相同（或者如果温度和降水对 NDVI 产生相反的效应，并且温度和降水变化趋势相反），那么 NDVI 一般也相应发生同向变化；如果温度和降水对 NDVI 产生相同的效应，但是温度和降水的变化趋势相反（或者如果温度和降水对 NDVI 产生相反的效应，但变化趋势相同），则 NDVI 可能没有显著变化。此外，如果温度和降水对 NDVI 产生相同的效应，虽然温度和降水同向变化的趋势都不显著，但是两者的耦合作用可能促使 NDVI 发生显著变化。

15.9　基于生长季水分亏缺指数（GWDI）对东南样带植被水分状况评价

15.9.1　GWDI 植被类型时间序列

在研究期间 TCF、TDS、TMS、TGS 和 TG 的平均生长季水分亏缺指数 GWDI（>2.0）比其他植被类型高，其中 TGS（GWDI=7.9±0.8）的最高。CTCF 的平均 GWDI 接近 2.0，接近半干旱/半湿润条件的上限。相比之下，所有的亚热带热带类型（STCF、SDBF、SEBF 和 STG）和两个温带类型（TMF 和 TDBF）的 GWDI 远远低于由水分和能量驱动的中间状态的生态系统水分盈亏平衡线位置（图 15.11 的 a 点，GWDI=1），且变异幅度较小。图 15.54 从左到右大致对应植被分布中心的纬度序列沿样带从北到南分布的植被类型的平均 GWDI，所以该图也描述了 NSTEC 从北到南水分亏缺的概况。

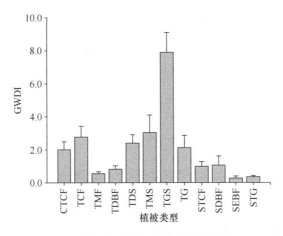

图 15.54　不同植被类型生长季水分亏缺指数（GWDI）

研究所包含的 12 种植被类型中，寒温带山地针叶林（CTCF）和两个温带草原（TGS 和 TMS）不仅显示出 GWDI 年际变化波动较大，而且 GWDI 显著增加（$P<0.05$）（图 15.55），温带针叶林、落叶灌丛和草丛（TCF、TDS 和 TG）显示 GWDI 明显增加且年际波动变

大。相比之下，两个温带类型（TDBF 和 TMF）和所有的亚热带热带类型（SEBF、SDBF、STG 和 STCF）GWDI 要低得多，且年际变化较小；TMF 没有明显的趋势。如果按照 GWDI=1.0 基线来定义水分亏缺条件：研究期间 TMF、STG 和 SEBF 没有水分亏缺；TDBF、SDBF 和 STCF 发生了周期性的水分亏缺；其余的植被类型尤其是 TGS 有严重的水分亏缺并呈现增加趋势。

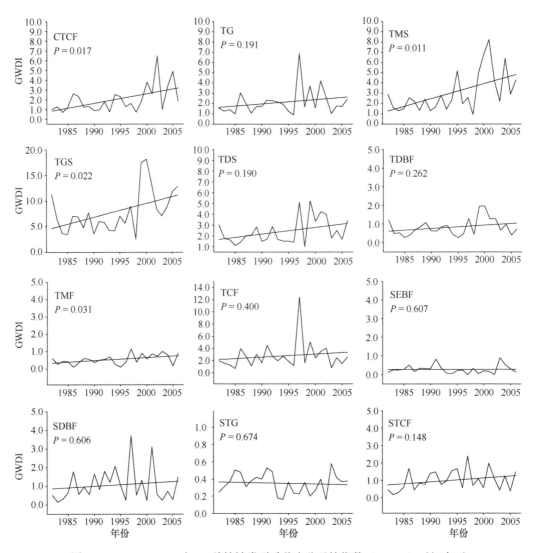

图 15.55　1982～2006 年 12 种植被类型季节水分亏缺指数（GWDI）时间序列

P 代表 MK 时序检验的显著性水平

15.9.2　GWDI 和气候、植被的关系

对于每种植被类型来说，GWDI 与 MGP 呈负的线性相关。然而，这种关系随地区降水条件的差异而不同，干旱和半干旱地区的斜率明显高于潮湿与半湿润地区。当综合分析各种植被类型时发现，随着 MGP 增加，GWDI 极其迅速地减少（图 15.56）。GWDI-*P*

响应曲线见图 15.11。干旱地区（MGP<400 mm，GWDI>2），随着 MGP 从约 200 mm 增加到 400 mm，GWDI 大幅下降。这个区域植被类型间差异很小，主要包括草本类型（TGS、MS、TDS 和 TCF）。在半干旱和半干旱地区（中间降水区域，MGP 范围为 400～700 mm，0.5<GWDI<2.0），GWDI 下降，且 TMF、TDBF、TCF、SDBF 和 CTCF 间差异较大。在湿润地区（MGP>700 mm，GWDI<0.5），曲线斜率低于干旱和半湿润区域。STG、STCF 和 SEBF 三个主要植被类型再一次显示 GWDI 下降（图 15.56）。GWDI=1.0 的平衡线对应 MGP 范围为 500～700 mm，平均为 600 mm。

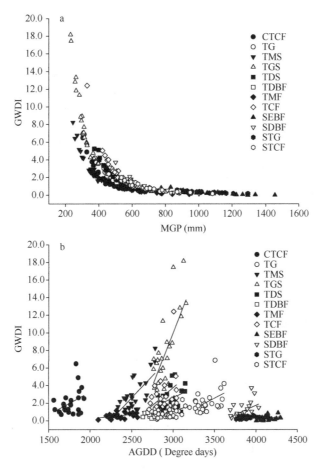

图 15.56　生长季水分亏缺指数（GWDI）与生长季平均降水量（MGP，a）和
生长季累积生长度日（AGDD，b）的关系
所有数据经过空间平均

每个单一植被类型显示 GWDI 和 AGDD 之间为正相关关系。综合分析所有植被类型时（图 15.56b），随着 AGDD 增加，GWDI 没有显示呈上升趋势。然而，寒温带和亚热带类型的斜率比温带地区的要低得多。例如，TGS、TMS 和 TDS 比亚热带植被类型 STCF、STG 和 SEBF 有明显大的斜率（图 15.56b）。此外，GWDI 在温带还表现了较大的年际变化（图 15.56b）。

对 12 种植被类型的空间和年际平均值进行汇总分析，GWDI 与 TI-NDVI$_g$ 显示有非常显著的关系（R^2= 0.82，$P<0.05$）（图 15.57）。由于 GWDI 与 TI-NDVI$_g$ 来源于完全独立的数据，反映出植被活动与生态系统水平衡状态的关系密切，而且这种关系体现在整个样带尺度上。根据二者的关系，12 个植被类型可以分为三组。第一组包括所有 4 个亚热带热带类型（SEBF、SDBF、STG 和 STCF）和温带落叶阔叶林（TDBF），它们在研究期间有充足的水分供应（平均 GWDI≤1.0）。CTCF、TCF、TDS、TG 和 TMS 属于第二组，经历不断加剧的水分胁迫，水分逐渐由基本平衡状态转为亏缺状态（$1.0<$GWDI<3.0）。TGS 经历了最严重的干旱（GWDI>3.0）。GWDI 平衡线 1.0 对应 TI-NDVI$_g$ 值为 3.5（图 15.57）。因此，TI-NDVI$_g$=3.5 可以用作遥感手段快速评价水分亏缺的阈值。

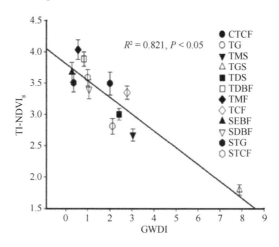

图 15.57　生长季时间合成序列 NDVI（TI-NDVI$_g$）和生长季水分亏缺指数（GWDI）的关系

数据按植被类型在 1982~2006 年进行空间平均

15.9.3　GWDI 和生态系统对气候变化的敏感性

使用 GWDI 的主要优点是不仅体现了气象学上的蒸散需求（潜在蒸散 ET$_p$），还包含了植被实际的耗水量（实际蒸散 ET$_a$）。与干旱指数（AI）被定义为 P 与 ET$_p$（Budyko，1974）的比值不同的是，GWDI 需要把 ET$_a$ 也明确地考虑进去。因此，该指数可以更好地诊断生态系统的水平衡，并与长期植被活动的变化相关联。由于 GWDI 把降水假定为水输入的主要来源，并且把 ET$_0$ 作为主要的输出，因此它与生态系统的生态需水（绿水）密切相关（Liu et al.，2009；Liu and Yang，2010）。同时，这个指数能够帮助我们快速地评估生态系统水分输出（蓝水）的可能性（Calder，2005；Falkenmark and Rockström，2006）。

仅仅基于 NDVI 的趋势分析，以前的少数研究表明在中国的干旱和半干旱地区呈现一种逆向荒漠化的过程，其中就包括我们研究的温带禾草草原区域（Runnström，2000；Zhong and Qu，2003）。同样的，在我们研究期间，也发现了 TGS 的 NDVI 有虽不明显但相似的上升趋势（表 15.8）。然而，这种趋势可能是升温导致的，不具有可持续性。在研究期间，极端高的 GWDI 和 TGS 急剧的上升趋势表明一个明显干燥化的水分环境，整体水分有效性的持续下降最终将会减少植被活动并导致生态系统退化，一些以前的关于温带禾草草原（TGS）荒漠化的研究（Tong et al.，2002）已经证实了这个猜测。只是我们无法对退化的时间给予预测,因为目前对植物的适应性研究较少。因此,总体说来,短周期的 NDVI 升高并非是荒漠化逆转过程,而是只反映了植物物候对气候变暖的响应的临时现象。由于水分亏缺状态继续,短期的绿化(greening)反而会加速植物蒸腾导致水分流失。温带落叶灌丛(TDS)和三种非木本类型(TG、TMS、TGS)对未来气候变化尤其是降水量的下降变得敏感,这已经被绿化增加幅度减弱的事实所证明(上面所讨论的)。这些结果与最近的一篇研究草地和生物群落的文章特别相似,主要是说短暂的绿化经常会伴随着逐渐的褐变(Jong et al.,2012)。TDBF、TMF、SDBF、SEBF、STCF 和 STG 这些类型在研究期间呈现出低的 GWDI 和小的年际变化,没有水分亏缺。然而,CTCF 和 TCF 的增长趋势和年际变化可以归因于 MGP 的下降。CTCF 和 TCF 被认定为面临持续缺水风险的两个森林类型,由于它们的 GWDI 突破了 2.0 这个上限值并且变异性增加。可能是该区域的植被类型受增温影响较大,植被活动强度增加后导致水分限制增加,未来的水分可用性可能成为影响其植被活动的主要因素。

GWDI 和 MGP 之间关系比较强的类型内部与跨型关系反映了降水量对生态系统水分亏缺的主导性影响,但是双曲线同时也表明这个影响在接近水平衡点时快速下降。相比之下,在 GWDI 方面干燥地区比湿润区有更高的年际波动,可能由于 ET_a 在干旱气象条件下的变化受更多不确定性因素的影响。无论是在干燥或潮湿的地区,草本类型比森林有更高的 GWDI,这种现象可能是由于低覆盖度植被 ET_a 被过高估计了。MGP 的中位数 600 mm 可以作为区分"水限制"和"能源限制"植被类型的分界线。在 AGDD-GWDI 关系上,干旱区类型比那些湿润区有更高的斜率(图 15.56b)。似乎伴随着季节性水分亏缺的增加,变暖对植被的影响变得更加不确定。TI-NDVI$_g$ 与 GWDI 之间较强的关系反映了生态系统水平衡和它的植被活动之间的强相互作用。另外,在广泛的环境条件下,GWDI 在指示多种植被类型的活动强度时被证明是有效的。可以用 TI-NDVI$_g$(3.5)和 GWDI(1.0)的基线来评价不同植被类型的水平衡状态。通过基线我们发现 TDS、TG 和 TMS 遭受日益严重的水分亏缺,温带禾草草原发生了严重的干旱(图 15.57)。在研究期间,除了 CTCF 和 TCF 大部分森林处于大致的水分平衡状态,而 CTCF 和 TCF 日益严重的水分亏缺与植被活动减少暗示它们对未来气候变化的敏感性逐渐增加。

15.10　小　　结

根据 1982~2006 年的气候变化模式判断,整个样带展现出了高度的空间异质性和年际变化性。研究表明,伴随着降水量普遍下降,大部分植被类型所在区域的环境有显著的变暖趋势。因此,尽管大气的潜在蒸散增大,但生长季缺水成为制约大多数样带植被蒸散的主要因素。从植物物候的变化分析可以看出,有些地区的植被对全球变化的响应主要表现为植物生长季的加长;而从 NDVI 对气候因子在较小尺度上的响应方式可以看出,有些生态系统主要表现为植被 NDVI 升高或降低,而有一些生态系统则同时表现出上述两方面的特点。因此,中国东部南北样带植被对全球变化响应存在明显的区域性差异,主要表现在生长季(物候期摆动)和活动强度(NDVI 升降)的变化方面。

气候变暖、生长季水分亏缺影响了植被活动。因为在控制 NDVI 增长趋势方面,生长季长度、温度的增加比补偿水分亏缺起到了更为重要的作用，但是在干旱情况下，气候变暖使得 NDVI 显著降低。最北端的寒温带森林（CTCF）和温带草原（TGS、TMS）、草地（TG）和灌丛（TDS）对气候变暖更为敏感。我们推测，在持续缺水的情况下，植被变绿的趋势可能会逆转，从而对气候变化敏感。从温带森林（TMF、TCF 和 TDBF）的褐变趋势和实际蒸散量减少可以推断，日益加剧的生长季水分亏缺给其带来越来越多的挑战。由于夏季云量增多，亚热带森林的褐变趋势（STCF、STG、SDBF 和 SEBF）与温带森林相反。

GWDI 系数代表了生态系统的水生态平衡，其长期趋势可以作为确定植被对环境变化响应趋势的依据。根据 GWDI 和 TI-NDVI$_g$ 的趋势可知，TGS 正在遭受越来越严重的水分亏缺和干旱。总体来说，研究期内的大部分森林可以达到水平衡。然而，正在出现的水分亏缺和褐变可能增加了寒温带温带森林对未来气候变化的敏感性。

主要参考文献

百度百科. http://baike.baidu.com/view/35910.html?wtp=tt.

百度百科. http://baike.baidu.com/view/91300.htm.

陈效逑. 2000. 论树木物候生长季节与气温生长季节的关系——以德国中部 Taunus 山区为例. 气象学报, 58(6): 721-737.

陈燕丽. 2007. 基于 NDVI 和气候信息的锡林郭勒草原植被变化监测研究. 北京: 中国农业大学硕士学位论文.

李岩, 廖圣东, 迟国彬, 等. 2004. 基于 DEM 的中国东部南北样带森林农田净初级生产力时空分布特征. 科学通报, 49(7): 679-685.

马明国, 董立新, 王雪梅. 2006. 基于遥感的植被年际变化及其与气候关系研究进展. 遥感学报, 10(3): 421-431.

彭少麟, 赵平, 任海, 等. 2002. 全球变化压力下中国东部样带植被与农业生态系统格局的可能性变化. 地学前缘, 9(1): 217-226.

任国玉, 郭军, 徐铭志, 等. 2005. 近 50 年中国地面气候变化基本特征. 气象学报, 63(6): 942-956.

孙颔. 1994. 中国农业自然资源与区域发展. 南京: 江苏科学技术出版社.

孙晓鹏. 2009. 基于 NDVI 的泾河流域植被覆盖变化及其原因分析. 北京: 北京师范大学硕士学位论文.

滕菱, 任海, 彭少麟. 2000. 中国东部陆地农业生态系统南北样带的自然概况. 生态科学, 4: 1-10.

吴征镒. 1980. 中国植被. 北京: 科学出版社.

武永峰, 何春阳, 马瑛, 等. 2005. 基于计算机模拟的植物返青期遥感监测方法比较研究. 地球科学进展, 20: 724-731.

阎洪. 2004. 薄板光顺样条插值与中国气候空间模拟. 地理科学, 24(2): 163-169.

叶笃正, 陈泮勤. 1992. 中国的全球变化预研究. 北京: 地震出版社.

中国农业年鉴编委会. 2000. 中国农业年鉴. 北京: 中国农业出版社.

周广胜. 1999. 气候变化对生态脆弱地区农牧业生产力影响机制与模拟. 资源科学, 21(5): 46-52.

周广胜, 王玉辉, 白莉萍, 等. 2004. 陆地生态系统与全球变化相互作用的研究进展. 气象学报, 62(5): 692-708.

朱炳海. 1962. 中国气候. 北京: 科学出版社.

Allen R G, Pereira L S, Raes D, et al. 1998. Crop Evapotranspiration-Guidelines for Computing Crop Water Requirements-FAO Irrigation and Drainage Paper 56. Rome: FAD.

Andréassian V, 2004. Waters and forests: from historical controversy to scientific debate. Journal of Hydrology, 291: 1-27.

Arora V K. 2002. The use of the aridity index to assess climate change effect on annual runoff. Journal of

Hydrology, 265: 164-177.

Asrar G, Fuchs M, Kanemasu E T, et al. 1984. Estimating absorbed photosynthetic radiation and leaf area index from spectral reflectance in wheat. Agronomy Journal, 76: 300-306.

Beaubien E G, Freeland H J. 2000. Spring phenology trends in Alberta, Canada: links to ocean temperature. International Journal of Biometeorology, 44: 53-59.

Beck H E, McVicar T R, van Dijk A I J M, et al. 2011. Global evaluation of four AVHRR-NDVI data-sets: intercomparison and assessment against Landsat imagery. Remote Sensing of Environment, 115(10): 2547-2563.

Beurs K M, Henebry G M. 2004. Trend analysis of the pathfinder AVHRR Land (PAL) NDVI data for the deserts of central Asia. IEEE Geoscience and Remote Sensing Letters, 1: 282-286.

Beurs K M, Henebry G M. 2005. A statistical framework for the analysis of long image time series. International Journal of Remote Sensing, 26: 1551-1573.

Bradley B A, Mustard J F. 2008. Comparison of phenology trends by land cover class: a case study in the Great Basin, USA. Global Change Biology, 14: 334-346.

Brown A E, Zhang L, McMahon T A, et al. 2005. A review of paired catchment studies for determining changes in water yield resulting from alterations in vegetation. Journal of Hydrology, 310: 28-61.

Brown T C, Hobbins M T, Ramirez J A. 2008. Spatial distribution of water supply in the coterminous United States. Journal of the American Water Resources Association, 44: 1474-1487.

Bruce L M, Morgan C, Larsen S. 2001. Automated detection of subpixel hyperspectral targets with continuous and discrete wavelet transforms. IEEE Transactions on Geoscience and Remote Sensing, 39(10): 1-2226.

Budyko M I. 1974. Climate and Life, International Geophysics Series, 18. New York: Academic: 508

Calder I R. 2005. Blue Revolution: Integrated land and Water Resource Management. London: Earthscan.

Canadell J G, Steffen W L, White P S. 2002. IGBP/GCTE terrestrial transects: dynamics of terrestrial ecosystems under environmental change-introduction. Journal of Vegetation Science, 13: 298-300.

Chen J, Wang C, Jiang H, et al. 2011. Estimating soil moisture using Temperature-Vegetation Dryness Index (TVDI) in the Huang-huai-hai (HHH) plain. International Journal of Remote Sensing, 32: 1165-1177.

Donohue R J, McVicar T R, Roderick M L. 2009. Climate-related trends in Australian vegetation cover as inferred from satellite observations, 1981-2006. Global Change Biology, 15: 1025-1039.

Donohue R J, Roderick M L, McVicar T R. 2006. On the importance of including vegetation dynamics in Budyko's hydrological model. Hydrology and Earth System Sciences Discussions, 11: 983-995.

Donohue R J, Roderick M L, Mcvicar T R. 2012. Roots, storms and soil pores: incorporating key ecohydrological processes into Budyko's hydrological model. Journal of Hydrology, 436-437: 35-50.

Dragoni D, Schmid H P, Wayson C A, et al. 2011. Evidence of increased net ecosystem productivity associated with a longer vegetated season in a deciduous forest in south-central Indiana, USA. Global Change Biology, 17: 886-897.

Falkenmark M, Rockström J. 2006. The new blue and green water paradigm: breaking new ground for water resources planning and management. Journal of Water Resources Planning & Management, 132(3): 129-132.

Fang H T, Huang D S. 2004. Noise reduction in lidar signal based on discrete wavelet transform. Optics Communications, 233: 67-76.

Fang J Y, Piao S L, Field C B. 2003. Increasing net primary production in China from 1982 to 1999. Frontiers in Ecology & the Environment, 1: 293-297.

Fang J Y, Piao S L, He J S, et al. 2004. Increasing terrestrial vegetation activity in China, 1982-1999. Science in China, 47: 229-240.

Fuller D O. 1998. Trends in NDVI time series and their relation to rangeland and crop production in Senegal, 1987-1993. Remote Sensing of Environment, 19(10): 2013-2018.

Gao Q, Li X B, Yang X S. 2003. Responses of vegetation and primary production in north-south transect of eastern China to global change under land use constraint. Acta Botanica Sinica, 45(11): 1274-1284.

Goetz S J, Bunn A G, Fiske G J, et al. 2005. Satellite observed photosynthetic trends across boreal North America associated with climate and fire disturbance. Proceedings of the National Academy of Sciences of the United States of America, 102: 13521-13525.

Hänninen H. 1990. Modelling bud dormancy release in trees from cool and temperate regions. Acta Forest Fenn, 213. doi: 10.14214/aff.7660

Held I M, Soden B J. 2000. Water vapor feedback and global warming. Annual Review of Energy and the Environment, 25: 441-475.

Hirsch R M, Slack J R, Smith R A. 1982. Techniques of trend analysis for monthly water quality data. Water Resources Research, 18(1): 107-121.

Hundecha Y, Bárdossy A. 2004. Modeling of the effect of land use changes on the runoff generation of a river basin through parameter regionalization of a watershed model. Journal of Hydrology, 292(1-4): 281-295.

Huntington T G. 2006. Evidence for intensification of the global water cycle. Review and synthesis. Journal of Hydrology, 319: 83-95.

IPCC. 2007. Climate Change: Mitigation, Contribution of Working Group III to the Fourth Assessment Report of the Intergovernmental Panel on Climate Change (Davidson M B, Bosch O R, Dave P R, et al.) Cambridge: Cambridge University Press.

Jepma C J. 2008. "Biosphere carbon stock management: addressing the threat of abrupt climate change in the next few decades." By Peter Read. An editorial comment. Climatic Change, 87(3-4): 343-346.

Jia G J, Epstein H E, Walker D A. 2006. Spatial heterogeneity of tundra vegetation response to recent temperature changes. Global Change Biology, 12(1): 42-55.

Jong R D, Verbesselt J, Schaepman M E, et al. 2012. Trend changes in global greening and browning: contribution of short-term trends to longer-term change. Global Change Biology, 18: 642-665.

Karl T R, Trenberth K E. 2003. Modern global climate change. Science, 302: 1719-1723.

Kendall M G. 1975. Rank Correlation Methods. London: Charles Griffin.

Kepner W G, Rubio J L, Mouat D A, et al. 2006. Desertification in the Mediterranean Region: A Security Issue. Netherlands: Springer: 303-323.

Koch G W, Scholes R J, Steffen W L, et al. 1995. The IGBP Terrestrial Transects: Science plan. IGBP Report No. 36. International Biosphere-Geosphere Programme (IGBP). Stockholm, 61.

Lavabre J, Sempere D, Cernesson F. 1993. Changes in the hydrological response of a small Mediterranean basin a year after a wildfire. Journal of Hydrology, 142: 273-299.

Lettenmaier D P. 1988. Mutivariate nonparametric tests for trend in water quality. Journal of the American Water Resources Association, 24(3): 505-512.

Li Z. Kafatos M. 2000. Interannual variability of vegetation in the United States and its relation to El Nino/Southern Oscillation. Remote Sensing of Environment, 71: 239-247.

Libiseller C, Grimvall A. 2002. Performance of partial Mann-Kendall test for trend detection in the presence of covariates. Environmetrics, 13: 71-84.

Liu J, Yang H. 2010. Spatially explicit assessment of global consumptive water uses in cropland: green and blue water. Journal of Hydrology, 384: 187-197.

Liu J, Zehnder A J B, Yang H. 2009. Global consumptive water use for crop production: the importance of green water and virtual water. Water Resour Res, 45(5), doi: 10.1029/2007WR006051.

Ma M, Veroustraete F. 2006. Reconstructing pathfinder AVHRR land NDVI time-series data for the Northwest of China. Advances in Space Research, 37(4): 835-840.

Mann H B. 1945. Nonparametric tests against trend. Econometrica, 13: 245-259.

Martínez B, Gilabert M A. 2009. Vegetation dynamics from NDVI time series analysis using the wavelet transform. Remote Sensing of Environment, 113: 1823-1842.

Martiny N, Camberlin P, Richard Y, et al. 2006. Compared regimes of NDVI and rainfall in semi-arid regions of Africa. Int J Remote Sens, 27: 5201-5223.

McVicar T R, Bierwirth P N. 2001. Rapidly assessing the 1997 drought in papua new guinea using composite AVHRR imagery. International Journal of Remote Sensing, 22: 2109-2128.

Mcvicar T R, Roderick M L, Donohue R J, et al. 2012a. Global review and synthesis of trends in observed terrestrial near-surface wind speeds: implications for evaporation. Journal of Hydrology, 416: 182-205.

Mcvicar T R, Roderick M L, Donohue R J, et al. 2012b. Less bluster ahead? Ecohydrological implications of global trends of terrestrial near-surface wind speeds. Ecohydrology, 5(4): 381-388.

McVicar T R, Van Niel T G, Li L T, et al. 2007. Spatially distributing monthly reference evapotranspiration and pan evaporation considering topographic influences. Journal of Hydrology, 338: 196-220.

McVicar T R, Van Niel T G, Roderick M L, et al. 2010. Observational evidence from two mountainous regions that near-surface wind speeds are declining more rapidly at higher elevations than lower elevations: 1960-2006. Geophys Res Lett, 37(6). doi: 10.1029/2009GL042255.

Méndez-Barroso L A, Vivoni E R, Watts C J, et al. 2009. Seasonal and interannual relations between precipitation, surface soil moisture and vegetation dynamics in the North American monsoon region. Journal of Hydrology, 377: 59-70.

Menzel A. 2000. Trends in phenological phases in Europe between 1951 and 1996. International Journal of Biometeorology, 44: 76-81.

Milich L, Weiss E. 2000. GAC NDVI images: relationship to rainfall and potential evaporation in the grazing lands of he Gourma (northern Sahel) and in the croplands of the Niger-Nigeria border (southern Sahel). International Journal of Remote Sensing, 21(2): 261-280.

Mu Q, Heinsch F A, Zhao M, et al. 2007. Development of a global evapotranspiration algorithm based on MODIS and global meteorology data. Remote Sens Environ, 111: 519-536.

Myneni R B, Keeling C D, Tucker C J, et al. 1997. Increased plant growth in the Northern High Latitudes from 1981 to 1991. Nature, 386: 698-702.

Nemani R R, Keeling C D, Hashimoto H, et al. 2003. Climate driven increases in global terrestrial net primary production from 1982 to 1999. Science, 300: 1560-1563.

Niehoff D, Fritsch U, Bronstert A. 2002. Land-use impacts on storm-runoff generation: scenarios of land-use change and simulation of hydrological response in a meso-scale catchment in SW-Germany. Journal of Hydrology, 267: 80-93.

Park K A, Bayarsaikhan U, Kim K R. 2012. Effects of El Nino on spring phenology of the highest mountain in North-East Asia. International Journal of Remote Sensing, 33: 5268-5288.

Patel N R, Anapashsha R, Kumar S, et al. 2009. Assessing potential of MODIS derived temperature/vegetation condition index (TVDI) to infer soil moisture status. Int J Remote Sens, 30: 23-39.

Piao S L, Fang J Y, Wei J, et al. 2004. Variations in satellite-based vegetation index in relation to climate in China. Journal of Vegetation Science, 15: 219-226.

Piao S L, Fang J Y, Zhou L M, et al. 2003. Interannual variations of monthly and seasonal NDVI in China from 1982 to 1999. Journal of Geophysical Research, 108(14): 1-13.

Piao S, Fang J, Zhou L, et al. 2006a. Variations in satellite-derived phenology in China's temperate vegetation. Global Change Biology, 12: 672-685.

Piao S, Mohammat A, Fang J, et al. 2006b. NDVI-based increase in growth of temperate grasslands and its responses to climate changes in China. Global Environ Chang, 16: 340-348.

Pouliot D, Latifovic R, Fernandes R, et al. 2011. Evaluation of compositing period and AVHRR and MERIS combination for improvement of spring phenology detection in deciduous forests. Remote Sensing of Environment, 115(1): 158-166.

Prasad A K, Sarkar S, Singh R P, et al. 2006. Inter-annual variability of vegetation cover and rainfall over India. Adv Space Res, 39: 79-87.

Prasad A K, Singh R P, Tare V, et al. 2007. Use of vegetation index and meteorological parameters for the prediction of crop yield in India. Int J Remote Sens, 28: 5207-5235.

Pu R L, Gong P. 2004. Wavelet transform applied to EO-1 hyperspectral data for forest LAI and crown closure mapping. Remote Sensing of Environment, 91: 212-224.

Quiroz R, Yarleque C, Posadas A, et al. 2011. Improving daily rainfall estimation from NDVI using a wavelet transform. Environmental Modelling and Software, 26: 201-209.

Reed B C, Brown J F, Vander Zee D, et al. 1994. Measuring phenological variability from satellite imagery. Journal of Vegetation Science, 5(5): 703-714.

Ren G Y, Guo J, Xu M Z, et al. 2005. Climate changes of mainland China over the past half century (in Chinese). Acta Meteorol Sin, 63: 942-956.

Rhee J, Im J, Carbone G J. 2010. Monitoring agricultural drought for arid and humid regions using multi-sensor remote sensing data. Remote Sens Environ, 114: 2875-2887.

Richard Y, Martiny N, Fauchereau N, et al. 2008. Interannual memory effects for spring NDVI in semi-arid South Africa. Geophys Res Lett, 35(35): 195-209.

Runnström M C. 2000. Is northern China winning the battle against desertification? Satellite remote sensing as a tool to study biomass trends on the Ordos plateau in semiarid China. Ambio, 29: 468-476.

Scheiter S, Higgins S I. 2009. Impacts of climate change on the vegetation of Africa: an adaptive dynamic vegetation modelling approach. Global Change Biology, 15: 2224-2246.

Steffen W L. 1995. Rapid progress in IGBP Transects. Global Change Newsletter, 24: 15-16.

Steffen W L, Scholes R J, Valentin C, et al. 1999. The IGBP terrestrial transects. *In*: Walker B H, Steffen W L, Canadell J, et al. The Terrestrial Biosphere and Global Change: Implications for Natural and Managed Ecosystems. London: Cambridge University Press: 66-87.

Stockli R, Vidale P L. 2004. European plant phenology and climate as seen in a 20 year AVHRR land surface parameter dataset. International Journal of Remote Sensing, 25: 3303-3330.

Sun G, Caldwell P, Noormets A, et al. 2011. Upscaling key ecosystem functions across the conterminous United States by a water-centric ecosystem model. J Geophys Res, 116: 1-16.

Sun G, McNulty S G, Lu J, et al. 2005. Regional annual water yield from forest lands and its response to potential deforestation across the southeastern United States. Journal of Hydrology, 308: 258-268.

Sun P S, Liu S L, Jiang H, et al. 2008. Hydrologic effects of NDVI time series in a context of climatic variability in an upstream catchment of the Minjiang River. Journal of the American Water Resources Association, 44(5): 1132-1143.

Suzuki R, Xu J, Motoya K. 2006. Global analyses of satellite-derived vegetation index related to climatological wetness and warmth. Int J Climatol, 26: 425-438.

Tan S Y. 2007. The influence of temperature and precipitation climate regimes on vegetation dynamics in the US Great Plains: a satellite bioclimatology case study. Int J Remote Sens, 28: 4947-4966.

Thomas A. 2008. Development and properties of 0.25-degree gridded evapotranspiration data fields of China for hydrological studies. Journal of Hydrology, 358: 145-158.

Tong C, Hao D Y, Gao X, et al. 2002. Forecast on changes of steppe degradation patterns in the Xilin River Basin, Inner Mongolia: an application of Markov process. Journal of Natural Resources (in Chinese), 17: 488-493.

Tottrup C, Rasmussen M S. 2004. Mapping long term changes in Sacannah crop producitivity in Senegal through trend analysis of time series of remote sensing data. Agriculture Ecosystems & Environment, 103: 545-560.

Tucker C J, Pinzon J E, Brown M E, et al. 2005. An Extended AVHRR 8-km NDVI data set compatible with MODIS and SPOT vegetation NDVI data. International Journal of Remote Sensing, 26: 4485-4498.

Tucker C J, Sellers P J. 1986. Satellite remote sensing of primary vegetation. Int J Remote Sens, 7: 1395-1416.

Walker B H, Steffen W, Bondeau A, et al. 1999. The Terrestrial Biosphere and Global Change: Implications for Natural and managed Ecosystems. Cambridge: Cambridge University Press.

Wang L, D'Odorico P, Evans J P, et al. 2012. Dryland ecohydrology and climate change: critical issues and technical advances, Hydrol. Earth Syst Sci, 16: 2585-2603.

Wang Y J, Huang Y, Zhang W. 2009. Changes in surface solar radiation in mainland China over the period from 1961 to 2003. Climatic and Environmental Research (in Chinese), 14: 405-413.

Wei X, Zhang M. 2010. Quantifying stream flow change caused by forest disturbance at a large spatial scale: a single watershed study. Water Resour Res, 46(12): 439-445.

White M A, Hoffman F, Hargrove W. 2005. A global framework for monitoring phenological response to climate change. Geophys Res Lett, 32(4): L04705. doi: 10.1029/2004GL021961.

White M A, Thornton P E, Running S W. 1997. A Continental phenology model for monitoring vegetation responses to interannual climatic variability. Global Biogeochem Cy, 11: 217-234.

Yu Z, Sun P S, Liu S R. 2010. Phenological change of main vegetation types along a North-south transect of eastern China. Chinese Journal of Plant Ecology (in Chinese), 34: 316-329.

Zang C F, Liu J, van der Velde M, et al. 2012. Assessment of spatial and temporal patterns of green and blue water flows under natural conditions in inland river basins in Northwest China. Hydrol Earth Syst Sci, 16: 2859-2870.

Zeng Z, Liu J, Koeneman P H, et al. 2012. Assessment water footprint at river basin level: a case study for the Heihe River Basin in Northwest China. Hydrol Earth Syst Sci, 16: 2771-2781.

Zhang K, Kimball J S, Mu Q, et al. 2009. Satellite based analysis of northern ET trends and associated changes in the regional water balance from 1983 to 2005. Journal of Hydrology, 379: 92-110.

Zhang L, Dawes W R, Walker G R. 1999. Predicting the effect of vegetation changes on catchment average water balance. Cooperative Research Centre for Catchment Hydrology. Technical Report, 99(12): 1-2.

Zhang L, Dawes W R, Walker G R. 2001. Response of mean annual evapotranspiration to vegetation changes at catchment scale. Water Resour Res, 37: 701-708.

Zhang Y K, Schilling K E. 2006. Increasing streamflow and baseflow in Mississippi River since the 1940 s: effect of land use change. Journal of Hydrology, 324: 412-422.

Zhao M, Running S W. 2010. Drought-induced reduction in global terrestrial net primary production from 2000 through 2009. Science, 329: 940-943.

Zhong D C, Qu J J. 2003. Recent developmental trend and prediction of sand deserts in China. J Arid Environ, 53: 317-329.

Zhou L, Tucker C J, Kaufmann R B, et al. 2001. Variation in northern vegetation activity inferred from satellite data of vegetation index during 1981 to 1999. Journal of Geogphysics Research, 106 (D17): 20069-20083.

第16章 变化环境下流域的适应性管理

16.1 全球变化对森林生态系统产生多尺度干扰

大气中 CO_2 浓度的增加及其引起的气候变化已经通过改变降水的时空格局、气温、蒸腾和植被显著影响陆面水文循环,并改变了大尺度生态水文格局。例如,降水减少导致澳大利亚地下水位降低和径流减少,引起大面积的森林死亡和部分森林冠层退化(Poot and Veneklaas,2013),而森林的衰亡又会导致森林生态系统服务功能的下降,从而加剧干旱、洪涝灾害,甚至加剧区域气候的恶化趋势。区域尺度的研究表明,年均温、年降水量的空间格局是调控生态系统总初级生产力(GPP)、生态系统呼吸(RE)和净生态系统生产力(NEP)空间变异的主要因子(Yu et al.,2013)。

森林与气候之间存在着密切的关系,气候的变化将不可避免地对森林产生一定程度的影响。反之,森林对大气中的 CO_2 起着源或汇的双重作用,从而增强或抵消未来气候的变化。人们通过实验和模型模拟,在时间尺度上从几天到几个世纪,在空间尺度上从叶片到个体、种群、群落、生态系统、景观、区域及全球等各个层次阐述气候变化对树木生理、物种组成和迁移、森林生产力以及物种和植被分布等多方面的影响。

16.2 适应气候变化的流域植被水文调节功能

森林植被对气候变化的响应和适应是当今全球变化生态学的研究热点之一。在漫长的地质历史时期,不同的物种为了适应不同的环境而形成了其各自独特的生理和生态特征,从而形成现有不同森林生态系统的结构、物种组成及空间分布。由于原有系统中不同的树种及其不同的年龄阶段对气候变化的响应存在很大差异,因此,气候变化会通过温度胁迫、水分胁迫、物候变化、日照和光强的变化以及有害物种的入侵等途径强烈地改变森林生态系统的结构和物种组成(Ge et al.,2014;Piao et al.,2015)。在大尺度上,气候变化也会影响到森林生态系统的物种分布,进而影响到生态系统的水分循环(宋子刚,2007)。

气候变化一般通过影响植被的蒸散量间接影响流域产流量(刘世荣等,2007)。按照水量平衡原理,流域内的植被蒸散量越大,流域内的径流量就越小。造林也可减缓径流流速;森林植被的增加,导致流域产水量减少(张志强等,2006),水土流失有所降低。然而,Sun 等(2006)认为,森林植被恢复后,树木蒸腾增大,总耗水量加大,降低河流总流量,尤其是基流。南非的人工造林所导致的径流量减少量占当地河流径流减少量的1/3(Chisholm,2010)。Brown 等(2005)通过把 166 个配对集水区分为 4 类处理后研究发现,森林采伐初期产水量会增加,但产水量随森林恢复而逐渐减少,最终达到新的平衡状态,这是森林采伐及恢复过程中产水量变化的一般性规律(Stednick,1996),Zhang 等(2017)对全球不同尺度流域森林覆盖率变化径流响应的综述分析也再次证实了这一规律具有普遍性。我国川西亚高山林区长江上游不同森林恢复模式的蒸散量、流域产水量比较研究也验证了这一规律（张远东等，2011），并提出了森林水分利用生态演替假说，诠释森林植被蒸腾随演替的变化规律（张雷等，2020）。另外，石培礼和李文华（2001）对国内森林植被对水文过程和径流影响的综述也都得出比较一致的结论：森林覆盖率减少会不同程度地增加河川年径流量，而森林覆盖率增加会不同程度地减少河川年径流量。

面对生态、生产、生活等多种需水压力的增长，加强植被蒸腾耗水及其对流域产水影响的研究，寻找合理的植被结构与空间配置调控技术，是以森林生态学和森林水文学为基础的流域可持续管理的核心研究内容。在考虑区域水资源有效供给的前提下，优化乔、灌、草的景观配置，提升生态系统对气候变化的韧性和抵抗力，以应对气候变化对区域农业生态环境的潜在影响。

16.3　适应性生态恢复与植被重建

由于森林在应对气候变化方面具有特殊的重要作用，提倡植树造林、生态保护恢复和森林可持续经营等，增加森林碳汇，以减缓气候变化（刘世荣，2013）。近年来，越来越多的学者认为应该加强森林生态系统的适应性管理，即利用森林生态系统的自适应性，通过科学的管理、监测和调控等手段，提升森林生态系统的稳定性、生物多样性，抵御不利气候变化危害，增强森林自身抵抗各种自然灾害的韧性、能力，满足人类所期望的多目标、多价值、多用途、多产品和多服务的需要（蒋桂娟和郑小贤，2011；叶功富等，2015）。刘世荣等（2014）提出了全球气候变化下的多尺度适应性管理策略。由于经营目标和影响因子的复杂性，不能只考虑森林生态系统的某一功能或效益。有时以一种效益作为主要目的，并兼顾其他效益；有时需要为了提高一种功能而牺牲另一种功能。例如，在气候变化的背景下，人们首先想到的是增强森林碳汇功能。然而，森林生态系统是一个复杂的系统，多种生态系统服务（如碳固持、水源涵养、生物多样性维持、养分循环等）之间存在权衡的关系，在森林的适应性管理中更重要的是结合生态和社会的需求，协调森林多种效益之间可能出现的潜在矛盾（刘世荣等，2017）。

要基于树种的水分利用与植被耗水特征，为区域和流域森林植被的结构与空间布局优化提供辅助决策支持。在确定了森林覆盖率以后，需要把树种、森林面积规划落实到具体地块或小班，优化森林植被的空间格局。流域内的水文要素空间异质性很大，不同立地的产流量差别显著，需要充分利用这种立地产流差别，如在土层薄、产流多的阳坡可以自然恢复灌草为主，而在土层厚、产流少的阴坡多恢复乔木森林，这样既可降低产流减少的影响，也可增加恢复森林的稳定性和节约造林成本。同时，利用流域生态水文模型，可以进一步开展不同森林植被空间分布格局规划的情景模拟，从中选出最能满足水资源管理要求的植被空间分布格局，为区域和流域内森林植被空间分布优化提供辅助决策支持。

依据保证植被稳定和减少产流影响的两条基本要求，确定具体立地的适宜植被类型和树种，是进一步深化森林植被与水资源综合管理的具体体现。定量确定基于水分条件决定的具体立地的植被承载力，是森林植被建设科学规划和综合管理的基础。我国在这方面已经取得了一些创新性的研究结果，但由于过去以密度作为承载力指标，存在很大的局限性，如树木密度并不能反映生物量大小和与生长及耗水直接相关的叶面积大小，而且不同植被之间和不同大小树木的密度缺乏可比性。基于遥感技术获取的叶面积指数可以很好地反映植被特征，可以作为植被水分承载力的指标，这有利于植被类型选择、树种选择、林分管理决策的制定。以宁夏六盘山半干旱区为例，依据植被的产水功能，可以把该区域的自然草地和灌丛划为水源生产型，把亚乔木林划为水源平衡型，把高大乔木林和深根性人工草地划为水源消耗型（王彦辉等，2006）。通过以叶面积指数为指标的立地水分承载力及其计算方法，可以计算典型立地的植被承载力。同时，利用生态水文模型模拟不同植被和树种的长期水分平衡，基于植物生理生态分析当地主要树种的水分适应策略，进而为具体立地植被类型和适宜树种的选择提供辅助支持。为了减少林木耗水，很多人想当然地认为间伐森林、降低密度是一个有效方法，然而由于蒸散分量的补偿作用，作为水分限制型生态系统的林分（灌丛）的间伐虽然可能降低一些林木的蒸腾，但对减少总蒸散并非很有效，其减少程度远小于间伐比例，甚至间伐灌丛还能因刺激生长而增大蒸散耗水。虽然从提高林木生长和健康水平的角度需要间伐管理，但从节水角度来看，合理选择植被类型是比高密度造林后再间伐更有效的措施（王彦辉等，2006）。

我国幅员辽阔，存在许多生态脆弱区，植被恢复被认为是对这些区域进行生态修复的一种有效方法。在我国西北干旱半干旱地区，降水少、蒸发大、气候干燥、水资源缺乏、人为破坏严重、植被覆盖度低，导致水土流失、土地沙化严重。近几十年来的大规模植被恢复和生态建设，在提高植被覆盖度、防治土壤侵蚀、改善生态环境、增加农民收入等方面都取得了一定成就。然而研究发现，高密度、不合理的造林会使林地和流域产流量下降，加剧水资源的短缺。例如，泾河流域的径流量近50年内下降了56%，2000年实行退耕还林（草）和天然林资源保护等工程后，植被覆盖变化对径流减少的贡献超过90%（张淑兰等，2010），这可能会进一步加剧干旱区水资源短缺，严重威胁到区域尤其是下游的供水安全和经济社会的可持续发展（Wang et al.，2015）。因此，要科学合理地恢复森林植被、有效解决植被恢复与水资源短缺之间的矛盾、实现植被与水资源的综合利用和优化管理、尽可能同时满足区域发展的多种用水需求，就需要深入理解林水之间的相互影响，并准确区分和定量评价植被的水文影响。植被优化模式既要考虑土地适宜性，又要包含景观水平空间格局配置，优化方案要能够同时提高流域生态与经济综合效益。

总之，在气候变化背景下，开展森林与水资源的适应性管理需要对森林各项生态指标进行观测和评价，气象、水文、土壤等数据的收集还需要长时间的积累，同时适应性经营是一个连续的计划、监控、评价和调节的动态过程，因此，对于森林生态系统的适应性经营还需要进一步探索（刘世荣，2013；刘世荣等，2014）。适应性管理策略研究仍需要以未来气候情景下水循环要素对气候变化的响应规律、极端水文事件发生的概率和程度以及气候变化对水文水资源影响研究的不确定性等基础研究为前提。面对森林生态系统的复杂性和气候变化影响的不确定性，需要通过不断地摸索和实践，从而更好、更科学地经营森林，使其发挥多种生态系统服务功能，取得最大的生态、经济和社会效益。

16.4　区域和景观水平生态水文适应性评价平台

区域和景观生态水文的适应性管理，需要构建从关键生态问题入手进行生态安全评价和设计的理念，突破程式化的因子加权法的生态评价惯例。适应性评价体系构建的理念是：以生态水文耦合机制研究为基础，秉持可持续性、适应性、反馈性、科学性、可操控性原则，以持续性监测、定量科学评估、调整反馈机制为手段，实现动态化、弹性化与精准化管理。具体来说，在生态水文理论研究的基础上，基于GIS 空间信息管理平台，建立生态水文适应性评价平台，从而实现基础数据（气象、水文、植被、遥感、地形等）的共享和生态水文过程的模拟、评价和预测。最终建立一套气候-植被-水文耦合的生态水文综合评价体系。通过采用组件式开发工具，利用空间评价平台，可以实现研究区的景观管理信息查询、决策分析、预案设计，进而为流域生态系统管理和森林资源的开发与保护提供最直接、精确的空间可视化决策支持。以川西的岷江流域和西北的泾河流域为例，在区域生态水文适应性管理上做了一些有益尝试。

16.5　区域农林复合景观格局的生态水文耦合关系评价

16.5.1　区域生态环境安全的农林景观格局与发展模式

16.5.1.1　基于水土资源利用的优化配置——泾河案例

通过流域水土资源优化配置、改变水土资源利用状况来达到优化土地利用方式从而实现流域景观格局优化的目的。以泾河流域为例，首先进行了水土资源及其利用现状评价，得到了如下主要结论：①流域土地利用中的突出矛盾表现在脆弱的生态环境问题与紧迫的粮食安全问题之间，协调好与粮食安全的关系是保障生态建设顺利开展的前提；②流域绿水①消耗量占水消耗总量的 93.75%，在生态建设和经济发展中具有举足轻重的作用，绿水中的 20.15%通过畜禽和经济林产品的贸易，以虚拟水的形式流出了该流域；③流域水土资源匹配不佳，生产力高的宜农地仅占 20.04%，主要集中于中下游，适宜和较适宜造林区、欠适宜造林区、非适宜造林区呈现由东北向西南倾斜的条带状分布，分别占流域总面积的 53.69%、22.16%和 24.15%；④高覆盖度草地的土壤保持效益与乔灌林地相当，但 1 万 m³ 耗水所产生的生态效益远高于后者，因此，大部分地区应优先发展草地来进行生态恢复与重建。

水土资源优化配置的原则是"生态先行，统筹兼顾，因地制宜"。在统筹考虑粮食安全和生态建设的基础上，设置了 3 个不同的情景：土壤保持效益优先、经济效益优先和综合效益优先。选用线性规划模型，模型包括乔灌林地、耐旱灌丛、高覆盖度草地和中覆盖度草地等 4 个决策变量，5 个约束方程，9 个约束方程参数，4 个目标函数参数，以 2000 年为基准年，利用生态系统服务功能价值评估方法确定生态效益，采用专家打分法确定经济效益和综合效益。采用的数据包括土地资源图、坡度图、植被区域分异图、1∶10 万土地利用图（2000 年）、生态功能区划图。

研究获得了流域 6 个生态功能区 3 种配置方案下的水土资源利用结果（图 16.1～图 16.3）。3 类情景下林草覆盖率均提高到 59.99%，较配置前增加 49.78 个百分点。但

---

① 绿水主要是指植物根部的土壤存储的雨水，即源于降水、存储于土壤并通过蒸发、蒸腾进入大气中的水汽

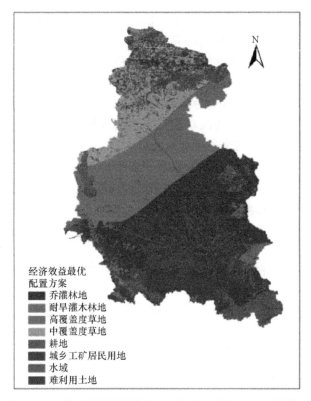

经济效益最优
配置方案
■ 乔灌林地
■ 耐旱灌木林地
■ 高覆盖度草地
□ 中覆盖度草地
■ 耕地
■ 城乡工矿居民用地
■ 水域
■ 难利用土地

图 16.1 经济效益最优的空间配置方案（彩图见文后图版）

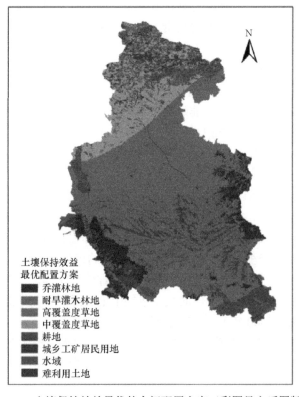

土壤保持效益
最优配置方案
■ 乔灌林地
■ 耐旱灌木林地
■ 高覆盖度草地
□ 中覆盖度草地
■ 耕地
■ 城乡工矿居民用地
■ 水域
■ 难利用土地

图 16.2 土壤保持效益最优的空间配置方案（彩图见文后图版）

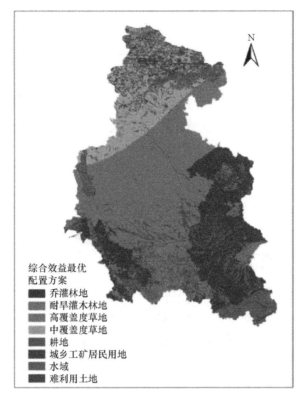

图 16.3　综合效益最优的空间配置方案（彩图见文后图版）

林草结构不同：土壤保持效益优先情景下乔灌林地和耐旱灌丛的覆盖率增加到 12.24%，高覆盖度草地的覆盖率增加到 47.75%；经济效益优先情景下林地增加到 36.33%，草地增加到 23.67%；综合效益优先情景下林地增加到 25.46%，草地增加到 34.53%。配置后的生态效益评估结果显示，3 类情景下土壤保持效益分别较配置前增加 39.61%、34.11% 和 38.60%。考虑经济效益和社会效益，认为综合效益优先方案是适合流域的最佳方案（图 16.4～图 16.6）。

16.5.1.2　基于景观格局调整的优化配置

从景观格局出发，设计了一整套数学描述、算法和模型，分别针对经济效益优先、生态效益优先以及兼顾两种效益的 3 种情景，在 3 套参数值的基础上对 10 年后可能达到的最佳景观格局进行模拟预测分析。

首先确定景观格局优化的最小单元。在对研究区景观现状进行各项生态功能评价的基础上，对每一项生态功能进行区域划分，形成类似景观斑块的生态功能等级区划图，将各个生态功能等级区划图、若干自然属性分级划分图连同原有的景观现状图进行叠加，相互分割成较小的分割区域，作为格局优化的最小单元。

然后基于栅格数据进行数学建模。将土地利用方式分类并聚合成耕地、林地、草地、水域、城镇用地、灌丛、其他用地 7 种，建立用于优化的景观格局函数，确定优化方程。景观格局优化问题归结为：已知初始景观格局 P_0，求未知格局函数 P，使某个目标泛函 J 最大，即

图16.4 配置前后土地利用格局变化（土壤保持效益最优情景）（彩图见文后图版）

图16.5 配置前后土地利用格局变化（经济效益最优情景）（彩图见文后图版）

图 16.6　配置前后土地利用格局变化（综合效益最优情景）（彩图见文后图版）

$$J_0(P) = E(P) - \omega_1 S(P) - \omega_2 I(P) + \omega_3 D_1(P) - \omega_4 D_2(P) \tag{16.1}$$

式中，E、S、I、D_1、D_2 分别表示经济收益、土壤侵蚀量、斑块破碎程度、林地和草地斑块边缘到最近道路或建成区的距离之和、耕地斑块边缘到最近水域的距离之和，ω_1、ω_2、ω_3、ω_4 是相对权重。

再次基于遗传算法搜索模式将最小优化单元映射为基因组中的一组等位基因，每个基因的性状即单元的景观类型。两个亲代基因组在随机位置被分割为两段，以一定的概率交换这两个片段产生两个子代基因组。之后，变异操作以很低的概率变更每一个子代基因组中的基因来产生带有突变基因的子代基因组。依据每个基因组的适合度重新调整基因组数量，淘汰一部分低分值的基因组，其他基因组参与下一轮遗传操作。这个过程重复进行，直到前后两次适合度分值之差在设定范围内。

最后利用元胞自动机增强格局连通性。利用元胞自动机在遗传操作中耦合"气味扩散模型"。以林地为例：将林地栅格视为向四周播撒气味的散发源，经一段时间形成气味浓度的梯度。散发源向相邻栅格传播所拥有气味量的一小部分，然后查找不是林地、气味量最大、有可能转化为林地的栅格，将其土地利用类型改为林地。将新形成的林地加入气味散发源中，重复此步骤。经过若干时序后，如果有新形成的林地导致多个斑块从不连通到连通，则将此格局对应的基因组加入子代基因组中。相应的土地利用类型变化见表 16.1。

从设定的 3 种优化情景（3 套参数）看，模型能够比较真实地模拟各类优化目标驱动下的优化情景。

表 16.1　3 种优化方案下的景观类型面积及其数量变化

	情景	耕地	林地	草地	城镇用地	灌丛
	现状面积（hm²）	2 028 498	195 533	2 001 862	79 611	230 372
	现状比例（%）	44.51	4.29	43.93	1.75	5.06
经济效益优先	优化后面积（hm²）	4 728 447	48 657	580 667	188 564	180 894
	面积相对变化（%）	+32.5	−3.6	−31.8	+6.1	−1.3
生态效益优先	优化后面积（hm²）	2 098 259	1 488 583	891 657	97 548	110 208
	面积相对变化（%）	−12	+31.1	−14.8	+0.8	−2.9
经济生态效益兼顾	优化后面积（hm²）	2 118 951	256 548	1 551 684	116 582	237 256
	面积相对变化（%）	+3.3	+5.1	−8.9	+1.9	+0.1

在片面追求经济效益的优化情景中，耕地大量侵占草地和林地，建成区几乎无限制地蔓延，所剩林草地仅在受地貌条件限制而不适宜耕种和作为居民区的地方，自然植被面积进一步减少且进一步破碎化。

在片面追求生态效益的优化情景中，大片的耕地几乎只在下游平原地区得以保留（以确保按照现有人口增长率下的粮食需求），已有林草地全部保留，整个流域尤其在土壤侵蚀量大的地方被大量恢复为林地或灌丛，原有的零星林草地也大片地连接起来。

兼顾生态效益和经济效益的优化情景是实际可取的优化方案。在此方案中，现有耕地在坡度高、土壤侵蚀量大的地方被改作草地或灌丛，部分接近水源和道路、居民区的地方被改作耕地，整个流域耕地略有减少；建成区略有增加且都在原有区域周围；林地稍有增加，增加部分大多在能连接原有小块林地之处；其余有相当一大部分土地作为草地和灌丛，增加部分主要在土壤侵蚀量大的地方。格局优化后林草覆盖率均提高到48.8%，较配置前增加 37.8 个百分点，林草结构有所不同（图 16.7），生态效益增加了33.2%，经济效益增加了 7.1%。3 种情景中陡坡耕地都转化为其他用地类型。

16.5.1.3　两类优化方法的比较

（1）优化原则与方式的差异

第一类方法属于传统的土地利用优化方法，采用线性规划模型，将整个优化问题分解为数量分配与空间配置两大相对独立的步骤。在第一个步骤中以各类型的土地利用总面积作为优化变量；在第二个步骤中按照一定优先顺序对原有各个斑块属性作整体调整或保留，直到满足第一个步骤中要求的各类型土地利用的总面积条件。

第二类方法按照景观生态学原理的要求，与传统的"先数量优化，后空间配置"的目标规划模型不同，它直接求解未知景观格局函数，将景观效益表示为未知格局函数的方程，比较严格和科学。并且将各个生态功能等级区划图、若干自然属性分级划分图连同原有的景观现状图叠加，相互分割成较小的分割单元作为格局优化的最小单位，优化的科学性、普适性和精度都相对高一些。

除了第二类方法中表示斑块水平方向关系的效益项外，两类方法在其他景观效益的含义、计算方法、所用参数上均相同。有所不同的是，第一类方法中对同一景观类型不同位置的参数只能取同一个值，第二类方法不受此限制。但第二类方法参数众多繁杂，优化结果对各类参数的敏感性，以及目标函数对各类参数的敏感性不够直观，有待进行大量的分析工作；而在这方面第一类方法正相反，其优化变量含义直观，可操作性强。

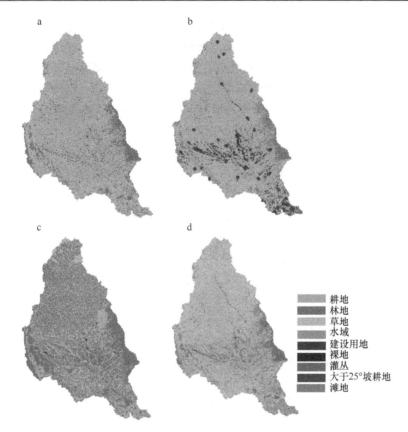

图 16.7　泾河流域的土地利用类型（景观格局）（彩图见文后图版）

a. 2000 年景观现状；b. 经济效益优先方案（片面追求经济效益），2020 年的景观格局；c. 生态效益优先方案（片面追求生态效益），2020 年的景观格局，d. 生态与经济效益兼顾方案，2020 年的景观格局

（2）优化结果的差异

两类方法所得到的结果总体上较为一致。但由于在第二类方法的目标泛函中增加了斑块破碎程度、林地和草地斑块边缘到最近道路或建成区的距离之和、耕地斑块边缘到最近水域的距离之和这些斑块水平方向关系的效益项，计算结果更为可观。当减小这些相应效益项的权重至接近零时，所得各类斑块面积就接近第一类方法的计算结果；不过经过调整的斑块位置、形状仍然稍有不同，其原因除了对同一景观类型但位置不同的参数的取值有所变动外，还因为第二类方法优化的最小单位不是原有斑块，而是它们与其他属性斑块相互分割的小单元。

第二类方法中待优化的土地利用类型包括建设用地，然而建成区的扩展需要专门的模型模拟，本研究暂时还未能将城市扩展模型耦合进来，降低了优化结果中建成区位置和形状改变的可信度。

16.5.2　区域农业生态环境安全评价

16.5.2.1　植被与降水的时空协同性与生态安全定量评价

黄土高原黄土深厚，水土流失严重，是全球环境变化的热点区域。几千年的农业活动和持续的人口增长已经导致黄土高原地区的自然植被衰减，形成严重的侵蚀地貌景观。受人类活动的影响，该地区土地利用/土地覆被变化与气候变化对其生态系统过程和功能的影响日渐突出。长期的土壤侵蚀正在威胁黄土高原农业生态系统的可持续性发展。黄土高原地区受大陆季风气候的影响，降水主要集中在夏季，自然植被的季节性动态受降水的调节，两者具有很好的协同关系，我们将这种季节性动态定义为"生态节律"。长期以来，受干旱气候和种植习惯等因素的影响，黄土高原旱地实行以夏季休耕为主要特征的传统的农业种植制度。小麦是黄土高原水土流失区种植历史久远的粮食作物之一，从汉代开始，黄土高原已推广种植冬小麦，9 月中旬播种，第二年的 6 月末 7 月初收割，7～9 三个月为夏季休耕期，其间土地被深翻，以蓄水养墒和恢复地力，这是黄土高原长期旱作生产的经验。黄土土质疏松，容易被大规模的集中降水侵蚀，而黄土高原的降水又具有集中的暴雨性特点。农业实践和各种人类活动改变了植被的年内动态变化，从而改变了自然植被与降水的动态耦合关系，尤其是人类活动产生的农田覆被与降水的年内动态表现出明显非耦合关系。降水的季节性分配与植被覆盖季节变化的耦合状况对土壤侵蚀有重大影响。因此，植被（特别是传统农业）与降水的不同耦合模式对农业生态环境的影响作为评价生态安全格局的重要依据，据此构建区域农业生态环境安全评估体系。

应用 25 年的物候观测数据、连续 7 年的 250 m MODIS NDVI 数据、30 年以上的降雨侵蚀力数据、土壤侵蚀数据、历史文献数据和不同季节的野外调查数据，辨识与验证了降水与植被时空动态协同性是构建黄土高原区域农业生态环境安全格局评价指标体系的关键因子（图 16.8）（Wang et al.，2010a）。NDVI 反映的生态节律和由降雨侵蚀力反映的气候节律之间的相关系数（即"植被-降雨耦合指数"，r）成功刻画了这一指标（降水-植被协同性），并从空间上量化了不同植被或土地覆盖类型与自然生态节律的协同性（Wang et al.，2010b）。

以生态协同性为基准，综合考虑降雨侵蚀力因子（R）、土壤可蚀性因子（K）、地形因子（LS）和植被因子（C），建立了基于降水与植被时空动态耦合的生态评价理论体系（$\text{SER} = r \cdot K \cdot \text{LS} \cdot \sum_{i=1}^{12} R_i C_i$），评价了黄土高原不同土地覆盖类型的土壤侵蚀风险的季节性动态和空间格局。结果表明：自然植被与降雨侵蚀力之间有高的耦合指数，夏季暴雨期两者同时达到最高值，最大限度地保护了地表（图 16.9）。传统的农业实践和当地的气候节律（即降雨侵蚀力指数）之间存在较弱或不相关的关系，传统的农耕制度打破了生态节律；特别是冬小麦的耕作制度，表现为 7～9 月存在一个长达 90 天的休闲期，裸露的地表直接暴露于夏季暴雨的冲刷之下，加剧了土壤的侵蚀，进而改变了地貌。由综合指标体系评价的区域土壤侵蚀格局与实际水土流失空间格局基本一致，这进一步表明我们构建的评价体系是合理的。这个研究也阐明了黄土高原的传统农业实践在生态上是不可持续性的。为了达到生态上的可持续性，需要根据黄土高原的生态节律，综合运用多种土地利用方式，改变传统的农业区系，如改变作物类型、轮作，发展生态集水型农业、恢复自然植被等，以增加雨季地表植被覆盖，减少水土流失。

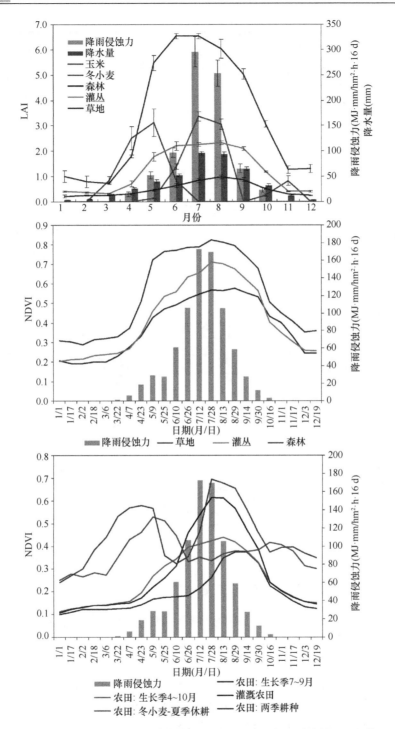

图 16.8　黄土高原区自然和农业植被与降水量、降雨侵蚀力变化的时间格局
（彩图见封底二维码）

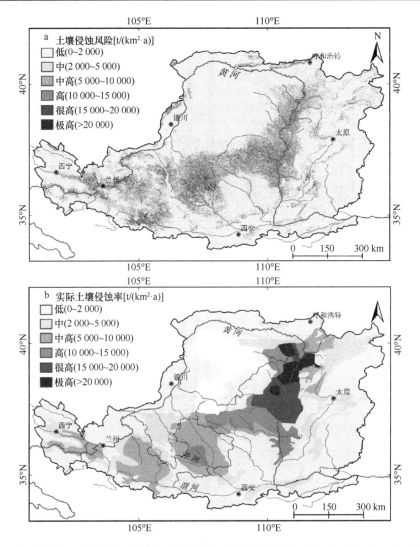

图 16.9　基于生态协同性计算的土壤侵蚀（a）与实际的土壤侵蚀（b）对比（彩图见文后图版）

16.5.2.2　区域植被退化的遥感定量评价

　　土地退化是泾河流域的一个主要生态环境问题。目前急需解决的是探寻土地退化的机制，以便恢复退化的自然生态环境，防止土地进一步退化。降水或气候干燥程度的差异使不同的地带生长不同的植被，同时也决定了不同地带土壤性状和水资源的可获得性。气候和地形结合起来，基本上决定了生态地带类型。认识气候条件对植被和环境系统形成和演化的影响，了解潜在植被的分布态势，可以科学地确定黄土高原地区资源与环境的时空变异特点，明确不同地区植被恢复的潜力、生态环境保护的方向以及经济开发的条件，为解决黄土高原地区植被恢复建设和水土保持实践中的若干关键问题提供理论及技术支撑。根据气候-植被之间的关系，建立了影响植被分布的关键生态气候因素——干燥度（AI）与归一化植被指数（NDVI）之间关系的"AI-NDVI 模型"，以此构建了黄土高原典型区泾河流域潜在 NDVI 的空间格局，并在此基础上定量评价了植被冗亏的时空动态，以及植被冗亏对黄土高原径流、输沙等水文过程的影响（图 16.10）（Suo et al.，2008）。

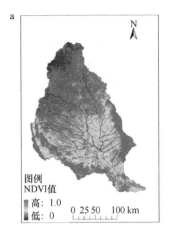  

图 16.10 泾河流域现实 NDVI (a)、潜在 NDVI (b) 和植被亏缺的空间格局 (c)(彩图见文后图版)

潜在 NDVI 分布格局不仅为泾河流域植被的生态恢复提供了方向和目标，而且为评价泾河流域植被覆被的冗亏状况及分析这种冗亏产生的水文效应奠定了基础。各类自然植被类型与降水的年内动态有较好的耦合关系，这种耦合关系对地表水文过程发挥着重要的调控作用。由于各种人类活动对地表植被的干扰，改变了自然植被的空间分布格局和年内动态变化，从而改变了植被与降水的动态耦合关系，尤其是人类活动产生的农田覆被及各类草地与降水的年内动态耦合偏离（图 16.11）。这种偏离改变了地表水文过程，增大了流域径流的变异系数和泥沙的输移量，从而加剧了黄土高原地区的水土流失。

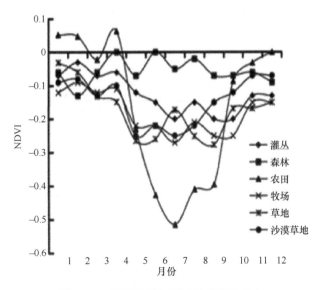

图 16.11 不同植被类型季节性亏缺动态

16.5.2.3 植被格局与动态的快速实时评价

作为世界最大的黄土区，黄土高原的农业实践开始于大约 7500 年前，悠久的旱作农业历史，哺育了早期的中华文明，但土壤侵蚀一直威胁该区域生态、经济和社会的可持续发展。持续的人口增长和高强度的人类活动已经导致这一区域的土地覆被发生了深刻变化。植被覆盖的时空变化深刻反映了自然变化和人类活动的双重影响，反映了区域环境的动态变化过程。许多研究普遍证实黄土高原地区温度呈显著上升趋势，而降水则没有明显的时空趋势；同时，农业活动、水土保持、退耕还林还草等人类活动不断加强。黄土高原农业生态系统的可持续性受气候变化、土地利用变化、市场或与政策等相关因素的综合影响。在此背景下，黄土高原植被覆盖发生了怎样的变化？植被变化趋势在空间上如何分布？植被变化的驱动力是什么？这种变化与气候变化、人类活动和经济政策有何关系，以及对该区域的生态安全有何影响？我们应用 NDVI 长期时间序列数据分析了近 20 多年来土地利用与土地覆被变化及其原因。

8 km GIMMS NDVI 数据显示 1982～2003 年黄土高原 1/4 面积的植被覆盖显著增加，主要分布在农业灌溉区（青铜峡灌区和河套平原灌区）和毛乌素沙地生态恢复区（图 16.12）。农业灌溉区植被显著提高伴随着黄河上游水资源的大量消耗，表明人类活动（灌溉）是 20

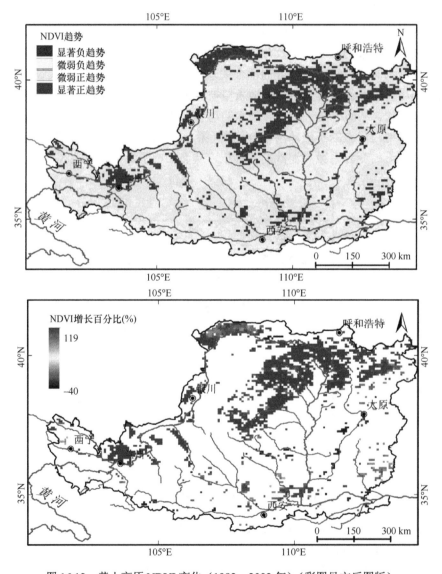

图 16.12　黄土高原 NDVI 变化（1982～2003 年）（彩图见文后图版）

世纪 80 年代后黄河下游持续断流的一个重要原因（图 16.13，图 16.14）。毛乌素沙地植被指数的显著提高与沙尘暴频率的下降同步，前一年的 NDVI 与第二年春天沙尘暴的出现次数显著相关，表明地表植被覆盖强烈影响这一区域的沙尘灾害（图 16.15，图 16.16）。

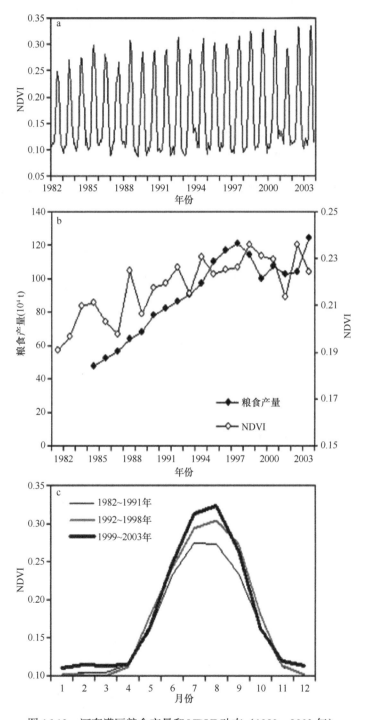

图 16.13 河套灌区粮食产量和 NDVI 动态（1982～2003 年）

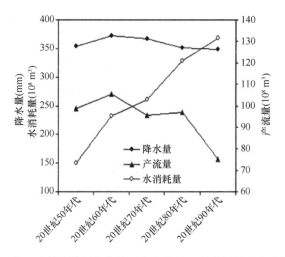

图 16.14　黄河流域头道拐水文站以上降水量、水消耗量和产流量的变化

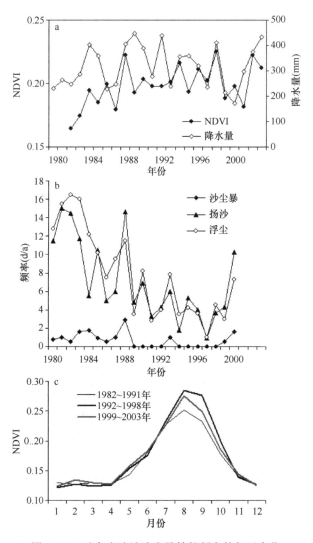

图 16.15　毛乌素沙地沙尘暴等的频率的年际变化

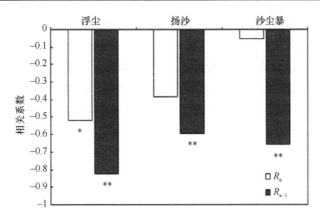

图 16.16　毛乌素沙地沙尘暴频率与当年（R_a）和前一年（R_{a-1}）NDVI 之间的关系

*表示有显著差异，**表示有极显著差异

　　为了控制水土流失，黄土高原自 20 世纪 50 年代以来便开始进行植被恢复，花费了巨大的人力和物力，但是 1999 年以前水土流失仍然没有得到有效的控制。250 m MODIS NDVI 数据显示，自 1999 年国家实施了退耕还林还草政策以来，黄土高原土地覆盖显著增加的面积占黄土高原总面积的 9.1%。显著增加的植被覆盖主要分布在陕西省的北部，那里是黄土高原水土流失最严重的地区，也是国家实施退耕还林还草政策的重点区域（图 16.17）。

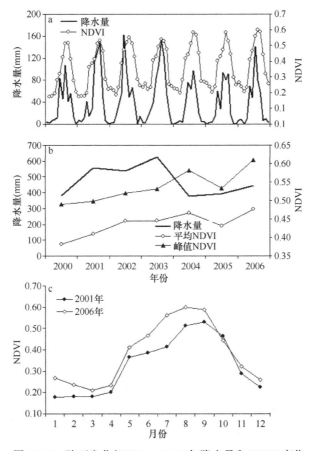

图 16.17　陕西省北部 2000～2006 年降水量和 NDVI 变化

2000～2006 年温度和降水没有明显的变化趋势,大尺度的植被提高不能被气候因子所解释,最主要的原因是新土地利用政策的影响。基于生态协同性的生态安全评价模型计算结果表明景观尺度的植被恢复已经明显降低了土壤侵蚀的风险（图 16.18）,野外实验和长期的水文监测数据也支持这一结论,即 2000～2006 年黄土高原侵蚀输沙量明显减少（图 16.19）。由此说明,我国的退耕还林还草政策对退化土地的恢复可能已经开始产生明显的效果。

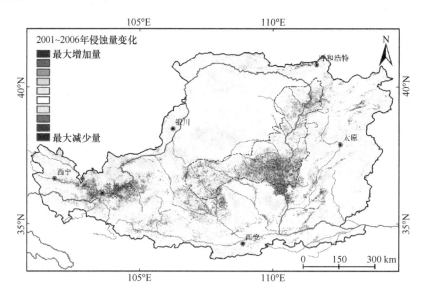

图 16.18　基于生态协同性计算的黄土高原 2001～2006 年的土壤侵蚀变化（彩图见文后图版）

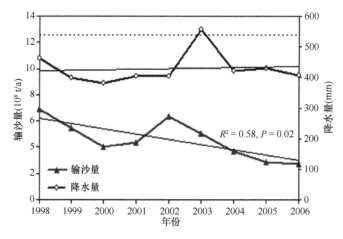

图 16.19　植被增加区下游 4 个水文站[龙门、渭河华县（现称华州区）、汾河河津、北洛河洑头]实测年输沙量和降水量变化趋势

16.5.2.4　基于生态水文过程的区域生态评价

运用分布式生态水文模型 SWAT 对泾河流域内子流域——纳河流域在 5 种不同土地覆被情景和 25 种气候变化模式下的水土流失空间格局进行模拟研究。结果表明,SWAT 模型能够准确地模拟纳河流域的水土流失总量及其空间格局。随着土地覆盖度的增加,

流域径流量减小，输沙量也减小，蒸发量增加，径流深度和侵蚀模数的空间异质性变小，水土流失风险降低。土壤侵蚀模数的空间异质性比径流深度的空间异质性对土地覆被变化更为敏感。降水变化是导致径流、输沙变化的主要气候因素，径流量和输沙量都随降水量的增大而增加。

在黄土高原子午岭，森林景观破碎化对流域水文过程的影响及其机制一直是国际上争议较大且被广泛关注的热点问题。以子午岭南部的三水河流域为例，选择年径流深度、最大月径流量、侵蚀模数和河流平均含沙量等作为水文过程参数，基于流域降水和各水文参量的变化趋势分析降水变化和森林破碎化对水文过程的影响。利用 1974 来的 4 期土地利用变化数据，分析林地面积与水文过程各参量之间的关系，建立基于降水和林地面积两种因素的水文过程统计模拟模型。结果表明：1974 年以来，由于森林破碎化，尤其是上游连片分布的森林景观斑块化，流域年径流深度、侵蚀模数、最大月径流量和河流平均含泥量分别增大超过 50%，其中林地面积的减少对各水文参数的贡献都超过 50%。因此，合理保护流域各类林地资源对于流域水土资源保持和区域可持续发展具有重要意义。

主要参考文献

蒋桂娟, 郑小贤. 2011. 森林生态系统适应性经营研究. 林业调查规划, 36(6): 52-55.

刘世荣. 2013. 气候变化对森林影响与适应性管理//邬建国, 安树青, 冷欣. 现代生态学讲座(VI)全球气候变化与生态格局和过程. 北京: 高等教育出版社: 1-24.

刘世荣, 常建国, 孙鹏森. 2007. 森林水文学: 全球变化背景下的森林与水的关系. 植物生态学报, 31(5): 753-756.

刘世荣, 王晖, 杨予静. 2017. 人工林多目标适应性经营提升土壤碳增汇功能//高玉葆, 邬建国. 现代生态学讲座(VIII)群落、生态系统和景观生态学研究新进展. 北京: 高等教育出版社.

刘世荣, 温远光, 蔡道雄, 等. 2014. 气候变化对森林的影响与多尺度适应性管理研究进展. 广西科学, (5): 419-435.

石培礼, 李文华. 2001. 森林植被变化对水文过程和径流的影响效应. 自然资源学报, 16(5): 481-487.

宋子刚. 2007. 森林生态水文功能与林业发展决策. 中国水土保持科学, 5(4): 101-107.

王彦辉, 熊伟, 于澎涛, 等. 2006. 干旱缺水地区森林植被蒸散耗水研究. 中国水土保持科学, (4): 19-26.

叶功富, 尤龙辉, 卢昌义, 等. 2015. 全球气候变化及森林生态系统的适应性管理. 世界林业研究, 28(1): 1-6.

张雷, 孙鹏森, 刘世荣. 2020. 川西亚高山森林不同恢复阶段生长季蒸腾特征. 林业科学, 56(1): 1-9.

张淑兰, 王彦辉, 于澎涛, 等. 2010. 定量区分人类活动和降水量变化对泾河上游径流变化的影响. 水土保持学报, 24(4): 53-58.

张远东, 刘世荣, 顾峰雪. 2011. 西南亚高山森林植被变化对流域产水量的影响. 生态学报, 31(24): 7601-7608.

张志强, 王盛萍, 孙阁, 等. 2006. 流域径流泥沙对多尺度植被变化响应研究进展. 生态学报, 26(7): 2356-2364.

Brown A, Zhang L, McMahon T A, et al. 2005. A review of paired catchment studies for determining changes in water yield resulting from alterations in vegetation. Journal of Hydrology, 310: 28-61.

Chisholm R A. 2010. Trade-offs between ecosystem services: water and carbon in a biodiversity hotspot. Ecological Economic, 69(10): 1973-1987.

Ge Q, Wang H, Rutishauser T, et al. 2014. Phenological response to climate change in China: a meta-analysis. Global Change Biology, 21(1): 265-274.

He X, Zhao Y, Hu Y, et al. 2006. Landscape Changes from 1974 to 1995 in the Upper Minjiang River Basin, China. Pedosphere, 16(3): 398-405.

Li L, He X, Li X, et al. 2007. Depth of edge influence of the agricultural-forest landscape boundary, Southwestern China. Ecological Research, 22: 774-783.

Piao S, Yin G, Tan J, et al. 2015. Detection and attribution of vegetation greening trend in China over the last 30 years. Global Change Biology, 21(4): 1601-1609.

Poot P, Veneklaas E J. 2013. Species distribution and crown decline are associated with contrasting water relations in four common sympatric eucalypt species in southwestern Australia. Plant & Soil, 364(1-2): 409-423.

Stednick J D. 1996. Monitoring the effects of timber harvest on annual water yield. Journal of Hydrology, 176: 79-95.

Sun G, Zhou G, Zhang Z, et al. 2006. Potential water yield reduction due to forestation across China. Journal of Hydrology, 328(3): 548-558.

Sun P S, Liu S L, Jiang H, et al. 2008. Hydrologic effects of NDVI time series in a context of climatic variability in an upstream catchment of the Minjiang River. Journal of the American Water Resources Association, 44(5): 1132-1143.

Suo A N, Xiong Y C, Wang T M, et al. 2008. Ecosystem health assessment of the Jinghe River watershed on the Huangtu Plateau. EcoHealth, 5(2): 127-136.

Wang S, Fu B, Piao S, et al. 2015. Reduced sediment transport in the Yellow River due to anthropogenic changes. Nature Geoscience, 9(1): 38-41.

Wang T M, Kou X J, Xiong Y C, et al. 2010b. Temporal spatial patterns of NDVI and their relationship to precipitation in the Loess Plateau of China. International Journal of Remote Sensing, 31(7): 1943-1958.

Wang T M, Wu J G, Kou X J, et al. 2010a. Ecologically asynchronous agricultural practice erodes sustainability of the Loess Plateau of China. Ecological Application, 20(4): 1126-1135.

Yu G R, Zhu X J, Fu Y L, et al. 2013. Spatial patterns and climate drivers of carbon fluxes in terrestrial ecosystems of China. Global Change Biology, 19(3): 798-810.

Zhang M F, Liu N, Harper R, et al. 2017. A global review on hydrological responses to forest change across multiple spatial scales: importance of scale, climate, forest type and hydrological regime. Journal of Hydrology, 546: 44-59.

第 17 章　森林生态水文对全球变化的响应及其地理格局

当代森林生态水文学研究的最显著特征是全球变化背景下森林生态与水文过程的耦合及多尺度效应（刘世荣等，2007）。尽管目前科学家已经对小流域森林覆盖变化的水文响应进行了广泛而深入的研究，但在大尺度上，尤其是对多种空间尺度上森林变化的水文响应机制仍认知不足。因此，本章通过综述全球不同尺度流域的研究结果，阐述不同尺度流域森林变化的水文响应及其差异，阐明空间尺度、气候和森林类型等因素对森林变化的水文响应强度的作用。纵观全球现有的案例研究分析发现：①森林植被覆盖变化和气候变化对年径流量的影响程度相当且可能存在相互抵消和叠加效应；②森林覆盖减少对年径流的增加作用具有空间尺度上的一致性，而森林植被覆盖增加对年径流的影响存在较大的空间变异；③对于大流域（≥1000 km²）而言，流域面积越大，年径流对森林覆盖变化的敏感度越低；④流域环境越干旱，年径流对森林覆盖变化的敏感度越高；⑤混交林主导的小流域（<1000 km²）和融雪径流主导的大流域年径流对森林覆盖变化的敏感度较低。上述多尺度研究结果在一定程度上提高了我们对不同空间尺度下森林覆盖变化的水文响应规律的认识，并为全球气候变化和人为干扰背景下森林适应性经营与流域可持续管理提供了科学依据。

森林与水的关系一直是森林水文学领域的焦点问题。世界范围内森林变化与水的关系研究可追溯至 20 世纪初。近百年来，国内外相关研究取得诸多重要的研究成果，但多为基于配对流域实验方法的小流域（面积小于 1000 km²）研究（Bosch and Hewlett，1982；Sahin and Hall，1996；Stednick，1996；Andréassian，2004；Bruijnzeel，2004；Brown et al.，2005；Moore and Wondzell，2005；van Dijk et al.，2012）。根据现有小流域研究，基本可得出如下结论：①森林破坏（如森林采伐、城镇化、土地利用/土地覆被变化、林火、森林病虫害）可能会增加年径流量，而植树造林则起相反的作用（David et al.，1994；Stednick，1996；Neary et al.，2003；Bruijnzeel，2004；Wu et al.，2007；Bi et al.，2009；Webb and Kathuria，2012；Beck et al.，2013；Zhang et al.，2015；Carvalho-Santos et al.，2016；Buendia et al.，2016a）；②年径流对森林变化的响应强度因流域不同而异，尤其在造林流域（Stednick，2008；Lacombe et al.，2016）。

由于缺少高精度的降水数据和相匹配的水文数据以及适宜的方法来剔除诸如气候变异、人类活动（如水坝建设、农业活动、城镇化）等干扰因素对水文的影响（Wei and Zhang，2010a，2010b；Vose et al.，2011），大流域森林变化与产水量关系的研究相对较少。就目前的研究而言，大流域（面积大于 1000 km²）森林变化对年径流的影响尚无一致性结论（Eschner and Satterlund，1966；Ring and Fisher，1985；Cheng，1989；Buttle and Metcalfe，2000；Costa et al.，2003；Tuteja et al.，2007；Adnan and Atkinson，2011；Wu et al.，2015）。一些大流域研究结果甚至与小流域尺度上的结论截然相反。在亚马孙地区，由于森林蒸散量高，大面积森林植被对大气水汽循环的贡献远大于其他土地覆盖类型（Makarieva et al.，2009；Sheiland Murdiyarso，2009）。在大尺度上该地区森林覆盖率与相对湿度和潜在降水呈正相关关系，约50%的降水来源于热带雨林蒸散。因此，采伐热带森林降低蒸散的同时也会造成降水的水分来源减少，进而引起区域径流减少（Fan et al.，2007；Dias et al.，2009）。与小流域相比，大流域年径流量对森林变化的响应强度的区域差异更大。小流域研究表明森林类型、地貌、气候、水文情势、土壤、地质、景观格局是造成流域对森林变化的水文响应程度具有高度变异性的主要因素（Moore and Wondzell，2005；Zhang and Wei，2014）。然而，至今尚不清楚这些因素如何在不同时空尺度上影响森林-水的关系。大流域研究得出不一致的结果也通常被笼统归因于流域结构与水文过程的复杂性以及景观、气候、地质的异质性（Stednick，1996；Moore and Wondzell，2005；Vose et al.，2011）。

事实上，目前对多空间尺度上森林与水之间相互作用机制的理解还十分有限。由于缺乏具有普适性的大流域森林变化与水文响应的数量关系，实际研究中通常将小流域的经验关系简单扩展到大流域，尺度转换问题尚未得到很好的解决（Kirchner，2006）。同样，流域管理中直接应用小流域的研究结果或者简单将其外推到大流域的做法可能会误导流域管理决策（Yang et al.，2009；van Dijk et al.，2012；Xiao et al.，2013；Zhang et al.，2016）。然而，自然资源管理政策的设计与战略规划的制定通常是以大流域为对象，因此，全面认知大流域森林变化可能产生的水文影响及其调节机制显得尤为重要。与此同时，流域水文过程和生态系统服务如今正面临着气候变化和人类活动（如大规模植树造林、毁林或森林采伐、大面积病虫害、城市化和火灾）的多重影响，并且气候变化导致灾难性森林病虫害和林火等森林干扰频繁发生（如虫害和野火）（Schindler，2001；Kurz et al.，2008）。在全球环境变化的大背景下，自然资源管理和规划对大流域尺度的相关科学研究需求急剧增加。因此，急需开展全球变化背景下多时空尺度的森林生态水文变化规律及其地理分异研究（刘世荣等，2007；Keenan et al.，2013；Frank et al.，2015）。

17.1 全球大流域森林植被变化对径流变化的影响及地理分异

在大流域尺度上，Wei等（2018）采用Fuh模型和Choudhury-Yang模型分析了全球460个森林流域（森林覆盖率大于30%）在2000～2011年植被变化对年径流变化的相对贡献（Rv），定量评估了森林流域的植被覆盖变化对全球水资源的影响。为了确定流域属性参数与植被覆盖之间的关系，除了利用全球森林覆盖数据外，还采用了叶面积指数（LAI）等遥感植被反演数据反映流域属性参数。因此，植被参数变化与流域属性参数之间的关系代表了所有植被特征的变化，而不仅仅是森林覆盖。

其中Fuh模型（Fuh，1981）的公式为

$$\frac{R}{P} = \left[1 + \left(\frac{P}{\text{PET}}\right)^{-m}\right]^{\frac{1}{m}} - \left(\frac{P}{\text{PET}}\right)^{-1} \tag{17.1}$$

Choudhury-Yang模型（Choudhury，1999；Yang，2008）的公式为

$$\frac{R}{P}=1-\left[1+\left(\frac{P}{\text{PET}}\right)^{n}\right]^{-\frac{1}{n}} \tag{17.2}$$

式中，P、PET 和 R 分别是年降水量（mm）、年潜在蒸散量（mm）和年径流量（mm）；R/P 和 P/PET 分别为年径流系数和湿润指数；参数 m（1，∞）和 n（0，∞）分别指 Fuh 模型和 Choudhury-Yang 模型中的流域属性参数，反映了流域蒸发和蒸腾能力（Zhou et al.，2015）。

2000～2011 年全球八大森林生物群落的平均森林覆盖变化分别为北方森林（−2.6±5.6）%、温带阔叶林和混交林（TBM）（−1.9±2.6）%、温带针叶林（TC）（−3.2±5.2）%、地中海森林（M）（−1.0±3.0）%、热带和亚热带针叶林（TSC）（−3.1±3.9）%、热带和亚热带干燥阔叶林（TSDB）（−4.5±4.3）%、热带和亚热带湿润阔叶林（TSMB）（−3.5±4.9）%及热带和亚热带草原、热带稀树草原和灌木丛（TSGSS）（−2.7±2.8）%。研究表明 5%的植被变化可能导致年径流量变化（0.66±0.66）%或（4.31±5.52）mm/a（表 17.1）。在全球八大森林生物群落中，地中海森林的水文敏感性最强，北方针叶林次之，热带和亚热带湿润阔叶林最低。其中，地中海森林植被变化 5%可能导致径流每年变化（1.12±0.78）%或（4.17±4.6）mm/a。

表 17.1　全球八大森林生物群落 5%的植被变化引起的平均径流响应

森林生物群落	径流变化（mm/a）	径流变化（%）
北方森林	2.06±2.53	0.75±0.77
地中海森林	4.17±4.60	1.12±0.78
温带阔叶林和混交林	2.66±3.42	0.56±0.46
温带针叶林	3.06±4.47	0.74±0.80
热带和亚热带针叶林	3.02±3.07	0.73±0.90
热带和亚热带干燥阔叶林	4.38±5.06	0.75±0.69
热带和亚热带草原、热带稀树草原和灌木丛	4.17±3.43	0.59±0.36
热带和亚热带湿润阔叶林	8.23±7.20	0.55±0.43
平均	4.31±5.52	0.66±0.66

2000～2011 年热带森林和北方森林面积显著减少，其植被变化对年径流的相对贡献分别为（30.3±22.0）%和（32.8±22.4）%（图 17.1 箱图）。北方森林面积的减少主要与高强度的采伐、火灾和病虫害有关。例如，加拿大不列颠哥伦比亚省由于高山松甲虫的大规模侵袭和采伐造成森林覆盖减少（2.3±5.2）%，其植被变化对年径流的相对贡献约为（39.0±27.4）%。俄罗斯和芬兰是北方森林地区森林面积减少比例最高的两个国家，分别为（1.7±4.6）%和（3.3±1.3）%，其植被变化对年径流的相对贡献分别为（30.3±22.2）%和（37.6±19.5）%。在热带地区，巴西和刚果民主共和国森林面积减少的比例最高，分别为（4.7±6.5）%和（2.4±1.8）%，其植被变化对年径流的相对贡献分别为（37.4±21.3）%和（39.5±21.6）%。由此可见，植被变化幅度越大，对年径流的影响程度越高。

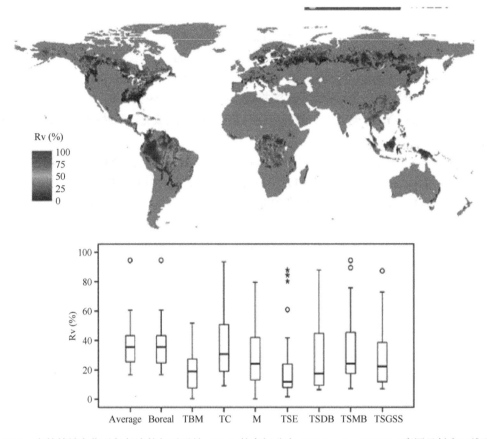

图 17.1　森林植被变化对年径流的相对贡献（Rv）的空间分布（Wei et al.，2018）（彩图见封底二维码）

　　森林植被变化和气候变化对径流的影响具有方向性。无论是植被变化还是气候变化均可能对径流产生正效应或者负效应。就全球分布而言，森林植被变化和气候变化对径流的影响方向具有明显的差异。森林植被变化对年径流的正负效应在全球分布均匀，而气候变化对年径流的正效应在全球分布中占主导。如图 17.2 所示，森林植被变化对年径流产

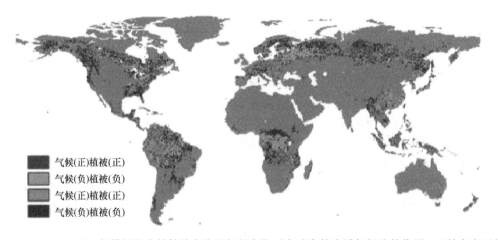

图 17.2　2000～2011 年模拟期森林植被变化和气候变化对全球森林流域年径流的作用（正效应表示年径流量增加，而负效应表示年径流量减少）（彩图见封底二维码）

生正效应的流域数量与产生负效应的流域数量相当，分别占研究流域的 50.6% 和 49.4%；而气候变化对年径流产生正效应的数量占研究流域的 73.1%，负效应仅占 26.9%。

事实上，森林植被变化和气候变化对径流的正负效应会以叠加作用或抵消作用的形式影响径流。森林植被变化和气候变化对径流的正负效应的抵消可以减少径流波动，稳定水资源供给。森林植被变化和气候变化正效应的叠加会显著增加径流量及洪水风险，而负效应的叠加则显著降低径流量，提高干旱风险（Li et al.，2017；Zhang and Wei，2012；Zhou et al.，2010）。需要指出的是气候变化对径流的影响方向会随气候波动而变化，在同一流域不同时期气候变化对径流的影响方向可能不同。如果能预知气候变化对径流的影响方向，并结合区域森林变化对径流的影响特点，则能够为流域乃至区域水资源和森林资源的适应性管理提供有力的科学支撑。

由此可见，森林植被变化和气候变化对水资源起着同等重要的作用，尤其是在森林变化剧烈的地区，忽视任何一个都不可能全面正确地认识和管理流域水资源的问题。研究未来水资源的可利用性需要始终将重点放在适应气候变化和减少气候变化影响方面。然而，目前 IPCC 全球变化对水资源影响的评估尚未定量森林覆盖变化对水资源的影响。因此，未来的水资源评估应该考虑植被或土地覆被变化的影响。

17.2　多空间尺度上森林覆盖变化与年径流之间的关系

依据全球 436 个流域森林覆盖变化的年径流响应数据，定量评估了森林覆盖变化对水文影响的多尺度效应，阐明了空间尺度（流域大小）、气候和森林类型等因素对森林覆盖变化的水文响应强度的影响。将研究流域划分为大流域（面积大于 1000 km^2）和小流域（面积小于 1000 km^2）（Wei and Zhang，2010a，2010b）。其中，包括 195 个大流域（面积为 1025~3 777 175 km^2）和 241 个小流域（表 17.2）。有 94 个大流域经历造林或再造林，森林覆盖率增加，另外 101 个大流域由森林采伐、刀耕火种、林火或森林虫害导致森林覆盖率减少。小流域中有 172 个因采伐、刀耕火种、火灾和病虫害等造成森林覆盖率减少，另外 69 个小流域因造林、森林恢复或重新造林使森林覆盖率增加。上述研究中定量评价森林覆盖变化引起径流变化的方法包括配对流域实验（Bart and Hope，2010；Webb and Jarrett，2013）、准配对流域（Buttle and Metcalfe，2000；Mahat et al.，2016）、水文模型（Gallart et al.，2011；Beck et al.，2013）、弹性分析（Zhang et al.，2008；Zhao et al.，2013）以及统计方法和水文图形的组合（Wang et al.，2009；Iroumé and Palacios，2013）。为研究空间尺度（流域大小）、气候和森林类型等因素对森林覆盖变化的水文响应强度的作用，引入年径流对流域森林覆盖变化的敏感度（S_f）作为表征年径流量对森林覆盖变化响应强度的指标。S_f 定义为单位森林覆盖变化（ΔF）引起的年径流的变化（ΔQ_f）。

表 17.2　全球不同特征流域的数量统计

流域尺度	森林覆盖变化		森林类型			水文特征		气候类型		
	增加数	减少数	针叶林数	阔叶林数	混交林数	降雨数	降雪数	能量限制型数	过渡型数	水分限制型数
小流域	69	172	74	147	20	183	58	76	113	52
大流域	94	101	41	120	34	164	31	39	69	87
总计	163	273	115	267	54	347	89	115	182	139

年径流对森林变化的敏感度通常取决于流域大小、气候、森林类型和水文类型等流域特征（Kirchner，2006；Donohue et al.，2010）。采用 Budyko（1961）的干旱指数（DI）作为表征流域气候条件的综合指标。干旱指数等于年平均潜在蒸发量（PET）与年平均降水量（P）的比值，可以有效地反映能量与水对流域蒸散的限制作用，进而指示植物生长可利用的水分（Jones et al.，2012；van Dijk et al.，2012）。根据干旱指数可将流域划分为水分限制型（DI>1.35）流域、过渡型（0.76 <DI <1.35）流域和能量限制型（DI < 0.76）流域（McVicar et al.，2012）。此外，将流域按森林类型划分为针叶林、阔叶林（常绿或落叶阔叶林）和混交林（针阔叶混交林）3 类。其中，森林类型以优势树种为划分依据。

17.2.1 森林覆盖率变化与径流的关系

对于大多数流域（83 个大流域和 138 个小流域）森林覆盖减少引起年径流量增加（图 17.3）。无论是大流域还是小流域，森林覆盖率减少越多，年径流的增加越明显。这与一些关于植被变化对年蒸散量影响的研究结论一致（Brown et al.，2005；McVicar et al.，2007）。尽管存在一致的响应趋势，但是，不同流域年径流对森林变化的响应程度存在较大的差异。有 18 个大流域和 31 个小流域的森林覆盖率变化并未引起显著的径流变化。例如，在 6 个加拿大北方森林流域（面积为 401～11,900 km²）中，森林覆盖率占流域面积的 5%～25%，森林覆盖的变化并未引起年径流量的显著变化（Buttle and Metcalfe，

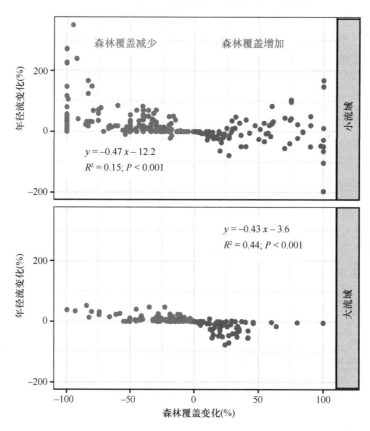

图 17.3 森林覆盖变化与年径流变化之间的关系（彩图见封底二维码）

2000）。这一现象甚至在森林覆盖率减少大于 50% 的小流域（Scott，1993；Stednick，1996；Bart and Hope，2010）也是如此。出现这种结果的一个原因可能是水分利用的季节性差异和水分来源的差异。例如，在加拿大不列颠哥伦比亚省的一个流域，森林砍伐比例达到 50%，年径流却几乎没有变化，5 月径流量增加了 100%，6 月和 7 月径流量大幅减少。这表明，森林砍伐后更多的水分以春季融雪径流的形式输出流域，导致枯水期（夏季和秋季）的径流补给不足，加之这一时期植物生长旺盛，蒸散高，进一步加剧了枯水期的干旱，从而使得年径流没有发生显著变化（Winkler et al.，2015）。

相较于森林覆盖减少，森林覆盖增加对年径流的影响程度变异性更高，也更复杂。对于大流域而言，森林覆盖增加可能减少年径流；而小流域的森林覆盖增加与年径流减少无显著的关联性（图 17.3）。在诸多流域中，森林覆盖增加并未引起年径流的显著减少，甚至有 19 个小流域和 3 个大流域出现了森林覆盖增加导致年径流增加的情况（图 17.3）。例如，在中国黑河流域，由于大量种植人工云杉林，森林覆盖率增加了 12.6%，年径流量却只增加了 8.6%（Wu et al.，2015）。该流域地处山区，森林主要分布在海拔 3000 m 左右的地区，以低蒸散的云杉老龄林为主。此外，高海拔地区的云杉老龄林能够通过截流降雨和雾水增加土壤水源涵养量，增大地表径流补给量（Wei et al.，2005；Zhang et al.，2008）。因此，将流域草地转为云杉林后年径流量反而增加（Wu et al.，2015）。

年径流对森林覆盖变化的响应并不是简单地取决于森林覆盖变化的比例，更大程度上取决于森林组成结构与更新演替等特征（如树种、林龄、结构、植被更新、森林演替变化特征）、地形（坡向、坡度、海拔）、地质（如地表水-地下水的交换关系）、水文类型（如以融雪径流为主还是以降雨径流为主）、景观组成（如湖泊、湿地等）、气候（如降水）等因素（Williams and Albertson，2005；Blöschl et al.，2007；Bart and Hope，2010；Karlsen et al.，2016）。因此，需要进一步研究上述因素如何在不同流域空间尺度上影响森林覆盖变化的水文响应，才能更加有效地指导森林和水资源的综合管理。

17.2.2　森林覆盖变化的水文响应与空间尺度

从理论上讲，随着流域面积增大，景观、地形、气候、地质和植被等的异质性随之增加，从而使得大流域具有较强的缓冲干扰的能力，即相较于小流域，大流域的水文系统对植被变化更不敏感（Huff et al.，2000；Andréassian，2004；Crouzeilles and Curran，2016）。那么水文系统对森林植被变化的响应程度是否真的随流域面积增大而减少呢？全球案例数据整合分析表明，在大流域尺度上，年径流量对森林覆盖变化的敏感度与流域面积之间存在显著的负相关关系（图 17.4）。也就是说，随着大流域面积的增加，年径流量对森林覆盖变化的响应强度呈下降趋势。而对于小流域而言，这种关系则不显著。这一差异表明，大流域的关键生态水文过程以及森林与水的作用关系与小流域显著不同（Arrigo and Salvucci，2005；Kirchner，2006）。因此，小流域的生态水文规律并不一定适用于大流域，将小流域的研究结果简单外推至大流域存在诸多问题（Bracken and Croke，2007）。生态水文过程的尺度转换极具挑战性，并且十分复杂（Best et al.，2003；刘世荣等，2007；Popp et al.，2009），需要更多关于森林水文作用机制的大流域研究。

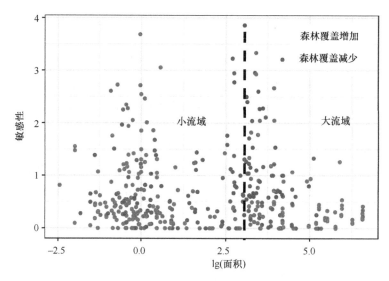

图 17.4　流域大小与年径流量对森林覆盖变化的敏感度之间的关系（彩图见封底二维码）

17.2.3　气候梯度和年径流量对森林覆盖变化的敏感度

气候条件（水分和能量）对于森林植被生长至关重要（Jackson et al.，2005；Rodriguez-Iturbe et al.，2007；Asbjornsen et al.，2011）。生态过程与水文过程的作用关系随气候梯度的变化而出现分异（Rodriguez-Iturbe et al.，2007；Farmer et al.，2003；Donohue et al.，2011；Liu and McVicar，2012；Zhou et al.，2015）。在不同流域空间尺度上，年径流量对森林覆盖变化的敏感性随着干旱指数的升高而显著增加。干旱指数与年径流量对森林覆盖变化的敏感度之间存在显著的正相关关系（图 17.5）。换言之，流域环境越干旱，年径流量对森林覆盖变化的响应强度越明显，反之亦然。在水分限制型大流域中，1%的森林覆盖变化会引起 1.04%的年径流变化；而在能量限制型大流域和过渡型大流域中，1%的森林覆盖变化引起的年径流变化分别仅为 0.44%和 0.45%。在小流域尺度上，1%的森林覆盖变化会引起 1.19%的年径流变化；而在能量限制型大流域和过渡型大流域中，1%的森林覆盖变化引起的年径流变化分别为 0.43%和 0.66%（图 17.6）。Yu 等（2019）通过分析中国 84 个森林流域（人工林或者天然林覆盖率大于 20%）造林的水文响应与气候梯度的关系也得到类似的结论：造林对径流的影响在水分限制型区域（干旱指数大于 1）要比能量限制型区域（干旱指数小于 1）更加显著（图 17.7）。

综合而言，与能量限制型和过渡型流域相比，水分限制型流域年径流对森林植被变化更敏感（表 17.3）。在水分限制型流域，森林与水分的作用机制不同于在能量限制型流域（Newman et al.，2006；Zhang et al.，2012）。在水分限制型流域，森林生长受制于水分的时空分布。干旱指数通常被视为预测森林生长的最佳指标（Das et al.，2013）。反过来，森林植被结构、林龄、物种组成也在不同空间尺度上影响水分通量（Schwinning and Sala，2004；Asbjornsen et al.，2011）。因此，在水分限制型流域，森林对水分的敏感度最高（Huxman et al.，2004；Scanlon et al.，2005）。相应地，水分限制型流域的森林变化会引起更明显的水文响应。例如，在中国半干旱地区的黄土高原，造林等植被恢

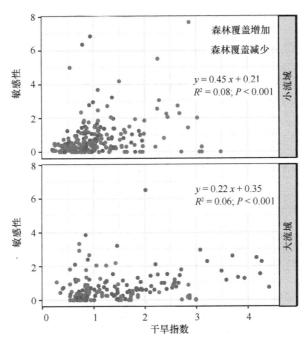

图 17.5　不同尺度（大流域和小流域）年径流对森林覆盖变化的敏感度与干旱指数的关系
（彩图见封底二维码）

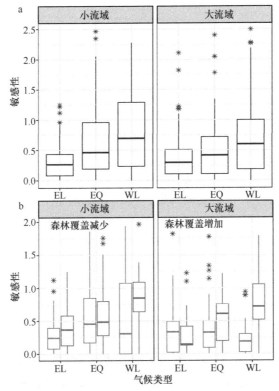

图 17.6　不同气候类型流域[能量限制型（EL）、过渡型（EQ）和水分限制型（WL）]的年径流对森林
覆盖变化敏感度的比较（彩图见封底二维码）

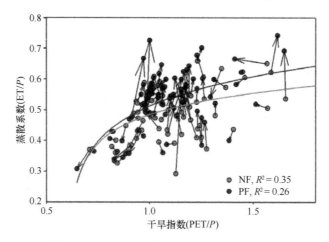

图 17.7 中国 84 个森林流域人工林（PF）和天然林（NF）流域水分特征的对比（每个流域中箭头从天然林指向对应的人工林；每个点代表 2000～2012 年的平均值）（彩图见封底二维码）

表 17.3 不同气候类型流域[能量限制型（EL），过渡型（EQ）和水分限制型（WL）]的年径流对森林覆盖变化的敏感度对比统计分析结果

气候类型	流域尺度	Mann-Whitney U 检验的 P 值
EL-WL	小流域	<0.001***
EL-WL	大流域	0.025**
EQ-WL	小流域	0.09
EQ-WL	大流域	0.051
EL-EQ	小流域	<0.001***
EL-EQ	大流域	0.399

***显著性水平 $\alpha=0.01$；**显著性水平 $\alpha=0.05$

复导致植被蒸散增加从而引起径流和土壤水分减少，进而会造成流域水资源紧张并威胁用水安全，黄土高原的植被生产力已经接近 400 g/(cm^2·a)的阈值（Feng et al.，2016）。相反，在湿润区域，即能量限制型流域，土壤水分相对饱和（Asbjornsen et al.，2011），森林植被生长对水分的依赖降低，径流对森林变化的响应程度相对较低，更多的是受制于气温（Rodriguez-Iturbe et al.，2007；Troch et al.，2009；Wohl et al.，2012）。例如，在中国亚热带湿润的广东地区，经过 50 年造林和植被恢复，森林覆盖率净增加了 40%，湿季河流径流没有出现显著变化，旱季河流径流量显著增加（Zhou et al.，2010）。

17.2.4 森林类型和年径流量对森林覆盖变化的敏感度

小流域的分析结果表明：以混交林为主的流域对森林变化的水文响应程度低于以针叶林为主或以阔叶林为主的流域（图 17.8，表 17.4）。在阔叶林和针叶林主导的小流域，1%的森林覆盖变化可分别导致 0.73%和 0.71%的年径流量变化，而混交林主导的流域年径流变化仅为 0.33%。早期的小流域研究从一定程度上也反映了这一现象。针叶林、落

叶林或者桉树林每减少 10%分别引起年径流量增加 20～25 mm、17～19 mm 和 6 mm
（Bosch and Hewlett，1982；Brown et al.，2005）。此外，一项关于气候变暖的水文响应
研究也表明，气候变暖的情形下，以混交林为主的小流域具有更强的水文系统弹性和稳
定的产水量，而以针叶林为主的流域水文系统的弹性最低，受气候变暖的影响最大
（Creed et al.，2014）。但是，大流域的结果与小流域不同：以针叶林为主的大流域对森
林变化的水文敏感度最低。在以混交林和阔叶林为主的大流域中，1%的森林覆盖变化
分别导致 0.80%和 0.74%的年径流量变化，而在针叶林主导的大流域仅为 0.24%。换言
之，大流域尺度上针叶林主导型流域的水文系统弹性更强，也进一步说明大流域的森林
水文响应的控制因子更加复杂。

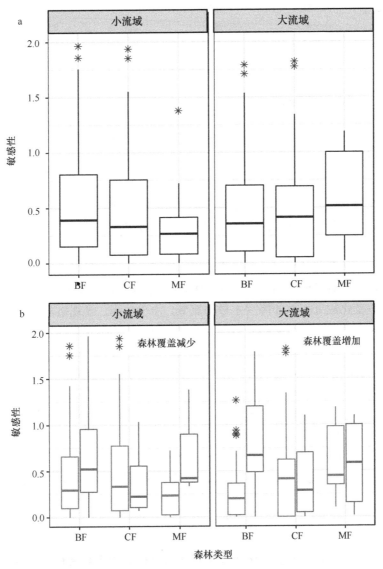

图 17.8 不同主导森林类型的流域[阔叶林（BF）、针叶林（CF）和混交林（MF）]年径流量对森林覆
盖变化敏感度的比较（彩图见封底二维码）

表 17.4　不同森林类型为主的流域[阔叶林（BF）、针叶林（CF）和混交林（MF）]的年径流量与森林
覆盖变化敏感度的差异统计分析结果

植被类型	流域尺度	森林覆盖变化	Mann-Whitney U 检验的 P 值
CF-MF	小流域	减少	0.038**
CF-MF	小流域	增加	0.19
CF-MF	大流域	减少	0.4
CF-MF	大流域	增加	0.223
BF-MF	小流域	减少	0.023**
BF-MF	小流域	增加	0.479
BF-MF	大流域	减少	0.001***
BF-MF	大流域	增加	0.005***
BF-CF	小流域	减少	0.841
BF-CF	小流域	增加	0.252
BF-CF	大流域	减少	0.053
BF-CF	大流域	增加	0.004***

***显著性水平 $\alpha=0.01$；**显著性水平 $\alpha=0.05$

另外，不同水分来源（降雨或降雪为主）的流域也表现出不同的径流对森林植被变化的不同敏感度。降雪主导的大流域，年径流对森林覆盖变化的敏感度明显低于降雨主导的流域。Moore 和 Wondzell（2005）研究发现：降雪主导的流域的采伐对年径流的影响不如太平洋西北地区降雨主导的流域。降雪和降雨主导的大流域径流对森林覆盖变化的敏感度差异可能是由于它们的水文过程不同。降雪主导的流域的年径流主要来自春季融雪，主要受能量输入和冬季积雪的影响。高海拔或阳坡的森林覆盖的减少可能比低海拔或阴坡上的森林覆盖减少对径流的影响更为明显。因为森林覆盖减少后，林地太阳辐射增加，加速了高海拔地区的融雪过程（Boon，2009；Bewley et al.，2010）。然而，即使在森林覆盖变化程度相似的降雪主导的流域，由于地形、景观格局和气候空间异质性的差异，年径流量的响应可能存在显著的差异。例如，Zhang 和 Wei（2014）在加拿大不列颠哥伦比亚省研究了两个大型森林采伐流域（Willow 和 Bowron），森林覆盖率变化约为 30%。他们发现 Willow 流域的森林采伐显著增加了年径流量，但并没有引起 Bowron 流域的水文变化。Willow 流域相对均匀的地形和气候可能会使水文效应同步，而地形起伏较大以及低海拔地区森林采伐较多的 Bowron 流域的水文异步效应更明显（Wei and Davidson，1998；Whitaker et al.，2002）。一般而言，地形的异质性随着流域面积增加而增长，导致更多的混淆效应抵消了森林覆盖变化对年径流的影响（Jothityangkoon and Sivapalan，2009），因此，降雪主导的大流域的年径流量可能对植被变化不太敏感。

17.3　小　　结

全球变化背景下森林覆盖变化和气候变化对年径流的影响具有同等重要的作用。气候变化除了直接影响水资源的时空格局外，还会通过影响森林分布、物候、生长和更新演替而对水文和水资源产生间接影响。气候变化会导致温度升高、季节性降水格局变化、

植物物候期延长和生长潜力增加，进而改变森林与水之间的相互作用和反馈。由于森林覆盖变化和气候变化对水文的影响可能相互叠加或抵消，故在未来开展水资源评估和管理时必须同时考虑森林覆盖变化和气候变化以及两者间的相互作用。此外，关键生态水文过程和相关驱动因素在空间尺度上是可变的。年径流量对森林变化的响应不仅取决于森林覆盖变化的比例，还取决于气候条件、水文类型和森林类型等诸多流域特性。这些因素之间的相互作用最终导致森林变化对径流的影响在空间上呈现高度变异。在多个空间尺度上，水分限制型流域的年径流对森林覆盖变化的敏感度高于能量限制型流域。在大流域尺度上，针叶林主导的流域森林变化的水文响应程度显著低于混交林或者阔叶林主导的流域；而在小流域尺度上，混交林主导的流域年径流对森林覆盖变化的敏感度最低。

全球变化背景下森林生态水文的耦合机制、多时空尺度效应及其地理分异的研究结果对于未来流域的水资源管理具有重要意义。首先，在全球变化背景下预测森林流域未来水资源变化时，需要同时考虑森林覆盖变化和气候变化，因为这两个驱动因素的相互作用决定了流域水资源变化的大小和方向。其次，需要考虑森林覆盖变化、气候和流域特性等各种关键驱动因素的相互作用关系及其空间尺度效应，以全面认知不同空间尺度上森林覆盖或气候变化的水文影响。鉴于干旱、半干旱区域的流域径流对植被变化的敏感性极高，干旱、半干旱区流域的森林经营管理实践需要格外注意森林植被的耗水问题，以尽量减少植树造林和森林经营可能带来的负面水文效应。最后，需要加强对不同区域典型森林生态系统水文过程与生态学过程及相关因子的长期观测与研究，积累长期连续的森林植被与水分循环的高质量数据，深入揭示全球变化影响下森林生态系统响应与水分循环的时空变异规律及驱动机制。

主要参考文献

刘世荣, 常建国, 孙鹏森. 2007. 森林水文学: 全球变化背景下的森林与水的关系. 植物生态学报, 31(5): 753-756.

Andréassian V. 2004. Waters and forests: from historical controversy to scientific debate. Journal of Hydrology, 291(1-2): 1-27.

Adnan N A, Atkinson P M. 2011. Exploring the impact of climate and land use changes on streamflow trends in a monsoon catchment. International Journal of Climatology, 31(6): 815-831.

Arrigo J A S, Salvucci G D. 2005. Investigation hydrologic scaling: observed effects of heterogeneity and nonlocal processes across hillslope, watershed, and regional scales. Water Resources Research, 41(11): 312-329.

Asbjornsen H, Goldsmith G R, Alvarado-Barrientos, et al. 2011. Ecohydrological advances and applications in plant-water relations research: a review. Journal of Plant Ecology, 4(1-2): 3-22.

Bart R, Hope A. 2010. Streamflow response to fire in large catchments of a Mediterranean-climate region using paired-catchment experiments. Journal of Hydrology, 388(3-4): 370-378.

Beck H E, Bruijnzeel L A, van Dijk, et al. 2013. The impact of forest regeneration on streamflow in 12 mesoscale humid tropical catchments. Hydrology and Earth System Sciences, 17(7): 2613-2635.

Bewley D, Alila Y, Varhola A. 2010. Variability of snow water equivalent and snow energetics across a large catchment subject to Mountain Pine Beetle infestation and rapid salvage logging. Journal of Hydrology, 388: 464-479.

Best A, Zhang L, McMahon T, et al. 2003. A Critical Review of Paired Catchment Studies with Reference to Seasonal Flows and Climatic Variability, CSIRO Land and Water Technical Report 25/03. Murray-Darling Basin Commission, Canberra, Australia.

Bi H, Liu B, Wu J, et al. 2009. Effects of precipitation and landuse on runoff during the past 50 years in a typical watershed in Loess Plateau, China. International Journal of Sediment Research, 24(3): 352-364.

Boon S. 2009. Snow ablation energy balance in a dead forest stand. Hydrological Processes, 23: 2600-2610.

Blöschl G, Ardoin-Bardin S, Bonell M, et al. 2007. At what scales do climate variability and land cover change impact on flooding and low flows? Hydrological Processes, 21(9): 1241-1247.

Bosch J M, Hewlett J D. 1982. A review of catchment experiments to determine the effect of vegetation changes on water yield and evapotranspiration. Journal of Hydrology, 55(1-4): 3-23.

Bracken L J, Croke J. 2007. The concept of hydrological connectivity and its contribution to understanding runoff-dominated geomorphic systems. Hydrological Processes, 21(13): 1749-1763.

Brown A E, Zhang L, McMahon T A, et al. 2005. A review of paired catchment studies for determining changes in water yield resulting from alterations in vegetation. Journal of Hydrology, 310(1-4): 28-61.

Bruijnzeel L. 2004. Hydrological functions of tropical forests: not seeing the soil for the trees? Agriculture, Ecosystems and Environment, 104(1): 185-228.

Budyko M I. 1961. The heat balance of the earth's surface. Soviet Geography, 2: 3-13.

Buendia C, Batalla R J, Sabater S, et al. 2016a. Runoff trends driven by climate and afforestation in a Pyrenean Basin. Land Degradation & Development, 27(3): 823-838.

Buendia C, Bussi G, Tuset J, et al. 2016b. Effects of afforestation on runoff and sediment load in an upland Mediterranean catchment. Science of the Total Environment, 540: 144-157.

Buttle J, Metcalfe R. 2000. Boreal forest disturbance and streamflow response, northeastern Ontario. Canadian Journal of Fisheries and Aquatic Sciences, 57(S2): 5-18.

Carvalho-Santos C, Nunes J P, Monteiro A T, et al. 2016. Assessing the effects of land cover and future climate conditions on the provision of hydrological services in a medium-sized watershed of Portugal. Hydrological Processes, 30(5): 720-738.

Cheng J. 1989. Streamflow changes after clear-cut logging of a pine beetle-infested watershed in southern British Columbia, Canada. Water Resources Research, 25(3): 449-456.

Choudhury B J. 1999. Evaluation of an empirical equation for annual evaporation using field observations and results from a biophysical model. Journal of Hydrology, 216: 99-110.

Costa M H, Botta A, Cardille J A. 2003. Effects of large-scale changes in land cover on the discharge of the Tocantins River, Southeastern Amazonia. Journal of Hydrology, 283(1-4): 206-217.

Creed I F, Spargo A T, Jones J A, et al. 2014. Changing forest water yields in response to climate warming: results from long-term experimental watershed sites across North America. Global Change Biology, 20(10): 3191-3208.

Crouzeilles R, Curran M. 2016. Which landscape size best predicts the influence of forest cover on restoration success? A global meta-analysis on the scale of effect. Journal of Applied Ecology, 53(2): 440-448.

Das A J, Stephenson N L, Flint A, et al. 2013. Climatic correlates of tree mortality in water- and energy-limited forests. PLoS One, 8(7): e69917.

David J S, Henriques M O, David T S, et al. 1994. Clear cutting effects on streamflow in coppiced *Eucalyptus globulus* stands in Portugal. Journal of Hydrology, 162: 143-154.

Donohue R J, Roderick M L, McVicar T R. 2010. Can dynamic vegetation information improve the accuracy of Budyko's hydrological model? Journal of Hydrology, 390(1-2): 23-34.

Donohue R J, Roderick M L, McVicar T R. 2011. Assessing the differences in sensitivities of runoff to changes in climatic conditions across a large basin. Journal of Hydrology, 406(3-4): 234-244.

Dias M S, Avissar R, Dias P L S. 2009. Modeling the regional and remote climatic impact of deforestation. *In*: Keller M, Bustamante M, Gash J, et al. Amazonia and Global Change, Geophysical Monograph Series. Washington, D.C.: AGU: 186: 251-260.

Eschner A R, Satterlund D R. 1966. Forest protection and streamflow from an Adirondack watershed. Water Resources Research, 2 (4): 765-783.

Fan J, Zhang R, Li G, et al. 2007. Effects of aerosols and relative humidity on cumulus clouds. Journal of Geophysical Research, 112: 1-15.

Farmer D, Sivapalan M, Jothityangkoon C. 2003. Climate, soil, and vegetation controls upon the variability of water balance in temperate and semiarid landscapes: downward approach to water balance analysis.

Water Resources Research, 39 (2): 13-14.

Feng X, Fu B, Piao S, et al. 2016. Revegetation in China's Loess Plateau is approaching sustainable water resource limits. Nature Climate Change, doi: 10.1038/ NCLIMATE 3092.

Frank D C, Poulter B, Saurer M, et al. 2015. Water-use efficiency and transpiration across European forests during the Anthropocene. Nature Climate Change, 5: 579-583.

Fuh B H. 1981. On the calculation of the evaporation from land surface. Chinese Journal of Atmospheric Sciences, 1: 002.

Gallart F, Delgado J, Beatson S J, et al. 2011. Analysing the effect of global change on the historical trends of water resources in the headwaters of the Llobregat and Ter river basins (Catalonia, Spain). Physics and Chemistry of the Earth, 36(13): 655-661.

Gleason K E, Nolin A W, Roth T R. 2013. Charred forests increase snowmelt: effects of burned woody debris and incoming solar radiation on snow ablation. Geophysical Research Letters, 40: 4654-4661.

Huff D, Hargrove B, Tharp M, et al. 2000. Managing Forests for Water Yield: the Importance of Scale. Journal of Forest, 98(12): 15-19.

Huxman T E, Smith M D, Fay P A, et al. 2004. Convergence across biomes to a common rain-use efficiency. Nature, 429(6992): 651-654.

Iroumé A, Palacios H. 2013. Afforestation and changes in forest composition affect runoff in large river basins with pluvial regime and Mediterranean climate, Chile. Journal of Hydrology, 505: 13-125.

Jackson R B, Jobbágy E G, Avissar R, et al. 2005. Trading water for carbon with biological carbon sequestration. Science, 310 (5756): 1944-1947.

Jones J A, Creed I F, Hatcher K L, et al. 2012. Ecosystem processes and human influences regulate streamflow response to climate change at long-term ecological research sites. Bioscience, 62(4): 190-404.

Jost G, Weiler M, Gluns D R, et al. 2007. The influence of forest and topography on snow accumulation and melt at the watershed-scale. Journal of Hydrology, 347: 101-115.

Jothityangkoon C, Sivapalan M. 2009. Framework for exploration of climatic and landscape controls on catchment water balance, with emphasis on inter-annual variability. Journal of Hydrology, 371: 154-168.

Karlsen R H, Grabs T, Bishop K, et al. 2016. Landscape controls on spatiotemporal discharge variability in a boreal catchment. Water Resources Research, 52(8): WR019186.

Keenan T F, Hollinger D Y, Bohrer G, et al. 2013. Increase in forest water-use efficiency as atmospheric carbon dioxide concentrations rise. Nature, 499(7458): 324-327.

Kirchner J W. 2006. Getting the right answers for the right reasons: linking measurements, analyses, and models to advance the science of hydrology. Water Resources Research, 42(3): W03S04.

Kurz W A, Dymond C C, Stinson G, et al. 2008. Mountain pine beetle and forest carbon feedback to climate change. Nature, 452(7190): 987-990.

Lacombe G, Ribolzi O, Rouw A D, et al. 2016. Contradictory hydrological impacts of afforestation in the humid tropics evidenced by long-term field monitoring and simulation modelling. Hydrology and Earth System Sciences, 20(7): 2691-2704.

Li Q, Wei X, Zhang M, et al. 2017. Forest cover change and water yield in large forested watersheds: a global synthetic assessment. Ecohydrology, 10: e1838.

Liu Q, McVicar T R. 2012. Assessing climate change induced modification of Penman potential evaporation and runoff sensitivity in a large water-limited basin. Journal of Hydrology, 464-465: 352-362.

Mahat V, Silins U, Anderson A. 2016. Effects of wildfire on the catchment hydrology in southwest Alberta. Catena, 147: 51-60.

Makarieva A M, Gorshkov V G, Li B L. 2009. Precipitation on land versus distance from the ocean: evidence for a forest pump of atmospheric moisture. Ecological Complexity, 6: 302-307.

McVicar T R, Li L, Van Niel T G, et al. 2007. Developing a decision support tool for China's re-vegetation program: simulating regional impacts of afforestation on average annual streamflow in the Loess Plateau. Forest Ecology and Management, 251(1-2): 65-81.

McVicar T R, Roderick M L, Donohue R J, et al. 2012. Less bluster ahead? Ecohydrological implications of global trends of terrestrial near-surface wind speeds. Ecohydrology, 5(4): 381-388.

Moore R, Wondzell S. 2005. Physical hydrology and the effects of forest harvesting in the Pacific Northwest: a review. Journal of the American Water Resources Association, 41(4): 763-784.

Neary D G, Gottfried G J, Folliott P E. 2003. Post-wildfire watershed flood response. *In*: Proceedings of the 2nd International Fire Ecology Conference, Orlando, Florida, 16-20 November.

Newman B D, Wilcox B P, Archer S R, et al. 2006. Ecohydrology of water-limited environments: a scientific vision. Water Resources Research, 42(6): 376-389.

Popp A, Vogel M, Blaum N, et al. 2009. Scaling up ecohydrological processes: role of surface water flow in water-limited landscapes. Journal of Geophysical Research Atmospheres, 114(G4): 1-10.

Ring P J, Fisher I H. 1985. The effects of changes in land use on runoff from large catchments in the upper Macintyre Valley, NSW. *In*: Hydrology and Water Resources Symposium, Sydney, 14-16 May, 1985, the Institution of Engineers, Australia, National Conference Publication, 85/2: 153-158.

Rodriguez-Iturbe I, D'Odorico P, Laio F. 2007. Challenges in humid land ecohydrology: interactions of water table and unsaturated zone with climate, soil, and vegetation. Water Resources Research, 43(9): W09301.

Sahin V, Hall M J. 1996. The effects of afforestation and deforestation on water yields. Journal of Hydrology, 178(1): 293-309.

Scanlon B R, Levitt D G, Reedy R C, et al. 2005. Ecological controls on water-cycle response to climate variability in deserts. Proceedings of the National Academy of Sciences of the USA, 102(17): 6033-6038.

Schindler D. 2001. The cumulative effects of climate warming and other human stresses on Canadian freshwaters in the new millennium. Canadian Journal of Fisheries and Aquatic Sciences, 58(1): 18-29.

Schwinning S, Sala O E. 2004. Hierarchy of responses to resource pulses in and semi-arid ecosystems. Oecologia, 141(2): 211-220.

Scott D F. 1993. The hydrological effects of fire in South African mountain catchments. Journal of Hydrology, 150(2-4): 409-432.

Sheil D, Murdiyarso D. 2009. How forests attract rain: an examination of a new hypothesis. BioScience, 59: 341-347.

Silveira L, Alonso J. 2009. Runoff modifications due to the conversion of natural grasslands to forests in a large basin in Uruguay. Hydrological Processes, 23: 320-329.

Stednick J D. 1996. Monitoring the effects of timber harvest on annual water yield. Journal of Hydrology, 176(1-4): 79-95.

Stednick J D. 2008. Long-term streamflow changes following timber harvesting. *In*: Stednick J D. Hydrological and Biological Responses to Forest Practices: The Alsea Watershed Study. New York: Springer: 139-155.

Tuteja N K, Vaze J, Teng J, et al. 2007. Partitioning the effects of pine plantations and climate variability on runoff from a large catchment in southeastern Australia. Water Resources Research, 43(8): W08415.

Troch P A, Martinez G F, Pauwels V R N, et al. 2009. Climate and vegetation water use efficiency at catchment scales. Hydrological Processes, 23(16): 2409-2414.

Van Dijk A I J M, Peña-Arancibia J L, Bruijnzeel L A. 2012. Land cover and water yield: inference problems when comparing catchments with mixed land cover. Hydrology and Earth System Sciences, 16(9): 3461-3473.

Vose J M, Sun G, Ford C R, et al. 2011. Forest ecohydrological research in the 21st century: what are the critical needs? Ecohydrology, 4(2): 146-158.

Wang S, Zhang Z, Sun G, et al. 2009. Detecting water yield variability due to the small proportional land use and land cover changes in a watershed on the Loess Plateau, China. Hydrological Processes, 23(21): 3083-3092.

Webb A A, Kathuria A. 2012. Response of streamflow to afforestation and thinning at Red Hill, Murray Darling Basin, Australia. Journal of Hydrolology, 412: 133-140.

Webb A A, Jarrett B W. 2013. Hydrological response to wildfire, integrated logging and dry mixed species eucalypt forest regeneration: The Yambulla experiment. Forest Ecology and Management, 306: 107-117.

Wei A, Davidson G. 1998. Impacts of large-scale timber harvesting on the hydrology of the Bowron River Watershed. *In*: Proceedings of the 51st Annual CWRA Conference, Mountains to Sea: Human Interaction with the Hydrologic Cycle, Victoria, Canada: 45-52.

Wei X, Liu S, Zhou G, et al. 2005. Hydrological processes in major types of Chinese forest. Hydrological

Processes, 19(1): 63-75.

Wei X, Zhang M. 2010a. Research methods for assessing the impacts of forest disturbance on hydrology at large-scale watersheds. *In*: Chen J, Chao L, Lafortezza R. Landscape Ecology and Forest Management: Challenges and Solutions in a Changing Globe. Beijing: Higher Education Press & Berlin Heidelberg: Springer-Verlag: 119-147.

Wei X, Zhang M. 2010b. Quantifying streamflow change caused by forest disturbance at a large spatial scale: a single watershed study. Water Resources Research, 46(12): W12525.

Wei X, Li Q, Zhang M, et al. 2018. Vegetation cover—another dominant factor in determining global water resources in forested regions. Global Change Biology, 24(2): 786-795.

Whitaker A, Alila Y, Beckers J, et al. 2002. Evaluating peak flow sensitivity to clear-cutting in different elevation bands of a snowmelt-dominated mountainous catchment. Water Resources Research, 38(9): 1172.

Williams C A, Albertson J D. 2005. Contrasting short- and long-timescale effects of vegetation dynamics on water and carbon fluxes in water-limited ecosystems. Water Resources Research, 41(6): 294-311.

Winkler R, Spittlehouse D, Boon S, et al. 2015. Forest disturbance effects on snow and water yield in interior British Columbia. Hydrology Research, 46(4): 521-532.

Wohl E, Barros A, Brunsell N, et al. 2012. The hydrology of the humid tropics. Nature Climate Change, 2(9): 655-662.

Wu W, Hall C A S, Scatena F N. 2007. Modelling the impact of recent land-cover changes on the stream flows in northeastern Puerto Rico. Hydrological Processes, 21: 2944-2956.

Wu F, Zhan J Y, Cheng J C, et al. 2015. Water Yield Variation due to Forestry Change in the Head-Water Area of Heihe River Basin, Northwest China. Advances in Meteorology, Volume 2015, Article ID 786764, 8 pages. http: //dx.doi.org/10.1155/2015/786764.

Xiao J, Sun G, Chen J, et al. 2013. Carbon fluxes, evapotranspiration, and water use efficiency of terrestrial ecosystems in China. Agricultural and Forest Meteorology, 182-183: 76-90.

Yang D, Shao W, Yeh P J F, et al. 2009. Impact of vegetation cover age on regional water balance in the nonhumid regions of China. Water Resources Research, 45: W00A14.

Yang H, Yang D, Lei Z, et al. 2008. New analytical derivation of the mean annual water-energy balance equation. Water Resources Research, 44: W03410.

Yu Z, Liu S, Wang J, et al. 2019. Natural forests exhibit higher carbon sequestration and lower water consumption than planted forests in China. Global Change Biology, 25: 68-77.

Zhang M, Wei X. 2012. The cumulative effects of forest disturbance on streamflow in a large watershed in the central interior of British Columbia, Canada. Hydrology and Earth System Sciences, 16(7): 2021-2034.

Zhang M, Wei X, Sun P, et al. 2012. The effect of forest harvesting and climatic variability on runoff in a large watershed: the case study in the Upper Minjiang River of Yangtze River basin. Journal of Hydrology, 464-465: 1-11.

Zhang M, Wei X. 2014. Contrasted hydrological responses to forest harvesting in two large neighboring watersheds in snow hydrology dominant environment: implications for forest management and future forest hydrology studies. Hydrological Processes, 28(26): 6183-6195.

Zhang X K, Fan J H, Cheng G W. 2015. Modelling the effects of land-use change on runoff and sediment yield in the Weicheng River watershed, Southwest China. Journal of Mountain Science, 12(2): 434-445.

Zhang S, Yang H, Yang D, et al. 2016. Quantifying the effect of vegetation change on the regional water balance within the Budyko framework. Geophysical Research Letters, 43(3): 1019.

Zhang Y, Liu S, Wei X, et al. 2008. Potential impact of afforestation on water yield in the subalpine region of Southwestern China. Journal of the American Water Resources Association, 44 (5): 1144-1153.

Zhao G J, Mu X M, Tian P, et al. 2013. Climate changes and their impacts on water resources in semiarid regions: a case study of the Wei River basin, China. Hydrological Processes, 27(26): 3852-3863.

Zhou G, Wei X, Chen X, et al. 2015. Global pattern for the effect of climate and land cover on water yield. Nature Communications, 6: 5918.

Zhou G, Wei X, Luo Y, et al. 2010. Forest recovery and river discharge at the regional scale of Guangdong Province, China. Water Resources Research, 46: W09503.

附录 变量与单位、含义对照表

变量	单位	含义
A	m^2	边材面积
C_c	—	植被蒸散权重系数
C_D	—	拖拽系数
C_n, C_d	—	调节因子
Cov	—	协方差
C_p	$J/(mol \cdot k)$	空气定压比热
C_s	—	土壤蒸散权重系数
D	mm	下渗量
d	m	零位移高度，可近似取 $2/3h$
DOY	—	日序数
dt	℃	上下探针温度差异
E_a	mm	干燥力
e_a	kPa	实际水汽压
ER	—	蒸散比率
e_s	kPa	饱和水汽压
ET	mm/日（或月、年）	蒸散量
ET_0	mm/日（或月、年）	参比蒸散
ET_a	mm/日（或月、年）	实际蒸散
ET_p	mm/日（或月、年）	潜在蒸散
f	%	相对湿度
G	W/m^2	土壤热通量
g	m/s^2	重力加速度
g_i	—	遮蔽系数
G_{sc}	W/m^2	太阳常数，$1367\ W/m^2$
H	W/m^2	感热通量
h	m	植被高度
K_c	—	单因子作物系数
$K_{cb} K_e$	—	双因子作物系数
L	m	Monin-Obukhov 长度
LE	W/m^2	潜热通量
L_{in}	W/m^2	入射长波辐射
L_{out}	W/m^2	地表发射长波辐射
M	W/m^2	植物光合作用耗热
n	—	频率
P	mm	降水量
q	kg/m^3	水蒸气密度

变量	单位	含义
Q_h	W/m²	输入热能
Q_r	W/m²	径向散失到环境中的热能
Q_v	W/m²	垂直传导热能
R	m³/s	径流量
r_a	s/mm	空气动力学阻力
r_{aa}	s/mm	冠层与参照高度间阻抗
r_{ac}	s/mm	冠层边界层阻抗
r_{as}	s/mm	土壤和冠层平均高度间阻抗
r_c	s/mm	冠层阻力
R_n	W/m²	净辐射
R_{ns}	W/m²	土壤表面净辐射通量
r_{sc}	s/mm	植被气孔阻抗
r_{ss}	s/mm	土壤表面阻抗
S	W/m²	植物及大气温度变化引起的储热变化
s	°	坡度
S_c	W/m²	全球辐射
T_s	K	表面温度
μ_{10}	m/s	10 m 高度处风速
W	mm	地下水补给
w	cm	平均叶宽
z	m	海拔
z_0	m	表面粗糙度，可取 $0.13h$（h 指树木高度）
α	—	经验系数
γ	kPa/℃	干湿表常数
γ_s	—	坡向
δ	rad	太阳赤纬
Δq	kPa	两个观测高度处的湿度差
ΔS	mm	储水量变化值
ΔT_a	℃,K	冠层以上两个不同观测高度大气的温度差
ΔZ	m	冠层以上两个观测高度之差
ε_a	—	大气发射率
θ	rad	太阳高度角
λ	MJ/kg	水的汽化潜热
π	—	圆周率，可取 3.14
ρ	kg/m³	空气密度
τ_{sw}	—	短波大气穿透率
φ	°	纬度
ω	rad	太阳时角
$\bar{u}$	m/s	平均速率
R_s	W/m²	净短波辐射

变量	单位	含义
θ_2	%	土壤实际含水量
θ_c	%	土壤田间含水量
θ_w	%	土壤萎蔫含水量
C_n^T	—	闪烁通量仪结构参数
Ω_E	—	集聚指数
δD	‰	D 的同位素比值相对于标准样品同位素比值的千分偏差
$\delta^{18}O$	‰	^{18}O 的同位素比值相对于标准样品同位素比值的千分偏差
d-excess	‰	氘盈余值
θ_s	%	饱和土壤含水量
θ_{fld}	%	田间持水量
θ_{wlt}	%	萎蔫点
Ψ_s	MPa	土壤水分基质势
Ψ_{fld}	MPa	田间持水量基质势
Ψ_{wlt}	MPa	萎蔫点基质势
F_{sand}	%	土壤中的沙粒比例
F_{clay}	%	土壤中的黏粒比例
b	g/cm^3	土壤容重
Z_{up}	mm	上层土壤深度
CN	—	径流曲线数
K_s	mm/h	土壤饱和导水率
Z_{max}	mm	土壤最大深度
Δt	日	时间步长
μ	mm	土壤单位出水量
VPD	kPa	饱和水汽压差
PAR	μmol/（m^2·s)	光合有效辐射
g_c	mm/s	冠层导度
W_i	—	普通湿润指数
W_r	—	辐射权重湿润指数

注："—"表示无此项

索 引

后 记

在本书即将出版之际，我们回顾两年多来编写工作付出所取得的收获倍感欣慰。这是时代赋予了我们机遇，成就了我们一生渴望追求的科研事业。从最初我们入门学习的森林水文学，到如今发展成为一个新兴分支学科——生态水文学，我们见证了这个学科迅速发展的历程，也对它的未来发展充满了无限的憧憬。这本专著的问世，汇集了我们研究团队历时近 20 年的生态水文学研究成果，不但属于我们这代人所做的工作，也是传承了老一辈科学家深厚的积淀，蒋有绪院士、盛炜彤研究员、马雪华研究员以及杨玉坡研究员和李承彪研究员等老一辈科学家均在川西亚高山生态水文研究中留下宝贵的科学财富。同时，我们也十分骄傲，这些生态水文学成果也培养和发展了年轻一代，包含了参加项目研究的许多优秀的硕士、博士研究生和博士后的贡献，除了前言中提到的，还包括：刘京涛、吕瑜良、李崇巍、林勇、王植、张雷、崔雪晴、胡宗达、刘志才、张国斌、宋爱云、王磊、马姜明、缪宁、冯秋红、常建国、石辉、王立明等。此外，盛后财、杨予静、周雄等也在书稿编辑过程中做了大量工作。可以说，本书是几代人集体智慧的结晶，形成了以岷江上游为主要流域，包含典型亚湿润区与湿润区生态系统和流域特点的生态水文学研究成果。空间生态水文学的思想也逐渐从早期的"森林与水"的关系探索中起步，以跨尺度、多过程耦合为突破点，向多源空间数据与模型融合的方向快速发展起来。

恰在本书出版前不久，我们研究团队的成果"岷江上游森林植被恢复与水源涵养功能提升关键技术与应用"获得了 2019 年度四川省科技进步奖一等奖，本书的部分内容也包含并诠释了该成果。此外，本书的部分研究成果，如"长江上游岷江流域森林植被生态水文过程的耦合与长期演变机制"曾获得 2015 年度梁希林业科学技术奖一等奖，"天然林保护与生态恢复技术"曾获得 2012 年度国家科技进步奖二等奖，等等。这些成果和奖励既是我们科研道路上的重要里程碑，同时也在激励我们不断开拓创新，更上层楼。

最近 20 年，也正是国内外生态水文学快速发展的新时期，许多新的概念、新的方法、新的数据不断涌现，尤其是空间遥感大数据中所蕴含的海量生态水文信息仍是亟待开发的宝库。因此，许多基础理论和研究方法需要不断地更新和完善，以利用新的大数据资源、发展新的空间显式与机理性模拟方法，并适应更大、更灵活的时间与空间尺度，这将是空间生态水文学的长期发展方向。在这方面，我们仍然处于探索阶段，需要更多的有识之士为此而努力和奋斗。鉴于著者时间、水平所限，本书疏漏之处在所难免，敬请读者指正。

图　版

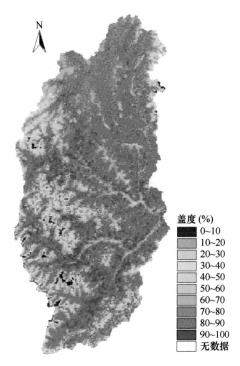

盖度 (%)
- 0~10
- 10~20
- 20~30
- 30~40
- 40~50
- 50~60
- 60~70
- 70~80
- 80~90
- 90~100
- 无数据

图 5.5　岷江上游植被盖度空间分布图

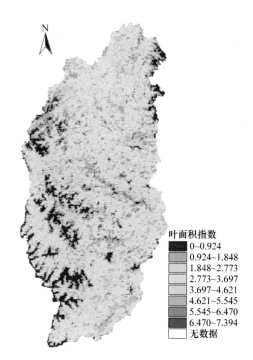

叶面积指数
- 0~0.924
- 0.924~1.848
- 1.848~2.773
- 2.773~3.697
- 3.697~4.621
- 4.621~5.545
- 5.545~6.470
- 6.470~7.394
- 无数据

图 5.8　岷江上游植被 LAI 空间分布图

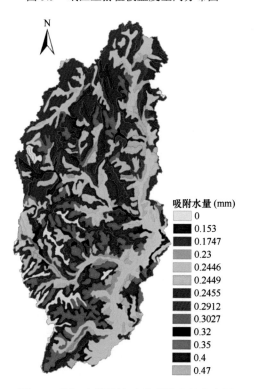

吸附水量 (mm)
- 0
- 0.153
- 0.1747
- 0.23
- 0.2446
- 0.2449
- 0.2455
- 0.2912
- 0.3027
- 0.32
- 0.35
- 0.4
- 0.47

图 5.9　岷江上游植被叶片吸附水量分布图

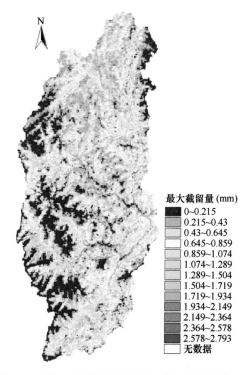

最大截留量 (mm)
- 0~0.215
- 0.215~0.43
- 0.43~0.645
- 0.645~0.859
- 0.859~1.074
- 1.074~1.289
- 1.289~1.504
- 1.504~1.719
- 1.719~1.934
- 1.934~2.149
- 2.149~2.364
- 2.364~2.578
- 2.578~2.793
- 无数据

图 5.10　岷江上游植被冠层最大截留量分布图

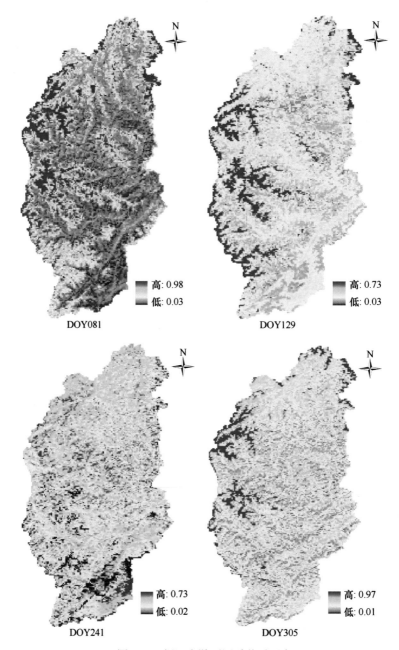

图 5.16　岷江上游不同季节反照率

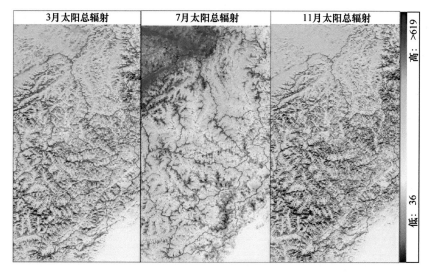

图 5.30 岷江上游不同季节太阳总辐射空间分布图（MJ/m²）

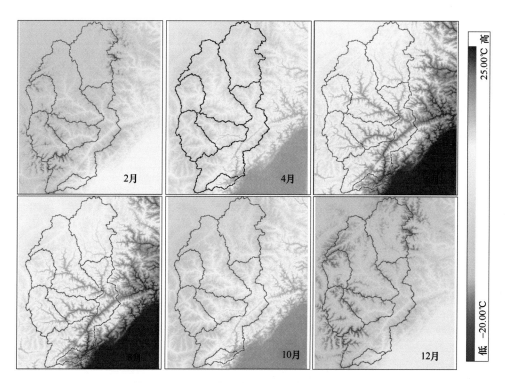

图 5.31 岷江上游不同季节气温空间模拟分布图

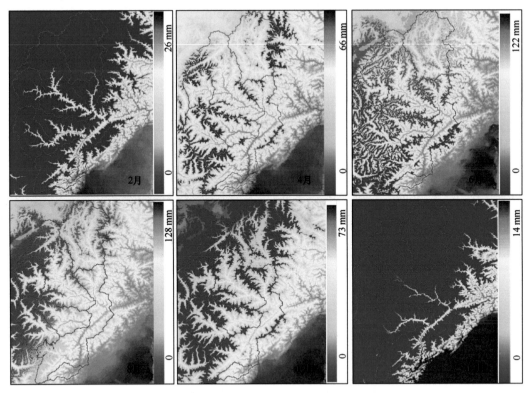

图 5.33 Thornthwaite 模型模拟岷江上游潜在蒸散的时空变化

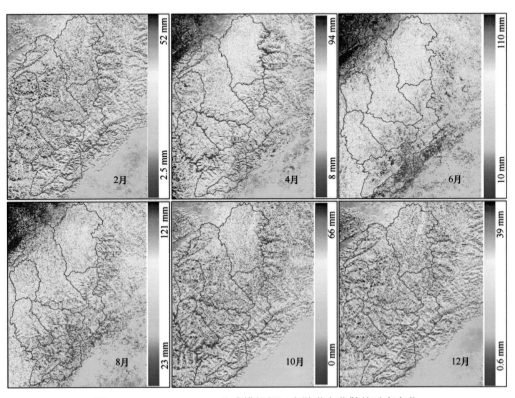

图 5.34 Priestley-Taylor 公式模拟岷江上游潜在蒸散的时空变化

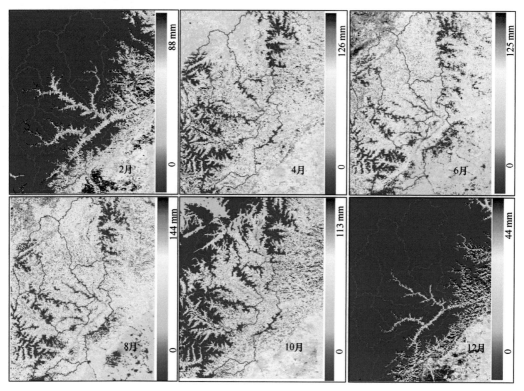

图 5.35   改进型 Priestley-Taylor 公式模拟岷江上游潜在蒸散的时空变化

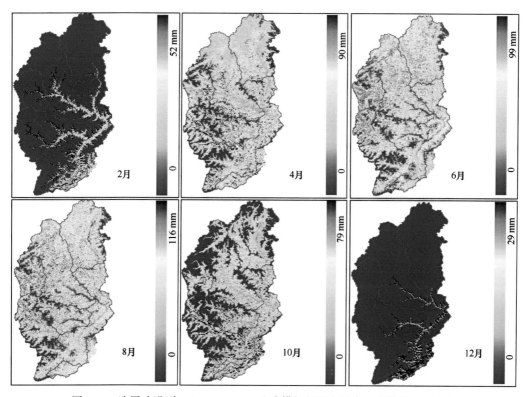

图 5.36   选用改进型 Priestley-Taylor 公式模拟岷江上游实际蒸散的时空变化

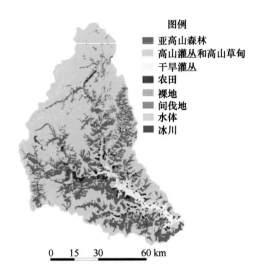

图例
■ 亚高山森林
□ 高山灌丛和高山草甸
□ 干旱灌丛
■ 农田
□ 裸地
■ 间伐地
□ 水体
■ 冰川

0   15   30   60 km

图 6.2(部分) 岷江上游黑水流域不同植被覆盖率的变化对流域基流的影响

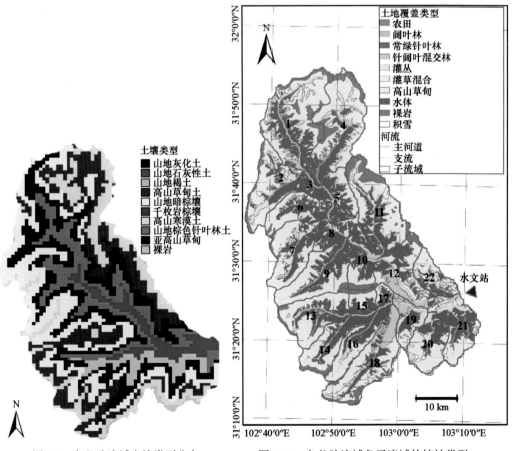

图 7.5 杂谷脑流域土壤类型分布   图 7.18 杂谷脑流域各子流域的植被类型

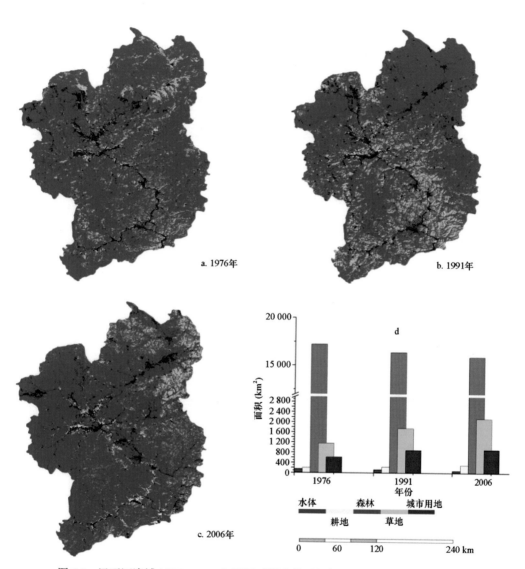

图 8.8　汤旺河流域 1976～2006 年不同时期森林面积变化情况（刘文彬，2010）

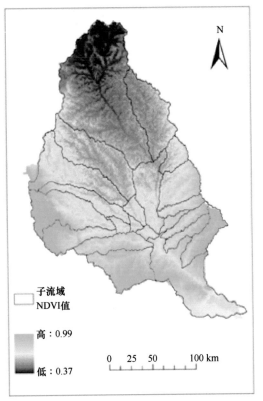

图 11.2　泾河流域潜在土地覆被类型分布图

图 11.4　泾河流域植被冗亏指数

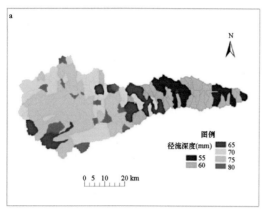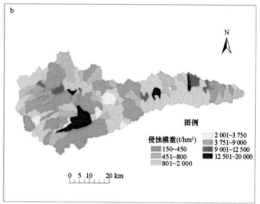

图 11.21 SWAT 模型模拟的汭河流域水土流失现状格局
a. 径流深度；b. 侵蚀模数

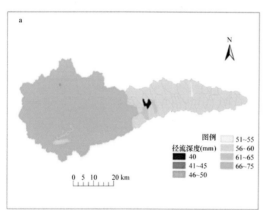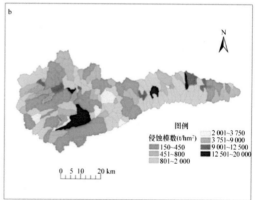

图 11.22 SWAT 模型模拟的汭河流域水土流失本底格局
a. 径流深度；b. 侵蚀模数

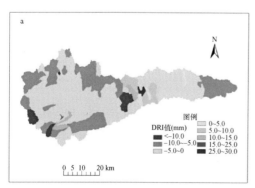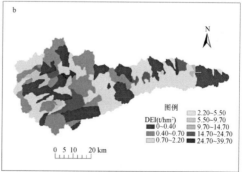

图 11.23 汭河流域水土流失空间差异评估
a. 径流冗亏指数（DRI）；b. 侵蚀冗亏指数（DEI）

图 15.2　1982～2006年南北样带年平均温度（℃）图 15.3　1982～2006年南北样带年平均降水量（mm）

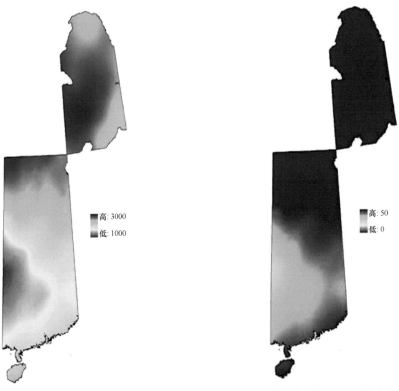

图 15.4　南北样带年平均日照时数分布（h）　　图 15.5　南北样带年平均日照百分率分布（%）

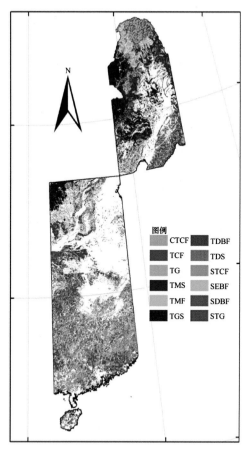

图例
CTCF	TDBF
TCF	TDS
TG	STCF
TMS	SEBF
TMF	SDBF
TGS	STG

图 15.6　中国东部南北样带植被类型及分布图

植被类型缩写同表 15.1，下同

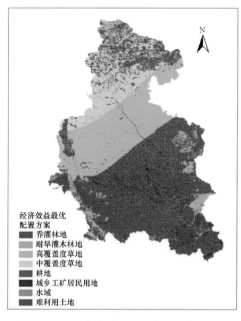

经济效益最优
配置方案
乔灌林地
耐旱灌木林地
高覆盖度草地
中覆盖度草地
耕地
城乡工矿居民用地
水域
难利用土地

图 16.1　经济效益最优的空间配置方案

土壤保持效益
最优配置方案
■ 乔灌林地
■ 耐旱灌木林地
■ 高覆盖度草地
□ 中覆盖度草地
■ 耕地
■ 城乡工矿居民用地
■ 水域
■ 难利用土地

图 16.2　土壤保持效益最优的空间配置方案

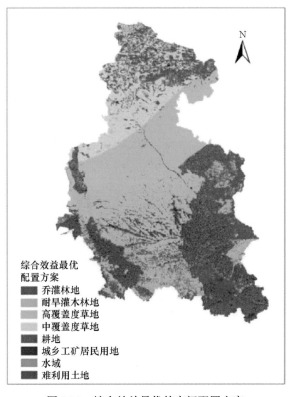

综合效益最优
配置方案
■ 乔灌林地
■ 耐旱灌木林地
■ 高覆盖度草地
□ 中覆盖度草地
■ 耕地
■ 城乡工矿居民用地
■ 水域
■ 难利用土地

图 16.3　综合效益最优的空间配置方案

土地类型转化
（土壤保持效益最优情况）
- 不变
- 中覆盖度草地-乔灌林地
- 中覆盖度草地-耐旱灌木林地
- 中覆盖度草地-高覆盖度草地
- 低覆盖度草地-乔灌林地
- 低覆盖度草地-耐旱灌木林地
- 低覆盖度草地-高覆盖度草地
- 低覆盖度草地-中覆盖度草地
- 其他林地-乔灌林地
- 其他林地-高覆盖度草地
- 砍林地-乔灌林地
- 砍林地-耐旱灌木林地
- 砍林地-高覆盖度草地
- 耕地-乔灌林地
- 耕地-耐旱灌木林地
- 耕地-高覆盖度草地
- 耕地-中覆盖度草地

图 16.4　配置前后土地利用格局变化（土壤保持效益最优情景）

土地类型转化
（经济效益最优）
- 不变
- 中覆盖度草地-乔灌林地
- 中覆盖度草地-耐旱灌木林地
- 中覆盖度草地-高覆盖度草地
- 低覆盖度草地-乔灌林地
- 低覆盖度草地-耐旱灌木林地
- 低覆盖度草地-高覆盖度草地
- 低覆盖度草地-中覆盖度草地
- 其他林地-乔灌林地
- 其他林地-高覆盖度草地
- 砍林地-乔灌林地
- 砍林地-耐旱灌木林地
- 砍林地-高覆盖度草地
- 耕地-乔灌林地
- 耕地-耐旱灌木林地
- 耕地-高覆盖度草地
- 耕地-中覆盖度草地

图 16.5　配置前后土地利用格局变化（经济效益最优情景）

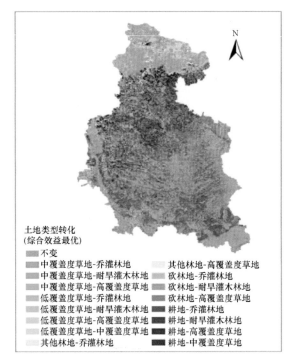

土地类型转化
(综合效益最优)

- 不变
- 中覆盖度草地-乔灌林地
- 中覆盖度草地-耐旱灌木林地
- 中覆盖度草地-高覆盖度草地
- 低覆盖度草地-乔灌林地
- 低覆盖度草地-耐旱灌木林地
- 低覆盖度草地-高覆盖度草地
- 低覆盖度草地-中覆盖度草地
- 其他林地-乔灌林地
- 其他林地-高覆盖度草地
- 砍林地-乔灌林地
- 砍林地-耐旱灌木林地
- 砍林地-高覆盖度草地
- 耕地-乔灌林地
- 耕地-耐旱灌木林地
- 耕地-高覆盖度草地
- 耕地-中覆盖度草地

图 16.6　配置前后土地利用格局变化（综合效益最优情景）

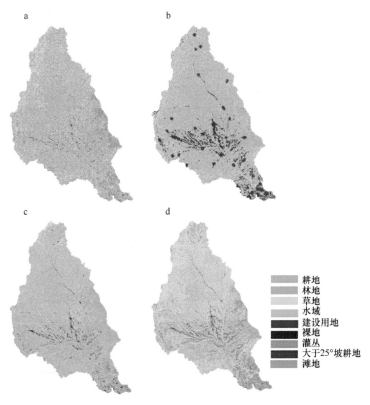

- 耕地
- 林地
- 草地
- 水域
- 建设用地
- 裸地
- 灌丛
- 大于25°坡耕地
- 滩地

图 16.7　泾河流域的土地利用类型（景观格局）

a. 2000 年景观现状；b. 经济效益优先方案（片面追求经济效益），2020 年的景观格局；c. 生态效益优先方案（片面追求生态效益）：2020 年的景观格局，d. 生态与经济效益兼顾方案，2020 年的景观格局

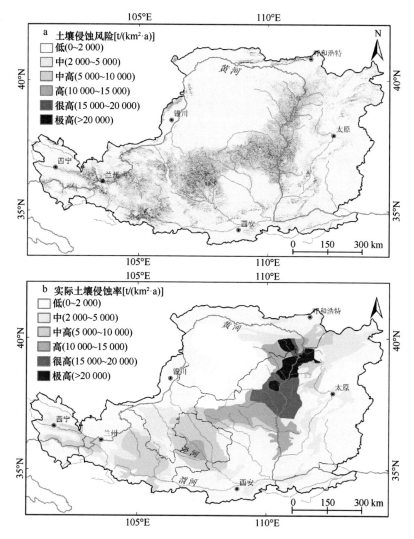

图 16.9 基于生态协同性计算的土壤侵蚀（a）与实际的土壤侵蚀（b）对比

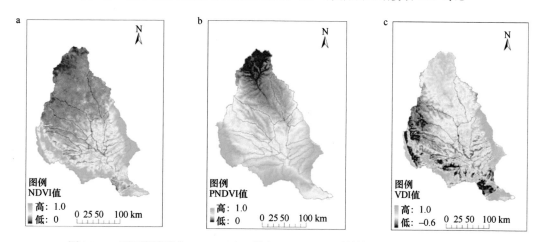

图 16.10 泾河流域现实 NDVI（a）、潜在 NDVI（b）和植被亏缺的空间格局（c）

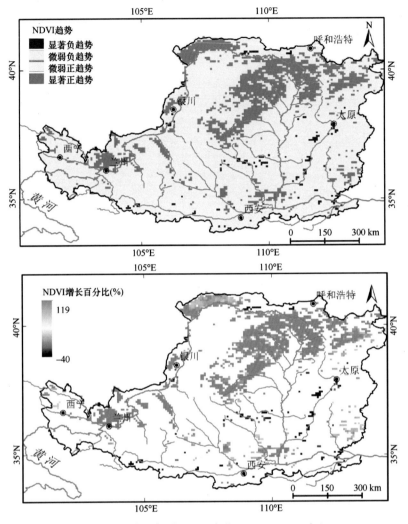

图 16.12　黄土高原 NDVI 变化（1982～2003 年）

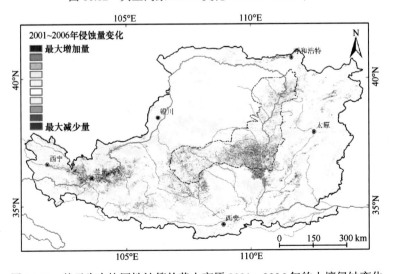

图 16.18　基于生态协同性计算的黄土高原 2001～2006 年的土壤侵蚀变化